鉄合金状態図集

―――二元系から七元系まで―――

O.A.バニフ
江南 和幸
長崎 誠三
西脇 醇
　　編著

アグネ技術センター

まえがき

　本書は，1986年ソ連(当時)で発行されたDiagrammy Sostayaniya Sistem na Osnove Zhereza, O.A.Bannykh, M.E.Drits eds. を基本とし，さらに日本側で新たに編集を行ったものであり，原著に忠実な翻訳本ではない．

　原著は鉄基合金二元系77，三元系260，四元系以上の多元系54, 計391系からなるが，それらがA5判のわずか440ページに圧縮されている．三元系以上に関しては残念ながらその貴重な引用文献の数に比べ，紹介された状態図の数はずいぶんと控えめなものであった．

　原著発行の1986年にすぐに翻訳出版を企画したアグネ技術センターの長崎 誠三社長(当時)の提案により，二元状態図各系のヴァリアントの徹底した再検討といくつかの重要な系の状態図研究の歴史的アプローチ，三元系以上の原論文の探索と原著でもれた状態図の再発掘など徹底的な編集のやり直しを行うことになった．幸い原著者の一人のBannykh教授が江南と旧知であったため，Bannykh教授の二度の来日を機会に会談し，Bannykh教授と日本側との共同編集による新しい版を出版する合意が成立した．

　作業は原著の二元系全体と三元系の一部を西脇，残りの三元系と多元系部分を江南が分担して翻訳した．さらに江南が全ての原稿を整理して，一応の翻訳を完了した．その後，二元系の再編集を長崎が，三元系の酸素および窒素を含む系の再編集を西脇が，残りの三元系，多元系の再編集および1985年以降の新しい状態図の探索を江南が受け持ち，日本側の編集作業が始まった．1991年には，三元系以上の文献掘り起こしと状態図の追加，原著の誤り，欠落部分を修正したものができあがり，さらにそれらをもとにした長崎による再編集も翌年にはほぼ完了していた．しかし，二元系を受け持った長崎のその後の思わぬ病のため，二元系鉄合金状態図を改めて編集し直して，Kubaschewskiを越えようとした長崎の壮大な計画はとうとう叶わぬものとなった．

　2000年の初めに，遺された二元系の原稿をもとに江南が長崎の生前の計画になるべく沿うよう，ある部分ではKubaschewskiを越えた二元系77にまとめ直し，新たなデータと図表とを加えた三元系304，四元系以上61，鉄温度-圧力状態図，計443系の状態図集がようやくここに出来上がった．このようなわけで，本書はロシア語原著をもとにしているが，全く新しい鉄基合金状態図集といえるであろう．

　この間，1988年にはアグネ技術センターの名で当時のMezhkniga(ソ連図書公団)から原著の翻訳権を獲得していたが，Mezhknigaの何らかの理由から二重契約がな

されたと見え，同書が日ソ通信社から直訳出版されたいきさつがある．難解な状態図集をいち早く翻訳出版された同社の労に敬意を表するものであるが，上に述べた事情から，本書は金属学研究者の手による新編集版として翻訳版とは異なる位置付けにあると考えている．

　本書の成り立ちは以上のようであるが，最後の整理の過程ではなお，それぞれの系で引き出した原論文中の多くの状態図を割愛せざるを得なかった．また上に述べた編集作業の都合から，わずかの例外を除いて1991年以降のデータを加えることは出来なかった．

　1982年以来ASMの鉄合金状態図集が継続出版され，さらに膨大な三元系状態図集が次々に出版されている中で，本書を出版する意味は，なによりもまず身近に一冊の書物で，鉄合金の基本的状態図の情報を提供することにある．原論文にある多くの状態図を割愛したのは，このような事情によることをご理解いただきたい．もし，本書のCD-ROM版を作製する機会にでも恵まれれば，改めて残された多くの状態図を収めたいと願っている．

　ところで，鉄基合金状態図といえども，三元系以上の多元系では，相手となる鉄基以外の合金の状態図のデータが不可欠である．その意味ではアグネ技術センターから2001年1月に出版された二元合金状態図集（長崎 誠三，平林 眞 編著）は，本書と姉妹関係にある状態図集である．本書とともにぜひ活用されたい．

　本書の実際の編集作業，すなわち元素の欧文アルファベット順による並べ替えと各系とも膨大な数にのぼる状態図の整理，再配置，ロシア文字の欧文への書き換えを含む引用文献の整理・調査など，困難を極める作業は全てアグネ技術センターの比留間 柏子氏，全ての図版・表の新たな作製という，いわば本書の顔にあたる作業は長崎 美代子氏の手になる．両氏の忍耐強い仕事がなければ，本書は陽の目を見なかったであろう．ここに深く感謝する次第である．

　最後に，本書のもとになったロシア語原著に関わった方々の名前を以下に記す．
O.A.Bannykh, M.E.Drits (編者)
P.B.Budberg, S.P.Alisova, L.S.Guzei, T.V.Dobatkina, E.V.Lysova, N.I.Nikitina, E.M.Padezhnova, L.L.Rokhlin, O.P.Chernogorova

2001年10月1日

編著者を代表して　江南 和幸

凡例

本書で採用した単位について

本書では，現在日本金属学会，日本物理学会などで採用が義務付けられているSI単位を必ずしも採用していない．特に温度の表示については，採録されたもとの論文のほとんどが，SI単位制定以前の仕事にもとづいていることから，原著論文がK表示のもの以外については，基本的に従来の温度単位 ℃ を採用した．

組成については，mass%, mol%を採用せず，それぞれwt%, at%と表示した．ただし，化合物については一部mol%と表示している．

格子定数の単位については，古い論文に残るkX表示以外はnm表示とした．

純鉄の変態温度・融点について

本書で採用した状態図中の鉄の変態温度・融点は，それぞれの原論文が作られた時点での基準となる値を反映し，必ずしも一致したものではない．現在認められている各温度については付録3．『主な金属元素の同素変態』の表を参照されたい．

二元系の既存状態図集について

二元系の部分では，Hansenの二つの版，ElliottとShunkによる二つの増補版，Kubaschewskiによる "鉄合金二元状態図集", ASM (Massalski)，およびソ連時代に発行された，A.E.Volの "二元合金状態図・性質集", 金属間化合物の種類と格子定数については "Pearson's Handbook" を基本引用文献として，各系にいちいちこれらの書名の詳細を記すことをせず，それぞれの著者・編者の名前のみを挙げて紹介した．それらの書名と著者名は以下のとおりである．

Hansen I	Der Aufbau der Zweistofflegierungen : M.Hansen, Springer, 1936
Hansen II	Constitution of Binary Alloys : M.Hansen and K.Anderko, McGraw-Hill, 1958
Elliott	Constitution of Binary Alloys, First Supplement : R.P.Elliott, McGraw-Hill, 1965
Shunk	Constitution of Binary Alloys, Second Supplement : F.A.Shunk, McGraw-Hill, 1969
Vol	Stroenie i Svoistva Dvoinykh Metallicheskikh Sistem : A.E.Vol, Fizmatgiz, Tom 1, 1959, Tom 2, 1962 1979年までにKの部(ロシア語アルファベット順)第4巻まで発行されたが，以後未刊．ただし，鉄系に関しては上の第2巻までにまとめられている．
Kubaschewski	Iron-Binary Phase Diagrams : O.Kubaschewski, Springer, 1982
Massalski (ASM)	Binary Alloy Phase Diagrams : T.B.Massalski, Chief Ed. American Society for Metals, 1986
Pearson's Handbook	Pearson's Handbook of Crystallographic Data for Intermetallic Phases : P.Villars and L.D.Calvert, American Society for Metals, 1985

目 次

まえがき ——————————————————— i
凡 例 ——————————————————— iii
目 次 ——————————————————— v

I. 鉄二元系状態図

1. Fe-Ag ——— 3
2. Fe-Al ——— 3
3. Fe-As ——— 5
4. Fe-Au ——— 7
5. Fe-B ——— 8
6. Fe-Ba ——— 10
7. Fe-Be ——— 10
8. Fe-Bi ——— 12
9. Fe-C ——— 12
10. Fe-Ca ——— 17
11. Fe-Cd ——— 17
12. Fe-Ce ——— 17
13. Fe-Co ——— 19
14. Fe-Cr ——— 20
15. Fe-Cs ——— 24
16. Fe-Cu ——— 24
17. Fe-Dy ——— 25
18. Fe-Er ——— 26
19. Fe-Ga ——— 27
20. Fe-Gd ——— 29
21. Fe-Ge ——— 30
22. Fe-H ——— 32
23. Fe-Hf ——— 33
24. Fe-Hg ——— 35
25. Fe-Ho ——— 35
26. Fe-In ——— 36

27. Fe-Ir ——— 37
28. Fe-K ——— 38
29. Fe-Kr ——— 38
30. Fe-La ——— 38
31. Fe-Li ——— 39
32. Fe-Lu ——— 39
33. Fe-Mg ——— 40
34. Fe-Mn ——— 40
35. Fe-Mo ——— 42
36. Fe-N ——— 44
37. Fe-Na ——— 46
38. Fe-Nb ——— 47
39. Fe-Nd ——— 48
40. Fe-Ni ——— 50
41. Fe-O ——— 52
42. Fe-Os ——— 55
43. Fe-P ——— 56
44. Fe-Pb ——— 58
45. Fe-Pd ——— 59
46. Fe-Pm ——— 60
47. Fe-Pr ——— 61
48. Fe-Pt ——— 62
49. Fe-Pu ——— 64
50. Fe-Rb ——— 65
51. Fe-Re ——— 65
52. Fe-Rh ——— 66

53. Fe-Rn ——— 67
54. Fe-Ru ——— 67
55. Fe-S ——— 68
56. Fe-Sb ——— 71
57. Fe-Sc ——— 72
58. Fe-Se ——— 73
59. Fe-Si ——— 74
60. Fe-Sm ——— 78
61. Fe-Sn ——— 78
62. Fe-Sr ——— 80
63. Fe-Ta ——— 81
64. Fe-Tb ——— 82
65. Fe-Tc ——— 83
66. Fe-Te ——— 85
67. Fe-Th ——— 87
68. Fe-Ti ——— 88
69. Fe-Tl ——— 89
70. Fe-Tm ——— 89
71. Fe-U ——— 90
72. Fe-V ——— 91
73. Fe-W ——— 93
74. Fe-Y ——— 96
75. Fe-Yb ——— 97
76. Fe-Zn ——— 98
77. Fe-Zr ——— 101

II. 鉄三元系状態図

1. Fe-Ag-Al —— 107
2. Fe-Ag-Cu —— 107
3. Fe-Ag-Ge —— 108
4. Fe-Ag-Pd —— 109
5. Fe-Ag-S —— 109
6. Fe-Ag-Si —— 111
7. Fe-Al-B —— 112
8. Fe-Al-Be —— 113
9. Fe-Al-C —— 114
10. Fe-Al-Ca —— 117
11. Fe-Al-Ce —— 118
12. Fe-Al-Co —— 120
13. Fe-Al-Cr —— 122
14. Fe-Al-Cu —— 123
15. Fe-Al-Er —— 124
16. Fe-Al-Gd —— 125
17. Fe-Al-Ge —— 126
18. Fe-Al-Hf —— 127
19. Fe-Al-La —— 127
20. Fe-Al-Mn —— 128
21. Fe-Al-Mo —— 131
22. Fe-Al-N —— 133
23. Fe-Al-Nb —— 133
24. Fe-Al-Nd —— 134
25. Fe-Al-Ni —— 135
26. Fe-Al-P —— 140
27. Fe-Al-Pd —— 141
28. Fe-Al-Re —— 142
29. Fe-Al-Ru —— 143
30. Fe-Al-Sc —— 144
31. Fe-Al-Si —— 144
32. Fe-Al-Sm —— 147
33. Fe-Al-Sr —— 148
34. Fe-Al-Ta —— 149
35. Fe-Al-Ti —— 149
36. Fe-Al-U —— 152
37. Fe-Al-Y —— 153
38. Fe-Al-Zn —— 154
39. Fe-Al-Zr —— 156
40. Fe-As-C —— 157
41. Fe-As-Cu —— 158
42. Fe-As-Ga —— 159
43. Fe-As-Mn —— 159
44. Fe-As-Ni —— 159
45. Fe-Au-Co —— 163
46. Fe-Au-Ni —— 163
47. Fe-B-C —— 165
48. Fe-B-Ce —— 167
49. Fe-B-Co —— 169
50. Fe-B-Cr —— 169
51. Fe-B-Dy —— 170
52. Fe-B-Er —— 174
53. Fe-B-Ga —— 175
54. Fe-B-Gd —— 176
55. Fe-B-Ge —— 177
56. Fe-B-Hf —— 177
57. Fe-B-Ho —— 178
58. Fe-B-Lu —— 179
59. Fe-B-Mn —— 180
60. Fe-B-Mo —— 182
61. Fe-B-N —— 183
62. Fe-B-Nb —— 184
63. Fe-B-Nd —— 185
64. Fe-B-Ni —— 189
65. Fe-B-Pr —— 191
66. Fe-B-Re —— 192
67. Fe-B-Sc —— 193
68. Fe-B-Si —— 194
69. Fe-B-Sm —— 195
70. Fe-B-Ta —— 196
71. Fe-B-Tb —— 197
72. Fe-B-Ti —— 198
73. Fe-B-Tm —— 200
74. Fe-B-V —— 200
75. Fe-B-W —— 201
76. Fe-B-Y —— 202
77. Fe-B-Zr —— 204
78. Fe-Be-Co —— 205
79. Fe-Be-P —— 206
80. Fe-Be-Si —— 207
81. Fe-Be-Zr —— 210
82. Fe-Bi-S —— 211
83. Fe-C-Co —— 212
84. Fe-C-Cr —— 212
85. Fe-C-Cu —— 218
86. Fe-C-Gd —— 219
87. Fe-C-H —— 221
88. Fe-C-Hf —— 222
89. Fe-C-Mn —— 224
90. Fe-C-Mo —— 227
91. Fe-C-N —— 231
92. Fe-C-Nb —— 233
93. Fe-C-Ni —— 234
94. Fe-C-O —— 235
95. Fe-C-P —— 236
96. Fe-C-Pu —— 238
97. Fe-C-S —— 239
98. Fe-C-Sb —— 241
99. Fe-C-Si —— 241

100. Fe-C-Sn — 244	135. Fe-Co-U — 294	170. Fe-Dy-Re — 349
101. Fe-C-Ta — 245	136. Fe-Co-V — 296	171. Fe-Er-Ru — 351
102. Fe-C-Ti — 246	137. Fe-Co-W — 298	172. Fe-Ga-Hf — 351
103. Fe-C-U — 250	138. Fe-Co-Y — 301	173. Fe-Ga-N — 352
104. Fe-C-V — 251	139. Fe-Co-Zn — 302	174. Fe-Ga-Sc — 353
105. Fe-C-W — 253	140. Fe-Cr-Ga — 304	175. Fe-Ga-V — 354
106. Fe-C-Y — 255	141. Fe-Cr-Hg — 305	176. Fe-Ge-H — 355
107. Fe-C-Zn — 257	142. Fe-Cr-Mn — 305	177. Fe-Ge-Hf — 355
108. Fe-C-Zr — 257	143. Fe-Cr-Mo — 307	178. Fe-Ge-Mn — 356
109. Fe-Ca-P — 258	144. Fe-Cr-N — 311	179. Fe-Ge-Ni — 357
110. Fe-Ca-S — 259	145. Fe-Cr-Nb — 313	180. Fe-Ge-S — 358
111. Fe-Ca-Si — 260	146. Fe-Cr-Ni — 314	181. Fe-Ge-Ti — 359
112. Fe-Ce-Co — 262	147. Fe-Cr-O — 318	182. Fe-H-Mo — 360
113. Fe-Ce-N — 263	148. Fe-Cr-P — 321	183. Fe-H-Nb — 360
114. Fe-Ce-Nb — 263	149. Fe-Cr-S — 321	184. Fe-H-Ni — 362
115. Fe-Ce-Pu — 264	150. Fe-Cr-Sb — 322	185. Fe-H-Ta — 362
116. Fe-Ce-Si — 265	151. Fe-Cr-Si — 323	186. Fe-H-Ti — 363
117. Fe-Co-Cr — 266	152. Fe-Cr-Sn — 325	187. Fe-H-V — 364
118. Fe-Co-Cu — 269	153. Fe-Cr-Ti — 325	188. Fe-H-W — 365
119. Fe-Co-Ge — 270	154. Fe-Cr-V — 329	189. Fe-Hf-Nb — 365
120. Fe-Co-H — 271	155. Fe-Cr-W — 331	190. Fe-Hf-Zr — 365
121. Fe-Co-Hg — 271	156. Fe-Cr-Y — 332	191. Fe-Hg-Sn — 366
122. Fe-Co-Mn — 272	157. Fe-Cr-Zr — 333	192. Fe-Hg-Zn — 366
123. Fe-Co-Mo — 275	158. Fe-Cu-Ni — 334	193. Fe-Ir-Rh — 366
124. Fe-Co-Ni — 277	159. Fe-Cu-O — 336	194. Fe-La-N — 367
125. Fe-Co-O — 279	160. Fe-Cu-P — 337	195. Fe-La-Si — 367
126. Fe-Co-P — 280	161. Fe-Cu-Pb — 339	196. Fe-Mn-N — 368
127. Fe-Co-Pd — 281	162. Fe-Cu-Pd — 340	197. Fe-Mn-Ni — 370
128. Fe-Co-Re — 284	163. Fe-Cu-Pt — 341	198. Fe-Mn-O — 373
129. Fe-Co-S — 284	164. Fe-Cu-S — 341	199. Fe-Mn-P — 375
130. Fe-Co-Sb — 287	165. Fe-Cu-Sb — 344	200. Fe-Mn-S — 376
131. Fe-Co-Si — 289	166. Fe-Cu-Si — 346	201. Fe-Mn-Sb — 379
132. Fe-Co-Sn — 290	167. Fe-Cu-Ti — 347	202. Fe-Mn-Se — 380
133. Fe-Co-Ta — 291	168. Fe-Cu-Zn — 348	203. Fe-Mn-Si — 381
134. Fe-Co-Ti — 292	169. Fe-Cu-Zr — 349	204. Fe-Mn-Sn — 383

205. Fe-Mn-Te — 384	239. Fe-Ni-O — 424	273. Fe-Pb-S — 463
206. Fe-Mn-Ti — 386	240. Fe-Ni-P — 425	274. Fe-Pb-Te — 464
207. Fe-Mn-U — 387	241. Fe-Ni-Pb — 426	275. Fe-Pd-Ti — 465
208. Fe-Mn-V — 388	242. Fe-Ni-Pd — 427	276. Fe-Pd-Y — 466
209. Fe-Mn-Y — 389	243. Fe-Ni-Pt — 428	277. Fe-Pu-U — 467
210. Fe-Mn-Zn — 390	244. Fe-Ni-Re — 429	278. Fe-Rh-S — 468
211. Fe-Mn-Zr — 391	245. Fe-Ni-Ru — 430	279. Fe-Ru-S — 470
212. Fe-Mo-Nb — 391	246. Fe-Ni-S — 430	280. Fe-Ru-Y — 471
213. Fe-Mo-Ni — 392	247. Fe-Ni-Sb — 432	281. Fe-S-Sb — 472
214. Fe-Mo-P — 394	248. Fe-Ni-Si — 433	282. Fe-S-Si — 473
215. Fe-Mo-S — 396	249. Fe-Ni-Sn — 435	283. Fe-S-Sn — 474
216. Fe-Mo-Si — 397	250. Fe-Ni-Ti — 437	284. Fe-S-Ti — 475
217. Fe-Mo-Ti — 400	251. Fe-Ni-U — 438	285. Fe-S-V — 476
218. Fe-Mo-V — 400	252. Fe-Ni-V — 438	286. Fe-S-W — 477
219. Fe-Mo-W — 402	253. Fe-Ni-W — 439	287. Fe-S-Zr — 478
220. Fe-Mo-Y — 403	254. Fe-Ni-Y — 441	288. Fe-Sb-Si — 480
221. Fe-Mo-Zr — 404	255. Fe-Ni-Zn — 442	289. Fe-Sc-Si — 482
222. Fe-N-Nb — 405	256. Fe-Ni-Zr — 442	290. Fe-Si-Sn — 483
223. Fe-N-Ni — 407	257. Fe-O-P — 444	291. Fe-Si-Ti — 484
224. Fe-N-Pt — 407	258. Fe-O-S — 445	292. Fe-Si-U — 486
225. Fe-N-Si — 407	259. Fe-O-Si — 446	293. Fe-Si-V — 486
226. Fe-N-Ta — 408	260. Fe-O-Ti — 446	294. Fe-Si-W — 490
227. Fe-N-Ti — 409	261. Fe-O-V — 448	295. Fe-Si-Zn — 491
228. Fe-N-U — 410	262. Fe-O-W — 448	296. Fe-Sm-Y — 492
229. Fe-N-V — 410	263. Fe-O-Zr — 449	297. Fe-Sn-Zr — 493
230. Fe-N-Zn — 412	264. Fe-P-S — 449	298. Fe-Th-U — 495
231. Fe-Nb-Ni — 413	265. Fe-P-Sb — 450	299. Fe-Ti-V — 496
232. Fe-Nb-P — 413	266. Fe-P-Si — 452	300. Fe-Ti-W — 498
233. Fe-Nb-S — 415	267. Fe-P-Sn — 453	301. Fe-Ti-Zr — 499
234. Fe-Nb-Si — 416	268. Fe-P-Ti — 455	302. Fe-V-Zr — 499
235. Fe-Nb-V — 419	269. Fe-P-V — 457	303. Fe-W-Y — 500
236. Fe-Nb-W — 419	270. Fe-P-W — 459	304. Fe-W-Zn — 501
237. Fe-Nb-Y — 420	271. Fe-P-Zn — 460	
238. Fe-Nb-Zr — 421	272. Fe-P-Zr — 461	

III. 鉄多元系状態図

1. Fe-Al-C-Mn — 505
2. Fe-Al-C-Si — 506
3. Fe-Al-Cr-Mn — 507
4. Fe-Al-Cu-Mn — 508
5. Fe-Al-Cu-Ni — 510
6. Fe-Al-Mn-U — 512
7. Fe-As-C-Mn — 514
8. Fe-As-Cu-S — 515
9. Fe-B-C-Cr — 516
10. Fe-C-Co-Ni — 517
11. Fe-C-Cr-Mn — 518
12. Fe-C-Cr-Mo — 520
13. Fe-C-Cr-N — 524
14. Fe-C-Cr-Ni — 528
15. Fe-C-Cr-Si — 529
16. Fe-C-Cr-V — 532
17. Fe-C-Cr-W — 534
18. Fe-C-Cu-Mn — 538
19. Fe-C-Mn-Si — 539
20. Fe-C-Mo-W — 539
21. Fe-C-Ni-Pb — 542
22. Fe-C-Ni-U — 543
23. Fe-C-Ni-W — 544
24. Fe-Co-H-Ni — 548
25. Fe-Co-Mn-U — 548
26. Fe-Co-Mo-Ni — 550
27. Fe-Co-Ni-W — 551
28. Fe-Cr-Cu-Zr — 552
29. Fe-Cr-Mn-N — 554
30. Fe-Cr-Mn-Ni — 555
31. Fe-Cr-Mo-Ni — 556
32. Fe-Cr-Ni-Sb — 557
33. Fe-Cr-Ni-Si — 557
34. Fe-Cr-Ni-Ti — 558
35. Fe-Cr-Ni-W — 560
36. Fe-Cr-O-S — 561
37. Fe-Cu-Mn-Ni — 561
38. Fe-Mg-Ni-O — 563
39. Fe-Mn-N-Si — 564
40. Fe-Mn-Ni-S — 565
41. Fe-Mn-O-S — 566
42. Fe-Mn-Si-V — 566
43. Fe-Ni-P-S — 567
44. Fe-Ni-S-Si — 569
45. Fe-Al-C-Cr-Mn — 569
46. Fe-B-C-Cr-Ni — 570
47. Fe-C-Cr-Mn-N — 570
48. Fe-C-Cr-Mo-V — 571
49. Fe-C-Mn-Se-Si — 573
50. Fe-Co-Cr-Mo-Ni — 574
51. Fe-Co-Cr-Ni-W — 575
52. Fe-Cr-Cu-Mn-Ni — 575
53. Fe-Cr-Mn-N-Ni — 576
54. Fe-Al-B-Cr-Si-Ti — 577
55. Fe-Al-Co-Cu-Nb-Ni — 578
56. Fe-Al-Co-Cu-Ni-Si — 578
57. Fe-Al-Co-Cu-Ni-Ti — 579
58. Fe-Al-Co-Cu-Ni-V — 579
59. Fe-Al-Cr-Ni-Ti-W — 580
60. Fe-Al-Co-Cu-Ni-Si-Zr — 580
61. Fe-Cr-Mn-Nb-Ni-Si-V — 581

付. 鉄温度-圧力状態図 — 582

付録 金属元素の各種基礎データ

1. 周期表の表記法 — 586
2. 元素の結晶構造 — 588
3. 主な金属元素の同素変態 — 590
4. 元素の融点, 密度, 原子量 — 592
5. 結晶における原子半径 — 596
6. 結晶構造の表示 — 597
7. 鉄炭化物, 窒化物, 水素化物, ボロン化物の結晶構造(空間群)・格子定数 — 602

あとがき — 609

I. 鉄二元系状態図

1. Fe-Ag

FeとAgとは，液体状態でも固体状態でも，事実上相互作用を持たない．この二つの金属を所要の割合に混ぜて融解すると二液相分離が観察される．Agの融体中には，1600℃で 6×10^{-4} wt%Fe，1000℃で 4×10^{-4} wt%Feが溶解する [1]．

H.A.Wriedtら [2] は接触拡散法を用いて，γ-Fe中のAgの溶解度を広い温度範囲にわたって調べている．1234~1665Kの温度範囲における γ-Fe中へのAgの飽和溶解度は次の式で表される．

$$\log \text{Ag (wt\%)} = -6027/T + 2.289$$

上式から算出されたAgの溶解度は表1-1に示すとおりである．

温度		Ag	温度		Ag
K	℃	wt%	K	℃	wt%
1234	961	0.0025	1473	1200	0.0157
1273	1000	0.0036	1573	1300	0.0287
1373	1100	0.0079	1665	1392	0.0470

表1-1 各温度におけるFe中へのAgの溶解度 [2]

文献 [1] R.Vogel and W.Mässenhausen : Arch. Eisenhüttenwesen **27** (1956) 143-147
　　　[2] H.A.Wriedt, W.B.Morrison and W.E.Cole : Metall. Trans. **4** (1973) 1453-1456

2. Fe-Al

本系全体の状態図はHansen IIの状態図に集約されているが，Fe_3Al~FeAl付近の規則化過程については明らかにされていなかった．その後，[1~5] による研究をもとに，新たに構成された状態図が図2-1に示すKubaschewskiの状態図集掲載の図である．

Fe_3Al近傍の規則-不規則変態については，S.V.Semenovskaya [6] がX線散漫散乱の測定結果に基づいて，Khachatryanのstatic concentration waveモデル [7] を用い，常磁性－強磁性変態を含めて詳細な状態図を提案している (図2-2)．

Fe-Al系には以下の5種類の安定な金属間化合物の存在が知られている．

Fe_3Al：Fe_3Al (DO_3) 型規則格子である (図2-3(a))．この相の磁気変態のキュリー点は図2-2にも見られるように，規則-不規則変態点より下にあるとされている．格子定数は a = 0.57923nm である．

FeAl：CsCl (B2) 型格子である (図2-3(b))．1310℃で α-Feと液相との包晶反応により生じるというが詳細は依然不明である．広い組成範囲にわたり存在するとされており，32~40at%Al, 1022~700℃で二次的規則変態をするという説 [8] もあるが，明らかではない．格子定数は a = 0.2909nm である．

4   I. 二元系

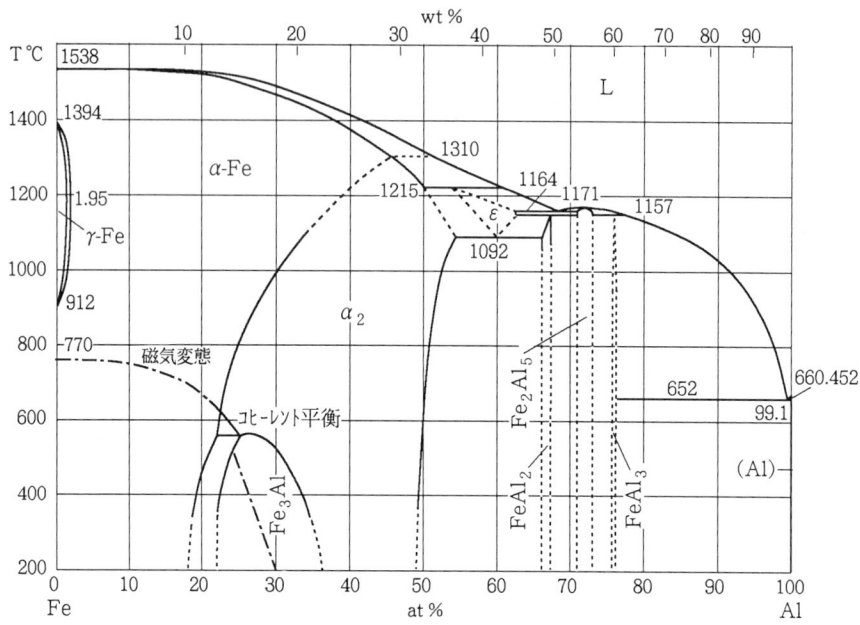

図2-1　Fe-Al系状態図　Kubaschewskiによる　　L：液相

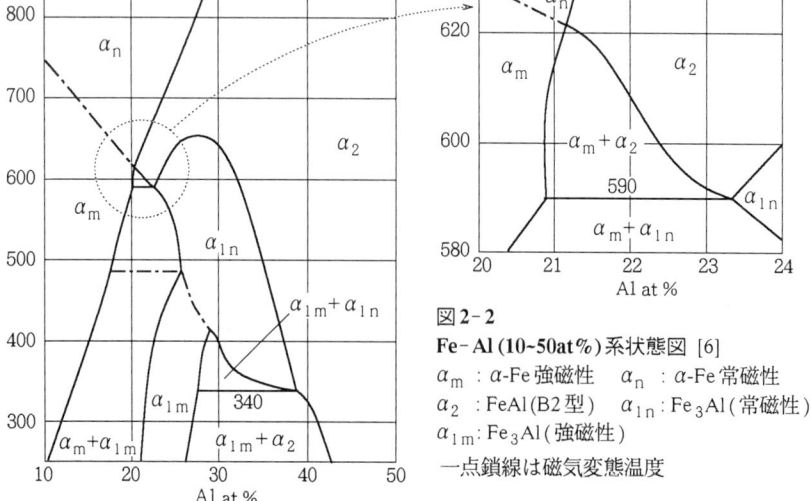

図2-2
Fe-Al(10~50at%)系状態図 [6]
α_m : α-Fe 強磁性　　α_n : α-Fe 常磁性
α_2 : FeAl(B2型)　　α_{1n} : Fe$_3$Al(常磁性)
α_{1m} : Fe$_3$Al(強磁性)
一点鎖線は磁気変態温度

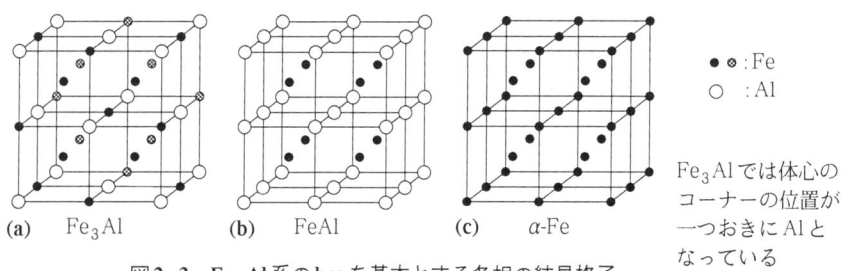

図2-3 Fe-Al系のbccを基本とする各相の結晶格子

ε相：1215℃で，FeAl相と液相とから包晶反応により生成するという以外詳細は不明である．

FeAl$_2$(ζ)：1150℃付近で包析反応により生じるというが詳細は不明である．結晶構造は複雑な三斜晶で，格子定数については2種類の提案があるが，そのうちの一方は，a = 0.4878nm, b = 0.6461nm, c = 0.8800nm, α = 91.75°, β = 73.29°, γ = 96.89°である．

Fe$_2$Al$_5$(η)：1171℃で調和融解する．斜方晶（空間群：$Cmcm$）を有し，格子定数は，a = 0.7675nm, b = 0.6403nm, c = 0.4203nm である．

FeAl$_3$(θ)：1157℃で包晶反応により生じる．単斜晶（空間群$C2/m$）で，単位格子あたり，100個の原子からなる複雑な構造である．格子定数は，a = 1.5489nm, b = 0.8083nm, c = 1.2476nm, β = 107.72°である．

本系にはこの他に，FeAl$_6$, FeAl$_4$などの化合物相が報告されているが，安定相であるかどうかは疑わしい．

Al側では，99.1at%Al, 652℃で共晶反応が生じる．

文献 [1] W.Köster and T.Gödecke : Z. Metallkunde **71** (1980) 765-769
　　[2] H.Warlimont : Z. Metallkunde **60** (1969) 195-203
　　[3] E.Schürmann : Arch. Eisenhüttenwesen **51** (1980) 325-327
　　[4] P.R.Swann, W.R.Duff and R.M.Fisher : Metall. Trans. **3** (1972) 403
　　[5] A.Taylor and R.M.Jones : J. Phys. Chem. Solids **6** (1958) 16-37
　　[6] S.V.Semenovskaya : Phys. Status Solidi **64(b)** (1974) 291-303
　　[7] A.G.Khachatryan : Phys. Status Solidi **60(b)** (1973) 9-37
　　[8] A.Fouzdeux, H.Brugas, D.Weber et al : Scripta Met. **14** (1980) 485

3. Fe-As

K.Friedrichの1907年の仕事[1]を主として，これに[3, 6, 7]のデータを総括したのが図3-1である．Friedrich以来全系にわたってめぼしい研究はない．本系には

4種類の中間化合物 Fe_2As, Fe_3As_2, $FeAs$ および $FeAs_2$ が存在すると報告されている．この中で Fe_3As_2 は Friedrich が主張したもの (温度は多少違う) である．存在を確認するために幾つかの研究が行われたが，いずれも確認に成功していない．

V.N.Svechnikov ら [2, 3] は α および γ-Fe 中への As の溶解度を明らかにしている．1150℃における As の溶解限は 1.75at% である．同温度における $\alpha + \gamma$ 二相領域の幅は最高 2.4at%As に達する．α-Fe 中の As の固溶限は，共晶温度で 10.5at% で，室温では約 5at% まで低下する [4]．この場合 α-Fe の bcc 格子の格子定数と濃度の関係は次式で与えられる．

$$a(nm) = 0.28606 + 0.00023\, at\%\,As$$

また，[5] は α 相の格子定数の As 濃度依存には，次の関係があるという．

$$a(nm) = 0.28609 + 17 \times 10^{-5} C_{As} \quad (C_{As}: at\%\,As)$$

B.Bozic [7] は Fe 側の合金の磁気変態温度を決定した．これは図中に一点鎖線で示してある．As の添加は 500℃以下における Fe の衝撃値を低下させ，高温での酸化性を増大させる．

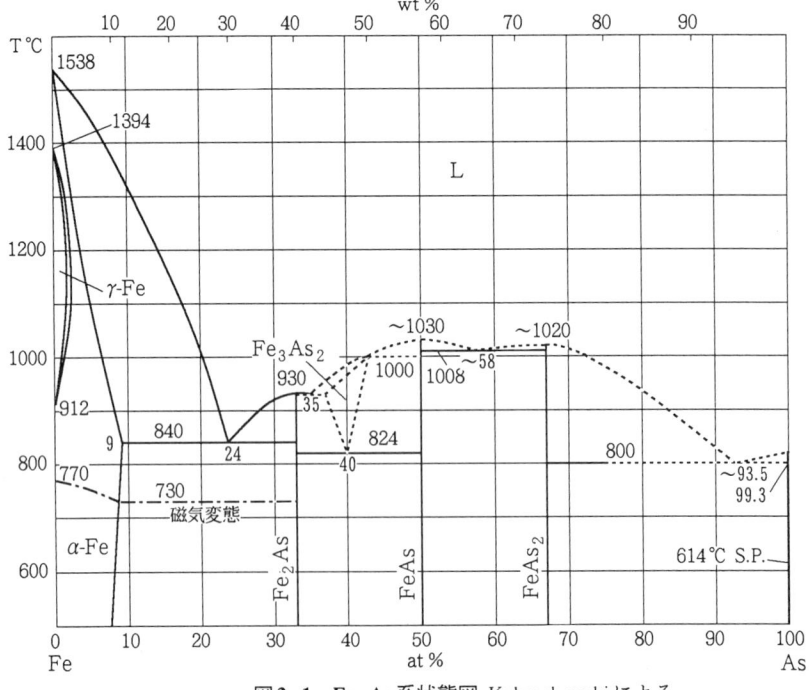

図3-1　Fe-As系状態図　Kubaschewski による

本系状態図にある金属間化合物の構造は，一般には Hägg および Buerger の 1928~32年のデータが用いられているが，古いデータなのでここでは，Pearson's Handbook のデータを採用する．

Fe_2As : Cu_2Sb 型 ($P4/nmm$), a = 0.3634nm, c = 0.5985nm

FeAs : MnP型 ($Pnma$), a = 0.60278nm, b = 0.33727nm, c = 0.54420nm

これにはもうひとつの提案もある．AsCo型 ($Pna2_1$), a = 0.54420nm, b = 0.60278 nm, c = 0.33727 nm である．両者の違いは，AsとFe原子の配置の違いである(格子点もいくつか食い違う)．

$FeAs_2$: FeS_2 型 ($Pnnm$), a = 0.53012nm, b = 0.59858nm, c = 0.28822nm

文献 [1] K.Friedrich : Metallurgie **4** (1907) 129-136

[2] V.N.Svechnikov and A.K.Shurin : Dopov. Akad. Nauk Ukrain. RSR **1** (1957) 27-33

[3] L.A.Clark : Econ. Geol. **55** (1960) 1345-1381

[4] N.I.Sandler, E.A.Levikov and M.A.Kotkis : Fisika Metall. i Metalloved. **1** (1955) 523-526

[5] R.D.Heyding and L.D.Calvert : Canad. J. Chem. **35** (1957) No.5, 449-452

[6] H.Sawamura and T.Mori : Mem. Fac. Eng. Kyoto Univ. **14** (1952) 129-132 ; **16** (1954) 182-184

[7] B.Bozic : Bull. Acad. Serbe sci. et arts **63** (1979) No.14, 1-16

4. Fe-Au

本系の基本的な形態は1907年のE.IsaacとG.Tammann [1]の研究で明らかになっているが，固相についてはその後の多くの研究で確認され，現在の形になっている[1~4]．

図4-1は種々の研究[1~4]をまとめたものである．

P.Royernら[6]はα-Fe中へのAuの溶解度を求めたが，それによると500℃で0.5at%Auであると述べている．

1936年のHansen Iでは，L.Nowack [5]がF.Weberの私信に基づいてFe_3Au (45.93 wt% Fe)の存在を主張した状態図を採用している．その後Fe_3Auの存在は確認されず，またWeber自身も存在を主張する論文を出していない．現在では本系には中間化合物は存在しないとされている．

文献 [1] E.Isaac and G.Tammann : Z. anorg. Chem. **53** (1907) 291-297

[2] S.T.Pan , A.R.Kaufmann and F.Bitter : J.Chem. Phys. **10** (1942) 318-323

[3] E.Raub and P.Walter : Z. Metallkunde **41** (1950) 234-238

[4] R.A.Buckley and W.Hume-Rothery : J. Iron Steel Inst. (London) **201** (1963)121-124

[5] L.Nowack : Z. Metallkunde **22** (1930) 97

[6] P.Royern and H.Reinhardt : Z. anorg. Chem. **281** (1955) 18-36

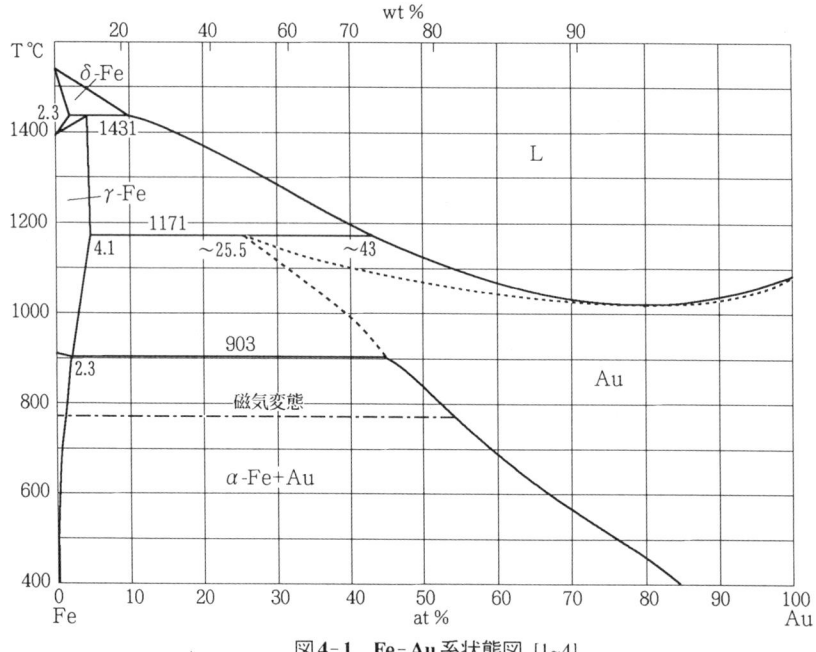

図4-1　Fe-Au系状態図 [1~4]

5. Fe-B

　図5-1は, Hansen II, Kubaschewskiの状態図および[1]の結果等を加えて作成された本系全組成域の状態図である. もっとも[1]は高ホウ素側で, 1980℃で包晶反応により, FeB_n ($n \approx 49$)が生じるという状態図を提案し, [2]で採用されているが, その後の研究では確認されていない. ここでは, 図5-1に従うことにする. Feの高濃度側では, 1170℃, ~17at%Bで共晶変態：$L \rightleftarrows \gamma\text{-}Fe + Fe_2B$ が存在する.

　1381℃でカタテクティック反応：$\delta\text{-}Fe \rightleftarrows \gamma\text{-}Fe + L$ が生じる. 金属間化合物 Fe_2B は1407℃で包晶反応：$L + FeB \rightleftarrows Fe_2B$ によって生じる. 金属間化合物 FeB (ホウ化鉄)は, 1590℃で調和融解する. また1497℃, 64at%Bで共晶 FeB+B が生じる.

　α-Fe中へのBの溶解度は低く, [3]によれば, 500~600℃の範囲で, 0.0001~0.0002 wt%B, 910℃でも0.0025wt%B程度という. γ-Fe中へのBの溶解度はさらに低く, 同じ910℃で, 0.0015wt%B, 1150℃で, 0.0045~0.005wt%B という. α-FeとB固溶体の格子定数は純鉄のa=0.28681nmに対し, 0.286745nmと減少すると同時に密度も減少する. このことは, α-FeとBの固溶体が置換型であることを意味している [4~7]. 一方, γ-Feとは侵入型であるという[7]. 表5-1に各温度におけるBの溶解度を示す[7].

5. Fe-B

[8]ではFe$_3$C型と同じ，斜方晶構造の準安定化合物，Fe$_3$Bの存在が報告されている．冷却速度~10^6K/secで準安定化合物，Fe$_{23}$B$_6$(Cr$_{23}$C$_6$型)が生じるという[9]．M$_{23}$C$_6$型化合物の構造は立方晶であるが，92個の金属原子と，24個の炭素原子とからなる非常に複雑な格子である．

準安定化合物を含めて，本系の金属間化合物を以下にまとめる[2]．

Fe$_3$B：高温相 Ni$_3$P型 ($I\bar{4}$)，a = 0.8655nm，b = 0.4297nm
　　　　低温相 $P4_2/4$，a = 0.8648nm，b = 0.4314nm
Fe$_2$B：Al$_2$Cu型 ($I4/mcm$)，a = 0.5109nm，b = 0.4249nm

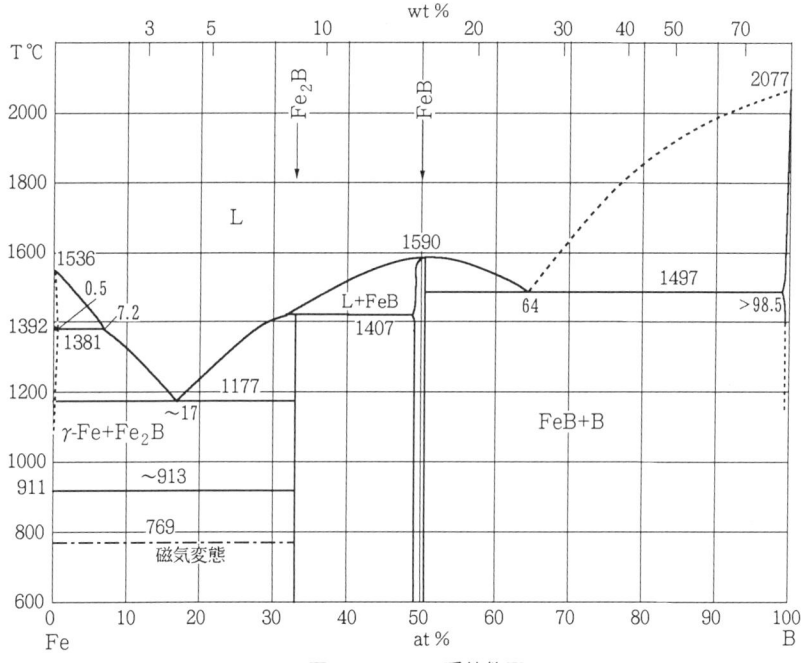

図5-1　Fe-B系状態図

γ-Fe中へのホウ素の溶解度

温度 (℃)	1131	1103	1049	1008	919	915
溶解度 (at%)	0.0182	0.0143	0.0089	0.0061	0.0034	0.0024

α-Fe中へのホウ素の溶解度

温度 (℃)	906	887	794	710
溶解度 (at%)	0.0082	0.0061	0.0011	0.0002

表5-1　Fe中へのBの溶解度 [7]

FeB：高温相は不明
　　低温相は FeB 型 (*Pnma*), a = 0.5506nm, b = 0.4061nm, c = 0.2952nm
　Fe$_2$B, FeB の結晶構造についての報告は 1929 年のもので信頼性は低い.
　FeB には変態が存在するともいわれるが確認されていない.
　なお，準安定相の FeB$_n$ (n ≈ 49) の格子定数を参考までに挙げると, a = 1.0951nm,
c = 2.3861nm, 結晶構造は $R\bar{3}m$ であるという.

文献 [1] K.I.Portnoi, M.H.Levinskaya and V.M.Romashov : Poroshkovaya Met. SSR (1969) No.8, 66-70
　　 [2] Yu.B.Kuz'ma and N.F.Chaban : "Dvojnye i Trojnye Sistemy Soderzhashchie Bor", Moskva, Metallurgiya (1990)
　　 [3] A.Brown, J.D.Garnish and R.W.K.Honeycombe : Metal Sci. J. **8** (1974) 317-324
　　 [4] R.M.Goldhoff and J.M.Spretauk : J. Metals **9** (1957) 1278-1281
　　 [5] A.Lucci, G.Gatta and G.Venturello : Metal Sci. J. **3** (1969) 14-17
　　 [6] A.K.Shevelev : Doklady Akad. Nauk SSSR **123** (1958) 453-456
　　 [7] C.C.McBride, I.W.Spretanak and R.Speiser : Trans. ASM **46** (1954) 499-507
　　 [8] Y.Khan, E.Kneller and M.Sostarich : Z. Metallkunde. **73** (1982) 624-626
　　 [9] V.F.Bashev, I.S.Miroshnichenko and G.A.Sergeev : Izvest. Akad. Nauk SSSR, Neorg. Materially **17** (1981) 1207-1211

6. Fe-Ba

　X 線回折, X 線マイクロアナライザーおよび電子顕微鏡観察による研究がある.
Fe と Ba とは液体中でも固体中でも相互に反応し合わない. N.V.Ageev ら [1] は 0.08
~0.15wt%C の鋼中で液体バリウムの拡散を研究し，1200℃で液体バリウムの拡散が
生じないことを確認している.

文献 [1] N.V.Ageev and M.I.Zamotrin : Izvest. LPI (Leningradskij Politekhnicheskij Institut) Otd. Fiz.-mat. Nauk **31** (1928) No.2, 183-197

7. Fe-Be

　Fe-Be 系の状態図は [1~3] を総括したものである (図 7-1). F.Aldinger ら [1] は
13at% Be までの組成の合金系を研究し，液相線, γ 領域の範囲, 磁気変態の温度を
明らかにしている. S.M.Myers ら [2] は，さらに Be 濃度の高い 54at% Be までの合金
を研究している.
　本系には 3 種類の金属間化合物, FeBe$_2$, FeBe$_5$, FeBe$_{12}$ (ごく最近の文献によると
FeBe$_7$) が生じる. これらは広い単一相領域をもっている.
　FeBe$_2$: MgZn$_2$ 型の Laves 相, a = 0.4223nm, c = 0.6827nm (68at% Be)

7. Fe-Be

FeBe$_7$: Be$_7$Rh型 ($P\bar{6}m2$), a = 0.4137nm, c = 1.0720nm

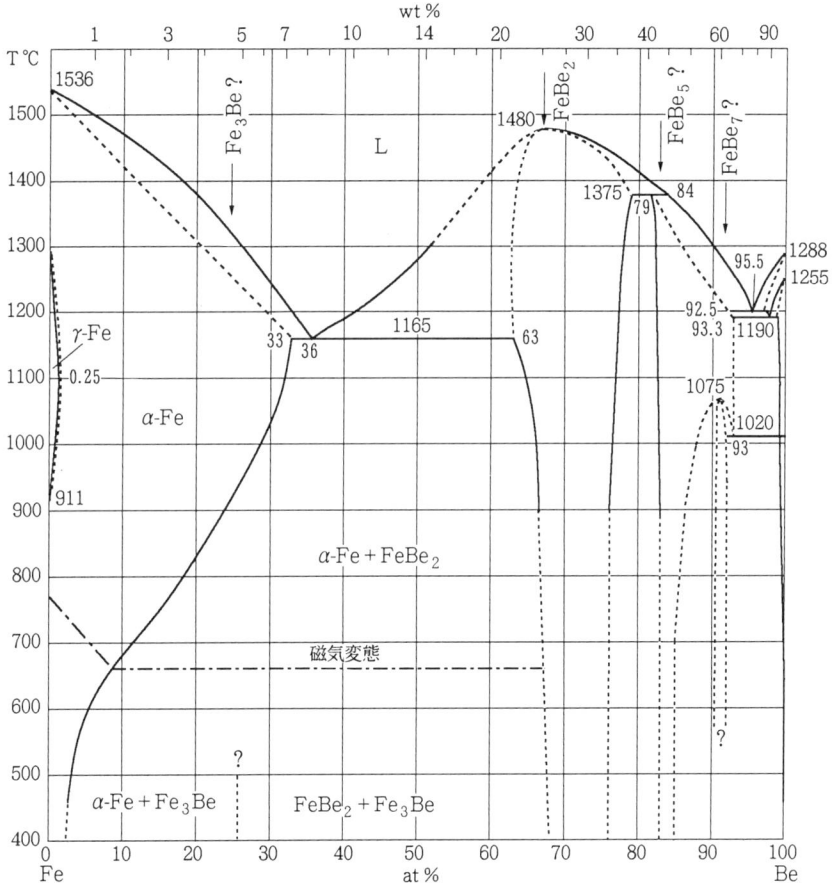

図7-1　**Fe-Be**系状態図　Kubaschewski による　　L：液相

文献 [1] F.Aldinger and G.Petzow : Constitution of Beryllium and its Alloys, Chap. 7, 235 "Beryllium Science and Technology **1** ", New York, Plenum Press (1979)
　　[2] S.M.Myers and J.E.Smugeresky : Metall. Trans. **7A** (1976) 795 ; NBS Sepec. Publ. **496** (1977)
　　[3] M.L.Hammond, A.T.Davinroy and M.I.Jacobson : "Beryllium rich End of Five Binary Systems", Air Force Materials, Lab. Rep. AFML-Tr-65-223 (1965)

8. Fe-Bi

[1~3]によると，FeとBiは，液体状態でも固体状態でも相互に溶解しない．磁気測定[3]によると，400℃および600℃で液体ビスマス中に，それぞれ 2×10^{-4}, 4×10^{-4} wt%Fe (7.5×10^{-4}, 15×10^{-4} at%)が溶解する．

J.W.Johnsonら[4]は，482~1010℃における液体ビスマス中のFeの溶解度の温度係数を明らかにした．482℃，788℃，1010℃で100時間保持した後，溶解度を求めた．少量のBiが鋼の赤熱脆性の原因と見なせるが，これは未溶解ビスマスによる酸素の吸収量の増加と関連するという[5]．

文献 [1] G.Hägg : Z. Krist. **68** (1928) 472
  [2] F.Wever : Arch. Eisenhüttenwesen **2** (1928-29) 739-746
  [3] G.Tammann and W.Oelsen : Z. anorg. Chem. **186** (1930) 277-279
  [4] J.W.Johnson and D.S.Yesseman : U.S. At. Energy Common NEPA-1221 (1949) Nucl. Sci. Abstr. **16** (1962) 6716
  [5] G.Tammann and A.Rüchenbeck : Z. anorg. Chem. **223** (1935) 192-196

9. Fe-C

Fe系状態図の中では，もっとも古くから研究され，もっとも重要な状態図のひとつである．本系状態図のルーツをたどると，1968年のChernov (Tschernov)の研究にいたるというのが，ソ連(旧)の教科書，状態図にしばしば紹介されている．確かにChernovが鋼の熱処理の研究の中でFe-C状態図の原型ともいうべき A_3 線，A_1 線を示唆した形跡はあるが[1]，これについてはソ連(旧)の中でもそれらは焼戻しによる軟化温度，つまりある種の再結晶温度を示したものであるという意見を唱える向きもある[2]．今日でいう状態図の形を最初に示したのは1897年のRoberts-Austenであることは異論のないところであろう[3]．その後，HansenⅠの状態図(1936年)を経て，Metals Handbook (1948年)あるいはHansenⅡの状態図(1958年)所載の状態図が長い間Fe-C状態図として用いられてきた(図9-1参照)．

1920年代の研究をもとにしたこれらの図は基本的には同じ形をしているが，その後の新しい測定手段の発展により，とくに融点，変態温度，溶解度などの数値などに変更が加えられている．現在では，BenzとElliottによる状態図(1961)[4]が一般に認められるものとなっている．図9-1にBenz and Elliottにいたる4種類の状態図の変遷を示す．しかし，ここではBenz and Elliottとの差はごく僅かであるが，田中良平がそれらの数値に基づいて作成した状態図を最新の状態図として挙げておく[5] (図9-2)．

ところで，これまでのどの状態図集においても，Fe-C系では，準安定系Fe-Fe_3C (実線)と安定系Fe-C系(点線)との複平衡状態図が採用されている．しかし，い

9. Fe-C

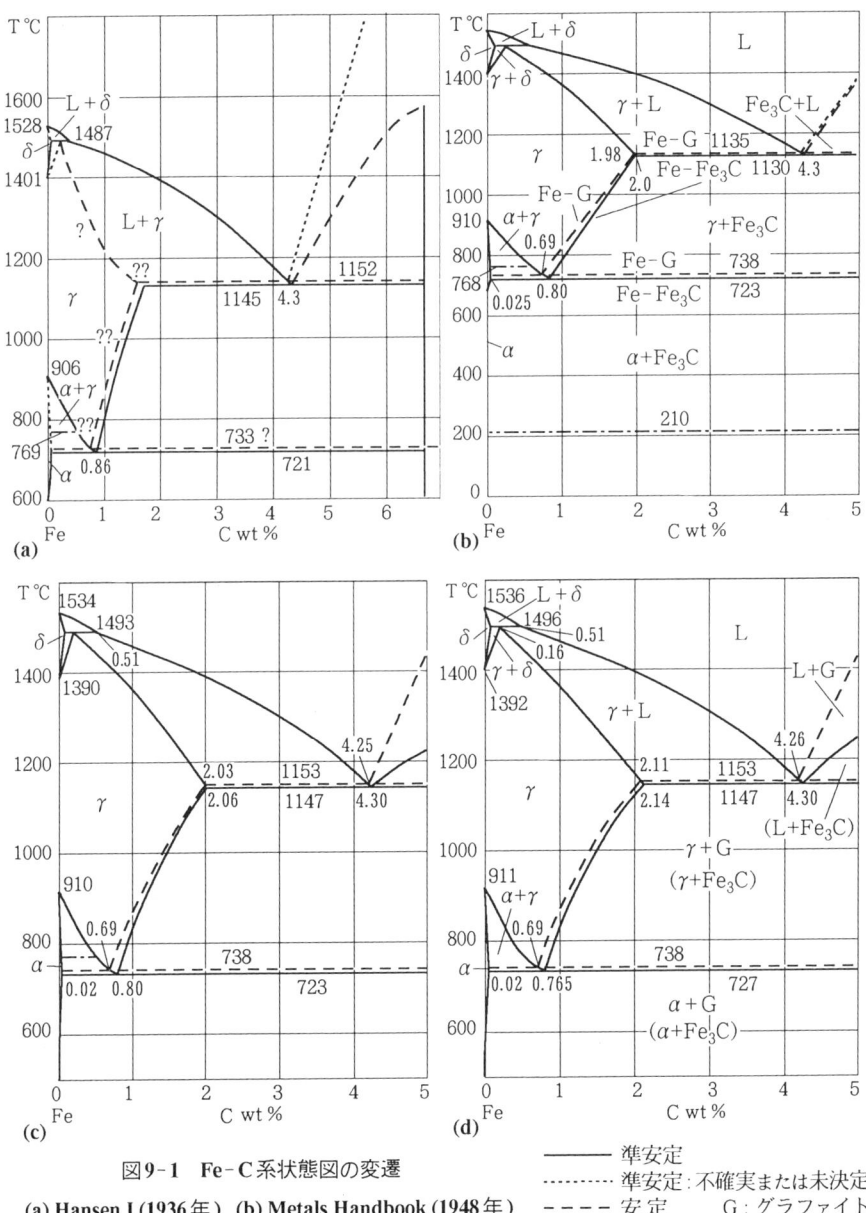

図9-1 Fe-C系状態図の変遷

(a) Hansen I (1936年)　(b) Metals Handbook (1948年)
(c) Hansen II (1958年)　(d) Benz and Elliott (1961年)

―――― 準安定
……… 準安定：不確実または未決定
― ― ― 安　定　　　G：グラファイト
―・―・― 磁気変態　　L：液相

I. 二元系

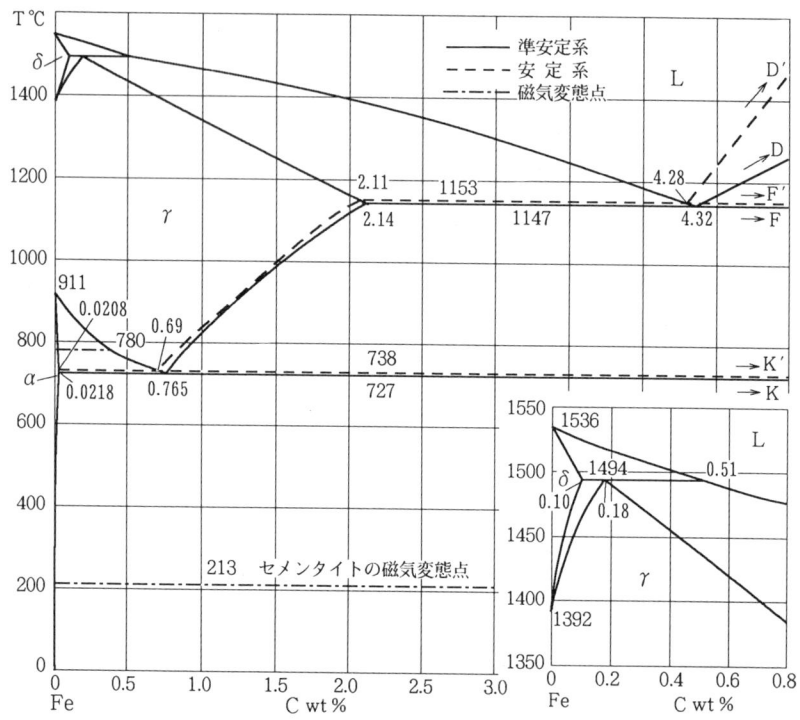

図9-2 Fe-C系の最も新しい状態図 [5]　D, F, K : Fe_3C,　D', F', K' : グラファイト

ずれの状態図においても，オーステナイトおよびフェライトに対するグラファイトの溶解度曲線を与える実験結果は，用いた純鉄試料の純度，あるいは測定技術の精度が現在のものよりあまり高いとはいえず，長崎誠三[6]はこのような実験精度の範囲で，準安定系と僅かの温度の違いを明示できるほどのものかどうか，疑問の余地を残すことを指摘している．以上のFe-C系状態図の歴史に関する議論は[5,6]に詳しいので，参照されたい．

Fe-C系の高圧下の状態図

Fe-C系の高圧下での相平衡は炭素のグラファイト-ダイヤモンド転移と関連して，実用的にも重要である．実際，ダイヤモンドの高圧合成は，Fe，あるいはFe+Ni合金を触媒としてその中へのダイヤモンドの晶出反応を利用する．

I.A.Korsunskayaら[7]は熱力学データを用いて，正則溶体近似から，Fe-C系の0～5GPaの状態図を計算により求めた．それらによると，圧力の上昇に伴い，準安定状態と平衡状態とは接近し，セメンタイトとダイヤモンドがより安定となる．高圧

9. Fe-C

下では，セメンタイトは，組成に依存して，融液から直接晶出することもあれば，グラファイトとの包晶反応により生じることもある．かれらはさらに9GPaのところで，光学顕微鏡による組織観察，X線回折による実験も行い，図9-3に示す等圧断面図を作成した[8]．圧力の増大とともに，高温側ではグラファイトの液相線が次第にダイヤモンドの液相線に接近し，9GPaに達すると，1430KでL→オーステナイト＋Fe_3C，約1950KでL＋ダイヤモンド→Fe_7C_3，また約1800KでL＋Fe_7C_3→Fe_3Cが生じるという．ここでは，ダイヤモンドはグラファイトより安定である．

V.K.Grigorovich [9] は13GPaのFe-ダイヤモンド二元等圧断面図を提案している

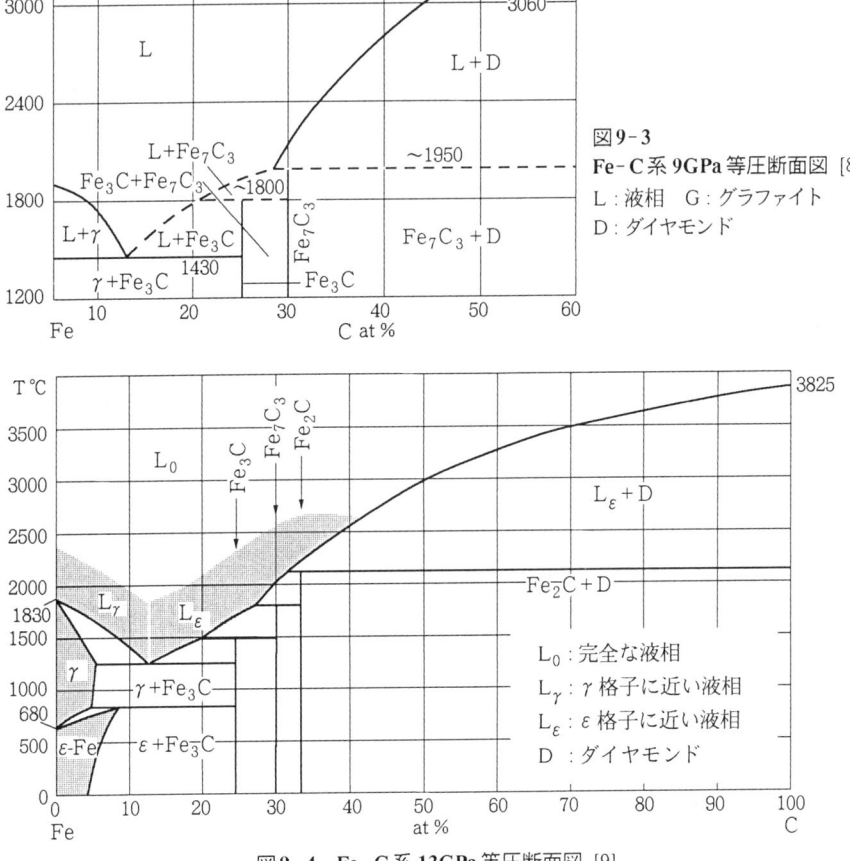

図9-3 Fe-C系 9GPa 等圧断面図 [8]
L：液相　G：グラファイト
D：ダイヤモンド

図9-4 Fe-C系 13GPa 等圧断面図 [9]

(図9-4).この圧力下ではε相が安定となる.また,液相を三つの領域に分け,共晶点より低炭素側では炭素原子がγ相型液相に侵入して,γ-Feが晶出するが,高炭素側では溶質炭素原子の価電子を取り込んで電子濃度を上げ,液相が六方晶ε型となる.この液相から稠密六方晶のFe$_2$Cが生じる,という説明をしている.必ずしも実験による確認が得られていないが興味ある提案であるので収録することにする.

T.P.Ershovaら[10]はFe側のδ相領域の圧力依存を求めたが,それによると,δ相は圧力の増加と共に存在領域を縮小し,20kbar(2GPa)で消失し,液相から約1865Kで直接γ相が凝固する.高圧域でのδ相の不安定化については純鉄の温度-圧力状態図を参照されたい.

以下にFe-C系で現れる炭化物の結晶構造,格子定数を示す.

θ-Fe$_3$C(セメンタイト):斜方晶(空間群 $Pnma$)で,格子定数は a = 0.4516nm, b = 0.5077nm, c = 0.6727nm である.

χ-Fe$_5$C$_2$:従来より Hägg の炭化物とされているものである.これは焼入れた炭素鋼の低温焼戻し過程で生成するという見解があるが,必ずしも認められていない.結晶構造は単斜晶(Mn$_5$C$_2$型,$C2/c$)で,格子定数は a = 1.1563nm, b = 0.45727nm, c = 0.5058nm, β = 97.66° である.

ε-Fe$_{2\sim3}$C:炭素鋼のマルテンサイトの低温焼戻しで出現する炭化物とされている.300℃以上ではセメンタイトに取って代わられる不安定な炭化物で,Fe-N系のε相と同じ型の稠密六方構造($P\bar{3}m1$)を有し,格子定数は a = 0.2752nm, c = 0.4353nm である.

Fe$_7$C$_3$:クロム鋼などの合金鋼にしばしば出現するM$_7$C$_3$型の炭化物であるが,Fe-C 二元系では通常は存在せず,図9-3に示すように高圧下で安定となる.結晶構造は斜方晶($Pnma$)で,格子定数は a = 0.4540nm, b = 0.6879nm, c = 1.1942nm である.

Fe-C系にはこの他に,Fe$_4$C:立方晶($P\bar{4}3m$),それを基にした長周期構造,またFe$_{10}$C:正方晶($I4/mmm$)が報告されているが,Fe-C状態図におけるいずれかの安定相ではない.

文献 [1] D.K.Chernov : Imp. Russk. Tekhn. Obshchestvo (1868) Vyp. 7, 399-440

[2] V.D.Sadovskii : Izvest. Akad. Nauk SSSR, Metally (1969) No.1, 40-52

[3] Roberts-Austen : Proc. Inst. Mech. Eng. (1897) 31-100

[4] M.G.Benz and J.F.Elliott : Trans. AIME **221** (1961) 323-331, 888

[5] 田中良平:鉄と鋼 **53** (1967) 1586-1604

[6] 長崎誠三:金属 **34** (1964) 5/1号 No.422, 25-30

[7] I.A.Korsunskaya, D.S.Kamenetskaya and P.Ershova : Doklady Akad. Nauk SSSR **198** (1971) 837-840

[8] L.E.Shterenberg, V.N.Slesaev, I.A.Korsunskaya and D.S.Kamenetskaya : High Temp. High Pressures **7** (1975) 517-522

[9] V.K.Grigorovich : Izvest. Akad. Nauk SSSR, Metally (1969) No.1, 53-68

[10] T.P.Ershova and I.A.Korsunskaya : Izvest. Akad. Nauk SSSR, Metally (1970) No.4, 150

10. Fe-Ca

本系の状態図についての文献はない．両成分に基づく溶液相および固溶体を見出そうとする試みは成功していない．D.L.Sponsellerら[1]は，高圧下(1.4MPa)におけるCaの融鉄中への溶解度は1607℃で0.032wt% (0.045at%)であることを示している．その後CaとFeは融体中では相互に溶解しないことが明らかになっている．[2]では，Fe中のCaの拡散は1000℃で3時間焼鈍した後でも認められなかったという．

文献 [1] D.L.Sponseller and R.A.Flinn : Trans. AIME **230** (1964) 876-888

[2] N.V.Ageev and M.N.Zamotorin : Izvest. LPI. Otd. Fiz.-mat. Nauk **31** (1928) No.2, 183-197

11. Fe-Cd

Fe-Cd系状態図についての文献は見当たらない．N.V.Ageevら[1]はFe中のCdの750℃における拡散を研究している．放射化分析法によると液体カドミウム中へのFeの溶解度は，647℃で2.2×10^{-3}wt% (4.4×10^{-4}at%)，421℃で1.2×10^{-4}wt% (2.4×10^{-4}at%)である[2]．M.I.Parfenovaら[3]は表面拡散プロセスに関する研究をもとに，CdとFe基の固溶体が存在すると主張している．

文献 [1] N.V.Ageev and M.N.Zamotorin : Izvest. LPI. Otd. Fiz.-mat. Nauk **31** (1928) 15-28

[2] M.G.Chasanow, P.D.Hunt and H.M.Feder : Trans. AIME **224** (1952) 935-939

[3] M.I.Parfenova and N.A.Izgaryshev : ZhPK (Zhurnal Prikladnoj Khimii) **25** (1952) 752-756

12. Fe-Ce

本系の状態図はR.Vogelが1917年[1]に，示差熱分析によって最初に研究し発表している．現在一般に認められている図も液相側はこれをもとにしている．[1]は2種類の化合物Fe_5Ce_2とFe_2Ceの存在およびCeのα-Fe，γ-Fe中への溶解度が，それぞれ12, 15wt%であるとした．J.O.Jepsonら[2]は熱分析，光学顕微鏡による組織観察，X線回折によって，5wt% Ceまでの組成の合金系を詳細に研究し，Feの濃度の高い部分の状態図を作成し，Vogelの結果を訂正した．

以後の研究は，これらの研究結果を正確に定めるために行われ[3~11]，例えば，

Fe_5Ce 相の実際の組成領域は 84.5~88.5 あるいは 87.5~89.5at% Fe の範囲にあり，それぞれ Fe_7Ce [9] もしくは $Fe_{17}Ce_2$ [8, 10] に相当することが明らかにされた．K.H.J.Buschow ら [10] は $Fe_{17}Ce_2$ 相に2種類の構造が存在することを主張している．

ここでは [10] により整理された状態図に [12] と [13] の結果を参考にしてまとめたものを掲載した（図12-1）．

J.Richerd [3] は 600℃における Fe 中への Ce 溶解度は 0.35~0.4wt% であると述べている．

金属間化合物 $Fe_{17}Ce_2$ は二つの構造をとるという．α 相は $Ni_{17}Th_2$ 型の六方晶構造で，a = 0.849nm, c = 0.828nm，β 相は $Zn_{17}Th_2$ 型の菱面体構造で，a = 0.849nm, c = 1.242nm [10]，1000℃から焼入れると β 相が得られるという．

Fe_2Ce は $MgCu_2$ 型で，a = 0.730nm [2, 7, 10, 11] あるいは，a = 0.725nm [6] という．

本系は全組織にわたって強磁性といい，Vogel [1] は Fe_2Ce のキュリー点は 116℃と報告している．

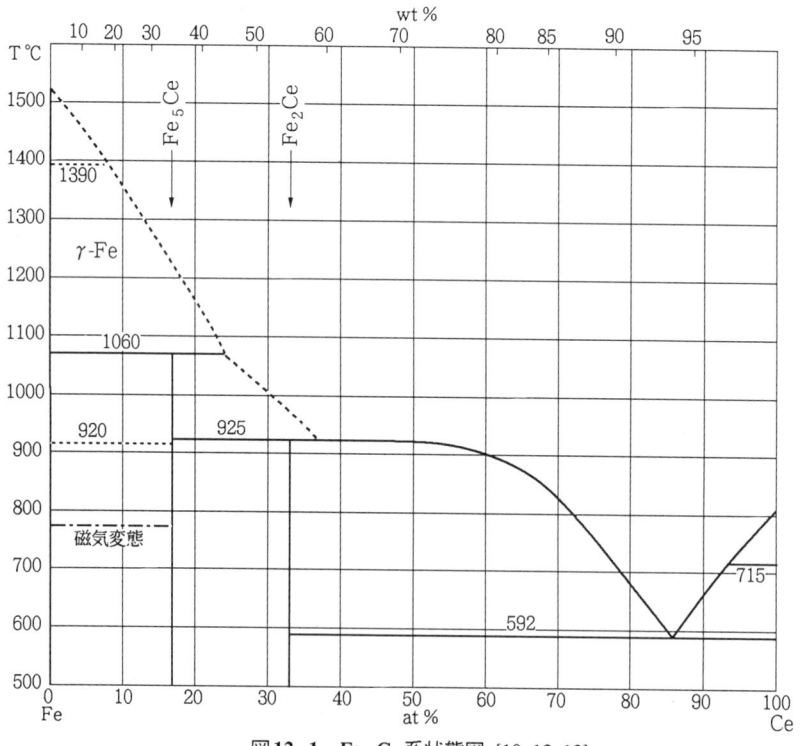

図12-1　Fe-Ce系状態図　[10, 12, 13]

13. Fe-Co

文献 [1] R.Vogel : Z. anorg. Chem. **29** (1917) No.1, 25-49
[2] J. O.Jepson and P.Duwez : Trans. ASM **47** (1955) 543-553
[3] J.Richerd : Mem. Sci. Rev. Met. **59** (1962) 527-548
[4] J.K.Critchley : Atomic Energy Res. Establ. M488 (1959) 17
[5] T.Gaume-Mahn : Mem. Sci. Rev. Met. **57** (1960) 638-642
[6] K.J.Nassau : Phys. Chem. Solids **16** (1960) 123-130
[7] J.H.Wernick and S.Geller : Trans. AIME **218** (1960) 866-868
[8] O.S.Zarechnyuk and P.I.Kripyakevich : Kristallog. **7** (1962) No.4, 543-554
[9] A.E.Ray : Acta Cryst. **21** (1966) 426-433
[10] K.H.J.Buschow and J.S.Wieringen : Phys. Stat. Solidi **42** (1970) 231-239
[11] R.S.Mansey, G.V.Raynor and J.R.Harris : J. Less-Common Metals **4** (1968) 329
[12] L.J.Wittenberg and G.R.Grove : U.S. At. Energy Common MLM-1199 (1964) 8, 9, 18
[13] L.J.Wittenberg and G.R.Grove : U.S. At. Energy Common MLM-1244 (1964) 12-13

13. Fe-Co

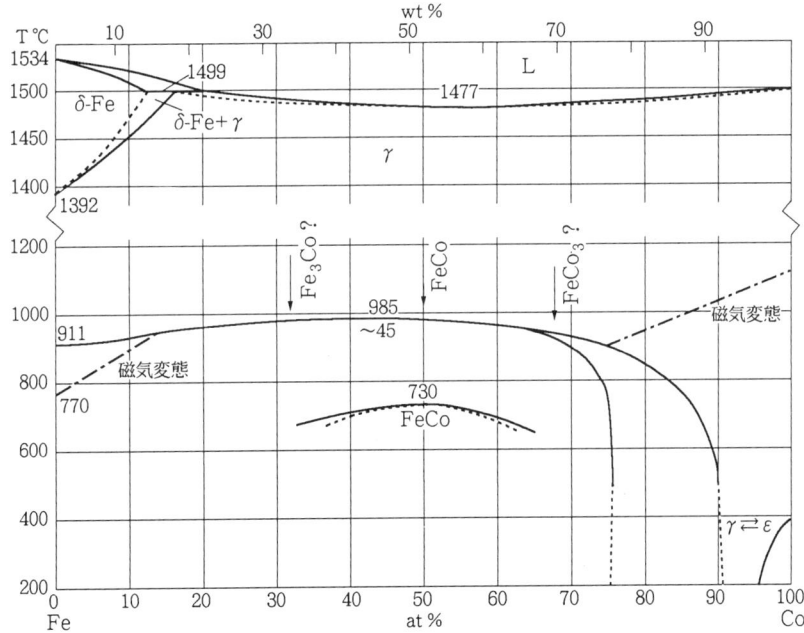

図13-1　Fe-Co系状態図　Hansen II による

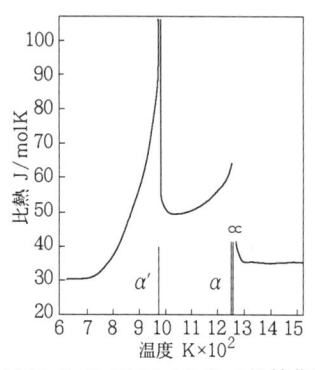

図13-2 Fe 39.16 at%Co の比熱曲線
A.S.Normanton らによる

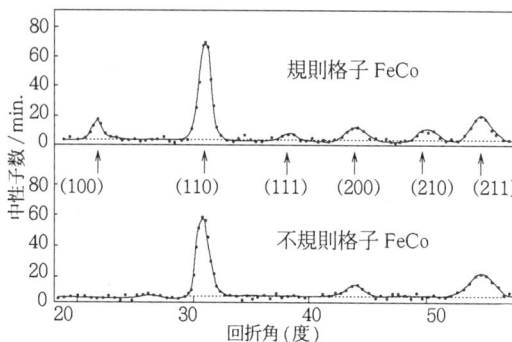

図13-3 FeCo規則格子を示す中性子回折プロファイル [3]

　図13-1は HansenⅡによりまとめられたものである．本系は高温では全領域にわたって Fe の γ 相(面心立方)から Co の面心立方相にわたって固溶体を形成する．低温では Fe の体心立方相は広い範囲にわたって Co と固溶体を形成し，この領域内には CsCl 型の FeCo 規則格子が形成される．FeCo 規則格子の存在を最初に予想したのは Kussmann ら [1] であるが，その後 S.Kaya ら [2] が比熱測定により，また Shull ら [3] が中性子線回折により確認している (図13-2, 図13-3)．
　Fe_3Co, $FeCo_3$ の組成のところも規則格子が生成されるという主張 [4, 5] もあるが確認されていない．

文献 [1] B.Kussmann, B.Scharnow and A.Schulze : Z. Tech. Physik **10** (1932) 449-460 ;
　　　　 Z. Metallkunde **25** (1933) 145-146
　　　[2] S.Kaya and H.Sato : Proc. Phys. Math. Soc. Japan **25** (1943) 261-273
　　　[3] C.G.Shull and S.Siegel : Phys. Rev. **75** (1949) 1008-1010
　　　[4] H.Masumoto : Sci. Rept. Research Inst. Tohoku Univ. **6** (1954) 523-528
　　　[5] 横山 亨：日本金属学会誌 **17** (1953) 259-263

14. Fe-Cr

　Fe-Cr系について最も論争となっているのは，σ 相の存在とその範囲(組成，温度)である．σ 相の存在については 1923 年に Bain [1] によって指摘され，さらに Bain と Griffiths [2] および Chevernard [3] によって 1927 年に確認された．その後多くの研究者により確認されている．しかし，存在領域については，σ 相の出現が非常に長時間を要し，とくに高純度の試料や加工を施さない試料の場合には，検出できないこともあり，σ 相境界は確定したものとはいい難い．

14. Fe-Cr

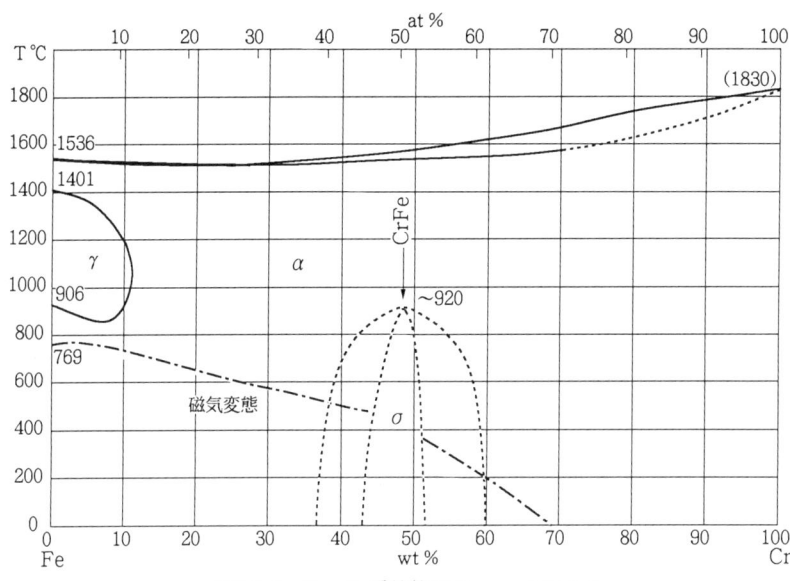

図14-1　Fe-Cr系状態図　Hansen Iによる

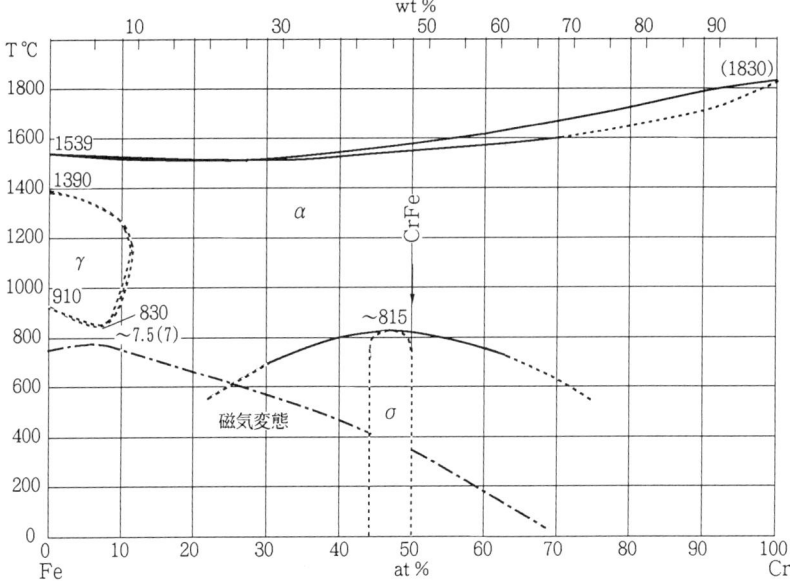

図14-2　Fe-Cr系状態図　Hansen IIによる

HansenⅠではσ相のピーク位置を~920℃としている(図14-1).この状態図は主としてAdcock[4]の整理した結果によっている.その後σ相の存在温度についていくつかの研究があり,1948年のA.JackとF.W.Jonesの研究などを考慮してHansenⅡでは,σ相の上限温度を~815℃とし,σ+α領域が,Fe側とCr側双方に拡がっている(図14-2).

さらにR.O.WilliamsとH.W.Paxton[5]が1957年に長時間熱処理した試料につい

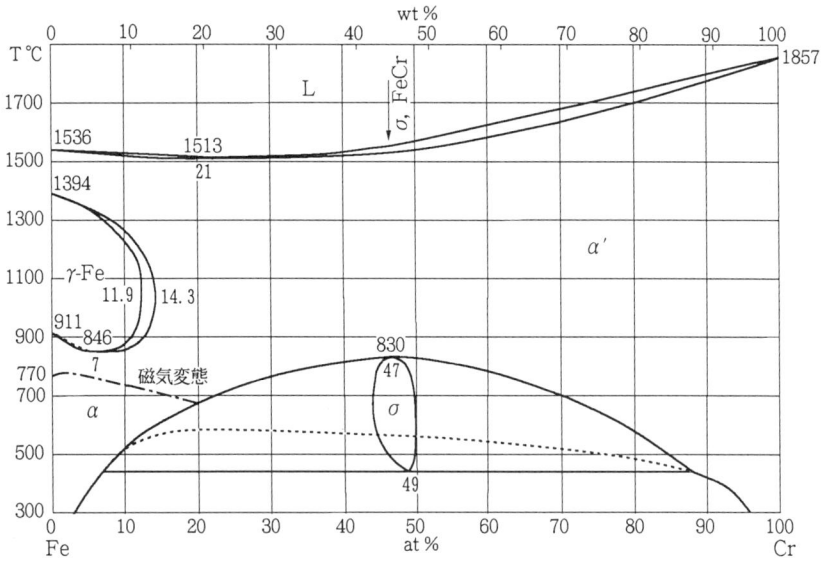

図14-3　Fe-Cr系状態図　Kubaschewskiによる

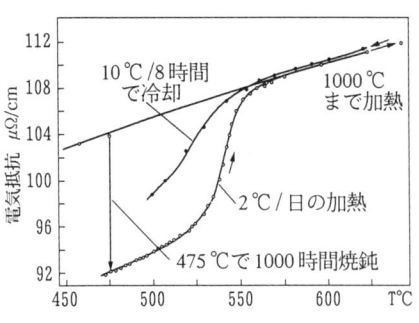

図14-4　時効処理した53wt% Cr-Fe合金の昇温の際の電気抵抗の変化 [5]

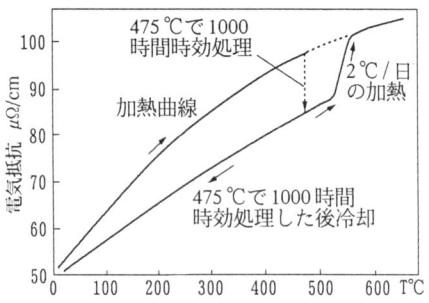

図14-5　46wt% Cr-Fe合金の加熱,冷却の際の電気抵抗の変化 [5]

14. Fe-Cr

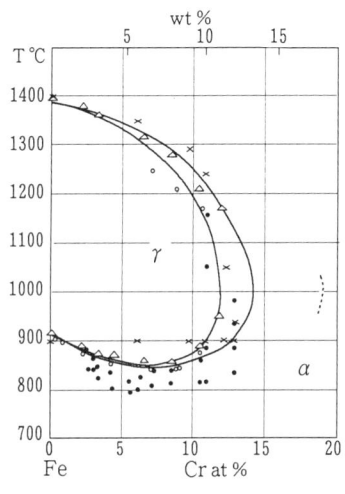

○ Oberhoffer, Esser (Thermal, < 0.01wt%C) [7]
× Kinzel (Dilatometric, ~0.006wt%C) [8]
△ Adcock (Thermal+Dilatometric, <Averaged>, 0.03wt%C) [9]
● Roe, Fishel (Dilatometric) [10]
······Krivobok (Dilatometric, 0.01wt%C) [11]

図14-6　Fe-Cr系のγ-ループ詳細図
HansenⅡのデータにKubaschewskiの図(実線)を重ねたもの

て磁気測定と電気抵抗測定を行った結果, σ相の低温側の安定範囲が図14-3の点線のようであると報告している. 最終的には, Kubaschewskiの図(図14-3)は, 上の結果と, Kubaschewskiら[6]の熱化学的計算の結果(図中:実線)を考慮して描いたものである. なお, [5]の電気抵抗測定例を図14-4, 図14-5に示すが, σ相への分解による電気抵抗変化は図のように非常に長時間をかけた加熱(2℃/day)ではじめて捉えられる.

本系はまた典型的なγ-ループ形成型状態図であるが, その正確な境界は確定しているとはいい難い. HansenⅡではそれまでの測定結果をまとめているが, そのデータの上にあらためてKubaschewskiの採用した境界線(実線)を重ねたのが, 図14-6である. 測定点のばらつきは, 変態速度がCrの増加とともに遅くなることに加えて, C, Nなどの不純物の存在に大きく影響されるためである.

文献 [1] E.C.Bain : Chem. & Met. Eng. **28** (1923) 23
[2] E.C.Bain and W.Griffiths : Trans. AIME **75** (1927)166-211
[3] P.Chevernard : Trans. mém. bur. int. poids et measures **12** (1927); abst. J. Inst. Metals **37** (1927) 471-472
[4] F.Adcock : J. Iron Steel Inst. **124** (1931) 147-149
[5] R.O. Williams and H.W.Paxton : J.Iron Steel Inst. **185** (1957) 358-374
[6] O.Kubaschewski and T.G.Chart : J. Inst. Metals **93** (1965) 329
[7] P.Overhoffer and H.Esser : Sthal u. Eisen **47** (1927) 2021-2031
[8] A.B.Kinzel : Trans.AIME **80** (1928) 301-307
[9] F.Adcock : J. Iron Steel Inst. **124** (1931) 99-139
[10] W.P.Roe and W.P.Fishel : Trans. ASM **44** (1952) 1030-1040
[11] V.N.Krivobok : Trans. ASM **23** (1935) 1-60

15. Fe-Cs

合金系をつくらない．

16. Fe-Cu

本系の状態図については多くの研究があり，Hansen II, Kubaschewski にまとめられている．ここでは，Kubaschewski の図を採用する (図 16-1)．液体状態においては Fe と Cu が全率溶解するか，部分溶解するかについては相反するデータが存在する．液相の相分離は Fe-Cu 系には存在しないことが確認されたが，100℃以上の過冷状態では観察されるという [1]．

[3~6] は α-Fe 中への Cu の溶解度を研究している．また，[2, 5~7] は γ-Fe 中への Cu の溶解度を研究している．[2] と [7] のデータはよく一致し，逆行固相線 (retrograde solidus) の存在が確認されている．δ-Fe 中への Cu の溶解度は [2, 8] で明らかにされた．

ε 相 (Cu 基固溶体) の相境界は光学顕微鏡による組織観察 [9] および X 線回折 [10] のデータから求められている．Cu への Fe の溶解度は 1025, 900, 800, 700℃で，それぞれ 2.5, 1.5, 0.9, 0.5wt% である．X 線マイクロアナライザーによる Cu 中の Fe 溶解度の値 [8] は，上記の値よりいくらか低く，800℃および 700℃でそれぞれ 0.642 wt%, 0.322wt% であった．α-Fe の格子定数は 0.38at%Cu 添加によって 0.28662nm から 0.28682nm まで増加する [4]．

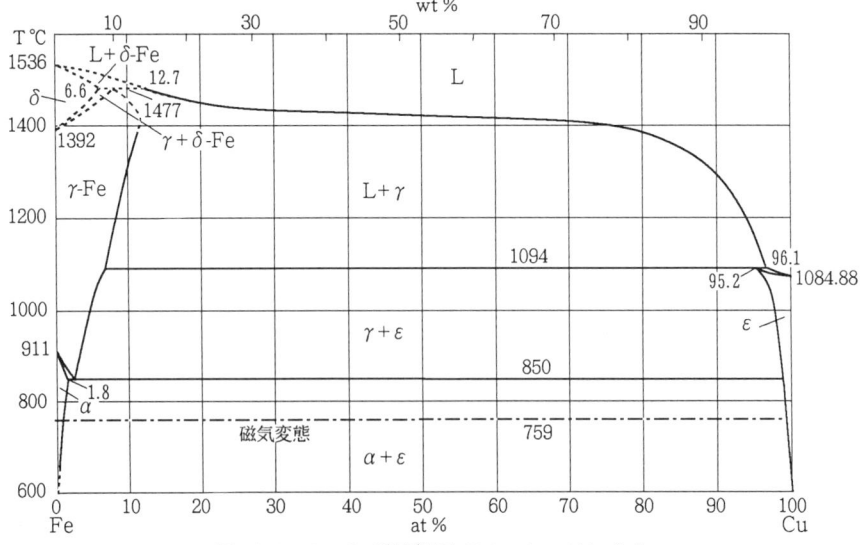

図 16-1　Fe-Cu 系状態図　Kubaschewski による

Cu 側の ε 固溶体の格子定数は A.G.H.Andersen ら [10] によると 2.39at%Fe で, (純銅の a=0.36076nm に対して) a = 0.36092nm である.

文献 [1] Y.Nakagawa : Acta Metall. **6** (1958) 764-711
 [2] W.Oelsen, E.Schürmann and C.Florin : Arch.Eisenhüttenwesen **32** (1961) 719-728
 [3] H.A.Wriedt and L.S.Daeker : Trans. AIME **218** (1960) 30-36
 [4] E.P.Abrahamson and S.L.Lopata : Trans. AIME **236** (1966) 76-78
 [5] H.Harvig, G.Kirchner and M.Hillert : Metall. Trans. **3** (1972) 329-332
 [6] G.Salje and M.Feller-Kniepmeier : Z. Metallkunde **69** (1978) 167-169
 [7] A.A.Bochvar, A.E.Ekatova, E.V.Pmanchenko and F.Yu.Sidokhin : Doklady Akad. Nauk SSSR **174** (1967) 863-864
 [8] A.Hellawell and W.Hume-Rothery : Phil. Trans. Roy. Soc. (London) **A249** (1957) No.968, 417-459
 [9] D.Hansen and G.W.Ford : J. Inst. Metals **32** (1924) 335-361
 [10] A.G.H.Andersen and A.W.Kingsbury : Trans. AIME **152** (1943) 38-47

17. Fe-Dy

この状態図は A.S.Goot ら [1] のデータによるものである. [1] は母材として 99.9% の Dy と 99.999% の Fe を用いた. 4種類の中間化合物が生じることが確認されている. 各成分は化合物中へはほとんど溶解しない. 純ジスプロシウムは1412℃で溶

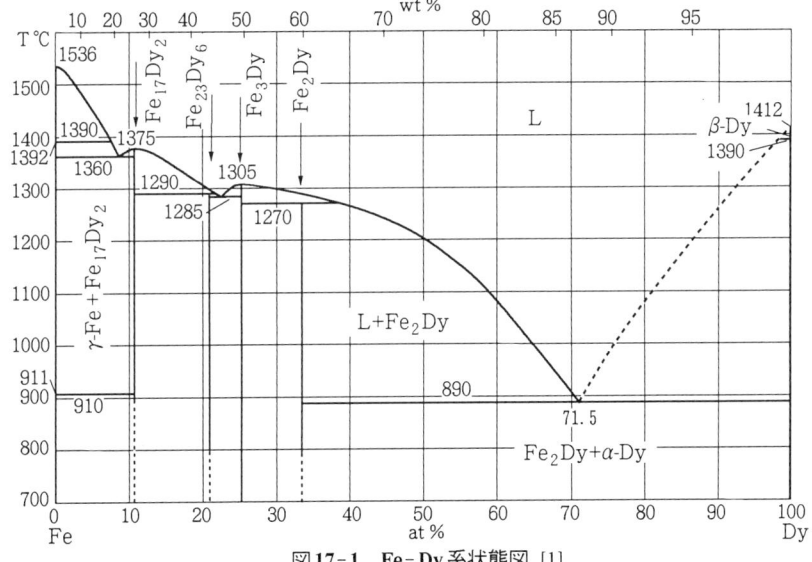

図17-1 Fe-Dy系状態図 [1]

解し，1390℃で多形変態 $\alpha \rightleftarrows \beta$ を起こすという．
本系には以下の化合物が存在する．
$Fe_{17}Dy_2$: $Ni_{17}Th_2$ 型, a = 0.845nm, c = 0.829nm
$Fe_{23}Dy_6$: $Mn_{23}Th_6$ 型, a = 1.206nm [2]
Fe_3Dy : Ni_3Pu 型, a = 0.5116nm, c = 2.4555nm
Fe_2Dy : $MgCu_2$ 型の立方晶, a = 0.732nm

文献 [1] A.S.Goot and K.H.Buschow : J. Less-Common Metals **21** (1971) No.2, 151-157
　　 [2] P.I.Kripyakevich and D.P.Frankevich : Kristallografiya **10** (1965) No.4, 560

18. Fe-Er

A.Meyer, V.E.Kolesnikovら [1, 2] は熱分析，光学顕微鏡による組織観察，X線回折により，全組成領域にわたる状態図を作成している．[2] では，この他に硬度測定，微小硬度測定，電気抵抗測定も行っている．状態図は，不変平衡温度，化合物の組成の点で若干異なっている．

図18-1は[2]による状態図である．合金の作成には99.9%Erと99.98%Feを用い

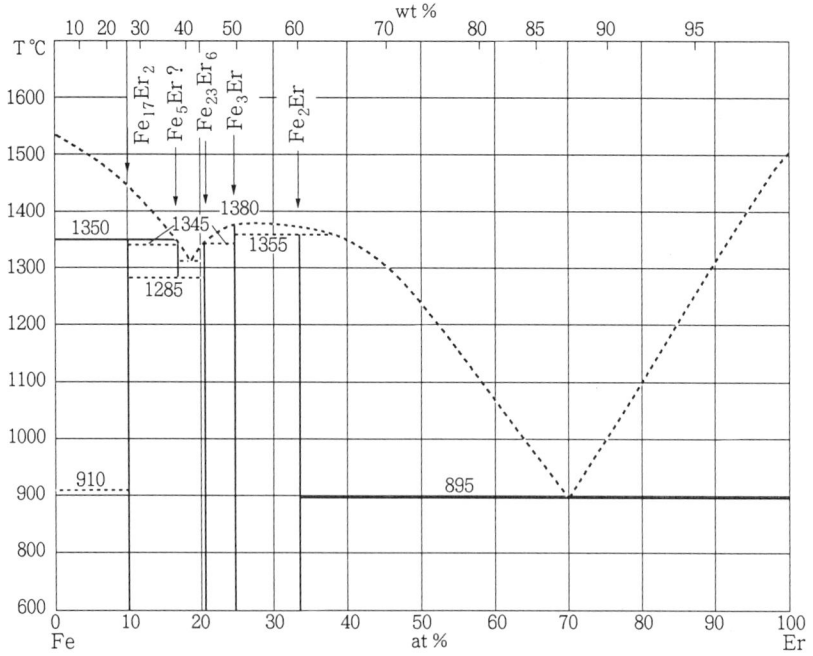

図18-1　Fe-Er系状態図 [2]

ている．合金は非消耗式タングステン電極を用いて，銅るつぼ中でアーク炉により溶解している．[1, 3~6]はX線回折により，化合物$ErFe_2$, Er_6Fe_{23}, Er_2Fe_{17}, $ErFe_3$の存在を確認しているが，さらに新しい化合物$ErFe_5$を見出したと報告している．

FeとErは互いにごく僅かしか溶解しない．α-Fe中へのErの溶解度は900℃で0.3~0.4wt%[2]，あるいは0.005wt%[1]である．Er中のFeの溶解度は895℃で0.1wt%[2], 900℃で0.03wt%[1]と報告している．FeにErを添加すると, Feの$\alpha \rightleftarrows \gamma$変態が僅かに上昇するが，$\gamma \rightleftarrows \alpha$変態温度には影響しない[2]．

なお，[7, 8]では化合物$ErFe_2$について物理的性質および磁気的性質を研究している．

本系の化合物を以下に示す．

$Fe_{17}Er_2$: $Ni_{17}Th_2$型の六方晶格子, a = 0.8423nm, c = 0.8284nm [7]
$Fe_{23}Er_6$: $Mn_{23}Th_6$型, a = 1.201nm [6]
Fe_3Er : Ni_3Pu型の菱面体格子, a = 0.5096nm, c = 2.448nm [6]
Fe_2Er : $MgCu_2$型のLaves相, a = 0.7273nm [4]

文献 [1] A.Meyer : J. Less-Common Metals **18** (1969) No.1, 41-48
 [2] V.E.Kolesnikov, V.F.Terekhova and E.M.Savitskii : Izvest. Akad. Nauk SSSR, Neorg. Materialy **7** (1971) 495-497
 [3] J.H.Wernick and S.Geller : Trans. AIME **18** (1960) 866-868
 [4] A.E.Dwight : Trans. ASM **53** (1961) 479-500
 [5] P.I.Kripyakevich and D.P.Frankevich : Kristallografiya **10** (1965) 560
 [6] K.H.J.Buschow : J. Less-Common Metals **11** (1966) 204-208
 [7] H.Klimker, M.Rosen, M.P.Dariel and U.Atzmony : Phys. Review **10B** (1974) No.7, 2968-2972
 [8] K.H.J.Buschow and A.S. van der Goot : Phys. Status Solidi **35** (1969) 515-518

19. Fe-Ga

本系の状態図の本格的な研究は，ようやく1960年代に入り始まったもので，不確定な部分が多い．K.Schübertら[1]およびC.Dasarathyら[2, 3]によれば，Fe_3Ga付近では600℃以下の低温ではCu_3Au($L1_2$)型の化合物相が生じる．J.Brass[4, 5]はその後同組成の高温相は六方晶のDO_{19}構造であるとした．一方H.L.Luo[6]は25~30at%Ga合金を1100℃付近から焼入れると，Fe_3Al(DO_3)型構造が得られたと報告している．Fe-Al系と同様，現象は複雑である．1977年にW.Kösterら[7, 8]が10~50at%Ga合金について詳しく研究し，それらに[9]の結果を加えて本系全系の状態図を提案した．それを, KubaschewskiがFeしたものが図19-1である．25~35at%Ga付近の合金は，図のように複雑な相変態を生ずるという．ここで, B2

はCsCl型構造, B2′はB2相とその欠陥構造が異なる立方晶とされているが, 詳細は不明である.
本系の金属間化合物相について現在まで判明しているものは次のとおりである.
Fe_3Ga : Ni_3Sn型(DO_{19}), a = 0.52184nm, c = 0.42373nm
   : Cu_3Au型($L1_2$), a = 0.36834nm
$FeGa_3$: $P4_2/mnm$, a = 0.62628nm, c = 0.65559nm
   : $CoGa_3$型, a = 0.6260nm, c = 0.6580nm
Fe_6Ga_5 : R相, $C2/m$, a = 1.0058nm, b = 0.7946nm, c = 0.7747nm, β = 109.33°,
   Pearsonでは Fe_3Ga_4
Fe_8Ga_{11} : [3]によれば 正方晶, a = 1.260nm, c = 0.511nmであるというが,
   H.G.Meissner [9]によれば, 単斜晶という. 詳細は不明である.

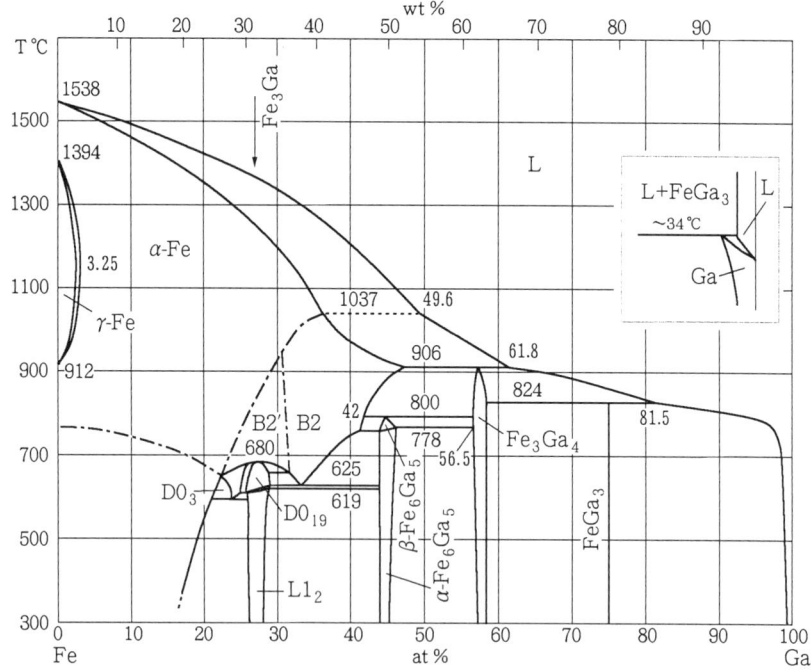

図19-1　Fe-Ga系状態図　Kubaschewskiによる　挿入図はGaコーナー詳細図

文献 [1] K.Schübert, S.Bhan, W.Burkhardt, R.Gohle, H.G.Meissner, N.Pötschke and E.Stolz :
   Naturwiss **47** (1960) 303
   [2] C.Dasarathy : J. Iron Steel Inst., London **202** (1964) 51

[3] C.Dasarathy and W.Hume-Rothery : Proc. Roy. Soc., London **A286** (1965) 141-157
[4] J.Brass, J.J.Couderc and M.Fagot : Mètaux Corrosion Industrie **1** (1972) 563
[5] J.Brass, J.J.Couderc and M.Fagot : Phil. Mag. **31** (1975) 305
[6] H.L.Luo : Trans. Met. Soc. AIME **239** (1967) 119
[7] W.Köster and T.Gödecke : Z. Metallkunde **68** (1977) 582-589
[8] W.Köster and T.Gödecke : Z. Metallkunde **68** (1977) 661-666
[9] H.G.Meissner and K.Schübert : Z. Metallkunde **56** (1965) 523

20. Fe-Gd

本図はソ連(旧)の研究者達の研究によっている[1~4]．図20-1はE.M.Savitskiiら[1]によるFe-Gd系の状態図を，他の研究も考慮に入れて示したものである．Fe(純度99.9%)とGd(純度99.00%)を用いて，合金は精製ヘリウム雰囲気下で溶解し，石英管に真空封入して700~800℃で50時間焼鈍して作成された．

本系の化合物を以下に示す．

$Fe_{17}Gd_2$: $Zn_{17}Th_2$型構造，a = 0.8519nm, c = 1.2404nm

Fe_2Gd : $MgCu_2$型構造の立方晶，a = 0.735nm (他の構造ともいう)

なお，この他$Fe_{23}Gd_6$，Fe_3Gdといった化合物も存在するともいわれるが明確ではない．

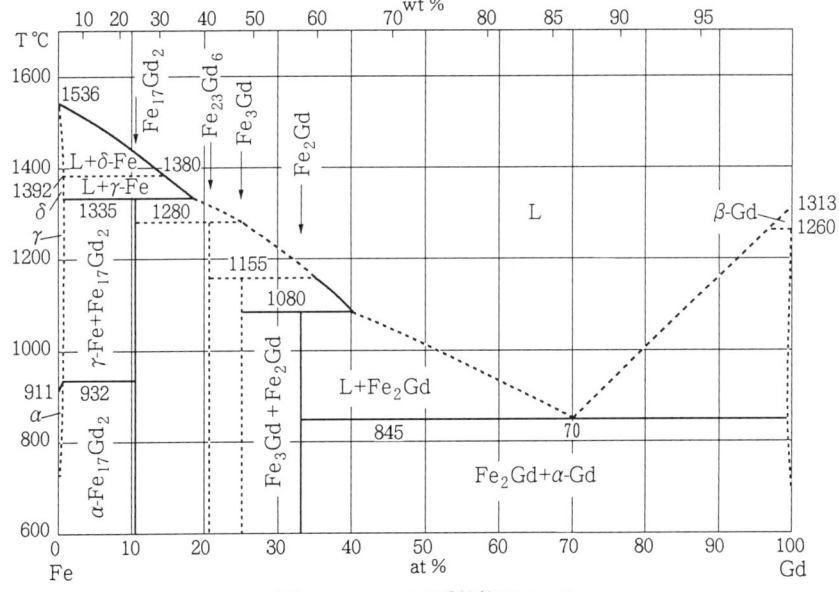

図20-1　Fe-Gd系状態図 [1~4]

文献 [1] E.M.Savitskii, V.F.Terekhova, I.V.Burov and O.D.Chistyakov : Zhur. Neorg. Khim. **6** (1961) 1732-1734
    [2] P.I.Kripyakevich, V.F.Terekhova, O.S.Zarechnyuk and I.V.Burov : Kristallografiya **8** (1963) 268-270
    [3] I.V.Burov, V.F.Terekhova and E.M.Savitskii : "Voprosy Teorii i Primenenie Redkozemel'nykh Metallov", Moskva, Nauka (1964) 116-123
    [4] P.I.Kripyakevich and E.I.Gladyshevskii : Kristallografiya **6** (1961) 118-120

21. Fe-Ge

Hansen II の状態図は1940年の古い仕事, [1] をもとにしたものであった．Shunk の状態図では，その後1960年以降に見出された新しい金属間化合物相を考慮している (図21-1)．金属間化合物 Fe_3Ge は，700℃付近で多形変態するとされているが，規則-不規則変態するという研究もある．その後，さらに Kubaschewski は，[2~7] の研究をまとめて，400℃以下の低温域に及ぶ状態図を提案している (図21-2)．

それによると，bccを基にした規則格子をもつ α_1 相が広い組成範囲にわたり存在

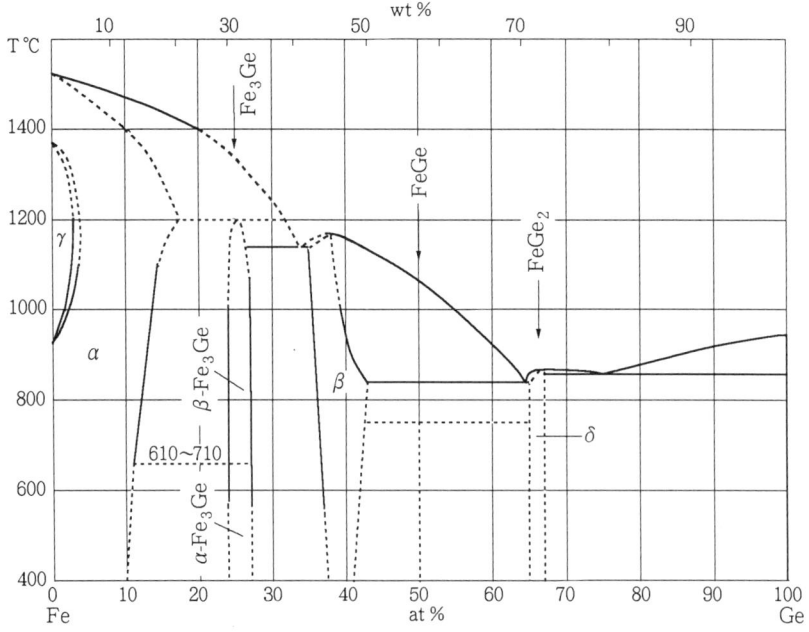

図21-1 Fe-Ge系状態図 Shunkによる

21. Fe-Ge

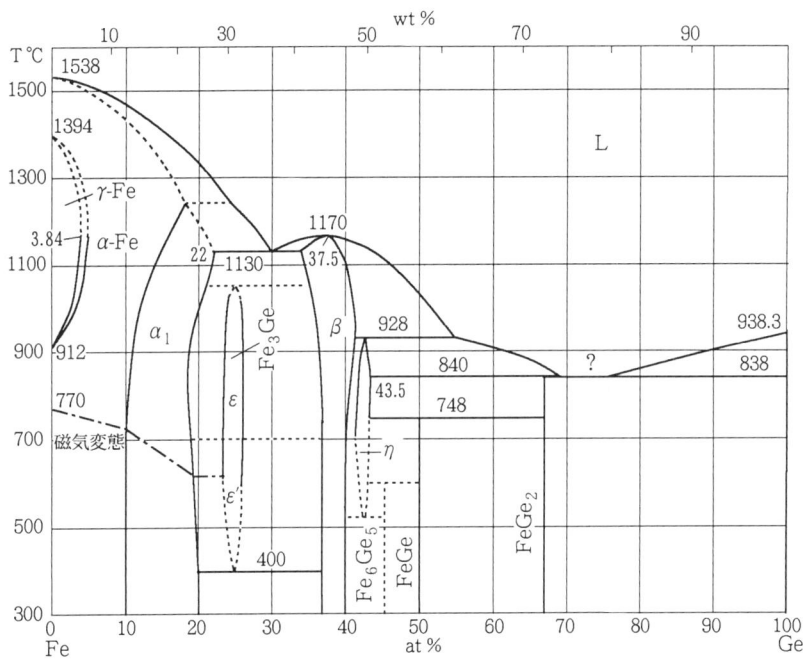

図21-2　Fe-Ge系状態図　Kubaschewskiによる

する．$Fe_3Ge(\varepsilon)$は，1050℃で包析反応，$\beta+\alpha_1\rightarrow\varepsilon$により生じ，約700℃で多形変態を経て，共析反応により，再び$\beta+\alpha_1$に分解するという．η相は928℃で包晶反応により生じ，520℃で共析反応により，$\beta+\chi(Fe_6Ge_5)$に分解する．FeGeは748℃で，包析反応，$\eta+FeGe_2\rightarrow FeGe$により生じる．$FeGe_2$は，840℃で包晶反応，L+$\eta\rightarrow FeGe_2$により生じ，また，838℃，75.5at%Geで共晶反応によっても生じる．

本系の金属間化合物相は複雑な構造をもつものが多く，まだあまり確定しているとはいえない．以下にこれらの化合物相，中間相の構造を示す．

Fe_3Ge：Cu_3Au型，a = 0.3665nm，低温相(ε')
　　　：Ni_3Sn型($P6_3/mmc$)，a = 0.5169nm，c = 0.4222nm，高温相(ε)
Fe_6Ge_5：単斜晶($C2/m$)，χ相，a = 0.9965nm，b = 0.7826nm，c = 0.7801nm，
　　　β = 109.66°
$Fe_{1-x}Ge_x$：$InNi_2$型($P6_3/mmc$)？　β相，a = 0.4010nm，c = 0.5003nm
FeGe：FeSi型？　a = 0.4700nm
$FeGe_2$：Al_2Cu型($I4/mcm$)，a = 0.5908nm，c = 0.4957nm

文献 [1] K.Rutteweit and G.Massing : Z. Metallkunde **32** (1940) 52-56
  [2] B.Predel and M.Frebel : Z. Metallkunde **63** (1972) 393-397
  [3] H.Chessin, S.Arajs, R.V.Colvin and D.S.Miller : J. Phys. Chem. Solids **24** (1963), 261-265
  [4] M.Richardson : Acta Chem. Scand. **21**(1967) 2305-2309
  [5] J.Maier and E.Wachtel : Z. Metallkunde **63** (1972) 411-418
  [6] K.Kanematsu and T.Ohyama : J. Phys. Soc. Japan **20** (1965) 236-240
  [7] A.K.Shtol'ts, P.V.Gel'd and V.L.Zagryazhskii : Zhur. Neorg. Khim. **9** (1964) No.1, 140-146

22. Fe-H

Fe 中への H の溶解度は Sievert の法則に従う．溶解度に関する提案は多数に上るが，一番新しい E.Fromm ら [1] による式を示すと，以下のとおりである．

α-Fe : (10~910℃)　　　$\log C_H = 0.5 \log p_{H_2} - 3.00 - 1500/T$
γ-Fe : (910~1394℃)　　$\log C_H = 0.5 \log p_{H_2} - 2.90 - 1490/T$
δ-Fe : (1394~1532℃)　　$\log C_H = 0.5 \log p_{H_2} - 2.92 - 1500/T$
液相 Fe : (1532~1820℃)　　$\log C_H = 0.5 \log p_{H_2} - 2.44 - 1720/T$

ここで，水素分圧は Pa，水素濃度は at%，温度は K である．

上の式の他，[2, 3] でも係数のいくらか異なるほぼ同様の式を与えている．

図 22-1, 図 22-2 は以上の式を参考にして描いた 0.1MPa における固体および液体 Fe 中への溶解度を示す．

図 22-3 に，[4] による，10^8 Pa における Fe-H 等圧断面状態図を示す．

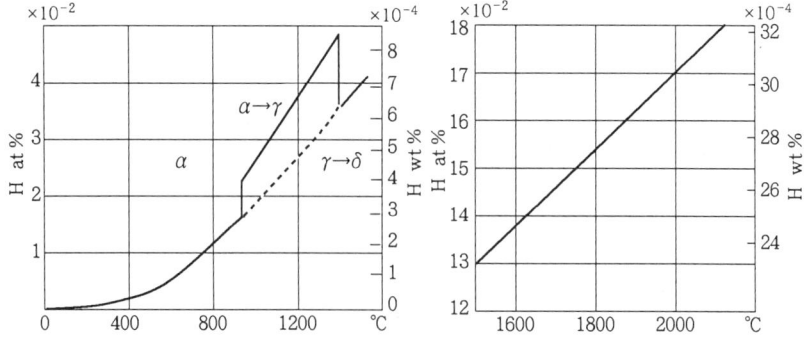

図 22-1　α- および γ-Fe 中の H の溶解度等圧線 (0.1MPa)
　　　　[2, 3], Kubaschewski による

図 22-2　液体 Fe 中の H の溶解度等圧線 (0.1MPa)
　　　　[2, 3], Kubaschewski による

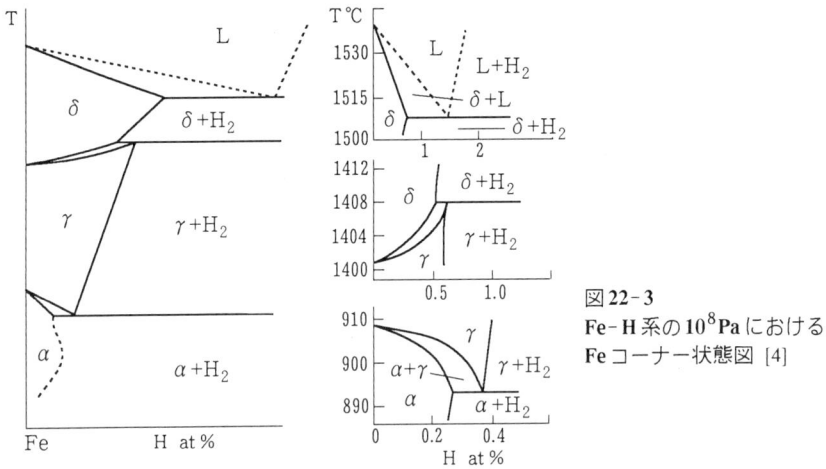

図22-3
Fe-H系の10^8Paにおける
Feコーナー状態図 [4]

[5]は次のようなFeの水素化物を報告している。$FeH_{\sim 0.8}$の組成付近で, 10^5Pa, $-120℃$以下で安定である。結晶構造は稠密六方格子で, 格子定数は a = 0.2686nm, c = 0.4380nm である。

文献 [1] E.Fromm and H.Jehn : Bulletin of Alloy Phase Diagrams **5** (1984) 324-326
  [2] W.Eichenauer, H.Künzig and A.Pebler : Z. Metallkunde **49** (1958) 220-226
  [3] K.H.Schenck and K.W.Kaiser : Arch. Eisenhüttenwesen **37** (1966) 739-744
  [4] P.P.Serdjuk and A.L.Chuprina : Zhur. Fiz. Khim. **54** (1980) 2822-2826
  [5] V.E.Antonov, I.T.Belash and E.G.Ponyatovsky : Scripta Met. **16** (1982) 203-208

23. Fe-Hf

Fe-Hf系状態図については, [1~6]で調べられている。

V.N.Svechnikovら[1]は, 熱分析, 熱膨張測定, X線回折, 磁気分析によって, 合金の全組成域にわたって研究している。合金の作成には, H_2中で加熱後真空中で加熱して高純度化したカルボニル鉄と, 同様な処理を行った0.5%Zrと, 0.2%Moを含むヨード法ハフニウムを用いている。この系には, $MgZn_2$型の金属間化合物$HfFe_2$が存在することが確認されている。

この他に, [2~4]で, Ti_2Ni型の構造をもった化合物Hf_2Feが生じることが認められている。これらの結果は, さらにその後の研究[5]で示差熱分析, 光学顕微鏡による組織観察, X線回折によっても確かめられている。

1330℃における$α$-Fe中へのHfの溶解度は~0.06at%で[1], これは[6]の<0.1 at%Hfという値に近い。図23-1に[1]による本系状態図を示す。

本系には以下の2種類の化合物が存在する．
Fe_2Hf：$MgZn_2$型，六方晶，a = 0.49116nm, c = 0.80013nm，低温の変態は明らかでない．
$FeHf_2$：$NiTi_2$型，面心立方晶，a = 1.2053nm．

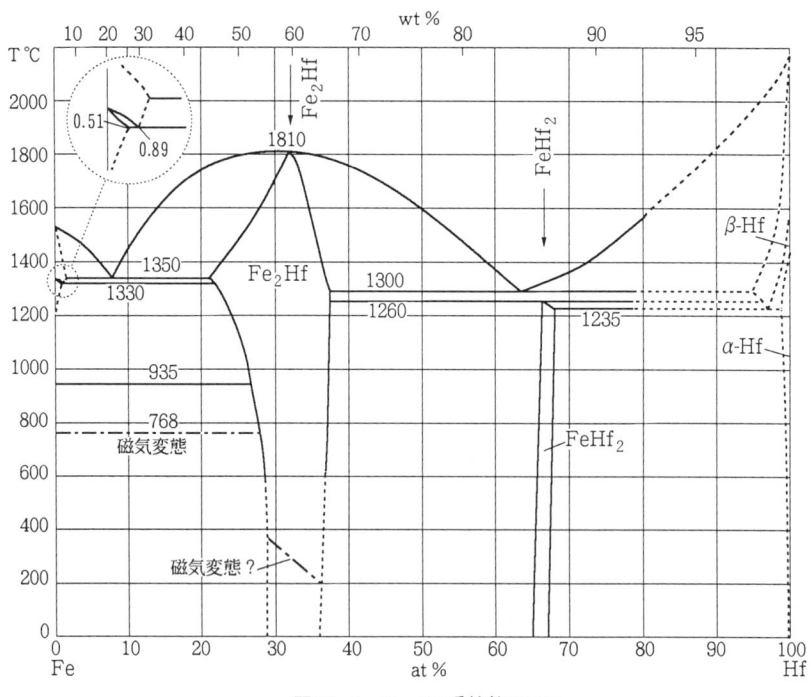

図23-1　Fe-Hf系状態図　[1]

文献 [1] V.N.Svechnikov and A.K.Shurin : Doklady Akad. Nauk SSSR **139** (1961) 895-899

[2] M.V.Nevitt, I.M.Downey and R.A.Morris : Trans. AIME **218** (1960) 1019

[3] P.I.Kripyakevich, M.A.Tylkina and I.A.Tsyganova : Zhur. Neorg. Khim. **9** (1964) 2599-2601

[4] V.N.Svechnikov, A.K.Shurin, D.P.Dmitrieva and R.A.Alfintseva : "Diagrammy Sostoyaniya Metallicheskikh Sistem", Moskva, Nauka (1968) 153-156

[5] A.K.Shurin and R.A.Alfintseva : "Fazovye Prevrashcheniya", Kiev, Naukova Dumka (1968) 62-63

[6] R.Reinbach : Z. Metallkunde **51** (1960) 292-294

24. Fe-Hg

Hansen II および Shunk は, 29℃における Hg 中の Fe の溶解度を示しているが, 両者の値は大きくくい違い, 10^{-2} wt%Fe から, 1.5×10^{-5} wt%Fe となっている. 熱量測定および分光分析によると, 室温では Hg 中に 5.7×10^{-7} wt%Fe が溶解し [1], 20~211℃の温度範囲では溶解度の変化は小さい [2]. 0~700℃の水銀中への Fe の溶解度は, 次式で与えられるという [3].

$$\log[\text{at\% Fe}] = -1200/T - 2.41$$

図 24-1 は上式に基づいて描いた Hg 中への Fe の溶解度曲線である. 上記の状態図集では X 線回折, 化学分析, および一連の他の研究方法によって, 鉄アマルガムは Hg 中に微細な Fe 粒子が分散した懸濁液と見なせると報告している.

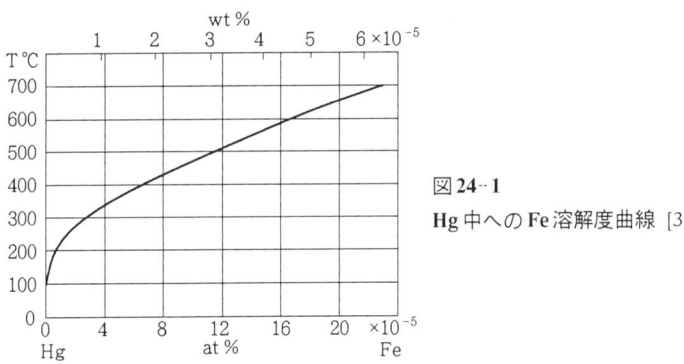

図 24-1
Hg 中への Fe 溶解度曲線 [3]

文献 [1] J.F. de Wet and R.A.Haul : Z. anorg. Chem. 277 (1954) 96-112
　　 [2] E.Palmer : Z. Elektrochem. 38 (1932) 70-76
　　 [3] A.L.Marshall, L.E.Epstein and F.J.Norton : J. Amer. Chem. Soc. 72 (1950) 3514-3516

25. Fe-Ho

G.J.Roe ら [1] は母材として 99.9%Fe, 99.0%Ho を用いアーク炉で合金を溶解し, 光学顕微鏡による組織観察, X 線回折, 熱分析により, 本系状態図を研究した (図 25-1).

本系には以下の 4 種類の化合物が存在する.

$Fe_{17}Ho_2$: $Ni_{17}Th_2$ 型, 六方晶格子, a = 0.844nm, c = 0.832nm [2]
$Fe_{23}Ho_6$: $Mn_{23}Th_6$ 型, 立方晶, a = 1.204nm [2]
Fe_3Ho : Ni_3Pu 型, a = 0.508nm, c = 2.545nm [2]
Fe_2Ho : $MgCu_2$ 型, Laves 相, a = 0.728nm [3]

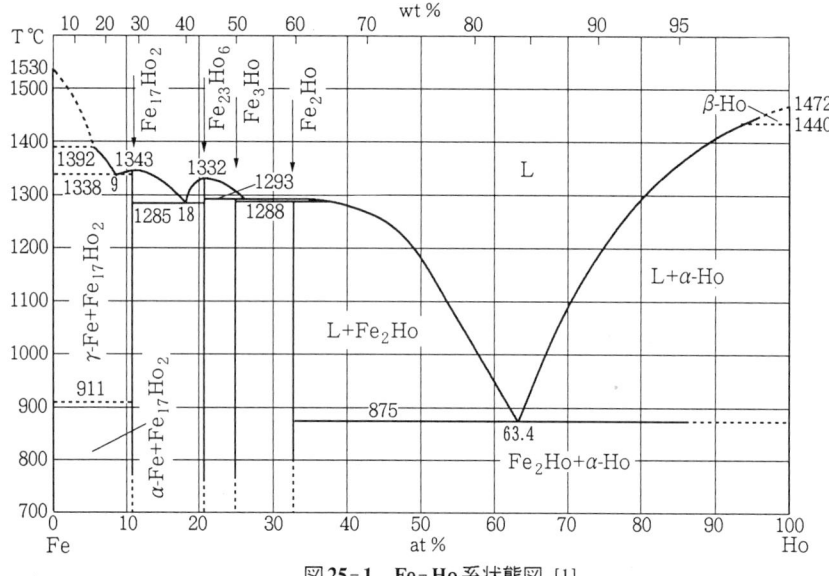

図25-1　Fe-Ho系状態図 [1]

文献 [1] G.J.Roe and T.J.O'Keefe : Metall. Trans. **1** (1970) 2565-2568

　　　[2] P.I.Kripyakevich and D.P.Frankevich : Kristallografiya **10** (1965) 560

　　　[3] K.Nassau, L.V.Cherry and W.E.Wallac : Phys. Chem. Solids **16** (1960) 123-130

26. Fe-In

本合金系は，光学顕微鏡による組織観察，X線回折，電子顕微鏡観察によって調べられている [1~5]．図26-1にKubaschewskiによる総括した状態図を示す．1470℃，3.4at%Inで偏晶反応が生じ，液相は分解して相互溶解しない二液相が生じる．二相分解の領域は3.4~91at%Inの広い組成域にわたっている．分解曲線の臨界点Tcは2100℃以上にあるという [6]．

δ-Fe中へのInの固溶限は0.9at%．920℃では包晶変態 γ-Fe+L $\rightleftarrows$ α-Feが存在し，α-Fe中のInの固溶限は0.5at%という．室温ではα-Fe中に0.28at%Inが溶解する．

文献 [1] H.H.Stadelmaier and M.L.Fiedler : Z. Metallkunde **58** (1967) 633-634

　　　[2] C.Dasarathy : Z. Metallkunde **58** (1967) 279-283

　　　[3] C.Dasarathy : Trans. AIME **245** (1969) 1838-1839

　　　[4] C.Dasarathy : Z. anorg. Chem. **403** (1974) 173-178

　　　[5] C.Dasarathy : Z. Metallkunde **63** (1972) 209-211

　　　[6] M.Wobst : Scripta Met. **5** (1971) 583-585

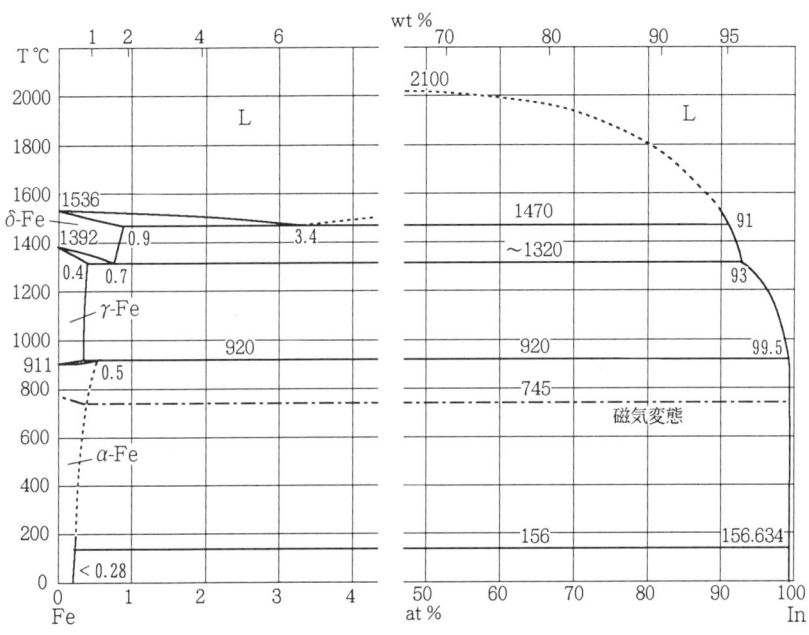

図26-1 Fe-In系状態図 Kubaschewskiによる

27. Fe-Ir

Fe-Ir系状態図は[1~3]の研究によって調べられている．

V.A.Nemilovら[1]によると，FeとIrは高温度では全率固溶体を形成する．

R.A.Buckleyら[2]は熱分析法によって20wt%Irまでの組成の合金を研究している．合金は99.95％のFeと99.99％のIrを用いて作成した．

焼鈍および徐冷を行うと合金は規則化して，FeIr相が生じる．図27-1は[2,3]の研究によるものである．[3]は，99.96％のFeと99.9％のIrより合金を作成して，常温および高温X線回折によって規則格子相の存在組成域を調べている．ε中間相はMg型の六方晶格子をもち，625℃以下の温度で生じるが反応速度は非常に遅いという．この相の単一相領域は400℃以下の温度では，22~45at%Irの範囲に拡がっている．合金の格子定数はFeに富む組成ではa = 0.258nm, c = 0.415nmであり，Irの増加とともに大きくなり，高イリジウム組成ではa = 0.265nm, c = 0.429nmである．

文献 [1] V.A.Nemilov and T.A.Vidusova : Izvest. Sekt. Platiny Akad. Nauk SSSR **20** (1947) 240-249
　　 [2] R.A.Buckley and W.Hume-Rothery : J. Iron Steel Inst. **201** (1963) 121-124
　　 [3] E.Raub, O.Loebich and H.Beeskow : Z. Metallkunde **55** (1964) 367-370

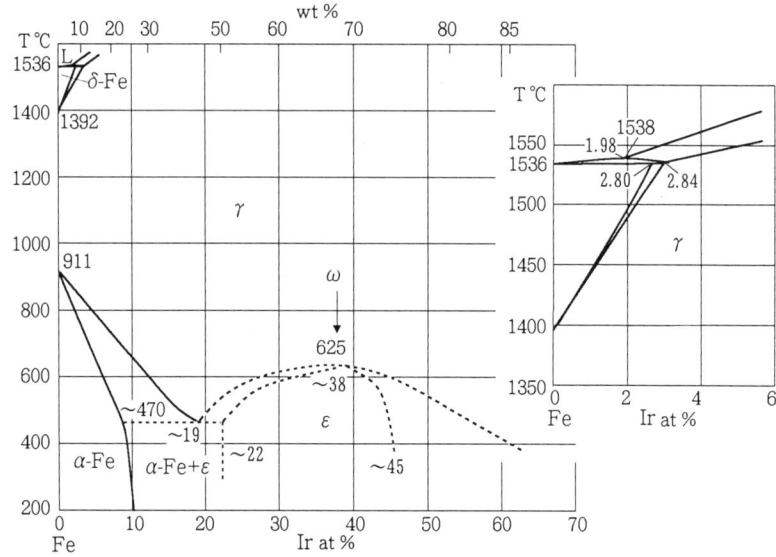

図27-1　Fe-Ir系状態図 [2, 3]　挿入図はFeコーナー高温側詳細図

28. Fe-K

文献中に状態図は見当たらない．[1]はKとFeの薄片を用い，ボイラー中でFeをカリウム塩とともに加熱してFe-K合金を得ることに成功しているという．

文献 [1]　P.G.Petrov : Liteinoe Delo **10** (1934) 1-4

29. Fe-Kr

Kubaschewskiによると電解鉄は1200〜1500℃でKrを吸収しない．このことはFe-Kr系で固溶体や中間相を形成する可能性がないことを示している．

30. Fe-La

[1〜4]は熱分析，光学顕微鏡による組織観察およびX線回折により，本系状態図を研究している．図はK.Gshneidner Jr. [1]によるものである．本合金系では785℃，91.5 at%Laの組成で共晶が生じる．中間化合物は見出されていない．

文献 [1]　K.Gshneidner Jr. : "Rare Earth Alloys", D. van Nostrand Co. Princeton N. J. (1961) 187-188
　　　[2]　K.Nassau : Phys. Chem. Solids **16** (1960) 123-130
　　　[3]　E.M.Savitskii : Metalloved. Term. Obrabotka Metal. (1969) No.9, 19-33
　　　[4]　J.Richerd : Mém. Sci. Rev. Mét. **59** (1952) 539-544

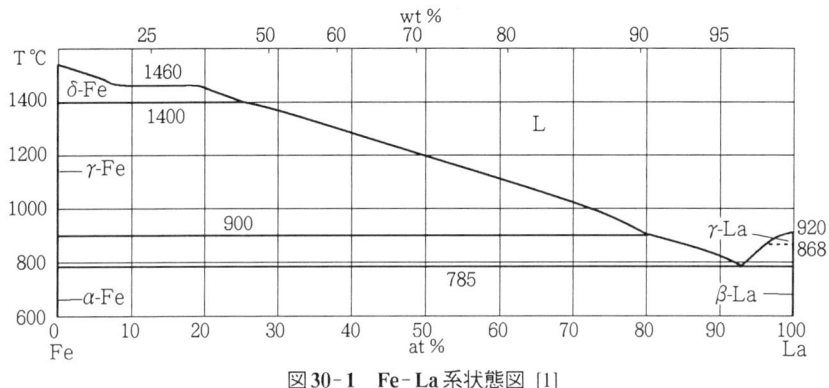

図30-1 Fe-La系状態図 [1]

31. Fe-Li

FeとLiとは，液体でも固体でも相互作用を持たない．

32. Fe-Lu

V.E.Koresnichenkoら[1]は，熱分析，光学顕微鏡による組織観察，およびX線回折により，本系状態図を研究している(図32-1)．母材には高純度カルボニル鉄(99.98%Fe)，99.2%のLuを用い，アルゴン雰囲気下でアーク炉により合金を作成した．Fe

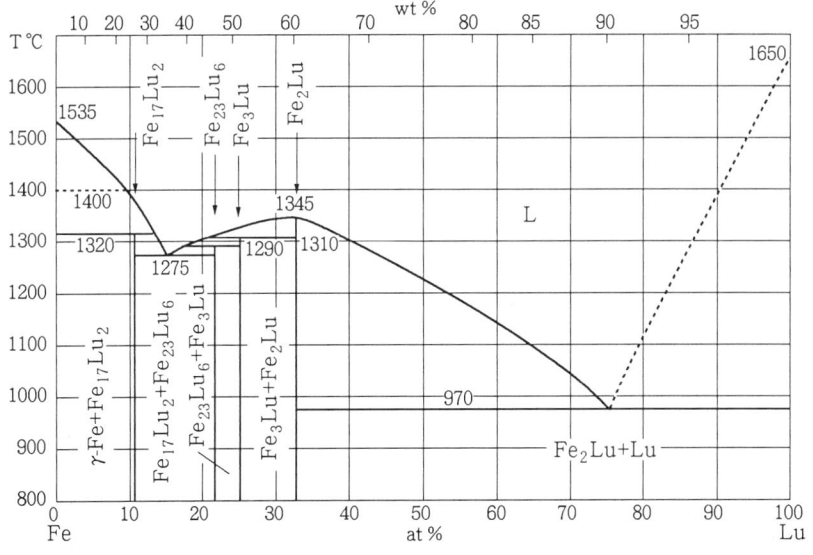

図32-1 Fe-Lu系状態図 [1]

に富む合金の焼鈍は1000℃で真空中で行い，高ルテチウム濃度の合金は900℃で精製アルゴン雰囲気下で行っている．本系には以下の4種類の中間化合物が存在する．

$Fe_{17}Lu_2$：$Ni_{17}Th_2$型，六方晶格子，a = 0.8369nm, c = 0.8259nm
$Fe_{23}Lu_6$：立方晶格子，a = 1.2014nm
Fe_3Lu：Ni_3Pu型，菱面体格子
Fe_2Lu：$MgCu_2$型，Laves相，a = 0.7218nm

文献 [1] V.E.Koresnichenko, V.F.Terekhova and E.M.Savitskii : "Metallovedenie Tsvetnykh Metallov i Splavov", Moskva, Nauka (1972) 31-33

33. Fe-Mg

本系の全系にわたる状態図は作成されていない．しかし，両元素間の特異な相互作用については研究されている [1~3]．全系にわたる状態図が存在しないことは，おそらくMgとFeの融点の違いから研究のための合金が得られないこと，および共晶平衡がMg側に著しくかたよっていることによると思われる(図33-1)．

[1]は，0.057wt%CのFeを用いて，1600℃，2.5MPaの圧力のFeとMgで飽和したアルゴン中に保持した．この結果，Fe中に~0.19 wt% (0.2at%)のMgが含まれたと報告している．

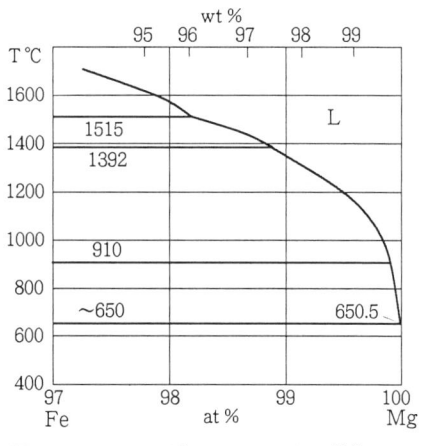

図33-1 Fe-Mg系のMgコーナー状態図 [1]

文献 [1] Yu.M.Lavchenko, V.M.Khokholkov and A.A.Gorshkov : Dopov. Akad. Nauk Ukrain. RSR (1963) No.12, 1602-1606
　　[2] A.F.Landa : Liteinoe proizvod. (1957) No.8, 27-29
　　[3] F.N.Tavadze, E.S.Kartoziya and A.Ya.Shinyaev : Metalloved. i Term. Obrabotka Metal. (1961) No.1, 33-35

34. Fe-Mn

本系合金の研究は古くは19世紀末のLe Chatelier [1], Osmond [2]などに始まる．HansenⅠに紹介された本系状態図は，Cを多く含む(0.3wt%)という母材の純度の低さも手伝って，いくつものバリエーションがそのまま示され，定まっていなかった．

34. Fe-Mn

　Hansen IIではようやく γ-Fe と γ-Mn とが高温側で全率固溶体を形成するという現在の形に近いものが示された．その後1957年の研究[3]は99.5%Fe, 99.9%Mnを母材として合金を作成して改めて実験を行い，δ-Mn 領域が Hansen II の図に比べ，より高い Mn 側に拡がり，包晶点が10.2at%Mnに達するという報告をしている．これが Elliott の採用した図である．Kubaschewski の図は[4]などの報告を採りいれて，Elliott とはいくらか異なるものである．ここでは，Kubaschewski の図を採用する（図34-1）．

　Mn コーナーの凝固反応は L + δ-Mn → γ-固溶体 と 凝固点極小点(azeotropic minimum)とが非常に接近するという特有の形状を示す．これに対し，L ⇌ γ + δ-Mn の共晶反応も捨てきれないという主張[5]も Kubaschewski が紹介している．E.M.Sokolovskaya ら[6]によると，γ-固溶体から相変態により，FeMn, Fe_2Mn が生じるというが，詳細は明らかではない．

　Mn >10at% も低温側には準安定の ε 相が出現する．Hansen I では，石原の研究[7]による ε 相を含む図も，可能な "平衡状態図" として紹介されているが，現在では，ε 相(hcp)は Fe-Mn 合金のマルテンサイト相のひとつであることが明らかとなっている．Mn >10wt% の高マンガン鋼は Hadfield 鋼として実用的には重要であるが，この合金の高い加工硬化能は上記 Mn 組成付近で，γ→ε→α′, γ→ε のマルテンサ

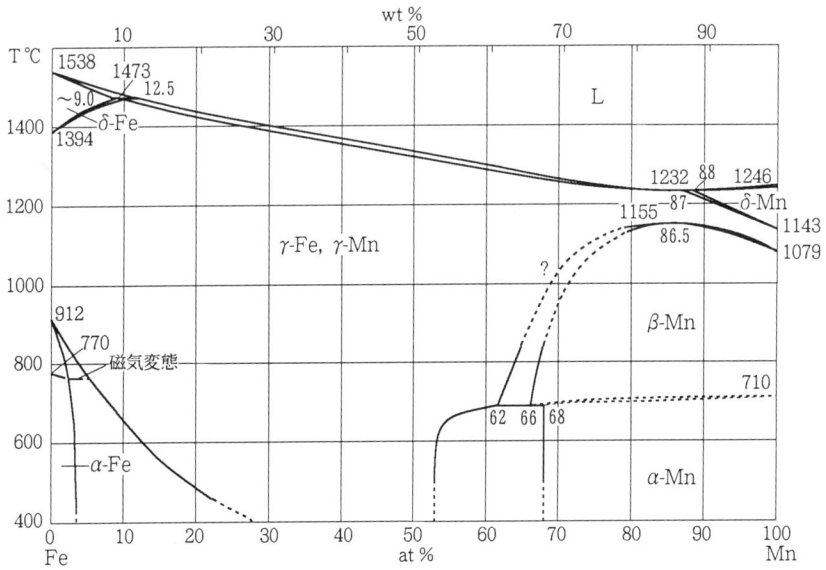

図34-1　Fe-Mn系状態図　Kubaschewskiによる

イト変態が冷間加工で容易に生じることに起因する。いずれのマルテンサイト相も準安定相であるが，Fe-Mn合金の特徴のひとつであるので，Schümann [8] によるFe-Mn合金のマルテンサイト変態図を図34-2に示す。

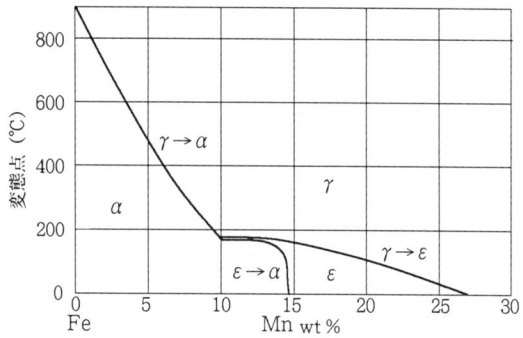

図34-2
Fe-Mn合金のマルテンサイト変態図 [8]

文献 [1] H.Le Chatelier : C.R.Acad. Sci. Paris **110** (1890) 283
　　 [2] F.Osmond : C.R.Acad. Sci. Paris **128** (1899) 1395-1398
　　 [3] A.Hellawell and W.Hume-Rothery : Phil. Trans. Roy. Soc. London **A249** (1957) 417-459
　　 [4] V.Rao and W.A.Tiller : Mat. Sci. Eng. **15** (1974) 87
　　 [5] A.Hellawell : Annoted Equilibrium Diagrams, No.25, The Institute of Metals (1956)
　　 [6] E.M.Sokolovskaya, A.T.Grigorv'ev and Yu.F.Altunin : Zhur. Neorg. Khim. **7** (1962) 2809-2811
　　 [7] 石原寅次郎：金属の研究 **7** (1930) 115
　　 [8] H.Schümann : Arch. Eisenhüttenwesen **38** (1967) 647

35. Fe-Mo

　Fe-Mo系状態図については多数の研究が行われている。基本は，1926年～1936年にわたる研究である。A.K.Sinhaら [1] は40at% Moまでの合金を研究し，新しいR相を見出すと共に，μ相とλ相の存在を主張している。このうちλ相は，以前にR.P.Zaletaevaら [2] で見出されているものである。R.D.Rawlingsら [4] は，800, 900, 1125, 1255, 1320, 1405℃で焼鈍した合金を研究している。その結果，μ相は約40at%Mo，R相は37at%Moで生じ，σ相は1540℃，50at%Moで包晶反応によって生じ，1235℃でμ相とMo固溶体の二相に分解するまで安定に存在すると報告している。
　図35-1は，[4~8]の研究を総合したものであるが，基本はW.P.Sykesの研究によっている [1, 2, 3]。この図には三つの金属間化合物が報告されているが，Fe_2Moが安定に存在するものかどうかは，さらに確認する必要がある。
　L.Kaufmanら [8] はFe-Mo系状態図を熱化学データを用いて計算している。その

35. Fe-Mo

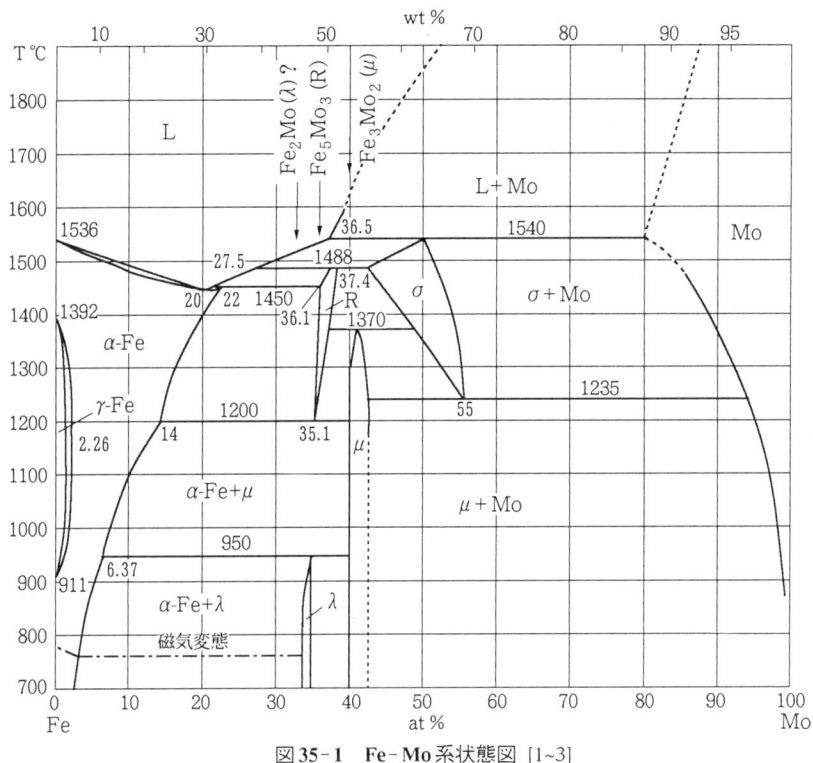

図 35-1　Fe-Mo系状態図 [1~3]

表 35-1　γ-Fe, α-Fe 中への Mo の溶解度

T (℃)		990	1037	1137	1257	1300
Mo(at%)	γ-Fe	1.10	1.34	1.69	1.27	1.02
	α-Fe	1.48	1.85	2.26	1.67	1.31

結果は本図の結果とは異なり, 2種の中間相: $FeMo_2$ (μ) と FeMo (σ) のみが存在するという. さらに, 不変変態温度は実験によるデータよりいくらか高い.

G.Kirchen ら [3] は, X線マイクロアナライザーによって, γ-Fe 中の Mo の溶解度および γ-Fe と平衡している α-Fe 中の Mo 濃度を種々の温度について求めている (表35-1).

P.J.Alberry ら [9] によると, γ-Fe 中への Mo の溶解度はさらにいくらか高く, 1060℃ で 2.3at% である.

高 武盛ら [7] は, α-Fe 中への Mo の溶解度を研究している. 母材は 99.95%Fe と

99.9%Moを用い，得られた合金は1200~600℃で250~7000時間溶体化処理している．図にはこの結果も加味されている．

現行のMassalski (ASM)所載の状態図は，反応温度および化合相の存在範囲が多少異なるが，本質的には本図と変わらない．

Pearson's Handbook中の本系の金属間化合物を示すと以下のとおりである．

FeMo : CrFe型 $(P4_2/mnm)$, a = 0.9218nm, c = 0.4813nm

Fe_2Mo : $MgZn_2$型 $(P6_3/mmc)$, a = 0.4745nm, c = 0.7734nm

$Fe_{63}Mo_{37}$: $R\bar{3}$, a = 1.0910nm, c = 1.9354nm

文献 [1] A.K.Sinha, R.A.Buckley and W.Hume-Rothery : J. Iron Steel Inst. **205** (1967) 191-197
   [2] R.P.Zaletaeva, N.F.Lashko, M.D.Nestarova and S.A.Yaganova : Doklady Akad. Nauk SSSR **81** (1957) 215-219
   [3] G.Kirchner, H.Harvig and B.Uhrenius : Metall Trans. **4** (1973) 1059-1063
   [4] R.D.Rawlings and C.W.A.Newey : J. Iron Steel Inst. **206** (1968) 723-725
   [5] C.P.Heiywegen and G.D.Rieck : J. Less-Common Metals **37** (1974) 115-121
   [6] 一瀬英爾，円尾俊明，佐生博保，上島良文，盛 利貞 : 鉄と鋼 **66** (1980) 1075-1083
   [7] 高 武盛，西澤泰二 : 日本金属学会誌 **65** (1979) 118-135
   [8] L.Kaufman and H.Nesor : Metall. Trans. **A6** (1975) 2123-2131
   [9] P.J.Alberry and C.W.Haworth : Metal Sci. **9** (1975) 140-142

36. Fe-N

本系の状態図は古くから研究されている[1~5]．HansenⅡの状態図はそれらをまとめたものである．Massalski (ASM)所載の状態図はその後のWriedtらの研究を採用しているが，HansenⅡの図との大きな違いはない．ここでは，HansenⅡの図を示す(図36-1)．

NのFeの各相への溶解度は次に示す式で記述されるという[6]．

α-Fe : $\log C_N$(at%) = 0.5 $\log p_{N_2}$ − 2.66 − 1825/T　(500~910℃)　　　[7]

または　$\log C_N$(at%) = 0.5 $\log p_{N_2}$ − 3.37 − 1830/T　(720~850℃)　　　[8]

γ-Fe : $\log C_N$(at%) = 0.5 $\log p_{N_2}$ − 3.38 + 420/T　(910~1400℃)　　[7]

δ-Fe : $\log C_N$(at%) = 0.5 $\log p_{N_2}$ − 3.08 − 1300/T　(1400~1536℃)　[7]

液相 : $\log C_N$(at%) = 0.5 $\log p_{N_2}$ − 3.12 − 251/T　(1536~1750℃)　[7]

または　$\log C_N$(at%) = 0.5 $\log p_{N_2}$ − 3.616 − 293/T　(1600~2100℃)　[8]

ここで，pはPa, TはKである．

図36-2に，Feコーナーの高温域側の状態図を示す(0.1MPa) [9]．

図36-3に，同じく[9]による660℃等温断面図(圧力-組成図)を示す．

36. Fe-N

Fe窒化物 Fe_4N (γ') は 680℃以下で出現し, 5.64~6.14wt%N (19.6~19.95at%N) の間に拡がる [10]. 結晶構造は立方晶で Fe 原子が面心位置を占め, N 原子が体心位置を占める. 最近その磁気的性質が記録材料として注目されている. Fe_4N の磁気変態の研究は [3] が最初のもので, HansenⅡにも採用されている.

ε 相は N 原子が規則配列した hcp 構造をもち, 5.7~11.0wt%N (19.42~33.02at%) の領域に拡がる.

本系には以下の Fe-N 化合物が存在する.

γ' (Fe_4N): 立方晶, a = 0.37970nm (5.64~6.14wt%N)

ε (Fe_3N): 六方晶 ($P\bar{3}m1$), a = 0.266~0.276nm, c = 0.434~0.442nm (8.25~11.0wt%N の領域で) [11].

ζ (Fe_2N): 斜方晶, a = 0.2764nm, b = 0.4829nm, c = 0.4425nm (11.0~11.3wt%N の領域で). この化合物は hcp の ε 相から, N 原子の再配列により生じるという.

Fe_2N にはこの他に, $P6_3/mmc$, a = 0.2705nm, c = 0.4376nm が "Pearson's Handbook" に示されている.

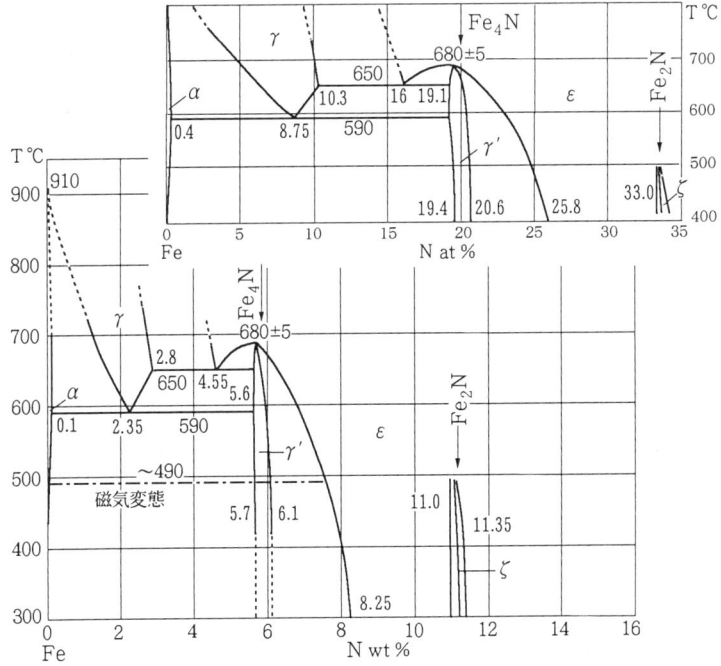

図36-1　Fe-N系状態図　HansenⅡによる

また,準安定相として,Fe_8N ($I4/mmm$, a = 0.5720nm, c = 0.6292nm) (または $Fe_{16}N_2$) がある.

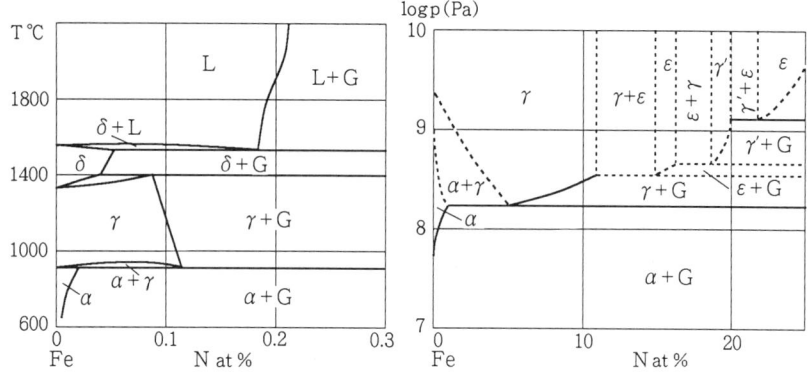

図36-2　Fe-N系,低窒素高温域状態図　　図36-3　Fe-N系,660℃等温断面図 [9]
(0.1MPa) [9]　L:液相,G:気相　　　　G:気相,γ':Fe_4N相

文献 [1] A.Fry : Stahl u. Eisen **43** (1923) 1271-1279
　　[2] C.B.Sawyer : Trans. AIME **69** (1923) 798-828
　　[3] 村上武次郎,岩泉脩次郎:金属の研究 **5** (1928) 159-173
　　[4] E.Lehrer : Z. Elektrochem. **36** (1930) 383-392 and 460-473
　　[5] 錦織清治:金属の研究 **9** (1932) 490-510 ; Tech. Repts. Tohoku Univ. **11** (1933) 68-92
　　[6] H.Schenck, M.G.Frohberg and F.Reinders : Stahl u. Eisen **83** (1963) 93-99
　　[7] I, N, Minskaya and I.A.Tomilin : Izvest. Akad. Nauk SSSR, Metally (1968), No.5, 132-135
　　[8] G.M.Grogorenko, G.F.Torkhov and V.I.Lakomvskii : Doklady Akad. Nauk SSSR **194** (1970) 881-882
　　[9] Yu.V.Levinskii : "p-T-x Diagrammy Sostoyaniya Dvojnykh Metallicheskikh Sistem", Moskva, Metallurgiya (1990)
　[10] H.Wriedt : Trans. AIME **245** (1969) 43-46
　[11] K.H.Jack : Acta Cryst. **5** (1952) 404-411

37. Fe-Na

本系の状態図は,通常の条件下では合金の作成が不可能であるので作成されていない.液体 Na 中への Fe の溶解度に関する報告はあるが,I.I.Kornilov [1] によるとそれは非常に小さい.

R.A.Baus ら [2] によると Fe の Na 中への溶解度は表37-1のようである.

表37-1 各温度におけるNa中へのFeの溶解度 [2]

温度(℃)	wt% Fe	at% Fe	温度(℃)	wt% Fe	at% Fe
550	10.5×10^{-7}	4.3×10^{-7}	350	3.4×10^{-7}	1.4×10^{-7}
500	8.3×10^{-7}	3.4×10^{-7}	300	2.5×10^{-7}	1.0×10^{-7}
450	6.4×10^{-7}	2.6×10^{-7}	250	1.7×10^{-7}	0.7×10^{-7}
400	4.7×10^{-7}	1.9×10^{-7}	200	1.3×10^{-7}	0.5×10^{-7}

文献 [1] I.I.Kornilov : "Zheleznye Splavy", Moskva, Akad. Nauk SSSR Tom 2 (1951) 97
　　 [2] R.A.Baus et al. : Proc. U. N. Intern. Peaceful Uses At. Energy, Geneva **9** (1955) 356-363

38. Fe-Nb

1964年までに発表された本系の種々の状態図の評価についてはHansen II, Elliott, Kubaschewskiの各状態図集に非常に明確に述べられている．金属間化合物Fe_2Nb (ε), $Fe_{21}Nb_{19}$ (σ), Fe_2Nb_3 (η), を基本とする3種類の中間相の存在が，最初に予想された．εとη相はそれぞれ，1655℃および約1800℃で調和融解し，σ相は約1500℃で共析反応によってε相およびη相から生じ，約600℃で$\varepsilon+\eta$二相に共析分解する．

A.Raman [1] による状態図を図38-1に示す．実験方法は光学顕微鏡による組織観察およびX線回折によっている．母材は99.85%のFeと99.9%のNbを用い，アルゴン雰囲気下でアーク溶解により合金を作成し，これを真空中で1300℃，および石英管に封入して1000℃で焼鈍している．σ相の形成は確認されなかった．$Fe_{21}Nb_{19}$の組成で融体からμ相が晶出し，この相は47~49at%Nbの間で単一相である．[1]はμ相は格子型の変化なしに多形変態が生じると仮定している．化合物Fe_2Nb (ε相) も調和融解し，28~36at%Nbの組成範囲で単一相である．

[1]は中間相σとηの形成も確認していない．ε相の恒温変態温度および晶出温度は，以前の研究結果を採用している．共晶δ-Fe$+\varepsilon$は1372±2℃で晶出し，共晶点は11.6at%Nbに相当し，δ-Fe中のNbの溶解度限は2.8at%である．1200℃で共析反応：δ-Fe$\rightleftarrows\varepsilon+\gamma$-Fe が生じ，989℃で包析反応：$\varepsilon+\gamma$-Fe$\rightleftarrows\alpha$-Fe が生じる．$\gamma$-Fe中へのNbの溶解度限は0.6at%，$\alpha$-Fe中には1.1at%である．

$Fe_{52}Nb_{41}$ (μ相) の組成の合金は，W_6Fe_7型の六方晶(菱面体)格子を示し，格子定数は a = 0.4926nm, c = 2.680nm, c/a = 5.441 である．化合物Fe_2Nb (ε相) はLaves相に属し，$MgZn_2$型格子を有し，a = 0.4874nm, c = 0.7992nm, c/a = 1.629 である．

W.A.Fischerら [2] は熱磁気分析法により，γ-Fe基の固溶体の存在領域について研究している．合金は高周波真空溶解炉で溶解し，2.5kgのインゴットを1000~960℃で8×8mmの大きさの棒に鍛造した後，1250℃で焼鈍した．

図に本系合金のγ相の存在域を示してある．1190℃で共析反応：δ⇄γ+εが生じ，共析温度でのNbのγ相への溶解度限は1at%である．共析点Sは1.56at%Nbに相当する．960℃で包析反応：γ+ε⇄αが生じ，この温度でのα-固溶体中のNbの濃度は0.72at%に達する．

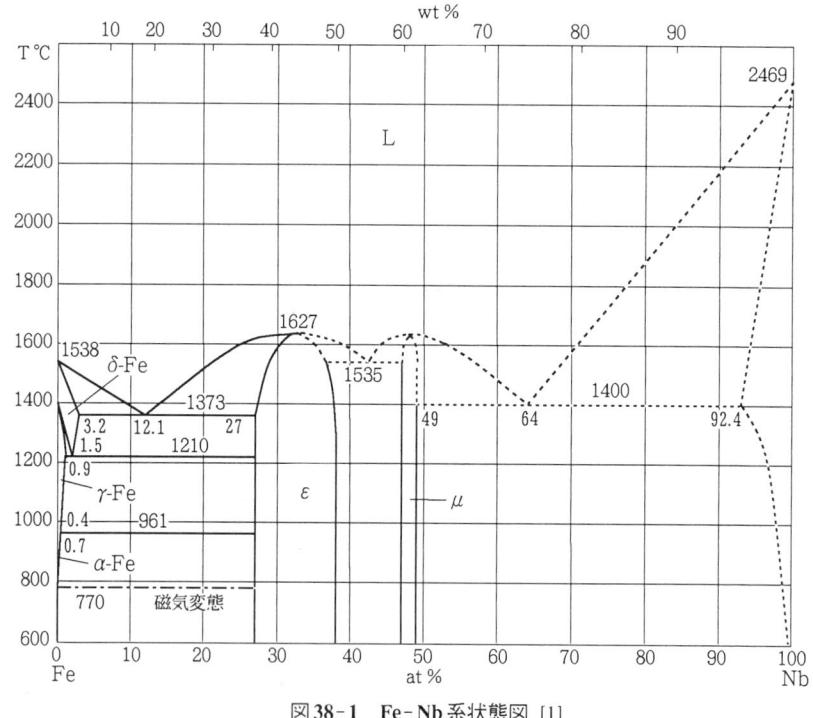

図38-1　Fe-Nb系状態図　[1]

文献 [1] A.Raman : Proc. Indian Acad. Sci. **A65** (1967) No.4, 256-264
　　 [2] W.A.Fischer, K.Lorenz, H.Fabritius and D.Schlegel : Arch. Eisenhüttenwesen **41** (1970) 489-498

39. Fe-Nd

V.F.Terekhovaら[1]はFe-Nd系状態図の研究でFe$_2$Nd相を報告しているが，S.Schneiderら[3]はこの相は構造未定で不安定相であるということから，Fe-Nd系状態図を再検討した．実験方法は光学顕微鏡による組織観察，X線回折，示差熱分析によった．母材は99.8%Fe, 99.9%Ndを用い，アルゴン雰囲気下でアーク溶解により合金を作成している．

39. Fe-Nd

900℃, 600℃から焼入れた合金をX線回折により調べた結果, 中間相としては $Fe_{17}Nd_2$ のみが認められ, [1]が報告している Fe_2Nd は認められなかった。 Fe_2Nd は酸素が関与した結果生じた Fe-Nd-O 三元系の亜酸化物である可能性が強いとしている.

図39-1は[1]の研究を[3]の研究により補足訂正したものである.

本系の化合物は以下のとおりである.

$Fe_{17}Nd_2$: Th_2Zn_{17} 型の六方晶格子, a = 0.859nm, c = 1.247nm [2]

日本で開発された Fe-Nd-B系の強力な希土類磁石は $Fe_{14}Nd_2B$ という正方晶構造の金属間化合物を主体とする焼結磁石である. 本書三元系 Fe-B-Nd の項 (p.185) 参照.

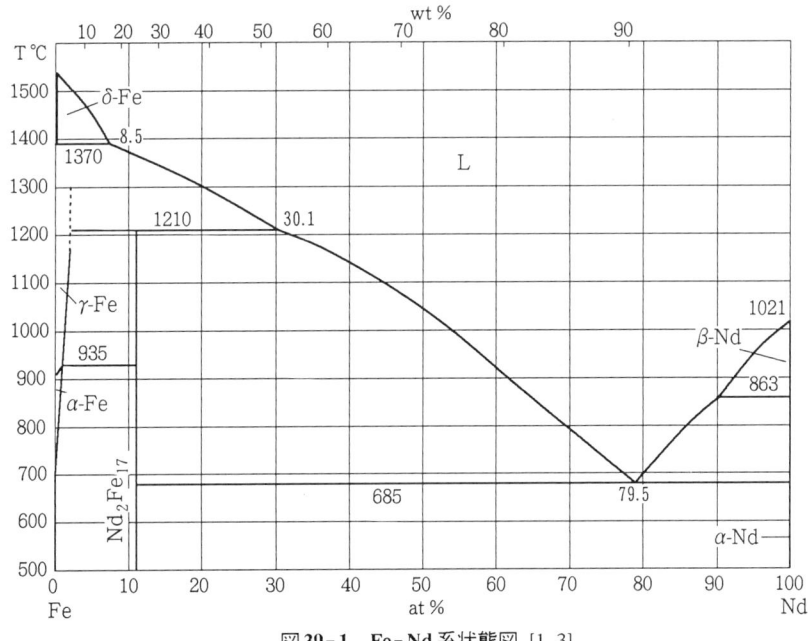

図39-1 Fe-Nd系状態図 [1, 3]

文献 [1] V.F.Terekhova, E.V.Maslova and E.M.Savitzkii : Izvest. Akad. Nauk SSSR, Metally (1965) No.6, 50-55

[2] P.I.Kripyakevich, V.F.Terekhova, O.S.Zarechnyuk and I.V.Burov : Kristallografiya (1963) No.8, 268

[3] S.Schneider, E.T.Henig, G.Petzow and H.H.Stadelmaier : Z. Metallkunde **78** (1987) 694-696

40. Fe-Ni

本合金系を基礎とした材料は機能性材料として古くから注目を浴びている．36wt%Ni付近の組成の合金はインバー合金として，低膨張係数の材料として有名である．インバー合金は膨張係数だけでなく，磁気的性質も興味ある挙動を示す[1]．

また，$FeNi_3$を中心とした材料(Ni：40~90wt%)は高透磁率材料として有名である．本系合金のこれらの挙動を説明するものとして，Fe-Niの規則格子の研究は古くから多数にのぼる．その中でS.Kayaらの比熱測定による研究[2]は初期の仕事であるが，本系合金の規則格子の研究の出発点ともなったものである．図40-1に，[2]による比熱測定を示す．規則格子が形成された試料では，典型的なλ型の熱放出が見られる．

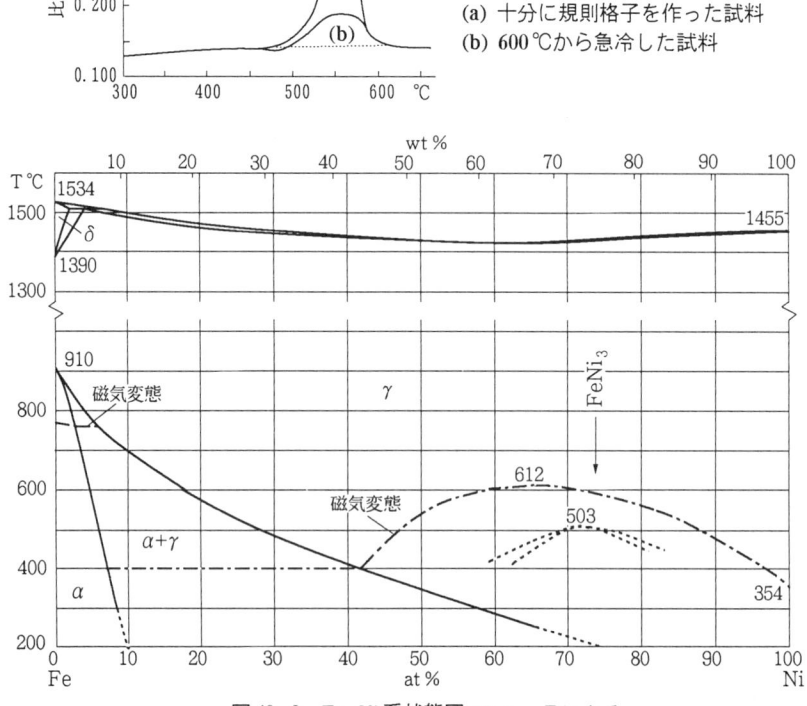

図40-1
茅による$FeNi_3$の比熱－温度曲線 [2]
(a) 十分に規則格子を作った試料
(b) 600℃から急冷した試料

図40-2　Fe-Ni系状態図　HansenⅡによる

40. Fe-Ni

　Kubaschewskiの状態図に示されているように,規則格子 FeNi$_3$ の生成に関しては,1979年以降にも新しい研究が行われ,FeNi$_3$ は 516℃で不規則相から規則相へ一次の相変態により生じるという [3]．また,規則相,FeNi, Fe$_3$Ni の存在を示唆している．Kubaschewski はこれらの結果を取り入れて,従来の非平衡状態の状態図 (HansenⅡ,図 40-2) に代わる平衡状態図を提案した (図 40-3)．しかしこの平衡状態は,本系合金を普通に工業的に用いる場合には達成されないので,実用の状態図としては,HansenⅡ の状態図が妥当であろう．

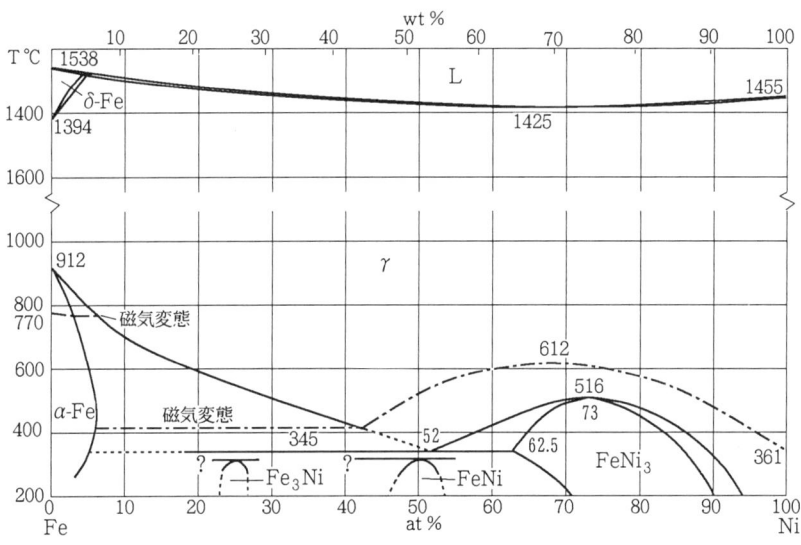

図 40-3　Fe-Ni 系状態図　Kubaschewski による

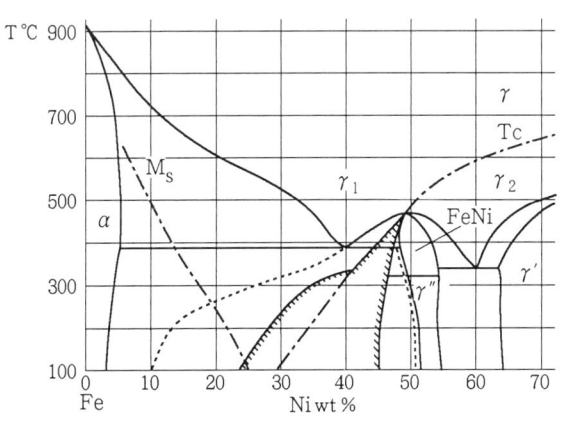

図 40-4
イン鉄をもとにした
Fe-Ni 系状態図 [5]

本系の平衡状態図がいまだに確立していない理由は，低温における Ni の拡散が極めて遅いこと(たとえば，300℃で1原子間距離のジャンプに10000年を要する)，また磁気的性質が熱力学的性質に及ぼす影響も無視できないこと，などがある．Ying-Yu Chang ら [4] は磁気的効果を考慮して，熱力学的計算を行い，状態図を求めている．K.B.Reuter ら [5] は低温域の平衡状態図を求めるために，イン鉄を用いて本系の状態図を研究した．イン鉄は 1℃/10^6 年の冷却速度で冷却されるので，低温における状態図の決定には好都合である．用いたイン鉄は Dyton, Tazewell, Carlton, Grant, Estherville で，これらのイン鉄試料を電子顕微鏡，EPMA(電子プローブマイクロアナライザー)により観察，分析を行った．図40-4に[5]による Fe-Ni 低温領域の状態図を示す．

これによると，新しい規則相 FeNi (γ'') が 45.6～51.4wt%Ni の範囲に存在する．この相は～310℃以下で $L1_0$(CuAu I 型)を有するという．γ'' 相はまた 50.9wt%Ni でスピノーダル分解により生じるが，51.4wt%Ni 単相のものとは異なり，準安定相である．図40-4の点線は，その境界を示す．

～460℃以下では，$\gamma_1 + \gamma_2$ + FeNi (γ') 三重点以下でミシビリティーギャップが拡がる(点線)．ミシビリティーギャップ領域内に非対称のスピノーダル分解領域が存在する(斜線部)．25.8～28.1wt%Ni に規則相の存在が認められたが，Fe_3Ni (γ''') 相か，FeNi 相であるかの区別はついていない．

文献 [1] Physics and Applications of Invar Alloys (Honda Memorial Series of Materials Science No.3) Tokyo, Maruzen (1978)
 [2] S.Kaya : J. Fac. Sci. Hokkaido Univ. Ser. II, **2** (1938) 29
 [3] Van Deen : Thesis University of Groningen (1980)
 [4] Ying-Yu Chang, Y.Austin Chang, Rainer Schmidt and Jen-Chwen Lin : Metall Trans. **17A** (1986) 1361-1372
 [5] K.B.Reuter, D.B.Williams and J.I.Goldstein : Metall Trans. **20A** (1989) 719-725

41. Fe-O

本系については，Hansen II, Kubaschewski では [1] など多数の研究に基づく状態図が示されている(図41-1)．固相 Fe に対する酸素の溶解度はきわめて低く，図41-1のスケールでは表せない．溶解度はまた，Fe の純度が高く，格子欠陥が少ないほど低下する．[2]によれば，帯溶融し再結晶させた Fe では，溶解度は事実上ゼロであるという．γ-Fe への溶解度は α-Fe への溶解度に比べはるかに低い(図41-2 [3～5])．液相に酸素が0.56at%以上溶解すると，液相は，Fe に富む液相 I と酸素を50at%以上含有する液相 II (いわばウスタイト(wustite)の融体である)とに二相分離する．二相分離領域は，1528℃以上で50.5at%O である．

41. Fe-O

γ-Fe, δ-Fe, 液相への酸素の溶解度の酸素分圧依存は以下の式で表される [6].

$\log C_O$ (at%) = 0.5 $\log p_{O_2}$ − 5.12 + 9150/T　　(900~1391 ℃)

$\log C_O$ (at%) = 0.5 $\log p_{O_2}$ − 4.15 + 8130/T　　(1391~1527 ℃)

$\log C_O$ (at%) = 0.5 $\log p_{O_2}$ − 1.81 + 6120/T　　(1550~1700 ℃)

ここで, p は Pa, T は K である.

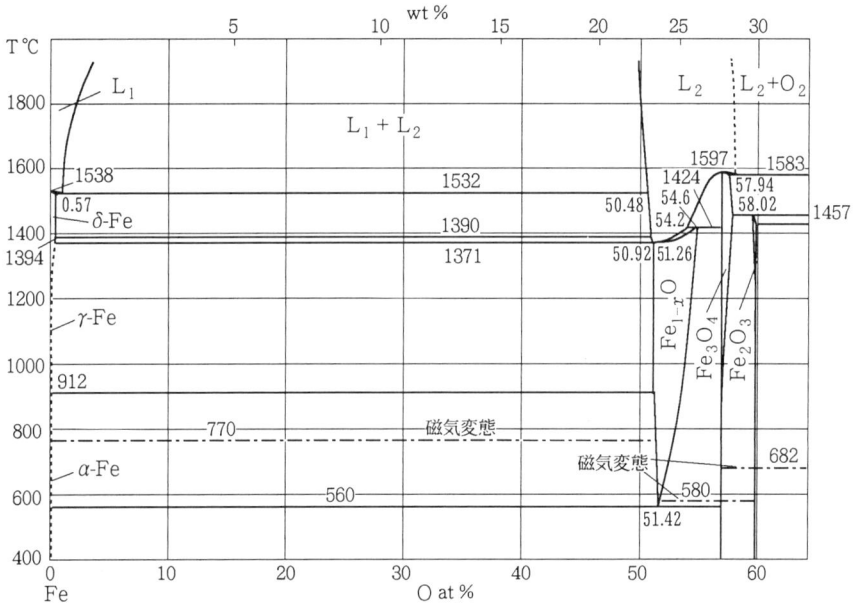

図 41-1　Fe-O 系状態図　Kubaschewski による

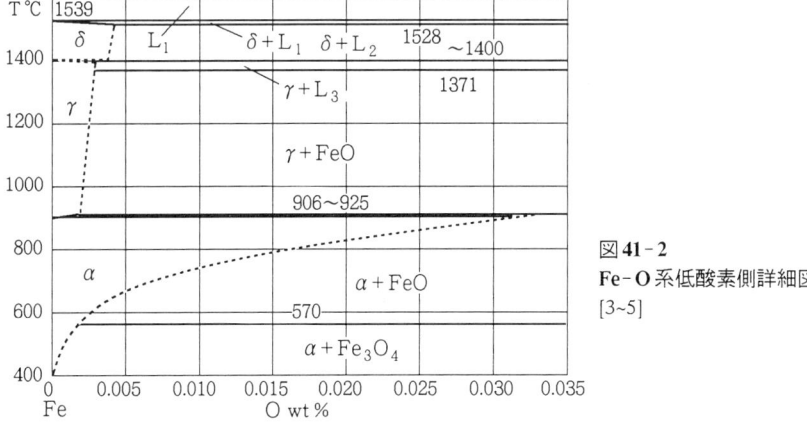

図 41-2
Fe-O 系低酸素側詳細図
[3~5]

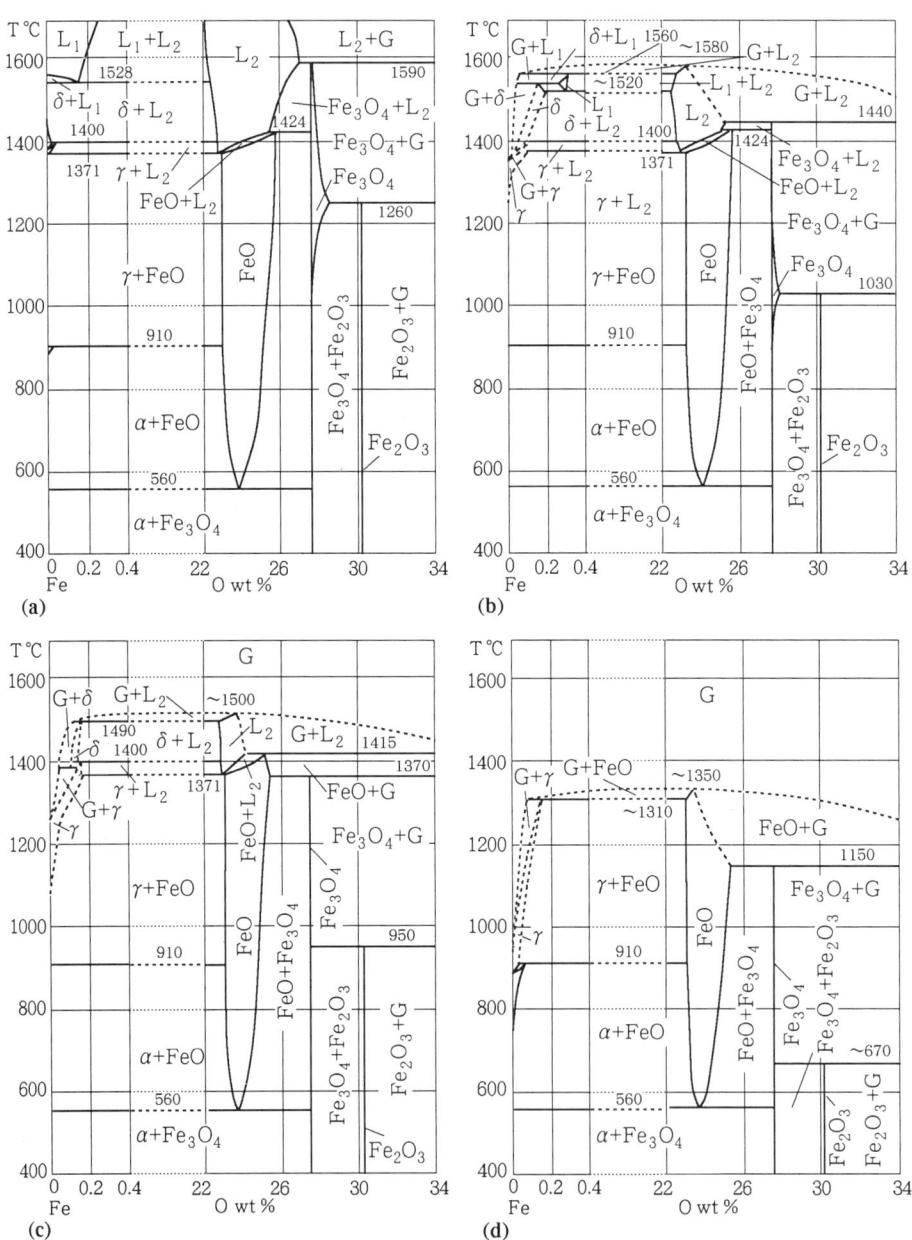

図41-3 酸素分圧 (a) 10^3 Pa (b) 0.3 Pa (c) 10^{-2} Pa (d) 10^{-6} Pa に対する Fe-O 系状態図 [7]
L:液相, G:気相

これらを考慮して,いくつかの酸素分圧に対する,温度-組成断面図が求められている(図41-3)[7].

Feは以下の3種類の酸化物を形成する.

FeO(ウスタイト):NaCl型($Fm\bar{3}m$), a = 0.4326nm, 560~1424℃で安定である.

Fe_3O_4(マグネタイト(magnetite)):スピネル($MgAl_2O_4$)型($Fd\bar{3}m$), a = 0.8396nm.

もうひとつの構造は低温相で,従来コランダム(α-Al_2O_3)型といわれていたが,その後Iizumiらは中性子回折から[8],独自のFe_3O_4型($Pbcm$), a = 1.1868nm, b = 1.1851nm, c = 1.6751nm, γ = 90.2°(10K)とした.

Fe_2O_3(ヘマタイト(hematite)):α-Al_2O_3型で, a = 0.54271nm, α = 55°18′である. Elliott, Shunkの状態図によると,Fe_2O_3にはこの他に以下の準安定相がある.

β-Fe_2O_3:Mn_2O_3型(立方晶), a = 0.9393nm

γ-Fe_2O_3:正方晶規則構造, a = 0.833nm, c = 2.499nm

δ-Fe_2O_3:六方晶, a = 0.510nm, c = 0.442nm

ε-Fe_2O_3:単斜晶, a = 1.297nm, b = 1.021nm, c = 0.844nm, β = 90.2°

文献 [1] L.S.Darken and R.W.Gurry : J. Am. Chem. Soc. **68** (1946) 798-816
 [2] R.Sifferlen : Compt. rend. **240** (1955), 2526
 [3] W.Jäniche and H.Beck : Arch. Eisenhüttennwesen **29** (1958) 643-652
 [4] F.Wever, W.A.Fischer and H.Engelbrecht : Stahl u. Eisen **74** (1954) 1521-1526
 [5] A.U.Seybolt : Trans. AIME **198** (1954) 641-644
 [6] J.H.Swisher and E.T.Turkodan : Trans. AIME **242** (1967) 426
 [7] Yu.V.Levinskii : "p-T-x Diagrammy Sostoyaniya Dvojnykh Metallicheskikh Sistem", Moskva, Metallurgiya (1990)
 [8] M.Iizumi, T.F.Koetzle, G.Shirane, S.Chikazumi and M.Matsui : Acta Cryst. Sec. **B38** (1982) 2121-2133

42. Fe-Os

本系に関する研究は極めて少ない. Volの状態図集[1]には,[2, 3]によるα-Fe$\rightleftarrows$$\gamma$-Fe変態に与えるOsの影響が示されている. Osは変態温度を著しく低下させ,また磁気変態温度も同様に低下させる. しかし,加熱時・冷却時のヒステレシスが極めて大きく,平衡状態が得られているとは認められない. [4]は溶解開始温度におよぼす10at%Osまでの影響を高純度母材により作成した合金を用い

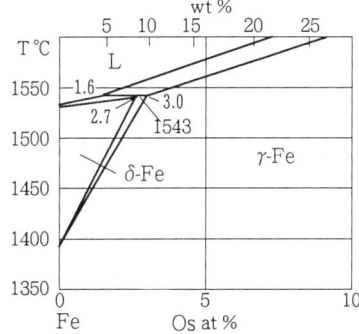

図42-1 Fe-Os系Feコーナー状態図 [4]

て，熱分析法により調べた．Osはδ-Feに固溶して溶解温度を上昇させ，1543℃で包晶反応，L+γ ⇄ δが生じるという．δ-Fe中へのOsの最大溶解度は2.7at%である．OsはまたA$_4$変態温度を上昇させる(図42-1)．

Massalskiの状態図集には，[5]の提案による状態図が示されているが，Fe-Ru状態図から類推して描いたものである．

文献 [1] A.E.Vol : "Stroenie i Svojstva Dvojnykh Metallicheskikh Sistem", Tom 2, Fiziko-matematicheskoi Literatury, Moskva (1962) 831
  [2] F.Wever : Arch. Eisenhüttenwesen **2** (1928/29) 739-746 ; Naturwissenschaften **17** (1929) 304-309
  [3] E.Raub : "Die Edelmetalle und ihre Legierungen", Springer, Berlin (1940)
  [4] R.A.Buckley and W.Hume-Rothery : J. Iron Steel Inst., London **201**(1963) 121-124
  [5] L.J.Swartzendruber and B.Sundman : Bull. Alloy Phase Diagrams **4** (4) Dec. (1983)

43. Fe-P

本系に関する最初の文献は20世紀はじめのロシアの研究者Konstantinovによるものである[1, 2]．この研究で，化合物Fe$_3$Pが形成され，α-Fe+Fe$_3$P共晶反応があることが初めて明らかになった．20at%P以上を含む合金は過冷する傾向が著しく，

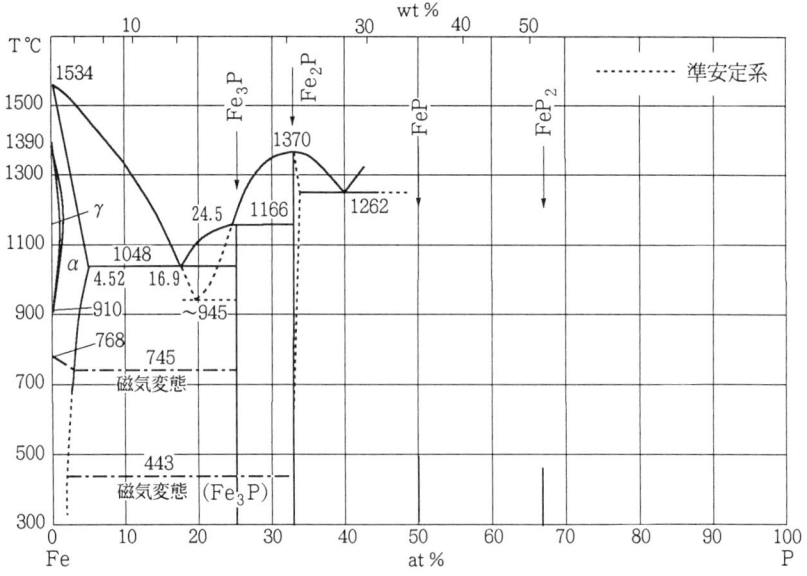

図43-1　Fe-P系状態図　Hansen II, Volによる

43. Fe-P

その場合には準安定な共晶 α-Fe+Fe$_2$Pが生じる．[1, 2]で得られた結果はその後の研究でも確認されている．図43-1はHansen IIが総括したものをもとに，Volがまとめたものである．α-Fe中へのPの最大溶解度は4.9at%であり，γ-Fe中の溶解度は1150℃で0.25~0.3at%を越えない．

Pの蒸気圧は比較的高く，P$_4$の場合450Kで9800Pa(約0.1atm)，500Kで38700 Paである．したがって，Pの分圧が低下すると(P$_2$の分圧はP$_4$にくらべ著しく低いので，ここではP$_4$の分圧である)，状態図上に気相領域が生じる．図43-2に7×10^3Paにおける本系の等圧状態図を示す[9]．

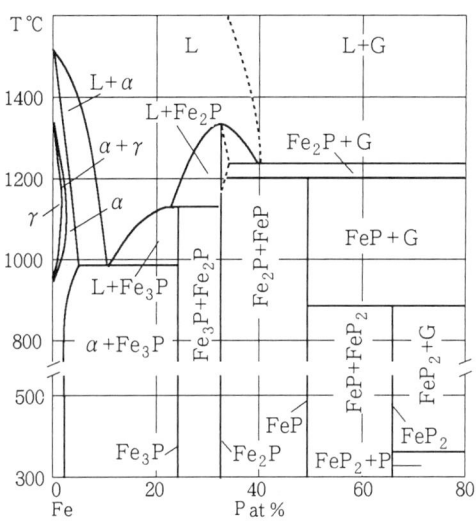

図43-2
Fe-P系状態図 (P$_4$分圧が7000Paの場合) [9]
L:液相 G:気相

本系には以下の化合物が存在する．

Fe$_3$P：単位格子中に24原子を含む正方晶格子, a = 0.9108nm, c = 0.4455nm [3]

Fe$_2$P：六方晶で単位格子中に9原子を含むC22型, a = 0.5864nm, c = 0.3460nm [3~6]．

FeP：MnP(B31)型, a = 0.5794nm, b = 0.5187nm, c = 0.5668nm [7]

FeP$_2$：C18(マルカサイト(marcasite))型, a = 0.2730nm, b = 0.4985nm, c = 0.5668nm [8]

なお，Fe$_3$Pの磁気変態点(キュリー点)は443℃，Fe$_2$Pは-7℃，FePは-58℃である．α-FeとFe$_3$Pとの準安定共晶点は約950℃といわれている．

文献 [1] N.S.Konstantinov : Zhurnal Russkogo Fiziko-khimicheskogo Obshechestva, Ch.Khim. **41**(1909) No.8, 1220-1225

[2] N.S.Konstantinov : Z. anorg. Chem. **66** (1910) 209-227

[3] G.Hägg : Z. Krist. **68** (1928) 470 ; Nova Acta Regiae Soc. Sci. Upsaliensis **4** (1929) 26-43

[4] J.B.Friauf : Trans. American Soc. Steel and Testing **17** (1930) 499-508

[5] H.Nowotny and P.R.Henglelon : Monatsh. Chem., **69** (1948) 385-393

[6] S.B.Hendricks and P.R.Kosting : Z. Krist. **74** (1930) 522-533

[7] K.E.Fylking : Arckiv Kemi, Mineral Geol. **11B** (1935) No.48

[8] K.Meisel : Z. anorg. Chem. **218** (1934) 360-364

[9] Yu.V.Levinskii : "p-T-x Diagrammy Sostoyaniya Dvojnykh Metallicheskikh Sistem", Metallurgiya, Moskva (1990)

44. Fe-Pb

これまでFeとPbとは液体中でも固体中でも相互作用を持たず,状態図はFeとPbの融点に相当する2本の水平線で表わされることが推定されていた(HansenⅡ).その後A.E.Lordら[1]は1350℃で偏晶反応が生じ,この温度での融鉄中のPbの溶解度は~0.07at%であると報告している.図44-1はElliottが[1~5]の結果をまとめたものである.

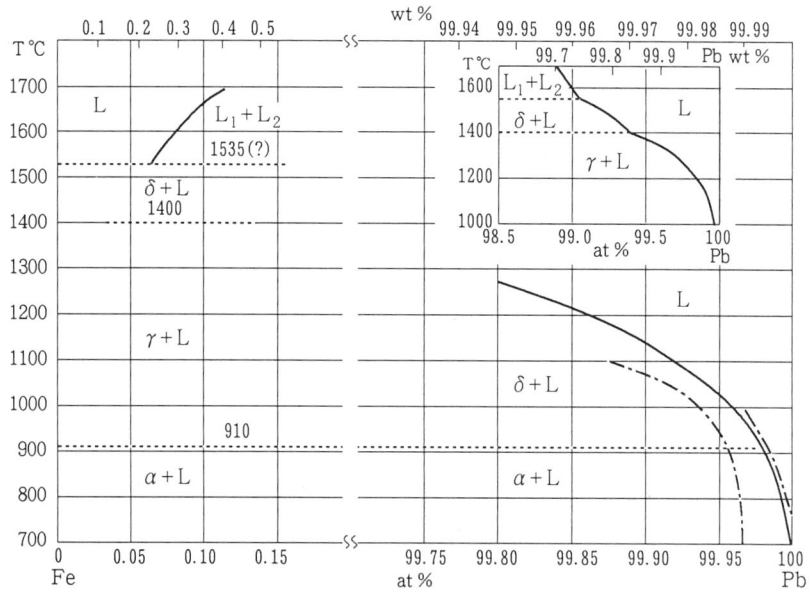

図44-1 Fe-Pb系状態図 Elliottによる

文献 [1] A.E.Lord and N.A.Parlee : Trans. AIME **218** (1960) 644-646

[2] B.Fleischer and J.F.Elliott : "The Physical Chemistry of Metallic Solutions and Intermetallic Compounds", Natl. Phys. Lab., Gt. Brit., Proc. Symp. No.9, **1**(1959) paper 2F. 12

[3] O.C.Shepard and R.Parkman : U. S. At. Energy Comm. ORO-**38** (1950)

[4] K.O.Miller and J.F.Elliott : Trans. AIME **218** (1960) 900-910

[5] D.A.Stevenson and J.Wulff : Trans. AIME **221** (1961) 271-275

45. Fe-Pd

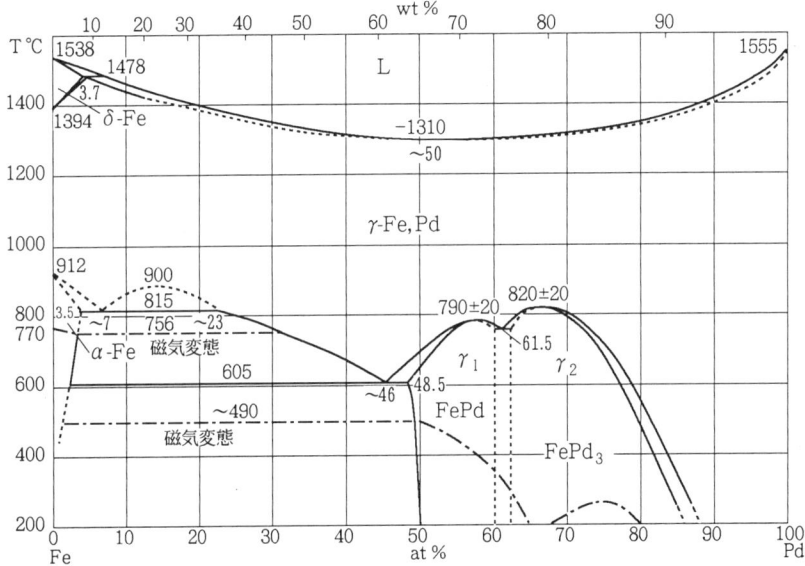

図 45-1　Fe-Pd 系状態図 [2]

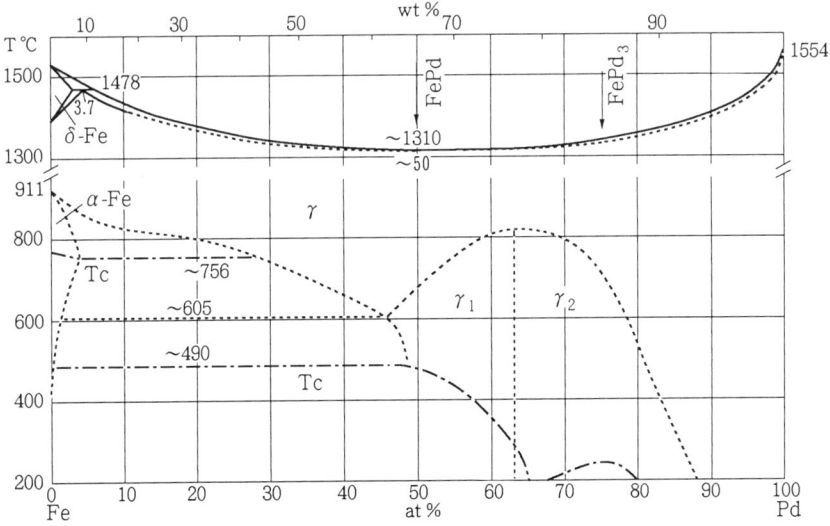

図 45-2　Fe-Pd 系状態図 [3]

本系の液相線, 固相線は1931年のGrigorjew [1] の研究によるものである. 固相の相関係は複雑で, とくに規則格子 FePd (γ_1), FePd$_3$ (γ_2) の存在領域と $\alpha+\gamma_2$ 相領域は確定しているとはいい難い. Raub [2] は Fe 側に γ-固溶体の偏析反応が存在すること, また γ_1 相と γ_2 相との間に共析反応が存在することを主張している. Shunk も Kubaschewski もこれを採用しているが (図 45-1), いかなる根拠によるのかは明らかではない. [2] とほぼ同時に発表された Kussmann と Jessen [3] の研究が, むしろ, 目下のところの研究の実情を示すものであろう (図 45-2).

FePd(γ_1) は CuAu I (L1$_0$), FePd$_3$ は Cu$_3$Au (L1$_2$) 型の規則格子である. 両者の境界は Kubaschewski の図では実線となっているが, 実際には不確定である.

文献 [1] A.T.Grigorjew : Z. anorg. Chem. **209** (1932) 295
　　[2] E.Raub, H.Beeskow and O.Loebich : Z. Metallkunde **54** (1963) 549-552
　　[3] A.Kussmann and K.Jessen : Z. Metallkunde **54** (1963) 504-510

46. Fe-Pm

本系の状態図は推定で構成したものである (Kubaschewski). Pm の電子構造や化学的性質がプラセオジムやネオジムに近いことに基づいて作成したもので, 本系でも同様に 2 種類の金属間化合物と共晶 Fe$_2$Pm + α-Pm が生じると仮定されている (図 46-1).

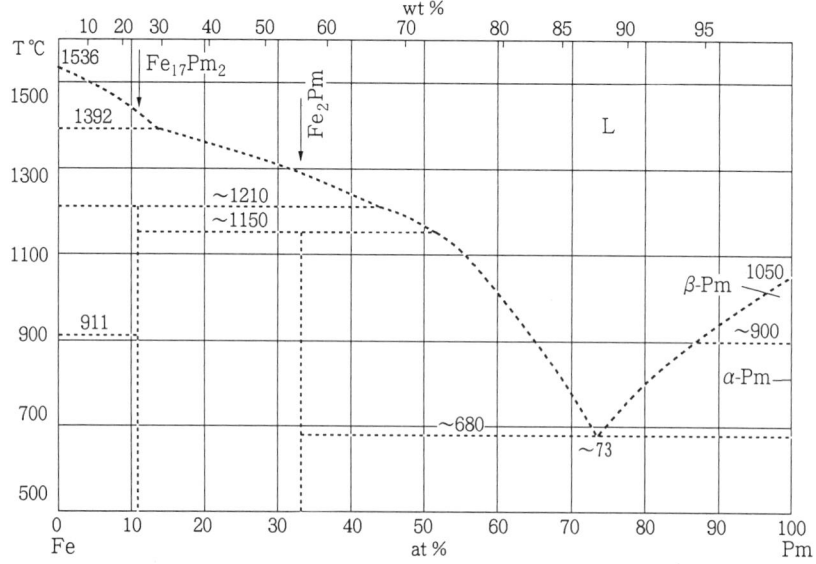

図 46-1　Fe-Pm 系状態図　Kubaschewski による

47. Fe-Pr

本系の状態図はKubaschewskiによるものが認められている(図47-1).[1~8]で,金属間化合物:$Fe_{17}Pr_2$, Fe_2Prが生じると報告されている.最近G.S.Burkhanovら[9]は存在が不明確であるとされていたFe_2Prについて,X線回折と電子線回折により研究し,溶体から凝固させた53at%Fe-Pr合金中にFe_2Prを認めた.また,77at%

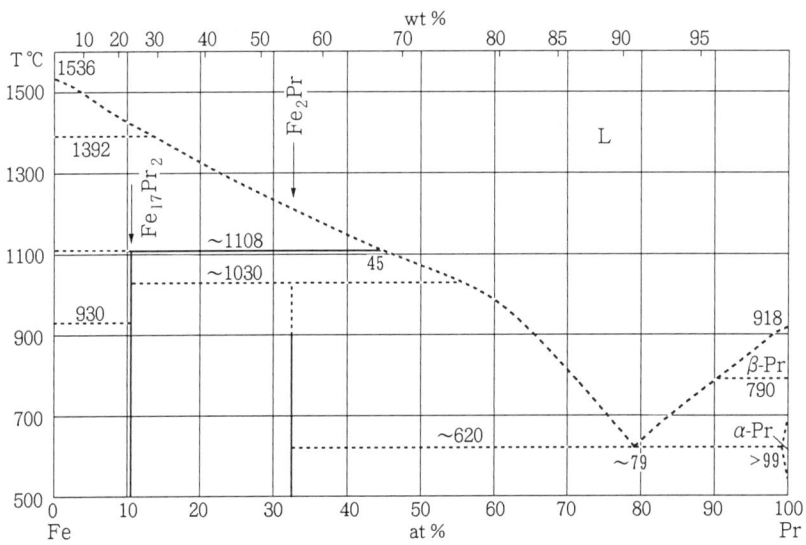

図47-1 Fe-Pr系状態図 Kubaschewskiによる

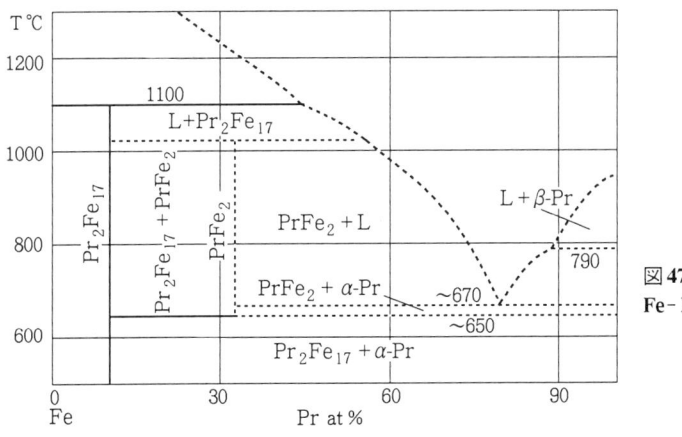

図47-2
Fe-Pr系状態図 [9]

Fe-Pr合金を600℃×500h焼鈍し, $Fe_{17}Pr_2 + \alpha \rightleftarrows Pr$ としたものを, さらに, 800℃×30時間 + 1000℃×1時間の熱処理を施したところ, $Fe_{17}Pr_2$ の一部がPrを取り込んで, $Fe_{17}Pr_2 + \alpha$-Pr → $Fe_{17}Pr_2 + Fe_2Pr$ の反応により, C14型($MgZn_2$型)のFe_2Prが生じたとしている. この結果をもとに, Kubaschewskiの状態図と細部が異なる状態図を提案している(図47-2).

本系合金の金属間化合物は, [9]の結果を加えると以下のようになる.

$Fe_{17}Pr_2$: $Zn_{17}Th_2$型, a = 0.858nm, c = 1.247nm

Fe_2Pr : $MgZn_2$型 ($P6_3/mmc$), a = 0.526nm, c = 0.862nm

文献 [1] P.I.Kripyakevich, D.P.Frankevich and O.S.Zarechnyuk : Visn. L'Vovskogo Univ. Ser. Khim. (1965) No.8, 61-74

[2] P.I.Kripyakevich and D.P.Frankevich : Kristallografiya **10** (1965) No.4, 560

[3] K.H.J.Bushow : J. Less-Common Metals **11** (1966) 204-208

[4] A.E.Ray : Acta Cryst. **21** (1966) 426-430

[5] Q.Johnson , D.H.Wood , G.S.Smith and A.E.Ray : Acta Cryst. **24** (1968) 274-276

[6] A.E.Ray , K.Strnat and D.Feldman : "Rare Earth Research", Tom Ⅱ Proc. Third. Conf. 1963, N.Y. (1964) 443-457

[7] K.Strnat , G.Hoffer and A.E.Ray : IEEE Trans. Magnet. **23** (1966) 489-493

[8] H.Weik , P.Fischer , W.Halg and E.Stoll : "Rare Earth Research", Tom Ⅲ : Proc. Fourth Conf. 1964, N.Y. (1965) 19-25

[9] G.S.Burkhanov, A.S.Iryushin, N.B.Kol'chugina, E.A.Rykovna, N.A.Khatanova and D.Chistyakov : Metally (1998) No.2, 88-91

48. Fe-Pt

本系状態図は1907年のIsaacとTammannによる研究がもとになっている[1]. 高温ではγ-FeとPtとの間に全率固溶体を形成する. PtはA_3点温度を著しく下げ, 0℃でα-Fe中へのPtの溶解度は~20at%程度である. FeにPtが入ると, 液相線には極小点がかすかに認められるとされている[1]. γ-固溶体には3種類の規則相: Fe_3Pt, FePt, $FePt_3$が存在すると考えられている. 最初にFePt近傍に固体の相変態を示唆したのも[1]であるが, その後, X線回折により, FePt [2], さらにFe_3Pt, $FePt_3$ [3, 4]も確かめられた.

Fe_3Ptと$FePt_3$はCu_3Au ($L1_2$)型である. このうち, Fe_3Ptは a = 0.3727nm [5]である. FePtの格子定数は a = 0.2719nm, c = 0.3722nm である[6]. これらの相の規則-不規則変態温度は, 磁気測定, 熱膨張測定, 高温X線回折などにより求められ, それらを基にHansenⅡの状態図がまとめられている(図48-1).

Kubaschewskiは, [5~8]の結果に基づいて, 図48-2を提案している. FePtと$FePt_3$

48. Fe-Pt

との間に，Fe-Pd と同様に共析反応を想定しているが，必ずしも確定したものでないことは Fe-Pd 系と同様である．

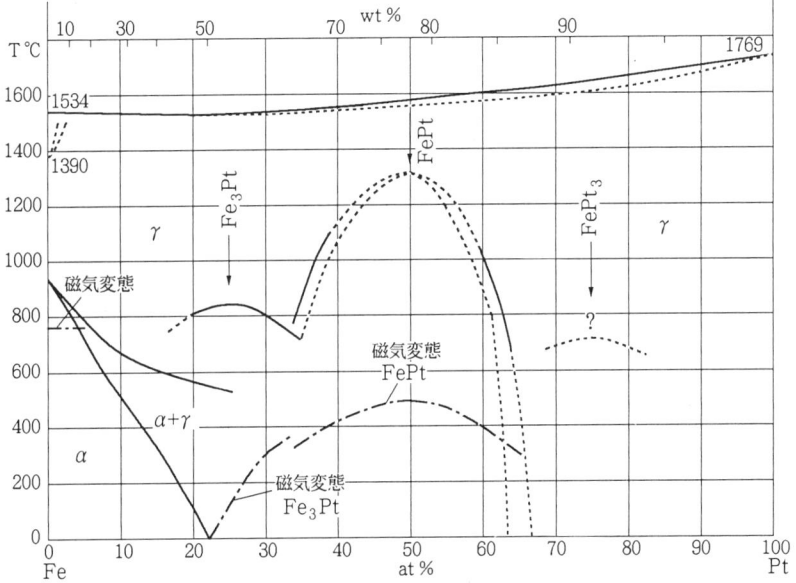

図48-1　Fe-Pt 系状態図　Hansen II による

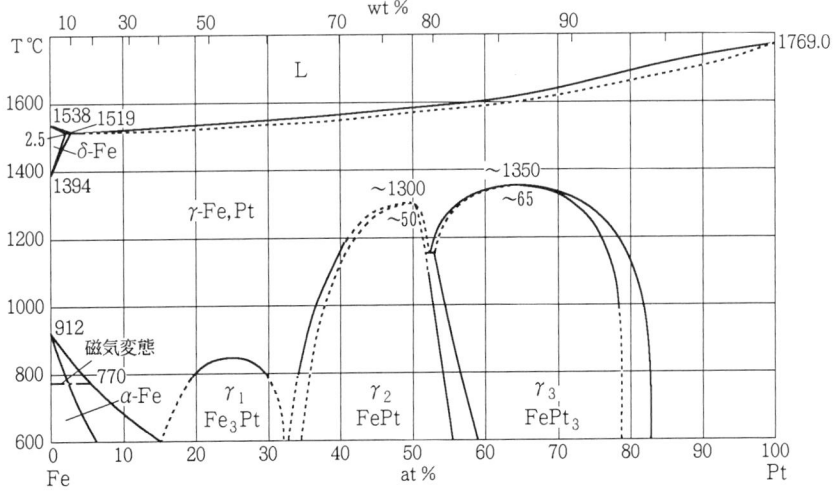

図48-2　Fe-Pt 系状態図　Kubaschewski による

文献 [1] E.Isaac and G.Tammann : Z. anorg. Chem. **55** (1907) 63-71
[2] L.Graf and A.Kussmann : Physik. Z. **36** (1935) 544-551
[3] A.Kussmann and G. von Rittberg : Z. Metallkunde **42** (1950) 470-477
[4] J.Crangle and J.A.Shaw : Phil. Mag. **7** (1962) 207-212
[5] A.Z.Menshikov, T.Tarnóczi and E.Krén : Phys. Status Solidi A**28** (1975) K85-87
[6] A.E.Berkowitz, F.J.Donahoe, A.D.Franklin and R.P.Steijn : Acta Met. **5** (1957) 1-12
[7] J.Martelly : Ann. Physik **9** (1938) 318-323
[8] M.Fallot : Ann. Physik **10** (1938) 291-332

49. Fe-Pu

本系には2種類の金属間化合物：Fe_2Pu と $FePu_6$ が生じるという [1, 2]。Fe_2Pu は1240℃で調和融解し，$FePu_6$ は428℃で包析反応によって生じる。これらの化合物は組成幅を持たない。Pu基合金の相変態は，Puにある5種類の多形変態と関連し

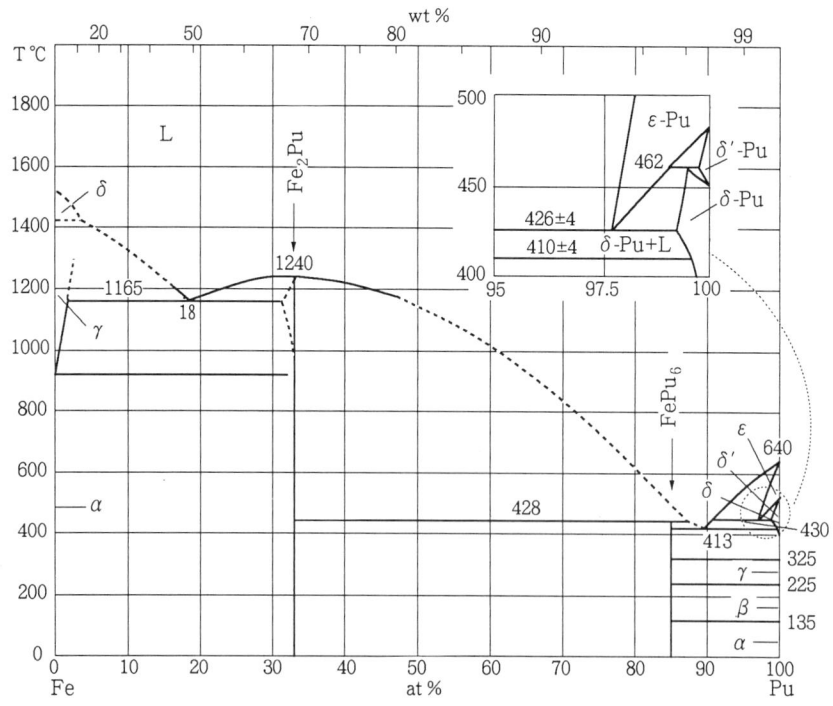

図49-1　Fe-Pu系状態図 [1, 2]

て非常に複雑である．Pu側には430℃にカタテクティック反応が生じるという（図49-1）．

Fe$_2$Pu : Laves相，MgCu$_2$型立方晶, a = 0.719nm．

FePu$_6$: MnU$_6$と同型の体心正方晶構造, a = 0.5349nm, c = 1.0405nm．

文献 [1] P.G.Mardon : J. Inst. Metals **86** (1957-58) 166-171
　　　[2] A.A.Bochvar : Trudy II Mezhdunarodnoi Konferentsii po Mirnomu Ispol'zovaniyu Atomnoi Energii, Doklady Sovetskikh Uchenykh T.3, "Yadernoe Goryuchee i Reaktornye Metally", Moskva, Atom izd. (1959) 376-395

50. Fe-Rb

[1]によるとRbは固体Fe中へは固溶しない．

文献 [1] F.Wefer : Arch. Eisenhüttenwesen **2** (1928-1929) 739-746

51. Fe-Re

H.Eggers [1] は熱分析，光学顕微鏡による組織観察，X線回折による研究に基づいて，70wt% Reまでの組成領域の状態図を提案した（図51-1）．この研究では2種類の化合物の存在を報告している．η相は約1200℃以上で安定であり，ε相はFe$_3$Re$_2$の組成に相当している．その後の研究によって，ε相の存在が確認され[2, 3], 2種類

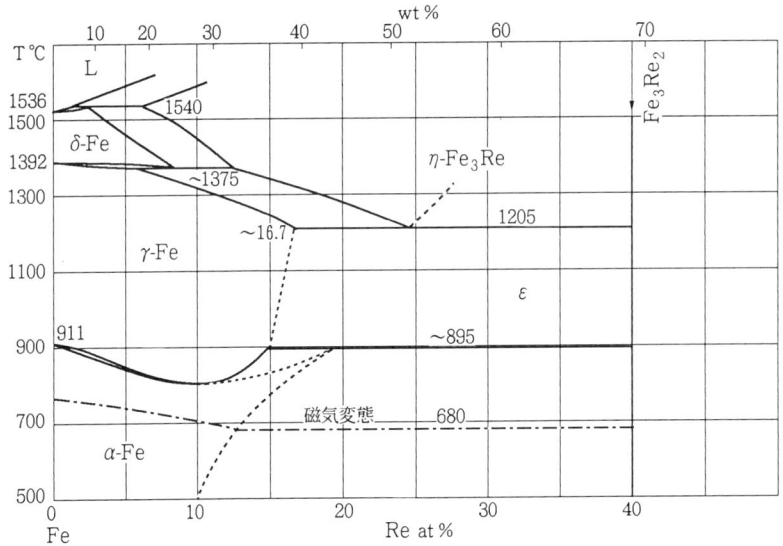

図51-1　Fe-Re系状態図 [1]

の新しい化合物相~FeRe$_2$[4] と Re$_3$Fe$_2$[5] が生じると報告されている。FeRe$_2$ は N.V.Ageev ら [4] によれば β-Mn 型で, a = 0.8978nm というが, 安定相であるかどうかは確かめられていない。正確な状態図を構成するためには一層の研究が必要である。

ε相: Fe$_3$Re$_2$ に相当し σ 相という。a = 0.9020nm, c = 0.4690nm.

Fe$_2$Re$_3$ に相当する化合物も存在し, これは β-Mn 型構造で a = 0.643nm という [5].

文献 [1] H.Eggers : Mitt. Kaiser-Wilhelm Inst. Eisenforsch, Düsseldorf **20** (1938) 147-153
 [2] J.Niemec and W.Trzebiatowski : Bull. Acad. Polon. Sci. **4** (1956) 601-603
 [3] N.V.Ageev and V.Sh.Shekhtman : Doklady Akad. Nauk SSSR **127** (1959) 1011-1013
 [4] N.V.Ageev and V.Sh.Shekhtman : Doklady Akad. Nauk SSSR **143** (1962) 1091-1093
 [5] Yu.B.Kuz'ma and P.I.Kripyakevich : Kristallografiya **10** (1965) 558-559

52. Fe-Rh

本系の状態図は W.S.Gibson ら [1] により総括されたものである (図 52-1)。

fcc 格子をもつ全率固溶体 γ 相は合金中の Rh 量に対応して 750~1450℃以上の高温度で存在する。等原子比組成で 1450℃において, CsCl 型の規則格子構造をもつ

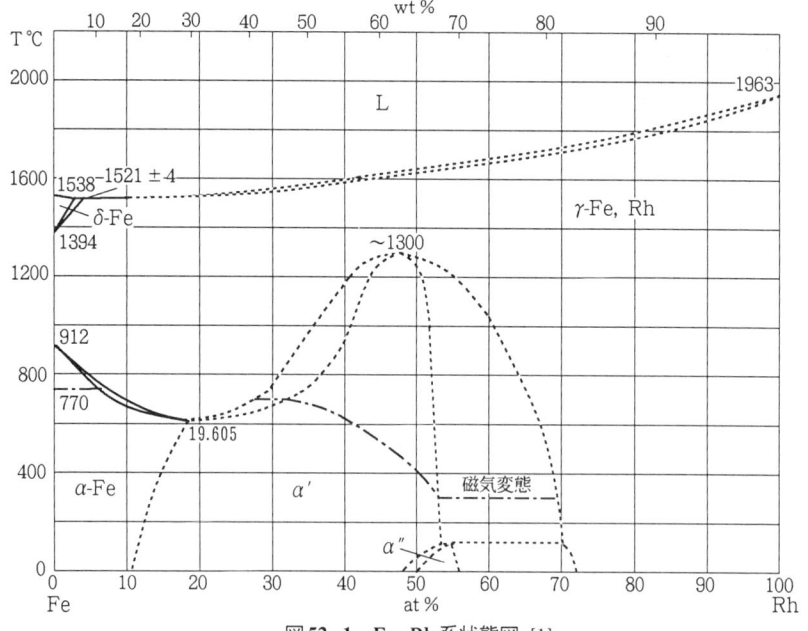

図 52-1 Fe-Rh 系状態図 [1]

化合物FeRh(α')が生成する[2~5]．20at% Rh, 750℃においては，γ-固溶体がαとα'相に共析分解する．α'相は低温で興味ある磁気挙動を示すといわれる[7]．α'もα''もCsCl型の規則格子という．J.M.Legerら[6]は47at% Fe-53at% Rh合金の圧力-温度状態図を作成している．

文献 [1] W.S.Gibson and W.Hume-Rothery : J. Iron Steel Inst. **189** (1958) 243-250
[2] J.S.Konvel and C.C.Hartelius : J. Appl. Phys. **33** (1962) 1343-1344
[3] F. de Bergevin and L.Muldawer : Compt. rend. **252** (1961) 1347-1349
[4] L.Muldawer and F.J. de Bergevin : Chem. Phys. **35** (1961) 1904-1905
[5] C.Chao Clinton, Pol Duwez and Tsuei Chang : J. Appl. Phys. **42** (1971) 4282-4284
[6] J.M.Leger , C.Susse and B.Vogar : Cr. acad. Sci. **C265** (1967) 892-895
[7] M.Fallot : Ann. Physik, **10** (1938) 291-332

53. Fe-Rn

FeとRnは固溶体も化合物も形成しないと推定されている．

54. Fe-Ru

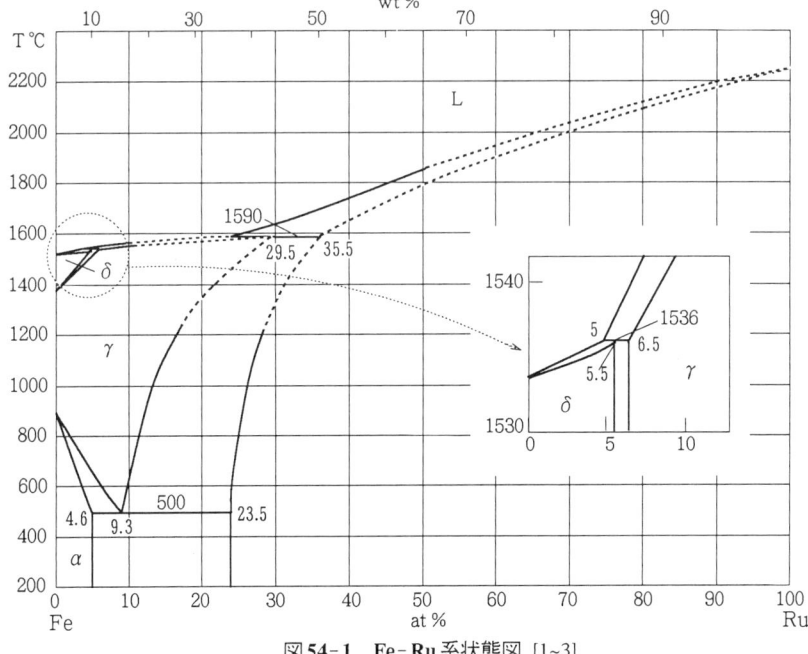

図54-1　Fe-Ru系状態図 [1~3]

図54-1は[1~3]によるものである．光学顕微鏡による組織観察，X線回折，熱分析および熱膨張測定によって調べられている．35at% Ruを含むRu基固溶体と~29at% Ru組成の固溶体とが関与した包晶反応が1590℃で生じる．500℃でγ-固溶体の共析分解が生じ，α-FeとRu基固溶体となる．α-固溶体中へのRuの固溶限は4.8at%で，共析点は9.3at% Ruにある．Ruに対してFeは70%以上固溶するという．

文献 [1] F.Wever : Arch. Eisenhüttenwesen **2** (1928-29) 739-746 ; Naturwissenschaften **17** (1929) 304-309

[2] J.Martelly : Ann. Physik **9** (1938) 318-333 (Alloys with 2.24 and 4.51at%Ru)

[3] M.Fallot : Ann. Physik **10** (1938) 291-332 ; Compt. rend. **205** (1937) 227-230

55. Fe-S

一般に認められている本系状態図はHansenⅡ, Shank, Kubaschewskiによる図55-1である．Fe中へのSの溶解度は極めて低いが，低硫黄域の状態図は重要であるので，[1~5]による状態図を図55-2に示す．図55-3はFe-S全系状態図にSの溶解度の圧力依存を書き込んだものである[6]．細い線が各圧力値(数字, Pa)に対するSの溶解度である．ここでは，高硫黄側の液相が二相に分離する．

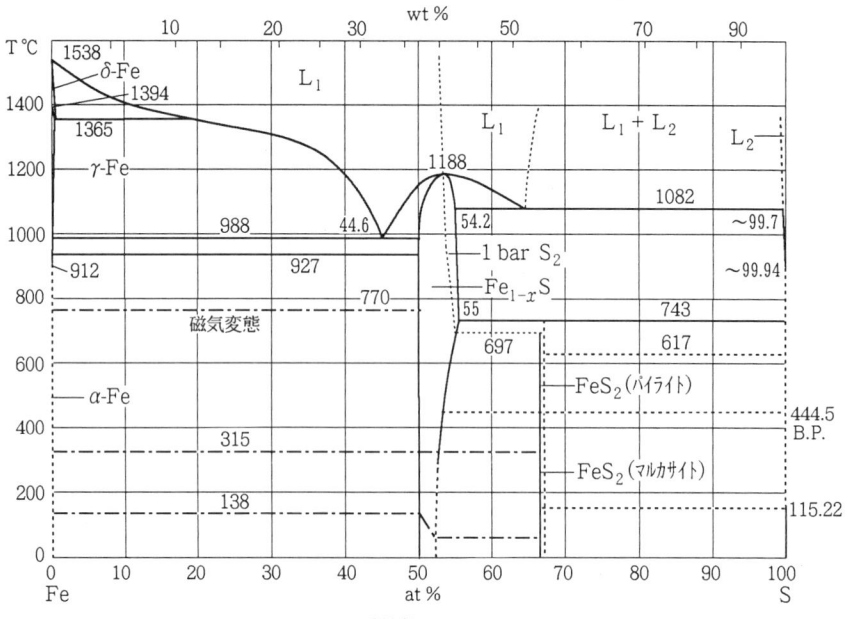

図55-1　Fe-S系状態図　Kubaschewskiによる

55. Fe-S

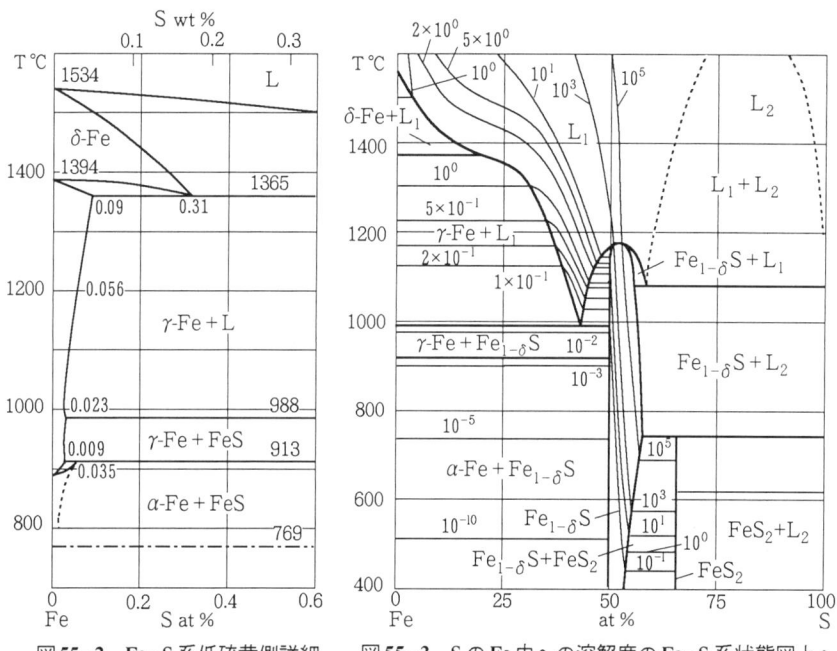

図55-2　Fe-S系低硫黄側詳細図 [1~5]

図55-3　SのFe中への溶解度のFe-S系状態図上への投影図 [6]　細線上の数字は硫黄分圧

表55-1　Fe-S系三相平衡条件 [6]

三相平衡反応	温度(℃)	各相中のS濃度(at%)
γ-Fe $-$ δ-Fe $-$ L_1	1366	0.082(γ-Fe), 0.23(δ-Fe), 16(L_1)
γ-Fe $-$ L_1 $-$ $Fe_{1-\delta}S$	990	0.025(γ-Fe), 43(L_1), 50($Fe_{1-\delta}S$)
γ-Fe $-$ α-Fe $-$ $Fe_{1-\delta}S$	915	0.014(γ-Fe), 0.037(α-Fe), 50($Fe_{1-\delta}S$)
$Fe_{1-\delta}S$ $-$ L_1 $-$ L_2	1080	54.4($Fe_{1-\delta}S$), 59(L_1), 99.7(L_2)
$Fe_{1-\delta}S$ $-$ L_2 $-$ FeS_2	742	54.9($Fe_{1-\delta}S$), 66.7(FeS_2), 100(L_2)

　図55-2および図55-3にしたがって全系における三相平衡を表55-1に示す[6]．
　Sの蒸気圧は金属元素に比べ高く，700Kで0.78MPaになるので，僅かな圧力低下で気相が生じる．図55-4に10^5Pa, 1Pa等圧断面図を示す[7]．
　本系には少なくとも以下の鉄硫化物の存在が認められている．
　FeS (現在では$Fe_{1-\delta}S$とされる), FeS_2, Fe_3S_4, Fe_7S_8, Fe_2S_3．
　天然に存在するFe_7S_8はpyrrhotiteと呼ばれる磁硫鉄鉱で，Tc~140℃で強磁性となる．$Fe_{1-\delta}S$は上の相とも関係があり，従来FeSとされていた相で現在ではNiAs

型格子のFe位置が空孔となり、Sが過剰となった不定比化合物である。Fe/Sの比の違いでX線回折像が変化し、磁気的性質も非常に変化する。

これら硫化物の結晶構造は多数の提案がある。Pearson's Handbookには、FeSだけで6種類、FeS_2 で4種類の構造がある。これらは、天然の鉱物、気相成長によるもの、相変態による違いなどとその由来も複雑であるので、詳細は同書を参照されたい。400℃以上でFeの各相と平衡するのは、これらのうち $Fe_{1-\delta}S$, FeS_2 のみで、400℃以下の温度における、多様な硫化物との平衡条件は未定である。

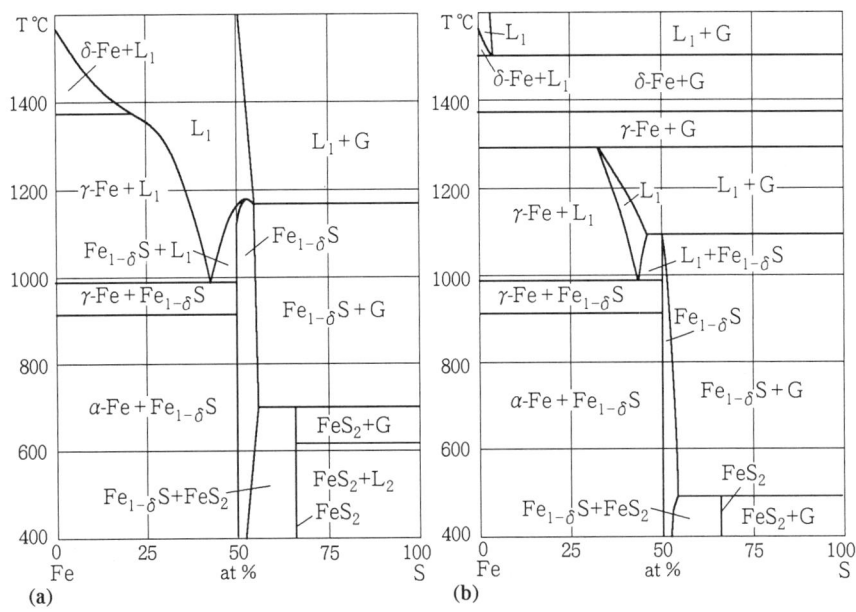

図55-4 硫黄分圧 (a) 10^5 Pa, (b) 1 Pa に対するFe-S系状態図 [7]

文献 [1] R.C.Sharma and Y.A.Chang : Metall. Trans. **10B** (1979) 103-108
 [2] A.M.Barloga, K.R.Bock and N.Paelee : Trans. AIME **221** (1961) 173
 [3] E.T.Turkdogan, S.Ignatowicz and J.Pearson : J. Iron Steel Inst. **180** (1955) 349-352
 [4] T.Rosenqvist and B.L.Dunicz : Trans. AIME **194** (1952) 604-608
 [5] W.H.Herrnstein, F.H.Beck and M.G.Fontana : Trans. AIME **242** (1968) 1049-1056
 [6] Y.Y.Chuang, K.C.Hsiehi and Y.A.Chanf : Metall. Trans. **16B** (1985) 277-285
 [7] Yu.V.Levinskii : "p-T-x Diagrammy Sostoyaniya Dvojnykh Metallicheskikh Sistem", Metallurgiya, Moskva (1990)

56. Fe-Sb

本系の状態図については1908年のKurnakov [1]以来多くの研究があるが,基本的には1936年のHansen I の状態図集に整理された後,変わっていない.

L.A.Pantelejmonovら[2]はカルボニル鉄と99.999%Sbとを用い,He中で高周波融解して,試料を作成し状態図の再検討をしている.

$FeSb_2$ は単一相領域は狭く, ~1at%以下という.

FeSbはβ相ともε相とも表示されているが,NiAs型構造である. G.Hägg [3]によれば,FeはNiAs型構造のすき間に割り込み型に入っているという.

FeSb : NiAs ($B8_1$) 型構造で,Fe 側で a = 0.410nm, c = 0.514nm, c/a = 1.253

$FeSb_2$: FeS_2 (マルカサイト : C18)型,a = 0.3195nm, b = 0.584nm, c = 0.653nm

β相には約620℃に変態があるという研究[4]があるが,現在は否定されている.約222℃に磁気変態があるという[5]. また $FeSb_2$ は 565℃以下で焼鈍すると強磁性を示すという[5].

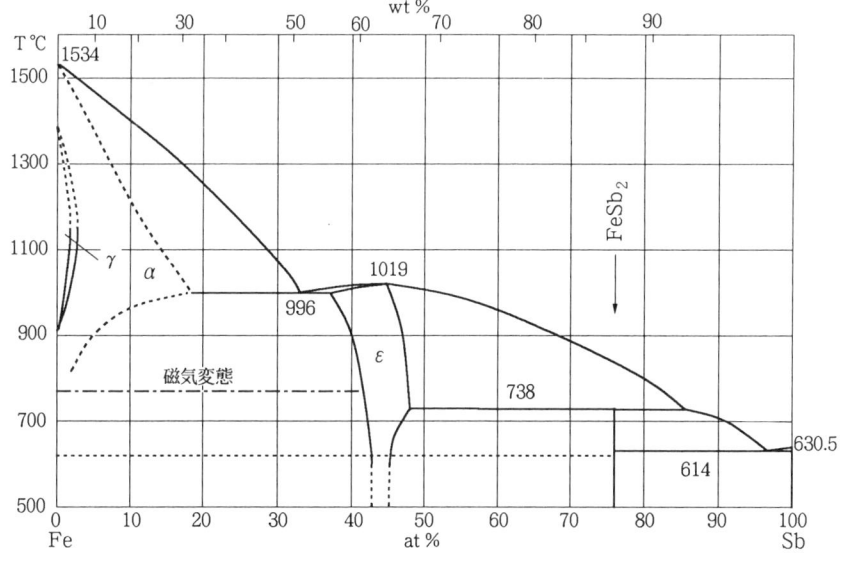

図56-1　Fe-Sb系状態図　Hansen II による

文献 [1] N.S.Kurnakov and N.S.Konstantinov : Z. anorg. Chem. **58** (1908) 1-12
　　 [2] L.A.Pantelejmonov and E.B.Badtiev : Dep. v VNITI (1973) No.6458-6473
　　 [3] G.Hägg : Z. Krist. **68** (1928) 471-472
　　 [4] F.Fournier : Reb. Chim. Ind. **44** (1935) 195-199
　　 [5] J.Maier and E.Wachtel : Z. Metallkunde **63** (1972) 411

57. Fe-Sc

図57-1は示差熱分析[1,7],光学顕微鏡による組織観察[1,7], X線回折[1,7],熱膨張測定[1]およびX線マイクロアナライザー[7]により作成したものである. [2,4]は化合物Fe_2Scの結晶構造を調べ,また[5]はFe中へのScの溶解度を研究している.

O.P.Naumkinら[1]は合金の作成に99.91%のFeと99.8%の真空蒸留したScを用いた. 合金はタングステン非消耗電極を用い,精製ヘリウム雰囲気下,水冷銅るつぼ中でアーク炉溶解した.

O.I.Bodakら[7]は99.9%のScと99.9%のカルボニル鉄を用いて,アルゴン雰囲気下でアーク溶解により合金を作成し,化合物Fe_2Scの存在を確認している. $FeSc_7$相の存在を主張する研究もあるが,疑問である. また化合物$FeSc_3$は見出されなかったという.

[1]によると, α-Fe中へのScの溶解度は小さく0.5at%以下であり,これはA.Hellawell[5]のデータとも一致する. Sc中へのFeの溶解度も室温で0.5at%以下で,700℃では0.8at%である[1].

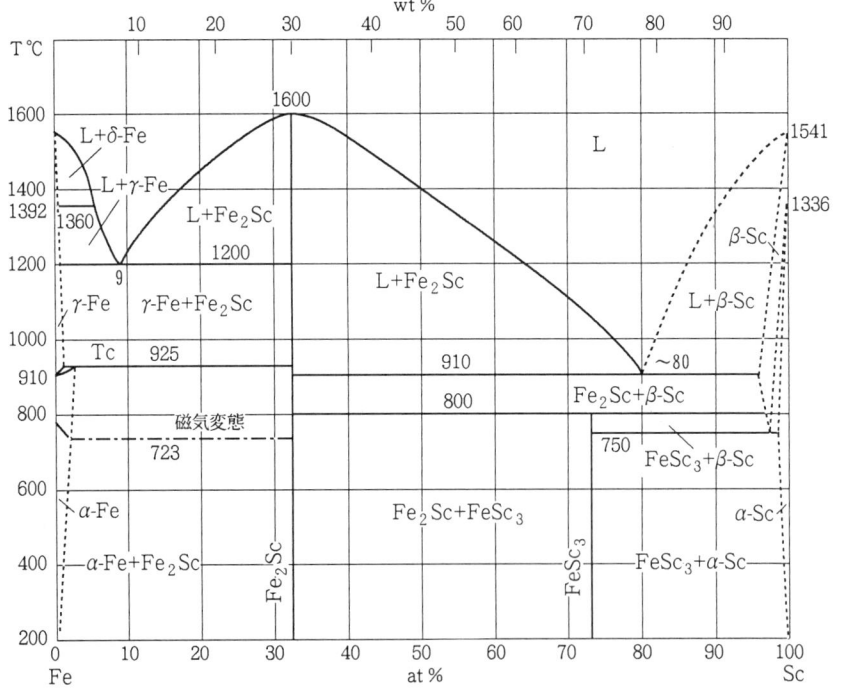

図57-1 Fe-Sc系状態図 [1,7]

Fe₂Sc：Laves相で高温相はMgNi₂型, a = 0.4974nm, c = 1.6290nm [6], 低温安定相はMgZn₂型, a = 0.49370nm, c = 0.80382nm [6], a = 0.4977nm, c = 0.8146nm [7].
また, 39.5at%ScではMgNi₂型のLaves相が存在するという. a = 0.7039nm [7], 0.7090nm [3].

文献 [1] O.P.Naumkin, V.F.Terekhova and E.M.Savistskii : Izvest. Akad. Nauk SSSR, Metally (1969) No.3, 161-165
[2] A.E.Dwight : Trans. ASM **53** (1961) 479-500
[3] E.I.Gladyshevskii, P.I.Kripyakevich, Yu.B.Kuz'ma and V.S.Protasov : "Voprosy Teorii i Primeneniya Redkozemel'nykh Metallov", Moskva, Nauka (1964) 153-154
[4] V.S.Protasov, P.I.Kripyakevich and E.E.Cherkashin : Kristallografiya **11** (1966) 689-692
[5] A.Hellawell : J. Less-Common Metals **4** (1962) 101-103
[6] K.Ikeda, T.Nakamichi, T.Yamada and M.Yamamoto : J. Phys. Soc. Japan **36** (1974) 611
[7] O.I.Bodak, B.Ya.Kotur, I.S.Gavrilenko et al. : Dopov. Akad. Nauk Ukrain. RSR Ser. **A** (1978) No.4, 366-371

58. Fe-Se

本系については古くは1800年代の半ばから, どのような化合物が生成されるか, その相関係, 構造について数多くの研究がある. Fe-S系と同様に1:1の組成域に形成されるFe₇Se₈はNiAs型の変形であり, Seの作る格子に対してFeと空格子点

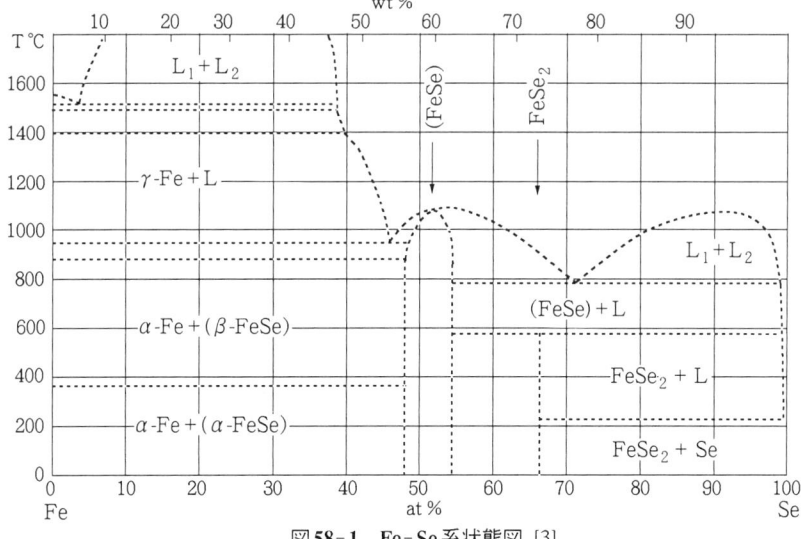

図58-1　Fe-Se系状態図 [3]

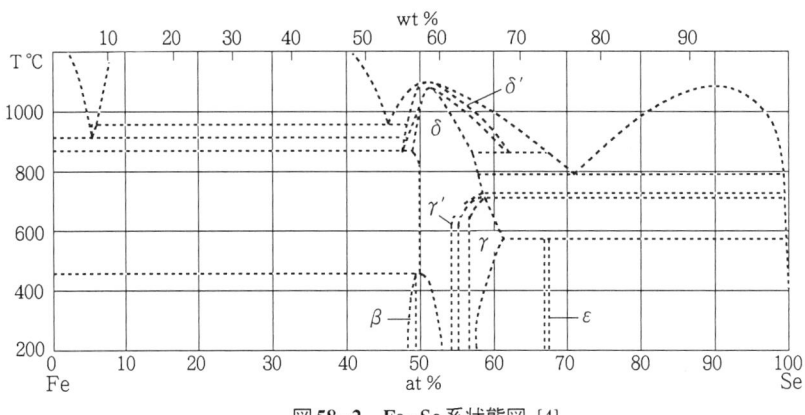

図58-2　Fe-Se系状態図 [4]

が低温では規則的に分布し, これが高温で乱れると推論される. 日本の研究者たちによって結晶構造, その温度変化, 磁気測定などが行われている. A.Okazaki [1, 2]によれば三つの変態があり, 240~298℃以下の低温では三斜晶系, 320~388℃以上では六方晶, 中間の温度領域でも六方晶系であるが, 三斜晶から六方晶への移行はFeと空格子点の乱れであり, これによりフェリ磁性(Tc=187℃)が消失するとしている.

　以上のような研究にもかかわらず, この系の状態図は推論にとどまっている. ここでは1968年のDutrizacらの提案[3](図58-1)と1978年のSchusterらの提案[4](図58-2)を示しておいた. 両方ともFe側, Se側に偏晶反応を主張している. とくにSchusterらの提案は中央部分に複雑な反応を記しているが, 何を根拠に提案しているか不明である. なお, $FeSe_2$ は FeS_2(マルカサイト型)と同様の構造をとるという [5]. 格子定数は a = 0.5778nm, b = 0.4799nm, c = 0.3583nm である.

文献 [1] A.Okazaki : J. Phys. Soc. Japan **14** (1959) 112-113
　　 [2] A.Okazaki : J. Phys. Soc. Japan **16** (1961) 1162-1170
　　 [3] J.E.Dutrizac, M.B.Janiua and J.M.Togure : Canad. J. Chem. **46** (1968) No.8, 1171-1174
　　 [4] W.Schuster, H.Mikler and K.L.Komarek : Monatsh. Chem. **110** (1979) No.10, 1153-1157
　　 [5] F.Gronvold and E.F.Westrum Jr. : Inorg. Chem. **1** (1962) 36-48

59. Fe-Si

　Hansen ⅡとKubaschewskiの状態図とは, 大幅な変化はないが, Fe-Si金属間化合物の存在領域については, いくらかの食い違いがある. 図59-1はKubaschewskiによるが, なお α_1 相, α_2 相の領域については状態図的に見ても不確実である. Fe-Al合金と同様に, Fe-Si不規則固溶体 α から, $Fe_3Al(DO_3)$ 型の α_1 相と β-黄銅(B2)型

59. Fe-Si

の α_2 相がどのように生じるかをめぐって,多数の実験と解釈がある [1~6] 。F.Lihl ら [4] は α_1 相が,L + $\alpha \to \alpha_1$ の包晶反応により直接生じるとしたが,その後 Erich Übelacker [1] は熱膨張測定,磁気測定から, α_1 相は 1140 ℃, 21.3at%Si で, $\alpha_2 \to \alpha_1$ 規則変態により生じるとした。S.V.Semenovskaya ら [5] は Fe-Al 合金と同様に X線散漫散乱強度の測定をもとに,強磁性相を考慮した static concentration wave モデルにより,Fe-0~50at%Si 領域の状態図を提案した (図 59-2)。

E.Schürmann ら [7] は以上の研究結果と独自の研究とを加えて,新しい Fe-Si 状態

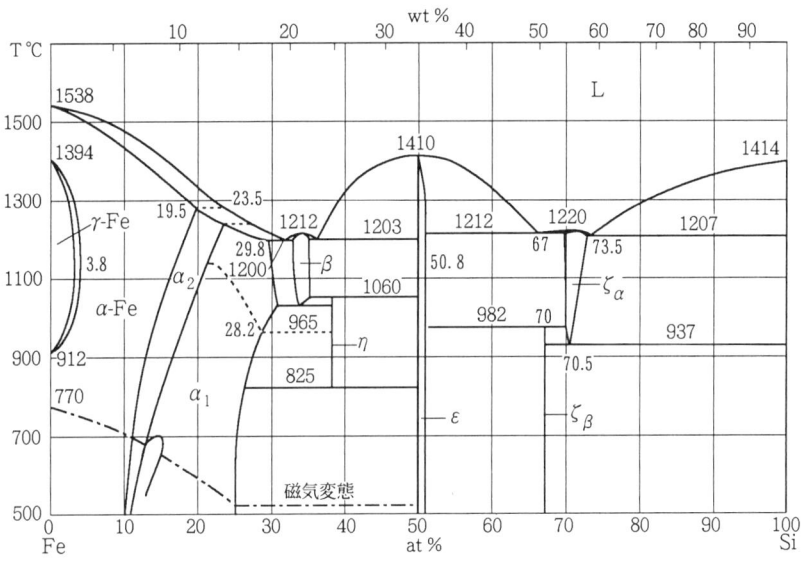

図 59-1 　Fe-Si 系状態図　Kubaschewski による

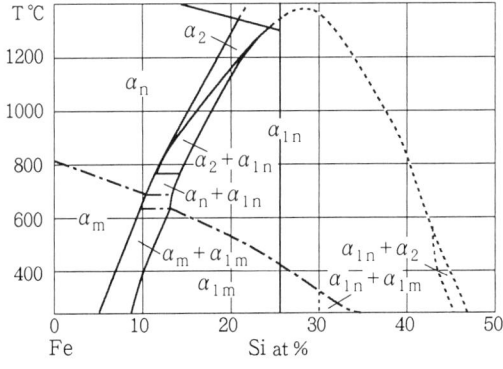

図 59-2
Fe-Si 系状態図 [5]
Fe_3Si 付近の提案

α_n : 常磁性 α-Fe
α_m : 強磁性 α-Fe
α_2 : $Fe_3Al(B2)$ 型
α_{1n} : $Fe_3Al(DO_3)$ 型, 常磁性
α_{1m} : $Fe_3Al(DO_3)$ 型, 強磁性

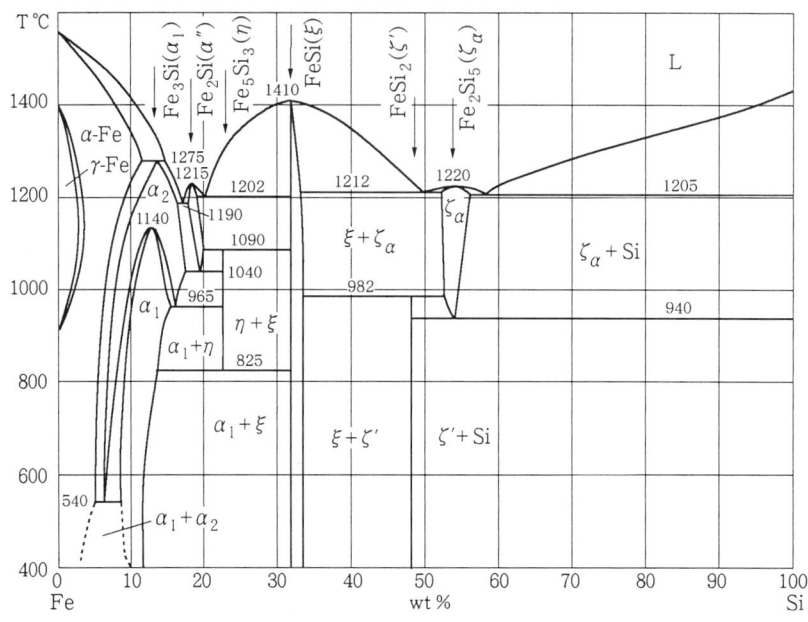

図59-3　Fe-Si系の新しい状態図 [7]

図を提案した(図59-3)．以下本図に沿って，各反応を説明しよう．

W.Köster, H.Warlimontら[2, 3]は光学顕微鏡，電子顕微鏡による観察から，B2型規則格子のα_2相が，1275℃で，包晶反応：$L+\alpha \to \alpha_2$により生じ，α_2相は共析反応により，9at%Si，540±10℃で，α(8at%Si)＋α_1(15at%Si)に分解するとした．α_2相はまた，965±5℃で，共析反応：$\alpha_2 \to \alpha_1 + \eta$($Fe_5Si_3$)により分解するという．

Fe_2Si(α'')は1410℃で調和融解するが，1190℃，31at%Siで，共晶反応：$L \to \alpha_2 + Fe_2Si$，1202℃，35.3at%Siで共晶反応：$L \to Fe_2Si + FeSi$によっても生じる．1040℃[2]あるいは1045℃[3]まで安定で，同温度で，共析反応：$Fe_2Si \to \alpha_2 + Fe_5Si_3$により分解する．

Fe_5Si_3は，1090℃で包析反応：$Fe_2Si + FeSi \to Fe_5Si_3$により生じる．825℃[2, 3]，あるいは830℃[4]まで安定で，そこで，共析反応：$Fe_5Si_3 \to \alpha_1 + FeSi$により分解する．この相はしかし，より低温でも準安定状態で存在し，90℃以下で強磁性となる．

FeSi(ξ)は1410℃で調和融解し，室温まで安定である[2, 4]．49~50.5at%Si領域で単一相である[8]．

ζ_α相は1220℃で調和融解する．70at%Si組成であるが，Fe_2Si_5に近い[9~11]．

この相は不安定で, 940℃で共析反応により, $FeSi_2$ と Si とに分解する. また, 二つの共晶反応, 1212℃ : L ⇄ FeSi + ζ_α, 1206 ± 2℃ : L ⇄ ζ_α + Si に参加する [12].
$FeSi_2(\zeta')$ 相は, 982℃で包析反応: FeSi + ζ_α → $FeSi_2$ により生じるという [11]. しかし, より低温で生じるという報告もある [13, 14].

L.E.Tanner ら [15] によれば, 4200MPa の高圧下では, γ 領域が著しく拡がり, 下限温度も 675~700℃まで低下するという. 同じ圧力で, γ-ループ境界は 10at%Si まで拡大するという [16].

以下に, 本系合金に出現する金属間化合物を示す.

FeSi : B20 型 $(P2_13)$, a = 0.44891nm
Fe_2Si : 六方晶 $(P\overline{3}m1)$, a = 0.4052nm, c = 0.59855nm
Fe_3Si : α_2, CsCl(B2) 型, a = 0.281nm
   : α_1, $Fe_3Al(DO_3)$ 型, a = 0.5608nm
Fe_5Si_3 : Mn_5Si_3 型, a = 0.67552nm, c = 0.47174nm
$FeSi_2$: $FeSi_2$ 型 (*Cmca*), a = 0.9863nm, b = 0.7791nm, c = 0.7833nm
Fe_2Si_5 : ζ_α, 構造不明

文献 [1] Erich Übelacker : Colloq. Int. Cent. Nat. Rech. Sci. (1967) No.157, 171-173
　　　[2] W.Köster and T.Gödecke : Z. Metallkunde **59** (1968) 602-605
　　　[3] H.Warlimont : Z.Metallkunde **59** (1968) 595-602
　　　[4] F.Lihl and H.Ebel : Arch. Eisenhüttenwesen **32** (1961) 489-491
　　　[5] S.V.Semenovskaya and D.M.Udimov : Phys. Stat. Sol. (b), **64** (1974) 627-633
　　　[6] G.Schlatte : Phys. Status Solidi (a), **23** (1974) K91-92
　　　[7] E.Schürmann and U.Hensgen : Arch. Eisenhüttenwesen. **51** (1980) 1-4
　　　[8] F.A.Sidorenko and B.S.Rabinovich : Nauch. Trudy Ural'skii Politekh. Instituta (1965) No.144, 71-73
　　　[9] Helge Holdhus : J. Iron Steel Inst. **200** (1962) 1024-1032
　　[10] J.P.Piton and M.F.Fay : Cr. Acad. Sci. **C266** (1968) 514-516
　　[11] E.Wachtel and T.Mager : Z. Metallkunde **61** (1970) 762-766
　　[12] K.Wefer : Metall **17** (1963) 446-451
　　[13] I.N.Strukov and P.V.Ger'd : Fiz.-khim. Osnoby Proizvodstva Stali, Moskva, izd. Akad. Nauk SSSR (1960) 61-73
　　[14] F.A.Sidorenko, P.V.Gel'd and P.S.Rempel' : Izvest. VUZOV Chernaya Met. (1962) No.4, 102-108
　　[15] L.E.Tanner and S.A.Kulin : Acta Met. **9** (1961) 1038-1040
　　[16] M.Schatz and L.Kaufman : Trans. AIME **230** (1964) 1564-1566

60. Fe-Sm

図60-1はK.H.Buschow [1]の研究をもとに描いたものである．合金は99.99%のFeと99.9%のSmを用いて，コランダムるつぼ中で真空溶解して作成している．X線回折および熱分析による研究である．

本系中には3種類の金属間化合物：Fe_2Sm, Fe_3Sm, $Fe_{17}Sm_2$ が存在する．

$Fe_{17}Sm_2$：$Zn_{17}Th_2$型，$R\bar{3}m$, a = 0.8570nm, c = 1.2440nm

Fe_3Sm：Ni_3Pu型, a = 0.5187nm, c = 2.4910nm

Fe_2Sm：$MgCu_2$型，Laves相, a = 0.7417nm

以上に加えて，次の化合物も報告されている．

Fe_5Sm：$CaCu_5$型(六方晶), a = 0.496nm, c = 0.415nm

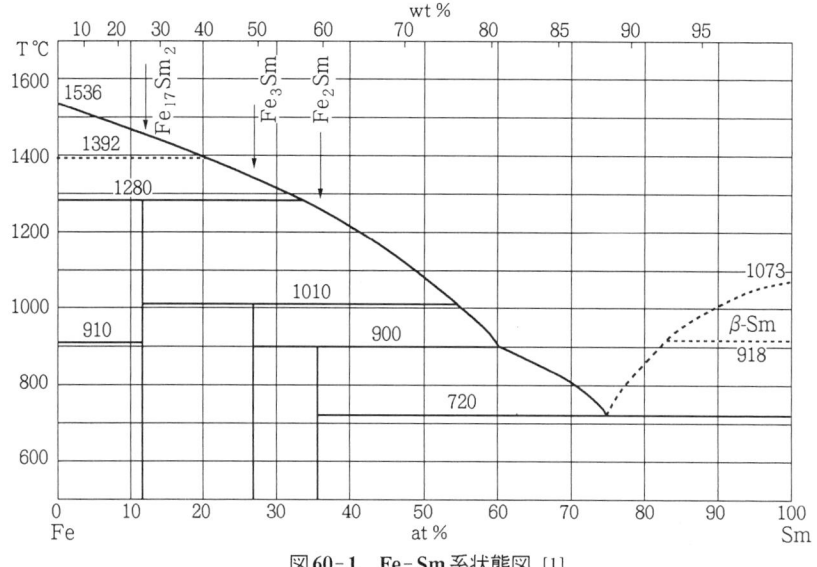

図60-1　Fe-Sm系状態図 [1]

文献 [1] K.H.Buschow : J. Less-Common Metals **25** (1971) 131-134

61. Fe-Sn

本系の状態図に関する研究はHansen II, Shunk, Kubaschewskiにまとめられている．D.Treheuxら [1] は0.001%C, 0.015%N, 0.001%O, Si< 0.025%, その他の元素0.0001%以下の高純度Feと99.99%Snを母材として，拡散対を用い，本系状態図を再検討した（図61-1）．液相に相分離があり，1130℃で偏晶反応があるとされているが，高温では全組成域にわたりFeとSnとが均一に溶解する．

61. Fe-Sn

　E.A.Speight [2] はX線回折により,本系のγ-ループを詳しく調べた(図61-2).用いた母材は電解鉄(99.95%)と99.99%Snである. 1100 ℃におけるγ/(γ+α), (γ+α)/α 境界はそれぞれ, 0.71at%, 1.29at%Snである(実線). これらの値はM.Hillertら[3]の計算による値(それぞれ0.75at%, 1.34at%Sn, 点線)とよく一致する.
　本系の化合物相は, Fe_3Sn, Fe_3Sn_2, γ-FeSn, $FeSn_2$, FeSn が報告されている. O.T.Aleksanyanら[4] は Fe^{57}, Sn^{119} を用いた合金のメスバウアー分光測定, X線回折, 熱分析により, 40~70wt%Sn 領域の状態図を研究した. それによれば, γ-FeSn は確認されず,新しい化合物相として, Fe_5Sn_3 の存在を主張している. それらの結果に基づいて40~90at%Sn 領域の部分状態図を提案しているが, 高温でこのような複雑な相関係が存在するかどうかは疑問である(図61-3).
　本系の化合物相の構造は以上のように不明の点が多いが, これまでの報告をまとめると, 以下のとおりである.
　Fe_3Sn : Ni_3Sn (Mg_3Cd)型, a = 2.136nm, c = 0.4361nm [5]
　Fe_3Sn_2 : 六方晶, a = 2.136nm, c = 0.4390nm [7], 単斜晶, a = 1.353nm, b = 0.543nm, c = 0.920nm, β = 103.0° [1]

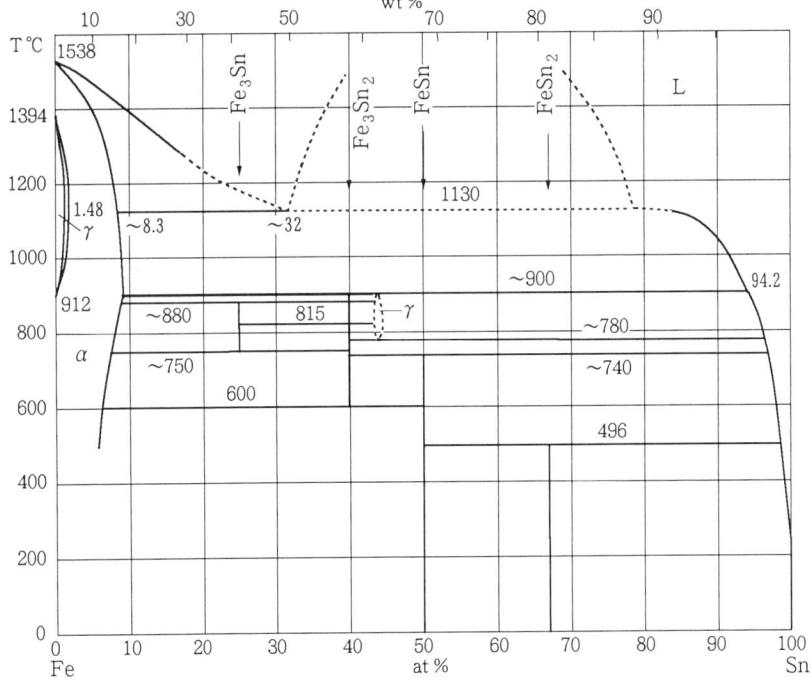

図61-1　Fe-Sn系状態図 [1]

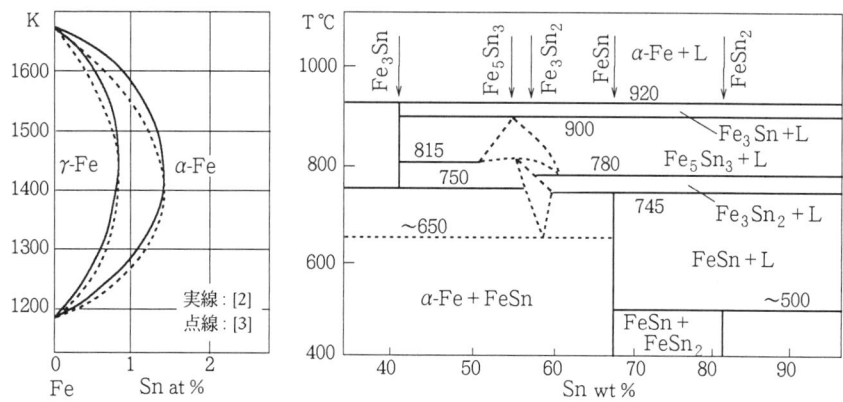

図61-2 Fe-Sn系のγ-ループ [2,3]　　図61-3 Fe-Sn系の化合物の領域を示す状態図 [4]

γ-FeSn : NiAs型, a = 0.4230nm, c = 0.5208nm [5, 6]
FeSn : CoSn型, a = 0.5300nm, c = 0.4449nm [6, 7]
$FeSn_2$: $CuAl_2$型, a = 0.6533nm, c = 0.5321nm [5, 8, 9]

文献 [1] D.Treheux and P.Guiraldend : Scripta Met. **4** (1974) 363-366
　　　[2] E.A.Speight : Metal Sci. J. **6** (1972) No.3, 57-60
　　　[3] M.Hillert, T.Wada and H.Wada : J. Iron Steel Inst. **205** (1967) 539-541
　　　[4] O.T.Aleksanyan, R.N.Kuz'min and N.M.Matveeva : "Diagrammy Sostoyaniya Metallicheskikh Sistem", Moskva, Nauka (1974) 148-151
　　　[5] O.Nial : Svensk Kem. Tidskr. **59** (1947) 165-170
　　　[6] W.F.Ehret and A.F.Westgren : J. Am. Chem. Soc. **55** (1933) 1339-1351
　　　[7] W.F.Ehret and D.H.Gurinsky : J. Am. Chem. Soc. **65** (1943) 1226-1230
　　　[8] H.J.Wallbaum : Z. Metallkunde **35** (1943) 218-221
　　　[9] H.Nowotny and K.Schübert : Z. Metallkunde **37** (1946) 17-23

62. Fe-Sr

本系の状態図に関する報告は存在しない．合金の作成はSrの沸点がFeの融点より低いのでむずかしい．両金属の水銀アマルガムから合金を作成する方法についての報告 [1] によると，水銀を気化すると合金が得られる．Srは固体Fe中に溶解しない [2, 3]．

文献 [1] A.A.Shaposhnikov and V.A.Sukhodskii : Tsvetnye Metally (1932) No.1, 100
　　　[2] F.Wever : Arch. Eisenhüttenwesen **2** (1929) 739-746
　　　[3] F.Wever : Naturwiss. **17** (1929) 304-309

63. Fe-Ta

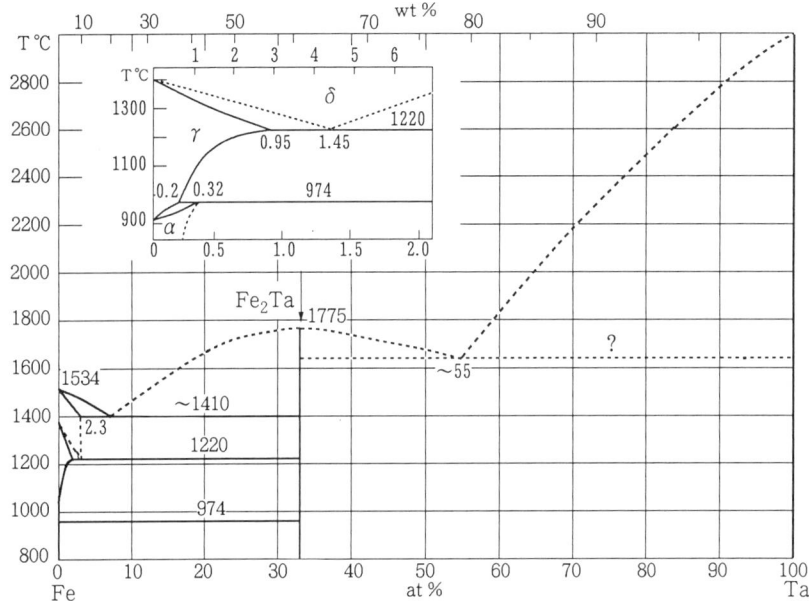

図63-1　Fe-Ta系状態図　Hansen IIによる

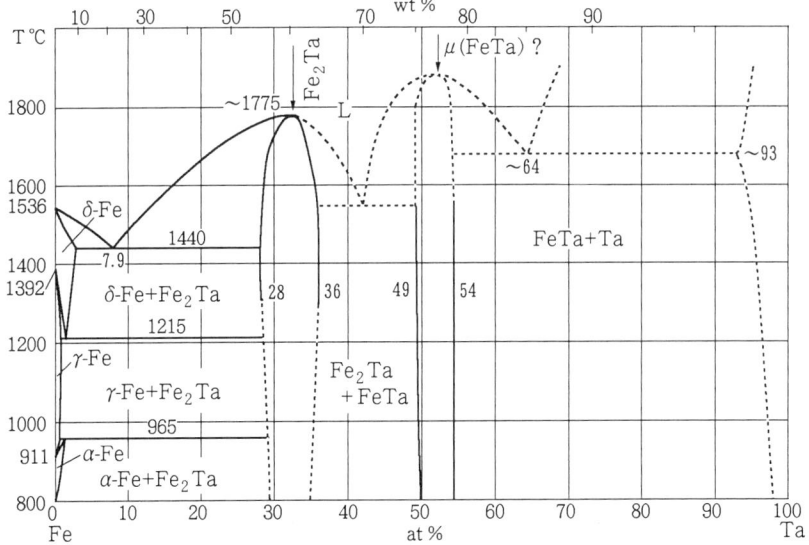

図63-2　Fe-Ta系状態図　Kubaschewskiによる

Fe 側の固溶体についての研究はいろいろあるが [1~4], Ta の融点が高いために全系についての研究は少ない.

Fe_2Ta と FeTa と二つの化合物が形成されると考えられ, 現在採用されている状態図はこの二つの化合物の存在を前提としている. Fe_2Ta は $MgZn_2$ 型の Laves 相としており, FeTa も Fe の一部が Ta 原子で置換された同様な構造といわれるが [1], その存在は疑問である. 図63-1は Fe_2Ta の存在だけを考えた Hansen II の図である. Kubaschewski で採用しているのが図63-2である.

Fe_2Ta : $MgZn_2$ 型, Laves 相, a = 0.4816nm, c = 0.7868nm

文献 [1] V.D.Burlakov and V.S.Kogan : Fizika Metallov i Metalloved. **7** (1959) 708-712
　　 [2] K.A.Sinha and W.Hume-Rothery : J. Iron Steel Inst. **205** (1967) 671-673
　　 [3] E.P.Abrahamson and S.L.Lopata : Trans. AIME **236** (1966) 76-87
　　 [4] W.A.Fischer, K.Lorenz, H.Fabritius and D.Schlegel : Arch. Eisenhüttenwesen **41** (1970) 489-498

64. Fe-Tb

光学顕微鏡による組織観察, X線回折 [1, 2], 融点測定 [1], 示差熱分析, 電子顕微鏡観察 [2] による研究が行われている. 図64-1は M.P.Dariel [2] による研究に基づいたものである. 母材は 99.99% の Fe と 99.9% の Tb を用い, 合金はジルコニウム

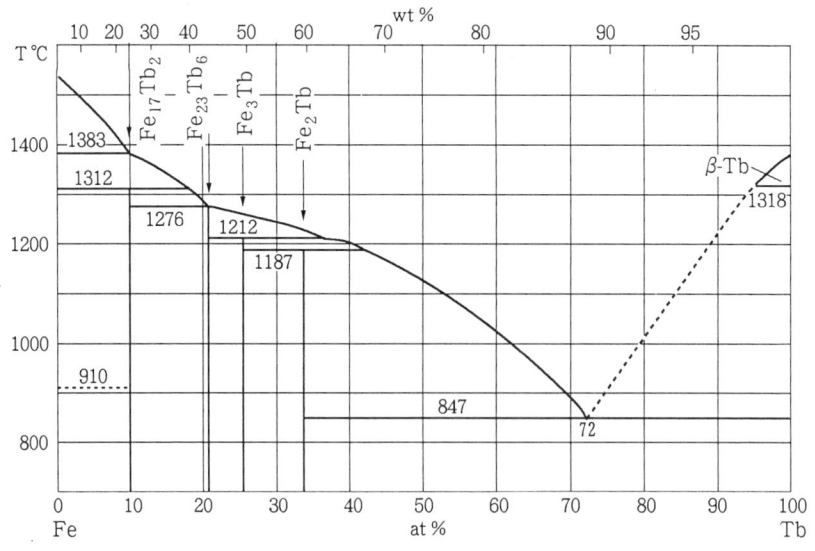

図64-1　Fe-Tb系状態図 [2]

ゲッターを通したアルゴン雰囲気下で，水冷銅るつぼ中でアーク溶解により作成している．これを石英管に真空封入して焼鈍し，1100℃以上の焼鈍温度の場合にはアルゴン封入をしている．

この系には $Fe_{17}Tb_2$, $Fe_{23}Tb_6$, Fe_3Tb および Fe_2Tb の4種類の化合物が存在するという．[9, 10]は変形Laves相 Fe_2Tb のいくつかの物理的性質および磁気的性質を研究している．

$Fe_{17}Tb_2$：2種類の構造をとり，Tb側では $Zn_{17}Th_2$ 型の菱面体構造で，a = 0.852 nm, c = 1.2413nm [1, 2, 6, 8]．Fe側では $Ni_{17}Th_2$ 型の六方晶構造で，a = 0.8491nm, c = 0.829nm [1, 2, 7, 8]

$Fe_{23}Tb_6$：$Mn_{23}Th_6$ 型，立方晶，a = 1.2007nm [1, 2, 6]

Fe_3Tb：Ni_3Pu 型，a = 0.5139nm, c = 2.4610nm

Fe_2Tb：$MgCu_2$ 型で変形した菱面体構造，a = 0.5189nm, c = 1.282nm [5]．$MgCu_2$ 型で [1, 3, 4]，a = 0.740nm [4] という研究もある．Fe濃度の高い方に単一相領域があるという．

文献 [1] I.G.Orlova, A.A.Eliseev, G.E.Chuprikov and F.Rukk : Zhur. Neorg. Khim. **22** (1977) 2557-2562

[2] M.P.Dariel : J. Less-Common Metals **45** (1976) 91-101

[3] P.I.Kripyakevich, M.Yu.Teleshuk and D.P.Frankevich : Kristallografiya **10** (1965) 422-423

[4] G.M.Gilmore and F.E.Wang : Acta Cryst. **23** (1967) 177-179

[5] A.E.Dwight and C.W.Kimball : Acta Cryst. **B30** (1974) 2791-2793

[6] P.I.Kripyakevich and D.P.Frankevich : Kristallografiya **10** (1965) 560

[7] H.Oesterreicher : J. Less-Common Metals **40** (1975) 207-219

[8] K.H.J.Buschow : J. Less-Common Metals **11** (1966) 204-208

[9] H.Klimker, M.Rosen, M.P.Dariel and U.Atzmony : Phys. Rev. **10B** (1974) 2968-2972

[10] A.E.Clark and H.S.Belson : Phys. Rev. **5B** (1972) 3642-3644

65. Fe-Tc

R.A.Buckley, J.B.Darbyら [1, 2]は示差熱分析により本系合金を研究している．[1]は高鉄濃度側の合金の液相線，固相線，$\delta \rightleftarrows \gamma$ 変態温度を明らかにしている．得られたデータと化学分析（質量損失による）の結果を考慮に入れて，1300℃以上の状態図を作成した（図65-1）．使用したFeの純度は99.95%で，Tcの純度は不明である．Tcの添加は鉄の融解温度や凝固温度に大きな影響を与えない．Tcは α-Feの存在領域にはほとんど影響しないが，$\delta \rightleftarrows \gamma$ 変態の温度を僅かに低下するという．

[2]はX線回折によってTc-40at% Fe（焼鈍温度 = 1075℃），Tc-50at% Fe（焼鈍温

度 = 700 ℃), Tc-60at%Fe(焼鈍温度 =700℃)を研究している.

合金は0.15MPaの圧力のアルゴンおよびヘリウム雰囲気下でアーク溶解している. 母材には99.873%のFeと2.452%の不純物を含むTcを用いた.

σ相が研究した領域で出現するといい,格子定数は表65-1のとおりである.

W.G.Moffatt [4] は本系に関する他の研究結果およびσ相が包晶反応によって生成するという研究[3]を考慮して,Fe-Tc全領域を推定して提案している(図65-2).

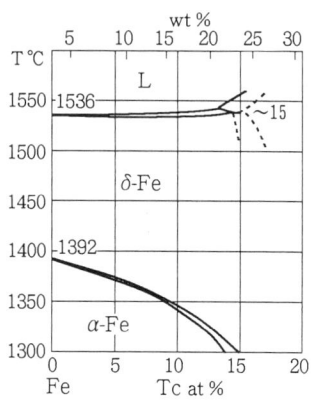

図65-1 Fe-Tc系Fe側状態図 [1]

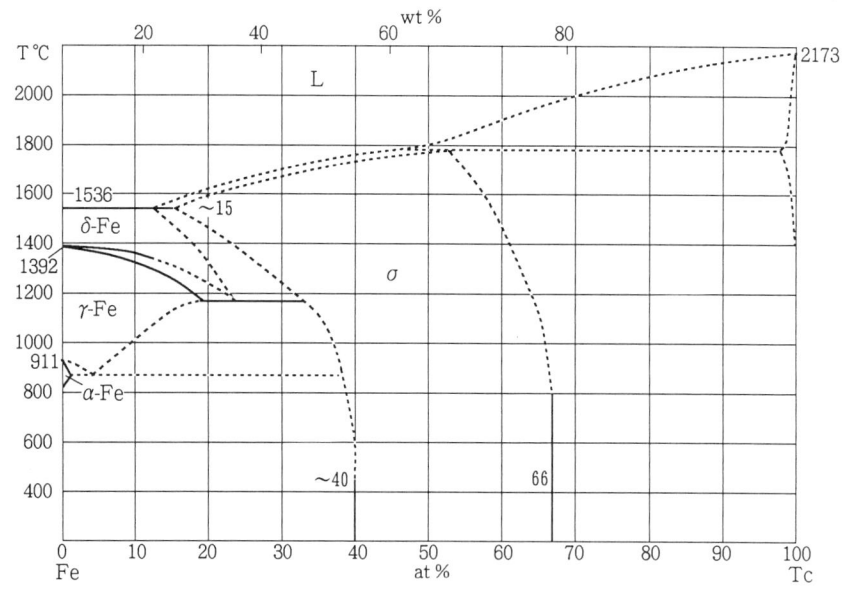

図65-2 Fe-Tc系全領域推定状態図 [4]

組 成	a (nm)	c (nm)	c/a
40at%Fe	0.9130 ± 0.0005	0.4788 ± 0.0005	0.524
50at%Fe	0.9077 ± 0.0003	0.4756 ± 0.0003	0.524
60at%Fe	0.9010 ± 0.0001	0.4713 ± 0.0001	0.523

表65-1 Fe-Tc σ相の格子定数のFe濃度依存 [2]

文献 [1] R.A.Buckley and W.Hume-Rothery : J. Iron Steel Inst., London **201** (1963) 121-124
   [2] J.B.Darby, D.J.Lam, L.J.Norton and J.W.Downey : J. Less-Common Metals **4** (1962) 558-563
   [3] G.V.Raynor : J. Less-Common Metals **29** (1972) 333-336
   [4] W.G.Moffatt : "The Handbook of Binary Phase Diagrams", General Electric Company (1976-1981)

66. Fe-Te

　Hansen II所載の本系状態図は金属間化合物の位置を示すごく一部分である．その後，Elliottの状態図では，62~70at%Teの部分状態図が示された．Kubaschewskiは [1]の結果を採用した．Massalski (ASM)にも再録されているが(図66-1), 45~65 at%Te領域の複雑な反応の根拠は明確ではなく，従来の結果 [2~5]とも一致しない．図66-1中のβ相，β'相，γ相，δ相およびδ'相[6,7]は組成，存在温度域ともに不明である．

　[8]は示差熱分析，X線回折，光学顕微鏡による観察，EPMAにより本系の状態図を研究したが，Elliottの状態図に近い結果を得ている(図66-2)．β相は845 ± 3℃で包晶反応により生じ，$Fe_{1.2}Te$組成にあたるという(PbO型)．$Fe_{0.9}$-$Fe_{1.9}$の間には化学量論組成の化合物は見当たらない．ε相は$FeTe_{1.9}$-$FeTe_{2.1}$の間に存在し，マ

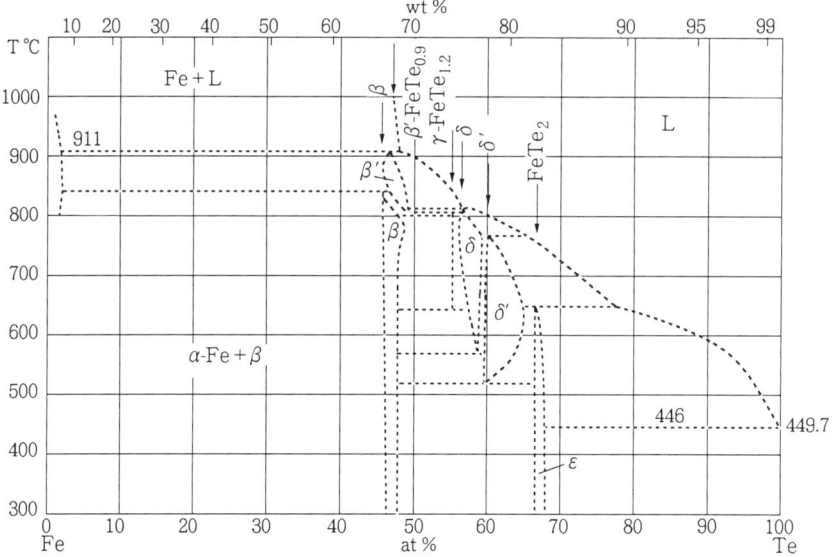

図66-1　Fe-Te系状態図 Kubaschewskiによる

ルカサイト (FeS$_2$) 型の斜方晶である．化学量論組成 FeTe$_2$ での格子定数は, a = 0.626nm, b = 0.525 nm, c = 0.387nm, である [6]．

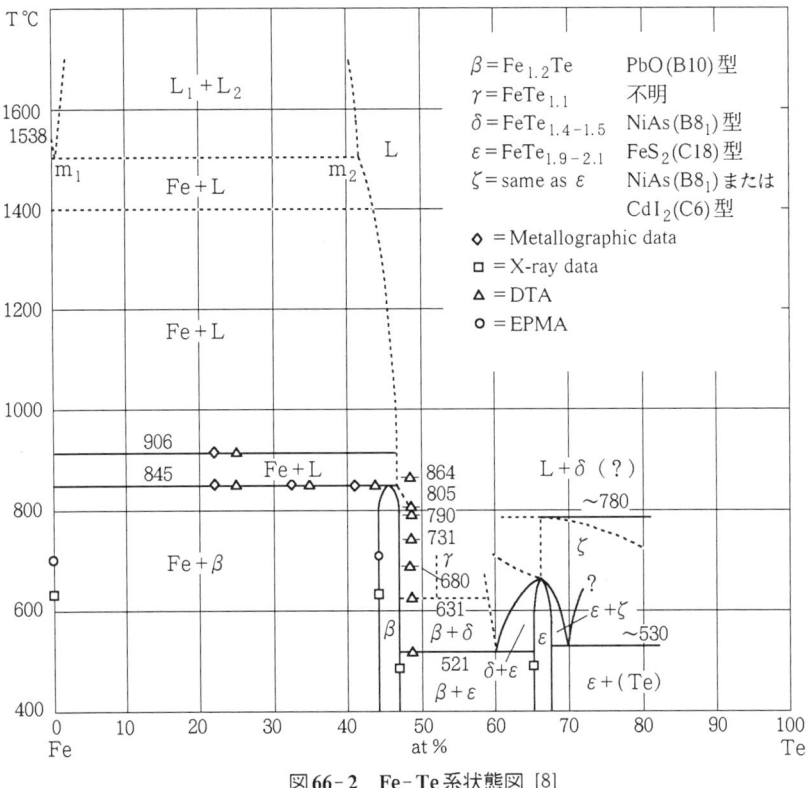

図66-2　Fe-Te系状態図 [8]

文献 [1] H.Ipser, K.L.Komarek and H.Mikler : Monatsh. Chem. **105** (1974) 1321-1333
　　　[2] S.Chiba : J. Phys. Soc. Jpn. **10** (1955) 837-842
　　　[3] N.K.Abrikosov, K.A.Dyul'dina and V.V.Zhdanova : Khal'kogenidy (1970) Vyp. 2, 98-114.
　　　[4] J.P.Llewellyn and T.Smith : Proc. Phys. Soc., London **74** (1959) No.1, 65-69
　　　[5] V.A.Geidrikh, Yu.I.Gerasimov and A.V.Nikol'skaya : Doklady Akad. Nauk SSSR **137** (1961) 1399-1401
　　　[6] F.Grenvold, H.Harason and J.Vihovde : Acta Chem. Scand. **8** (1954) 1927-1942
　　　[7] E.Rost and S.Webjornsen : Acta Chem. Scand. **A28** (1974) 361-362
　　　[8] G.S.Mann and L.H. van Vlack : Metall. Trans. **8B** (1977) 53-57

67. Fe-Th

本合金系は [1~5] によって研究されている．4種類の化合物 Fe_3Th_7, Fe_3Th, Fe_5Th, $Fe_{17}Th_2$ の存在が確認されている．図67-1は[4]が構成した状態図である．本状態図の研究には，高純度鉄と不純物を0.024%含むヨード法トリウムを用いた．Fe中のThの溶解度は3at%以下である．

本系には以下の化合物が存在する．

$Fe_{17}Th_2$：単斜晶，a = 0.968nm, b = 0.856nm, c = 0.646nm, β = 99°20′ [2]
Fe_5Th：$CaZn_5$ 型, 六方晶, a = 0.513nm, c = 0.402nm [2]
Fe_3Th：六方晶, a = 0.522nm, c = 2.496nm [2], a = 0.521nm, c = 2.518nm [4]
Fe_3Th_7：六方晶, a = 0.985nm, c = 0.615nm [2], a = 0.938nm, c = 0.621nm [4]

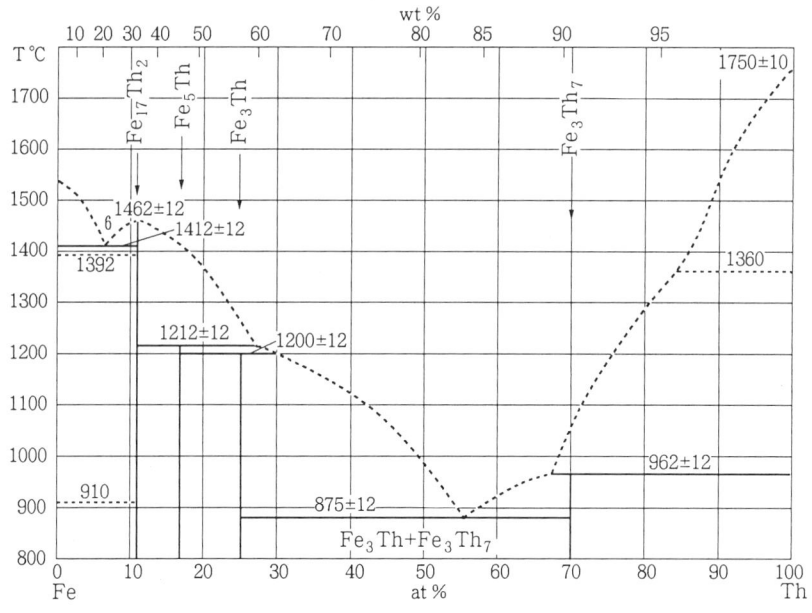

図67-1　Fe-Th系状態図 [4]

文献 [1]　J.V.Florio, R.E.Rundle and A.I.Snow : Acta Cryst. **5** (1952) 449-457
　　 [2]　J.V.Florio, N.C.Baezinger and R.E.Rundle : Acta Cryst. **9** (1956) 367-372
　　 [3]　B.T.Matthias, V.B.Compton and E.Corenzwit : Phys. Chem. Solids **19** (1961) 130-133
　　 [4]　J.R.Thomson : J. Less-Common Metals **10** (1966) 432-438
　　 [5]　J.F.Smith and D.A.Hansen : Acta Cryst. **19** (1965) 1019-1024

68. Fe-Ti

Fe-Ti系の状態図のFe側について最初に研究したのは，HansenIIに載るLamort [1]である．当時のTiは純度が低く，AlやSiを含み，さらにTiNを含んでいたというが，30at%Ti付近までの相関係を求め，Fe_3Tiの存在を報告している．その後，H.Witteら[2]がFeTi付近までの状態図を研究し，Fe_3Tiを否定し，Fe_2Tiの存在を報告した．

1950年代以降には，ようやくTiの工業的生産も行われるようになり，Tiの純度も上がり，新たな研究の進展があった[3~5]．Elliottはこれらの研究をもとに本系の新しい状態図を提案した．1987年にはMurray[6]が，より新しいデータをもとに，Elliottの状態図をさらに精密にした状態図を提案した(図68-1)．α-Ti中へのFeの溶解度は極めて低く，700℃で最大0.05at%であるという[7]．一方，β-Ti中へのFeの溶解度は高く，1085℃で，22at%Feに達する．本系は典型的なγ-ループ形成型であるが，γ-Fe中へのTiの溶解度は低く，1100~1150℃の間で，0.8at%Tiである．$\alpha+\gamma$二相領域の幅も狭く，同温度で0.6at%である．

本系の金属間化合物は，以下の二つが確認されている．

$TiFe_2$：$MgZn_2$型，六方晶，a=0.4777nm, c=0.7807nm (64.6at%Fe), a=0.4786 nm, c=0.7810nm (69.5at%Fe)

FeTi：CsCl型，a=0.2978nm (~50at%Fe)

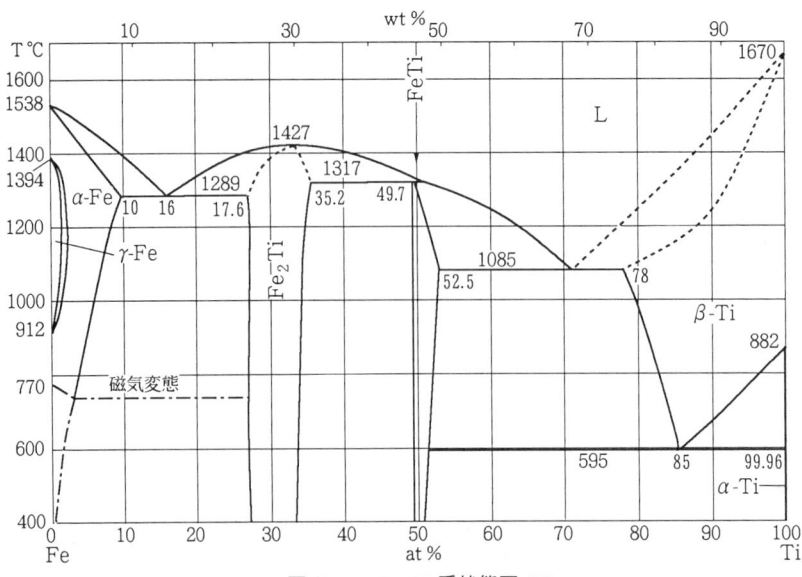

図68-1　Fe-Ti系状態図 [6]

文献 [1] J.Lamort : Ferrum **11** (1914) No.8, 225-234
 [2] H.Witte and H.J.Wallbaum : Z. Metallkunde **30** (1938) 100-102
 [3] A.Hellawall and W.Hume-Rothery : Phil. Trans. Roy. Soc., London **A249** (1957) 417-459
 [4] I.I.Kornilov and N.G.Boriskina : Doklady Akad. Nauk SSSR **108** (1956) 1083-1085
 [5] Y.Murakami, H.Kimura and Y.Nishimura : Trans. Nat. Res. Inst. Metals, (Tokyo) **1** (1959) 7-21
 [6] J.L.Murray : "Phase Diagrams of Binary Titanium Alloys", ASM International (1987) 99-111
 [7] H.Raub, Ch.J.Raub and E.Röschel : J. Less-Common Metals **12** (1967) 36-40

69. Fe-Tl

FeとTlとは相互作用がない[1]．

文献 [1] F.Wever : Arch. Eisenhüttenwesen **2** (1929) 739-746

70. Fe-Tm

[1~6]は熱分析,光学顕微鏡による組織観察,X線回折により本合金系を研究している．ここでは[1]によりまとめられた図を示す(図70-1)．合金は99.98%のカル

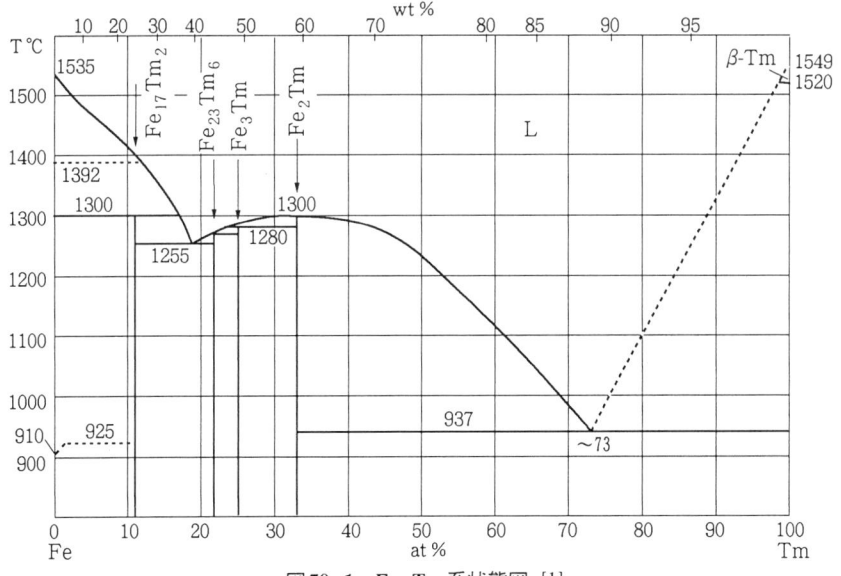

図70-1　Fe-Tm系状態図 [1]

ボニル鉄と99.9%の蒸留法によるTmを母材に用いてアーク炉で溶解した。
本系には以下の4種類の金属化合物の存在が報告されている。

$Fe_{17}Tm_2$: $Ni_{17}Th_2$ 型構造, 六方晶格子, a = 0.8301nm, c = 0.8298nm [1]
Fe_3Tm : Ni_3Pu 型, 菱面体構造 [3]
$Fe_{23}Tm_6$: $Mn_{23}Th_6$ 型, 立方晶格子, a = 1.1985nm [1]
Fe_2Tm : $MgCu_2$ 型, Laves相, a = 0.7246nm [1]

文献 [1] V.E.Kolesnichenko, V.F.Terekhova and E.M.Savitskii : "Metallovedenie Tsvetnykh Metallov i Splavov", Moskva, Nauka (1972) 31-33
[2] S.E.Haszko : Trans. AIME **218** (1960) 958
[3] A.E.Ray : The Seventh Rare Earth Reserch conf. in Colorado, California, Oct. (1968) 484
[4] P.I.Kripyakevich, D.P.Frankevich and Yu.V.Voroshilov : Poroshkovaya Met. **11** (1965) 55-61
[5] P.I.Kripyakevich, D.P.Frankevich and O.S.Zarechnyuk : Visnik L'viv. Un-tu, Ser. Khim. **8** (1965) 61-74
[6] K.Strnat, G.Hoffer and A.E.Ray : IEEE Trans. Magn. **23** (1966) 489-494

71. Fe-U

本系合金は [1~8] により研究されている。J.D.Groganら [1, 2] は光学顕微鏡による組織観察, 示差熱分析, X線回折および熱膨張測定 [2] を用いて研究し, これらが

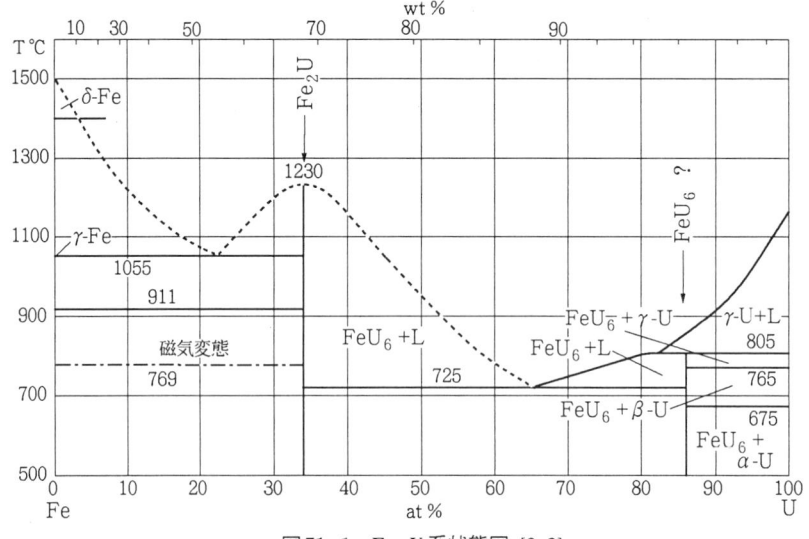

図71-1 Fe-U系状態図 [2, 3]

Hansen Ⅱにより採用されている．本系には2種類の化合物：Fe_2UとFeU_6の存在が確認されている．固体ウラン中への Fe の溶解度は温度とともに増加し，600℃で 0.018at%, 805℃では 1.05at% と報告されている．

その後 G.G.Michaud [3] は高鉄側領域の状態図をさらに詳細に研究し，22.2wt%U を含む合金を真空誘導炉で溶解し，示差熱分析，熱膨張測定，光学顕微鏡による組織観察により調べた．母材には高純度鉄，工業用高純度ウラン(金属不純物 10^{-3}% 以下)を用いた．図71-1は[2]の結果に[3]の結果を加えて作成されたものである．

本系の化合物は以下のとおりである．

Fe_2U：$MgCu_2$型，立方晶，Laves 相 [4]，a = 0.704~0.705nm [1, 2, 5, 6, 7]

FeU_6：正方晶，a = 1.031nm, c = 0.524nm, 単位格子中 28 原子を含む [4]

文献 [1] J.D.Grogan : J. Inst. Metals **77** (1950) 571-580

[2] P.Gordon, A.R.Kaufmann : Trans. AIME **188** (1950) 182-184

[3] G.G.Michaud : Canad. Metall. Quart. **5** (1966) No.4, 355-365

[4] N.C.Baenziger, R.E.Rundle, A.I.Snow and A.S.Wilson : Acta Cryst. **3** (1950) 34-40

[5] G.Katz and A.J.Jacobs : J. Nuclear Mater. **5** (1962) No.3, 338-340

[6] G.B.Brook , G.I.Williams and E.M.Smith : J. Inst. Metals **83** (1954-55) No.6, 271-276

[7] K.Kuo : Acta Met. **1** (1953) 720

[8] V.A.Lebedev, N.V.Pyatkov et al. : Izvest. Akad. Nauk SSSR, Metally (1973) No.2, 212-216

72. Fe - V

本系の状態図については多くの研究があり，Hansen Ⅰ, Ⅱ, Kubaschewski に 1970年頃までの状態図がまとめられている．

高温領域では δ-Fe と V との間に全率固溶体を形成する．液相線は 31wt% (33 at%)V, 1468℃に極小点を持つ．また典型的な γ-ループ形成型である．しかし，γ相領域は狭く，1150℃, 1.4at%V に極大値を持ち，α+γ 二相領域境界は 2.0at% V である [1]．

等原子比組成近傍で，中間相 σ(FeV) が見出されたのは古く，1930年であった [2]．σ相の単一相領域は広く，Hansen Ⅱ, Kubaschewski によれば，低温側では 35~60at%V に及び，同様に典型的な σ 相を形成する Fe-Cr と異なり，その領域が低温側で開放されている(図72-1)．

Massalski の状態図集に収録された最新の状態図 [3] では，σ相の低温側の領域が上の図と異なり，高バナジウム側に非対称に狭まっているという(図72-2)．本図によれば，σ相は 47at%V, 1252℃で congruent (調和析出) に形成される．

等原子比組成の合金を高温の均一相領域から急冷すると，bcc固溶体が保持され

I. 二元系

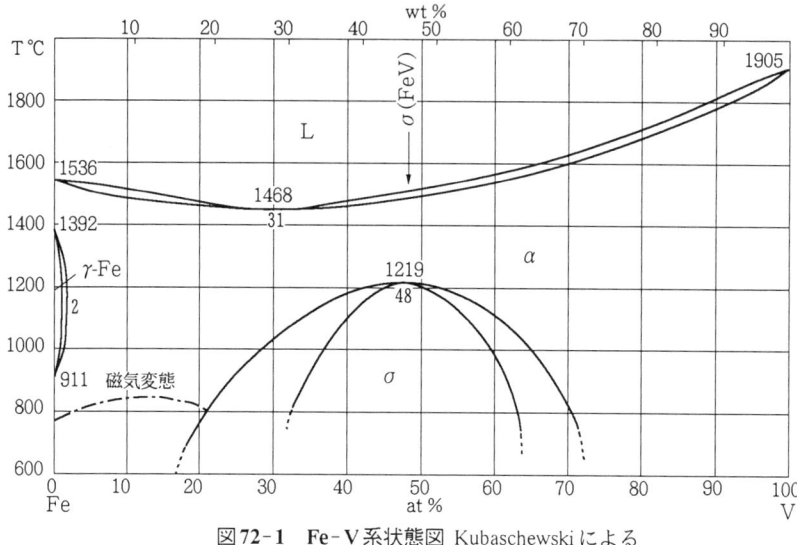

図72-1　Fe-V系状態図　Kubaschewskiによる

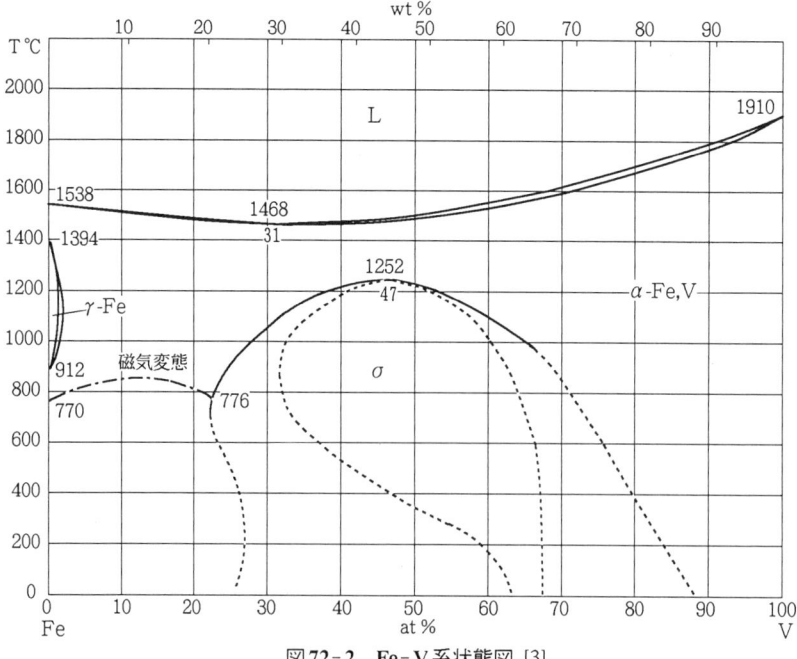

図72-2　Fe-V系状態図　[3]

るが，それを600℃以下の温度で時効すると，CsCl型の規則相が生じるという報告もある [4, 5]．T.W.Phillipら [6] によると，この準安定規則相に先立って，安定なσ相が析出するという．M.Daire [7] はσ相領域の規則化について研究している．

中間相化合物FeVは，Fe-Cr系におけるσ相と同一の構造であり，単位格子中に30原子を有する正方晶格子をもち，格子定数は，a = 0.895nm, c = 0.462nm, c/a = 0.516である [2, 8]．R.E.Hannemanら [9] によると，σ相の格子定数は29.8at%V（二相領域）のa = 0.8865 ± 0.0004nm, c = 0.4650 ± 0.0004nm から60at%Vのa = 0.9015 ± 0.0004nm, c = 0.4627 ± 0.0004nm まで変化する．

文献 [1] W.A.Fischer, K.Lorenz, H.Fabritius and D.Schlegel : Arch.Eisenhüttenwesen **41** (1970) 489-498

[2] F.Wever and W.Jellinghaus : Mitt. Kaiser-Wilhelm Inst. Eisenforsch., Dusseldolf **12** (1930) 317-322

[3] J.F.Smith : Bull. Alloy Phase Diagrams **5** (1984) 184-194

[4] K.Bungardt and W.Spyra : Arch. Eisenhüttenwesen **30** (1959) 95

[5] R.J.Chandross and D.P.Shoemaker : J. Phys. Soc. Jpn. Suppl. B. III, **17** (1962) 16-19

[6] T.W.Phillip and P.A.Beck : Trans. AIME **20** (1957) 1269-1271

[7] M.Daire : Compt. rend. **259** (1964) 2640-2642

[8] K.W.Andrews : Research **1** (1948) 478-479

[9] R.E.Hanneman and A.N.Moriano : Trans. AIME **230** (1964) 937-939

73. Fe-W

本系状態図は，1936年のHansen I がまとめたものが基本となっているが，Fe側の固/液相線はその後のHansen II，Kubaschewskiの状態図といくらか異なる（図73-1 (a), (b)）．液相線（固相線）には極小点があり，Kubaschewskiによれば，4.4at% (13.2 wt%)W, 1529℃である．

1637℃で包晶反応：L + W $\rightleftarrows$ Fe$_3$W$_2$（μ相）が生じる．1548℃でもうひとつの包晶反応：L + Fe$_3$W$_2$ $\rightleftarrows$ α が認められている．温度が1060℃まで低下すると，λ相の生成に伴う包析反応：$\alpha + \mu \rightleftarrows \lambda$ が生じる．

λ相はa = 0.4737nm, c = 0.7720nm, c/a = 1.630 [3] のMgZn$_2$型構造の六方晶単位格子を有する．[5]によると，λ相の格子定数はa = 0.4745nm, c = 0.7722nm, c/a = 1.625である．μ相はa = 0.4741nm, c = 2.581nm, c/a = 5.440 [3] の六方晶単位格子を有するとされているが，[4]によればμ相の基本格子はa = 0.904nm, α = 30°3′の菱面体構造である．基本格子にはW$_6$Fe$_7$の化学量論組成に相当する13原子が含まれる．

WがFeの$\alpha \rightleftarrows \gamma$変態に及ぼす影響については多くの研究がある．$\gamma$領域のループの存在は [6] で明らかにされ，[1, 2, 7, 8] で確認されている．γ-ループは1150℃

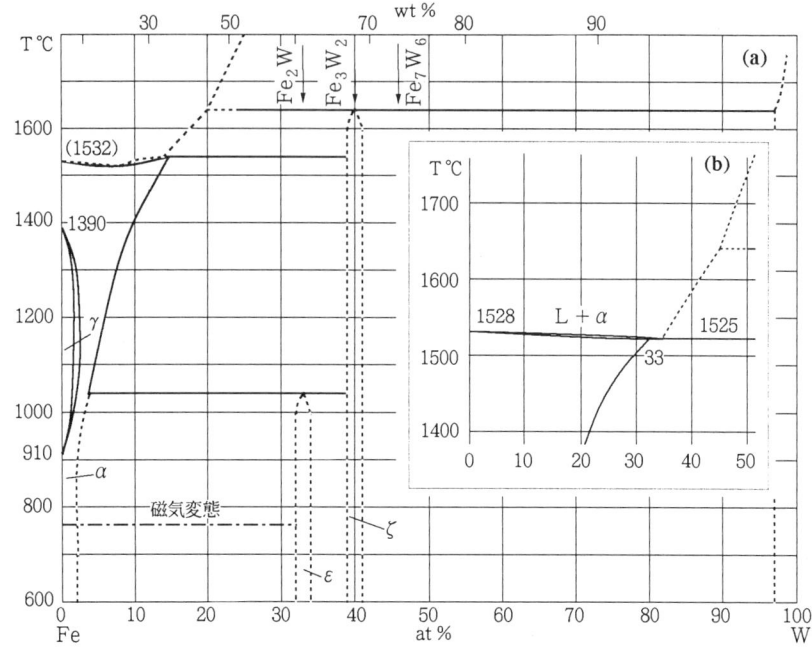

図73-1　Fe-W系状態図　(a) Hansen II　(b) Hansen I

で1.25at% (4.12wt%) Wまで拡がり [7], ($\alpha+\gamma$)領域は1.83at%(6.03wt%) Wまで拡がっている.

E.P.Abrahamsonら[9]はX線回折により, α-Fe中のWの溶解度を求めた. それによると600℃, 700℃, 800

表73-1　α-Fe中のWの溶解度 [10, 11]

焼鈍温度(℃)	700	800	950	1100
焼鈍時間(hr)	3000	1500	600	250
溶解度(at%W)	1.0	1.3	2.5	4.3

℃, 900℃で, それぞれ, 1.68, 1.72, 1.96, 2.24at%Wが含まれる. おそらく, この研究では焼鈍時間が不十分であったために, 高い結果が得られたと思われる. 高 武盛ら[10, 11]はX線回折とX線マイクロアナライザーによる研究を行い, 焼鈍時間を増加した結果, 溶解度は表73-1に示すように以前の値に比べて低い.

bcc鉄の格子定数は, 2.24at%Wを固溶すると, 0.28682nmから0.28745±0.00002nmまで増加する.

L.Kaufmanら[12]は正則溶体合金モデルに基づいたFe-W系の熱力学的解析を行っている.

G.Kostakis[13]は本系合金の1100℃以下の状態図について, 1985年に, 固相反応

73. Fe-W

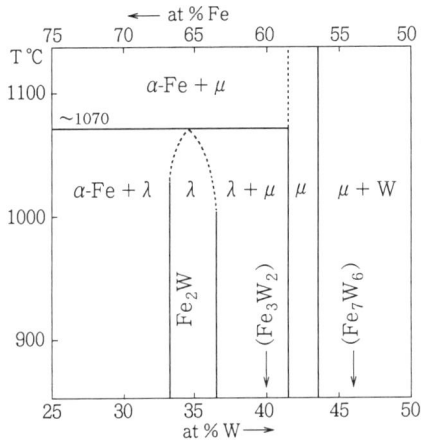

図 73-2
Fe-W 系部分状態図 [13]

法を用い,X線回折,X線マイクロアナライザー,走査型電子顕微鏡観察により再検討した.

金属間化合物 λ 相は Fe_2W に相当し,33.3~36.5at%Wに単一相領域をもつ. Fe_2W 組成の合金を 1000 ℃で焼鈍した時の格子定数は a = 0.4737nm, c = 0.7694 nm, c/a = 1.624 である. μ 相は Fe_7W_6 よりも低タングステン側に位置し,41.5~43.5at%W 領域に組成幅を有する.58.5at%Fe-41.5 at%W 組成で,格子定数は a = 0.4764nm, c = 2.585 nm, c/a = 5.426 である.[13]による Fe-25~50at%W 領域の状態図を示す(図73-2).

文献 [1] A.K.Sinha and W.Hume-Rotyery : J. Iron Steel Inst. **205** (1967) 1145-1149
 [2] G.Kirchner, H.Harvig and B.Uhrenius : Metall. Trans. **4** (1973) 1059-1067
 [3] H.Arnfelt : Iron and Steel Inst., London, Carnegie School Mem. **17** (1928) 1-13
 [4] H.Arnfelt and A.Westgren : Jernkontorets Ann. **119** (1935) 185-196
 [5] R.Schneider and R.Vogel : Arch. Eisenhüttenwesen **26** (1955) 483-484
 [6] W.P.Sykes : Trans. AIME **24** (1936) 541-550
 [7] W.A.Fischer, K.Lorenz, H.Fabritius and D.Schlegel : Arch. Eisenhüttenwesen **41** (1970) 489-498
 [8] K.Kovácôvá and F.Králik : Kóvové Mat. **11** (1973) No.2, 93-97
 [9] E.P.Abrahamson and S.L.Lopata : Trans. AIME **236** (1966) 76-87
 [10] 高 武盛,西澤泰二:日本金属学会誌 **43** (1979) 126-135
 [11] 高 武盛,西澤泰二:日本金属学会誌 **43** (1979) 118-126
 [12] L.Kaufman and H.Nesor : Metall. Trans. **11** (1975) 2123-2131
 [13] G.Kostakis : Z. Metallkunde **76** (1985) 34-36

74. Fe-Y

Fe-Y系の状態図は，これまで[1~5]により研究されている．図74-1は光学顕微鏡による組織観察とX線回折の結果に基づいてK.Gshneidner Jr.[2]によりR.F. Domagalaら[1]の研究を参考に提案されたものである．母材には99.99%Feと99%Yを用いている．

化合物Fe_4Yは$CaCu_5$型の六方晶格子をもつ[2]．K.Nassau[4]によると，化合物Fe_4Yは格子定数$a=0.487$nm, $c=0.406$nmの正方晶をもつ．化合物Fe_2YはLaves相に属し，$MgCu_2$型の立方晶をもち，格子定数は0.7355nmである．

[2]では化合物Fe_9Yはより正確には$Fe_{17}Y_2$の形で記述でき，格子定数$a=0.849$nm, $c=0.832$nmのTh_2Ni_{17}型の六方晶格子をもつと推定されている．

本系の化合物は以下のものが認められている．

$Fe_{17}Y_2$：$Ni_{17}Th_2$型，$a=0.849$nm, $c=0.832$nmの六方晶と推定されている．

$Fe_{23}Y_6$：Fe_4Yの組成であるという研究もあるが，$Fe_{23}Y_6$($Mn_{23}Th_6$型, $a=1.2120$nm)と考えられている．またY-Co系，Y-Ni系と同様に$CaCu_5$型の化合物の存在が考えられたが否定されている．

Fe_3Y：Ni_3Pu型，$a=0.5133$nm, $c=2.4600$nmといわれている[5]．

Fe_2Y：$MgCu_2$型，Laves相の立方晶，$a=0.7355$nm．

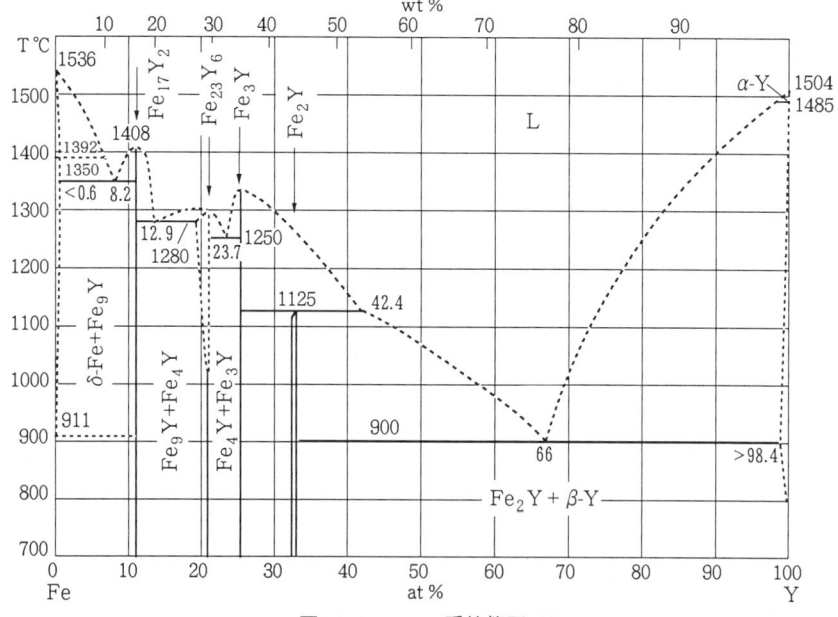

図74-1　Fe-Y系状態図　[2]

文献 [1] R.F.Domagala, J.J.Rausch and D.W.Levinson : Trans. ASM **53** (1961) 137-155
　　　[2] K.Gshneidner Jr. : "Rare Earth Alloys", D. van Nostrand Co. Princeton N. J. , (1961) 191-193
　　　[3] O.S.Zarechnyuk and P.I.Kripyakevich : Dopov. Akad. Nauk Ukrain., RSR (1964) No.12, 1593-1595
　　　[4] K.Nassau : Phys. Chem. Solids. **13** (1960) 123-130
　　　[5] A.E.Dwight : Trans. ASM **53** (1961) 479-500

75. Fe-Yb

本系の状態図は [1~3] の研究によるものである．合金の作成には，高純度の母材を用いている．図75-1は上記研究をもとにKubaschewskiにより整理され，提案されたものである．

化合物相は以下のとおりである．

$Fe_{17}Yb_2$: $Ni_{17}Th_2$ 型構造，六方晶，a = 0.8414nm, c = 0.8249nm

$Fe_{23}Yb_6$: $Mn_{23}Th_6$ 型構造，立方晶，a = 1.1945nm

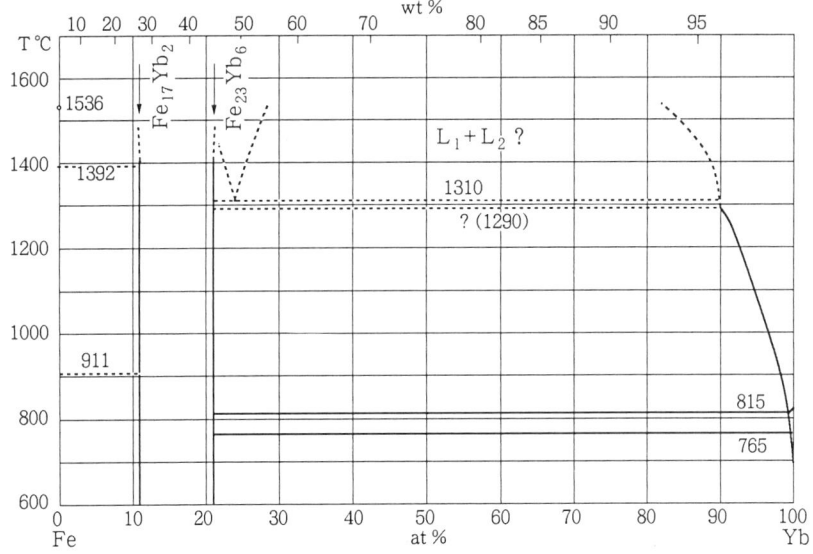

図75-1　Fe-Yb系状態図　Kubaschewskiによる

文献 [1] K.H.Buschow : J. Less-Common Metals **26** (1972) No.3, 329-333
　　　[2] A.Iandelli and A.Palenzona : J. Less-Common Metals **29** (1972) No.3, 293-297
　　　[3] K.A.Gschneidner : J. Less-Common Metals **17** (1969) 13-24

76. Fe-Zn

　本系のもとになる状態図は，小川芳樹，村上武次郎による研究をはじめ，1960年代半ばまでに数多く発表されたものである．これらの研究はHansenⅡ, Elliott, Volの状態図集にまとめられている．HansenⅡ掲載の図はG.V.Raynor [1]によってまとめられたものである(図76-1)．

　S.Budurovら[2]はX線マイクロアナライザーにより，超高純度母材から作成した高鉄濃度の合金について研究を行っている．外径20mm, 内径7mmのFeのカプセル中にZnを充填して，700~1400℃で20~120分間保持し，Feを飽和したZn相を化学分析することによって液相線を決定した．さらに固相線およびα, γ-Fe中へのZnの溶解度曲線を作成している．図76-2に[2]が提案している状態図を示す．γ-Fe中へのZnの最大溶解度は1050℃で5.7wt%に達する．この温度で二相領域$\alpha+\gamma$領域は9.6wt%Znまで拡がっている．γ-ループは800℃で特徴ある極小点を有し，極小点のZn組成は4.4wt%である．γ-Fe中のZnの溶解度は780℃で4.3wt%である．

　G.F.Bastinら[3]は拡散対から合金を作成し，得られた各相を光学顕微鏡による組織観察，X線回折，微小硬度測定により研究している．高亜鉛合金中にfcc構造を有し，格子定数が1.7963nmの新しい相Γ_1が見出されている．この相の格子定数は，γ-黄銅(Cu_5Zn_8)型のbcc構造をもつΓ相の格子定数a = 0.897nmの約2倍である．図76-3は[3]の提案による部分状態図である．Γ_1相は380℃で18.5~23.5%at%Feの単一相領域をもつという．温度が高くなるとΓ_1相の単一相領域は狭くなり，500~600℃の間でΓ_1相は消失するという．

　G.Kirchnerら[4]はZnのα-Fe, γ-Fe中への溶解度を研究している．合金は[1]と同様の方法により作成し，長時間拡散焼鈍を行った．生成物を光学顕微鏡による組織観察，X線マイクロアナライザーによって調べた．γ-Fe中へのZnの最大溶解度は1400Kで，5.7at%に達する．この領域ではγ-ループに極小点は見出されなかった．

　P.J.Gellingsら[5]は，光学顕微鏡による組織観察，X線回折，示差熱分析によってZn側の合金を研究し，図76-4に示すような高亜鉛側状態図を提案している．

　古くから存在が報告されているδ相の高温変態は，示差熱分析では見出していない．図76-5はKubaschewskiがまとめたものである．この図では，図76-2に示すようなγ-ループの極小点はない．

　本系のZn側の化合物は状態図のバリエーションにも見られるように極めて複雑で，すべての構造が決まっているわけではない．それらのうち，Pearson's Handbookで判明している化合物を以下に示す．

　Γ : Fe_3Zn_{10}, a = 0.8974nm, またはCu_5Zn_8 (γ-黄銅)型, a = 0.9018nm
　Γ_1 : $Fe_{11}Zn_{40}$, fcc ($F\bar{4}3m$), a = 1.7953nm

76. Fe-Zn

ζ : FeZn$_{13}$, CoZn$_{13}$ ($C2/m$)型, a = 1.3424nm, b = 0.7608nm, c = 0.5061nm
δ : ≈FeZn$_{10}$, $P6_3m$, a = 1.283nm, c = 5.77nm

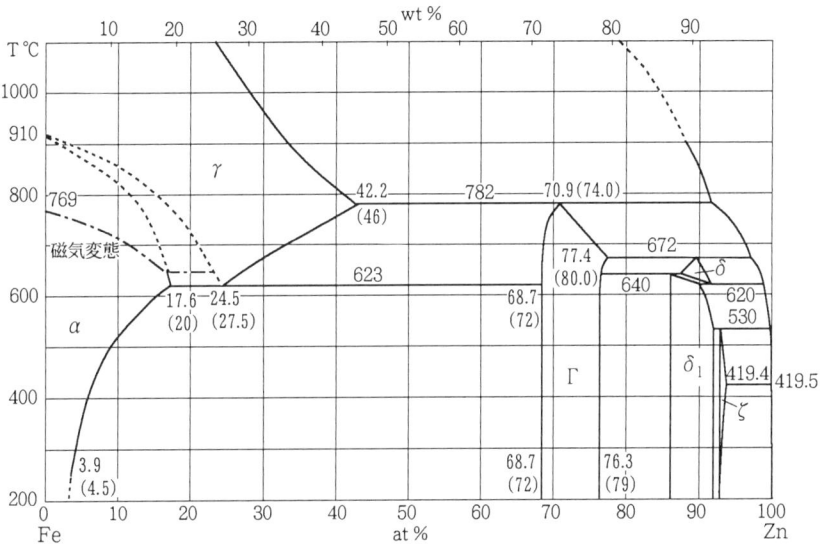

図76-1　Fe-Zn系状態図 [1]

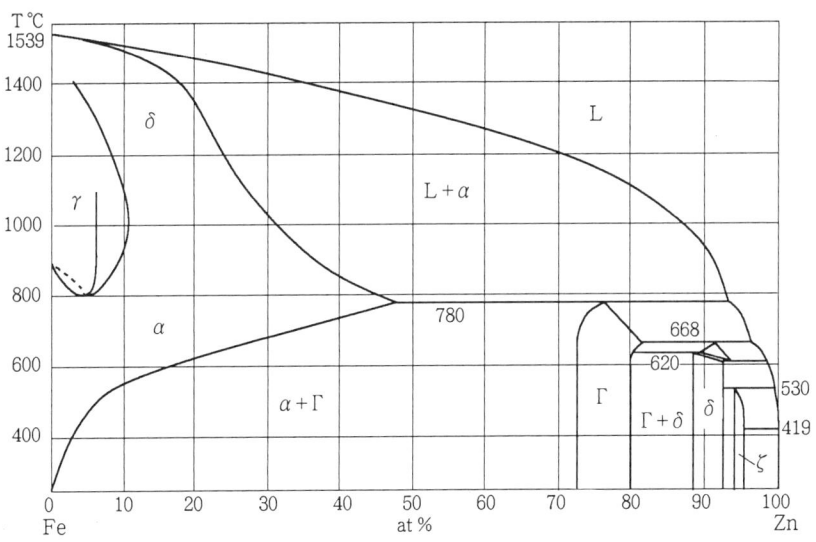

図76-2　Fe-Zn系状態図 [2]

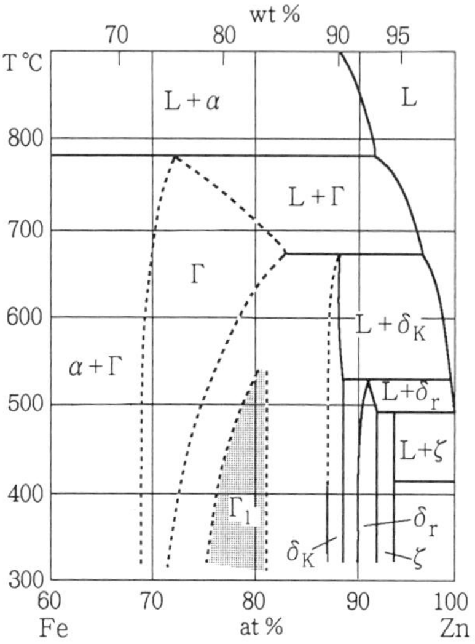

I. 二元系

図76-3 Fe-Zn系Zn側状態図 [3]

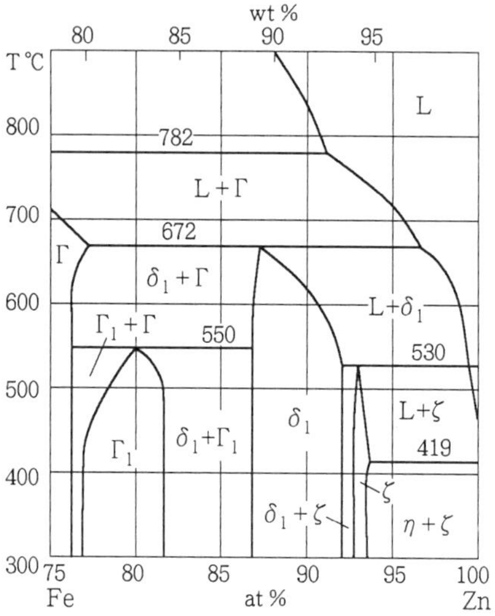

図76-4 Fe-Zn系Zn側状態図 [5]

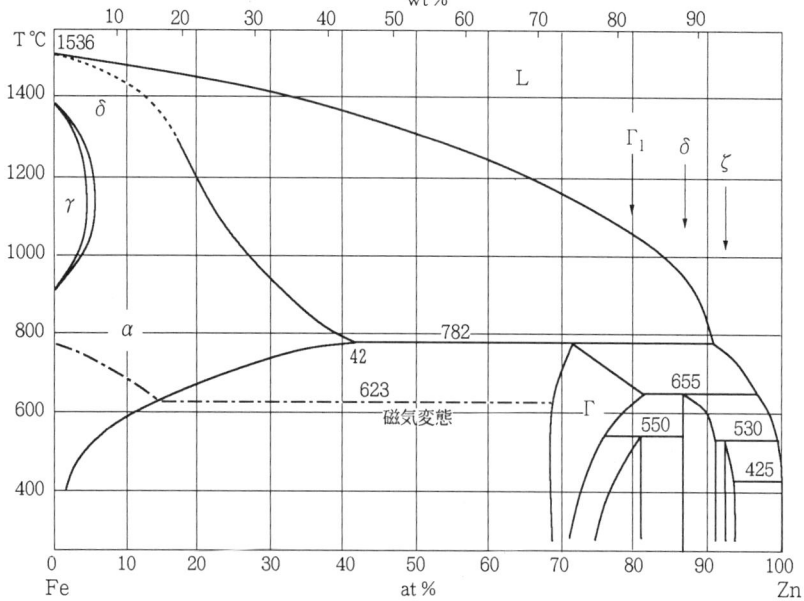

図76-5 Fe-Zn系状態図 Kubaschewskiによる

文献 [1] G.V.Raynor : Institute of Metals Annotated Equilibrium Diagram Series No.8, The Institute of Metals, London (1951)
  [2] S.Budurov, P.Kovatchev, N.Stojcev and Z.Kamenova : Z. Metallkunde **63** (1972)
  [3] G.F.Bastin, F.J.van Loo and G.D.Rieck : Z. Metallkunde **65** (1974) 656-660
  [4] G.Kirchner, H.Harvig, K.R.Moquist and M.Hillert : Arch. Eisenhüttenwesen **44** (1973) 227-234
  [5] P.J.Gellings, G.Giermann, D.Koster and J. Kuit : Z. Metallkunde **71** (1980) 70-74

77. Fe-Zr

本系については,1931年のR.Vogel and W.Tonn [1] 以来多くの研究があるが[2~6],次のような疑問点が多い.① Fe側にVogelらはカタテクティック反応を主張しているが反応温度,組成範囲には疑問がある.② 安定な中間相はどれか.Fe_3Zr, Fe_2Zr, $FeZr_2$, $FeZr_3$ といった金属間化合物の存在が主張されているが,果たして安定な化合物か (Vogel and Tonnは化合物相をFe_3Zr_2としたが,Hansen IIではこれをFe_2Zrとしている).③ Fe_2Zrを$MgCu_2$型のLaves相とした場合,その組成範囲の広さとLaves相構造との関連はどのようになるか,などが挙げられる.

したがって,Hansen IIの状態図(図77-1)以後もさらに多数の状態図の提案がある.図77-2はShunkがSvechnikovら[7]のデータを基に再構成したものである.図77-3は1985年のAubertinら[8]の研究による提案である.δ-Fe相近くに1304℃と1306℃の僅かな温度差の中にメタテクティック(再溶融)反応が起こるとしているが疑問である.図77-4は1988年のBulletin of Alloy Phase Diagrams 収録のもので,[9]でAriasとAbriataが整理したものである.

以上の本系の金属間化合物の構造をPearson's Handbookにより示すと,次のようである.

Fe_3Zr : CFe_3W_3 型 ($Fd\bar{3}m$), a=1.1690nm, $Mn_{23}Th_6$ 型として,$Fe_{23}Zr_6$ とする記述もある.格子定数は同じである.

$Fe_{2.19}Zr_{0.81}$: $MgNi_2$ 型 ($P6_3/mmc$), a=0.4962nm, c=1.620nm, 存在しないともいわれている.

Fe_2Zr : $MgCu_2$ 型 ($Fd\bar{3}m$), a=0.7074nm

$FeZr_3$: BRe_3 型 ($Cmcm$), a=0.3342nm, b=1.099nm, c=0.8810nm

$FeZr_2$: Al_2Cu 型 ($I4/mcm$), a=0.6385nm, c=0.5596nm
 : $NiTi_2$ 型 ($Fd\bar{3}m$), a=1.2140nm (高温相)

この他に,$FeZr_4$ もあり,格子定数も記載されているが,構造は確定したものではない.

I. 二元系

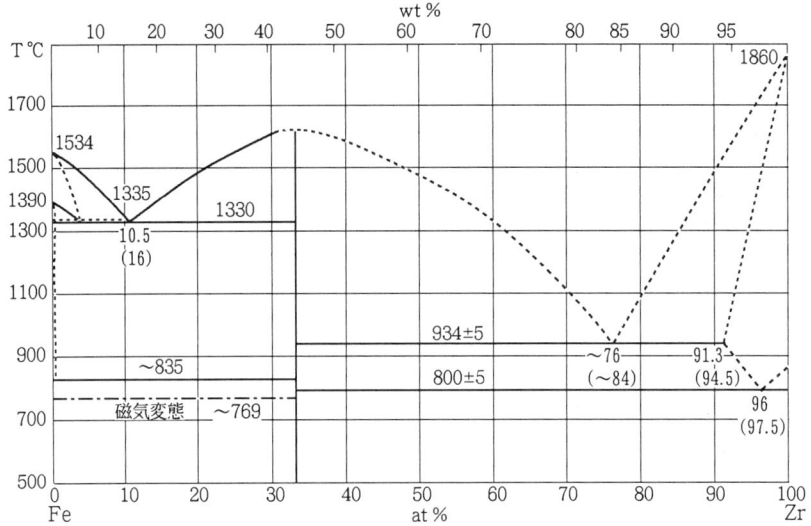

図77-1　Fe-Zr系状態図　Hansen II による

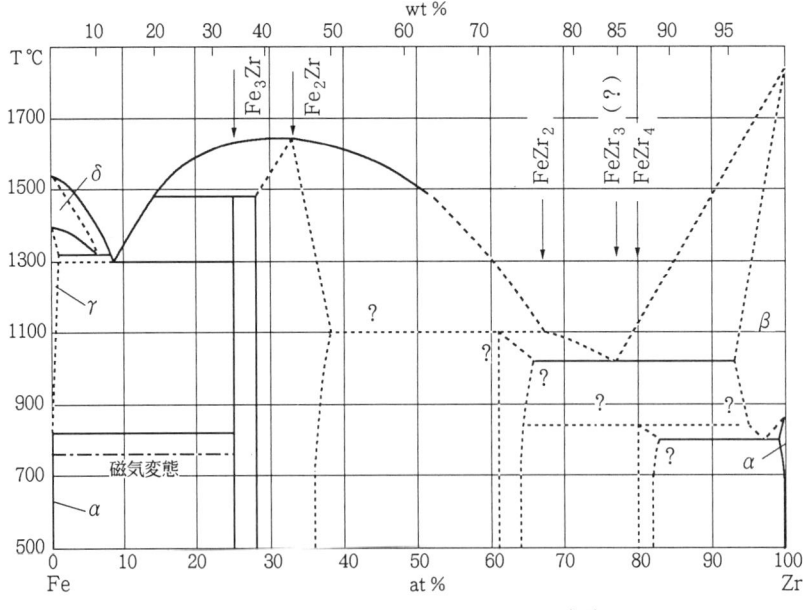

図77-2　Fe-Zr系状態図　Shunk による

77. Fe-Zr

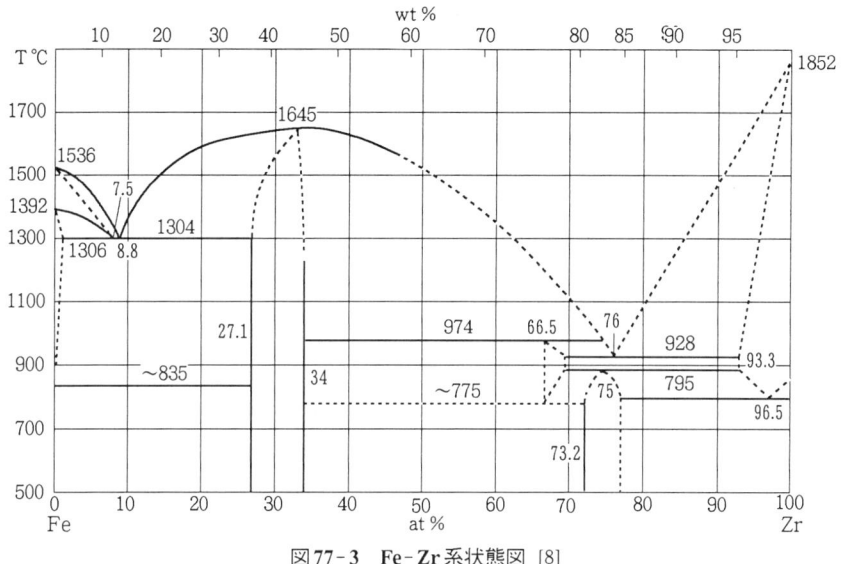

図77-3　Fe-Zr系状態図 [8]

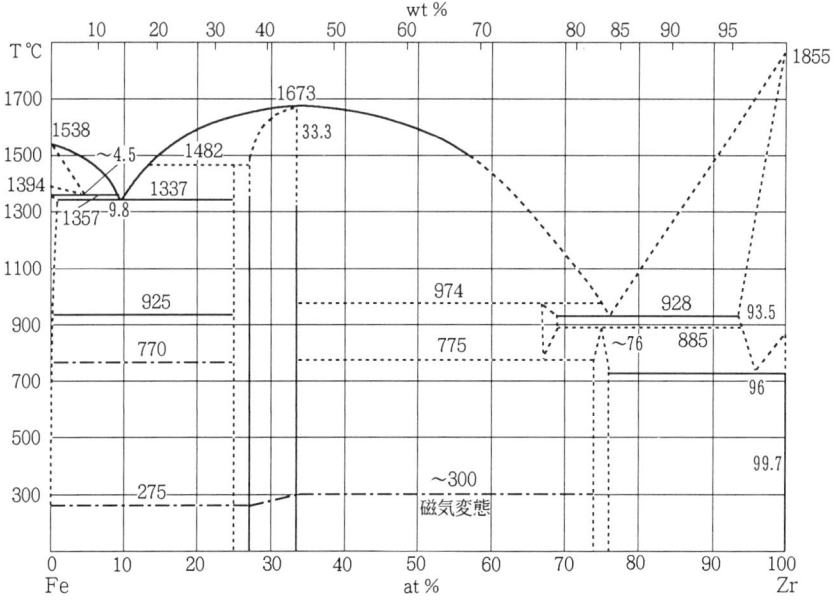

図77-4　Fe-Zr系状態図 [9]

文献 [1] R.Vogel and W.Tonn : Arch. Eisenhüttenwesen **5** (1931-32) 387-389
- [2] H.J.Wallbaum : Z. Krist. **103** (1941) 391-402
- [3] H.J.Wallbaum : Arch. Eisenhüttenwesen **14** (1940-41) 521-526
- [4] C.B.Jordan and P.Duwez : California Inst. of Technology Progress Repts. June **16** (1953) 20-196
- [5] T.E.Allibone and C.Sykes : J. Inst. Metals **39** (1928) 182-185
- [6] E.T.Hayes, H.Roberson and W.L.O'Brien : Trans. ASM **43** (1951) 888-904
- [7] V.N.Svechnikov, V.M.Pan and A.Ts.Spektor : Zhur. Neorg. Khim. **8** (1963) 2118-2123
- [8] F.Aubertin, U.Gonser, J.C.Stewart and Hans-G.Wagner : Z. Metallkunde **76** (1985) 237-244
- [9] D.Arias and J.P.Abriata : Bulletin of Alloy Phase Diagrams **9** (1988) 597-604

II. 鉄三元系状態図

1. Fe-Ag-Al

本系については V.V.Burnashova ら [1] の研究がある．図 1-1 は 500℃での等温断面図である．Fe-Ag 系 (本書 p.3 参照) は固体状態でも液体状態でも溶解度がない．三元系では点線で囲んだ領域内まで相分離領域が拡がっている．試料の作成は 99.99%Fe, 99.97%Al, 99.9%Ag を用いてアルゴン雰囲気下で溶解し，得られた合金を石英管に封入, 500℃×600 時間焼鈍し，水焼入れを施している．

測定は X 線回折と金属顕微鏡による組織観察を行っている．

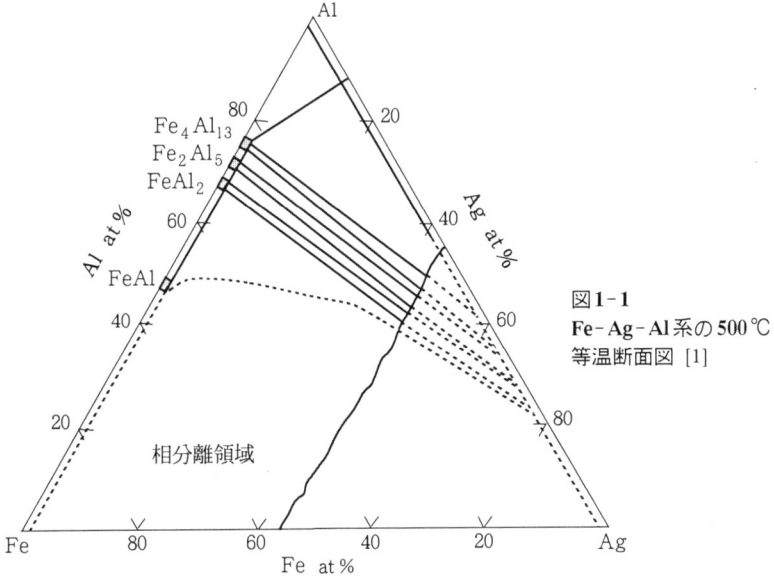

図 1-1
Fe-Ag-Al 系の 500℃
等温断面図 [1]

文献 [1] V.V.Burnashova, O.S.Zarechnyuk and G.B.Stroganov et al. : Dopov. Akad. Nauk Ukrain. RSR Ser. **A** (1973) No.6, 552-554

2. Fe-Ag-Cu

本系については 1924 年の E.Lüder [1] による仕事しか見当たらない．Fe-Ag 系は溶解度がなく, Fe-Cu 系も固相ではほとんど溶解度を持たない包晶型であるから，液相状態でも, Fe と Ag 側では相分離した形であると推測される．図 2-1 は液相相分離領域の投影図である．

固体状態では Cu 基の固溶体には 5%Ag, 3%Fe が溶解し, Ag 基固溶体には Cu は溶解し得るが Fe は溶解しない．α-Fe には Ag も Cu も事実上溶解しないが, γ-Fe には Cu は数％固溶するという．

V.I.Arkharovら[2]の研究は,ごく微量(0.03wt%程度)のFeを含むCu基固溶体へのAgの固溶を研究しているが,Feの影響はほとんどないという.

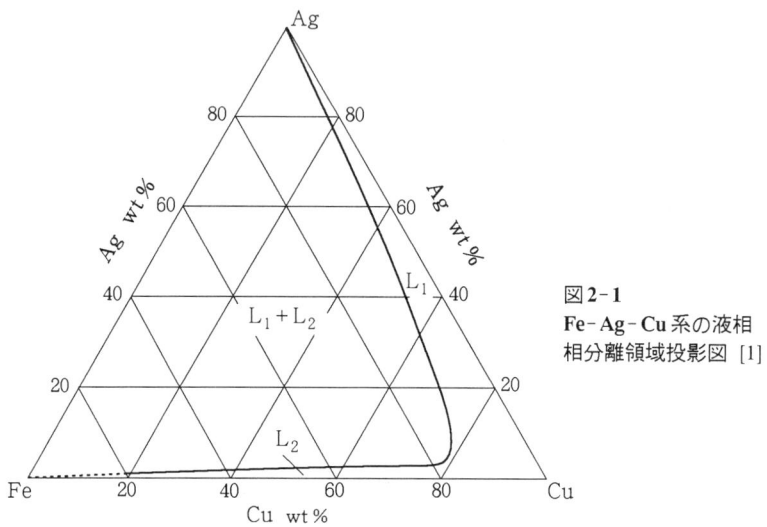

図2-1
Fe-Ag-Cu系の液相相分離領域投影図 [1]

文献 [1] E.Lüder : Z. Metallkunde **16** (1924) No.1, 61-62
　　 [2] V.I.Arkharov, S.D.Vangengejm and L.M.Magat et al. : Zhur. Tekhn. Fiz. **24** (1954) No.7, 1247-1253

3. Fe-Ag-Ge

V.D.Ivanovaら[1]の化学的手法による一部分だけの研究がある.試料は99.9%Fe,単結晶のGeおよび99.9%Agを用いて作製.図3-1は1550℃における等温断面図である.FeとAgの相互溶解度はGeが合金することにより増すという.

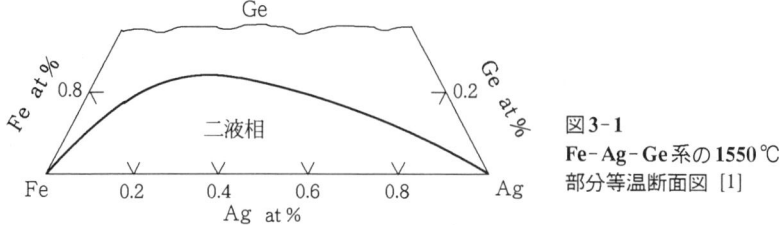

図3-1
Fe-Ag-Ge系の1550℃部分等温断面図 [1]

文献 [1] V.D.Ivanova and B.P.Buryev : Izvest. Akad. Nauk SSSR, Metally (1972) No.5, 167-168

4. Fe-Ag-Pd

A.Muan [1] が全域にわたって 1000 ℃, 1100 ℃, 1200 ℃の等温断面図を作成している．試料はいずれも 99.9% の純度のものをアルミナるつぼを用いて不活性ガス中で溶解．金属顕微鏡と X 線回折により研究している．図 4-1 は 1000 ℃の等温断面図である．

なお, A.T.Grigor'ev ら [2] による研究もある．これは Pd を 89.5at%, 80at%, 70at% に固定し，残り Fe, Ag の試料について垂直断面図を求め，室温における相領域を確定している．

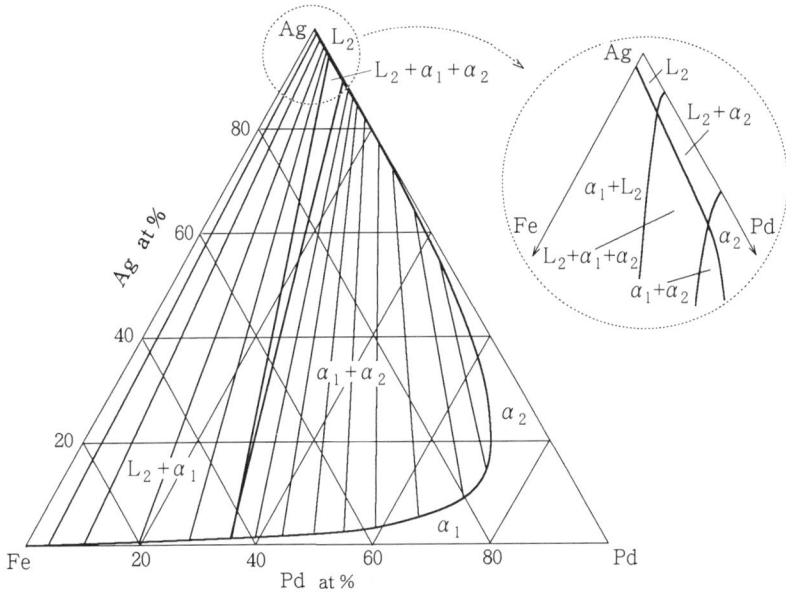

図 4-1 Fe-Ag-Pd 系の 1000 ℃等温断面図 [1]

文献 [1] A.Muan : Trans. Met. Soc. AIME. **224** (1962) No.5, 1080-1081
 [2] A.T.Grigor'ev, L.A.Panteleimonov, Z.P.Ozerova and E.V.Akatova : Zhur. Neorg. Khim. **5** (1960) 2335-2402

5. Fe-Ag-S

本系については L.A.Taylor [1] の金属顕微鏡による組織観察，X 線回折，熱分析による研究がある．母材は 99.995%Fe, 99.999%Ag, 99.999%S を用いている．

図 5-1 は 1200 ℃における三元等温断面図である．L_{Ag} と L_{FeS} が溶解し合わない

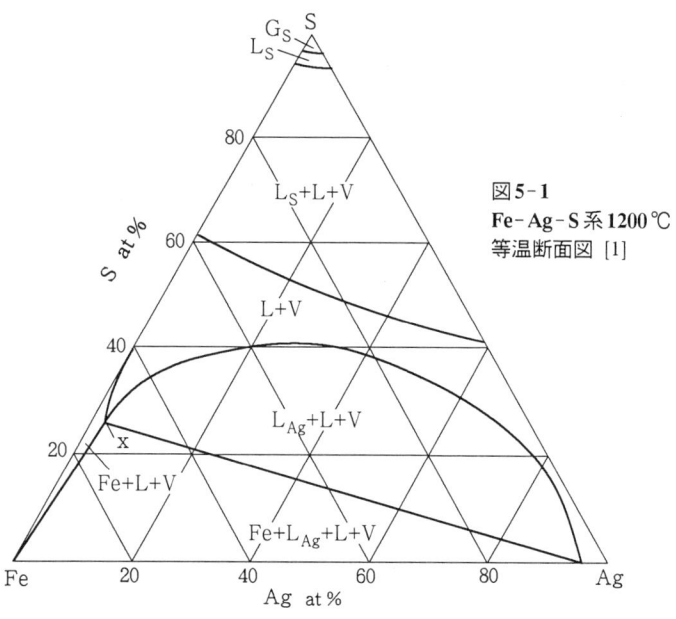

図5-1
Fe-Ag-S系1200℃
等温断面図 [1]

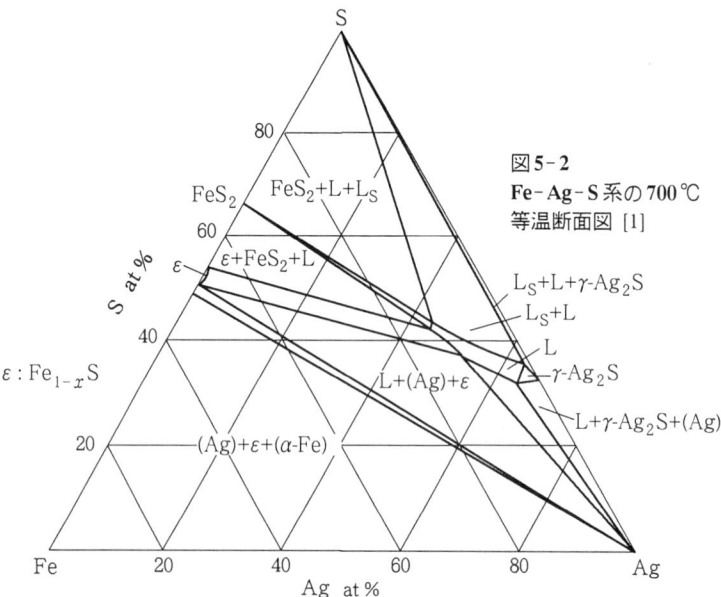

図5-2
Fe-Ag-S系の700℃
等温断面図 [1]

領域が広く存在し，1200℃では全領域にわたり気相(V)が存在する．Sに富む側に第二の溶解し合わない領域 L_S+L+V が存在する．記号 x は三元化合物を示すが，この相は目下のところ確認されていない．図中 G_S は S の気相である．

図5-2は700℃の等温断面図である．この温度では合金は Ag_2S 側，Ag_2S-FeS_2 断面に沿って液相が存在する．Ag-S二元系では Ag_2S は 740℃±2℃ で融解する．

図5-3は Ag-FeS 断面図である．1004℃に偏晶反応：$L(FeS) \rightleftarrows L_{Ag}+FeS$ が，955℃には共晶反応：$L_{Ag} \rightleftarrows Ag+FeS$ が存在する．

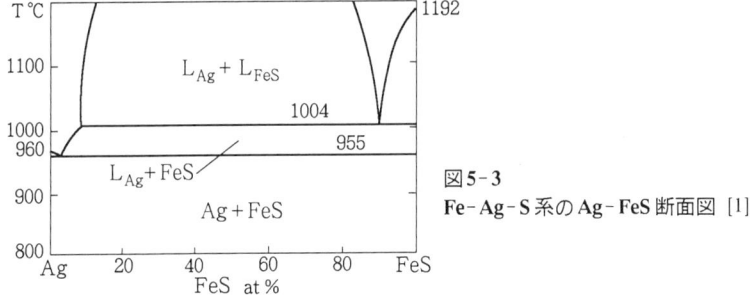

図5-3
Fe-Ag-S系のAg-FeS断面図 [1]

文献 [1] L.A.Taylor : Metall. Trans. **1** (1970) No.9, 2523-2529

6. Fe-Ag-Si

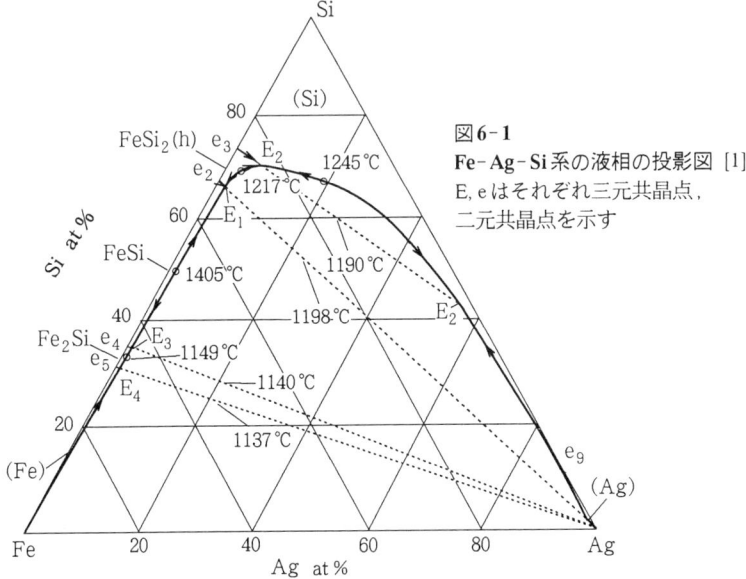

図6-1
Fe-Ag-Si系の液相の投影図 [1]
E, e はそれぞれ三元共晶点，二元共晶点を示す

本系についてはR.VogelとW.Mässenhausen [1]が光学顕微鏡による組織観察, X線回折, 熱分析により研究をしている. 母材はアームコ鉄, 工業用純銀, 純ケイ素を用いている. 合金はコランダムるつぼ中で窒素雰囲気下で溶解し, SiはFe_2Si_5またはFeSi母合金として添加している. 図6-1は三元液相面投影図である. Fe-Ag二元系は広い範囲で液相分離領域の存在が知られているが, これは三元系にも深く侵入している. 以下の四相不変偏晶反応が報告されている.

融液F_1 ⇌ α-Fe + FeSi + 融液F_2 : 1140 ℃
融液F_3 ⇌ FeSi + Fe_2Si_5 + 融液F_4 : 1198 ℃
融液F_5 ⇌ Fe_2Si_5 + Si + 融液F_6 : 1190 ℃

図6-2(a)および(b)は温度-組成切断面である. この他にFeSi-Ag, 5%Fe-(Ag, Si)断面図も報告されている.

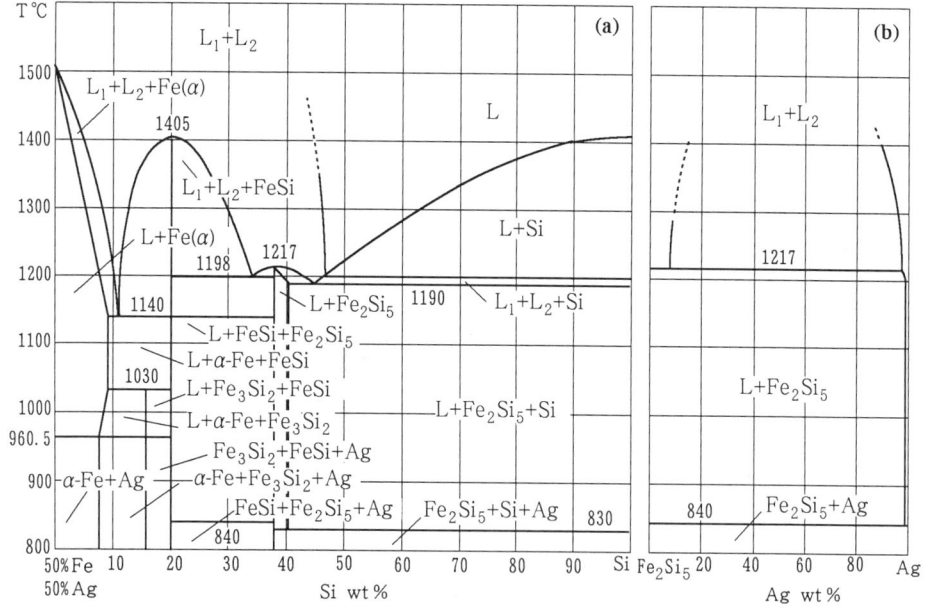

図6-2 Fe-Ag-Si系の温度-組成断面図 [1]　(a) Fe : Ag = 1 : 1 wt%　(b) Fe_2Si_5-Ag

文献 [1] R.Vogel and W.von Mässenhausen : Arch. Eisenhüttenwesen **27** (1956) No.2, 143-145

7. Fe-Al-B

H.H.Stadelmaierら [1]は800 ℃等温断面図を作成している (図7-1). 99.5%電解鉄, 99.99%Al, 98.5~98.9%結晶ボロンを用い, アルゴン雰囲気下で溶解して試料を

8. Fe-Al-Be

作り，800℃で焼鈍後水焼入れを施している．800℃ではα-Fe基固溶体とFe$_2$B, FeBが平衡する．Fe$_2$Bは11at%Alを固溶する．三元化合物，φ相(Fe$_3$AlB$_3$)が存在し，この相は非調和融解するという．

Fe$_2$B相の結晶構造は六方晶で，格子定数は a = 0.5109nm, c = 0.4249nm, c/a = 0.8316．この相にAlが固溶すると格子定数は増加し，11at%Al で a = 0.5120nm, c = 0.458nm, c/a = 0.8945 となる．Yu.B.Kuz'maら[2]は三元化合物相の結晶構造について研究し，三元化合物はMn$_2$AlB$_2$型構造のFe$_2$AlB$_2$に相当し，格子定数は a = 0.2923nm, b = 1.1046nm, c = 0.2875nmと報告している．試料は99.99%Fe, 99.99%Al, 99.3%Bの粉末をプレスし，アルゴン雰囲気下でアーク溶解し石英管に封入，800℃×24時間均一化焼鈍後，水焼入れしている．

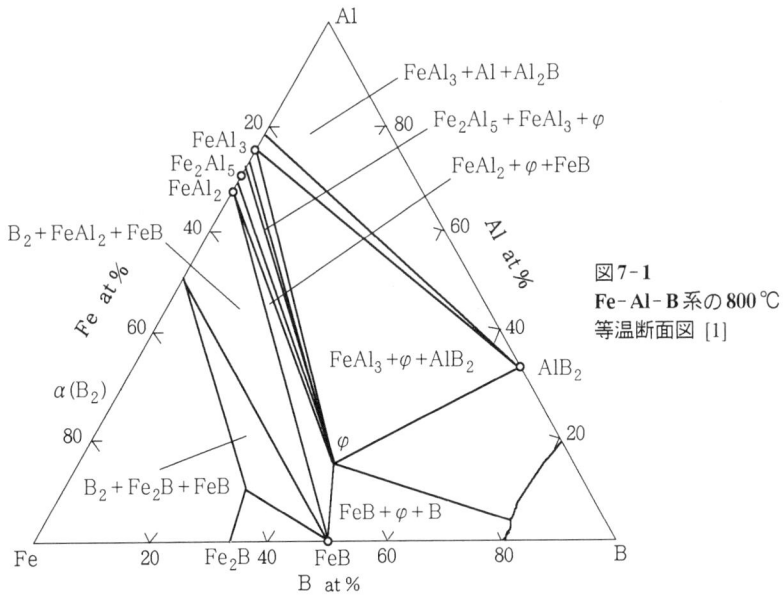

図7-1
Fe-Al-B系の800℃
等温断面図 [1]

文献 [1] H.H.Stadelmaier, R.E.Burgess and H.H.Davis : Metall **20** (1966) 225-226
  [2] Yu.B.Kuz'ma and N.F.Chaban : Izvest. Akad. Nauk SSSR, Neorg. Materialy **5** (1969) No.2, 384-385

8. Fe-Al-Be

本系の合金そのものを研究したものはほとんどないが，G.V.Raynor [1], P.Y.Black [2]は三元化合物の存在を報告している．G.V.RaynorはAl$_7$Fe$_3$Be$_7$で記述されてい

る化合物が存在するという．P.Y.Blackは以前のFe-Al-Be系の研究で存在するとされていた三元化合物FeAl$_2$Be$_{2.3}$は存在しないと報告している．

文献 [1] G.V.Raynor : Acta Met. **1** (1953) 629-648

 [2] P.Y.Black : Acta Cryst. **8** (1956) 39-42

9. Fe-Al-C

本系については1930年代からいくつかの研究があるが(O.V.Keilら[1], E.Söhnchenら[2], K.Löhbergら[3], F.R.Marrel [4])，高炭素組成域については未解決の部分が残されていた．西田恵三[5]は光学顕微鏡による組織観察，X線回折，硬度測定により，1250~1000℃のFeコーナーの等温断面を詳しく研究している．K.LöhbergとW.Schmidtら[3]はその後初晶反応を再検討し，三元共晶線に沿う垂直断面の研究を行っている[6]．M.VyklickyとH.Tüma[7]はFe-15~30wt%Al-0~2.5%C組成の合金を研究し，定アルミニウム濃度の温度-組成垂直断面図を提案している．

図9-1はK.Löhbergらによる本系の一変系，不変系反応の概略図を示している．また図9-2は[3]および[6]によるFeコーナーの反応の投影図である．Kは三元炭化物Fe$_3$AlC$_x$ (ここでは $x = 0.65$) である．α-(Fe, Al)固溶体の初晶面はB$\Sigma_1\Sigma_4$，γ-(Fe-Al-C)固溶体の初晶面はBC'$\Sigma_2\Sigma_1$，またK相は破線および$\Sigma_2\Sigma_4$で囲まれた初晶面を有する．1285℃に四相平衡：L + K $\rightleftarrows$ α + G (グラファイト)が存在する．固相の四相平衡はMα$_3$Mγ$_3$KG (一点鎖線)，約730℃に存在すると考えられる．西田[5]は1250℃, 1200℃, 1100℃, 1000℃のFeコーナーの等温断面図を作成した．

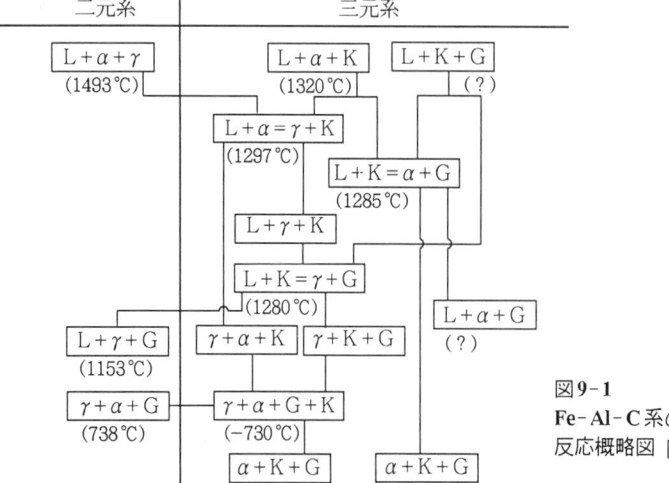

図9-1
Fe-Al-C系のFeコーナー
反応概略図 [6]

9. Fe-Al-C

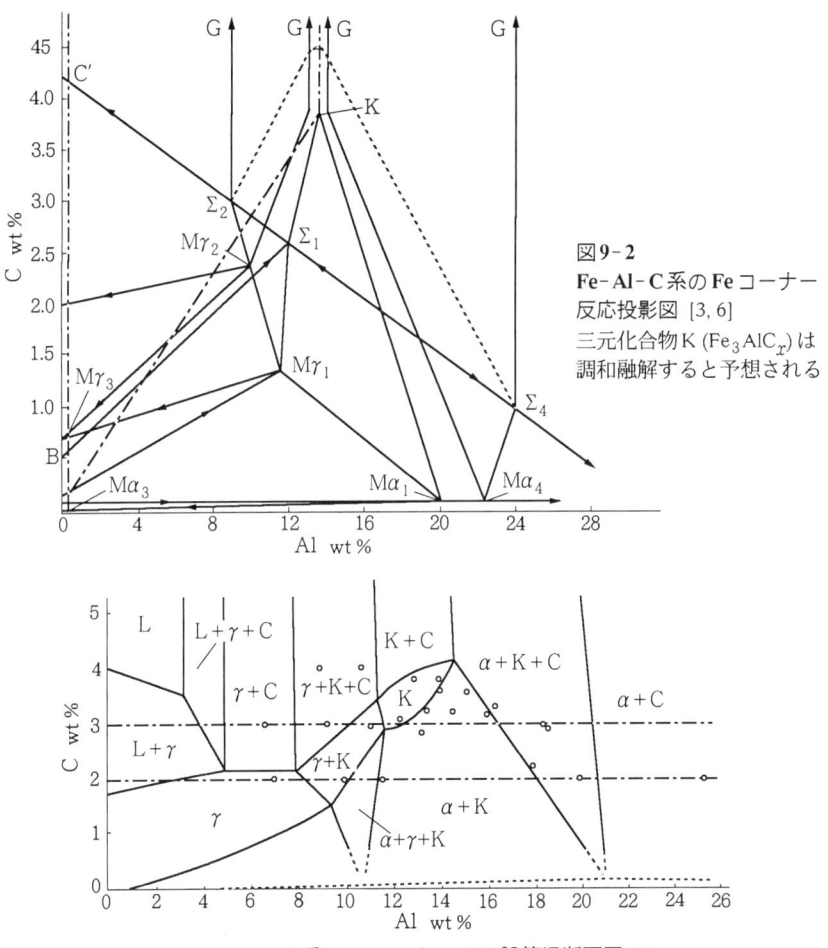

図9-2
Fe-Al-C系のFeコーナー反応投影図 [3, 6]
三元化合物 K (Fe_3AlC_x) は調和融解すると予想される

図9-3 Fe-Al-C系のFeコーナー1200℃等温断面図 [5]

　図9-3は1200℃, 図9-4は1000℃の等温断面図である. 図中Cとあるのはセメンタイトであるが, 境界線が100%C方向に直線的に伸びているのはセメンタイトが黒鉛化していることを前提としたものである (図9-2と同義). 1000℃の等温断面図は[4]の研究が最初であるが, $\alpha + K$, $\alpha + K + C$領域が図9-4と比べ狭いことを除けば基本的な点では一致している.

　図9-5は[6]によるFe-Al-C系の3wt%Cの場合のFeコーナーの温度-組成垂直断面図である.

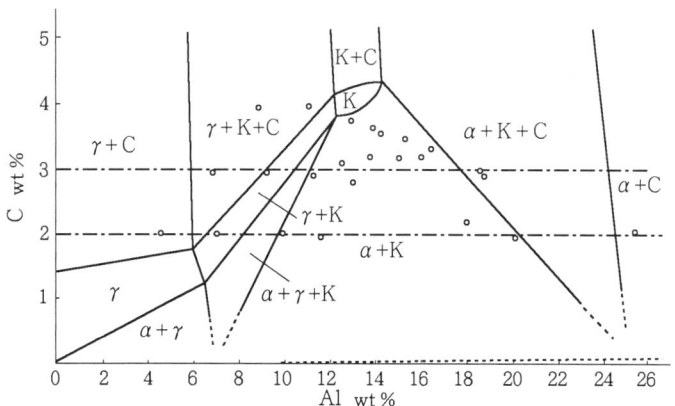

図9-4 Fe-Al-C系のFeコーナー1000℃等温断面図 [5]

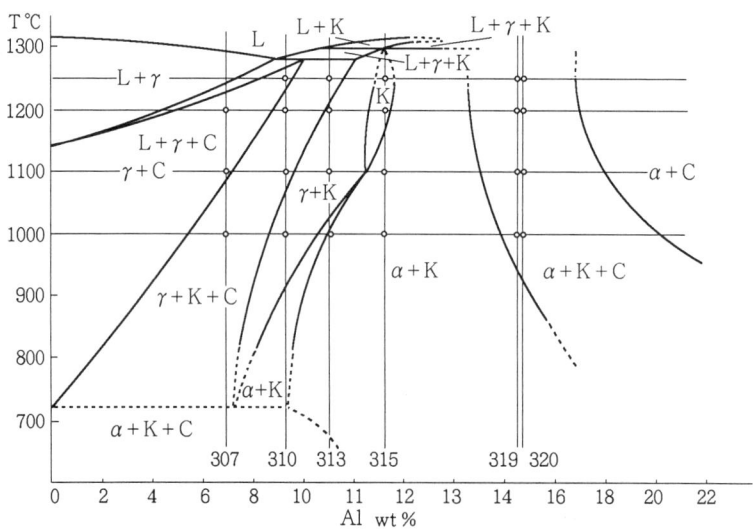

図9-5 Fe-Al-C系のFeコーナー温度-組成垂直断面図(Fe+3wt%C-Al断面) [6]

[7] は15, 20, 25, 30wt%Al組成合金の温度-組成垂直断面図を提案している(図9-6)．Fe-Al-C系の三元炭化物 Fe_3AlC_x (K相)を最初に見出したのは[4]であるが，その後[3][5][7]も確認している．結晶構造はFeとAlが$AuCu_3$型格子を構成し，C原子が格子間原子として侵入したものである．$x = 0.5～1.0$である．W.K.ChooとK.H.Han [8]によると，格子定数は $a = 0.36626 + 0.000592x$ nmである．

10. Fe-Al-Ca

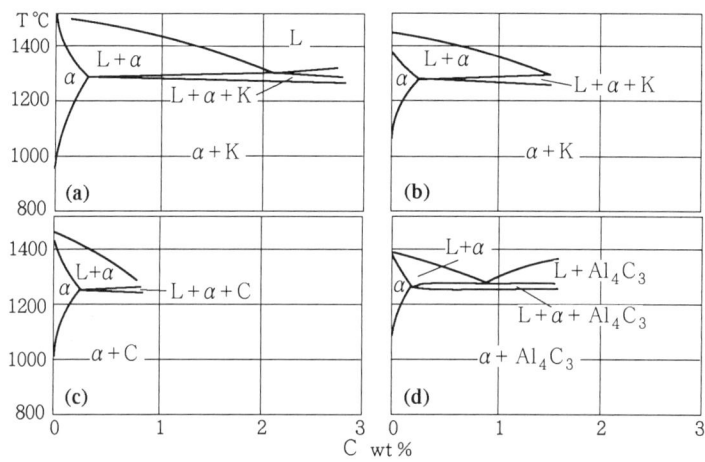

図9-6 Fe-Al-C系のFeコーナー温度-組成垂直断面図 [7]
(a) Fe+15wt%Al-C (b) Fe+20wt%Al-C (c) Fe+25wt%Al-C (d) Fe+30wt%Al-C

文献 [1] O.V.Keil and O.Jungwirth : Arch. Eisenhüttenwesen **4** (1930-31) s.224
[2] E.Söhnchen and E.Piwowarsky : Arch. Eisenhütenwesen **5**(1931) 17
[3] K.Löhberg and W.Schmidt : Arch. Eisenhüttenwesen **11**(1938) 609-614
[4] F.R.Marrel : J. Iron Steel Inst. **130** (1934) 419-428
[5] 西田恵三 : 北海道大学工学部研究報告 (1968) No.48, 71-108
[6] K.Löhberg : Gissereiforschung **21** (1969) 171-173
[7] M.Vyklicky and H.Tüma : Hutnik Listy **14** (1959) 118-127
[8] W.K.Choo and K.H.Han : Mettall. Trans. **A16** (1985) 5-10

10. Fe-Al-Ca

T.Ototani, Y.Kataura [1] および O.S.Zarechnyuk ら [2] は熱分析, 光学顕微鏡による組織観察, X線回折により本系の合金を研究し, 相分離領域を確かめている. 母材は電解鉄と99.5%Caを用い, アルゴン雰囲気下で水冷銅るつぼを用いアーク溶解により合金を作製している. Fe-Ca二元系に存在する相分離領域は三元系にも拡がり, 領域曲線上の臨界点は33wt%Ca, 34wt%Al と報告している.

O.S.Zarechnyuk らは33at%CaまでのFe-Al側の合金について研究している. 母材は99.99%カルボニル鉄, 99.98%Al, 99.6%Caを用い, アルゴン雰囲気下でアーク溶解している. この合金を500℃×2500時間焼鈍後水焼入れした. 図10-1は500℃における上記領域の等温断面図である. 三元化合物相ψ相:$CaFe_4Al_8$ (結晶構造は $ThMn_{12}$型構造で, 格子定数は a = 0.885nm, c = 0.489nm, c/a = 0.553) の存在を報告し

ている.

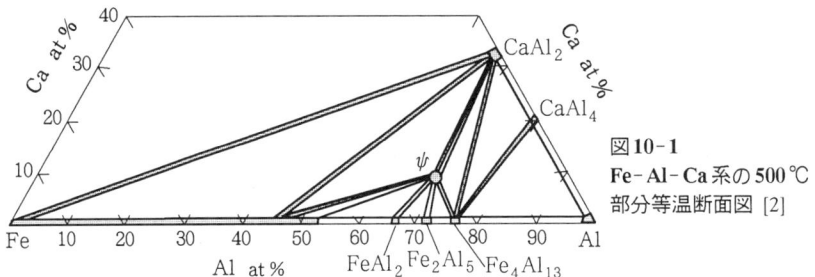

図10-1 Fe-Al-Ca系の500℃部分等温断面図 [2]

文献 [1] T.Ototani, Y.Kataura : Sci. Rep. Reserch Inst. Tohoku Univ. **A21** (1969) No.2, 69-82
　　 [2] O.S.Zarechnyuk, O.I.Vivchar and V.R.Ryabov : Dopov. Akad. Nauk Ukrain. RSR **A** (1970) No.10, 943-945

11. Fe-Al-Ce

O.S.Zarechnyuk ら [1, 2] は0~33.3at%Ce組成の状態図を研究している．母材は99.98%Al, 99.99%カルボニル鉄, 99.567%Ceを用い, アルゴン雰囲気下でアーク溶解, インゴットを石英管に封入し, 500℃×2000時間焼鈍後水焼入れした．X線回折を使って500℃等温断面図を作成している (図11-1)．4種類の三元化合物, φ相 : $CeFe_4Al_8$, φ'相 : $CeFe_2Al_{10}$, N_1相 : $CeFe_2Al_7$ 相, および N_2相 : $CeFe_{1\to1.4}Al_{1\to0.6}$ を報告している．二元化合物 φ_2 相, Ce_2Fe_{17} には60at%Alが固溶し, $Ce_2(Fe, Al)_{17}$ 固溶体を形成するという．Ce_2Fe_{17} は Th_2Zn_{17} 型構造で, 格子定数は a = 0.849nm, c = 1.242nm, c/a = 1.463, $Ce_{10}Fe_{30}Al_{60}$ では a = 0.8998nm, c = 1.287nm, c/a = 1.430 となる．φ相 ($CeFe_4Al_8$) は $CeMn_4Al_8$ 型構造 ($ThMn_{12}$ 型に属する規則構造) で, 格子定数は a = 0.8806nm, c = 0.5048nm, c/a = 0.573 [2, 3]．

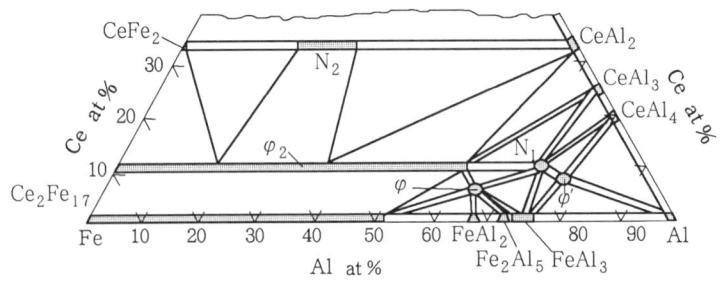

図11-1 Fe-Al-Ce系の500℃部分等温断面図 [1]

11. Fe-Al-Ce

表11-1 Fe-Al-Ce系の安定, 準安定化合物 [3]

相（*準安定）	結晶構造		空間群	単位胞中の原子数
Al_6Fe*	斜方晶	a = 0.645 b = 0.744 c = 0.878 nm	$Cmcm$	—
$Al_{13}Fe_4$	単斜晶	a = 1.549 b = 0.808 c = 1.248 nm β = 107.43	$C2/m$	—
Al_4Ce	斜方晶	a = 0.439 b = 1.30 c = 1.01 nm [9]	$Immm$	—
$Al_{20}Fe_5Ce$* ($Al_{40}Fe_{20}Ce_4$)	準結晶		—	—
$Al_{10}Fe_2Ce$ $Al_{40}Fe_8Ce_4$*	斜方晶	a = 1.02 b = 1.62 c = 0.42 nm	$Cmm2/C222$	52
$Al_{13}Fe_3Ce$ ($Al_{52}Fe_{12}Ce_4$)	斜方晶	a = 0.89 b = 1.02 c = 0.91 nm	$Cmcm/Cmc2$	68

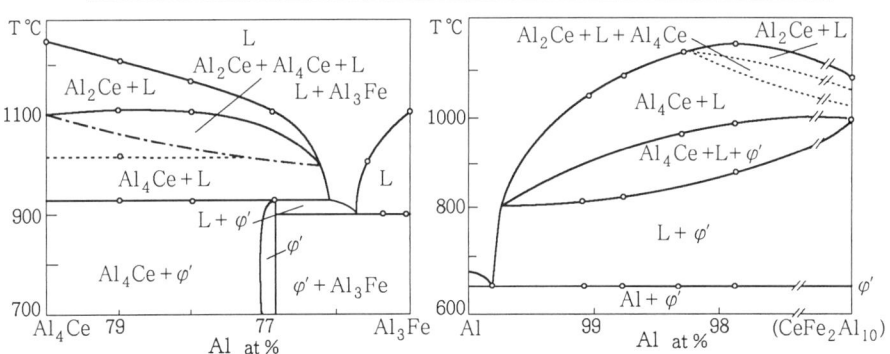

図11-2 Fe-Al-Ce系のAl_4Ce-Al_3Fe 温度-組成断面図 [4]

図11-3 Fe-Al-Ce系のAl-$CeFe_2Al_{10}$ 温度-組成断面図 [4]

R.Ayerら[3]はEPMAと分析電子顕微鏡により，本系合金のAlコーナー組成の準安定状態および平衡状態における化合物相の同定を行っている．準安定状態の研究にはAl-8.8Fe-3.7Ce(wt%)組成の急冷合金と93.1~87.4Al, 5.4~0.9Fe, 1.5~11.7Ce(wt%)組成のアーク溶解した合金を用い，平衡状態の研究にはこれらの合金を700Kで焼鈍したものを用いている．表11-1に[3]で得られた準安定および平衡状態の二元および三元化合物相を示してある．準安定相の$Al_{20}Fe_5Ce$は20面体の準結晶

であった．[2]で示した $Al_{10}Fe_2Ce$ (φ') 相は準安定相と考えられ，これに近い安定相は $Al_{13}Fe_3Ce$ で結晶構造は両者は極めて近い．二元準安定相 Al_6Fe, 三元準安定相 $Al_{10}Fe_2Ce$, $Al_{20}Fe_5Ce$ は，いずれも 700K×24 時間で分解する．

E.M.Sokolovskaya ら [4] は光学顕微鏡による組織観察，示差熱分析，X線回折，硬度測定により，Al コーナーの状態図を研究している．合金は高純度アルゴン雰囲気下アーク溶解により作製されている．

75~100at%Al 領域の 550℃等温断面図とともに Al_4Ce - Al_3Fe (図 11 - 2), Al - $CeFe_2Al_{10}$ の断面図(図11-3)を作成している．

文献 [1] O.S.Zarechnyuk, M.G.Mys'kiv and V.R.Ryabov : Izvest. Akad. Nauk SSSR, Metally (1969) No.2, 164-166
 [2] O.S.Zarechnyuk and P.I.Kripyakevich : Kristallografiya **7** (1962) 543-547
 [3] R.Ayer, L.M.Angers, R.R.Mueller, J.C.Scanlon and C.F.Klein : Metall. Trans. **19A** (1988) 1645-1656
 [4] E.M.Sokolovskaya, E.F.Kazakova, A.A.Filippova, V.I.Fadeeva, A.V.Gribanov, V.S.Romanova and S.I.Bororikova : Izvest. Akad. Nauk SSSR, Metally (1988) No.2, 209-210

12. Fe-Al-Co

本系については多くの研究がある．当初，Fe-CoAl 断面は擬二元系を構成し，全率固溶体を形成すると考えられていた．その後 O.S.Ivanov [1, 2] はこの断面について，熱膨張測定，電気抵抗測定，保磁力測定により 300~1600℃の温度範囲を再検討した．

図 12-1 は [1] による Fe-CoAl 温度-組成垂直断面図である．低温域には広い $\beta+\beta_2$ 二相領域が存在する．ここで β 相は不規則配列の体心立方晶，β_2 相は規則配列の CsCl 型規則格子である． 750℃以上では Fe-CoAl 間は広い領域にわたり β-固溶体が存在する．これは β 相と β_2 相とが互いに溶解するからである．本系合金を 750~800℃から極めてゆっくり冷却すると，高い保磁力が得られる．

N.Ridley [3] は徐冷合金中の CoAl 相の領域を決定した．母材は 99.992%Al, カルボニル鉄, 99.99% スポンジコバルトを用い，低水素圧力下で溶解後, 1000~1200℃×7日間均一化焼鈍を施し，次に 1000℃から 300℃に 10℃/時間で徐冷した．X線回折により，規則相 CoAl 領域の境界は 50at%Al にあることを確かめた．48~54at%Co 組成の合金の格子定数測定から，本系合金には CoAl, NiAl と同様の空孔型欠陥が存在することが確かめられた．

Z.N.Bulycheva ら [4] は電気抵抗測定，硬度測定，保磁力測定，X線回折，熱膨張測定から 1000℃焼入れ(不規則状態)合金，および徐冷 (50℃/時間)合金(規則状態)

12. Fe-Al-Co

の性質,相領域を求めている.

図12-2はFe-Al-Co系の1000℃三元等温断面図である. Iは不規則α-固溶体, IIは規則Fe(Al, Co)固溶体α_1, IIIは規則Fe_3(Al, Co)固溶体α_2である. IVは$\alpha_1+\alpha_2$二相領域である. Vは規則(Fe, Co)Al固溶体, VIは規則$(Fe, Co)_3Al$固溶体である.

図12-3(a)はFe_3Al-Co_3Al断面図で, 7.5at%Co組成までFe_3Al型規則相が存在する. 図12-3(b)はFe_3Al-Fe_3Co断面図で, 5at%CoまでFe_3Al型規則相が存在する.

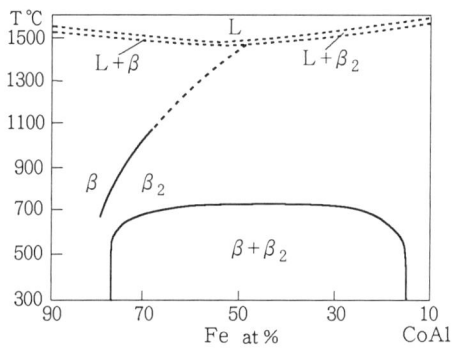

図12-1
Fe-Al-Co系のFe-CoAl擬二元系断面図 [1]

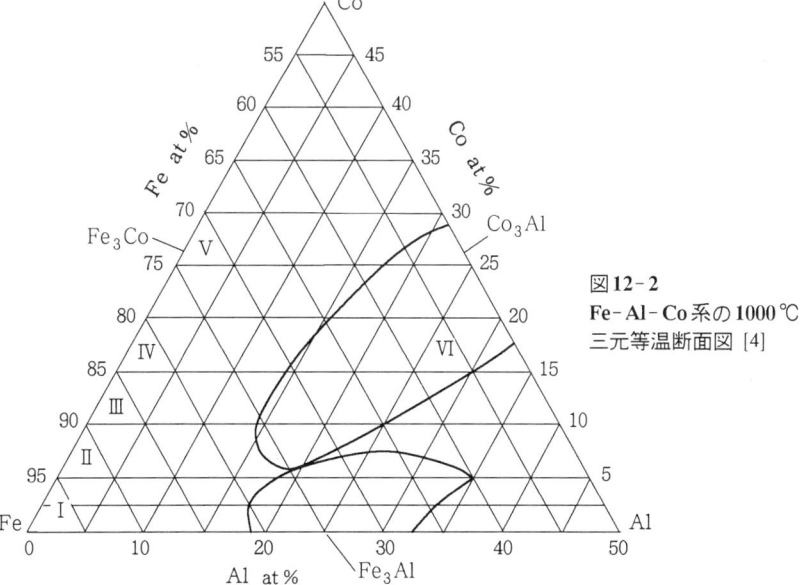

図12-2
Fe-Al-Co系の1000℃三元等温断面図 [4]

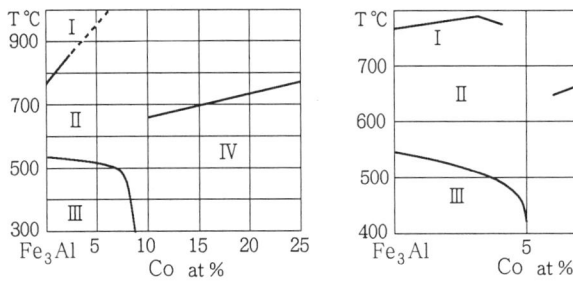

図12-3 (a) Fe$_3$Al-Co$_3$Alの断面図 [4]   (b) Fe$_3$Al-Fe$_3$Coの断面図 [4]

文献 [1] O.S.Ivanov : Trudy Inst. Met. im. A.A.Baikova, Akad. Nauk SSSR (1958) No.3, 195-202
  [2] O.S.Ivanov : Izvest. Analiza (Fiz.-khim.) **19** (1949) 503-513
  [3] N.Ridley : J.Inst. Metals **94** (1966) No.7, 255-258
  [4] Z.N.Bulycheva, V.K.Kondrat'ev and V.Z.Pogosov et al. : Sborn. Trudov Tsentr. Nauchno-issled. Inst. Chern. Met. **71** (1969) 55-62

13. Fe-Al-Cr

　主として旧ソ連の研究者によって,熱分析,光学顕微鏡による組織観察,硬度測定,電気抵抗測定により研究されている[1~4].[3]はFe-Al-Cr系の三元液相面および固相面投影図を計算により作成している(図13-1).
　また,L.KaufmanとH.Nesorは計算によって各温度における液相-固相境界投影図を求めている[5].

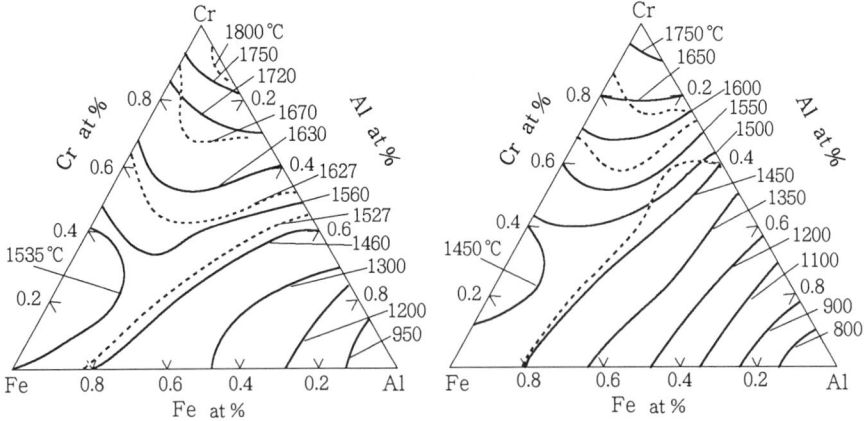

図13-1 (a) Fe-Al-Cr系の液相-固相境界投影図 [3]   (b) Fe-Al-Cr系の固相面投影図 [3]

文献 [1] I.I.Kornilov, V.S.Mikheev and O.K.Konenko-Gracheva : Doklady Akad. Nauk SSSR, **24** (1939) No.9, 907-910

[2] Z.N.Bulycheva, V.K.Kondrat'ev et al. : Sborn. Trudov Tsentr. Nauchno-issled. Inst. Chern. Met. **71** (1969) 55-62.

[3] G.P.Vyatkin, V.Ya.Mishchenko and D.Ya Povolotskii : Izvest. Vyssh. Ucheb. Zaved. (1974) No.8, 9-12

[4] V.A.Kozheurov, M.A.Ryss et al. : Sborn. Trudov Chelyab. Elektromet. Kombinata (1970) No.2, 69-76

[5] L.Kaufman and H.Nesor : Metall. Trans. **6** (1975) No.11, 2123-2131

14. Fe-Al-Cu

A.P.Prevarskii [1] は600℃における等温断面図を研究している．母材は99.98%Al, 99.99%Fe, 99.999%Cuを用い，アルゴン雰囲気下でアーク溶解し，これを石英管に封入し，800℃, 600℃で各200, 400時間焼鈍後水焼入れしている．3種類の三元化合物相，$FeCu_2Al_6(\psi)$, $FeCu_2Al_7(\omega)$, $FeCu_{10}Al_{10}(\phi)$を見出しているが，必ずしも確認されていない(図14-1)．A.Pantasisら[2]は25at%Fe組成の温度-組成垂直断面図を作成している(図14-2)．

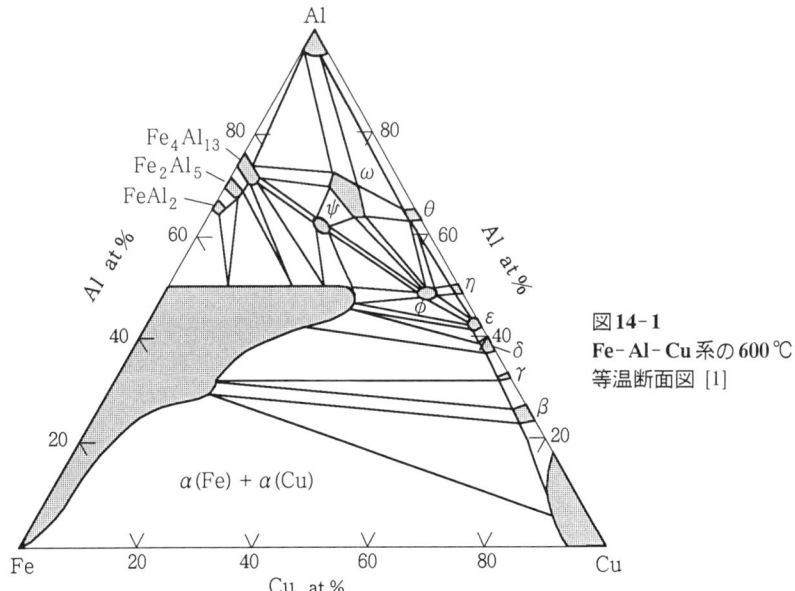

図14-1
Fe-Al-Cu系の600℃等温断面図 [1]

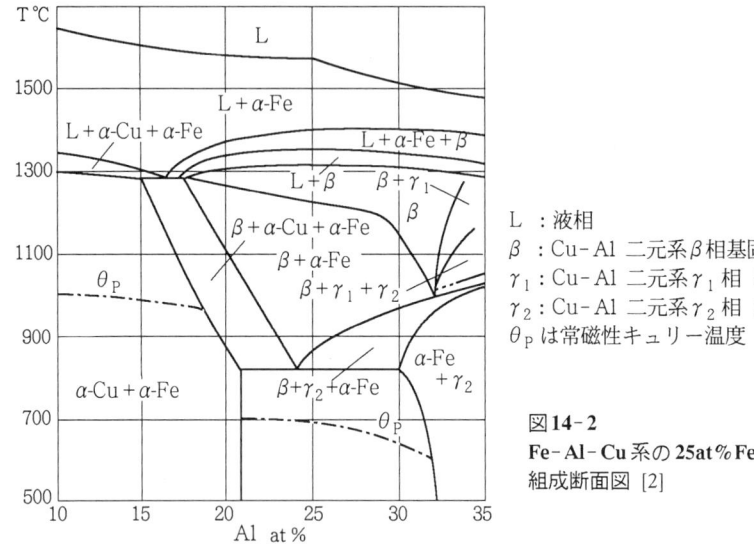

図 14-2
Fe-Al-Cu系の25at%Fe 温度-
組成断面図 [2]

L ：液相
β ：Cu-Al 二元系β相基固溶体
γ_1 ：Cu-Al 二元系γ_1相（高温相）
γ_2 ：Cu-Al 二元系γ_2相（低温相）
θ_P は常磁性キュリー温度

文献 [1] A.P.Prevarskii : Izvest. Akad. Nauk SSSR, Metally (1971) No.4, 220-222
  [2] A.Pantasis and E.Wachtel : Z. Metallkunde **69** (1978) No.1, 50-59

15. Fe-Al-Er

O.S.Zarechnyukら[1]はX線回折により本系合金の研究を行っている．母材は99.98%カルボニル鉄, 99.98%Al, 99.7%Erを用い, アルゴン雰囲気下でアーク溶解により合金を作製, これを500℃×1000時間焼鈍を施した．

図15-1はEr33.3at%までの500℃部分の三元等温断面図である．4種類の三元

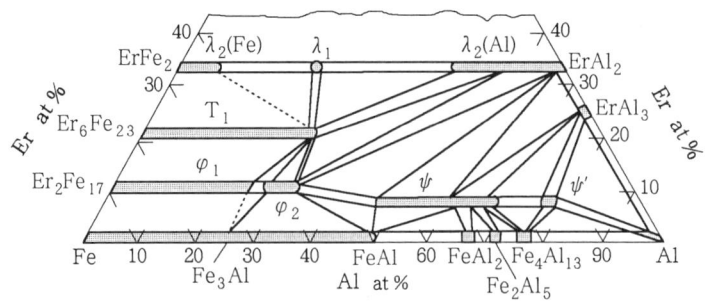

図15-1　Fe-Al-Er系の500℃部分等温断面図 [1]

中間相, ψ'相: $ErFe_2Al_{10}$, ψ相: $ErFe_{4.0 \to 5.6}Al_{8.0 \to 6.4}$, λ_1相: ~$ErFe_{1.2}Al_{0.8}$, φ_2相: $Er_2Fe_{11}Al_8$ があると報告している. いくつかの二元化合物は3元素を固溶し, 広い均一相領域を示す. φ_1相: $Er_2Fe_{17 \to 10}Al_{0 \to 7}$, T_1相: $Er_6Fe_{23 \to 14.5}Al_{0 \to 8.5}$, λ_2相: $ErAl_{2.0 \to 0.6}Fe_{0 \to 1.4}$ の領域を占めている. 三元系のうちψ相は$ThMn_{12}$型構造で, 格子定数は a = 0.873~0.868nm, c = 0.504~0.499nm, φ_2相はTh_2Zn_{17}型構造で, 格子定数は a = 0.879nm, c = 1.268nm, c/a = 1.440 であり, $ErFe_{1.2}Al_{0.8}$ は Laves 相に属し, $MgZn_2$ (λ_1)型構造と報告している.

文献 [1] O.S.Zarechnyuk, O.I.Vivchar and V.R.Ryabov : Visn. L'viv. Univ. Ser. Khim. (1972) No.14, 16-19

16. Fe-Al-Gd

本系については O.I.Vivchar ら [1] の光学顕微鏡による組織観察, H.Oesterreicher ら [2] の X線回折による研究がある. 合金は99.98%カルボニル鉄, 99.98%Al, 99.5%Gd を用い, アルゴン雰囲気下アーク溶解により作製している [1]. これを 500℃×1200 時間焼鈍し, 500℃での等温断面図を作成した (図16-1). 3種類の三元化合物を報告している.

ψ相: $GdFe_4Al_8$, ψ'相: $GdFe_2Al_{10}$, λ_1相: $GdFe_{1 \to 1.4}Al_{1 \to 1.4}Al_{1 \to 0.6}$.

φ_1相 (Gd_2Fe_{17}) に基づく固溶体は $Gd_2Fe_{17 \to 14.5}Al_{0 \to 2.5}$ に拡がり, φ_2相は $Gd_2Fe_{17 \to 8.0}Al_{0 \to 9.0}$ に拡がっている. Laves 相 ($MgCu_2$型: λ_2) の2種類の化合物, $GdFe_2$ は $GdFe_{2 \to 1.7}Al_{0 \to 0.3}$, $GdAl_2$ は $GdAl_{2 \to 1.15}Fe_{0 \to 0.85}$ に拡がっている.

ψ相は $ThMn_2$型の正方晶で, 格子定数は a = 0.875nm, c = 0.501nm, c/a = 0.57. λ_1相は $MgZn_2$型構造で, 格子定数は a = 0.541nm, c = 0.881nm, c/a = 1.63 (GdFeAl組成にあたる). $GdFe_{1.4}Al_{0.6}$ では, a = 0.535nm, c = 0.865nm, c/a = 1.62. φ_1相, φ_2相の構造は Th_2Ni_{17}, Th_2Zn_{17} に相当している. ψ'相の結晶構造は未定である.

[2] は $GdAl_2$-$GdFe_2$ 断面を研究している. 合金は石英管に封入し, 800℃×100~

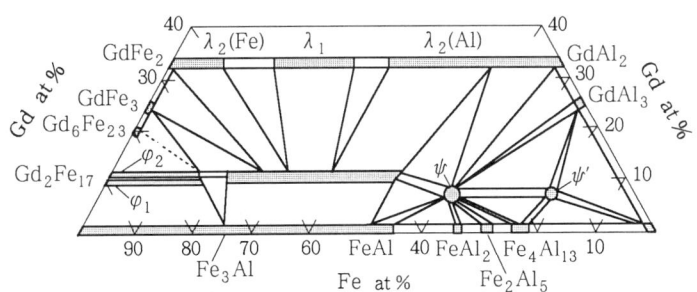

図16-1　Fe-Al-Gd系の500℃部分等温断面図 [1]

300時間焼鈍後水焼入れし，X線回折により分析している．構造，格子定数についての結果を表16-1に示す．ここでC15はMgCu$_2$型で立方晶，C14はMgZn$_2$型で六方晶である．

mol% GdAl$_2$	構造	a_0 (nm)	c_0 (nm)	c_0/a_0
0	C15	0.739		
25	C15	0.7521		
27	C15	0.7521		
31	C14	0.5349	0.8651	1.62
36.5	C14	0.5367	0.8735	1.62
40	C14	0.5395	0.8730	1.62
50	C14	0.5414	0.8812	1.63
56.5	C15	0.7750		
62.5	C15	0.7753		
70	C15	0.7768		
100	C15	0.7903		

表16-1
GdFe$_2$-GdAl$_2$擬二元系の結晶構造の変化 [2]

文献 [1] O.I.Vivchar, O.S.Zarechnyuk and V.R.Ryabov : Dopov. Akad. Nauk Ukrain. RSR **A** (1973) No.11, 1040-1042

[2] H.Oesterreicher and W.E.Wallace : J. Less-Common Metals **13** (1967) 91-102

17. Fe-Al-Ge

O.P.Elyutinら[1]は光学顕微鏡による組織観察，X線回折，電気抵抗測定により27wt%Al, 25wt%GeまでのFe側の状態図を研究している．カルボニル鉄，純アルミニウム，ゲルマニウムの結晶を用い，アルゴン雰囲気下でアルミナるつぼ中で高周波真空溶解により合金を作製，これを水素雰囲気下で1100℃×4時間均一化焼鈍後室温まで徐冷．図17-1は室温における等温断面図である．Fe基固溶体に加え，Fe$_3$(Al, Ge), Fe$_3$Geの二相共存領域が存在するという．

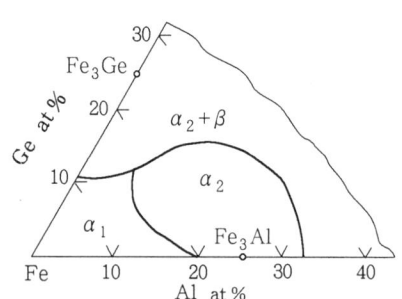

図17-1 Fe-Al-Ge系の室温における等温断面図 [1]

文献 [1] O.P.Elyutin and M.Kh.Khachatryan : Metalloved. i Term. Obrabotka Metal. (1972) No.11, 15-18

18. Fe-Al-Hf

V.V.Burnashova ら [1] は光学顕微鏡による組織観察とX線回折を用いて, 本系合金を研究している. Hf < 33.3at% の領域の 800℃等温断面図を作成している (図18-1). 99.7%Al, 99.95% ヨード法ハフニウム, 99.98%カルボニル鉄を用い, 合金はアルゴン雰囲気下でアーク溶解後, 石英管に封入し, 800℃×700時間焼鈍. 2種類の三元化合物ψ, χ相の存在が報告されている. ψ相はHfの含有量7.7at%で, Alの組成は37~61at%と報告されている. この化合物はThMn$_{12}$型構造を有し, 格子定数 a は 37at%Al で 0.85nm から, 61at%Al で 0.865nm に変化する. $c \approx 0.492$nm である. χ相は 14at%Hf, 20at%Fe, 66at%Al 組成であるが, 構造は未定である.

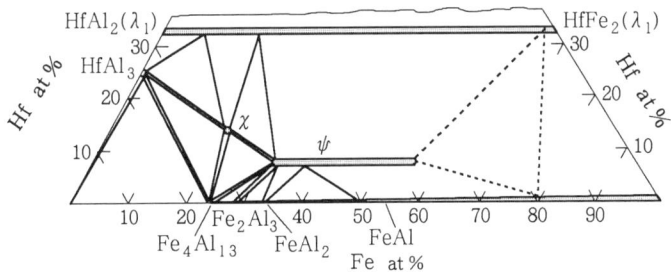

図18-1　Fe-Al-Hf系の800℃部分等温断面図 [1]

文献 [1]　V.V.Burnashova, V.R.Ryabov and V.Ya. Markiv : Dopov. Akad. Nauk Ukrain. RSR A (1969) No.8, 741-743

19. Fe-Al-La

O.S.Zarechnyuk ら [1] は光学顕微鏡による組織観察, X線回折により La35at%までの Fe-Al側の 500℃等温断面図を研究した (図19-1). 6種類の三元化合物相を報告している.

ϕ相 : LaFe$_4$Al$_8$ (bcc, CeMn$_4$Al$_8$型, ThMn$_{12}$構造). 格子定数 : a = 0.882nm, c = 0.519nm, c/a = 0.588.

ϕ'相 : 近似的に LaFe$_2$Al$_{10}$ の組成で構造未定. ϕ相と近縁である.

φ_2相 : La$_2$Fe$_{6\sim7}$Al$_{11\sim10}$の組成幅を有し, 構造は Th$_2$Zn$_{17}$ 菱面体 (三方晶) 型.
　　格子定数 : a = 0.905~0.899nm, c = 1.313~1.304nm, c/a = 1.448~1.458.

Ω 相 : LaFe$_{6\sim7}$Al$_{7\sim6}$の組成幅を有し, fcc で NaZn$_{13}$型に属し, 格子定数 a = 1.197~1.183nm.

N_1相 : 10at%La, 17.5at%Fe, 72.5at%Al, LaFe$_2$Al$_7$ に相当. 構造未定.

N_2相 : LaFe$_{1\sim1.4}$Al$_{1\sim0.6}$に相当. 構造未定.

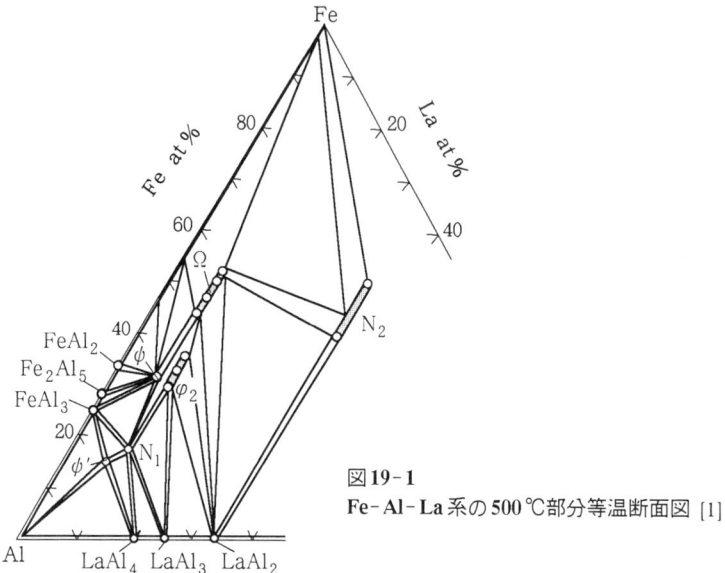

図19-1
Fe-Al-La系の500℃部分等温断面図 [1]

文献 [1] O.S.Zarechnyuk, E.I.Emess-Misenko, V.R.Ryabov and I.I.Diky : Izvest. Akad. Nauk SSSR, Metally (1968) No.3, 219

20. Fe-Al-Mn

本系のFe側については[1~4], Al側については[5~7]の研究がある. [8]は[5~7]の研究をまとめ, Al側の状態図を紹介しているが, Fe側については詳細は示していない.

W.Kösterら[1]は光学顕微鏡による組織観察と熱膨張測定により, Fe-0~30wt%Al-0~50wt%Mn合金の($\alpha+\gamma$)二相領域について研究し, γ相は20wt%Al-50wt%Mnまで安定で, 高アルミニウム, Mn側でγ相は不安定となり, β-Mn相に変わると述べているが, 温度, 組成域は明らかにしていない. [2~4]はX線回折, 光学顕微鏡による組織観察, 熱膨張測定, 磁気測定, 硬度測定により本系合金を研究している.

D.J.Chakrabarti [2]は高純度母材を誘導溶解した合金を石英管にアルゴン封入し, 1000℃×7日間焼鈍し, Mn側の1000℃等温断面図を作成した(図20-1). Fe-Al二元系のbcc固溶体は三元系でも広い領域を占め, 鼻の部分は43at%Mn, 18at%Feに達する. FeAl規則相(CsCl型)はこの領域の大部分を占め, 34at%Mn領域まで安定である. β-Mn相はFe-Al-Mn三元系でも広い領域を占めるが, 拡がりの方向は電子濃度が7の一定の方向であり, β-Mn相が電子化合物であることを示している.

20. Fe-Al-Mn

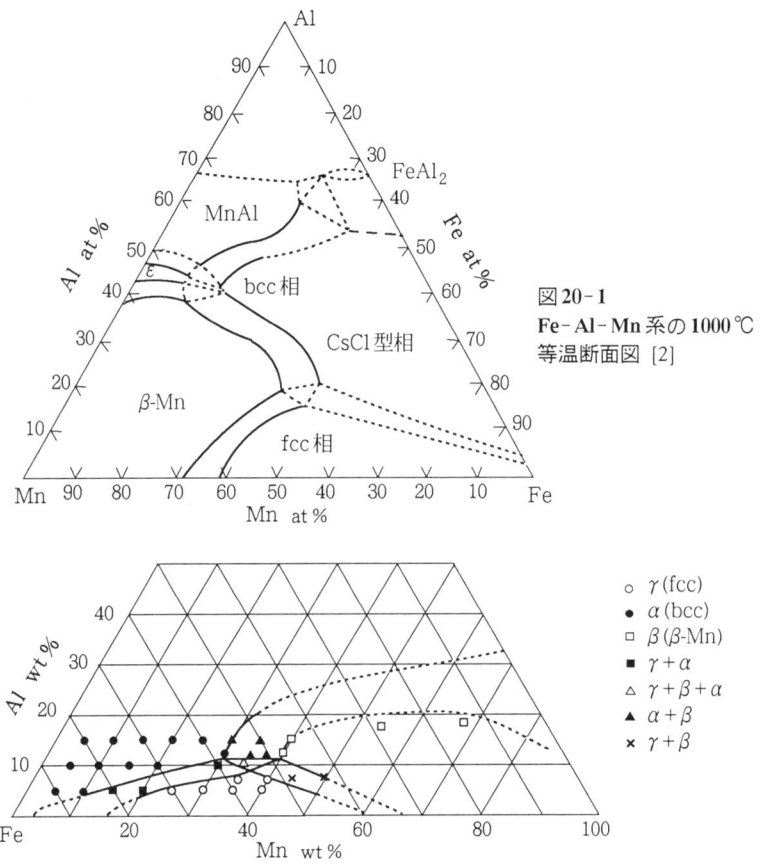

図 20-1 Fe-Al-Mn 系の 1000 ℃ 等温断面図 [2]

図 20-2 Fe-Al-Mn 系の 760 ℃ 部分等温断面図 [3]

　D.Y.Schmatz [3] は 1040~760 ℃の相平衡を調べ，5~20wt%Al，5~67wt%Mn 領域では $(α+γ)/γ$ 境界は [1] の結果と変わらないが，10Al-35Mn(wt%)で，$α+γ+β$-Mn 三相領域が出現することを示した．図 20-2 は [3] による 760 ℃等温断面図である．

　L.I.Shvedov ら [4] は Fe 側の状態図を研究している．母材はアームコ鉄，電解マンガン，99.98%Al を用い，アルゴン雰囲気下でアーク溶解により合金を作製した．合金を 1150~550 ℃で 30~480 時間焼鈍し，650~1150 ℃等温断面を研究し，また 4, 7, 10wt%Al 組成の温度-組成断面を調べた（図 20-3）．[4] によると，研究した組成領域では透磁率は Mn 濃度に依存しないという．合金中に非磁性相が増加するにつれて，また温度が低下するに伴い，比透磁率は 9.3 から 3.8 へ（1000 ℃），9.2 から 0 へ

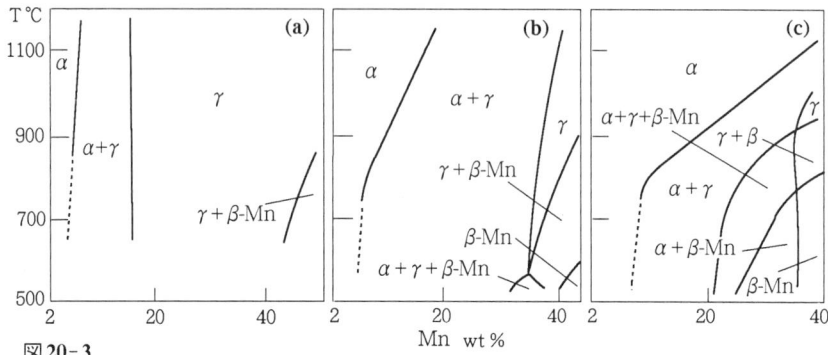

図 20-3
Fe-Al-Mn系のFeコーナー温度-組成断面図 [4]　(a) 4wt%Al　(b) 7wt%Al　(c)10wt%Al

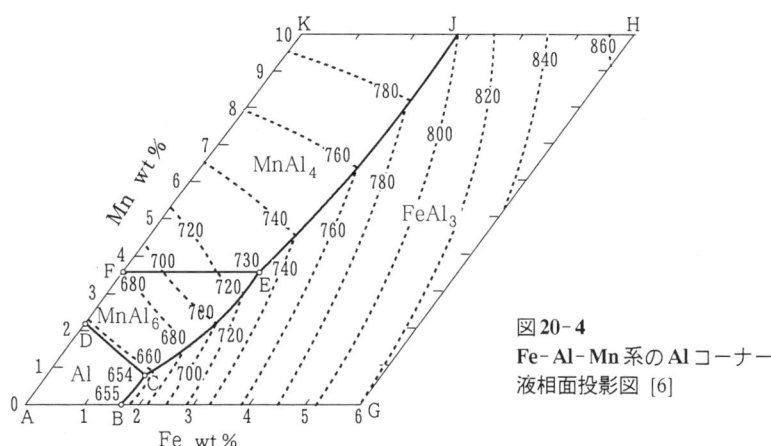

図 20-4
Fe-Al-Mn系のAlコーナー液相面投影図 [6]

(850℃), 8.45から0へ(750℃), 7.8から0へ(650℃)減少した．α相，α+γ相領域の合金の硬度は800~980MPaであった．フェライトのビッカース硬度は2950~3450 MPa, γ-固溶体の硬度は1610~2050MPa, β-Mnは9810~11760MPaであった．

Al側の状態図の研究[6]によれば，Al≧85wt%組成の合金では初晶はAl固溶体，$MnAl_6$, $MnAl_4$, $FeAl_3$であり，1.8wt%Fe, 0.75wt%Mn, 654℃に三元共晶が見られる（図20-4）．図のBCはAl-$FeAl_3$共晶線，DCはAl-$MnAl_6$共晶線である．FEはL+$MnAl_4$→$MnAl_6$の包晶線である．ECは共晶の谷．このECとDC, BCとが出会う点Cで，三元共晶が生じる．Al基固溶体と平衡する三元化合物相は見出されていない．Al基固溶体は三元系には拡がらず，600℃で0.03wt%Fe, 0wt%Mn, 0wt%Fe, 1.03wt%Mnの狭い領域を占めるのみである．$MnAl_6$へのFeの溶解度は

[7]によれば, 600℃で11.4wt%Fe (14.1%Mn, 74.5%Al), 300℃でいくらか上昇して12.8wt%Fe (12.6%Mn, 74.6%Al), となり, ほぼ50at%のMnがFeと置換する. [6]は2wt%Mn, 6wt%Mn, 4wt%Fe組成のAlコーナーの温度-組成断面図を提示している. このうち等マンガン組成のものを図20-5に示す.

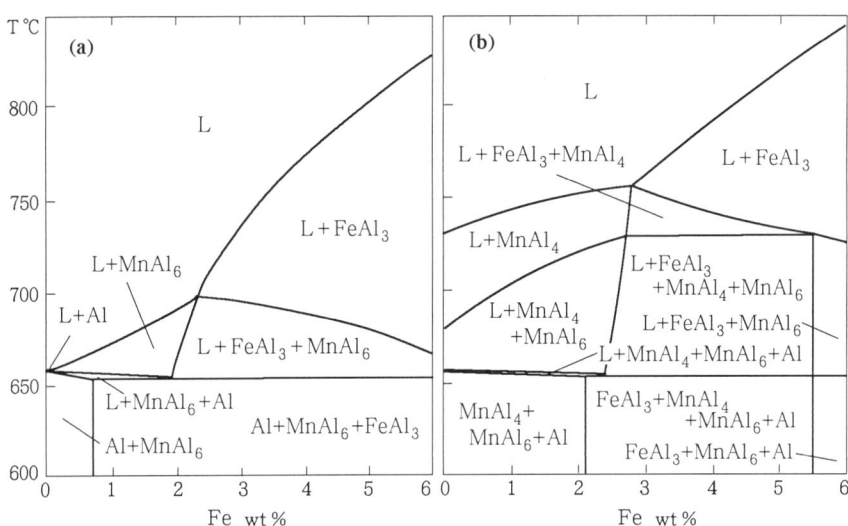

図20-5 Fe-Al-Mn系のAlコーナー温度-組成断面図 [6] (a) **2wt%Mn** (b) **6wt%Mn**

文献 [1] W.Köster and W.Tonn : Arch. Eisenhüttenwesen **7** (1933) 365-366
　　 [2] D.J.Chakrabarti : Metall. Trans. **813** (1977) 121-123
　　 [3] D.J.Schmatz : Trans. AIME **215** (1959) 112-114
　　 [4] L.I.Shvedov and G.P.Goretskii : "Struktura i Svojstva Metallov i Splavov", Minsk, Nauka i Tekhnika (1974) 199-204
　　 [5] E.Degischer : Aluminium-Archiv **18** (1939) S.39
　　 [6] H.W.L.Phillips : J. Inst. Metals **69** (1943) 275-316
　　 [7] G.V.Raynor : J. Inst. Metals **70** (1944) 531-542
　　 [8] L.A.Willey : "Metals Handbook", 8th ed. ASM, Metals Park, Ohio **8** (1973) 392

21. Fe-Al-Mo

V.Ya.Markivら[1]はX線回折, 光学顕微鏡による組織観察により本系合金を研究している. 99.95%カルボニル鉄, 99.97%Al, 99.95%Moを用い, アルゴン雰囲気下でアーク溶解し, この合金を1050℃, 800℃で各々8800時間焼鈍後, 水焼入れを施

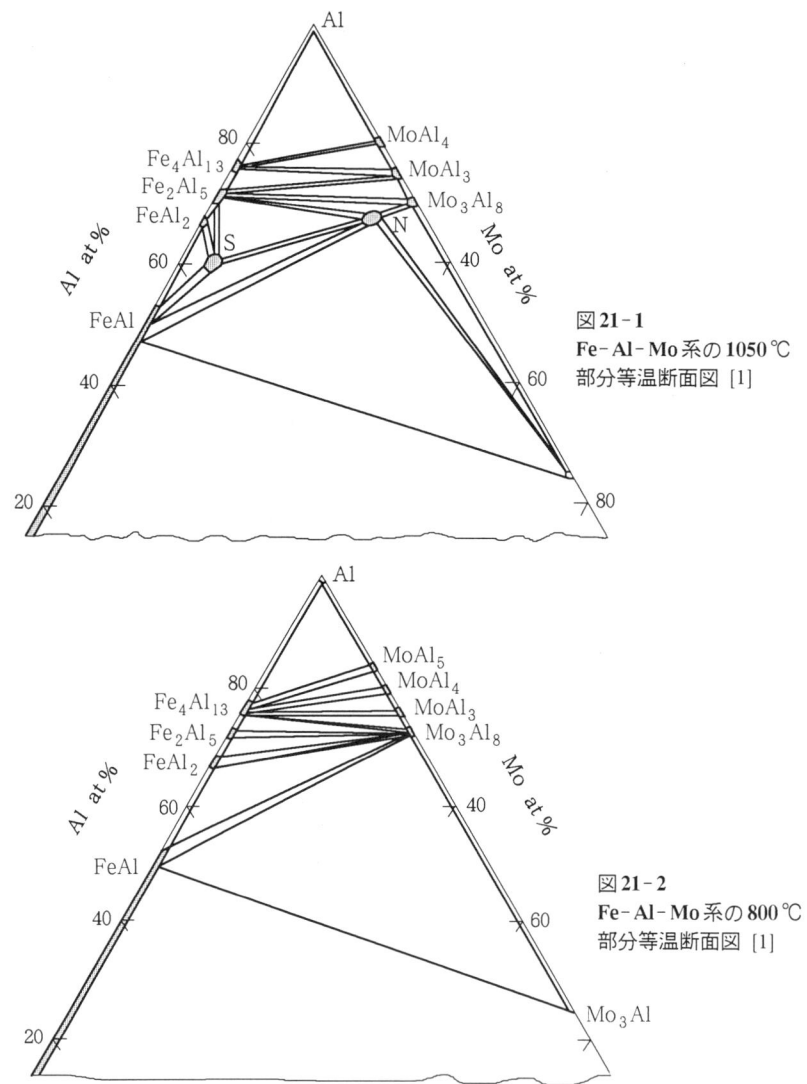

図 21-1
Fe-Al-Mo系の1050℃
部分等温断面図 [1]

図 21-2
Fe-Al-Mo系の800℃
部分等温断面図 [1]

した．図21-1, 図21-2はそれぞれ1050℃, 800℃の等温断面図である．1050℃には2種類の三元中間相，N相，S相が存在する．N相は25at%Mo, 7at%Fe, 68at%Alを含み，S相は5at%Mo, 35at%Fe, 60at%Alを含む．温度の下降に伴いこれらの相は分解し，N相は900℃以下で，S相は1050〜1000℃の間で分解すると報告している．

800℃では, 本研究の組成範囲では中間相は見出されていない.

N相はTiAl$_3$型構造を有し, 格子定数はa = 0.3767nm, c = 0.8433nm, c/a = 2.24 (MoFe$_{0.28}$Al$_{2.72}$組成で).

文献 [1] V.Ya.Markiv, V.V.Burnashova and V.R.Ryabov : Dopov. Akad. Nauk Ukrain. RSR **A** (1970) No.1, 69-72

22. Fe-Al-N

L.S.Darken ら [1] は 1050~1350℃における Fe-Al 合金へのNの溶解度を研究している. 0.10%C, 0.41~0.44%Mn, 0.01%Si, 0.010~0.012%P, 0.023~0.025%S を含むFeにAlを, 1トン当たり0, 0.1, 0.2, 0.4, 0.8, 1.6kg添加した合金を溶解した. Nの飽和は, 縦型の円筒炉中に円板状の試料を置いて, 所定温度で精製窒素に1.05vol%H$_2$ を混合した気体を大気圧で, 特別製の装置を用いて流し, 行った. 試料を冷却後, 化学分析, 光学顕微鏡による組織観察をしている. 1050℃, 1200℃, 1350℃各温度でのオーステナイト相中へのNの溶解度のAl濃度依存を調べている(図22-1). 図中の直線の折線部は, 窒化アルミニウムとオーステナイト相が平衡する組成に対応する.

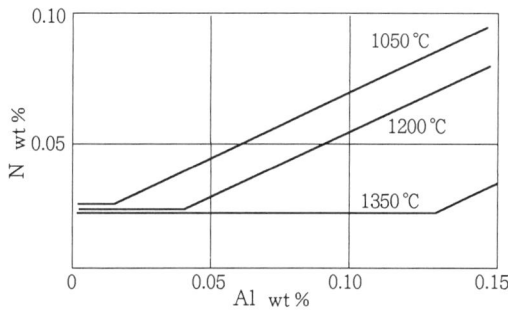

図22-1
Fe-Al-N系合金中のNの平衡濃度 [1]

文献 [1] L.S.Darken, R.P.Smith and E.W.Filer : Trans. AIME. **191** (1951) 1174-1179

23. Fe-Al-Nb

A.Raman [1] はX線回折により本系の1000℃等温断面図(図23-1)を作成している. 高純度99.999%Alを用い, アルゴン雰囲気下でアーク溶解し, 石英管に封入し焼鈍している. NbFe$_2$, Nb$_2$Al各二元化合物は三元系に侵入して広い固溶体を形成する. 三元化合物μ'相, Nb$_{50}$Al$_{25}$Fe$_{25}$が, 二元化合物μ相, Nb$_{19}$Fe$_{20}$を母体として形成されるという. NbFe$_2$へのAlの溶解度は~45at%Al, Nb$_2$AlへのFeの溶解度は~10at%Feに達するが, NbAl$_3$には5at%Fe以下である.

NbFe$_2$の結晶構造はMgZn$_2$型, Nb$_2$Alはσ相と同型である.

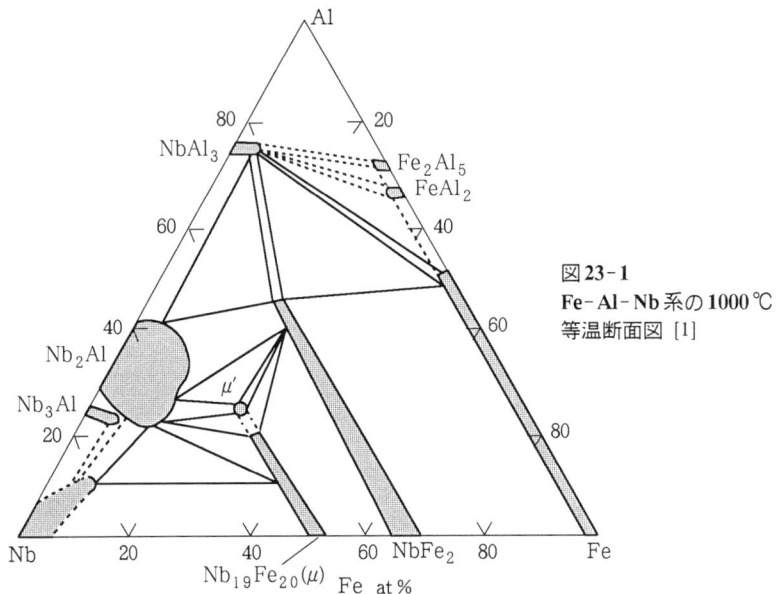

図 23-1
Fe-Al-Nb系の 1000 ℃
等温断面図 [1]

文献 [1] A.Raman : Z. Metallkunde **57** (1966) No.7, 535-540

24. Fe-Al-Nd

O.I.Vivcharら [1] は 33.3at%Ndまでの組成範囲の合金をX線回折により研究している．母材は 99.99%カルボニル鉄，99.98%Al，98.6%Ndを用い，合金は溶解後，500 ℃×2500時間焼鈍後，水焼入れを施している．図 24-1は 500 ℃における等温断面図である．上記組成領域で，3種類の三元化合物，N相，ψ'相，ψ相を認め，またFe-Nd二元系化合物 φ_2 相，Nd_2Fe_{17} には Alが多量に溶解することが判明した．Fe基固溶体と二元化合物 Nd_2Fe_{17} および $FeAl_2$，三元化合物 ψ 相とが平衡している．ψ 相の組成は $NdFe_{3.3 \to 4}Al_{8.7 \to 8}$ で $ThMn_{12}$ 型の正方晶である．格子定数は $NdFe_{3.3}Al_{8.7}$ で，a = 0.884nm, c = 0.505nm, c/a = 0.571，$NdFe_4Al_8$ で，a = 0.878nm, c = 0.504nm, c/a = 0.574 である．

φ_2 相，あるいは $Nd_2(Fe, Al)_{17}$ へのAlの最大固溶度は 45at%Alに達する．この相は菱面体構造で，Th_2Zn_{17} 型である．φ_2 相中のAlの増加に伴い，格子定数は Nd_2Fe_{17} の a = 0.858nm, c = 1.246nm, c/a = 1.452 から $Nd_2Fe_{8.5}Al_{8.5}$ で，a = 0.889nm, c = 1.290nm, c/a = 1.451 に増加する．ψ' 相の組成は $NdFe_2Al_{10}$ に近いが，構造は未確認である．N相も構造未定で，およそ $NdFe_{1.2 \to 1.65}Al_{0.8 \to 0.35}$ の組成を有すると報告している．

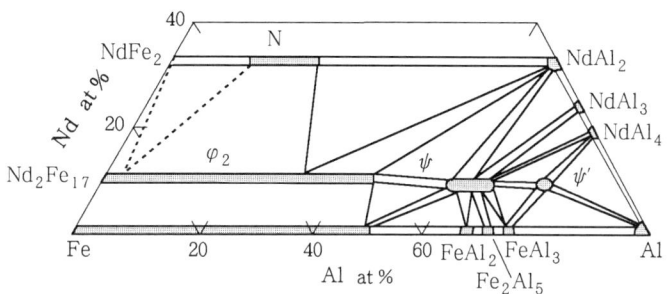

図24-1 Fe-Al-Nd系の500℃部分等温断面図 [1]

文献 [1] O.I.Vivchar, O.S.Zarechnyuk and V.R.Ryabov : Izvest. Akad. Nauk SSSR, Metally (1970) No.1, 211-213

25. Fe-Al-Ni

本系については，これまでに多数の研究が行われている [1~7]．W.Köster [1]は熱分析，光学顕微鏡による組織観察，磁気測定により Fe-Ni 側の液相面投影図，種々の Ni, Al 組成の温度-組成断面図を作成した．[2~4]は光学顕微鏡による組織観察，

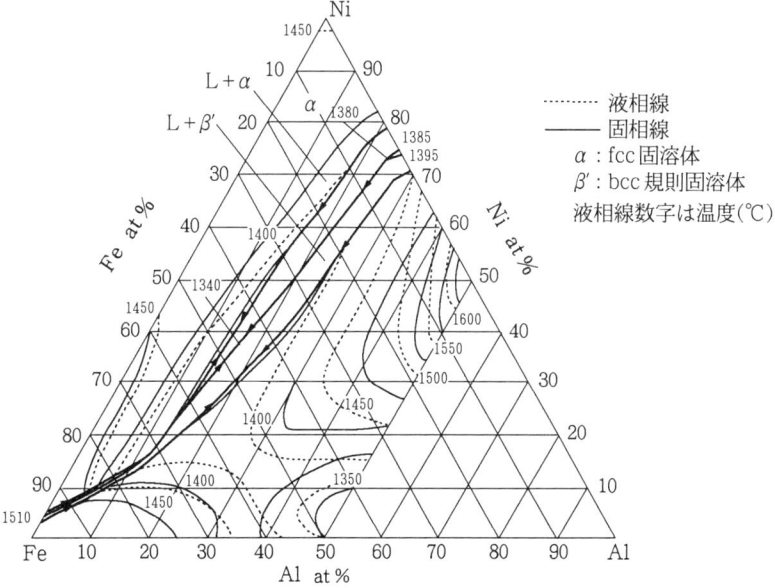

図25-1 Fe-Al-Ni系の1600~1340℃間の液相面，固相面投影図 [2]

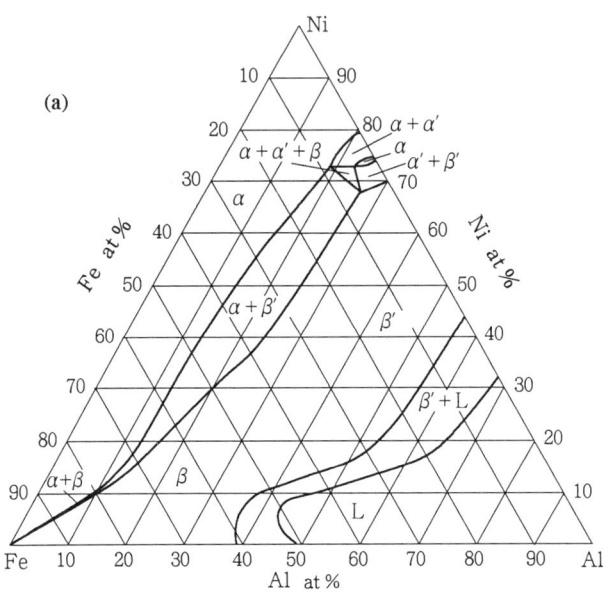

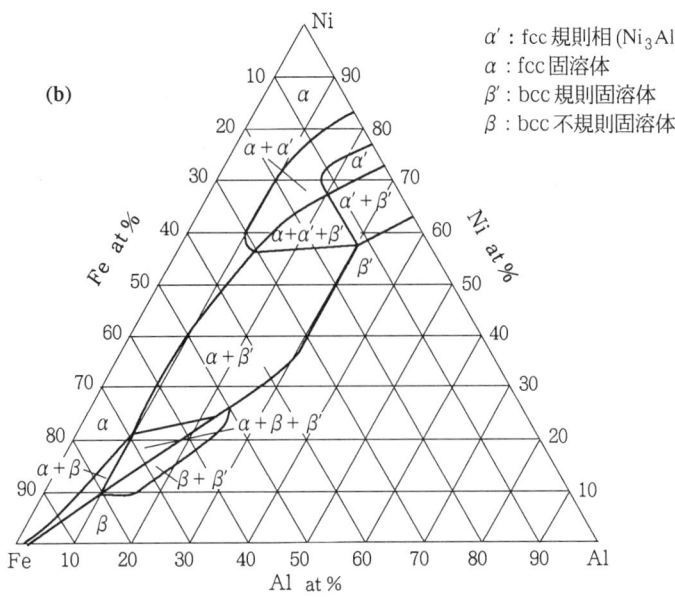

図 25-2　Fe-Al-Ni系の各温度における液相面，固相面投影図および等温断面図　[2]
(a) 1350 ℃　(b) 950 ℃

25. Fe-Al-Ni

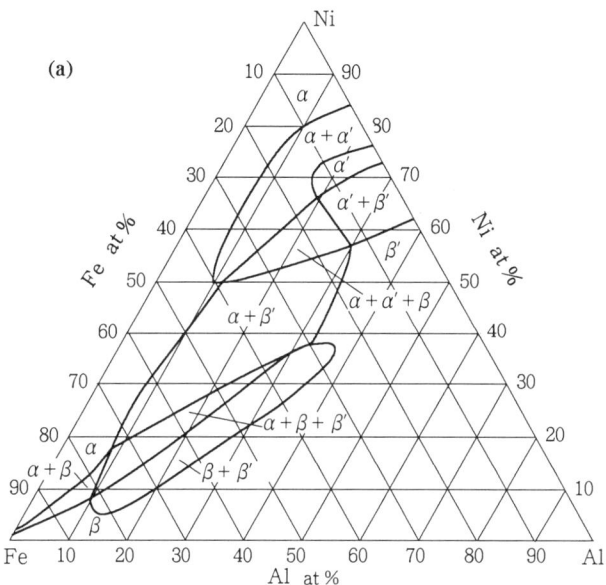

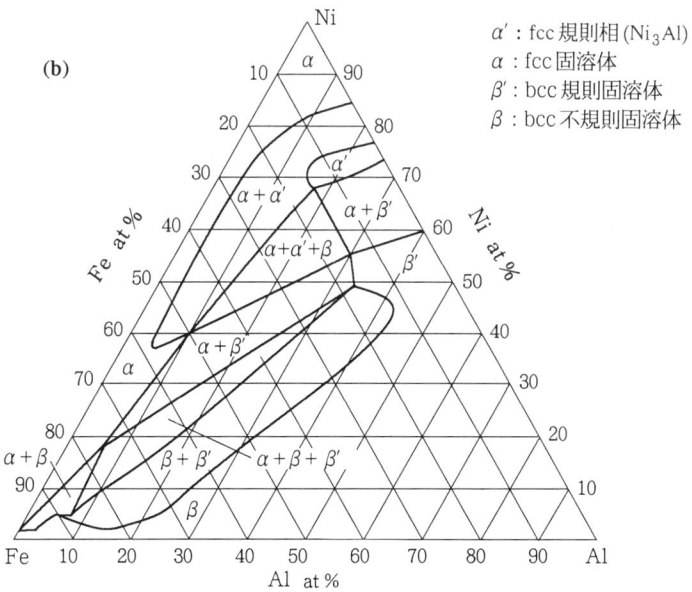

α' : fcc 規則相 (Ni_3Al)
α : fcc 固溶体
β' : bcc 規則固溶体
β : bcc 不規則固溶体

図 25-3 Fe-Al-Ni 系の各温度等温断面図 [3]　(a) 850 ℃　(b) 750 ℃

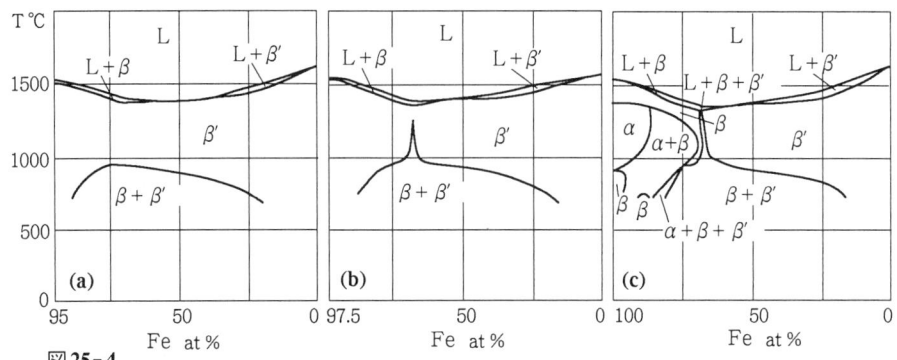

図25-4 Fe-NiAlに平行な断面の温度-組成断面図 [3] (a) Fe-NiAl, (Fe-5at%Al)-(52.5Al-47.5Ni)
(b) Fe-NiAl, (Fe-2.5at%Al)-(51.25Al-48.75Ni) (c) Fe-Ni-Al

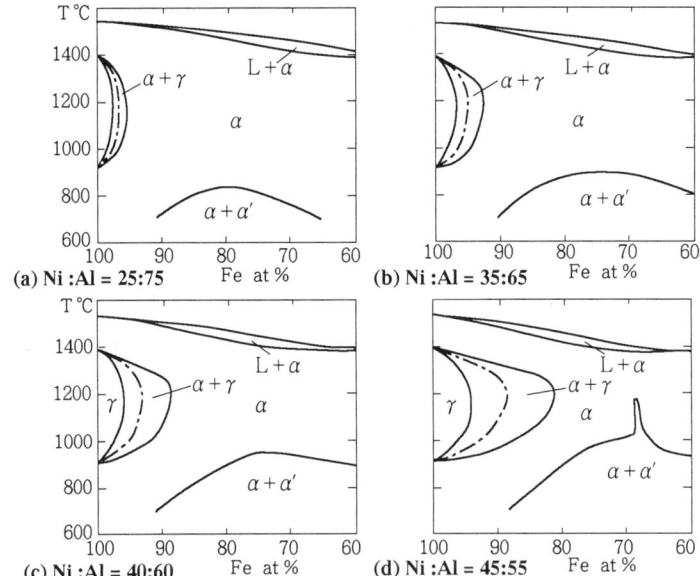

図25-5 Fe-Al-NiのFeコーナーを出発点とする断面の温度-組成断面図 [6]
ここで α は図25-4までの β, α' は β', γ は α 各相に相当する

X線回折により本系状態図の詳細な研究を行った. [2~4]によると, [1]のデータは高温では正しいが, 低温側では試料が完全に平衡状態にないとしている. U.H. Roesler [5]は熱力学的計算から, Ni:Al(at%) = 25:75, 35:65, 40:60, 45:55, 50:55 の断面図を作成した. L.Kaufmanら[6]は熱力学的計算により, 1700, 1600, 1400,

25. Fe-Al-Ni

1200Kの各等温断面図を求めている．

図25-1, 図25-2にA.J.Bradley [2]によるFe-Al-Niの液相面, 固相面投影図を示す．図25-3は[3]による850℃, 750℃各等温断面図を示す．図25-4は[3]によるFe-NiAl断面に沿った温度-組成断面図で, Fe基bcc不規則固溶体(β)とNiAl基固溶体(β'), 不規則fcc固溶体(α: Fe-Ni二元全率固溶体)とが見られる．ここで, α相はfcc不規則相, α'相はNi_3AlまたはNi_3Fe ($L1_2$型)規則相, β相: bcc不規則固溶体, β'相はNiAl(CsCl型), またはFeAl規則相である．また図25-5は[6]によるFeコーナーのγ-ループ近傍の温度-組成断面図である．

N.Masahashiら[7]は光学顕微鏡による組織観察, X線回折, EPMAにより本系のNi_3Al-Ni_3Fe断面の相平衡を研究している．母材は99.9%Ni, 99.99%Al, 99.9%Feを用い, アルゴン雰囲気下でアーク溶解により合金を作製している．

図25-6は[7]によるNi_3Al-Ni_3Fe擬二元系断面図である．Ni_3AlとNi_3Feはともに$L1_2$構造の規則相で, Ni_3Alの融点(Tm)からNi_3Feの規則-不規則変態温度(Tc)を結ぶ曲線以下の温度では全率固溶体を形成する(図25-6参照)．また, それより高温領域では不規則fcc相(γ)と規則fcc相(γ')の二相共存領域が出現する．$L1_2$ (γ')相の格子定数はNi_3AlからNi_3Feに向かって, a = 0.3566~0.5909×10^{-4} (xFe) nmの関係に従って直線的に減少することがわかった (xFe: 原子比)．

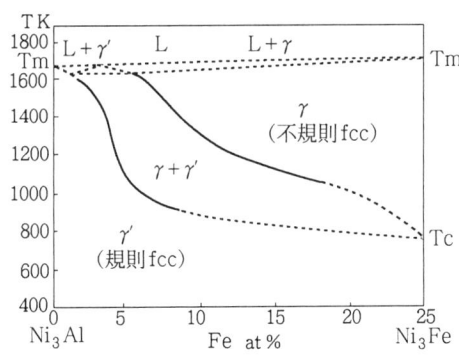

図25-6
Fe-Al-Ni系のNi_3Al-Ni_3Fe
擬二元系断面図 [7]
Tmは各相の融点, TcはNi_3Feの
規則-不規則変態点, γは図25-2,
図25-3のα, γ'はα'に相当

文献 [1] W.Köster : Arch. Eisenhüttenwesen **7** (1933) 263
[2] A.J.Bradley : J. Iron Steel Inst. **163** (1949) 19
[3] A.J.Bradley : J. Iron Steel Inst. **165** (1951) 233
[4] A.J.Bradley : J. Iron Steel Inst. **166** (1952) 4
[5] U.H.Roesler : J. Metals **8** (1956) No.10, Sec.2, 1285-1289
[6] L.Kaufman and H.Nesor : Metall. Trans. **5** (1974) No.7, 1623-1629
[7] N.Masahashi, H.Kawazoe, T.Takasugi and O.Izumi : Z. Metallkunde **78** (1987) 788-794

26. Fe-Al-P

Fe側の状態図についてだけR.Vogelら[1]の研究がある．母材は純鉄，純アルミニウム，赤リンで，Pは30wt%Pの母合金の形で添加し，実験は熱分析，光学顕微鏡による組織観察を行っている．0~35wt%Al, 0~25wt%Pの組成範囲の液相面投影図 (図26-1)を作成している．上記組成範囲では三元化合物は見出されていない．M-AlP, Fe$_2$P-AlPは擬二元系を形成する．図26-2にM-AlP断面図を示す．不変反応は以下のとおりである．包晶反応U$_1$ (~1025℃): Lu$_1$+Fe$_3$P→α+Fe$_2$P．点

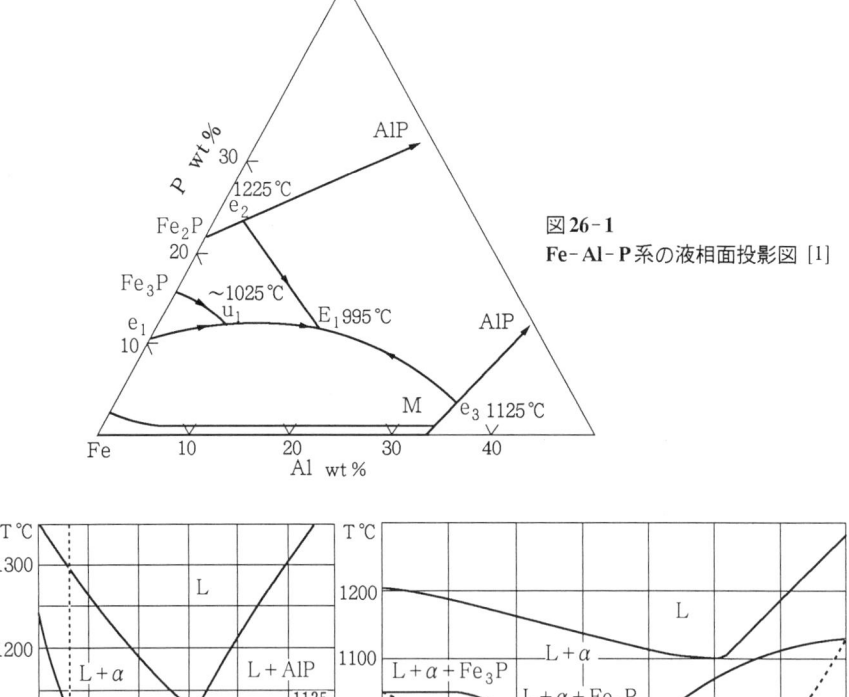

図26-1 Fe-Al-P系の液相面投影図 [1]

図26-2 (a) Fe-Al-P系のM-AlP断面図 [1]　　(b) Fe-AlPの9wt%P断面図 [1]

u_1 は12wt%P, 8wt%Al組成．共晶反応 E_1 は995℃で生じる，$E_1 : L \rightleftarrows \alpha + AlP + Fe_2P$．
E_1 点は12wt%P, 17wt%Al組成．図26-3は室温における等温断面図である．α_1, α_2
相中のAl濃度はそれぞれ15wt%, 29wt% である．上記の他4種類の温度-組成断面
図を作成している．

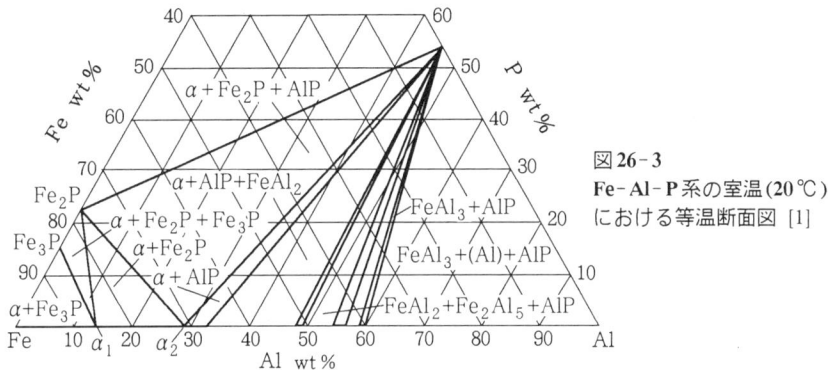

図26-3
Fe-Al-P系の室温(20℃)
における等温断面図 [1]

文献 [1] R.Vogel and H.Klose : Arch. Eisenhüttenwesen **23** (1952) Heft 7/8, 287-291

27. Fe-Al-Pd

I.A.Panteleimonovら [1] は光学顕微鏡による組織観察，熱分析，硬度測定により，
PdAl-Fe断面を研究している (図27-1)．

PdAl二元系の化合物PdAl相はPdAl-Fe断面で擬二元系共晶型を構成する．共晶
点は70at%Fe, 1060℃である．PdAlの4種の相変態に対応して，880, 655, 465℃に

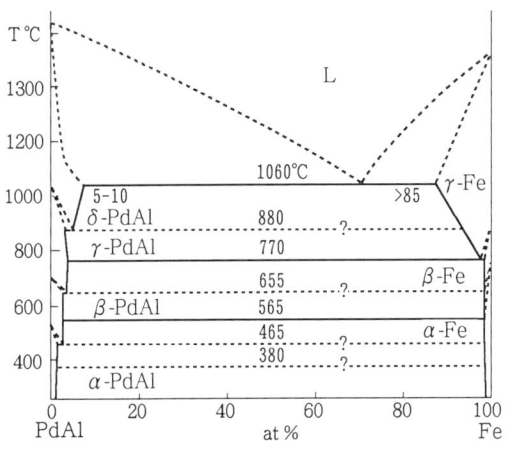

図27-1
Fe-Al-Pd系の Fe-PdAl
擬二元系断面図 [1]

共析変態が生じると報告しているが,金属間化合物 PdAl の変態については未解決の部分が多く,この結論は疑問である.また Fe の γ-α 変態,磁気変態と関連して,770℃に共析変態,565℃に擬二元系の磁気変態点があると報告している.

PdAl への Fe の溶解度は共晶点で 5~10at%,γ-Fe への PdAL の溶解度は,同じく 15at% である.

文献 [1] I.A.Panteleimonov and D.N.Gubieva : Izvest. Akad. Nauk SSSR, Metally (1979) No.5, 230

28. Fe-Al-Re

V.V.Burnashova ら [1] は光学顕微鏡による組織観察,X線回折,X線マイクロアナライザーにより,1000℃,950℃等温断面図,Al コーナーの 600℃等温断面図を作成し報告している.Al < 75at% 領域には 2 種類の三元化合物が存在するという.

三元化合物 $ReFe_2Al_5$ は 1000℃以上で存在し,Fe-Al-Mo系(本書 p.131)の S 相と同じ構造と考えられる.

μ 相:$Re_6Fe_{5.5}Al_{7.5}$ は W_6Fe(μ 相)に近縁で,菱面体構造を有し,格子定数は六方晶表示で,a = 0.4726nm, c = 2.536nm である.図 28-1 は 1000℃における Fe-Al-Re 系の等温断面図である.

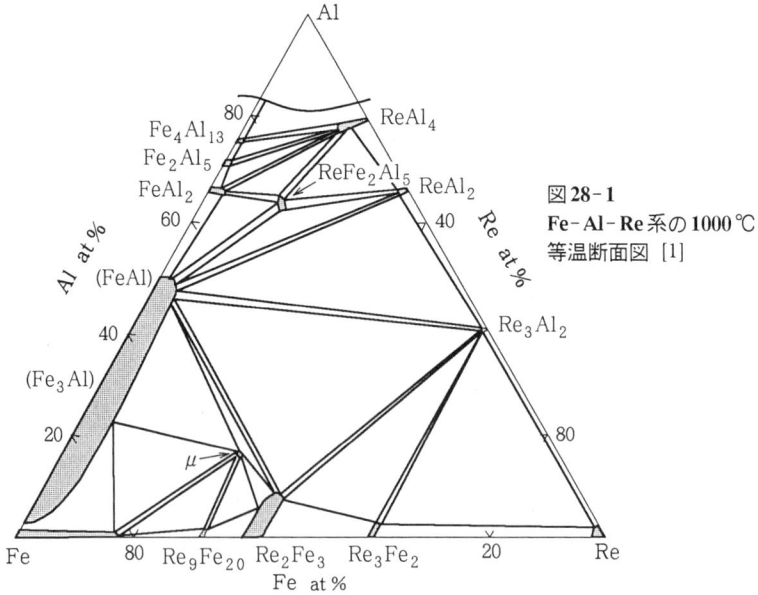

図 28-1
Fe-Al-Re系の1000℃
等温断面図 [1]

文献 [1] V.V.Burnashova, P.K.Starodub, G.B.Stroganov and V.N.Doronin : Izvest. Akad. Nauk SSSR, Metally (1970) No.4, 211

29. Fe-Al-Ru

E.M.Sokolovskaya ら[1]はFe-Al-Ru全領域の550℃等温断面図を作成している．母材には99.96%Al, 99.82%Ru, 99.95%Feを用い，精製アルゴン雰囲気下で，Tiをゲッターとして用いアーク溶解した．Ru粉末はあらかじめNb管中に入れ，真空炉で1800℃で焼結した．

60at%Al以下の組成の合金は1000℃×700時間，続いて550℃×1400時間焼鈍を施した．60at%Al以上の合金は550℃×1500時間焼鈍している．550℃での焼鈍は，石英管に真空封入した状態で行い，これを石英管ごと氷水中に焼入れて，550℃等温断面図を作成している．光学顕微鏡による組織観察，X線回折，硬度測定，磁気分析によって研究している．

図29-1は550℃におけるFe-Al-Ru等温断面図である．この温度では三元化合物相は存在せず，RuAl, FeAlが全率固溶体を形成する．RuAlとFeAlのこのような平衡はRuAl-NiAl, RuAl-CoAlと同様である．

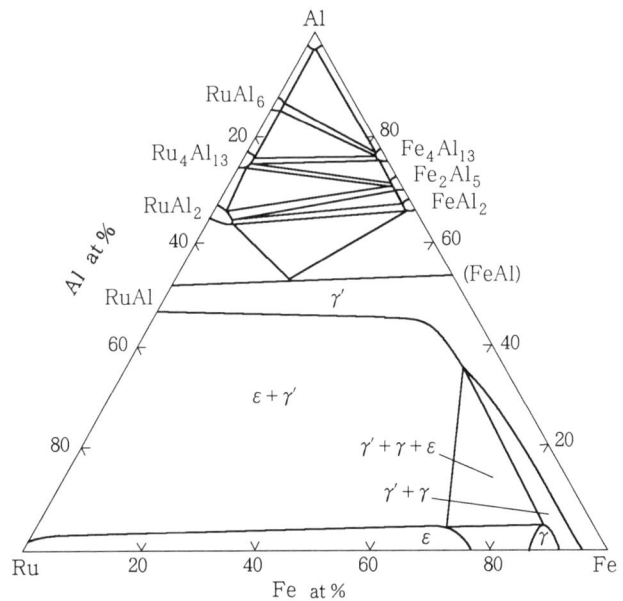

図29-1　Fe-Al-Ru系の550℃等温断面図 [1]

文献 [1] E.M.Sokolovskaya and V.F.Tsrikov et al. : "Stabil'nye i Metastabil'nye Fazovye Ravnovesiya v Metallicheskikh Sistemakh", M.E.Drits ed. Moskva, Nauka (1985) 89

30. Fe-Al-Sc

O.S.Zarechnyukら[1]はX線回折,光学顕微鏡による組織観察により本系合金を研究している.母材は99.99%カルボニル鉄,99.98%Al,99.96%Scを用い,アルゴン雰囲気下でアーク溶解し,得られた合金を500℃×2500時間焼鈍後,水焼入れを施した.図30-1は500℃等温断面図である.2種類の三元化合物,ψ相:$ScFe_{4.0\to7.1}Al_{8.0\to4.9}$,および$\lambda_1$相:$ScFe_{0.30\to1.35}Al_{1.7\to0.65}$が報告されている.

ψ相はThMn$_{12}$型K構造の正方晶で,格子定数はa=0.870~0.868nm,c=0.481~0.477nm,c/a=0.553~0.551である.

λ_1相はMgZn$_2$型のLaves相で,格子定数は$ScFe_{0.30}Al_{1.70}$組成でa=0.5301nm,c=0.8587nm,c/a=1.62,$ScFe_{1.35}Al_{0.65}$組成で,a=0.5108nm,c=0.8319nm,c/a=1.63,である.

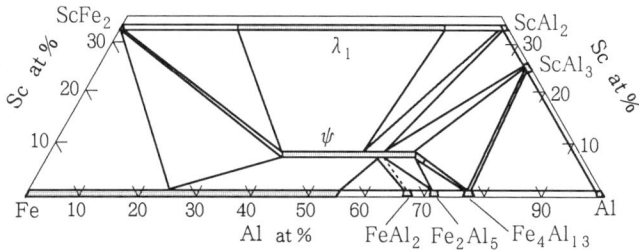

図30-1　Fe-Al-Sc系の500℃部分等温断面図　[1]

文献 [1] O.S.Zarechnyuk, O.I.Vivchar and V.R.Ryabov : Dopov. Akad. Nauk Ukrain. RSR **A** (1970) No.10, 943-945

31. Fe-Al-Si

本系は全領域について詳しい研究がなされている[1~8].図31-1は初晶表面の投影図で,6種類の三元初晶領域が見られる.これらの組成を表31-1に示す.

表31-1　Fe-Al-Si系の三元初晶領域の組成

相の名称	原子比	組成(wt%)			組成幅 (at%)
		Al	Fe	Si	
τ_1	$Al_3Fe_3Si_2$	26.6	55.0	18.4	
τ_2	$Al_{12}Fe_6Si_5$	40.5	41.9	17.6	
τ_3	$Al_9Fe_5Si_5$	36.6	42.1	21.2	2-3
τ_4	Al_3FeSi_2	41.9	28.9	29.1	5
τ_5	$Al_{15}Fe_6Si_5$	46.0	38.1	16.0	
τ_6	Al_4FeSi	56.3	29.1	14.6	

31. Fe-Al-Si

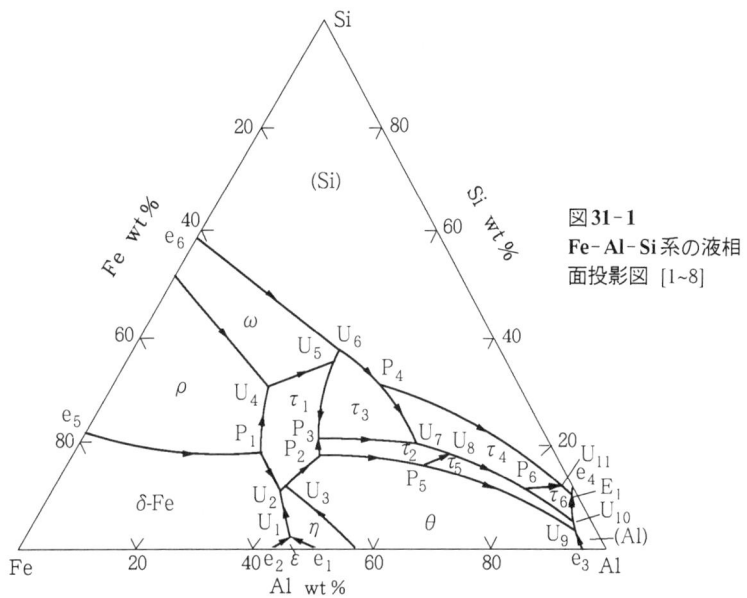

図 31-1
Fe-Al-Si系の液相面投影図 [1~8]

表 31-2 Fe-Al-Si系の不変点温度と組成

点	温度(℃)	反応	組成(wt%)		
			Al	Fe	Si
U_1	1120	$L + \varepsilon \rightleftarrows \delta\text{-Fe} + \eta$	46	51	3
P_1	1050	$L + \delta\text{-Fe} + \rho \rightleftarrows \tau_1$	31	50	19
U_2	1030	$L + \delta\text{-Fe} \rightleftarrows \eta + \tau_1$	37.5	48.5	14
U_3	1020	$L + \eta \rightleftarrows \theta + \tau_1$	38	48	14
U_4	1000	$L + \rho \rightleftarrows \omega + \tau_1$	26	42	32
P_2	940	$L + \theta + \tau_1 \rightleftarrows \tau_2$	41	40	19
P_3	935	$L + \tau_1 + \tau_2 \rightleftarrows \tau_3$	39	39	22
U_5	885	$L + \tau_1 \rightleftarrows \omega + \tau_3$	36	28	36
U_6	880	$L + \omega \rightleftarrows \tau_3 + (\text{Si})$	38	26	36
P_4	865	$L + \tau_3 + (\text{Si}) \rightleftarrows \tau_4$	45	23	32
P_5	855	$L + \theta + \tau_2 \rightleftarrows \tau_5$	58	25	17
U_7	835	$L + \tau_3 \rightleftarrows \tau_2 + \tau_4$	56	22	22
U_8	790	$L + \tau_2 \rightleftarrows \tau_4 + \tau_5$	61	18	21
P_6	700	$L + \tau_4 + \tau_5 \rightleftarrows \tau_6$	78	8	14
U_9	620	$L + \theta \rightleftarrows (\text{Al}) + \tau_5$	95	2	3
U_{10}	615	$L + \tau_5 \rightleftarrows (\text{Al}) + \tau_6$	93	2	5
U_{11}	600	$L + \tau_4 \rightleftarrows \tau_6 + (\text{Si})$	85	1	14
E_1	577	$L \rightleftarrows \tau_6 + (\text{Al}) + (\text{Si})$	88.4	–	11.6

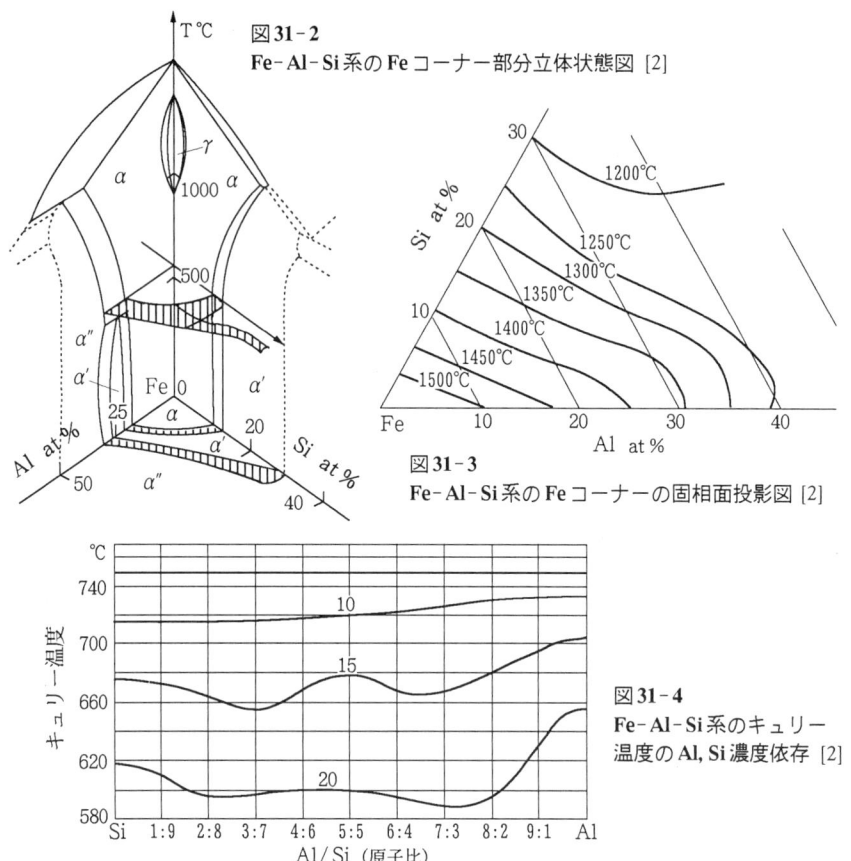

図 31-2 Fe-Al-Si 系の Fe コーナー部分立体状態図 [2]

図 31-3 Fe-Al-Si 系の Fe コーナーの固相面投影図 [2]

図 31-4 Fe-Al-Si 系のキュリー温度の Al, Si 濃度依存 [2]

表 31-2 に本系の不変点と温度, 反応型式を示す.

図 31-2 に [2] のデータに基づく Fe コーナーの部分三次元状態図を示す. また図 31-3 に Fe コーナー固相面投影図, 図 31-4 にキュリー点の Al, Si 濃度依存を示す.

三元化合物相の結晶構造についても多くの研究がある.

τ_2 相：立方晶, a = 1.603nm [3]
  単斜晶, a = 1.78nm, b = 1.025nm, c = 0.89nm, β = 132° [4]

τ_4 相：正方晶, $Al_{57}Fe_{15}Si_{28}$ 組成で, a = 0.630nm, c = 0.941nm, $Al_{47}Fe_{15}Si_{38}$ 組成で, a = 0.612nm, c = 0.953nm [5]

τ_5 相：立方晶, a = 1.2548nm [6]
  六方晶, a = 1.23nm, c = 2.62nm [7]

τ_6相：単斜晶，a = 0.612nm, b = 0.612nm, c = 0.415nm, β = 91°[6]
正方晶，a = 6.18nm, c = 4.25nm [8]

文献 [1] W.Köster and T.Gödecke : Z. Metallkunde **71** (1980) No.12, 765-769
 [2] F.Lihl, R.Burger, F.Sturm and H.Ebel : Arch. Eisenhüttenwesen **39** (1968) No.11, 877-880
 [3] M.Armand : Congres international de l'aluminium, Paris 1 (1954) 303-327
 [4] D.Munson : J.Inst. Metals **95** (1967) 217-219. Discussion C.Y.Sun, L.F.Mondolfo : J.Inst.Metals **95** (1967) No.12, 384
 [5] A.A.Murav'eva, N.V.German, O.S.Zarechnyuk and E.I.Gladyshevskii : "Ternary compounds of the Fe-Al-Si system", Second All-Union Conference on the Crystal Chemistry of Intermetallic Compounds, L'vov, October (1974) 35-36
 [6] G.Phragmen : J.Inst. Metals **77** (1950) 489-552
 [7] K.Robinson and P.Y.Black : Phil. Mag. **44** (1953) 1392-1397
 [8] P.Black : J.Phil. Mag. **46** (1955) 401-409

32. Fe-Al-Sm

O.I.Vivcharら[1]はX線回折，光学顕微鏡による組織観察により本系合金の研究を行っている．母材は99.99%カルボニル鉄，99.98%Al, 99.96%Smを用い，アルゴン雰囲気下でアーク溶解した．この合金を500℃×1000時間焼鈍後水焼入れした．33.3at%Smまでの領域の500℃等温断面図を作成している（図32-1）．3種類の三元化合物，ψ'相：SmFe$_2$Al$_{10}$, ψ相：SmFe$_{3.3 \to 5.6}$Al$_{8.7 \to 6.4}$, λ_1相：SmFe$_{1.1 \to 1.4}$Al$_{0.9 \to 0.6}$が報告されている．二元化合物，φ_2相：Sm$_2$Fe$_{17}$およびλ_2(Fe)相：SmFe$_2$にはAlそれぞれ35at%, 7at%溶解する．化合物λ_2(Al)相：SmAl$_2$には~28at%Feが固溶する．他の二元化合物相は三元系では広い組成幅を持たない．

ψ'相：SmFe$_2$Al$_{10}$の結晶構造は未確認である．化合物ψ相：SmFe$_{3.3 \to 5.6}$Al$_{8.7 \to 6.4}$はThMn$_{12}$型構造で，格子定数はSmFe$_{5.6}$Al$_{6.4}$組成で，a = 0.871nm, c = 0.501nm,

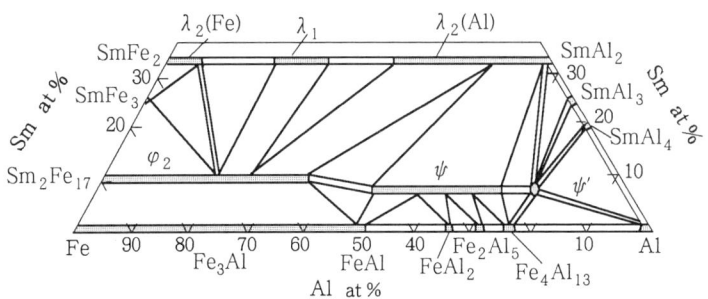

図32-1　Fe-Al-Sm系の500℃部分等温断面図 [1]

SmFe$_{3.3}$Al$_{8.7}$ 組成で, a = 0.881nm, c = 0.505nm である. 化合物 λ_1 相: SmFe$_{1.1 \to 1.4}$Al$_{0.9 \to 0.6}$ は Laves 相で MgZn$_2$ 型構造を有し, 格子定数は SmFe$_{1.1}$Al$_{0.9}$ 組成で a = 0.540nm, c = 0.875nm, SmFe$_{1.4}$Al$_{0.6}$ 組成で a = 0.536nm, c = 0.868nm である. 化合物 SmFe$_2$ と SmAl$_2$ はともに MgCu$_2$ 型構造の Laves 相である. 化合物 Sm$_2$Fe$_{17}$ は Th$_2$Zn$_{17}$ 型構造で, 格子定数は a = 0.854nm, c = 1.243nm である.

文献 [1] O.I.Vivchar, O.S.Zarechnyuk and V.R.Ryabov : Dopov. Akad. Nauk Ukrain. RSR Ser. A (1974) No.4, 363-365

33. Fe-Al-Sr

N.B.Manyako ら [1] は X 線回折により本系合金の 770K における相平衡を研究している. 母材は 99.99%Al, 99.99%Fe, 99.4%Sr を用い, 精製アルゴン雰囲気下でアーク溶解により合金を作製した.

図 33-1 は Fe-Al-Sr 三元系の 770K 等温断面図である. 本系には三元化合物相は見出されないという. Fe-Sr の二相分離域は三元系内にも広く入り込むことが予想される (図中の点線領域).

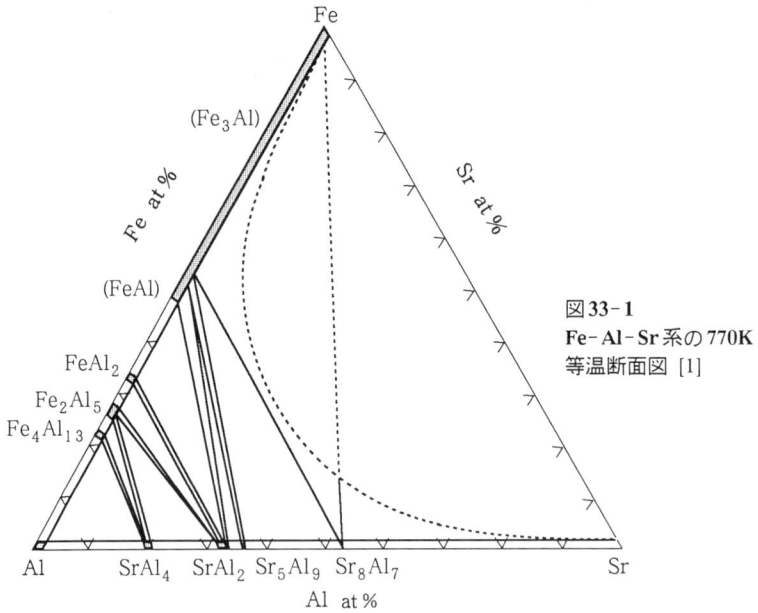

図 33-1
Fe-Al-Sr 系の 770K 等温断面図 [1]

文献 [1] N.B.Manyako, T.I.Yanson and O.S.Zarechnyuk : Izvest. Akad. Nauk SSSR, Metally (1989) No.1, 191-193

34. Fe-Al-Ta

C.R.Hunt ら [1] は X 線回折により本系合金の研究を行っている．母材は 99.99%Fe, 99.999%Al, 99.9%Ta を用い，アルゴン雰囲気下でアーク溶解し，試料を石英管に封入し，1000℃×7 日間焼鈍し，水焼入れした．図 34-1 は 1000℃における等温断面図である．研究した組成範囲では三元化合物 μ' 相が報告されている．組成幅は 20~40at%Al, 20~30at%Fe, 残り Ta の領域である．格子定数は二元化合物*μ 相（代表組成 Fe_7Ta_6 で Fe_7W_6 型）で a = 0.4911nm, c = 2.698nm, c/a = 5.494．$Fe_{27}Al_{27}Ta_{46}$ 組成の μ' 相は，a = 0.4973nm, c = 2.731 nm, c/a = 5.492 で Fe_7W_6 と同型という．μ 相と μ' 相は Fe-Al-Nb 系の μ 相と μ' 相と同様の関係にある．
* 注：Fe-Ta 二元系では二元化合物 μ 相は 49~54at%Ta の幅をもつ（本書 p.81 参照）．

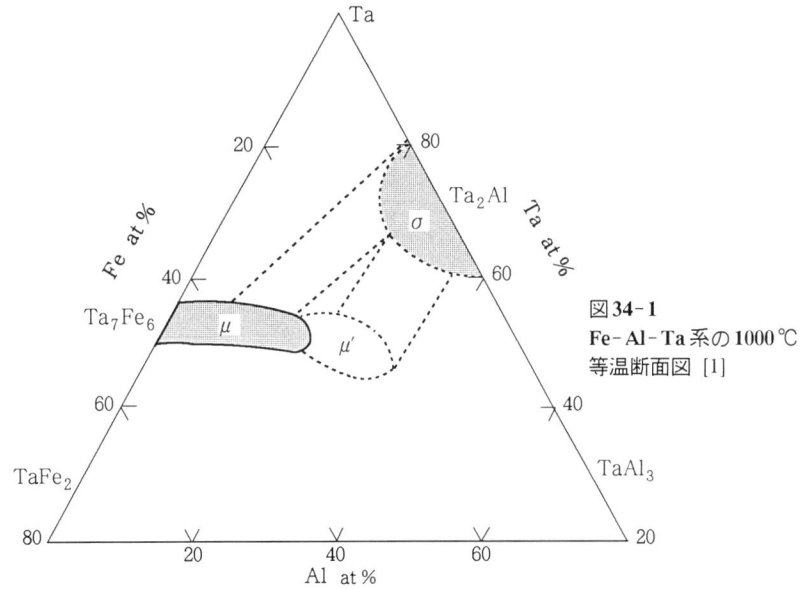

図 34-1
Fe-Al-Ta 系の 1000℃
等温断面図 [1]

文献 [1] C.R.Hunt and A.Raman : Z. Metallkunde **59** (1968) 701-707

35. Fe-Al-Ti

D.Dew-Hughes [1], A.Seibold [2], V.Ya.Markiv ら [3] は本系の Ti 側，Al 側の状態図を研究している．M.A.Volkova ら [4, 5] は Ti 側の状態図について詳しく研究している．母材はヨード法チタン，スポンジチタン，電解鉄，99.99%Al を用い，アーク溶解により合金を作製した．実験方法は光学顕微鏡による組織観察，X 線回折，X 線マ

II. 三元系

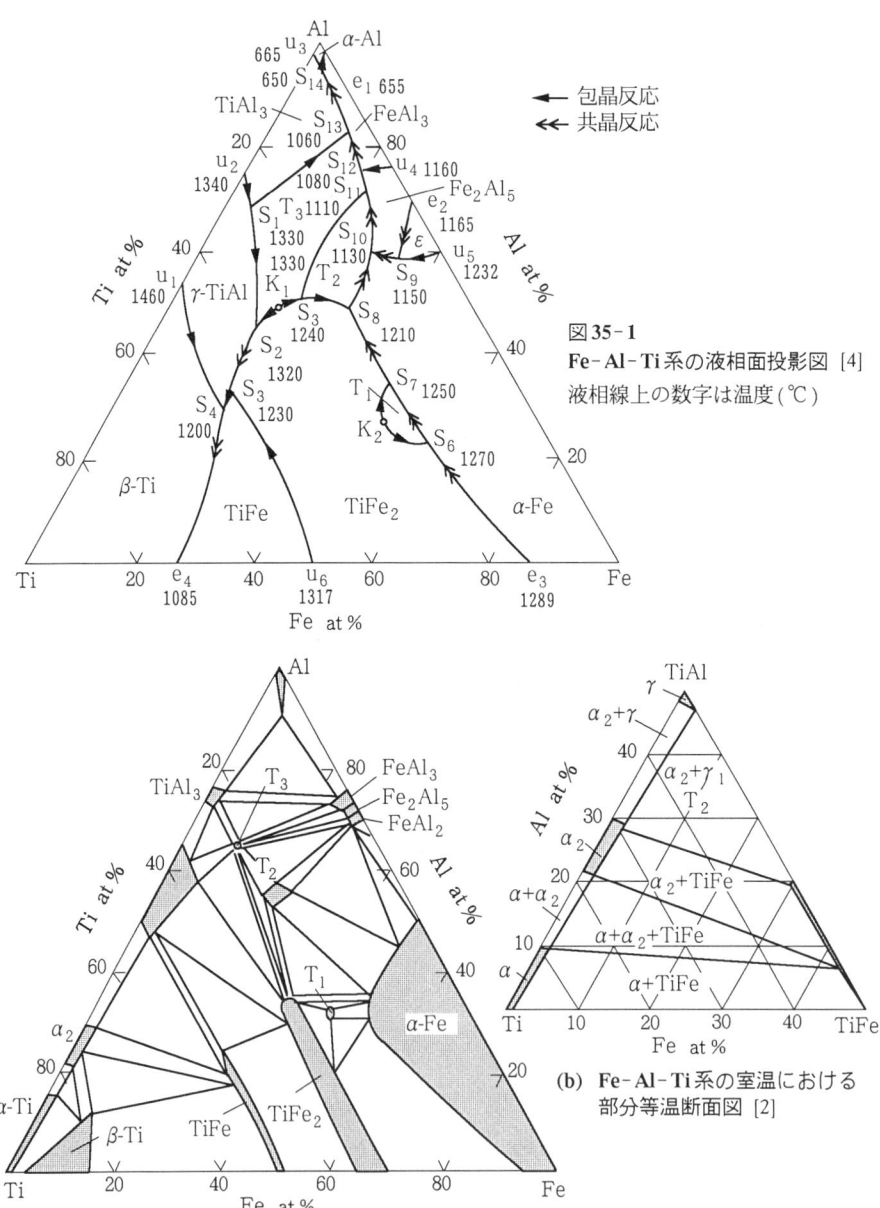

図 35-1
Fe-Al-Ti 系の液相面投影図 [4]
液相線上の数字は温度 (℃)

← 包晶反応
⇇ 共晶反応

図 35-2 (a) Fe-Al-Ti 系の 800℃等温断面図 [2]

(b) Fe-Al-Ti 系の室温における
部分等温断面図 [2]

35. Fe-Al-Ti

イクロアナライザー,融点測定等である.図35-1は液相面の投影図である.初晶面は複雑で,14種類の不変反応が存在するという.それぞれの不変点の温度が図上に示してある.図35-2(a)は800℃等温断面図で,4種類の固相不変反応が存在する.800℃では3種類の三元化合物,T_1相:$TiAlFe_2$,T_2相:$TiAl_2Fe$,T_3相:~$Ti_8Al_{22}Fe_3$ が存在するという.これらの化合物はそれぞれ,1270℃,1240℃,1330℃で調和融解する.800℃ではFe基固溶体が広く拡がり,また二元化合物,TiFe,$TiFe_2$ も三元系に深く侵入し,TiFeには25at%Al,$TiFe_2$ には35at%Alが溶解する.20℃ではTiFeには20at%Alが固溶する.図35-2(b)は[2]によるこの系の室温の

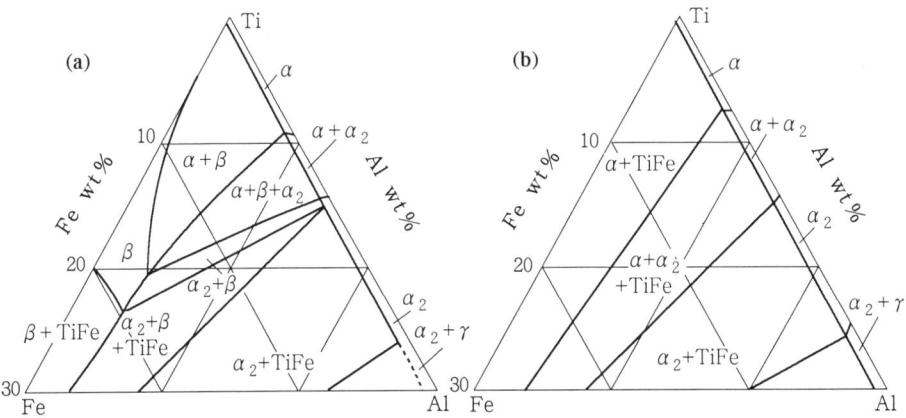

図35-3 Fe-Al-Ti系の三元部分等温断面図 [4,5] (a) 800℃ (b) 550℃

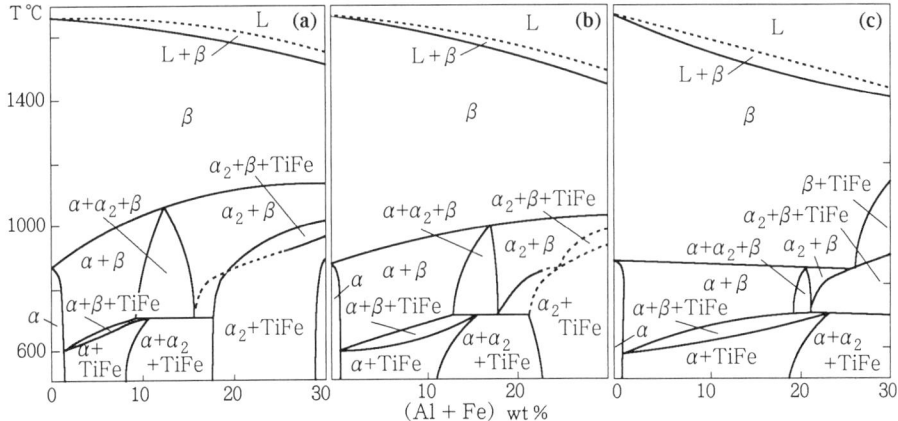

図35-4 Fe-Al-Ti系の温度-組成断面図 [4,5] (a) Al:Fe = 3:1 (b) 1:1 (c) 1:3

部分等温断面図である．

[1]は1000℃の等温断面図を作成している．800℃の等温断面図上には，三元化合物，A相(25at%Ti, 9at%Fe, 66at%Al)，χ相(6at%Ti, 25at%Fe, 69at%Al), T相(25at%Fe, 40~50at%Al)を見出している．これらの結果は[2]でも確認された．

T_1相の結晶構造は立方晶で，格子定数 a = 0.414nm [2]である．T_2相はfcc相で，格子定数 a = 1.182nm である．T_3相はCu_3Au型で，a = 0.393nm である[2]．

[3]はT_2($TiAl_2Fe$)相は$Mg_6Cu_{16}Si_7$型構造，格子定数は a = 1.199nm であるという．またT_3相(~$Ti_8Al_{22}Fe_3$)は$L1_2$(Cu_3Au)型ではあるが，格子定数 a = 0.3981nm であるという．

[4, 5]はTi側の1100℃，800℃，550℃等温断面図も作成している(図35-3)．またAl：Fe-3:1, 1:1, 1:3組成の温度-組成垂直断面図を作成している(図35-4)．

文献 [1] D.Dew-Hughes : Metall. Trans. **A11** (1980) No.7, 1219-1225

[2] A.Seibold : Z. Metallkunde **72** (1981) No.10, 712-719

[3] V.Ya.Markiv and V.V.Byrnashova : Metallofizika Resp. Mezhved Sb. Akad. Nauk Ukrain. SSR, Kiev, Naukova Dumka **46** (1973) 103-110

[4] M.A.Volkova and I.I.Kornilov : Izvest. Akad. Nauk SSSR, Metally (1969) No.4, 236

[5] M.A.Volkova and I.I.Kornilov : Izvest. Akad. Nauk SSSR, Metally (1970) No.3, 187

36. Fe-Al-U

D.J.Damら[1]はUに富む側の状態図を研究し，UFe_2-UAl_2擬二元系断面図を作成している．母材は99.996%Al, 99.96%Fe, 99.99%Uを用い，アルゴン雰囲気，ヘリウム雰囲気でアーク溶解．試料をMo箔に包み，石英管に封入し，1000℃×1~2週間焼鈍した．熱分析，光学顕微鏡による組織観察，X線回折により，UFe_2-UAl_2擬二元系断面図を作成している(図36-1)．両化合物相に基づく広い固溶体が存在す

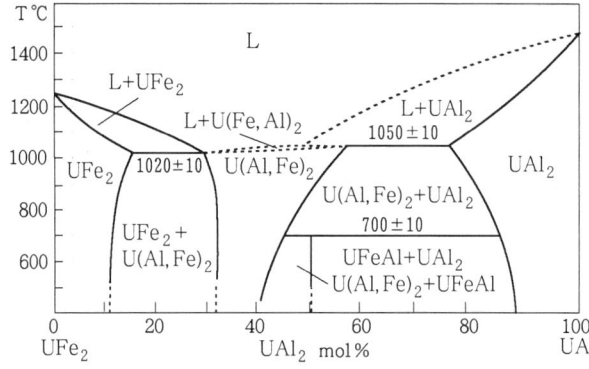

図36-1 Fe-Al-U系のUFe_2-UAl_2擬二元系断面図 [1]

る．700±10℃で擬二元包析反応により，化合物 UFeAl が生じると報告している．この相は組成幅を有しない．

化合物 $U(AlFe)_2$ は $MgZn_2$ (C14) 型の Laves 相で，675℃から焼入れた試料では 35at%UAl_2 を含み，格子定数は a = 0.5212nm, c = 0.8036nm, c/a = 1.542 である．化合物 UFeAl は六方晶で，格子定数は a = 0.6672nm, c = 0.3981nm, c/a = 0.597 である．
UAl_2 も UFe_2 も，$MgCu_2$(C15) 型である．

文献 [1] D.J.Dam, J.B.Darby et al. : J. Nuclear Mater. **22** (1967) 22-27

37. Fe-Al-Y

O.S.Zarechnyuk ら [1, 2] は X 線回折により Y 33.3at% までの領域の合金を研究している．母材は 99.99%カルボニル鉄，99.98%Al, 99.6%Y を用い，アルゴン雰囲気下でアーク溶解した．試料は真空中で 500℃×2000 時間焼鈍後水焼入れした．500℃等温断面図を図 37-1 に示す．3 種類の三元化合物相 ψ 相，ψ' 相，λ_1 相を報告している．また二元化合物相，λ_2(Al), λ_2(Fe), φ_1, φ_2 相に基づく広い固相体領域が存在する．

ψ 相：YFe_4Al_8．Fe-Al-La, Fe-Al-Ce の ψ 相と同じで，組成範囲は Fe-Al-Nd の ψ 相と同様，$YFe_{4.0\to5.8}Al_{8.0\to6.2}$ のように広い組成範囲がある．結晶構造は体心正方晶の $ThMn_{12}$ 型 ($I4/mmm$) であるが，三元系では $CeMn_4Al_8$ 型構造となる．格子定数は a = 0.872nm, c = 0.504nm, c/a = 0.578 : YFe_4Al_8 から，$YFe_{5.8}Al_{6.2}$ では a = 0.876nm, c = 0.491nm, c/a = 0.559 に変化する．

ψ' 相は YFe_2Al_{10} に相当するが，結晶構造は未定である．ψ 相に極めて近く，Fe-La-Y, Fe-Al-Ce, Fe-Al-Nd の ψ' 相と同類である．

λ_2(Al), λ_2(Fe) は同型 ($MgCu_2$ 型) で，それぞれ YFe_2 に 12~17at%Al, YAl_2 に ~25at%Fe が固溶したものである．

λ_1 相は YFe_2-YAl_2 擬二元系断面に現れる三元化合物で，$YFe_{1.0\to1.2}Al_{1.0\to0.8}$ に

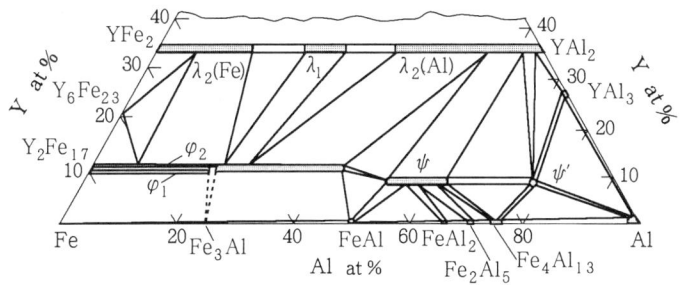

図 37-1 Fe-Al-Y 系の 500℃部分等温断面図 [1]

相当. λ_1 相は $MgZn_2$ 型. 格子定数は YFeAl 組成で, a = 0.541nm, c = 0.881nm, c/a = 1.628, $YFe_{1.2}Al_{0.8}$ 組成で, a = 0.536nm, c = 0.874nm, c/a = 1.631 である.

φ_1 相: 二元化合物 φ 相 (Th_2Ni_{17} 型) に Al が 20at% まで固溶したもので, 格子定数は, 0%Al で a = 0.846nm, c = 0.831nm, c/a = 0.982 から, 20at%Al 固溶 (Fe と置換) で a = 0.860nm, c = 0.836nm, c/a = 0.972 に変化する.

φ_2 相は Y_2Fe_{17} (Th_2Zn_{17} 型) で, Al が 55at% まで Fe と置換する. 格子定数は 0%Al で, a = 0.851nm, c = 1.238nm, c/a = 1.455 に対し, 55at%Al では, a = 0.881nm, c = 1.277nm, c/a = 1.450 に変化する. φ_1, φ_2 相は, Fe の組成がいくらか変化したことによって別の構造をとるが, その二相平衡領域の決定は極めて難しい.

文献 [1] O.S.Zarechnyuk, R.M.Rykhal', V.R.Ryabov and O.I.Vivchar : Izvest. Akad. Nauk SSSR, Metally (1972) No.1, 208-210

[2] O.S.Zarechnyuk : Dopov. Akad. Nauk Ukrain. RSR (1966) No.6, 767-768

38. Fe-Al-Zn

W.Köster ら [1] と M.Urednicek ら [2] は熱分析, X線回折, 光学顕微鏡による組織観察により, 初晶面, 相平衡を研究している. 母材はアームコ鉄, 純アルミニウム, 純亜鉛 (いずれも 99.99%) である.

図 38-1 は 20~60wt%Al, 0~40wt%Zn 領域の液相面投影図で, 次の各相の初晶領域に分かれる: α-Fe, α_2-Fe, ε, Fe_2Al_5, $FeAl_3$. 2種類の不変包晶反応が存在する. u_1 点: 1200℃, $Lu_1 + \alpha_2 \rightleftarrows \alpha + \varepsilon$. u_2 点: 1130℃, $Lu_2 + \varepsilon \rightleftarrows \alpha + Fe_2Al_5$. 三元中間相は見出されていない. Fe 側の 700℃等温断面図上には, α-Fe, α_2 基固溶体領域が存在する (図 38-2). 500℃になると α_1 相が出現し始める (図 38-3). ここで, α_1 相は Fe_3Al 基, α_2 相は FeAl 基固溶体である. これらの記号は Fe-Al 二元系の研究 (H.Warlimont [3]) に準拠している. このほか 575, 350, 330 および 250℃の等温断面

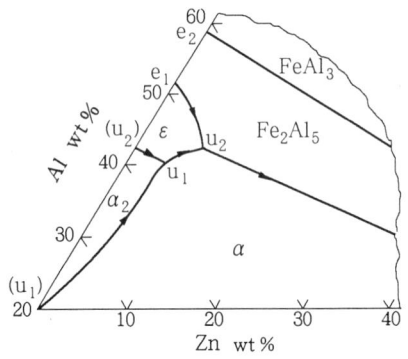

e_1, e_2 : 二元共晶点

図 38-1
Fe-Al-Zn 系の部分液相面投影図 [1]

38. Fe-Al-Zn

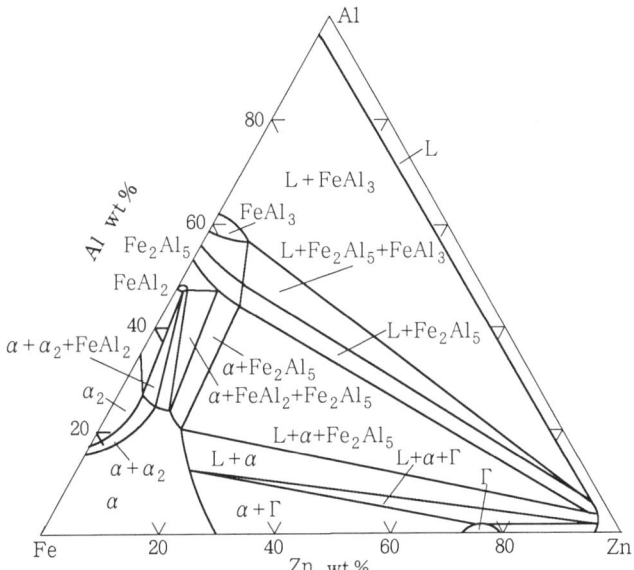

図38-2　Fe-Al-Zn系の700℃等温断面図 [1]

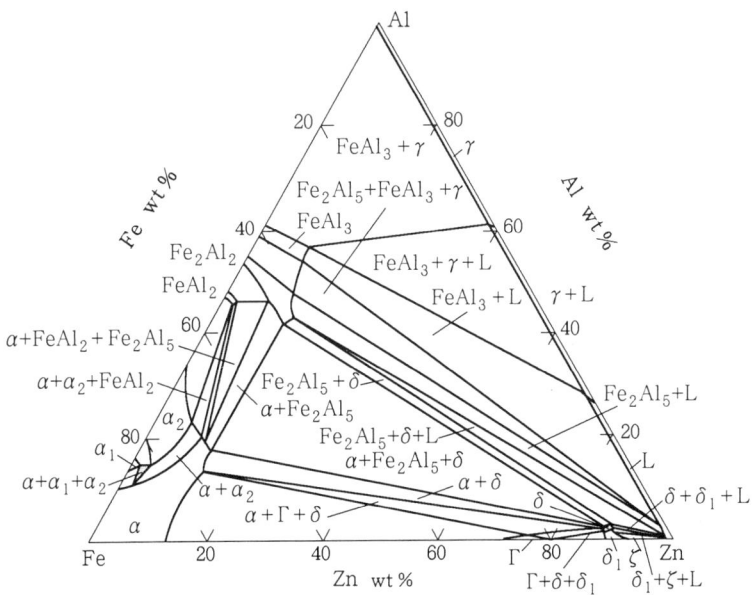

図38-3　Fe-Al-Zn系の500℃等温断面図 [1]

図が図示されている. Γ相, δ相, δ_1相, ζ相はFe-Zn二元化合物相である(Fe-Zn二元系 p.98参照). [1]はまた, 30, 90, 95, 98wt%Zn部分の温度-組成断面図を報告している. [2]は450℃等温断面図を研究しているが, Fe-Al側でα_1相が出現しないことを除けば, [1]とほぼ一致した結果を得ている.

文献 [1] W.Köster and T.Gödecke : Z. Metallkunde **61** (1970) No.9, 649-658
  [2] M.Urednicek and J.S.Kirkaldy : Z. Metallkunde **64** (1973) No.6, 419-427
  [3] H.Warlimont : Z. Metallkunde **60** (1969) No.2, 195-203

39. Fe-Al-Zr

V.V.Burnashovaら[1]は光学顕微鏡による組織観察とX線回折により本系合金の研究を行っている. 母材は99.97%Al, 99.98%カルボニル鉄, ヨード法ジルコニウムを用い, アルゴン雰囲気下でアーク溶解した. 得られた合金を石英管に封入し, 900℃×2100時間焼鈍後, 水焼入れを施した. 図39-1は900℃等温断面図である. 以前に知られていたλ_1相: $ZrFe_{1.25\rightarrow 0.50}Al_{0.75\rightarrow 1.50}$, λ_2相: $ZrFe_{0.35\rightarrow 0.30}Al_{1.65\rightarrow 1.70}$の他に, 2種類の三元化合物, Zr_6FeAl_2, $ZrFe_{7\rightarrow 4}Al_{5\rightarrow 8}$を報告している. Zr_6FeAl_2は六方晶でD_6^6-$P6_322$に属し, 格子定数は a = 0.794nm, c = 0.332nm, c/a = 0.42である. $Zr_6Fe_{7\rightarrow 4}Al_{5\rightarrow 8}$は$ThMn_{12}$型構造の正方晶で, 格子定数は a = 0.858nm, c = 0.495nm, c/a = 0.58であるという.

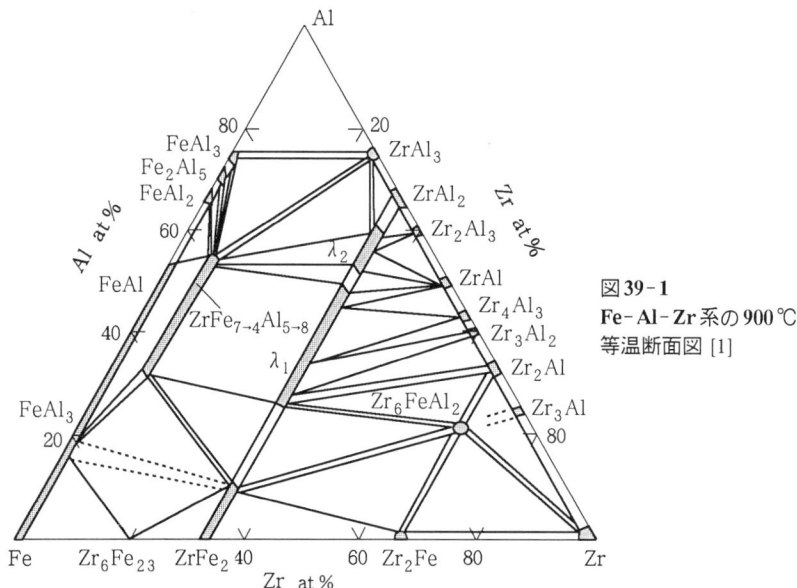

図39-1
Fe-Al-Zr系の900℃等温断面図 [1]

文献 [1] V.V.Burnashova and V.Ya.Markiv : Dopov. Akad. Nauk Ukrain. RSR **A** (1969) No.4, 351-353

40. Fe - As - C

A.K.Shurinら[1]は光学顕微鏡による組織観察,熱膨張測定,昇温時の電気抵抗測定から本系状態図を研究している.母材は96%金属ヒ素,アームコ鉄および電解鉄を用い,AsとCは母合金の形で添加している.溶解した合金は900~1200℃×6~8時間で均一化処理を施し,As : 0.8, 1.4, 2.8, 4.5wt% の断面図を作成している(図40-1).AsはFeのA_1, A_3変態点を上昇させ,γ-固溶体領域を狭める.$\alpha + Fe_3C \rightleftarrows \gamma$変態は4.5%Asの場合,15~20℃の温度領域で生じる三相領域が出現する.As濃度

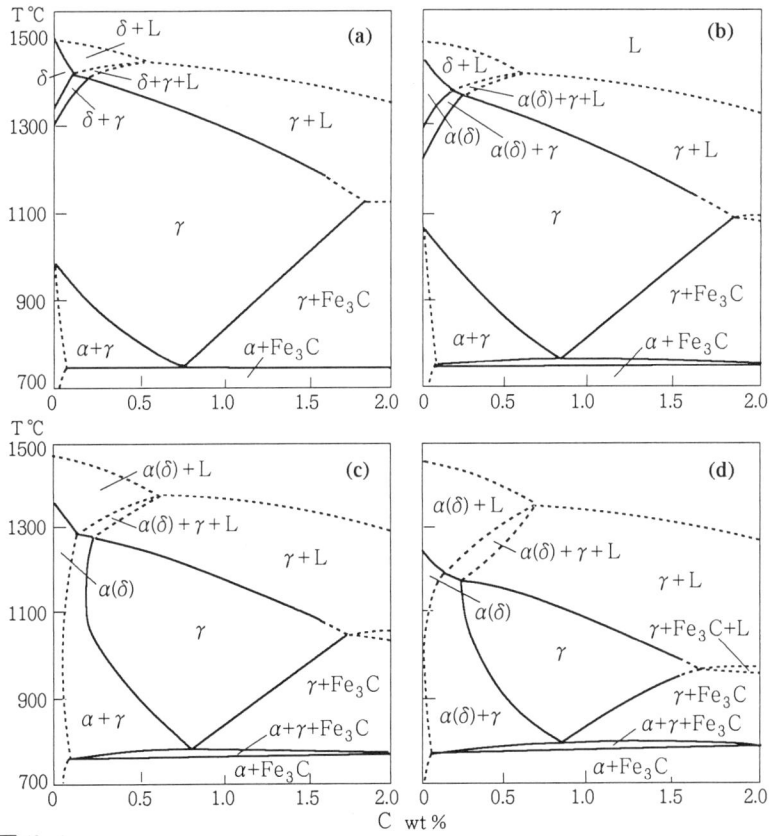

図 40-1
Fe - As - C系の(Fe, As) - C断面図 [1]　(a) 0.8wt%As　(b) 1.4%As　(c) 2.8%As　(d) 4.5%As

の増加とともに $\alpha + Fe_3C \rightleftarrows \alpha + \gamma + Fe_3C$ 変態の開始温度は上昇し,4.5%Asでは775℃に達する.共晶反応: $L \rightleftarrows \gamma + Fe_3C$ の温度は4.5%Asで960℃まで低下する.Asが0.8%から4.5%に増加するに伴いオーステナイト中のCの溶解度は,1.85wt%から1.65%に減少する.

M.A.Shumilovら[2]はフェライト中のCの溶解度に及ぼすAsの影響を調べている.母材はカルボニル鉄を水素気流中で830~850℃×50時間の処理を施したもの,35%フェロヒ素母合金を用い,合金は 1.33×10^4 GPaの真空中で溶解している.内部摩擦用試料は冷間引抜き後真空中で650℃×3時間焼鈍し,徐冷,500,600,650,680,700,720℃で,CO,CO_2 ガス中でCを飽和させた.内部摩擦測定から0.15wt%As添加の時にフェライト中のCの溶解度が最大になると報告している.化学分析と同位元素トレーサー法を用いて分析した結果,フェライト中のC濃度は合金中にAsを添加すると下がることがわかった.二つの結果の相違は,内部摩擦法が試料の組織に敏感であることによると考えられる.

文献 [1] A.K.Shurin and V.N.Svechnikov : Sborn. Nauch. Rabot. Inst. Metallofiz. Akad. Nauk Ukrain. SSR (1957) No.8, 58-64

[2] M.A.Shumilov, A.P.Kozin, L.I.Yakushiechkina and K.N.Sokolov : Izvest. Akad. Nauk SSSR, Metally (1974) No.4, 119-122

41. Fe-As-Cu

300℃以下の相境界に関するU.Hennigら[1]の研究がある.存在する相は次のとおりである.Fe基固溶体,Cu基固溶体,化合物 Fe_2As 基固溶体: $(Fe,Cu)_2As$,二元化合物: FeAs, $FeAs_2$, Cu_3As (図41-1). 680℃でこの合金系は四相不変共晶反応

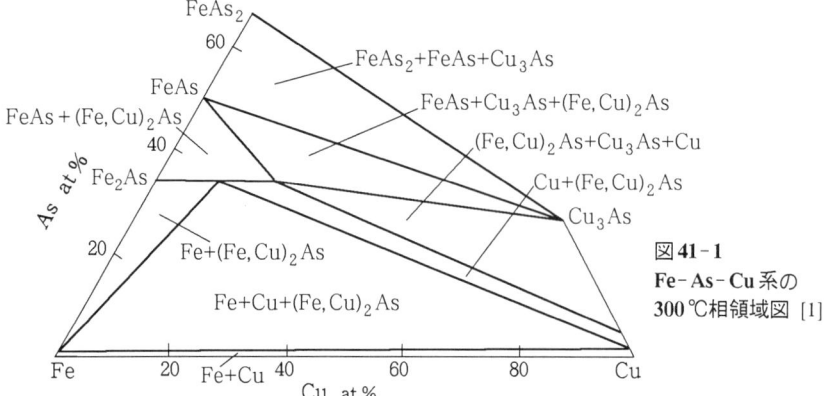

図41-1
Fe-As-Cu系の
300℃相領域図 [1]

を生じる：L ⇌ Cu_3As + FeAs + $FeAs_2$ および L ⇌ Cu_3As + $(Fe, Cu)_2As$ + Cu．(Fe, $Cu)_2As-Cu_3As$ 断面では 750℃で共晶反応を起こし，液相から $(Fe, Cu)_2As_2$，Cu_3As の二相が生じる．共晶点は ~6.2 at%Fe, 67.6at%Cu, 26.2at%As と報告されている．
文献 [1] U.Hennig and F.Pawlek : Z. Erzbergbau Metallhüttenwesen **18** (1965) No.5, 293-297

42. Fe-As-Ga

本系の状態図に関する研究は，S.K.Kuznetsova [1] 以外には見当たらない．Fe-GaAs 断面の固相線が計算によって求められている．GaAs 中への Fe の最大の溶解度は 1150℃で，$3.38 \times 10^{18} cm^{-3}$ と報告されている．
文献 [1] S.K.Kuznetsova : Izvest. Akad. Nauk SSSR, Neorg. Materialy **11** (1975) No.5, 950-951

43. Fe-As-Mn

K.Selte ら [1] は X 線回折，中性子回折，密度測定，磁気測定により本系合金の研究を行っている．合金は Fe-As 母合金，Mn-As 母合金を封入して作製した．合金作製は 850℃×8 日間かけて行った．さらにすべての試料を 850℃で 3 回繰り返し焼鈍し，最後の 3 日間の焼鈍後焼入れしたが，そのうちのいくつかは水焼入れを施している．

図 43-1 は MnAs-FeAs 断面である．合金は常磁性 (P) →反強磁性 (AF) 転移を示す．また図中の H はらせん磁気構造の領域を示している．

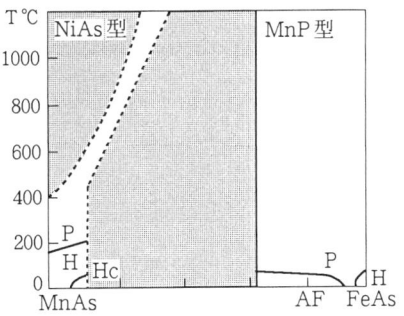

図 43-1 Fe-As-Mn 系の MnAs-FeAs 擬二元系状態図 [1]

文献 [1] K.Selte, A.Kjekshus and A.F.Andresen : Acta Chem. Scand. **A28** (1974) No.1, 61-70

44. Fe-As-Ni

R.Maes と R.Strycker [1] の光学顕微鏡による組織観察と熱分析を用いた詳細な研究がある．図 44-1 は本系の液相面投影図である．2 種の四相準安定平衡が存在する：L + Ni_5As_2 ⇌ NiAs + M_2As (799℃), L ⇌ NiAs + Fe_3As + M_2As (784℃)．ここで M_2As は三元化合物で FeNiAs と予想される．これらの反応は液相面上で生じるが次の段階の相状態には影響を与えないという．

図 44-2 は図 44-1 と同一組成範囲の投影図である．900~791℃の範囲では 8 種の四相反応が存在する．それらの特徴を表 44-1 に記してある．

化合物M_2Asは包晶反応：$L+Fe_2As \rightleftarrows M_2As$，$870\pm5℃$で生じる．反応に加わる液相の組成は36wt%Fe, 40%As, 24%Niである．化合物Fe_2Asの組成は, 45wt%Fe, 40%As, 15%Ni, 化合物M_2Asの組成は38wt%Fe, 40%As, 22%Niである．図44-3はFe_2As-Ni_2As断面である．図44-3上の点T_0はM_2Asの調和融解点に当たる．T_0点の組成は24wt%Fe, 39%As, 37%Ni, 温度は$851\pm5℃$である．

このほか古い研究であるが，W.Guertら[2]はFe-As, Ni-As二元系の化合物間の三元系での擬二元断面の可能性について調べている．その結果，$FeAs-Ni_5As_2$，$Fe_3As_2-Ni_5As_2$の擬二元系が存在するという．どちらも共晶型で部分固溶体を形

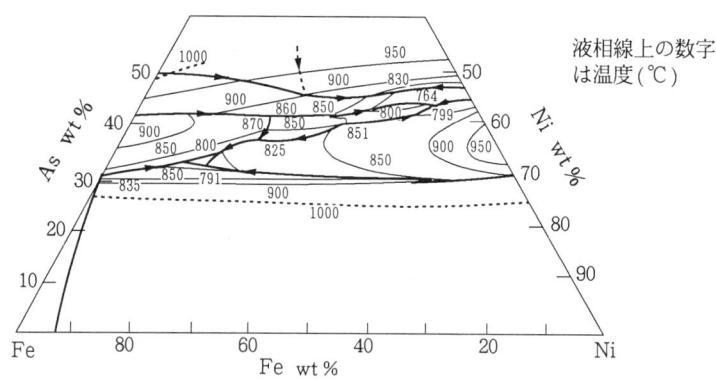

図44-1 Fe-As-Ni系の液相面投影図 [1]

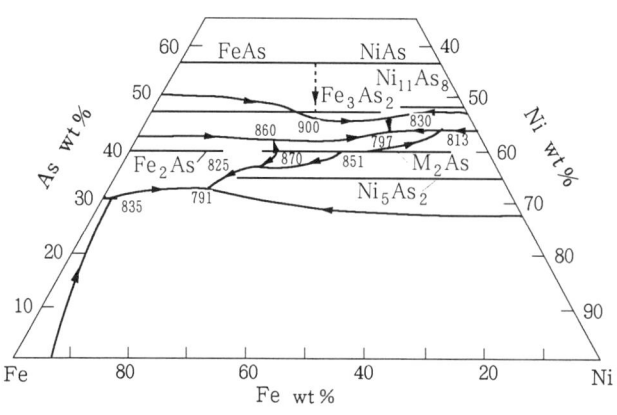

図44-2 Fe-As-Ni系の三元状態図 [1]

表44-1 Fe-As-Ni系の四相平衡温度および組成

点	反応	温度(℃)	相	組成 wt%		
				Fe	As	Ni
E_1	$L \rightleftarrows Ni_{11}As_8 + Fe_3As_2 + M_2As$	797 ± 2	L	15	43	42
			$Ni_{11}As_8$	12	48	40
			Fe_3As_2	15	47	38
			M_2As	17	39	44
E_2	$L \rightleftarrows Fe_2As + Ni_5As_2 + M_\gamma$	791 ± 2	L	51	32	17
			Fe_2As	45	40	15
			Ni_5As_2	45	35	20
			M_γ	74	12	14
P_1	$L + FeAs \rightleftarrows NiAs + Fe_3As_2$	900 ± 5	L	27	45	28
			FeAs	22	57	21
			NiAs	21	56	23
			Fe_3As_2	28	47	25
P_2	$L + FeAs \rightleftarrows Ni_{11}As_8 + M_2As$	830 ± 2	L	13	46	47
			NiAs	11	56	33
			Fe_3As_2	15	47	38
			$Ni_{11}As_8$	12	48	40
P_3	$L + Ni_5As_2 \rightleftarrows Ni_{11}As_8 + M_2As$	813 ± 2	L	6	43	51
			Ni_5As_2	5	34	61
			$Ni_{11}As_8$	3	48	49
			M_2As	7	39	54
P_4	$L + Fe_2As \rightleftarrows Fe_3As_2 + M_2As$	860 ± 5	L	36	41	23
			Fe_2As	45	40	15
			Fe_3As_2	34	47	19
			M_2As	38	40	22
P_5	$L + M_2As \rightleftarrows Fe_2As + Ni_5As$	825 ± 5	L	41	36	23
			M_2As	38	40	22
			Fe_2As	45	40	15
			Ni_5As	37	35	28
P_6	$L + M_\alpha \rightleftarrows Fe_2As + M_\gamma$	~835	L	69	30	1
			M_α	87	12	1
			Fe_2As	60	40	0
			M_γ	86	12	2

成する.これに加え,Fe_2As-Ni_5As_2 も擬二元系を形成する.図44-4に,Fe_2As-Ni_5As_2 断面を示してあるが,両者は全率固溶体を形成し,600℃で $2Fe_2As$-Ni_5As_2 (35.9wt%Ni, 27.4%Fe, 36.7%As)と $4Fe_2As$-Ni_5As_2(24.6wt%Ni, 37.6%Fe, 37.8%As)とに分解する.

II. 三元系

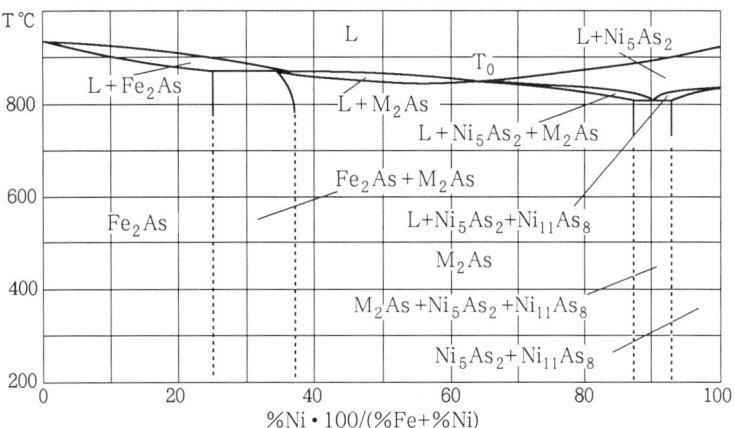

図44-3 Fe-As-Ni系のFe_2As-Ni_2As断面図 [2]

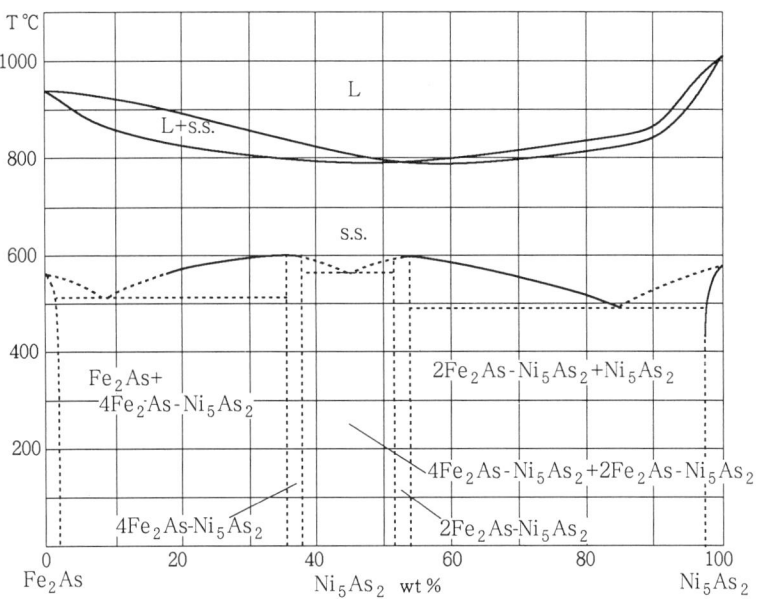

図44-4 Fe-As-Ni系のFe_2As-Ni_5As_2擬二元系状態図 [2]

文献 [1] R.Maes and R.Strycker : Trans. AIME **239** (1967) No.12, 1887-1894
    [2] W.Guert and W.Savelsberg : Metall. a. Erz. **29** (1932) 84-91

45. Fe-Au-Co

L.Lynchら[1]は光学顕微鏡による組織観察,X線回折,示差熱分析によりCo:Fe = 7:1(wt%)断面のγ(Co, Fe)相中へのAuの溶解度を求めた.合金は不活性ガス雰囲気下で溶解後,冷間でスエージング加工を施し,1155℃×40時間均一化処理を行った.

図45-1にCo:Fe = 7:1断面のCoコーナー温度-組成断面図を示してある.γ相中へのAuの溶解限は格子定数の組成依存曲線の不連続点から求めている.900℃におけるAuの溶解度は2wt%より僅かに低い.固相線の外挿値は約5wt%Auで,γ+Au+L領域の境界線でもある.本断面では逆行形の溶解度変化が見られる.

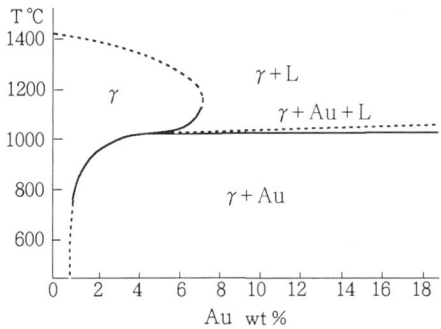

図45-1
Fe-Au-Co系の(Co+Fe, Co:Fe = 7:1)
-Au 温度-組成断面図 [1]

文献 [1] L.Lynch, G.Krauss and P.S.Venkatesan : Metall. Trans. **1** (1970) No.5, 1471-1472

46. Fe-Au-Ni

W.Kösterら[1]は光学顕微鏡による組織観察,X線回折,熱膨張測定,電気抵抗測定,硬度測定および磁気測定により本系合金を研究している.母材にはアームコ鉄,モンドニッケル,純金を用い,アルゴン雰囲気下でアーク溶解して合金を作製している.

図46-1,図46-2に三元系液相面投影図および20℃等温断面上の液相,固相反応投影と相領域とを示す.FeコーナーではU_1U_2液相線に沿ってbcc.Fe基固溶体が晶出する.Fe-Ni系の包晶反応$U_1 + α_1 \rightleftarrows γ_1$はFe-Au系の包晶反応$U_2 + α_2 \rightleftarrows γ_2$にそのままつながり(図46-2), Fe-Au二元系のもうひとつの包晶反応$U_3 + γ_3 \rightleftarrows γ_1'$は三元系に入ると液相面上$K_S$で止まる.$K_S$はFe-Au二元系のγ-Fe固溶体($γ_3$),γ'-Au固溶体の固溶限曲線上のγ-固溶体臨界点$K_γ$に対応する.Fe-Au系のγ/α変態$γ_4 = α_3 + γ_2'$はFe-Ni側に移動して室温までそのまま低下する.

このほかこの研究では(Ni+Fe)-Au温度-組成断面図について報告している.

文献 [1] W.Köster and W.Ulrich : Z. Metallkunde **52** (1961) No.6, 383-391

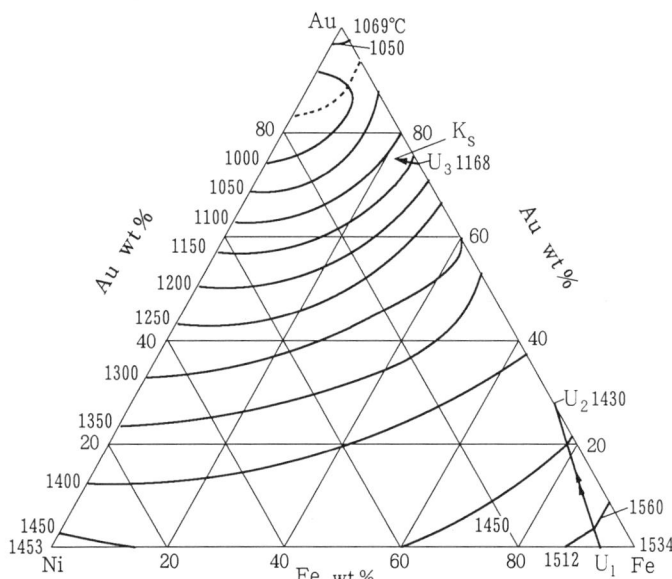

図46-1　Fe-Au-Ni系の液相面投影図 [1]

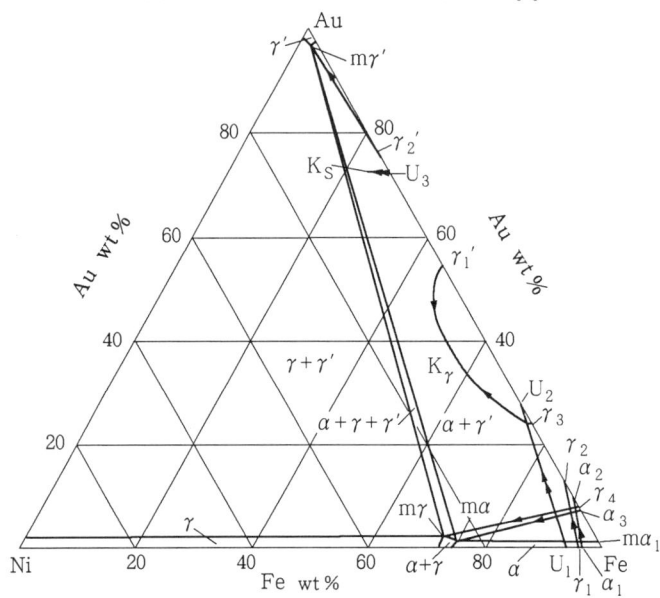

図46-2　Fe-Au-Ni系の20℃等温断面図および液相，固相反応投影図 [1]

47. Fe-B-C

本系については M.E.Nicholson [1] が最初に Fe_3C 中のBの溶解度を研究し, 1000℃における相組成の概略を示すとともに, Fe_3C 中のCはBで80%まで置換されることを見出している.

その後 H.H.Stadelmaier ら [2] は炭化物 $M_{23}C_6$ 中のBの溶解度を調べ, Fe-B-C 三元系では三元炭化物相 τ 相 ($Fe_{23}C_3B_3$) が存在することを明らかにした. [2] は母材に 98.5% 結晶化ボロン, 99.5% 電解鉄, 99.94% 合成グラファイトを用い, アルミナるつぼ中で誘導炉により大気溶解し, 鋳造した試料を用いた. 実験は

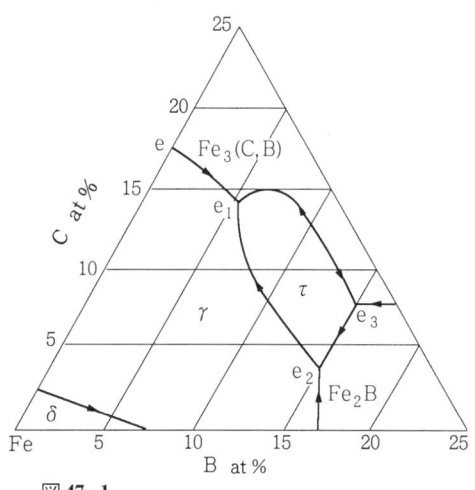

図 47-1
Fe-B-C 系の Fe コーナー初晶領域投影図 [2]

光学顕微鏡による組織観察とX線回折によっている. 図 47-1 に [2] による Fe コーナー初晶領域投影図を示してある. 以下の各点で四相平衡反応が生じる. $e_1: L_1 \rightleftarrows \gamma + \tau +$ セメンタイト. $e_2: L_2 \rightleftarrows \gamma + \tau + Fe_2B$. $e_3: L_3 \rightleftarrows \tau + Fe_2B +$ セメンタイト. τ 相 ($Fe_{23}C_3B_3$) は $Cr_{23}C_6$ 型 ($D8_4$ 型構造) で, 調和融解する.

M.L.Borlera ら [3] は Fe コーナーの状態図についてさらに詳しく研究し, 1000, 900, 800, 700℃ の等温断面図を調べた. 母材はアームコ鉄, Fe-4.48wt%C 母合金, 13.51wt%B を含んだフェロボロンを用い, アルゴン雰囲気下で誘導溶解または粉末冶金法により合金を作製し, これを石英管に封入して 1000~750℃ の間で焼鈍し, 光学顕微鏡による組織観察, X線回折により実験をしている.

図 47-2, 図 47-3 に [3] による 1000℃ と 900℃ の等温断面図を示してある.

700℃ では τ 相は $Fe_{23}(C_{0.4}B_{0.6})_6$ から $Fe_{23}(C_{0.73}B_{0.27})_6$ の組成範囲に存在し, セメンタイト, $Fe_3(C_{0.41}B_{0.59})$ と平衡する. 800℃ では τ 相は, $Fe_{23}(C_{0.38}B_{0.62})_6$ から $Fe_{23}(C_{0.77}B_{0.23})_6$ の範囲に存在し, セメンタイトとオーステナイトと平衡する. τ 相の組成範囲は温度上昇とともに狭まり, 965±5℃ では $\tau \to \gamma + Fe_3(C, B)$ の反応により分解する. 1000℃ では, Fe_2B と $Fe_3(C, B)$ とがオーステナイトと平衡する.

金子秀夫ら [4] は Fe-B-C 系中のホウ化物, 炭化物について研究し, 700℃, 950℃ における Fe コーナーの相平衡を熱分析, 光学顕微鏡による組織観察, X線回折により調べている. 結果は [3] と基本的に一致している. Fe-C 合金にBを微量添

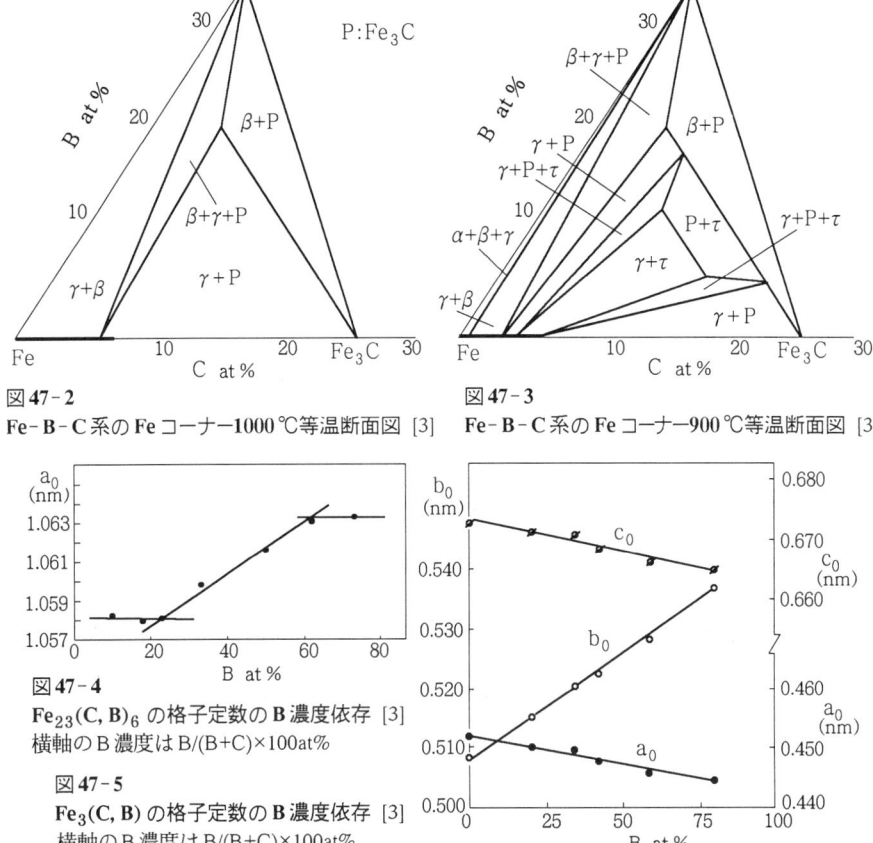

図47-2
Fe-B-C系のFeコーナー1000℃等温断面図 [3]

図47-3
Fe-B-C系のFeコーナー900℃等温断面図 [3]

図47-4
$Fe_{23}(C, B)_6$ の格子定数のB濃度依存 [3]
横軸のB濃度はB/(B+C)×100at%

図47-5
$Fe_3(C, B)$ の格子定数のB濃度依存 [3]
横軸のB濃度はB/(B+C)×100at%

するとFe-Fe_3C系のA_{cm}線が著しく低炭素側にずれる．これはBがFe_3C中に多量に固溶すること(950℃で最大4.8wt%Bに達する．なお[1]は5.3wt%Bと報告している)，オーステナイトに対するBの溶解度が極めて低いことによる．

長谷部光弘ら[5]は熱力学的解析により本系の相平衡を研究し，熱力学的データから計算により本系の状態図を研究した．実験に用いた母材は，99.95%電解鉄，21.19%Bフェロボロン，白銑(0.46~5.25at%C, 0.49~1.93at%B)である．これらを高周波真空溶解し，得られた合金を，真空中で800~1000℃×200~24時間焼鈍後，水焼入れを施した．正則溶液近似により求められた計算状態図は[4]の結果と極めてよい一致を示した．Fe-B-C系に現れる$Fe_{23}(B, C)_6$(τ相)は，970℃以上で消滅し，ま

た 600 ℃以下の低温でも不安定となり存在しない．1100 ℃の状態図は鋳鉄における B の効果とよく対応している．

[3] は $Fe_{23}(C, B)_6$, $Fe_3(C, B)$ の格子定数の B 濃度依存を調べている．図 47-4 は 850 ℃から焼入れた τ 相の格子定数，図 47-5 は 1000 ℃から焼入れた $Fe_3(C, B)$ 相の格子定数の B 濃度依存を示してある．τ 相の格子定数に関する [1] の結果もほぼ [3] の結果と対応し，800 ℃から焼入れた τ 相の格子定数は $Fe_{80.5}C_{13}B_{6.5}$(wt%) の 1.0594nm から $Fe_{80.5}C_8B_{11.5}$ の 1.0628nm まで直線的に増加する．[1] は磁気分析により，$Fe_3(C, B)$ 相のキュリー点の B 濃度依存を調べた．キュリー点は B 濃度の増加とともに Fe_3C 組成の 190 ℃から B が最大に固溶する $Fe_3C_{0.2}B_{0.8}$ (5.3wt%B) の 578 ℃まで直線的に上昇する．

文献 [1] M.E.Nicholson : Trans. AIME **209** (1957) 1-6
　　　[2] H.H.Stadelmaier and R.A.Gregg : Metall **17** (1963) 412-414
　　　[3] M.L.Borlera and G.Pradelli : Met. Ital. **59** (1967) 907-916
　　　[4] 金子秀夫, 西澤泰二, 千葉 昂 : 日本金属学会誌 **30** (1966) 263-269
　　　[5] 長谷部光弘, 西澤泰二 : 日本金属学会誌 **38** (1974) 46-54

48. Fe-B-Ce

N.S.Bilonizhko ら [1] は光学顕微鏡による組織観察, X 線回折により本合金状態図の研究をはじめて行った．母材は 99.98% カルボニル鉄, 99.4% 微結晶の B, 99.56%Ce を用い，アルゴン雰囲気下でアーク溶解により合金を作製し，石英管に封入し，700 ℃, 500 ℃でそれぞれ 300, 500 時間焼鈍後, 水焼入れを施した．

図 48-1 は [1] による 700 ℃等温断面図 (33.3at%Ce まで), Ce 側の 500 ℃等温断面を同一図中に示したものものである．本研究では 3 種類の三元化合物相が見出されているが，本系合金の三元化合物相については，その後もいくつかの研究が行われ，より正確な構造の決定がなされている [2~8]．

三元化合物相 A 相は [1] によれば，組成は $Ce_3Fe_{16}B$ に近いとされているが, O.M.Dub ら [2], A.V.Andreeva ら [3] によれば，$Nd_2Fe_{14}B$ 型の $Ce_2Fe_{14}B$ の正方晶であって，格子定数は a = 0.8758nm, c = 1.2080nm, であるという．J.F.Herbest ら [4] は中性子線回折により $Ce_2Fe_{14}B$ の構造を求め，格子定数は 293K で, a = 0.8760nm, c = 1.2113nm, 77K では，a = 0.8778nm, c = 1.2094nm であるとしている．化合物 C 相 ~$CeFeB_3$ [1] は，同じ著者ら [5] のその後の研究によれば，$Pr_{5-x}Co_{2+x}B_6$ 型の $Ce_{5-x}Fe_{2+x}B_6$ と考える方が妥当という．一方 B 相 ~$CeFe_2B_2$ は [1] によれば，正方晶, 空間群 $P4ncc$, D_{4h}^8 に属する固有の構造で，格子定数は a = 0.707 ± 0.002nm, c = 2.76 ± 0.01nm である．E.Parthe ら [6] によれば，B 相は $Ce_{37}(Fe_4B_4)_{33}$ であるという．空間群は $P4_2/n$ に属し，H.M.van Noort ら [7] によれば，格子定数は a = 0.709nm, c =

12.904nmである. G.F.Stepanchikovaら[8]は, さらにYCrB$_4$型の新しい三元化合物CeFeB$_4$を見出した. この化合物相は700℃以上で安定で, 800℃では, CeB$_4$, B相およびC相と平衡するという. 従って, 図48-1上にはこの化合物は示されていない.

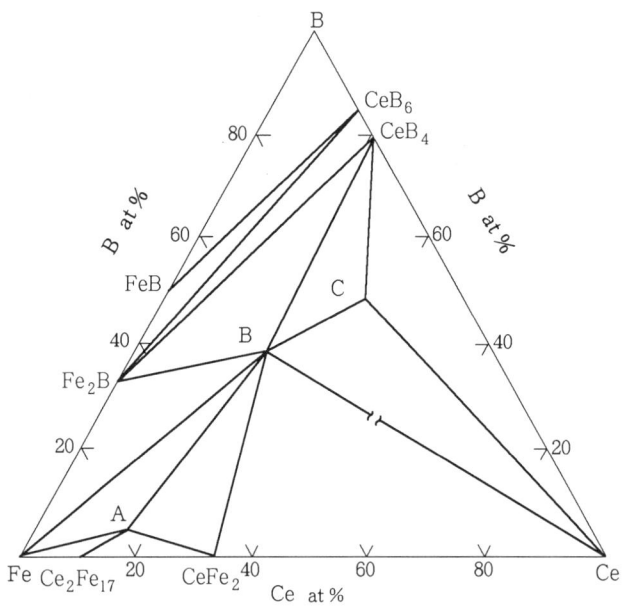

図48-1　Fe-B-Ce系の700℃(33.3at%Ceまで)と500℃(Ce側)の三元等温断面図 [1]

文献 [1] N.S.Bilonizhko and Yu.B.Kuz'ma: Izvest. Akad. Nauk SSSR, Neorg. Materialy **8** (1972) No.1, 183-184

[2] O.M.Dub and Yu.B.Kuz'ma : Poroshkovaya Met. (1986) No.7, 49-52

[3] A.V.Andreeva, M.I.Bartashevich, A.V.Deryogin, S.M.Zadvorkin, E.N.Tarasov and S.V.Terent'ev : Doklady Akad. Nauk SSSR, **283** (1985) 1369-1371

[4] J.F.Herbest and W.B.Yelon : J. Mag. Magn. Mat. **54-57**(1986) Part 1, 570-572

[5] O.M.Dub, N.F.Chaban and Yu.B.Kuz'ma : J. Less-Common Metals **117** (1986) 297-302

[6] E.Parthe and B.Chabot : "Handbook on the Physics and Chemistry of Rare Earths", K.A.Gschneidner and L.Eyring Eds., North Holland Pub. Amsterdam **6** (1984) 113-334

[7] H.M.van Noort, D.B.de Mooji and K.H.J.Buschow : J. Appl. Phys. **57** (1985) 5414-5419

[8] G.F.Stepanchikova and Yu.B.Kuz'ma : Vestnik L'vov. Univ. Ser. Khim. (1977) No.19, 37-40

49. Fe-B-Co

本系合金の研究は稀である．G.Hägg ら [1] は本系の三元系の中央部組成近傍の 33~50at%B, CoB-FeB, Co_2B-Fe_2B の間の合金についていくつかのデータを報告している．母材は 99.9%Fe, 99.12%Co, 99% 電解ボロンを用い，高真空炉で 1500℃ 付近で作製した．これを 1100℃ × 10~24 時間焼鈍後，焼入れた．Fe_2B-Co_2B は相互に溶解し，$CuAl_2$ 型正方晶の $(Fe,Co)_2B$ を形成する．同じく FeB-CoB も $(Fe,Co)B$: FeB 型斜方晶を形成する．各相の a 軸の格子定数の組成依存を測定しているが，その他の軸については測定していない．

文献 [1] G.Hägg and R.Kiessling : J. Inst. Metals **81** (1952-53) 57-60

50. Fe-B-Cr

A.E.Gorbunov ら [1], M.Lucco Bprlera ら [2] は X 線回折，光学顕微鏡による組織観察により 1100℃, 1250℃ の，M.V.Chepiga ら [4] は 900℃, 700℃ の相平衡を調べている．[1] は母材としてカルボニル鉄，99.77%Cr, 98.8% 微結晶ボロンを用いた．これらの粉末を圧粉し，焼結後ヘリウム雰囲気下で二度アーク溶解し，合金を作製している．B>50at% 組成の合金は 1500℃ × 11 時間焼鈍．全合金とも石英管に封入し，1100℃ × 320 時間焼鈍後，氷水中に焼入れた．図 50-1 は 1100℃ における等温断面図である．γ-Fe と α-Fe, Fe_2B とが平衡する．α-Fe とは，γ-Fe, Fe_2B, Cr_2B, Cr_4B とが

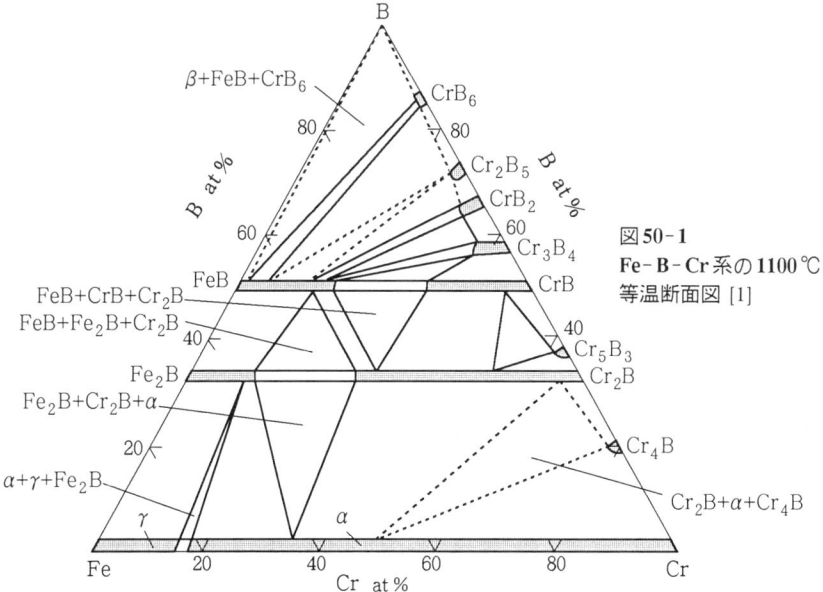

図 50-1
Fe-B-Cr 系の 1100℃
等温断面図 [1]

平衡する．Fe_2B およびとくに Cr_2B は，広い範囲にわたり固溶体を形成する．

[2]は母材にさらに純度の高いものを用いて，50at%B までの組成の合金を研究した．1250℃で焼鈍後の状態は[1]と極めてよい一致を示している．1100~1250℃の範囲では三元化合物は見出されていない．Fe_2B, Cr_5B_3 は正方晶である．FeB, γ-CrB, ε-Cr_2B は斜方晶，ε-CrB は六方晶である．

金子秀夫ら[3]は10wt%Cr 濃度の合金の温度-組成垂直断面の予想図を示している．

[4]は 900℃，700℃における相平衡を調べた．母材には 99.99% カルボニル鉄，99.5%B, 電解クロムを用いた．粉末冶金法により焼結後，アーク溶解して合金を作製した．これを 900℃，700℃×400, 500 時間焼鈍し，水焼入れした．900℃，700℃でも三元化合物は見出されなかった．二元化合物 Cr_2B は Fe をよく溶解し，約 40at%Fe までは均一な固溶体を形成する．Fe_2B への Cr の溶解度は逆にいくらか低く，約 10at%Cr である．CrB, FeB 化合物に対しては，それぞれ 18at%Fe, 16at%Cr が溶解する．FeCr の σ 相には B はほとんど溶解しない．[4]は CrB_6 化合物の存在を予想しているが，他の相との平衡は未確定である．

Cr-B 系の化合物は準安定のものが多く，構造も複雑で不確定な要素が多い．

文献 [1] A.E.Gorbunov and F.M.Boduryan : Nauch. Tr/VNIITS (1976) No.16, 172-178
   [2] M.Lucco Bprlera and G.Pradelli : Met. Ital. **65** (1973) No.7-8, 421-424
   [3] 金子秀夫，西澤泰二，千葉 昂 : 日本金属学会誌 **30** (1966) No.2, 157-163
   [4] M.V.Chepiga and Yu.B.Kuz'ma : Izvest. Vyssh. Ucheb. Zaved. Chern. Met. (1970) No.3, 127-130

51. Fe-B-Dy

G.V.Chernyak ら[1]は本系状態図をはじめて研究し，1070K(800℃)等温断面図を作成している．B.Grieb ら[2, 3]は本系の Fe に富む側の高温の反応を詳しく研究している．

[1]は母材に 99.5%Dy, 99.96%Fe, 99.4%B の粉末を用い，圧粉体を精製アルゴン雰囲気下でアーク溶解し，得られた合金を石英管に真空封入して 1070K×700 時間以上焼鈍した．Cr-Kα 線を用いた X 線回折により，化合物相の同定を行い，相領域を求めている．[2]は母材に電解鉄(99.8%), 99.9%Dy, フェロボロン(Fe+18.5%B)を用い，アルゴン雰囲気下でアーク溶解により合金を作製している．示差熱分析および Cu-Kα 線による X 線回折を用いて研究した．[3]は二元化合物 $Fe_{17}Dy_2$ への B の溶解度を研究し，上記二元化合物に溶解した B の占める位置について，X 線マイクロアナライザー，示差熱分析，X 線回折により確かめるとともに，$Fe_{17}Dy_2$-B 断面の状態を調べている．

51. Fe-B-Dy

図51-1は[1]による本系の1070K(800℃)等温断面図である．[1]によれば，本系にはFe-B, Fe-Dy, B-Dy各二元系の二元化合物の他に，3種類の三元系化合物，$DyFe_2B_2$, $DyFeB_4$, Dy_3FeB_7 が存在し，その他にも構造のわからない3種類の三元

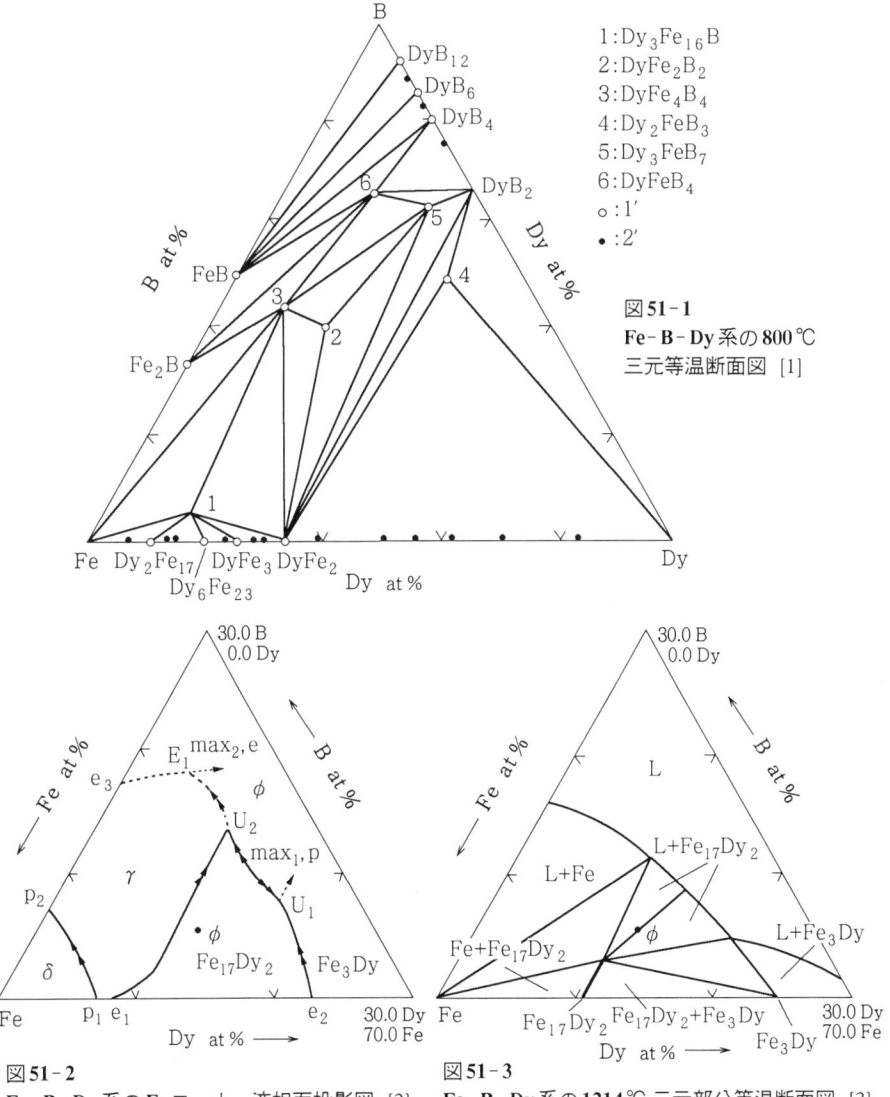

図51-1
Fe-B-Dy系の800℃
三元等温断面図 [1]

図51-2
Fe-B-Dy系のFeコーナー液相面投影図 [2]

図51-3
Fe-B-Dy系の1214℃ 三元部分等温断面図 [2]

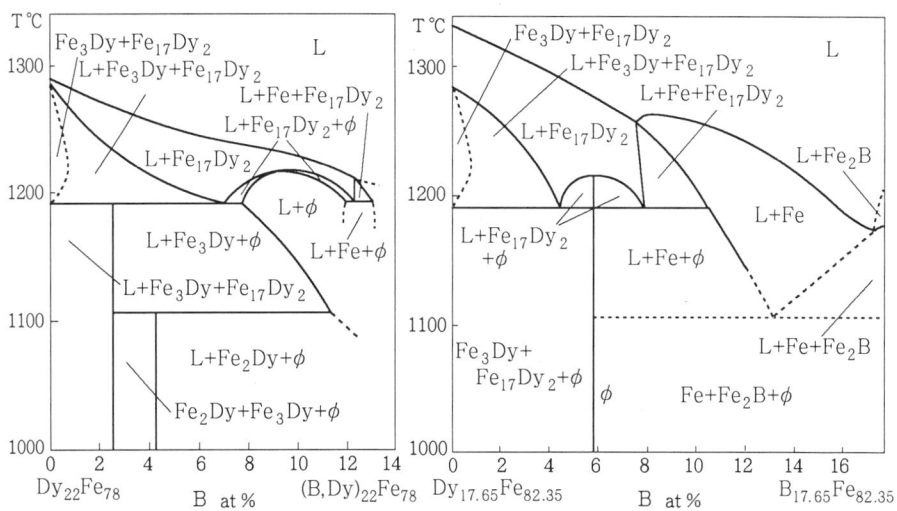

図51-4 Fe-B-Dy系の78at% Fe-Dy-B
温度-組成垂直断面図 [2]

図51-5 Fe-B-Dy系の82.35at% Fe-Dy-B
温度-組成垂直断面図 [2]

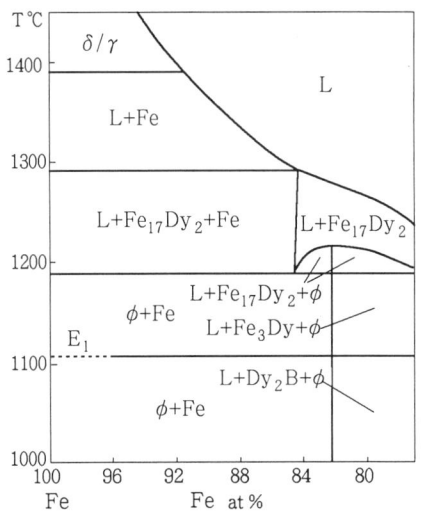

図51-6 Fe-B-Dy系の Dy : B = 2 : 1
温度-組成垂直断面図 [2]

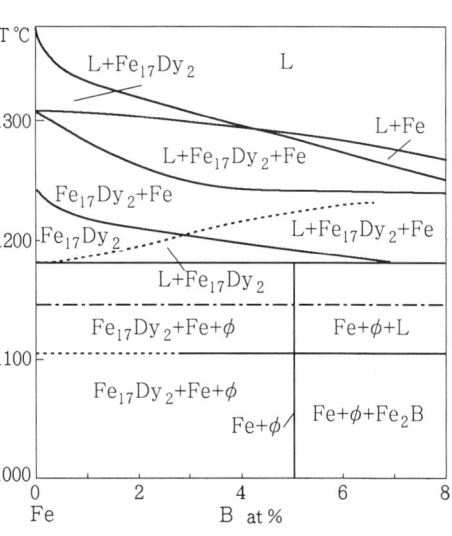

図51-7 Fe-B-Dy系の Fe : Dy = 17 : 2
温度-組成垂直断面図 [3]

51. Fe-B-Dy

化合物, ~$Dy_3Fe_{16}B$ (ϕ), ~$DyFe_4B_4$ (η), ~Dy_2FeB_3 が存在するという. [2]はこのうち $Dy_3Fe_{16}B$ の組成は $Dy_2Fe_{14}B$ (ϕ相)であるとしている.

図51-2および図51-3は[2]による本系のFeコーナーの液相面投影図と1214℃三元部分等温断面図である. $Dy_2Fe_{14}B$ に相当する ϕ 相近傍では, 液相がFeと $Fe_{17}Dy_2$, $Fe_{17}Dy_2$ とϕ, $Fe_{17}Dy_2$ と Fe_3Dy とそれぞれ平衡する反応線が存在する: e_1(1360℃) → U_2(1189℃), U_1(1190℃) ← max_1, p(1214℃) → U_2(1189℃), e_2 (1285℃) ⇌ U_1(1190℃). なお図51-2,図51-3には図51-1の Dy_6Fe_{23} が見られないが, この相は長時間の熱処理によりはじめて生じる[4]ので, 凝固過程には影響しないとしている.

図51-4, 図51-5, 図51-6は本系の 78at%Fe-B-Dy, 82.35%Fe-B-Dy および Fe-B-Dy (Dy:B=2:1)の各温度-組成垂直断面図である[2]. いずれもϕ相が生じる臨界線を含む面での断面である. 図51-4,図51-5の点線は実験によるものではなく, 概略予想線である.

Bが $Fe_{17}Dy_2$ 相の侵入型位置に溶解し $Fe_{17}Dy_2B$ となるか, 置換型に溶解し $Fe_{17-x}Dy_2B$ となるかは, 強磁性の $Fe_{14}R_2B$ (R:稀土類元素)の形成過程に関連し, 解決されるべき問題とされている. 本系においては, 図51-7に見られるように $Fe_{17}Dy_2$-B断面の相領域の順序が単純でない事実から, Bが侵入型位置に固溶しないと結論できるという. Bを添加した Fe:Dy=17:2の試料をX線回折した結果, 格子定数は 1at%B で a=0.8469nm, c=0.8305nm, 5at%B で a=0.8451nm, c=0.8310 nm と, 僅かな変化しか示さず, BがFeと置換していると考えた方がよく説明できるという.

[1]で見出された三元化合物のうち, $Dy_2Fe_{16}B$ および Dy_2FeB_3 はその後, それぞれ $Dy_2Fe_{14}B$ [5] (O.M.Dubら), $Dy_{5-x}Fe_{2+x}B_6$ [6] (O.M.Dubら)であるとされ, 格子定数が決定されている. Dy_3FeB_7 は, [1]では Y_3ReB_7 型構造とされているが, [7] では, Er_3CrB_7 型構造に訂正された.

文献 [1] G.V.Chernyak, N.F.Chaban and Yu.B.Kuz'ma : Poroshkovaya Metallurgiya (1983) No.6, 65-66

[2] B.Grieb, E-Th. Henig, G.Schneider and G.Petzow : Z. Metallkunde **80** (1989) 95-100

[3] B.Grieb, G.Müller, H.H.Stadelmaier, E-Th.Henig and G.Petzow : Z. Metallkunde **80** (1989) 806-808

[4] A.S.van der Goot and K.H.J.Bushow : J. Less-Common Metals **21** (1970) 151

[5] O.M.Dub and Yu.B.Kuz'ma : Poroshkovaya Metallurgiya (1986) No.7, 49-52

[6] O.M.Dub, N.F.Chaban and Yu.B.Kuz'ma : J. Less-Common Metals **117** (1986) 297-302

[7] Yu.B.Kuz'ma, S.I.Mykhalenko and L.G.Akselrud : J. Less-Common Metals **117** (1986) 29-35

52. Fe-B-Er

G.V.Chernyakら[1]は本系状態図をはじめて研究し,800℃等温断面図を提案した.母材に99.5%Er,99.96%Fe,99.4%Bの粉末を用い,圧粉体を精製アルゴン雰囲気下でアーク溶解した.得られた合金を石英管に真空封入し,800℃×700時間以上焼鈍した.Cr-Kα線によるX線回折で,化合物相の同定を行い相領域を求めている.

図52-1は[1]による本系の800℃等温断面図である.これによると本系にはFe-B,Fe-Er,B-Er各二元系の二元化合物の他に4種類の三元化合物が同定されている.また2種類の新しい三元化合物の存在を示唆している.

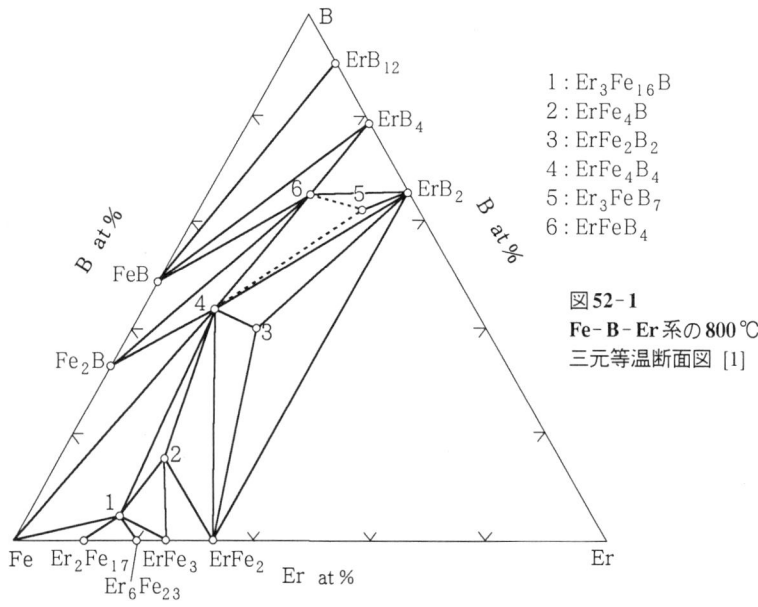

図52-1
Fe-B-Er系の800℃
三元等温断面図 [1]

表52-1 Fe-B-Er系の三元化合物相

		空間群	構造型	a	b	c (nm)	文献
1	$Er_2Fe_{14}B$	$P4_2/mnm$	$Na_2Fe_{14}B$	0.8731	—	1.1950	[1~3]
2	$ErFe_4B$	$P6/mmm$	$CeCo_4B$	0.5033	—	0.6985	[1]
3	$ErFe_2B_2$	$I4/mmm$	$CeAl_2Ga_2$	0.3515	—	0.9387	[1]
4	$\sim ErFe_4B_4$	未定		—	—	—	[1]
5	Er_3FeB_7	$Cmcm$	Er_3CrB_7	0.3363	1.5341	0.9350	[5]
6	$ErFeB_4$	$Pbam$	$YCrB_4$	0.5861	1.1340	0.3377	[1]

[1]で示唆されたEr$_3$Fe$_{16}$Bはその後O.M.Dubら[2], A.V.Andreevら[3]により, Er$_2$Fe$_{14}$Bと同定されている。Er$_3$FeB$_7$はG.V.Stepanchikovaら[4]によりY$_3$ReB$_7$型とされていたが, その後[5]でEr$_3$CrB$_7$型構造を持つとされ, 格子定数も[4]とは僅かに異なる結果を得ている。表52-1に三元化合物の結晶構造を示す。

文献 [1] G.V.Chernyak, N.F.Chaban and Yu.B.Kuz'ma : Poroshkovaya Metallurgiya (1983) No.6, 65-66
[2] O.M.Dub and Yu.B.Kuz'ma : Poroshkovaya Metallurgiya (1980) No.7, 49-52
[3] A.V.Andreev, M.I.Bartashevich, A.V.Deryagin, S.M.Zadvorkin, E.N.Tarasov and S.V.Terent'ev : Doklady Akad. Nauk SSSR, **283** (1985) 1369-1371
[4] G.V.Stepanchikova and Yu.B.Kuz'ma : Poroshkovaya Metallurgiya (1980) No.10, 44-47
[5] Yu.B.Kuz'ma, S.I.Mykhalenko and L.G.Akseryd : J. Less-Common Metals **117** (1986) 29-35

53. Fe-B-Ga

N.F.Chabanら[1]はX線回折により本系合金の研究を行った。母材は99.99%Fe粉末, 99.3%B, 99.99%Ga粉末を用いた。圧粉体をアルゴン雰囲気下でアーク溶解して合金を作製した。これを石英管に封入, 800℃×500時間焼鈍し, 600℃×600時間焼鈍後水焼入れを施している。

図53-1は600℃等温断面図である。本図の組成範囲内では三元化合物相は見出されていない。Fe$_2$B, FeBは, それぞれFe$_3$Ga, Fe$_7$Ga$_5$, Fe$_8$Ga$_{11}$, およびFe$_8$Ga$_{11}$, FeGa$_3$と平衡するという。800℃ではFe$_7$Ga$_5$が775℃で分解するので, この相との平衡はなくなる。

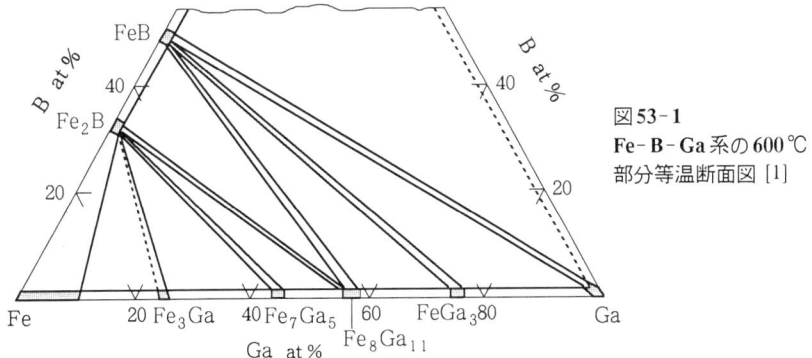

図53-1
Fe-B-Ga系の600℃
部分等温断面図 [1]

文献 [1] N.F.Chaban and Yu.B.Kuz'ma : Dopov. Akad. Nauk Ukrain. RSR Ser. **A** (1973) No.6, 550-551

54. Fe-B-Gd

N.F.Chaban ら[1]は光学顕微鏡による組織観察,X線回折により本系合金を研究した。母材は 98.5%Gd, 99.9%Fe, 99.3%B を用い,圧粉体を精製アルゴン雰囲気下でアーク溶解して合金を作製した。インゴットを 800℃×700 時間焼鈍し,800℃等温断面図を作製している(図 54-1)。

本系には 5 種類の三元化合物相が報告されている。$GdFeB_4$ は $YCrB_4$ 型の斜方晶で,格子定数は a = 0.5911nm, b = 1.150nm, c = 0.3436nm。$GdFe_2B_2$ は 1000℃×240 時間,あるいは 800℃×2000 時間の焼鈍ではじめて出現するが,この熱処理でも完全な状態を得られるわけではない。結晶構造は $CeAl_2Ga_2$ 型である。$GdFe_4B_4$ は正方晶で空間群 $P4/ncc$ に属し,格子定数は a = 0.705nm, c = 2.742nm である。$Gd_3Fe_{16}B$, Gd_2FeB_3 はそれぞれ $Ce_3Fe_{16}B$, Ce_2FeB_3 と同型である (N.S.Bilonishko ら[2])。

Fe-Gd 二元系化合物 Gd_6Fe_{23} は $Gd_3Fe_{16}B$ 組成の合金を鋳造した場合に見出されたが,800℃で長時間焼鈍した試料では見出されなかった。従って,本相は 800℃より高温でのみ存在するものと思われる。

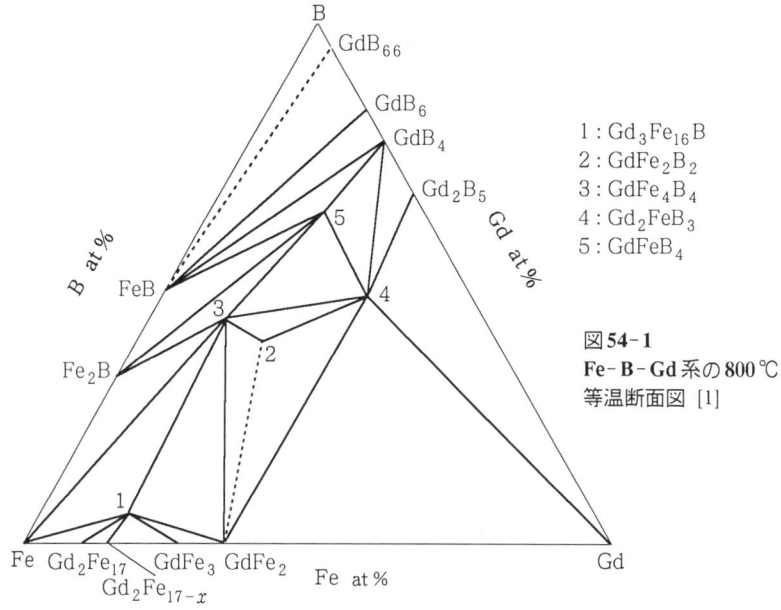

図 54-1
Fe-B-Gd 系の 800℃
等温断面図 [1]

文献 [1] N.F.Chaban, Yu.B.Kuz'ma, N.S.Bilonishko, O.O.Kachar and N.V.Petriv : Dopov. Akad. Nauk Ukrain. RSR Ser. A, Fiz.-mat. Tekh. Nauki (1979) No.10, 875-877
 [2] N.S.Bilonishko and Yu.B.Kuz'ma : Zh. Neorg. Mater. **8** (1972) No.1, 183-184

55. Fe-B-Ge

この系については，Yu.B.Kuz'maら[1]の各相間の相互作用についての断片的な研究があるだけである．母材は99.99%Fe, 99.3%B, 99.993%Geを用い，粉末を焼結後，アルゴン雰囲気下でアルゴンアーク溶解している．これを石英管に封入後700℃×360時間焼鈍し，光学顕微鏡による組織観察を行い，700℃における部分等温断面図を作成している（図55-1）．FeB, Fe$_2$Bは，それぞれFe-Ge二元系化合物と図に示すような平衡関係にあるとしている．

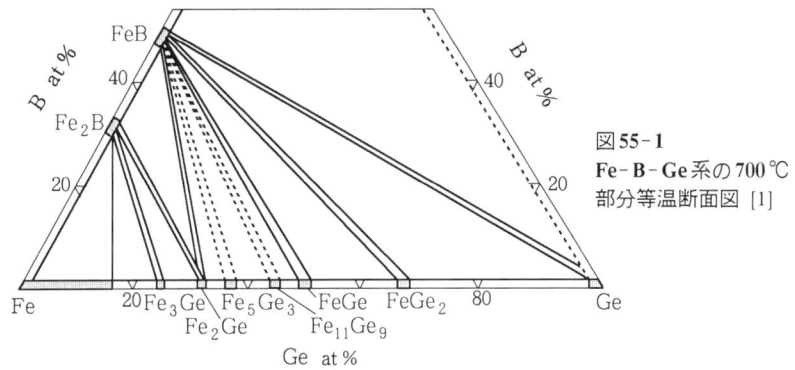

図55-1
Fe-B-Ge系の700℃
部分等温断面図 [1]

文献 [1] M.A.Marko, Yu.B.Kuz'ma and E.I.Gladyshevskii : "Struktura Faz, Fazovye Prevpash-cheniya i Diagrammy Sostoyaniya Metallicheskikh Sistem", Moskva, Nauka (1974) 25-27

56. Fe-B-Hf

Yu.B.Kuz'maら[1]はX線回折，光学顕微鏡による組織観察により800℃等温断面図を作成している．

本系には三元化合物相は見出されていない．図56-1は[1]による800℃等温断面図である．A.K.Shurinら[2]は光学顕微鏡による組織観察，示差熱分析，硬度測定により，本系のFe-HfB$_2$断面を研究し，Fe-HfB$_2$擬二元系状態図を構成した．1265℃, 6.9mol%(21wt%) HfB$_2$に擬二元共晶：L → γ-Fe + HfB$_2$が存在する．V.A.Loktionovら[3]によれば共晶点は14vol%HfB$_2$である．図56-2に[2]によるFe-HfB$_2$擬二元断面を示す．

文献 [1] Yu.B.Kuz'ma and V.V.Kindzibalo : Visnik L'viv. Univ. Ser. Khim. (1971) No.12, 25-27
　　　[2] A.K.Shurin and V.E.Panarin : Izvest. Akad. Nauk SSSR, Metally (1974) No.5, 235-239
　　　[3] V.A.Loktionov : "Litye Iznosostojkie Materialy", Kiev, Naukova Dumka (1975) 76-81

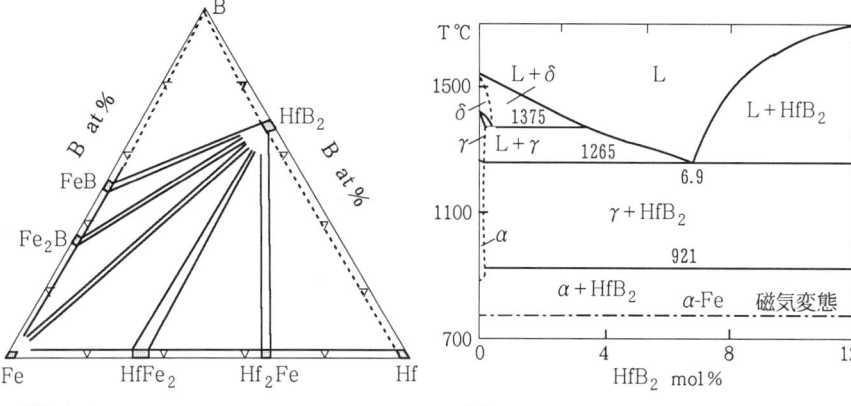

図56-1　Fe-B-Hf系の800℃三元等温断面図 [1]

図56-2　Fe-B-Hf系のFe-HfB$_2$擬二元断面図 [2]

57. Fe-B-Ho

本系の状態図については未だ系統的な研究はない．三元化合物相についてはいくつかの研究があり，これまでA.V.Andreevら[1], G.F.Stepanchikovaら[2, 3, 5], Yu.B.Kuz'maら[4]により4種類の化合物相が報告されている．

Ho$_2$Fe$_{14}$B：空間群 $P4_2/mnm$, Nd$_2$Fe$_{14}$B型．格子定数は a = 0.8733nm, c = 1.1957 nm [1]

HoFe$_2$B$_2$：空間群 $I4/mmm$, CeAl$_2$Ga$_2$型．格子定数は a = 0.3527nm, c = 0.9425nm [2]

Ho$_3$FeB$_7$：[3] によればY$_3$ReB$_7$型構造とされたが，その後[4]はEr$_3$CrB$_7$型とした．空間群は $Cmcm$, 格子定数は a = 0.3369nm, b = 1.5504nm, c = 0.9358 nm [4]

HoFeB$_4$：空間群 $Pbam$, YCrB$_4$型．格子定数は a = 0.5871nm, b = 1.136nm, c = 0.3391nm [5]

文献 [1] A.V.Andreev, M.I.Bartashevich, A.V.Deryagin, S.M.Zadvorkin, E.N.Tarasov and S.V.Terent'ev : Doklady Akad. Nauk SSSR **283** (1985) 1369-1371

[2] G.F.Stepanchikova, Yu.B.Kuz'ma and B.I.Chernyak : Dopov. Akad. Nauk Ukrain. RSR Ser. **A** (1978) No.10, 950-953

[3] G.F.Stepanchikova and Yu.B.Kuz'ma : Poroshkovaya Metallurgia. (1980) No.10, 44-47

[4] Yu.B.Kuz'ma, S.I.Mykhalenko and L.G.Akselrud : J. Less-Common Metals **117** (1986) 29-35

[5] G.F.Stepanchikova and Yu.B.Kuz'ma : Vestnik L'vov. Univ. Ser. Khim. (1977) No.19, 37-40

58. Fe-B-Lu

O.M.Dubら[1]はX線回折により本系状態図を詳しく研究し,800℃等温断面図を示している.

母材はカルボニル鉄粉末,B,Lu粉末(いずれも99.5%以上)の圧粉体を用い,アルゴン雰囲気下でアーク溶解により合金を作製した.これを真空封入し,800℃×800時間以上焼鈍後,水焼入れした.

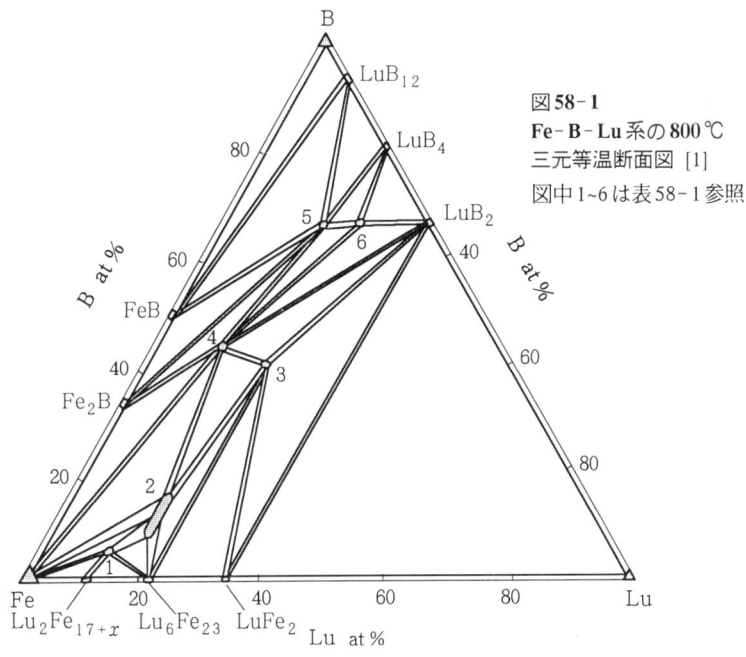

図58-1 Fe-B-Lu系の800℃三元等温断面図 [1]
図中1~6は表58-1参照

表58-1 Fe-B-Lu系の三元化合物相 [1]

		空間群	構造型	a	b	c (nm)
1	$Lu_2Fe_{14}B$	$P4_2/mnm$	$Nd_2Fe_{14}B$	0.8707	—	1.1865
2	$LuFe_{4.5-4.0}B_{0.5-1.0}$	$P6/mmm$	$CeCo_4B$	0.5001	—	0.6952
3	$LuFe_2B_2$	$I4/mmm$	$CeAl_2Ga_2$	0.3499	—	0.9288
4	$\sim LuFe_4B_4$	未定	—	—	—	—
5	$LuFeB_4$	$Pbam$	$YCrB_4$	0.5848	1.1316	0.3353
6	Lu_2FeB_6	$Pbam$	Y_2ReB_6	0.8969	1.1340	0.3490

図58-1は[1]による800℃等温断面図である．本系には各二元系の化合物相の他に6種類の三元化合物相が存在すると報告している．G.V.Chernyak [2], Yu.B.Kuz'maら[3]は化合物2を$LuFe_4B$としたが，この化合物は一定Lu濃度線に沿っていくらか組成幅を持ち，組成を$LuFe_{4.5-4.0}B_{0.5-1.0}$として表わせる．

文献 [1] O.M.Dub, Yu.B.Kuz'ma and M.I.David : Poroshkovaya Metallurgiya (1987) No.7, 56-60
　　 [2] G.V.Chernyak : Izvest. Akad. Nauk SSSR, Neorg. Materialy **19** (1983) No.3, 485-487
　　 [3] Yu.B.Kuz'ma, N.S.Bilonizhko, N.F.Chaban and G.V.Chernyak : J. Less-Common Metals **90** (1983) 217-222

59. Fe-B-Mn

G.Häggら[1]はX線回折により本系合金を研究し，Fe_2BとMn_2B，および FeB と MnB とが，それぞれ全率固溶体を形成することを示している．

G.Pradelli ら[2]は示差熱分析，光学顕微鏡による組織観察，硬度測定により，B<60at%の領域の合金を研究し，液相面投影図(図59-1)を作成している．1085℃，86.83at%Mn, 11.03%Fe, 2.14%B に三元共晶点 [L → δ(Fe, Mn) + γ(Fe, Mn) + (Fe, Mn)$_2$B] が存在する．また Fe_2B-Mn_2B, FeB-MnB の擬二元系断面を研究し，両者とも全率固溶体を形成することを確かめている(図59-2, 図59-3)．

Yu.B.Kuz'maら[3]は800℃における等温断面図を作成している(図59-4)．母材は99.99%カルボニル鉄粉，99.5%電解マンガン，99.5%B各粉末を用い，圧粉体を真空中で1300~1500℃×3時間焼結し，20at%Bまでの合金はアルゴン雰囲気下，コランダムるつぼ中で溶解している．[1, 2]と同様，Fe_2B-Mn_2B および FeB-MnB は全率固溶体を形成することを確かめている．

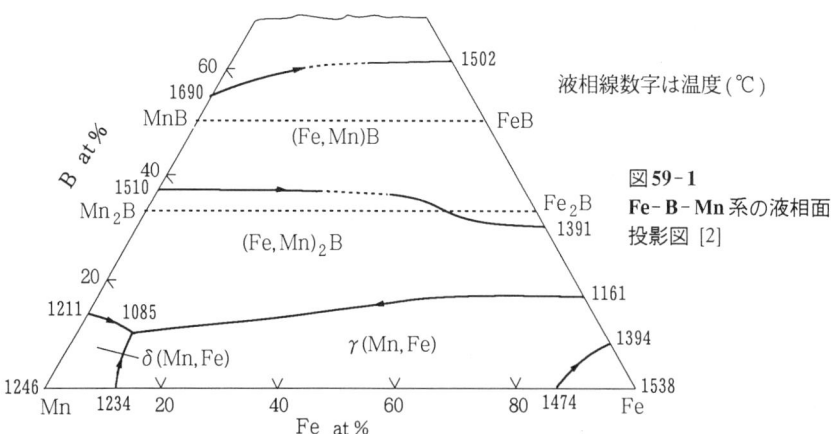

図59-1
Fe-B-Mn系の液相面投影図 [2]

59. Fe-B-Mn

α-Fe基固溶体と(Mn, Fe)$_2$Bとγ-(Fe-Mn)固溶体が平衡, γ-(Fe-Mn), (Mn, Fe)$_2$B, β-Mnが平衡する.

G.Pradelliら[4]はX線回折により本系の三元化合物相を研究し, Cr$_{23}$C$_6$型(空間群$Fm3m$)のτ相: (Fe, Mn)$_{23}$B$_6$が920℃以下の温度域で存在することを確かめている. τ相はいくらかの組成幅を有し, 900℃で(Mn$_{0.52}$Fe$_{0.48}$)$_3$B$_6$-(Mn$_{0.65}$Fe$_{0.35}$)$_3$B$_6$, 850℃で(Mn$_{0.40}$Fe$_{0.60}$)$_3$B$_6$-(Mn$_{0.78}$Fe$_{0.22}$)$_3$B$_6$の範囲に存在する. 920℃では

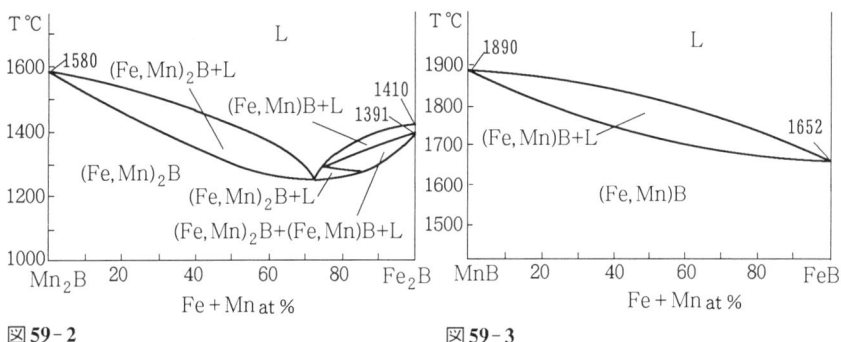

図59-2
Fe-B-Mn系のMn$_2$B-Fe$_2$B擬二元断面図[4]

図59-3
Fe-B-Mn系のMnB-FeB擬二元断面図[4]

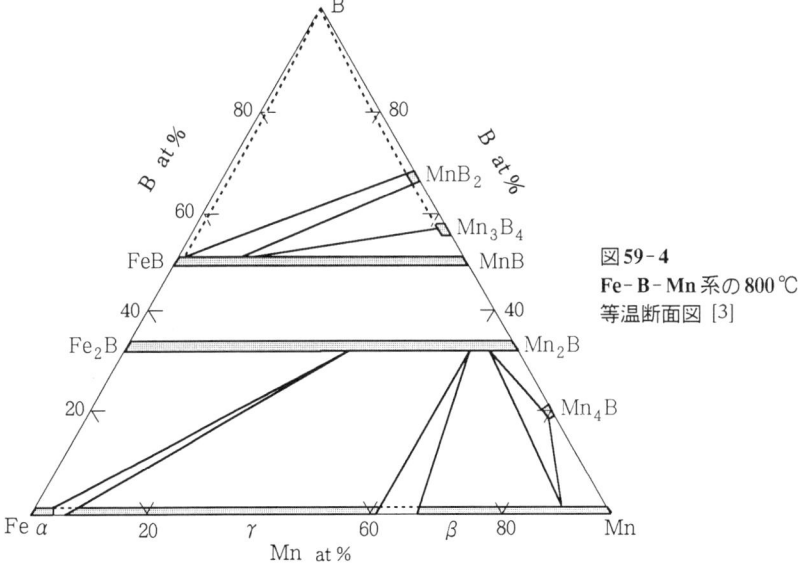

図59-4
Fe-B-Mn系の800℃等温断面図[3]

$(Mn_{0.60}Fe_{0.40})_3B_6$ に収斂する．格子定数は Mn/Fe = 0.40 で, a = 1.0640nm から Mn/Fe = 0.78 で, a = 1.0697nm に直線的に変化する．

文献 [1] G.Hägg and R.Kiessling : J. Inst. Metals **81** (1952) 57-60
[2] G.Pradelli and C.Gianoglio : Met. Italiana **68** (1976) 19-23
[3] Yu.B.Kuz'ma, M.V.Cheviga and A.M.Plakhina : Izvest. Akad. Nauk SSSR, Neorg. Materialy **2** (1966) 1218-1224
[4] G.Pradelli and C.Gianoglio : Met. Italiana **67** (1975) 21-23

60. Fe-B-Mo

E.I.Gladyshevskii ら [1] は光学顕微鏡による組織観察と X 線回折とにより本系合金を研究している．母材は 99.9%Fe, B, Mo 各粉末を用い, 焼結後さらにヘリウム雰囲気下でアーク溶解により合金を作製した．これを 1500℃ × 10 時間焼鈍し, 最終的には 1500℃ × 500 時間焼鈍後, 水焼入れを施し, 1000℃等温断面図を作成している．

図 60-1 は [1] による 1000℃等温断面図である．三元化合物相 Mo_2FeB_2 が, γ-Fe 固溶体および Mo_2Fe_3, Fe_2B と平衡している． Mo_2FeB_2 は 20~28at%Fe, 40~32at%Mo, 40at%B の領域に拡がっている．三元化合物相はこの他, (Mo, Fe)B および $MoFe_2B_4$ の 2 種類の化合物が存在する．

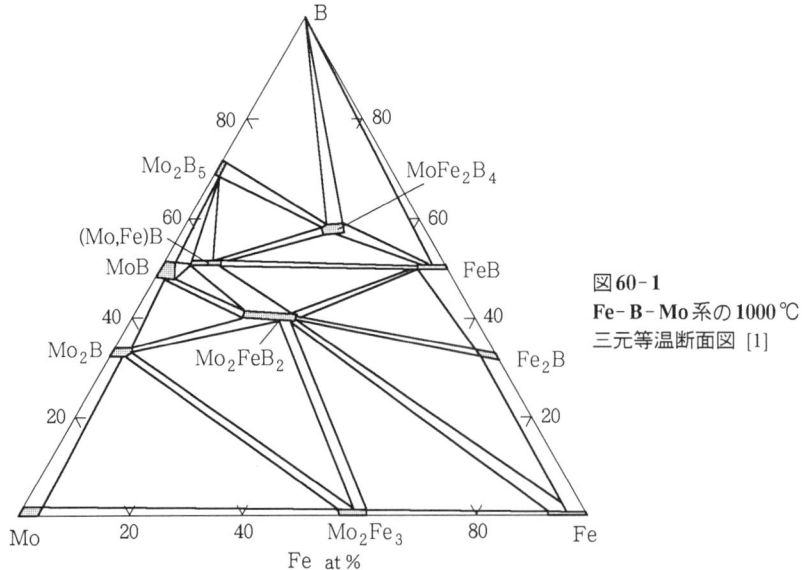

図60-1
Fe-B-Mo系の1000℃
三元等温断面図 [1]

Ta_3B_4 型を持っている $MoFe_2B_4$ が，R.Steinitz ら [2] によって見出されているが，格子定数は [1] によってはじめて決定された：a = 0.3128nm, b = 1.370nm, c = 0.2984 nm．H.Haschke ら [3] はこの化合物を Mo_2FeB_4 とし，格子定数は a = 0.311nm, b = 1.428nm, c = 0.319nm であるとしている．

Mo_2FeB_2 は U_3Si_2 型 (空間群 $P4/mbm$) の $(Mo, Fe)_3B_2$ がさらに規則化したものという．格子定数は [1] によれば，a = 0.5812~0.5781nm, c = 0.3136~0.3127nm である．

(Mo, Fe)B は CrB 型構造 (空間群 $Cmcm$) を有する [1]．

[3] および P.Rogl ら [4] によれば，以上の三元化合物相の他に，1100~1000℃ の領域に，$Mo_{0.4}Fe_{2.6}B$ (Ti_3P 型，$P4_2/n$．格子定数 a = 0.8634nm, c = 0.4281nm) が存在するという．

文献 [1] E.I.Gladyshevskii, T.F.Feclotov, Yu.B.Kuz'ma and R.V.Slolozdra : Poroshkovaya Metallurgiya (1966) No.4, 55-60
  [2] R.Steinitz and I.Binder : Powder Met. Bull. **6** (1953) 123-125
  [3] H.Haschke, H.Nowotny and F.Benesovsky : Monatsh. Chem. **97** (1966) 1459-1468
  [4] P.Rogl and H.Nowotny : Monatsh. Chem. **104** (1973) 943-952

61. Fe-B-N

R.Kiessling ら [1] は X 線回折により本系合金を研究している．母材は Fe_2B, FeB を用い，これに乾燥アンモニア気流中で窒化を施している．試料中の N 濃度は質量増加を測定して決定している．

Fe の B 化合物と N_2 との反応は表 61-1 のように考えられている．

表61-1 Fe の B 化合物と N_2 との反応

温度℃	Fe_2B	FeB
352	Fe_2B	FeB
400	ξ + BN	FeB + BN
448	ξ + BN	FeB + BN
505	$\varepsilon + \gamma'$ + BN	—
550	$\gamma' + \varepsilon$ + BN	—
602	α-Fe + $\gamma' + \varepsilon$ + BN	$\gamma' + \varepsilon$ + BN
702	α-Fe + BN	
768	α-Fe + BN	α-Fe + BN

γ' : Fe_4N
ε : hcp 構造化合物
ξ : Fe_2N
詳細は Fe-N 二元系参照
I.Smith ら [2] によれば，三元系化合物は見出されていないという

文献 [1] R.Kiessling and Y.H.Liu : Trans. AIME **19** (1951) 639-643
  [2] I.Smith and P.Rogl : Sci. Hard Materials, Proc. Int'l Cong. Rhodes. **23-28** (1984) Bristol, (1986) 249-257

62. Fe-B-Nb

本系合金の状態図の研究は極めて限られている．Yu.B.Kuz'ma [1] は 800 ℃等温断面図を作成し，相平衡を調べている．母材はいずれも粉末で，99.6%Nb, 99.98%Fe, 99.3%B を用い，ディスク状に圧粉後，B<50at% の試料はアーク溶解により，それ以外は真空中で，1500 ℃ × 10 時間焼結し，合金を作製した．これらを 1300 ℃ × 5 時間焼鈍後，1000 ℃まで 50 ℃/時間の速度で徐冷，最後に石英管に封入し，800 ℃ × 40 時間焼鈍後，水焼入れを施した．実験は X 線回折，光学顕微鏡による組織観察で行う．図 62-1 に 800 ℃等温断面図を示してある．これによると，Fe_2B, $NbFe_2$ と三元化合物，NbFeB とが平衡する．化合物 NbFeB は NbB と液相との包晶反応により生じる．

さらにもうひとつの三元化合物 Y 相：$Nb_3Fe_3B_4$ が存在するという．化合物 Nb_3B_2 には 800 ℃で，20at%Fe まで溶解する．

化合物 NbFeB は ZrAlNi 型構造，Fe_2P 型の規則構造に相当し，空間群 $P6_{2m}-D_{3h}^3$ に属する．格子定数は a = 0.6015 ± 0.0004nm, c = 0.3222 ± 0.0003nm, c/a = 0.53 である．Y 相の結晶構造は未定である．

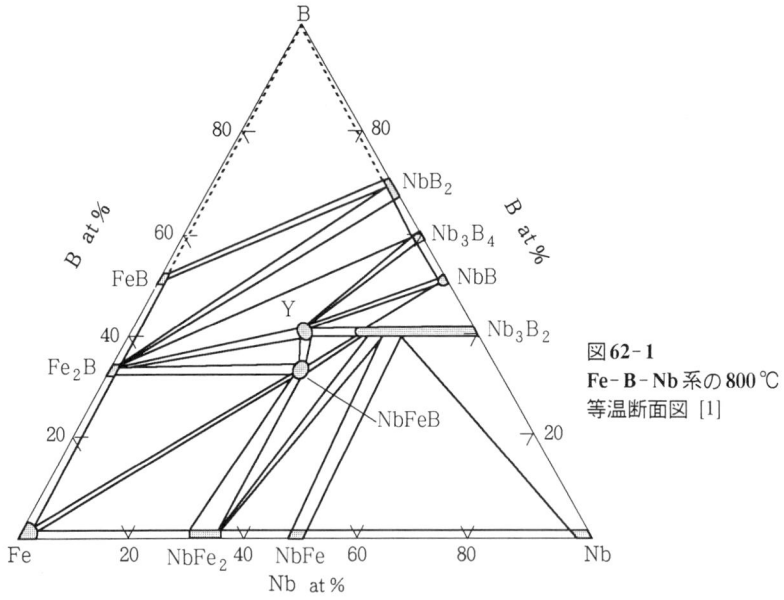

図 62-1
Fe-B-Nb 系の 800 ℃
等温断面図 [1]

文献 [1] Yu.B.Kuz'ma, T.I.Ts'olkovskii and O.P.Baburova : Izvest. Akad. Nauk SSSR, Neorg. Materialy **4** (1968) No.7, 1081-1085

63. Fe-B-Nd

　N.F.Chabanら[1]は光学顕微鏡による組織観察,X線回折により最初に本系の状態図を研究した．母材は99.07%Nd, 99.3%B, 99.9%Feの各粉末を用い,圧粉後精製アルゴン雰囲気下でアーク溶解し,合金を作製した．

　0~33.3at%Nd (600℃), 33.3~100at%Nd (400℃)の等温断面図を作成した(図63-1)．各二元系の二元化合物は第三元素を溶解せず,三元固溶体としては存在しない．3種類の三元化合物,$Fe_{16}Nd_3B$, Fe_4NdB_4, $FeNd_2B_3$ が報告されている．

　その後M.Sagawaら[2]がFe-B-Nd系で新しい永久磁石を発見して以来,本系状態図,三元化合物に関する研究が相次いで行われている[3~10]．

　Y.Matsuuraら[3]は光学顕微鏡による組織観察,走査電子顕微鏡観察,X線回折,EPMA,示差熱分析によって,Fe-B-Nd系の液相反応,三元化合物について研究している．母材は99%Nd, 99.5%B, 99.9%Feを用い,アルゴン雰囲気下で高周波誘導溶解により合金を作製した．

　図63-2に[3]による三元液相面投影図を示してある．三元化合物として$Nd_2Fe_{14}B$ (T_1相), $Nd_2Fe_7B_6$ (T_2相), T_3相 ($\sim Nd_{15}Fe_{77}B_8$)が見出されている．

　G.Schneiderら[4]とH.H.Stadelmaierら[5]は光学顕微鏡による組織観察,蛍光X線分析,示差熱分析により本系状態図を詳しく研究し,Feに富む領域の液相反応,多数の温度-組成断面図を作成した．母材は電解鉄(99.8%Fe), 97%Nd, フェロボロン(Fe+18.5wt%B)を用い,アルゴン雰囲気下でアーク溶解により合金を作製した．

　液相反応については[3]と異なる結果を得ている．同じ著者らはその後[11]で,[3]の結果は準安定状態であり,安定系としては[4]の結果を正しいとしている．また三元化合物に関しては,[3]のT_1相,$Fe_{14}Nd_2B$ (ϕ相と名付けている)を確認したが,[3]の$Fe_7Nd_2B_6$は,H.Bollerら[8]にならって,Fe_4NdB_4を基礎とした$Fe_4Nd_1+\varepsilon B_4$ ($\varepsilon \approx 0.1$ [8])をξ相としている．

　図63-3に[4]によるFeに富む領域の液相面投影図を示す．これによると,ϕ相を囲む領域に3種類の不変反応が存在する:$L+Fe \rightleftarrows \phi$ (p_1, 1180℃, 極大点温度,以下同じ), $L \rightleftarrows \phi + \eta$ (e_1, 1115℃), $L \rightleftarrows \phi + Fe_2B$ (e_2, 1110℃)．これらは以下の四相平衡に入り込む:$L+Fe \rightleftarrows \phi + Fe_{17}Nd_2$; 1130℃, $L \rightleftarrows \phi + Fe_2B + Fe$; 1105℃, および$L \rightleftarrows \phi + Fe_2B + \eta$; 1095℃．$L+Fe \rightleftarrows \phi$と$L \rightleftarrows \phi + \eta$は[3]でも認められているが(それぞれ,図63-2のp_5, e_5), $L \rightleftarrows \phi + Fe_2B$,これに伴う$L \rightleftarrows \phi + Fe_2B + Fe$は[3]では見出されていない．

　[4], [5]およびK.H.J.Buschowら[6]は1000℃, 900℃, 三元部分等温断面図を作成している．図63-4に1000℃ [4]の等温断面図を示す．1000℃と900℃以下では$Fe-Fe_2B-\phi-\eta$四辺形のタイラインが$Fe_2B+\phi$から,$Fe+\eta$に変わること以外は,基本的には同一である．

[4]はまた4種類の温度-組成(平衡)断面図と1種類の準安定温度-組成断面図を作成した．図63-5(a)~(c)にNd：B＝2：1, 4at%B, 80at%Fe, 各温度-組成断面図を示す．図63-5(a)の初晶限77at%Feは実用磁性材料77Fe-15Nd-8Bに相当している．

本系合金を過熱した場合には準安定状態が生じる．新しい準安定相X相は1130℃で包晶反応により生じる．X相は約1105℃でL+X→φ，続いてX→Fe+φに分解する．しかしX相は室温までは保持されず，結晶構造は未確定であるが，組成は85.9Fe-9.4Nd-4.7B (at%)で$Fe_{18}Nd_2B$あるいは$Fe_{17}Nd_2B$に近い．実用材料ではこ

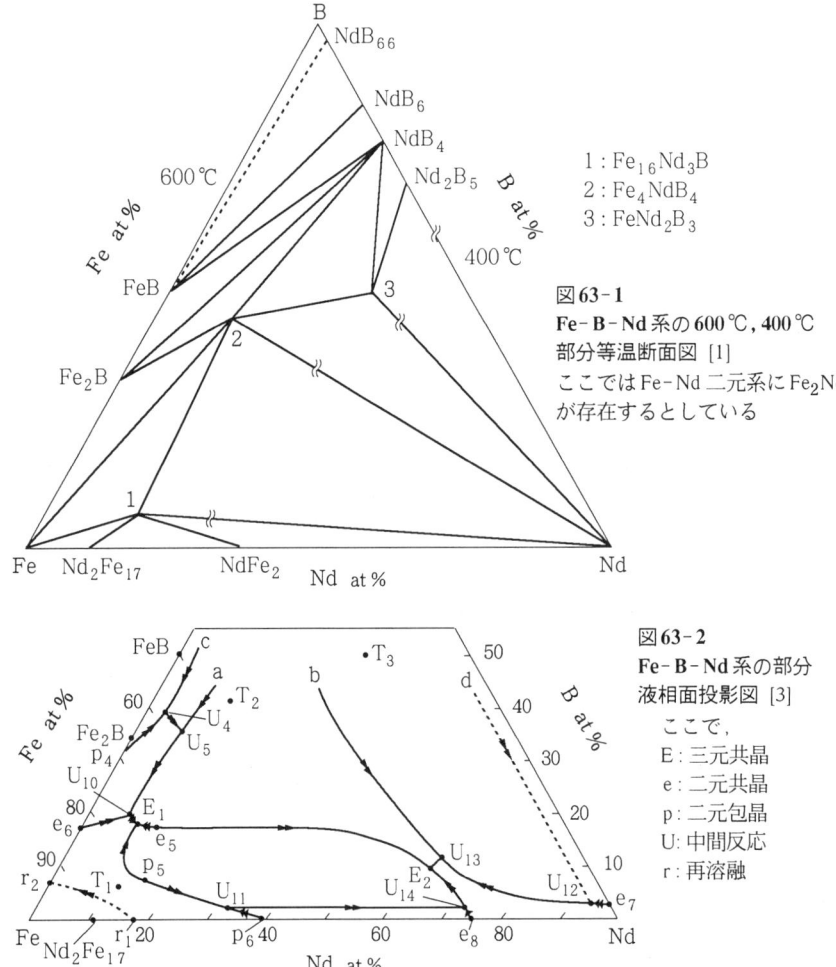

図63-1
Fe-B-Nd系の600℃, 400℃部分等温断面図 [1]
ここではFe-Nd二元系にFe_2Ndが存在するとしている

図63-2
Fe-B-Nd系の部分液相面投影図 [3]
ここで，
E：三元共晶
e：二元共晶
p：二元包晶
U：中間反応
r：再溶融

63. Fe-B-Nd

の準安定状態で凝固することが予想される．このため，準安定に凝固したデンドライト状のFeが磁性材料の被加工性を悪くすると考えられる．

D.S.Tsaiら[7]は示差熱分析，エネルギー分散型X線分析法(EDX)，X線回折により，Nd-(Fe_{14}B)擬二元系断面の合金を研究した．母材は99.9%Nd，99.9%Fe，99%Bを用い，アルゴン雰囲気下でアーク溶解により合金を作製した．

基本的な液相反応，三元化合物については[3]に依拠しつつ，いくつかの相異を指摘している．Fe + T_1 (ϕ) + Fe_2B 領域は存在せず，代わりにFe + T_1 (ϕ) + T_2 (η) が1100℃から室温まで存在するとしている．

本系の三元化合物については上記研究者の結果は必ずしも一致していない．[1]で見出された$Fe_{16}Nd_3$B(ϕ相)はその後$Fe_{14}Nd_2$B ([2]ではT_1相)とされ，H.Bollerら[8]によると，その結晶構造はFe系のσ相と関係があり，空間群はσ相と同じ$P4_2/mnm$に属するという．格子定数は a = 0.8792nm, c = 1.2174nm である．

Fe_4BNd_4 (η相) は[1]によると結晶構造は正方晶，空間群$P4/ncc$に属し，格子定数は a = 0.709nm, c = 2.756nm である．[2]はこの相を$Fe_7Nd_2B_6$ (T_2相)としたが，その後，A.Bezingeら[9]，D.Givordら[10]の研究では，Fe : B = 1 : 1，Fe_4 : Nd は Fe_4B_4 とNdの一次元の鎖副格子のcommensurabilityに依存して変化し，$Fe_4Nd_1 + \varepsilon B_4$，$\varepsilon$ = 0.1 [9]で記述できるとしている．結晶構造は$Nd_5Fe_{18}B_{18}$組成で，斜方晶$Pccn$に属し，格子定数は a = b = 0.7117nm, c = 3.507nm のNowotny相に属するとしている[10]．η相は室温では強磁性ではなく，Tc = 13K で強磁性に変態する[10]．

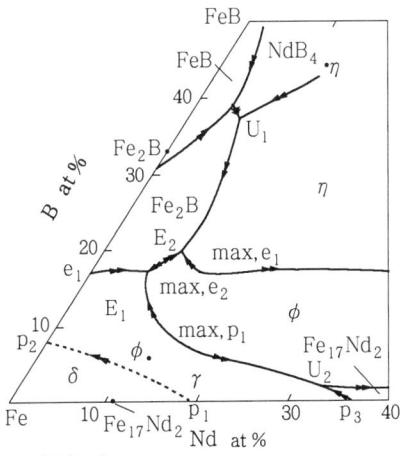

図63-3
Fe-B-Nd系の部分液相面投影図 [4]
(図63-2との相異については本文参照)

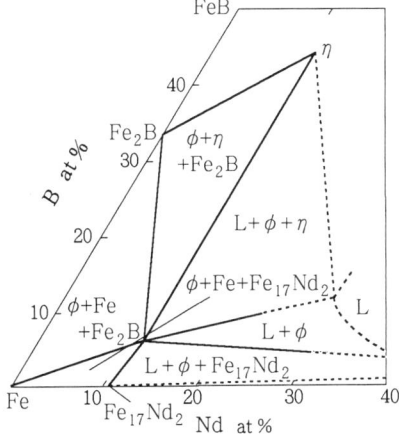

図63-4
Fe-B-Nd系の1000℃部分等温断面図 [4]

FeNd$_2$B$_3$ [1] の構造は未定である．

Fe-Nd 二元系 (本書 p.48) によれば Fe$_2$Nd が存在するとされているが，[4] によれば，この相は存在せず，おそらく合金作製に際し酸素が混入し，Fe$_{16}$R$_6$O (R = Gd, Tb, Dy, Ho, Er) に類似の酸化物として出現したものであろうとしている．

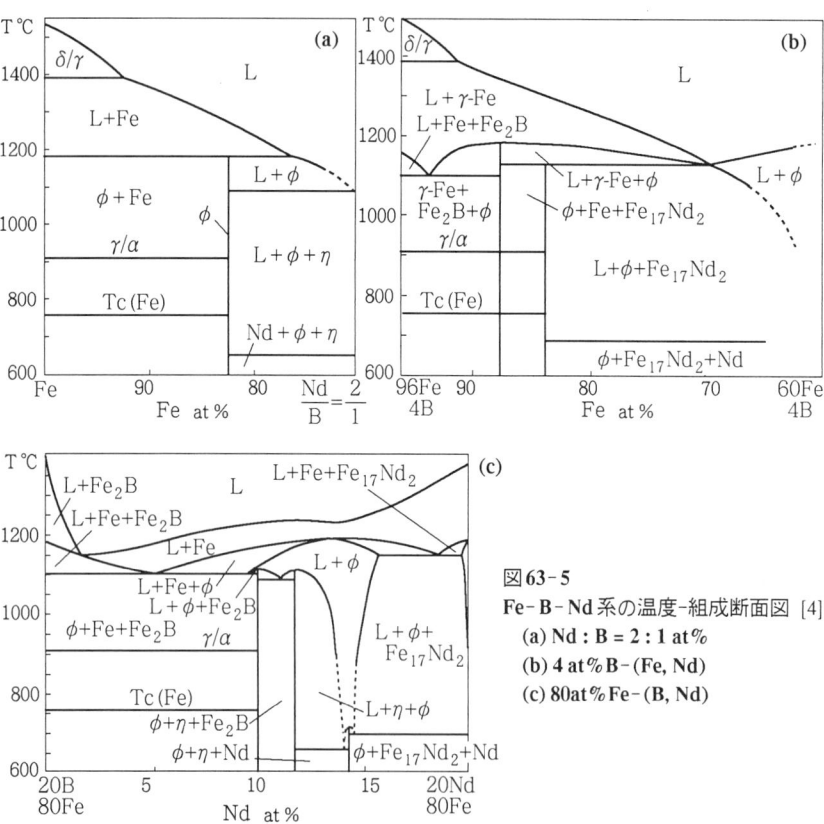

図 63-5 Fe-B-Nd 系の温度-組成断面図 [4]
(a) Nd : B = 2 : 1 at%
(b) 4 at% B-(Fe, Nd)
(c) 80 at% Fe-(B, Nd)

文献 [1] N.F.Chaban, Yu.B.Kuz'ma, N.S.Bilonizhko, O.O.Kachmar and N.V.Petriv : Dopov. Akad. Nauk Ukrain. RSR Ser. A, Fiz.-mat. Tekh. Nauki (1979) No.10, 875-877

[2] M.Sagawa, S.Fujimura, M.Togawa, H.Yamamoto and Y.Matsuura : J. Appl. Phys. **55** (1984) 2083

[3] Y.Matsuura, S.Hirosawa, H.Yamamoto, S.Fujimura, M.Sagawa and K.Osamura : Japan. J. Appl. Phys. **24** (1985) L635-L637

[4] G.Schneider, E.T.Henig, G.Petzow and H.H.Stadelmaier : Z. Metallkunde **77** (1986) 755-761
[5] H.H.Stadelmaier, N.A.El-Marsy, N.C.Liu and S.F.Cheng : Materials Lett. **2** (1984) 411
[6] K.H.J.Buschow, D.B. de Mooij and H.M. van Noort : Philips J. Res **40** (1985) 227-238
[7] D.S.Tsai, T.S.Chin, S.E.Hsu and M.P.Hung : I. E. E. E. Trans. Magne. **MAG-23** (1987) 3607-3609
[8] H.Boller and H.Oesterreicher : J.Less-Common Metals **103** (1984) L5
[9] A.Bezinge, H.F.Braun, J.Muller and K.Yvon : Solid State Commun. **55** (1985) 131-135
[10] D.Givord, J.M.Moreau and P.Tenaud : Solid State Commun. **55** (1984) 303-306
[11] E.T.Henig, G.Schneider and H.H.Stadelmaier : Z. Metallkunde **78** (1988) 818-820

64. Fe-B-Ni

金子秀夫ら[1]は本系合金の低ボロン側の相関係について, 最初に系統的に研究している. 母材はモンドニッケル, 金属ボロン(97%B), フェロボロン, 電解鉄を用い, アルゴン雰囲気下でタンマン炉により合金を溶解し, 光学顕微鏡による組織観察, X線回折, 熱分析により調べている.

Fe-Ni-Ni_2B-Fe_2B領域の初晶反応を調べ, δ-Fe, γ-Fe, Fe_2Bが初晶として出現するとしている. Fe_2B-Ni_2Bは擬二元全率固溶体を形成することを明らかにしている. 1032℃に一変系共晶反応 : L $\rightleftarrows$ γ-Fe + (Fe, Ni)$_2$B が存在するとしているが, [1]ではNi-B二元系のNi_3Bの存在を無視しているので, 以下の研究[2, 3]とこの点では異なる.

H.H.Stadelmaierら[2]は光学顕微鏡による組織観察, X線回折により[1]と同様にFe-Ni-Ni_2B-Fe_2B領域の状態図について研究している. 母材はカルボニルニッケル, 電解鉄, 結晶ボロン(99.4%)を用い, 石英管内で誘導炉により溶解した.

図64-1は[2]による800℃の等温断面図である. 図には同時に共晶線が投影されている. Ni_3BはFeを固溶し, 三元共晶点E_Tでは[1]とは異なり, L → γ-Fe + (Fe, Ni)$_2$B + (Fe, Ni)$_3$B という反応が生じるとしている.

Yu.B.Kuz'maら[3]はX線回折により800℃等温断面図を研究している. Fe_2BとNi_2Bは全率固溶体を形成し, Ni_3Bは "Fe_3B" を60mol%にまで固溶する. これは[2]の結果と一致する ([2]によれば, FeはNi_3B中に45at%まで固溶する). [3]による800℃等温断面図を図64-2に示す.

F.N.Tavadzeら[4]は, Fe_2B-Ni_2B断面を研究している. 母材は98.8%Fe, 99.4%Ni, アモルファスボロンを用い, 粉末を1050~1200℃でアルゴン雰囲気下で焼結し, 合金を作製した. 図64-3に示すように, 本系断面は全率固溶体を形成することを確かめている.

C.Gianoglio ら [5] は Fe_2B-Ni_2B, $FeB-NiB$ 断面について研究し, 格子定数の組成依存を調べている(図64-4, 図64-5)。Fe_2B-Ni_2B は [1~4] の結果と同じく全率固溶体を形成することを確かめた。FeB は Ni を 70at% まで溶解するが, NiB は最大で 15at% の Fe を溶解するにとどまる(注: FeB の格子定数は二元系(本書 p.8)では a, b, が入れ替わっている)。

本系では安定な三元化合物相は見出されていないが, $Cr_{23}C_6$ 型の準安定三元化合物 τ 相: $Fe_3Ni_{10}B_6$ が見出されている [2, 3]。格子定数は a = 1.0501 ± 0.0003nm, である [2]。

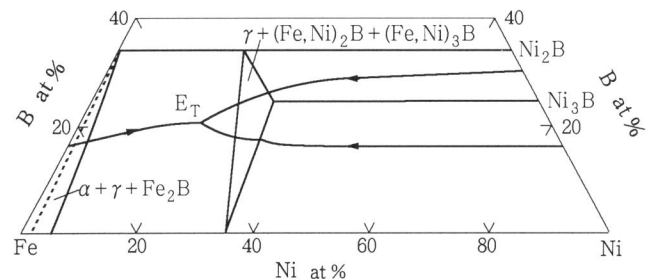

図64-1 Fe-B-Ni系の800℃三元部分等温断面図 [2]

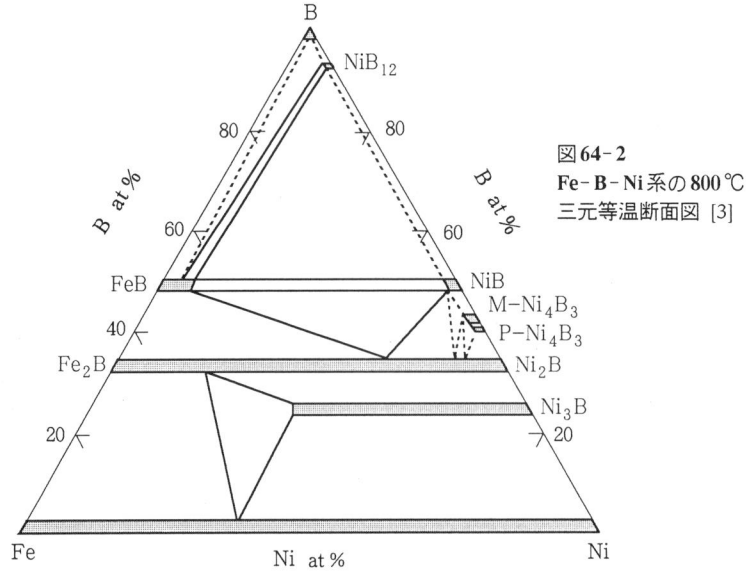

図64-2
Fe-B-Ni系の800℃
三元等温断面図 [3]

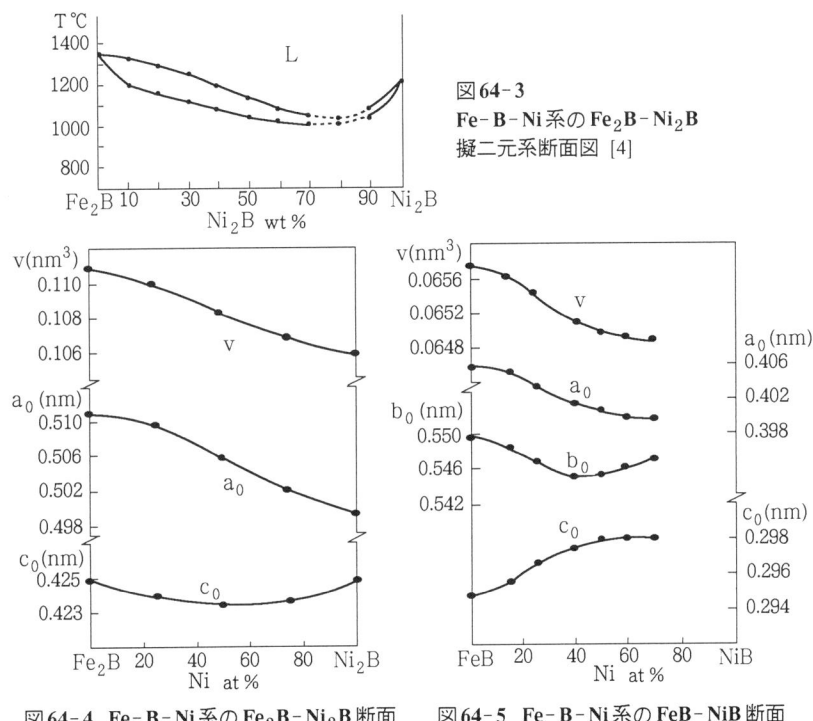

図64-3 Fe-B-Ni系の Fe_2B-Ni_2B 擬二元系断面図 [4]

図64-4 Fe-B-Ni系の Fe_2B-Ni_2B 断面の格子定数の組成依存 [5]

図64-5 Fe-B-Ni系の FeB-NiB 断面の格子定数の組成依存 [5]

文献 [1] 金子秀夫, 西澤泰二, 千葉 昂: 日本金属学会誌 **30** (1966) 157-163
 [2] H.H.Stadelmaier and C.B.Pollock : Z. Metallkunde **60** (1969) 960-961
 [3] Yu.B.Kuz'ma and V.P.Koval : Izvest. Akad. Nauk SSSR, Neorg. Materialy **4** (1968) 450-452
 [4] F.N.Tavadze, K.A.Doliashvili, T.P.Lomiya and D.V.Avlokhashvili : "Voprosy Metallovedeniya i Korrozii Metallov", No.3, Metniereva, Tbilisi (1972) 12-19
 [5] C.Gianoglio and O.C.Badini : J.Mater. Sci. **21** (1986) 4331-4334

65. Fe-B-Pr

本系の状態図については未だ系統的な研究はないが, 次の3種類の三元化合物相が見出されている.

$Pr_2Fe_{14}B$: 空間群 $P4_2/mnm$, $Nd_2Fe_{14}B$ 型. 格子定数は a = 0.8798nm, c = 1.2178 nm (O.M.Dub ら [1], A.V.Andreev ら [2]).

$Pr_{5-x}Fe_{2+x}B_6$：空間群 $R\bar{3}m$, $Pr_{5-x}Co_{2+x}B_6$ 型．格子定数は a = 0.5481nm, c = 2.433nm (O.M.Dub ら [3])．

$Pr_{21}(Fe_4B_4)_{19}$：空間群 $P4_2/n$．格子定数は, a = 0.7158nm, c = 0.7418nm (E.Parthe ら [4])．

文献 [1] O.M.Dub and Yu.B.Kuz'ma: Poroshkovaya Metallurgiya (1986) No.7, 49-52
  [2] A.V.Andreev M.I.Bartashevich, A.V.Deryagin, S.M.Zadvorkin, E.N.Tarasov and S.V.Terent'ev : Doklady Akad. Nauk SSSR **283** (1985) 1369-1371
  [3] O.M.Dub, N.F.Chaban and Yu.B.Kuz'ma : J. Less-Common Metals **117** (1986) 297-302
  [4] E.Parthe and B.Chabot : "Handbook on the Physics and Chemistry of the Rare Earths", North-Holland, Amsterdam **6** (1984) 113-334

66. Fe-B-Re

Yu.B.Kuz'ma ら [1] によれば, E.Ganglberger ら ([2], [3]) は本系合金を系統的に研究し, 1100℃等温断面図を作成している (図66-1)．二元化合物 Fe_2B は "Re_2B" を 67mol%まで固溶する [2]．FeB は "ReB" を 33mol%まで固溶する [2]．$Cr_{23}C_6$ 型の三元化合物 τ 相は $(Re_{0.31-0.87}Fe_{0.69-0.13})_{23}B_6$ という広い領域に存在する．格子定数は a = 1.10~1.13nm の範囲で変化する [3]．$(Re_{0.14-0.25}, Fe_{0.86-0.75})_3B$ は Ti_3P 型構造を有し, 格子定数は $Re_{0.6}Fe_{2.4}B$ で, a = 0.8683nm, c = 0.4329nm である [2]．

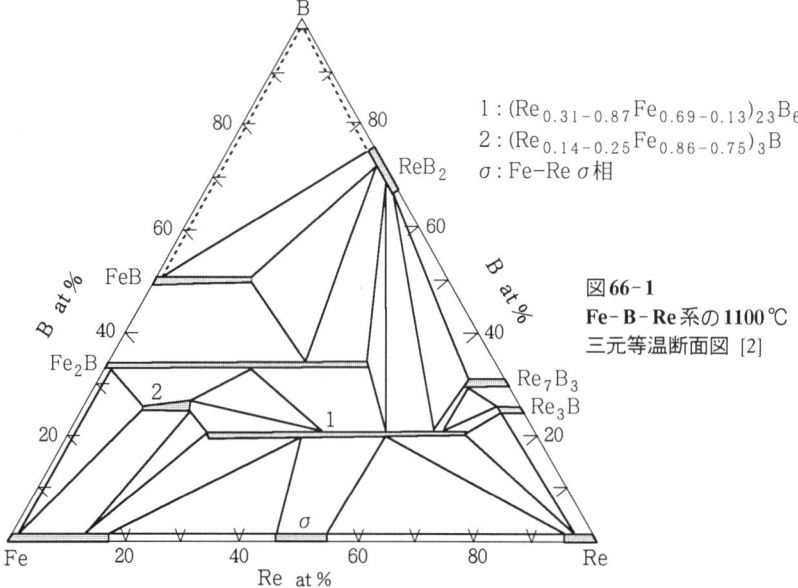

図66-1 Fe-B-Re系の1100℃三元等温断面図 [2]

文献 [1] Yu.B.Kuz'ma and N.F.Chaban : "Dvoinye i Troinye Sistemy Soderzhaschie Bor",
Metallurgiya, Moskva (1990) 181
[2] E.Ganglberger, H.Nowotny and F.Benesovsky : Monatsh. Chem. **97** (1966) 718-721
[3] [2] の 101-102

67. Fe-B-Sc

Yu.B.Kuz'ma ら [1] によれば, G.F.Stepanchikova ら [2] は X 線回折により本系の 1000℃, 700℃等温断面を研究している. 図 67-1 は [2] による 1000℃等温断面図, 50~100at%B 組成および 700℃等温断面図, 0~50at%B 組成である. B 側に三元化合物相 $ScFeB_4$ が見出された. 結晶構造は $YCrB_4$ 型構造 (空間群 *Pbam*) で, 格子定数は a = 0.5884nm, b = 1.1318nm, c = 0.33424nm である (L.V.Zavalii ら [3]).

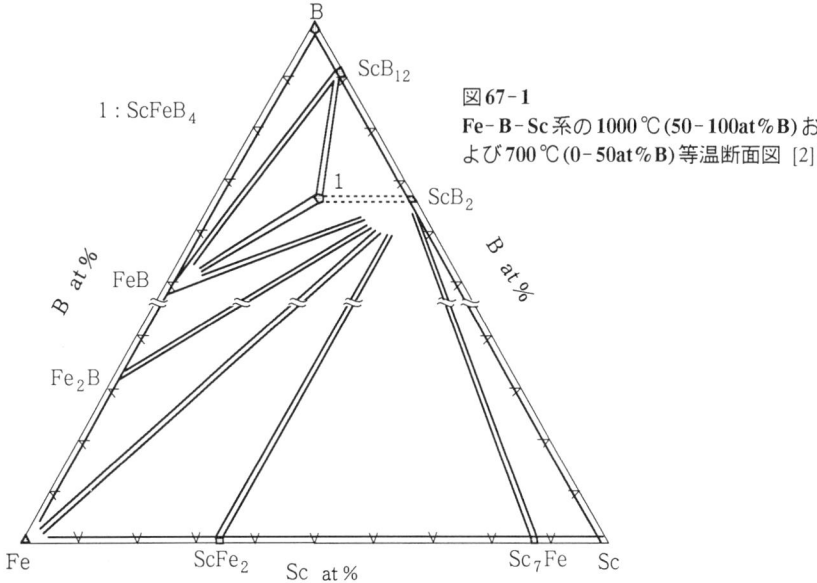

図 67-1
Fe-B-Sc 系の 1000℃ (50-100at%B) および 700℃ (0-50at%B) 等温断面図 [2]

文献 [1] Yu.B.Kuz'ma and N.F.Chaban : "Dvoinye i Troinye Sistemy Soderzhaschie Bor",
Metallurgiya, Moskva (1990) 182
[2] G.F.Stepanchikova and Yu.B.Kuz'ma : Vestnik L'vov. Univ. Ser. Khim. (1981) No.23, 48-51
[3] L.V.Zavalii, Yu.B.Kuz'ma and S.I.Mikhalenko : Izvest. Akad. Nauk SSSR, Neorg. Materialy **24** (1988) No.11, 1814-1816

68. Fe-B-Si

N.F.Chabanら[1], B.Aronssonら[2]はX線回折により本系の状態図を研究している。

[1]は母材として99.3%B, 99.99%Fe, 99.5%Siを用い，圧粉体としてアルゴン雰囲気下でアーク溶解した．これを石英管に封入し，900℃, 700℃で各450, 840時間焼鈍後急冷し，700℃, 900℃の等温断面図を作成した．図68-1に900℃等温断面図を示してある．

3種類の三元化合物，A相：Fe_5SiB_2, B相：$(Fe,Si)_3B$, $Fe_{4.7}Si_2B$が報告されている．700℃で焼鈍後にはFe_5Si_3が見られた．おそらくBはこの二元化合物を安定化させるのであろう．合金を1000℃×24時間焼鈍後，焼入れしたが，[2]で示されたFe_4SiB相は[1]では見出されなかった．化合物Fe_5SiB_2はCr_5B_3型の正方晶で，格子定数は a = 0.5527~0.5528nm, c = 1.026~1.032nm である．$Fe_{4.7}Si_2B$相はW_5Si_3型構造で，格子定数は a = 0.8814 nm, c = 0.4330nm である．化合物$(Fe,Si)_3B$はFe_3C型の斜方晶で，格子定数は a = 0.446nm, b = 0.541nm, c = 0.660nm である．

[2]によれば，本系では4種類の三元化合物が存在するという．[2]は99%B, 99.9%Siを用い，粉末冶金とアーク溶解により合金を作製した．$Fe_{4.7}Si_2B$は$Co_{4.7}Si_2B$と同じ構造で，W_5Si_3型に属する．Fe_5SiB_2はCr_5B_3と同構造である．

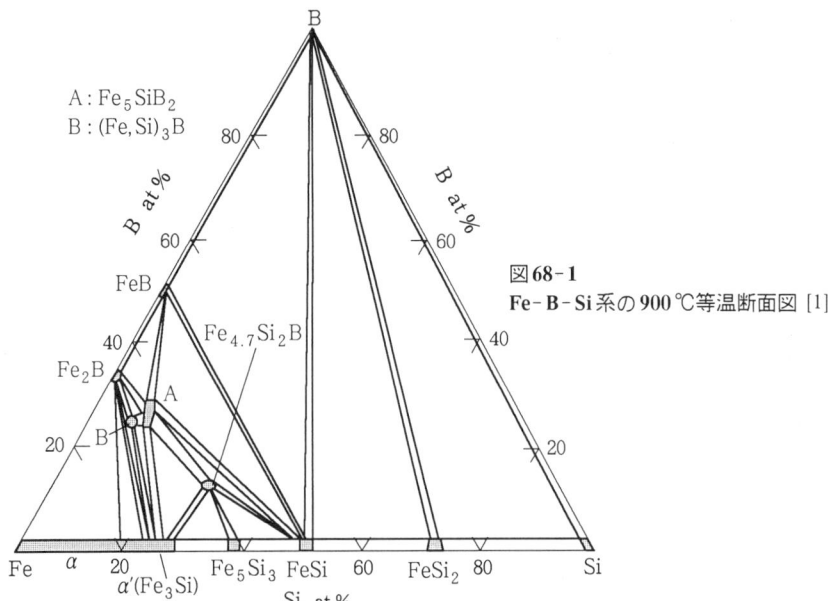

図68-1 Fe-B-Si系の900℃等温断面図 [1]

Fe$_3$(B, Si)あるいは(Fe, Si)$_3$BはFe$_3$Cと同構造である．Fe$_4$BSiの構造は未定である．

文献 [1] N.F.Chaban and Yu.B.Kuz'ma : Izvest. Akad. Nauk SSSR, Neorg. Materialy **6** (1970) No.5, 1007-1008

[2] B.Aronsson and G.Lundgren : Acta Chem. Scand. **13** (1959) No.3, 433-441

69. Fe-B-Sm

N.F.Chaban ら[1]は光学顕微鏡による組織観察, X線回折により本系合金を研究している．母材は99.7%Sm, 99.9%Fe, 99.3%Bを用い，圧粉体を精製アルゴン雰囲気下でアーク溶解して合金を作製した．インゴットを600℃×700時間焼鈍し，600℃等温断面図を作成した (図69-1)．

本系には3種類の三元化合物が存在する．Fe$_4$B$_4$Smは正方晶で空間群 P4/ncc に属し，格子定数は a = 0.707nm, c = 2.750nm で Fe-B-Ce 系の B 相と同型である．Fe$_{16}$BSm$_3$, FeB$_3$Sm$_2$ は構造未定である．本系の二元化合物は第三元素を溶解せず，各化合物は三元系内には侵入しない．

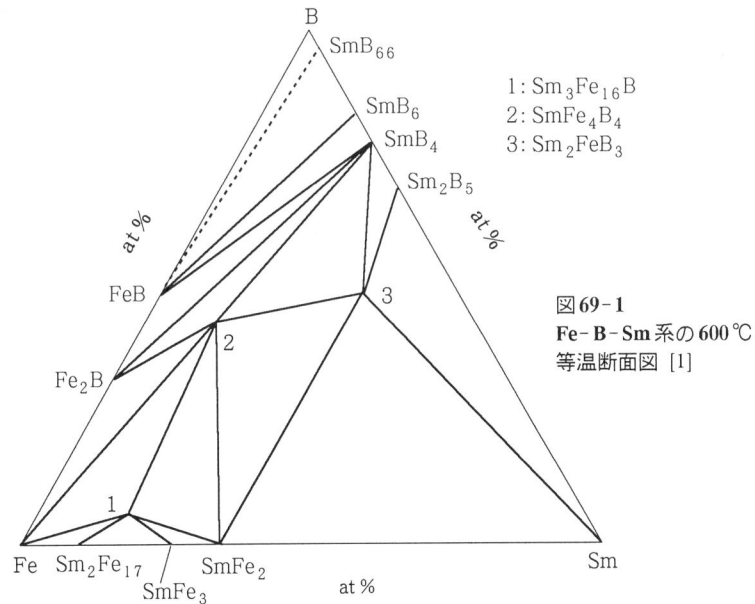

図69-1
Fe-B-Sm系の600℃
等温断面図 [1]

文献 [1] N.F.Chaban and Yu.B.Kuz'ma, N.S.Bilonishko, O.O.Kachmar and N.V.Petriv : Dopov. Akad. Nauk Ukrain. RSR Ser. **A**, Fiz.-mat. Tekh. Nauki (1979) No.10, 875-877

70. Fe-B-Ta

Yu.B.Kuz'ma ら [1, 2] は X 線回折, 光学顕微鏡による組織観察により本系合金を研究している. [1]は母材として, 99.9%鉄粉, 99.8%タンタル粉 (0.14%Cを含有), 99.6%微細結晶ボロンを用いた. 圧粉体を焼鈍後, ヘリウム雰囲気下でタングステン非消耗電極を用いアーク溶解, これを 3~5回繰り返し均一組成を得ている. Taに富む側の合金については, 1650℃×100時間, 1450℃×250時間焼鈍を施し, 最終的には石英管に封入し, 950℃×1000時間焼鈍した.

図70-1は950℃等温断面図である. Fe基固溶体と二元化合物 Fe_2B, TaB_2, および三元化合物 FeTaB とが平衡する. 本系にはさらに 2 種類の三元化合物, $Fe_3Ta_3B_4$, $FeTaB_3$ が存在する. 二元化合物 Ta_3B_2 は950℃で20at%Feまでを固溶する.

FeTaB の結晶構造は六方晶の ZrNiAl 型構造 (空間群 $P\bar{6}2m$-D_{3h}^3) で, 格子定数は a = 0.5984 ± 0.0004nm, c = 0.3195 ± 0.0003nm, c/a = 0.534 である. Ta原子は配位数 15 の格子位置, Fe原子は 12, B原子は 9 の位置をそれぞれ占めている.

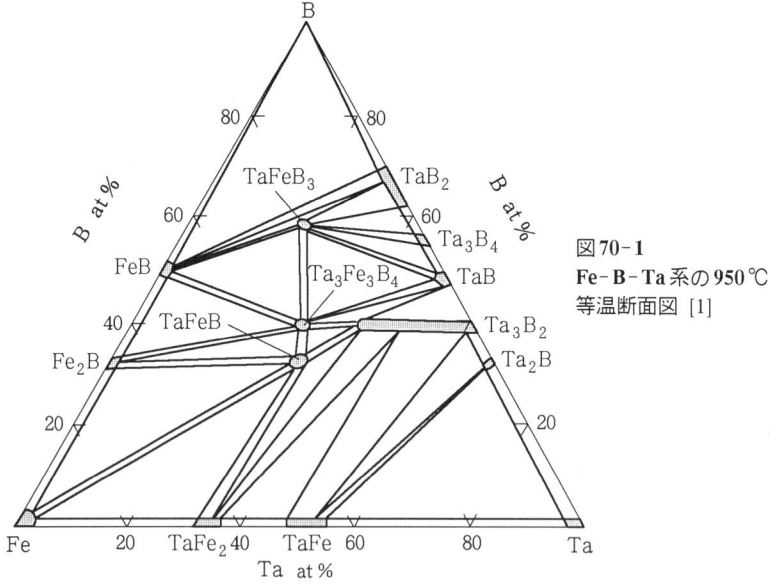

図70-1
Fe-B-Ta系の950℃
等温断面図 [1]

文献 [1] Yu.B.Kuz'ma, A.S.Sobalev and T.F.Fedorov : Poroshkovaya Met. (1971) No.5, 81-86
[2] Yu.B.Kuz'ma : Dopov. Akad. Nauk Ukrain. RSR (1967) No.10, 939-940

71. Fe-B-Tb

O.M.Dubら[1]は本系状態図をはじめて詳しく研究し,800℃の等温断面図を作成している.

母材はカルボニル鉄粉末,B,Tbの粉末(いずれも99.5%以上)の圧粉体を用い,アルゴン雰囲気下でアーク溶解により合金を作製した.これを真空封入し,800℃×800時間以上焼鈍後,水焼入れした.Cr-Kα線,Cu-Kα線を用いてX線回折により化合物相の同定を行っている.

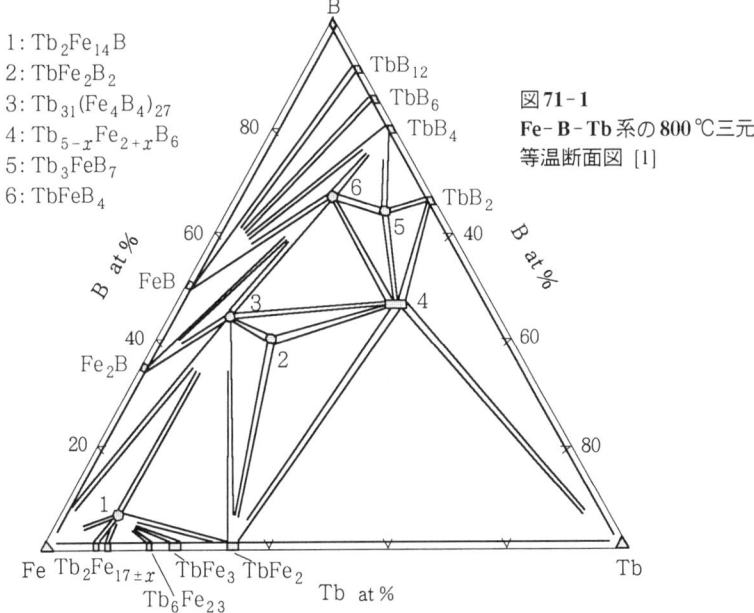

1: $Tb_2Fe_{14}B$
2: $TbFe_2B_2$
3: $Tb_{31}(Fe_4B_4)_{27}$
4: $Tb_{5-x}Fe_{2+x}B_6$
5: Tb_3FeB_7
6: $TbFeB_4$

図71-1 **Fe-B-Tb系の800℃三元等温断面図** [1]

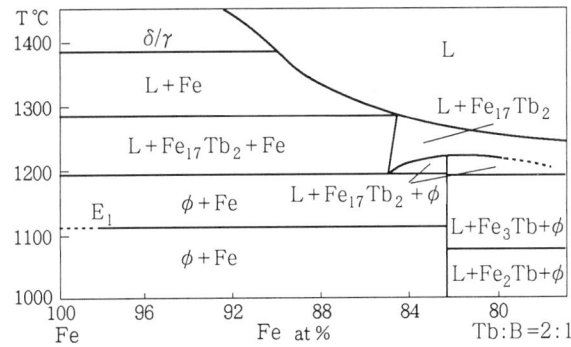

図71-2 **Fe-B-Tb系のTb:B=2:1温度組成垂直断面図** [4]

図71-1は[1]による800℃等温断面図である．本系には各二元系の二元化合物相の他に6種類の三元化合物相が存在するという．化合物$Tb_{5-x}Fe_{2+x}B_6$は一定B濃度線に沿って僅かではあるが組成幅を持つ．Tb_3FeB_7はG.F.Stepanchikovaら[2]ではY_3ReB_7型とされたが，その後Yu.B.Kuz'maら[3]ではEr_3CrB_7型構造とされている．

B.Griebら[4]は示差熱分析，X線回折により，本系のFeコーナー断面を研究し，三元不変系，一変系反応を調べた．母材は99.8%電解鉄，99.9%Tb，フェロボロン(Fe+18.5%B)を用い，アルゴン雰囲気下でアーク溶解により合金を作製した．

Fe-B-Tb系のFeコーナー凝固過程はFe-B-Dy系の場合(本書p.170)とほぼ同様で，反応温度がいくらか異なる．$Tb_2Fe_{14}B$に相当するφ相(図71-1，相1)は液相と$Fe_{17}Tb_2$とから，三元包晶反応により1218℃(max_1, p)で生じ，Fe-B-Dy系と同様，三元包晶反応U_1, U_2につながる．Fe-Tb二元系の化合物$Fe_{23}Tb_6$はここでは無視されているが，これは同化合物が融点近傍で長時間保持した場合にのみ生じることを考慮したものである．

図71-2は本系のTb:B=2:1に沿った領域，すなわちFeコーナーとφ相とを結ぶ線上の温度-組成垂直断面図である．表71-1に本系の三元化合物相の結晶構造を示す[1]．

表71-1　Fe-B-Tb系の三元化合物相 [1]

		空間群	構造型	a	b	c (nm)
1	$Tb_2Fe_{14}B$	$P4_2/mnm$	$Nd_2Fe_{14}B$	0.8758	—	1.2001
2	$TbFe_2B_2$	$I4/mmm$	$CeAl_2Ga_2$	0.3544	—	0.9473
3	$Tb_{31}(Fe_4B_4)_{27}$	$P4_2/n$	$Tb_{31}(Fe_4B_4)_{27}$	0.7049	—	10.581
4	$Tb_{5-x}Fe_{2+x}B_6$	$R\bar{3}m$	$Pr_{5-x}Co_{2+x}B_6$	0.5420	—	2.323
5	Tb_3FeB_7	$Cmcm$	Er_3CrB_7	0.3974	1.5640	0.9413
6	$TbFeB_4$	$Pbam$	$YCrB_4$	0.5900	1.1410	0.3418

文献 [1] O.M.Dub, Yu.B.Kuz'ma and M.I.David : Poroshkovaya Metallurgiya (1987) No.7, 56-60
　　　[2] G.F.Stepanchikova and Yu.B.Kuz'ma : Poroshkovaya Metallurgiya (1980) No.10, 44-47
　　　[3] Yu.B.Kuz'ma, S.I.Mykhalenko and L.G.Akselrud : J. Less-Common Metals **117** (1986) 29-35
　　　[4] B.Grieb, E-Th.Henig, G.Schneider and G.Petzow : Z. Metallkunde **80** (1989) 95-100

72. Fe-B-Ti

Yu.B.Kuz'maら[1]，A.K.Shurinら[2]，T.F.Fedorovら[3]は光学顕微鏡による組織観察，熱分析，硬度測定[2]，X線回折[3]により本研究を行っている．[1]によると，

72. Fe-B-Ti

Fe-TiB$_2$断面は擬二元系共晶を形成する．共晶点は3.4mol%TiB$_2$，1320℃である．図72-1は[2]による上記断面図である．

[3]は合金を1000℃で焼鈍し，同温度での等温断面図を作成している（図72-2）．1000℃では三元化合物は見出されなかった．

Fe基固溶体と，Fe$_2$B, TiB$_2$, TiFe$_2$とが平衡する．Fe$_2$Bの結晶構造はCuAl$_2$型で，格子定数はa = 0.5109nm, c = 0.4249nmである．化合物TiFe$_2$はMgZn$_2$型構造で，

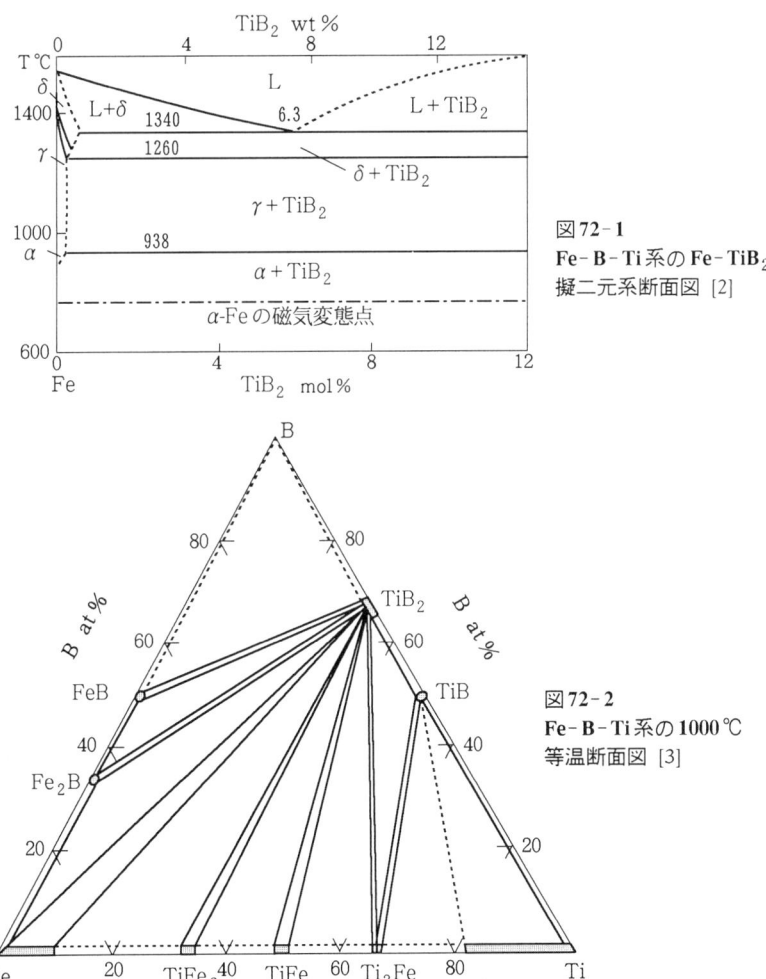

図72-1
Fe-B-Ti系のFe-TiB$_2$
擬二元系断面図 [2]

図72-2
Fe-B-Ti系の1000℃
等温断面図 [3]

格子定数は a = 0.4779nm, c = 0.7761nm である。TiB$_2$ は AlB$_2$ と同型で, 格子定数は a = 0.3030nm, c = 0.3227nm である.

文献 [1] Yu.B.Kuz'ma, V.I.Lax, Yu.V.Vorashlov et al. : Izvest. Akad. Nauk SSSR, Metally (1965) No.6, 127

[2] A.K.Shurin and V.E.Panarin : Izvest. Akad. Nauk SSSR, Metally (1974) No.5, 235-239

[3] T.F.Fedorov and Yu.B.Kuz'ma : Izvest. Akad. Nauk SSSR, Neorg. Materialy **3** (1967) No.8, 1498-1499

73. Fe-B-Tm

本系の状態図については未だ系統的な研究はないが, 次の4種類の三元化合物相が見出されている [1~4].

Tm$_2$Fe$_{14}$B : 空間群 $P4_2/mnm$, Nd$_2$Fe$_{14}$B型, 格子定数は a=0.8744nm, c=1.1922nm [1]
TmFe$_4$B : 空間群 $P6/mmm$, CeCo$_4$B 型, 格子定数は a = 0.4973nm, c = 0.6970nm [2]
TmFeB$_2$: 空間群 $I4/mmm$, CeAl$_2$Ga$_2$ 型, 格子定数は a = 0.3507nm, c = 0.9342nm [3]
TmFeB$_4$: 空間群 $Pbam$, YCrB$_4$ 型, 格子定数は a =0.5850nm, b =1.132nm, c = 0.3365nm [4]

文献 [1] A.V.Andreev, M.I.Bartashevich, A.V.Deryagin, S.M.Zadvorkin, E.N.Tarasov and S.V.Terent'ev : Doklady Akad. Nauk SSSR **283** (1985) 1369-1371

[2] Yu.B.Kuz'ma, N.S.Bilonizhko, N.F.Chaban and G.V.Chernyak : J. Less-Common Metals **90** (1983) 217-222

[3] G.F.Stepanchikova, Yu.B.Kuz'ma and B.I.Chernyak : Dopov. Akad. Nauk Ukrain. RSR Ser. **A** (1978) No.10, 950-953

[4] G.F.Stepanchikova and Yu.B.Kuz'ma : Vestnik L'vov. Univ. Ser. Khim. (1977) No.19, 37-40

74. Fe-B-V

Yu.B.Kuz'ma ら[1]は光学顕微鏡による組織観察, X線回折により本系合金の研究を行っている。母材 99.99%Fe 粉末, 99.5%V, 99.3%B 各粉末を用いた. これらを圧粉後, アルゴン雰囲気下で水冷銅るつぼ中でアーク溶解した. これを真空炉中で焼鈍, 1400℃か 800℃まで3時間かけて徐冷した. 次に石英管に封入し, 800℃ × 300時間焼鈍後, 水焼入れを施した.

図74-1に800℃等温断面図を示す. 図に明らかなように, α-Fe基固溶体と Fe$_2$B, VBおよび Fe-V二元系の σ 相とが平衡する. Fe$_2$B 相中への V の溶解度は5at%を越えない. Fe$_2$B の結晶構造は CuAl$_2$ 型で, 格子定数は Fe$_2$B 中に V が最大固溶した状態で, a = 0.5118nm, c = 0.4251nm である. 三元化合物は見出されなかった.

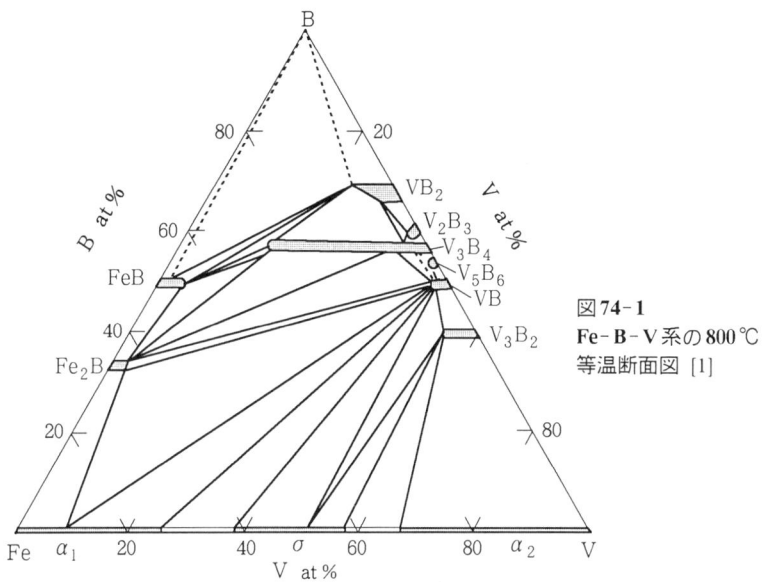

図74-1
Fe-B-V系の800℃
等温断面図 [1]

文献 [1] Yu.B.Kuz'ma and P.K.Starodub : Izvest. Akad. Nauk SSSR, Neorg. Materialy **9** (1973) 376-381

75. Fe-B-W

Yu.B.Kuz'ma ら [1] によれば, H.Haschke ら [2] は本系合金の1000℃等温断面を研究し, 3種類の三元化合物を見出している (図75-1).

化合物 W_2FeB_2 は Mo_2NiB_2 型構造 (空間群 $Immm$) を有し, 格子定数は a = 0.7124 nm, b = 0.4610nm, c = 0.3148nm である (W.Rieger ら [3]). W_2FeB_2 は高温では U_3Si_2 型構造をとり, 格子定数は a = 0.5690nm, c = 0.3162nm である [2].

1300℃以上で, 同じく U_3Si_2 型構造の $(W, Fe)_3B_2$ が生じる (Yu.B.Kuz'ma ら [4]). 格子定数は a = 0.5753~0.5739nm, c = 0.3161~0.3159nm である.

化合物 $W_{7.5}Fe_{1.5}B_{11}$ は CrB 型 (空間群 $Cmcm$) を有し, Fe で安定化した WB 相の高温相であるとしている [2]. 格子定数は a = 0.3155nm, b = 0.8345nm, c = 0.3054nm である.

WFeB は TiNiSi 型 (空間群 $Pnma$) で, 格子定数は a = 0.5832nm, b = 0.3161nm, c = 0.6810nm である (W.Jeitschko [5]).

文献 [1] Yu.B.Kuz'ma and N.F.Chaban : "Dvoinye i Troinye Sistemy Soderzhaschie Bor", Metallurgiya, Moskva (1990) 189-190

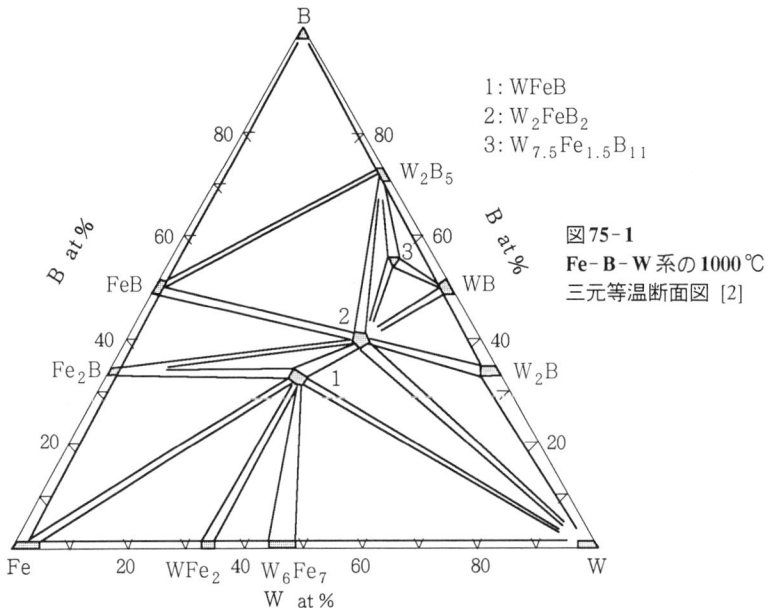

図75-1
Fe-B-W系の1000℃
三元等温断面図 [2]

[2] H.Haschke, H.Nowotny and F.Benesovsky : Monatsh.Chem. **97** (1966) 1459-1468
[3] W.Rieger, H.Nowotny and F.Benesovsky : Monatsh. Chem. **97** (1966) 318-328
[4] Yu.B.Kuz'ma and M.V.Chepiga : Izvest. Akad. Nauk SSSR, Neorg. Materialy **5** (1969) No.1, 49-53
[5] W.Jeitschko : Acta Cryst. **B24** (1968) 930-934

76. Fe-B-Y

G.F.Stepanchikovaら[1]はX線回折により本系の800℃等温断面図を研究している.

母材は99.3%Y, 99.99%カルボニル鉄粉, 99.4%Bを用い, 圧粉体を精製アルゴン雰囲気下でアーク溶解して合金を作製し, これを石英管中に真空封入し, 800℃×720時間焼鈍後水焼入れした. X線回折はCr-Kα線を用いている. 図76-1は[1]による800℃等温断面図である. 本系には, 各二元系の化合物相の他に6種類の三元化合物相の存在を報告している. 化合物1, 4は[1]によればそれぞれ, ~$Y_3Fe_{16}B$, ~Y_2FeB_3 とされたが, その後それぞれ $Y_2Fe_{14}B$ (O.M.Dubら[2], A.V.Andreevaら[3]), $Y_{5-x}Fe_{2+x}B_6$ (O.M.Dubら[4])と同定されている. 化合物5は Y_3ReB_7 型とされていたが[1], Yu.B.Kuz'maら[5]は Er_3CrB_7 型に属するとしている. YFe_2B_2,

76. Fe-B-Y

$Y_{5-x}Fe_{2+x}B_6$, Y_3FeB_7 は800℃で長時間焼鈍後はじめて生じる. 本系の三元化合物相を表76-1に示す.

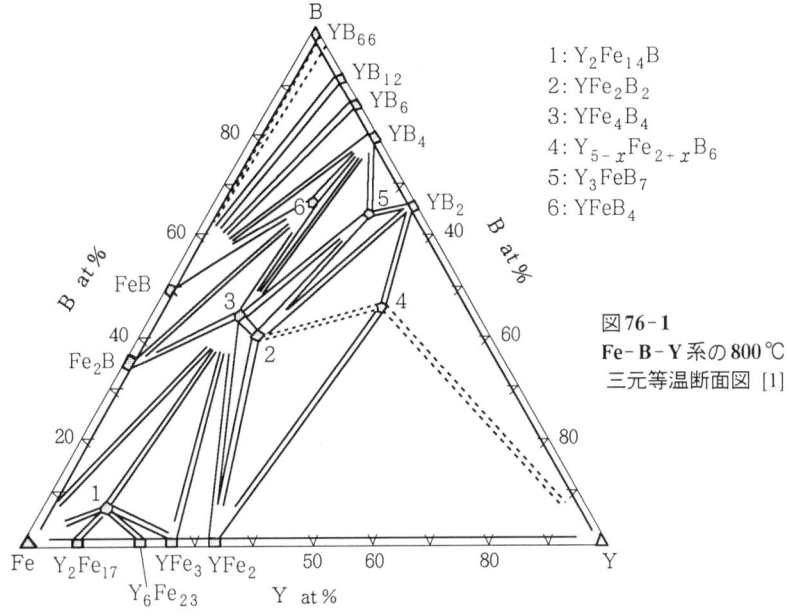

図76-1
Fe-B-Y系の800℃
三元等温断面図 [1]

表76-1 Fe-B-Y系の三元化合物相

		空間群	構造型	a	b	c	文献
1	$Y_2Fe_{14}B$	$P4_2/mnm$	$Nd_2Fe_{14}B$	0.8750	—	1.2020	[2,3]
2	YFe_2B_2	$I4/mmm$	$CeAl_2Ga_2$	0.3546	—	0.9555	[6]
3	~YFe_4B_4	正方晶	—	0.705	—	2.70	[1]
4	$Y_{5-x}Fe_{2+x}B_6$	$R\bar{3}m$	$Pr_{5-x}Co_{2+x}B_6$	0.5426	—	2.328	[4]
5	Y_3FeB_7	$Cmcm$	Er_3CrB_7	0.3423	1.5658	0.9295	[5]
6	$YFeB_4$	$Pbam$	$YCrB_4$	0.5906	1.140	0.3407	[1]

文献 [1] G.F.Stepanchikova and Yu.B.Kuz'ma : Poroshkovaya Metallurgiya (1980) No.10, 44-47
   [2] O.M.Dub and Yu.B.Kuz'ma : Poroshkovaya Metallurgiya (1986) No.7, 49-52
   [3] A.V.Andreeva, M.I.Bartashevich, A.V.Deryagin, S.M.Zadvorkin, E.N.Tarasov and S.V.Terent'ev : Doklady Akad. Nauk SSSR, **283** (1985) 1369-1371
   [4] O.M.Dub, N.F.Chaban and Yu.B.Kuz'ma : J. Less-Common Metals **117** (1986) 297-302

[5] Yu.B.Kuz'ma, S.I.Mykhalenko and L.G.Akselrud : J. Less-Common Metals **117** (1986) 29-35

[6] G.F.Stepanchikova and Yu.B.Kuz'ma and B.I.Chernyak : Doklady Akad. Nauk SSSR, Ser. **A** (1978) No.10, 951-953

77. Fe-B-Zr

Yu.B.Kuz'maら[1], V.F.Funkeら[2]によるX線回折, A.K.Shurinら[3]による示差熱分析, 光学顕微鏡による組織観察, 硬度測定の研究がある.

[1]は母材にカルボニル鉄粉, 99.5%Zr, 99.5%Bを用い, 粉末冶金法により焼鈍して合金を作製した. 1600℃×2時間均一化焼鈍後, 850℃まで炉内で徐冷後, 850℃×500時間焼鈍し, 水焼入れした. 化合物 Zr_6Fe_{23} 付近の合金は 1250℃×70時間焼鈍後, 850℃×500時間焼鈍した. これは Zr_6Fe_{23} 相の形成速度が遅いことを考慮したためである.

図77-1は850℃等温断面図である. 同温度では三元化合物は見出されなかった. Fe基固溶体と二元化合物, Fe_2B, ZrB_2, Zr_6Fe_{23} とが平衡している. $Fe-ZrB_2$ 断面の合金は二相共存の状態であるが, これは[2]の結果と矛盾している.

[3]は $Fe-ZrB_2$ 断面の合金を研究した. 母材はカルボニル鉄, ヨード法ジルコニウム, 98.45%結晶化ボロンを用いている. 図77-2にFe-ZrB_2 断面図を示す.

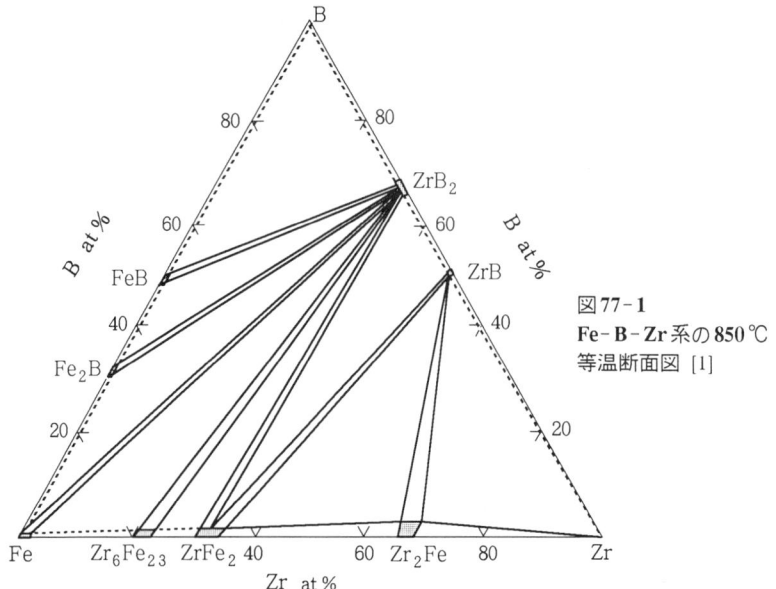

図77-1 Fe-B-Zr系の850℃等温断面図 [1]

Fe-ZrB$_2$ 断面は,擬二元共晶を示し,共晶点は 6.6mol%ZrB$_2$, 1275 ℃ である.

Fe$_2$B の結晶構造は CuAl$_2$ 型の正方晶で,格子定数は a = 0.5109nm, c = 0.4249nm, c/a = 0.832 である. ZrB$_2$ は AlB$_2$ 型構造で,格子定数は a = 0.3168~0.3170nm, c = 0.3525~0.3533nm, c/a = 1.114 である. Zr$_6$Fe$_{23}$ は,Th$_6$Mn$_{23}$ 型構造の立方晶である.

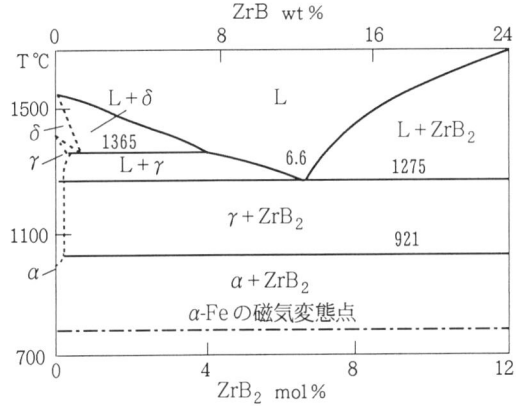

図77-2
Fe-B-Zr 系の Fe-ZrB$_2$ 擬二元系断面図 [3]

文献 [1] Yu.B.Kuz'ma, V.I.Lakh and Yu.V.Voroshilov et al. : Izvest. Akad. Nauk SSSR, Metally (1965) No.6, 127-129

[2] V.F.Funke and S.I.Yudkovskaya : Izvest. Akad. Nauk SSSR, Otdel. Tekhn. Nauk Met. i Toplivo. (1962) No.4, 126-129

[3] A.K.Shurin and V.E.Panarin : Izvest. Akad. Nauk SSSR, Metally (1974) No.5, 235-239

78. Fe-Be-Co

高武盛ら [1] は X 線回折,X 線マイクロアナライザーにより α-Fe 中への Be の溶解度に与える 5, 10at%Co 添加の影響を調べている. 母材は 99.95%Fe, 99.5%Co を用い,高周波溶解炉で溶解している. 得られた合金を 900, 850, 800, 750, 700, 650, 600 ℃でそれぞれ 400, 500, 700, 1200, 2000, 3000, 7000 時間焼鈍後,水焼入れしている. Fe 基固溶体と Co を固溶した中間相 FeBe$_2$, すなわち (Fe, Co)Be$_2$ とが平衡する. 図 78-1 は α-Fe 中への Be の溶解度曲線に与える Co の影響を示す. T.Nishizawa ら [2] は 7at%Co を含む α-Fe 中への Be の溶解度曲線を計算している.

W.Köster [3] は本系の Fe-Co-CoBe-FeBe$_2$ の領域の合金の研究を行っている. [3] によれば二元系および三元系の反応の概略は図 78-2 のとおりである. FeBe$_2$ (θ 相) と CoBe (η 相) は擬二元共晶を示し,共晶温度は ~1180 ℃,共晶点組成は 46.5 wt%Fe-19.5%Be-34%Co である. Fe-Be 二元共晶 E$_1$ は Co 添加とともに低温側に

移動し，三元共晶 E_3 ($L \rightleftarrows \theta + \eta$) と交わり，四相平衡，$L + \theta \rightleftarrows \alpha + \eta$, ~1100℃ を形成している．

CoBe 側の共晶 $E_2 \rightleftarrows \gamma_1 + \eta_1$ (1115℃) は Fe 添加に伴い下降し，80%Co 付近，900~950℃ の間で，$\alpha + \gamma + \eta$ 固相を晶出すると報告している．

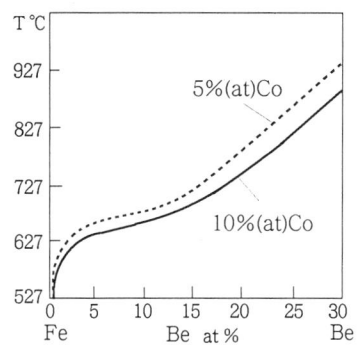

図 78-1
α-Fe 中の Be の溶解度に及ぼす Co の影響 [1]

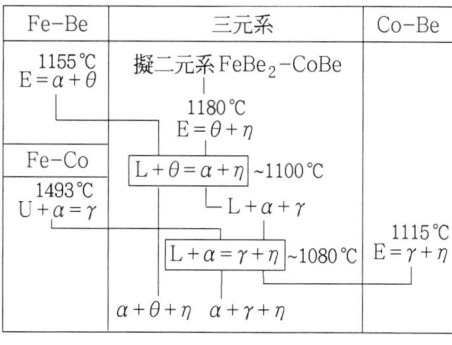

図 78-2
Fe-Be-Co 系の Fe コーナーの一変系，不変系反応概略図 [3]　二元共晶温度は新しいデータといくらか異なる．　各二元系参照のこと

文献 [1] 高 武盛, 西澤泰二: 日本金属学会誌 **43** (1979) No.2, 126-135
　　　[2] T.Nisizawa, M.Hasebe and M.Ko : Acta Met. **27** (1979) No.5, 817-828
　　　[3] W.Köster : Arch. Eisenhüttenwesen **13** (1939) 227-230

79. Fe-Be-P

R.Vogel ら [1] は熱分析，光学顕微鏡による組織観察で，Fe-Fe_2P-Be_2Fe 領域について 5 種類の温度-組成垂直断面: Fe_2P-Be_2Fe, Fe_3P-Be_2Fe, Fe コーナー (Be : P = 5 : 8, 1 : 1wt%), Fe-P-2.5wt%Be を研究している．

断面 Fe_2P-Be_2Fe および Fe_3P-Be_2Fe は擬二元共晶型を示す (図 79-1)．図 79-2 は P, Be 各々 25wt% までの液相面投影図である．上記領域内には三元化合物相は見出されていない．包晶型 ($LU + Fe_2P \to Fe_3P + Be_2Fe$, 997℃, 4.75wt%Be, 10.25wt%P)，共晶型 ($LE \to \alpha$-Fe + $Fe_3P + Be_2Fe$, 961℃, 3.75wt%Be, 8.25wt%P) の 2 種類の不変反応が存在する．

図 79-3 は室温における等温断面図であるが，三元化合物は室温までの冷却過程では生じないことがわかる．

文献 [1] R.Vogel and G.Zwingmann : Arch. Eisenhüttenwesen **26** (1955) No.12, 701-704

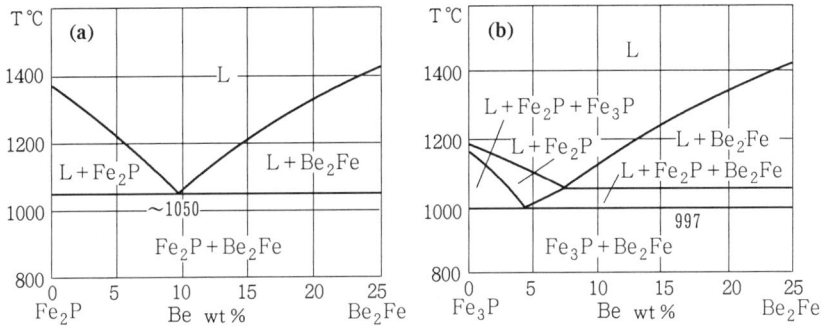

図79-1　Fe-Be-P系の擬二元系状態図 [1]　(a) Fe_2P-Be_2Fe　(b) Fe_3P-Be_2Fe

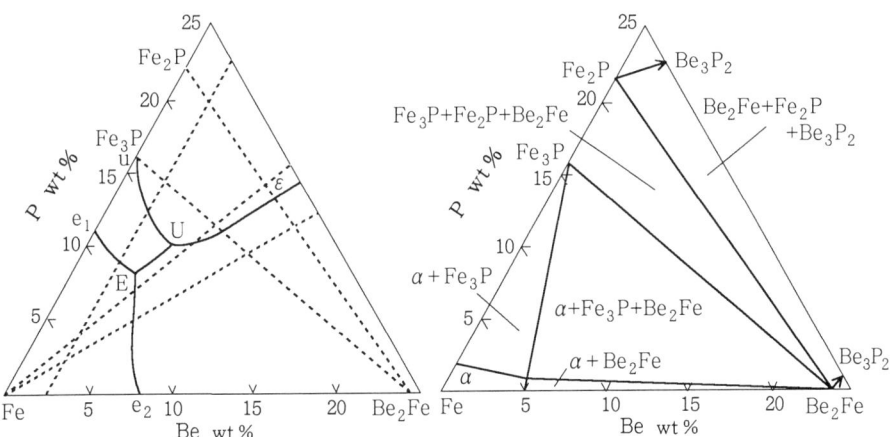

図79-2　Fe-Be-P系の液相面投影図 [1]　　図79-3　Fe-Be-P系の室温における等温断面図 [1]

80. Fe-Be-Si

　R.Vogelら [1] は熱分析, 光学顕微鏡による組織観察で, 次の5種類の断面を研究している. FeSi-$BeFe_2$, ζ(Fe_2Si_5)-$BeFe_2$, FeSi-Be, ζ-Be および Fe-Be-5wt%Si. 多数の合金の研究結果から, 液相面上の特性点および一変系線, 等温 (室温) 断面上の相境界を決定している. 図80-1 (a~c) は上記各断面図を示す. 図80-2は Fe-Be-Si系の液相面の投影図である.

　2種類の調和融解三元化合物, Γ相: FeSiBe, Φ相: $FeSiBe_3$ が見出されている. 化合物 Γ は密度 $5.13g/cm^3$, ビッカース硬度 10.5GPa, である. また Φ 相は密度 3.80 g/cm^3, 硬度は 14.9GPa である. Γ 相は組成幅を有しないが, Φ 相は Φ 相を含む6種

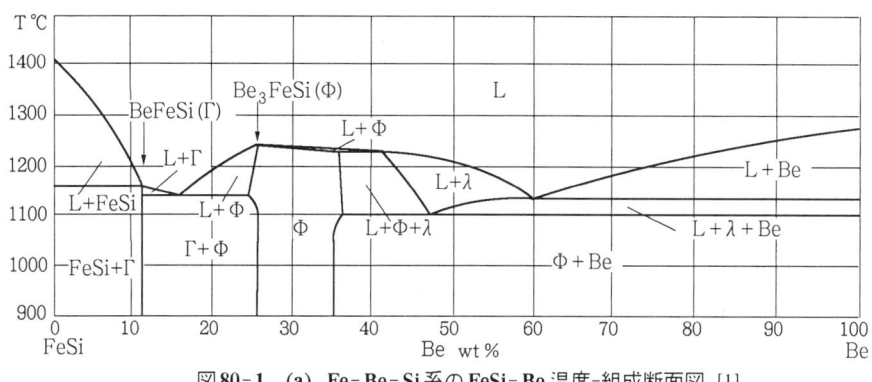

図80-1 (a) Fe-Be-Si系のFeSi-Be温度-組成断面図 [1]

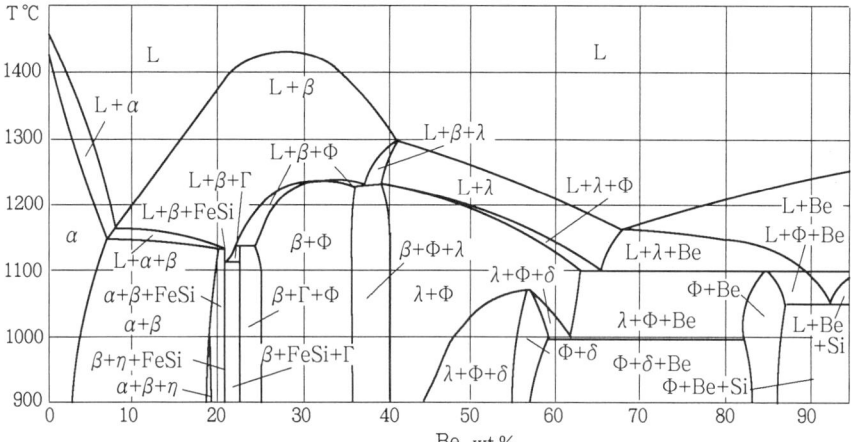

(b) Fe-Be-Si系の(95wt%Fe-5%Si)-(95%Be-5%Si)温度-組成断面図

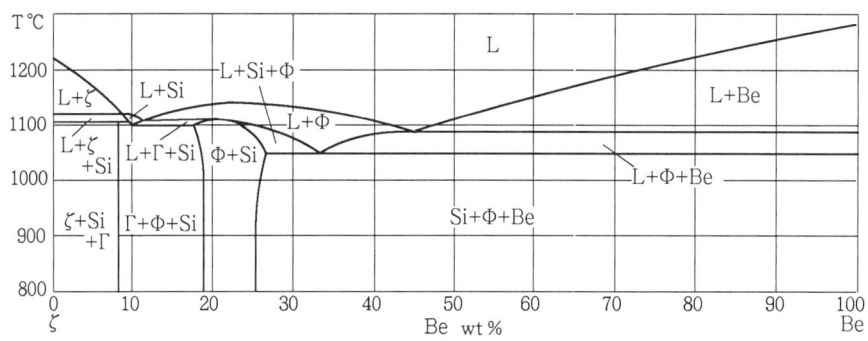

(c) Fe-Be-Si系のζ相-Be温度-組成断面図

80. Fe-Be-Si

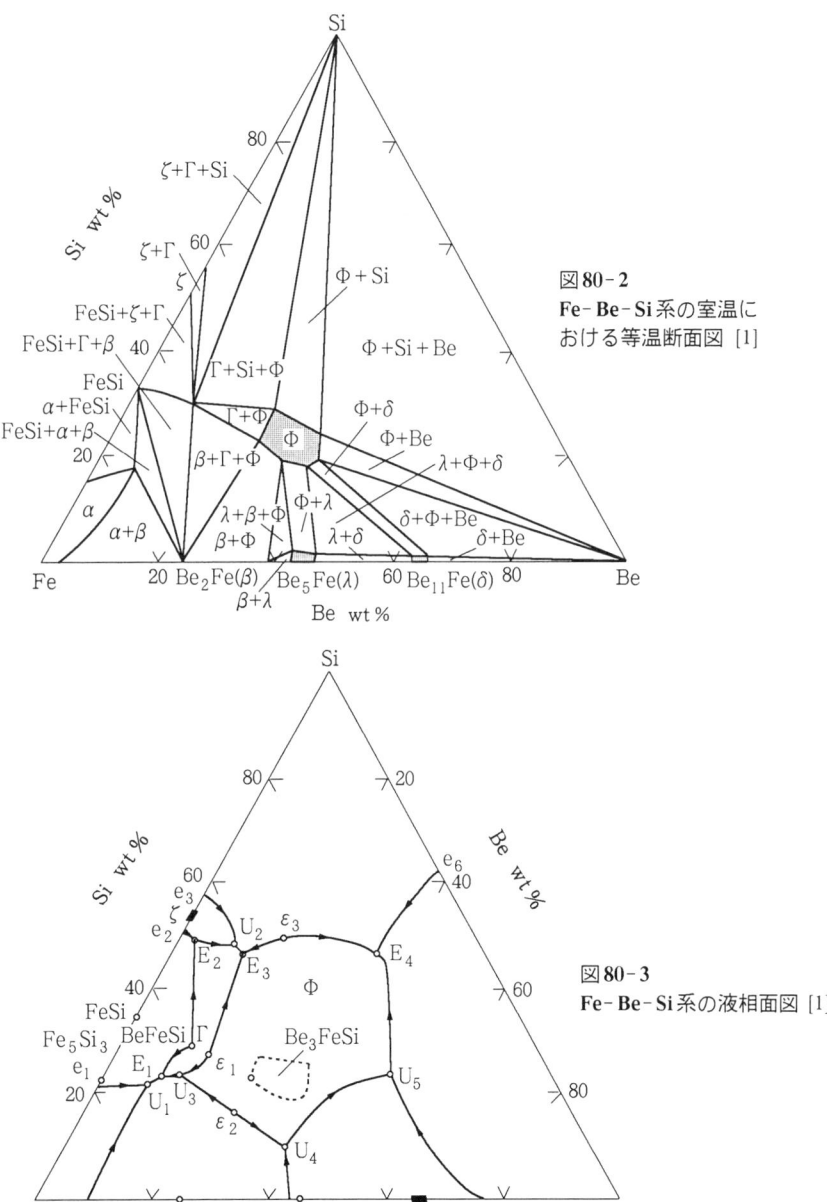

図 80-2
Fe-Be-Si 系の室温における等温断面図 [1]

図 80-3
Fe-Be-Si 系の液相面図 [1]

の三相領域との境界を頂点とする六角形の広い組成領域を占めている(図80-3).
図上の特性点の組成と温度を表80-1に示す.

表80-1 Fe-Be-Si系の液相面上の各点の温度および組成

点	T℃	組成(wt%)			点	T℃	組成(wt%)		
		Fe	Si	Be			Fe	Si	Be
Γ	1160	59.0	30.0	11.0	U_2	1105	42.0	49.0	9.0
Φ	1260	(図80-2 参照)			E_3	1100	42.7	48.3	10.0
U_1	1130	68.5	22	9.5	ε_3	1110	34.2	49.1	16.7
E_1	1120	67.5	22.5	10.0	E_4	1050	19.8	46.2	34.0
U_3	1135	63.5	24.0	12.5	U_5	1100	27.0	24.1	48.9
ε_1	1140	56.0	28.0	16.0	U_4	1230	52.9	9.6	37.5
E_2	1125	47.5	50.5	2.0	ε_2	1235	58.5	17.0	24.5

文献 [1] R.Vogel and H.J.Geske : Arch. Eisenhüttenwesen **31** (1960) No.5, 319-330

81. Fe-Be-Zr

A.S.Adamova [1] は光学顕微鏡による組織観察,硬度測定からZrコーナーの状態図について研究している.合金は99.7%Zr, 99.8%Be, Fe粉末を用い,アルゴン雰囲気下でアーク溶解により作製した.

図81-1 (a), (b) にZrコーナー等温断面図を示す.β-Zr基固溶体は950℃で最も広く三元系に拡がり,温度低下とともに収縮する.α-Zr固溶体はZr-Be側に沿って存在し,温度低下とともにいくらか領域を狭める.

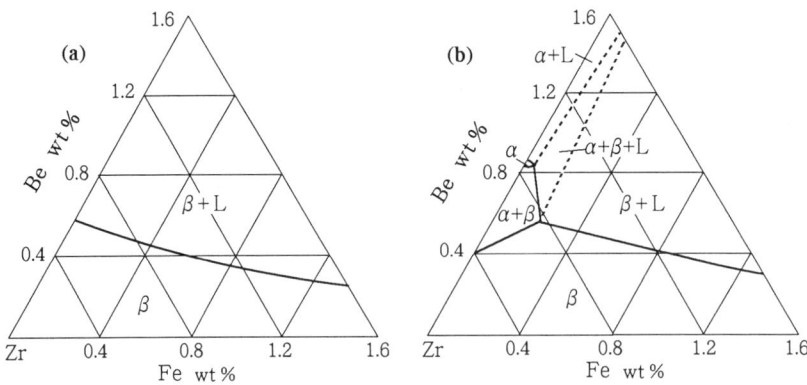

図81-1 Fe-Be-Zr系のZrコーナー等温断面図 [1]　(a) 1000℃ (b) 950℃

文献 [1] A.S.Adamova and O.S.Ivanov : "Fiz.-khim. Splavov Tsirkoniya", Mosckva, Nauka (1968)

82. Fe-Bi-S

G.G.Urazovら[1]は熱分析,光学顕微鏡による組織観察により,Bi-Fe側の領域の状態図を研究し,図82-1(a)に示すような5種類の断面(I～V)の合金を調べ,相分離境界と液相面を求めている.

母材には99.9%Bi, S, 99.7%Feを用い,硫化鉄はあらかじめ鉄片とSとを2回溶解して作製し,これらをコランダム,磁製るつぼ中で,C粉末で覆い溶解している.

[1]は上記領域(断面I～V)の二元系の相の相互作用のみを調べている.図82-2は液相面投影図である.次の四相が初晶として生じる.Bi基およびFe基固溶体,FeS,Bi_2S_3.FeS相とFe基固溶体は広い初晶領域を持つが,Biの初晶域は事実上存在しない.BiとFeSを結ぶ対角線によって2種類の二次三元系:$Bi-FeS-Bi_2S_3$, $Bi-FeS-Fe$とに分かれるが,第一の領域では$Bi+FeS+Bi_2S_3$が共晶を形成し,第二の領域では,$Bi+FeS+Fe$が共晶を形成する.Feの初晶線とFeSの初晶線は相分離域で交差している.その結果ここでは四相平衡:$L_1 \rightleftarrows L_2 + FeS + Fe$,が存在してい

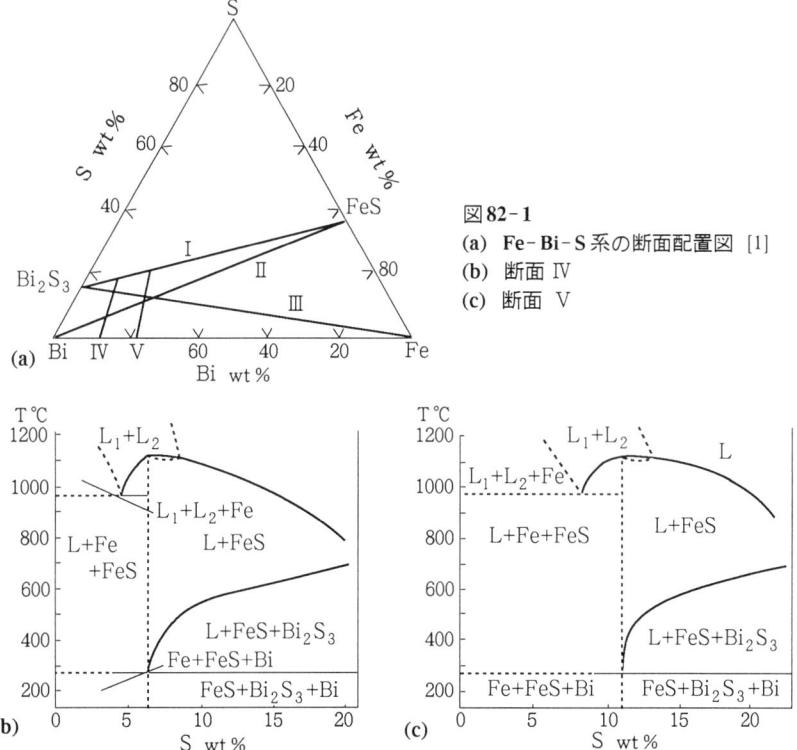

図 82-1
(a) Fe-Bi-S系の断面配置図 [1]
(b) 断面 IV
(c) 断面 V

る．相分離領域（図82-2点線）を決定するために，合金を1200℃から焼入れて，硫化物層，金属層それぞれから試料を取り出し，化学分析している．相分離領域はBi-Fe 二元系から始まり，Fe-Bi-FeS 領域のほぼ全域へ拡がっている．

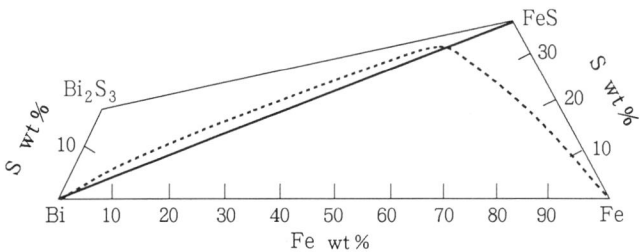

図82-2 Fe-Bi-S系の液相面投影図および相分離境界（点線）[1]

文献 [1] G.G.Urazov, K.A.Bol'shakov, P.I.Fedorov and I.I.Vasilevskaya : Zhur. Neorg. Khim. **5** (1960) No.3, 630-636

83. Fe-C-Co

D.J.Fray ら [1] は Fe-Co 系合金中の C の溶解度を化学分析により求めている．Fe-Co合金を不活性ガス雰囲気下でアーク溶解後，1000℃×72時間Cを飽和させた．図83-1に示すように，Co濃度の増加に伴い，Fe-Co合金中へのCの溶解度は減少する．

V.S.Ageev ら [2] は Fe-0.03wt%C-0.9%Co, Fe-0.03%C-4.53%Co 合金のフェライト相中のCの溶解度を，内部摩擦により調べている．

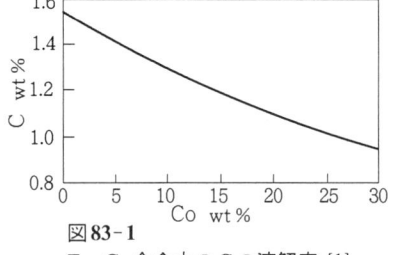

図83-1 Fe-Co合金中のCの溶解度 [1]

文献 [1] D.J.Fray and Chipman : Trans. AIME **245** (1969) 1143-1144
　　　[2] V.S.Ageev, V.I.Tikhonova, A.A.Morozyuk and I.S.Golovin : Sb. Vzaimodeistvie Defektov Kristallicheskoi Reshetki i Svojstva Metallov, Tula (1979) 137-143

84. Fe-C-Cr

本系については古くから多数の研究がなされている [1~13]．Crを含む炭化物相の存在領域，三元系における σ 相の存在領域等について，これらの研究は僅かではあるが，異なっている．

W.Tofaute ら [1, 2] は光学顕微鏡による組織観察，熱膨張測定，硬度測定，熱分析，

84. Fe-C-Cr

X線回折により三元液相面をはじめ多数の温度-組成断面,等温断面を研究している. 炭化物については,例えば$M_{23}C_6$をM_4Cと表すなど,一部現在の解釈と異なる部分が存在するが,現在の状態図の基本型を確立した.

その後K.Bungardtら[4]は光学顕微鏡による組織観察,X線回折,熱膨張測定により,Fe-0~2.5wt%C-0~25%Cr組成の合金を研究した. 合金は純鉄(0.08%C, 0.20%Mn, 0.014%P, 0.012%S, 0.06%Ni, 0.07%Si)と71%Crを含むフェロクロム,電極用炭素を用い,高周波真空溶解により作製している. 液相を含む反応については,その後R.S.Jackson[7]により批判されており,またFe-Cr二元系の中間相σ相出現領域までは研究していないが,低炭素,低クロム側では現在までのところ最も詳しい状態図を示している.

[4]によると本系には3種類の炭化物, $(Cr, Fe)_{23}C_6(K_1, fcc)$, $(Cr, Fe)_7C_3(K_2, 六方晶)$, $(Fe, Cr)_3C(K_C, 斜方晶)$が存在するとしている. 固相域では795℃に$\gamma_{R'} + M_{23}C_{6O'} \rightleftarrows \alpha_{N'} + M_7C_{3T'}$, 760℃に$\gamma_W + M_7C_{3T'} \rightleftarrows \alpha_{N'} + M_3C_{Y'}$の各四相平衡を提案しているが,これは[7]の見解とは一致しない.

[7]は[4]と若干異なる同様形式の三次元概略状態図を提案しているが,Cr側の液相面,固相反応とも[4]とは基本的に異なっている. 図84-1にこの液相面の投影図を示してある. この図はN.R.Griffingら[5]によるグラファイトを含む安定系の液相面とFe-Cr側では基本的に一致する. 図84-2に[5]によるグラファイト(G)を含む液相面投影図を示した. [7]によると図84-1に示すように,5種類の初晶面が存在し,それぞれフェライト,オーステナイト,$(Cr, Fe)_{23}C_6(K_1)$, $(Cr, Fe)_7C_3(K_2)$, $(Fe, Cr)_3C(K_C)$が晶出する. 各領域ともFe-C共晶に向かって下降する窪みによって分けられている. [7]によると3種類の三元包晶反応と1種類の包析反応の四相平衡が存在する. $L + Cr_{23}C_6 \rightleftarrows \alpha + Cr_7C_3$: 1449℃(A), $L + \alpha \rightleftarrows \gamma + Cr_7C_3$: 1292℃(B), $L + Cr_7C_3 \rightleftarrows \gamma + Fe_3C$: 1184℃(C), $\gamma + C_7C_3 \rightleftarrows \alpha + Fe_3C$: 795℃. [4]と[7]のこのような大きなくい違いは,[7]では合金作製に際し,真空処理したスウェーデン鉄,99.999%Cr,分光分析用Cを用いたことによると考えられる.

[5]はFe-0~94wt%Cr-1.4~11.7%C組成の合金を用い,飽和実験にはグラファイトるつぼを用いて凝固時の熱分析,光学顕微鏡による組織観察,X線回折により研究した. 表記組成領域では,図84-2に示すように7種類の初晶領域が出現する. 共晶線はCr-C側のc点(3.2wt%C)から-C側のb点(4.25%C)まで1530℃から1153℃まで下降する. g点では$L + (Cr, Fe)_3C_2 \rightleftarrows C + (Cr, Fe)_7C_3$: 1585℃の四相平衡が生じる. 以下, l : $L + C + (Cr, Fe)_7C_3 \rightleftarrows (Fe, Cr)_3C$: 1230℃, h : $L + (Cr, Fe)_{23}C_6 \rightleftarrows (Cr, Fe)_7C_3 + \alpha$: 1415℃, i : $L + \alpha \rightleftarrows \gamma + (Cr, Fe)_7C_3$: 1275℃, j : $L + (Cr, Fe)_7C_3 \rightleftarrows \gamma + (Fe, Cr)_3C$: 1160℃, k : $L + (Fe, Cr)_3C \rightleftarrows \gamma + C$: 1156℃, の四相平衡が存在する.

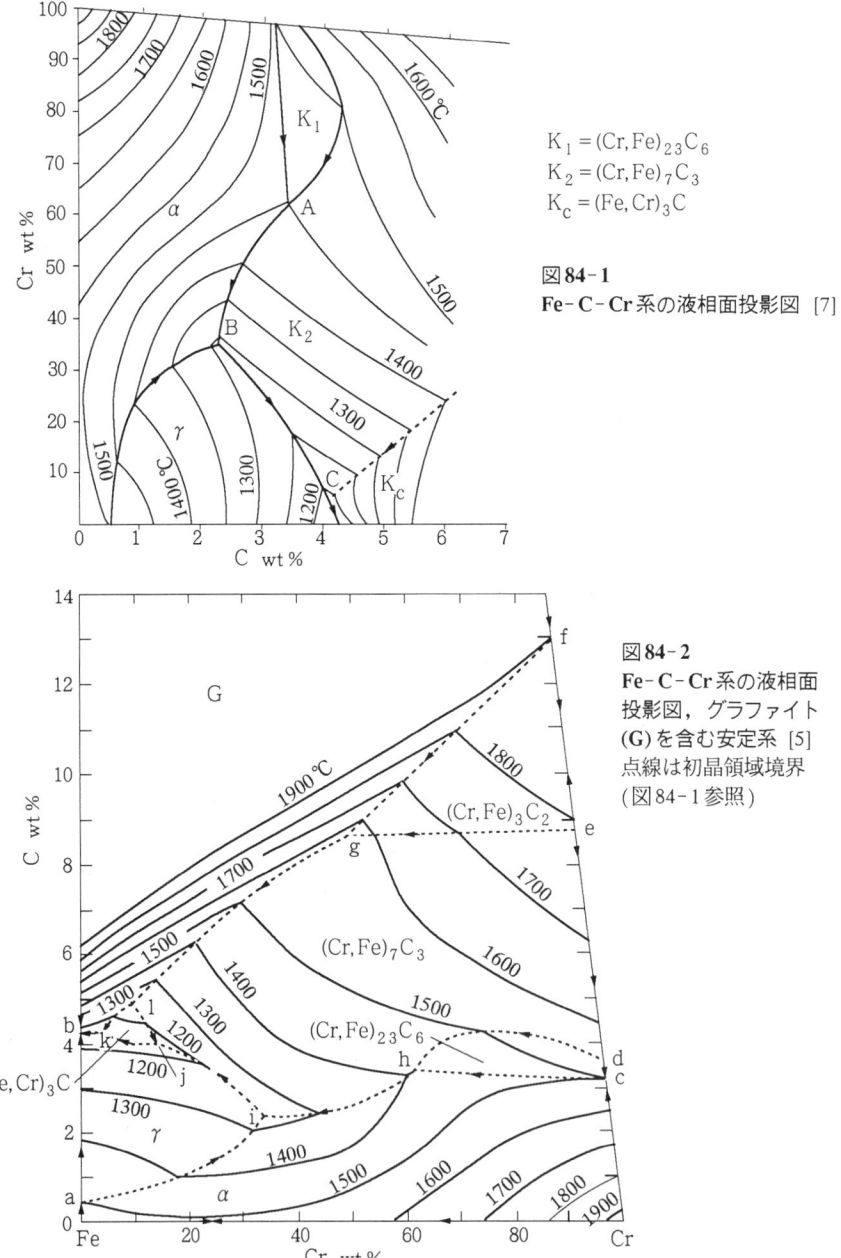

$K_1 = (Cr,Fe)_{23}C_6$
$K_2 = (Cr,Fe)_7C_3$
$K_C = (Fe,Cr)_3C$

図84-1
Fe-C-Cr系の液相面投影図 [7]

図84-2
Fe-C-Cr系の液相面投影図，グラファイト(G)を含む安定系 [5]
点線は初晶領域境界
(図84-1参照)

84. Fe-C-Cr

　Feコーナーあるいは Fe-Cr 側に沿った三元等温断面図についても [1, 2] 以来多数の研究 [3, 4, 7~13] が行われている．W.D.Forgeng ら [9] は 1973 年以前の研究をまとめた状態図を提案しているが，最近さらに新しい熱力学的データと状態図計算モデルに基づいたいくつかの状態図が提案されている [14~16]．図 84-3 は [9] が主として [2, 7] に基づいて作成した 1150℃ (a), 700℃ (b) の Fe-Cr 側等温状態図である．

　R.Benz ら [10] は光学顕微鏡による組織観察，EPMA, X 線回折により Fe-C-Cr 系の炭化物の溶解度を研究し，1000℃におけるグラファイトを含む等温断面図を提案している (図 84-4)．

　W.Jeelinghaus ら [8] は焼結合金を用いて本系の液相の関与する相平衡，700℃の相領域を研究した．Fe-C-Cr 系では中間相 σ 相は生成しにくく，例えば 1400℃から 600℃まで 3℃/分で冷却した試料中には σ 相は見出されなかった．しかし磁気分析，X 線回折等から σ 相が認められていることから，700℃における σ 相, Fe-Cr 二元系で二相分離により生じる Fe 側 $\alpha_1(\alpha)$ 相，Cr 側 $\alpha_2(\alpha')$ 相の概略存在領域を提案

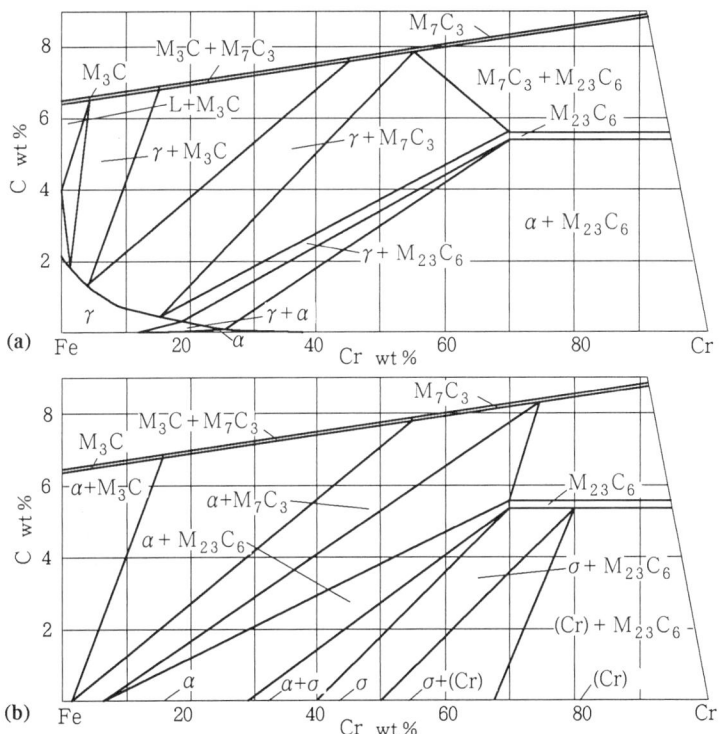

図 84-3　Fe-C-Cr 系の部分等温断面図 [9]　(a) 1150℃　(b) 700℃

している．

　Fe-Cr側，Fe-C側に沿った温度-組成断面については[2]をはじめ，[3, 4, 13]等で研究されている．Feコーナーについては[4]が詳細な温度-組成断面図を作成し，炭化物相の存在域を明らかにしている．[4]はしかし高クロム側のσ相の存在を考慮に入れていない．[9]は[4]の結果を考慮しつつσ相領域を含めた高クロム側までの温度-組成状態図を提案している（図84-5）．[6]は70wt%Cr-Fe-C温度-組成断面を示した．σ相を認めたものの状態図ではこれを考慮していない．

　種々のモデルを用いた最近の計算状態図[14~16]は，現在までのところ，これまで

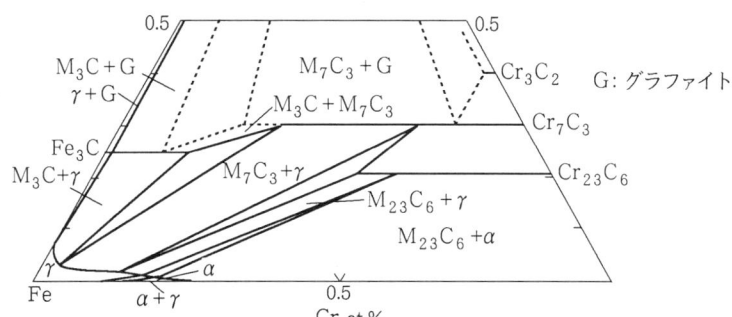

図84-4　Fe-C-Cr系の1000℃における安定系部分等温断面図 [10]

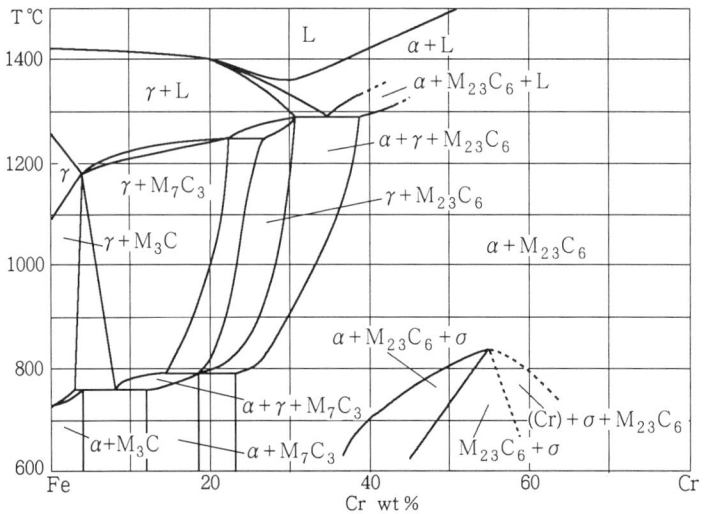

図84-5　Fe-C-Cr系の(Fe+1.5%C)-Cr温度-組成断面図 [9]

84. Fe-C-Cr

の実験結果との比較検討にとどまり,新しい状態図の提案に到るものは少ない.
[15] は計算状態図の他に, Fe-C-Cr系のグラファイトを含む安定系の三相,四相平衡反応図を示している.これは [4], [7] に見られたものよりさらに複雑である.
[10] は本系に現れる炭化物相の格子定数のCr濃度依存を調べた.表84-1はこれを示す.

表84-1 Fe-C-Cr系の炭化物相の格子定数のCr濃度依存 [10]

炭化物	結晶構造	Cr濃度*y_{Cr}	格子定数(nm)		
			a	b	c
$(Fe,Cr)_3C$	斜方晶	0.05	0.5060	0.6739	0.4499
		0.13	0.5070	0.6746	0.4504
$(Cr,Fe)_{23}C_6$	立方晶	0.56	1.0568 ± 0.0003		
		0.73	1.0578 ± 0.0005		
$(Cr,Fe)_7C_3$	六方晶	0.35	0.6922		0.4494
		0.61	0.6949		0.4511
		0.73	0.6957		0.4513

* $y_{Cr}=x_{Cr}/(x_{Fe}+x_{Cr})$, 原子比

文献 [1] W.Tofaute, A.Sponheuer and H.Bennek : Arch. Eisenhüttenwesen **8** (1935) 499-506
   [2] W.Tofaute, C.Küttner and A.Büttinghaus : Arch. Eisenhüttenwesen **9** (1936) 607-617
   [3] K.Kuo : J. Iron Steel Inst. **173** (1953) 363-375
   [4] K.Bungardt, E.Kunze and E.Horn : Arch. Eisenhüttenwesen **29** (1958) 193-203
   [5] N.R.Griffing and W.D.Forgeng : Trans.AIME **224** (1962) 148-159
   [6] W.P.Pepperhoff, H.E.Bühler and N.Dautzenberg : Arch.Eisenhüttenwesen **33** (1962) 611-616
   [7] R.S.Jackson : J. Iron Steel Inst. **208** (1970) 163-177
   [8] W.Jellinghaus and H.Keller : Arch. Eisenhüttenwesen **43** (1972) 319-328
   [9] W.D.Forgeng and W.D.Forgeng Jr. : "Metals Handbook", 8th ed. ASM, Metals Park, Ohio **8** (1973) 402-404
   [10] R.Benz, J.F.Elliott and J.Chipman : Metall. Trans. **5** (1974) 2235-2240
   [11] L.R.Woodyatt and G.Krauss : Metall. Trans. **7A** (1976) 983-989
   [12] R.C.Sharma, G.R.Purdy and J.S.Kirkaldy : Metall. Trans. **10A** (1976) 1119-1127
   [13] H.Brandis, H.Presendanz and P.Shüler : Thyssen Edelstahl Tech. Berlin **6** (1980) No.2, 155-167
   [14] S.Hertzman : Metall. Trans. **18A** (1987) 1753-1766
   [15] Jan Oloy Andersen : Metall. Trans. **19A** (1988) 627-636
   [16] B.I.Leonovich, N.R.Frage, V.S.Il'chuk, Yu. G.Gurevich and S.V.Underskaya : Izvest. Akad. Nauk SSSR, Metally (1989) No.1, 85-88

85. Fe-C-Cu

K.Löhberg ら [1] は光学顕微鏡による組織観察, X線回折により研究を行っている. 母材はアームコ鉄, 電解銅, 原子炉材用グラファイトを用いた. 図85-1は平衡状態, 準安定状態で凝固した場合の液相面の投影図である. 平衡凝固の場合はCu濃度の増加に伴いグラファイトの共晶温度が上昇する: 4.2wt%Cu, 4wt%C, 1184℃に四相平衡: $L'_1 + L'_2 \rightleftarrows C + \gamma'$ が存在する. 1096℃で包析反応が生じ, その結果三相 $\gamma + C + Cu$ 領域が生じる. 準安定凝固の場合はCu濃度の増大に伴い共晶温度

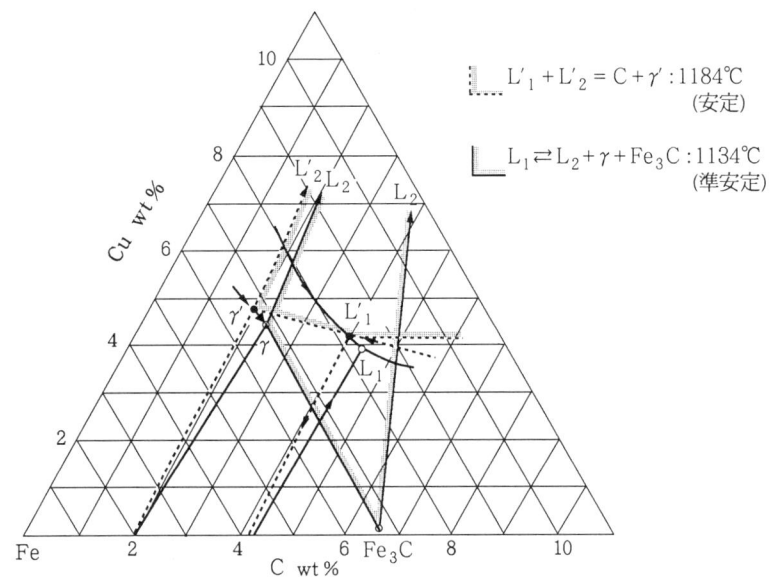

図85-1　Fe-C-Cu系の平衡凝固(点線)および準安定凝固(実線)時の液相面投影図 [1]

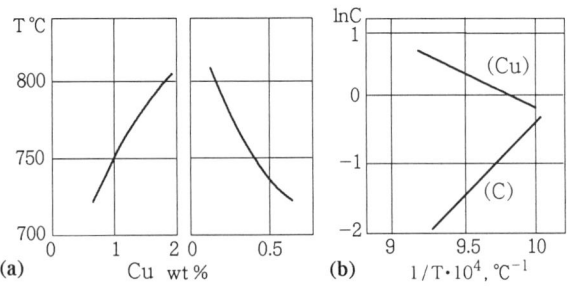

図85-2　α-Fe, γ-Fe, Cuと平衡するオーステナイトへのCuとCの溶解度 [2]

は1134℃まで低下し,3.6~4wt%Cu, 4.3~4.4wt%C組成の合金では偏晶反応 $L_1 \rightleftarrows L_2 + \gamma + Fe_3C$ が始まる.

L.E.Larsson[2]はFe-C合金の状態図に与えるCu添加の影響を光学顕微鏡による組織観察,X線マイクロアナライザー,化学分析および硬度測定により調べた.粉末冶金法により0.5~4wt%Cu, 0.2~0.4wt%Cを含む合金を作製した.Fe,グラファイト,Cuの各粉末を低温で圧粉し,1100℃×1時間,乾燥水素雰囲気下で焼結した.熱間鋳造後アルゴン雰囲気下で1250℃×100時間均一化焼鈍を施し,Fe-C系の $\alpha+\gamma$ 領域に冷却,16時間保持後,水焼入れを行った.

α-Fe, γ-FeおよびCuと平衡するオーステナイト中へのCuおよびCの溶解度を決定した(図85-2).ここから三元Fe-C-Cu系の A_3 境界を求めた(図85-3).

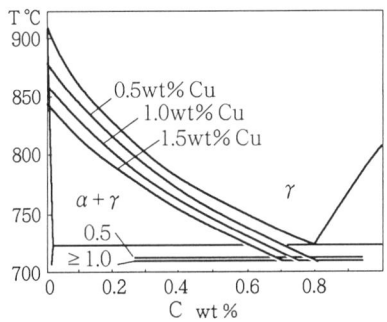

図85-3
Fe-Cの A_3 線に及ぼすCuの影響 [2]
Cu濃度の増加とともに A_3 点が降下するのがわかる

文献 [1] K.Löhberg and K.Köhrig : Giesserei, Techn.-Wiss. Beih. **17** (1965) No.3, 91-98
　　 [2] L.E.Larsson : Z. Metallkunde **66** (1975) No.4, 220-223

86. Fe-C-Gd

H.H.Stadelmaierら[1]は光学顕微鏡による組織観察,EPMA,X線回折により本系合金の研究を行っている.母材は電解鉄(99.9%), Gdインゴット(99.9%), 黒鉛(99.94%)を用い,精製アルゴン雰囲気下でアーク溶解により6種類の二元合金と132種類の三元合金を作製した.平衡状態を得るため,合金を石英管に真空封入し,900℃×300時間焼鈍を施した.

図86-1,図86-2に本系の液相面投影図および900℃等温断面図を示す.本系には6種類の三元化合物相が認められ,そのうちFeGdCのみが調和融解するという.図86-1に示されているように11通りの四相不変反応が存在する.Fe-C側の点線で示した反応はFe-Fe₃C系準安定状態図に基づくもので,四相平衡1, 2, 9が関与したものである.図86-2上のアラビア数字は三元化合物相を示している(表86-1).Fe側の三元化合物1, 2, 4は鋳造試料には見られず液相から生じたという証拠はな

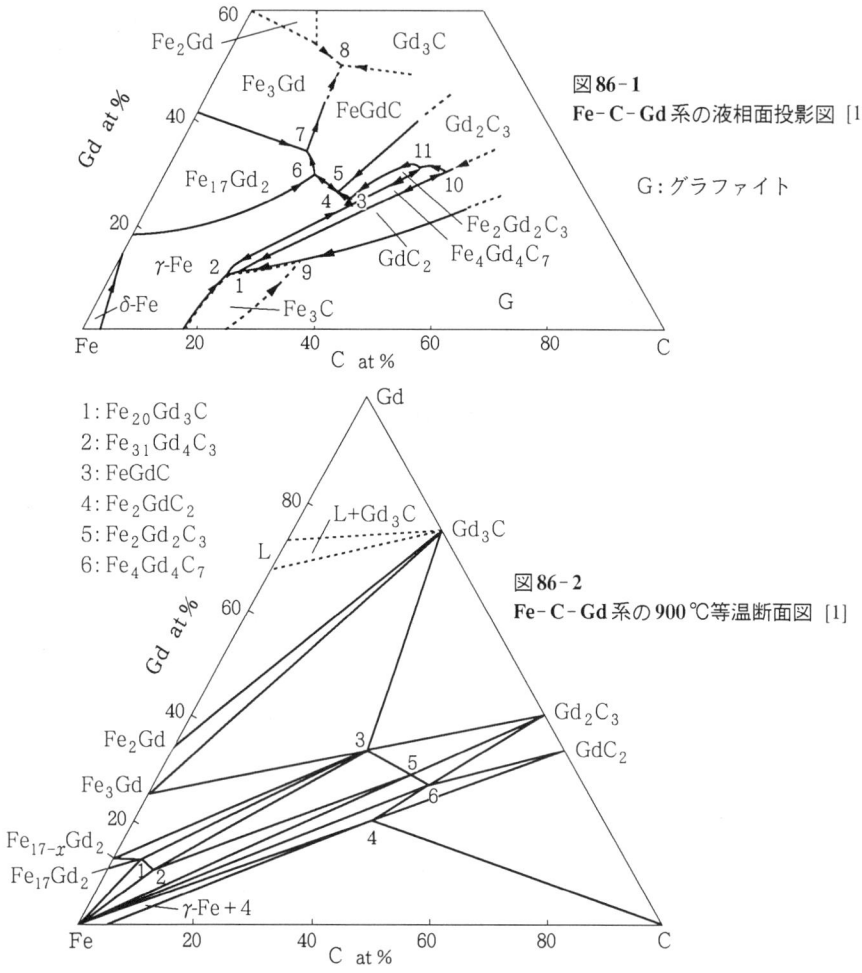

図86-1 **Fe-C-Gd**系の液相面投影図 [1]

G: グラファイト

1: $Fe_{20}Gd_3C$
2: $Fe_{31}Gd_4C_3$
3: FeGdC
4: Fe_2GdC_2
5: $Fe_2Gd_2C_3$
6: $Fe_4Gd_4C_7$

図86-2 **Fe-C-Gd**系の900℃等温断面図 [1]

表86-1　Fe-C-Gd系の三元化合物相の構造　　　　* b = 0.2995

	炭化物	構　造　型	結晶格子	格子定数 nm	
				a	c
1	$Fe_{20}Gd_3C$	Pu_3Zn_{22} (?)	正方晶	0.876	1.181
2	$Fe_{31}Gd_4C_3$	Th_2Zn_{17}	菱面体晶	0.8647	1.2461
3	FeGdC	FeTaSiか$Fe_4Ta_4Si_7$と類似の構造	六方晶	0.912	0.597
4	Fe_2GdC_2	Mn_2AlB_2と類似の構造	斜方晶	0.3678 *	1.45
5	$Fe_2Gd_2C_3$	—	六方晶	0.8388	1.0260
6	$Fe_4Gd_4C_7$	—	正方晶	0.7045	1.023

く,恐らく固相反応により生じると考えられる.残りの三元化合物は液相から生じている.$Fe_{20}Gd_3C$ と $Fe_{31}Gd_4C_3$ は遷移金属-ランタニド二元化合物と類似の構造であるが,他の4種はいずれも独自の構造と考えられる.

　FeGd二元系の化合物相はElliottの状態図にあるものと基本的に一致しているが,$Fe_{17}Gd_2$ は等原子比組成では六方晶 Th_2Ni_{17} 型を示し,Gd濃度が増加すると,菱面体の Th_2Zn_{15-17} 型になると報告している.[1]はこれを $Fe_{17-x}Gd_2$ として表している(図86-2).また二元化合物の Fe_5Gd ($CaCu_5$ 型構造)は安定相としては見出されていない.

　組織観察によるとGdは鋳鉄の黒鉛球状化を促進するとしている.

文献 [1] H.H.Stadelmaier and H.K.Park : Z. Metallkunde **72** (1981) No.6, 417-422

87. Fe-C-H

　Yu.I.Archakov ら [1] は Fe - 0.03~0.80wt%C 合金 (0.05~0.06%Cr, 0.01~0.03%N, 0.004~ 0.16%Mn, 0.007~0.06%Si, 0.003~0.03%S, 0.0022%P) 中のHの溶解度を研究している.合金は真空誘導炉で溶解後,鋳造,焼鈍を施した.Hの飽和は400℃,水素圧30MPaで行っている.Hの溶解度は水素圧下で合金を急冷し,次に真空中でHを抽出して測定した.図87-1に示すように,Fe-0.8%C合金中(曲線2)も工業用純鉄中(曲線1)でもHの含有量は2~2.5時間で平衡に達し,その後6時間ほど一定量を保ち,吸収H量はその後急激に増加し,粒界割れを引き起こす.

　V.I.Shapovalov [2] は高炭素濃度合金(1.18%C鋼,および3.1%C, 0.5%Siを含む白銑をMgで改良した合金)中のHの溶解度を研究している(図87-2).Hの飽和は特製の装置を用いている.セメンタイト(C)とグラファイト(G)中のHの溶解度の決定には,最初に,鋳造した白銑および鋼中の総溶解度を求め,次に混合則により計

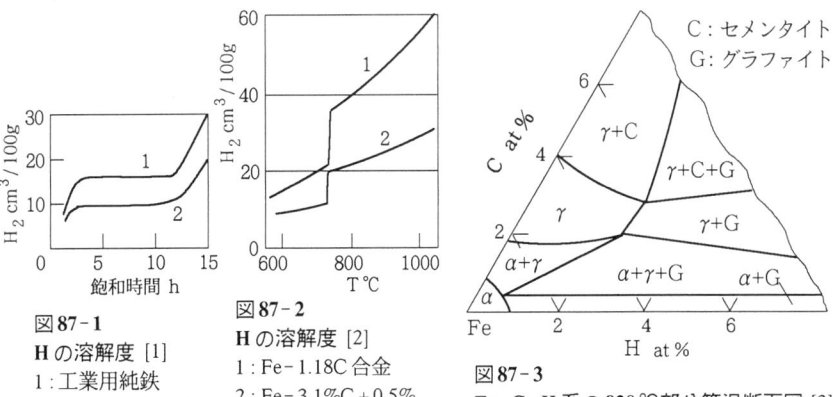

図87-1
Hの溶解度 [1]
1:工業用純鉄
2:Fe-0.8%C合金

図87-2
Hの溶解度 [2]
1 : Fe-1.18C合金
2 : Fe-3.1%C + 0.5% Si合金

図87-3
Fe-C-H系の820℃部分等温断面図 [3]

算している．

V.I.Shapovalovら[3]は1135℃, 820℃, 715℃におけるFeコーナーの等温断面図を研究している．図87-3に820℃における等温断面図を示してある．母材は超高純度グラファイトと99.995%Fe, 超高純度水素を用い，2000℃の高温まで，水素気圧90~100MPaで測定できる特殊装置を用い，熱分析により研究している．HはFe-C系の共晶および共析温度を低下させ，γ-Fe中の炭素溶解度を減少させ，オーステナイト相を安定化させる．Hはオーステナイト中のグラファイト(G)の溶解度を，セメンタイト(C)に比べ著しく低下させる．

文献 [1] Yu.I.Archakov and L.N.Shumakher : Zhur. Priklad. Khim. **46** (1973) No.3, 644-646
 [2] V.I.Shapovalov : "Termodinamicheskie Svojstva Metallicheskikh Splavov", Baku, <ELM> (1975) 270-274
 [3] V.I.Shapovalov and L.M.Poltoratskii : Dopv. Akad. Nauk Ukrain. RSR Ser. **A** (1978) No.6, 566-569

88. Fe-C-Hf

V.N.Svechnikovら[1], A.K.Shurinら[2]は光学顕微鏡による組織観察，熱分析，熱膨張測定，X線回折により本系合金を研究している．[1]は母材としてヨード法Hf, 電解鉄，分光分析用黒鉛を用い，アルゴン雰囲気下でアーク溶解により4~5回繰り返し溶解して合金を作製した．0.5~5wt%Hf組成の合金は1250~1300℃で，その他の合金は1100℃で均一化焼鈍を施している．

図88-1はC一定組成のFe-Hf温度-組成断面図，図88-2はHf一定組成のFe-C温度-組成断面図を示してある．低炭素組成の場合，化合物Fe_2Hf(ε相)が生じる．本系には炭化物HfC(K相)も存在する．735℃, 920℃に包析平衡：$\alpha + Fe_3C \rightleftarrows \gamma +$ Kおよび$\alpha + K \rightleftarrows \gamma + \varepsilon$が生じる．

[2]はFe-HfC温度-組成断面図を作成している(図88-3)．母材にはカルボニル鉄，ヨード法Hf, 分光分析用黒鉛を用いている．1.6~41wt%HfCを含む合金を，非消耗タングステン電極を用い，アルゴン雰囲気下でアーク溶解により作製した．鋳造合金を1100℃×20時間焼鈍したものを研究に用いている．

Fe-HfC断面は擬二元系を示す．共晶組成合金は6.0wt%HfCを含み，共晶は1490℃で晶出する．共晶炭化物の形状は板状コロニーが支配的である．Feを含むHf炭化物の初晶は立方体にもデンドライトにもなり得る．

図88-4は[3]の遷移元素炭化物，窒化物ハンドブックに紹介されているFe-C-Hf系1100℃等温断面図である．これによると炭化物HfC_{1-x}はγ-Fe, Hf_2Fe, $HfFe_2$と平衡する．ただし，HfC等原子比組成近傍ではγ-Feとは反応しない．HfC_{1-x}-Feは擬二元共晶を示すが，共晶点の温度は1410℃，組成は2mol%HfCと[2]の値とい

くらか異なっている.

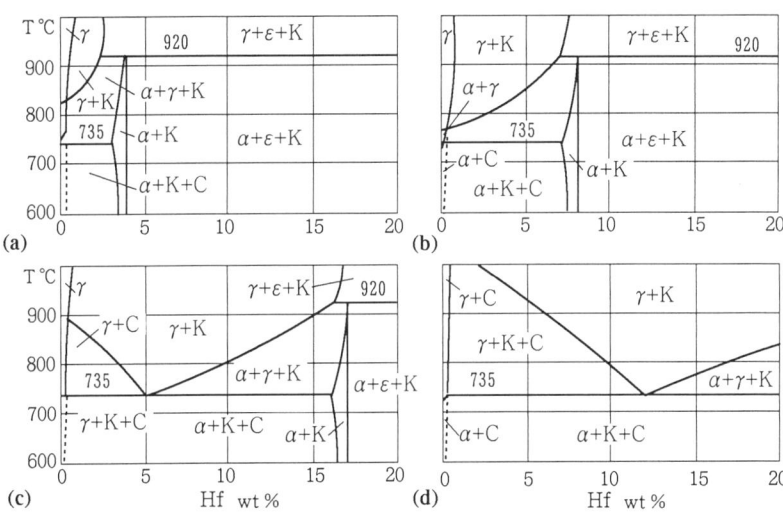

図88-1　Fe-C-Hf系のC一定組成の温度−組成断面図 [1]
(a) 0.25wt%C　(b) 0.55wt%C　(c) 1.15wt%C　(d) 1.65wt%C

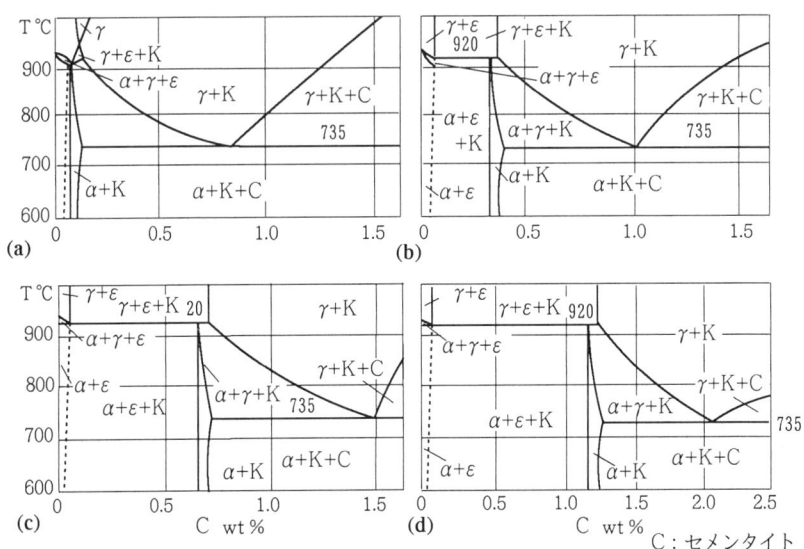

図88-2　Fe-C-Hf系のHf一定組成の温度−組成断面図 [1]
(a) 0.9wt%Hf　(b) 4wt%Hf　(c) 10wt%Hf　(d) 20wt%Hf

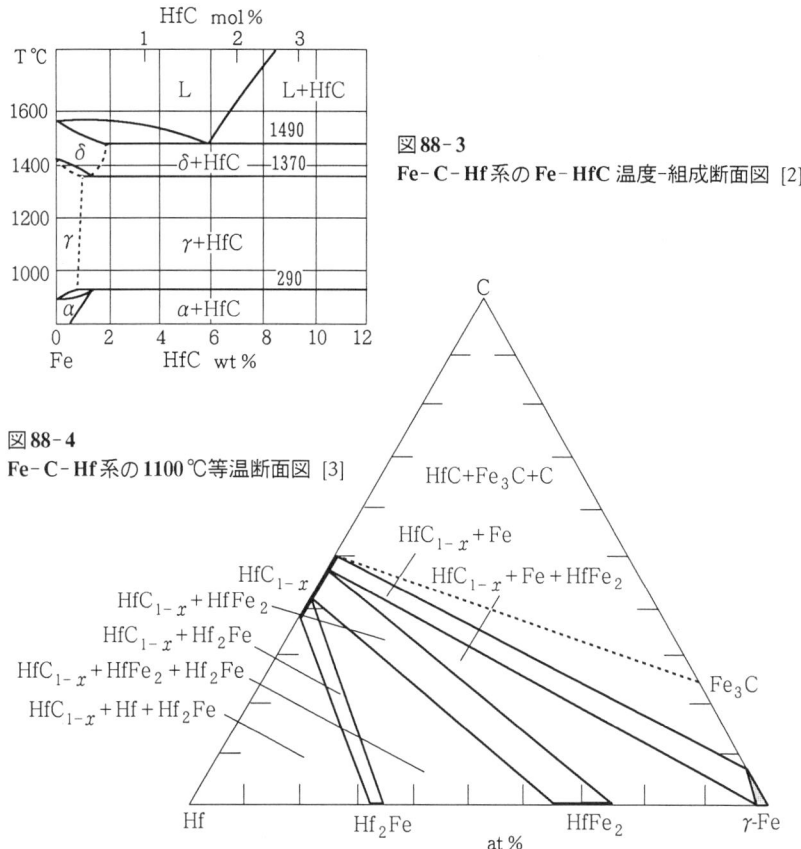

図88-3
Fe-C-Hf系のFe-HfC温度-組成断面図 [2]

図88-4
Fe-C-Hf系の1100℃等温断面図 [3]

文献 [1] V.N.Svechnikov and A.K.Shurin : Sborn. Nauch. Rabot Inst. Metallofiz., Akad. Nauk Ukrain. SSR (1962) No.16, 124-127

[2] A.K.Shurin and G.P.Dmitrieva : Metalloved. Term. Obrabotka Metal. (1974) No.8, 27-28

[3] H.Holleck : "Binäre und ternäre Carbid-und Nitridsysteme der Übergangsmetalle", Gebrüder Borntraeger, Berlin (1984) 中の文献としてH.Holleck and K.Biemüller : Bericht KfK **2826B** (1979) 69が紹介されている

89. Fe-C-Mn

　光学顕微鏡による組織観察, X線回折, X線マイクロアナライザー [1], 示差熱分析 [2] による研究がある. R.Benzら [1] は母材に超高純度炭素, 高純度鉄, Mnを用

89. Fe-C-Mn

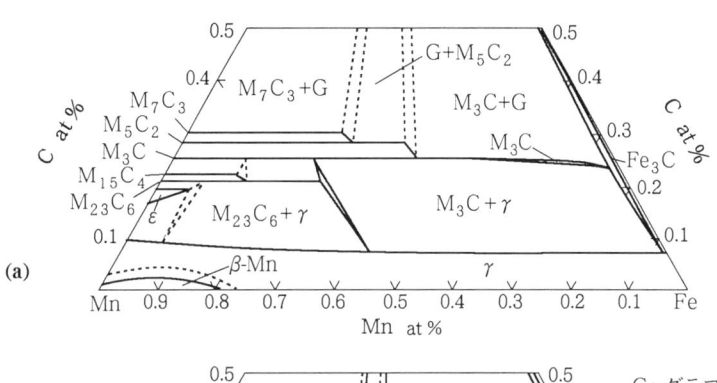

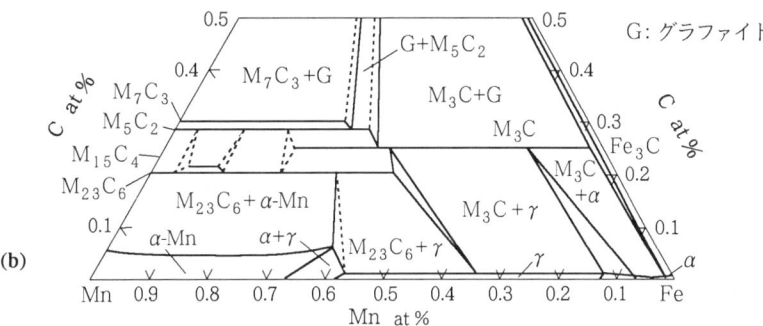

図89-1 Fe-C-Mn系の部分等温断面図 [1]　(a) 1000 ℃ (b) 600 ℃

G: グラファイト

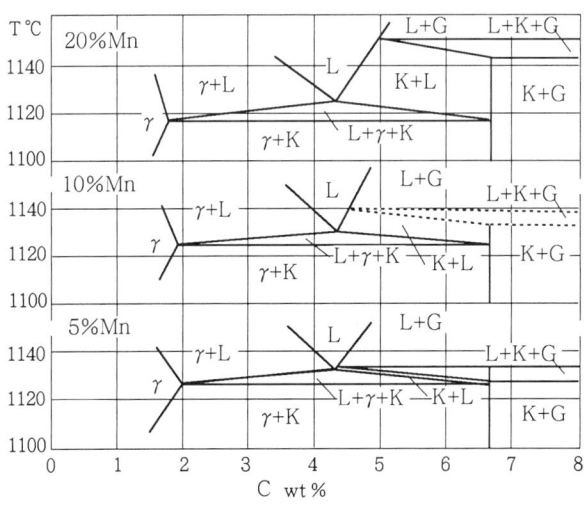

図89-2
Fe-C-Mn系の温度-組成断面図 [2]
(各Mn (wt%) 固定)
K: M_3C
G: グラファイト

いた．合金は ZrO_2 るつぼ中でアルゴン雰囲気下で誘導炉溶解した．組織中にフリーグラファイトを含む合金をグラファイトるつぼで溶解した．得られた合金を石英管にアルゴン封入し，1100℃×0.5時間，800℃×2日間，600℃×2週間焼鈍を施した．

[1]は1100, 1000, 900, 800, 600℃の等温断面図を作成した．1000℃と600℃を図89-1に示す．

図89-2は5, 10, 20wt%Mnを含む合金の温度-組成垂直断面図である(L.A. Shevchukら[2])．母材は木炭，アームコ鉄，カルボニル鉄，電解鉄，グラファイトを用いた．5wt%Cまでの合金は，アルゴン雰囲気下でコランダムるつぼで高周波溶解により作製し，5~8wt%Cの合金はカルボニル鉄粉とMn，グラファイトを~10^{-2}Paの真空中で1050℃×3時間焼鈍して作製した．これを石英管に封入し，1050℃×400時間焼鈍後，1100℃，1130℃，1150℃×1時間加熱，水焼入れした．

Yu.A.Kocherzhinskiiら[3]は示差熱分析，X線マイクロアナライザー，光学顕微鏡による組織観察，X線回折により，Fe-C-Mn系の液相面，初晶反応を求めている(図89-3)．

二元系の不変点は，Fe-C系：e = 1426K, p_1 = 1767K, Fe-Mn系：p_2 = 1745K, p_3 = 1505K, Mn-C系：p_4 = 1493K, p_5 = 1533K, p_6 = 1580K, p_7 = 1613K．三元系の不変点は，P = 1533K, P_1 = 1553K, P_2 = 1513K, P_3 = 1388K, E = 1333Kの各点である．

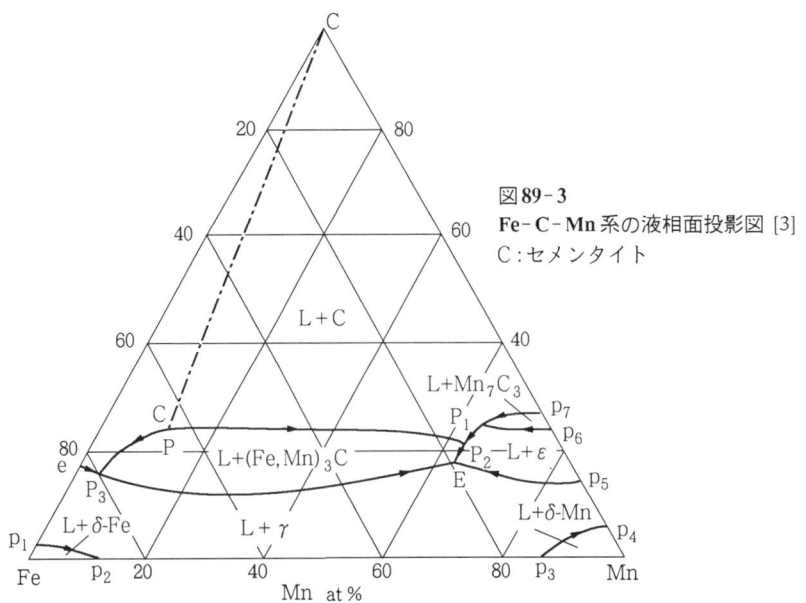

図89-3
Fe-C-Mn系の液相面投影図 [3]
C：セメンタイト

液相面は以下の7種の初晶領域に分かれる．e C p_7 P_1 P_2 P P_3 e-グラファイト，p_7 P_1 p_6 p_7-Mn_7C_3，p_6 P_1 P_2 E p_5 p_6-ξ相，P_3 P P_2 E P_3-$(Fe, Mn)_3C$，e P_3 E p_5 p_4 p_3 p_2 p_1 e-γ相，p_1 p_2 Fe p_1-δ-Fe，p_3 p_4 Mn p_3-δ-Mnがそれぞれ晶出する．

冷却速度が80℃/分の場合，セメンタイトは三元系のみに生じ，Fe-C二元系ではグラファイトが生じる．セメンタイトは4at%Mn以上で，反応L+C→$(Fe, Mn)_3$Cにより，C点(11at%Mn, 25at%C)で生じる．P点の組成は11at%Mn, 24at%Cで，1533Kである．ここから両側にP P_3，P P_2 と温度低下に伴い包晶反応でセメンタイトが生じる．

文献 [1] R.Benz, J.F.Elliott and J.Chipman : Metall. Trans. **4** (1973) No.8, 1975-1986
[2] L.A.Shevchuk, L.R.Dudetskaya and V.A.Tkacheva : Liteinoe Proizvod. (1976) No.2, 7-8
[3] Yu.A.Kocherzhinskii, O.G.Kulik, V.V.Dragunov and A.V.Demyanchuk : "Stabil'nye i Metastabil'nye Fazovye Ravnovesiya v Metallicheskikh Sistemakh", Nauka (1985) 124

90. Fe-C-Mo

武井 武[1]は本系状態図を最初に詳細に研究している．この研究は[2]で紹介され，本系合金の状態図の標準となったが，その後，炭化物についてさらに詳しい研究が行われる中で，新しい状態図の提案がなされている[3~8]．T.Wada[9]はこれらの結果をまとめて，新しいFe-C-Mo系の標準状態図を提案している．

W.Jellinghaus[7]は光学顕微鏡による組織観察，X線回折，熱分析，硬度，密度，電気抵抗測定により本系合金を研究した．母材は電解鉄，Mo，炭化モリブデン各粉末を用い，真空中で1500℃×24時間焼結し合金を作製した．図90-1は[7]によるFe-Mo側初晶領域投影図である．

T.Nishizawa[8]は1000℃の等温断面図を詳しく研究している．母材は99.9%電解鉄とMoを用い，アルミナるつぼ中，アルゴン雰囲気下で合金を溶解した．この合金を水素雰囲気下で1000℃×100時間焼鈍し，炭素飽和を施した．図90-2(a)に[8]による1000℃等温断面図を示す．

[9]では，これより低炭素領域の1000℃，700℃等温断面図が提案されている．このうち700℃の等温断面図を図90-2(b)に示す．700℃と1000℃の等温断面図の主要な違いは，700℃には$M_{23}C_6$が存在することである．[3, 7]は$M_{23}C_6$は準安定相であるとしている．佐藤知雄ら[4]は$M_{23}C_6$およびM_2Cは長時間加熱により消失し，Mo鋼の最終的安定系炭化物はM_3C，ξ(Fe_2MoC)，M_6Cの3種類であるとしたが，700℃で完全な安定平衡を得るには10万時間程度の長時間加熱を要するので，$M_{23}C_6$およびM_2Cを平衡状態図から除外するのは実際的ではないとしている．

L.R.Woodyattら[10]はFeコーナーの1253K, 1198K, 1143Kの等温断面図を詳しく研究している．母材は60%Moフェロモリブデン，アームコ鉄，高炭素鉄(Sorrel

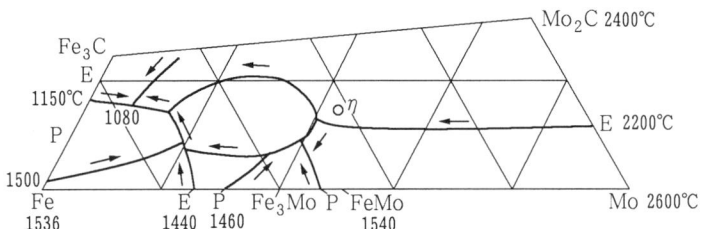

図90-1 Fe-C-Mo系の部分液相面投影図 [7]　η 相は M_6C:(Fe_3Mo_3C) 相

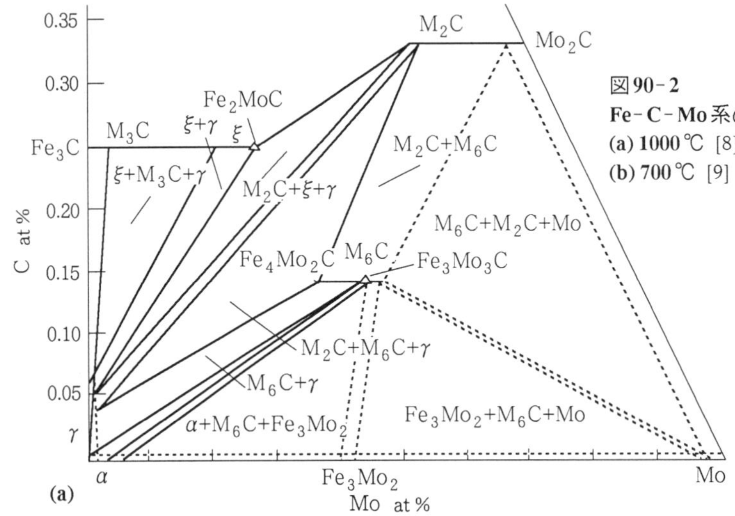

図90-2
Fe-C-Mo系の部分等温断面図
(a) 1000 ℃ [8]
(b) 700 ℃ [9]

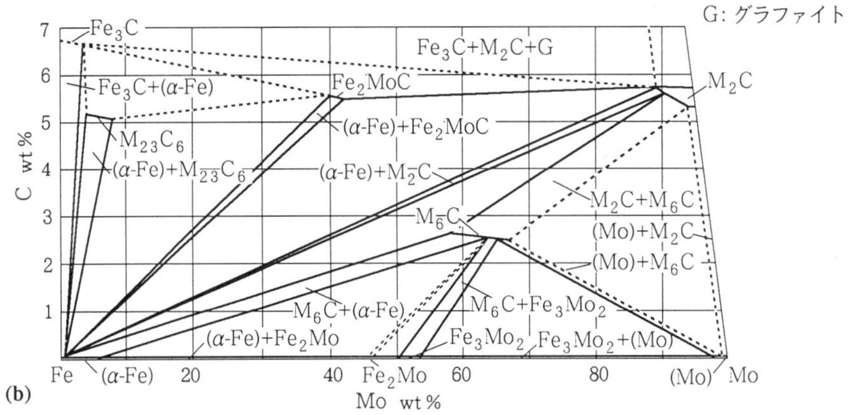

90. Fe-C-Mo

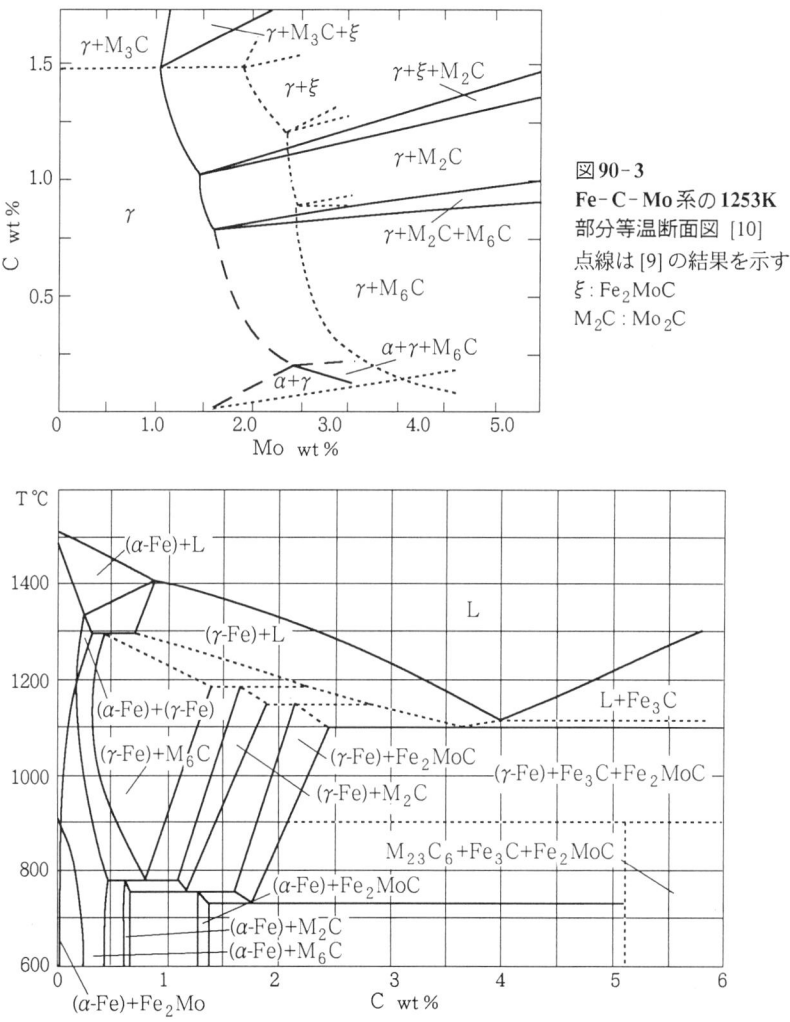

図90-3
Fe-C-Mo系の1253K
部分等温断面図 [10]
点線は[9]の結果を示す
ξ: Fe_2MoC
M_2C: Mo_2C

図90-4 Fe-C-Mo系の(Fe+10wt%Mo)-C 温度-組成断面図 [9]

Iron)を用い,誘導炉溶解により合金を作製した.インゴットを熱間鍛造後,1253K~1143K×500~1000時間焼鈍後,炭化物の析出を抑えるため油冷した.光学顕微鏡による組織観察,X線回折,EPMAにより炭化物相を同定した.

図90-3に,このうち1253Kの結果を示す. 1143K以上では, γ相領域は[9]の結

果と比べ低モリブデン側にずれている．上記全温度領域で，γ-Fe固溶体とM_3C，$Fe_2MoC(\xi)$，Mo_2C，M_6Cとが平衡する．[10]では$M_{23}C_6$は見出されなかった．4.9%Mo試料では，M_6CとFe_2MoCは鍛造試料で見出されたが，このうちM_6Cは鍛造中に，Fe_2MoCは鍛造後冷却途中で形成されたものである．平衡状態では(γ-Fe)+Mo_2C，あるいは(γ-Fe)+Mo_2C+Fe_2MoCと考えられる．しかしM_6Cは，1143K×2500時間焼鈍後も溶解しないで残存しているという．

[9]は以上の等温断面の他に，以前の[12]の研究を基に，またその後の[6]の研究等を加え，Fe-C-2~20wt%Moの温度-組成断面図を提案している．このうちのFe-C-10wt%Moの組成断面図を図90-4に示しておく．

本系の炭化物相は以下のとおりである．

Fe_3C：Moはセメンタイト中に1000℃で6wt%まで，700℃では3wt%まで溶解する．

Fe_2MoC：39.3~46.5wt%Moを含む．結晶構造は斜方晶で(空間群$P222_1$)で，格子定数はa=1.6276nm, b=1.0034nm, c=1.1323nm [11]である．

$M_{23}C_6$はfcc構造で$Fe_{21}Mo_2C_6$に近く，2~8wt%Moの範囲にある[3]．

M_6Cはfcc構造で58~63wt%Moの範囲にある[6]．格子定数は焼入れ温度に依存し，a=1.106~1.108nmであった[9]．

Mo_2Cは六方晶で，4.12Mo-0.95C (wt%)鋼を1198Kから焼入れて生じたものでは，格子定数はa=0.300nm, c=0.471nmであった[9]．[13]はη_2-Mo_4Fe_2C相の存在を報告しているが，[6]は本相の存在を否定している．

文献 [1] 武井 武：金属の研究 **9** (1932) 97-124, 142-173
    [2] "Metals Handbook", ASM, Cleveland (1948) 1182
    [3] K.Kuo：J. Iron Steel Inst. **173** (1953) 363-375
    [4] 佐藤知雄，西澤泰二，玉置維昭：日本金属学会誌 **24** (1960) 395-399
    [5] R.F.Campbell, S.H.Reynolds, L.W.Ballard and K.G.Carroll：Trans. AIME **218** (1960) 723-732
    [6] A.C.Fraker and H.H.Stadelmaier：Trans. AIME **245** (1969) 847-850
    [7] W.Jellinghaus：Arch. Eisenhüttenwesen **39** (1968) 705-718
    [8] T.Nishizawa：Scand. J.Met. **1** (1972) 41-48
    [9] T.Wada："Metals Handbook", 8th ed. ASM, Metals Park, Ohio **8** (1973) 409-411
    [10] L.R.Woodyatt and G.Kraus：Metall. Trans. **10A** (1979) 1893-1900
    [11] D.J.Dyson and K.W.Andrews：J. Iron Steel Inst. **202** (1964) 325-329
    [12] S.Marsh：Appendix 1 "Alloys of Iron and Molyodenum", Engineering Foundation, McGraw-Hill (1932)
    [13] K.Kuo：Acta Met. **1** (1953) 301

91. Fe-C-N

F.K.Naumannら[1]はX線回折,化学分析により本系の詳細な研究を行っている. 合金はカルボニル鉄粉をH,アンモニア,COガス混合気体中で500~700℃で加熱して作製した. 上記温度域の等温断面図は図91-1,図91-2に示すとおりである. α-Fe中のNおよびCの溶解限は未定である. セメンタイト中のNの溶解度は0.1%を越えない. χ炭化物(Fe_7C_3あるいは500℃では$Fe_{20}C_9$)では0.5%になる. 565

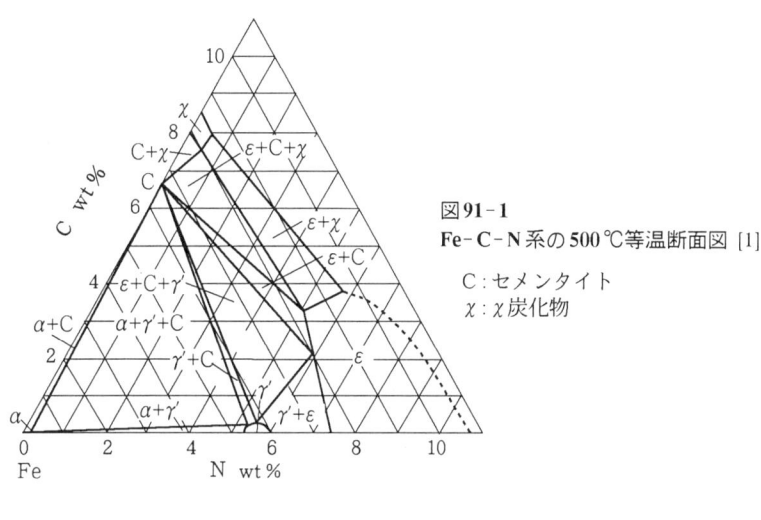

図91-1
Fe-C-N系の500℃等温断面図 [1]

C:セメンタイト
χ:χ炭化物

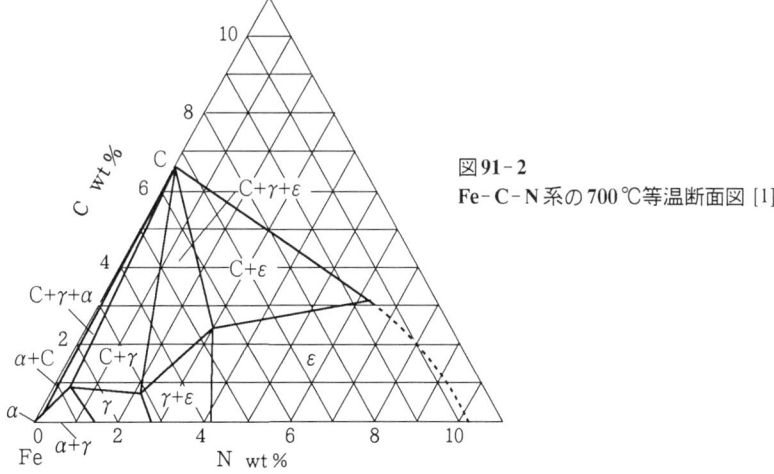

図91-2
Fe-C-N系の700℃等温断面図 [1]

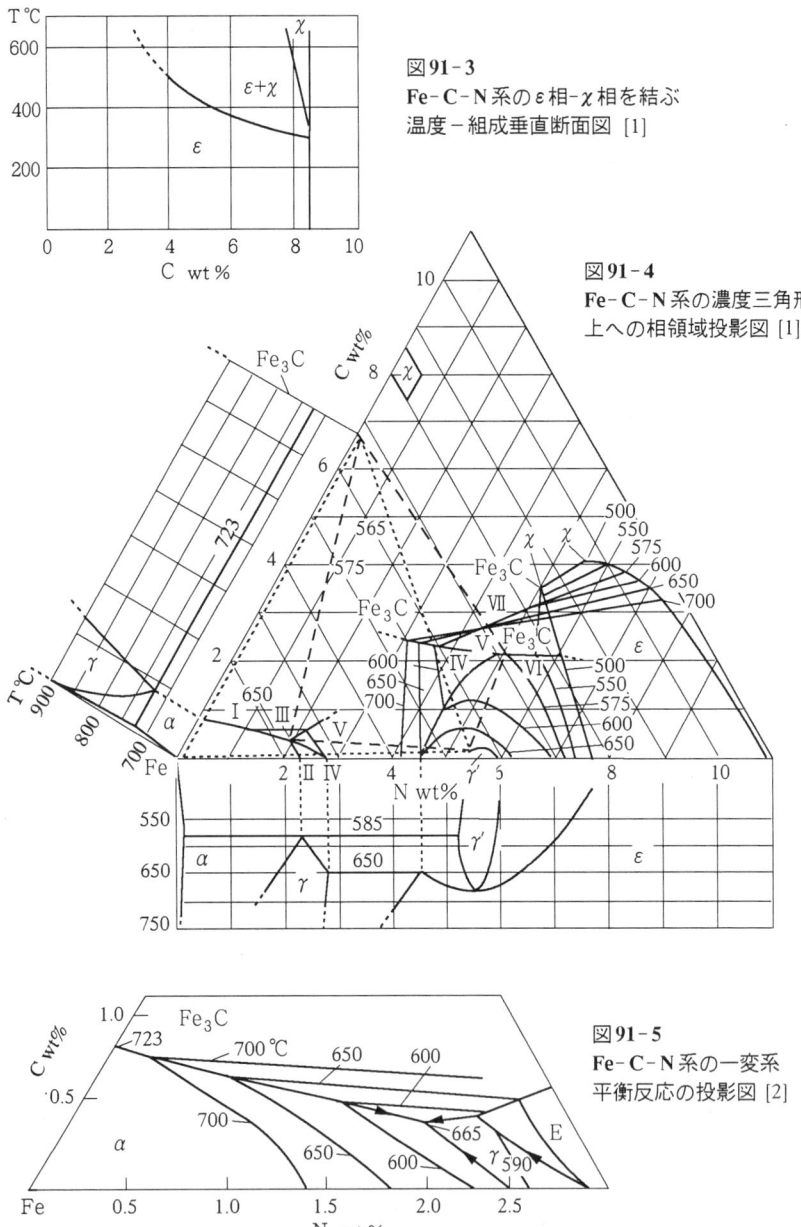

図 91-3 Fe-C-N系のε相-χ相を結ぶ温度-組成垂直断面図 [1]

図 91-4 Fe-C-N系の濃度三角形上への相領域投影図 [1]

図 91-5 Fe-C-N系の一変系平衡反応の投影図 [2]

℃では四相平衡反応が存在する：$\gamma \rightleftarrows \alpha + \gamma' + Fe_3C$, 575℃では$\gamma + \varepsilon \rightleftarrows \gamma' + Fe_3C$. 窒化物$\gamma'(Fe_4N)$は, 500℃では5.4~6.1wt%Nを溶解し, 550℃では5.3~5.9wt%N, 600℃では5.2~5.7wt%Nである. 600℃以上ではγ'相は不安定である. 温度上昇とともにε相中のC溶解度は減少する. 500℃では4.1wt%C, 550℃では3.8wt%C, 600℃では3.4wt%C, 700℃では3.0wt%Cである. 図91-3はε相~χ相を結ぶ温度-組成垂直断面図である. 図91-4は濃度三角形上への相領域の投影図である.

　A.Burdeseら[2]はX線回折, 熱分析によりFe-C-N系の一変系平衡の投影図を作成している (図91-5). 合金は粉末法により作製. 合金中のN濃度が増加すると共析反応温度が低下し, 同時に共析点のC濃度が減少する. 1.75wt%N, 0.38wt%C, 合金では$\gamma \rightleftarrows \alpha + Fe_3(CN)$反応が520℃で生じる.

文献 [1] F.K.Naumann and G.Langenscheid : Arch. Eisenhüttenwesen **36** (1965) No.9, 677-682
　　　[2] A.Burdese, M.L.Borlera and G.Pradelli : Met. Ital. **59** (1967) No.12, 949-952

92. Fe-C-Nb

　T.F.Fedorovら[1], J.P.Guhaら[2], 名工試技術ニュース[3], A.K.Shurinら[4]は光学顕微鏡による組織観察, X線回折によって, また[4]では硬度測定, 示差熱分析により本系合金の研究を行っている.

　試料は99.5%Nb粉末と99.9%Fe粉末および分光分析用高純度グラファイト粉末を圧粉したものを, タングステン非消耗電極を用いたアーク溶解炉で, 水冷銅るつぼ中で2回繰り返し溶解した. 試料は0.0798Paの真空中で, グラファイト発熱体を用いた炉で, 1700℃から1050℃の間, 600~700時間, 段階焼鈍を施した. 図92-1に1050℃における等温断面図を示す. 本系では三元化合物相は見出されていない. 炭化物相NbCは1050℃で$NbFe_2$, μ相(菱面体構造のNbFe組成の化合物), α-FeおよびNb_2Cと平衡することが見出されている. 一方Nb_2CはNb固溶体とμ相と平衡する. 二元化合物NbFeおよび$NbFe_2$中へのCの溶解度は事実上ない. 本系には炭化物Nb_3C_2は見出されていない.

　[2]~[4]ではFe-NbC垂直断面図も研究されている. この断面は擬二元系共晶型を示す. 共晶温度と組成は, [2]によると1310±10℃, 91.2wt%Fe, [3]によると1460℃, 7.8wt%NbC, [4]によれば1450±20℃, 7.8wt%NbCである. 図92-2は[4]によるFe-NbCの垂直断面図である. [4]で用いた母材はカルボニル鉄, 電子ビーム溶解ニオブ, 高純度グラファイトである. 合金はアルゴン雰囲気下でタングステン非消耗電極を用い, 繰り返しアーク溶解を施して作製し, これを1100℃×10時間焼鈍後炉冷した. 鋳造状態および焼鈍状態を両合金について研究している.

　ニオブカーバイトのδ-Fe中への溶解度は1450℃で最大2wt%に達する. 920±10℃で包析反応$\gamma + NbC \rightleftarrows \alpha$が生じる. α-Feへのニオブカーバイトの最大溶解度

は0.5wt%以下である．Fe-NbC断面では755℃にα相の磁気変態が観察された．

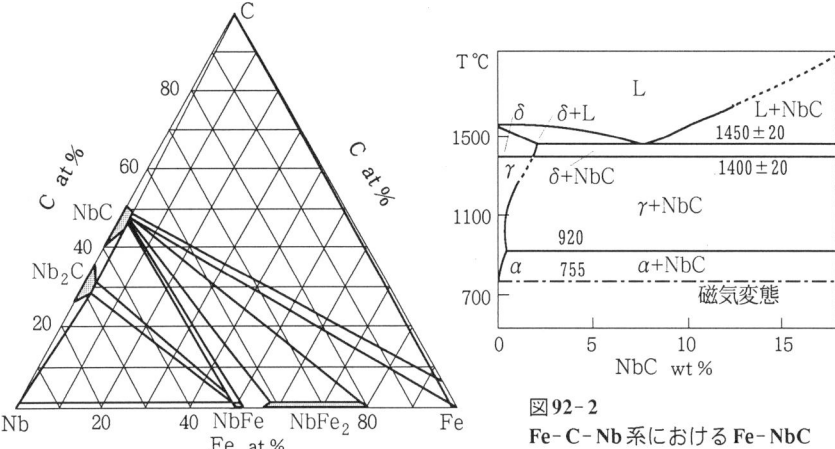

図92-1　Fe-C-Nb系の1050℃部分等温断面図　[1]

図92-2
Fe-C-Nb系におけるFe-NbC垂直断面図　[4]

文献 [1] T.F.Fedorov, Yu.B.Kuz'ma, R.V.Skolozdra and N.M.Popova : Poroshkovaya Met. (1965) No.12, 63-68
　　 [2] J.P.Guha and D.Kolar : J. Less-Common Metals **29** (1972) No.1, 33-40
　　 [3] 名工試技術ニュース (1975) No.278
　　 [4] A.K.Shurin, G.P.Dmitrieva and E.G.Litvin : Metallofizika Resp. Mezhried. Sb. Kiev, Naukova Dumka **71** (1978) 23-25

93. Fe-C-Ni

R.A.Buckleyら[1]はFeに富む側の液相面，固相面を研究している．母材は99.95%Fe, 99.4%Ni, 99.99%グラファイトを用い，アルミナるつぼ中で真空溶解した．インゴットを1200℃×1週間均一化焼鈍後，水素雰囲気下で1450℃で焼鈍した．これを光学顕微鏡による組織観察，熱分析により調べた．

液相領域と固相領域とを結ぶconodeを計算とX線マイクロアナライザーから求めた．40at%Ni以下，5at%C以下の合金の液相面(図93-1)，固相面(図93-2)を作成した．

A.D.Romingら[2]は光学顕微鏡による組織観察，X線マイクロアナライザーにより低温域の状態図を研究している．母材は99.999%Fe, 99.999%Ni, 99.9%粉末Ni, 99.999%グラファイトを用いた．合金はアルゴンおよび水素雰囲気下で，アルミナるつぼ中で誘導溶解により作製した．これを石英管に封入し，1473±10K×10～14

日間均一焼鈍し，水焼入れを施した．1003K, 923K, 873K, 773Kで一定時間熱処理後，等温断面図を作成した．図93-3は650℃における等温断面図である．

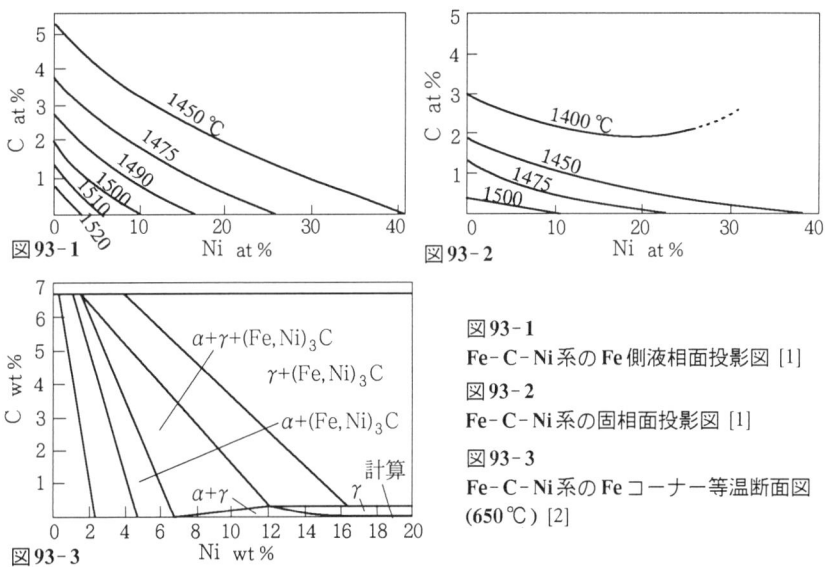

図93-1
Fe-C-Ni系のFe側液相面投影図 [1]

図93-2
Fe-C-Ni系の固相面投影図 [1]

図93-3
Fe-C-Ni系のFeコーナー等温断面図 (650℃) [2]

文献 [1] R.A.Buckley and W.Hume-Rothery : J. Iron Steel Inst. **202** (1964) 895-898
　　　[2] A.D.Romig and J.I.Goldstein : Metall. Trans. **9A** (1978) 1599-1609

94. Fe-C-O

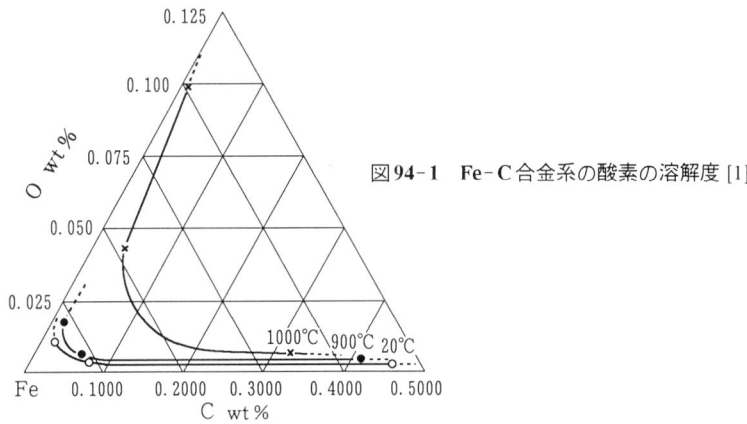

図94-1　Fe-C合金系の酸素の溶解度 [1]

M.A.Ziegler[1]は0.5%C以下の合金系を研究している．合金中の酸素の溶解度は800℃以下では非常に小さい．溶解度は1000℃まで温度上昇とともに増大する（図94-1）．Cが増大することによってFe中の酸素の溶解度は急激に低下する．

文献 [1] M.A.Ziegler : Trans. American Soc. Steel Treatings **20** (1932) 73-83

95. Fe-C-P

R.Vogel [1]は光学顕微鏡による組織観察と熱分析により，Fe-Fe_3C-Fe_3P領域の状態図を研究し，1929年に発表している．この研究によればFe-C, Fe-P二元系から導かれる三元系の反応予想図は図95-1のようになる．この研究の組成範囲では4種類の初晶面の存在が認められる．それぞれから三元$\alpha(\delta)$-固溶体，三元γ-固溶体，セメンタイト，Fe_2PとFe_3Pの混合体とが晶出する．[1]はさらに5種類の温度-組成断面図を求めている．図95-2 (a), (b) にそれらのうち，Fe-(0~1.5wt%C)-(0~1.5 wt%P)およびFe(0~3wt%C)-(8~0wt%P)各断面を示す．$\alpha(\delta)$相を含む四相平衡面は1005℃にあり，液相U_1(0.8wt%C, 9.2%P), $\alpha(\delta)$-固溶体 J'(0.3%C, 2.2%P), γ-固溶体K'(0.5%C, 2%P), Fe_3Pとが平衡する．三元共晶点E'は950℃にあり，液相E' (2.4% C, 6.89%P), γ-固溶体 D' (1.2%C, 1.1%P), Fe_3P (記号B), Fe_3C (記号C)とが平衡する．

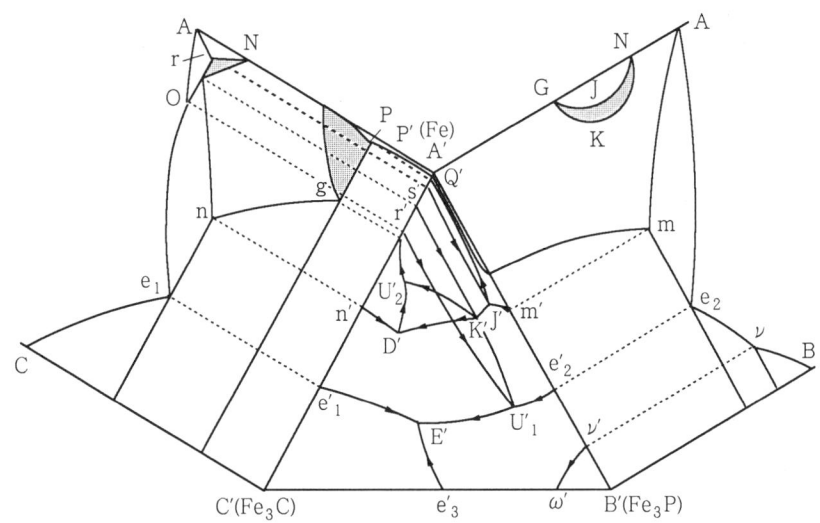

図95-1 Fe-C-P系のFe-Fe_3C-Fe_3Pの二元状態図から導かれる三元系反応予想図 [1]
A'm'J's'：三元固溶体δ初晶面， r'K'D'n'：三元固溶体γ初析面， e'_1：レーデブライト，e'_2：リン化物の共晶， e'_3：Fe_3PとFe_3Cの共晶， E'：三元リン化物の共晶

95. Fe-C-P

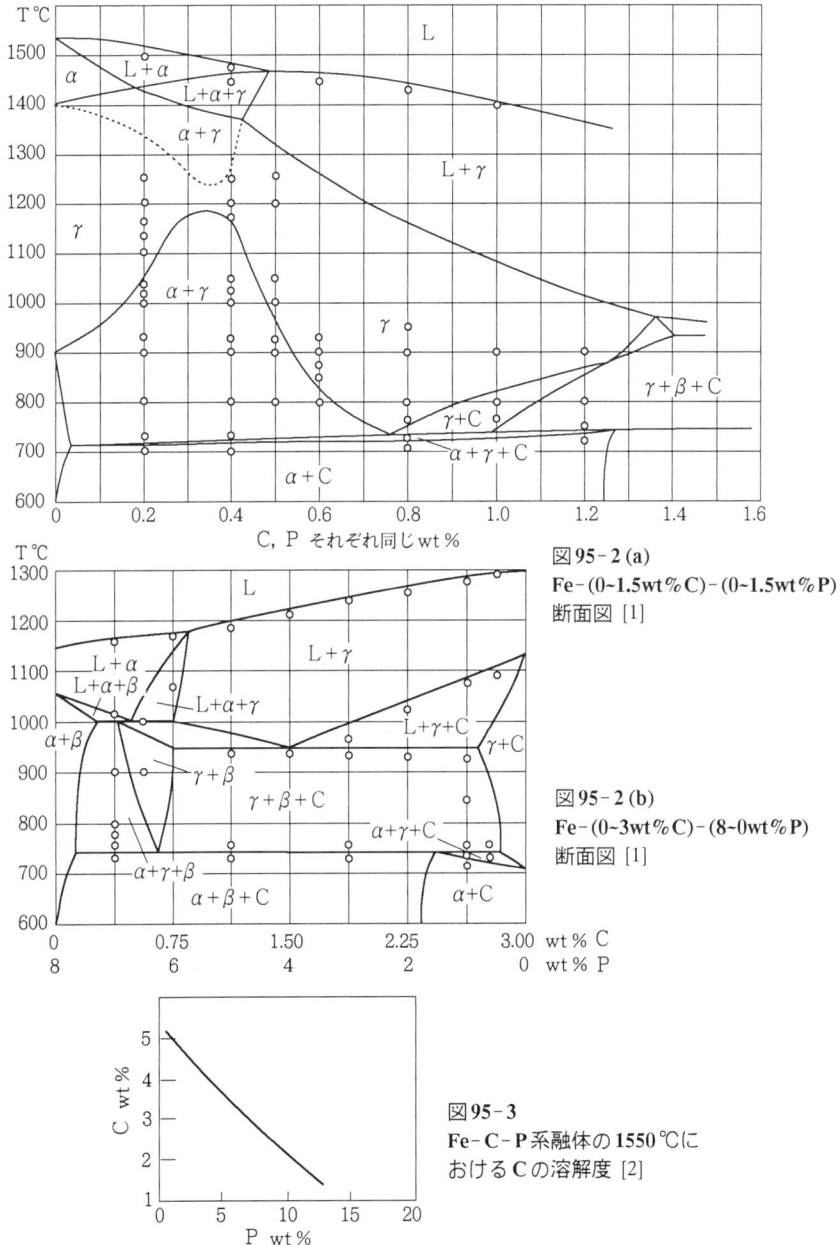

図 95-2 (a)
Fe-(0~1.5wt%C)-(0~1.5wt%P)
断面図 [1]

図 95-2 (b)
Fe-(0~3wt%C)-(8~0wt%P)
断面図 [1]

図 95-3
Fe-C-P系融体の1550℃に
おけるCの溶解度 [2]

Fe-C二元共析点はPの添加とともに上昇し，745℃で次の四相が平衡するようになる．γ-固溶体 U_2' (0.8%C, 1.0%P)，α-固溶体 M' (0.1%C, 1.5%P)，Fe_3P，Fe_3C（図95-1では M' 点は省略）．

E.Schürmann ら [2] は Fe-P 融体中への C の溶解度を研究している．図95-3 に 1550℃における C の溶解度を示す．

文献 [1] R.Vogel : Arch. Eisenhüttenwesen **3** (1929) No.5, 369-381
　　　[2] E.Schürmann and D.Kramer : Giessereiforsh. **21** (1969) 29-42

96. Fe-C-Pu

J.L.Nichols ら [1] の光学顕微鏡による組織観察，X線回折，熱分析による研究がある．合金は高純度鉄，99.7%Pu，Cを用い，アルゴン雰囲気下で水冷銅るつぼを用いアーク溶解している．

1316℃（図96-1），1197℃（図96-2）の等温断面図がつくられ，2種の金属間化合物：$PuFeC_2$，η相が，それぞれ1316℃，1197℃で包晶反応により生じるという．η相の組成は 25at%Pu，33.3at%Fe，41.7at%C で，$Pu_3Fe_4C_5$ に相当する．1165℃で共晶反応：$L \rightleftarrows PuFe_2 + \gamma\text{-Fe}$ が生じ，1037℃で三元共晶：$L \rightleftarrows PuFe_2 + \eta + \gamma\text{-Fe}$ が生じる．1143℃，1051℃に四相平衡：$L + PuFeC_2 \rightleftarrows \eta + \gamma\text{-Fe}$，$L + Pu_2C_3 \rightleftarrows \eta + PuFe_2$ が存在する．

化合物 $PuFeC_2$ は $UFeC_2$ と同型で，η相は bcc 構造を有し，格子定数は 1.0105 ± 0.001 nm．

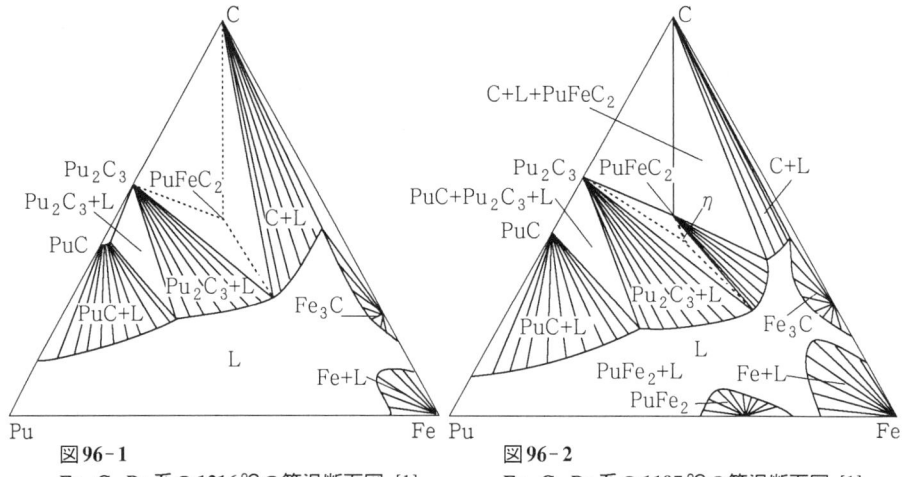

図96-1　Fe-C-Pu系の1316℃の等温断面図 [1]　　図96-2　Fe-C-Pu系の1197℃の等温断面図 [1]

文献 [1] J.L.Nichols and J.A.C.Marples : Carbides Nucl. Energy **1** (1964) 246-260

97. Fe-C-S

本系は光学顕微鏡による組織観察 (R.Vogel ら [1], Ya.N.Malinochka ら [2], E.Schürmann ら [4]),熱分析 [2],化学分析 [2], [4], A.M.Barloga ら [3],および内部摩擦 (A.N.Shymilov ら [5]) により研究されている.

[1] は最も初期の研究で,Fe-FeS-Fe_3C 領域内の相平衡を研究した.合金はタンマン炉を用いて溶解している.本系には広い領域にわたり液相分離が生じる(図97-1).曲線 $F_1F_kF_2$, F_1 点近傍に三元共晶点 E (0.15wt%C, 31.0wt%S, 975℃) が存在する.この温度で四相不変反応:$L_E \rightleftarrows \gamma + Fe_3C + FeS$ が生じる.E点で凝固の際

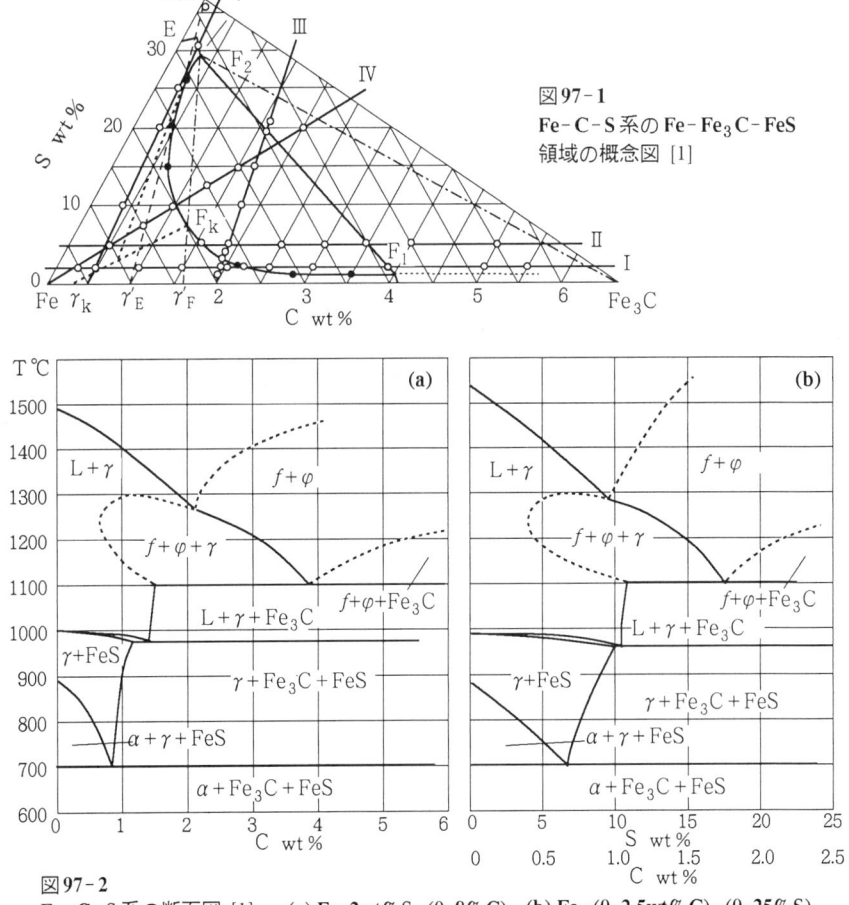

図 97-1
Fe-C-S 系の Fe-Fe_3C-FeS 領域の概念図 [1]

図 97-2
Fe-C-S 系の断面図 [1]　(a) Fe+2wt%S-(0~8%C)　(b) Fe-(0~2.5wt%C)-(0~25%S)

に, FeS, Fe₃C, γ-固溶体の三相が同時に晶出する. 三元共晶点でのセメンタイトとオーステナイトはあまり多くはない. 1100℃でもうひとつの不変反応である偏晶反応: $L_{F_1} \rightleftarrows LFeS + \gamma + Fe_3C$ が生じる. F_1 (4.0wt%C, 0.8wt%S)組成の液相は1100℃で二元共晶 $\gamma + Fe_3C$ (レデブライト)の型で凝固する. 高硫黄(0.25wt%C, 29.5wt%S)液相 F_2 は冷却に際し, 最初僅かのレデブライトを晶出し, 残留液相の組成曲線 F_2E に沿って変化する. その後975℃で液相はEに達し, 三元共晶 $\gamma + FeS + Fe_3C$ として凝固する. [1]は同時に図97-1のI-V垂直断面を提案している. 図97-2(a), (b)にそれらのうち断面I, Ⅳを示す.

[2]はC: 2.46%~4.48%, S: 0.08%~0.96%の合金を用い, 低硫黄側の液相面について再検討した結果, 上記三元共晶以外に, ~4%C, ~1%C, 1117℃に低硫黄三元共晶が存在することを報告している.

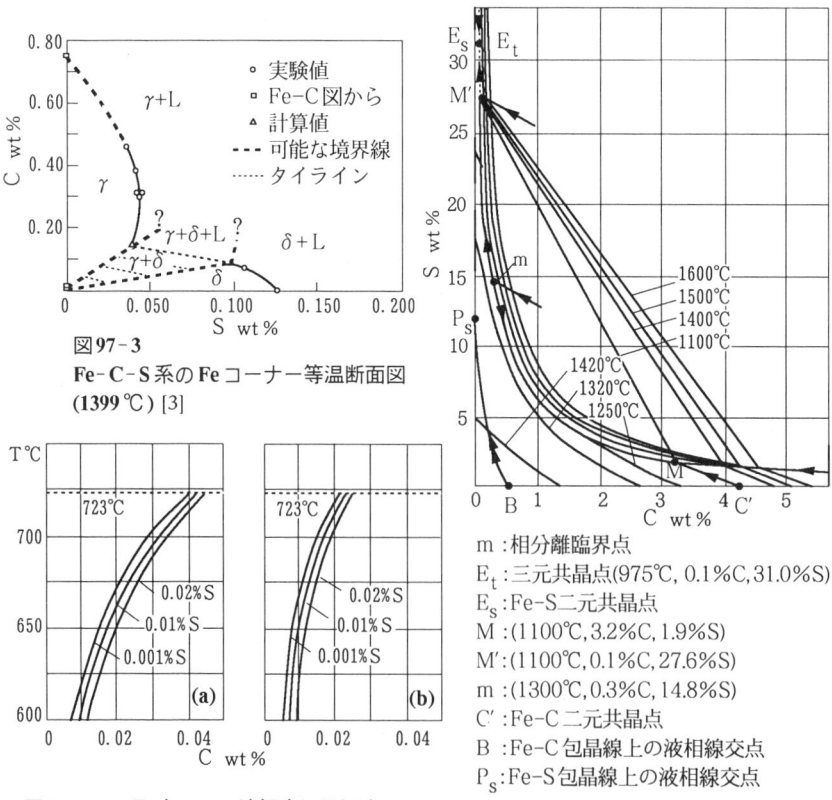

図97-3
Fe-C-S系のFeコーナー等温断面図
(1399℃) [3]

図97-5 α-Fe中のCの溶解度に及ぼすSの影響 [5] (a)化学分析 (b)内部摩擦

m: 相分離臨界点
E_t: 三元共晶点(975℃, 0.1%C, 31.0%S)
E_s: Fe-S二元共晶点
M: (1100℃, 3.2%C, 1.9%S)
M': (1100℃, 0.1%C, 27.6%S)
m: (1300℃, 0.3%C, 14.8%S)
C': Fe-C二元共晶点
B: Fe-C包晶線上の液相線交点
P_s: Fe-S包晶線上の液相線交点

図97-4 Fe-C-S系のFeコーナー
偏晶境界等温断面図 [4]

[3]は純鉄線あるいはFe-C合金線を十分なSとともに石英管に真空またはアルゴンを封入して1149~1493℃の間でSを飽和させ,急冷後生じた硫化物を除去し,化学分析によりCとSの平衡濃度を求めた.また平衡に達するのが困難なδ相存在領域についてはこれまでの二元系状態図,Fe中のC,Sの活量のデーターを用いて,各温度等温断面図を作成している. 1316℃以下では1%CまではCはγ-Fe中へのSの溶解度に影響を与えないが,1365~1427℃では,δ相からγ相への相変化に応じて,低炭素,高硫黄の領域が現れる. 1399℃における計算例を図97-3に示しておいた.

[4]はC:0~5wt%, S:0~30wt%の組成の合金をアルゴン雰囲気下で黒鉛るつぼ中で溶解し,Feコーナーの偏晶(相分離)境界の等温断面図を調べた(図97-4).またこれらをもとに,Fe-FeS-Fe_3C領域の三次元状態図モデルを提唱している.

[5]はα-Fe中のCの溶解度に及ぼすSの影響を化学分析,内部摩擦により研究し,Cの溶解度がS濃度の増加とともに上昇することを示した(図97-5). 723℃におけるα-Fe中へのCの溶解度は0.001wt%Sでは0.039wt%Cであったものが,0.02wt%Sでは0.045wt%Cに増加する.

文献 [1] R.Vogel and G.Ritzau : Arch. Eisenhüttenwesen **4** (1931) 549
 [2] Ya.N.Malinochka, S.A.Zdorovets and L.N.Bagnyuk : Izvest. Akad. Nauk SSSR, Metally (1983) No.2, 210-219
 [3] A.M.Barloga, K.R.Bock and N.Parlee : Trans.AIME **221** (1961) 173-179
 [4] E.Schürmann and K.Shäfer : Gissereiforschung **20** (1968) 21-26
 [5] A.N.Shymilov, A.P.Kozak, K.N.Sokolov, Z.K.Vachev and G.V.Samokhvalev : Izvest. Vyssh. Ucheb. Zaved., Chern. Met. (1973) No.10, 123

98. Fe-C-Sb

熱分析,光学顕微鏡による組織観察を用いた1910年のP.Goerensら[1]による研究がある.母材は3.66wt%C, 0.15%Si, 0.2%Mn, 0.08%Sを含む銑鉄と純アンチモンを用い,5.83~59.32%Sb, 0.30~3.12%Cを含む合金はマグネサイトで被覆し,タンマン炉で溶解した. ~3%Cを含むFe合金にSbを添加すると液相温度が低下する. 2.9%C, 13.82%Sbを含む合金では液相温度は1070℃であった.

文献 [1] P.Goerens and K.Ellingen : Metallurgie **7** (1910) No.2, 72-79

99. Fe-C-Si

本系合金については古くから多くの研究がある[1~10]. L.Brewerら[11]は[6, 12~16]の熱力学的データーをもとに,本系のFeコーナー側の等温断面図を提案している.

図99-1(a), (b)は[11]による1300℃, 1000℃, の部分等温断面図である.

Fe-C 二元系にSiを添加するとセメンタイトは不安定となり, 黒鉛化が促進される. またSiはフェライト安定化元素でもあり, γ相領域を縮小するため, δ相とα相とが三元状態図上では合体するようになる.

W.Pattersonら[7]は20wt%Siまでの合金の相平衡を研究し, Feコーナーの液相-固相反応を提案し, またFeコーナーの(Fe+Si)-C温度-組成断面図を作成している.

図99-2は[7]によるFeコーナー反応投影図で, 曲線Cは液相面, Eは固相面である. さらに[7]は三元系に入り込んだFe-C, Fe-Siの共晶の谷に沿った温度-組成断面図も提案している. 1153℃に共晶四相平衡面$\gamma_1 E_1 \alpha_1$(液相$E_1 \rightleftarrows \alpha + \gamma + G$)が存在する. ここでもFe$_3$Cは不安定で平衡相グラファイト(G)が晶出する. 高ケイ素側にもうひとつの四相平衡共晶面$\alpha_1 E_2 \varepsilon$ ($E_2 \rightleftarrows \alpha' + \varepsilon + G$)が1182℃に存在する. 四相共析平衡は1000℃に存在する($\alpha' + \varepsilon \rightleftarrows \vartheta + G$). ここでγはγ-Fe固溶体, α'はFe$_3$Si規則相, εはFeSi相, ϑはFe$_3Si_2$相, Gはグラファイトである. E_1の組成は9.0wt%Si, 1.85%C, γ_1は7.8%Si, 0.5%C, α_1は10.4%Si, 0.08%C, E_2は19.2%C, 0.15%C(いずれも残りFe)である.

[7]はさらにSi濃度を固定(2.08~18.49wt%Si)した場合のFeコーナーの温度-組成断面図を多数作成し報告している.

図99-3は[9]によるC濃度固定のFeコーナー温度-組成断面図である. セメンタイトが生じる準安定系状態図である. Si濃度a-cの間で, 820℃に四相反応: $\gamma + K \rightleftarrows \alpha + Fe_3C$が存在する. ここでγはオーステナイト, αはフェライト, Kは

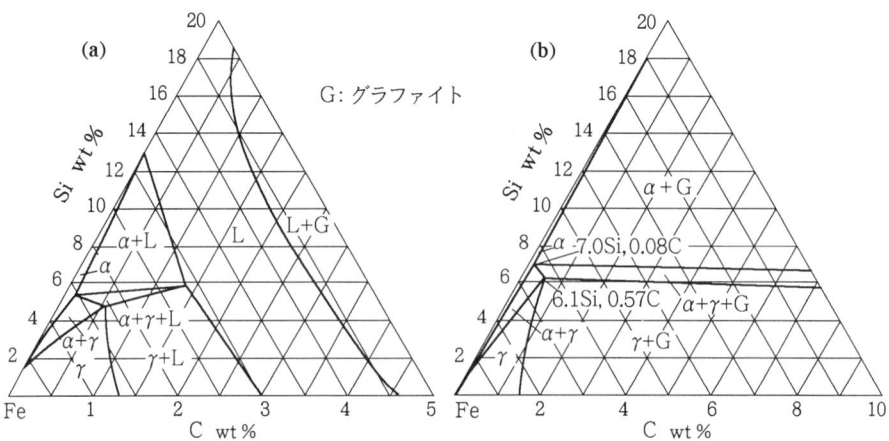

図99-1　Fe-C-Si系のFeコーナー部分等温断面図 [11]　(a) 1300℃　(b) 1000℃

炭化物である．b-c間で炭化物過剰になると，反応は$\alpha + Fe_3C + K$を生じ，終了する．a-b間でγが過剰になると$\alpha + Fe_3C$を生じる．これらの結果は0.3~2.5 wt%C, 3, 4, 5wt%Siを含む合金の結果[10]とよい一致を示した．

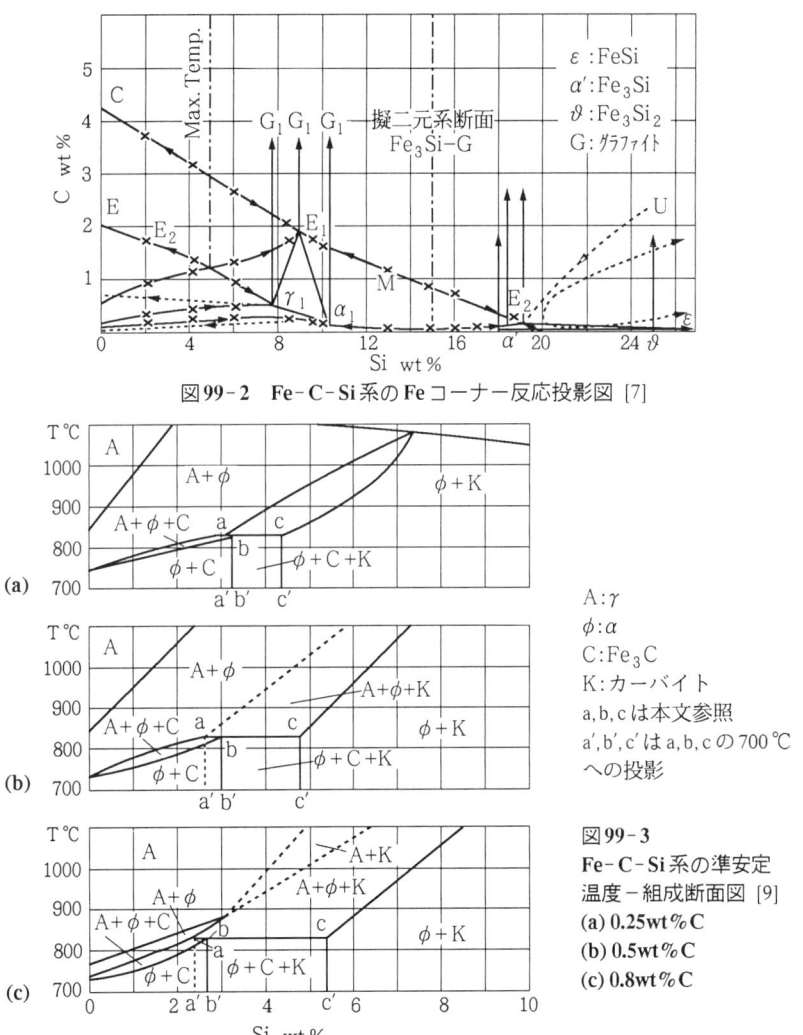

図99-2 Fe-C-Si系のFeコーナー反応投影図 [7]

図99-3
Fe-C-Si系の準安定
温度－組成断面図 [9]
(a) 0.25wt%C
(b) 0.5wt%C
(c) 0.8wt%C

文献 [1] W.Gontermann : J. Iron Steel Inst. **83** (1911) 421-475
 [2] E.Scheil : Stahl u. Eisen **50** (1930) 1725

[3] A.Kriz and F.Poboril : J. Iron Steel Inst. (1932) 323-349
[4] H.Jass and H.Hanemann : Giesserei. **25** (1938) 293-299
[5] T.Sato : Sci. Rep. Tohoku Imp. Univ. **9** (1930) 515-565
[6] J.E.Hillard and W.S.Owen : J. Iron Steel Inst. **172** (1952) 268-282
[7] W.Patterson, G.Hülsenbeck and H.A.S.Madi : Giessereiforschung **20** (1968) 49-65
[8] E.Schürmann and J.Hirch : Giesserei. **53** (1966) 198
[9] K.V.Gorev, L.A.Shevchuk and L.P.Dudetskaya : Doklady Akad. Nauk Beloruss. SSR **12** (1968) No.2, 136-139
[10] Ya.N.Malinochka, G.Z.Koval'chuk and L.A.Slin'ko : Metallofijika (1974) No.56, 91-95
[11] L.Brewer, J.Chipman and S.G.Chang : "Metals Handbook", 8th ed. ASM, Metals Park, Ohio **8** (1979) 413
[12] J.Chipman, P.M.Alfred, L.W.Gott, R.B.Small, D.Wilson, C.N.Thomson, D.L.Guernsey and J.C.Fulton : Trans. ASM **44** (1952) 1215-1230
[13] J.Chipman, J.C.Fulton, N.Gocken and G,R.Caskey Jr. : Acta Met. **2** (1954) 439-450
[14] J.Chipman and E.F.Brush : Trans. AIME **242** (1968) 35-41
[15] T.Wada, H.Wada, J.F.Elliott and J.Chipman : Metall. Trans. **3** (1972) 1657-1662
[16] Ya.N.Malinochka and V.Z.Dolinskaya : Liteinoe Proizvod. **7** (1970) 26-27

100. Fe-C-Sn

H.H.Stadelmaierら[1]による光学顕微鏡による組織観察,X線回折による研究がある．合金作製に用いた母材は99.9%純度の電解鉄,99.97%Sn,99.94%人造グラファイトである．溶解は高周波溶解炉で,Al酸化物をグラファイト処理したるつぼで行った．液相面投影図(図100-1)および800℃等温断面図(図100-2)を作成し,次の相の存在が確認された．フェライト,オーステナイト,セメンタイト,三元炭化物(fcc規則格子)およびFe₃Sn(六方格子)である．

M.Dobersekら[2]は光学顕微鏡による組織観察,X線回折によりFeに富む側の850℃における等温断面図を研究している(図100-3)．低スズ領域では,合金を730℃から焼入れたので,図100-3の低スズ側は730℃等温断面図ともみなせる．三元系で見出された相はFe(C, Sn), Fe₃Sn,三元炭化物相であるFe₃CSnとグラファイトであった．Fe₃CSnの他は各二元系に沿ってのみ出現した．三元炭化物Fe₃CSnの格子定数は0.385nmである．

Snを微量添加した合金においても,光学顕微鏡組織にグラファイトが見出されることから,SnはFe-C二元系の安定系への移行を促すと考えられる．

文献 [1] H.H.Stadelmaier and J.M.Waller : Metall **15** (1961) 125-126
[2] M.Dobersek, I.Kosovinc and K.Schübert : Arch. Eisenhüttenwesen **55** (1984) 263-266

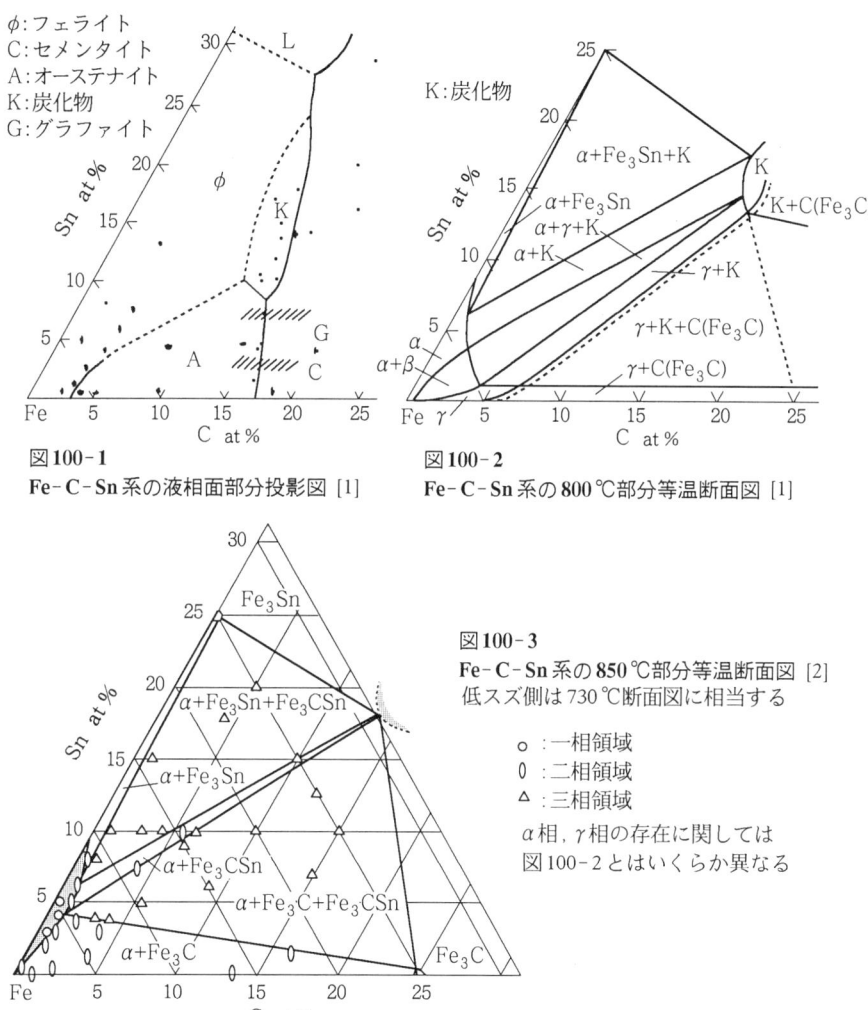

図100-1
Fe-C-Sn系の液相面部分投影図 [1]

図100-2
Fe-C-Sn系の800℃部分等温断面図 [1]

図100-3
Fe-C-Sn系の850℃部分等温断面図 [2]
低スズ側は730℃断面図に相当する

○：一相領域
◎：二相領域
△：三相領域

α相，γ相の存在に関しては
図100-2とはいくらか異なる

101. Fe-C-Ta

H.Holleck [1]の著書によれば，H.HolleckとK.Biemiillerは本系の1100℃等温断面図を研究している（図101-1）．Fe-Ta系，Ta-C系の二元化合物は第三元素をほとんど溶解しない．TaC_{1-x} 相は $Ta-C_{0.85}$ 組成まではγ-Feと平衡するが，低炭素組成では $TaFe_2$ と平衡する．TaC-Feは擬二元共晶を形成し，共晶点は1440℃，2～3

at%TaCにある.

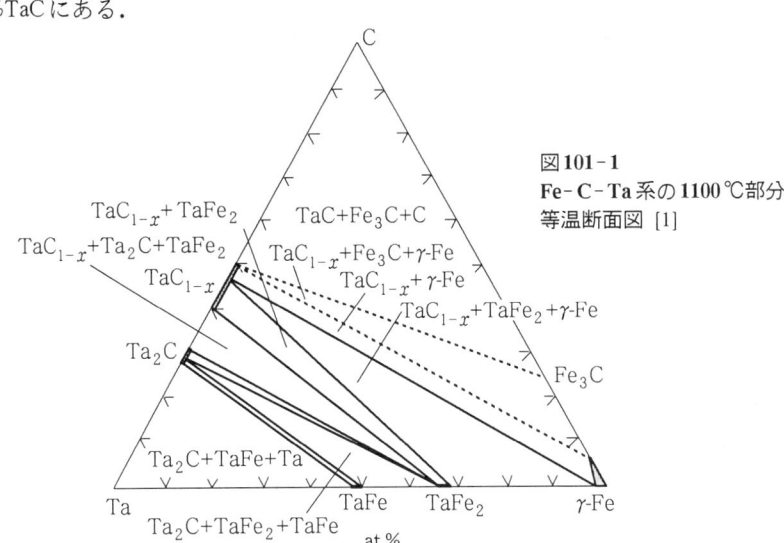

図101-1
Fe-C-Ta系の1100℃部分
等温断面図 [1]

文献 [1] H.Holleck : "Binäre und ternäre Carbid und Nitridsysteme der Übergangsmetalle", Gebrüder Borntraeger, Berlin, Stuttgart (1984) 161

102. Fe-C-Ti

村上陽太郎ら [1, 2, 3] は光学顕微鏡による組織観察, X線回折, 光高温計を用いた温度測定により本系状態図を研究している. 母材はクロル法チタン, 電解鉄, 高純度炭素を用いた. 0~26wt%C, 0~100%Feの合金をアーク溶解により作製した.

本研究では三元化合物は見出されなかった. Fe-C二元系として安定平衡状態図を採用したため, Fe_3C 等 Feの炭化物は準安定相として取扱っている. 出現する相は, 各二元系の相である δ(TiC)相, α-Ti, β-Ti固溶体, Ti-Fe, α-Fe, γ-Fe固溶体, G (グラファイト) である.

図102-1はFe-C-Ti三元系の液相面投影図である. Ti-C二元系の化合物 δ 相 (TiC) は, 三元系においても比較的広い範囲に存在し, 広い領域で初晶として晶出し, 他のすべての相と平衡関係にある (図102-2). 図102-2に示すように本系は TiC-Fe, TiC-TiFe$_2$ 断面に沿って TiC-Fe-G, TiC-Fe-TiFe$_2$, TiC-TiFe-Ti を頂点とする三角形領域に分けられる. TiC-Feは擬二元共晶を形成する. 共晶 L $\rightleftarrows$ δ(TiC)+Fe(α) は 1350℃で凝固し, 組成は 7wt%Ti, 1.7%C, 残 Fe である. TiC-TiFe$_2$ も擬二元共晶 L $\rightleftarrows$ δ + TiFe$_2$ を形成し, 共晶点は 69%Fe, 0.4%C, 残 Ti, 1520℃ である.

102. Fe-C-Ti

TiC-Fe-Cの領域には3種の不変反応が存在する. $L + Fe(\alpha) \rightleftarrows \delta + Fe(\gamma) - 1320$ ℃, $L \rightleftarrows \delta + Fe(\gamma) + G$ (グラファイト) $- 1130$ ℃, $Fe(\gamma) + \delta \rightleftarrows Fe(\alpha) + G$.

TiC-Fe-TiFe$_2$領域中には三元共晶反応 $L \rightleftarrows TiFe_2 + \delta + Fe(\alpha)$ が約1340℃に存在する.

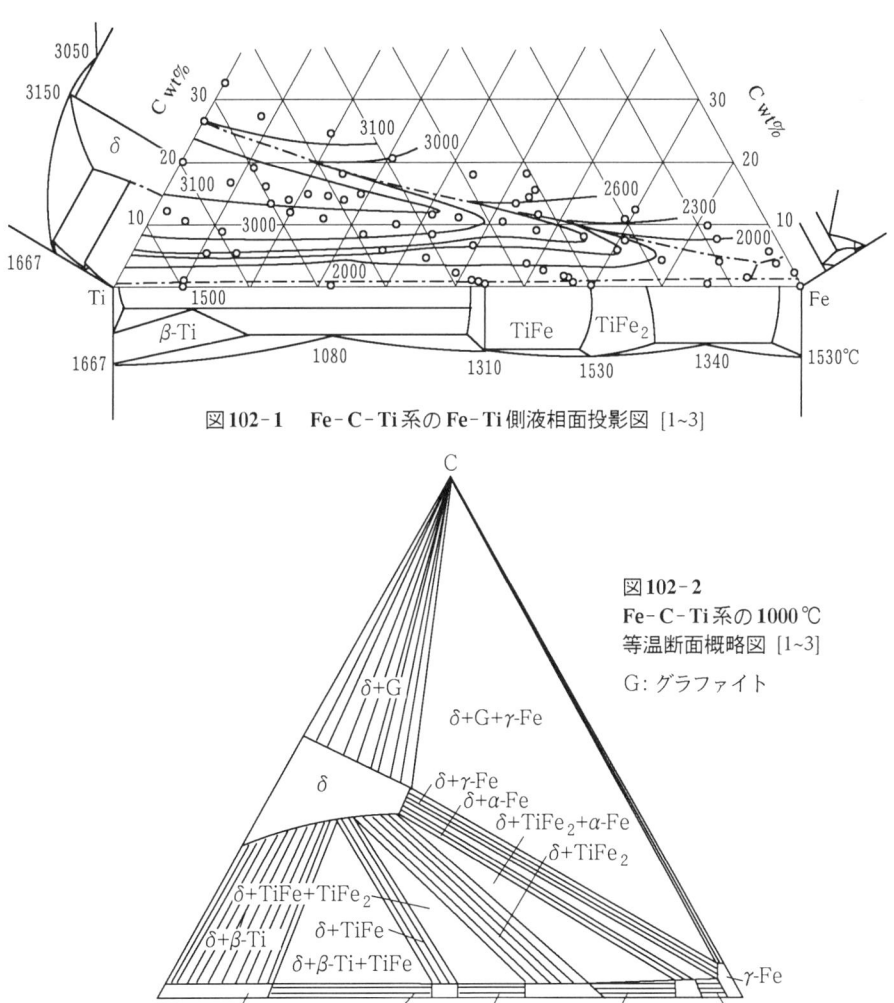

図102-1 Fe-C-Ti系のFe-Ti側液相面投影図 [1~3]

図102-2 Fe-C-Ti系の1000℃等温断面概略図 [1~3]

G: グラファイト

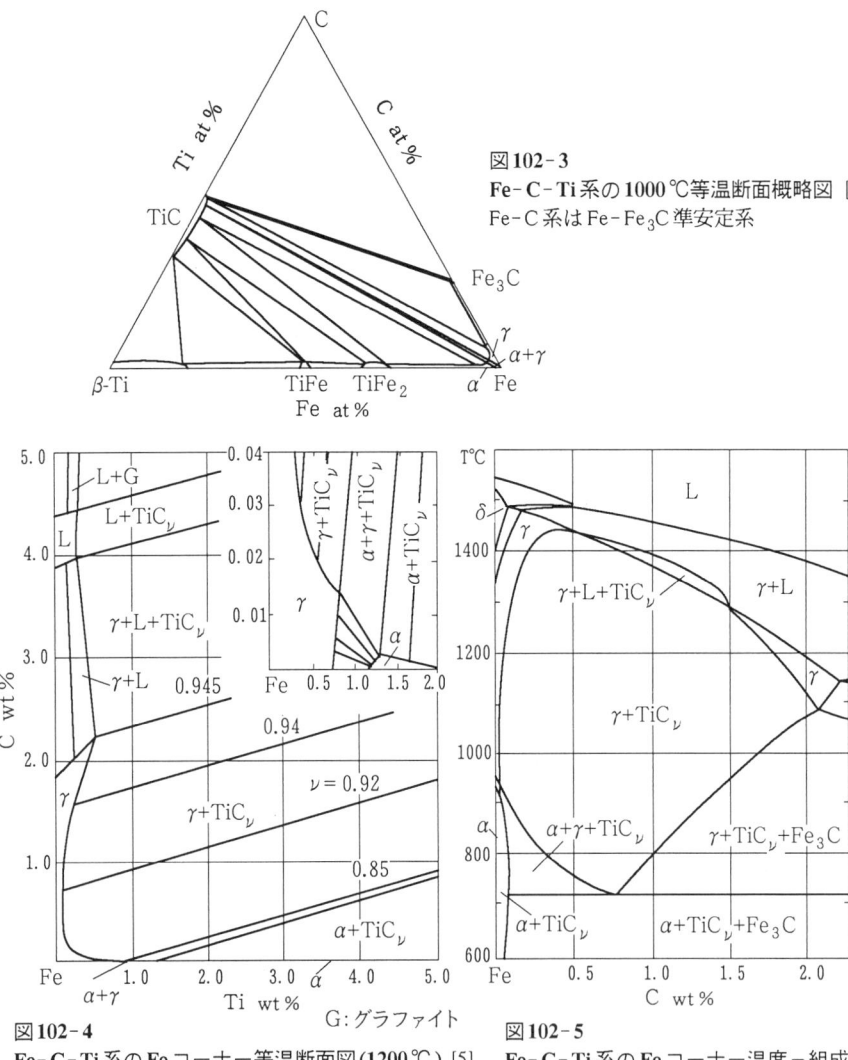

図 102-3
Fe-C-Ti系の1000℃等温断面概略図 [4]
Fe-C系はFe-Fe₃C準安定系

図 102-4
Fe-C-Ti系のFeコーナー等温断面図(1200℃) [5]
TiC$_\nu$のνは非化学量パラメータ: 0.5~1.0
G: グラファイト

図 102-5
Fe-C-Ti系のFeコーナー温度-組成断面図(0.3%Ti) [5]

TiC-TiFe-Ti領域には2種の包共晶反応と一つの包共析反応がある. $L+TiFe_2 \rightleftarrows \delta + TiFe - 1300℃$, $L + \delta \rightleftarrows TiFe + Ti(\beta) - 1100℃$, $Ti(\beta) + \delta \rightleftarrows Ti(\alpha) + TiFe$.
Ti-C二元系のTiC(δ)相は広い範囲にわたり存在するが, 三元系においても広く

Feを固溶し拡がる．その組成範囲は1000℃では，13~20%C, 0~15%Feで，Feの最大固溶度は17%Cで15%Feとなる(図102-2参照)．

TiFe相は二元系では52~54wt%Feの組成幅を有するが，C固溶度は最大0.1%である．この化合物はbcc格子を持ち，格子定数は単一相領域内ではFe濃度の増加に伴い0.2978nmから0.2977nmに減少する．一方，化合物TiFe$_2$は1200℃で68.5~77wt%Feの範囲で単一相である．TiFe$_2$はMgZn$_2$型の六方晶格子で，格子定数はFe濃度とともに減少する．δ相(TiC)の格子定数は二元TiCの0.4325nmからFe添加とともに0.4310nm (17%C, 15%Fe)に減少する．

Peter P.J.Ramaekersら[4]はEPMA, 光学顕微鏡による組織観察により，拡散対を用いて本系合金の研究を行っている．[1~3]と異なり，Fe-C系に関してはFe-Fe$_3$C準安定系を考慮している．母材は高純度チタン棒，粉末，99.999%Fe粉末，99.5%グラファイト粉末を用い，アーク溶解により合金を作製した．

1000℃における等温断面図を図102-3に示す．[1~3]と異なり，TiC中にはCはほとんど固溶せず，1000℃における最大溶解度は1.3±0.2at%Feである．これは両者の実験方法の相違によると考えられる．Fe-Ti 二元系の化合物相，β-Ti, α-Fe, γ-FeへのCの最大溶解度は次のとおりである．TiFe (51.3~49.0at%Ti) : 1.7±0.4at%C, TiFe$_2$ (34.0~28.0at%Ti) : 1.4±0.3at%C, β-Ti (80.2~100at%Ti) : 1.5±0.3at%C, α-Fe (5.5~0.8at%Ti) : 1.3±0.3at%C, γ-Fe (0.7~0at%Ti) : 8.0±0.5at%C．

H.Ohtaniら[5]は二重副格子モデルを用いて，熱力学的計算によりFe-C-Ti系の状態図を研究している．

Fe-C二元系はFe-Fe$_3$C準安定系を採用し，TiC$_\nu$ (ν = 0.5~1.0)とオーステナイトとの平衡はfcc相間(γ-FeとNaCl型TiC)のミシビリティギャップの一部をなすものとして取扱い，また熱力学的計算には磁気変態を考慮に入れてある．

H.Ohtaniら[5]は，またFeコーナーの800~1500℃の等温断面図および同温度-組成断面図を作成している．α-Feおよびγ-FeともTiC相と平衡し，温度上昇とともにγ-Fe中へのTiCの溶解度は増大する．これは，Tiの活量がCの添加とともに著しく低下することによると考えられる．等温断面図の一例を図102-4に，温度-組成断面図を図102-5に示す．

文献 [1] 村上陽太郎, 木村啓造, 西村義雄：日本金属学会誌 **21** (1957) 669-673
 [2] 村上陽太郎, 木村啓造, 西村義雄：日本金属学会誌 **21** (1957) 712-716
 [3] Y.Murakami, H.Kimura and Y.Nishimura : Mem. Fac. Eng. Kyoto Univ. **19** (1957) 302-324
 [4] Peter P.J.Ramaekers, Frans J.J.van Loo and G.F.Bastin : Z. Metallkunde **76** (1985) 245-248
 [5] H.Ohtani, T.Tanaka, H.Hasebe and T.Nishizawa : CALPHAD **12** (1988) 225-246

103. Fe-C-U

G.Briggs ら [1] は光学顕微鏡による組織観察, X線回折によって研究を行っている. 母材は UC 細粒 (4.68~4.75wt%C), U 粉末 (不純物組成 : 1.0%O, 0.198%N, 0.047%H, 0.021%Ca, 0.2%Fe, 0.126%Si, 0.77%C, 0.064%F, <0.05%Al), 灰分 0.03% のグラファイト棒, 高純度鉄粉, UC_2 (8.6%C, 0.055%N, 0.1%Fe, 0.1%Cr)を用いている. これら粉末をトリアるつぼで, 純アルゴン気流中, 1000~2000℃で焼結, 得られたインゴットを石油中で粉砕し, 60~300 メッシュのふるいでふるい分けた.

断面 UC-Fe は共晶型で, 共晶点は 51.5±0.5wt%Fe, 1105℃±5℃で凝固する. 断面 UC-UFe_2 の共晶点は 92±1wt%UFe_2, 1040±20℃にある. 一方, 断面 UC_2-Fe は 61.0±0.5wt%Fe, 1150±10℃に共晶点を持つ (図103-1). 化合物 $UFeC_2$ は 1615±10℃で固相 UC_2 と 19wt%Fe を含む液相とから包晶反応により生じる.

三元 UC-UFe_2-Fe 系の等温断面図は J.L.Nichols ら [2] によって研究されている. 合金は 99%U, 高純度鉄, 高純度炭素を用いている. 水冷銅るつぼを用いアルゴン雰囲気下で溶解した. 実験は光学顕微鏡による組織観察, X線回折, 熱分析によった. 図103-2に 1115~1160℃の間の UC-$UFeC_2$-Fe 領域の等温断面図を示す. 1129℃に四相平衡 : L + $UFeC_2$ ⇌ UC + Fe が存在することが予想される.

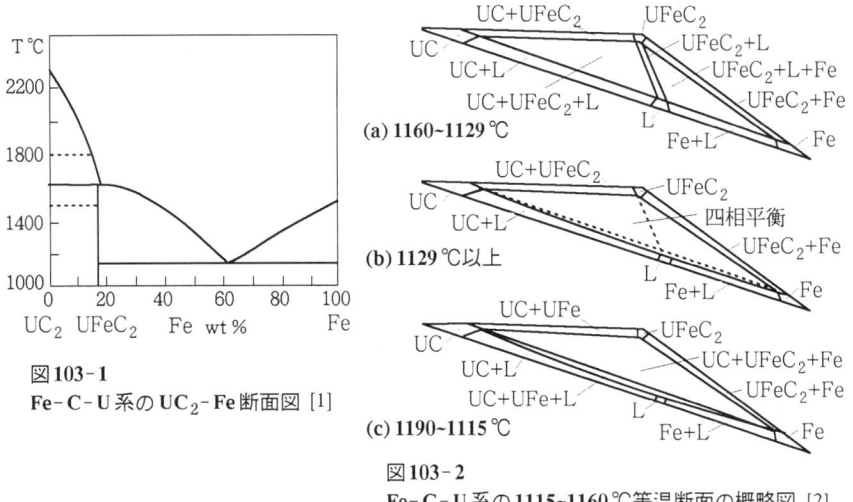

図103-1
Fe-C-U 系の UC_2-Fe 断面図 [1]

図103-2
Fe-C-U 系の 1115~1160℃等温断面の概略図 [2]

文献 [1] G.Briggs, J.Guha, J.Barta and J.White : Trans. Brit. Ceram. Soc. **62** (1963) No.3, 221-246
 [2] J.L.Nichols and J,A.C.Marples : Proc. Symposium "Carbides in Nuclear Energy", Harwell 1963 (Publ. 1964) 246, Discussion 260

104. Fe-C-V

　本系合金の状態図は古くはM.Oya[1]が4%C濃度までのバナジウム鋼の共析反応近傍の状態図を研究したのに始まる．その後同じ著者により液相を含む高温域の状態図が研究され，Feコーナーの反応の様相が示された[2]．これらの研究は，Vの炭化物としてV_2Cの代わりにV_5C，VC_{1-x}の代わりにV_4C_3が生じるとした当時のV-C二元状態図を一方の基礎にしているため，現在では正確なものとはいえなくなっている．

　[1], [2]とほぼ同時期にR.Vogelら[3]も本系のFeコーナーの状態図を詳細に研究し，多数のFeコーナー温度-組成垂直断面図を提案した．[3]が採用したV-C二元系状態図はVC_{1-x}をV_4C_3としたほか，V側の固溶体が包晶反応により生じるという現在認められている共晶反応型の状態図とまったく異なるもので，そのため[3]で提案された多数の三元系状態図も歴史的意味を持つに過ぎない．F.Weverら[4]はFeコーナーの状態図を研究したが，この場合もV_4C_3の存在を前提としている．

　Yu.V.Grdinaら[5]は光学顕微鏡による組織観察，X線回折により本系のほぼ全領域の研究を行い，500℃等温断面図を作成した．母材には99.25%V, 99.99%Fe, 超高純度グラファイトを用い，ヘリウム雰囲気下でアーク溶解により合金を作製した．試料を1050℃, 750℃, 500℃で各々100時間保持した．図104-1は[5]による500℃等温断面図である．断面VC_{1-x}-FeおよびV_2C-Feは擬二元系を形成し，2種の断面の中間領域には三相領域$VC_{1-x}+V_2C+Fe$が存在する．C濃度がより低い領域では三元炭化物$Fe_3V_3C(\eta)$の領域が存在する．本炭化物は安定で，α-Fe, V_2Cおよびσ相と平衡する．なお，α-Feはα-Fe-V-C固溶体，$V\alpha$はFeとCを固溶するV基固溶体でいずれもbcc格子である．V_2Cは六方晶格子を有し，VCはfcc格子を有する．G相はグラファイト，η相はfcc格子の化合物である．

　R.Ebelingら[6], R.R.Zuppら[7], T.Wadaら[8]はFeコーナーの部分等温断面図を研究しているが，1000℃等温断面図はほぼ同様の結果を得ている．[6]は熱分析，X線回折により2.5at%V組成までの部分等温断面図を提案している（図104-2）．$\gamma/\gamma+VC_{1-x}$境界は1000℃から1050℃になると高バナジウム，C側に移動し，γ相領域が拡大する傾向にある（図104-3）．

　H.Holleckら[9]は遷移元素炭化物とFe族との三元状態図の研究を行い，Fe-C-V系の1100℃等温断面図を提案している（図104-4）．VCとFeとは擬二元共晶を生じ，共晶温度は1290±20℃，共晶点は92～94at%Feの間にあるとしている．

　V-C二元系の炭化物に関してはV_8C_7はC.H.de Novionら[10], V_6C_5はJ.D.Venablesら[11]によって存在が報告されているが，R.Kesriら[12]はこれらの炭化物がFe-C-V系でも出現することを電子顕微鏡観察から明らかにしている．

　Fe-V-C系の三元炭化物相Fe_3V_3CはYu.V.Grdinaら[13]のX線回折の結果によ

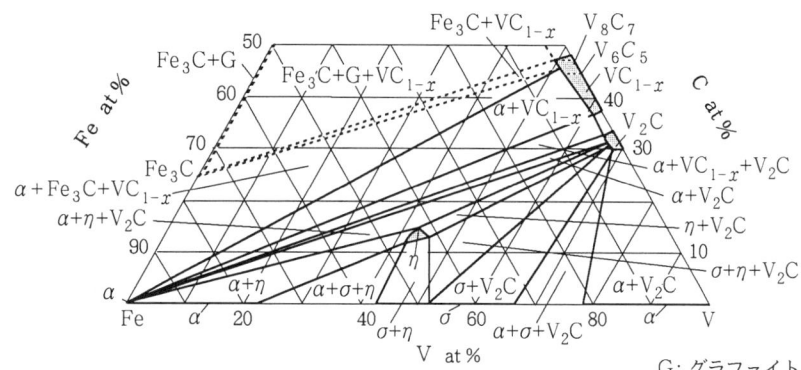

図104-1　Fe-C-V系の500℃等温断面図 [5]

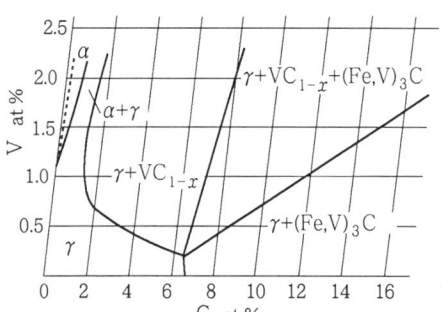

図104-2
Fe-C-V系のFeコーナー1000℃等温断面図 [6]

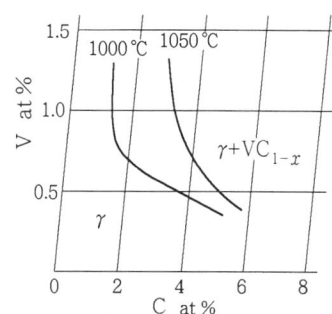

図104-3
Fe-C-V系のFeコーナーのγ相領域
(1000→1050℃) [6]

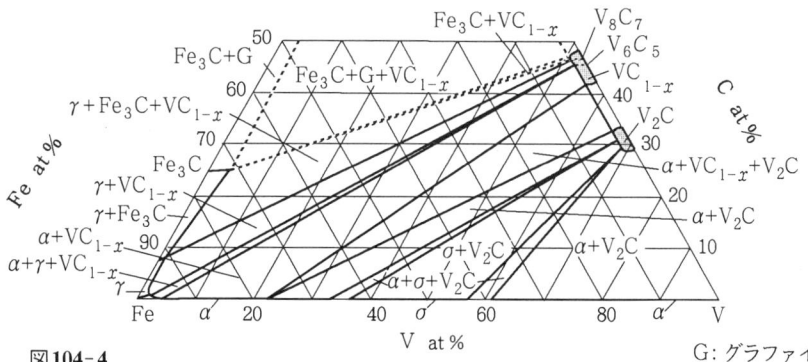

図104-4
Fe-C-V系の1100℃等温断面図 [9]　この温度では三元化合物 η:Fe_3V_3C が見られない

れば，Fe_3W_3C と同一の複雑な fcc ($Fd\bar{3}m$) 構造である．格子定数は等原子比組成で a = 1.0897nm である．

文献 [1] M.Oya : Sci. Rep. Tohoku Imp. Univ. **19** (1930) 331-364
  [2] M.Oya : Sci. Rep. Tohoku Imp. Univ. **19** (1930) 449-472
  [3] R.Vogel and E.Martin : Arch.Eisenhüttenwesen **4** (1930) 487-495
  [4] F.Wever, A.Rose and H.Eggers : Mitt. Kaiser-Wilhelm Inst. Eisenforschung **18** (1936) 239-246
  [5] Yu.V.Grdina, I.D.Lykhin and T.F.Fedorov : Izvest. Vyssh. Ucheb. Zaved., Chern. Met. (1966) No.6, 156-160
  [6] R.Ebeling and H.Wever : Arch. Eisenhüttenwesen **40** (1969) 551-555
  [7] R.R.Zupp and D.A.Stevenson : Trans. AIME **236** (1966) 1316-1323
  [8] T.Wada, H.Wada, J.F.Elliott and J.Chipman : Metall. Trans. **3** (1972) 2865-2872
  [9] H.Holleck and K.Biemüller : Ber. KfK 2826B (1979) 69-101
  [10] C.H.de Novion, R.Lorenzelli and P.Costa : C.Rend. Acad. Sci. Paris **263** (1966) 775
  [11] J.D.Venables, D.Kahn and R.G.Lye : Phil. Mag. **18** (1968) 177-192
  [12] R.Kesri and S.Hamar-Thibault : Z. Metallkunde **80** (1989) 502-510
  [13] Yu.V.Grdina, I.D.Lykhin and T.F.Fedorov : Izvest. Vyssh. Ucheb. Zaved., Chern. Met. (1966) No.4, 124-127

105. Fe-C-W

C.B.Pollock ら [1] は光学顕微鏡による組織観察，X 線回折により本系合金を詳細に研究している．母材は 99.9%W, 99.9%Fe, 99.94% グラファイト各粉末を用い，焼結後さらにアルゴン雰囲気下でアーク溶解により合金を作製した．この合金を石英管に真空封入し，1200℃ × 30 時間，1000℃ × 200 時間焼鈍を施した．

図 105-1 は [1] による 1000℃等温断面図である．本系には 3 種類の三元化合物相が存在する．2 種類の η 炭化物：Fe_6W_6C ($M_{12}C$), Fe_3W_3C (M_6C) および FeW_3C である．Fe-WC 断面は擬二元系を示す．炭化物 M_6C は α-Fe, WC, $M_{12}C$, FeW_3C, W と平衡し，$M_{12}C$ は α-Fe, Fe_7W_6, M_6C, W と平衡する．炭化物 FeW_3C は M_6C, WC, W_2C, W と平衡する．Fe_6W_6C ($M_{12}C$) はほとんど単一相組成幅を持たない．結晶構造は立方晶 (空間群 $Fm\bar{3}m$) で格子定数は a = 1.0956~1.0958nm である．Fe_3W_3C (M_6C) はいくらか組成幅を有する．結晶構造は立方晶 ($Fm\bar{3}m$) で，格子定数は a = 1.1102~1.1146nm である．M.Bergström [2] によると，$(Fe,W)_6C$ の格子定数は W 濃度の増加とともに増加し，$(Fe,W)_{12}C$ の格子定数は逆に減少する．FeW_3C は $W_9Co_3C_4$ 型構造の六方晶 (空間群 $P6_3/mmc$) で，格子定数は a = c = 0.7806~0.7810 nm である．

[2]は光学顕微鏡による組織観察，X線回折，EPMAにより本系の1250℃におけるη炭化物近傍の等温断面を研究した．合金は粉末冶金法とアーク溶解とを目的に応じて使い分けて作製した．

図105-2に[2]による1250℃等温断面図を示す．三元炭化物相については[1]と同じ結果を得たが，Fe-W，W-C二元系については，[1]およびその他の研究と見解を異にしている．Fe-W二元系で現在なお論争のあるFe_7W_6については[2]は見出しておらず，Fe_3W_2の存在を主張している．また[1]では1000℃においてW_2Cの

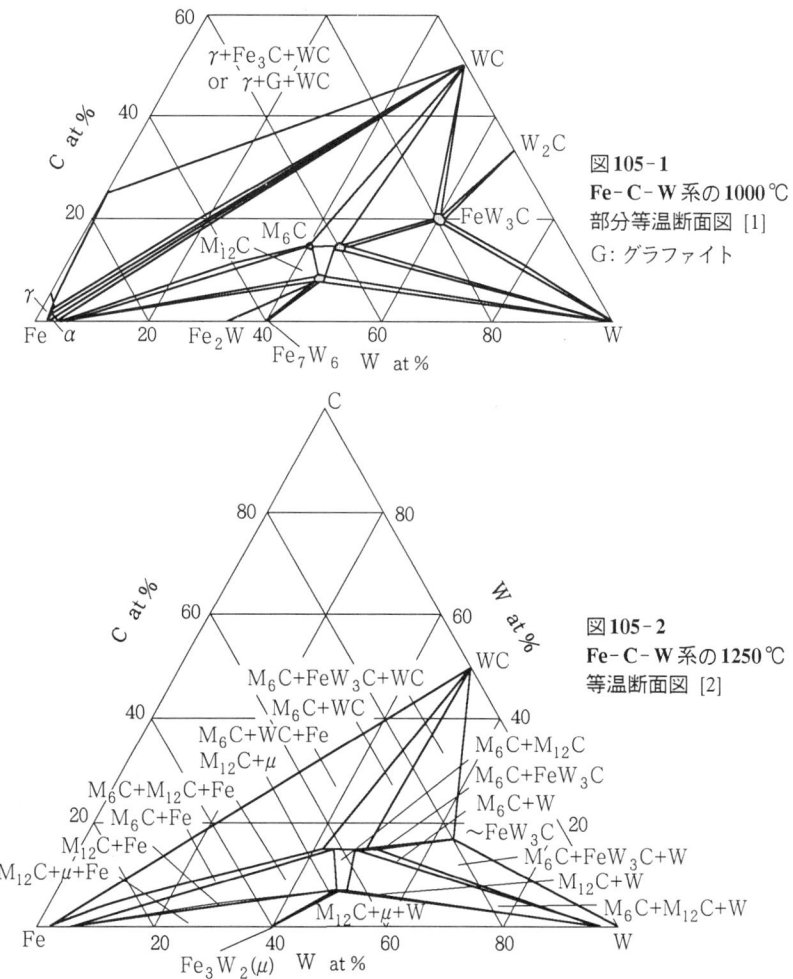

図105-1
Fe-C-W系の1000℃部分等温断面図 [1]
G：グラファイト

図105-2
Fe-C-W系の1250℃等温断面図 [2]

存在を示しているが, [2]によるとW₂Cは液相から調和凝固し, 1300℃で共析反応によりW + α-WCに分解し, 1250℃, 従って1000℃では存在しないとしている. 図105-2の等温断面図は図105-1と以上の点でいくらか異なる平衡関係を提案している.

図105-3に(Fe, W)₆C, (Fe, W)₁₂Cの格子定数のW/Fe組成比依存を示しておく.

[1, 2]は[3, 4]によるW₆Cの広い組成範囲(Fe₂W₄C～Fe₄W₂C)にわたる存在の提案については否定的である.

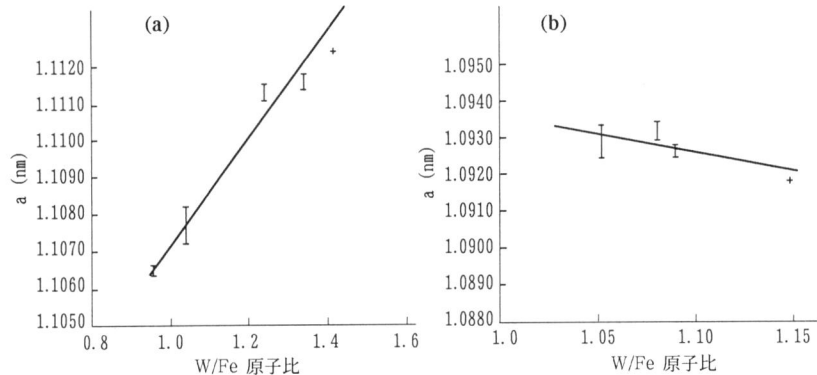

図105-3　Fe-C-W系の格子定数のW/Fe組成比依存 [2]　(a) (Fe, W)₆C　(b) (Fe, W)₁₂C

文献 [1] C.B.Pollock and H.H.Stadelmaier : Metall. Trans. **1** (1970) 767-770
　　　[2] M.Bergström : Mat. Sci. Eng. **27** (1977) 257-269
　　　[3] K.Kuo : Jernkontorets Ann. **136** (1952) 156
　　　[4] K.Kuo : Acta Met. **1** (1953) 611-612

106. Fe-C-Y

A. Nadia El-Masryら[1]はX線回折, 光学顕微鏡による組織観察, EPMAを用いて本系の800℃における相平衡を研究している. 合金は99.9%Fe, 99.9%Y, 99.94%グラファイトを用い, アルゴン雰囲気下でアーク溶解により作製した. 各試験片を800℃×300時間焼鈍後, 水焼入れした.

図106-1にFe-C-Y系の800℃部分等温断面図を示す. Fe-Y, Fe-C, Y-C系の既知の二元化合物の他, 本系では, 唯一の三元系化合物$FeYC_2$が見出されている. $FeYC_2$はγ-FeとFe_3Cと共存するという.

Fe-Y二元系の化合物のうち(H)-$Fe_{17}Y_2$は六方晶格子, (R)-$Fe_{17}Y_2$は菱面体格子を示す. K.H.J.Buschow[2]によれば, これらはそれぞれ$Fe_{17}Y_2$の高温相, 低温相

という．(R)-$Fe_{17}Y_2$ は C を溶解し，$Fe_{17}Y_2C$ 組成域を越えて拡がっている．$Fe_{17}Y_2$ は C の溶解とともに格子定数が a = 0.848nm, c = 1.245nm から，三元系では a = 0.851nm, c = 1.253nm に増加する．これは Fe-C-Nd 系の場合 (H.H.Stadelmaier ら [3]) と同様，(R)-$Fe_{17}Y_2$ の格子間位置に C が侵入したことによると考えられる．Y-C 二元系の化合物は，Y_2C, $Y_{15}C_{19}$, YC_2 と恐らく Y_2C_3 が存在する．これらの化合物は高温域で Y_2C から YC_2 組成に拡がる欠陥を持った NaCl 型の固溶体から生じたものである (M.Atoji ら [4])． Y_2C は anti $CdCl_2$ 型構造に C 原子が規則配列した菱面体構造で (G.L.Bachella ら [5])，YC_2 は正方晶 CaC_2 型構造である (W.Steiner ら [6])．$Y_{15}C_{19}$ は δ 相で J.Bauer ら [7] によって報告されている．Y_2C_3 は高圧下で Pu_2C_3 型構造をとるとされているが，常圧下での構造は不明である (V.I.Novokshonov [8])．

三元化合物 $FeYC_2$ は X 線回折によれば正方晶格子を有し，格子定数は a = 1.065 nm, c = 0.860nm である．正確な構造は不明である．

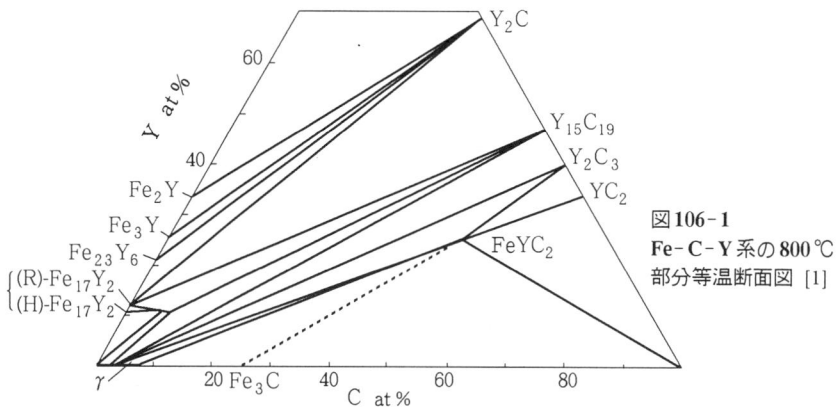

図106-1 Fe-C-Y 系の 800℃ 部分等温断面図 [1]

文献 [1] A.Nadia El-Masry and H.H.Stadelmaier : Z. Metallkunde **80** (1989) 723-725

[2] K.H.J.Buschow : J.Less-Common Metals **11** (1966) 204-208

[3] H.H.Stadelmaier, E-Th.Heing, G.Schneider and B.Grieb : Materials Letters **7** (1988) 155-157

[4] M.Atoji and M Kikuchi : J. Phys. Chem. **51** (1969) 3863-3872

[5] G.L.Bachella, P.Meriel, M.Pinot and R.Lallemeat : Bull Soc. Franc. Mineral. Cristallogr. **89** (1966) 226-228

[6] W.Steiner, A.Planck and G.Weihs : J. Lees-Common Metals **45** (1976) 143-153

[7] J.Bauer and H.Nowotny : Monatsh. Chem. **102** (1971) 1129-1145

[8] V.I.Novokshonov : Russian J.Inorg. Chem. **25** (1980) 375-378

107. Fe-C-Zn

本系については H.H.Stadelmaier ら [1] の光学顕微鏡による組織観察, X線回折による研究がある．母材は 99.9% 電解鉄，99.5% 人造グラファイト，99.99%Zn を用いた．

図 107-1(a) は 850 ℃, (b) は 600 ℃ の部分等温断面図である．この領域では以下の相が観察された：α-Fe, γ-Fe, グラファイト (G), 三元炭化物 Fe_3ZnC (K相：fcc規則格子構造), Γ相 (Fe-Zn系γ-黄銅型化合物相)．

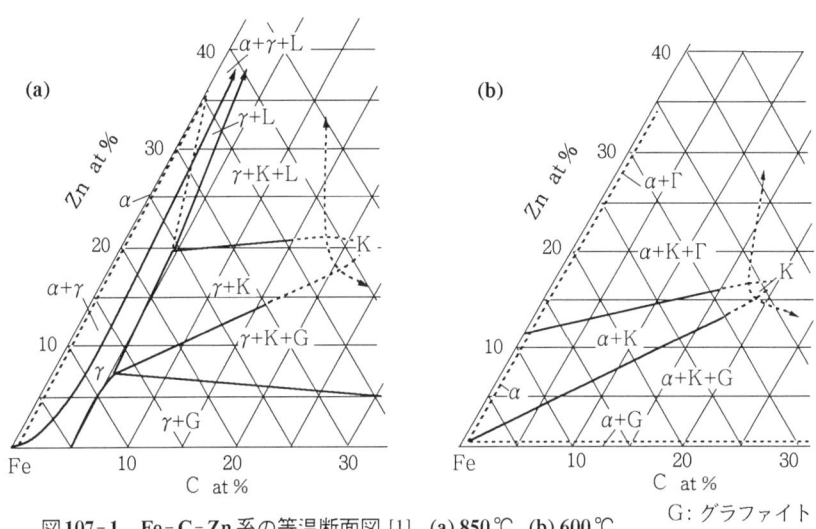

図107-1　Fe-C-Zn系の等温断面図 [1]　(a) 850 ℃　(b) 600 ℃

文献 [1] H.H.Stadelmaier and W.K.Hardy : Metall **14** (1960) No.8, 778-779

108. Fe-C-Zr

H.Holleck [1] は本系状態図のこれまでの研究を紹介している．[2~4] によると，本系には三元化合物は存在しない．[5] は準安定 Zr_3Fe_3C 相の存在を報告しているが, この相は狭い温度領域にのみ存在し，微量の酸素等により安定化されているという．図 108-1 に [1] で紹介された [2] による 1100 ℃ 等温断面図を示す．

[4, 6] は Fe-ZrC 断面を研究し，この断面が擬二元共晶を示すことを報告している．[6] によれば共晶点は 1670K, 4mol%ZrC であるが，[4] は 1748K(1475 ℃), 3mol%(4.3wt%)ZrC としている．図 108-2 に [4] による Fe-ZrC 擬二元系断面図を示してある．共晶炭化物の組織は板状コロニーが大部分である．ZrC の初晶結晶は立方晶で樹枝状晶を形成する．

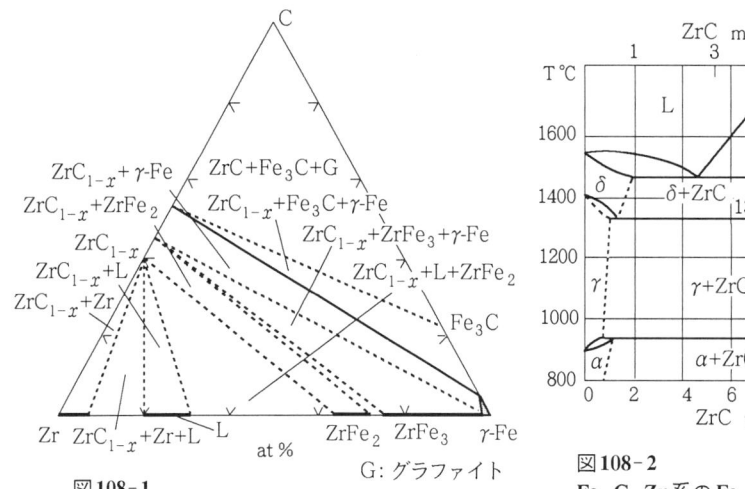

図 108-1
Fe-C-Zr系の1100℃部分等温断面図 [2]

図 108-2
Fe-C-Zr系のFe-ZrC擬二元系断面図 [4]

文献 [1] H.Holleck : "Binäre und ternäre Carbid- und Nitridsysteme der Übergangsmetalle", Gebrüder Borntraeger, Berlin, Stuttgart (1984) 154
   [2] H.Holleck and F.Thümmler : Eds. Bericht KfK, 2826B (1979) 69
   [3] R.Vogel and K.Löhberg : Arch. Eisenhüttenwesen **7** (1934) 473
   [4] A.K.Shurin and G.P.Dmitrieva : Metalloved i Term. Obrabotka Metal (1974) No.8, 27
   [5] H.Holleck and F.Thümmler : Monatsh Chem. **96** (1967) 133
   [6] H.Frey and H.Holleck : I.Buzas ed. "Thermal Analysis", Akademia i Kaido, Budapest **1** (1975) vol.1, 339

109. Fe-Ca-P

R.Vogel [1] は熱分析により本系合金系を調べている．合金はFe-P母合金を母材とし，特殊なるつぼを用いてアルゴン雰囲気下で作製した．母合金を溶かした後Caを加えた．

図109-1に研究を行った部分の状態図を示す．破線で示されたFeとCaの相分離二液相領域は，Fe-Ca二元系の側から三元系中に拡がる．この二相分離の領域は図109-2に示したFe_2P-Ca_3P_2擬二元系までは届いていない．1275℃でFe_2P+Ca_3P_2の共晶が生じ，共晶点eは8.5%Ca, 23%P, 68.5%Fe，すなわち12.9%CaP_2，87.1%Fe_2P wt%である．

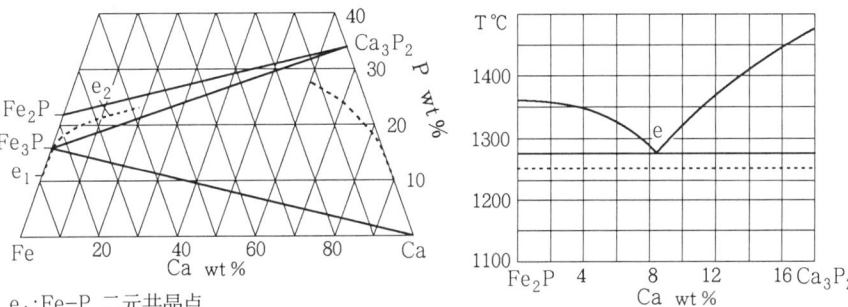

e_1: Fe-P 二元共晶点
e_2: Fe_2P-Ca_3P_2 擬二元系共晶点(次図参照)

図109-1　Fe-Ca-P系の部分状態図 [1]

図109-2　Fe-Ca-P系の Fe_2P-Ca_3P_2 温度-組成断面図 [1]

文献 [1] R.Vogel and H.Klose : Arch. Eisenhüttenwesen **27** (1956) No.1, 75-76

110. Fe-Ca-S

R.Vogel [1] は光学顕微鏡による組織観察および熱分析により Fe-FeS-CaS 系の合金について研究している．FeとCaは液体状態で相互作用を持たず，広い相分離領域が三元系中に大きく拡がっている．

図110-1のミシビリティギャップの境界は f_1, f_3, K を通過し，FeS-CaS 断面に漸近する．ミシビリティギャップの臨界点 K は，1800℃にある．同温度で縮退三元共晶 E が凝固する．

図110-2に示す FeS-CaS 擬二元系断面は，共晶型で1120℃，20%CaSで共晶が生じる．これらの硫化物は相互に大きな溶解度は持たない．硫化物 CaS の融点は~2450℃で，共晶温度でCaS中には2%までFeSを固溶する (T.Heumann [2])．

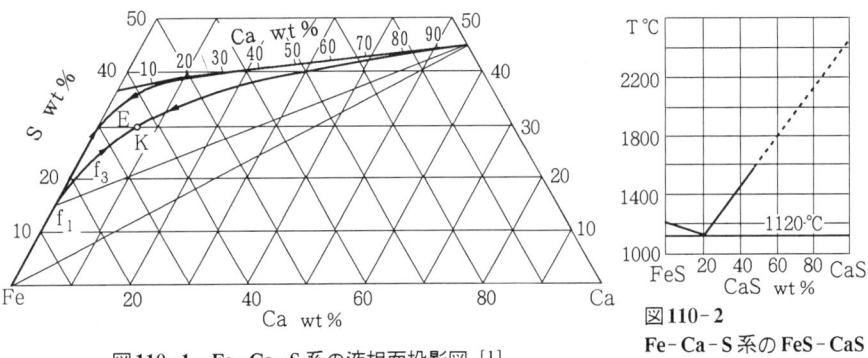

図110-1　Fe-Ca-S系の液相面投影図 [1]

図110-2　Fe-Ca-S系の FeS-CaS 擬二元系断面図 [2]

文献 [1] R.Vogel and T.Heumann : Arch. Eisenhüttenwesen **15** (1941-42) No.4, 195-199
[2] T.Heumann : Arch. Eisenhüttenwesen **15** (1941-42) No.12, 557-558

111. Fe-Ca-Si

E.Schürmann ら [1], 音谷登平ら [2, 3] は光学顕微鏡による組織観察および熱分析によって本系合金を研究している．[1]はこの中でも最も体系的に状態図を研究し，液相面投影図および2種類の温度-組成断面図を作成した．

図111-1は[1]による本系の液相投影図である．Feコーナー，Caコーナー，$CaSi_2$ 近傍の拡大図も示してある．Fe-Ca二元系の特徴は溶解度のない領域がFe-Caの間に拡がることであるが，この領域は三元系の中へ深く入り込む．ミシビリティーギャップ境界面は，FeSi晶出の固相面の限界点K, CaSi, Ca_2Si の液相面の極大点 M_1, M_3, α-Feの偏晶 S_1, S_6 で構成される．三元共晶点 E_1~E_4，包晶点 P_1~P_4 およびその他の特性点の温度，組成を表111-1に示す．図111-1 の e_1~e_8, u_1~u_2 は二元系の共晶点，包晶点である．二元共晶点は以下のとおりである．e_2: Fe_3Si-Fe_2Si (1190℃), e_3: Fe_2Si-Fe_5Si_3 (1202℃), e_4: FeSi-$FeSi_2$ (1212℃, 53.4 wt%Si),

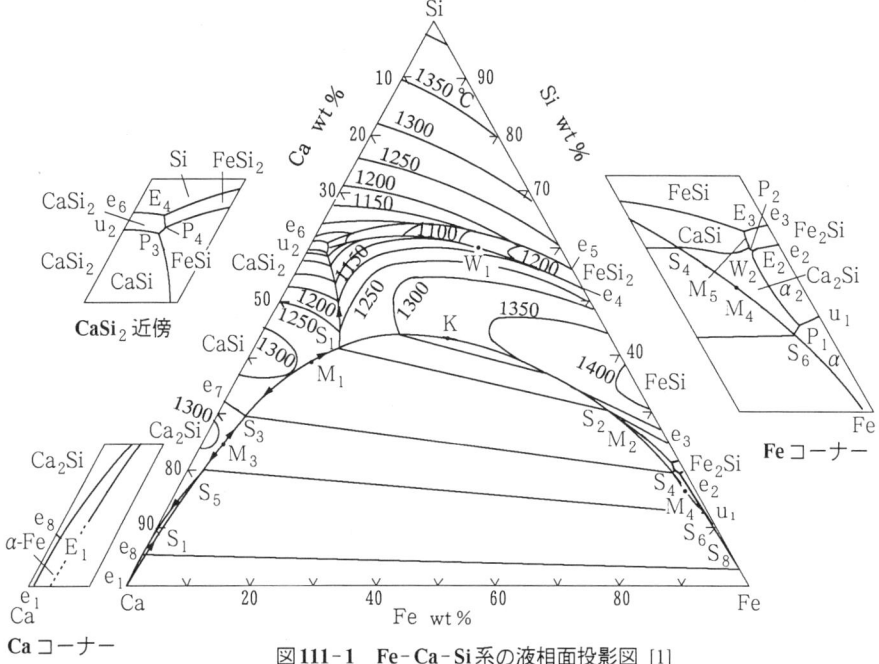

図111-1　Fe-Ca-Si系の液相面投影図 [1]

111. Fe-Ca-Si

表111-1 Fe-Ca-Si 系の液相面特性点の温度および組成

特性点	組成(wt%)			温度(℃)	特性点	組成(wt%)			温度(℃)
	Fe	Si	Ca			Fe	Si	Ca	
E_1	0.2	4.1	95.7	(763)	M_3	3.4	25.4	71.2	(1295)
P_1	87.3	12.4	0.3	1268	M_4	82.5	16.4	1.1	(1395)
E_2	81.2	18.4	0.4	1173	M_5	80.2	19.4	0.4	1200
P_2	81.7	18.9	0.4	1184	S_1	13.8	41.9	44.3	1280
E_3	79.3	20.3	0.4	1183	S_2	60.2	32.0	7.8	1280
P_3	3.2	59.3	37.5	1023	S_3	4.6	29.6	65.8	1242
E_4	2.2	61.1	36.7	1015	S_4	78.9	19.5	1.6	1242
P_4	2.9	60.4	36.7	1017	S_5	2.0	19.9	78.1	1285
K	34.9	42.6	22.5	1340	S_6	88.2	11.3	0.5	1285
M_1	10.0	39.1	50.9	1290	W_1	26.8	60.3	12.9	1170
M_2	67.2	28.0	4.8	1290	W_2	80.8	18.7	0.5	1200

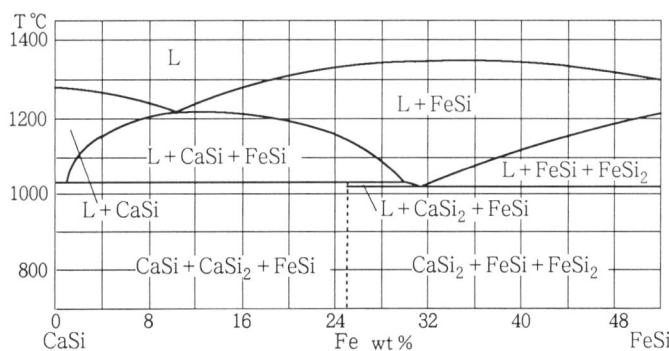

図111-2 Fe-Ca-Si系のCaSi-FeSi擬二元系断面図 [1]

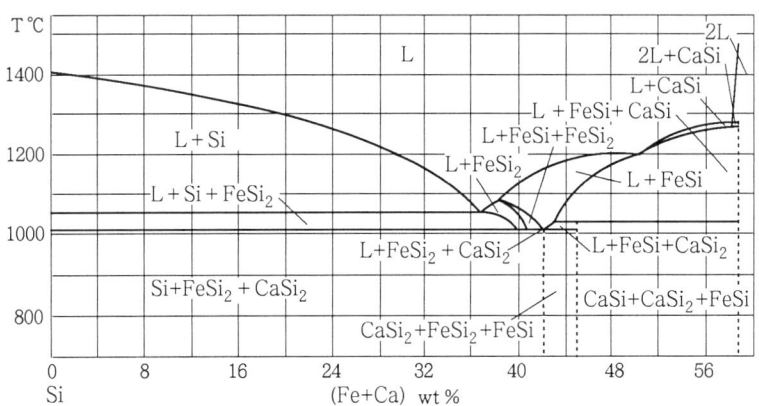

図111-3 Fe-Ca-Si系のCa/Fe = 4:1(wt%)温度-組成断面図 [1]

e_5 : $FeSi_2$ (1220 ℃ , 57.0%Si), e_6 : Si - $CaSi_2$ (1023 ℃ , 61.4%Si), e_7 : CaSi - Ca_2Si (1259 ℃ , 32%Si), e_8 : Ca_2Si - Ca (782 ℃ , 96%Si) . また e_1 は Fe - Ca の Ca 側共晶点であるが, Ca 中に Fe はほとんど溶解しない(Fe-Ca二元系, 本書p.17参照).
二元包晶点は, u_1 : 1275 ℃ (11.9%Si, 残 Fe), u_2 : 1033 ℃ (60.0%Si, 残 Ca)である.
図 111-2 は CaSi-FeSi 擬二元系断面図, 図 111-3 は Ca/Fe = 4 : 1(wt%)の温度-組成断面である.

[2, 3] は Fe-Ca 二元系の偏晶反応に及ぼす Si 添加の影響を調べ, 偏晶反応が 33wt%Fe, 33%Ca, 34%Si 付近まで拡がることを確かめた. これは[1]の結果とほぼ一致する. また CaSi-FeSi は擬二元系を形成するとしたが, これも [1] で確かめられたとおりである. Si-CaSi-FeSi 領域の液相反応を調べたが, [1]の結果はさらに詳しい.

文献 [1] E.Schürmann, H.Litterschneidt and P.Fünders : Arch. Eisenhüttenwesen **46** (1975) 427-432
[2] 音谷登平, 形浦安治 : 日本金属学会誌 **32** (1968) 458-463
[3] T.Ototani and Y.Kataura : Sci. Rep. Research Inst. Tohoku Univ. **A21** (1969) No.2, 69-82

112. Fe-Ce-Co

J.K.Critchley [1] は熱分析により本系合金を研究している. 母材は超高純度鉄, Co と 0.5%Fe, 0.5%非金属不純物を含む Ce を用い, 合金はアルゴン雰囲気下で非消耗電極を用い, アーク溶解により作製した.

図 112-1 は Ce 側の三元液相面投影図である. 図 112-2 は同, 450 ℃等温断面図である. 400 ℃で 2.2wt%Fe, 9.4wt%Co を含む液相から三元共晶, α-Ce, Ce_3Co,

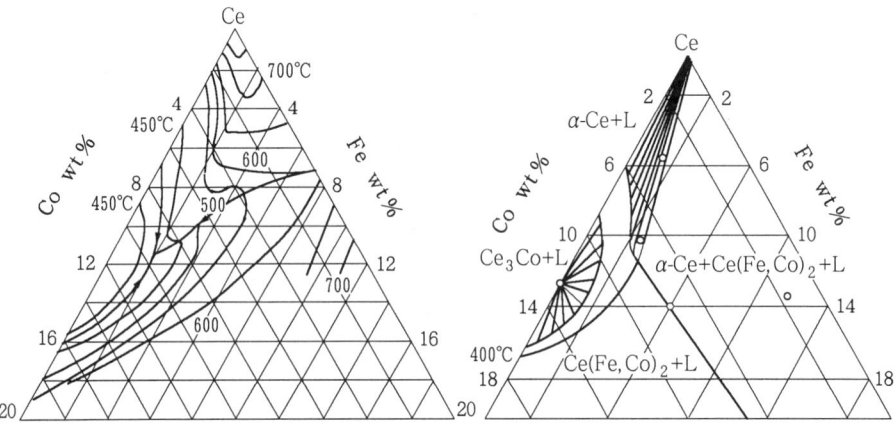

図 112-1　Fe-Ce-Co系の液相面投影図 [1]　　図 112-2　Fe-Ce-Co系の 450 ℃ 等温断面図 [1]

Ce(Co, Fe)$_2$ が生じる.

文献 [1] J.K.Critchley : Atomic Energy Res. Establ. (1959) No.4488, 17

113. Fe-Ce-N

G.J.W.Kor [1]は光学顕微鏡による組織観察,化学分析によりFe-Ce合金中のNの溶解度を調べている.

種々の組成のFe-Ce合金を99%N$_2$ + 1%H$_2$ 混合ガス中で,1000℃~1400℃ × 6~24時間保持して窒化した.

図113-1に1000~1200℃におけるNの溶解度曲線を示す.水平部の終了点はCeNと平衡するγ-Fe中のNとCeの濃度に相当する.

γ-Fe中への窒化セリウムの溶解度の温度依存は次式に従う: logK = -9040/T + 4.25.

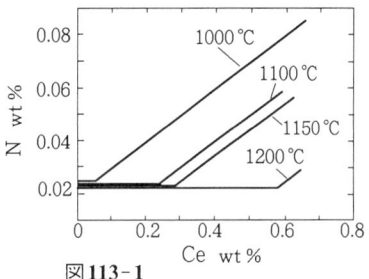

図113-1
Fe-Ce合金中のNの溶解度 [1]

文献 [1] G.J.W.Kor : Metall. Trans. **4** (1973) No.1, 377-379

114. Fe-Ce-Nb

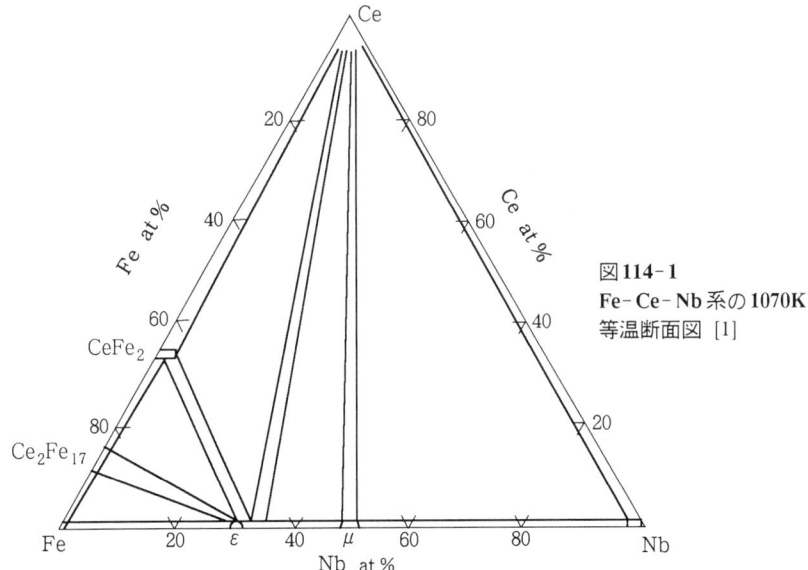

図114-1
Fe-Ce-Nb系の1070K等温断面図 [1]

O.I.Bodak と D.A.Berezyuk [1] は X線回折 (Cr-Kα) により本系の 1070K における等温断面図を研究した．合金はカルボニル鉄 (99.99%), 99.9%Nb, 99.56%Ce を母材として，高純度アルゴン雰囲気下でアルゴンアーク溶解により作製した．この合金を石英管に真空封入し，1070K × 3000 時間均一化焼鈍を施した後，水焼入れした．

本系には三元化合物相は見出されなかった（図114-1）．Fe-Ce 系の二元化合物 Ce_2Fe_{17}, $CeFe_2$ はそれぞれ Fe-Nb 系の ε 相 ($NbFe_2$) と平衡する．

文献 [1] O.I.Bodak and D.A.Berezyuk : Doklady Akad. Nauk Ukrain. SSR Ser. **A** (1982) No.3, 70-71

115. Fe-Ce-Pu

P.Tucker ら [1] の光学顕微鏡による組織観察，X線回折，熱分析，X線マイクロアナライザーによる本系合金の研究がある．合金は高純度鉄 (C : 0.03%), Pu, Ce (不純物計 0.05%, Ce : 99.8%) を Ta のカプセルに封入し合成．図115-1 は本系の液相面の投影図である．初晶領域には次の相が存在する：δ-Ce, γ-Ce, ε-Pu, δ-Pu, Pu_6Fe, $PuFe_2$, $CeFe_7$, Fe．本合金系には三元化合物，三元共晶は見出されていない．液相面には 3 点の包晶点と不変点（サドルポイント）が一つ存在する．包晶点は次のとおりである：1050±5℃, 64at%Fe, 7%Pu, 29%Ce．435±2℃, 12at%Fe, 76%Pu, 12%Ce．415±3℃, 10at%Fe, 89%Pu, 1%Ce．サドルポイントは, 660±5℃, 14at%Fe,

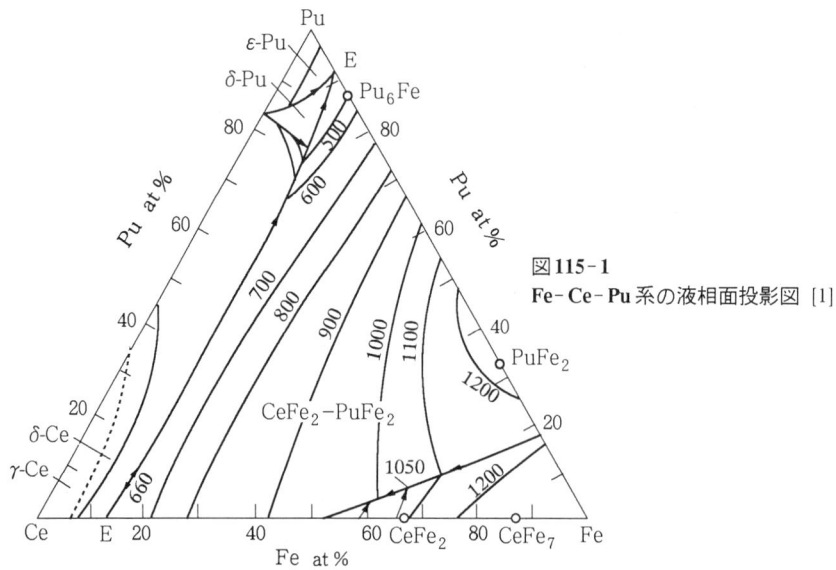

図115-1
Fe-Ce-Pu 系の液相面投影図 [1]

7%Pu, 79%Ce, にある.

化合物 CeFe$_2$ と PuFe$_2$ は Laves 相に属し, MgCu$_2$(C15)型構造の立方晶である. これらの化合物は全率固溶体を形成する. 格子定数は CeFe$_2$: a = 0.73nm, PuFe$_2$: a = 0.719nm である.

文献 [1] P.Tucker, D.Etter and J.Gebhart : "Plutonium", 1965, Chapman and Hall, London (1967), 392-404

116. Fe-Ce-Si

Ce を 0~33.3at% 含む合金の 800 ℃等温断面 (図 116-1, O.I.Bodak ら [1, 2]), 33.3~100at%Ce を含む合金の 400 ℃断面について [1] の研究がある. 実験方法はいずれも光学顕微鏡による組織観察と X 線回折による. 母材はカルボニル鉄 (99.96%), 多結晶シリコン (99.99%), 純セリウム (99.56%)を用いている.

以前に見出されている化合物 Ce(Fe, Si)$_2$ の存在を確認している. 結晶構造は CeAl$_2$Ga$_2$ 型, 格子定数は a = 0.3991nm, c = 0.9881nm である. また Ce$_2$FeSi$_3$ も確認している. 結晶構造は AlB$_2$ 型, 格子定数は a = 0.4065nm, c = 0.4191nm である. さらに新しい三元化合物 CeFeSi$_2$ を見出している. 結晶構造は斜方晶, CeNiSi$_2$ 型, 格子定数は a = 0.4094nm, b = 1.6054nm, c = 0.4031nm である. もうひとつの三元化合物 CeFeSi は正方晶で, a = 0.4062 nm, c = 0.6752nm であった.

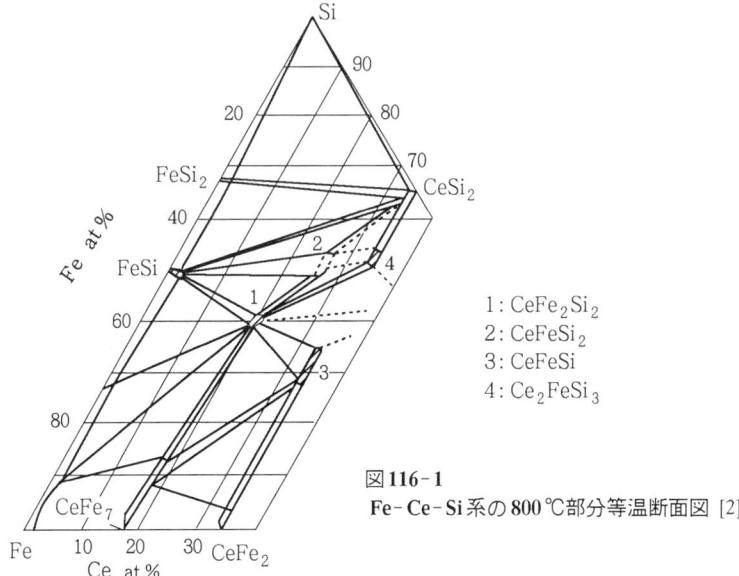

図116-1 Fe-Ce-Si系の800℃部分等温断面図 [2]

1: CeFe$_2$Si$_2$
2: CeFeSi$_2$
3: CeFeSi
4: Ce$_2$FeSi$_3$

文献 [1] O.I.Bodak, E.I.Gladyshevskii and P.I.Kripyakevich : Izvest. Akad. Nauk SSSR, Neorg. Materialy **2** (1966) 2151

[2] O.I.Bodak and E.I.Gladyshevskii : "Redkozemel'nye Metally i Splavy", Moskva, Nauka (1971) 67-72

117. Fe-Co-Cr

W.Kösterら[1]はX線回折により本系合金を研究している．母材はアームコ鉄，99%Co (0.92%Fe, 0.03%Cu, 0.02%Sを含む), 95%Cr-3.5%Fe-1.5%Niを用い，真空誘導溶解炉で溶解した．インゴットを7mmφの棒に加工し，石英管に封入し，1150～1200℃×12時間，均一化焼鈍を施した．bcc構造の合金に対しては，600℃，700℃×500時間，fcc構造の合金に対しては，同1000時間の焼鈍を施した．

図117-1は(a) 600℃, (b) 700℃等温断面図である．Fe-Cr側からCr-Co側にかけてσ相構造の全率固溶体領域が存在する．温度の低下に伴い相組成は単純になる．室温では六方晶格子のCo基固溶体-ε相が三元系に深く入り込む(図117-2)．

V.N.Svechnikovら[2]は三元系の全組成域の状態図について研究している．

F.Kralikら[3]は光学顕微鏡による組織観察，X線回折によりα-固溶体，γ-固溶体間のCrとCoの分配係数K_{Cr}, K_{Co}を求めた．合金はアルゴン雰囲気下で作製し，1150℃で30～50%熱間圧延し，1000℃～1200℃×25～100時間焼鈍後水焼入れした．図117-3はK_{Cr}, K_{Co}の実験値から計算で求めた1200℃のγ/α＋γ境界である．

KaufmanとH.Nesor [4, 5]は計算により1700, 1500, 1473, 1300, 1200, 1175Kの相境界を求めた．図117-4は熱力学的計算から求めた1473Kの等温断面図である[5]．

VintaikinとA.A.Barkalaya [6]は中性子線の小角散乱により，Fe-Cr側の準安定相分離領域(α相，σ相が低クロム濃度，高クロム濃度固溶体に相分離する)を調べた．Coの添加に伴い，Fe-Cr系の相分離領域が拡がり，温度低下に伴い相分離領域境界はFe-Co-Cr三元系平衡状態図の相境界に近づくことを明らかにしている．図117-5に500℃，600℃，650℃における相分離境界を示す．

文献 [1] W.Köster and G.Hofmann : Arch. Eisenhüttenwesen **30** (1959) No.4, 249-251

[2] V.N.Svechnikov, A.Ts.Spektor and E.E.Maistrenko : Sborn. Nauch. Rabot. Inst. Metallofiz., Akad. Nauk Ukrain. SSR (1959) No.10, 168-181

[3] F.Kralik and K.Kovacova : Kovove Mat. **11** (1973) No.1, 6-13

[4] L.Kaufman and H.Nesor : Metall. Trans. **5** (1974) No.7, 1617-1621

[5] L.Kaufman and H.Nesor : Metall. Trans. **5** (1975) No.11, 2115-2122

[6] E.Z.Vintaikin and A.A.Barkalaya : Izvest. Akad. Nauk SSSR, Metally (1977) No.6, 192-195

117. Fe-Co-Cr

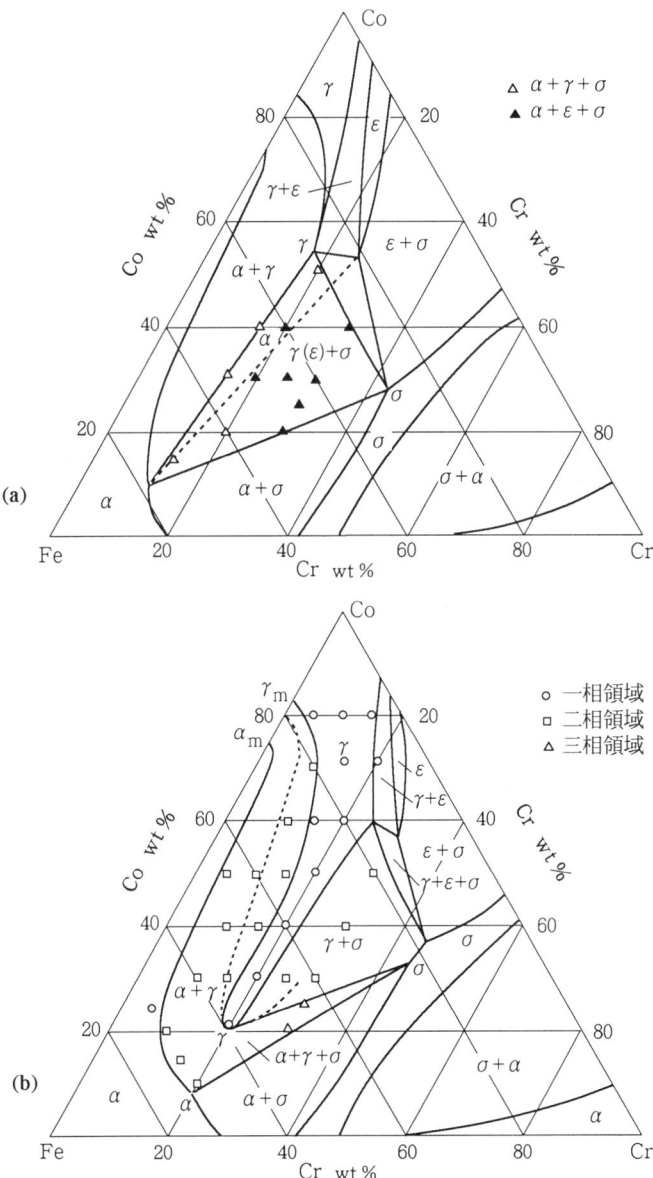

図117-1　Fe-Co-Cr系の等温断面図 [1]　(a) 600 ℃　(b) 700 ℃

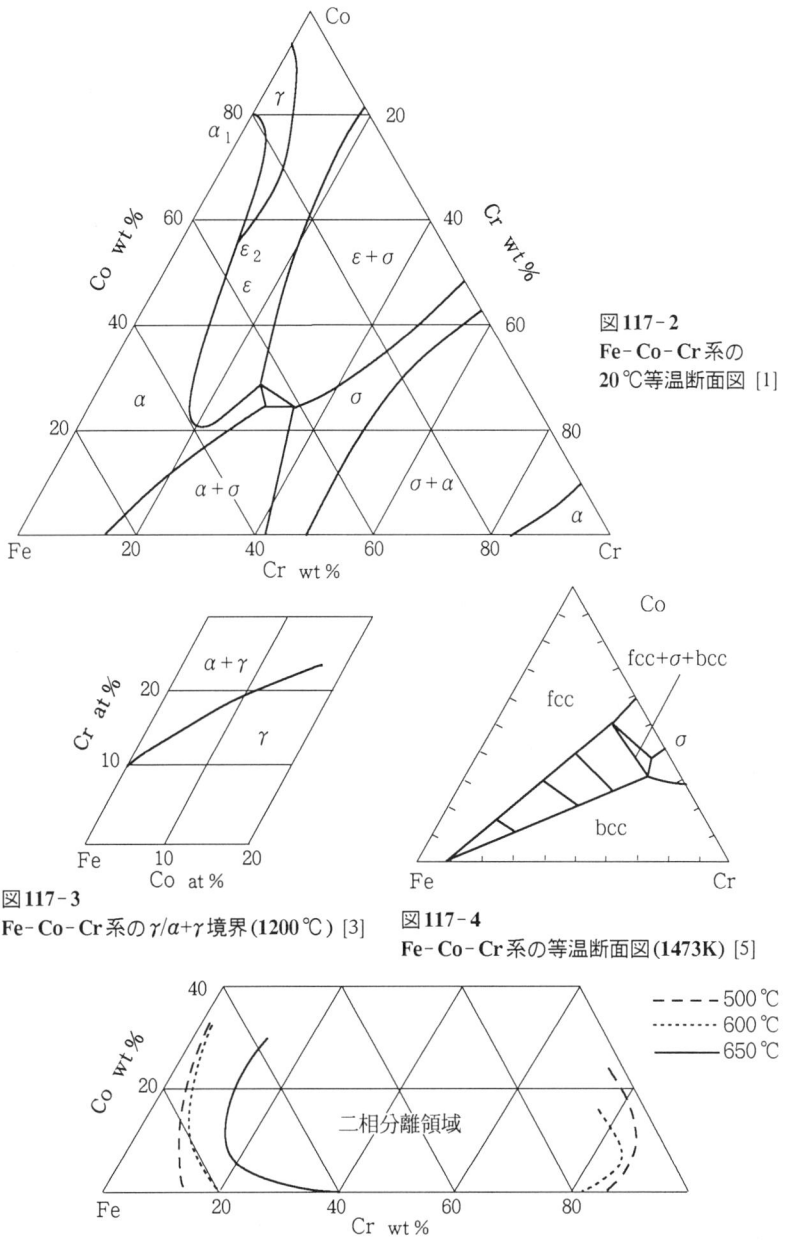

図117-2 Fe-Co-Cr系の20℃等温断面図 [1]

図117-3 Fe-Co-Cr系のγ/α+γ境界(1200℃) [3]

図117-4 Fe-Co-Cr系の等温断面図(1473K) [5]

図117-5 Fe-Co-Cr系のFe-Cr側相分離領域 [6]

118. Fe-Co-Cu

W.Jellinghaus [1, 2], F.Roll [3] は熱分析, 光学顕微鏡による組織観察, 熱膨張測定, X線回折, 硬度測定, 密度測定により本系合金を研究している.

図118-1は[1]による本系の液相面投影図, 相領域投影図である. Fe-Co二元系の包晶反応(1499℃)はFe-Cu二元系の包晶反応(1480℃)へ連続的に移行する. A_1A_2, B_1B_2, C_1C_2 はそれぞれδ相, γ相, 液相の境界を示す. 一方, Cuコーナーでは, F_1F_2 に沿ってCu-Fe二元包晶(1094℃), Cu-Co二元包晶(1112℃)が結ばれる. E_1E_2 は包晶反応の液相境界である. Cu-Co二元系のCo側の包晶境界 D_1 はFe側の D_2 に結びつき, 曲線 D_1D_2, E_1E_2, F_1F_2 に囲まれる広い三元包晶反応領域を形成する.

Fe-Cu, Co-Cu各系とも二元共析反応が存在し, γ-Feあるいはγ-Co固溶体が, Cu, α-Fe, α-Co固溶体に析出した領域が三元系全体に拡がる(図118-1). Fe-Cuの共析反応(図118-1の $H_1G_1J_1$, 850℃)はCoの添加に伴ない上昇し, 48wt%Co ($H_2G_2J_2$)で950℃に達する. このγ-α変態境界はその後 G_2G_3, H_2H_3 に沿って移動し, 室温では $G_3H_3J_3$ 三角形を形成する.

[1, 2]はまた10, 25, 50, 70, 75wt%Co, 0~12%Cu組成の温度-組成垂直断面図を作成した. それらを図118-2(a)~(c)に示す.

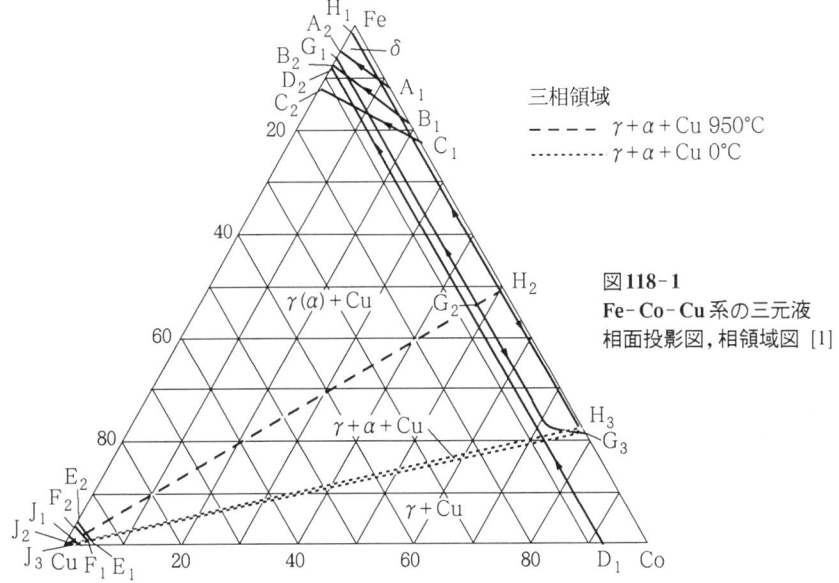

図118-1
Fe-Co-Cu系の三元液相面投影図, 相領域図 [1]

[3] は Fe 中の Cu の溶解度に及ぼす Co 添加の影響を研究している.

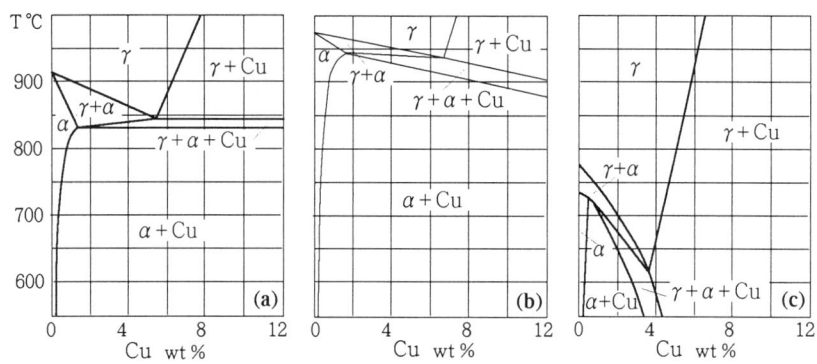

図118-2 Fe-Co-Cu系のFeコーナー温度-組成断面図 [1, 2]
(a) (Fe+10wt%Co)-Cu (b) (Fe+50wt%Co)-Cu (c) (Fe+75wt%Co)-Cu

文献 [1] W.Jellinghaus : Arch. Eisenhüttenwesen **10** (1936) No.3, 115-118
　　 [2] W.Jellinghaus : Metallurgist **10** (1936) 180-182
　　 [3] F.Roll : Z. anorg. Chem. **216** (1933) No.2, 135-137

119. Fe-Co-Ge

L.A.Panteleimonov ら [1, 2] は光学顕微鏡による組織観察, 示差熱分析, 熱分析, 硬度測定により本系合金の Co_2Ge-$FeGe_2$ [1] および Co_5Ge_3-Fe_5Ge_3 [2] 断面を研究している. 母材はカルボニル鉄(真空焼鈍した高純度のもの), 99.99%Co, 単結晶 Ge を用い, ヘリウム雰囲気下で高周波誘導炉により合金を溶解した.

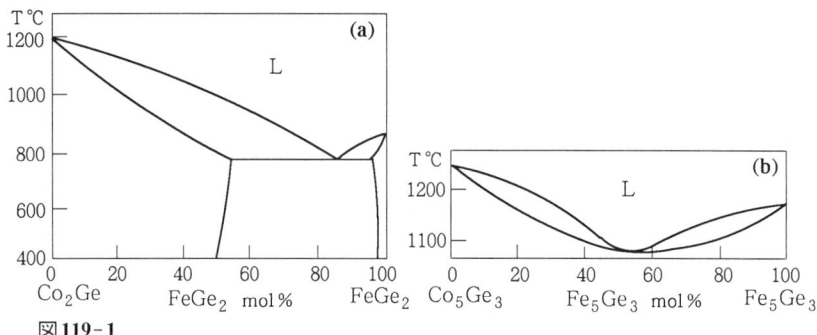

図 119-1　Fe-Co-Ge系の温度組成断面図　(a) Co_2Ge-$FeGe_2$ [1] (b) Co_5Ge_3-Fe_5Ge_3 [2]

図119-1(a)はCo_2Ge-$FeGe_2$断面図で,本系は擬二元共晶を示す. $FeGe_2$はCo_2Ge中に50mol%まで溶解する. (b)図はCo_5Ge_3-Fe_5Ge_3断面図で,両者は全率固溶体を形成する.

文献 [1] L.A.Panteleimonov and O.S.Petrushkova : Vestn. Moskov. Univ. Ser. Khim. **14** (1973) 736-738

[2] L.A.Panteleimonov and O.S.Petrushkova : Vestn. Moskov. Univ. Ser. Khim. **15** (1974) 495-496

120. Fe-Co-H

A.N.Morozov [1], R.G.Blossey ら [2], M.S.Petrushevskii ら [3] は Fe-Co 合金中の H の溶解度を研究している. [1, 3] と異なり, [2] では H の溶解度の等温曲線は理想溶液則からずれていない.

[3] は等時 Siverts 法により水素圧 67~213GPa で, Fe-Co 二元全組成域の合金の 1400~1800 ℃における H の溶解度を調べた.

母材は品番 K00 の電解コバルト, V3 カルボニル鉄 (不純物 0.01% 未満) を用い, ベリリアるつぼ中で高周波炉で真空溶解した. 母材および合金中の酸素濃度を減少するため, 固相および液相状態で水素処理し, 脱ガスし, 真空中で冷却した.

[3] は H の等温溶解度が直線から負にずれることを見出した (図 120-1).

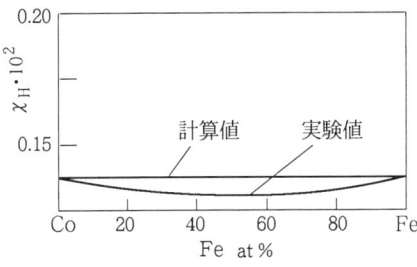

図 120-1
Fe-Co 合金中への H の溶解度 (1600 ℃) [3]

文献 [1] A.N.Morozov and N.Vodorod : Metallurgiya (1968) 158

[2] R.G.Blossey and R.D.Pehlke : Metall. Trans. **2** (1971) No.11, 3157-3161

[3] M.S.Petrushevskii, P.V.Gel'd, L.Ie.Abramychva and T.K.Kostina : Doklady Akad. Nauk SSSR **227** (1976) No.2, 337-340

121. Fe-Co-Hg

F.Zihl [1] は Fe-Co 合金の水銀アマルガムから析出した粉末について X 線回折図形をとり本系合金を研究している.

90.8at%Co合金はγ-固溶体一相であったが、85.2および77.5at%Co合金のデバイ・シェラー写真にはγ相, α相の回折線が見られた. 図121-1は室温における等温断面図である. Hgコーナーに1相領域(Hg基融体)が存在する. 液相と固相組成を結ぶタイラインで囲まれる3種類の二相領域(L+α あるいはL+γ), および2種の三相領域(液相と2種の飽和固溶体, 領域1)が存在する. アマルガムを電解法で調べた結果, Hg中へのCoおよびFeの溶解度は約10^{-6}%であった.

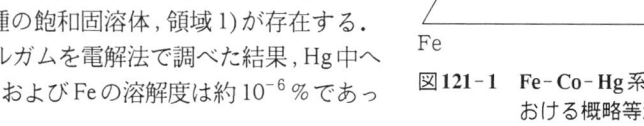

図121-1 Fe-Co-Hg系の室温における概略等温断面図 [1]

文献 [1] F.Zihl : Z. Metallkunde **46** (1955) 434-441

122. Fe-Co-Mn

W.Köster ら[1]は光学顕微鏡による組織観察, X線回折により本系合金の研究を行っている.

図122-1は本系の液相面投影図を示す. また図122-2は20℃における部分等温断面図を示す. 図122-1のFe-n_1-n_2領域はδ-Fe固溶体の初晶域で, 曲線n_1, n_2に沿って一変系包晶反応：L+δ⇄γがFe-Co二元系(1493℃)からFe-Mn二元系(1455℃)に向かって進行する. S_1S_2は各二元系の液相極小点を結ぶ曲線で, 三元系においてもこの曲線に沿って極小点が存在する. 1400℃以下ではfcc格子のγ-固溶体のみが存在する. Mn濃度が30wt%以下の合金では, 固体で相変態が起こり, fcc構造のγ相からbcc構造のα-固溶体あるいはhcp構造のε-固溶体が生じる. 図122-2にこれらの相が示されているが, [1]の著者たちはFe-Mn系のγ⇄ε変態が純コバルトの400℃におけるε変態と同じであり, 本図を準安定状態図としている.

その後[2]でも本系合金の600℃, 700℃, 800℃等温断面図を研究している. 母材はアームコ鉄, コバルトショット(0.25%Niを含む), 電解マンガン(99.9%)を用い, 真空溶解により合金を作製した. 合金を1000℃×10時間均一化焼鈍を施した. これを石英管に真空封入後, 600℃, 700℃, 800℃でそれぞれ, 3000, 1500, 750時間焼鈍した. 図122-3 (a)~(c)に室温における準安定状態図, および, 700℃, 800℃における等温断面図を示してある. 600℃ではα+γ二相領域は33~35wt%Coまで拡がるが, 800℃まで上昇するとγ相領域が大きく拡がる.

4wt%Mn以下の合金では, α-固溶体の規則化(FeCo)が見られるようになる. しかし, 規則相(α′)はα+γ二相領域には入り込まない. 3wt%Mn添加に伴う規則化温度

122. Fe-Co-Mn

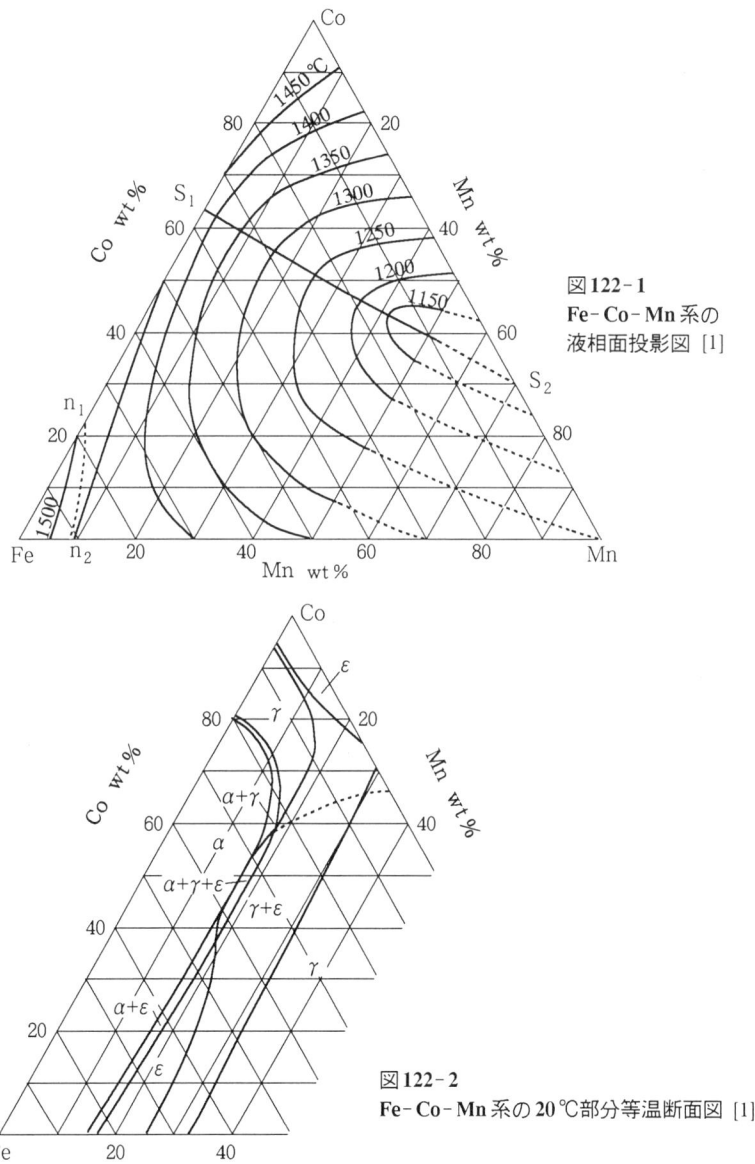

図 122-1
Fe-Co-Mn 系の液相面投影図 [1]

図 122-2
Fe-Co-Mn 系の 20 ℃部分等温断面図 [1]

の変化を図122-4に示す．

[1]は三元系α-固溶体，γ-固溶体の格子定数のMnおよびCo濃度依存を調べた．いずれの相もCoの増加とともに格子定数は減少し，Mnの増加とともに増加することがわかった（図122-5）．

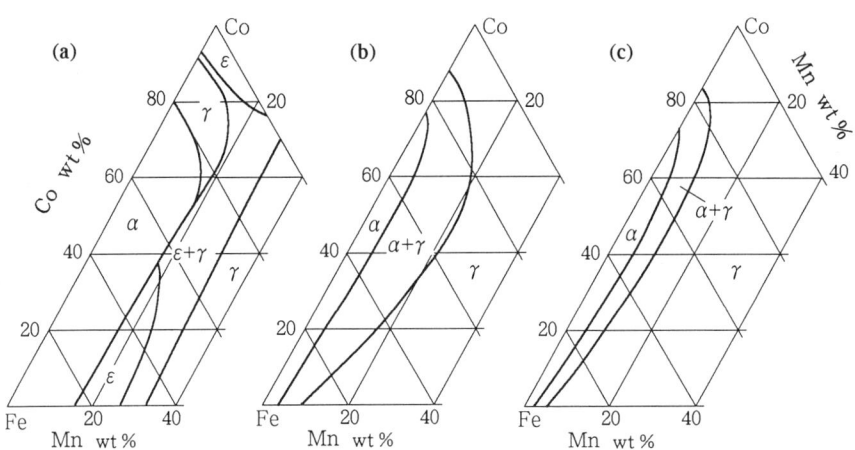

図122-3　(a) 20℃準安定状態図　(b) 700℃等温断面図　(c) 800℃等温断面図　[2]

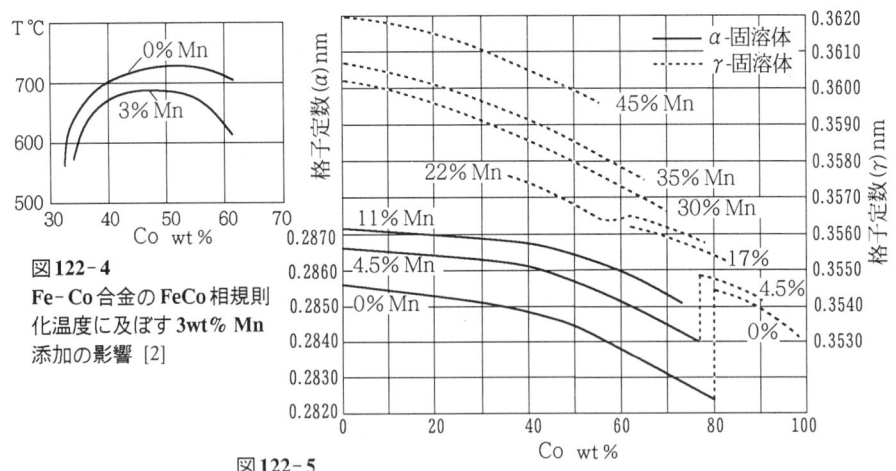

図122-4
Fe-Co合金のFeCo相規則化温度に及ぼす3wt% Mn添加の影響 [2]

図122-5
Fe-Co-Mn系合金のα相，γ相の格子定数のCo濃度，Mn濃度依存 [1]

文献 [1] W.Köster and W.Schmidt : Arch. Eisenhüttenwesen **7** (1933) No.2, 121-126
　　 [2] W.Köster and W.Speidel : Arch. Eisenhüttenwesen **33** (1962) No.12, 873-876

123. Fe-Co-Mo

本系の状態図については [1~6] の研究がある．[1, 2] は光学顕微鏡による組織観察，X線マイクロアナライザーにより，また F.J.J. van Loo ら [2] はさらに X線回折により本系合金を研究している．R.F.Domagala ら [1] は 30wt%(Co + Mo) の Fe に富む領域のいくつかの等温断面図を作成している．合金はアルゴン雰囲気下でアーク溶解後，1205，1095，980℃でそれぞれ 50，75，100 時間焼鈍した．[1] の結果は [2] と非常によく一致しているので，ここでは [2] の結果を示す．[2] は [1] と同様な方法で合金を作製後，1100℃×3~10日間，真空焼鈍した試料を用い，1100℃等温断面図を作成した（図123-1）．Fe-Mo および Co-Mo 二元系には Co_7W_6 型 ($R\bar{3}m$) 構造の μ 相 (Fe_7Mo_6, Co_7Mo_6) が存在するが，この相は相互に全率固溶体を形成し，$(Fe_xCo_{1-x})_7Mo_6$ として三元系を横切って存在する．α 相は α-Fe，γ 相は γ-Fe 固溶体である．また θ 相は Co-Mo 二元系の化合物 Co_9Mo_2 である．

D.K.Das ら [3] は光学顕微鏡による組織観察，X線回折により本系合金を研究し，1200℃における等温断面図を作成した（図123-2）．Fe 側は 1100℃等温断面図とよく一致するが，Co-Mo 側は，Co-Mo 二元系の θ 相が 1200℃で消失するため，θ 相領域が存在しない．

D.I.Prokof'ev ら [4] は (Fe + Co)-10wt%Mo 断面の合金を 1200℃，800℃から焼入れて，組織を調べた．1200℃では α-固溶体，γ-固溶体が見出されたが，Co 濃度の増加に伴い，α-固溶体 (bcc) から γ-固溶体 (fcc) に変化する．800℃における等温断面図 [4] を図123-3に示す．この温度では 3種の一相領域 (α，γ，μ) が存在する．また 5種類の二相領域 ($\alpha+\gamma$，$\alpha+\mu$，$\gamma+\mu$，$\gamma+Co_3Mo$，$\mu+Co_3Mo$)，2種類の三相領域

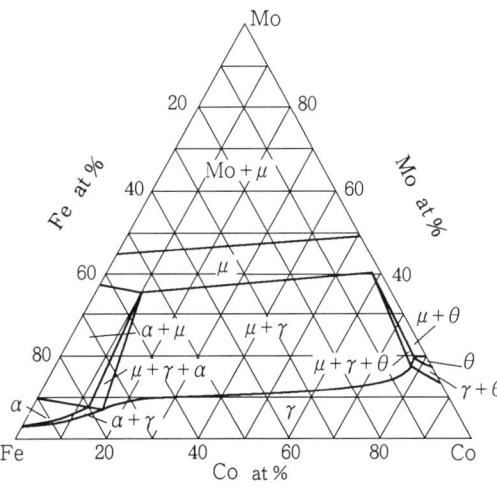

図123-1
Fe-Co-Mo系の1100℃
等温断面図 [2]

($\alpha+\gamma+\mu$, $\gamma+\mu+Co_3Mo$) が存在する.

Fe-Mo二元系では1235~1610℃の間に高温相 σ 相が存在するが, [3]によれば, Fe-Co-Mo三元系では価電子濃度 e/a = 3.4~3.6 の間で, 約1300℃以上の温度域に存在が予想されるという.

[4, 5]は熱分析と熱力学的解析から, α-Fe中へのMoの溶解度に及ぼすCo添加の影響を調べ, 準安定ミシビリティーギャップを決定している. それによると, Coの添加量が増加すると(12→24at%), Moの溶解度は各温度で, 0.5~1at%減少するという.

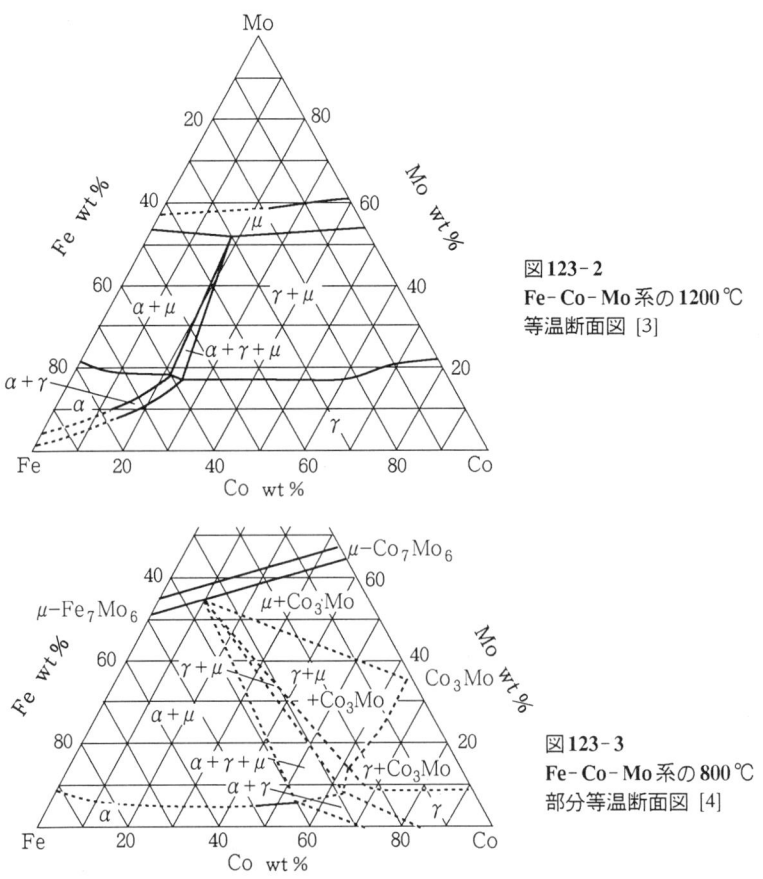

図123-2
Fe-Co-Mo系の1200℃
等温断面図 [3]

図123-3
Fe-Co-Mo系の800℃
部分等温断面図 [4]

文献 [1] R.F.Domagala and C.R.Simcoe : Cobalt (1972) No.54, 14-17
 [2] F.J.J.van Loo, G.F.Bastin, J.W.G.A.Vrolijk and J.J.M.Hendrick : J Less-Common Metals

72 (1980) No.2, 225-230
[3] D.K.Das, S.P.Rideout and P.A.Beck : Trans. AIME **194** (1952) 1071-1075
[4] D.I.Prokof'ev and O.L.Kurbatkina : Izvest. Akad. Nauk SSSR, Metally (1979) No.2, 204-208
[5] T.Nishizawa, N.Hasebe and M.Ko : Acta Met. **27** (1979) No.5, 817-828
[6] 高 武盛, 西澤泰二：日本金属学会誌 **43** (1979) No2, 126-135

124. Fe-Co-Ni

　光学顕微鏡による組織観察 [1, 2, 4, 5], 熱分析および熱膨張測定 (W.Köster ら [1]), X線マイクロアナライザー (S.Widge ら [2]), 硬度測定と密度測定 [1, 4, 5], 弾性定数測定 [1], 電気抵抗測定 [1, 4, 5], 磁気測定 [1] による研究がある．

　図 124-1 は [1] による Fe-Co 側の α 相, γ 相領域の 500~800℃の等温断面図である．α 相中への Ni の最大溶解度は 5~6wt%Ni で, 30~50%Co 領域に見られる．γ 相中への Ni の最大溶解度は, 800℃で 20wt%, 700℃で 25wt%, 600℃で 31wt%, 500℃で 36wt% である．この時の Co の濃度は 800℃で 35wt%, 500℃では 17wt% である．700℃以下では FeCo 規則相 α^* が出現するが, 破線でその領域を示してある．図中には平衡状態図の他, $Ac_3 - Ar_3$ 変態 (一点鎖線), マルテンサイト変態の組成領域 (点線) が示されている．

　図 124-2 は [1] による Fe コーナー γ-α 変態領域の温度-組成断面図である．図 124-3 は α^*-FeCo 規則相の規則化温度 Tc の組成依存を示すもので, Ni 濃度の増加に伴い規則-不規則変態点は低下し, Tc の極大値は FeCo 二元系の 735℃から, 20wt% Ni, 30wt%Co では 550℃まで下降する．

　[2]は Co<16wt% の Fe コーナー組成領域の合金を研究した．図 124-4 に 650℃と 700℃の Fe コーナー等温断面図を示す．Fe-Ni 合金に Co を添加すると $\alpha/(\alpha+\gamma)$ および $(\alpha+\gamma)/\gamma$ 境界が高ニッケル側に移動するのがわかる．本系ではほとんどすべての合金で完全な平衡を得ることは困難で, Co 濃度の高い合金の α-γ タイラインの実測結果は平衡状態に比べ, 高コバルト側に寄っていると考えられる．

　Z.Kaufman ら [3] は熱力学的計算によりいくつかの Fe 基合金の状態図を提案しているが, 本系の場合 [3] の結果は [1] の実験値とよい一致を示した．

　L.M.Viting [4, 5] は光学顕微鏡による組織観察, 硬度測定, 電気抵抗測定により, Ni_3Fe, FeCo 近傍の三元系状態図を研究した．Ni_3Fe 近傍合金, FeCo 近傍合金とも十分規則化させるため, 各温度で 300~1040 時間焼鈍を施した．図 124-5 に Ni_3Fe-Co 温度-組成断面図(a)および Ni_3Fe 近傍 400℃等温断面図(b)を示す [4]．図 124-6 は [5] による FeCo-Ni 温度-組成断面図である．規則相 $\alpha_1(\alpha^*)$ が二相 $(\alpha+\gamma)$ 領域へ入り込むが, これは図 124-2 と基本的には一致する．

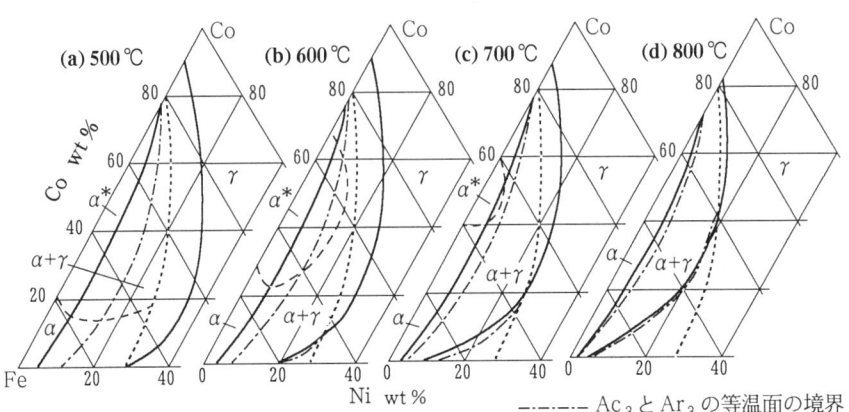

図124-1 Fe-Co-Ni系の部分等温断面図 [1]

—·—·— Ac_3 と Ar_3 の等温面の境界
·········· 不可逆反応領域の境界

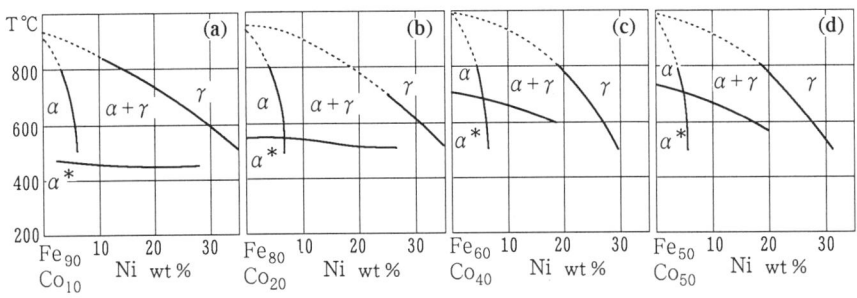

図124-2 Fe-Co-Ni系のFeコーナー γ/α 変態域温度-組成断面図 [1]
(a) (Fe+10%Co)-Ni (b) (Fe+20%Co)-Ni (c) (Fe+40%Co)-Ni (d) $Fe_{50}Co_{50}$-Ni

α^* は FeCo 規則相

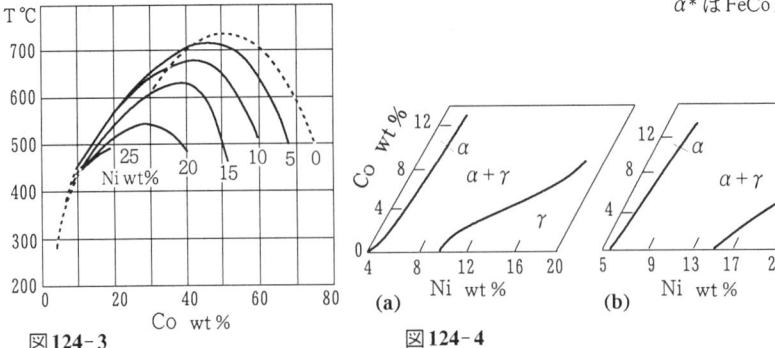

図124-3
Fe-Co-Ni系のFeCo規則相の規則化温度 T_c の Ni 濃度依存 [1]

図124-4
Fe-Co-Ni系のFeコーナー等温断面図の一例 [2]
(a) 700℃ (b) 650℃

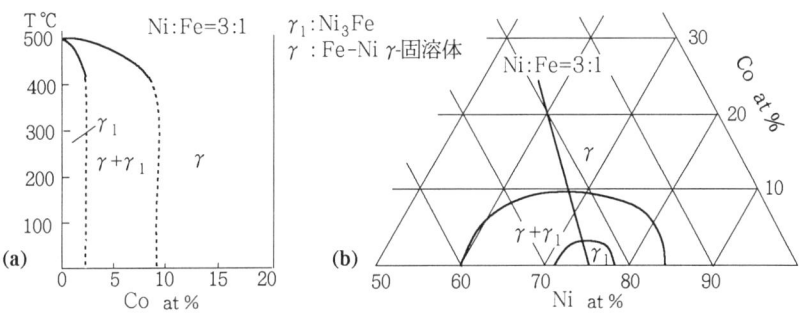

図124-5　(a)　Fe-Co-Ni系のNi₃Fe-Co温度-組成断面図 [4]
　　　　(b)　Fe-Co-Ni系のNi₃Fe近傍の400℃等温断面図 [4]

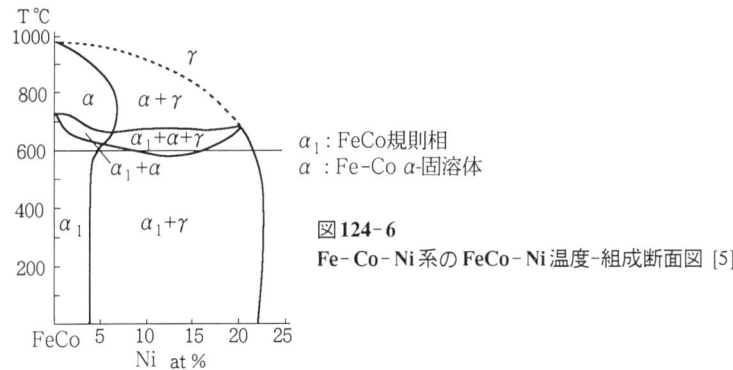

図124-6
Fe-Co-Ni系のFeCo-Ni温度-組成断面図 [5]

文献 [1] W.Köster and W.D.Haehl : Arch. Eisenhüttenwesen **40** (1969) No.7, 569-574
　　 [2] S.Widge and J.I.Goldstein : Metall. Trans. **A8** (1977) No.2, 309-315
　　 [3] Z.Kaufman and H.Nesor : Metall. Trans. **5** (1974) No.7, 1617-1621
　　 [4] L.M.Viting : Zhur. Neorg. Khim. **2** (1957) No.2, 375-382
　　 [5] L.M.Viting : Zhur. Neorg. Khim. **2** (1957) No.4, 852-859

125. Fe-Co-O

図125-1はS.Iida [1] による900℃における本系の状態図である．ヘマタイトとスピネルを含む二相領域は，非常に高い温度まで存在し，Co量の増加とともに酸素圧の高い方に移動する．CoO相も調べている．ヘマタイト相はFe濃度の高い領域に存在する．相境界は試料管の酸素圧の変化から求めた．X線回折も行っている．

文献 [1] S.Iida : J. Phys. Soc. Japan **11** (1956) 846

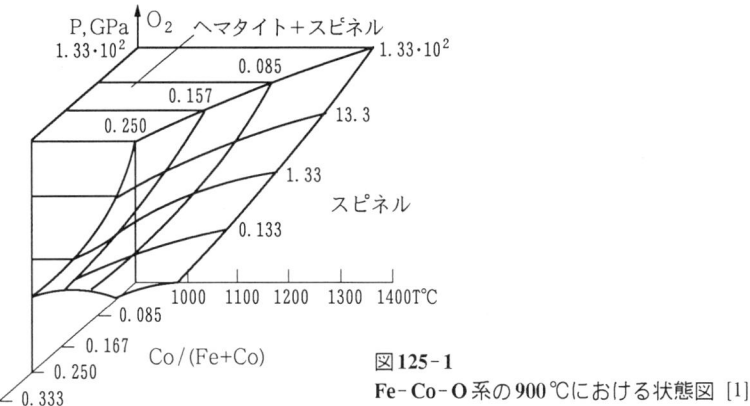

図125-1
Fe-Co-O系の900℃における状態図 [1]

126. Fe-Co-P

J.Berak [1] は光学顕微鏡による組織観察, 熱分析, X線回折によりFe-Co側とFe_2P-Co_2P断面との間の組成領域を研究している.

断面Fe_2P-Co_2Pは擬二元包晶型で, 極めて狭い混相領域と両化合物の広い固溶体領域とを有する. 化合物Fe_2P基固溶体は六方晶であるが, Co_2P基固溶体は擬六方晶である(図126-1参照).

図126-2はFe-Fe_2P-Co_2P-Co系の液相投影図である. 上記組成領域では5種類の初晶領域が存在する.

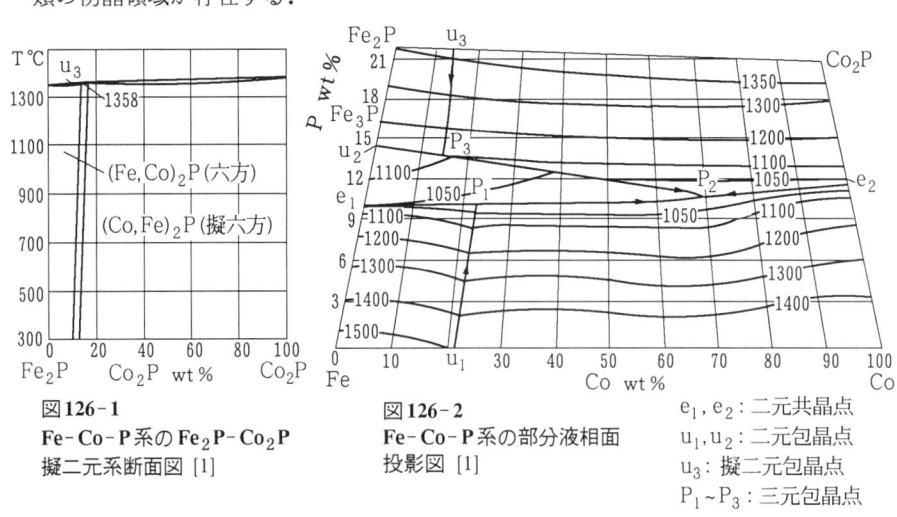

図126-1
Fe-Co-P系のFe_2P-Co_2P擬二元系断面図 [1]

図126-2
Fe-Co-P系の部分液相面投影図 [1]

e_1, e_2: 二元共晶点
u_1, u_2: 二元包晶点
u_3: 擬二元包晶点
P_1~P_3: 三元包晶点

[2]は5, 8, 10at%Coを含むα-Fe中へのPの溶解度を研究し, Fe基α-固溶体と中間相$(Fe, Co)_3P$(あるいはFe_3PとCoとの固溶体)とが平衡することを確かめている.

文献 [1] J.Berak : Arch. Eisenhüttenwesen **22** (1951) No.2, 131-135
　　 [2] 高 武盛, 西澤泰二 : 日本金属学会誌 **43** (1979) No.2, 126-135

127. Fe-Co-Pd

V.V.Kuprinaら[1~4]は示差熱分析, 光学顕微鏡による組織観察, 硬度測定, 電気抵抗測定により本系合金を研究している. 母材は電解鉄, 電解コバルト, スポンジパラジウム(C<0.01%)を用い, アルゴン雰囲気下で高周波誘導溶解により合金を作製した.

各二元系とも全率固溶体を形成するが, 三元系においても三元全率固溶体を形成することが確かめられた. 図127-1は三元液相面投影図である[1]. [1]はまたPd : 10~90at%固定のFe-Co温度-組成断面を研究したが, 1000℃以上ではすべてγ(fcc)相全率固溶体である.

[2~4]は1000℃以下の固相反応を研究した. 2~50at%Pd固定のFe-Co温度-組成断面を提示しているが, 図127-2には10at%Pdと50at%Pdの例を示した[2]. 20at%Pdまでの合金は, Co<30at%でγ相は焼入れによりマルテンサイト変態を生じる. また図127-3にFeCo-Pd[2], Pd_3Fe-FeCo, FePd-Co, FePd-FeCo [4]の各温度-組成断面を示す. 二元系のFeCo($α_1$), FePd($γ_1$), Pd_3Fe($γ_2$)の出現と関連して三元系内に規則-不規則変態が生じる. FeCo-Pd断面(a)では, 規則$α_1$(FeCo)相はPdを2at%まで溶解するが, それ以上では(46at%Pdまで)$α_1+γ$相領域となる.

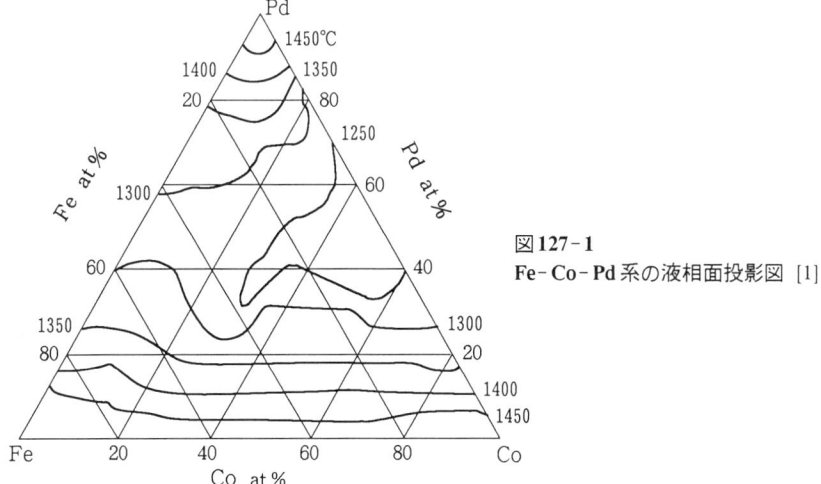

図127-1
Fe-Co-Pd系の液相面投影図 [1]

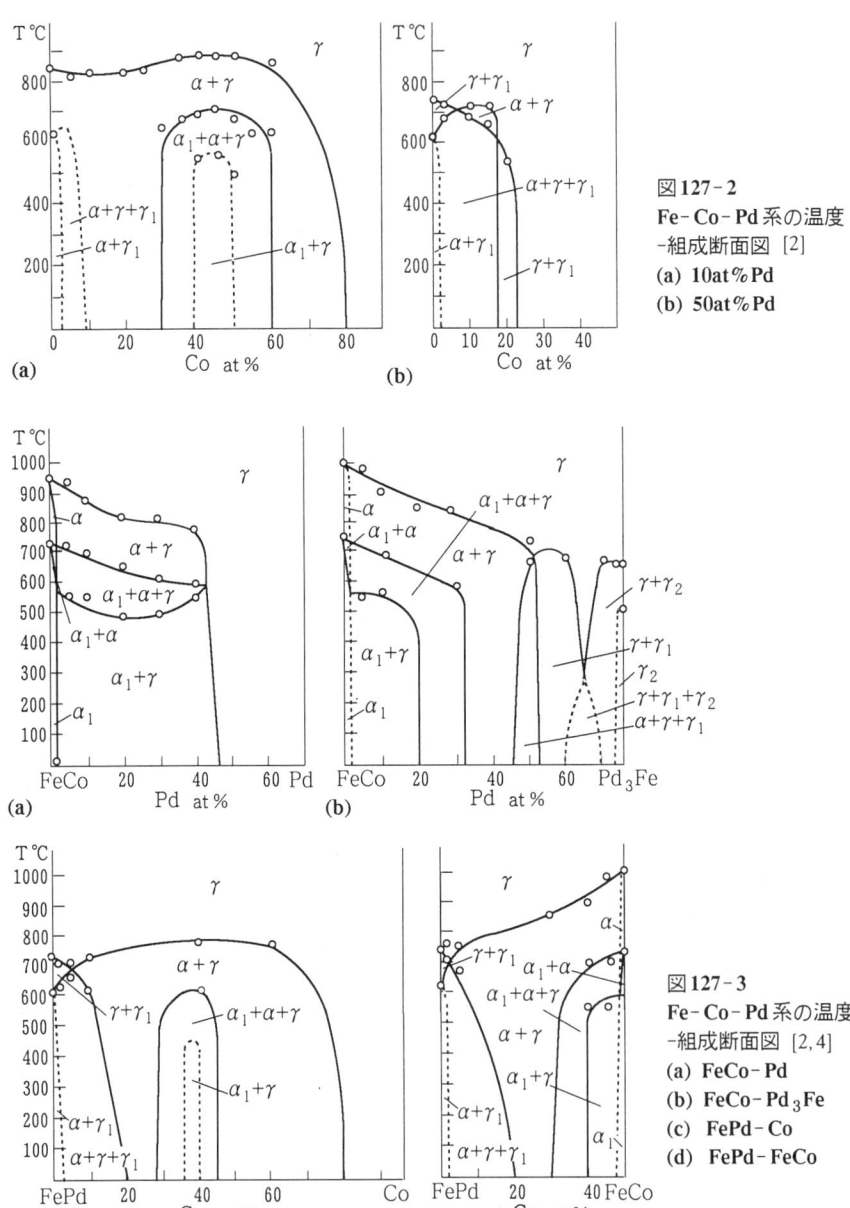

図127-2
Fe-Co-Pd系の温度
-組成断面図 [2]
(a) 10at%Pd
(b) 50at%Pd

図127-3
Fe-Co-Pd系の温度
-組成断面図 [2,4]
(a) FeCo-Pd
(b) FeCo-Pd$_3$Fe
(c) FePd-Co
(d) FePd-FeCo

127. Fe-Co-Pd

Pd$_3$Fe-Co断面, Pd$_3$Fe-FeCo (b)断面ではPd$_3$Fe (γ_2)相の領域は狭く, γ_2相は合金化に対しては不安定である. (b)では52at%Pd組成までは$\gamma \rightleftarrows \alpha$変態が見られる. FePd-Co (c)断面では80at%Coまで$\gamma \rightleftarrows \alpha$変態が見られ, また各相の規則-不規則反応, $\gamma \rightleftarrows \gamma_1$, $\alpha \rightleftarrows \alpha_1$ も同時に見られる. $\alpha + \gamma + \gamma_1$ 三相領域は20at%Co組成まで拡がる. $\gamma \rightleftarrows \alpha$変態温度は40at%Coで極大値780℃をとる. FePd-FeCo (d)断面ではα, γ-固溶体がα_1, γ_1にそれぞれ不均一変態し, 両側に狭い$\alpha + \gamma_1$, $\alpha_1 + \gamma$ 各二相領域を形成する. 三元γ相領域は高コバルト合金の場合52at%Pd, 室温まで拡がる[3].

これらの結果から[4]は室温における相領域を作成した (図127-4). 本図Fe-Co系では, FeCo以外に出現を予想しているFe$_3$Co, Co$_3$Fe (本書p.19参照)が記入されているが, 三元系まで確認されているわけではない.

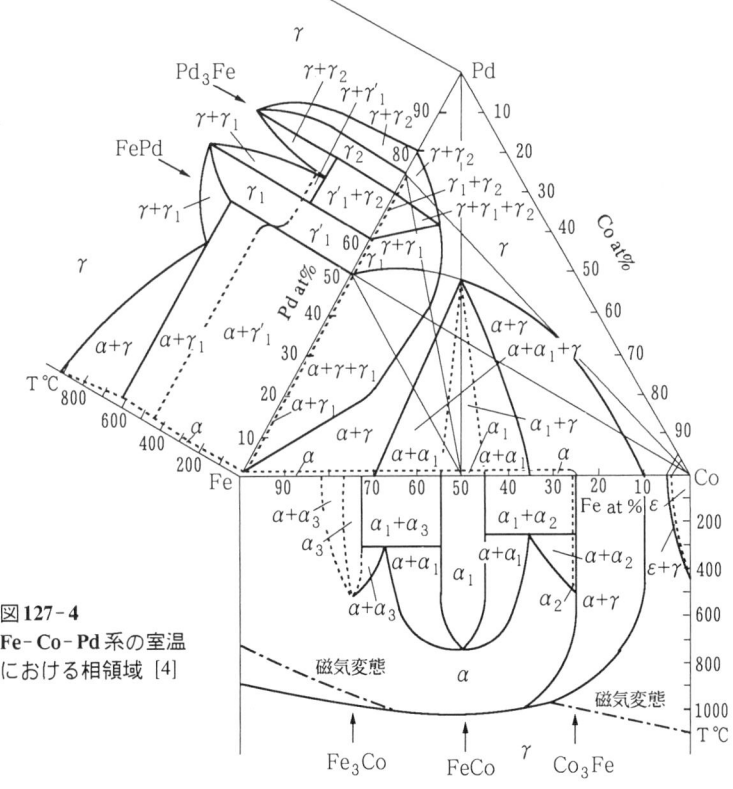

図127-4
Fe-Co-Pd系の室温
における相領域 [4]

文献 [1] V.V.Kuprina and A.T.Grigor'ev : Zhur. Neorg. Khim. **3** (1958) No.12, 2736-2739
　　　[2] V.V.Kuprina and A.T.Grigor'ev : Zhur. Neorg. Khim. **4** (1959) No.7, 1606-1612

[3] V.V.Kuprina and A.T.Grigor'ev : Izvest. Vyssh. Ucheb. Zaved., Khim. Tekhnol. **4** (1961) No.1, 7-10

[4] A.T.Grigor'ev and V.V.Kuprina : Zhur. Neorg. Khim. **6** (1961) No.8, 1891-1901

128. Fe-Co-Re

I.A.Iyutinaら[1]は光学顕微鏡による組織観察,X線回折により本系合金を研究している．800℃,1000℃の等温断面図を作成し,三元化合物相 $ReCoFe_3$ (Z相)を見出した．この相は37~45wt%Re, 6~19wt%Co領域で単一相となる．

1000℃等温断面上にはhcp格子の α-Re基固溶体, Fe-Co β-固溶体が存在する．800℃等温断面上には γ-Fe基固溶体が存在する．両断面上とも α-Re固溶体へのFeの最大固溶度は~12wt%である．

図128-1に1000℃(a), および800℃(b)等温断面図を示す．

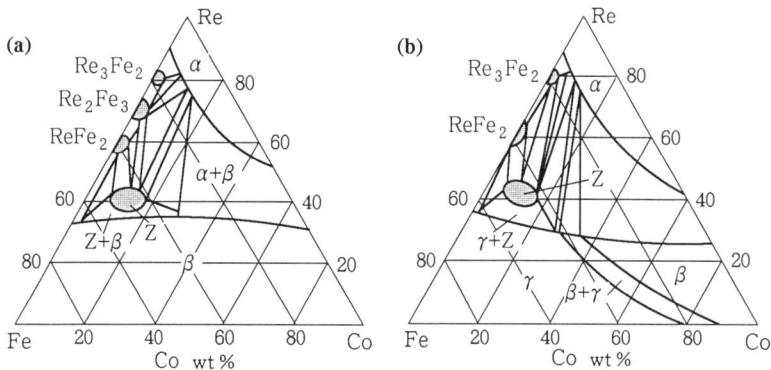

図128-1　Fe-Co-Re系の三元等温断面図 [1]　(a) 1000℃　(b) 800℃

文献 [1] I.A.Iyutina, V.V.Kuprina, E.M.Sokolovskaya and N.A.Spasov : "Issledovanie i Primenenie Splavov Reniya", Moskva, Nauka (1975) 56-58

129. Fe-Co-S

R.Vogelら[1], P.Asantiら[2]は光学顕微鏡による組織観察, X線回折によりFe-FeS-CoS-Co領域の合金を研究している．M.G.Molevaら[3]はFeS-Co_4S_3, FeS-Co_6S_5 断面を研究している．またR.Schmidtら[6]は光学顕微鏡による組織観察, EPMAにより全組成域の800℃等温断面について研究している．

図129-1は[1]によるFe-FeS-CoS-Co初晶面投影図である．Fe-S二元系の共晶 e_1 は三元系に入って, 947℃で四相包晶平衡 $U_1 + \gamma(Fe, Co) \rightleftarrows \eta(Fe, Co)S + \alpha(Fe,$

129. Fe-Co-S

Co)となる.Co-S 二元共晶 $e_2: L \rightleftarrows \gamma Co + Co_4S_3$,包晶 $u_3: L + CoS \rightleftarrows Co_4S_3$ は三元系に入って,860℃で四相平衡 $U_2 + \gamma(Fe, Co) \rightleftarrows \alpha(Fe, Co) + \beta\text{-}Co_4S_3$ を構成する.U_2-E に沿って温度が低下し,三元共晶: $E \rightleftarrows \alpha(Fe, Co) + \beta\text{-}Co_4S_3 + \eta(Fe, Co)S$ が 847℃, 27.6wt%S, 18.1%Fe, 54.3%Co に出現する.曲線 $U_1 U_2$ は $\gamma(Fe, Co)$-固溶体の初晶境界で,γ と $\alpha(Fe, Co)$-固溶体との境界でもある.点 K に温度の極大が生じる.785℃, 747℃ に固相の四相平衡が生じる.$\beta\text{-}Co_4S_3 + \alpha(Fe, Co) \rightleftarrows \gamma(Fe, Co) + \eta(Fe, Co)S : 785℃$, $\beta\text{-}Co_4S_3 \rightleftarrows \gamma(Fe, Co) + \eta(Co, Fe)S + \zeta Co_9S_8 : 747℃$.

[3]は本系の硫化物の中で,Co_4S_3 が高温,常圧下では最も安定であり,[1]が CoS を最も安定として,FeS-CoS 断面を基礎としたことに疑問を示した.Fe-FeS-Co_4S_3-Co 領域では各純成分の晶出は起こらず,それらの固溶体が晶出する次の 3 種類の初晶域に分けられるとした.(1)(Fe, Co)固溶体初晶域, (2) α-固溶体(Co_4S_3

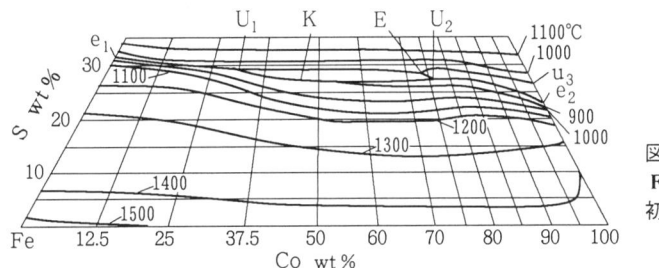

図 129-1 Fe-Co-S 系の部分初晶面投影図 [1]

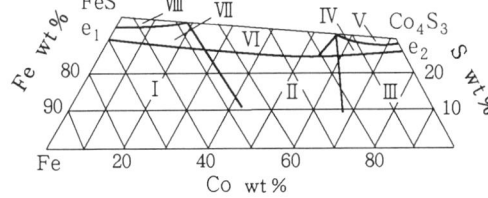

e_1: Fe-FeS 共晶点
e_2: Co-Co_4S_3 共晶点

図 129-2 Fe-Co-S 系の部分領域図 [3]

表 129-1 Fe-Co-S 系の相領域と相組織(図 129-2)

領域	初晶	構成相	相組織
I	(Fe, Co)固溶体	(Fe, Co) + FeS	(Fe, Co) + [(FeS + (Fe, Co)]
II	(Fe, Co)固溶体	(Fe, Co) + FeS + Co_4S_3	(Fe, Co) + [(FeS + Co_4S_3 + (Fe, Co)]
III	(Fe, Co)固溶体	(Fe, Co) + Co_4S_3	(Fe, Co) + [Co_4S_3 + (Fe, Co)]
IV	Co_4S_3	(Fe, Co) + Co_4S_3	Co_4S_3 + [Co_4S_3 + (Fe, Co)]
V	Co_4S_3	Co_4S_3	Co_4S_3
VI	FeS	FeS + (Fe, Co) + Co_4S_3	FeS + [(FeS + Co_4S_3) + (Fe, Co)]
VII	FeS	FeS + (Fe, Co)	FeS + [FeS + (Fe, Co)]
VIII	FeS	FeS	FeS

にFeSが固溶した固溶体)の初晶域,(3) β-固溶体(FeSにCo$_4$S$_3$が固溶した固溶体). [3]による相領域を図129-2に,各領域の相組成を表129-1に示す.

[6]は三元系全系にわたる状態図をEPMAおよび熱力学的データから計算により求め,800℃における等温断面図を作成した(図129-3).この温度では液相はSの液相のみが存在する.(Fe,Co)$_{1-x}$S(δ相)はFe-S側からCo-S側に全率固溶体として拡がる.

[1]はFe/Co比=一定の6種類の温度-組成断面図を作成している.また[3~5]はFeS-Co$_4$S$_3$擬二元系断面図を,R.Vogelら[4]はFeS-Co$_6$S$_5$断面図を提案している.FeS-Co$_4$S$_3$は擬二元系共晶を示し,共晶温度は900℃[3],914℃[4]で,FeS中には最大42.4wt%Co$_4$S$_3$が溶解するが,室温では24.5%に低下する.Co$_4$S$_3$中への

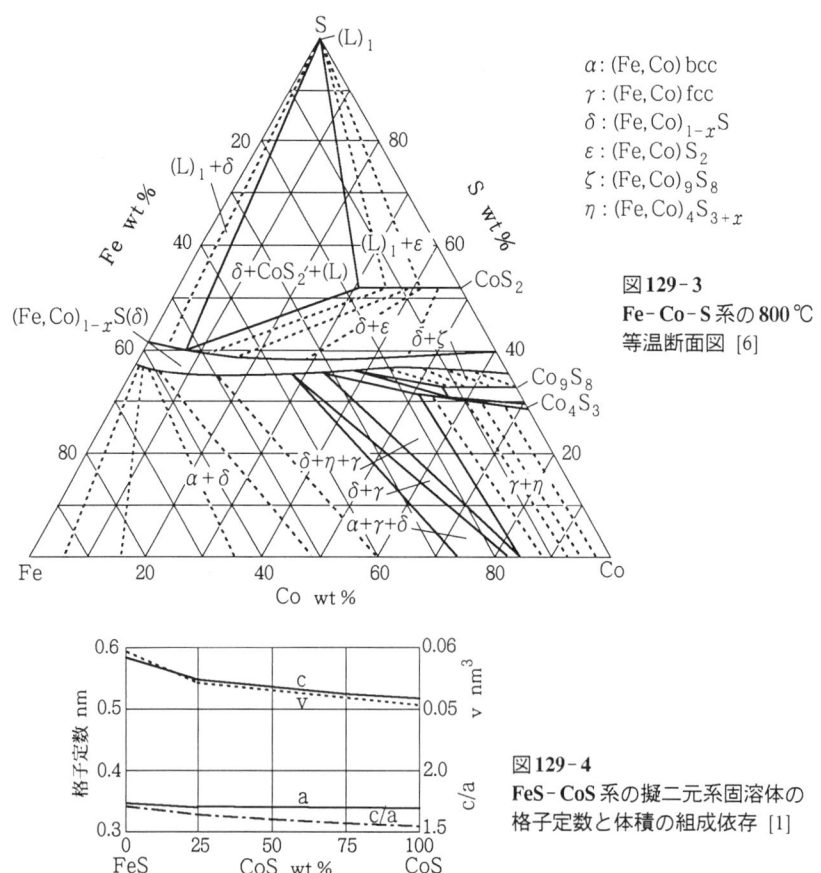

図129-3
Fe-Co-S系の800℃
等温断面図 [6]

図129-4
FeS-CoS系の擬二元系固溶体の
格子定数と体積の組成依存 [1]

FeSの溶解度は温度に依存せず,20wt%FeSであるという.

FeSとCoSはともにNiAs型構造で,全率固溶体を形成し,格子定数はFeSのa=0.3431nm, c=0.5797nm, c/a=1.69から,CoSのa=0.3363nm, c=0.5134nm, c/a=1.53まで単調に減少する(図129-4).

文献 [1] R.Vogel and G.F.Hiller : Arch. Eisenhüttenwesen **24** (1953) 133-141
 [2] P.Asanti and E.J.Kholmeyer : Z.anorg. Chem. **265** (1951) 90-95
 [3] M.G.Moleva, P.S.Kusakin and E.A.Vetrenko : Zhur. Neorg. Khim. **3** (1958) 900-910
 [4] R.Vogel and R.Au : Z. Metallkunde **40** (1949) 290-295
 [5] W.Cuzlook and L.M.Pigdeon : Canad. Mining Met. Bull **46** (1953) 297-301
 [6] R.Schmidt, O.Musbah and Y.A.Chang : Z. Metallkunde **76** (1985) 1-6

130. Fe-Co-Sb

W.Geller [1]は光学顕微鏡による組織観察,熱分析,熱膨張測定により本系の全領域について研究をしている.各二元系に存在する相以外には新たな三元系の相は見出されなかった.Fe-Sb系のε相(本書Fe-Sb二元系p.71ではβ相)は同じくNiAs型構造のCoSbと全率固溶体を形成する.また化合物$FeSb_2$(同p.71参照)も同型の$CoSb_2$と全率固溶体を形成する.

図130-1に本系の液相面投影図を示す.液相面は5種類の初晶領域に分けられる.

 I. Fe基α-固溶体の初晶域
 II. Fe基γ-固溶体
 III. ε(β相)相基固溶体
 IV. CoSb相基固溶体
 V. $FeSb_2$と$CoSb_2$相基固溶体
 VI. Sb基固溶体

図130-2に固相面投影図と室温(20℃)における相境界を示す.

Fe-Co-CoSb-ε(β)領域には次の共晶反応が存在する:γ+{CoSb-ε(β)}固溶体,1098℃,e_1点.Co-Sb二元系の包晶反応:α(δ)+L⇄γ,1493℃,Pが加わり,1000℃に三元四相共晶反応:L⇄α(δ)+γ+CoSb-ε(β)固溶体,E点が存在する.

CoSb-ε(β)-Sb領域では,曲線n_1, n_2に沿って894℃(Co-Sb側)から730℃(Fe-Sb側)に包晶反応:L+(CoSb-ε(β))固溶体⇄($FeSb_2$-$CoSb_2$)固溶体が進行する.もうひとつの曲線e_3, e_4に沿って共晶反応:L⇄($CoSb_2$-$FeSb_2$)固溶体+Sb, 628℃がCo-Sb側では618℃で終了する.

N.V.Ageevら[2]はCoSbとε(β)相が全率固溶体を形成することを確認した.また三元のNiAs型相が侵入型固溶体であることを示した.Coに富む側の三元固溶体相

の存在領域はしかしながら, [1, 2] の結果は一致していない.

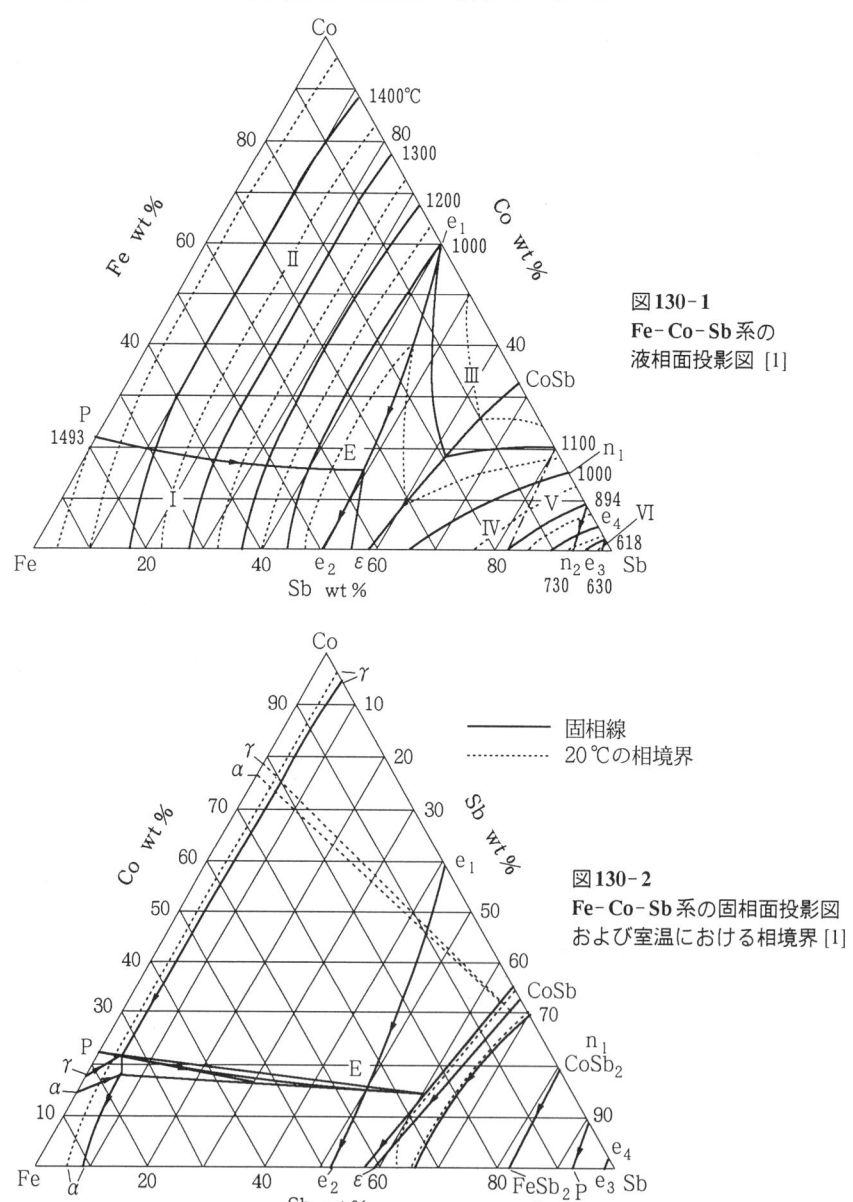

図130-1
Fe-Co-Sb系の
液相面投影図 [1]

図130-2
Fe-Co-Sb系の固相面投影図
および室温における相境界 [1]

文献 [1] W.Geller : Arch. Eisenhüttenwesen **13** (1939) No.6, 263-266
　　 [2] N.V.Ageev and E.S.Makarov : Izvest. Akad. Nauk SSSR, Khim. (1943) 161-169

131. Fe-Co-Si

L.K.Fedoroveら[1]はX線回折,光学顕微鏡による組織観察により本系合金を研究している.母材は99.96%Fe, 99.98%Co, 99.99%Siを用い,アルゴン雰囲気下でアーク溶解して合金を作製した.これを石英管中に真空封入し,800℃×6時間焼鈍を施した.

図131-1に800℃等温断面図を示す.α-Fe固溶体の相境界とその等格子定数曲線を示してある.格子定数は0.2860～0.2820nmの間を変化する.[2, 3]によると化合物FeSiとCoSiは全率固溶体を形成するが,[1]でもこのことは再確認された.また[3, 4]によると,$FeSi_2$-$CoSi_2$は擬二元系共晶を形成し,相互に一定限溶解する.$FeSi_2$は1080℃で8wt%$CoSi_2$を溶解する.$CoSi_2$への$FeSi_2$の溶解度は3wt%以下であった.[1]は$CoSi_2$中への$FeSi_2$の溶解度は極めて低く,~7mol%であるとしている.本系には三元化合物相が見当たらなかったが,これは金属元素の原子径にほとんど差がなく,電子構造も類似していることによるのであろう.

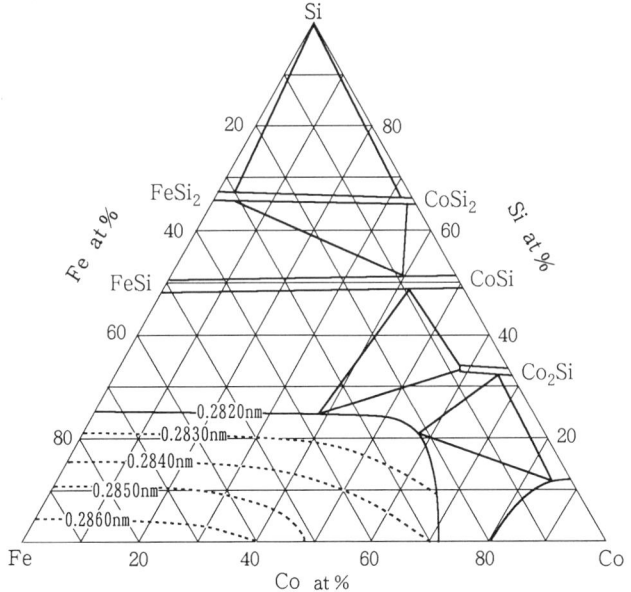

図131-1 Fe-Co-Si系の800℃等温断面図とα-Fe固溶体の等格子定数線(点線)[1]

文献 [1] L.K.Fedorova and E.I.Gladyshevskii : Izvest. Akad. Nauk SSSR, Neorg. Materially **11** (1975) No.2, 373-375
[2] E.I.Gladyshevskii : Poroshkovaya Met. **2** (1962) 46-49
[3] W.Wittmann, K.O.Burger and H.Nowotny : Monatsh. Chem. **92** (1961) 961-966
[4] L.P.Zelenin, F.A.Sidorenko and L.V.Shchipanov : Tr. Ural'sk. Politekhn. Inst. **144** (1965) 74-77

132. Fe-Co-Sn

W.Köster ら [1] は光学顕微鏡による組織観察，硬度測定により 40wt%Co までの組成の合金を研究している．

図 132-1 に本系の液相反応の投影図を示す．[1] は Fe-Sn 二元系に化合物 Fe_2Sn が存在するとして状態図を構成しているが，現在では Fe_2Sn の存在は否定されている（本書 Fe-Sn 二元系 p.78 参照）．

N.M.Matveeva ら [2] は光学顕微鏡による組織観察，熱分析，硬度測定，X線回折により $FeSn_2$-$CoSn_2$ 断面の合金を研究している．母材は水素還元した電解鉄，電解コバルトを用い，アルゴン雰囲気下で高周波溶解により合金を作製した．いずれの化合物も包晶反応により生じるので合金の均一化を保証するため，各試料とも石英管に真空封入し，400℃ × 800 時間の焼鈍を施した．

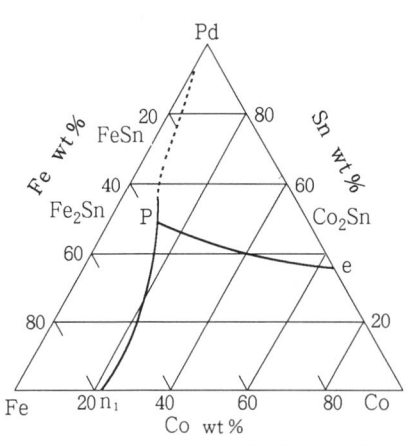

図 132-1　Fe-Co-Sn 系の液相反応投影図 [1]

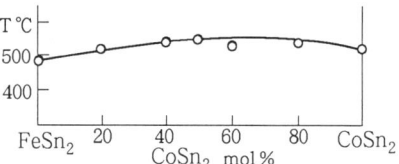

図 132-2　Fe-Co-Sn 系の $FeSn_2$-$CoSn_2$ 擬二元系断面の固相線 [2]

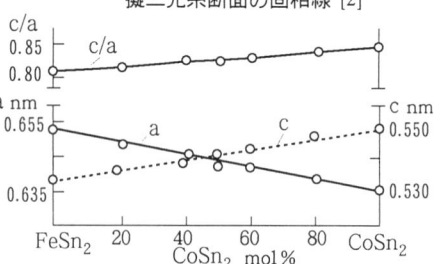

図 132-3　Fe-Co-Sn 系の $FeSn_2$-$CoSn_2$ 擬二元系の格子定数の組成依存 [2]

FeSn$_2$, CoSn$_2$ ともCuAl$_2$型(体心正方晶:$I 4/mcm$)で,全率固溶体を形成する.
図132-2にFeSn$_2$-CoSn$_2$の固相線(凝固終了点)を示す.また,図132-3に化合物相の格子定数の組成依存を示す.FeSn$_2$の格子定数はa = 0.650nm, c = 0.531nm, c/a = 0.816, CoSn$_2$はa = 0.636nm, c = 0.545nm, c/a = 0.857である.

文献 [1] W.Köster and W.Geller : Arch. Eisenhüttenwesen **8** (1935) No.12, 557-560
 [2] N.M.Matveeva, S.V.Nikitina and S.B.Zezin : Izvest. Akad. Nauk SSSR, Metally (1968) No.5, 194-197

133. Fe-Co-Ta

W.Kösterら[1]は光学顕微鏡による組織観察,機械的性質,磁気的性質の測定により,Fe-Co-Co$_5$Ta$_2$-Fe$_2$Ta領域で,10, 20, 30, 40wt%Taで各Fe:Co = 1:3, 1:1, 3:1断面, Co$_5$Ta$_2$-Fe$_2$Ta断面の合金を研究している.

Co$_5$Ta$_2$* とFe$_2$Taは全率固溶体([1]によればθ_1相)を形成する.図133-1は表記組成域の液相面投影図である.Fe-Ta二元共晶 $E_1 = \alpha_1 + \theta_1$(Fe$_2$Ta)はCo添加に伴い低温側に移動し,Fe-Co二元系の反応:α_H(固溶体) + U_B(液相) = γ_J(固溶体)と点S, 1390℃で交わり,四相包晶反応:$L + \alpha \rightleftarrows \gamma + \theta$を生じる.ここからS, γ, θ の共晶反応がSE$_2$, $\gamma\gamma_2$, $\theta\theta_2$経路に沿って生じる.共晶E$_2$はCo-Ta二元系の共晶反応:$E_2 \rightleftarrows \gamma_4 + \theta_2$ (Co$_5$Ta)である.

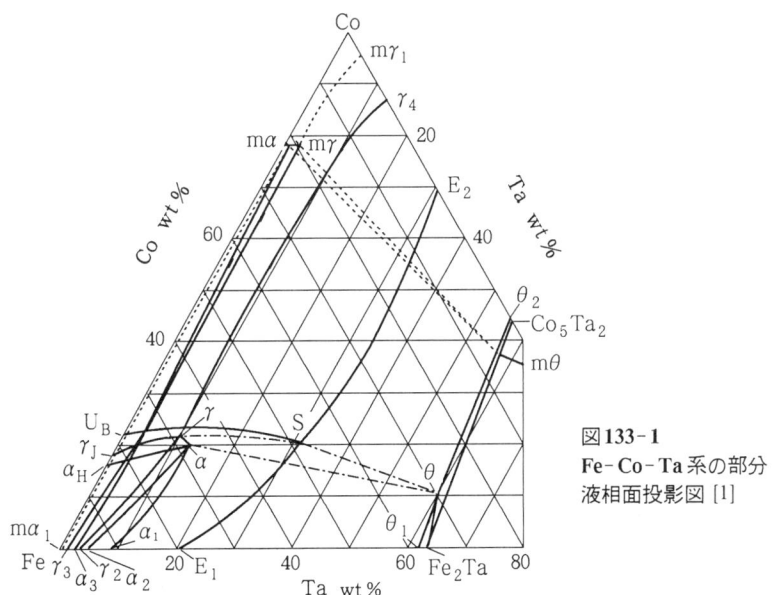

図133-1
Fe-Co-Ta系の部分
液相面投影図 [1]

四相平衡にあるα相の組成は~20wt%Co, 12%Ta, γ相は22%Co, 10%Taである.
図133-1のFe-Co-Ta系部分液相面投影図における記号 $m\alpha$, $m\gamma$, $m\theta$ は室温における各固溶体の相境界点を示す. Taのα-固溶体, γ-固溶体の室温における溶解限は曲線 $ma_1\, m\alpha$, $m\gamma_1\, m\gamma$ で示される. α_2, γ_2, α_3, γ_3 はFe-Ta二元系の各共晶の特性点である.

* Co_5Ta_2 は現在では Co_2Ta とされ, これは Fe_2Ta と同様 Laves相($MgZn_2$型)である.

文献 [1] W.Köster and G.Becker : Arch. Eisenhüttenwesen **13** (1939) No.2, 93-94

134. Fe-Co-Ti

W.Kösterら[1]は光学顕微鏡による組織観察, 硬度測定により22wt%TiまでのFeコーナー合金の状態図を研究している. 図134-1は[1]による液相面投影図であるが, この図には二元系化合物 Fe_3Ti, Co_3Ti が存在することになっている. しかし, その後の研究では Co_3Ti, Fe_3Ti とも存在しないことが明らかになっており, 本状態図は極めて不完全なものである. [1]は母材に7.5wt%Al, 3.5%Siを含むフェロチタンを用い, 合金中に2.5wt%Alまで, 1.5%Siまでの不純物を含んでいる. これが図133-1を不正確にしているとも考えられる.

C.R.Austinら[2]は光学顕微鏡による組織観察によりCo-Fe_2Ti断面の合金を研究

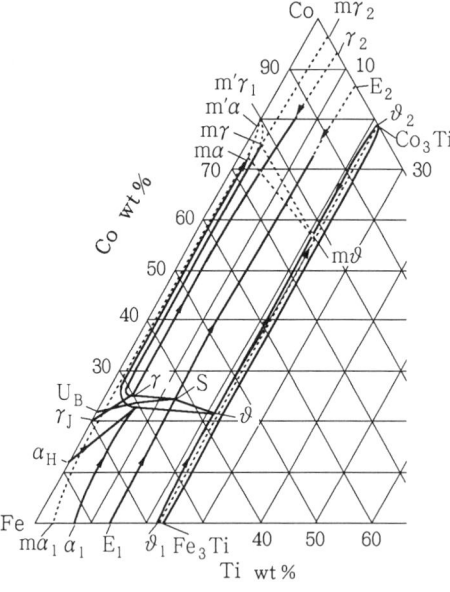

図134-1
Fe-Co-Ti系の部分液相面投影図および室温における相領域 [1]
ただし, Fe_3Ti, Co_3Ti とも現在では存在が確認されていないことに注意

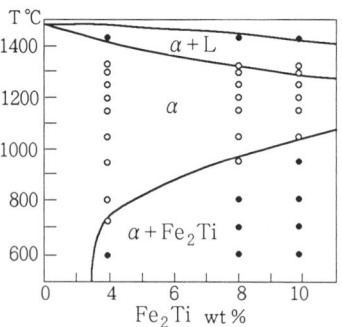

図134-2
Fe-Co-Ti系の Co-Fe_2Ti 擬二元系部分断面図 [2]

し，Co-Fe$_2$Ti部分温度-組成断面図を作成している(図134-2)．固相線と溶解度曲線の外挿からCo-Fe$_2$Tiは擬二元系共晶を形成し，共晶温度は約1200℃, Fe$_2$TiのCoへの溶解度は最大25wt%である．

Co$_3$Ti相については，その後R.W.Fountainら[3]により再び存在が唱えられ，Au$_3$Cu型構造であるとされている．またE.K.Zakharovら[4]によればCo$_3$TiはNi$_3$Tiと同じ六方晶構造を有するという．Fe-Co-Ti系状態図はさらに一層の検討を必要とする．

1990年中国のZhao Jichengら[5]はTi, Co, Feの拡散トリプルを用いて，本系合金の900℃における相平衡について報告している．

試料は99.34%Fe, >99%Ti, 99.85%Coの角棒を組み合わせ，石英管中にアルゴンを封入し，900℃×30日間焼鈍後水焼入れした．これをEPMAにより分析し，相平衡を調べた．

900℃では以下の九相が存在するという．β-Ti固溶体，Ti$_2$(Fe, Co), Ti(Fe, Co), β'-Ti(Fe, Co)$_2$, α-Ti(Fe, Co)$_2$, β-Ti(Fe, Co)$_2$, TiCo$_3$, α-Fe固溶体，β-Co固溶体．

図134-3に[5]で得られたFe-Co-Ti系の900℃等温断面図を示す．β-Ti/Ti(Fe, Co)/Ti$_2$(Fe, Co)三相平衡領域，α-Ti(Fe, Co)$_2$/β-Ti(Fe, Co)$_2$/β'-Ti(Fe, Co)$_2$三相平衡領域，およびα-Ti(Fe, Co)$_2$/β-Ti(Fe, Co)$_2$二相平衡領域は，実験上の制約から決定できなかったので，図上では点線となっている．

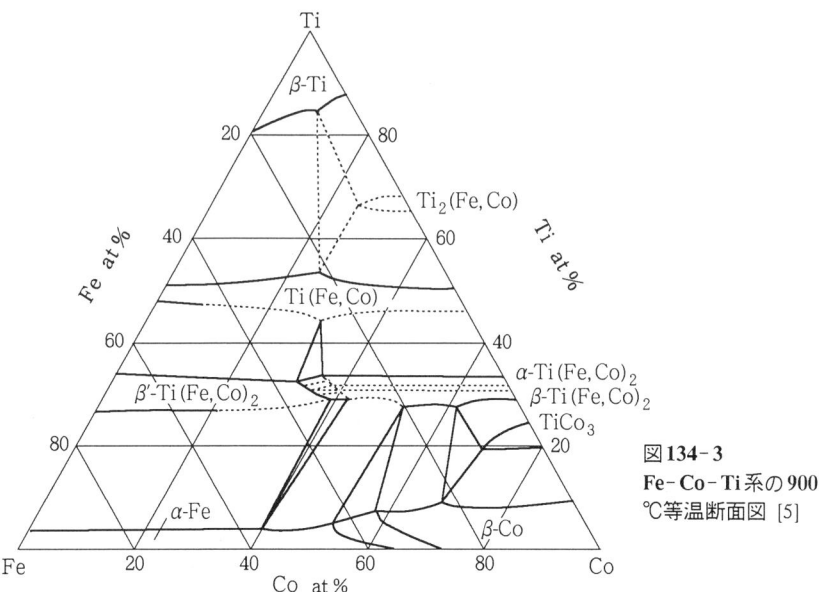

図134-3
Fe-Co-Ti系の900℃等温断面図 [5]

以上の平衡状態図の他，Tiに富む三元合金を900℃から水焼入れした場合のβ-Ti → α-Tiマッシブ変態の領域が示されている．それによると，マッシブ変態の領域は，Fe ≦ 4.1at%, Co ≦ 4.1at%の範囲にある．

Fe-Ti系では金属間化合物としてはFeTiとFe$_2$Tiの二相のみが報告されている．

文献 [1] W.Köster and W.Geller : Arch. Eisenhüttenwesen **8** (1935) 471-472
　　 [2] C.R.Austin and C.H.Samans : Trans. AIME **141** (1941) 216-227
　　 [3] R.W.Fountain and W.D.Fergeng : Trans. AIME **215** (1959) 998-1008
　　 [4] E.K.Zakharov and B.G.Lifshits : Izvest. Akad. Nauk SSSR, Otdel. Tekhn. Nauk Met. i Toplivo (1962) No.5, 143-150
　　 [5] Zhao Jicheng and Jin Zhanpeng : Z. Metallkunde **81** (1990) 247-250

135. Fe-Co-U

G.Petzowら[1, 2]は光学顕微鏡による組織観察，熱分析，熱膨張測定，X線回折により本系のU-UFe$_2$-UCo$_2$領域の合金を研究している．合金は高純度ウランと真空中で予備溶解したFeと99.99%Coを，アルゴン雰囲気下でアーク溶解により作製した．この合金を石英管中に真空封入し，820, 800, 750, 700, 600, 500℃でそれぞれ 2, 3, 4, 12, 72, 240時間焼鈍を施した．

図135-1に上記組成領域の液相面投影図，図135-2, 図135-3に750℃, 700℃等温断面図を示す．また[1, 2]はUFe$_2$-UCo$_2$擬二元系状態図(図135-4)，および

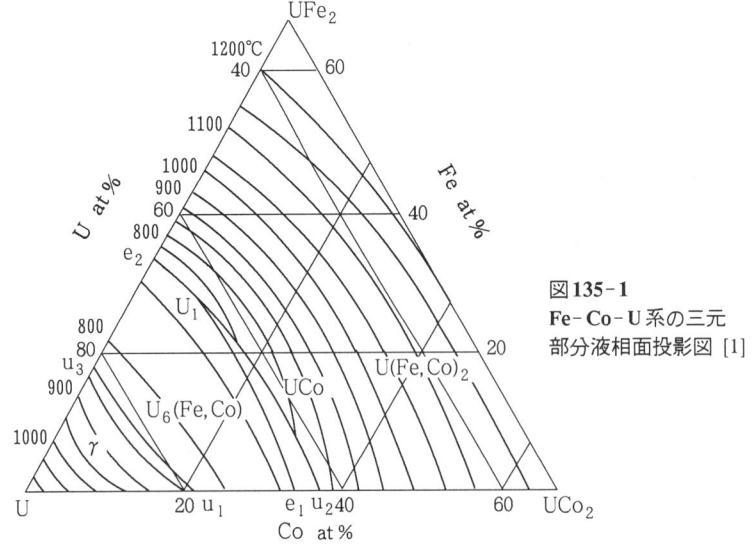

図135-1
Fe-Co-U系の三元
部分液相面投影図 [1]

135. Fe-Co-U

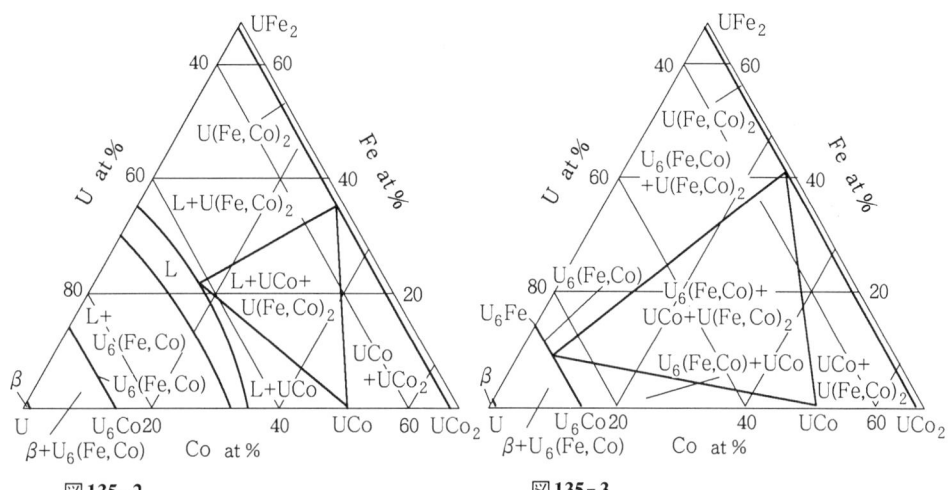

図135-2
Fe-Co-U系の750℃部分等温断面図 [1]

図135-3
Fe-Co-U系の700℃部分等温断面図 [1]

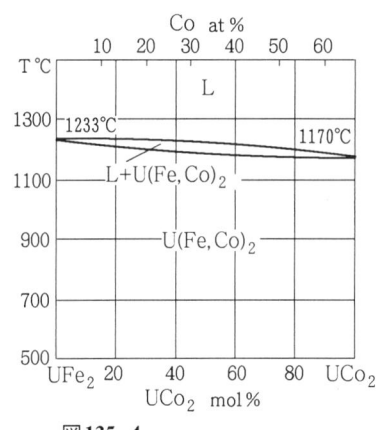

図135-4
UFe_2-UCo_2擬二元系状態図 [1]

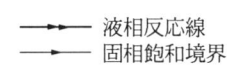

→ 液相反応線
— 固相飽和境界

図135-5
Fe-Co-U系の部分三元立体状態図 [1]

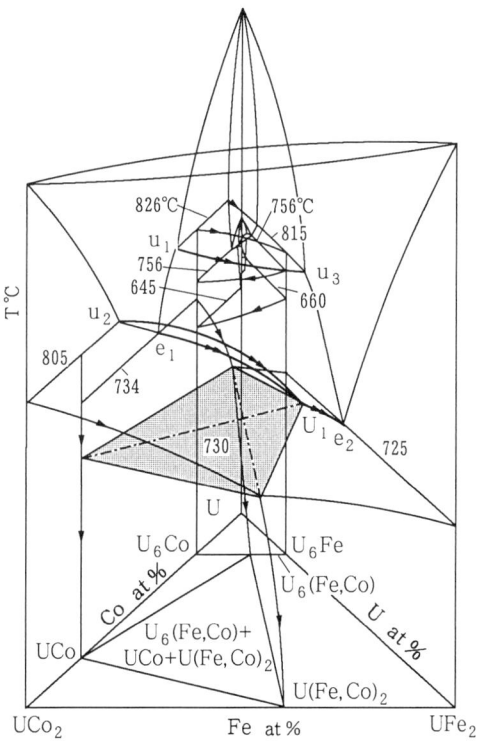

U-(Fe+Co：Fe/Co = 1：1 at%)の温度-組成垂直断面図などいろいろな組成の断面図を調べ，これらをもとに三元立体概略状態図を作成した(図135-5)．

化合物U_6FeとU_6Coは，U_6Mn型の正方晶格子を有し(D_{4h}^{18}-$I4/mcm$)，全率固溶体を形成する．また化合物UFe_2とUCo_2はともに$MgCu_2$型のLaves相に属し，図135-4に示すように全率固溶体を形成する．

三元立体概略状態図について説明する．初晶面U-u_1-u_3-Uに沿ってU基γ-固溶体が晶出する．u_1u_3曲線以下の温度ではu_1-e_1-U_1-e_2-u_3-u_1に沿って，U_6FeとU_6Coの固溶体U_6(Fe, Co)が晶出する．化合物UCoは，e_1-u_2-U_1の狭い液相面に沿って晶出し，U_1，730℃で四相不変包晶反応：L+UCo$\rightleftarrows U_6$(Fe, Co)+U(Fe, Co)$_2$を生じる．この点に向かって，高温側からは三相領域：L+U_6(Fe, Co)+UCoおよびL+U(Fe, Co)$_2$+UCoが入り込む．またこの不変面からは低温側へ2種の三相領域：U_6(Fe, Co)+UCo+U(Fe, Co$_2$)およびL+U_6(Fe, Co)←U(Fe, Co)$_2$が生じる．後者は725℃でU-UFe_2の共晶反応として終了する．UCo, α-U中への第三元素の溶解度は事実上0で，β-U, γ-U中へも極めて低い．

化合物U_6Feの格子定数は a = 1.036nm, c = 0.521nm, c/a = 0.503であるが，Coが固溶した85.7 at%U-7.15at%Co-残Fe合金では，a = 1.034nm, c = 0.522nm, c/a = 0.505である．UFe_2の格子定数は a = 0.7036nm, UCo_2は a = 0.699nm で，33.3at%U-25.7at%Co-残Fe合金では a = 0.702nm となる．

文献 [1] G.Petzow and O.A.Sampaio : Z. Metallkunde **56** (1965) No.1, 14-20
　　　[2] G.Petzow and S.Steeb : 3rd U.N.Internat. Conf. Peaceful Uses Atom Energy (1964) (Preprint) No.475, 15

136. Fe-Co-V

W.Kösterら[1, 2]の熱分析，熱膨張測定，磁気測定，W.Köster, J.B.Darbyら[3]の光学顕微鏡による組織観察，X線回折およびJ.E.Bennettら[4]の走査電子顕微鏡による研究がある．[1, 2]は母材にアームコ鉄，99.5%Co, 2種類のフェロバナジウム(91.7%V, 7.1%Fe, 1.14%Si, 0.04%Al, および 79.8%V, 18.7%Fe, 1.37%Si, 0.1%Al) を用い，水素またはアルゴン雰囲気下で溶解した．液相面投影図と1300℃, 1200℃, 1000℃, 600℃各等温断面図，種々の温度-組成垂直断面図が得られている．600℃の等温断面図(図136-1)を示しておく．

図136-2は液相面投影図で，図上には各初晶領域が示されている．Fe-V合金中のα-Co固溶体の初晶域はFeU_1SU_2V, γ-Co基固溶体領域はU_1SeCo, σ相領域はU_2Seで囲まれる領域である．点U_1では，L+$\alpha \rightleftarrows \gamma$反応が生じる．$U_2$ではL+$\alpha \rightleftarrows \sigma$, e点では，L$\rightleftarrows \gamma + \sigma$が生じる．約1330℃で四相平衡反応，L+$\alpha \rightleftarrows \gamma + \sigma$が生じる．

136. Fe-Co-V

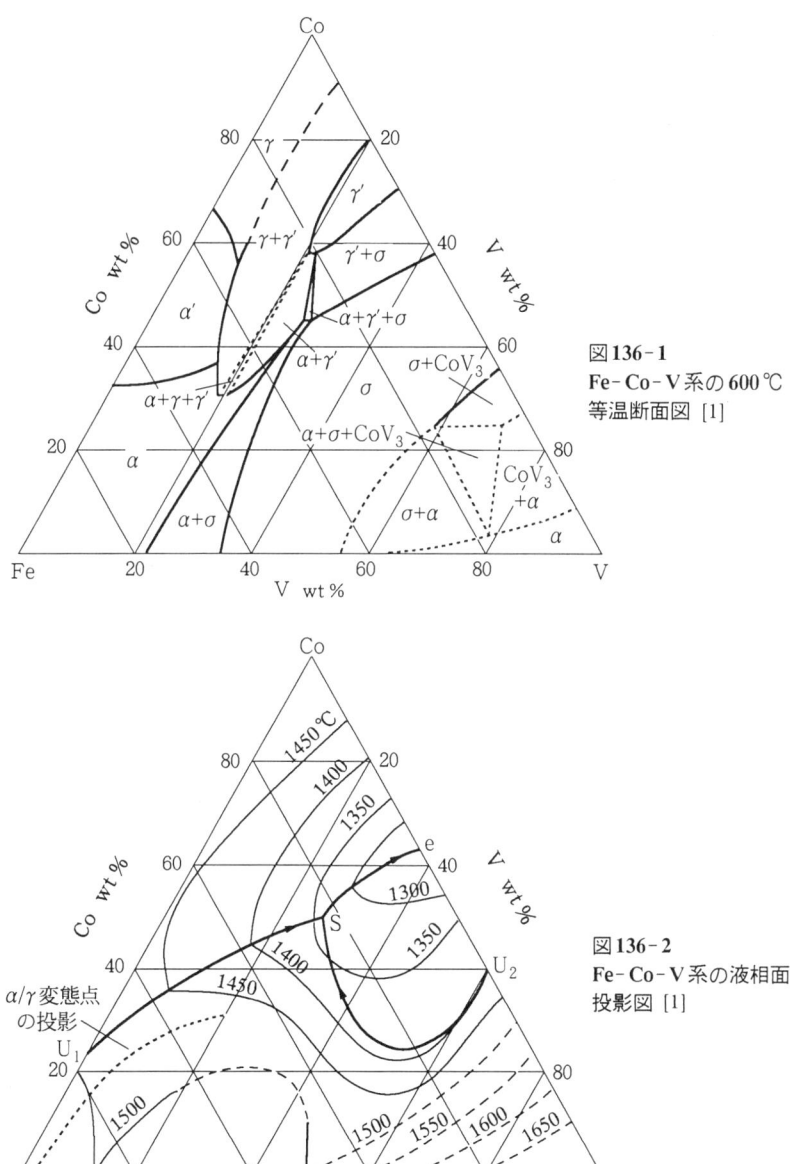

図 136-1
Fe-Co-V系の600℃
等温断面図 [1]

図 136-2
Fe-Co-V系の液相面
投影図 [1]

図136-3に1300℃と1200℃の等温断面図を示す. 1300℃では一相領域, α-固溶体, γ-固溶体, σ-固溶体, 液相, および二相領域, α+γ, γ+σ, γ+L, L+σ, α+σ, 三相領域, α+γ+σ, L+γ+σ, 各領域が存在する. 1200℃断面では液相は消失し, Co-VおよびFe-V側から出たσの全率固溶体領域が出現する. なお1000℃では, 規則相γ′相の形成に関する領域が現れる. 600℃断面には規則相と金属間化合物 Co_3V の出現に起因する領域が生じる.

J.B.Darbyら[3]は1200℃で, Co-V, Fe-V間のσ相の全率固溶体の存在を確認できなかったとしている. σ相は1200℃では52at%Feまでを固溶するとしている.

J.E.Bennettら[4]はより高純度母材を用い, 950℃, 925℃, 900℃で $α \rightleftarrows γ$ 平衡領域をさらに詳しく求めた.

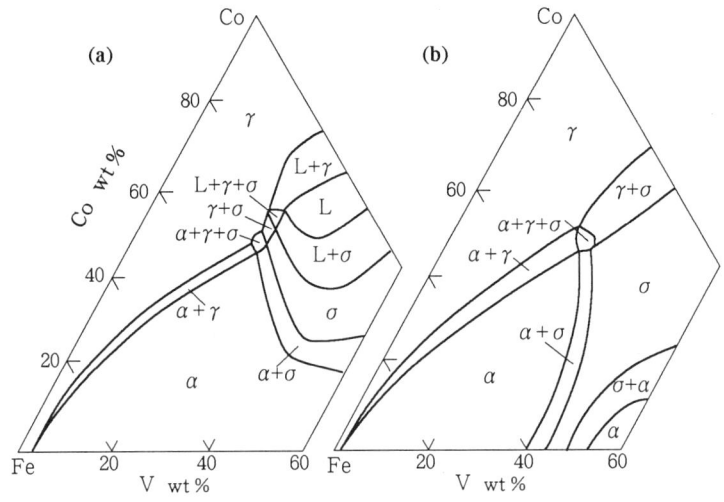

図136-3　Fe-Co-V系の等温断面図 [1]　(a) 1300℃　(b) 1200℃

文献 [1] W.Köster and H.Schmid : Arch. Eisenhüttenwesen 26 (1955) No.4, 345-353
　　 [2] W.Köster and H.Schmid : Arch. Eisenhüttenwesen 26 (1955) No.5, 421-425
　　 [3] J.B.Darby and P.A.Beck : Trans. AIME 209 (1957) No.1, 69-72
　　 [4] J.E.Bennett and M.R.Pinnel : J.Mater. Sci. 9 (1974) No.7, 1083-1090

137. Fe-Co-W

W.Kösterら[1]は光学顕微鏡による組織観察, 熱分析, 熱膨張測定により本系合金を研究している. 母材はC<0.05%純度の金属を用い, タンマン炉でマグネシアるつぼにより合金を溶解した. W.P.Sykes[2]はCを含まない母材を用いて合金を作

137. Fe-Co-W

製し, 平衡状態を得るために合金に繰り返し加熱-冷却を施した. 光学顕微鏡による組織観察, X線回折, 硬度測定を行い, Fe-W側に沿った等コバルト濃度温度-組成断面図を作成した.

これらの研究はいずれも今から70年も前のものである. 当時, Fe-W, Co-W二元系状態図としては, 現在認められているものと低温側の化合物については食い違いを示し, これらを基にした [1, 2] の三元系状態図は再検討を要する. しかし [1, 2] の研究を除くと, 本系合金の体系的研究は少ない. 今後の研究の出発点として, [1, 2] の研究のいくつかを紹介しよう.

図137-1は [1] による本系の液相面と固相面投影図である. Fe-W系のFe_3W_2, Co-W系のCoW化合物は現在の通説では存在せず, それぞれW_6Fe_7, Co_6W_7といわれている. またFe-W二元系は現在でも確定されておらず, W_6Fe_7 (μ相) はFe_3W_2とW_6Fe_7の中間の領域に存在するという説もある (本書p.93, Fe-W系参照).

液相面(図137-1)は [1] によれば, 次の4種の初晶領域に分けられる. 1: $FAE_1Fe-\alpha(\delta)$-Fe固溶体初晶領域, 2: FAE_2Co-γ(Fe, Co)固溶体初晶領域, 3: $E_2AE_1U_1U_2$-(Fe_3W_2-WCo)固溶体初晶領域, 4: U_1U_2W-Wの初晶領域. Fe_3W_2とWCoは [1, 2] によれば, 全率固溶体を形成するとされているが, 両化合物がW_6Fe_7, Co_6Fe_7であるとすれば全率固溶体を形成する可能性はある. 領域ABCDは$L+\alpha+\gamma+\varepsilon(Fe_3W_2)$の四相平衡面で, 1465℃である. A点の組成は22wt%Co, 27%W, 残Fe, B点は20%Co, 25%W, 残Fe, C点は15%Co, 30%W, 残Fe, D点は5%Co, 68%W, 残Feである.

[1]はこの他に1400℃, 20℃等温断面図, (Fe+10~48wt%W)-Coの温度-組成断面図を作成している. しかし低温側ではFe-W系の低温側化合物Fe_2W, またCo-W系のCo_3Wが示されておらず, いずれの状態図も現在では参考程度である.

[2]はFe-W側に沿い, 5~30wt%Coを含む合金, (Fe+25%W)-Coの温度-組成断面図を作成した. [2]はFe-W二元系の$Fe_2W(\varepsilon)$の存在を認める立場であるが, 状態図にはFe_2W領域は存在せず, 低温側は完全な平衡にあるとはいえない. しかしFeコーナーの高温側では今後の研究の基礎ともなり得る. [2]は (Fe+5, 8, 10, 15, 25, 30wt%Co)-W温度-組成断面図を提示しているが, このうち (Fe+20%Co)-Wと (Fe+30%Co)-Wの結果を図137-2に示してある.

高武盛ら[3]はFe基固溶体領域決定のため, 高純度99.95%Fe, 99.9%W, 99.9%Coを用い合金を作製し, 得られた合金を1100℃×25時間, 700℃×3000時間焼結を施した. 光学顕微鏡による組織観察, X線回折により, 基本的には[2]と同一の結果を得たが, 950℃以下の低温では, α-Feと$(Fe, Co)_2$Wとが平衡し, 1100℃ではα-Feと$(Fe, Co)_3W_2$とが平衡するとしている.

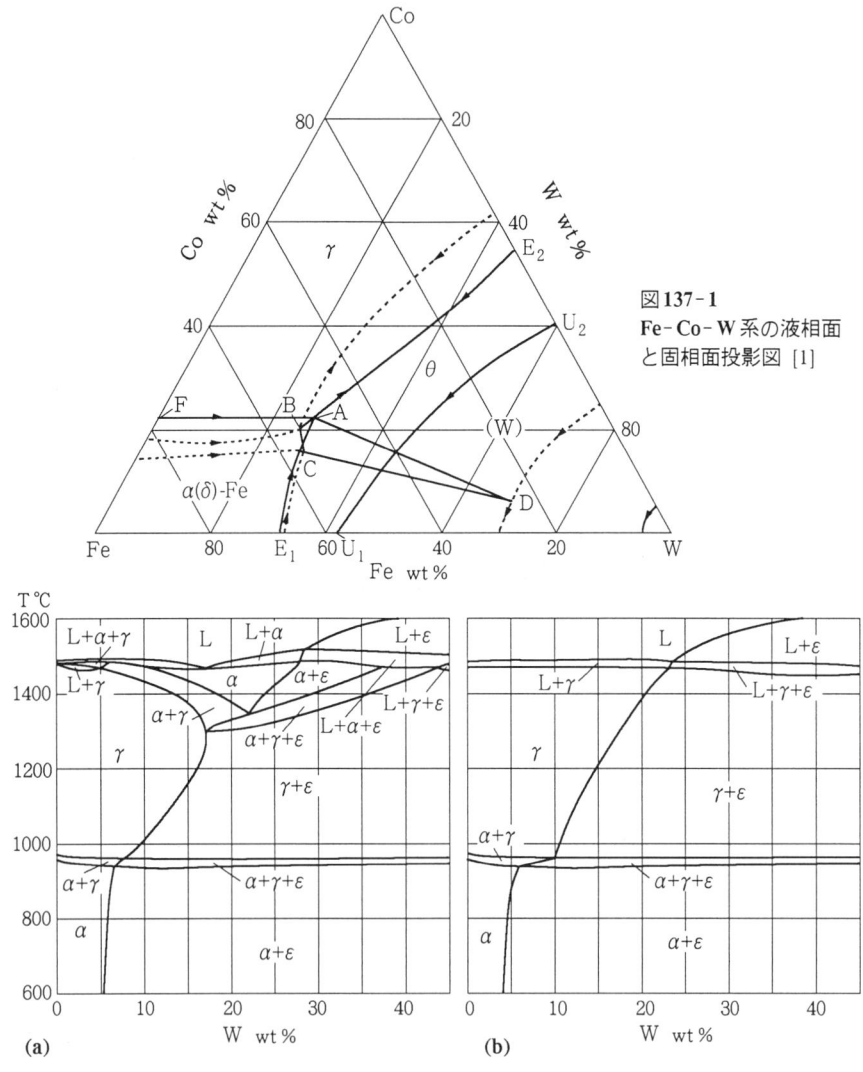

図 137-1 Fe-Co-W系の液相面と固相面投影図 [1]

図 137-2 Fe-Co-W系の温度-組成断面図 [2] (a) (Fe+20wt%Co)-W (b) (Fe+30%Co)-W

文献 [1] W.Köster and W.Tonn : Arch. Eisenhüttenwesen **5** (1932) 431-440
 [2] W.P.Sykes : Trans. ASM **25** (1937) 953-1012
 [3] 高 武盛, 西澤泰二 : 日本金属学会誌 **43** (1979) 126-135

138. Fe-Co-Y

O.I.Kharchenko ら [1] は光学顕微鏡による組織観察, X線回折により Fe-Co-Y 三元系の 800℃ (0~33.3at%Y), 600℃ (33.3~100at%Y) の等温断面図を作成している (図 138-1).

Fe-Y 二元系, Co-Y 二元系とも多数の化合物相が生じる. 本状態図集 Fe-Y 二元系所載の化合物相 YFe_9 は Y_2Fe_{17}, YFe_4 は Y_6Fe_{23} として記述されている. Y_2Fe_{17} は, 高温相は Th_2Ni_{17} 型六方晶, 低温相は Th_2Zn_{17} 型菱面体構造である [2].

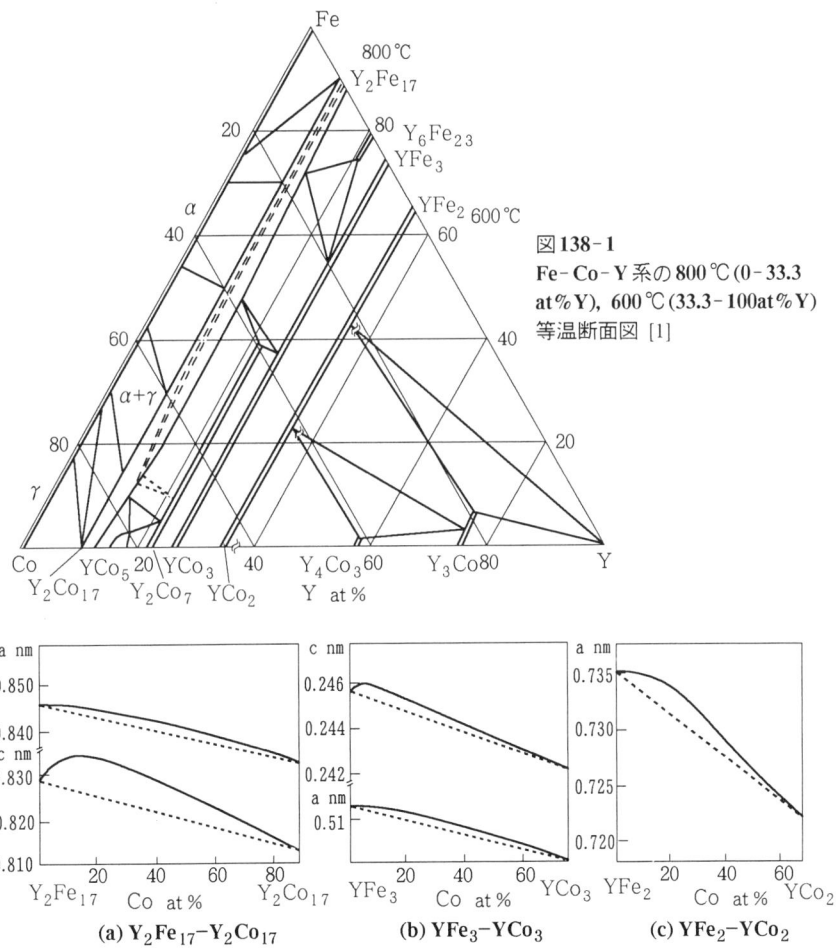

図138-1 Fe-Co-Y 系の 800℃ (0-33.3at%Y), 600℃ (33.3-100at%Y) 等温断面図 [1]

(a) Y_2Fe_{17}-Y_2Co_{17}
(b) YFe_3-YCo_3
(c) YFe_2-YCo_2

図138-2 Fe-Co-Y 系の化合物相の格子定数の組成依存 [1]

Y_6Fe_{23} は YFe_4 の六方晶と異なり, Th_6Mn_{23} 型の立方晶である [3].

800℃で Y_2Fe_{17}, YFe_3, YFe_2 はそれぞれ同型の Y_2Co_{17}, YCo_3, YCo_2 と全率固溶体を形成する. 図138-2に各化合物相の格子定数の組成依存を示す. 三元化合物相は見出されなかった.

Y_2Fe_{17} の高温相 (Th_2Ni_{17} 型) の格子定数は a = 0.8463nm, c = 0.8282nm, 低温相 (Th_2Zn_{17} 型) は a = 0.8460nm, c = 1.2410nm である.

Y_6Fe_{23} の格子定数は立方晶で, a = 1.2120nm である.

YFe_3 は $PuNi_3$ 型菱面体構造で, 格子定数は a = 0.5133nm, c = 2.4600nm である [4].

YFe_2 は $MgCu_2$ 型の Laves 相で, 立方晶, 格子定数は a = 0.7356nm である [5].

文献 [1] O.I.Kharchenko, O.I.Bodak and E.I.Gladyshevskii : Izvest. Akad. Nauk SSSR, Metally (1977) No.1, 200

[2] K.H.J.Buschow : J. Less-Common Metals **11** (1966) 204

[3] P.I.Kripyakevich, L.D.Frankevich and Yu.V.Voroshilov : Poroshkovaya Met. (1965) No.11, 55

[4] J.N.H.Bucht : J. Less-Common Metals **10** (1965) 146

[5] R.C.Mansey, G.V.Raynor and I.R.Harris : J. Less-Common Metals **14** (1968) 329

139. Fe-Co-Zn

W.Köster ら [1] は光学顕微鏡による組織観察により本合金系を研究している. また磁気的性質を調べている. 作成された固相面から, Fe-Co 側に γ-固溶体の初晶領域が大きく侵入している. 実験に用いた母材は C<0.03%, 0.08%N といくらかの酸素を含むカルボニル鉄粉, 0.0075%Ca, 0.028%Cu, 0.07%Fe, 0.2%Ni を含むカルボニルコバルト粉末, 99.995%Zn である.

30wt%Zn を含む合金の温度-組成断面図 (図139-1), 800℃, 650℃, 500℃等温断

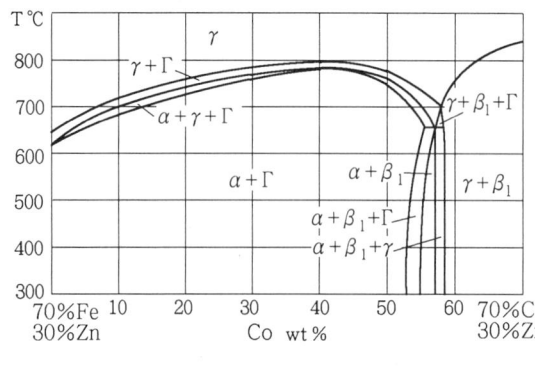

図139-1
Fe-Co-Zn 系の Fe-Co-30wt%Zn 温度-組成断面図 [1]

139. Fe-Co-Zn

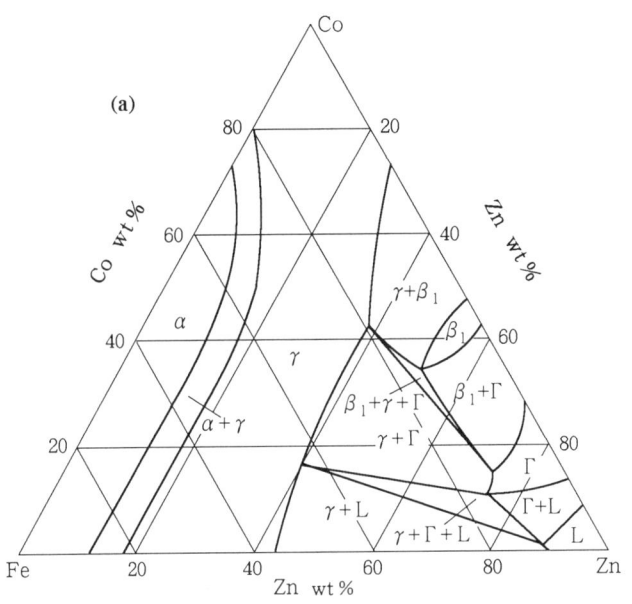

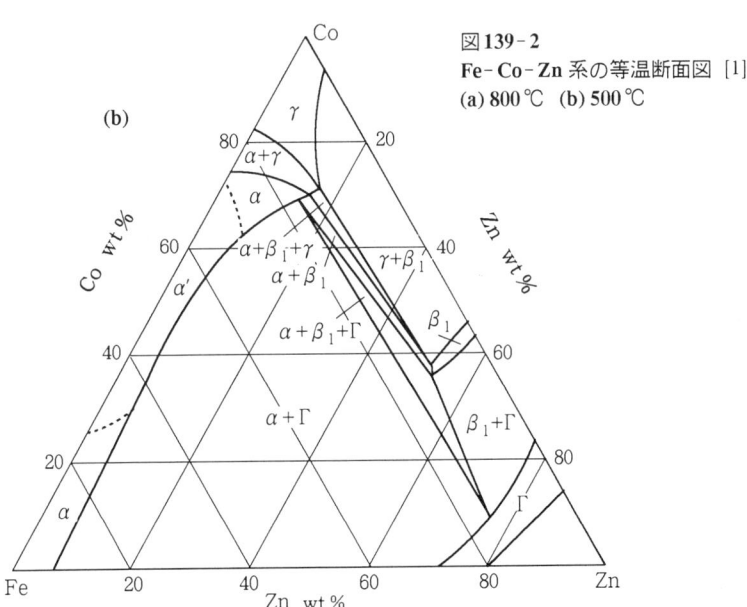

図 139-2
Fe-Co-Zn 系の等温断面図 [1]
(a) 800 ℃ (b) 500 ℃

面図を研究している(図139-2).これらの断面図では,各二元系合金に存在する相以外の新しい相は見出されなかった[1]. γ相はfcc格子,α相はbcc格子,α'相はFeCo規則相,β_1相はβ-Mn型格子で単位胞に20原子を含む.Γ相は立方晶で,単位胞に52原子を含む.

A.P.Miodownik[2]は本系のバイノーダル曲線に対する磁気変態の影響の様子を調べている.

文献 [1] W.Köster and H.Schmid : Arch. Eisenhüttenwesen **27** (1956) No.3, 211-217
[2] A.P.Miodownik : Bull Alloy Phase Diagr. **2** (1982) No.4, 406-412

140. Fe-Cr-Ga

V.Ya.Markivら[1]はX線回折,光学顕微鏡による組織観察,X線マイクロアナライザーにより,本系の820℃等温断面図を研究している.同温度では三元化合物は観察されなかった.この温度では,(Fe, Cr)基固溶体,Fe_7Ga_6,Cr_3Gaを基にする固溶体が三元系に拡がることが確認された(図140-1).

Fe_7Ga_6は25at%Crまで,Cr_3Gaは4at%Feまで拡がる.

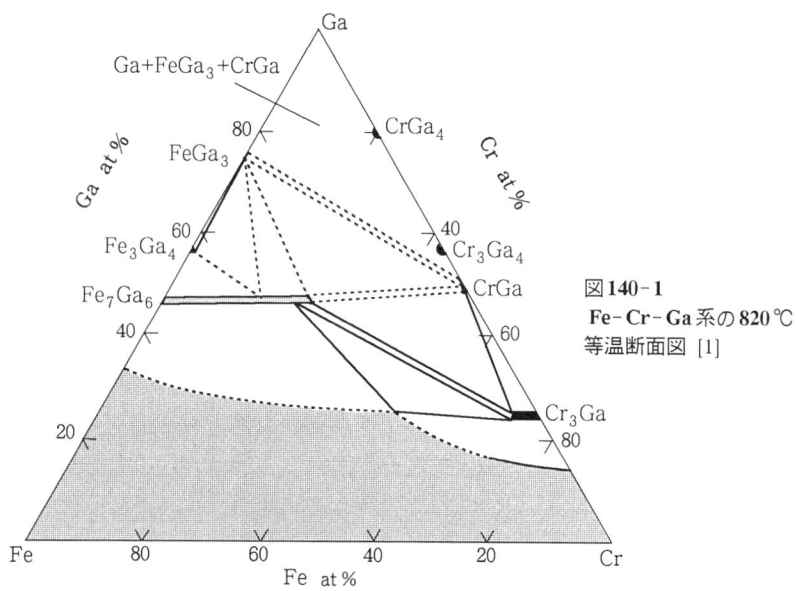

図140-1
Fe-Cr-Ga系の820℃
等温断面図 [1]

文献 [1] V.Ya.Markiv, V.G.Rachins'kii, A.I.Strozhenko, I.S.Gavrilennko and B.V.Gulin : Dopov. Akad. Nauk Ukrain. RSR Ser. **A** (1978) No.8, 755-760

141. Fe-Cr-Hg

F.Lihl [1]は合金をアマルガム法で作製し,粉末合金試料をX線回折により研究している.この方法で得た合金の場合,FeとCrは相互作用しなかった.図141-1に室温における相領域の概略図を示す.

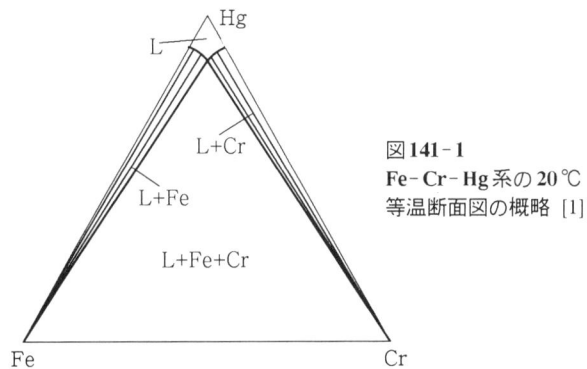

図141-1
Fe-Cr-Hg系の20℃
等温断面図の概略 [1]

文献 [1] F.Lihl : Z. Metallkunde **46** (1955) No.6, 434-441

142. Fe-Cr-Mn

本系の状態図は旧ソ連邦の研究者たち[1~5]により,1946年来,詳細に研究されている.

図142-1は1000℃(a),900℃(b)の等温断面図である(A.T.Grigor'evら[4]).上記温度範囲では固体状態で,α相(bcc格子),γ相(fcc格子),σ相(正方晶格子)が存在する.1000℃ではFe-Cr側にα-固溶体が広く拡がる.σ相の領域は2種のα+σ二相領域とともに20wt%Mn,25wt%Cr組成で出現する.900℃に低下するとα-固溶体領域は著しく狭まる.σ相,α+σ,α+γ+σ領域は著しく拡がるが,α+γ領域は狭まる.図142-2は室温における相領域図を示す[4].この断面ではα相領域が拡がっていないことに特徴がある.三相α+γ+σ領域は三角形をなし,その頂点は次の各点(wt%)である.A(6Mn, 21Cr, 73Fe), B(29Mn, 28Cr, 43Fe), C(15Mn, 14Cr, 71Fe).

Fe-Cr合金にMnを添加すると磁気変態点が低下する.Fe-5~6wt%Crに,5.5wt%Mn, 9.5wt%Mnを添加すると,キュリー点は770℃から,それぞれ720℃,650℃に低下する.またFe-10~12wt%Cr合金に上記濃度のMn添加で,キュリー点は750℃からそれぞれ700℃,600℃に低下する(N.I.Korenevら[6]).

F.N.Tavadzeら[7]は1100℃,700℃,20wt%Mn, 20wt%Cr組成域の等温断面図を研究した.1100℃では二相α+γ領域はCr>9~12wt%ではじめて出現する.700℃

ではσ相が存在する．γ相は700℃でα相，σ相と平衡し，α+γ+σ三相領域を形成し，12wt%Mn，12wt%Crを含有する．これは[4]の結果と一致する．[4]のデータはその後，γ相，α+γ相，α相領域の境界を種々の温度で求めた[8, 9]の結果と一致した．

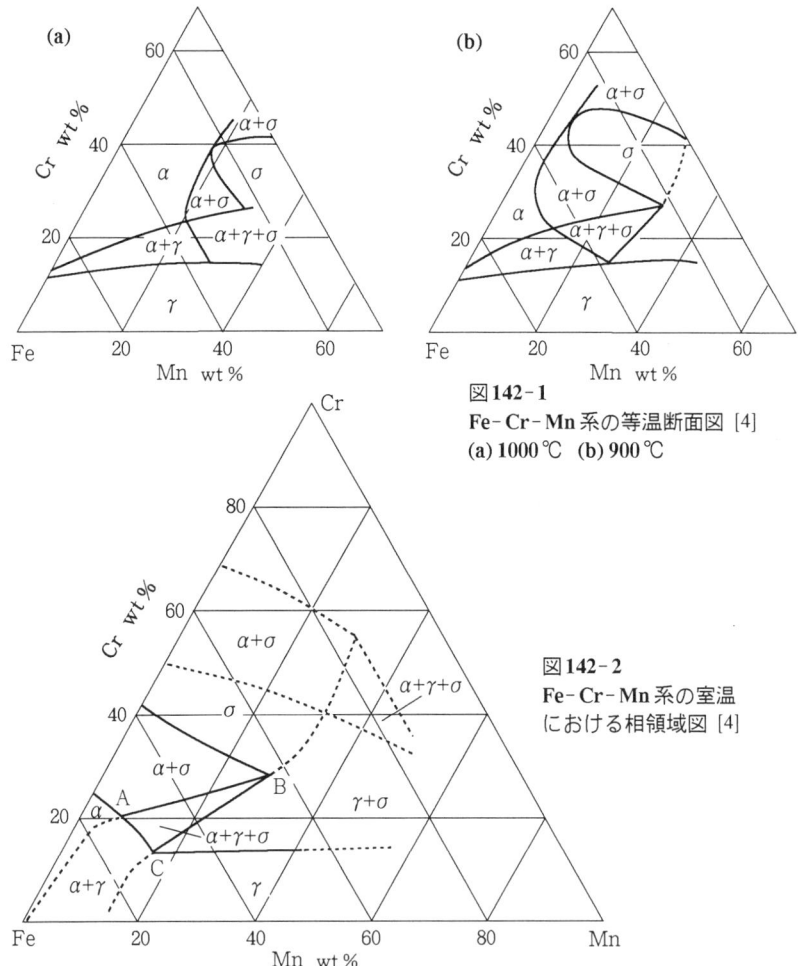

図142-1
Fe-Cr-Mn系の等温断面図 [4]
(a) 1000℃ (b) 900℃

図142-2
Fe-Cr-Mn系の室温における相領域図 [4]

文献 [1] A.T.Grigor'ev and D.L.Kudryavtsev : Izvest. Akad. Nauk SSSR, Otd. Khim. Nauk (1947) No.4, 329-336

- [2] A.T.Grigor'ev and D.L.Kudryavtsev : Izvest. Akad. Nauk SSSR, Otd. Khim. Nauk (1948) No.2, 165-173
- [3] A.T.Grigor'ev and D.L.Kudryavtsev : Izvest. Sekt. Fiziko-khimich. Analiza Akad. Nauk SSSR **16** (1946) No.2, 82-99
- [4] A.T.Grigor'ev and N.M.Gruzdeva : Izvest. Sekt. Fiziko-khimich. Analiza Akad. Nauk SSSR **18** (1949) 92-116
- [5] A.T.Grigor'ev, D.L.Kudryavtsev and N.M.Gruzdeva : Zhur. Priklad. Khimii. Akad. Nauk SSSR **23** (1950) No.6, 566-574
- [6] N.I.Korenev and E.I.Koreneva : Izvest. Sekt. Fiziko-khimich. Analiza Akad. Nauk SSSR **20** (1950) 54-65
- [7] F.N.Tavadze, V.A.Pirtskhalaishvili and M.A.Nabichvrishvili : Soobsh. Akad. Nauk Gruz. SSR **49** (1968) No.3, 641-646
- [8] Kralik František and Kovacova Katarina : Kovove Mater. **11** (1973) No.1, 6-15
- [9] G.Kirchner and B.Uhrenius : Acta Met. **22** (1974) No.5, 523-532

143. Fe-Cr-Mo

本系はこれまでに多くの研究がある [1~11]．[6]はそれらの結果をもとに液相温度から650℃までの等温断面図を示している．

武田修三ら [1]は光学顕微鏡による組織観察，熱分析，X線回折により本系状態図を研究した．母材は電解鉄，テルミット金属クロム(99.4%)，フェロモリブデン(70.4%Mo)を用い，タンマン炉により溶解し合金を作製した．

図143-1は [1]による液相面投影図である．これによると液相が関与する3種類の四相不変反応がある．$L + \sigma + \varepsilon \rightleftarrows \chi$ (1455℃)．$L + \sigma \rightleftarrows \alpha + \chi$ (1385℃)．$L \rightleftarrows \alpha + \chi + \varepsilon$ (1345℃)．ここで σ はFeMo系の σ 相，ε (二元系では μ)はFe_3Mo_2 (六方晶)，χ 相は三元化合物相(bcc格子) [4~6]である．

J.G.McMullinら [2]は<70wt%Cr, <60wt%Mo領域の合金を研究し，1300℃, 1100℃, 900℃の等温断面図を提案しているが，三元化合物相 χ 相を認めていない．

[11]によれば，[8]は[1]を基礎に1250℃等温断面図を提案している (図143-2)．

J.G.McMullinら [6]は光学顕微鏡による組織観察，X線回折により本系合金を研究し，900℃, 815℃の等温断面図を作成している．図143-3は[6]による900℃の等温断面図である．この結果は[2]と異なり，900℃においても三元化合物相を確認している．

H.Kiesheyerら [12]は固相状態における相平衡を研究し，20, 24, 28wt%Cr組成合金の温度-組成断面図を作成した (図143-4)．20wt%Crでは<2wt%Mo領域に $\alpha + \sigma$ 二相領域が存在する．Mo濃度がより高いと $\alpha + \sigma + \chi$ 三相領域，$\alpha + \chi$ 二相領域と

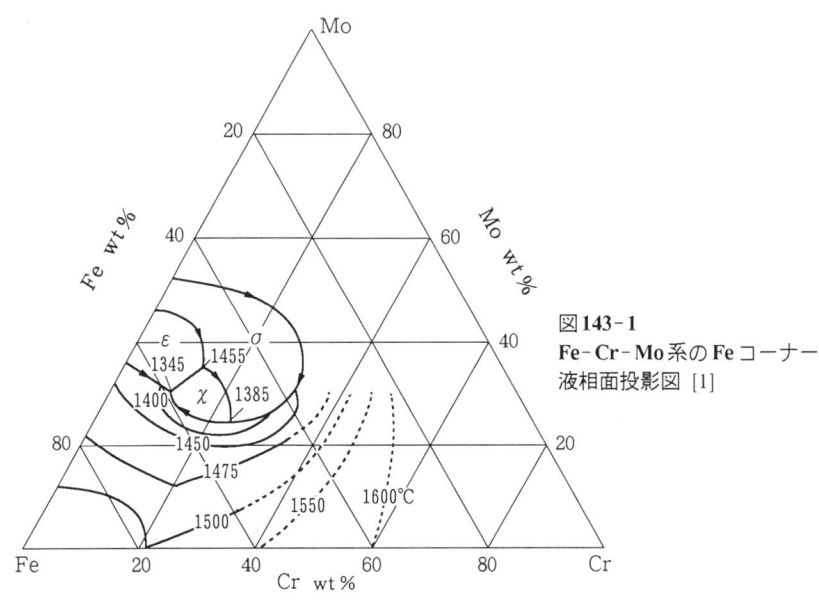

図143-1
Fe-Cr-Mo系のFeコーナー
液相面投影図 [1]

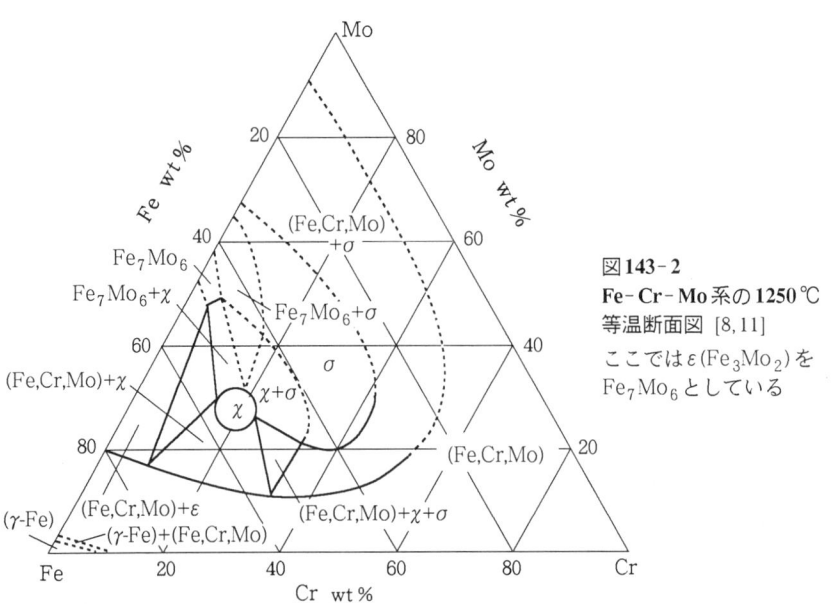

図143-2
Fe-Cr-Mo系の1250℃
等温断面図 [8, 11]
ここではε(Fe$_3$Mo$_2$)を
Fe$_7$Mo$_6$としている

143. Fe-Cr-Mo

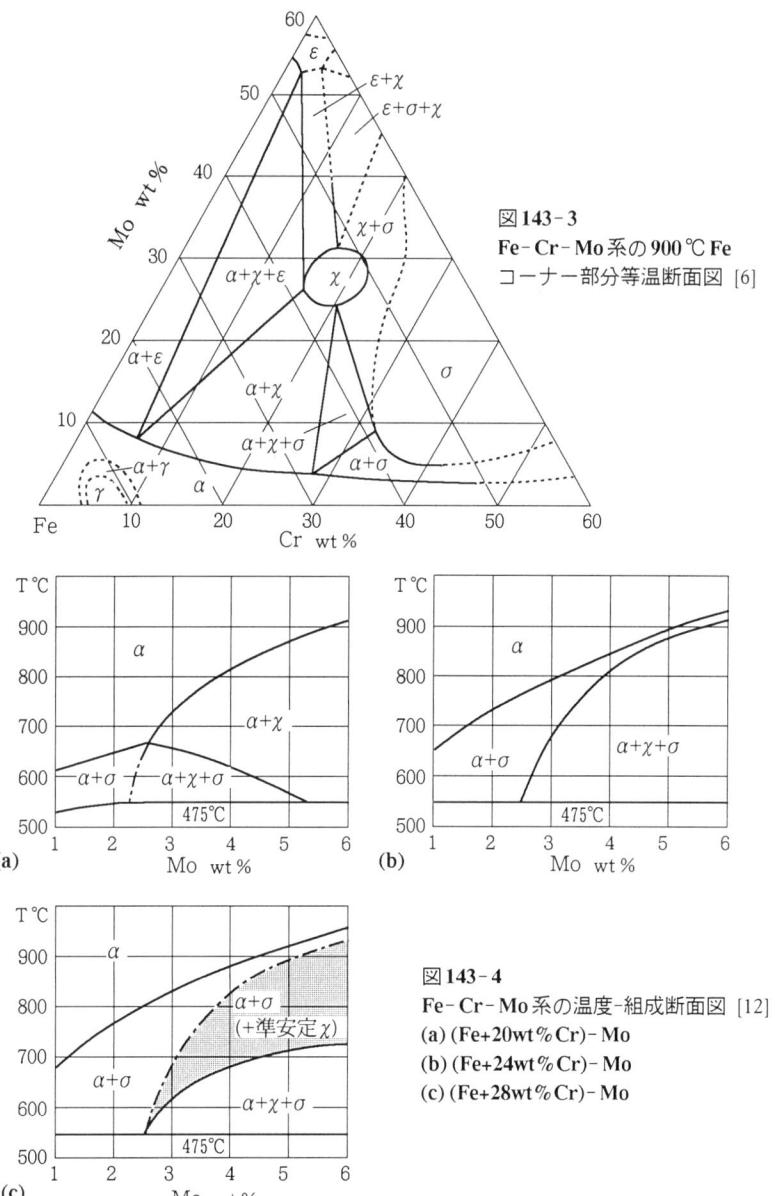

図143-3
Fe-Cr-Mo系の900℃ Fe コーナー部分等温断面図 [6]

図143-4
Fe-Cr-Mo系の温度-組成断面図 [12]
(a) (Fe+20wt%Cr)-Mo
(b) (Fe+24wt%Cr)-Mo
(c) (Fe+28wt%Cr)-Mo

が出現する．二相領域は Mo 濃度の増大とともに拡大する．Cr 濃度増大とともに $\alpha+\sigma$ 二相領域が拡がるが，$\alpha+\chi$ 領域は消失する．図 143-4(c) の一点鎖線は準安定 χ 相形成の境界で，分解により σ 相を生じる．三相領域境界の基準は 5wt%Mo にあり，ここで χ 相は 800℃×5000 時間，750℃×10000 時間の焼鈍で完全に分解する．950℃では 100 時間の焼鈍で χ 相から σ 相への完全な分解が生じる．

温度-組成断面図は [1] でも研究されているが [1] の結果には不確定な部分が多い．

H.Bückle [3] によると，Fe-Cr, Fe-Mo 両系の σ 相は全率固溶体を形成し，Fe-Cr 側では σ 相は <850℃で安定であるが，Fe-Mo 側では 1540℃まで安定に存在する．

三元化合物相 χ 相は [4, 5] で見出され，その後 [1, 6] でも確認されている．χ 相は Fe-8~27wt%Cr 合金に Mo を添加すると出現する．おおよその組成は [7] によると $Fe_{36}Cr_{12}Mo_{10}$(54wt%Fe-17%Cr-27%Mo) で，規則配列の α-Mn 型構造で，bcc 格子である．格子定数は 0.8920nm で，α-Mn の 0.8895nm に非常に近い．[1] によれば，50wt%Fe-20%Cr-30%Mo 組成の合金では，格子定数は 0.8991nm であるという．[12] によると χ 相の平均組成は $Fe_{36}Cr_{15}Mo_7$ で，格子定数は a = 0.8854nm である．

H.J.Goldschmidt [9] によると，600℃以下の低温でほぼ Fe_4Mo_2Cr 組成 (50wt%Fe-10%Cr-40%Mo) に N 相なる三元化合物が存在するとしているが，[1] は上記組成合金を 550℃×200 時間焼鈍しても N 相が生じないとして，N 相の存在を否定している．また [10] は Cr-Mo-Co 鋼の抽出レプリカから，六方晶 (R3) の R 相を見出したとして，Fe-Cr-Mo 三元系においても三元化合物 R 相が存在するとしているが，その後確かめられていない．

[13] は計算により本系の 923~2000K の等温断面図を求めている．また [14, 15] は本系の Cr コーナーの状態図を研究している．

文献 [1] 武田修三，湯川夏夫：日本金属学会誌 **21** (1957) 275-279

　　[2] J.G.McMullin, S.F.Reiter and D.G.Ebeling : Trans. ASM **46** (1954) 799-811

　　[3] H.Bückle : Rev. Met. **54** (1957) 9-15

　　[4] K.W.Andrews : Nature **164** (1949) 1015

　　[5] P.K.Koh : Trans. AIME **197** (1953) 339-343

　　[6] J.G.McMullin and S.F.Reiter : Trans. ASM **46** (1954) 799-806

　　[7] J.S.Kasper : Acta Met. **2** (1954) 456-461

　　[8] D.R.F.West : Cobalt (1971) No.51, 77-90

　　[9] H.J.Goldschmidt : Trans. ASM **46** (1954) 807-808

　　[10] H.Hughes and S.R.Keown : J.Iron Steel Inst. **206** (1968) 275-277

　　[11] T.Wada : "Metals Handbook", Metals Park, Ohio 8th **8** (1973) 421

　　[12] H.Kiesheyer and H.Brandis : Z.Metallkunde **67** (1976) 258-263

[13] Z.Kaufman and H.Nezor : Metall. Trans. **6A** (1975) 2123-2131
[14] A.T.Grigor'ev, E.M.Sokolovskaya, I.T.Sokolova and M.V.Maksimova : "Issledovanie po Zharoprochnym splavam", Moskva, Akad. Nauk SSSR **8** (1962) 42-46
[15] R.A.Alfintseva, G.P.Dmitrieva, V.T.Kopobeinikova et al. : Nauch.Tr. Inst. Metallofiziko, Akad. Nauk Ukrain. SSR (1964) No.20, 108-124

144. Fe-Cr-N

今井勇之進ら[1,2]は光学顕微鏡による組織観察，電子顕微鏡，X線回折，熱分析により，Fe-0~40wt%Cr-0~1wt%N組成の合金について詳細に研究している．Nを

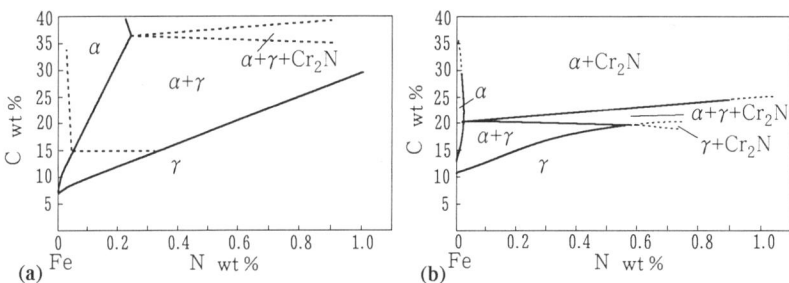

図144-1　Fe-Cr-N系のFeコーナー三元部分等温断面図 [1]　(a) 1300℃　(b) 1000℃

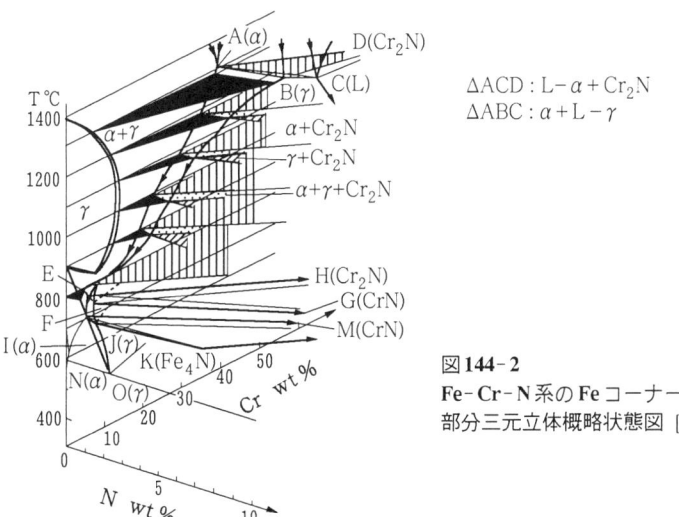

図144-2
Fe-Cr-N系のFeコーナー
部分三元立体概略状態図 [1]

含む三元合金はFe-Cr合金をNH$_3$+H$_2$気流中,800℃で窒化し作製した.この合金を1200℃×6時間均一化焼鈍を施した.

1300~700℃のFe側等温断面図を求めている(図144-1).また(Fe+0.1%N)-13~26wt%Cr領域の三元立体状態図概略(図144-2)を作成している.

岡本正三ら[3]は液相を含む高温域のFe側状態図を研究している.合金は電解鉄,電解クロム,フェロクロムを用い,窒化は1250℃,1気圧で行った.(Fe+0.2, 0.3wt%N)-Cr, (Fe+25, 30, 35, 40wt%Cr)-Nの温度-組成垂直断面図を作成した(図144-3,図144-4).それによると,1328℃に包共晶反応:L+δ ⇌ γ+Cr$_2$Nが存在する.

[1~3]のいずれも,Cr-N二元系で生じるNaCl型構造のCrNは,三元系のFe側には入り込まないとしているが,S.Hertzmanら[4]のその後の研究では,Cr-NがFeコーナーに大きく入り込むとしている.[4]は光学顕微鏡による組織観察,X線回折,X線マイクロアナライザー,またN$_2$の活量測定に基づく熱力学的計算により,

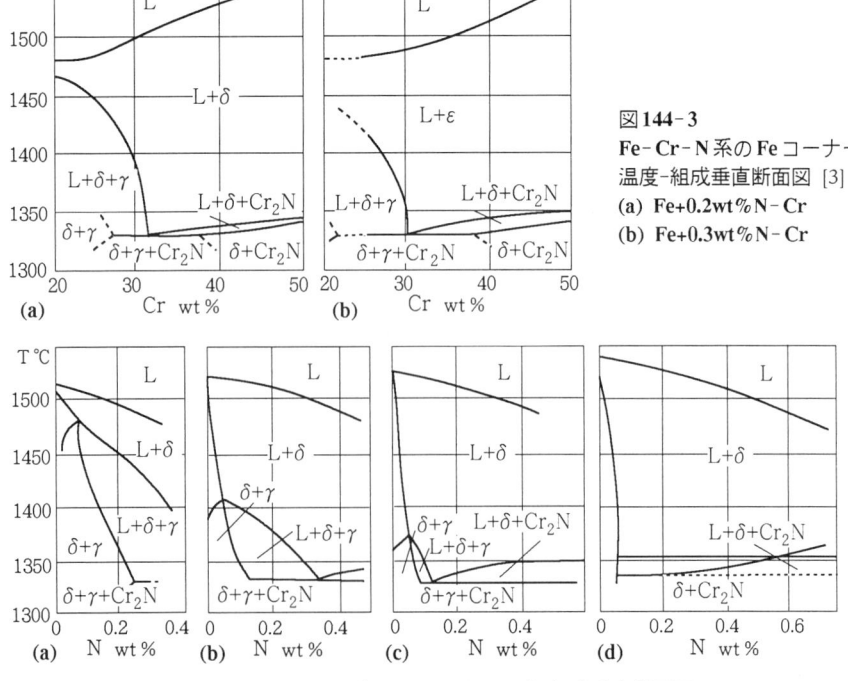

図144-3 Fe-Cr-N系のFeコーナー温度-組成垂直断面図 [3]
(a) Fe+0.2wt%N-Cr
(b) Fe+0.3wt%N-Cr

図144-4 Fe-Cr-N系のFeコーナー温度-組成垂直断面図 [3]
(a) Fe+25wt%Cr-N (b) Fe+30wt%Cr-N (c) Fe+35wt%Cr-N (d) Fe+40wt%Cr-N

Feコーナーの1300~900℃の等温断面を詳しく研究している．[1~3]の結果と異なり，いずれの温度においてもCrNが(Cr,Fe)Nの形でFeコーナーに大きく入り込んでいる(図144-5)．V.Raghavanら[5]に引用されているD.Firraoらは，Fe-Cr-N三元系の広い組成領域の等温断面図を提案しているが，そこでもCrNがFeコーナーに入り込むとしている．

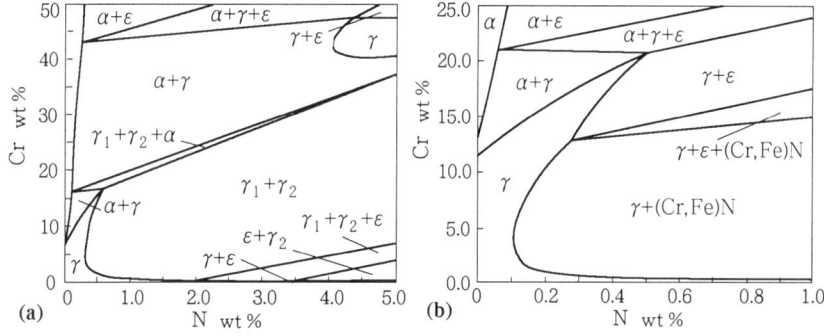

図144-5　Fe-Cr-N系のFeコーナー部分等温断面図　[4]　(a) 1573K　(b) 1273K

文献 [1] 今井勇之進,増本 健,前田啓吉：日本金属学会誌 **29** (1965) 860-865
　　 [2] 今井勇之進,増本 健,前田啓吉：日本金属学会誌 **29** (1965) 866-871
　　 [3] 岡本正三,内藤武志：鉄と鋼 **49** (1963) 1915-1921
　　 [4] S.Hertzman and M.Jarl : Metall. Trans. **18A** (1987) 1745-1752
　　 [5] V.Raghavan : "Phase Diagrams of Ternary Iron Alloys", Part 1, Indian Institute of Metals (1987)

145. Fe-Cr-Nb

N.I.Kaloevら[1]はX線回折，X線マイクロアナライザー，光学顕微鏡による組織観察，硬度測定により本系合金を研究している．母材は電解鉄(99.95%),電子ビーム溶解ニオブ(99.90%),電解クロム(99.95%)を用い，高純度ヘリウム雰囲気下で，水冷銅るつぼを用い合金を溶解した．合金を1200℃×100時間均一化焼鈍後，700℃×1500時間焼鈍して氷水中に焼入れ，700℃等温断面図を作成した(図145-1)．

Fe-Nb二元系のμ相(斜方晶)は三元系では7at%Cr領域まで侵入する．Laves相であるNbCr$_2$とNbFe$_2$は擬二元系を形成するが，構造が異なるため全率固溶体とはならない．六方晶のNbFe$_2$(λ_1相)は60at%Crまで拡がる．

Nb ≦ 30at%の合金ではFeCr-σ相が存在する．σ相の領域は三元系でFe側に寄るが，これはσ相の電子構造に関係し，ed + s/a = 7を保つようにλ相が位置するこ

とによると考えられる。λ相の出現により, $\sigma+\lambda_1$, $\sigma+\alpha_1$, $\sigma+\alpha_2$ (α_1, α_2 はそれぞれ Fe 基, Cr 基 α-固溶体)の二相領域と $\alpha+\lambda_1+\sigma$ の三相領域が生じる。

表記温度では Fe は α 相領域にあり, γ 相は出現しない。

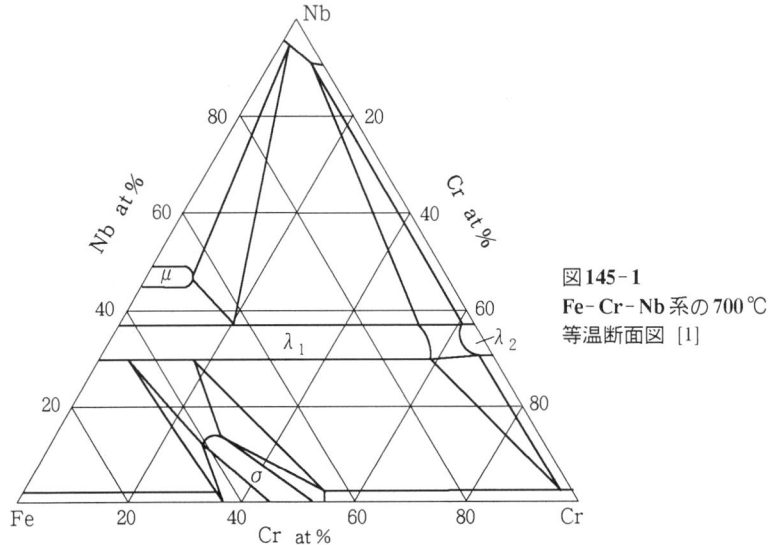

図145-1
Fe-Cr-Nb 系の 700℃
等温断面図 [1]

文献 [1] N.I.Kaloev, A.Kh.Abram'yan, S.V.Kabanov and L.K.Kulova : Izvest. Akad. Nauk SSSR, Metally (1988) No.1, 205-206

146. Fe-Cr-Ni

本系合金については古くから多くの研究がある [1~15]。A.B.Kinzel ら [5] は 1940年以前の研究をまとめ, 650~1500℃間の等温断面図を作成している。各図ともその後の研究に比べて相の構成それ自体には著しい変わりはないが, いくつかの相境界の位置, とくに σ 相の安定温度領域については大きくくい違いを示している。これは高ニッケル側では完全な平衡状態を得ることが困難であることに起因する。固相の平衡状態を得るためには, 冷間加工とその後の長時間焼鈍が必要となり, [7, 12] は上記処理を施した試料を用いたが, Cr に富む α′ 相を含む γ+σ+α′ 相領域については完全な平衡状態が得られていないという。これは Cr に富む α′ 相が, しばしばオーステナイトから σ 相が析出する際の中間相として現れ, 準安定相の様相を呈するからである。G.R.Speich [15] は 70年までの研究をまとめ, 液相面から 650℃までの等温断面図を作成し, これらが現在までのところ Fe-Cr-Ni 三元系の標準的状態図として認められている。

146. Fe-Cr-Ni

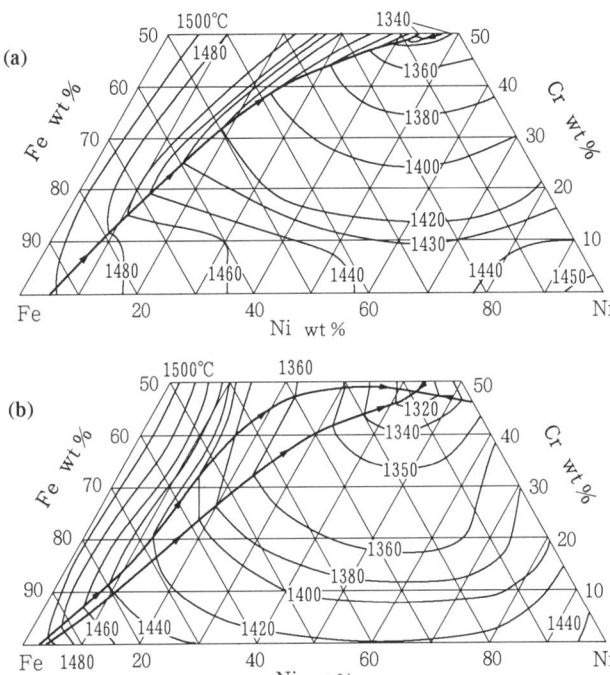

図146-1 Fe-Cr-Ni系の部分投影図 [15] (a) 液相面 (b) 固相面

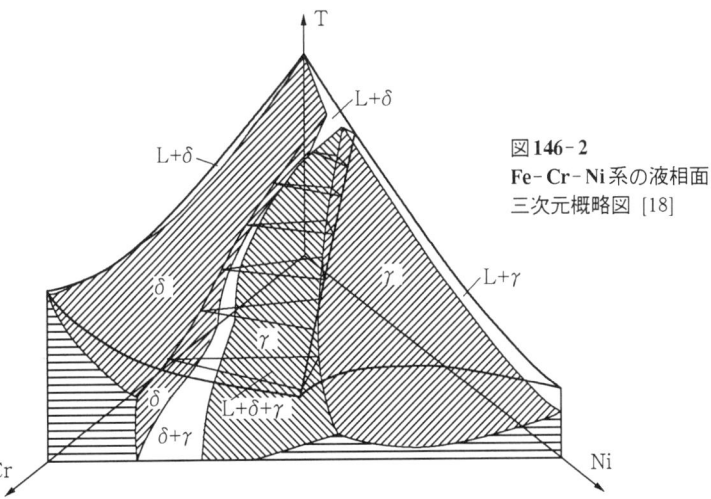

図146-2
Fe-Cr-Ni系の液相面
三次元概略図 [18]

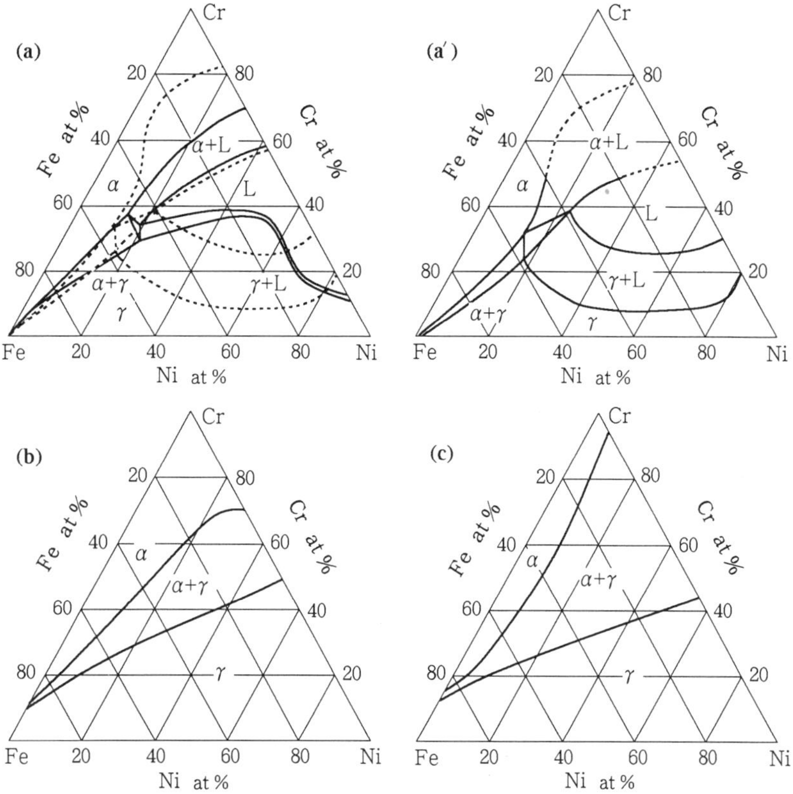

図 146-3
Fe-Cr-Ni系等温断面図 [19]　(a) 1400 ℃　(a') 1400 ℃ [15]　(b) 1200 ℃　(c) 1000 ℃

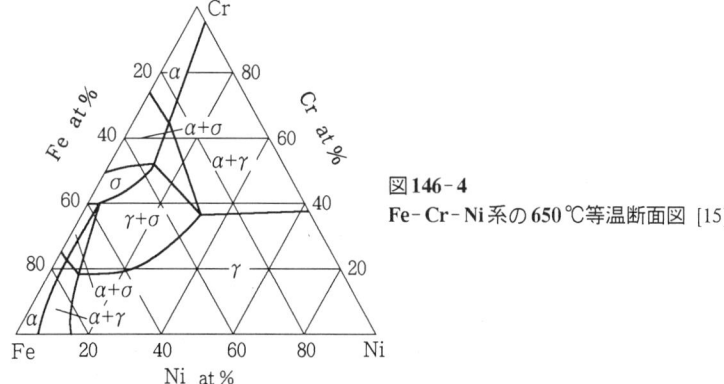

図 146-4
Fe-Cr-Ni系の 650 ℃等温断面図 [15]

146. Fe-Cr-Ni

その後熱力学的計算に基づく Fe-Cr-Ni 系状態図の研究が行われている [16, 19, 20].

高温側の等温断面図は比較的単純であり,いずれの実験結果もよい一致を示し,また計算状態図も実験結果とあまりかけ離れたものではない.

図 146-1 (a), (b) はそれぞれ [15] による液相面,固相面投影図である. E.Schürmann [17] は Fe-Ni 二元系の包晶反応から Ni-Cr 二元系の共晶反応まで,三元系でどんな経路を通るかを研究している. R.Mundt ら [18] は独自の実験結果と [7] の実験結果等を考慮して,本系の固相,液相平衡を計算により求めた. 図 146-2 は 1811~1750K の間の本系の Fe コーナーの三次元概略状態図である.

[19] は本系の各二元系で生じ得るすべての相,液相, fcc, bcc, σ, γ'-Ni_3Fe 相の熱力学的データをもとに液相温度から 500K の温度領域にわたり,詳細な等温断面図を計算で求め,提案している. 高温側では 1400℃の等温断面図が [15] の図と大きくくい違う他は,これまでの実験結果ともよく一致している. このことから [19] は [15] の 1400℃等温断面図が [3] のデータに基づいており,むしろ [19] の結果の方が正しいと主張している. 図 146-3 に [19] による高温側の等温断面図を示す.

λ 相, Fe-Cr 二元系で生じる α-Fe, α'-Cr bcc 相, γ'-$FeNi_3$ 相の生じる低温側の状態図は [7, 12] で部分的には研究されているが,完全なものは [15] の 650℃等温断面図 (図 146-4)がこれまで得られているほとんど唯一のものである. [19] は 650℃~227℃ (923~500K) の温度範囲の等温断面図を計算で求めているが,これが,現在までのところ低温相を考慮した唯一の状態図である.

[10, 11] は Cr コーナーを通る種々の断面を研究し, Cr の 5 種の多形変態を報告しているが,その後の研究では確かめられていない.

[13, 14] は Fe-Cr-Ni 合金を低圧アルゴン中で蒸発して得た微粒子の構造を X 線回折により研究した. α-固溶体の格子定数は組成に依存して, 0.2862nm (45Cr-35Fe-20Ni wt%) から 0.2880nm (70Cr-10Fe-20Ni) に変化した. γ 相は 0.3572nm (30Cr-20Fe-50Ni) ~0.3585nm (45Cr-35Fe-20Ni), λ 相は a = 0.8630nm, c = 0.4559 nm, c/a = 0.528 (40Cr-50Fe-10Ni) ~ a = 0.8768nm, c = 0.4530nm, c/a = 0.517 (35Cr-60Fe-5Ni)の間で変化する. また高クロム側で A15 型構造の高温相 δ 相の存在を報告している. 格子定数は 70Cr-20Fe-10Ni で 0.4585nm, 60Cr-15Fe-25Ni で 0.4565nm である.

文献 [1] E.C.Bain and W.E.Griffiths : Trans. AIME **75** (1927) 166-213

[2] F.Wever and W.Jellinghaus : Mitt. Kaiser-Wilhelm Inst. Eisenforschung **13** (1931) 93-109

[3] C.H.M.Jenkins, E.H.Bucknall, C.R.Austin and G.A.Mellor : J. Iron Steel Inst. **136** (1937) 187-222

[4] P.Schafmeister and R.Ergang : Arch. Eisenhüttenwesen **12** (1939) 459-464

[5] A.B.Kinzel and R.Franks : "The Alloys of Iron and Chromium", N.Y. McGraw-Hill, Ⅱ(1940) 261-272
[6] J.W.Paugh and J.D.Nisbet : Trans. AIME **188** (1950) 268-276
[7] A.J.Cook and B.R.Brown : J.Iron Steel Inst. **171** (1952) 345-353
[8] E.Baerlecken and W.Hirsch : Stahl u. Eisen **75** (1955) 570-579
[9] P.Price and N.Grant : Trans. AIME **215** (1959) 635-637
[10] A.I.Grigor'ev and E.M.Sokolovskaya : Vestn. Moskov. Gos. Univ. Khimiya (1961) No.6, 6-15
[11] A.I.Grigor'ev and V.V.Kuprina : Zhur. Neorg. Khimii **8** (1963) 2563-2565
[12] B.Hattersley and W.Hume-Rothery : J. Iron Steel Inst. **204** (1966) 683-701
[13] 湯川夏夫, 飛田守孝, 井村 徹, 水野義勝 : 日本金属学会誌 **35** (1971) 1100-1101
[14] N.Yukawa, M.Hida, T.Imura, M.Kawamura and Y.Mizuno : Metall. Trans. **3** (1972) 887-895
[15] G.R.Speich : "Metals Handbook", ASM 8th ed. Metals Park, Ohio **8** (1973) 424-426
[16] L.Kaufman and H.Nesor : Metall. Trans. **5** (1974) 1617-1621
[17] E.Schürmann and J.Brauckman : Arch. Eisenhüttenwesen **48** (1977) 3-7
[18] R.Mundt and H.Hoffmeister : Arch. Eisenhüttenwesen **54** (1983) 253-256
[19] Y.Y.Chung and Y.A.Chang : Metall. Trans. **18A** (1987) 733-745
[20] D.M.Kundrat and J.F.Elliott : Metall. Trans. **19A** (1988) 899-908

147. Fe-Cr-O

[1~7]に状態図に関するデータが掲載されている．[4~7]によって，組成三角形内の2種類の化合物Fe_2O_3，Cr_2O_3とFe-Crで囲まれた70at%Crおよび70at%O以下の組成領域が，非常に詳細に研究されている．研究は化学分析[4]，光学顕微鏡による組織観察，X線回折[4, 7]，熱分析[7]および電気抵抗測定，熱起電力測定，密度測定によって行われた．

高クロム量の合金の相変態の性質に関しては，報告によって見解が異なっている．すなわち，D.C.Hiltyら[4]は安定相として酸化物Cr_3O_4の存在を認めているのに対し，岩本ら[7]はCr_3O_4相は準安定で，1600℃以上の高温下でのみ存在し，低温ではCr_2O_3とCrに分解するとしている．図147-1に[4]による本系の液相面を示す．母材には電解鉄と電解クロムを用い，合金の作製に関しては，電解鉄を真空下で溶解した後，アルゴンを流入して大気圧よりいくぶん高い雰囲気圧で酸化鉄FeOを加えて酸素を溶解させ，最後にCrを加えた．系中に次の相を認めている．

1) $FeO \cdot Cr_2O_3$型のFe_3O_4を固溶したクロマイト，立方晶型スピネルで格子定数はFe_3O_4量によって0.823~0.830nmまで変化する．

147. Fe-Cr-O

2) Cr_3O_4 と $FeO \cdot Cr_2O_3$ との中間組成を持つ欠損型スピネル, 高温下では安定な化合物であるが, 低温では $FeO \cdot Cr_2O_3$ と Cr_3O_4 に分解する. 面心正方晶で格子定数 a は 0.83~0.848nm まで変化し, c/a 比は 0.98~0.95 まで変化する.
3) Fe_2O_3 を固溶した Cr_2O_3
4) 固溶体 FeO
5) 固溶体 Cr_3O_4
6) Fe-Cr 固溶体

三元系中に, Cr-O 辺から Fe-O 辺まで拡がる単一相領域が認められた. 系中の不変変態の性質は, 正確に決定されていない. 欠損型スピネルは液相と $FeO \cdot Cr_2O_3$ との包晶反応によって生じると推定されている. 三元共晶が 1500℃, 約 8wt%Cr, 0.015%O に存在し Fe-Cr 固溶体, Cr_3O_4 固溶体および欠損型スピネルが生じることが確認された. Fe-Cr 融体への酸素の溶解度は Cr 量が増加すると減少し, 6wt%Cr で最小となる. その値は 1550℃, 1600℃および 1650℃で, それぞれ 0.017, 0.025, 0.034wt%O である. Cr 量がさらに増加すると酸素の溶解度は大きくなり, これらの温度において 40wt%Cr では, それぞれ 0.057, 0.073 および 0.095wt%O となる.

[7] は 1600℃における系の等温断面図を示している (図 147-2). Cr 量が 1%以下

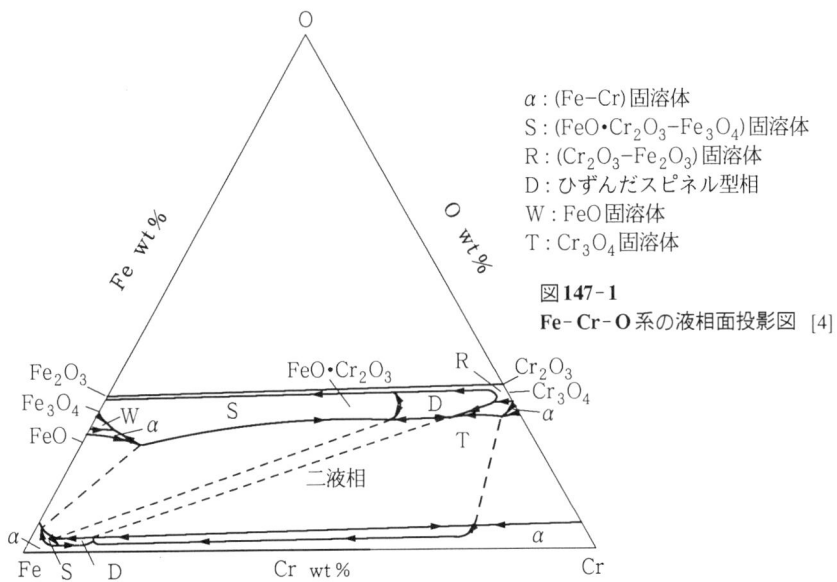

図 147-1 Fe-Cr-O 系の液相面投影図 [4]

α : (Fe-Cr)固溶体
S : ($FeO \cdot Cr_2O_3$-Fe_3O_4)固溶体
R : (Cr_2O_3-Fe_2O_3)固溶体
D : ひずんだスピネル型相
W : FeO 固溶体
T : Cr_3O_4 固溶体

の合金中には,立方晶構造を持つクロマイトが存在した.Cr量が増加するとともにクロマイト格子のc/a比は減少し,7at%では0.95 ($Fe_{0.26}Cr_{0.74}$)になった.7at%Cr以上の合金ではCr_2O_3が存在した.Fe-O系の包晶線の位置に及ぼすCrの影響についても調べた.~3at%Crの場合,二元系包晶温度は1528℃~1510℃まで減少し,10at%Crまでは一定となった.Fe-Cr融体と平衡してクロマイト$(FeCr)_3O_4$とCr_2O_3が見出された.これらの酸化物は安定で,低温で可能な他の相の観察の障害となり,同定に際してしばしば誤りをもたらす.クロマイトは酸素欠損の不定比酸化物として図の点線の範囲に存在する.一端の組成は$FeCr_2O_4$となる.

[5, 6]は固体鉄が共存する低酸素分圧下における$FeO-Cr_2O_3$系の相平衡を調べて擬二元系状態図を報告しているが,[5]はFeOとCr_2O_3とは1345±10℃,2.5wt%Cr_2O_3で共晶を形成するとし,一方[6]は1420℃,~6wt%Cr_2O_3で包晶を形成するというまったく異なる結果を得ている.

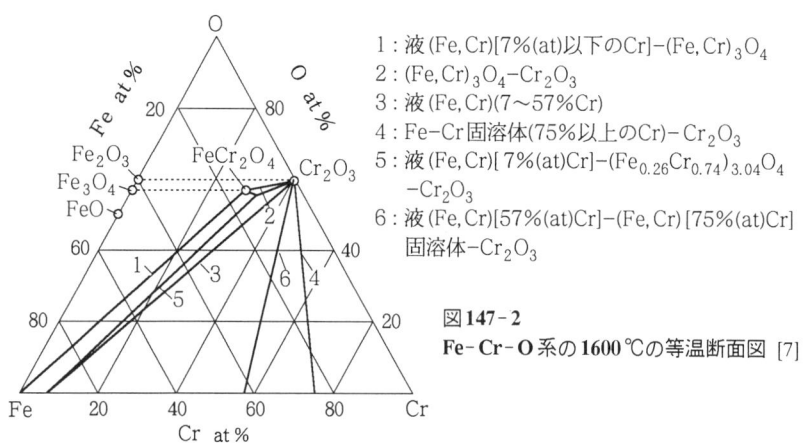

1:液(Fe,Cr)[7%(at)以下のCr]-$(Fe,Cr)_3O_4$
2:$(Fe,Cr)_3O_4-Cr_2O_3$
3:液(Fe,Cr)(7~57%Cr)
4:Fe-Cr固溶体(75%以上のCr)-Cr_2O_3
5:液(Fe,Cr)[7%(at)Cr]-$(Fe_{0.26}Cr_{0.74})_{3.04}O_4$
  -Cr_2O_3
6:液(Fe,Cr)[57%(at)Cr]-(Fe,Cr)[75%(at)Cr]
  固溶体-Cr_2O_3

図147-2
Fe-Cr-O系の1600℃の等温断面図 [7]

文献 [1] H.M.Chen and J.Chipman : Trans. ASM **38** (1947) 70
　　 [2] H.Wentrup and B.Knapp : Techn. Mitt. Krupp **4** (1941) No.11, 237-256
　　 [3] B.V.Linchevskii and A.M.Samarin : Izvest. Akad. Nauk SSSR, Otedel. Tekhn. Nauk (1953) No.5, 691-704
　　 [4] D.C.Hilty, W.D.Forgeng and R.L.Folkman : Trans. AIME **203** (1955) No.2, 253-268
　　 [5] P.V.Ribond and A.Muan : Trans. AIME **230** (1964) No.1, 88
　　 [6] A.Hoffmann : Arch. Eisenhüttenwesen **36** (1965) No.2, 155-157
　　 [7] 岩本信也,鷹野雅志,金山 宏,足立 彰:鉄と鋼 **56** (1970) No.6, 727-733

148. Fe-Cr-P

金子秀夫ら[1]は光学顕微鏡による組織観察,X線回折,化学分析によりFe-Fe$_2$P-Cr$_2$P-Cr領域を研究している. 図148-1に上記領域の800℃等温断面図を示す. 三元化合物FeCrPが見出された. Fe$_2$P中に17~18wt%Crが溶解し,複雑なリン化物(Fe,Cr)$_2$Pを形成する.

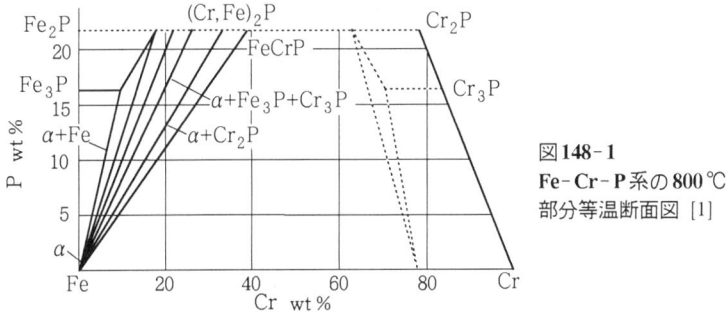

図148-1 Fe-Cr-P系の800℃部分等温断面図 [1]

文献[1] 金子秀夫,西澤泰二,千葉 昂:日本金属学会誌 **29** (1965) No.2, 159-165

149. Fe-Cr-S

金子秀夫ら[1]はFe-FeS-CrS-Cr領域について,光学顕微鏡による組織観察,X線回折,熱分析により研究している.

図149-1は950℃における部分等温断面図である[1, 2]. FeSとCrSとは全率固溶体を形成する.

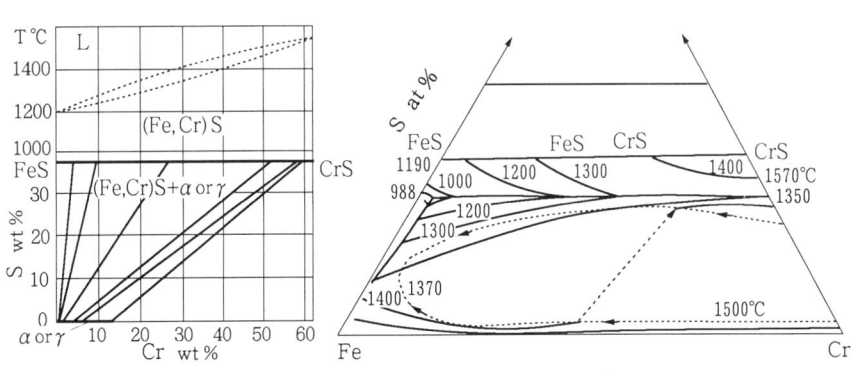

図149-1 Fe-Cr-S系の950℃部分等温断面図 [1, 2]

図149-2 Fe-Cr-S系のFe-Cr-FeS-CrS領域の液相面投影図 [4]

Fe-Cr合金中へのSの溶解度については,硫黄S^{35}を用いた研究がある[3].

J.M.Dahlら[4]は光学顕微鏡による組織観察,EPMAによりFe-Cr合金中の硫化物介在物の平衡を調べ,Fe-Cr-FeS-CrS領域の状態図を研究している.合金は99.9%Fe, 99.94%Crをあらかじめ溶解し,これをカプセルとしてFeSを加え封入し,1490~1090℃×1~175時間焼鈍して作製した.

図149-2は表記組成領域の液相面投影図である.点線は[2]による偏晶(2液相)領域境界である.

文献 [1] 金子秀夫,西澤泰二,玉置維昭:日本金属学会誌 **27** (1963) No.7, 312-317
　　 [2] R.Vogel and R.Reinbach : Arch. Eisenhüttenwesen **11** (1937/38) No.6, 457-462
　　 [3] R.Groliére and N.Barbouth : Metal Sci. **73** (1976) No.1, 71-76
　　 [4] J.M.Dahl and L.H. van Vlack : Trans. AIME **233** (1965) 2-7

150. Fe-Cr-Sb

α-Fe中へのSbの溶解度に及ぼすCr添加の影響に関する研究がある(M.Nageswararaoら[1]).合金はアルゴン雰囲気下でマグネシアるつぼを用い,高周波溶解により作製した.母材は電解鉄(99.9%, C~0.005%), 99.99%Sbを用いた.SbはFe-38wt%Sb母合金として添加,X線回折により研究している.

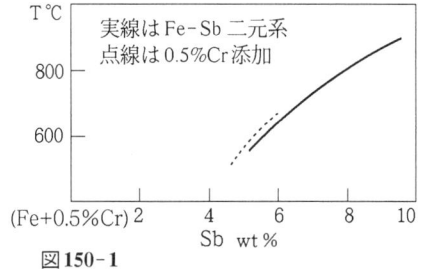

図150-1
α-FeへのSbの溶解度に及ぼす **0.5wt% Cr添加の影響** [1]

NiAs型構造のFeSbとCrSbは相互に溶解することが予想される.FeSb相,α-Fe相の格子定数に及ぼすCr添加(0.5 wt%)の影響を調べている.Fe-8.3wt%Sb組成でFe-Sb合金はα-Fe相中にFeSb相が析出しているが,これらの相の格子定数は,二元系では,α-Fe相の場合0.28937 nm, FeSb相は,a = 0.4089nm, c = 0.5175nmである.Fe-8.2Sb-0.5Crでは,α-Fe: 0.28927nm, FeSb: a = 0.4110nm, c = 0.5153nmとなった(いずれも600℃焼戻し試料).

図150-1にα-Fe中へのSbの溶解度(実線)に及ぼす0.5%Cr添加の影響(点線)を示す.0.5%Cr添加により,600℃におけるSbの溶解度は,5.3wt%から5.0%に低下,650℃では,5.8%から5.7%に僅かではあるが低下している.

文献 [1] M.Nageswararao, C.J.McMahon and Jr.H.Herman : Metall. Trans. **5** (1974) 1061-1068

151. Fe-Cr-Si

　W.Deneckeら[1]は本系合金のFeコーナーの状態図を最初に研究し，液相面を調べている．三元系状態図の本格的研究はA.G.H.Andersenら[2]によるものが最初で，X線回折により，α-FeとFe$_3$Si$_2$，Cr$_3$Si，FeCrとの相境界を求めた．Fe-Si二元系における化合物Fe$_3$Si$_2$は現在では認められていないので，Fe$_3$Si$_2$の存在を前提とした[2]の解釈は，現在では歴史的意味を有するのみとなった．本系状態図の詳細な研究はE.I.Gladyshevskiiら[3]によるものがほとんど唯一のものである．[3]は光学顕微鏡による組織観察，X線回折を用い，本系の900℃等温断面図を研究した．合金はコランダムるつぼ中で，アルゴン雰囲気下高周波溶解，一部はヘリウム雰囲気下アーク溶解により作製した．得られた合金を石英管に封入し，900℃×400時間焼鈍を施した．

　図151-1に[3]による本系の900℃等温断面図を示す．化合物FeSiとCrSiは全率固溶体を形成し，FeSi$_2$とCrSi$_2$は相互に部分的に溶解する．結晶構造の異なる化合物Fe$_5$Si$_3$ (Mn$_5$Si$_3$型) とCr$_5$Si$_3$ (Mo$_5$Si$_3$型) も相互に部分的に溶解する．900℃でFe$_5$Si$_3$は18at%Crを固溶し，Cr$_5$Si$_3$は5at%Feを固溶する．Cが不純物として(~1wt%)存在すると，化合物Cr$_5$Si$_3$はFe$_5$Si$_3$と同じ構造のMn$_5$Si$_3$型構造をとるようになり ($P6_3/mcm$, a = 0.6993nm, c = 0.4725nm)，Fe$_5$Si$_3$と全率固溶体を形成するようになる．

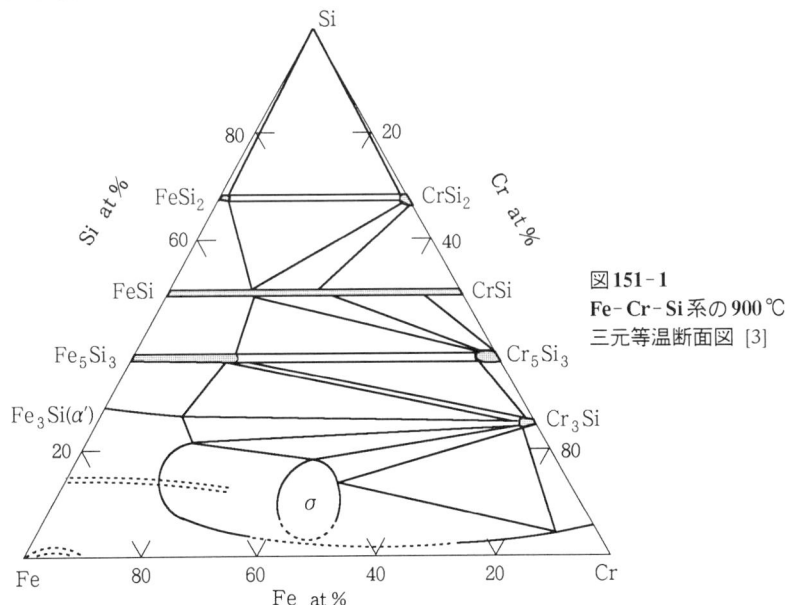

図151-1
Fe-Cr-Si系の900℃
三元等温断面図 [3]

σ相はSiの存在のもとでは900℃以下でCr 37~48at%で安定化する．Fe-Cr二元系の場合，σ相は815℃以下で生じる．

L.B.Dubrovskayaら[4]はFeSi$_2$(ξ相)-CrSi$_2$断面を研究し，擬二元共晶を構成すると報告している(図151-2)．共晶点は1150℃±10℃，~18mol%CrSi$_2$である．FeSi$_2$中へのCrの溶解度は1at%を越えない．CrSi$_2$へのFeの溶解度は~0.9at%Fe (~2mol%FeSi$_2$)である．

T.Chartら[5]は熱力学的計算により，本系の800K, 700Kの等温断面図を提案している．計算に当たっては，[3]の結果を用いてσ相のギブスエネルギーの式を想定した．従って基本的な様相は図151-1に近い．図151-3(a)~(c)に本系の各断面図における格子定数の変化を示す．

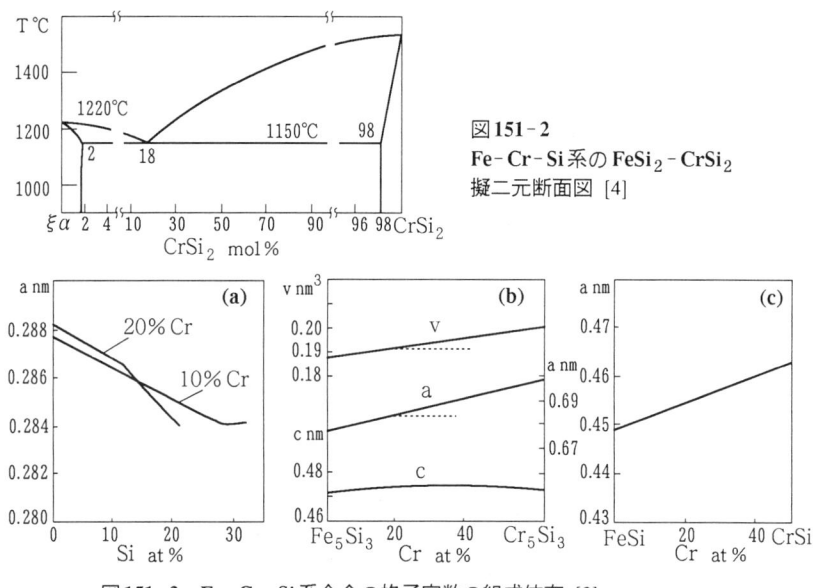

図151-2
Fe-Cr-Si系のFeSi$_2$-CrSi$_2$
擬二元断面図 [4]

図151-3　Fe-Cr-Si系合金の格子定数の組成依存 [3]
(a) Fe+10at%CrおよびFe+20at%Cr合金の格子定数に及ぼすSiの影響
(b) Fe$_5$Si$_3$-Cr$_5$Si$_3$断面の格子定数　(c) FeSi-CrSi断面

文献 [1] W.Denecke : Z. anorg. Chem. **154** (1926) 178-185
　　[2] A.G.H.Andersen and E.R.Jette : Trans. ASM **24** (1936) 375-419
　　[3] E.I.Gladyshevskii and L.K.Borusevich : Izvest. Akad. Nauk SSSR, Metally (1966) No.1, 159-164
　　[4] L.B.Dubrovskaya and P.V.Gel'd : Zhur. Neorg. Khim. **7** (1962) No.1, 145-150

[5] T.Chart, F.Putland and A.Dinsdale : Calphad **4** (1980) 27-46

152. Fe-Cr-Sn

Feに対するSnの溶解度に及ぼすCrの影響に関する研究が,唯一つ知られている本系の研究である(M.Nageswararaoら[1]). 合金はアルゴン雰囲気下で高周波溶解により作製した. 母材は99.9%Fe, 99.98%Snである. 合金は石英管中に真空封入し,1000℃×60時間焼鈍を施し焼入れた. 600℃で26日間焼鈍したFe-10wt%Sn合金,Fe-10%Sn-1%Cr合金の粉末をX線回折により調べた結果, Crはα-FeへのSnの溶解度を6.5wt%から5.2%に低下させることがわかった. 同時に,600℃では二元合金ではFe-10wt%SnとFeSn相が平衡し,三元合金Fe-10%Sn-1%CrとはFe_3Sn_2と予想される相(単斜晶格子を有する)が平衡することがわかったと報告している.
文献 [1] M.Nageswararao, C.J.McMahon and H.Herman : Metall. Trans. **5** (1974) No.5, 1061-1068

153. Fe-Cr-Ti

本系は古くからR.Vogelら[1]によるFe-Fe_2Ti-Cr_2Ti_3-Cr領域の研究があるが,二元化合物Cr_2Ti_3はその後の研究で$TiCr_2$であることが確認された. その後[2~4]で,本系の全領域にわたる状態図が詳しく研究されている.

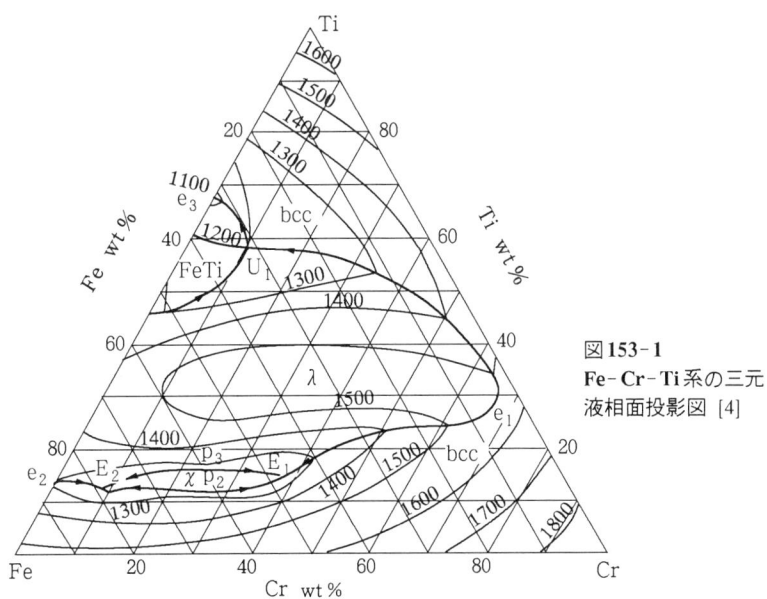

図153-1
Fe-Cr-Ti系の三元液相面投影図 [4]

326　　　　　　　　　Ⅱ．三元系

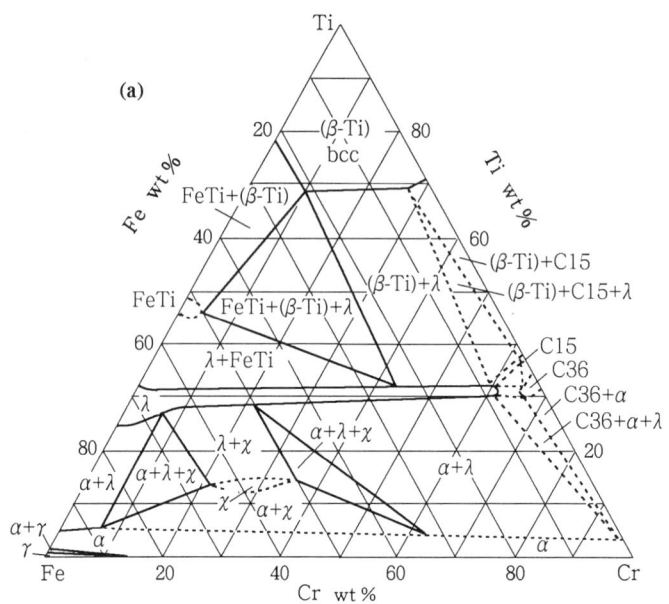

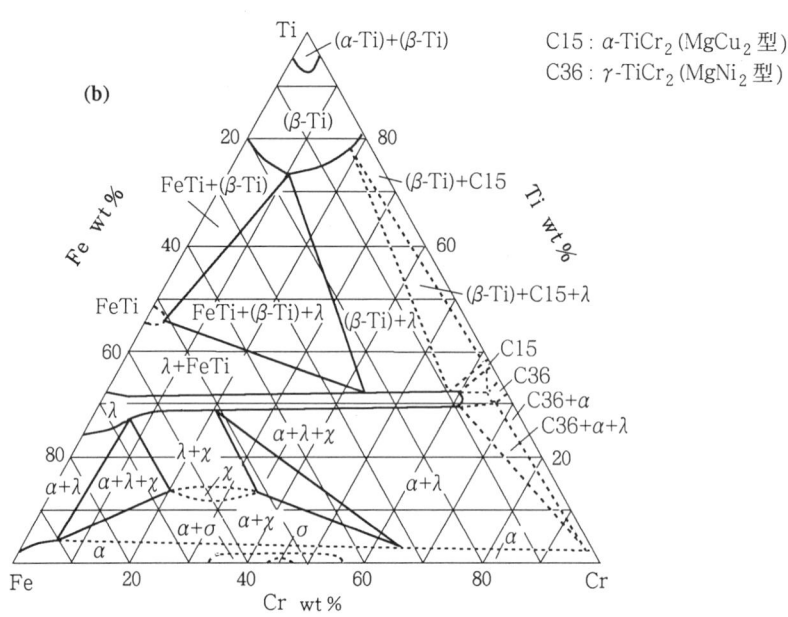

C15 : $\alpha\text{-TiCr}_2$ ($MgCu_2$ 型)
C36 : $\gamma\text{-TiCr}_2$ ($MgNi_2$ 型)

153. Fe-Cr-Ti

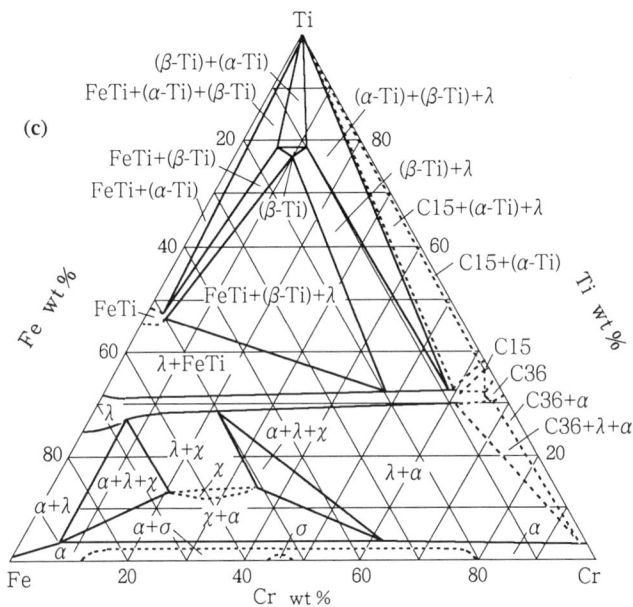

図153-2 Fe-Cr-Ti系の等温断面図 [4] (a) 1000 ℃ (b) 800 ℃ (c) 550 ℃

R.J. van Thyneら[2]は光学顕微鏡による組織観察，X線回折，硬度測定により，Ti側の部分等温断面図，いくつかの温度-組成垂直断面図を作成した．C14型構造の二元系化合物 $TiFe_2$ と $TiCr_2$ は擬二元系を構成し，格子定数は a, c 軸ともに，Fe 側から Cr 側に単調に増大する．

N.G.Boriskinaら[3]は[1]と同様に Fe-$TiFe_2$-$TiCr_2$-Cr 領域の合金について光学顕微鏡による組織観察，X線回折，硬度測定により研究した．合金は電解鉄，ヨード法チタン，電解クロムをアーク炉で溶解し作製し，550 ℃，1000 ℃の部分等温断面図を作成した．$Ti_5Cr_7Fe_{17}$ に相当する三元化合物 χ 相を見出している．結晶構造は α-Mn 型で，格子定数は 0.8904nm である．

N.G.Boriskinaら[4]は全組成域の状態図を詳細に研究している．[2]と同様，$TiFe_2$ と $TiCr_2$ は擬二元系を構成することを確かめたが，本系等温面図は $TiFe_2$-$TiCr_2$ 断面に沿って二つの部分に分けられる．図153-1および図153-2に[4]による本系の液相面投影図，1000 ℃，800 ℃，550 ℃等温断面図を示す．本系は 1200 ℃，30wt%Fe，12wt%Cr で三元包晶反応 $U_1: L + \lambda(Ti(Fe, Cr)_2) \rightleftarrows \beta\text{-}Ti + Ti\text{-}Fe$ が生じる（図153-1）．温度が低下すると，β-Ti は以下の反応により共析分解する．$\beta\text{-}Ti \rightleftarrows$

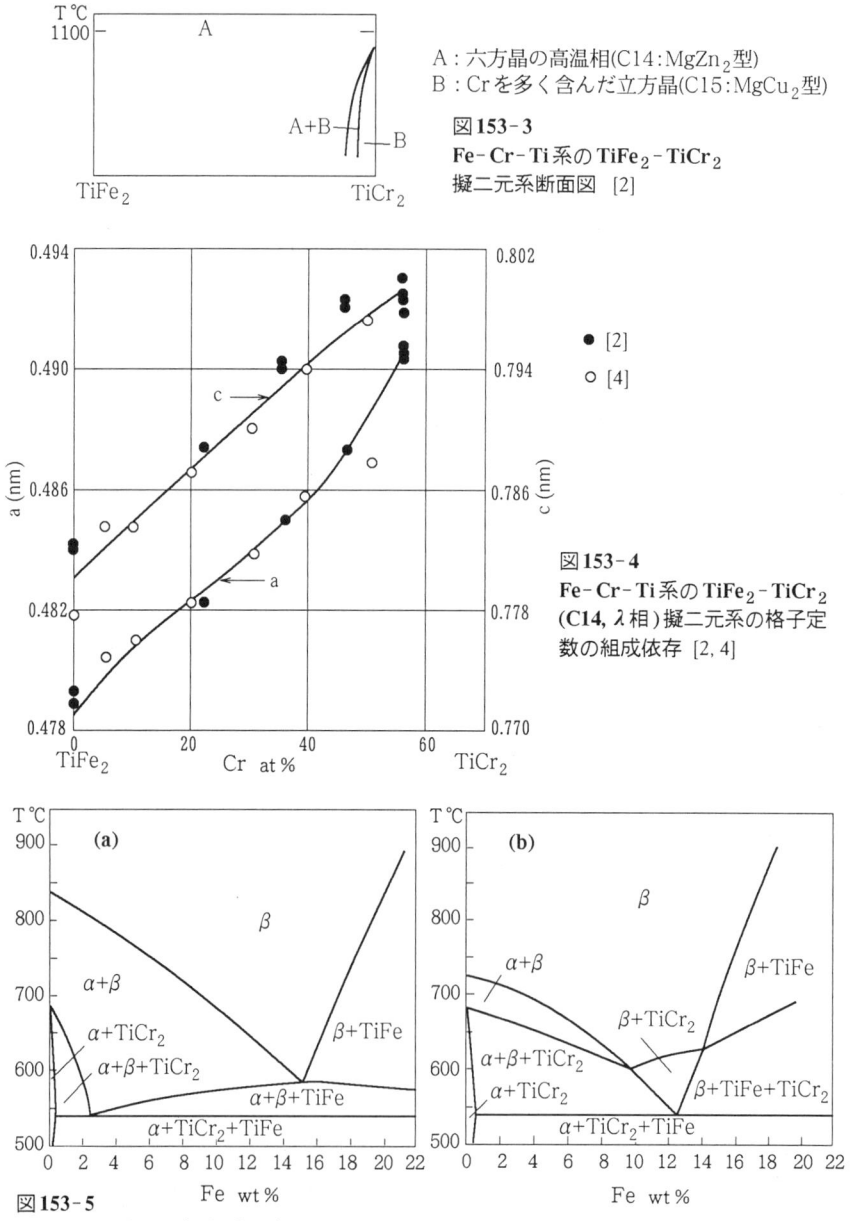

A：六方晶の高温相(C14：$MgZn_2$型)
B：Crを多く含んだ立方晶(C15：$MgCu_2$型)

図153-3
Fe-Cr-Ti系の $TiFe_2$-$TiCr_2$ 擬二元系断面図 [2]

図153-4
Fe-Cr-Ti系の $TiFe_2$-$TiCr_2$ (C14, λ相)擬二元系の格子定数の組成依存 [2, 4]

図153-5
Fe-Cr-Ti系の温度-組成垂直断面図 [2]　(a) (Ti+2wt%Cr)-Fe　(b) (Ti+10wt%Cr)-Fe

α-Ti + TiFe + Ti(Fe, Cr)$_2$. 550℃におけるα-Tiへの Fe + Cr の溶解度は 0.4wt% を越えない.

L.Kaufman ら [5] は二元系状態図をもとに熱力学的計算により三元系の等温断面図を作成したが, 三元化合物 χ 相を考慮しない点を除いて, [4] の結果とほぼ一致している.

図 153-3, 図 153-4 に [2] による TiFe$_2$ - TiCr$_2$ 擬二元系断面図および同断面に沿う λ 相の格子定数の変化を示す. 図 153-5 は同じく [2] による (Ti + 2wt%Cr) - Fe, Ti + 10wt%Cr) - Fe の温度-組成垂直断面図を示す.

文献 [1] R.Vogel and B.Wenderott : Arch. Eisenhüttenwesen **14** (1940) 279-282
 [2] R.J.van Thyne, H.D.Kessler and M.Hansen : Trans. AIME **197** (1953) 1209-1216
 [3] N.G.Boriskina and I.I.Kornilov : Izvest. Akad. Nauk SSSR, Otdel. Tekhn. Nauk, Met. i Toplivo (1960) No.1, 50-53
 [4] N.G.Boriskina and I.I.Kornilov : Zhur. Neorg. Khim. **9** (1964) No.5, 163-168
 [5] L.Kaufman and H.Nesor : Metall. Trans. **A6** (1975) 2115-2122

154. Fe-Cr-V

I.I.Kornilov [1] は Fe と各元素との高温における化学的相互作用の解析から, α-固溶体は全率固溶体を形成することを予想している. 二元系では, 冷却に伴い同型の σ 相固溶体の FeCr, FeV が α 相から出現し, α + σ 相領域を形成する. これは, その後 [2~4] で確かめられた.

H.Martens ら [2] は X 線回折から 700℃等温断面図を研究した. [3, 4] でも X 線回折により FeV - FeCr 断面, 室温における等温断面図, 三元系で σ 相が存在する組成領域の種々の温度の等温断面図を研究している.

しかしながら [3, 4] のデータは, Fe-Cr 二元系状態図のこれまでの結果と一致しない. Fe-Cr 二元系では σ 相は ~820℃で生じ, 500~520℃で共析分解し, 低温では広い相分離領域を形成するとなっている [2].

G.Mima ら [5] はこの領域について熱分析とメスバウアー効果の測定から研究し, 種々の温度での σ 相境界を求め, Fe-Cr 側の 480℃における部分等温断面図を作成した.

P.J.Spencer ら [6] は二元系合金の熱力学的データからの計算により, 427℃, 700℃, 900℃, すなわち σ 相の安定領域上下の温度における等温断面図を作成した (図 154-1). これらは [2] の実験結果 (図 154-2) とよい一致を示している. 図 154-2 は [2] による 700℃等温断面図および α' (Fe) 相, α 相の等格子定数線 (単位 kx) を示す. また図 154-3 に, [2] による σ 相の格子定数 (kx) の Cr (V) 濃度依存 (Fe = 50at%) を示す.

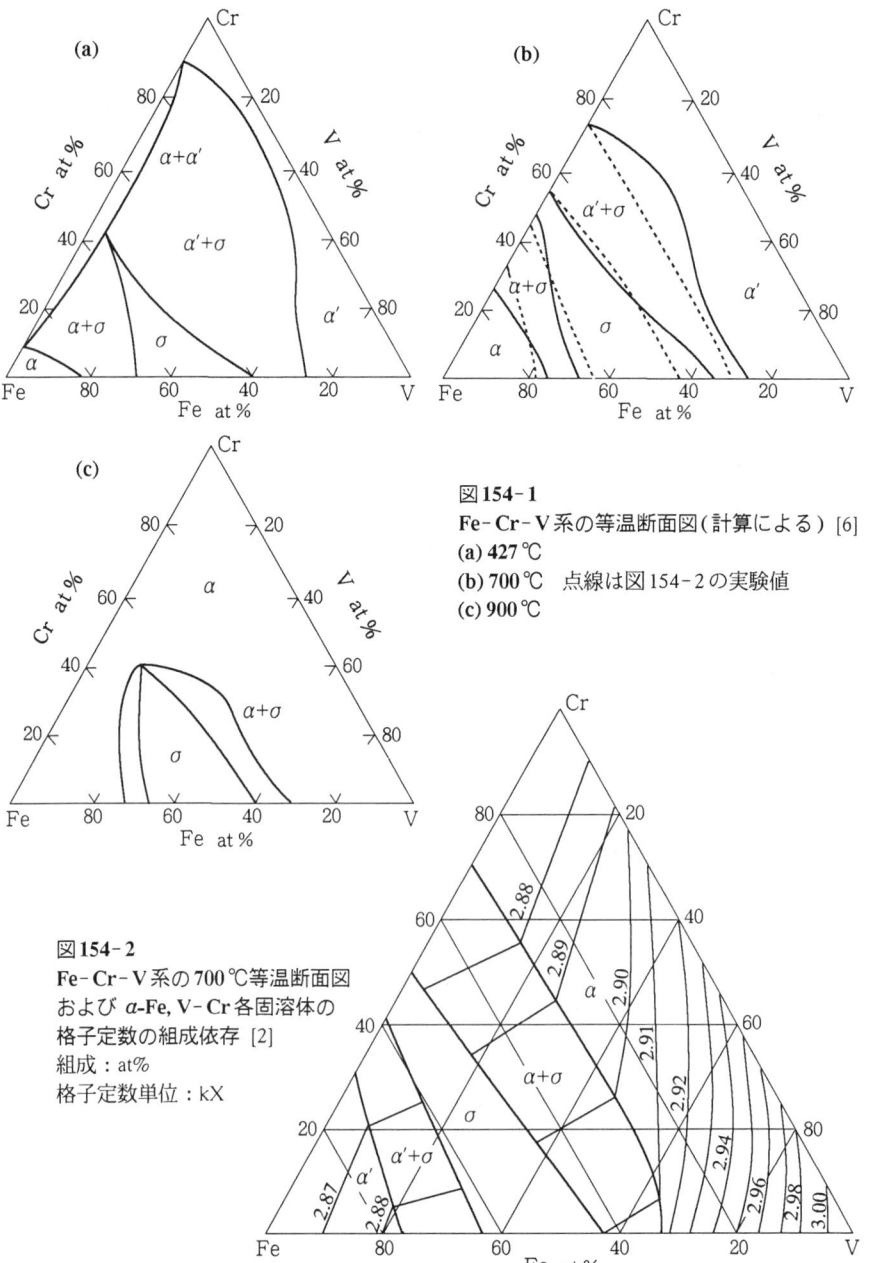

図 154-1
Fe-Cr-V 系の等温断面図（計算による）[6]
(a) 427 ℃
(b) 700 ℃　点線は図 154-2 の実験値
(c) 900 ℃

図 154-2
Fe-Cr-V 系の 700 ℃ 等温断面図
および α-Fe, V-Cr 各固溶体の
格子定数の組成依存 [2]
組成：at%
格子定数単位：kX

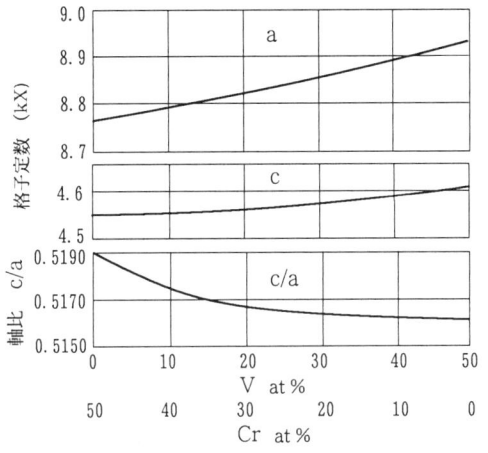

図154-3
Fe-Cr-V系のσ相の格子定数のCr(V)濃度依存 [2]
Feは50at%　単位はkX

文献 [1] I.I.Kornilov and N.M.Matveeva : Doklady Akad. Nauk SSSR **98** (1954) 787
　　[2] H.Martens and P.Duwez : Trans. ASM **44** (1952) 484-494
　　[3] I.I.Kornilov and N.M.Matveeva : Doklady Akad. Nauk SSSR **98** (1954) 787-790
　　[4] I.I.Kornilov and N.M.Matveeva : Zhur. Neorg. Khim. **2** (1957) No.2, 355-366
　　[5] G.Mima and M.Yamaguchi : Trans. Japan Inst. Metals **11** (1970) No.4, 239-244
　　[6] P.J.Spencer and J.C.Counsell : Z. Metallkunde **64** (1973) No.9, 662-665

155. Fe-Cr-W

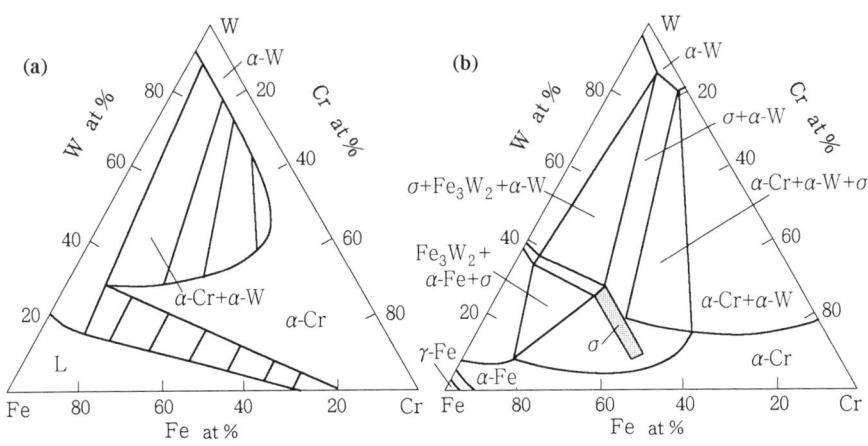

図155-1　Fe-Cr-W系の等温断面図 [2]　(a) 2000K　(b) 1375K

R.A.Alfintsevaら[1]は高クロムの合金系(40wt%W, 50wt%Cr)について, 光学顕微鏡による組織観察, X線回折, 熱分析, 硬度測定によって研究している.

L.Kaufmanら[2]は, 計算によって全組成領域にわたる系の等温断面を2000K, 1725K, 1550K, 1375Kについて明らかにし, 二元系のデータを用いて計算を行い三元系データを求めている. 図155-1に2000Kおよび1375Kにおける等温断面図を示す.

文献 [1] R.A.Alfintseva, G.P.Dmitrieva, V.G.Korobeinikov and others : Nauchn. Trudy Inst. Metalllofiziki, Akad. Nauk Ukrain. SSR (1964) No.20, 108-124

[2] L.Kaufman and H.Nesor : Metall. Trans. **A6** (1975) No.11, 2123-2131

156. Fe-Cr-Y

K.A.Gschneidner Jr. [1]は以前の研究をまとめて, 本系のFe-Cr側に沿った1250℃, 1100℃, 900℃, 600℃部分等温断面図を作成している(図156-1).

[1]によると, 本系の基礎となる研究はM.S.Farkasら[2]であるが, [2]はFe-Y二元系のFe側の最初の化合物をYFe_5としている. これはその後R.F.Domagolaら[3]によりYFe_9と訂正されている. [1]はこれを採用して, 新たに構成しなおしたものが図156-1である. なおYFe_9もより正確にはY_2Fe_{17}である(本書Fe-Y二元系, p.96参照)という.

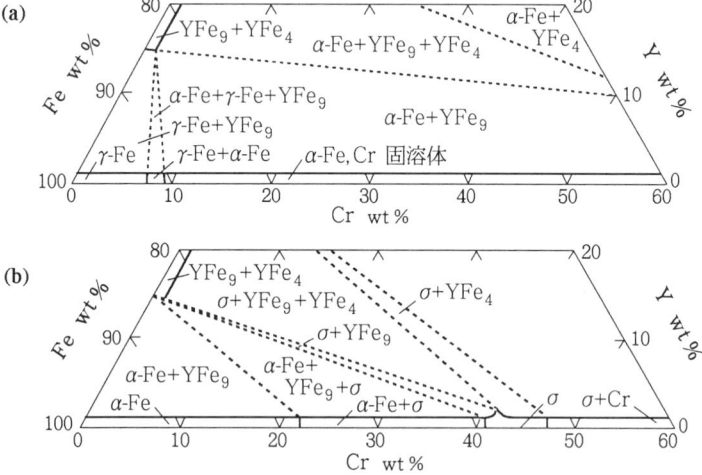

図156-1 Fe-Cr-Y系の部分等温断面図 [1] (a) 1250℃ (b) 600℃

文献 [1] K.A.Gschneidner Jr. : "Rare Earth Alloys", D. van Nostrand Co. Inc. Princeton, N. J. (1961) 354

[2] M.S.Farkas and A.A.Bauer : BMI-1386 (October, 1959) U.S. At. Energy Comm. Publ.

[3] R.F.Domagola, J.J.Rausch and D.W.Levinson : Trans. ASM **53** (1961) 137-155

157. Fe-Cr-Zr

Fe - $ZrFe_2$ - $ZrCr_2$ - Zr および $ZrCr_2$ - $ZrFe_2$ 領域の研究が行われている (V.N. Svechnikovら [1, 2]). 実験方法は光学顕微鏡による組織観察, X線回折, 硬度測定, 熱分析である. 母材は電解鉄, 電解クロム, ヨード法ジルコニウムを用いている.

[1, 2]は $ZrCr_2$ 相の低温相を $MgZn_2$ 型, 高温相を $MgCu_2$ 型と誤って決定したので (実際はこの逆), 彼らの作成した等温断面図, 垂直断面図には誤った相領域が記入されている.

その後, 同じ著者らにより, 新しい研究が行われた [3]が, その結果は信頼性に乏しい.

図157-1は同じ著者ら[4]による $ZrFe_2$ - $ZrCr_2$ 断面図である. 合金は純アルゴン雰囲気下でアーク溶解したものを 1600℃×0.5時間, 1575℃, 1550℃, 1500℃, 1450℃×1時間, 1200℃×2時間, 900℃×200時間, 焼鈍した. 母材にはカルボニル鉄, 99.96%電解クロム, 99.96%ヨード法ジルコニウムを用い, 実験方法は光学顕微鏡による組織観察, X線回折, 熱分析である. $ZrCr_2$ は Laves 相に属し, 3段の多形変態を示すという. 高温相は $MgZn_2$ 型 (λ_1), 中間温度では $MgNi_2$ 型 (λ_3), 低温相は $MgCu_2$ 型 (λ_2)であると報告している.

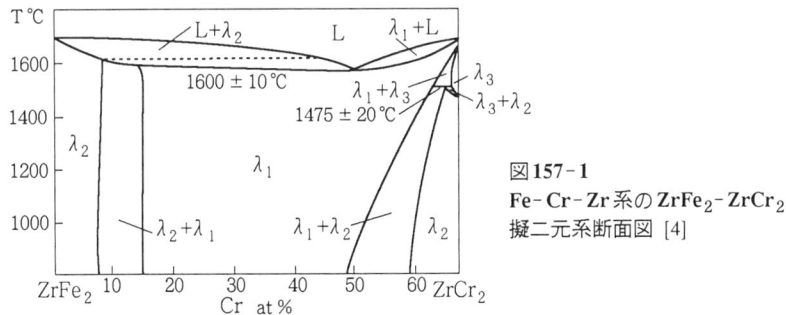

図157-1
Fe-Cr-Zr系の $ZrFe_2$ - $ZrCr_2$ 擬二元系断面図 [4]

文献 [1] V.N.Svechnikov and A.Ts.Spektor : Akad. Nauk Ukrain. SSR, Voprosy Fiziki Metallov i Metalloved. (1963) No.17, 181-186

[2] V.N.Svechnikov and A.Ts.Spektor : Akad. Nauk Ukrain. SSR, Voprosy Fiziki Metallov i Metalloved. (1962) No.16, 145-151

[3] V.N.Svechnikov and A.Ts.Spektor : Metallofizika Resp. Mezhvedomstv. Sb. Kiev, Naukova Dumka, (1970) No.32, 33-38

[4] V.N.Svechnikov and V. V.Pet'kov : Metallofizika Resp. Mezhvedomstv. Sb. Kiev, Naukova Dumka, (1972) No.42, 112-116

158. Fe-Cu-Ni

本系合金は fcc 格子の固溶体 (γ 相) が Ni から, Fe, Cu 側に向かって広い組成範囲で拡がっている (R.Vogel [1], W.Köster ら [2], A.J.Bradley ら [3]).

図 158-1 は濃度三角形上への三元液相面投影図 [2] である. 曲線 P_1P_2 は一変系包晶反応:$L+\delta \rightleftarrows \gamma$ に相当し, 曲線 $P_1'K_1$ は一変系包晶反応:$L+\gamma \rightleftarrows \varepsilon$ (Cu 基固溶体) に相当する. ε_1' から γ_1' への曲線は三相 $L+\gamma+\varepsilon$ 領域の境界を示すと同時に, 面心立方格子の固溶体への Fe および Cu の同時溶解限でもある. 点 K_1 は Cu 基固溶体と γ-Fe 固溶体相互の転移臨界点である. 図 158-1 にはまた面心立方格子固溶体の 800℃, 600℃, 20℃ における均一領域の等温断面も示す. 曲線 KK' は面心立方固溶体境界表面上の臨界点の位置を示す. [2] はこの他, 多数の温度-組成断面図を作成しているが, 図 158-2 に (Fe + 30wt%Ni)-Cu の例を示す.

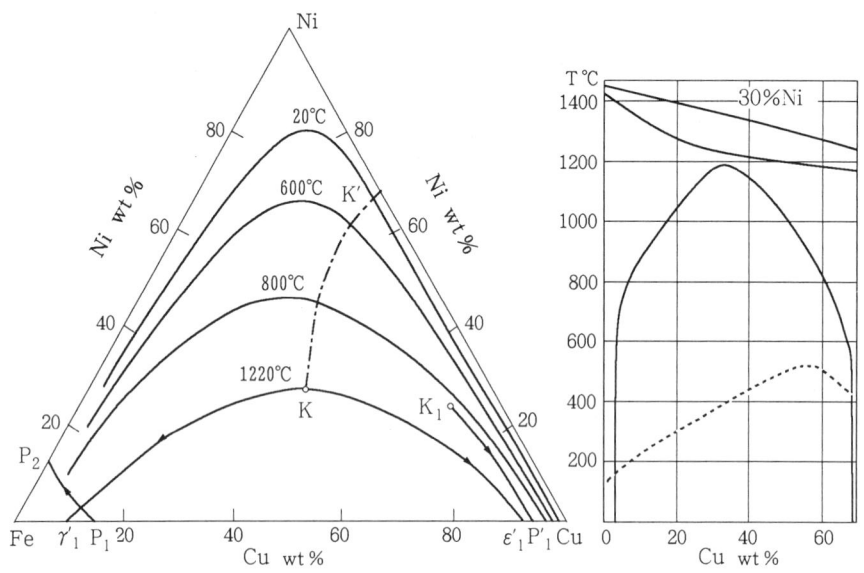

図 158-1
Fe-Cu-Ni 系の三元固溶体分解領域図 [2]

図 158-2
Fe-Cu-Ni 系 温度-組成垂直断面図の一例 (Fe+30wt%Ni)-Cu [2]

158. Fe-Cu-Ni

図158-3は900℃から徐冷した場合の室温における相領域を示す[3]．点線は面心立方格子固溶体(γ)が分解する傾向を有する領域を示す．γ-固溶体領域の境界については[4~7]でも研究されている．5wt%Ni添加に伴い，900℃では固相Cu中に3wt%Feが固溶し，20%Ni添加では4.5%Feが固溶する(G.L.Bailey [7])．

γ-固溶体は分解の過程で規則化する[8~15]．

図158-4は三元液相面投影図である．曲線n_2n_3に沿って包晶反応L+δ-Fe $\rightleftarrows$ γ-Fe が生じる．包晶温度は二元系Fe-Ni, Fe-Cuに比べ低くなる．点kの組成は33wt%Fe, 27%Ni, 40%Cuである．

A.J.Bradleyら[16]は900℃以上から20℃/時間で冷却した合金で，$FeCu_4Ni_3$相を見出している．この相は800℃以上でfcc構造を有する．650℃で焼鈍すると，$FeCu_{13}Ni_6$と$FeCuNi_2$とに分解する．ともにfcc格子を有し，前者の格子定数はa=0.3587nm，後者はa=0.3565nmと報告している．[9]でも800℃以上で$FeCu_4Ni_3$が存在することが確かめられている．

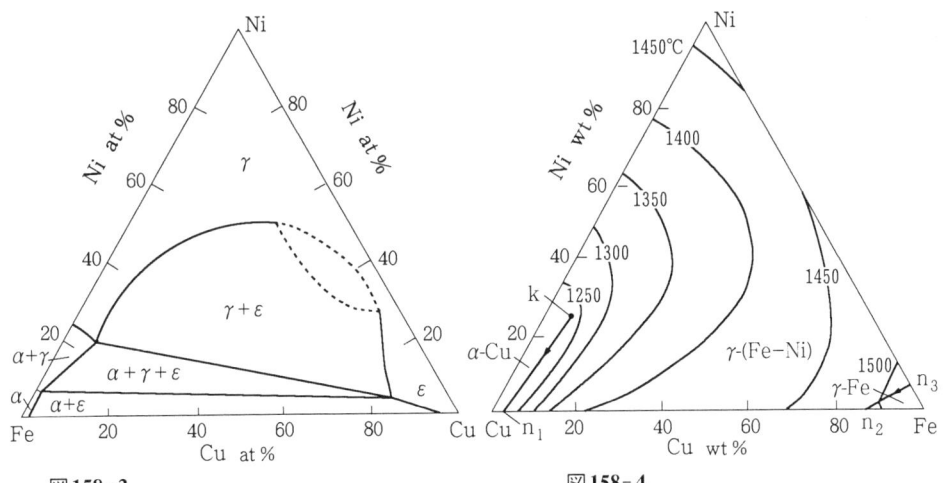

図158-3
Fe-Cu-Ni系の室温まで徐冷した相領域図 [3]

図158-4
Fe-Cu-Ni系の液相面投影図 [2]

文献 [1] R.Vogel : Z. anorg. Chem. **67** (1910) No.1, 1-16
 [2] W.Köster and W.Dannöhl : Z. Metallkunde **27** (1935) No.9, 220-226
 [3] A.J.Bradley, W.F.Cox and H.J.Goldschmidt : J. Inst. Metals **67** (1941) 189-201
 [4] F.Roll : Z.anorg. Chem. **212** (1933) No.1, 61-64
 [5] P.A.Chevenard, A.M.Portevein and X.F.Waché : J. Inst. Metals (1929) No2, 337-374
 [6] E.W.Palmer and F.H.Wilson : Trans. Amer. Inst. Min. Met. Eng. **194** (1952) No.1, 55-64

[7] G.L.Bailey : J. Inst. Metals **79** (1951) No.5, 243-292
[8] P.Chevenard and E.Josso : Compt. Rend. Acad. Bulgare Sci. **233** (1951) No.6, 539-541
[9] D.Balli and M.I.Zakharova : Doklady Akad. Nauk SSSR **96** (1954) No.4, 737-740
[10] D.Balli and M.I.Zakharova : Doklady Akad. Nauk SSSR **96** (1954) No.3, 453-456
[11] B.G.Lifshits and A.G.Rakhshtadt : Zhur. Tekhn. Fiz. **11** (1941) No.12, 1098-1108
[12] V.Daniel : Proc. Roy. Soc. **A192** (1948) 575-592
[13] E.Josso : Rev. Met. **47** (1950) No.10, 778
[14] M.E.Hargreaves : Acta Cryst. **2** (1949) No.4, 259
[15] H.Bumm and H.G.Müller : Wissenschaftliche Veröffentlichungen aus den Siemens-Werken **27** (1938) No.2, 14-38
[16] A.J.Bradley, L.Bragg and C.Sykes : J. Iron Steel Inst. **141** (1940) 63-157

159. Fe-Cu-O

小野勝敏 [1] は X 線回折により $Cu-CuO-Fe_2O_3-Fe$ 領域の相平衡を研究している.

3種類の三元化合物, $CuFe_5O_8$, $CuFe_2O_4$, $CuFeO_2$ が存在する. 図159-1に830℃における等温断面図を示す.

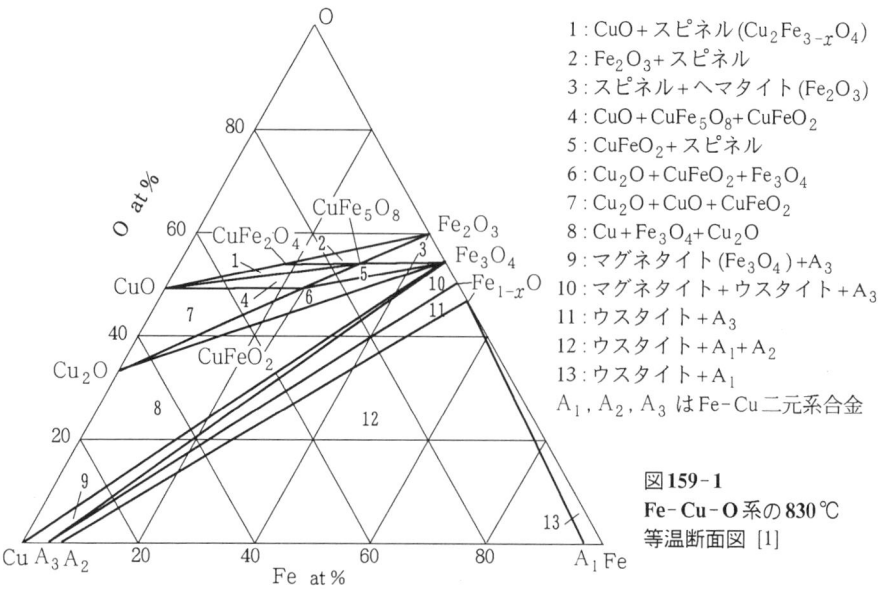

図159-1 Fe-Cu-O系の830℃等温断面図 [1]

文献 [1] 小野勝敏, 今村義宏, 山口昭雄, 森山徐一郎: 日本金属学会誌 **36** (1972) 701-704

160. Fe-Cu-P

Fe$_2$P-Cu$_3$P断面についての研究がいくつかある (R.Vogelら [1], H.Nowotnyら [2], V.M.Glazovら [3], 図160-1)．

共晶点は1013℃, 97.5wt%Cu$_3$Pに対応する．Feのリン化物Fe$_3$PはCuのリン化物Cu$_3$Pと同じ化学量論組成にあるが，これとは平衡しない．

Fe-Fe$_2$P-Cu$_3$P-Cu領域の状態図の特徴は，比較的低リン濃度側で，液相の相分離が生じることである．図160-2の曲線 K$_1$ M$_1$ M$_3$ M$_5$ K$_2$ M$_6$ M$_4$ M$_2$ は相分離境界を示す．この曲線は変態最高温度 K$_1$: 1210℃に対応する二つの臨界点を持っている．

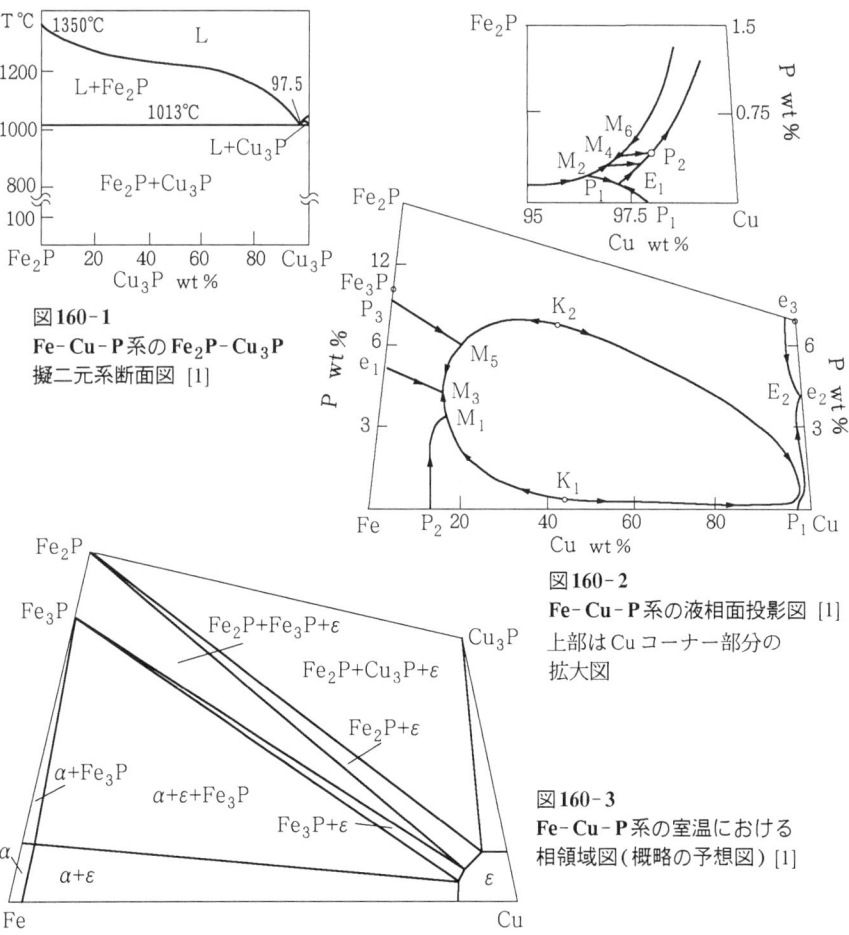

図160-1
Fe-Cu-P系のFe$_2$P-Cu$_3$P
擬二元系断面図 [1]

図160-2
Fe-Cu-P系の液相面投影図 [1]
上部はCuコーナー部分の拡大図

図160-3
Fe-Cu-P系の室温における相領域図（概略の予想図）[1]

次に四相平衡の反応と温度を示す．

$M_1, M_2 : L_{M_1} \rightleftarrows \gamma + \alpha + L_{M_2}$　　　1094 ℃
$P_1 : L + \gamma \rightleftarrows \alpha + \varepsilon$　　　1090 ℃
$M_5, M_6 : L_{M_5} + Fe_2P \rightleftarrows Fe_3P + L_{M_6}$　　　1103 ℃
$P_2 : L + F_2P \rightleftarrows Fe_3P + \varepsilon$　　　1070 ℃
$M_3, M_4 : L_{M_3} \rightleftarrows L_{M_4} + \alpha + Fe_3P$　　　1030 ℃
$E_1 : L \rightleftarrows Fe_3P + \alpha + \varepsilon$　　　1028 ℃
$E_2 : L \rightleftarrows Fe_2P + Cu_3P + \varepsilon$　　　714 ℃

$\alpha, \gamma, \varepsilon$ はそれぞれ，α-Fe, γ-Fe, Cu 基固溶体を示す．図160-3に室温における概略の相領域図を示す[1]．

[3]は200 ℃～950 ℃の範囲での固相のCu中へのFeおよびPの同時溶解度を調べた．以下はその結果である．

T ℃	950	700	600
P at%	1	3	2.75
Fe at%	1.5	0.5	0.3

[1]は14種類の温度-組成断面を研究しているが，そのうち図160-1を含め5種類の断面を作成している．

A.V.Kumaninら[4]は本系のCuコーナーの状態図を熱磁気測定，X線回折，電気抵抗測定，機械的性質の測定により研究している．

図160-4は700 ℃におけるCuコーナー等温断面図である．Cu-Fe系に，またCu-P系にそれぞれP, Feを添加すると，Cu中へのFe, Pの溶解度は著しく減少する．

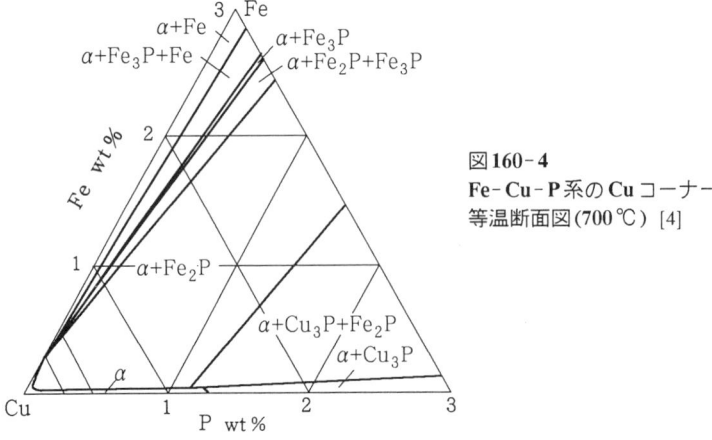

図160-4
**Fe-Cu-P系のCuコーナー
等温断面図(700 ℃)** [4]

Cu中へのFe$_2$Pの溶解度は1000℃, 900℃, 800℃, 700℃でそれぞれ, 0.55, 0.40, 0.20, 0.14mol%である．

文献 [1] R.Vogel and J.Berak : Arch. Eisenhüttenwesen **21** (1950) No.9/10, 327-336
[2] H.Nowotny and E.Henglein : Monatsh. Chem. **79** (1948) No.5, 385-393
[3] V.M.Glazov and M.V.Stepanova : Tsvet. Met. (1967) No.4, 129-131
[4] A.V.Kumanin, A.K.Nikolaev and N.I.Revina : Izvest. Akad. Nauk SSSR, Metally (1987) No.6, 178-182

161. Fe-Cu-Pb

W.Guertlerら[1]の1924年の報告によると，本系状態図は，液相で広い領域にわたり溶解し合わない．これはFe-P, Cu-P二元系と同様の形態である．

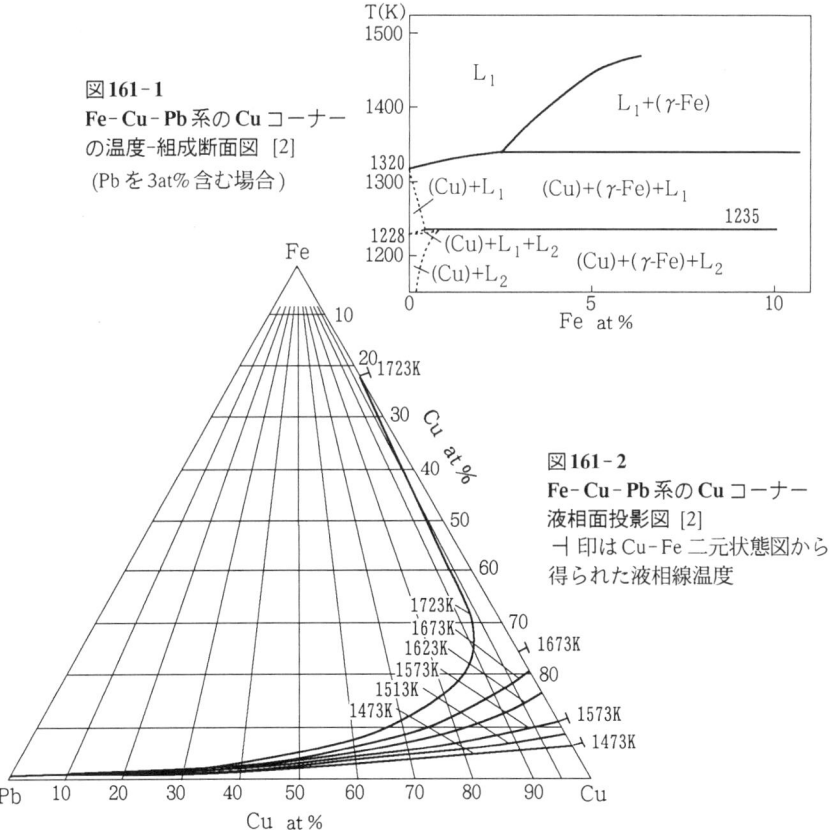

図161-1
Fe-Cu-Pb系のCuコーナー
の温度-組成断面図 [2]
(Pbを3at%含む場合)

図161-2
Fe-Cu-Pb系のCuコーナー
液相面投影図 [2]
⊣印はCu-Fe二元状態図から
得られた液相線温度

Z.Moserら[2]は光学顕微鏡による組織観察,示差熱分析によりCuコーナーの相平衡を研究し,温度-組成断面図を作成している.またKurpkowskiの方法を用いて熱力学的計算から,Cuコーナーの液相面を求めた.

合金の作製はPbが蒸発しやすいことを考慮して,2種の方法で行った.一つは,FeおよびCuをアルミナるつぼ中,1600Kでアルゴン雰囲気下で高周波溶解後Pbを投入し,溶解後ただちに円筒型鋳型に鋳込んで作製した.もうひとつは,Cu-Fe母合金にPbを加えて石英管に真空封入し,液相温度以上で長時間保持した.どちらの合金も同一組成で同一組織を示した.

図161-1は示差熱分析によるCuコーナーのPbを3at%含んだ合金系の温度-組成断面図である.また図161-2は計算によるCuコーナー液相面投影図である.焼入れ試料の顕微鏡による組織観察から求めた液相面温度と計算値とは約50Kの違いがあり,Cu濃度が低くなるにつれこの差は大きくなった.また示差熱分析の結果と計算値とは1413K,1473K等温断面図ではよい一致を示しているという.

文献 [1] W.Guertler and F.Menzel : Z. anorg. Chem. **132** (1923) No.213, 201-208
 [2] Z.Moser, M.Kucharski, H.Ipser, W.Zakulski, W.Gasior and K.Rzyman : Z. Metallkunde **76** (1985) 28-33

162. Fe-Cu-Pd

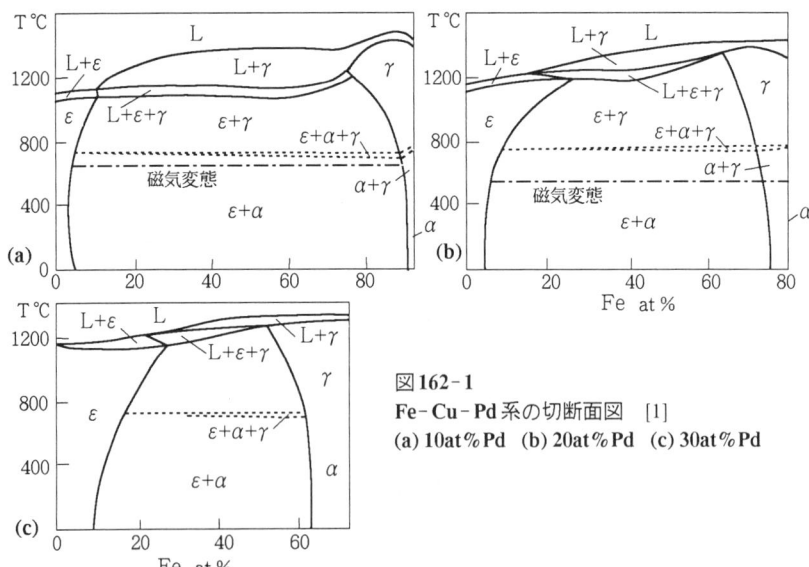

図162-1
Fe-Cu-Pd系の切断面図　[1]
(a) 10at%Pd　(b) 20at%Pd　(c) 30at%Pd

図162-1にFe-Cu-Pd系のPd濃度を固定した時の切断面を示す．Pdの増加に伴いε相(Cu基固溶体)+γ-Fe 二相領域が狭くなることがわかる．ε-固溶体およびγ-固溶体領域は固相線(面)温度，室温でそれぞれ33，38at%Pdで結合する．735℃付近には固相の相変態が見られる．これらの変態はA.T.Grigor'evら[1]によれば，Feが入った二元系のγ→α変態と関係した共析反応に対応するという．[1]は，665℃に熱変化を見出しているが，これは磁気変態に対応すると予想している．Pd基固溶体領域では1070℃でPd_2FeCuが生じる[1, 2]．熱分析によれば，この化合物は650℃で多形変態を起こすという．化合物Pd_2FeCuは正方晶格子を有し，格子定数はa = 0.502nm, c = 0.437nm[2]である．

文献 [1] A.T.Grigor'ev and G.V.Pozharskaya : Zhur. Neorg. Khim. **8** (1963) No.1, 141-145

[2] A.T.Grigor'ev and G.V.Pozharskaya : Zhur. Neorg. Khim. **8** (1963) No.12, 2694-2699

163. Fe-Cu-Pt

V.A.Nemilovら[1, 2]は光学顕微鏡による組織観察，熱分析により本系合金の研究を行っている．20at%Pt以上を含む合金は1200℃以上でFe, Cu, Ptが相互に溶解する固溶体を形成する．温度が低下すると，これらの固溶体中に化合物PtFe, PtCu, $PtCu_3$, Pt_2FeCuが生じる．

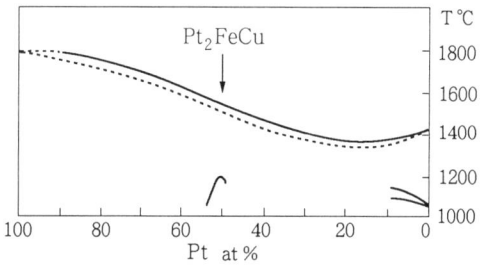

図163-1　Fe-Cu-Pt系のFe:Cu = 1:1(at%)部分のPt-(Fe, Cu)断面図 [1, 2]

Pt_2FeCu-PtFe断面に沿って全率固溶体が存在する．化合物Pt_2FeCuはPtCu中に部分的に固溶する．

化合物Pt_2FeCuの形成はA.I.Solodennikovら[3]で確かめられた．図163-1に[1, 2]に基づいて，Fe:Cu = 1:1(at%)の部分断面図を示す．この断面は三元化合物Pt_2FeCuの部分を横切っている．

文献 [1] V.A.Nemilov and A.A.Rudnitskii : Izvest. Sekt. Fiziko-khimich. Analiza Akad. Nauk SSSR **14** (1941) 263-281

[2] V.A.Nemilov : Izvest. Sekt. Fiziko-khimich. Analiza Akad. Nauk SSSR **16** (1943) (1), 167-183

[3] A.I.Solodennikov : Uchenye Zap. Kirov. Pedagog. Inst. **6** (1951) 3-14

164. Fe-Cu-S

本系合金の状態図に関しては多数の研究がある[1~10]．H.E.Merwinら[1]は

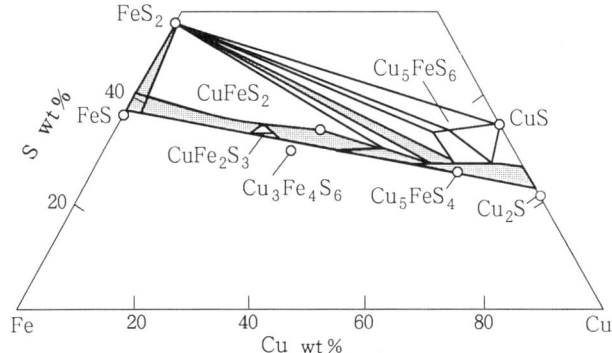

図164-1　Fe-Cu-S系の600 GPaの硫黄蒸気下でCu$_2$SとFeSとを加熱した時に生じる化合物相の三元状態図上における相領域図 [1]

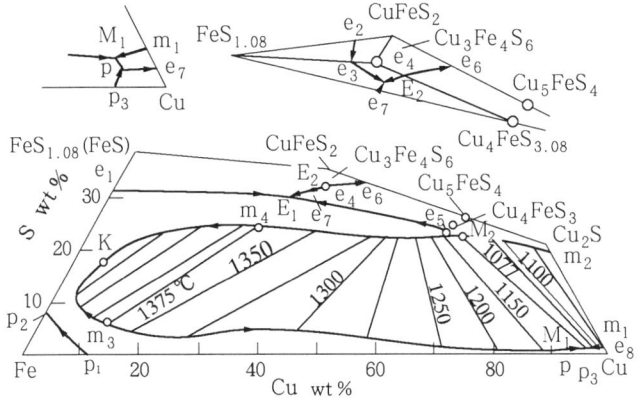

図164-2　Fe-Cu-S系の液相面投影図 [8]

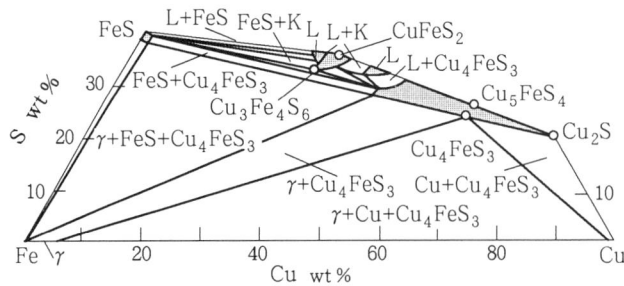

図164-3　Fe-Cu-S系の900℃等温断面図 [8]

164. Fe-Cu-S

1937年に本系で化合物相形成の可能性について研究している．600GPaの硫黄蒸気中での実験では5種類の化合物が認められる（図164-1）[1]；$CuFe_2S_3$，$Cu_3Fe_4S_6$，$CuFeS_2$，Cu_5FeS_6，Cu_5FeS_4．ほとんどの化合物，なかでも二元化合物FeS，Cu_2Sは広い均一相領域を占め，互いに全率固溶体を形成する．いくつかの化合物あるいはその固溶体は天然にも存在する：輝銅鉱（Cu_2S），藍銅鉱（CuS），黄鉄鉱（FeS_2），磁硫鉄鉱（FeS），bornite（Cu_5FeS_4），黄銅鉱（$CuFeS_2$），cubanite（$CuFe_2S_3$）である．次の化合物が形成されるという報告もある：$5Cu_2S \cdot FeS$ [2]，$2Cu_5S \cdot FeS$ [3]，Cu_4FeS_3（僅かにSが過剰の $Cu_4FeS_{3.08}$ [8]）．

Fe-Cu側の状態図の特徴は，液相で溶解し合わない領域が存在することである[3~8]．この領域はCu-S側から出発し三元系に深く侵入する．図164-2に液相面の投影図を示した[8]．相分離領域は曲線 $m_2 M_2 m_4 K m_3 M_1 e_8$ で囲まれ，表面conodeは平衡状態にある各点を特徴づける．相分離に際して金属相と硫化物相が生じる．相分離領域を囲む曲線は，同一組成の硫化物相，金属相両相の液体が平衡状態にあるという臨界点を有している．点Kの組成は，5.0wt%Cu，77.5%Fe，17.0%S，温度は1355℃である．図164-2に示した不変平衡の特徴を以下の表162-1に示す．

図164-3は900℃等温断面図である[8]．この温度ではγ-Fe固溶体とFeS，Cu_4FeS_3とが平衡し，Cu_4FeS_3とCu_2Sは全率固溶体を形成する．

断面FeS-Cu_2S（図164-4）は擬二元系を形成する[8]．この断面ではCu_4FeS_3が

表164-1　Fe-Cu-S系の不変平衡点

臨界点	温度℃	反応	組成 (wt%)		
			Cu	Fe	S
e_2	896	$L \rightleftarrows FeS + CuFeS_2$	30.5	34.0	35.5
e_3	~965	$L \rightleftarrows Cu_3Fe_4S_6 + FeS$	31.0	37.0	32.0
e_4	~930	$L \rightleftarrows Cu_3Fe_4S_6 + Cu_4FeS_3$	35.5	34.5	31.0
e_5	1085	$L \rightleftarrows \gamma\text{-Fe} + Cu_4FeS_3$	61.0	15.5	23.5
e_6	875	$L \rightleftarrows Cu_5FeS_4 + CuFeS_2$	43.5	24.5	32.0
e_7	940	$L \rightleftarrows Cu_4FeS_3 + FeS$	34.6	35.0	30.4
E_1	910	$L \rightleftarrows \gamma\text{-Fe} + Cu_4FeS_3 + FeS$	30.5	39.5	30.0
E_2	~930	$L \rightleftarrows Cu_3Fe_4S_6 + FeS + Cu_4FeS_3$	35.0	34.2	30.8
P	1070	$L + \gamma\text{-Fe} \rightleftarrows Cu_4FeS_3 + Cu$	97.3	2.1	0.6
M_1	1077	$L_{M_2} \rightleftarrows L_{M_1} + \gamma\text{-Fe} + Cu_4FeS_3$	64.5	12.8	22.7
M_2	1077		96.3	2.7	1.0
m_3	1375	$L_{m_3} \rightleftarrows L_{m_4} + \gamma\text{-Fe}$	11.0	83.0	6.0
m_4	1375		29.0	47.0	24.0

生じ, Cu_4FeS_3 と Cu_2S との間は全率固溶体を形成する. この化合物は [8] によれば bornite 鉱で, [1] はこれを Cu_5FeS_4 としている. 化合物 Cu_4FeS_3 は 1090°C で溶解する. ~700°C 以下で Cu_4FeS_3 と Cu_2S の固溶体に分解する.

$FeS-Cu_2S$ 断面は [2, 5, 9, 10] などで研究している. これらの結果も共晶の存在と FeS と Cu_2S との間の部分的固溶体の形成を確かめている. しかし Cu_4FeS_3 化合物の形成は確認されていない. [2, 5, 9, 10] の結果は, 共晶温度, Cu_2S と FeS の最大固溶度については, いくらか異なっている. [5, 8~10] は $FeS-Cu_2S$ 断面で共晶温度より 45~70°C 低いところで相変態が生じると考えている.

[8] は図 164-4 以外にも多数の温度-組成断面図を作成している. いずれの断面にも, 液相の相分離を反映して偏晶反応が存在するとしている.

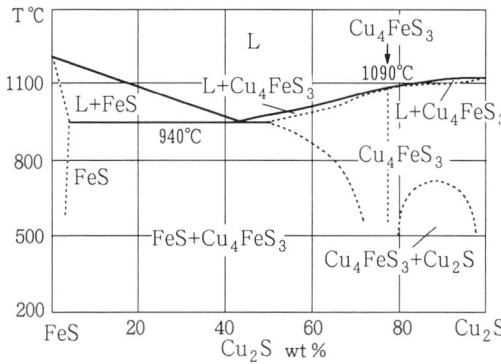

図 164-4
Fe-Cu-S 系の $FeS-Cu_2S$
擬二元系断面図 [8]

文献 [1] H.E.Merwin and R.H.Lombard : Econ. Geol. **32** (1932) No.2, 203-284
　　　[2] H.O.Hofman, W.S.Caypless and E.E.Harington : Trans. AIME **38** (1907) 142-153
　　　[3] W.Guertler : Metall und Erz. **24** (1927) No.5, 97-99
　　　[4] G.Tammann and H.Bohner : Z. anorgan. u. allgem. Chemie **135** (1924) No.3, 161-168
　　　[5] O.Reuleaux : Metall und Erz. **24** (1927) No.5, 99-111
　　　[6] M.B.Bogitch : Compt. Rend. Seanc. de L'academie Sci. **182** (1926) No.7, 468-470
　　　[7] Kh.K.Avetisyan and S.A.Karamullin : Tsvet. Metally (1953) No.4, 20-26
　　　[8] H.Schlegel and A.Schüller : Z. Metallkunde **43** (1952) No.12, 421-428
　　　[9] P.P.Fedotieff (with D.N.Nedrigailoff) : Z. anorg. Chem. **167** (1927) No.3/4, 329-340
　　　[10] C.B.Carpenter and C.R.Hayward : Eng. and Min. J.-Press **115** (1923) 1055-1061

165. Fe-Cu-Sb

R.Vogel ら [1] は 1935 年に本系の全組成範囲にわたり研究し報告を出している. 固溶体としては, α-Fe, γ-Fe, δ-Fe 基各固溶体, Cu 基 (ε) 固溶体, 調和融解化合物相

FeSb(ρ)相固溶体,非調和融解化合物相FeSb$_2$(D)相固溶体,Sb基(C)固溶体,非調和融解化合物相Cu$_2$Sb(E)が生じる.以上に加え,本系では三元化合物相:FeCuSb (23.15wt%Fe, 26.35%Cu, 50.5%Sb) (T$_1$), FeCu$_4$Sb$_2$ (10.1wt%Fe, 45.9%Cu, 44.0%Sb) (T$_2$)が出現するという.この三元化合物はともに調和融解型ではない.これらの化合物は相互に固溶しないが,ともに二元Cu-Sb系で調和融解により生じる

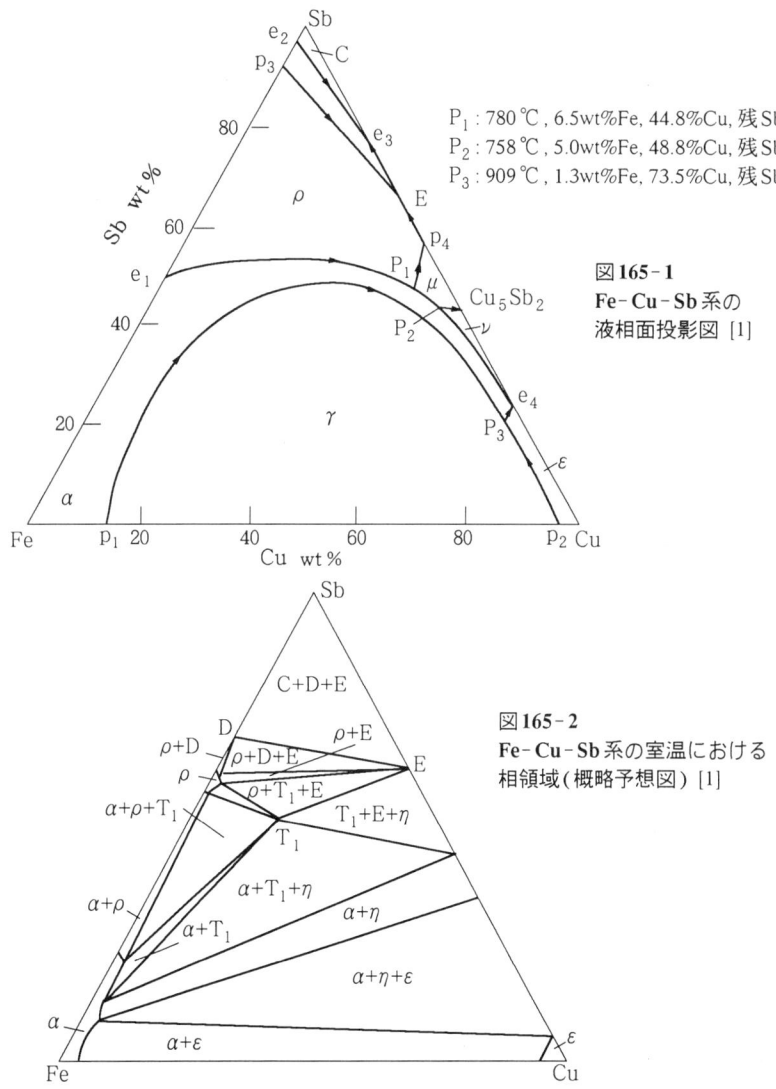

P$_1$: 780℃, 6.5wt%Fe, 44.8%Cu, 残Sb
P$_2$: 758℃, 5.0wt%Fe, 48.8%Cu, 残Sb
P$_3$: 909℃, 1.3wt%Fe, 73.5%Cu, 残Sb

図165-1
Fe-Cu-Sb系の
液相面投影図 [1]

図165-2
Fe-Cu-Sb系の室温における
相領域(概略予想図) [1]

Cu_5Sb_2 化合物(現在の二元系 Cu-Sb 系の中では,この相の代表組成は Cu_3Sb である)と全率固溶体を形成する.この場合,T_2 相は Cu_5Sb_2 中の Cu 側と固溶体を形成し,T_1 相は Cu_5Sb_2 中の Sb 側と固溶体を形成する.T_1 と Cu_5Sb_2 の固溶体は μ 相,T_2 と Cu_5Sb_2 の固溶体相は ν 相という [1].温度低下とともに μ 相は T_1 相を析出して分解する.固体状態でもうひとつの相:二元 Cu-Sb 系の η-固溶体に対応する相が生じる.図165-1は本系の液相面投影図である.点 P_1, P_2, P_3 は包晶四相不変反応に加わる液相の組成を示す.

二元系の固体の相変態の特性に応じて,三元系の固体状態でもいくつかの三相,四相変態が生じる筈である.図165-2は室温における相領域の概略図である.α-Fe 固溶体と $\varepsilon, \eta, T_1, \rho$ 相とが平衡する.

[1]は以上の他,5種類の温度-組成断面図を作成している.

文献 [1] R.Vogel and W.Dannöhl : Arch. Eisenhüttenwesen **8** (1934) No.2, 83-92

166. Fe-Cu-Si

N.Kh.Abrikosov ら [1] は光学顕微鏡による組織観察,X線回折,熱分析により本系合金を研究している.合金はアンプル中で332GPaのアルゴン雰囲気下で溶解し,これを 750℃×200時間焼鈍し,水焼入れした.母材には不純物量が0.01%の高純度カルボニル鉄,帯溶融した Si, 不純物量0.004%の高純度銅を用いた.

図166-1は $FeSi_2$-Cu_3Si 断面で,擬二元共晶型を示す.この研究では化合物 $FeSi_2$ は 960℃に変態があるといっているが,現在は認められていない.

R.Vogel ら [2] は光学顕微鏡による組織観察と熱分析により Fe-FeSi-Cu_3Si-Cu 領域の状態図について詳細な研究を行っている.化合物 FeSi と Cu_3Si は擬二元系共晶を構成し,共晶温度は 847℃であった.共晶点の組成は Cu_3Si に極めて近い(図

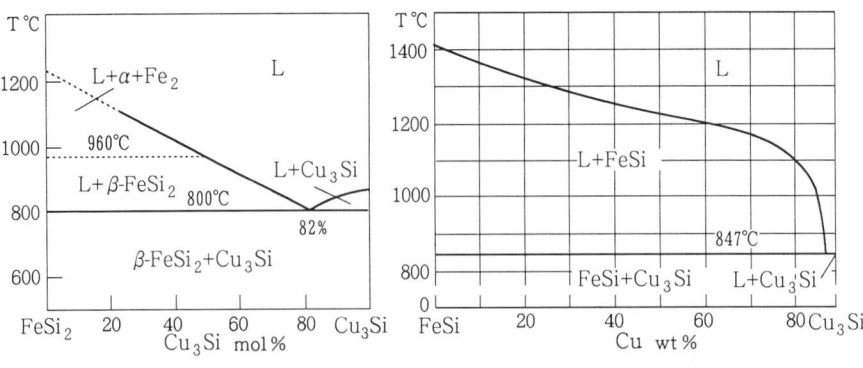

図166-1 Fe-Cu-Si系の $FeSi_2$-Cu_3Si 擬二元系断面図 [1]

図166-2 Fe-Cu-Si系の FeSi-Cu_3Si 擬二元系断面図 [2]

166-2).図166-3は本系の液相面投影図である．本系には液相の相分離が存在するといわれる．

図166-4はFe-Cu側の室温における等温断面図である．室温ではFe側固溶体α_{Fe}がCu側固溶体ε_{Cu}とFe$_3$Si$_2$と平衡する．[2]はまた多数の温度-組成切断面を作成した．

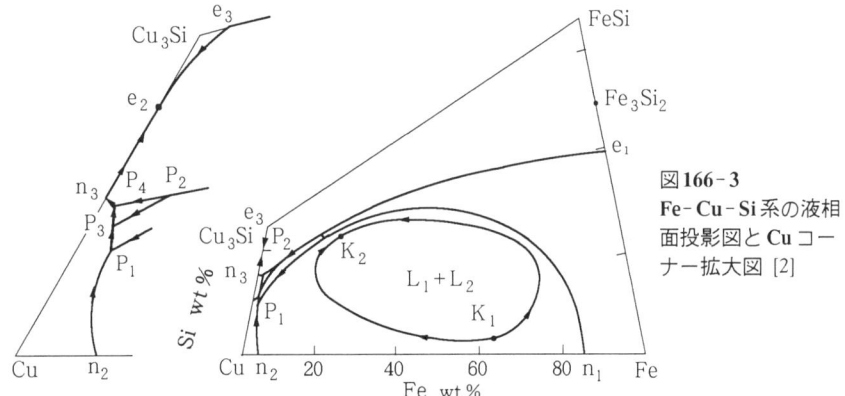

図166-3
Fe-Cu-Si系の液相面投影図とCuコーナー拡大図 [2]

$P_1: L+\gamma_{Fe} \rightleftarrows \alpha_{Fe}+\varepsilon_{Cu}$ (1068℃), $P_2: \alpha_{Fe}+FeSi \rightleftarrows Fe_3Si+L$ (916℃),
$P_3: L+\alpha_{Fe} \rightleftarrows Fe_3Si+\varepsilon_{Cu}$ (890℃), $P_4: Fe_3Si_2 \rightleftarrows FeSi+\varepsilon_{Cu}$ (850℃),
$K_1: 1425℃$, $K_2: 1110℃$

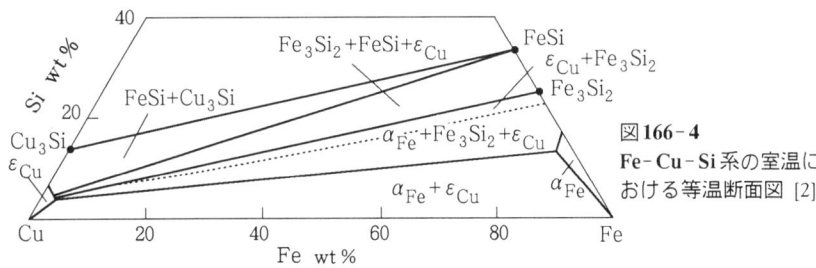

図166-4
Fe-Cu-Si系の室温における等温断面図 [2]

文献 [1] N.Kh.Abrikosov and L.I.Petrova : Izvest. Akad. Nauk SSSR, Neorg. Materialy **11** (1975) No2, 223-225
　　 [2] R.Vogel and D.Horstmann : Arch. Eisenhüttenwesen **24** (1953) 435

167. Fe-Cu-Ti

5wt%Fe, 5wt%TiまでのCuコーナーの状態図の研究がある(M.G.Khan [1])．Cu基固溶体とFe-Ti二元系の化合物TiFe$_2$とが平衡する．Cu-TiFe$_2$断面は，三元系

をCu-Fe-TiFe₂とCu-TiFe₂-Cu₃Tiとに分けている．Cu-Fe-TiFe₂系ではCu基固溶体と化合物TiFe₂とが，α-Feまたはγ-Feと平衡する．化合物TiFe₂はCu基固溶体に部分的に固溶するが，温度低下とともに溶解度は減少する．1065℃で約2wt%TiFe₂がCu基固溶体中に溶解，600℃では0.6wt%TiFeが溶解する．図167-1に650℃におけるCuコーナー等温断面図を示す[1]．

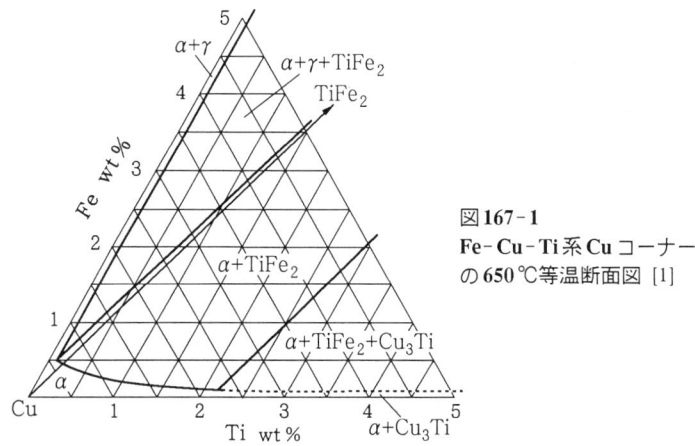

図167-1
Fe-Cu-Ti系Cuコーナーの650℃等温断面図 [1]

文献 [1] M.G.Khan, A.M.Zakharov and M.V.Zakharov : Izvest. Vyssh. Ucheb. Zaved., Tsvet. Met. (1970) No.1, 104-109

168. Fe-Cu-Zn

図168-1(a), (b)に700℃, 1000℃の等温断面図を示す(S.Budurovら[1, 2])．断面は，Znが低融点であることに起因して，広い液相領域が存在することに特色がある．α-Feおよびγ-FeにCu, Znの固溶した三元固溶体が存在する．室温に相当する断面を図168-1(c)に示す．α-Fe基固溶体(α)は，α*(Cu基固溶体)相，Cu-Znのβ相，γ相と平衡する．Fe-Zn側に沿った領域の相平衡は確認されていない(O.Bauerら[3])．

J.B.Haworthら[4]はCu-Zn合金のα/(α+β), (α+β)/β相境界に与えるFeの影響を調べた．約6at%Feを含むと，上記相境界は低亜鉛濃度側におよそ2at%だけ移る．Cu-Znのα相，β相へのFeの溶解度は極めて低い[4]．

文献 [1] S.Budurov, S.Toncheva and N.Nenchev : Materialozn. i Tekhnol., Kiev **6** (1978) 50-54
 [2] S.Budurov, S.Toncheva, P.Kovachev and K.Rusev : Materialozn. i Tekhnol., Kiev **9** (1980) 101-109
 [3] O.Bauer and M.Hansen : Z.Metallkunde **26** (1934) No.6, 121-128
 [4] J.B.Haworth and W.Hume-Rothery : Phil. Mag. **43** (1952) Ser.7, 613-629

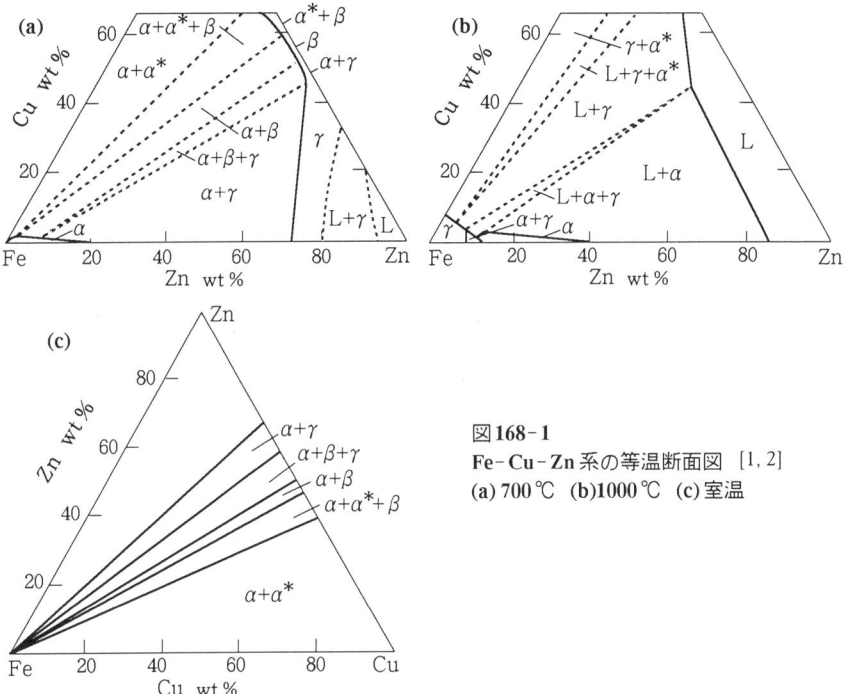

図168-1
Fe-Cu-Zn系の等温断面図 [1, 2]
(a) 700℃ (b) 1000℃ (c) 室温

169. Fe-Cu-Zr

T.O.Malakhova[1]はZr側の合金(Fe+Cu≦33at%)の相平衡を研究している．この組成領域では次の固溶体が見出された．α-Zr基固溶体，β-Zr基固溶体，化合物Zr_2Cu, Zr_2Fe, Zr_3Feを基にした固溶体，化合物Zr_2Cu, Zr_3Fe固溶体の均一組成領域は，三元合金ではあまり広くはないが(~10at%まで)，化合物Zr_2Feは十分広く(~40at%まで)存在する．

文献 [1] T.O.Malakhova : "Struktura Faz, Fazovye Prevrasheniya i Diagrammy Sostoyaniya Metallicheskikh Sistem", Moskva, Nauka (1974) 144-147

170. Fe-Dy-Re

E.M.Sokolovskayaら[1]は光学顕微鏡による組織観察，X線回折，X線マイクロアナライザー，硬度測定により本系合金の870K(597℃)の等温断面を研究している．母材は99.87%Dy, 99.95%Fe, 99.97%Reを用い，精製ヘリウム雰囲気下でアーク溶解により合金を作製した．この合金を石英管中に真空封入し，870K(597℃)で焼鈍し，

氷水中に焼入れた.

図170-1に本系の597℃における等温断面図を示してある. 本系には三元化合物相, Dy (Dy$_{0.03}$Re$_{0.76\sim 0.70}$Fe$_{0.21\sim 0.27}$)$_{12}$(ψ′相)が見出され, 単一相領域は10at%Dyまで拡がる. ψ′相はThMn$_{12}$型構造を有する. Fe-Dy 二元系の各二元化合物は, いずれもReを溶解し三元系に拡がっている.

Dy$_6$Fe$_{23}$は4at%Reが溶解するが, FeにReが置換するとキュリー点Tcが494Kまで低下する(4at%Re). 同様にDyFe$_2$に4at%Reが置換すると, Tcは627Kから600Kに低下し, DyFe$_3$にReが置換し, DyFe$_{2.8}$Re$_{0.2}$組成になるとTcは590Kから400Kにまで低下する. Dy$_2$Fe$_{17}$に3at%Reが置換すると, Tcは385Kから370Kに低下する. このようにFe-Dy二元化合物のFeをReと置換するとTcが下がるが, Fe族の他の合金, Co-Dy-Re, Ni-Dy-Reでも同様である. このことはReの電子構造が, 長く延びた開放型5d電子軌道を有し, これが3d-金属の電子軌道に容易に転移し, 3d-電子軌道を満たす結果, 3d-元素の磁気モーメントを減少させることによると考えられる.

DyFe$_2$(立方晶MgCu$_2$型構造, a = 0.732nm, 本書p.25参照)にReが置換すると格子定数はReの増加とともに直線的に増加する(図170-2).

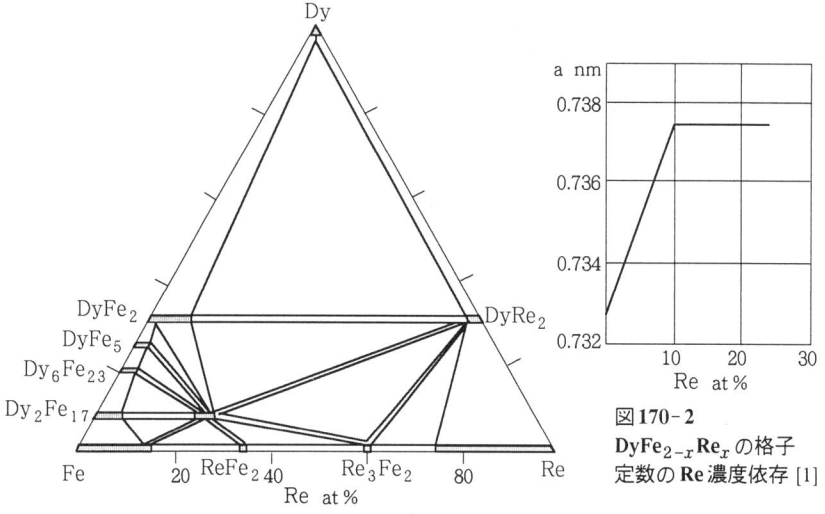

図170-1　Fe-Dy-Re系の597℃等温断面図 [1]

図170-2
DyFe$_{2-x}$Re$_x$の格子定数のRe濃度依存 [1]

文献 [1] E.M.Sokolovskaya, M.V.Raevskaya, E.F.Kazarova, A.I.Ilias, M.A.Pastushevkova and O.I.Bodak : Izvest. Akad. Nauk SSSR, Metally (1985) No.5, 197-201

171. Fe-Er-Ru

E.M.Sokolovskayaら[1]はX線回折,光学顕微鏡による組織観察,硬度測定によりEr: 0〜33.3at%領域の合金を研究している.母材は99.86%Er, 99.82%Ru, 99.95%Feを用い,圧粉体を精製アルゴン雰囲気下でTiをゲッターに用い,アーク溶解により合金を作製した.試料は鋳造組織を取り除くため,600℃×2000時間焼鈍し,水焼入れを施した.

図171-1にFe-Ru-0〜33.3at%Er領域の600℃等温断面図を示す.本系には三元化合物相は見られない.Fe-Er二元系の各化合物相(本書p.26参照)はFe-Ru側に沿って三元系に深く入り込んでいる.$ErFe_2$は立方晶の$MgCu_2$型Laves相で,$ErRu_2$は六方晶の$MgZn_2$型Laves相である.両者は三元系に相互に部分的に溶解し合い,固溶体を形成する.$ErFe_2$には約28at%Ruが溶解し,$ErRu_2$には15at%Feが溶解する.Er_2Fe_{17}には〜17at%Ruが溶解する.

Fe-Er二元化合物のFeをRuで置換すると,各相ともRu濃度の増加とともに格子定数が増加する.図171-2に$ErFe_{2-x}Ru_x$の格子定数の変化を示す.

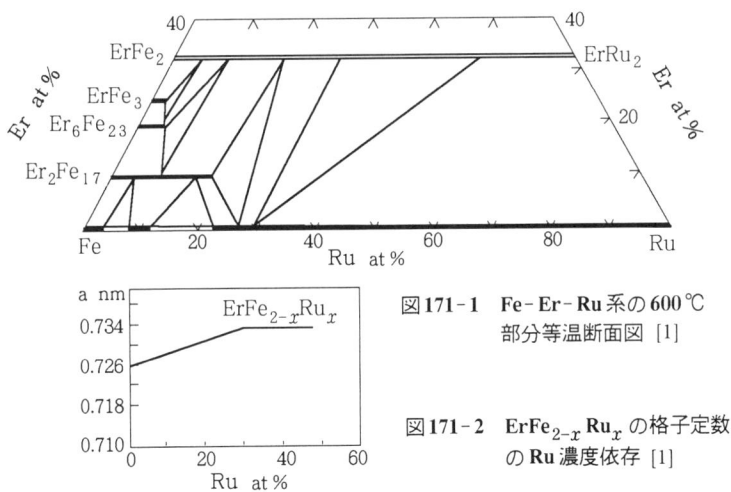

図171-1 Fe-Er-Ru系の600℃部分等温断面図 [1]

図171-2 $ErFe_{2-x}Ru_x$の格子定数のRu濃度依存 [1]

文献 [1] E.M.Sokolovskaya, M.V.Raevskaya, N.E.Efremenko and O.I.Bodak : Izvest. Akad. Nauk SSSR, Metally (1984) No.2, 211-212

172. Fe-Ga-Hf

N.M.BelyavinaとV.Ya.Markiv[1]は,光学顕微鏡による組織観察,X線回折,X線マイクロアナライザーにより,本系の800℃等温断面図を研究した(図172-1).

本系には4種類の三元化合物，Ψ，T，E，Zが見出された．Ψ相：$HfFe_6Ga_6$ は $ThMn_{12}$ 型構造($I4/mmm$)を有し，格子定数は a = 0.863nm, c = 0.472nmである．T相は，およその組成：20.6at%Hf, ~39.4at%Fe, ~40at%Gaから成り，Ψ相とE相と平衡するが，V.Ya.Markivら[2]が示した $Hf_6Fe_6Ga_{17}$ とは組成が異なる．T相の格子定数は，1.210nm である．E相，Z相は，それぞれ，~23at%Hf, ~25at%Fe, 52at%Ga および，~66.6at%Hf, ~18.4at%Fe, ~15at%Ga である．

Fe-Hf二元系のλ$_1$相(~29at%Hf)は三元系では42at%Gaまで拡がる．このときの格子定数は a = 0.5128nm, c = 0.8307nm となる．

また，λ$_2$相(~35at%Hf)は ~10at%Ga まで拡がるが，このときの格子定数は a = 0.7081nm となる．二元化合物 Hf_5Ga_3 は ~5at%Feまで拡がる．

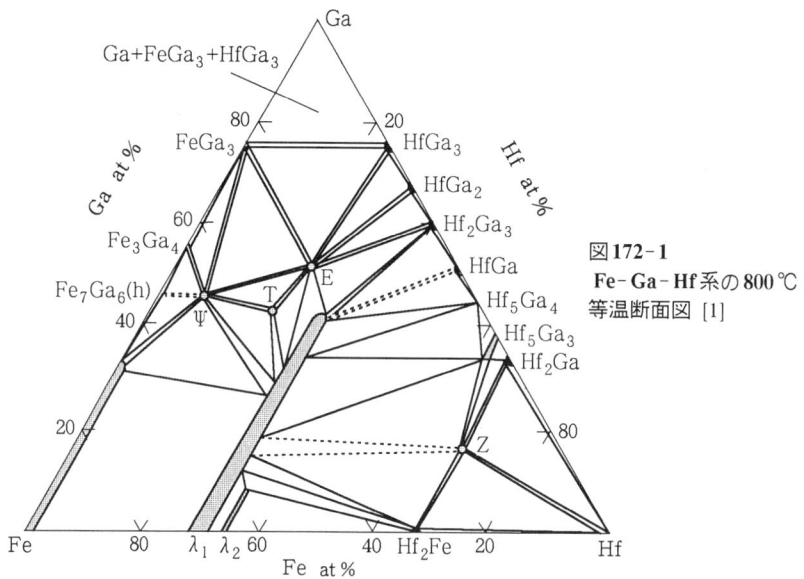

図172-1 Fe-Ga-Hf系の800℃等温断面図 [1]

文献 [1] N.M.Belyavina and V.Ya.Markiv : Dopov. Akad. Nauk Ukrain. RSR Ser. **A** (1977), No.9, 849-852

[2] V.Ya.Markiv and V.V.Burnashova : Dopov. Akad. Nauk Ukrain. RSR Ser. **A** (1969) No.5, 463-464

173. Fe-Ga-N

H.H.Stadelmaierら[1]はX線回折により本系合金を研究している．0~40at%Ga, 0~50 at%Nの組成範囲の 600℃等温断面の相平衡を調べた．

母材はFe, Gaとも99.95%純度の金属を用いて合金とした後粉末にし, 600℃でNH$_3$+H$_2$雰囲気下でNを飽和させた.

図173-1は600℃における等温断面図を示す. Feの窒化物γ′相(Fe$_4$N)の存在が確認された. 格子定数は a=0.380nm である. またGaNも確認された(注：GaNは$P6_3mc$に属する六方晶で, 格子定数は a=0.3190nm, c=0.5189nm (Solid State Comm. 23, (1977) 815). Fe$_4$Nの格子定数はGa添加によっても変化しない. 本系ではFe, Ga複合窒化物は見出されていない.

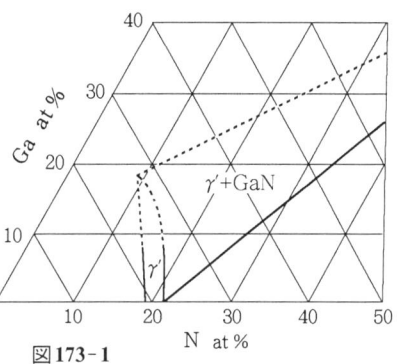

図173-1
Fe-Ga-N系の600℃等温断面図 [1]

文献 [1] H.H.Stadelmaier and A.C.Fraker : Z. Metallkunde 53 (1962) No.1, 48-51

174. Fe-Ga-Sc

I.S.GavrilenkoとV.Ya.Markiv [1] は, X線回折, 光学顕微鏡による組織観察, X線マイクロアナライザーにより, 本系の800℃の等温断面図を研究した(図174-1).

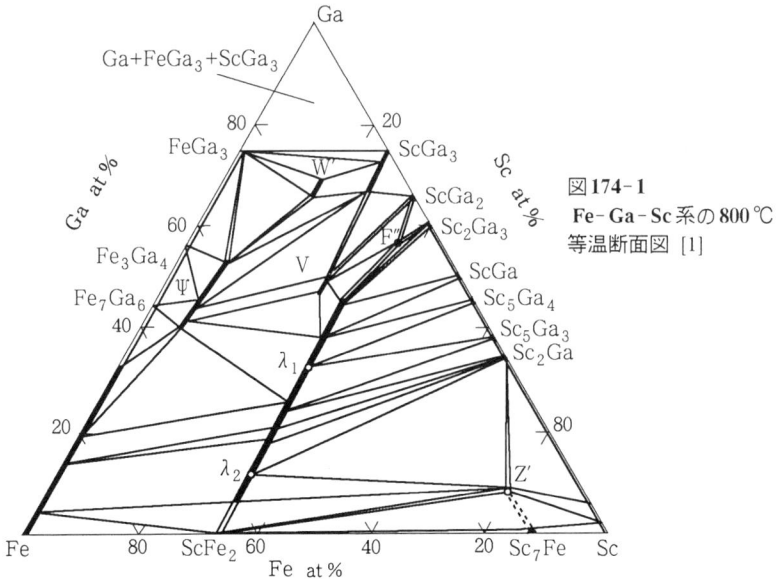

図174-1
Fe-Ga-Sc系の800℃等温断面図 [1]

本系には次の7種類の三元化合物が認められた：Ψ, W′, V, λ_1, λ_2, F″, Z′. Ψ相はThMn$_2$型, λ_1相はMgZn$_2$型である.

λ_2相の構造は, 面心立方晶のMgCu$_2$型と推定される. 格子定数は, a = 0.702~0.715nmである. この相は, 同型のScFe$_2$の高温相がGaにより安定化したものと考えられる.

W′相は正方晶構造を有し, 格子定数は a = 0.4145nm, c = 0.662nm である.

文献 [1] I.S.Gavrilenko and V.Ya.Markiv : Dopov. Akad. Nauk Ukrain. RSR Ser. **A** (1978) No.3, 271-274

175. Fe-Ga-V

V.Ya.Markivら[1]は, X線回折, 光学顕微鏡による組織観察, X線マイクロアナライザーにより, 本系の800℃等温断面図を研究している (図175-1).

本系では, MnCu$_2$Al型構造を有する三元化合物H相の存在が確認されている. H相は47~60at%Fe領域に拡がり, V-Ga側に沿って, 12~35at%Gaの間に拡がる.

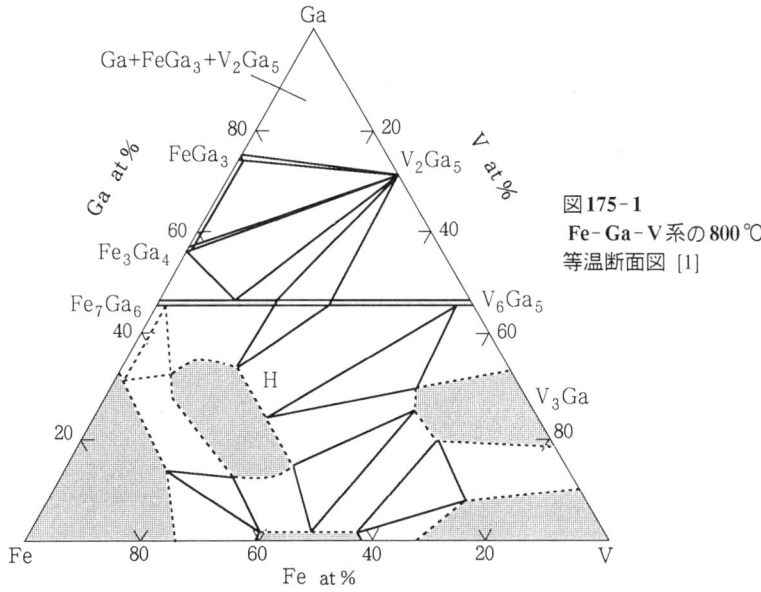

図175-1
Fe-Ga-V系の800℃
等温断面図 [1]

文献 [1] V.Ya.Markiv, V.G.Radins'kii, A.I.Strozhenko, I.S.Gavrilenko and B.V.Gulin : Dopov. Akad. Nauk Ukrain. RSR Ser. **A** (1978) No.8, 755-760

176. Fe-Ge-H

N.Weinsteinら[1], 染野檀ら[2], Sh.Ben-yaら[3]はFe-0~20at%Ge合金の1450~1670℃におけるHの溶解度を研究している。この結果は, その後M.S.Petrushevskiiら[4]のFe-Ge全組成域についての研究により確認された.

[4]は母材としてカルボニル鉄, 99.999%Geを用い, 高周波溶解し, 900~1200℃でHを添加した. Hの溶解度は水素圧67~200GPaで等時hot volume法で測定した.

図176-1は[1~4]のデータによるFe-Ge固溶体中のHの溶解度の温度-Ge濃度依存を示す. 温度上昇とともにHの溶解度は上昇する.

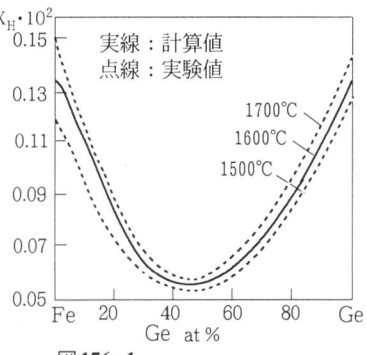

図176-1
Fe-Ge合金中へのHの溶解度の温度-Ge濃度依存曲線 [1~4]

文献 [1] M.Weinstein and J.F.Elliott : Trans. Met. Soc. AIME **227** (1963) No.2, 382-387
   [2] 染野 檀, 長崎久彌, 門井邦夫 : 日本金属学会誌 **31** (1967) No.6, 729-734
   [3] Sh.Ben-ya and T.Fuba : "Fiziko-khimicheskie Osnovy Metallyrgicheskikh Protsessov", Moskva, Nauka (1973) 729-734
   [4] M.S.Petrushevskii, P.V.Gel'd and L.E.Abramycheva et al. : Izvest. Vyssh. Ucheb. Zaved., Chern. Met. (1976) No.6, 5-8

177. Fe-Ge-Hf

A.I.Zyubrikら[1]は, X線回折により本系の800℃等温断面図を研究している. 純度99.9%の各母材をアルゴン雰囲気下でアーク溶解し合金を作製した. 図177-1に本系の800℃における等温断面図を示す. 本系には, 表177-1に示すとおり, 5種類の三元化合物が見つかっている.

表177-1 Fe-Ge-Hf系の三元化合物の結晶構造と格子定数(nm)

	化合物相	空間群	結晶型	a	b	c
1	$HfFe_6Ge_6$	$P6/mmm$	$Fe_3Mn_4Ge_6$	0.5045	—	0.8032
2	$HfFeGe_2$	$Pbam$	$ZrCrSi_2$	1.0116	0.9140	0.7968
3	$HfFe_4Ge_7$	$I4/mmm$	$Zr_4Co_4Ge_7$	1.3275	—	0.5138
4	$HfFeGe$	$P\bar{6}2m$	$ZrAlNi$	0.6558	—	0.3721
5	$\sim Hf_2FeGe_2$		未定			

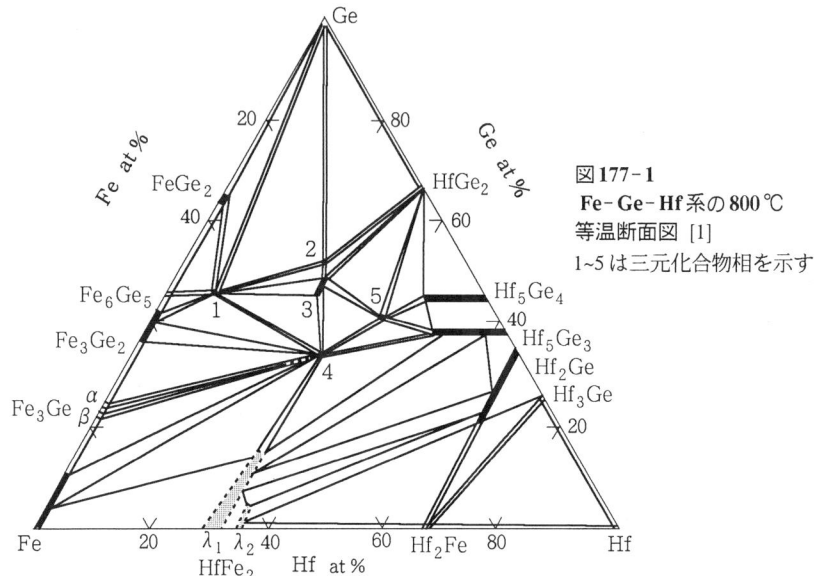

図177-1
Fe-Ge-Hf系の800℃
等温断面図 [1]
1~5は三元化合物相を示す

文献 [1] A.I.Zyubrik, R.R.Olenych, I.A.Mizak and Ya.P.Yarmolok : Doklady Akad. Nauk Ukrain. SSR Ser. A (1982), No.5, 81-83

178. Fe-Ge-Mn

D.I.Bardosら[1]は光学顕微鏡による組織観察, X線回折, 化学分析により, Mnコーナーの合金の相平衡を研究している. 母材の純度はいずれも 99.9%以上で, アルゴン雰囲気下, 高周波溶解により合金を作製した.

図 178-1 に 1000℃における Mn コーナー等温断面図を示す. β-Mn 基固溶体領域は Mn-Ge, Mn-Fe 各二元系の固溶体領域以上には拡がらない. β-Mn と fcc 相とが平衡するが, fcc 相は Mn-Ge, Mn-Fe 各二元系の全率固溶体である.

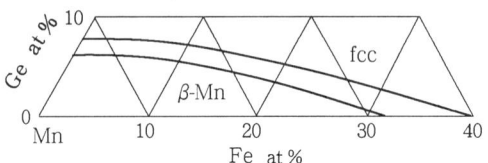

図178-1 Fe-Ge-Mn系のMnコーナー1000℃等温断面図 [1]

文献 [1] D.I.Bardos, R.K.Malik, F.X.Spiegel and P.A.Beck : Trans. Met. Soc. AIME **236** (1966) 40

179. Fe-Ge-Ni

L.A.Panteleimonovら[1, 2]は光学顕微鏡による組織観察,示差熱分析,熱分析,硬度測定により,本系合金のFeGe$_2$-NiGe$_2$断面[1], Fe$_5$Ge$_3$-Ni$_5$Ge$_3$断面[2]を研究している.母材は高純度カルボニル鉄(真空焼鈍), Ge単結晶, 99.99%Niを用い,ヘリウム雰囲気下,高周波誘導炉で合金を溶解した.

T.Suzukiら[3]はNi$_3$Ge-Fe$_3$Ge合金の機械的性質の研究中,表記断面の状態図,格子定数の組成依存を光学顕微鏡による組織観察,X線回折により研究している.母材はモンドニッケル,電解鉄, 99.999%Geを用い,アルゴン雰囲気下でアーク溶解により合金を作製した.

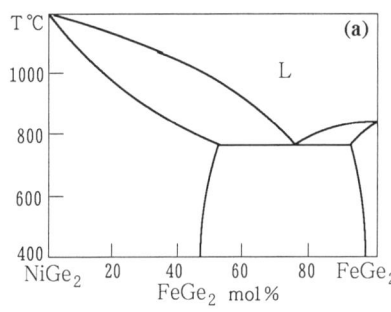
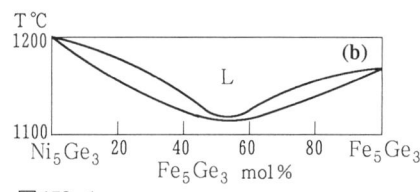

図179-1
Fe-Ge-Ni系の(a) NiGe$_2$-FeGe$_2$断面図 [1]
(b) Ni$_5$Ge$_3$-Fe$_5$Ge$_3$断面図 [2]

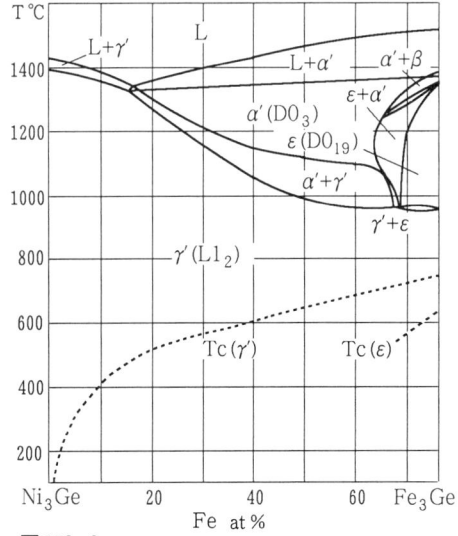

図179-2
Fe-Ge-Ni系のNi$_3$Ge-Fe$_3$Ge擬二元系断面図 [3]

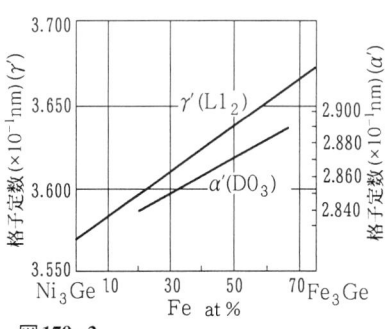

図179-3
Fe-Ge-Ni系のNi$_3$Ge-Fe$_3$Ge擬二元系,γ'(L1$_2$)相,α'(D0$_3$)相の格子定数の組成依存 [3]

図179-1(a)はFeGe$_2$-NiGe$_2$断面図で,本系は擬二元共晶を示す.NiGe$_2$中には400℃で約50mol%FeGe$_2$を固溶する.図179-1(b)はFe$_5$Ge$_3$-Ni$_5$Ge$_3$断面で,両者は全率固溶体を形成する.

図179-2はFe$_3$Ge-Ni$_3$Ge断面を示す.Fe$_3$Geは973K以下ではNi$_3$Geと同型のL1$_2$型規則構造を有し,両者は全率固溶体を形成する.Fe$_3$Geの高温相ε(D0$_{19}$型構造)には最大6at%Niが固溶する.Ni>6at%では,ε相に代わってFe$_3$Geのもうひとつの高温相であるα'(D0$_3$型構造)相が出現し,Ni$_3$Ge側に拡がる.Fe$_3$Ge二元化合物ではε→γ'変態は極めてゆっくりと生じ,またγ'-Fe$_3$Geは673K以下で不安定となり[4],共析分解γ'→α'+βを起こすといわれている.従って,Fe$_3$Ge側ではγ'相単相状態は,例えば873K×10日の長期間の焼鈍で得られている.

γ'相,α'相の格子定数はNi$_3$GeからFe$_3$Ge側に直線的に増加し,両者が"理想"溶液にあることを示している.両相の格子定数の組成依存を図179-3に示す.

文献 [1] L.A.Panteleimonov and O.S.Petrushkova : Vestn. Moskov. Univ. Khim. **14** (1973) No.16, 736-738

[2] L.A.Panteleimonov and O.S.Petrushkova : Vestn. Moskov. Univ. Khim. **15** (1974) No.4, 495-496

[3] T.Suzuki, Y.Oya and D.M.Wee : Acta Met. **28** (1980) 301-310

[4] E.Andelson and A.E.Austin : Phys. Chemi. Solid **26** (1965) 1795

180. Fe-Ge-S

D.M.Chizhikovら[1, 2]は本系合金を熱分析とX線回折によって調べ,FeS-GeSおよびGe-FeS断面について明らかにしている.合金の作製には63.37wt%Fe-36.6wt%Sの硫化鉄を母合金として用い,この合金は鉄粉を99.99%のSとともに水素還元して作製した.化学量論的な割合に配合した混合物を133.3MPaに減圧した

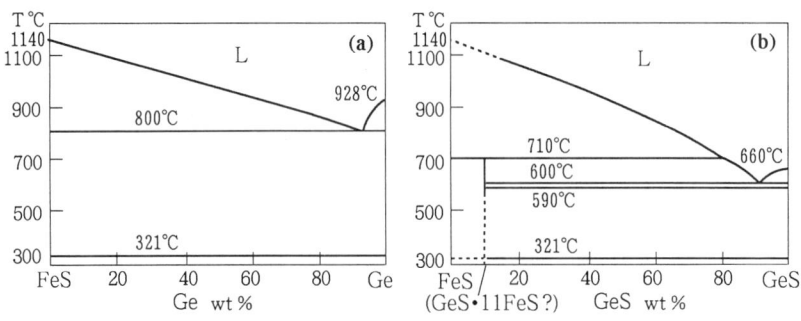

図180-1 Fe-Ge-S系の温度-組成断面図 [1]　(a) FeS-Ge (b) FeS-GeS

石英管に入れて500~600℃で加熱した．69.8wt%Ge-30.15wt%Sの硫化ゲルマニウムは単結晶ゲルマニウムとSを石英管に真空封入し，1000℃で合金化して作製した．

図180-1(a)に示すFeS-Geの温度-組成断面は共晶型で，800℃，94wt%Geに共晶点を持つ．FeS-GeS擬二元系は600℃，6wt%FeSで共晶が生じ，590℃と321℃で，それぞれGeSとFeS相の多形変態が生じる(図180-1(b))．この合金系の断面には，大略GeS・11FeSの形で表される不安定化合物が存在する．この化合物は710℃で非調和融解する．

文献 [1] D.M.Chizhikov, L.V.Nikiforov and Yu.A.Lainer : Izvest. Akad. Nauk SSSR, Neorg. Materialy **5** (1969) No.2, 290-294

[2] D.M.Chizhikov, L.V.Nikiforov and Yu.A.Lainer : "Issled. v Metallurgii Tsveti, i Redkikh Metallov", Moskva, Nauka (1969) 71-73

181. Fe-Ge-Ti

A.I.Zyubrikら[1]は，X線回折により本系の800℃等温断面図を研究した(図181-1)．純度99.9%の各母材をアルゴン雰囲気下でアーク溶解し，合金を作製した．本系には表181-1に示すとおり4種類の三元化合物が見出された．

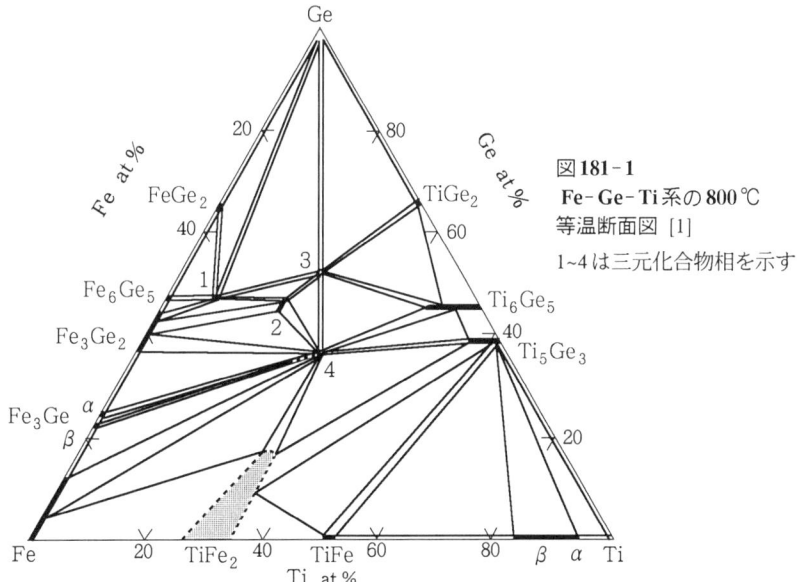

図181-1
Fe-Ge-Ti系の800℃
等温断面図 [1]
1~4は三元化合物相を示す

表181-1 Fe-Ge-Ti系の三元化合物の結晶構造と格子定数(nm)

	化合物相	空間群	結晶型	a	b	c
1	$TiFe_6Ge_6$	$P6/mmm$	$Fe_3Mn_4Ge_6$	0.5024	—	0.8010
2	$Ti_6(Fe_{0.45}Ge_{0.55})_{23}$	$Fm\bar{3}m$	Th_6Mn_{23}	1.1704		
3	$TiFeGe_2$	$Pbam$	$ZrCrSi_2$	0.9848	0.8851	0.7827
4	$TiFeGe$	$Imm2$	$TiFeSi$	0.7120	1.1022	0.6405

文献 [1] A.I.Zyubrik, R.R.Olennych, I.A.Mizyak and Ya.P.Yarmolok : Doklady Akad. Nauk Ukrain. SSR Ser. **A** (1982) No.5, 81-83

182. Fe-H-Mo

V.I.Zhitnevら[1]は金属中のHの透過能Pと拡散係数Dの実験値から, 溶解度(L = P:D)を求めた. 母材は99.98%カルボニル鉄と工業用純モリブデンを用い, 高周波溶解炉で溶解した. 合金を1150℃で均一化焼鈍し, 圧延後, 25mmφ×3mm厚の円板を切り出した.

図182-1はFe-Mo合金中のHの溶解度の温度依存である. 合金中のHの溶解度の絶対値は純鉄中への溶解度に比べて大きい. Fe-3.11wt%Mo合金へのHの溶解熱は18.07kJ/molであるのに対し, 純鉄中の値は24.02kJ/molであった.

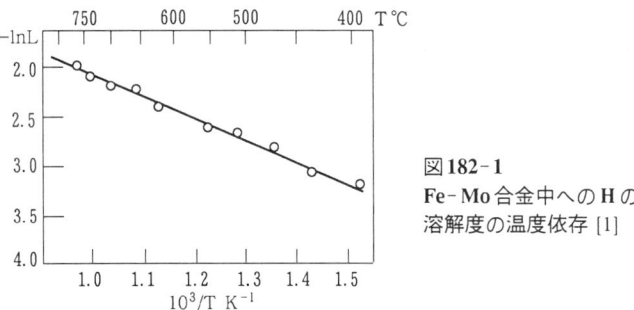

図182-1
Fe-Mo合金中へのHの
溶解度の温度依存 [1]

文献 [1] V.I.Zhitnev, R.A.Ryabov and P.V.Levchenko : "Fiziko-khimicheskie Issledovaniya Metallurgicheskikh Protsessov", (1976) 76-77

183. Fe-H-Nb

M.M.Karnaukhovら[1]は1685~1560℃, 13~40GPaの範囲におけるFe-Nb合金中へのHの溶解度を研究している. Fe-5.01, 8.97, 15.12wt%Nbの溶融合金中へのHの溶解度に及ぼす温度と圧力の影響を調べた.

183. Fe-H-Nb

母材には0.02%Mnを不純物として含むFeで,Cは痕跡程度,脱酸に用いた少量のSi,あるいはAlが痕跡程度残存するものを用いた．Nbは69.8wt%Nb,0.09%C,残りFeのフェロニオブを用いた．液体金属中へのHの溶解度と溶解速度は反応容器の圧力変化により測定した．同一合金に対して,2種の目標水素圧力下で,温度を一定にし金属中にHを飽和させた．

各合金に対する水素圧力と溶解水素体積との関係から1685℃,1560℃,29GPaにおけるHの溶解度を計算により求めた(図183-1)．

溶解水素ガス体積は圧力の平方根には比例しないことがわかった．圧力と体積の関係は次式,$(P_1/P_2)^n = V_1/V_2$で表されるが,nは0.57~0.68の間にあった．その場合,Nbの増加とともにnは増加する．これは溶解に2種の機構が存在することに起因する．第1の機構はHが原子となって溶解する通常の機構で,第2の機構は水素化物NbH_2を形成するものである．溶解に伴う熱的効果(heat effect)は,Fe-5.01wt%Nbでは66.9kJ/mol,Fe-8.97wt%Nbでは41.4kJ/mol,Fe-15.12wt%Nbでは23.4kJ/molである．

水素化物の形で存在するHの量を計算した結果を,図183-1の点線(2.9kPa,1685℃)に示す．水素化物としてのH量はそれほど多くはなく,Nb濃度の減少とともに減少する．

実際の製鋼工程の場合Nbは量が少ないことと,鋼中では他の元素,とくにCと化合物の形で存在するので,NbがHと結合することはない．

Fe-Nb合金中へのHの溶解速度は純鉄中の速度に比べていくらか遅い．冷却に際しては,合金中の飽和水素は最初,溶融金属から脱け出し始め,その後固体金属から脱け出す．その場合脱ガス速度は,温度低下とともに減少する．Fe-Nb合金は純鉄より脱ガスが激しい．

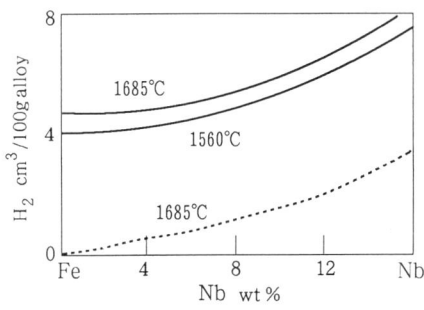

図183-1
Fe-Nb合金中へのHの溶解度(実線)と水素化物(NbH_2)として溶解するH
(点線:2.9kPa) [1]

文献 [1] M.M.Karnaukhov and A.N.Morozov: Izvest. Akad. Nauk SSSR, Otd. Tekhn. Nauk (1948) No.12, 1845-1855

184. Fe-H-Ni

[1~4]はFe-Ni合金中のHの溶解度を研究している．R.G.Blosseyら[2]は他の研究と異なり，Hの等温溶解度が正則溶体則から僅かにずれるとしている．

M.S.Petrushevskiiら[4]は等時Sievert's法により，66.5~212GPaの水素圧下でのFe-Ni二元全組成域合金の1400~1800℃におけるHの溶解度の温度-組成依存を調べた．

母材は不純物0.01％以下の電解ニッケルとカルボニル鉄を用い，高周波真空溶解炉で溶解した．母材および合金中の酸素濃度を減ずるため，固体および液体状態で水素処理し，脱ガスし，真空中で冷却した．

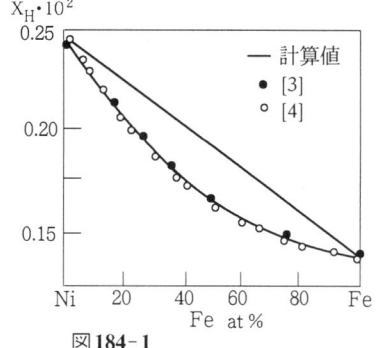

図184-1
Fe-Ni合金中のHの1600℃
における等温溶解度曲線 [3, 4]

[3, 4]は合金中のHの溶解度が直線から負にずれることを見出した(図184-1)．

文献 [1] A.N.Morozov : "Vodorod i Azot v Stali", Moskva, Metallurgiya (1968) 158
　　　[2] R.G.Blossey and R.D.Pehlke : Metall. Trans. **2** (1971) No.11, 3157-3161
　　　[3] H.Schneck and K.M.Lange : Arch. Eisenhüttenwesen **B37** (1966) No.6, 739-745
　　　[4] M.S.Petrushevskii, P.V.Gel'd, L.E.Abramycheva and T.K.Kostina : Doklady Akad. Nauk SSSR **227** (1976) No.2, 337-340

185. Fe-H-Ta

M.M.Karnaukhovら[1]は1685~1560℃，13~40GPaの範囲におけるFe-Ta合金中へのHの溶解度を研究している．またFe-Ta合金における水素化物形成の可能性を調べている．

母材，実験方法はFe-H-Nb系と同一で，Taは99.8％純度のものを用いた．

溶解水素ガス体積は圧力の平方根には比例せず，圧力と体積の間の関係式は，$(P_1/P_2)^n = V_1/V_2$で表されるが，nは0.83~0.86の間にあり，Ta濃度増加とともに増加する．これは溶解の機構が2種類存在することに起因し，第一の機構は水素原子として溶解し，第二の機構はTaH_2を形成するものである．

実際の製鋼工程の場合，鋼中のTaは僅かで，鋼中に他の元素，とくにCと化合物の形で存在するので，TaがHと結合することはない．冷却とともに水素飽和の溶融金属はHを放出する．

文献 [1] M.M.Karnaukhov and A.N.Morozov : Izvest. Akad. Nauk SSSR, Otd. Tekhn. Nauk (1948) No.12, 1845-1855

186. Fe-H-Ti

M.M.Karnaukhovら[1]はFe-0.18, 0.45, 0.70, 2.67, 3.41wt%Ti合金中への, 1685~1560℃, 13~40GPaの間のHの溶解度, カイネティクス, 水素化物形成の可能性について研究している.

母材のFeは0.02%MnとCは痕跡程度, 脱酸に用いた少量のSiとAlが痕跡程度残るものを用いた. Tiは16.3wt%Ti, 0.04%C, 0.22%Alを含むフェロチタンを, 真空中で溶解する際に添加した. 実験方法はFe-H-Nb系(本書p.360)と同じである.

1685℃, 1560℃, 29GPaにおけるHの溶解体積と圧力の関係から溶解度を計算した結果を図186-1に示す. 溶解ガス体積は圧力の平方根には比例しない. 式$(P_1/P_2)^n = V_1/V_2$におけるnの値は0.53~0.72の値にあり, Ti濃度の増加とともにnの値も増加する. このような関係が見られるのは, Hの溶解の機構として2種類の機構が存在することに起因するとしている. 第一の機構はHが原子として溶解する機構, 第二の機構は水素化物TiH_2を形成する機構である. 各合金中へのHの溶解の熱的効果(heat effect)はFe-0.18wt%Tiに対しては45.6kJ/mol, Fe-0.45%Ti: 45.6kJ/mol, Fe-0.70%Ti: 36.8kJ/mol, Fe-3.41%Ti: 23.4kJ/molであった.

各合金において水素化物として存在するH量を2.9kPa, 1685℃に対して計算したものを図186-1の点線に示す. 化合物としてのHの相対的量はあまり大きくなく, Ti濃度の減少とともに減少する. 例えば, 0.45wt%Tiを含む合金では, 合金中に溶解したHの約10%のみが水素化物となる.

実際の製鋼工程では, Ti量が元来少ないことと, 鋼中では他の元素, とくにCと化合物を形成するので, HはTiの水素化物の形としては存在しない. Fe-Ti合金中ではHは純鉄に比べゆっくりと溶解する. 水素飽和合金を冷却すると, 液体合金からも, 固体合金からもHの放出が起こり, 放出速度は温度低下とともに減少する. 鋼中にTiが存在してもHの放出は阻害されない.

G.D.Sadrockら[2]はX線回折によりFeTi-H断面の70℃までの領域を研究している(図186-2). α相, β相, γ相単相および二相領域が存在する.

α相中のHの溶解度は55℃以下では一定で, 温度上昇とともに増加する. $\beta+\gamma$二相領域は合金を55℃以下に冷却すると出現し, 温度低下とともに拡がる.

H.Wenzlら[3]はFeTi相のHの吸収と放出に伴う熱をカロリメーターで求めた. 化合物FeTiは高純度鉄, Tiを母材に精製アルゴン雰囲気下で誘導炉により溶解し, 作製した. 得られた合金を10μm径まで微粉化した. 光学顕微鏡による組織観察, 蛍光X線分析, 走査電子顕微鏡による観察, X線分光分析により, $Fe_7Ti_{10}O_3$の痕跡が認められた. $Fe_{0.5}Ti_{0.5}H_x$ ($0 \leq x \leq 1$)合金の274, 298, 314, 344KにおけるP-x曲線を求め, それをもとに$Fe_{0.5}Ti_{0.5}$-H擬二元系断面を作成し, 3種類の水素化物, α, β, γ相を見出している. また合金の熱力学的特性を計算した.

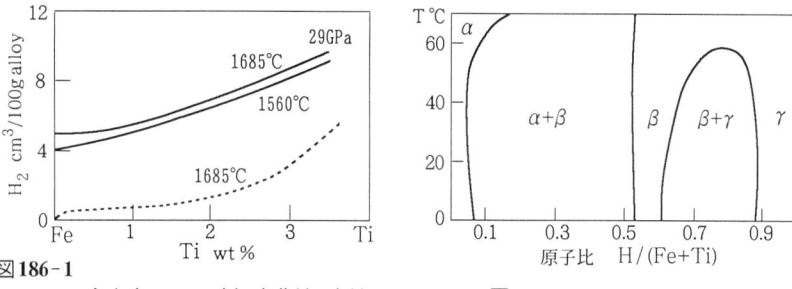

図186-1
Fe-H-Ti合金中のHの溶解度曲線(実線)と水素化物として存在する水素量(点線 2.9kPa) [1]

図186-2
Fe-H-Ti系のFeTi-H断面図 [2]

文献 [1] M.M.Karnaukhov and A.N.Morozov : Izvest. Akad. Nauk SSSR, Otd. Tekhn. Nauk (1948) No.12, 1845-1855

[2] G.D.Sadrock, J.J.Reilly and J.R.Johnson : U. S. Dep. Commer. Nat. Bur. Stand. Spec. Publ. (1978) No.496/1, 483-507

[3] H.Wenzl and E.Lebsanft : J. Phys. F. Metal Phys. **10** (1980) No.10, 2147-2156

187. Fe-H-V

江口豊明ら [1] はX線回折とガス分析によりFe-V合金中のHの溶解度を調べている。母材には99.9%V, 99.9%Feを用い, 0.91, 3.02, 4.95, 10at%Fe合金を真空アーク溶解した。これを1000℃×10時間焼鈍し, 600~1200℃の間で0.1MPaの水素雰囲気中でHを飽和させた。

図187-1にFe-V合金中へのHの溶解度を示す。

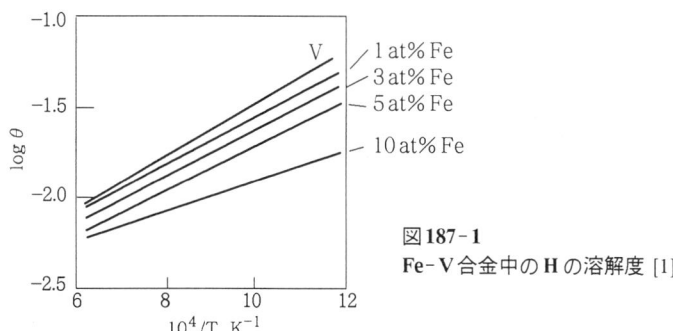

図187-1
Fe-V合金中のHの溶解度 [1]

文献 [1] 江口豊明, 諸住正太郎 : 日本金属学会誌 **38** (1974) No.11, 1025-1030

188. Fe-H-W

T.N.Rezukhina ら[1]は不均一平衡法とX線回折により850~1100℃の間のFeWO$_4$のHによる還元を研究している．化合物Fe$_7$W$_6$の形成が確かめられたが，三元の相は見出されなかった．

V.I.Zhitenev ら[2]はFe-W合金中へのHの溶解度を，金属中のガスの透過能Pと拡散係数Dの値から決定した(L=P:D)．母材には99.98%カルボニル鉄，工業用純タングステンを用い，誘導炉で溶解した．

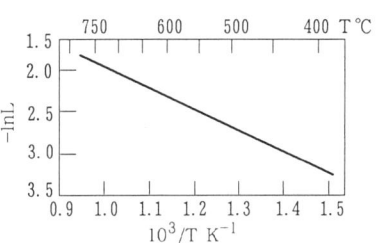

図188-1 Fe-W合金中へのHの溶解度の温度依存 [2]

試料を1150℃で均一化焼鈍後圧延し，25mmϕ×3mm厚の円板を切り出し，Hを飽和させた．図188-1はFe-W合金中へのHの溶解度の温度依存を示す．合金中へのHの溶解度の絶対値は，純鉄中の溶解度に比べ大きい．Fe-39wt%W合金中へのHの溶解熱は18.8kJ/molH，(純鉄中では24.0kJ/molH)であった．

文献 [1] T.N.Rezukhina, U.P.Simanov and Y.I.Gerasimov : Zhur. Fiz. Khim. **25** (1951) No.3, 305-311

[2] V.I.Zhitenev, R.A.Ryabov and P.V.Levchenko : "Sb. Fiziko-khimiiya Issledovaniya Metallurgicheskikh Protsessov", Moskva, Nauka (1976) 76-77

189. Fe-Hf-Nb

本系の状態図に関する研究は，H.J.Goldschmidt [1]以外はほとんどない．1000℃における等温断面図が，二元系のデータに基づいて作成された．L$_1$およびL$_3$相がFe基の固溶体と平衡して存在する．L$_1$相(Fe$_2$Hf)はMgCu$_2$型の立方晶格子を持つLaves相で，L$_3$相(Fe$_2$Nb)はMgZn$_2$型の六方晶格子を持つLaves相である．

文献 [1] H.J.Goldschmidt : J.Less-Common Metals **2** (1960) No.2-4, 138-153

190. Fe-Hf-Zr

V.N.Svechnikov ら[1]は光学顕微鏡による組織観察，X線回折および熱分析により本系合金を研究している．母材はカルボニル鉄，99.9%Hf, ヨード法ジルコニウム(99.96%)を用い，アルゴン雰囲気下でアーク溶解により合金を作製した．一部の試料については真空封入して900℃×2時間焼鈍し，他は1340℃，1450℃，1500℃×1時間焼鈍後焼入れしている．

図190-1にHfFe$_2$-ZrFe$_2$温度-組成断面を示す．この系は包晶を形成し，断面状態図は擬二元系とみなされ，ZrFe$_2$は広い単一相領域を持つ．HfのZrFe$_2$中への溶

解度は 1500 ℃ で 21at%, 900 ℃ で 18at% に達する．

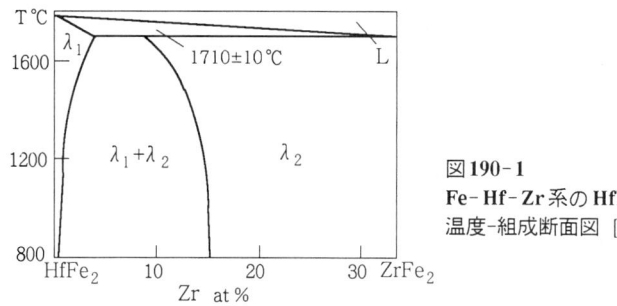

図190-1
Fe-Hf-Zr系の HfFe$_2$-ZrFe$_2$
温度-組成断面図 [1]

文献 [1] V.N.Svechnikov, V.Ya.Markiv and V.V.Pet'kov : Metallofizika, Resp. Mezhvedomstv. Sb., Kiev, Naukova Dumka **40** (1972) 95-97

191. Fe-Hg-Sn

A.S.Russell ら [1] は Sn-水銀アマルガムを Fe と反応させ，SnFe$_2$ と SnFe$_6$Hg の 2 種類の化合物を得ている．

文献 [1] A.S.Russell and H.A.M.Lyons : J. Chem. Soc. (1932) No.8, 857-866

192. Fe-Hg-Zn

A.S.Russell ら [1] によると Zn-水銀アマルガムと Fe との相互作用で，2 種類の化合物：Zn$_2$Fe$_5$ および Zn$_2$Fe$_8$，3 種類の三元化合物：Zn$_2$Fe$_6$Hg, Zn$_2$Fe$_{12}$Hg, Zn$_2$Fe$_{16}$Hg$_2$ が見出された．

文献 [1] A.S.Russell and H.A.M.Lyons : J. Chem. Soc. (1932) No.8, 857-866

193. Fe-Ir-Rh

J.M.Leger ら [1] は 50at%Fe-46at%Rh-4at%Ir 合金について圧力-温度状態図を報

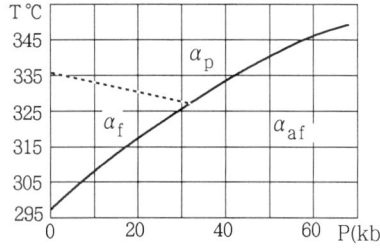

図193-1
Fe-Ir-Rh系の 50at%Fe-46at%Rh-4at%Ir 合金の P-T 状態図 [1]

告している．強磁性相α_f，常磁性相α_p，反強磁性相α_{af}の3重点は, (326.7±3)℃, (31.3±1.5kbar)にある(図193-1).

文献 [1] J.M.Leger, C.Susse and B.Vodar : Compt. rend. **265** (1967) 892-895

194. Fe-La-N

G.J.W.Kor [1]はFe-La合金中のNの溶解度を光学顕微鏡による組織観察で調べている．0.9wt%Laまでの種々の組成の合金を99%N_2+1%H_2混合ガス中で1000~1400℃×6~24時間保持しNを飽和させた．

図194-1はFe-La合金中へのNの溶解度の温度依存を示す．水平部分の終了点は，各温度で窒化物LaNと平衡するLaとNの濃度に相当する．γ-Fe中への窒化ランタンの溶解度の温度依存は次式で示される：logK = -6730/T + 2.54．

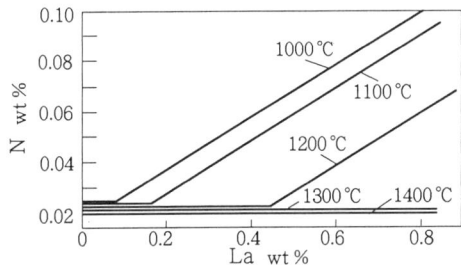

図194-1
Fe-La合金へのNの溶解度の温度依存 [1]

文献 [1] G.J.W.Kor : Metall. Trans. **4** (1973) No.1, 377-379

195. Fe-La-Si

O.I.Bodakら[1]は光学顕微鏡による組織観察，X線回折，硬度測定により本系合金を研究している．母材は99.96%カルボニル鉄，99.99%Si, 99.48%Laを用い，純アルゴン雰囲気下でアーク溶解により合金を作製した．33at%Laまでを含む合金は石英管に封入し，800℃×100時間，600℃×150時間焼鈍後，水焼入れした．33~100at%Laを含む合金は石英管に封入後，600℃でのみ焼鈍を行った．

図195-1は900℃の等温断面図を示す．本系合金には5種類の三元金属間化合物が存在する．7.14at%La, 12.5~22.5at%Siの領域では，$LaFe_{11.3\sim9.8}Si_{1.7\sim3.2}$が存在し(図195-1記号1, 以下同じ), これは$LaFe_2Si_2$(2)と平衡する．20at%Laではもうひとつの化合物$LaFe_{1.3}Si_{2.7}$(3)が存在する．33at%La一定組成のところに，化合物LaFeSi (4)が存在する．この定組成線に沿って，さらにもうひとつの三元化合物$LaFe_{0.3\sim0.5}Si_{1.7\sim1.5}$ (5)が存在する．これは50~57at%Siを含む．

化合物$LaFe_2Si_2$の結晶構造は$GeGa_2Al_2$型に属し，空間群は*I4/mmm*, 格子定数は

a = 0.4042nm, c = 1.014nm である. 化合物 LaFe$_{1.3}$Si$_{2.7}$ の構造は不明である. その他の化合物相の構造は以前から知られている. Pearson's Handbook によれば, LaFeSi (4) は Cu$_2$Sb 型, $P4/nmm$ で格子定数は a = 0.4052nm, c = 0.7179nm である. La$_2$FeSi$_3$ (5) は AlB$_2$ 型, $P6/mmm$ で, 格子定数は a = 0.4049nm, c = 0.4101nm である. Fe$_{23}$La$_2$Si$_3$ (1) は NaZn$_{13}$ 型, $Fm\bar{3}c$ で, 格子定数は a = 1.051nm である.

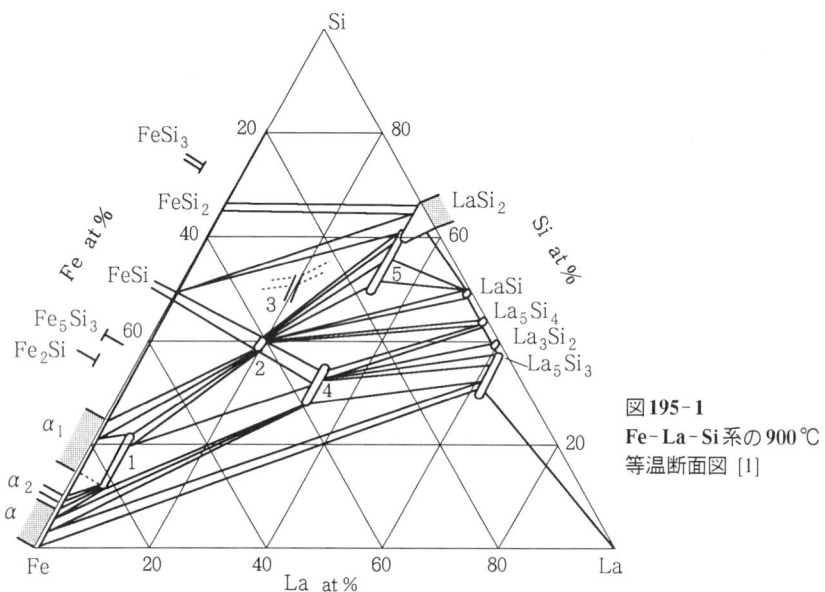

図 195-1
Fe-La-Si 系の 900℃
等温断面図 [1]

文献 [1] O.I.Bodak and E.I.Gladyshevskii : Visn. L'viv. Univ. Ser. Khim. (1972) No.14, 29-34

196. Fe-Mn-N

R.A.Dodd ら [1], H.J.Grabke ら [2] は Fe-Mn 合金中の N の溶解度を決定している. [1] は Fe-0~100%Mn 合金中への 1550℃, 0.1MPa における N の溶解度を調べた. 合金は 99.9% 電解鉄, 電解マンガンを用いた. N の溶解度は純鉄中の 0.040wt% から純マンガン中の 1.41wt% まで上昇した (図 196-1).

[2] は電解鉄 (0.05%O$_2$), 電解マンガンから作製した合金を用いた実験データから, 900, 950, 1000, 1050, 1100, 1150℃ における N の溶解度を計算により求めた. 窒化には清浄窒素を用いた. 合金は Al$_2$O$_3$ るつぼ中で 332GPa のアルゴン雰囲気下で溶解後水冷銅鋳型に鋳造した. インゴットを石英管に封入し, 850℃ で溶体化処理後,

196. Fe-Mn-N

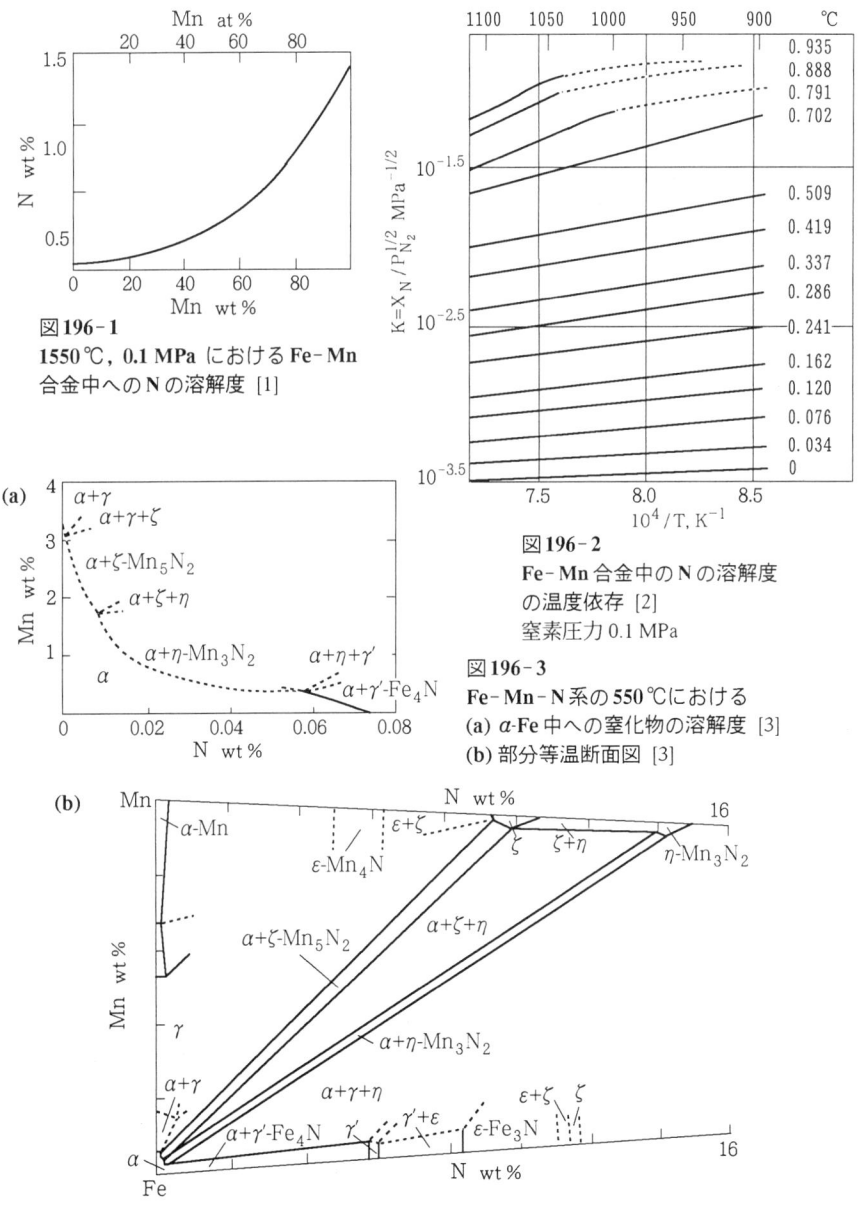

図 196-1
1550 ℃, 0.1 MPa における Fe-Mn 合金中への N の溶解度 [1]

図 196-2
Fe-Mn 合金中の N の溶解度の温度依存 [2]
窒素圧力 0.1 MPa

図 196-3
Fe-Mn-N 系の 550 ℃における
(a) α-Fe 中への窒化物の溶解度 [3]
(b) 部分等温断面図 [3]

900~1200℃で焼鈍した．900℃ではNの圧力1.0または2.6kPaで15時間で平衡に達した．温度，圧力の上昇とともに，平衡に達する時間は減少した．試料を焼鈍後急冷し，N濃度は抽出法により決定した．

調べた全温度域でNの溶解度は合金中のMn濃度の増加とともに増大する．同一Mnモル濃度(0.17まで)の合金では，温度が900℃から1100℃に上昇するとNの溶解度は減少した．窒素圧力の増加に伴い，Fe-Mn合金中へのNの溶解度はSievertの法則：$X_N = KP_{N_2}^{1/2}$ に従って増大した(図196-2)．

R.Rawlingsら[3]は光学顕微鏡による組織観察，X線回折，ガス分析により本系合金中のNの活量，窒化マンガンの溶解度を研究している．

高純度のFe-Mn合金をH_2-NH_3混合ガス中で450~550℃の間で窒化した．

低マンガン濃度(0.53wt%Mn)合金ではMnの窒化物相は出現せず，γ'-Fe_4N が出現した．文献[4]に引用されているP.J.Gavinの研究によれば，2.15%Mn組成で電子顕微鏡観察により，fct構造のη-Mn_3N_2相の出現が確認されているが，[3]では4.22%Mn組成で上記窒化物の存在がX線回折でも確認された．η-Mn_3N_2の格子定数は a = 0.4193~0.4201 nm, c = 0.4025~0.4007nm の間にある．4.22%Mn組成の合金ではもうひとつの窒化物ζ-Mn_5N_2が見出された．この窒化物は六方晶で，格子定数は a = 0.2813nm, c = 0.4520nm である．

η-Mn_3N_2は550℃で，0.785~1.18%Mnで出現し，550℃におけるα-Fe/(α-Fe + η-Mn_3N_2) 相境界は (a) 0.785%Mn, 0.022%N, (b) 0.882%Mn, 0.017%N, (c) 1.18%Mn, 0.013%Nであると報告している．

これらの結果から，550℃におけるα-Fe中への窒化物の溶解度曲線およびFe-Mn-0~16%N領域の等温断面図を提案している．それらを図196-3 (a), (b)に示す．

文献 [1] R.A.Dodd and N.A.Gokcen : Trans. Met. Soc. AIME **221** (1961) No.2, 233-236

[2] H.J.Grabke, S.K.Jyer and S.R.Srinivasan : Z. Metallkunde **66** (1975) 286-292

[3] R.Rawlings and P.G.Hatherley : Metal Sci. **9** (1975) 97-103

[4] J.D.Fast, M.B.Verrijp and J.L.Meijering : 'Le Frottement Interieur des Méteaux' Compte Rendus du Colloque tenu a S.Germain-en-Laye, 1960, edited by C.Crussard, S.Saada and J.Philibert (1961) 145

197. Fe-Mn-Ni

N.N.Kurnakovら[1]は光学顕微鏡による組織観察，熱膨張測定，電気伝導度測定により本系合金を研究している．合金はアームコ鉄，電解マンガン，電解ニッケルを用い，コランダムるつぼ中で溶解した．

図197-1は (a) Mn-Fe : Ni = 1 : 1 (wt%), (b) Mn-Fe : Ni = 1 : 4 (wt%), (c) Mn-Fe : Ni = 4 : 1 (wt%)の各温度-組成断面を示す．上記各合金系ではγ-Mn基のγ-固溶体

197. Fe-Mn-Ni

が存在するが, γ相ではγ-Fe, Niが全率固溶する. 金属間化合物相MnNiを基にしたε相が生じる. α-Mn, β-Mn基固溶体も上記断面で平衡反応に加わる.

Fe-Mn-Ni三元系は融体では全率溶解すると予想されるが, Yu.A.Kocherzhinskiiら[2]は示差熱分析の結果とシンプレックス法を用いて, 液相面, 固相面を決定した. 図197-2(a),(b)に液相面, 固相面投影図を示す.

V.I.Gomanikovら[3]は中性子回折を用い, 規則相Ni_3Fe-Ni_3Mn, Ni(MnFe)の存在領域を研究した. 母材はカルボニル鉄(99.9%), 99.7%Mn, 99.8%Niを用い, 高周波真空溶解により合金を作製した. 中性子回折はGeモノクロメーターを用い, λ=0.119nmの中性子線を用いた. また二相合金にはλ=0.194nmの中性子小角散乱を用いた.

規則格子反射の存在から, Ni_3(FeMn)長範囲規則格子の存在が確かめられている. また{100}回折線の分裂から, 正方晶Ni(MnFe)も確認された.

図197-3に673Kで焼鈍した合金の相領域を示す. γ'(Ni_3Fe:$L1_2$型構造)の相領域はFe-Ni二元合金における領域とよい一致を示す.

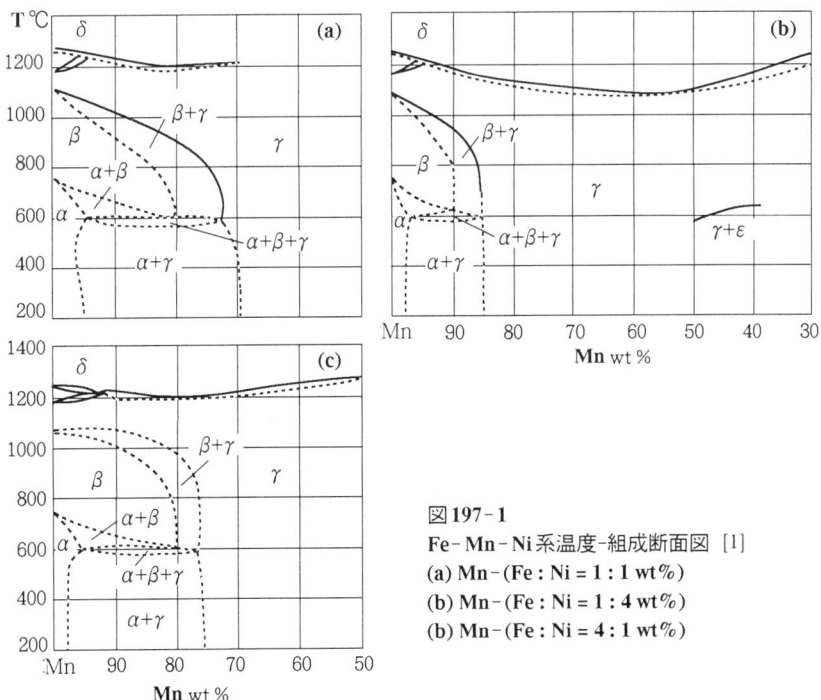

図 197-1
Fe-Mn-Ni系温度-組成断面図 [1]
(a) Mn-(Fe : Ni = 1 : 1 wt%)
(b) Mn-(Fe : Ni = 1 : 4 wt%)
(b) Mn-(Fe : Ni = 4 : 1 wt%)

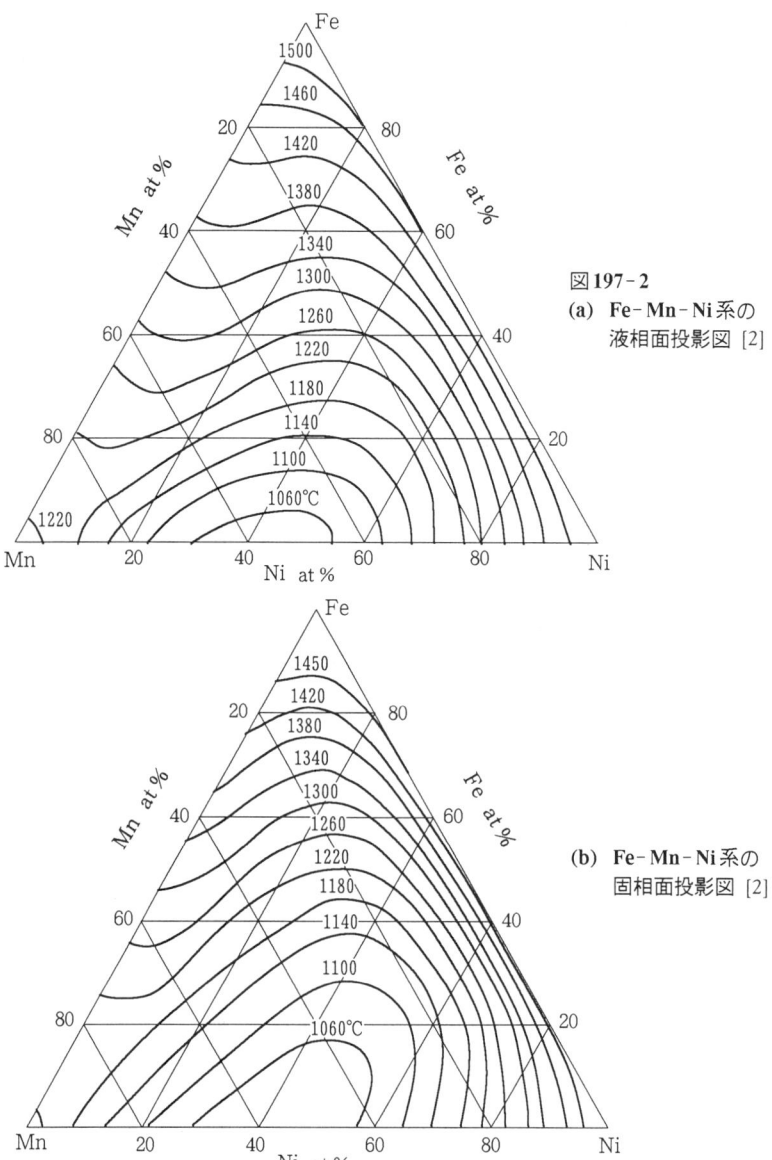

図197-2
(a) Fe-Mn-Ni系の液相面投影図 [2]

(b) Fe-Mn-Ni系の固相面投影図 [2]

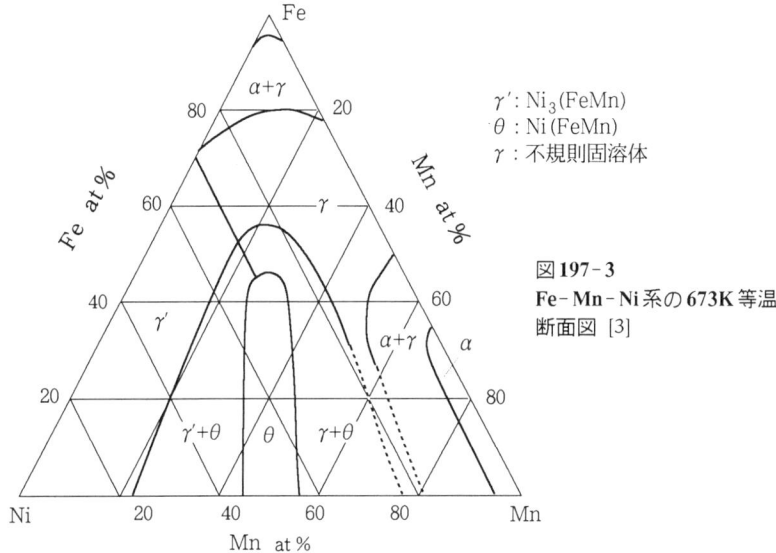

図197-3
Fe-Mn-Ni系の673K等温断面図 [3]

γ' : Ni$_3$(FeMn)
θ : Ni(FeMn)
γ : 不規則固溶体

文献 [1] N.N.Kurnakov and M.D.Troneva : Izvest. Sekt. Fiziko-khimich. Analiza **24** (1954) 132-147

[2] Yu.A.Kocherzhinskii, O.G.Kulik and V.Z.Turkevich : Izvest. Akad. Nauk SSSR, Metally (1985) No.4, 210-213

[3] V.I.Gomanikov, A.I.Zaitsev and V.I.Kleinerman : Izvest. Akad. Nauk SSSR, Metally (1988) No.2, 204-208

198. Fe-Mn-O

西川潔ら [1, 2] は，液相およびδ-Fe相の酸素溶解度に及ぼすMnの影響を調べ，平衡状態での固相-液相間の酸素分配係数を明らかにしている．融体をるつぼごとタンマン炉中でアルゴン雰囲気下で徐冷した．合金作製に用いた母材は，電解鉄と99.9％以上の電解マンガンであり，酸素は二酸化マンガンの形で加えた．

図198-1に，調べた一部の系の液相面を組成三角形の座標に等温線で示す．図198-2に平衡状態における固相と液相の組成を示してある．

小野勝敏ら [3] は熱天秤法によって，気相の酸素分圧と平衡酸化物相の関係を明らかにした．試料には高純度酸化物試薬を用い，X線回折によって相を同定している．図198-3に900℃におけるmanganowustite安定領域の組成と等酸素分圧線を示してある．

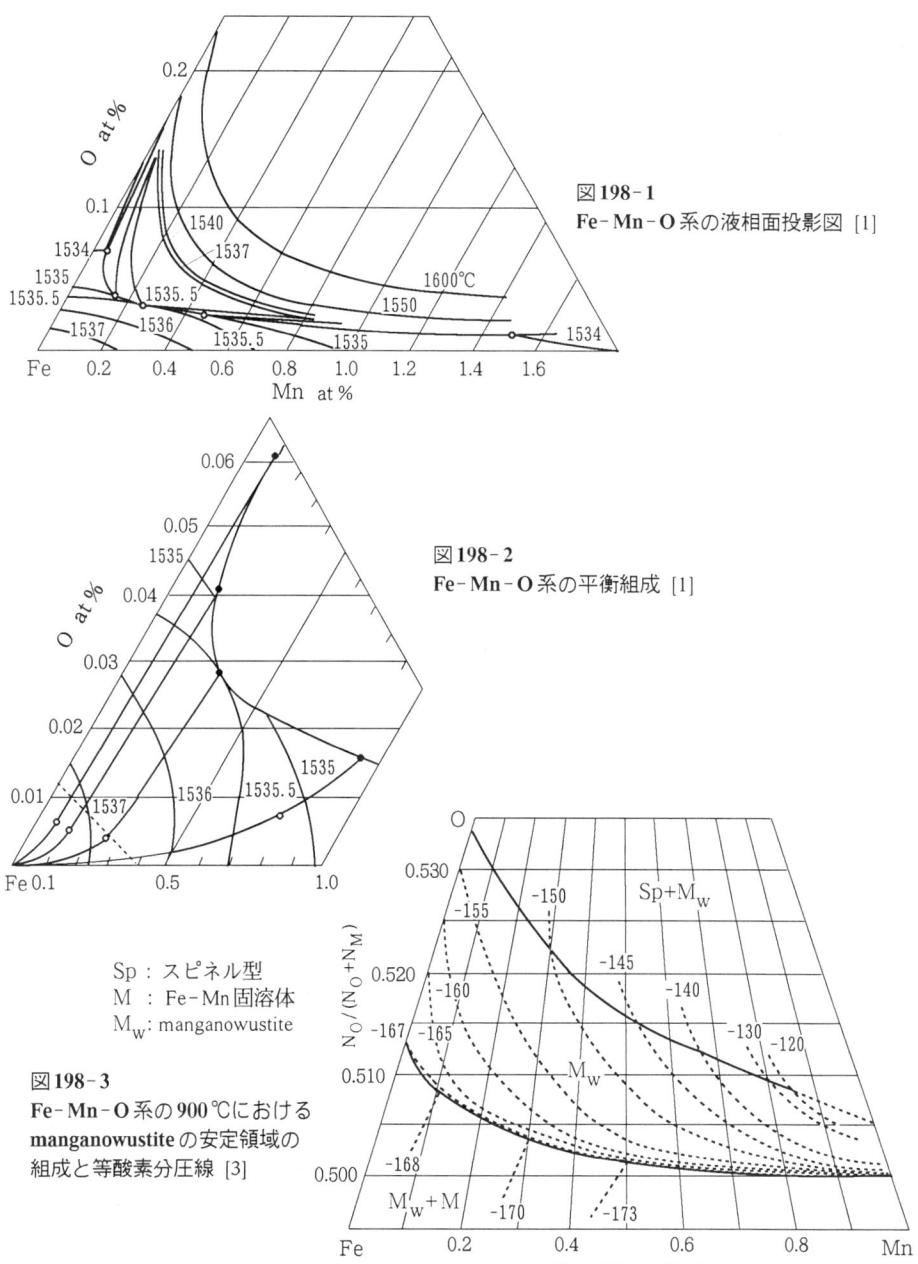

図198-1
Fe-Mn-O系の液相面投影図 [1]

図198-2
Fe-Mn-O系の平衡組成 [1]

Sp : スピネル型
M : Fe-Mn固溶体
M_w: manganowustite

図198-3
Fe-Mn-O系の900℃における
manganowustite の安定領域の
組成と等酸素分圧線 [3]

文献 [1] 西川 潔, 草野昭彦, 伊藤公允, 佐野幸吉: 鉄と鋼 **55** (1969) No.13, 1193-1198
　　　[2] K.Nishikawa, A.Kusano, K.Ito and K.Sano : Trans. Iron Steel Inst. Japan **10** (1970) No.2, 83-88
　　　[3] 小野勝敏, 上田忠雄, 尾崎 太, 植田幸富, 山口昭雄, 森山徐一郎: 日本金属学会誌 **35** (1971) 757-763

199. Fe-Mn-P

FeおよびMnに富む側ではFe_3P, Fe_2P, Mn_3P, Mn_2Pが生じる。このうち, Fe_2PとMn_2Pは全率固溶体を形成する (H.Nowotnyら[1], R.Vogelら[2]図199-1)。この断面の融点の極大値は1385℃となる。これは$Fe_2P \cdot Mn_2P$組成に相当する。他の2種のリン化物Fe_3PとMn_3Pは全率固溶体を形成しない。

図199-2は$Fe-Fe_2P-Mn_2P-Mn$領域の液相面投影図である[2]。各初晶領域で生じる相は以下のとおりである: Fe e_1 P_1 p_1-δ-Fe, p_1 P_1 P_2 T_m p_3 p_4 p_5 p_7-γ-Fe, p_7 P_5 p_4 p_5 p_6-γ-Mn, p_6 p_5 Mn-δ-Mn, p_4 P_5 P_4 e_2-β-Mn, e_2 P_4 P_3 p_3-Mn_3P, p_3 P_3 T_m P_2 $p_2 \cdot Fe_2P \cdot Mn_2P$-(Fe, Mn)$_2P$, p_2 P_2 P_1 e_1-Fe_3P。

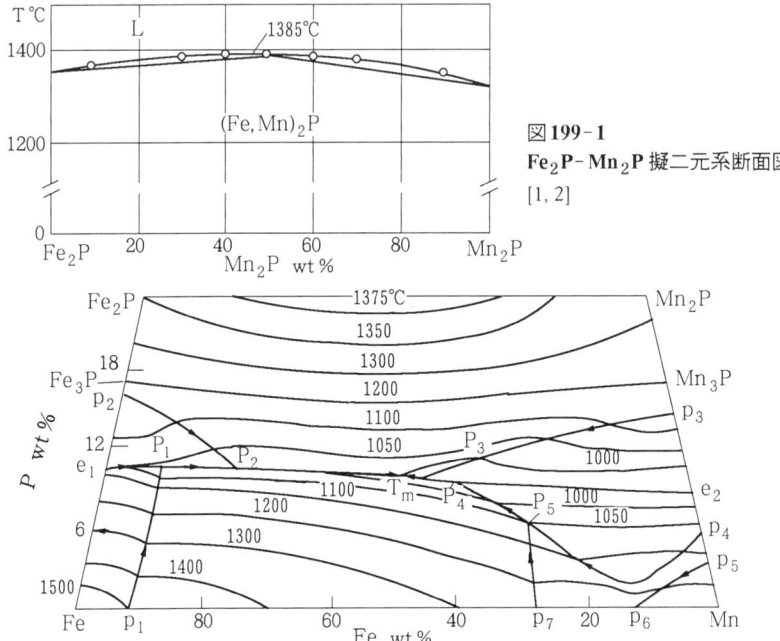

図199-1
Fe_2P-Mn_2P擬二元系断面図 [1, 2]

図199-2 Fe-Mn-P系のFe-Fe_2P-Mn_2P-Mn領域の液相面投影図 [2]

表199-1は凝固時の四相不変反応の特性を示している．
一変系反応 $L \rightleftarrows \gamma\text{-Fe} + (Fe, Mn)_2P$ の曲線の極小点 T_m は 950℃である．
図199-3は $Fe-Fe_2P-Mn_2P-Mn$ の室温における相関係である [2]．[2] は以上の他に7種類の温度-組成断面図を作成している．

表199-1 Fe-Mn-P系の三元包晶反応

反応	液相の組成対応点	温度℃
$L + \delta\text{-Fe} \rightleftarrows Fe_3P + \gamma\text{-Fe}$	P_1	1025
$L + Fe_3P \rightleftarrows \gamma\text{-Fe} + (Fe, Mn)_2P$	P_2	1015
$L + Mn_3P \rightleftarrows (Fe, Mn)_2P + \gamma\text{-Mn}$	P_3	955
$L + \beta\text{-Mn} \rightleftarrows \gamma\text{-Mn} + Mn_3P$	P_4	958

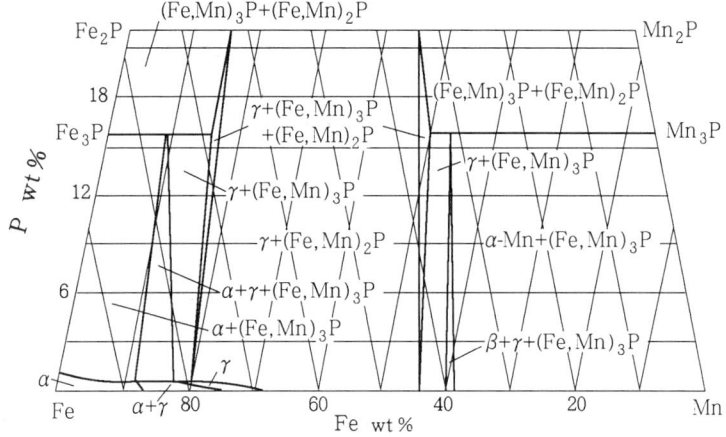

図199-3 Fe-Mn-P系の Fe-Fe$_2$P-Mn$_2$P-Mn 領域の室温における相領域 [2]

文献 [1] H.Nowotny and E.Henglein : Monatsh. Chem. **79** (1948) No.3/4, 385-393
    [2] R.Vogel and J.Berak : Arch. Eisenhüttenwesen **23** (1952) No.1/2, 217-223

200. Fe-Mn-S

本系の状態図は，Mn-MnS側からFeに富む領域まで広い範囲にわたり液相状態で相分離が見られることが特徴的である．相分離境界線の位置についてはR.Vogelら [1], O.Meyerら [2], F.Körber [3], E.Schürmannら [4], Y.Itoら [5] で詳しく研究されている．

[4] は1600℃における相分離境界を調べた．図200-1は二液相 (Fe-Mn合金を基にした液相とMnSを基にした液相) 共存領域のconodeおよびconodeの中心を通る

200. Fe-Mn-S

曲線を示す. 点Kは臨界点で, この点上で1600℃における相分離境界が終る. Fe-MnS断面は擬二元系を構成し, その結果 Fe-FeS-MnS-Mn系は2種の二次系, Fe-FeS-MnS, Fe-Mn-MnS に分かれる.

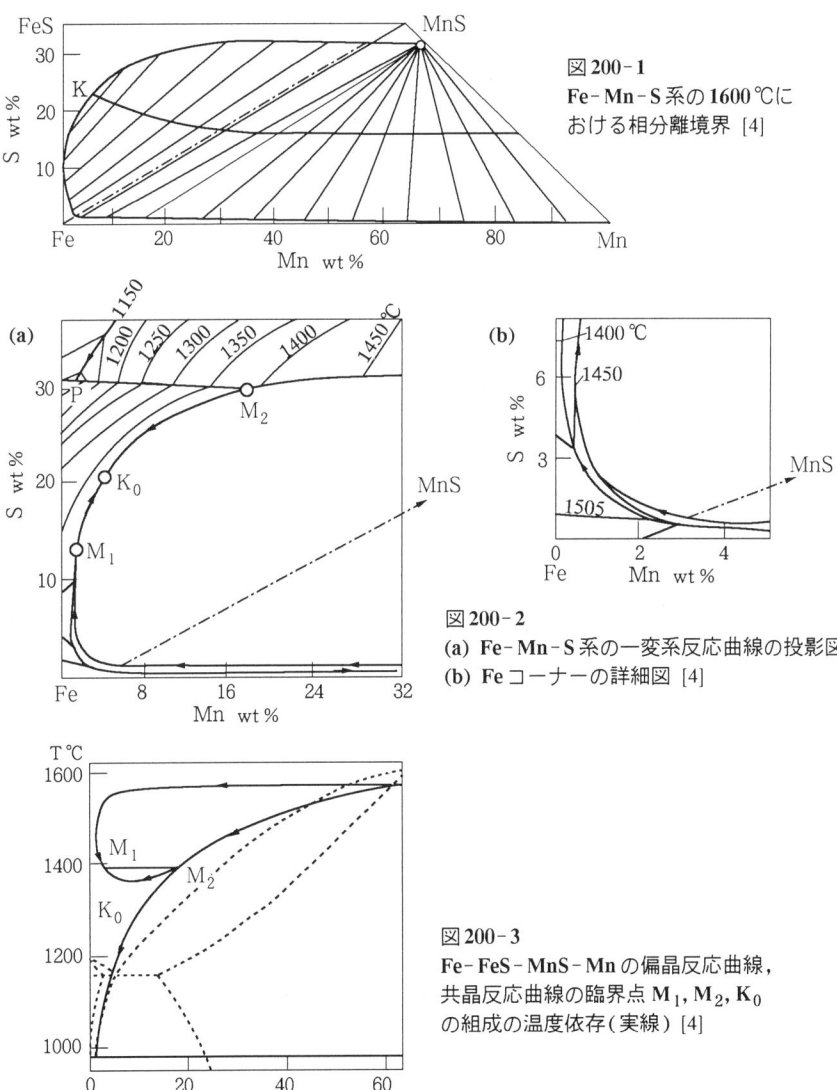

図200-1
Fe-Mn-S系の**1600℃**における相分離境界 [4]

図200-2
(a) **Fe-Mn-S**系の一変系反応曲線の投影図
(b) **Fe**コーナーの詳細図 [4]

図200-3
Fe-FeS-MnS-Mnの偏晶反応曲線, 共晶反応曲線の臨界点 M_1, M_2, K_0 の組成の温度依存(実線) [4]

図200-2 (a), (b)は一変系反応の曲線を示す [4]．一変系偏晶反応線は二元系 Mn - MnS の 1580℃から M_2 点, 1395℃まで低下する．この温度で四相不変反応が生じ，次の四相が平衡する：液相 M_2 (MnS 基), 液相 M_1 (Fe 基), MnS 基固溶体, Fe 基固溶体．

M_2 点の組成は 17wt%Mn, 30.8wt%S, M_1 点の組成は 1.5wt%Mn, 13wt%S である．M_2 点を過ぎて，一変系偏晶反応線は臨界点 K_0, 1370℃まで低下し続ける．共晶反応線は, Mn - MnS 側から出発して, Fe - MnS 擬二元断面と 1505℃で交差し，ここで極大となる．この温度は擬二元 Fe - MnS 断面の共晶点である．偏晶反応線位置の温度による変化を図 200-3 に示す [4]．同図の点線は FeS - MnS 擬二元断面図を示す．

[5] は Mn - MnS 側から出発する共晶線の位置をさらに正確に求めた．Fe - MnS 擬二元系における共晶反応 L → Fe + MnS の温度は 1500±3℃であり，共晶点組成は 3.2wt%Mn, 0.5wt%S であった．[5] の著者らは三元系では 2 種の四相不変反応が 1371℃, 1004℃に生じると予想している．低温側は, 共晶反応 L → Fe + FeS に関係し，二元系では 988℃で生じる．

二元 Fe - Mn, Fe - S 系状態図から，三元系では, 液相と δ-Fe 相が参加する一変系三相が生じると予想される．

Mn は, 固相の Fe 中の S の溶解度を低下する．Fe 中の S の溶解度に与える Mn の影響を表 200-1 に示す (E.T.Turkdogan ら [6])．

G.S.Mann ら [7] は実際の製鋼反応における Mn と S との反応を解析する目的から，Fe 過剰, Fe 非過剰状態での FeS - MnS 擬二元系の研究を行った．実験方法は Fe - Mn - Se 系と同様な方法を用いている．

Fe 非過剰の場合, ε-FeS(NiAs 型) と α-MnS(NaCl 型)は擬二元共晶を形成し，共晶温度は 1110℃±3℃である (図 200-4)．FeS 中への MnS の溶解度は 7wt%MnS で低温側までほぼ一定である．しかし, (Fe, Mn)S はおよそ 5at%M だけ非化学量論組成にずれていることが検出された (すなわち $M_{\sim 0.95}S$)．

Fe 過剰の条件は実際の製鋼時の反応の解析に不可欠であるが, Fe - Mn - Se と同様に, Fe 非過剰の場合と著しく様相が異なる (図 200-5)．この場合, 反応は包晶型となり，包晶温度は 997±3℃となる．FeS 側の固溶体 ζ 相, (Fe, Mn)S は金属原子欠乏型の ε 相と異なり，通常の NiAs 型となる．

表 200-1　Fe 中への S の溶解度 (wt%) に与える Mn 濃度 (wt%) の影響 [6]

T ℃	0	0.37	1.07	1.30	Mn
1200	0.031	0.0018	0.0007	0.0006	S
1335	0.046	0.0058	0.0031	0.0018	

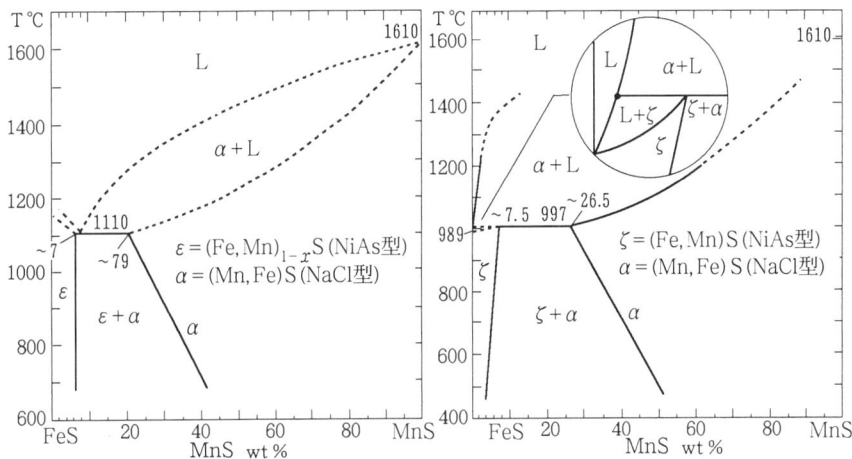

図200-4 Fe-Mn-S系のFeS-MnS断面図
Feが過剰に存在しない場合 [7]

図200-5 Fe-Mn-S系のFeS-MnS断面図
Feが過剰に存在する場合 [7]

文献 [1] R.Vogel and H.Baur : Arch. Eisenhüttenwesen **6** (1933) No.11, 495-500

[2] O.Meyer and F.Schulre : Arch. Eisenhüttenwesen **8** (1934) No.5, 187-195

[3] F.Körber : Stahl u. Eisen **56** (1936) No.15, 433-444

[4] E.Schürmann and H.J.Strösser : Arch. Eisenhüttenwesen **46** (1975) No.12, A. 761-766

[5] Y.Ito, N.Yonezawa and K.Matsubara : Trans. Iron Steel Inst. Japan **20** (1980) No.1, 19-25

[6] E.T.Turkdogan, S.Ignatowicz and J.Pearson : J. Iron Steel Inst. **4** (1955) 180, 249-354

[7] G.S.Mann and L.H.van Vlack : Met. Trans. **7B** (1976) 469-475

201. Fe-Mn-Sb

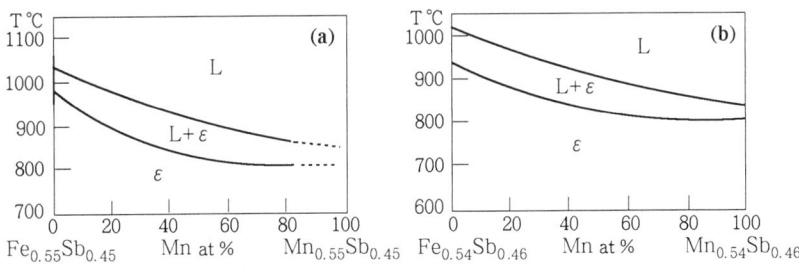

図201-1 Fe-Mn-Sb系の擬二元系断面図 [1]
(a) $Fe_{0.55}Sb_{0.45}$-$Mn_{0.55}Sb_{0.45}$ (b) $Fe_{0.54}Sb_{0.46}$-$Mn_{0.54}Sb_{0.46}$

K.A.Dyul'bina ら [1] は光学顕微鏡による組織観察, X線回折, 熱分析により本合金系を研究している. 母材は電解マンガンを真空中二度蒸留したもの, 高純度アンチモン, 99.98%カルボニル鉄粉を用い, 上記母材を配合したものを高周波溶解炉で瞬間溶解した後, 竪型の抵抗炉で1200℃で二次溶解をした. 得られた合金はアルゴン雰囲気下で, 650℃×14日間の焼鈍を施した.

図201-1に $Fe_{0.55}Sb_{0.45}-Mn_{0.55}Sb_{0.45}$, $Fe_{0.54}Sb_{0.46}-Mn_{0.54}Sb_{0.46}$ の切断面を示す. 両断面とも各成分が互いに全率固溶する擬二元系状態図となる.

文献 [1] K.A.Dyul'bina, I.L.Poimenov and A.N.Kobylkin : Izvest. Akad. Nauk SSSR, Neorg. Materialy **14** (1978) No.10, 1018-1028

202. Fe-Mn-Se

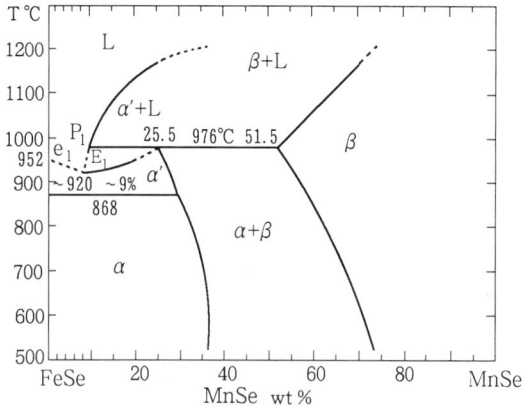

図202-1
Fe-Mn-Se系の FeSe-MnSe 断面図
Feが過剰に存在する状態 [1]

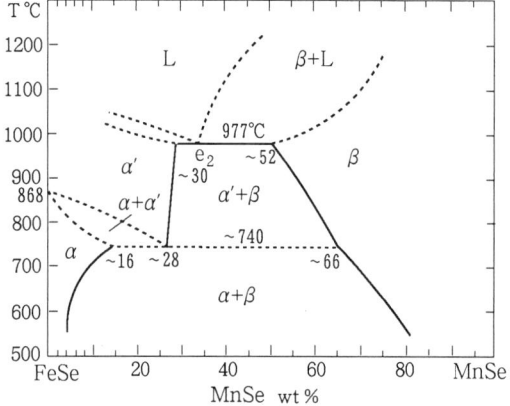

図202-2
Fe-Mn-Se系の FeSe-MnSe 断面図
Feが過剰に存在しない状態 [1]

G.S.Mannら[1]はFe-FeSe-MnSe-Mn領域の研究を行っている．FeSeの作製は，石英管に鉄粉とSe粉末を封入し600℃に加熱，Se蒸気と鉄粉とを反応させFeSeとし，余分の鉄粉を磁石で選り分けた．MnSeの作製は上記と同様に，Mn粉末を400℃のSe融体中に溶解し2日間保持後，600℃に徐々に昇温し，1週間保持した．いくらかSe過剰としたが，過剰のSeは600℃で7~10日間，真空焼鈍でとばした．実験方法は光学顕微鏡による組織観察，X線回折，示差熱分析，EPMAによった．

図202-1, 図202-2はFeSe-MnSe断面であるが，図202-1は実際の鋼中での反応を想定する上で便利なようにFeが過剰に存在する条件下のものである．図202-2はFeは過剰ではない．Feが過剰に存在すると状態図は著しく変化し，液相は920℃ (~9wt%MnSe)まで存在し，包晶線は976℃に存在する．FeSeには25wt%MnSeが，MnSeには48wt%FeSeがそれぞれ溶解する．Feが過剰に存在しなければ(図202-2)，FeSe中へのMnSeの溶解度は30wt%，MnSe中のFeSeの溶解度は48wt%で，共析温度~740℃ではそれぞれ28wt%, 34wt%に低下する．Feが過剰でなければ，図に明らかなように，共晶反応，共析反応を有し，α' : (Fe, Mn)Seは比較的広い範囲にわたり固溶体を形成する．

図202-3はFe-FeSe-MnSe-Mn領域の液相面投影図である．~920℃, E_1点で三元共晶を形成するものと思われる．また976℃, P_1点に三元包晶点が存在する．化合物α相：(Fe, Mn)$_{1-x}$SeはNiAs($B8_1$)型構造を有するが，α' : (Fe, Mn)Seの構造は未決定である．Fe過剰の場合$\alpha \rightleftarrows \alpha'$変態は868℃で生じる．MnSeはNaCl(B1)型構造で，その固溶体β : (Mn, Fe)Seとも同一の構造を有する．

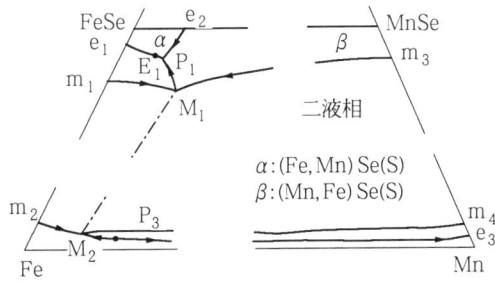

図202-3 Fe-Mn-Se系の部分液相面投影図 [1]

二元不変点の温度
e_1 : 952℃, e_2 : 977℃, e_3 : ~1230℃,
m_1, m_2 > 1000℃, m_3, m_4 : ~1500℃
三元不変点の温度
E_1 : 920℃, P_1 : 976℃, M_1, M_2 : 1500℃
組成
e_1 : 48wt%Se, e_2 : ~35wt%MnSe,
E_1 : ~9wt%MnSe, 90wt%FeSe,
P_1 : ~9wt%MnSe, 90wt%FeSe, 1wt%Fe

文献 [1] G.S.Mann and L.H.van Vlack : Metall. Trans. **B8** (1977) No.1, 47-51

203. Fe-Mn-Si

X線回折 [1, 3], X線マイクロアナライザー [2], 光学顕微鏡による組織観察および熱分析 [2, 3] による研究がある．B.Aronsson [1] は合金をアルゴン雰囲気下でアー

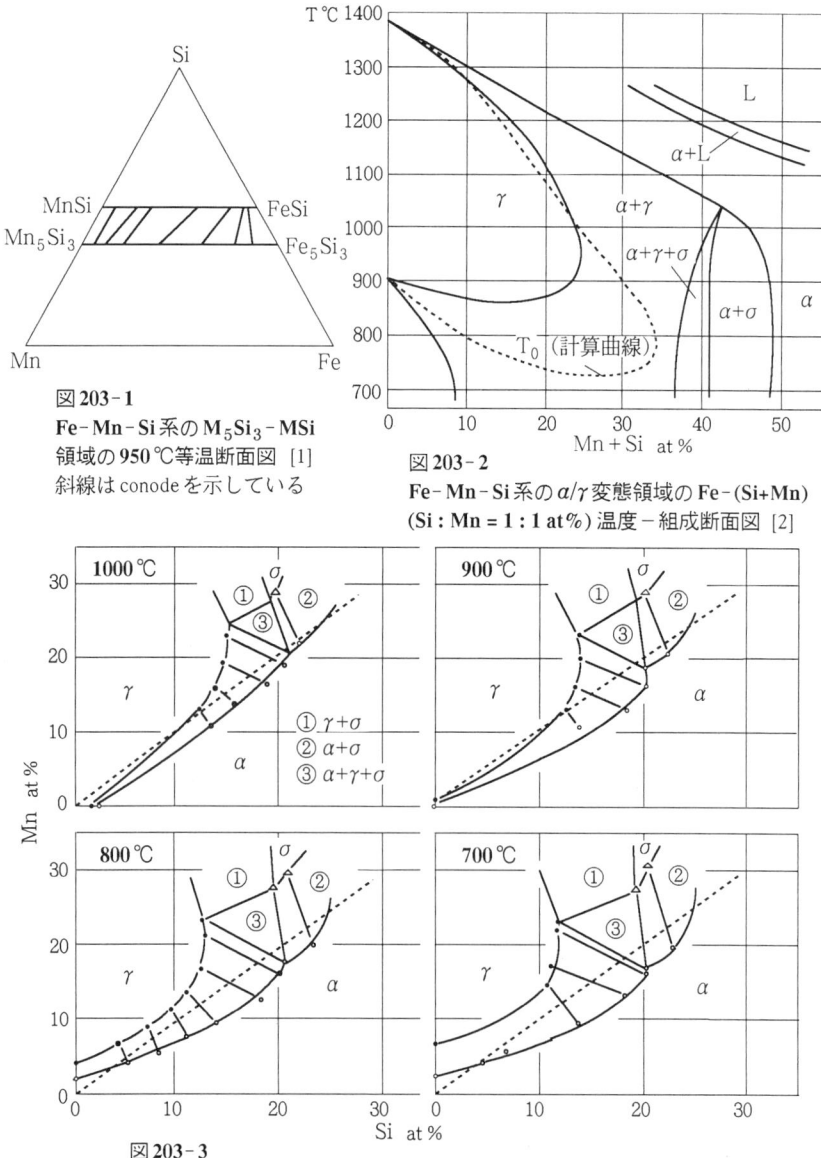

図203-1
Fe-Mn-Si系のM_5Si_3-MSi領域の950℃等温断面図 [1]
斜線はconodeを示している

図203-2
Fe-Mn-Si系の$α/γ$変態領域のFe-(Si+Mn)(Si:Mn = 1:1 at%) 温度-組成断面図 [2]

図203-3
Fe-Mn-Si系の$α/γ$平衡の各温度での等温断面図 [2]
図中の$σ$相はほぼ$Fe_5Mn_3Si_2$組成を有し, Fe-Ni-Si系の$σ$相と類似の相
図203-2中の$σ$もこれと同一　点線はSi:Mn = 1:1 (at%)

ク溶解により作製，石英管に封入し，950℃×8日間焼鈍した．

図203-1は950℃における等温断面図で，M_5Si_3-MSi (ここでMはMnあるいはFe)が存在する領域のものである．本系では2種類の化合物相間の固溶体：Mn_5Si_3-Fe_5Si_3 (Mn_5Si_3型)およびMnSi-FeSi (FeSi型)が生じるが，それらの間には二相領域が存在する．

石田清二ら[2]はFeに富む側の状態図の特性について研究している．図203-2はα/γ変態領域で，Fe-(Si+Mn)(Si：Mn=1：1at%)の温度-組成断面図である．また図203-3は各温度での等温断面図である．

N.Kh.Abrikosovら[3]は$MnSi_{1.72}$-$FeSi_2$断面を研究している．試料の作製は高純度母材を石英管中で合金化した．断面$MnSi_{1.72}$-$FeSi_2$は擬二元共晶型である．共晶点は$MnSi_{1.72}$+40mol%$FeSi_2$である．$FeSi_2$基固溶体は900℃で20mol%$MnSi_{1.72}$組成まで拡がる．

D.I.Bardosら[4]は光学顕微鏡による組織観察，X線回折，化学分析によりFe-Mn-30at%Si領域の合金の研究を行った．母材はいずれも99.9%以上の純度のものを使い，アルゴン雰囲気下で高周波溶解により合金を作製した．1000℃の部分等温断面図によれば，β-Mn基固溶体が三元系に深く入り込んでいる．表記領域内では新しい三元化合物相は見出されなかった．

文献 [1] B.Aronsson : Acta Chem. Scand. **12** (1958) No.2, 308-312
   [2] 石田清二, 渋谷 洌, 西澤泰二：日本金属学会誌 **37**(1973) No.12, 1305-1313
   [3] N.Kh.Abrikosov, L.D.Ivanova and L.I.Petrova : Izvest. Akad. Nauk SSSR, Neorg. Materialy **10** (1974) No.12, 2226-2227
   [4] D.I.Bardos, K.R.Malik, F.X.Spiegel and P.A.Beck : Trans. AIME **236** (1966) 40-48

204. Fe-Mn-Sn

D.I.Bardosら[1]は光学顕微鏡による組織観察，X線回折，化学分析により，Mnコーナーの合金の相平衡を研究している．母材はいずれも99.9%以上の純度のものを用い，アルゴン雰囲気下で高周波溶解により合金を作製した．

図204-1に1000℃におけるMnコーナー等温断面図を示す．β-Mn基固溶体の相境界のみが確定しているが，β-Mn相はMn-Sn, Mn-Fe各二元系の固溶体域以上には拡がらない．

N.M.Matveevaら[2]は光学顕微鏡による組織観察，熱分析，X線回折により，$MnSn_2$-$FeSn_2$擬二元系断面について研究した．母材は真空中で精製した電解マンガン，水素還元した電解鉄，純スズを用い，アルゴン雰囲気下で高周波溶解により合金を作製した．

$MnSn_2$, $FeSn_2$ともに$CuAl_2$型の体心立方晶で，それぞれの二元系では548℃, 496

℃で包晶反応により生じる．熱分析曲線から $MnSn_2$ - $FeSn_2$ 固溶体の固相線を決定した (図204-2)．図204-3に $FeSn_2$ - $MnSn_2$ 固溶体の格子定数の組成依存を示してある．格子定数は $FeSn_2$ の $a = 0.650$ nm, $c = 0.531$ nm から $MnSn_2$ の $a = 0.666$ nm, $c = 0.544$ nm まで直線的に増加する．以上のことから $FeSn_2$ - $MnSn_2$ は全率固溶体を形成するものと考えられる．

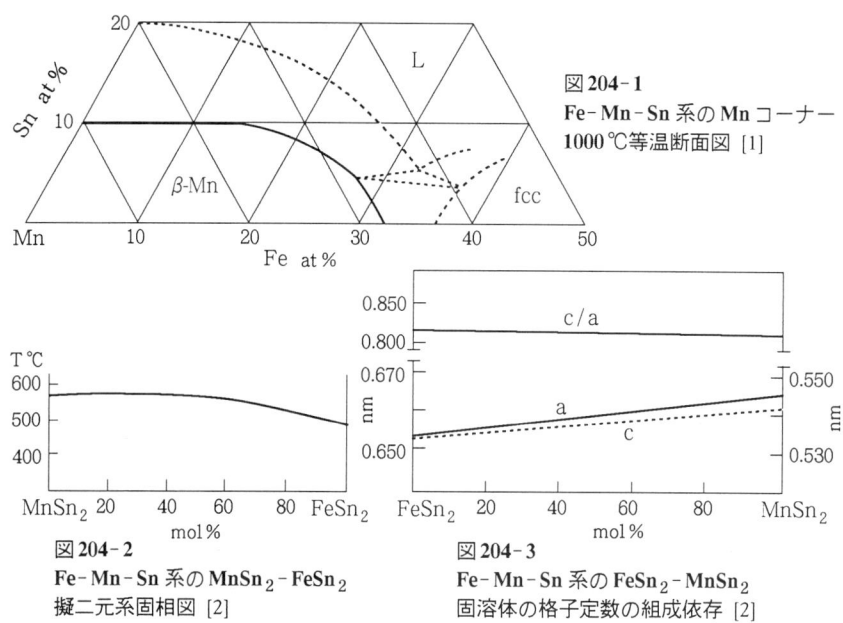

図204-1 Fe-Mn-Sn系のMnコーナー 1000℃等温断面図 [1]

図204-2 Fe-Mn-Sn系の $MnSn_2$ - $FeSn_2$ 擬二元系固相図 [2]

図204-3 Fe-Mn-Sn系の $FeSn_2$ - $MnSn_2$ 固溶体の格子定数の組成依存 [2]

文献 [1] D.I.Bardos, R.K.Malik, F.X.Spiegel and P.A.Beck : Trans. Met. Soc. AIME **236** (1966) 40
 [2] N.M.Matveeva, S.V.Nikitina and S.B.Zezin : Izvest. Akad. Nauk SSSR, Metally (1968) No.5, 194-197

205. Fe-Mn-Te

G.S.Mannら [1] は，光学顕微鏡による組織観察，EPMA，示差熱分析により，Feを過剰に含む状態での $Fe_{1.2}Te$ - MnTe 断面を研究している．実験方法は同じ著者らのFe-Mn-S, Fe-Mn-Se系の研究と同一である．FeとTeの母合金は，高純度鉄線とTeを石英管に真空封入し600℃で反応させて作製した．生じた合金は $Fe_{1.2}Te$ であった．これをさらに鉄るつぼ中にアルゴン封入して溶解した．MnTeはMn粉末とTeとを反応させて得た．Teがいくらか過剰であるため，MnTeの他に少量の $MnTe_2$ が生じたが，真空中で600℃×3~5時間加熱し除去した．

205. Fe-Mn-Te

図205-1はFe-Mn-Te系の$Fe_{1.2}Te$-MnTe断面である.四相不変平衡点は830℃±6℃(P_1点),偏晶反応点(M_2)は895±3℃である. MnTeに富む液相は82wt%MnTeを含み,FeTeに富む液相は~9wt%MnTeを含む. $Fe_{1.2}Te$側の共晶点は~1wt%MnTe近傍である. MnTe中へのFeTeの最大固溶度は6.5wt%FeTe,$Fe_{1.2}Te$中へのMnTeの最大固溶度は0.1wt%MnTeであった.

β_F相は$(Fe,Mn)_{1.2}Te$でPbO(B10)型構造,α相は(Mn,Fe)Teで,NiAs($B8_1$)型構造,β_M相は(Mn,Fe)TeでMnTeの高温形,NaCl(B1)型構造である.

図205-2はFeが過剰に存在する条件下での,Fe-$Fe_{1.2}Te$-MnTe-Mn領域の液相面投影図である. 二元不変点p_1-845℃,p_2-1151℃,m_1,m_2-1500℃,m_3,m_4-1230℃. 三元不変点P_1-830℃,M_1,M_2-895℃である. P_1点の組成は1wt%MnTe, 99wt%$Fe_{1.2}Te$, M_1:~9wt%MnTe, 91wt%$Fe_{1.2}Te$, M_2:82wt%MnTe, 18wt%$Fe_{1.2}Te$,

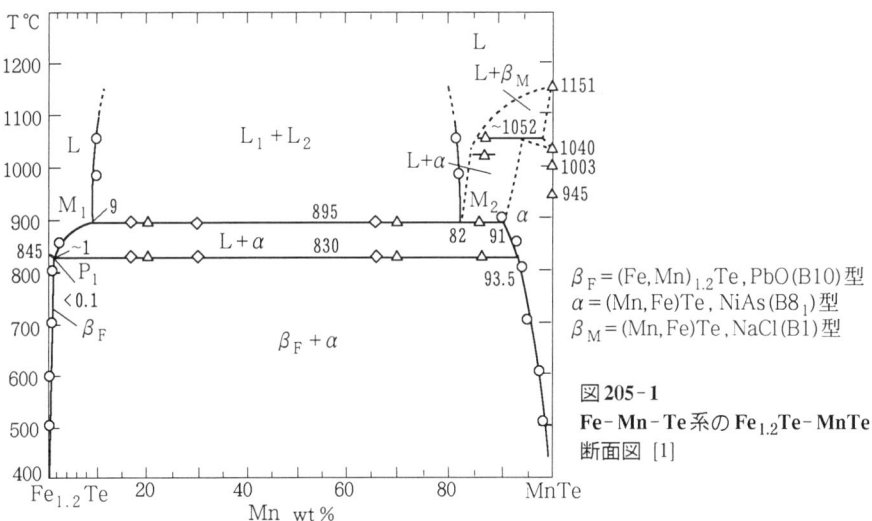

図205-1 Fe-Mn-Te系の$Fe_{1.2}Te$-MnTe 断面図 [1]

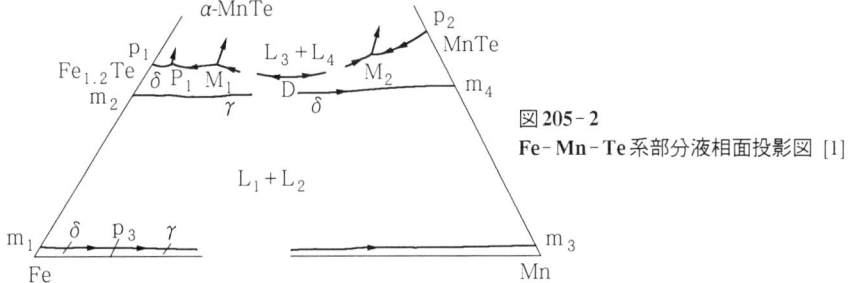

図205-2 Fe-Mn-Te系部分液相面投影図 [1]

L_1: Fe に富む液相, L_2: Te 化合物に富む液相．L_3 は FeTe に富む液相, L_4 は MnTe に富む液相である．

文献 [1] G.S.Mann and L.H.van Vlack : Metall. Trans. **B8** (1977) No.1, 53-57

206. Fe-Mn-Ti

村上陽太郎ら [1, 2], C.M.Craighead ら [3] は Ti コーナー近傍の状態図を研究している．また P.C.Panigrahy ら [4] は Mn に富む合金, D.Dew-Hughes [5] は化合物 TiFe 近傍の状態図を研究している．上記研究では, Fe に富む側の状態図は従って仮想図

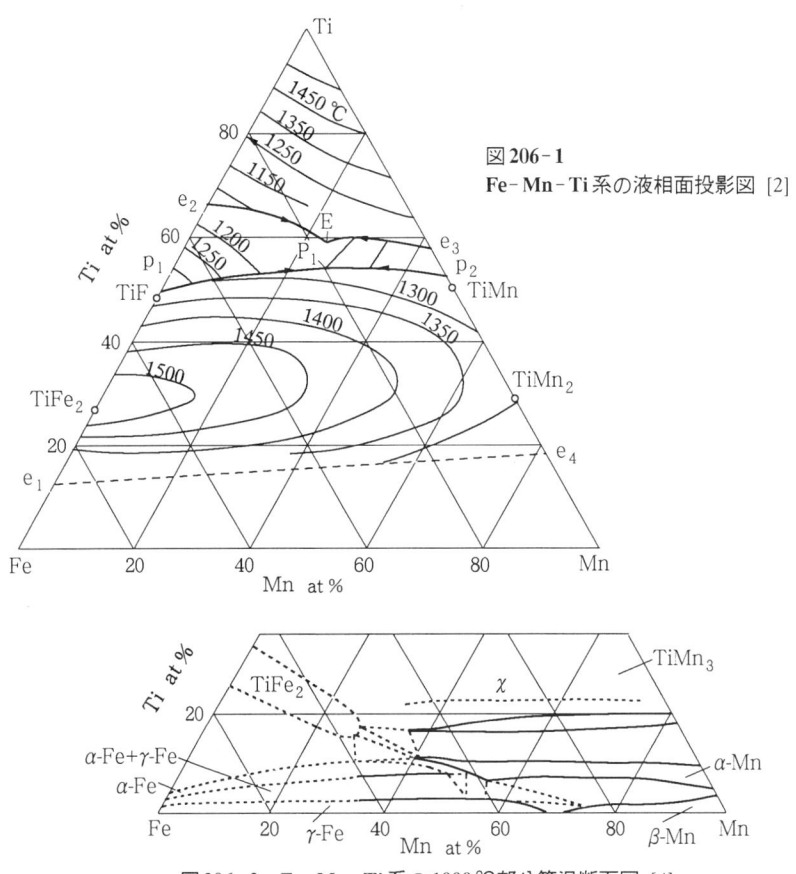

図 206-1
Fe-Mn-Ti 系の液相面投影図 [2]

図 206-2　Fe-Mn-Ti 系の 1000 °C 部分等温断面図 [4]
χ は χ 相 (構造未定), Mn-Ti 二元系へのつながりを考えると
$TiMn_3$ に近いと考えられる

である.

図206-1は液相面の投影図である. 2種の四相不変反応がある: L + Ti (Fe, Mn) ⇌ TiFe + TiMn, 1100 °C. L ⇌ TiFe + Ti + TiMn, 1050 °C. 第一の反応の液相組成はP₁点, 第二の反応はE点に相当する.

広い Ti (Fe, Mn) 固溶体領域が見出された [2]. 二元系の化合物相 $TiFe_2$, $TiMn_2$ は Laves 相とともに六方晶 $MgZn_2$ 型構造を有する [6]. 両者は全率固溶体を形成する. Fe-Ti 二元系では Fe 基固溶体と $TiFe_2$ が平衡するが, 三元系では Fe 基固溶体と固溶体 $Ti-(Fe, Mn)_2$ が平衡する.

図206-2は1000 °Cにおける部分等温断面図である [4]. $TiFe_2$ 基固溶体はいくらかの組成幅を有するが, 三元系では Mn-Ti 側には拡がらない. [6] は1000 °Cにおける等温断面図を計算により求めた.

文献 [1] 村上陽太郎, 圓城敏雄: 日本金属学会誌 **22** (1958) No.5, 265-269
　　　[2] 村上陽太郎, 圓城敏雄: 日本金属学会誌 **22** (1958) No.6, 328-332
　　　[3] C.M.Craighead, O.W.Simmons and L.W.Eastwood: Trans. AIME **188** (1950) No.4, 514-538
　　　[4] P.C.Panigrahy and K.P.Gupta: Trans. AIME **245** (1969) No.7, 1533-1536
　　　[5] D.Dew-Hughes: Metall. Trans. **11A** (1980) No.11, 1219-1225
　　　[6] D.Dew-Hughes: CALPHAD **3** (1979) No.3, 175-203

207. Fe-Mn-U

UFe_2-UMn_2 断面を通り, U コーナーまでの状態図の研究がある (G.Petzow ら [1, 2], T.A.Badaeva [3]). 図207-1は UFe_2-UMn_2 擬二元系断面図である [1]. 化合物 UFe_2 と UMn_2 は全率固溶体を形成する.

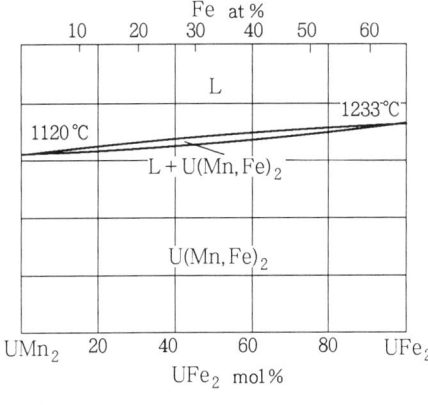

図207-1
Fe-Mn-U 系の UFe_2-UMn_2 の擬二元系断面図 [1]

文献 [1] G.Petzow, S.Steeb and G.Kiessler : Z.Metallkunde **54** (1963) No.8, 473-477
　　 [2] G.Petzow, A.O.Sampaio and M.De Lourdes Pinto : J. Nuclear Mater. **26** (1968) No.3, 331-337
　　 [3] T.A.Badaeva and R.I.Kuznetsova : "Stroenie i Svojstva Splavov dlya Atom. Energetiki", Moskva, Nauka (1973) 30-34

208. Fe-Mn-V

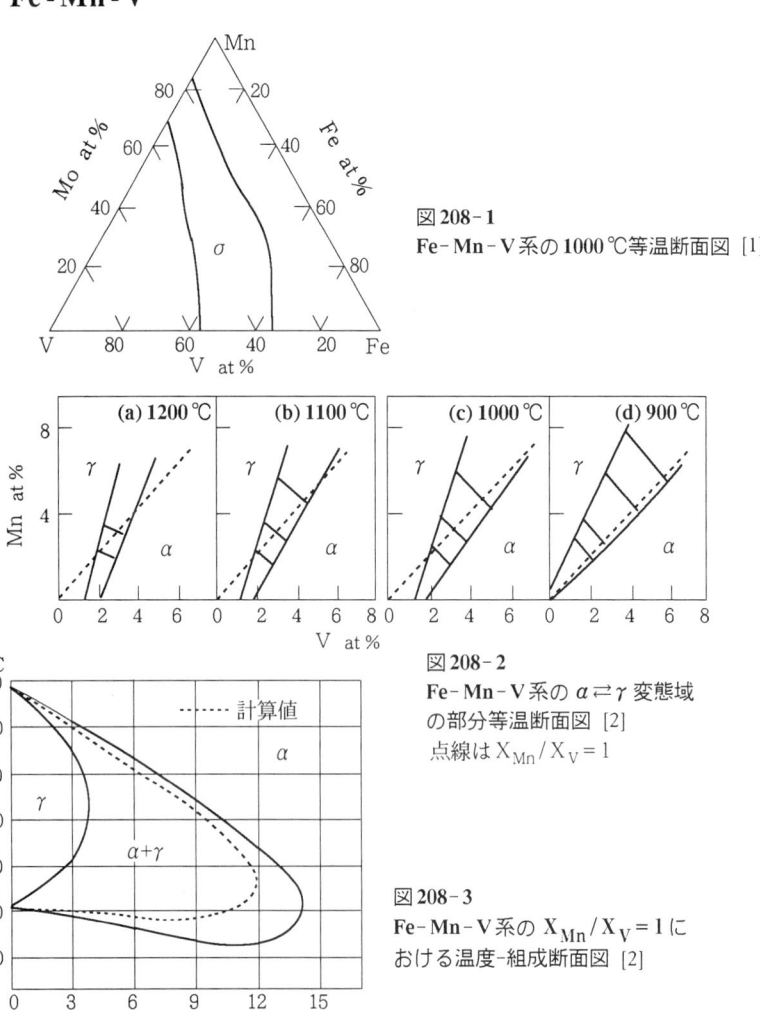

図208-1
Fe-Mn-V系の1000℃等温断面図 [1]

図208-2
Fe-Mn-V系の $\alpha \rightleftarrows \gamma$ 変態域の部分等温断面図 [2]
点線は $X_{Mn}/X_V = 1$

図208-3
Fe-Mn-V系の $X_{Mn}/X_V = 1$ における温度-組成断面図 [2]

J.B.Darbyら[1]は光学顕微鏡による組織観察，X線回折によりFe-V, Mn-Vのσ相の1000℃における相互作用を研究している．両系のσ相は図208-1に示すように全率固溶体を形成する．

石田清二ら[2]は光学顕微鏡による組織観察，X線回折と熱力学的計算から，900~1200℃の間の$\alpha \rightleftarrows \gamma$平衡領域を研究している．図208-2は$\alpha \rightleftarrows \gamma$変態領域の等温断面図である．また図208-3に$X_{Mn}/X_V=1$の領域における$\gamma$-ループ近傍の温度-組成断面図を示す．

文献 [1] J.B.Darby and P.A.Beck : Trans. AIME **209** (1957) No.1, 69-72
　　 [2] 石田清二，渋谷 洌，西澤泰二：日本金属学会誌 **37** (1973) 1305-1313

209. Fe-Mn-Y

H.R.Kirchmayr[1]は本系合金をX線回折によって調べ，Y_6Fe_{23}-Y_6Mn_{23}およびYFe_2-YMn_2の断面に関するいくつかのデータを報告している．母材に99.9%Y, 99.9%の電解マンガンおよび99.9%Feを用いた．[1]によれば，それぞれTh_6Mn_{23}および$MgCu_2$型の構造の全率固溶体$Y_6(Fe, Mn)_{23}$と$Y(Fe, Mn)_2$を形成する．Y_6Fe_{23}とY_6Mn_{23}との化合物の格子定数(a)は1.21nmから1.242nmまで変化し，YFe_2とYMn_2との化合物は0.735 nmから0.765nmまで変化する．

なお，上記二元系の化合物の格子定数はPearson's Handbookによれば以下のとおりである．

Y_6Fe_{23} (fcc, 空間群 *Fm3m*) : 1.212nm．Y_6Mn_{23} (構造Y_6Fe_{23}と同じ) : 1.2189nm．
YFe_2 ($MgCu_2$型，空間群 *Fd3m*) : 0.7363nm．YMn_2 ($MgCu_2$型) : 0.7678nm．

O.I.Bodakら[2]は本系合金の0~33.3at%Y領域の合金について，粉末X線回折，光学顕微鏡による組織観察で研究している．母材は99.3%Y, 電解マンガン(99.9%), カルボニル鉄(99.96%)を用い，アルゴン雰囲気下アーク溶解により合金を作製した．

図209-1に870K等温断面図を示す．YMn_2とYFe_2は[1]の結果と一致し，全率固溶体を形成する．化合物Y_2Fe_{17} (Th_2Ni_{17}型構造)は44at%Mnまでを溶解する．化合物Y_2Fe_{17-x} (Th_2Zn_{17}型構造)は30at%Mnまでを溶解する．化合物Y_6Fe_{23} (Fe-Y二元系本書p.96ではYFe_4として表されている)は50at%Mnまで溶解するが，Y_6Mn_{23}とY_6Fe_{23}とは表記温度では全率固溶体を生じなかったので，[1]で示された全率固溶体はさらに高い温度に存在するのかも知れない．

$YMn_{12}, Y_6Mn_{23}, YFe_3$は第三元素をほとんど溶解しない．

本系には2種類の三元化合物が存在する．$YMn_{5.1}Fe_{6.9}$ (ϕ)および$Y(Y_{0.025}Mn_{0.661}Fe_{0.314})_{12}$ (ϕ')はともに$ThMn_{12}$構造を有し，ϕ相の格子定数はa = 0.8528nm, c = 0.4756nm, ϕ'相の格子定数はa = 0.8553nm, c = 0.4769nmである．これらの化合物は二元化合物YMn_{12}と同型であるが，表記温度では相互関係を持たない．

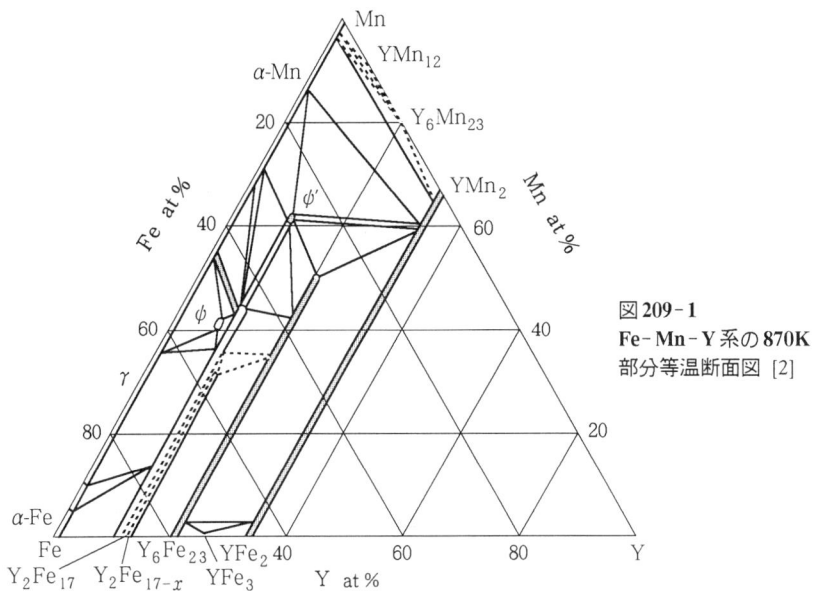

図209-1
Fe-Mn-Y系の870K
部分等温断面図 [2]

文献 [1] H.R.Kirchmayr : Monatsh. Chem. **97** (1966) No.6, 1587-1589
　　　[2] O.I.Bodak and G.I.Kirchiv : Izvest. Akad. Nauk SSSR, Metally (1983) No.2, 220-221

210. Fe-Mn-Zn

　1000℃, 720℃, 625℃の等温断面図の研究がある(S.Budurovら [1,2], 図210-1).
1000℃ではγ(オーステナイト)相領域はMn濃度の増加に伴い拡がるが, α(フェ

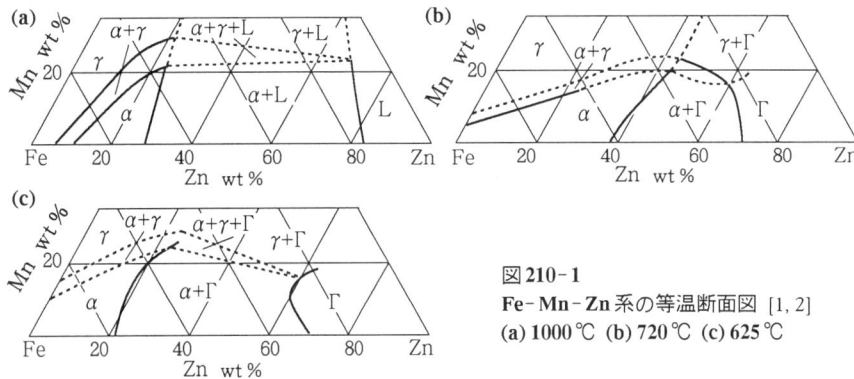

図210-1
Fe-Mn-Zn系の等温断面図 [1, 2]
(a) 1000 ℃ (b) 720 ℃ (c) 625 ℃

ライト)相は狭くなる。α相, γ相とも1000℃でZnに富む液相と平衡する。625℃, 720℃ではFe-Zn二元系で生じる立方晶Γ相とα, γ両相が平衡する。625℃, 720℃ではZnはもともと液相状態であるので, 状態図のZnコーナー近傍ではΓ相領域は, Znに富む液相を含む相領域を形成するものと思われる。

文献 [1] S.Budurov, K.Russev, P.Kovatchev and S.Toncheva : Z. Metallkunde **65** (1974) No.11, 683-685

[2] S.Budurov, S.Toncheva, P.Kovachev and K.Rusev : Materialozn. i Tekhnol. (1980) No.9, 101-109

211. Fe-Mn-Zr

$ZrFe_2$ - $ZrMn_2$ 断面の研究がある(V.V.Pet'kov [1])。$ZrFe_2$ と $ZrMn_2$ はともにLaves相であるが, 構造を異にする。$ZrMn_2$ 相は $MgZn_2$(λ_1 相)型の六方晶で, $ZrFe_2$ は $MgCu_2$(λ_2 相)型の立方晶である。$ZrFe_2$ - $ZrMn_2$ 断面は擬二元包晶型である(図211-1)。包晶温度は 1570±10℃である。λ_1, λ_2 相は固溶体を形成し, 900℃で $ZrFe_2$ は ~18at%Mn を, $ZrMn_2$ は ~38at%Fe をそれぞれ溶解する。温度が上昇しても溶解度はあまり変化しない。

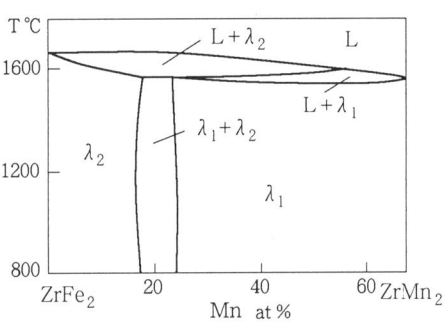

図211-1 Fe-Mn-Zr系のZrFe$_2$-ZrMn$_2$擬二元系断面図 [1]

文献 [1] V.V.Pet'kov : Izvest. Akad. Nauk SSSR, Metally (1972) No.5, 155-157

212. Fe-Mo-Nb

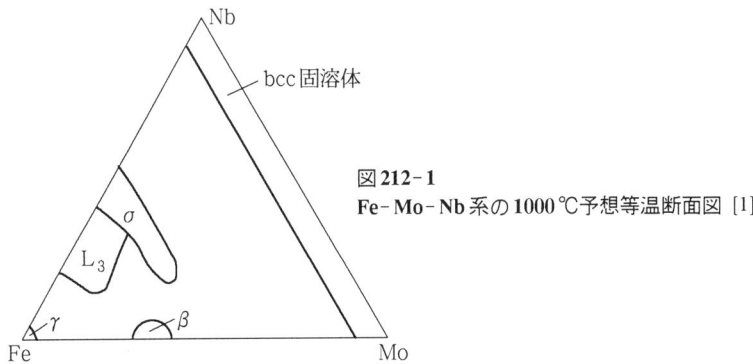

図212-1
Fe-Mo-Nb系の1000℃予想等温断面図 [1]

H.J.Goldschmidt [1] による1000℃における予想等温断面図の研究がある(図212-1). それによるとMo-Nb側に沿ってbcc固溶体が存在し, fcc格子のFe基固溶体, Fe-Mo二元系のβ相, Fe-Nb系σ相, 六方晶$MgZn_2$型Laves相L_3が存在し, 他の領域は三相領域となると考えている.

文献 [1] H.J.Goldschmidt : J. Less-Common Metals **2** (1960) No.2, 138-153

213. Fe-Mo-Ni

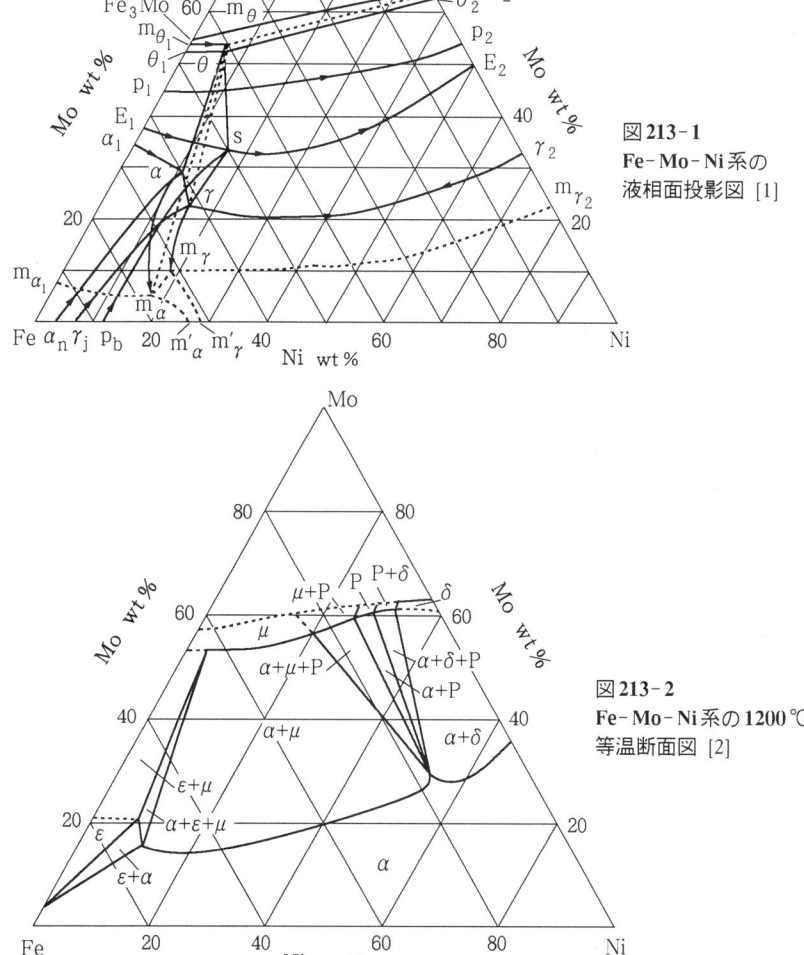

図213-1
Fe-Mo-Ni系の液相面投影図 [1]

図213-2
Fe-Mo-Ni系の1200℃等温断面図 [2]

213. Fe-Mo-Ni

Fe-Fe$_3$Mo-NiMo-Niの組成領域の1934年の研究がある(W.Köster [1]). この研究によればFe$_3$MoとNiMoは全率固溶体を形成するという. α相, γ相およびθ相(上記化合物相の固溶体)は互いに平衡する. 図213-1は濃度三角形上への液相面の投影図である. 液相が加わった三元系の平衡は四相平衡面, L+α⇄γ+θ: 1350℃で終了する. この面上で, 高温域から出発している三相平衡, E$_1$⇄α$_1$+θ$_1$およびp$_b$+α$_n$⇄γ$_j$が終了し, ここから三相平衡, E$_2$⇄γ$_2$+θ$_2$, α⇄γ+θがより低温側へ向かって出ていく.

D.K.Dasら[2], F.J.J.van Looら[3]は光学顕微鏡による組織観察, X線回折から, 1200℃, 1100℃等温断面図を作成した.

Fe$_3$Mo$_2$とNiMoが全率固溶体を形成することは確かめられなかった. 図213-2は1200℃等温断面図[2]である. ここでα相はfcc固溶体, ε相はbcc固溶体である. μ相はおよそ40wt%Feに沿って細長く伸びた領域を占める. 図213-3は1100℃等温断面図である[3]. μ相{(Fe$_x$Ni$_{1-x}$)Mo}は$x=1$から$x=0.25$までをとる. 三元P相の化学組成はFe$_{11}$Ni$_{36}$Mo$_{53}$で示される. この相は斜方晶で, 格子定数はa = 0.9091nm, b = 1.7002nm, c = 0.4795nmである.

T.F.Frantsevich-Zabludovskayaら[4]は光学顕微鏡による組織観察, X線回折から, Fe-Mo-Ni系のうちNiに富む領域の研究を行い, 広い組成領域にわたりNi基固溶体が拡がることが確かめられた.

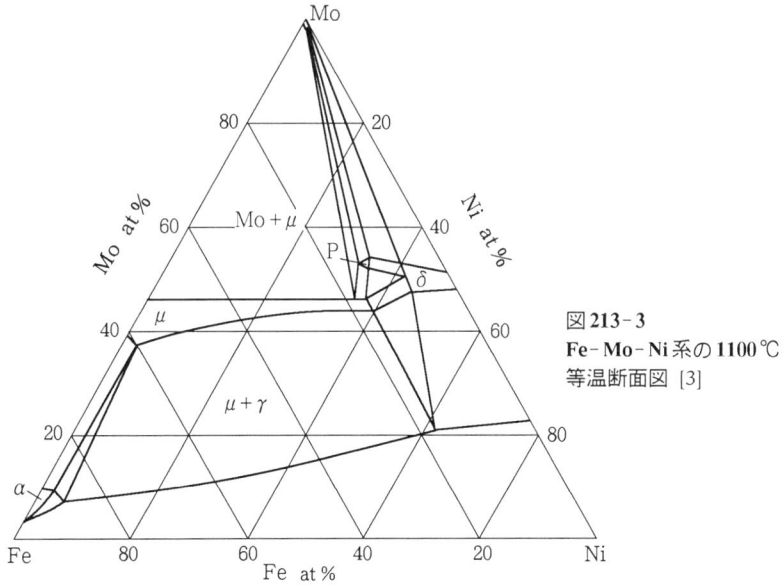

図213-3
Fe-Mo-Ni系の1100℃
等温断面図 [3]

文献 [1] W.Köster : Arch. Eisenhüttenwesen **8** (1934) 169-171
　　 [2] D.K.Das, S.P.Rideout and P.A.Beck : J.Metalls **4** (1952) No.10, 1071-1075
　　 [3] F.J.J. van Loo, G.F.Bastin, J.W.G.A.Vrolijk and J.J.M.Hendrick : J. Less-Common Metals **72** (1980) No.2, 225-230
　　 [4] T.F.Frantsevich-Zabludovskaya, I.N.Frantsevich and K.D.Modvlevskaya : Zhur. Priklad. Khim. **27** (1954) No.4, 413-420

214. Fe-Mo-P

R.Vogelら[1], 金子秀夫ら[2]の熱分析, 化学分析, 光学顕微鏡による組織観察による研究がある. [1]はまた電解抽出物の分析を行っている. 研究している領域では以下の四相不変反応が存在する(表214-1). そのうち共晶型が2, 包晶型が2である(図214-1).

表214-1　Fe-Mo-P系の四相平衡反応

臨界点	反　応	温度°C	液相組成 wt%		
			Fe	Mo	P
P_1	$L + Fe_2P \rightleftarrows MoP + Fe_3P$	1125	78	10	12
E_1	$L \rightleftarrows \alpha\text{-Fe} + Fe_3P + MoP$	1023	82	9	9
P_2	$L + Mo \rightleftarrows MoP + FeMo$	1320	32	59	9
E_2	$L \rightleftarrows \alpha\text{-Fe} + Fe_3P + MoP$	1035	72	22	6
P_3	$L + \alpha\text{-Fe} \rightleftarrows MoP + Fe_3Mo_2$	1233	56	37	7

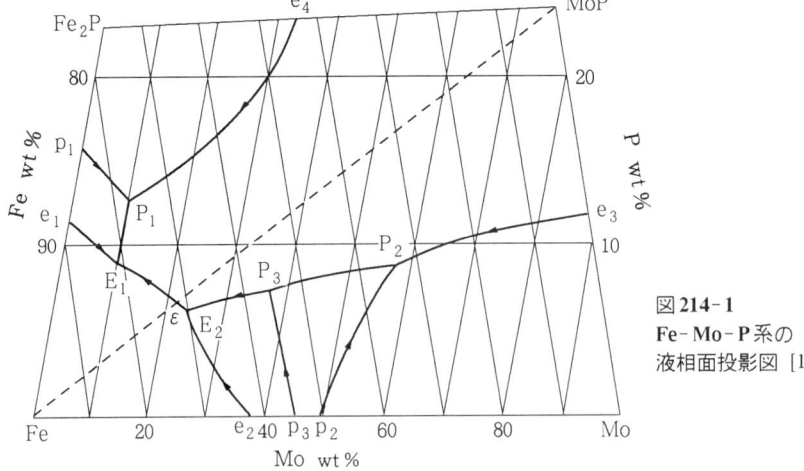

図214-1　Fe-Mo-P系の液相面投影図 [1]

214. Fe-Mo-P

図214-1は液相面投影図である[1]．点εは鞍点(サドルポイント)で，ここでFe-MoP擬二元系断面上の共晶反応：L ⇄ α-Fe + MoPが生じる．またMoP-Fe$_2$Pも擬二元共晶反応を示す(図214-2)．図214-3は室温における相領域を示す．[1]は図

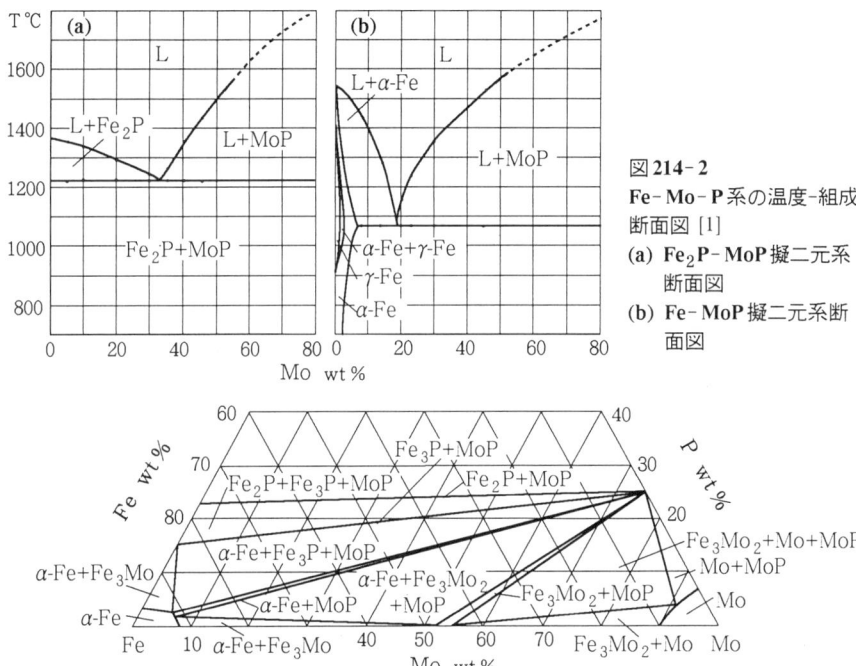

図 214-2
Fe-Mo-P系の温度-組成断面図 [1]
(a) Fe$_2$P-MoP擬二元系断面図
(b) Fe-MoP擬二元系断面図

図214-3 Fe-Mo-P系の室温における相領域図 [1]

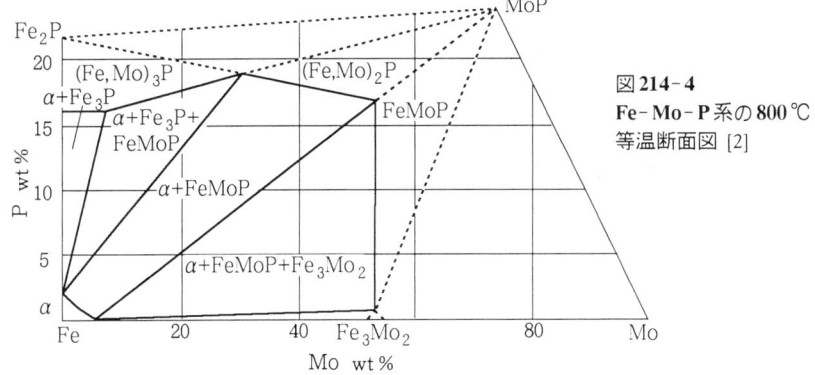

図 214-4
Fe-Mo-P系の800℃等温断面図 [2]

214-2以外に各種温度-組成断面図を作成している．[2]は800℃等温断面図を作成した(図214-4)．

文献 [1] R.Vogel and D.Horstmann : Arch. Eisenhüttenwesen **24** (1953) 369-374
　　 [2] 金子秀夫，西澤泰二，田中熙己：日本金属学会誌 **29** (1965) No.2, 159-165

215. Fe-Mo-S

金子秀夫ら[1]，A.K.Shurinら[2]の示差熱分析，光学顕微鏡による組織観察，化学分析，X線回折による研究がある．図215-1は950℃等温断面図である．

[2]はFe-MoS_x断面を研究した．断面は擬二元共晶型を示す(図215-2)．L$\rightleftarrows$ δ-Fe + MoS_xの共晶温度は1150℃で，共晶点は30wt%MoS_xにある．δ-Fe$\rightleftarrows$$\gamma$-Fe + MoS_x共析反応は1120℃で生じ，$\gamma \rightleftarrows \alpha$変態は純鉄の変態温度(911℃)と著しく異なる温度で生じる．δ-Feおよびγ-Fe中へのMo硫化物の溶解度は著しく大きいが，α-Fe中へは0.5wt%を越えない．[1]によれば，本系で生じるMo硫化物はMoS_x (x ~1.8)で，結晶構造はMoS_2に近い．

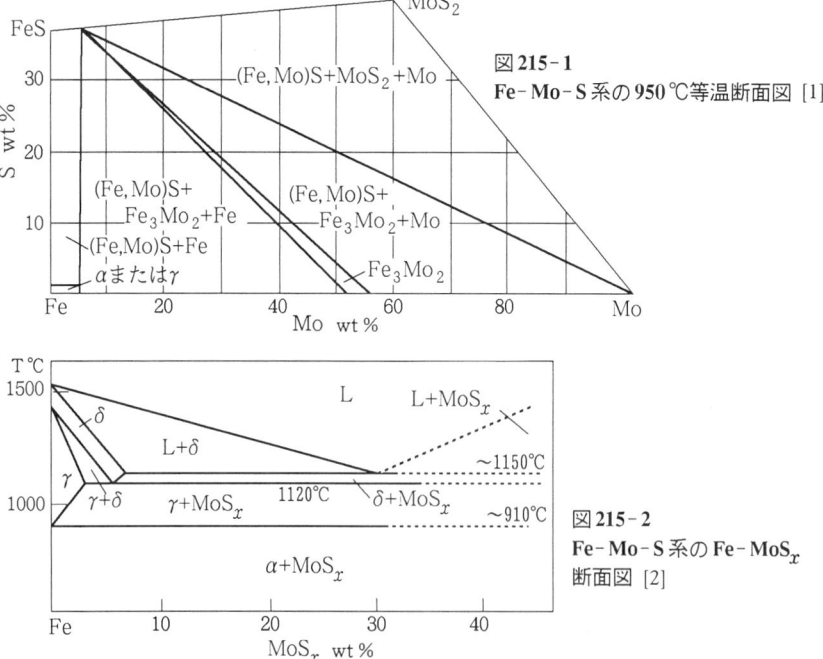

図215-1
Fe-Mo-S系の950℃等温断面図 [1]

図215-2
Fe-Mo-S系のFe-MoS_x断面図 [2]

文献 [1] 金子秀夫，西澤泰二，玉置維昭：日本金属学会誌 **27** (1963) No.7, 312-318

[2] A.K.Shurin, M.V.Kindrachuk and N.A.Razumova : Metallofizika Resp. Mezhved. Sb. Kiev, Naukova Dumka (1978) No.71, 61-63

216. Fe-Mo-Si

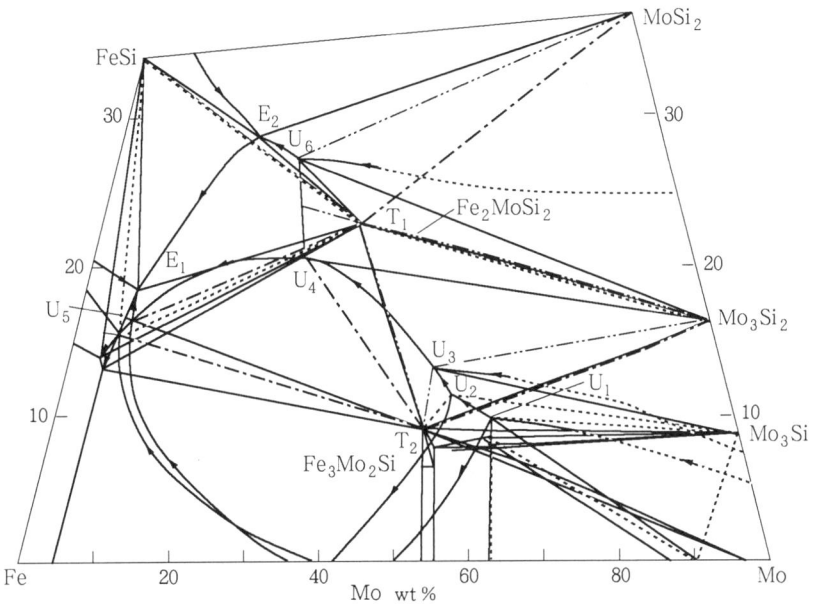

図216-1　Fe-Mo-Si系の液相面投影図 [1]

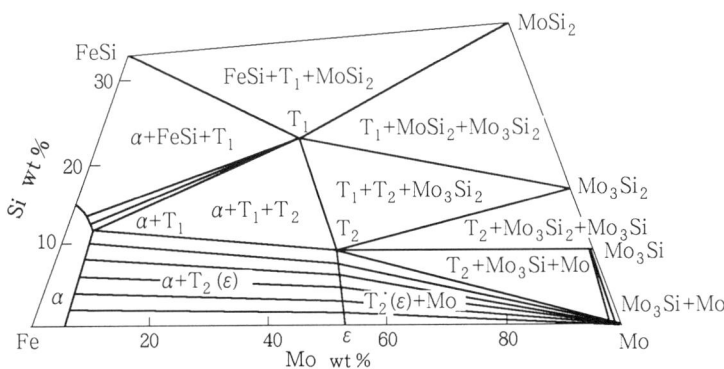

図216-2　Fe-Mo-Si系の室温における相領域 [1]

光学顕微鏡による組織観察(R.Vogelら[1], R.V.Skolozdraら[2]), 熱分析[1], X線回折[2]による研究がある.

[1]はFe-FeSi-MoSi$_2$-Mo領域の研究を行った. 母材は高純度鉄, 工業用シリコン, モリブデン板(0.005%C, 0.28%Mn, 0.025%S, 0.22%P)を用い, タンマン炉で溶解した.

図216-1は上記組成域の液相面投影図である. この領域では2種類の三元化合物, T$_1$: Fe$_2$MoSi$_2$, T$_2$: Fe$_3$Mo$_2$Siが存在する. T$_1$は1440℃で非調和融解し, T$_2$は1610℃で調和融解する. 各相の組成(wt%)は, T$_1$: 42.5%Fe, 34.5%Mo, 23%Si, T$_2$: 42%Fe, 49%Mo, 9%Siである. 図216-1内では2種類の三元共晶が生じる. E$_1$: L ⇄ Fe(固溶体)+FeSi+T$_1$, 1170℃. E$_2$: L ⇄ FeSi+T$_1$+MoSi$_2$, 1331℃. T$_1$相の硬度は11GPa, T$_2$相は12GPaである. U$_1$, U$_2$, U$_3$, U$_4$, U$_5$, U$_6$の各点で四相不変包晶反応が生じる.

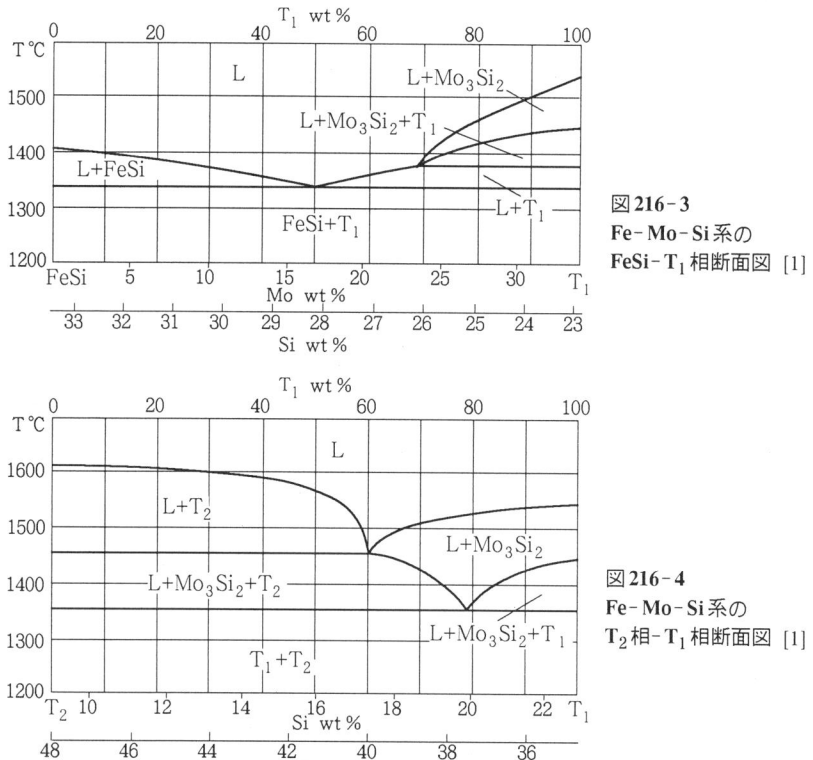

図216-3
Fe-Mo-Si系の
FeSi-T$_1$相断面図 [1]

図216-4
Fe-Mo-Si系の
T$_2$相-T$_1$相断面図 [1]

216. Fe-Mo-Si

$U_1 : L + Mo(固溶体) \rightleftarrows \sigma + Mo_3Si$　　　~1620 ℃
$U_2 : L + \sigma \rightleftarrows T_2 + Mo_3Si$　　　~1575 ℃
$U_3 : L + Mo_3Si \rightleftarrows T_2 + Mo_3Si_2$　　　~1550 ℃
$U_4 : L + Mo_3Si_2 \rightleftarrows T_2 + T_1$　　　~1356 ℃
$U_5 : L + T_2 \rightleftarrows Fe(固溶体) + T_1$　　　~1186 ℃
$U_6 : L + Mo_3Si_2 \rightleftarrows T_1 + MoSi_2$　　　~1342 ℃

ここで σ は Fe-Mo 二元系 σ 相である.

図216-2は室温における相領域である. [1]はまた, 上記領域内で5種類の温度-組成断面図を作成している. 図216-3および図216-4にそれらのうちFeSi-T_1相とT_2相-T_1相の断面を示す.

[2]は三元系全領域の800℃等温断面図を研究し, 2種類の新しい三元化合物相, Mo_3FeSi および $(Mo_{0.17}Fe_{0.83})Si_3$: N相を見出している (図216-5).

Mo_3FeSi は Mo_3Si, R相($Mo_5Si_3Fe_2$), μ相(Mo_6Fe_7基固溶体)と平衡する. N相はFeSi, T_1相($MoFe_2Si_2$), λ_1相, α-Fe固溶体と平衡する. T_1相はいくらかの組成範囲があることが見出された. なおT_1相はFeSi, $MoSi_2$, Mo_5Si_3, λ_1相, N相と平衡する. 以前に見出された化合物MoFeSiは$MoFe_2$基固溶体がSiで安定化されたものであることが判明した. μ相へのSiの溶解度は約13.5at%である. 二元シリサイドへのFeおよびMoの溶解度はあまり大きくない. $\lambda_1(MoFe_2)$相, $\mu(Mo_6Fe_7)$相

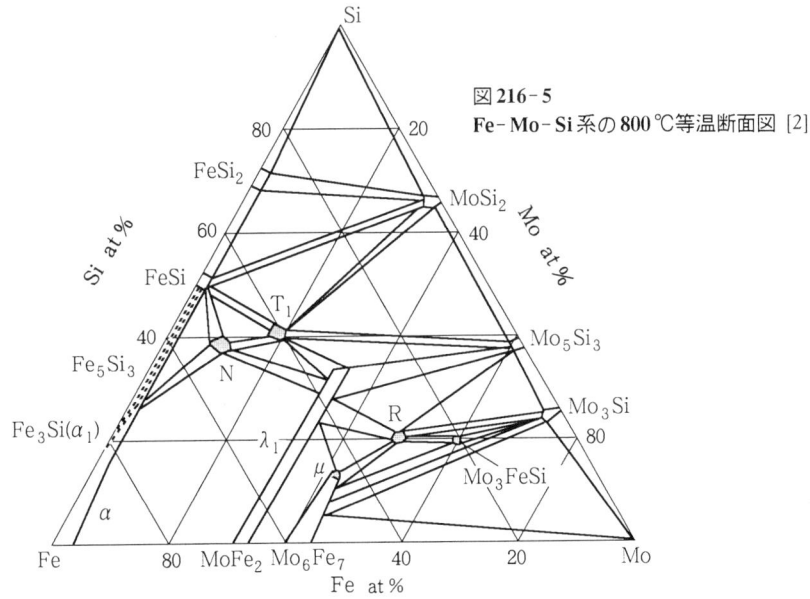

図216-5
Fe-Mo-Si系の800℃等温断面図 [2]

にSiが入ると安定化するのは,Siの固溶により電子濃度が増加することによると考えられる.

Mo_3FeSiの結晶構造は正方晶で,格子定数はa = 1.2697nm, c = 0.4891nm.

N相はMn_5Si_3型構造.

$MoFe_2Si_2$は斜方晶で,格子定数はa = 0.494±0.005nm, b = 1.288±0.005nm, c = 1.541±0.005nmである.

文献 [1] R.Vogel and R.D.Gerhardt : Arch. Eisenhüttenwesen **32** (1961) No.1, 47-56
 [2] R.V.Skolozdra and E.I.Gladyshevskii : Izvest. Akad. Nauk SSSR, Neorg. Materialy **2** (1966) No.8, 1448-1453

217. Fe-Mo-Ti

N.V.Ageevら[1]は光学顕微鏡による組織観察,X線回折,硬度測定により,Tiコーナーの合金の700~1000℃のの等温断面を研究している.母材はクロール法チタン,電解鉄,Mo粉末を用い,ヘリウム雰囲気下で,タングステン非消耗電極を用い,アーク溶解した.これを900~1000℃で大気中で鋳造後,950℃×2時間焼鈍,真空封入し,700~1000℃の各温度で30~45分間焼鈍後水焼入れを施した.図217-1に700℃で焼入れた合金の相領域を示す.室温まで保持された準安定β相を焼戻し,その安定性を検討した.Fe+Moが10~12wt%の合金ではβ相は100

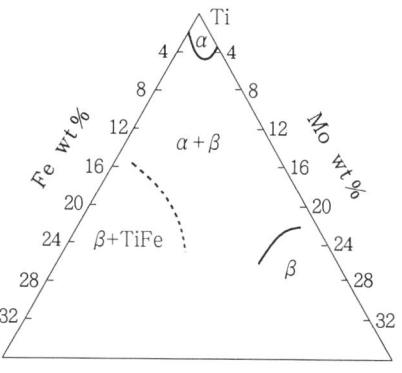

図217-1 Fe-Mo-Ti系の700℃Tiコーナー等温断面図 [1]

℃で焼戻しても安定で,12%以上の合金では100~300℃(×100時間)焼鈍でもβ相は安定であったが,その他の合金はβ相は不安定で,ω相かα相が析出した.

文献 [1] N.V.Ageev and Z.M.Rogachevskaya : Zhur. Neorg. Khim. **4** (1959) No.10, 2323-2328

218. Fe-Mo-V

A.L.Tatarkinaら[1]は光学顕微鏡による組織観察,X線回折,X線マイクロアナライザー,示差熱分析,硬度測定により,1570K,1170KにおけるFe-Mo-V三元系等温断面図を作成した(図218-1). Fe-Mo二元系ではR相(Fe_5Mo_3),μ相(Fe_7Mo_6),σ相(FeMo),λ相(Fe_2Mo)の化合物が存在するが,これらはいずれも三元系に入り込む.その中ではFeMo(σ)相は高バナジウム側に深く侵入し,広い組成幅を有す

る．上記化合物相はα-固溶体と，また互いに平衡し，二相，三相領域を形成する：
$\mu+\sigma$, $R+\mu$, $R+\sigma$, $R+\alpha(\alpha_1)$, $R+\sigma+\alpha(\alpha_1)$, $R+\mu+\sigma$, ここでα_1はFeに富む
α-固溶体，α_2はMoに富むα-固溶体である．

1170Kにおける等温断面図は1570Kと異なり，Fe-Mo, Fe-Vの低温で生じる
$\lambda(Fe_2Mo)$, FeV-σ相が出現する．この温度ではFeV-σ相が，三元系に幅広い組成
域を有して拡がる．

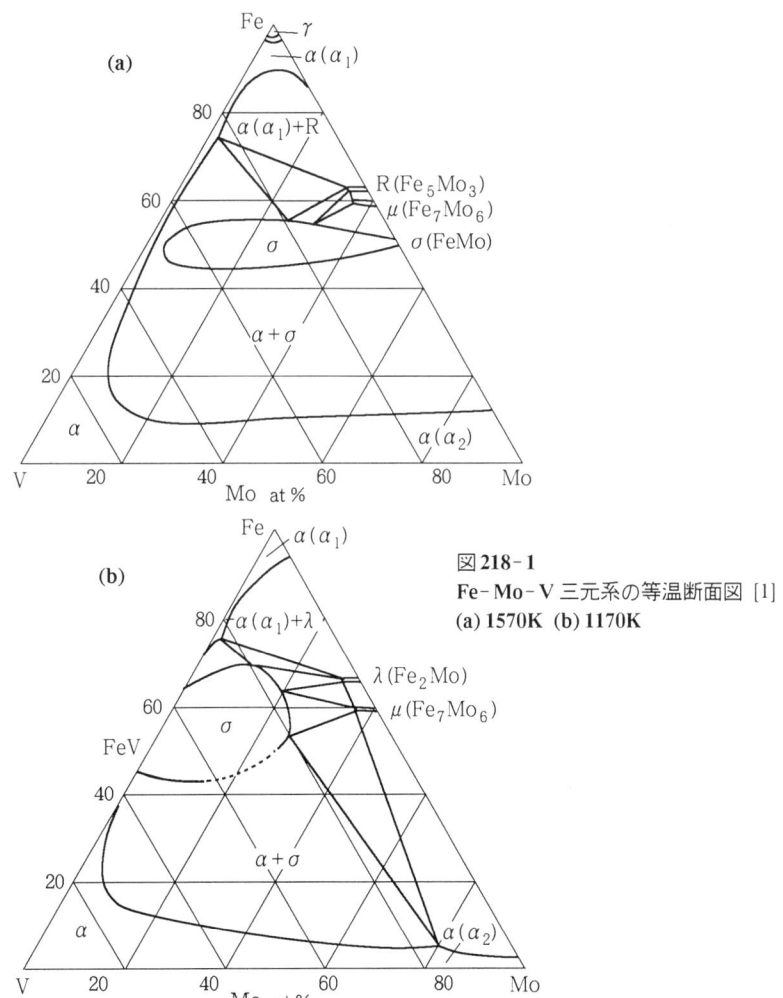

図218-1
Fe-Mo-V 三元系の等温断面図 [1]
(a) 1570K (b) 1170K

文献 [1] A.L.Tatarkina, A.Benrezhdal, T.P.Loboda and M.V.Raevskaya : "Stabil'nye i Metastabil'nye Fazovye Ravnovesiya v Metallicheskikh Sistemakh", Moskva, Nauka (1985) 129

219. Fe-Mo-W

D.Kirchnerら[1]は光学顕微鏡による組織観察，EPMAにより本系合金を研究し，正則溶液近似による熱力学的計算に基づいて$\alpha/\gamma, \alpha/\mu, \alpha/R$相境界を求めた．

母材は0.001wt%Cu, 0.001%Siを含む電解鉄, 99.96%Mo, 99.97%Wを用いた. 2.5~40at%Mo, 5.1~40at%Wを含む合金を1100℃×720時間, 1305℃×120時間焼鈍し水焼入れした．

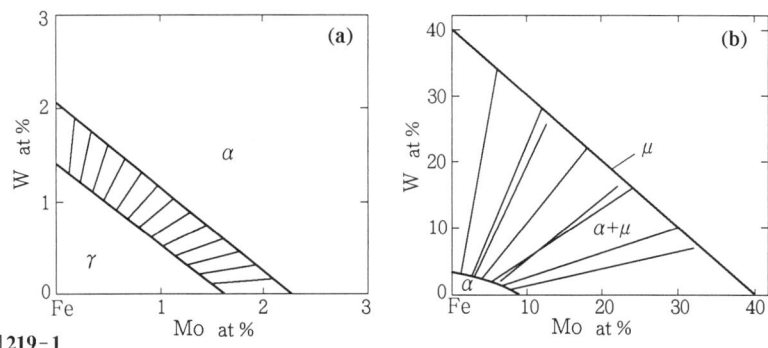

図219-1
(a) Fe-Mo-W系の1100℃におけるγ/α平衡関係 [1] (b) 1100℃における α/μ平衡関係

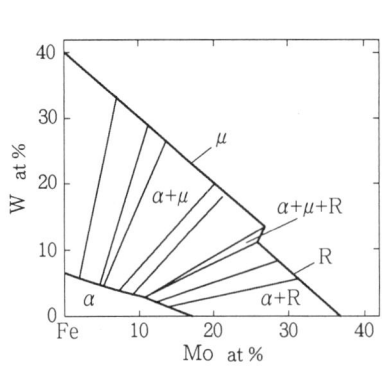

図219-2 Fe-Mo-W系の1305℃における$\alpha/\mu, \alpha/R$平衡関係 [1]

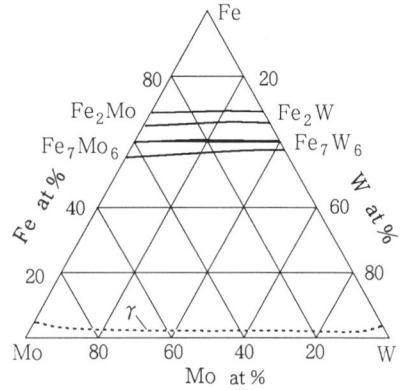

図219-3 Fe-Mo-W系の900℃等温断面図 [2]

1100℃から焼入れた合金には,α-Fe固溶体,γ-Fe固溶体,Fe-MoおよびFe-W二元系のμ相に基づく固溶体が存在する([1]ではμ相は,Fe_3W_2,Fe_3Mo_2組成としている).図219-1に1100℃におけるFeコーナーの等温断面図,(a) α/γ相境界近傍,(b) α/μ相境界を示す.

1305℃ではα相とμ相,またFe-Mo二元系の高温相R相(本書,二元系Fe-Mo p.42参照)とが平衡する(図219-2).

L.L.Meshkovら[2]は光学顕微鏡による組織観察,X線回折,X線マイクロアナライザー,硬度測定により,本系合金の900℃における平衡状態を研究している.母材はいずれも99.98%の粉末金属を用い,圧粉体を1000℃×48時間焼鈍後,アルゴン雰囲気下でアーク溶解により合金を作製した.これを1200℃×100時間均一化焼鈍し,900℃×2000時間焼鈍後焼入れた.

Fe_2MoとFe_2WおよびFe_7Mo_6とFe_7W_6はそれぞれ全率固溶体を形成することが確かめられた.図219-3に本系の900℃等温断面図を示す.本断面図上では三元化合物相は見出されていない.

Fe_7W_6とFe_7Mo_6は同型で,菱面体あるいは六方晶で,Fe_7W_6の格子定数はa = 0.4755nm, c = 2.583nm, Fe_7Mo_6の格子定数はa = 0.4754nm, c = 2.571nmである.Fe_2WとFe_2Moはともに$MgZn_2$型のLaves相で,六方晶である.Fe_2Wの格子定数はa = 0.4740nm, c = 0.7726nm, Fe_2Moの格子定数はa = 0.4745nm, c = 0.7734nmである.

文献 [1] G.Kirchner, H.Harvig and B.Uhrenius : Metall. Trans. **4** (1973) 1059-1067
   [2] L.L.Meshkov, S.N.Nesterenko and T.V.Ishchenko : Izvest. Akad. Nauk SSSR, Metally (1985) No.2, 205-208

220. Fe-Mo-Y

O.I.BodakとD.A.Berezyuk [1]は光学顕微鏡による組織観察とX線回折により本系の800℃の等温断面図を研究した(図220-1).

YはMoFe, Mo_6Fe_7中には事実上溶解しない.またMoはY-Fe系にはほとんど溶解しない(0.03at%未満).本系には,$ThMn_{12}$型を有し,$Y_{1+x}(Mo, Fe)_{12-x}$の組成を持つ三元化合物相が見出された.格子定数は$Y_{0.77}Mo_{0.100\sim0.250}Fe_{0.823\sim0.673}$で,a = 0.8514~0.8569 ± 0.0005nm, c = 0.4775~0.4813 ± 0.0003nm, $Y_{0.100}Mo_{0.125\sim0.250}Fe_{0.775\sim0.650}$で, a = 0.8522~0.8588 ± 0.0005nm, c = 0.4495~0.4826 ± 0.0003nmである.

文献 [1] O.I.Bodak and D.A.Berezyuk : Doklady Akad. Nauk Ukrain. SSR Ser. **A** (1981) No.3, 83-84

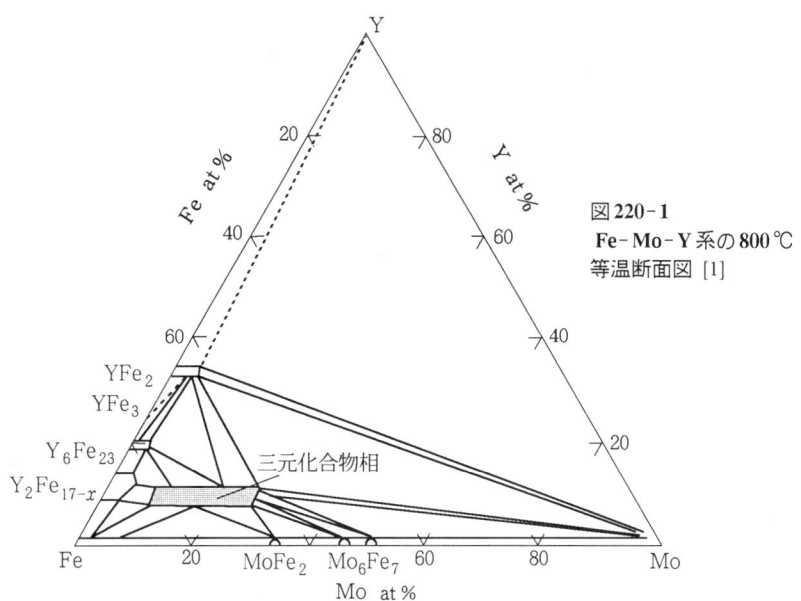

図220-1
Fe-Mo-Y系の800℃
等温断面図 [1]

221. Fe-Mo-Zr

N.M.Gruzdevaら [1] はZrコーナーの三元状態図を研究し，700℃，800℃，900℃，1000℃の等温断面図を作成した（図221-1）．三元合金の凝固過程で次のような四相包晶反応が存在する：$L + ZrMo_2 \rightleftarrows \beta + ZrFe_2$ (~1000℃)．固相状態では四相共析

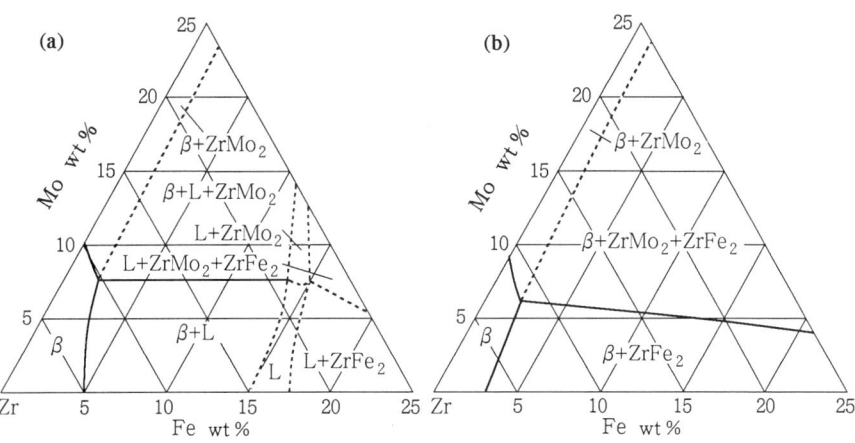

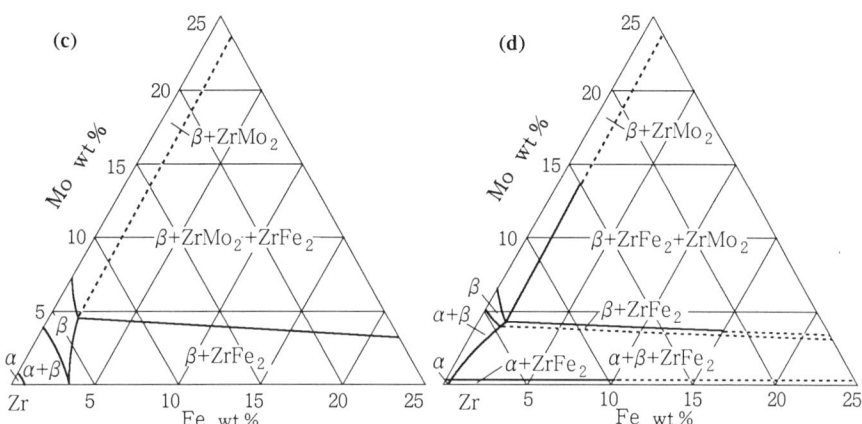

図221-1 Fe-Mo-Zr系, Zrコーナー等温断面図 [1] (a) 1000℃ (b) 900℃ (c) 800℃ (d) 700℃

反応が存在する：$\beta \rightleftarrows \alpha + ZrMo_2 + ZrFe_2$ (~650℃). 共析点は2.5wt%Mo, 1.25wt%Feである. ここでα, βはZr基固溶体.

文献 [1] N.M.Gruzdeva and I.A.Tregubov : "Fiz.-khim. Splavov Tsirkoniya", Moskva, Nauka (1968) 102-107

222. Fe-N-Nb

R.P.Smith [1] は光学顕微鏡による組織観察, A.P.Gulyaevら [2] は電子顕微鏡, 相分析により本系の研究を行っている. [1]によるとNb窒化物NbNのγ-Fe中の溶解度の温度依存は1191~1336℃の温度域では, 次式：$\log(\%Nb \cdot \%N) = -10230/T + 4.04$ (図222-1)に従うという. γ-Fe中へのNbNのモル溶解熱は11.18kJ/molであった.

[2]は, 750~1200℃におけるFe中へのNbNの溶解度を求めた. 合金は誘導溶解炉中で融鉄中にNbN粉末を添加して作製した. この合金を, 750, 850, 950, 1050, 1200℃で30分間加熱した. 温度上昇とともにγ-Fe中のNbN溶解度は上昇した(図222-2).

化学分析から得られたNbNの溶解度の絶対値は電子顕微鏡法により得られた値より著しく大きかった(後者の方がより信頼性が高いと考えられる). 900℃以下ではFe中へのNbNの溶解度は, 1100℃の~0.05%に比べ著しく小さい.

H.Holleck [3] によると, M.F.El-Shahatら [4] はFe-N-Nb系の1200℃, N_2分圧1MPaにおける等温断面図を作成している(図222-3). 本系ではη窒化物, $Nb_{4-x}Fe_{2+x}N$が出現する. η窒化物相はNb_4Fe_2Nから$Nb_{3.7}Fe_{2.3}N$の組成範囲に存在し, 充填したTi_2Ni_3型構造で, 格子定数はNbに富む側で1.142nm, Feに富む側で

1.131nmである.この窒化物相は図に示すように, Nb_2N, Nb, μ-(NbFe), $NbFe_2$ 各相と平衡する.

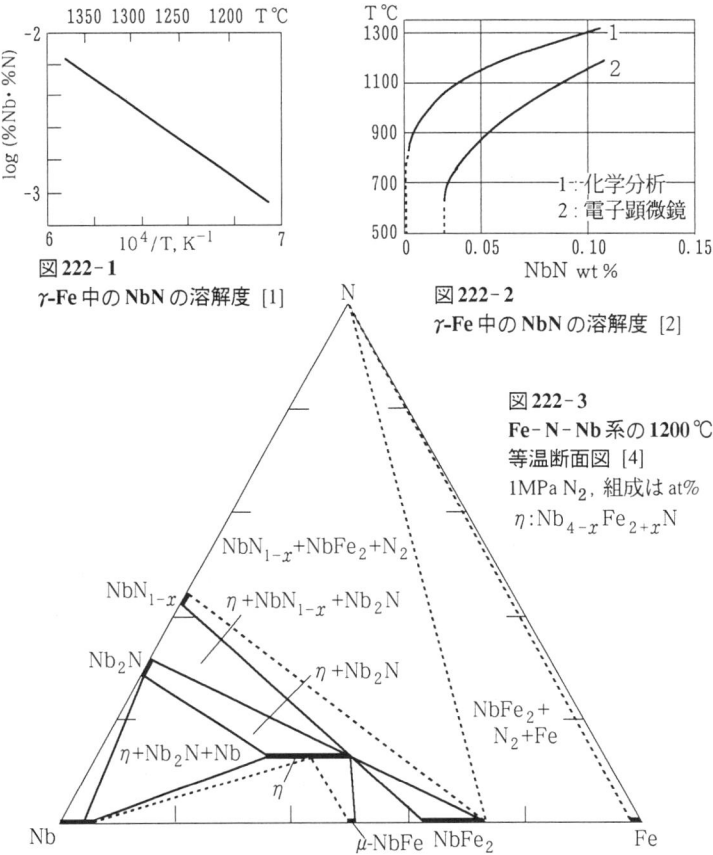

図222-1 γ-Fe中のNbNの溶解度 [1]

図222-2 γ-Fe中のNbNの溶解度 [2]

図222-3 Fe-N-Nb系の1200℃等温断面図 [4]
1MPa N_2, 組成はat%
$\eta : Nb_{4-x}Fe_{2+x}N$

文献 [1] R.P.Smith : Trans. Met. Soc. AIME **224** (1962) No.1, 190-191
 [2] A.P.Gulyaev, V.N.Anashenko, N.I.Karchevskaya, O.D.Larina and Yu.I.Matrosov : Metalloved. i Term. Obrabotka Metal. (1973) No.8, 6-8
 [3] H.Holleck : "Binäre und ternäre Carbid- und Nitridsysteme der übergangsmetalle", Gebrüder Borntraeger, Berlin, Stuttgart (1984) 234
 [4] M.F.El-Shahat and H.Holleck : H.Holleck, F.Thümmler Eds. "KfK-Ext.", 6/78-1, 124

223. Fe-N-Ni

　H.Hahnら[1], G.W.Wienerら[2]はFe-Ni合金の広い組成範囲にわたり, X線回折によりNの溶解度を調べている. [1]では母材として還元鉄と純ニッケル線を用い, 水素雰囲気下で1500~1600℃でタンマン炉により溶解した. 試料をアンモニア気流中, 300~1000℃×24時間保持し窒化を施した. Fe濃度10~70at%, 5wt%N以下の組成では, 2種類のfcc相の混相であった. そのうちの一つはFeの窒化物で, Feの一部がNiにより置換しているものである. Nが5wt%以上になると, 10~70at%Fe合金の場合, fcc窒化物相のみが見出された.

　80at%Fe以上, 3wt%Nまでの合金では, Nをほとんど溶解しないbccのα-Fe, およびNiがごく僅かしか置換しない. 六方晶の窒化物Fe_2Nが出現する.

　[2]は複合化合物Fe_3NiNの存在を報告している. Fe_3NiNは規則fcc構造であることが確かめられている. 単位胞は5原子からなり, N原子は, 格子の中央の八面体格子間位置を占める.

　磁気天秤による測定からFe_3NiNの飽和磁化を求めたところ, 1gあたり166emuが得られた. キュリー点は487℃であった.

文献 [1] H.Hahn and H.Mühlberg : Z. anorg. Chem. **259** (1949) 121-125
　　 [2] G.W.Wiener and J.A.Berger : Trans. AIME **203** (1955) 360-366

224. Fe-N-Pt

　G.W.Wiener[1]は三元窒化物Fe_3PtNをX線回折により調べている. Fe-55.3wt%Pt合金を真空溶解後, 0.05, 0.1mmまで冷間圧延し, NH_3+H_2混合ガスを通した石英管炉で窒化を施した. Fe_3PtNは規則面心立方晶で, 単位胞は5原子からなる. 不均一磁場中での加重法によりFe_3PtNの飽和磁気を求め, キュリー点369℃を決定した.

文献 [1] G.W.Wiener and J.A.Berger : Trans. AIME **203** (1955) 360-366

225. Fe-N-Si

　R.Rawlingsら[1, 2]はFe-Si合金へのNの溶解度を詳細に調べている. 合金は高純度鉄(0.004%C, 0.002%Si, 0.004%S, 0.28%O_2, 0.01%N)と99.90%Siをシリマナイトるつぼ中で高周波溶解した[1]. 700~1000℃の間で合金中にNを飽和させた. Siの分析は比重測定と吸着法により行った. Nの分析はKjeldahlの方法によった.

　図225-1はγ-Fe中へのNの溶解度のSi濃度および温度依存を示すが, L.R.Darkenら[3], E.Martin[4]の結果を加えて書き直してある.

　I.N.Milinskayaら[5]は, 3.4, 4.3, 5.6, 6.0, 8.0wt%Siを含む各合金中へのNの溶解度を調べている(図225-2). N添加は, 240~545GPaの窒素ガス雰囲気下で800~

1050℃×1~20時間処理して行った．Nの溶解度は定容分析により調べた．図225-3はFe-8wt%Si合金中に生じる化合物Si_3N_4の溶解度積(solubility product)の温度依存を示す．

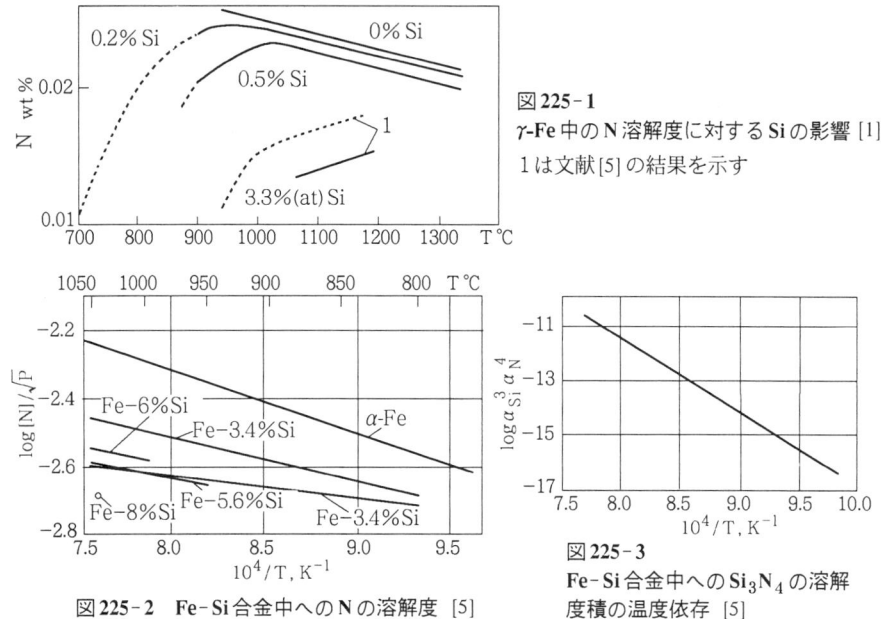

図225-1
γ-Fe中のN溶解度に対するSiの影響[1]
1は文献[5]の結果を示す

図225-2　Fe-Si合金中へのNの溶解度　[5]

図225-3
Fe-Si合金中へのSi_3N_4の溶解度積の温度依存　[5]

文献 [1] R.Rawlings : J. Iron Steel Inst. **185** (1957) No.4, 441-449
　　 [2] R.Rawlings and P.M.Robinson : J. Iron Steel Inst. **197** (1961) No.4, 306-308
　　 [3] L.R.Darken, R.P.Smith and E.W.Filer : Trans. AIME **191** (1951) 1147-1179
　　 [4] E.Martin : Arch. Eisenhüttenwesen **3** (1929-1930) 407-410
　　 [5] I.N.Milinskaya and I.A.Tomilin : Izvest. Akad. Nauk SSSR Ser. Fiz. **34** (1970) No.2, 255-261

226. Fe-N-Ta

N.Shönberg [1]は本系合金の化合物相についてDebye-Scherrer法(X線粉末法)により，構造解析を行った．用いたX線はCu-Kα, Cr-Kα線である．合金は純度99.5%の粉末を用い圧粉後，ジルコニアるつぼ中で高周波真空誘導炉により1500℃で焼結した．窒化は乾燥アンモニア気流中で，650~950℃で2時間から2週間かけて施した．窒化処理後，アンモニア水中で室温まで冷却した．

900℃×50時間,アンモニア処理により窒化したFe-Ta合金には次の相が見出された.

$Ta_{0.80}Fe_{0.20}$合金では, Ta_2FeN_3 + TaN, $Ta_{0.50}Fe_{0.50}$合金ではTa_2FeN_3と鉄窒化物. TaN(ε)相は六方晶格子で,格子定数はa = 0.5185nm, c = 0.2908nm, c/a = 0.561である.

Ta_2FeN_3は六方晶で,単位胞に金属原子4個を含む.この金属原子は稠密積層格子を組んでいる.TaN中へのFeの溶解度およびNに富む鉄窒化物中へのTaの溶解度は求められていない.

文献 [1] N.Shönberg : Acta Chem. Scand. **8** (1954) 213-220

227. Fe-N-Ti

森田善一郎ら[1, 2]はFe-Ti合金中のNの溶解度を求めた.母材は99.97%Fe, Ti (0.10%Fe, 0.05%N, 0.0011%H_2, 0.007%O_2)を用いた.Fe-O~0.5wt%Ti合金の液体状態中のNの溶解度を,Tiの窒化物存在下および窒化物なしの条件下で求めた.Nの溶解度に及ぼす酸素の影響は無視している.

図227-1に得られた結果を示す.Tiの窒化物は立方晶TiNと同定された.

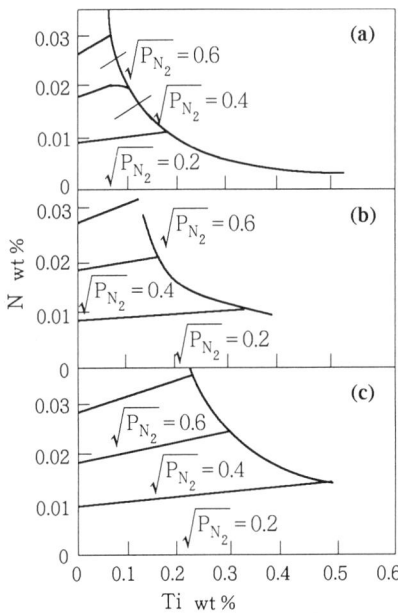

図227-1
Fe-Ti合金中へのNの溶解度 [1, 2]
(a) 1600℃ (b) 1650℃ (c) 1700℃
P_{N_2}: 窒素分圧 atm.

文献 [1] 森田善一郎, 国定京治：鉄と鋼 **62** (1976) No.9, s563
    [2] 森田善一郎, 国定京治：鉄と鋼 **63** (1977) No.10, 1663-1671

228. Fe-N-U

A.G.Briggs ら [1] は光学顕微鏡による組織観察, X線回折により UN-Fe 擬二元系断面について研究している.

合金作製は高純度鉄と UN の粉末を圧粉しトリアるつぼ中, 純アルゴン雰囲気下で 1250～1800 ℃に加熱し焼結した. 鉄粉は予め 600～700 ℃で乾燥, 水素気流中で加熱し, UN は, U_2N_3 を真空中 1500 ℃で分解して得た.

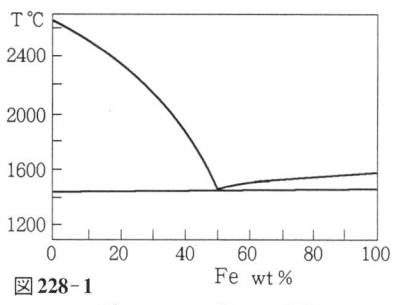

図 228-1
Fe-N-U 系の UN-Fe 擬二元系断面図 [1]

UN-Fe 擬二元系断面図を図 228-1 に示す. 擬二元共晶反応が 1430±10 ℃, 48.5±0.5wt%Fe に存在する.

文献 [1] A.G.Briggs, L.Guha, L.Barta and L.White : Trans. Brit. Ceram. Soc. **62** (1963) No.3, 221-246

229. Fe-N-V

M.F.El-Shahat ら [1] は光学顕微鏡による組織観察, X線回折, X線マイクロアナライザー, 熱分析により本系状態図を研究している.

合金は VN 粉末と, V, Fe 粉末の圧粉体を高真空中で 1200～1100 ℃で均一化焼鈍を行い, 作製した.

図 229-1 に(a)1200 ℃, (b)1100 ℃の各等温断面図を示す. 本系には三元化合物相は存在しない. 二元化合物 $V_{2-3}N$ は hcp 構造を有し, 1000 ℃では $VN_{0.37}$～$VN_{0.43}$, 1300～1600 ℃では $VN_{0.35}$～$VN_{0.49}$ の組成範囲にある. 格子定数は a = 0.28368～0.28408nm, c = 0.45421～0.45501nm にある (H.Hahn [2]).

VN_{1-x} は NaCl 型 fcc 構造で, 1000～1600 ℃の間で $VN_{0.71}$～$VN_{1.0}$ の組成範囲にあり, 格子定数は 0.40662～0.41398nm である [2].

VN-Fe 断面は $10^5 Pa N_2$ のもとで擬二元共晶を示し, 共晶点温度は 1500±20 ℃にある.

A.P.Gulyaev ら [3] は相分析と電子顕微鏡観察による Fe 中への VN の溶解度を研究した. 750～1200 ℃の温度範囲における Fe 中への VN の溶解度を求めた.

合金はカルボニル鉄をアーク溶解し, VN 粉末を添加して作製した. 分光分析の結果, 不純物として Mn, Si, Al, Ti, Cr が含まれていた. 合金を 750～1200 ℃で 30 分

229. Fe-N-V

間焼鈍．VNの溶解度は，電子顕微鏡による値の方が相分析による値に比べ著しく低かった（図229-2）．Fe中のVN溶解度は900℃で著しく上昇する．

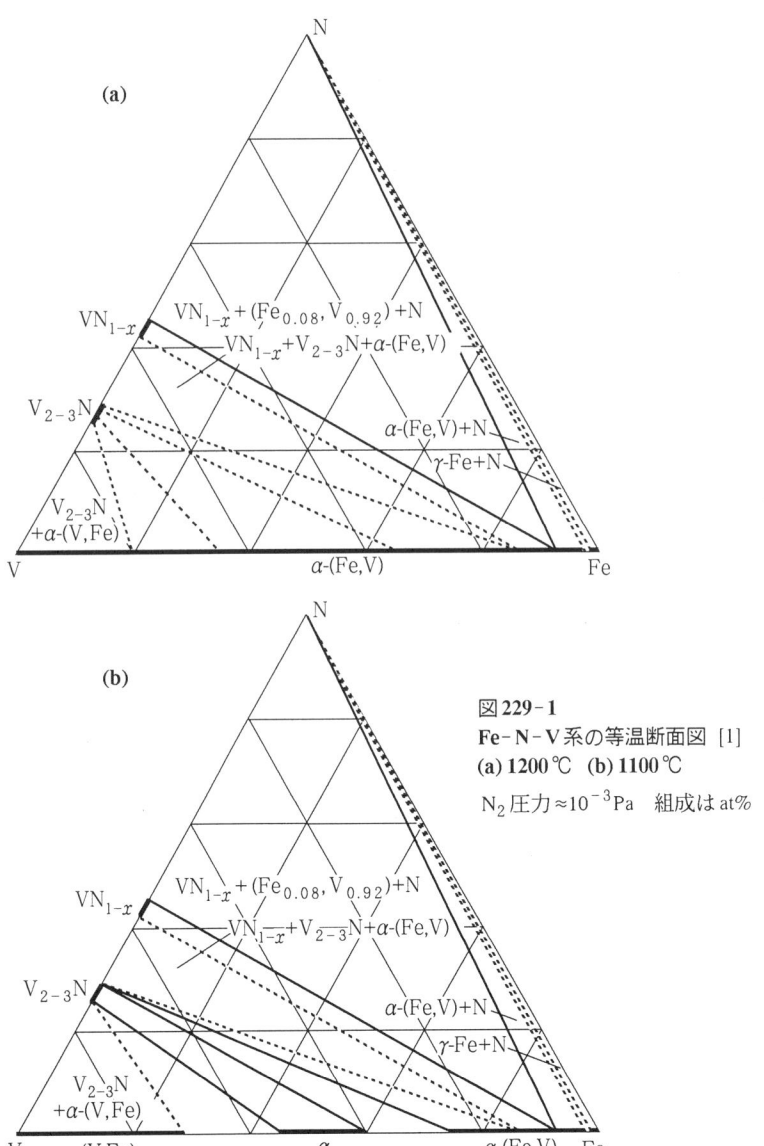

図 229-1
Fe-N-V系の等温断面図 [1]
(a) 1200 ℃ (b) 1100 ℃
N_2 圧力 $\approx 10^{-3}$ Pa　組成は at%

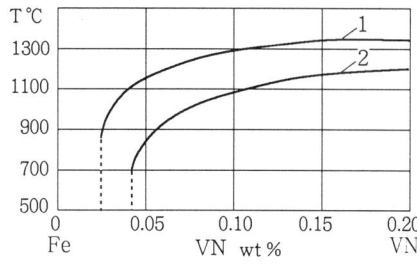

図229-2
Fe-N-V系のFe中へのVNの溶解度 [3]
1：相分析による
2：電子顕微鏡による

文献 [1] M.F.El-Shahat and H.Holleck : Monatsh. Chem. **109** (1978) 193-201
　　 [2] H.Hahn : Z. anorg. Chem. **258** (1949) 58
　　 [3] A.P.Gulyaev, V.N.Anashenko, N.I.Karchevskaya et al. : Metalloved. i Term. Obrabotka Metal. (1973) No.8, 6-8

230. Fe-N-Zn

Stadelmaier [1]はX線回折により本系合金を研究している．母材は99.9%電解鉄，99.99%Znを用い，(NH$_3$+H$_2$)雰囲気下で500℃×20時間窒化を施した．

図230-1はFe-(0~50at%)Zn-(0~35at%)N領域の500℃等温断面図を示す．γ'(Fe$_4$N)相は500℃でZn≧20at%を溶解する．

Fe$_4$N (L1$_2$型立方晶)の格子定数は，Zn濃度とともに僅かに減少し，0.280nm (0%Zn)から，0.279nm (22.3at%Zn)になる．

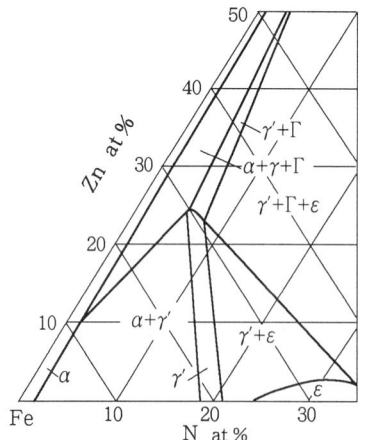

図230-1
Fe-N-Zn系の500℃部分等温断面図 [1]

文献 [1] H.H.Stadelmaier and T.S.Yun : Z. Metallkunde **52** (1961) No.7, 477-480

231. Fe-Nb-Ni

K.V.Varliら[1]はX線回折,X線マイクロアナライザー,光学顕微鏡による組織観察により,Fe_2Nb-Ni_2Nb, FeNb-NiNb断面について研究を行っている. 化合物 Fe_2Nb は $MgZn_2$ 型の Laves 相で, 格子定数は a = 0.4837±0.0002nm, c = 0.7885±0.0006nm である. Fe_2Nb 相の組成範囲は 29.5~34.5at%Nb であった.

上記相境界限における格子定数は,それぞれ a = 0.4827nm, c = 0.7784nm, および a = 0.4856nm, c = 0.7930nm である. FeNb-NiNb 断面では μ 相が見出された. μ 相を通る断面では全合金で μ 相(Fe_7W_6 型構造)の固溶体が見られた.

文献 [1] K.V.Varli, T.I.Druzhinina, N.P.D'yakova and A.M.Rutman : Izvest. Vyssh. Ucheb. Zaved., Chern. Met. (1981) No.9, 116-118

232. Fe-Nb-P

R.Vogel [1]は Fe-FeP-Nb系合金を光学顕微鏡による組織観察, X線回折, 熱分析により調べている. 合金はアルゴン雰囲気下でタンマン炉で溶解. 母材は高純度鉄, 赤リン, Nbを用い, PはFe+Fe_3P共晶合金, あるいはさらにPを多量に含むリン化物を用いた.

図232-1に本系の部分状態図を示す. FeP-Nb-NbP_2 領域に見られるいくつかの変態は仮想的なものである. 用いた合金系では3種類の金属間化合物の存在が確かめられた. FeNbP(T_1 相)は 1820℃で調和融解し, 密度は 4.99g/cm³ である. 他の2種類の化合物 $FeNb_2P$ (T_2相) および $FeNb_4P$(T_3相) は, それぞれ ~1585℃, 1545℃で非調和融解する. T_1, T_2, T_3 相の硬度は極めて高く, それぞれ 13220MPa, 12380MPa, 10630MPa になる. 研究した組成範囲では次の三つの共晶点が存在する. E_1 : L ⇌ δ-Fe + $NbFe_2$ + T_1 : 1295℃, 組成は 81.4wt%Fe, 3.6wt%P, 15wt%Nb.

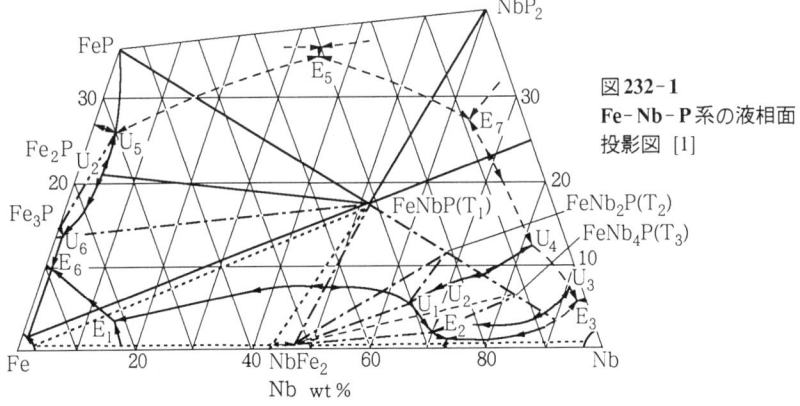

図232-1
Fe-Nb-P系の液相面投影図 [1]

$E_2: L \rightleftarrows T_3 + NbFe_2 + Nb$ 固溶体：1489℃，26.0wt% Fe, 1.0wt%P, 73wt%Nb．E_6：$L \rightleftarrows \alpha\text{-Fe} + Fe_3P + T_1$：1125℃，84.5wt%Fe, 14.5wt%P, 1wt%Nb．さらに四つの三元包晶 U_1, U_2, U_5, U_6 がそれぞれ ~1537℃，1503℃，1275℃および1125℃に存在する．

図232-2, 図232-3は三元垂直断面図である．断面 $Fe_2P-FeNbP$ は擬二元包晶型である．断面 $\alpha\text{-Fe}-FeNbP$ の方は擬二元共晶型である．共晶反応 $L \rightleftarrows \alpha\text{-Fe} + FeNbP$ の共晶温度は1303℃であった．図232-4は室温における相の分布を示したもので

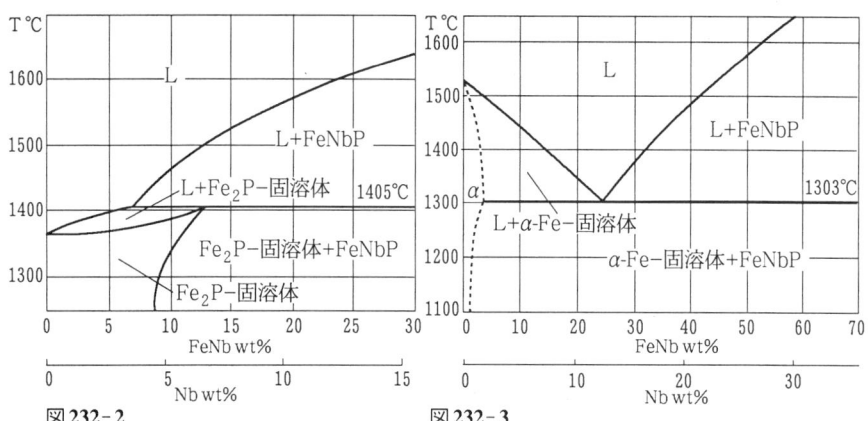

図232-2
Fe-Nb-P系の $Fe_2P-FeNbP$ 部分垂直断面図 [1]

図232-3
Fe-Nb-P系の α-Fe-FeNbP 部分垂直断面図 [1]

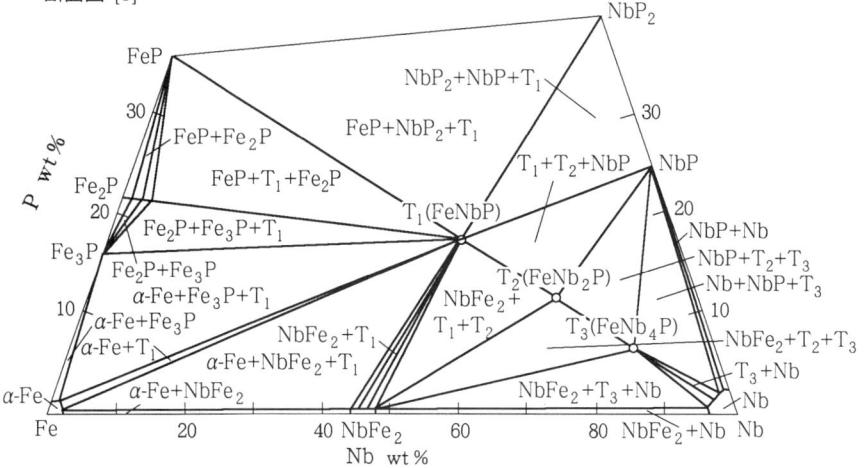

図232-4　Fe-Nb-P系の室温における相組成 [1]

ある．[1] はこの他に多数の温度-組成断面図を作成している．
　金子秀夫ら [2] は Fe に富む領域の合金を光学顕微鏡，X 線回折により研究した．図 232-5 は 800℃における Fe 側部分等温断面図である．ここでも三元化合物 FeNbP の形成が確認された．

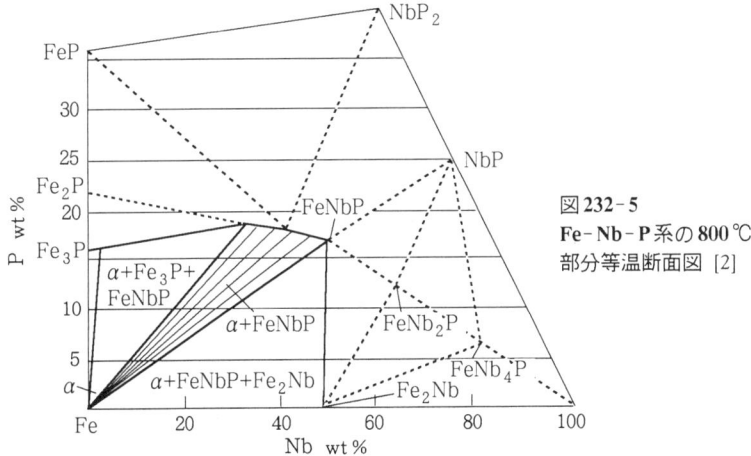

図 232-5
Fe-Nb-P 系の 800℃部分等温断面図 [2]

文献 [1] R.Vogel and W.Bleichroth : Arch. Eisenhüttenwesen **33** (1962) No.3, 195-210
　　　[2] 金子秀夫, 西澤泰二, 玉置維昭：日本金属学会誌 **29** (1965) No.2, 159-165

233. Fe-Nb-S

　金子秀夫ら [1] は Fe-FeS-NbS-Nb 系の合金を光学顕微鏡による組織観察，X 線回折, 熱分析により研究している．図 233-1 は 950℃における上記領域の部分等温断面図である．

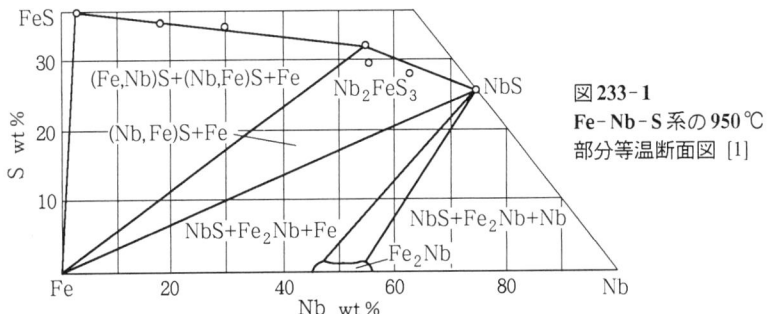

図 233-1
Fe-Nb-S 系の 950℃部分等温断面図 [1]

FeS–NbS断面では三元化合物 Nb_2FeS_3 相が生じるとされているが,[1]ではこの相が実際に化合物なのか,化合物NbS相にFeが部分的に固溶したものかを確かめていない.

文献 [1] 金子秀夫,西澤泰二,玉置維昭:日本金属学会誌 **27** (1963) No.2, 312-318

234. Fe-Nb-Si

H.J.Goldschmidt [1] はX線回折を用いて最初に本系の状態図を系統的に研究した.三元1000℃等温断面図を提案するとともに,9種類の三元化合物相を報告している.しかしそれらの結晶構造は未確定であったため,三元化合物相の構造決定はその後の研究を待たねばならなかった.

A.W.Denham [2] は Fe-Nb 二元系の Laves 相 Fe_2Nb の三元系への拡がりと格子定数を研究し,本系のFeコーナーの状態図を研究した.Feコーナー1300℃等温断面は [1] の1000℃等温断面と比べ,Fe_2Nb 相領域がいくらか狭くなる点を除けば,基本的には同じである.

B.N.Singh ら [3] は光学顕微鏡による組織観察,X線回折により本系合金を研究し,1100℃等温断面図を作成した.二元化合物 μ 相 Fe_7Nb_6 は 50at%Fe に沿って Fe-Nb 側では狭い幅を保ちながら,10at%Si まで三元系に入り込む.ρ 相 Fe_2Nb は [1,2] と同様,三元系に深く侵入することが確認されている(1100℃で25at%Siまで).しかし,いくつかの三元化合物の存在については疑問を示している.図234-1に[3]による本系の1100℃等温断面図を示す.

V.Raghavan ら [4] は本系に関するこれまでの研究をまとめた報告の中で,本系の三元液相面,1150℃等温断面図を提案している.図234-2に[4]による三元液相面投影図,図234-3に同じく1150℃三元等温断面図を示す.[4]は[3]と異なり多くの三元化合物相を認め,状態図上にその存在を記している.

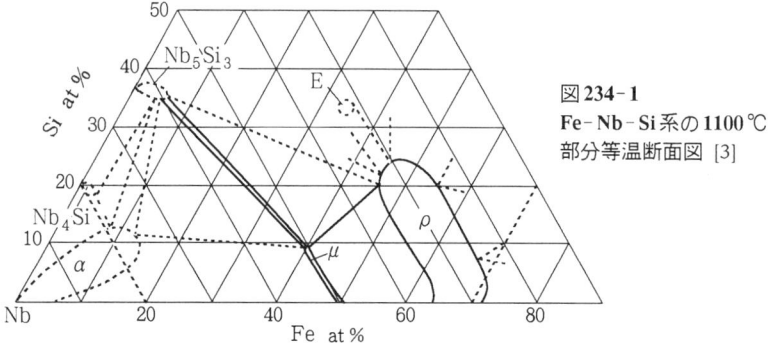

図234-1
Fe-Nb-Si系の1100℃
部分等温断面図 [3]

234. Fe-Nb-Si

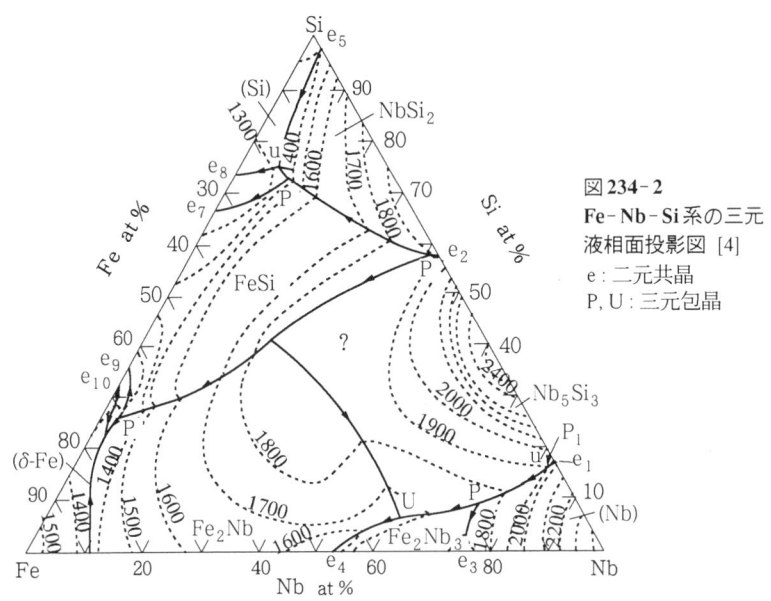

図234-2
Fe-Nb-Si系の三元
液相面投影図 [4]
e：二元共晶
P, U：三元包晶

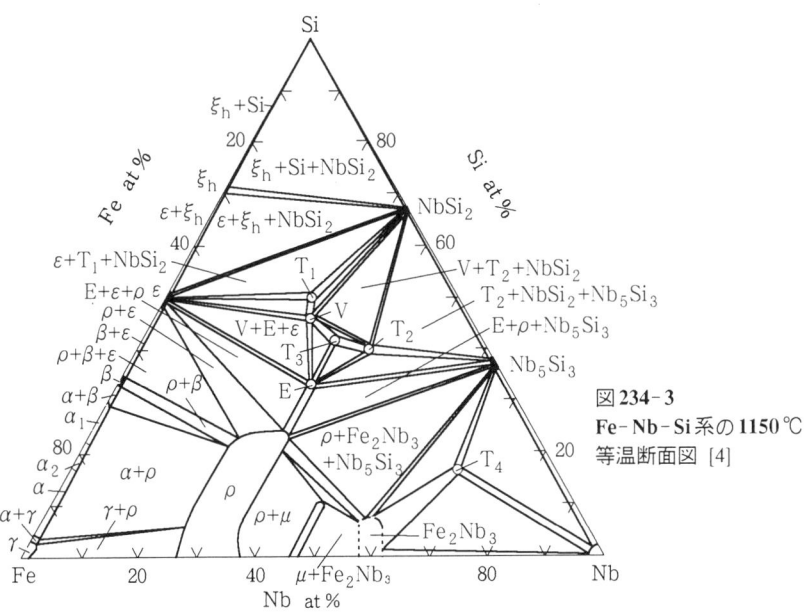

図234-3
Fe-Nb-Si系の1150℃
等温断面図 [4]

三元化合物相は[1]でその存在が示唆されて以来,個々の化合物について多くの研究が行われている[5~14]．B.Malamanら[14]によると1000~1200℃の温度範囲で5種類の三元化合物を認めている．表234-1は[4]による三元化合物相の結晶構造,格子定数を示すが,これによると6種類の化合物が存在する．各相とも化学量論組成近傍で~1at%の均一相領域を有するとされている．このうちT_3相$Fe_3Nb_4Si_5$は[14]によれば,1127±10℃で斜方晶からα-hexagonal構造に変態するという．

表234-1　Fe-Nb-Si系の三元化合物の構造

相	結晶構造	Strukturberichtの表記	格子定数(nm)	文献
$Fe_4Nb_4Si_7(V)$	$I4/nmm$ ($Zr_4Co_4Ge_7$型)		a = 1.2652 ± 0.0002 c = 0.4981 ± 0.0001	[9,11]
$FeNbSi(E)$	$Pnma$ (TiNiSiまたはordered $PbCl_2$型)	C23	a = 0.6231 ± 0.0002 b = 0.3677 ± 0.0002 c = 0.7190 ± 0.0009	[7,11~14]
$FeNbSi_2(T_1)$	斜方晶 ($TiMnSi_2$または$TiFeSi_2$型)		a = 0.7576 ± 0.0005 b = 0.9733 ± 0.0005 c = 0.8689 ± 0.0005	[12]
$FeNb_2Si_2(T_2)$	$P4_2/mcm$		a = 2.376 c = 0.4959	[13]
$Fe_3Nb_4Si_5(T_3)$	$P2_1mn$		a = 1.2821 b = 0.4912 c = 1.5521	[14]
$FeNb_4Si(T_4)$	$I4/mcm$ ($CuAl_2$型)	C16	a = 0.6193 ± 0.0002 c = 0.5056 ± 0.0001	[5]

文献 [1] H.J.Goldschmidt : J. Iron Steel Inst. **194** (1960) 169-180
　　[2] A.W.Denham : J. Iron Steel Inst. **205** (1967) 435-436
　　[3] B.N.Singh and K.P.Gupta : Met. Trans. **3** (1972) 1427-1431
　　[4] V.Raghavan and G.Ghosh : Trans. Indian Inst. Metals **37** (1984) 421-425
　　[5] E.I.Gladyshevskii : Poroshkovaya Met. **2** (1962)No.4, 46-49
　　[6] A.M.Bardos, D.I.Bardos and P.A.Beck : Trans. AIME **227** (1963) 991-993
　　[7] F.X.Spiegel, D.I.Bardos and P.A.Beck : Trans. AIME **227** (1963) 575-579
　　[8] E.I.Gladyshevskii and Yu.B.Kuz'ma : Zhur. Strukt. Khim. **6** (1965) No.1, 70-74
　　[9] V.Ya.Markiv : Acta Cryst. **21** (1966) A84
　　[10] V.YaMarkiv, E.I,Gladyshevskii, R.V.Skolozdra and P.I.Kripyakevich : Dopov. Akad. Nauk Ukrain. RSR **A3** (1967) 266-268
　　[11] W.Jeitschko, A.G.Jordan and P.A.Beck : Trans. AIME **245** (1969) 335-339
　　[12] J.Steinmetz, J.M.Albrecht, M.Zanne and B.Roques : Comptrend. **281C** (1975) 831-833

[13] P.J.Steinmetz, B.Roques, A.Courtois and J.Portas : Acta Cryst. **35B** (1979) 2509-2514
[14] B.Malaman, J.Steinmetz, G.Venturini and B.Roques : J.Less-Common Metals **87** (1982) 31-43

235. Fe-Nb-V

H. J.Goldschmidt [1]はNbと遷移金属との相互作用に関するデータの解析をもとに,仮想状態図を作成した.図235-1は1000℃における等温断面図で,三元系における二元系の各相の位置を示している.

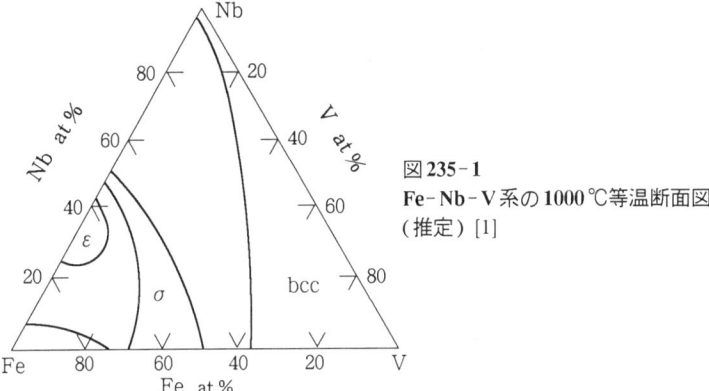

図235-1
Fe-Nb-V系の1000℃等温断面図
(推定) [1]

文献 [1] H. J.Goldschmidt : J.Less-Common Metals **2** (1960) No.2-4, 138-153

236. Fe-Nb-W

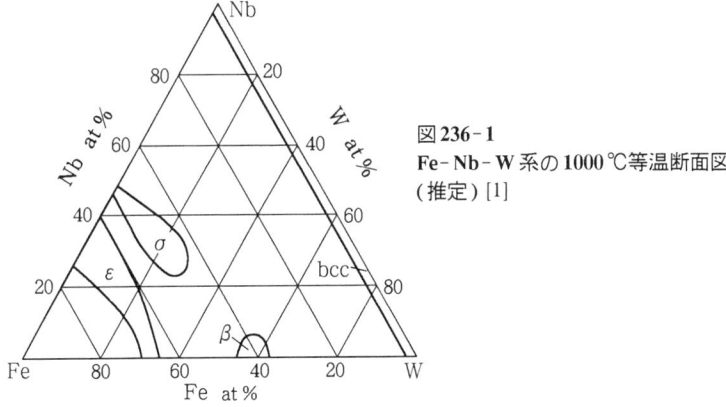

図236-1
Fe-Nb-W系の1000℃等温断面図
(推定) [1]

H.J.Goldschmidt [1] は, Nbと遷移金属との相互作用に関する文献のデータを解析して, 1000℃における本系の推定状態図を提案している. 図236-1に二元系の相の三元系への拡がりを示してある. 化合物εはFe-W, Fe-Nb二元系のFe_2W, Fe_2Nbの固溶体である. いずれも$MgZn_2$型の六方晶Laves相で, 全率固溶体を形成すると推定されている. β相はここではFe_3W_2である.

文献 [1] H. J.Goldschmidt : J. Less-Common Metals **2** (1960) No.2-4, 138-153

237. Fe-Nb-Y

O.I.Bodakと D.A.Berezyuk [1] は, X線回折により本系の1070Kにおける等温断面図を研究した. 合金はカルボニル鉄(99.99%), 99.9%Nb, 99.9%Yを母材として, アルゴン雰囲気下でアーク溶解により作製した. この合金を石英管に真空封入し, 1070K×3000時間均一化焼鈍を施し, 水中に焼入れた.

本系には三元化合物相は見出されなかった(図237-1). 二元化合物Fe_3Yは三元系に入り込むが, 他のFe-Y系化合物相は三元系には深くは入り込まないか, $Fe_{23}Y_6$のように全く入り込まないことが分かった.

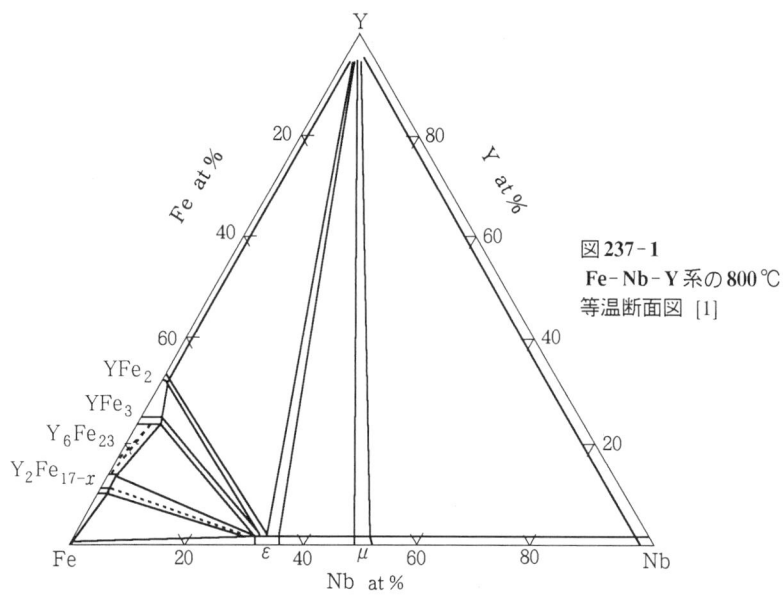

図237-1
Fe-Nb-Y系の800℃
等温断面図 [1]

文献 [1] O.I.Bodak and D.A.Berezyuk : Doklady Akad. Nauk Ukrain. SSR Ser. **A** (1982), No.3, 70-71

238. Fe-Nb-Zr

N.M.Gruzdevaら[1]は本系について最初に研究したが，Zrコーナーの等温断面図を示したのみで，Feに富む側の状態図は1989年に[2~4]が詳しく研究し，全領域の等温断面図が明らかにされつつある．Z.M.Alekseeva[2]ら，N.V.Kortokovaら[3,4]はいずれも同一の研究グループで，実験方法は同一である．母材は99.9%ヨード法ジルコニウム，電子ビーム溶解ニオブ，アームコ鉄を用い，水冷銅るつぼ中，精製アルゴン雰囲気下でアーク溶解により合金を作製した．実験方法はX線回折(FeK線)，光学顕微鏡観察，示差熱分析，また一部の合金はX線マイクロアナライザーにより分析した．

[2,3]はZr-Nb-NbFe$_2$-ZrFe$_2$領域の等温断面図を調べ，約950℃で包晶反応：L+β_{Zr}+ZrFe$_2$⇌Tにより，新しい三元化合物相T相が生じることを見出した．T相の組成は52at%Zr, 10at%Nb, 38at%Feであるが，X線回折による面間隔の測定以外には，詳しく結晶構造の解析は行われていない．

図238-1は[2]による本系の液相面の投影図を示す．[2]は1200, 945, 900, 800, 700, 650, 500℃の上記組成領域等温断面図を発表しているが，1200℃(図238-2)，800℃(図238-3)，500℃(図238-4)を示しておく[2,3]．

[4]は，[2,3]で空白となっていたFeコーナーのFe-NbFe$_2$-ZrFe$_2$領域について研究しているが，ここには1315℃の部分等温断面図(図238-5)を示しておく．

以下の結果はZrコーナーについても[1]とはいくらか異なる結果を示し，Zr-Nb

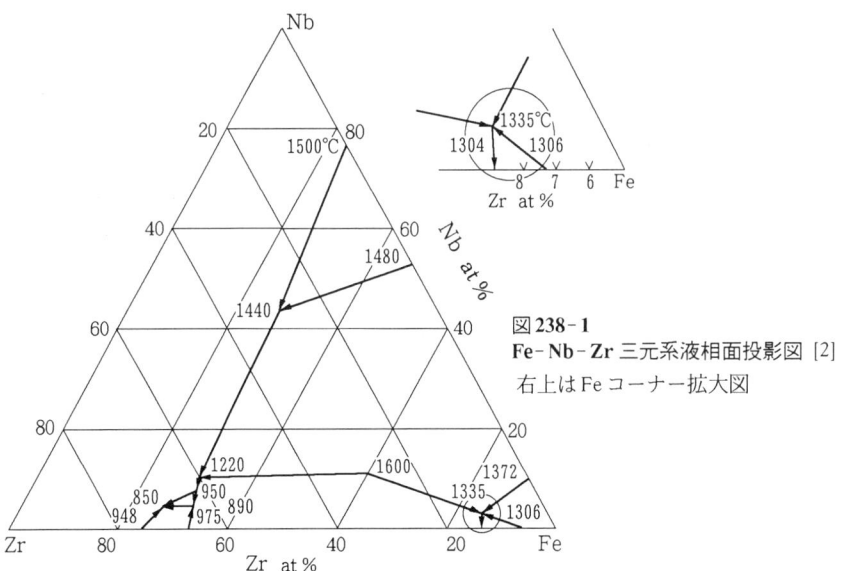

図238-1
Fe-Nb-Zr三元系液相面投影図 [2]
右上はFeコーナー拡大図

二元系のα, β各固溶体の三元領域への拡がりも[1]に比べいくらか狭い．

三元系化合物相T相はZr-(8~10) at%Nb-(36~38) at%Feの狭い領域に存在し, 950

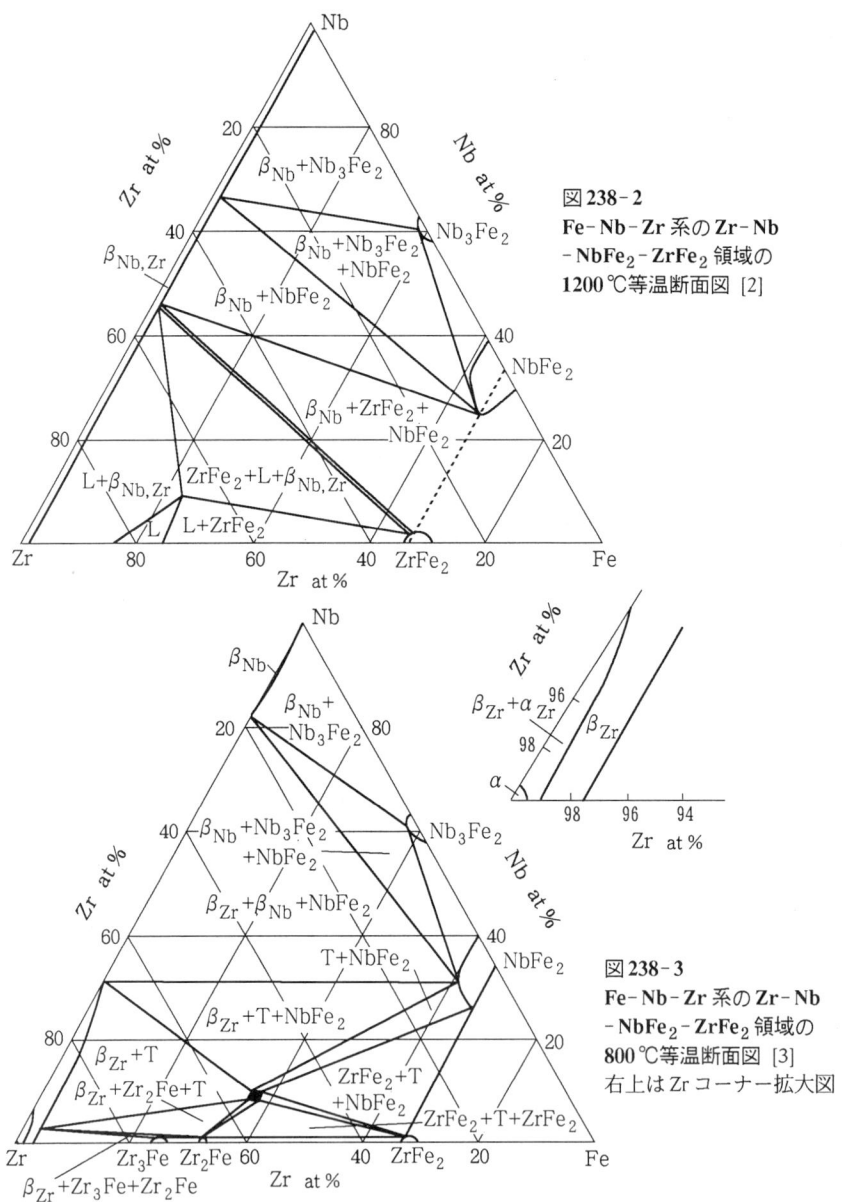

図238-2
Fe-Nb-Zr系のZr-Nb-NbFe$_2$-ZrFe$_2$領域の
1200℃等温断面図 [2]

図238-3
Fe-Nb-Zr系のZr-Nb-NbFe$_2$-ZrFe$_2$領域の
800℃等温断面図 [3]
右上はZrコーナー拡大図

℃以下500℃まで安定に存在する．850℃以下の高温域では7種類の四相平衡が，また500℃までの温度域では5種類の四相平衡が，Zr-Nb-NbFe$_2$-ZrFe$_2$領域に存在する．またFeコーナーの高温域では，1310℃に三元共晶反応：L $\rightleftarrows$ δ_{Fe} + γ_{Fe} + ZrFe$_2$ が存在することを予想している [4]．また，固相領域で三元共析反応：δ_{Fe} $\rightleftarrows$ ZrFe$_2$ + NbFe$_2$ + γ_{Fe} が984℃で生じるという．もうひとつの三元共析反応：γ_{Fe} $\rightleftarrows$

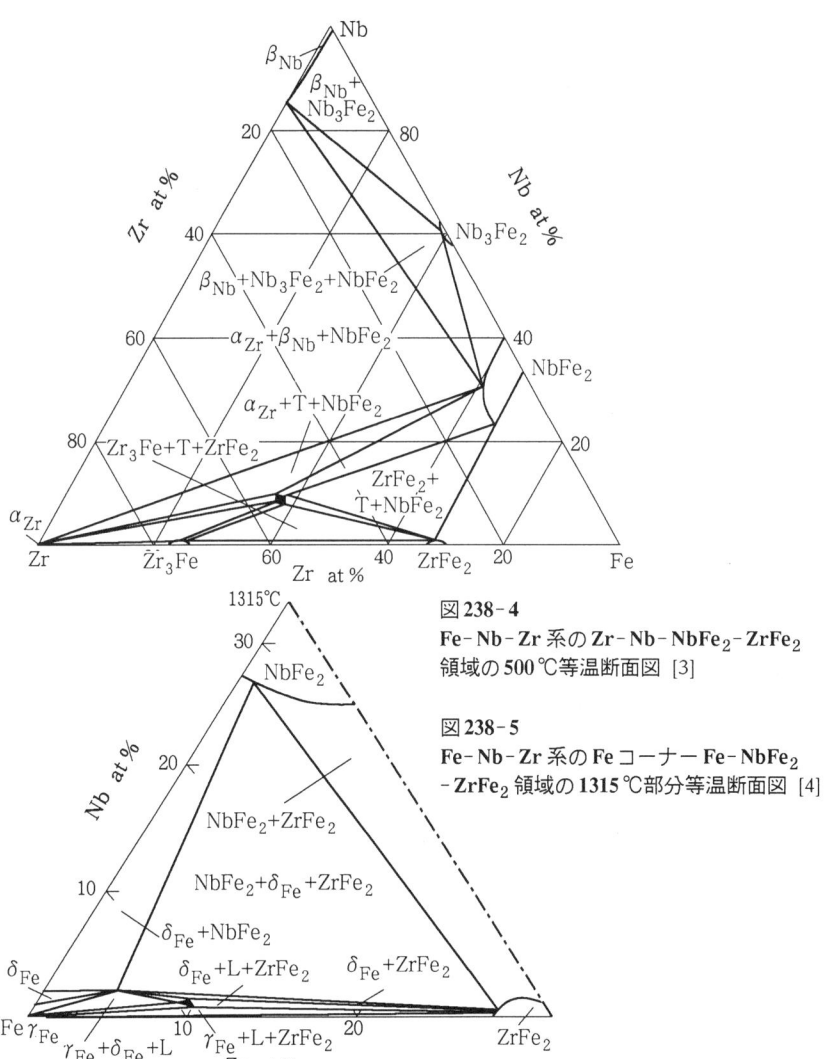

図238-4
Fe-Nb-Zr系のZr-Nb-NbFe$_2$-ZrFe$_2$領域の500℃等温断面図 [3]

図238-5
Fe-Nb-Zr系のFeコーナーFe-NbFe$_2$-ZrFe$_2$領域の1315℃部分等温断面図 [4]

α_{Fe} + NbFe$_2$ + ZrFe$_2$ が920±20℃に存在することを熱分析の結果から示唆している.

文献 [1] N.M.Gruzdeva, T.N.Zagorskaya and I.I.Raevskii : "Fiziko-khimiya Splavov Tsirkoniya", Moskva, Nauka (1968) 117-122

[2] Z.M.Alekseeva and N.V.Korotkova : Izvest. Akad. Nauk SSSR, Metally (1989) No.1, 199-205

[3] Z.M.Alekseeva and N.V.Korotkova : Izvest. Akad. Nauk SSSR, Metally (1989) No.3, 207-214

[4] N.V.Korotkova : Izvest. Akad. Nauk SSSR, Metally (1989) No.6, 194-197

239. Fe-Ni-O

小野勝敏ら[1]は熱分析およびX線回折によって, 本系の相平衡に及ぼす酸素分圧, 温度, 組成の影響を調べ, 1050℃, 900℃および757℃における等温断面図を作成した.

図239-1に1050℃における断面図を全組成域にわたって示す. 平衡状態で次の相が認められた. H:ヘマタイト(Fe$_2$O$_3$); M:マグネタイト(Fe$_3$O$_4$); W:ウスタイト(Fe$_{1-x}$O); F:ニッケルフェライト(NiFe$_2$O$_4$); N:Ni酸化物; S:スピネル(Ni$_x$Fe$_{3-x}$O$_4$); A:Fe-Ni-O合金. 図239-2に本系の相平衡に及ぼす酸素分圧の影響を示す.

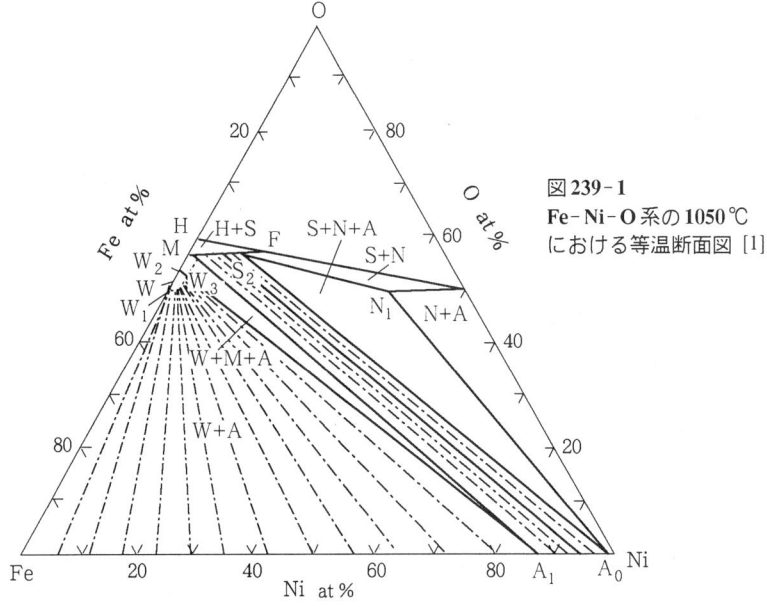

図239-1
Fe-Ni-O系の1050℃における等温断面図 [1]

A.D.Davi ら [2] は本系の研究に際して組成分析を行い,三相領域 $S_1 + W_3 + A_2$ におけるウスタイト,スピネル,および固溶体の Ni 濃度は 0.51at%, 0.60at%, 79.6at% に相当することを明らかにした. 1000℃における等温断面図は基本的には 1050℃ (図 239-1) と変りはない.

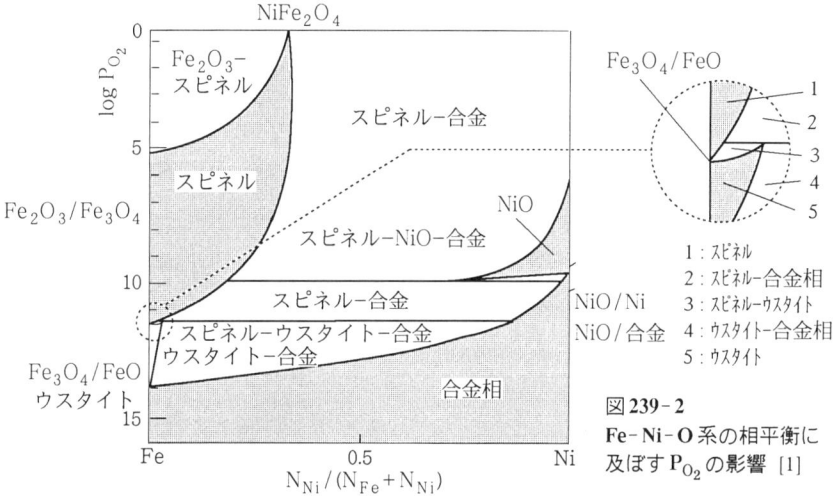

図 239-2
Fe-Ni-O 系の相平衡に及ぼす P_{O_2} の影響 [1]

文献 [1] 小野勝敏,横川清志,山口昭雄,森山徐一郎:日本金属学会誌 **35** (1971) No.8, 750-756
[2] A.D.Davi and W.W.Smeltzer : J. Electrochem. Soc. **117** (1970) No.11, 1431-1436

240. Fe-Ni-P

15wt%P 以下の組成領域について光学顕微鏡による組織観察,熱分析による研究が 1931 年に報告されている (R.Vogel ら [1]). 母材は Fe に富む側は電解鉄,Fe の少ない側は C を 0.05% 含む Fe を用い,これに電解ニッケル,Fe-22.3wt%P 合金,Ni-10wt%P 合金を用いた. 合金は電気抵抗炉で溶解した.

研究した組成領域には三元化合物は見出されなかった. 化合物 Fe_3P と Ni_3P は全率固溶体 $(Fe, Ni)_3P$ を形成する. これはずっと後に H.Nowotny ら [2], A.S.Doane ら [3] で確かめられた. 8 種の温度-組成切断面の研究から $Fe-Ni-Ni_3P-Fe_3P$ 領域の 400℃ 以上の温度域の状態図が作成された. この状態図によると Fe_3P, Ni_3P, Ni_5P_2, Fe_2P 間に平衡が成り立つ. $Fe-Fe_3P-Ni_3P$ 領域では 970℃ あるいは 1000℃ で不変平衡 $L + \alpha\text{-Fe} \rightleftarrows \gamma\text{-Ni} + (Fe, Ni)_3P$ が存在する [3].

α 相,γ 相および (Fe, Ni_3P) 間には三元の非溶解領域が存在する. 初晶領域で分離する相は Fe 基 α-固溶体,Ni 基 γ-固溶体,Fe_2P, Ni_5P_2, Fe_3P と Ni_3P の固溶体

(Fe, Ni)$_3$P である．

[3] は 16.5wt%P まで P を含む Fe-Ni 合金の 550～1100℃の状態図を研究した．母材には 99.95%Fe, 99.999%P, 不純物量 0.002%の Ni を用いた．合金はアルミナるつぼ中でアルゴン雰囲気下誘導溶解により作製した．1100, 1060, 1010, 1000, 995, 875, 750, 650, 550℃の各等温断面図を作成している．ここには図240-1, 図240-2 にこれらのうち実測に基づく2種の等温断面図を示しておく．

1040℃以下の温度では Fe$_3$P と Ni$_3$P との間に，(FeNi)$_3$P が生じる(図上の記号 Ph)．これは Fe$_3$P と Ni$_3$P の全率固溶体相である．この相は 1000±5℃で四相平衡に入る：L+α ⇌ γ+Ph．温度低下に伴い α 相，γ 相中への P の溶解度は 1000℃でそれぞれ 2.7wt%, 1.4wt% から，550℃で 0.25wt%, 0.08wt% に低下する．Fe-Ni 合金に P を添加すると，α 相の安定性が上昇し，γ 相の安定性は低下する．

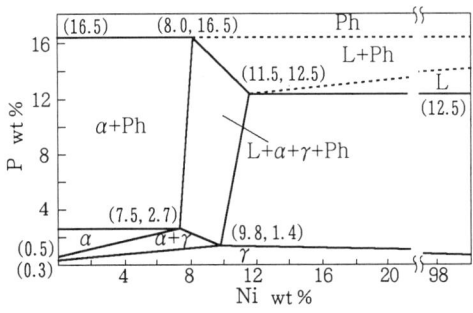

図 240-1
Fe-Ni-P 系の 1000℃における等温断面図 [3]
Ph：P との化合物 (FeNi)$_3$P

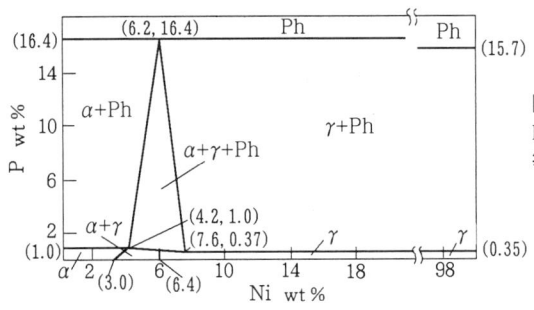

図 240-2
Fe-Ni-P 系の 750℃における等温断面図 [3]
Ph：P との化合物 (FeNi)$_3$P

文献 [1] R.Vogel and H.Baur : Arch. Eisenhüttenwesen **5** (1931) No.5, 269-278
　　 [2] H.Nowotny and E.Hanglein : Monatsh. Chem. **79** (1948) 385-393
　　 [3] A.S.Doane and J.I.Goldstein : Metall. Trans. **1** (1970) No.6, 1759-1767

241. Fe-Ni-Pb

K.O.Miller ら [1] は熱分析により本系合金を研究している．不変反応：L$_1$+δ ⇌

$L_{II}+\gamma$ が見出されている．1350~1550℃間の液相相分離を研究した結果，相分離領域は温度上昇，Ni濃度増大とともに狭くなる傾向にあることが判明した．L_{II} 相の存在境界は1500℃では二元Ni-Pb側で62at%(32wt%)Pb，1550℃では同70at%(40wt%)Pbであった(図241-1)．

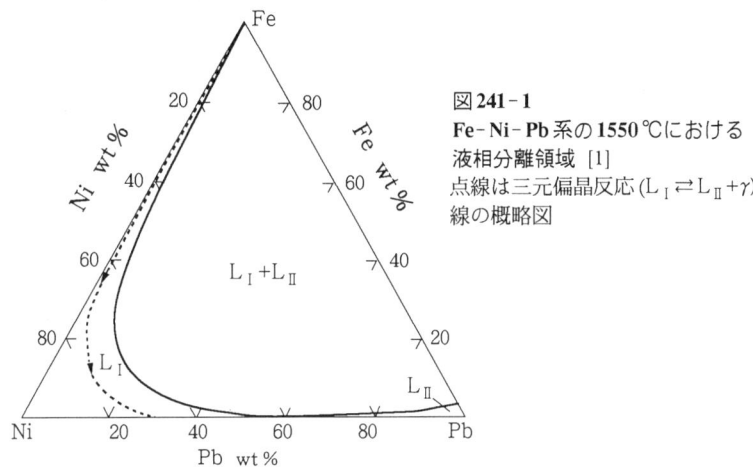

図241-1
Fe-Ni-Pb系の1550℃における液相分離領域 [1]
点線は三元偏晶反応($L_I \rightleftarrows L_{II}+\gamma$)線の概略図

文献 [1] K.O.Miller and J.F.Elliott : Trans. AIME **218** (1960) No.5, 900-910

242. Fe-Ni-Pd

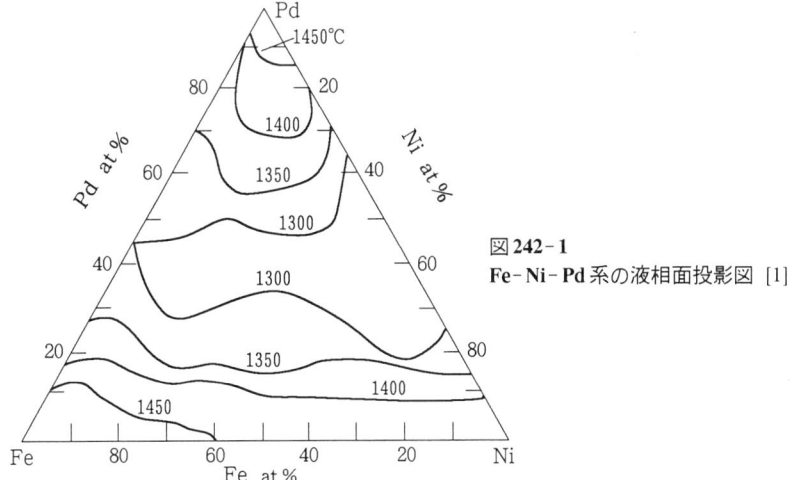

図242-1
Fe-Ni-Pd系の液相面投影図 [1]

L.A.Pantelejmonov ら [1] は熱分析により本系合金の研究を行っている．Pd 一定濃度断面の溶解温度の測定から，液相から直接凝固すると三元全率固溶体が生じることが判明した．図242-1は液相面投影図である．

文献 [1] L.A.Pantelejmonov, N.A.Birun and D.N.Gubieva : Zhur. Neorg. Khim. **5** (1960) 1635-1637

243. Fe-Ni-Pt

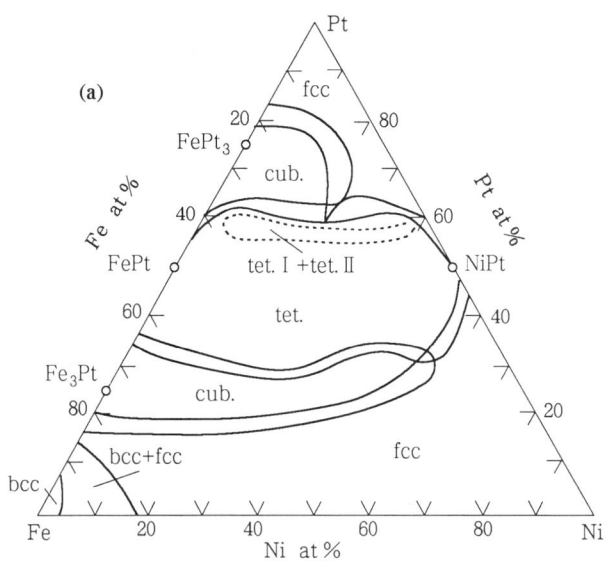

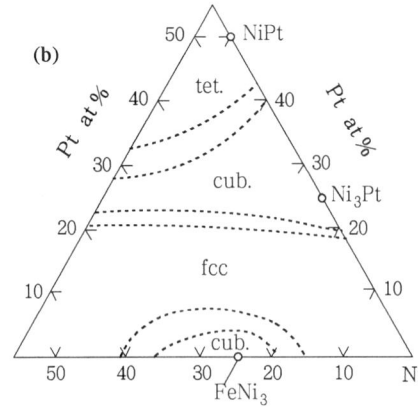

図243-1
Fe-Ni-Pt系等温断面図 [1]
(a) 600 ℃
(b) 475 ℃

fcc : 面心立方晶
bcc : 体心立方晶
tet. : 正方晶
cub. : 立方晶

二元系の化合物相FePt, NiPt, Fe₃Pt, Ni₃Ptの間に三元固溶体が生じることが判明した(G.T.Stevensら[1]). そのうち一つは, 正方晶格子でL1₀型, 格子定数は50Pt-25Fe-25Ni(at%)で, a = 0.3837nm, c = 0.3656nm, c/a = 0.953. 第2の相はL1₀型で, ただし立方晶で, 格子定数は42.5Pt-12.5Fe-45Ni(at%)で a = 0.3604nm である.

図243-1 (a), (b)は600℃, 475℃等温断面図である. ~60at%Pt組成, 600℃でc/aの近い2種の正方晶が存在する. 475℃で生じるFe₃PtとNi₃Ptの三元固溶体は600℃ではPt-Ni側には拡がらない.

文献 [1] G.T.Stevens, M.Hatherly and J.S.Bowles : J. Mater. Sci. **13** (1978) 499-504

244. Fe-Ni-Re

N.A.Iofisら[1]はFe(60~40wt%)-Ni(50~32%)-Re(~20%)組成の合金の状態について研究している. 実験方法は光学顕微鏡による組織観察, X線回折, 熱分析, 硬度測定によった.

図244-1は50wt%Fe-50wt%Ni組成から純Reコーナーへの切断図である. 三元系では一変系包晶反応によりγ-固溶体が生じる. Reの溶解度は温度上昇とともに顕著に増加する. Fe:Niの比が5:4, 3:2の切断面も同様な様相を示す.

図244-2は600, 800, 1000, 1100℃におけるFe-Ni固溶体へのReの固溶度の投影図である. 温度上昇とともに固溶体中のRe濃度が増大する結果, γ-固溶体領域が拡がる. 上記組成領域の基本構成相はfcc Fe-Ni固溶体のγ相である. β相はRe基の六方晶固溶体である.

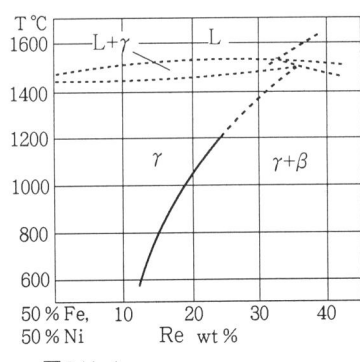

図244-1
Fe-Ni-Re系の(50wt%Fe+50%Ni)
-Re切断面図 [1]

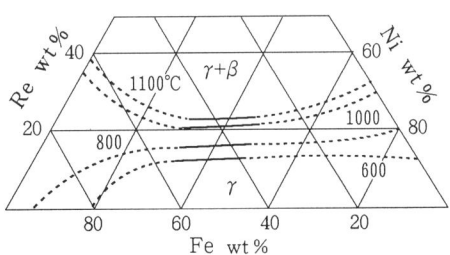

図244-2
Fe-Ni-Re系の600, 800, 1000, 1100℃の
Reのγ相への溶解度曲線の投影図 [1]

文献 [1] N.A.Iofis, P.B.Budberg, M.V.Troyan and N.M.Fonshtein : Elektron. Tekhnika, Nauchno-tekhn. Sbornik Met. **5** (1970) 20-24

245. Fe-Ni-Ru

A.S.Akopyanら[1]はX線回折,光学顕微鏡による組織観察,硬度測定により本系の研究を行っている. 図245-1は1000℃等温断面図である. 2種の広い一相領域が存在する. 一つはFe-Ni側に沿ったfcc Fe-Ni固溶体中へRuが固溶したもの. もう一つは, hcp Ru基固溶体である. 両相の中間にfccとhcp構造の固溶体が平衡する二相領域が存在する.

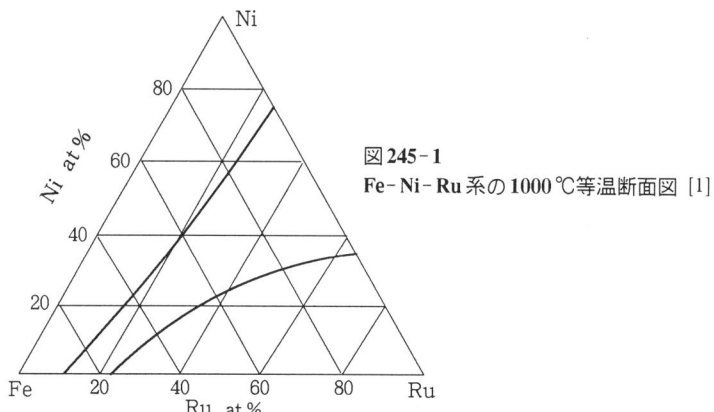

図245-1
Fe-Ni-Ru系の1000℃等温断面図 [1]

文献 [1] A.S.Akopyan, M.V.Raevskaya, I.T.Sokolova and E.M.Sokolovskaya : Vestn. Moskov. Univ. Ser. Khim. (1974) No.4, 467-471

246. Fe-Ni-S

Fe-FeS-Ni_3S_2-Ni部分状態図の研究が行われている (R.Vogelら[1~7]). この領域では化合物 2FeS・Ni_3S_2が見出されている [1~3]. この化合物は不安定で, 温度低下に伴いNiの硫化物Ni_6S_5と化合物 4NiS・FeS [5, 6] あるいは $(NiFe)_9S_8$ [7]を生じて分解する.

図246-1は熱分析, 光学顕微鏡による組織観察, 鉱物分析, 硬度測定によるFe-FeS-Ni_3S_2-Ni部分液相面投影図である [5, 6]. 実験には電解ニッケル, アームコ鉄, 硫化鉄(37.5wt%S), 硫化ニッケル(32.03wt%S)を用いた. 液相面は5種の初晶領域を有する : (1)金属固溶体, (2)硫化鉄, (3)三元固溶体, (4)化合物 4NiS・FeS, (5)硫化ニッケル.

化合物 4NiS・FeSは硫化ニッケルと, 低温で不安定となる三元金属固溶体相から生じる. [7]は熱磁気分析, X線回折, 磁化率の測定から, 600℃における状態図を作成した. 実験には99.9%電解鉄, 99.9%電解ニッケル, ニッケルマット, 純硫黄を母材として用いた. 600℃で三元化合物相$(NiFe)_9S_8$が見出された. 結晶構造は立

方晶で, 格子定数は a = 1.0129~1.0095nm (44.1at%S, 22.2~30.7at%Ni, 残り Fe) である.

[1] は Fe-FeS-Ni$_3$S$_2$-Ni 領域の初晶面投影図を提案しているが, 図 246-1 とはいくらか異なる. また, 多数の温度-組成断面図を作成している.

[8] は Fe-Ni-S 系の 680℃等温断面図を提案しているが, [7] はそれといくらか異なる相領域図を示した. 図 246-2 には [8] の結果を示す.

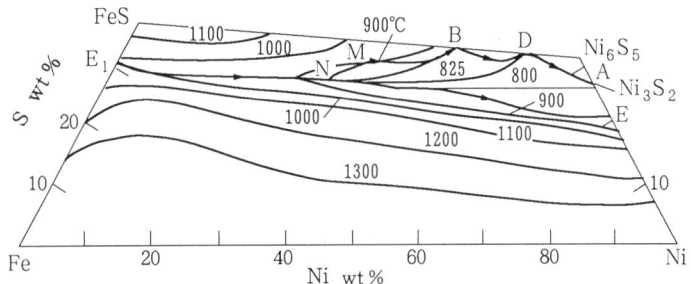

図 246-1　Fe-Ni-S 系の部分液相面投影図 [5, 6]

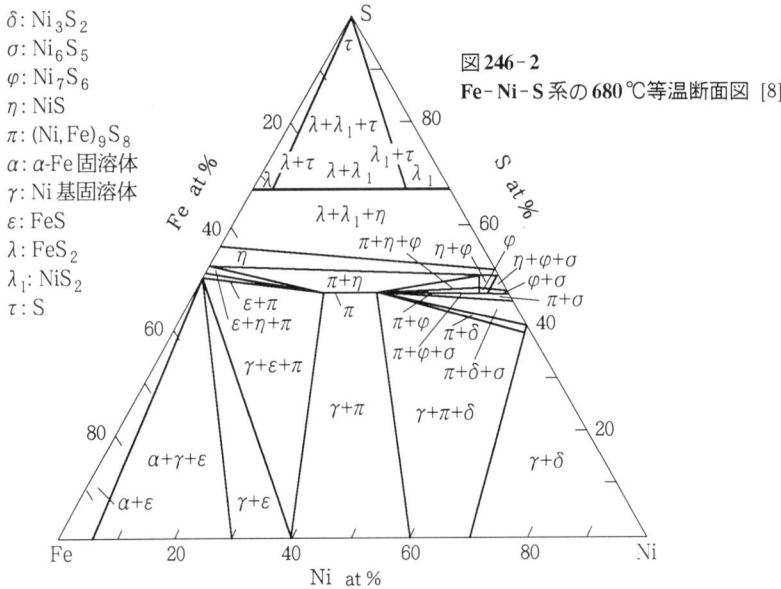

図 246-2
Fe-Ni-S 系の 680℃等温断面図 [8]

δ: Ni$_3$S$_2$
σ: Ni$_6$S$_5$
φ: Ni$_7$S$_6$
η: NiS
π: (Ni, Fe)$_9$S$_8$
α: α-Fe 固溶体
γ: Ni 基固溶体
ε: FeS
λ: FeS$_2$
λ_1: NiS$_2$
τ: S

文献 [1] R. Vogel and W. Tonn : Arch. Eisenhüttenwesen **3** (1930) No.12, 769-780
　　 [2] W. Guertler and W. Savelsberg : Metall u. Erz. **29** (1932) 84-91

[3] G.G.Urazov and N.A.Filin : Metallurgia (1938) No.2, 3-17
[4] J.E.Hawley, G.L.Colgrove and H.E.Zurbrugg : Econ. Geol. **38** (1943) 335-388
[5] V.A.Vanyukov, A.V.Vanyukov and N.T.Tarashchuk : Tsvet. Met. (1955) No.4, 23-27
[6] V.A.Vanyukov, A.V.Vanyukov and N.T.Tarashchuk : Nauchn. Trudy, Moskov. Inst. Tsvetnykh Metallov i Zalota, Metallugiya **26** (1957) 108-119
[7] K.Nishihara and Y.Kondo : Memo. Fac. Eng. Kyoto Univ. **23** (1961) No.2, 242-263
[8] D.Lundqvist : Arkiv. Kemi. Mineral. Geol. **24A** (1947) No.21, 1

247. Fe-Ni-Sb

L.A.Pantelejmonovら[1]は示差熱分析，光学顕微鏡による組織観察，硬度測定および磁気の測定によりFe-NiSb*断面を研究している．図247-1はFe-NiSb断面図である．断面は擬二元共晶型で，共晶点組成は40at%Feである．成分相互間の溶解度は低い．M.Nageswararaoら[2]はα-Fe中への600℃におけるSbの溶解度は1at%Niの存在により5.3wt%から3.5 wt%に低下し，その際α-Feの格子定数が0.2884nmから0.2878 nmに減少することを確かめた．

[3~5]はFeSbとNiSbは全率固溶体を形成し，この三元固溶体はFeSb-NiSb断面からFeおよびNiに富む側に拡がり，侵入型固溶体相を形成することを確かめた．Sbに富む側にある合金は格子間位置をFe, Ni原子が占めていない，空格子点を持つ格子を形成する．

*注 NiSbはHansen Ⅰで示されているが，Elliottでは否定されている．

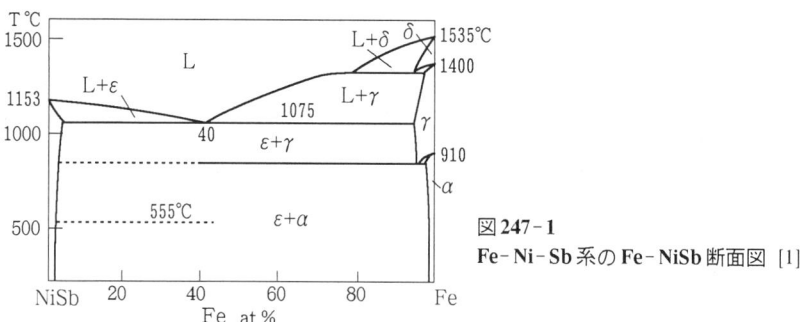

図247-1 Fe-Ni-Sb系のFe-NiSb断面図 [1]

文献 [1] L.A.Pantelejmonov and I.A.Babanskaya : Vestn. Moskov. Univ. Khim. **14** (1973) No.3, 373-374
[2] M.Nageswararao, C.J.McMahon and H.Herman : Metall. Trans. **5** (1974) No.5, 1061-1068
[3] N.V.Ageev and E.S.Makarov : Izvest. Akad. Nauk SSSR, Otdel. Khim., Nauk (1943) 161-169

[4] N.V.Ageev and E.S.Makarov : Doklady Akad. Nauk SSSR **38** (1943) No.1, 23-25
[5] N.V.Ageev and E.S.Makarov : Zhur. Obshchey Khim. **13** (1943) No.3, 242-248

248. Fe-Ni-Si

　武田修三ら[1]は光学顕微鏡による組織観察,熱膨張測定,磁気分析により本系合金を研究している．またF.A.Sidorenkoら[2]はFeSi$_2$とNiSi$_2$の相互作用について研究している．

　図248-1,図248-2は70,63wt%Fe,30,35wt%Niを含む合金の温度-組成断面図である．等原子比組成Fe$_{11}$Ni$_5$Si$_4$のσ相が見出されている．σ相は~920℃で,包析反応,α+γ→σにより生じる．組成は~29wt%Ni,11wt%Si,60wt%Feである．格子定数はa=0.6148nm,立方晶で単位胞にFe$_{11}$Ni$_5$Si$_4$分子1個を含む．

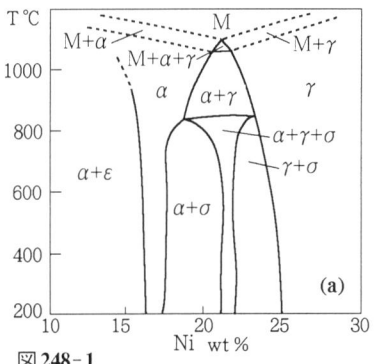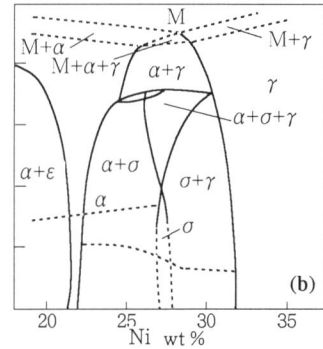

図 248-1
Fe-Ni-Si系の温度-組成断面図 [1]　(a) 70wt%Fe-Ni-Si　(b) 63wt%Fe-Ni-Si

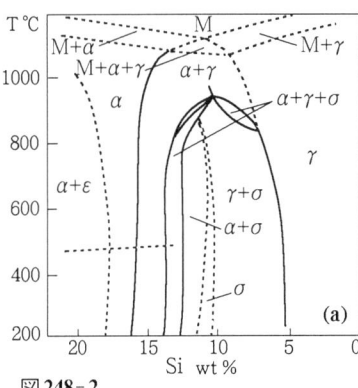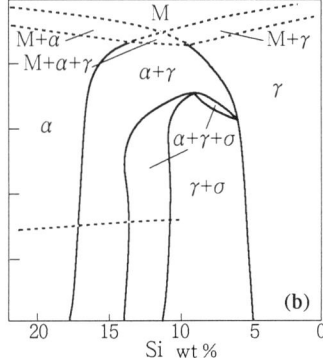

図 248-2
Fe-Ni-Si系の温度-組成断面図 [1]　(a) Fe-30wt%Ni-Si　(b) Fe-35wt%Ni-Si

[1]はまた,図248-3に示すように,Fe-Ni側の平衡状態図を作成した.Fe-Ni側の二元包晶反応はMelt (P $E_1 E_2$) ± δ(α)(Q $Q_1 Q_2$) ⇌ γ(R $E_1 E_2$) と移り,途中で$E_1 Q_1$温度でL→α+γ二元共晶反応に転移する.α相,γ相の室温における固溶限はそれぞれq q_1(α),r r_1(γ)および$q_2 q_3$(α),$r_2 r_3$(γ)で示される.この間で,~15~60wt% Ni, 5~15%Si の組成範囲で,二元包析反応:α($q_1 q_0 q_2$) + γ($r_1 r_0 r_2$) → σ($p_1 p_0 p_2$)により三元化合物σ相が生じる.この包析反応は920℃ ($q_0 p_0 r_0$)に極大を有する.σ相はp_0点を中心として$p_1 p' p_2 p''$の組成範囲(22~32wt%Ni, 9~12wt%Si)の中間固溶体である.

図248-4は[1]によるSi:10wt%固定の温度-組成断面図である.

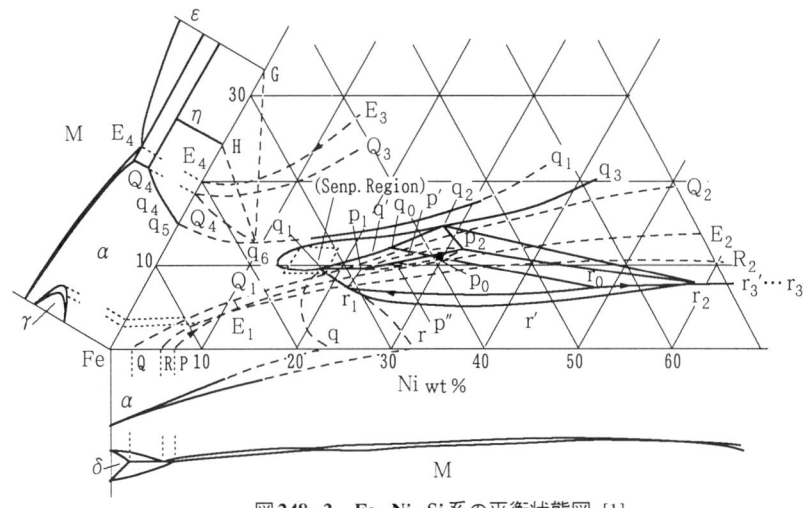

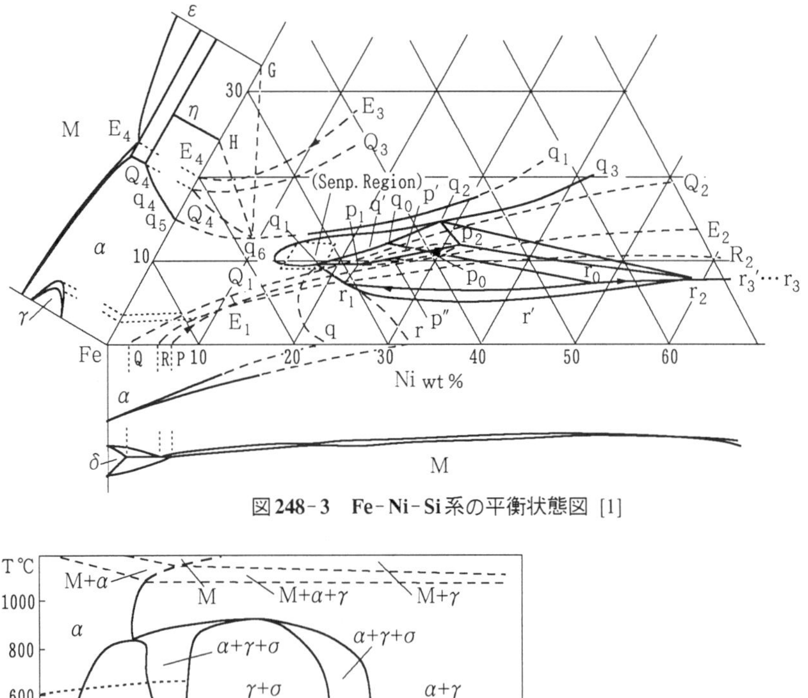

図248-3　Fe-Ni-Si系の平衡状態図 [1]

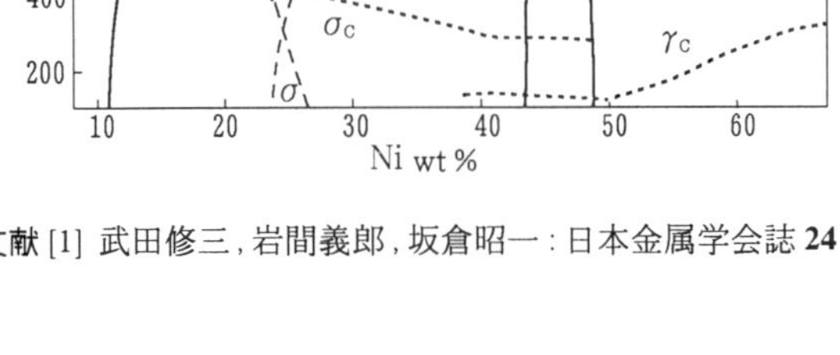

図248-4
Fe-Ni-Si系のSi=10wt%-
Fe-Ni 温度-組成断面図 [1]

文献[1] 武田修三,岩間義郎,坂倉昭一:日本金属学会誌 **24** (1960) No.8, 534-538

[2] F.A.Sidorenko, L.A.Miroshnikov and P.V.Gel'd : Poroshkovaya Met. (1968) No.4, 53-59

249. Fe-Ni-Sn

図249-1は600℃におけるFeコーナー等温断面図である(T.E.Cranshaw [1])。Fe-Sn二元系のFe基固溶体とはFeSn, Fe_5Sn_3 とNi側の Ni_3Sn_2 とが平衡する。

M.Nageswararaoら[2]はX線回折により1wt%Ni添加の際の α-Fe中への Sn の溶解度を研究した。それによると、600℃でFe-Sn二元系の場合、α-Fe中へのSnの溶解度は6.5wt%であったものが、Ni添加に伴い5.2%にまで低下する。α-Feの格子定数は0.28893nmから0.28847nmに減少する。

図249-2は Ni_3Sn_2-Fe擬二元系断面図で、共晶型となる(L.A.Pantelejmonov[3])。共晶反応 $L \rightleftarrows \gamma + \varepsilon$ は1100℃、共晶点組成は40at%Feである。

本系の研究は古くは1939年のSchafmeister [4] の研究にさかのぼる。この研究は、基礎とした二元系のうちFe-Sn系が現在認められているものと900℃近傍の細部が異なり、とくにFeに富む中間相は Fe_3Sn ではなく、Fe_2Sn としている。Ni_5Sn_3 と Fe_2Sn とが全率固溶体 ε を形成するとして作成した状態図は再検討を必要とするが、これまでのところ、Fe-Ni-Sn全系に関する最も詳しい状態図であり、上記の点を配慮すれば、今後の研究の基礎となり得るであろう。

図249-3(a), (b) に、[4]による800℃, 1000℃における等温断面図を示す。

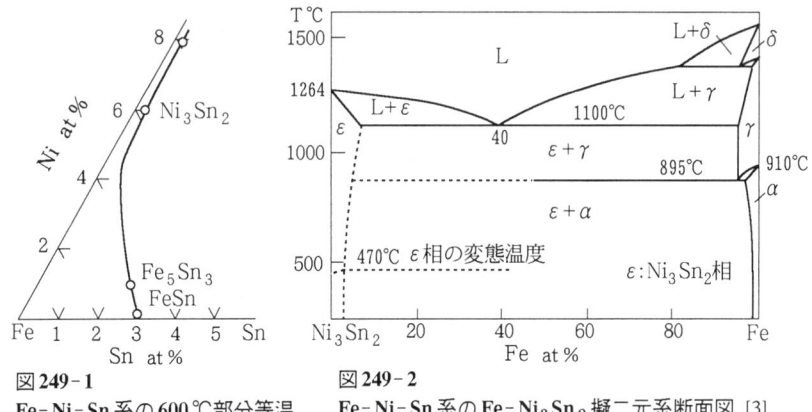

図249-1
Fe-Ni-Sn系の600℃部分等温断面図 [1]

図249-2
Fe-Ni-Sn系の Fe-Ni_3Sn_2 擬二元系断面図 [3]

文献 [1] T.E.Cranshaw : J. Phys. **10** (1980) No.6, 1323-1340
[2] M.Nageswararao, C.J.McMahon and H.Herman : Metall. Trans. **5** (1974) No.5, 1061-1068
[3] L.A.Pantelejmonov and I.A.Babanskaya : Vestn. Moskov. Univ. Khim. **14** (1973) 486-487
[4] P.Schafmeister and R.Ergang : Arch. Eisenhüttenwesen **13** (1939) 95

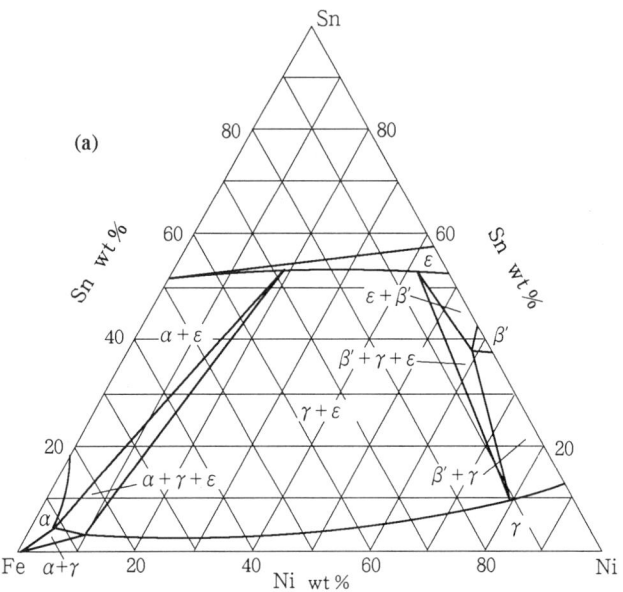
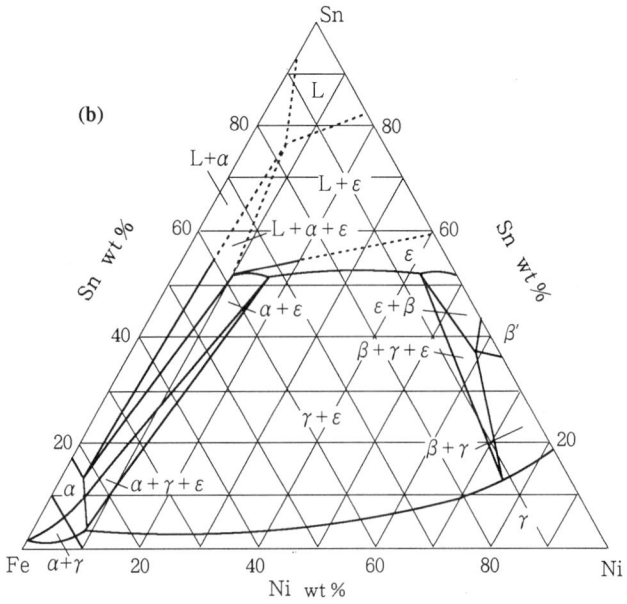

図249-3　Fe-Ni-Sn系の等温断面図 [4]　(a) 800 ℃　(b) 1000 ℃

250. Fe-Ni-Ti

　光学顕微鏡による組織観察およびX線回折(F.I.J.van Looら[1]), 熱分析および硬度測定(L.P.Dudkinaら[2])による研究がある．図250-1は900℃における等温断面図である．三元中間相は見出されなかった．TiNi, TiFe相は全率固溶体を形成する．$TiNi_3$, Ti_2Ni, $TiFe_2$相は広い組成範囲にわたり三元系内に拡がる固溶体を形成する．

　[2]はTiFe-TiNi擬二元系断面を研究した．図250-2は上記断面の固相線を示す．[1]と同様TiFeとTiNiは全率固溶体を形成することを確かめている．

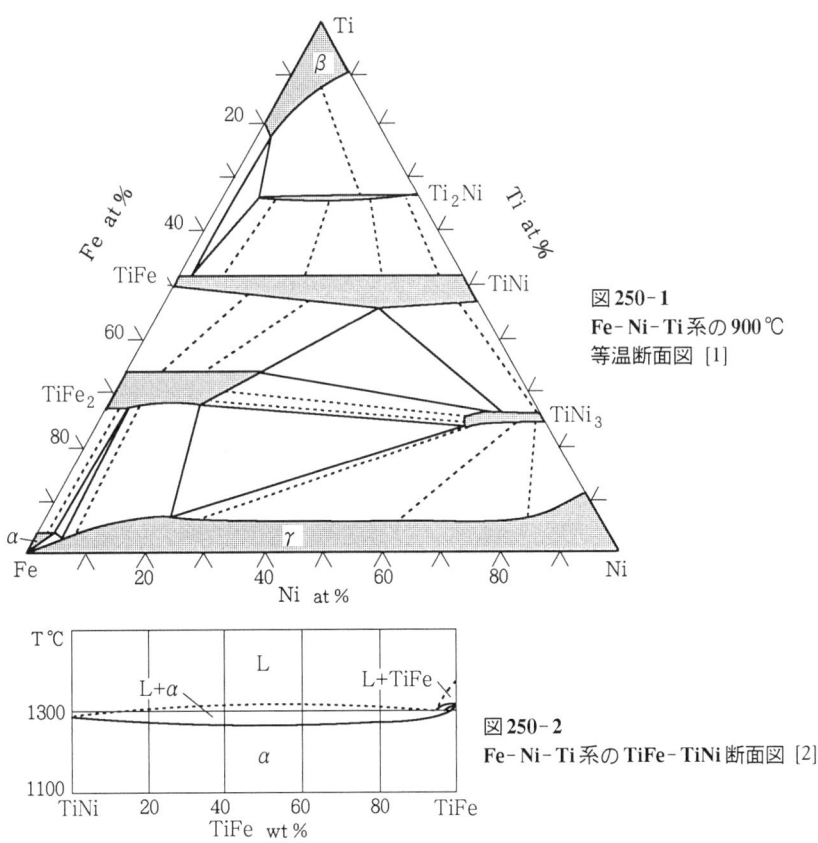

図250-1
Fe-Ni-Ti系の900℃
等温断面図 [1]

図250-2
Fe-Ni-Ti系のTiFe-TiNi断面図 [2]

文献 [1] F.I.J. van Loo, J.W.Vrolijk and G.F.Bastin : J. Less-Common Metals 77 (1981) No.1, 121-130

　　　[2] L.P.Dudkina and I.I.Kornilov : Izvest. Akad. Nauk SSSR, Metally (1967) No.4, 184-188

251. Fe-Ni-U

G.B.Brookら[1]は光学顕微鏡による組織観察,X線回折によりUFe_2-UNi_2断面を研究している.合金はアーク炉でFeと超高純度ウランとを合成して作製した.Uはいくらかの酸化物不純物を含んでいた.合金は900℃×1週間,また700℃×4週間,真空中で焼鈍後水焼入れを施した.

二元化合物UFe_2,UNi_2および三元化合物相T_{Fe}の存在が確かめられ,900℃,700℃の相境界が決定された.相境界領域のFeとNiの組成を表251-1に示す.

900℃,700℃の等温断面図上では同一の相領域で,相境界はほとんど保持されている.UFe_2相は$MgCu_2$型の立方晶で,格子定数はa=0.7051nmである.UNi_2は$MgZn_2$型の六方晶で,格子定数はa=0.4949nm,c=0.8228nmである.相T_{Fe}は$MgNi_2$型の六方晶で,格子定数はUFe_2側でa=0.4963nm,c=1.6397nm,UNi_2側でa=0.4961nm,c=1.6390nmである.

表251-1 Fe-Ni-U系の固相境界組成

相境界	900℃		700℃	
	Ni (at%)	Fe (at%)	Ni (at%)	Fe (at%)
$UNi_2/(UNi_2+T_{Fe})$	56.9	9.8	56.7	10.0
$T_{Fe}/(UNi_2+T_{Fe})$	54.5	12.2	54.5	12.2
$T_{Fe}/(T_{Fe}+Fe_2)$	53.5	12.8	53.9	12.8
$UFe_2/(T_{Fe}+UFe_2)$	47.7	19.9	47.6	19.1

文献 [1] G.B.Brook, G.I.Williams and E.M.Smith : J. Inst. Metals **83** (1954-55) No.6, 271-276

252. Fe-Ni-V

[1, 2]はNi-V二元系で生じる相の三元系での位置を研究している.J.B.Darbyら[1]は光学顕微鏡による組織観察,X線回折により,σ相は1200℃で55at%Fe以下まで固溶することを明らかにした.H.U.Pfeiferら[2]は610℃で$V_{25}Fe_{15}Ni_{60}$組成の合金はVNi_3($TiAl_3$型構造)の固溶体であり,900℃ではCuと同じ構造の固溶体であることを明らかにした.また800℃では$V_{25}Fe_{25}Ni_{50}$組成の合金もCuと同じ構造である.

[3]は磁気的性質を調べている.

文献 [1] J.B.Darby and P.A.Beck : Trans. AIME **209** (1957) No.1, 69-72
　　 [2] H.U.Pfeifer, S.Bhan and K.Schübert : J. Less-Common Metals. **14** (1968) No.3, 291-302
　　 [3] H.Kühlewein : Z. anorg. Chem. **218** (1934) No.1, 65-68

253. Fe-Ni-W

K.Winklerら[1]は本系の状態図を最初(1932年)に体系的に研究したが,Fe-W,Ni-W両二元系とも現在認められている状態図とは大きく異なるものを基礎として

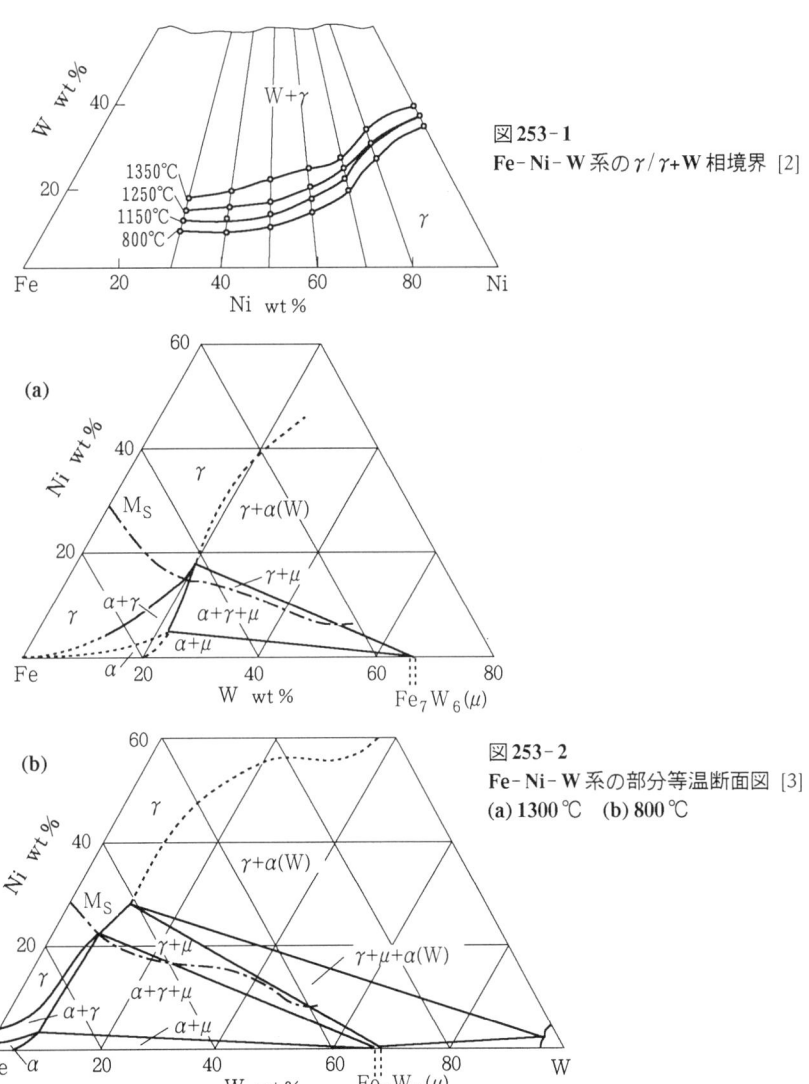

図253-1
Fe-Ni-W系の$\gamma/\gamma+W$相境界 [2]

図253-2
Fe-Ni-W系の部分等温断面図 [3]
(a) 1300 ℃ (b) 800 ℃

三元系状態図を組み立てている．とくに低温相である Fe_2W, Ni_4W はまったく存在が認められておらず，多数の温度-組成断面図を作成しているにもかかわらず，正確なものとはいえない．

V.M.Agababovaら[2]は光学顕微鏡による組織観察，X線回折によりNi:Fe = 4:1, 7:3, 3:2, 1:1, 2:3, 3:7 (wt%)の合金について，1350℃, 1250℃, 1150℃および800℃におけるγ-(Fe, Ni)固溶体中へのWの溶解度を求めた．母材は99.74%W粉末, 99.8%電解ニッケル, 99.93%Feを用い, ヘリウム雰囲気下でアルミナるつぼ中で合金を溶解した．鋳造後の合金を水素雰囲気下で1350℃~800℃で焼鈍後水焼入れした．

図253-1に[2]による1350℃, 1250℃, 1150℃, 800℃におけるγ-固溶体中のWの溶解度を示す．

O.A.Bannykhら[3]は光学顕微鏡による組織観察，X線回折，硬度測定，熱膨張測定，熱分析，EPMAにより, 0~20wt%Ni, 0~50wt%W組成域の合金について，1300℃, 1200℃, 800℃等温断面図を研究している．

母材はカルボニル鉄，電解ニッケル，純タングステンを用い，またW>20wt%の合金はFe-W母合金を用い，不活性ガス雰囲気下でアーク溶解により合金を作製した．得られた合金を1200℃で鍛造後，1200℃×50時間焼鈍，水焼入れした．1300℃等温断面図を求める試料は，1300℃×1.5~2時間焼鈍後水焼入れを施した．以下1200℃×50時間, 800℃×200時間の焼鈍を施した試料をそれぞれ用いた．

図253-2に[3]による1300℃, 800℃の各等温断面図を示す．いずれの場合も，Feコーナー合金は焼入れによりマッシブαマルテンサイト相が観察された．図中の一点鎖線（M_s点）は焼入れによるマッシブ相出現境界である．$\delta(\alpha)$平衡相もマッシブα相もbcc格子で，格子定数の差は$\Delta a \approx 0.0005$nm程度とごく僅かである．1300℃では20wt%以上, 1200℃では15%以上, 800℃では10%以上Wが含まれるとFe-W二元系の化合物相μ相(Fe_7W_6)が出現する．

1300℃から800℃へ温度が低下しても状態図の形状は変わらない．すなわちα, γ単相領域, $(\alpha+\gamma)$, $(\gamma+\mu)$, $(\alpha+\mu)$二相領域, $(\alpha+\gamma+\mu)$三相領域がいずれの温度にも存在する．1300℃から800℃に低下すると，$(\alpha+\gamma+\mu)$三相領域が拡がるが，γ-固溶体へのWの溶解度が低下するに伴い，γ相単相（オーステナイト）領域が収縮する．

文献 [1] K.Winkler and R.Vogel : Arch. Eisenhüttenwesen **6** (1932) 165-172
　　　[2] V.M.Agababova and I.N.Chaporova : Sov. Powder Metall. Met. Ceram. July (1969) No.7, 65-72
　　　[3] O.A.Bannykh, O.Kurbatkina and D.I.Prokof'ev : Izvest. Akad. Nauk SSSR, Metally (1982) No.6, 197-203

254. Fe-Ni-Y

O.I.Kharchenko ら [1] は光学顕微鏡による組織観察, X線回折により Fe-Ni-Y 三元系の 800℃ (0~33.3at%Y), 600℃ (33.3~100at%Y) の等温断面図を作成している (図 254-1).

Fe-Y二元系の化合物相については, 本書 Fe-Y二元系および Fe-Co-Y 系参照.

Fe-Ni-Y系では Fe-Co-Y系といくらか異なり, Y_2Fe_{17} は同型の Y_2Ni_{17} とは平衡せず, Y_2Ni_7 と平衡し二相領域を生じる. YFe_2 も YNi_2 とは平衡せず, YNi と平衡し二相領域を生じる. 化合物相の中で YFe_3 のみが, YNi_3 と全率固溶体を形成する. この固溶体の格子定数の濃度依存を図 254-2 に示す. 格子定数 a は, Fe原子径, Ni原子径の差に比例して直線的に変化するが, c は Vegard 則から負の方向にずれる. Y-Ni 二元系には数多くの化合物相が確認されている [2~8].

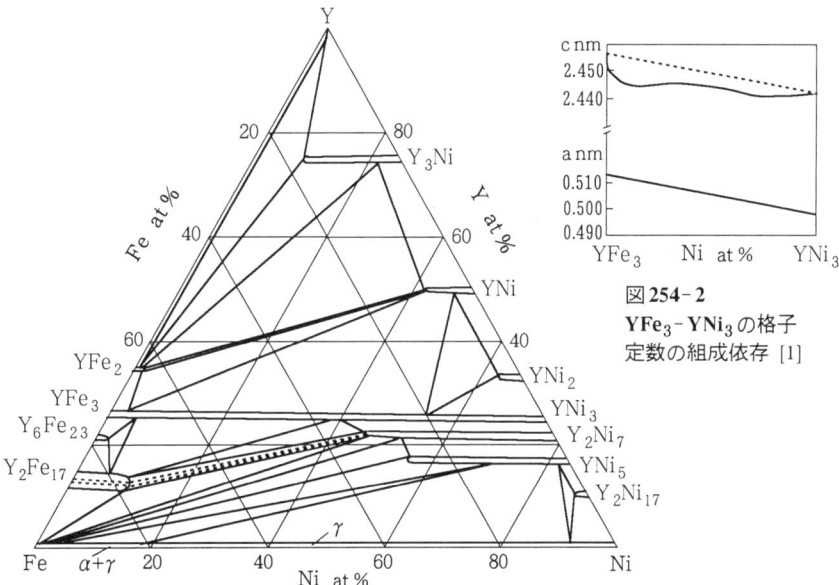

図 254-1 Fe-Ni-Y系の 800℃ (0~33.3at%Y), 600℃ (33.3~100at%Y) 等温断面図 [1]

図 254-2 YFe_3-YNi_3 の格子定数の組成依存 [1]

文献 [1] O.I.Kharchenko, O.I.Bodak and E.I.Gladyshevskii : Izvest. Akad. Nauk SSSR, Metally (1977) No.1, 200
  [2] R.H.J.Buschow : J. Less-Common Metals **11** (1966) 204
  [3] J.Pelleg and O.N.Carlson : J. Less-Common Metals **9** (1965) 281
  [4] R.H.J.Buschow and A.S.Goot : J. Less-Common Metals **22** (1970) 419
  [5] J.N.H.Vucht : J.Less-Common Metals **10** (1965) 146

[6] R.C.Mansey, G.V.Raynor and I.R.Harris : J. Less-Common Metals **14** (1968) 329
[7] J.E.Smith and D.A.Hansen : Acta Cryst. **18** (1965) 60
[8] R.Lemeire and D.Paccard : Bull. Soc. Franç. Minéral. Cristallogr. **xc** (1967) 311

255. Fe-Ni-Zn

Fe-Ni母合金を700℃の亜鉛浴に浸漬し,生じた拡散層を化学分析および光学顕微鏡観察により調べた(D.Y.Gluskin [1])．拡散層中には$NiZn_3$, $FeZn_7$, Fe_5Zn_{11}の化合物相が観察された．

G.V.Raynorら[2]は5wt%Feまでの範囲の合金について光学顕微鏡による組織観察,X線回折により研究し,新しい三元化合物相T相を見出した．鋳造合金を370℃×85日焼鈍後,同温度における相平衡を調べた．Znはζ相($FeZn_{12}$), T相,δ相($NiZn_9$)と平衡する(図255-1)．抽出結晶から求めたT相の組成は$Fe_6Ni_5Zn_{89}$であつた．組成

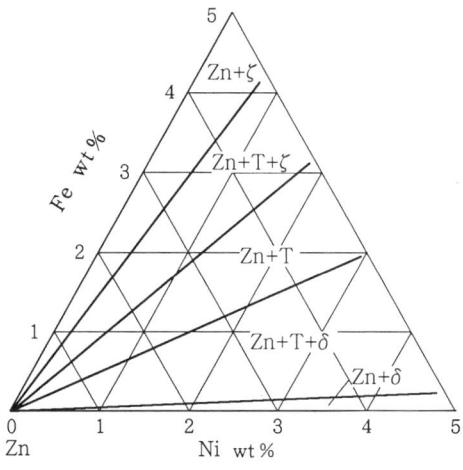

図255-1
Fe-Ni-Zn系のZnコーナー370℃等温断面図 [2]

から,この相はZn-Co系のδ$_1$相$Co_{11}Zn_{89}$と類似であるが,結晶構造は類似であるものの,T相の結晶構造は未定である．

文献 [1] D.Y.Gluskin : Zhur. Tekhnich. Fiz. **10** (1940) 18, 1486-1501
[2] G.V.Raynor and J.D.Noden : J. Inst. Metals **86** (1957-58) No.6, 269-271

256. Fe-Ni-Zr

[1~4]によりZrに富む側の状態図が研究されている．E.M.Tararaevaら[1]は,1100, 900, 750℃の等温断面図,液相線投影図およびZrコーナーの温度−組成断面図を求めている(図256-1,図256-2)．ZrコーナーのZr-Zr_2Ni-$ZrFe_2$三角形領域の合金の不変平衡は次のようになる．

$$L \rightleftarrows \beta + Zr_2Ni + ZrFe_2 \approx 920℃$$
$$\beta \rightleftarrows \alpha + Zr_2Ni + ZrFe_2 \approx 775℃$$

また Zr_2Ni と $ZrFe_2$ は擬二元共晶をつくる．

$$L \rightleftarrows Zr_2Ni + ZrFe_2 \qquad 961℃$$

ここで，β相はβ-Zr固溶体を示す．

化合物Zr_2NiおよびZr_2Feは$CuAl_2$型構造で，格子定数は$Zr_2Ni : a = 0.647nm, c = 0.524nm$, $Zr_2Fe : a = 0.646nm, c = 0.554nm$である．

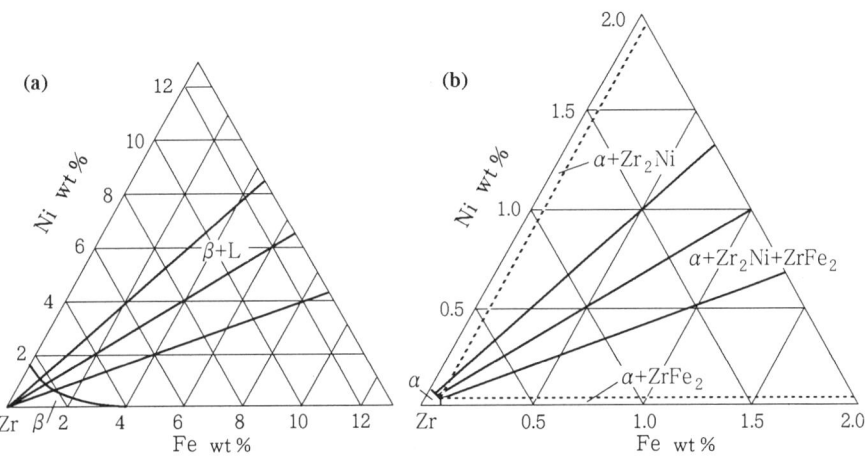

図256-1 Fe-Ni-Zr系の部分等温断面図 [1] (a) 1100 ℃ (b) 750 ℃

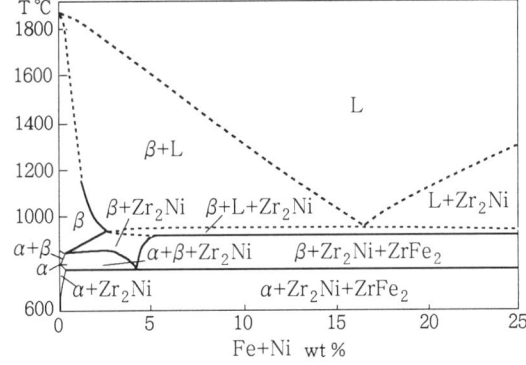

図256-2
Fe-Ni-Zr系のZrに富む側の温度－組成断面図 [1]
Ni : Fe = 2 : 1 (wt%)の例

文献 [1] E.M.Tararaeva and A.T.Grigor'ev : "Fiz.-khim. Splavov Tsirkoniya", Moskva, Nauka (1968) 107-113

[2] F.N.Rhines and R.W.Gould : Advances - X-Ray Analysis **6** (1963) 62

[3] Yu.B.Kuz'ma, V,Ya.Markiv, Yu.V.Voroschirov and R.V.Skalozdra : Izvest. Akad. Nauk SSSR, Neorg. Materialy **2** (1966) No.2, 259-263

[4] E.M.Tararaeva and O.S.Ivanov : "Stroenie i Svojstva Splavov dlya Atom. Energ.", Moskva, Nauka (1973) 131-138

257. Fe-O-P

H.Wentrup [1] (1935年), W.A.Fischerら [2] (1962年) はFeに富む合金系を研究している. [1] は光学顕微鏡による組織観察および熱分析によって, 二次的な FeO-Fe_2O_3-P_2O_5系を研究して, 次のような中間化合物の存在を確認し: $2FeO \cdot P_2O_5$; $FeO \cdot P_2O_5$; $Fe_2O_3 \cdot P_2O_5$; $2Fe_2O_3 \cdot P_2O_5$; $Fe_2O_3 \cdot 3P_2O_5$; $Fe_3O_4 \cdot 2FeO \cdot P_2O_5$, および $3FeO \cdot Fe_2O_3 \cdot 2P_2O_5$, 化合物 $3FeO \cdot P_2O_5$ と $2Fe_2O_3 \cdot 3P_2O_5$ も存在するとした.

Fe_2O_3-P_2O_5系 (30~50.6wt%Fe) および FeO-P_2O_5 (46.9~59.8wt%Fe) の相平衡を調べた. 化合物 $3FeO \cdot P_2O_5$ と $2Fe_2O_3 \cdot 3P_2O_5$ の間の断面を作成した. Fe_2O_3-P_2O_5系の研究と母材には, オルソ燐酸鉄, ピロ燐酸鉄および精製した酸化鉄を用い, FeO-P_2O_5系には3価の燐酸鉄を用いた.

化合物 $Fe_2O_3 \cdot P_2O_5$, $2Fe_2O_3 \cdot 3P_2O_5$ および化合物 $3FeO \cdot P_2O_5$ はそれぞれ 1240℃, 1270℃, 1238℃で調和融解し, 化合物 $2Fe_2O_3 \cdot P_2O_5$ は 1095℃で非調和融解する. Fe_2O_3-P_2O_5系中には2種類の共晶変態が存在する. すなわち, 34.6wt%Fe, 964℃で $2Fe_2O_3 \cdot 3P_2O_5$ と P_2O_5 の共晶が生じ, 42.6wt%Fe, 968℃で $Fe_2O_3 \cdot P_2O_5$ と $2Fe_2O_3 \cdot P_2O_5$ の共晶が生じる. また α-, β- と γ- あるいは α- と β- 化合物間に包晶変態が 1095℃で生じる.

FeO-$3FeO \cdot P_2O_5$系には 53.9wt%Fe, 1008℃で共晶変態が観察された. [2] は図257-1に, 570℃ (ウスタイトの分解点) と 911℃ (Feの $\alpha \rightleftarrows \gamma$ 変態点) の間の温度における系の相平衡を等温断面図の形式で示した. Fe基の α-固溶体と平衡する相としては, B点では $xFeO \cdot P_2O_5$ と FeO, C点では $3FeO \cdot P_2O_5$ と $xFeO \cdot P_2O_5$ が観察された. 化合物 $xFeO \cdot P_2O_5$ [2] は組成的には [1] の $3FeO \cdot P_2O_5$ に相当し, [2] の $3FeO \cdot P_2O_5$ 相よりは Fe 濃度がはるかに大きい. 温度が上昇すると, Fe基の α-固溶体の単相領域は拡がる (A, B, C, D, は α-固溶体境界を示す).

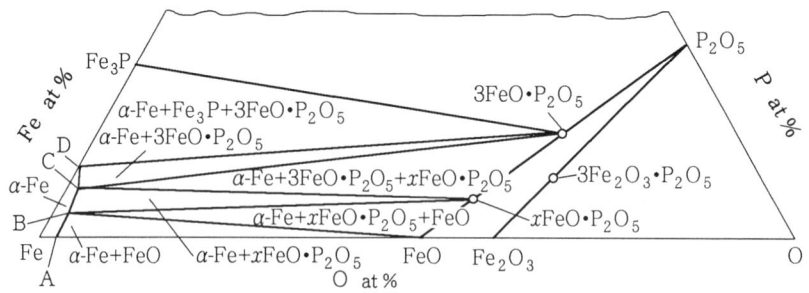

図257-1 Fe-O-P系合金の570~910℃間の温度における相平衡 [2]

文献 [1] H.Wentrup : Arch. Eisenhüttenwesen **9** (1935) No.1, 57-60
　　 [2] W.A.Fischer and J.A.Schmitz : Arch. Eisenhüttenwesen **33** (1962) No.10, 817-826

258. Fe-O-S

N.A.D.Parleeら[1]は1324℃におけるγ-Fe中へのSの溶解度に及ぼす酸素の影響を調べている．研究に用いた合金は，Sと酸素をFeの融体中に飽和させる方法で作製した．

図258-1にFe-FeS-FeO系の1324℃における等温断面図を示す．

E.T.Turkdoganら[2]はMorey-Williamsonの方法により，Fe-S-O系のSと酸素の活量-温度図を研究し，これを基にFe-FeS-FeO領域の1400℃，1100℃等温断面図を作成した．1100℃の図を図258-2に示す．本系には9種類の一変系反応と，以下の3種類の不変系反応が存在する．Ⅰ：560℃，γ-Fe, FeO, FeS, Fe_3O_4，気相が平衡する，$P_{O_2} = 4.8 \times 10^{-27}$ atm, $P_{S_2} = 5.5 \times 10^{-14}$ atm, Ⅱ：915℃，γ-Fe, FeO, FeS, 液相l_1 (oxysulfide)，気相，$P_{O_2} = 3.2 \times 10^{-17}$ atm, $P_{SO_2} = 2.2 \times 10^{-8}$ atm, Ⅲ：942℃，FeO, Fe_3O_4, FeS, l_1, 気相，$P_{O_2} = 1.1 \times 10^{-14}$ atm, $P_{SO_2} = 5.4 \times 10^{-6}$ atm．

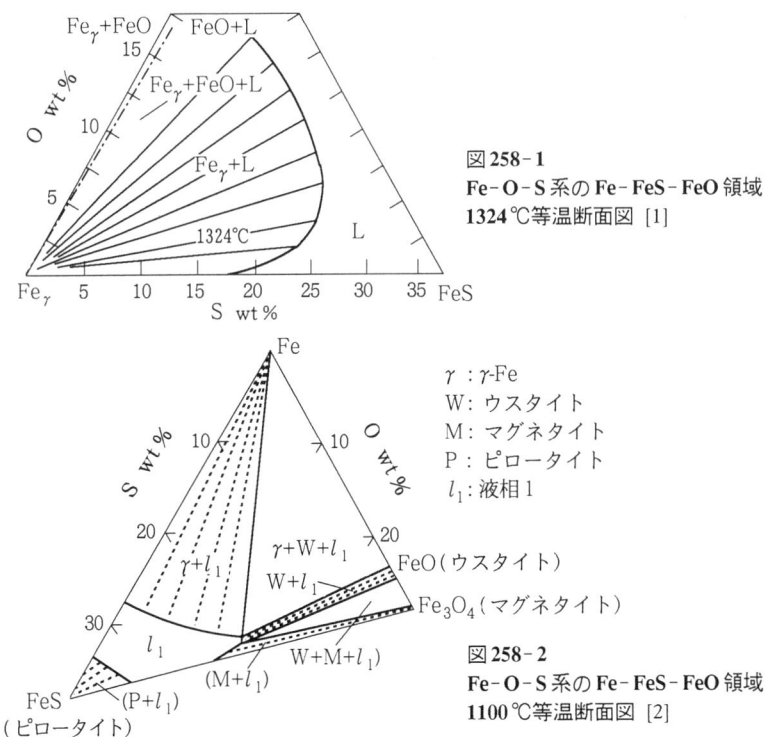

図258-1 Fe-O-S系のFe-FeS-FeO領域 1324℃等温断面図 [1]

γ：γ-Fe
W：ウスタイト
M：マグネタイト
P：ピロータイト
l_1：液相1

図258-2 Fe-O-S系のFe-FeS-FeO領域 1100℃等温断面図 [2]

文献 [1] N.A.D.Parlee, I.D.Shah and W.C.Phelps : Trans. Met. Soc. AIME 233 (1965) No.7,

1428-1429

[2] E.T.Turkdogan and G.J.W.Kor : Metall. Trans. **2** (1971) 1561-1578

259. Fe-O-Si

藤澤敏治ら[1]は液相およびδ-Fe相の酸素溶解度に及ぼすSiの影響を調べ,平衡状態での固相-液相間の酸素の分配係数を明らかにした.融体をるつぼごとタンマン炉中でアルゴン雰囲気下で徐冷した.合金作製に用いた母材は,電解鉄と98%以上の金属シリコンで,酸素はSiO$_2$の形で加えた.固相-液相間の固液平衡分配比は一定の長さの帯溶融体を速度fで移動させ,最終凝固部の拡散境界層内の物質収支から決定した.この結果から図259-1に,平衡状態にある固相と液相の組成を示す.

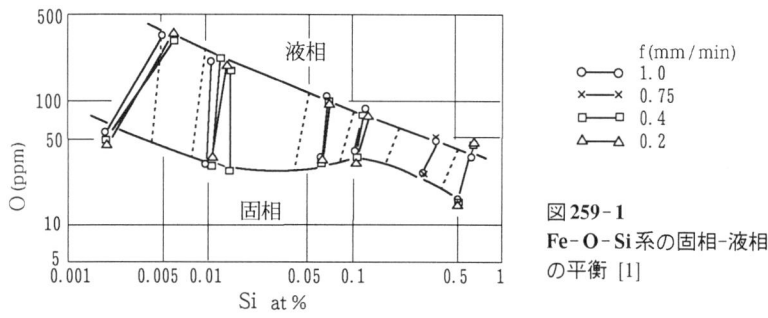

図 259-1
Fe-O-Si系の固相-液相の平衡 [1]

文献 [1] 藤澤敏治,野村 真,坂尾 弘:鉄と鋼 **64** (1978) 720-729

260. Fe-O-Ti

E.Enceら[1]は光学顕微鏡による組織観察,X線回折によって,1.6~16.9at%O,24.3~55.7at%Feの組成領域の合金について研究している.合金は非消耗式タングステン電極のアーク炉によって作製し,母材には0.0052~0.0072%Oを含む99.95%のFe,0.002%Oを含む99.98%Tiのヨード法チタン,および高純度の二酸化チタンを用いた.焼鈍はアルゴン雰囲気の石英管中で,1000℃では50時間および350時間,800℃では500時間行った.

図260-1に表記組成領域の1000℃における部分等温断面図を示す.本系合金系には2種類の三元系相γとεがある.γ相は存在領域が比較的小さく,Ti$_6$Fe$_2$O(22.2at%Fe, 11.1at%O)の形で表すことができる.三元系相εは30at%Feの等濃度線に沿って拡がり,酸素量が~4~17at%の範囲に存在する.ε単一相域には三元系化合物Ti$_4$Fe$_2$Oが存在する.ε相は複雑な立方晶構造を持ち,格子定数は酸素含有量の増加に伴って1.130nm(β + TiFe + ε三相領域中)から16.9at%O合金の1.118nmま

で減少する.

W.Rostokerら[2]は, [1]の結果を用いて1000℃における等温断面図を提案した. それによると, 研究された領域の系中に三元系の相は, 図260-2でTの記号で表される相だけが存在すると推定している. Tの単一相領域はTi-Fe側に平行で, 平均~15at%Oを含む. Ti_4Fe_2組成の化合物はT相内にある. [3, 4]は, 主に酸化物相が関係する相平衡についていくつかの問題を研究している.

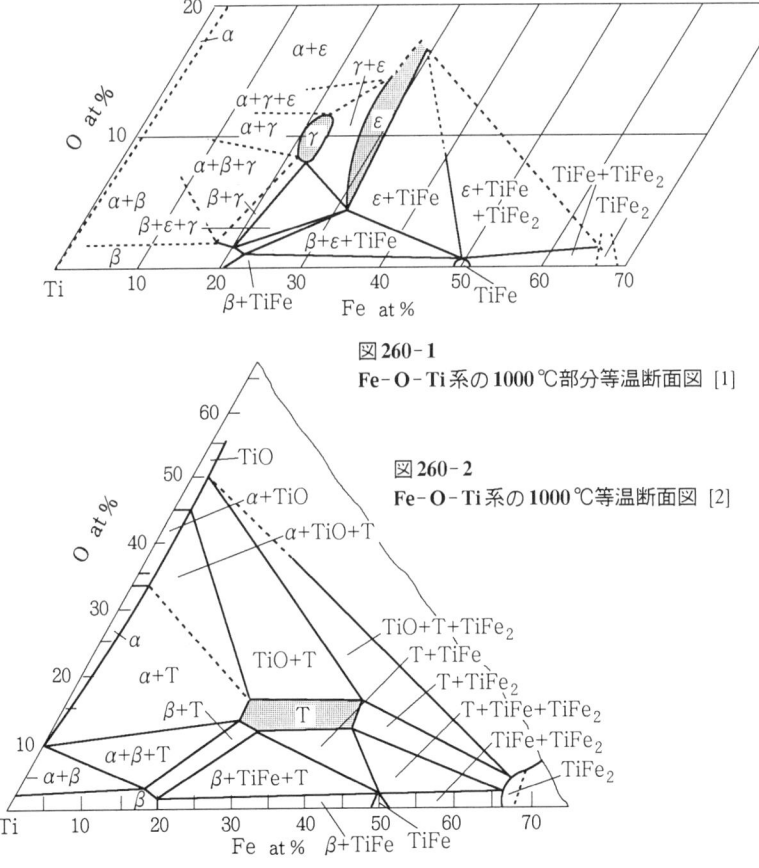

図260-1
Fe-O-Ti系の1000℃部分等温断面図 [1]

図260-2
Fe-O-Ti系の1000℃等温断面図 [2]

文献 [1] E.Ence and H.Margolin : J. Metals **8** (1956) No.5, sec.2, 572-577
 [2] W.Rostoker and R.Y.van Thyne : J. Metals **8** (1956) No.10, sec.2, 1417-1419
 [3] E.L.Schakhin and G.G.Mikhailov : Nauch. Tr./ Chelyabinskii Politekhn. In-t. Chelyabinsk (1975) No.12, 12-15

[4] J.Stieher and H.Schmalzried : Arch. Eisenhüttenwesen **47** (1976) No.5, 261-266

261. Fe-O-V

光学顕微鏡による組織観察,X線回折(J.Villiら[1]),および熱起電力(T.V. Lushichkovaら[2])による研究がある.[1]は,金属粉末と酸化物粉末を母材に,焼結により合金を作製した.

図261-1は600~1100℃における相平衡を示す.化合物FeO, FeV_2O_4, V_2O_3, VOは,純鉄と平衡している.FeV_2O_4は40at%FeOまで固溶する.その際格子定数は,0.846nmから0.842nmに変化する.スピネル型構造のFe_3O_4とFeV_2O_4は全率固溶体を形成し,格子定数は,0.839nmから0.846nmに変化する.Fe_2O_3とV_2O_3も全率固溶体を形成する.VO_x相はFe_2O_3相と平衡する.酸素飽和試料では,次の二相平衡が見出された.Fe_2O_3-VO_2, Fe_2O_3-FeV_2O_6, Fe_2O_3-$FeVO_4$, FeV_2O_6-$FeVO_4$, V_6O_{13}-FeV_2O_6, V_6O_{13}-$FeVO_4$, V_2O_5-$FeVO_4$.

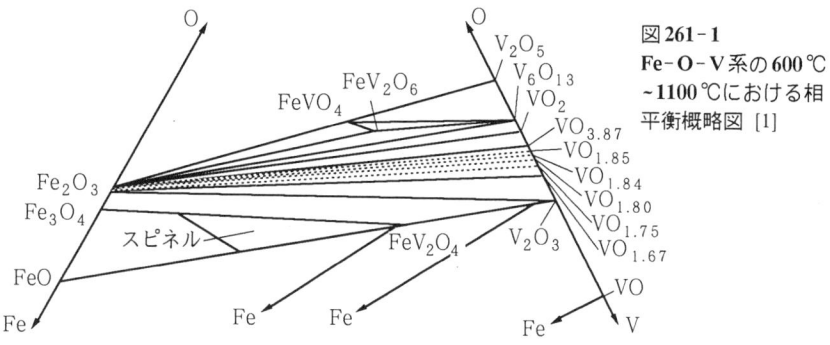

図261-1 Fe-O-V系の600℃~1100℃における相平衡概略図 [1]

文献 [1] J.Villi, A.Rahmel and R.Kork : Arch. Eisenhüttenwesen **34** (1963) No.4, 291-295
 [2] T.V.Lushichkova, G.G.Mikhajlov, A.A.Lykhasov and B.I.Leonovich : Nauch. Tr./ Chelyabinsk. Politekhnich. In-t. Chelyabinsk (1975) No.163, 9-11

262. Fe-O-W

N.Schönberg[1]は,1400~1800℃でFe酸化物とW酸化物を真空焼結して,FeとWとの比率が1に近い複合酸化物$(W, Fe)O_x$, $0.2 \leq x < 0.5$を得た.ギニエカメラによるX線回折によって,η炭化物型構造を持つ三元系化合物Fe_3W_3Oが生成することを明らかにした.[2]によると,この酸化物の格子定数はa=1.095~1.097nmである.[2]は,系中には単結晶の酸化物WO_2と構造が類似する,六方晶の酸化物$(Fe, W)O_2$が存在することも示した.この酸化物のFeとWの比率を正確に定める

ことは行われていないが，おそらく，1:4と1:2の間にある．格子定数は a = 1.146 nm, c = 0.4749nm, c/a = 0.415, v = 0.4500nm^3 で，単位格子を形成する原子の数は16と予想される．

文献 [1] N.Schönberg : Acta Chem. Scand., **8** (1954) No.4, 630-632

[2] N.Schönberg : Acta Chem. Scand., **8** (1954) No.6, 932-936

263. Fe-O-Zr

本系の状態図は十分に研究されていない．M.V.Nevittらによる[1]は，εで表した Ti_2Ni 型相の酸素溶解度に関する唯一の報告である．[2]に合金の作製方法，母材の純度および光学顕微鏡による組織観察，X線回折，密度測定についての研究方法が述べられている．母材には99.9%の高純度鉄と酸化物 ZrO_2 を用いた．合金はアーク炉で作製した後，真空中で焼鈍した．図263-1に示す1000℃におけるε相の存在領域の概略の境界が作成された．ε相は僅かの組成範囲でしか存在せず，$(Zr_2Fe)_{1-x}O_x$ の組成に相当する．Zr : Fe = 2.02 の 63.5at%Zr, 31.5 at%Fe, 5at%Oの組成を持つ合金は，a

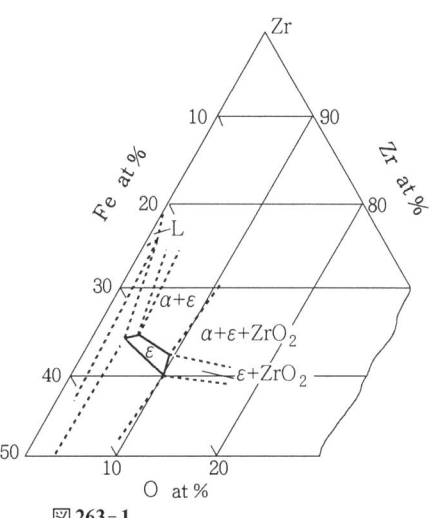

図263-1
Fe-O-Zr系の1000℃等温断面図 [1]

= 1.2189 ± 0.001nm の格子定数を持つ．ε相の酸素の最大溶解度は10at%である．

文献 [1] M.V.Nevitt, J.W.Downey and R.A.Morris : Trans. Met. Soc. AIME **218** (1960) No.6, 1019-1023

[2] M.V.Nevitt and L.H.Schwartz : Trans. Met. Soc. AIME **212** (1958) No.4, 700

264. Fe-P-S

E.Schürmannら[1]は熱分析，化学分析により32wt%S, 24wt%Pまでの組成の合金を研究している．合金はタンマン炉によりアルゴン雰囲気下で溶解．母材はアームコ鉄，硫化鉄，フェロフォスフォルを用いた．

図264-1はS, Pをそれぞれ飽和する2種の液相の1400℃，1600℃における相分離境界を示す．図264-2は $FeS-Fe_2P$ 領域の特性曲線の投影図である．同図右上はSに富む側の相組成を示す．三元共晶 γ + FeS + Fe_2P は E_t 点，970℃で凝固し，共

晶点組成は 30wt%S, 0.2%P である．相分離臨界点 m は 0.7wt%P, 15wt%S, 1280℃である．その他の四相平衡点の組成と温度は次のとおりである．M_1 : 10.0%P, 1.2%S, 1000℃, M_1' : 0.3%P, 29%S, 1000℃, M_2 : 14.6%P, 0.8%S, 1150℃, M_2' : 0.3%P, 32.0%S, 1150℃．

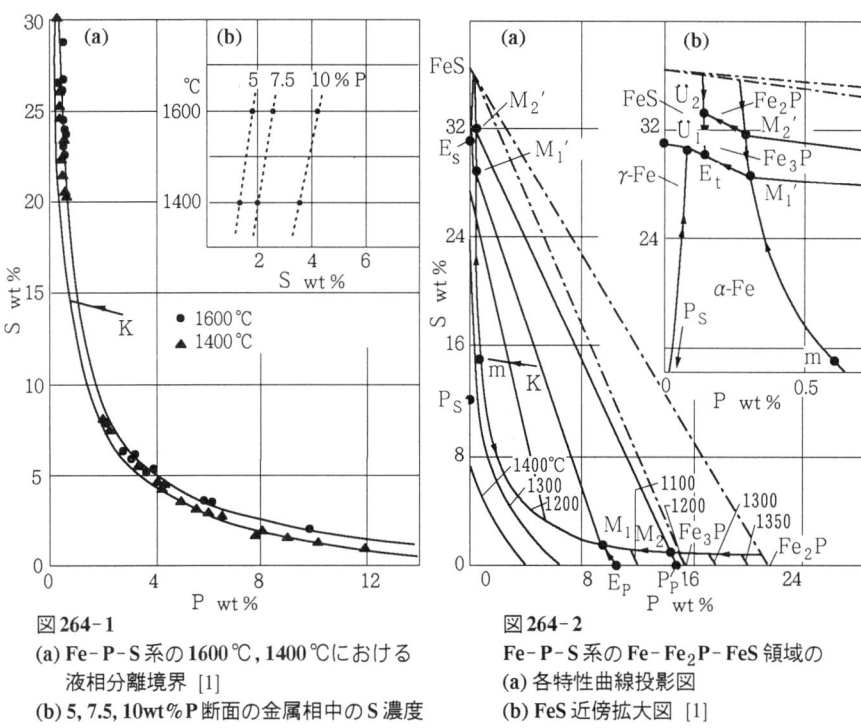

図 264-1
(a) Fe-P-S 系の 1600℃, 1400℃ における液相分離境界 [1]
(b) 5, 7.5, 10wt%P 断面の金属相中の S 濃度

図 264-2
Fe-P-S 系の Fe-Fe_2P-FeS 領域の
(a) 各特性曲線投影図
(b) FeS 近傍拡大図 [1]

文献 [1] E.Schürmann and K.Schäfer : Giesereiforschung **20** (1968) No.1, 21-23

265. Fe-P-Sb

本系の状態図は, 二元 Fe-P, Fe-Sb 系で多数のリン化物, アンチモン化物が生じるため, 相の分布が極めて複雑である．635℃ を越える温度では, 気相であるガス状リンが平衡状態で存在する．

R.Vogel ら [1] は Fe-FeP-Sb 領域の合金について熱分析, 光学顕微鏡による組織観察により研究している．図 265-1 は上記組成範囲の状態図の投影図である．この組成範囲内には 2 種の共晶点, E_1 : 77wt%Fe, 7%P, 16%Sb, 956℃ および E_2 : 47.8%Fe, 1.7%P, 50.5%Sb, 999℃ が存在する．

265. Fe-P-Sb

点線は高リン組成域で気相の存在するところである．図265-2は室温における相領域を示す．[1]はこの他に，Fe_2P-$FeSb_2$，Fe_3P-ε，Fe_2P-ε，Fe_2P-Sbの温度-組成断面図を提案している．図265-3はFe_2P-$FeSb_2$断面を示す．

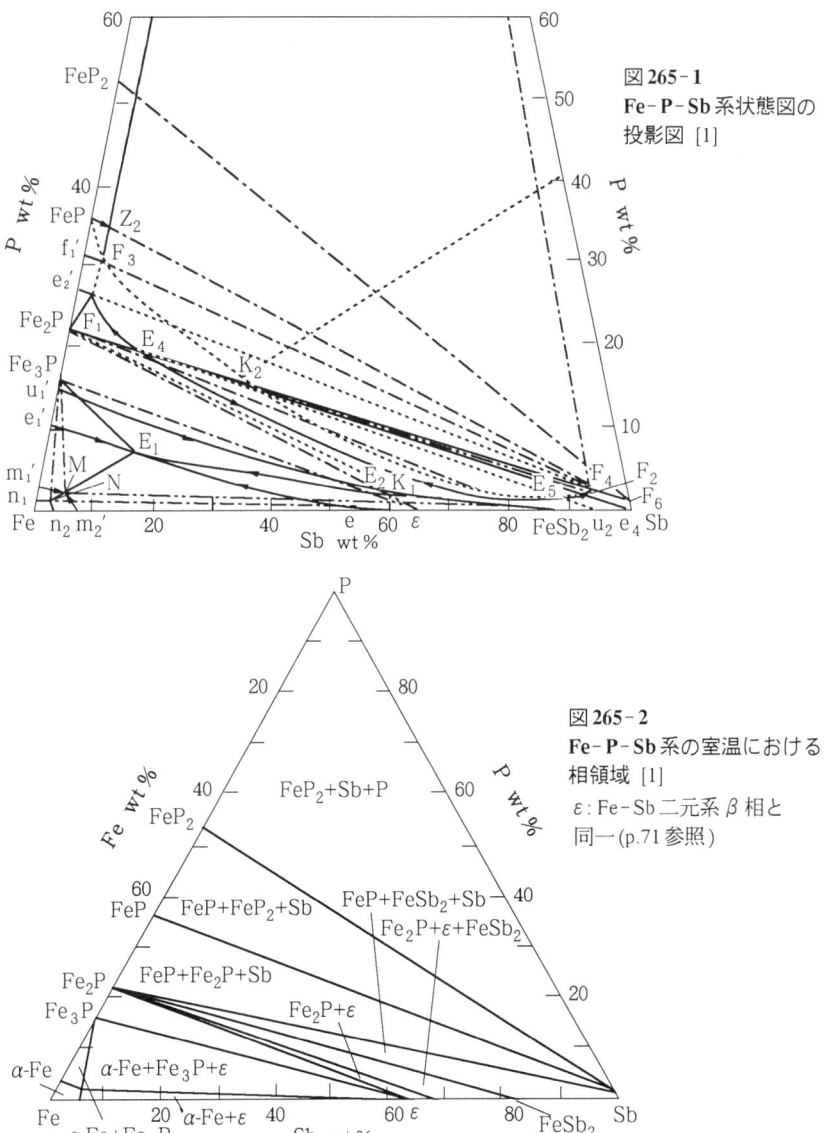

図265-1
Fe-P-Sb系状態図の投影図 [1]

図265-2
Fe-P-Sb系の室温における相領域 [1]

ε：Fe-Sb二元系β相と同一(p.71参照)

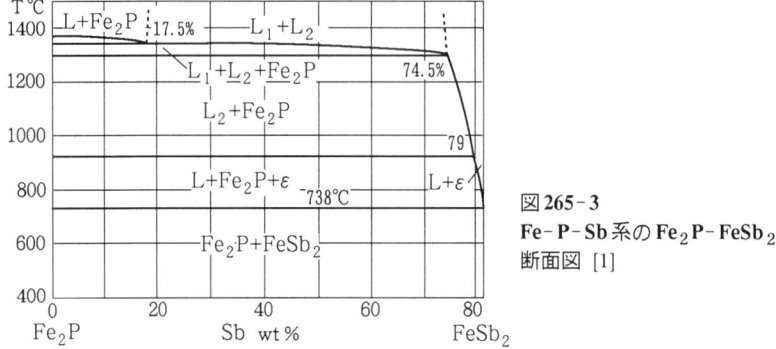

図265-3
Fe-P-Sb系のFe_2P-$FeSb_2$
断面図 [1]

文献 [1] R.Vogel and D.Horstmann : Arch. Eisenhüttenwesen 23 (1959) No.2, 127-134

266. Fe-P-Si

R.Vogelら[1]は光学顕微鏡による組織観察, 熱分析によりFe-FeP_2-SiP-Si領域について研究している. 合金はアームコ鉄, PとSiはそれぞれ母合金FeP_2, (Fe-Si)ζ相を用い, タンマン炉で溶解した. 溶解に際し塩化バリウムと塩化カリウムのフラックスを用い被覆した.

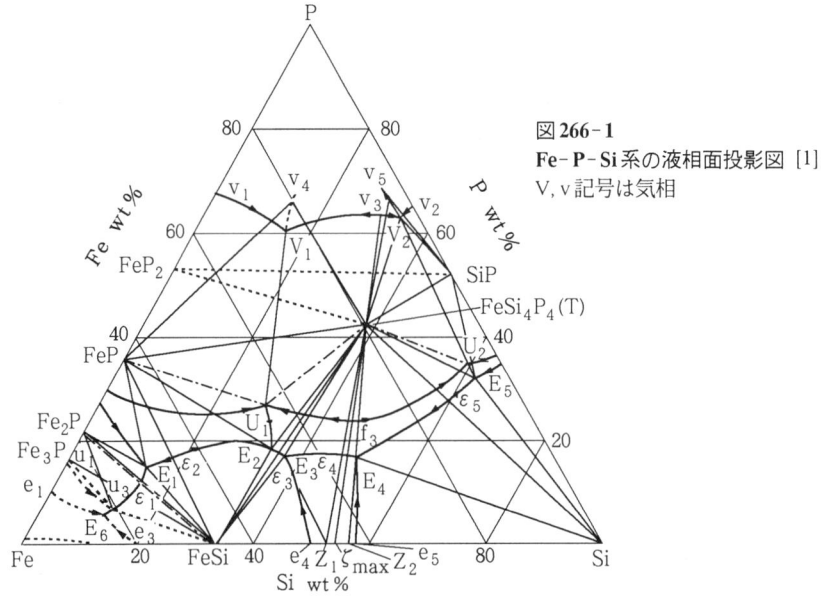

図266-1
Fe-P-Si系の液相面投影図 [1]
V, v記号は気相

図266-1は上記領域の液相面投影図である．三元化合物相 $FeSi_4P_4$-T相が見出された．融点は~1210℃である．上記領域では次の5種の三元共晶反応が見出された．$E_1: L \rightleftarrows Fe_2P + FeP + FeSi (1166℃)$, $E_2: L \rightleftarrows FeSi + FeP + FeSi_4P_4 (1095℃)$, $E_3: L \rightleftarrows FeSi + \zeta + FeSi_4P_4 (1096℃)$, $E_4: L \rightleftarrows \zeta + Si + FeSi_4P_4 (1113℃)$, $E_5: L \rightleftarrows SiP + Si + FeSi_4P_4 (1116℃)$, また E_6 も三元共晶反応で, $E_6: \alpha$-Fe固溶体 + Fe_3P + FeSi. U_1, U_2 は気相包晶反応で, $U_1: V_1 \rightleftarrows FeP + FeSi_4P_4 (1125℃)$, $U_2: V_2 \rightleftarrows SiP + FeSi_4P_4 (1130℃)$.

[1]は7種類の温度-組成断面図を作成し，これらの結果をもとに室温でのこの系の相領域を求めたのが図266-2である．上記断面図のうち FeP-FeSi 擬二元系断面図は図266-3のようになる．

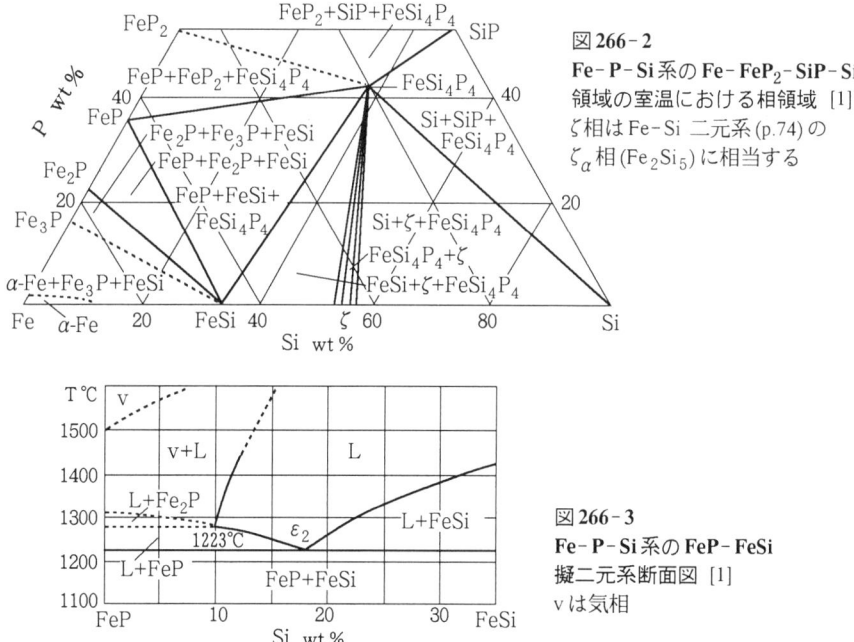

図266-2
Fe-P-Si 系の Fe-FeP_2-SiP-Si 領域の室温における相領域 [1]
ζ 相は Fe-Si 二元系(p.74)の ζ_α 相(Fe_2Si_5)に相当する

図266-3
Fe-P-Si 系の FeP-FeSi 擬二元系断面図 [1]
v は気相

文献 [1] R.Vogel and B.Gieszen : Atch. Eisenhüttenwesen **30** (1959) No.10, 619-626

267. Fe-P-Sn

R.Vogel ら[1]は熱分析と光学顕微鏡による組織観察により Fe-FeP-Sn_4P_3 領域の合金を研究している．母材はアームコ鉄，赤リン，純スズを用い，SnとPはFe-P, Sn-P母合金として1100~1200℃に加熱してFe中に添加した．合金は200℃×80時

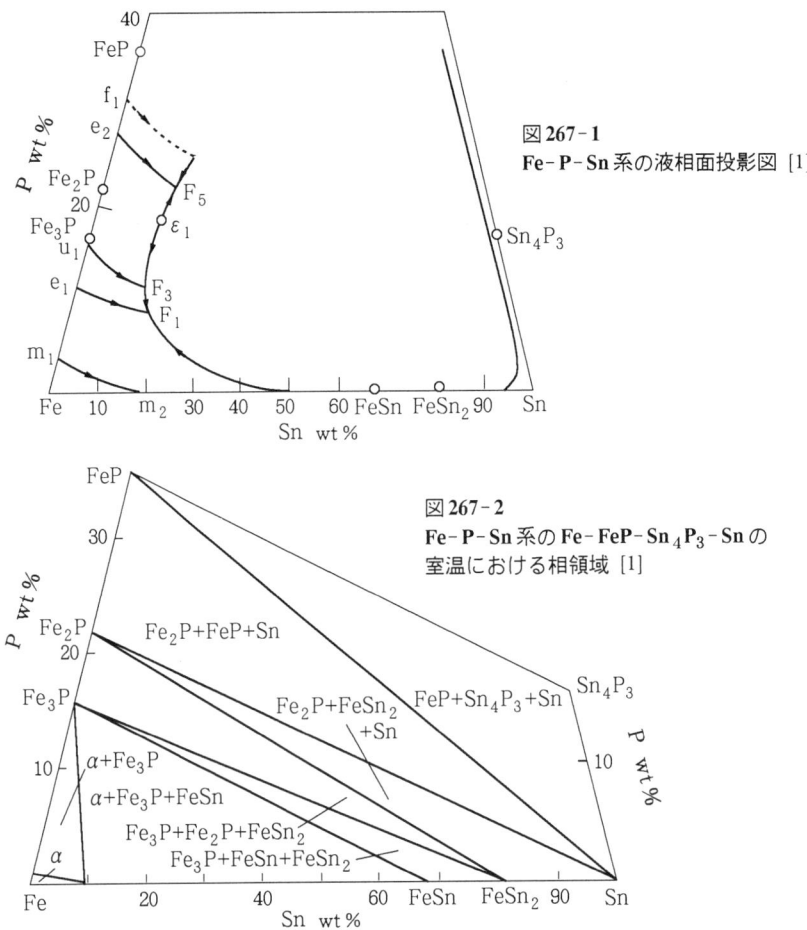

図267-1
Fe-P-Sn系の液相面投影図 [1]

図267-2
Fe-P-Sn系のFe-FeP-Sn_4P_3-Snの室温における相領域 [1]

間焼鈍を施した．

Fe_2P-Sn, Fe_3P-FeSn, Fe_3P-$FeSn_2$, Fe_2P-$FeSn_2$ 各擬二元系断面図およびその他の温度-組成垂直断面図を作成した．また Fe-FeP-Sn_4P_3-Sn領域の液相面投影図，室温における相領域を作成した（図267-1, 図267-2）．三元系の特徴は液相で広い相分離領域が存在すること

表267-1 Fe-P-Sn系のFe側特性点の温度および組成

特性点	組成(wt%)			T ℃
	Fe	Sn	P	
F_1	74.8	16.7	8.5	981
F_3	74.2	15.1	10.7	1105
F_5	63.3	15.7	21.0	1235
ε_1	66.7	14.7	18.6	1315

である．ここで，Fは三元液相，fは二元液相，eは二元共晶，uは二元包晶，m_1～m_2はα-Fe固溶体境界である．またP，Snとも高温では気相が生じ，この気相は三元系に入り込む．Fe側の各反応点の温度と組成は表267-1のとおりである．

文献 [1] R.Vogel and G.Zwingmann : Arch. Eisenhüttenwesen **26** (1955) No.10, 631-640

268. Fe-P-Ti

Fe-FeP-FeTiP-Fe-Ti領域の合金について光学顕微鏡による組織観察，X線回折，熱分析による研究が行われている (R.Vogelら[1])．合金はアルミナあるいはジルコニアるつぼ中，アルゴン雰囲気下でタンマン炉で溶解．母材は純鉄，赤リン，99.73%Tiを用いた．PはFePあるいはFe-P系合金から得られた母合金により添加した．

図268-1はFe-FeP-FeTiP-FeTi領域の液相面投影図である．図上の他の領域の相変態は仮想的なものである．2種類の共晶型四相不変変態E_1，E_5，および2種類の四相包晶反応，U_2，U_3が存在する．E_1点では1330℃で$L \rightleftarrows \alpha$-Fe + Fe_2Ti + FeTiPなる反応が生じる．E_5点では1047℃で，$L \rightleftarrows Fe_3P$ + FeTiP + α-Feなる反応が生じ

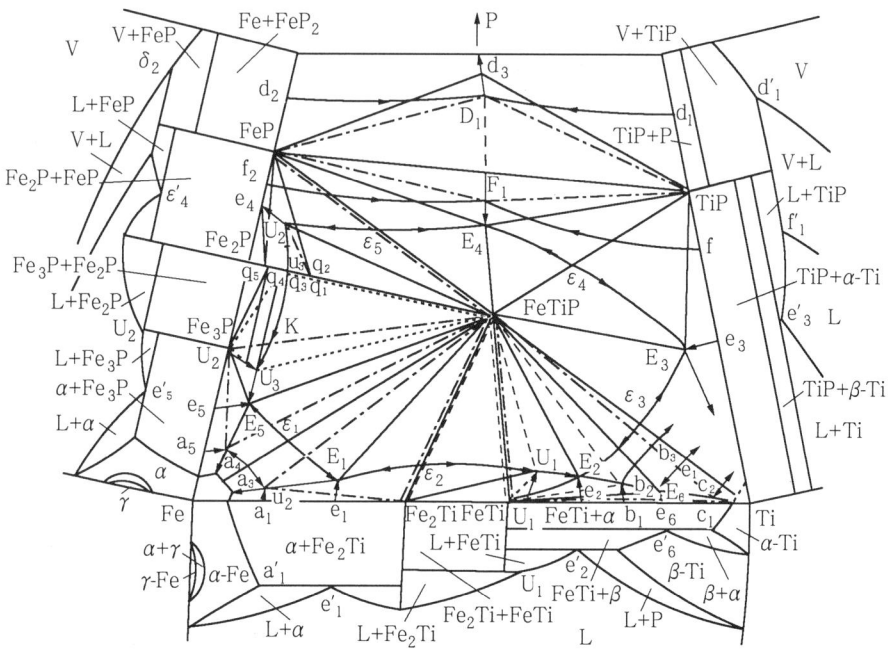

図268-1　Fe-P-Ti系の液相面投影図 [1]

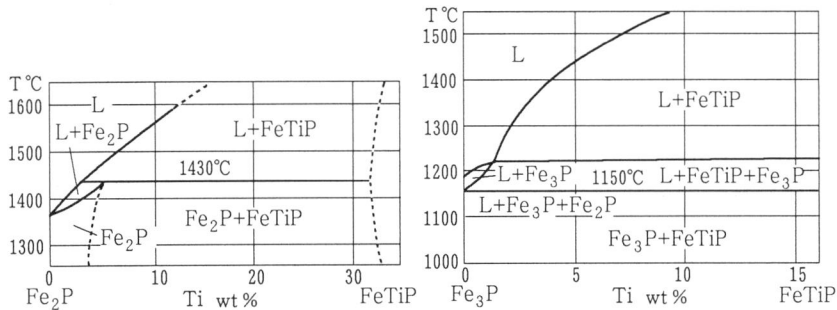

図268-2 Fe-P-Ti系のFe$_2$P-FeTiPおよびFe$_3$P-FeTiPの垂直断面図 [1]

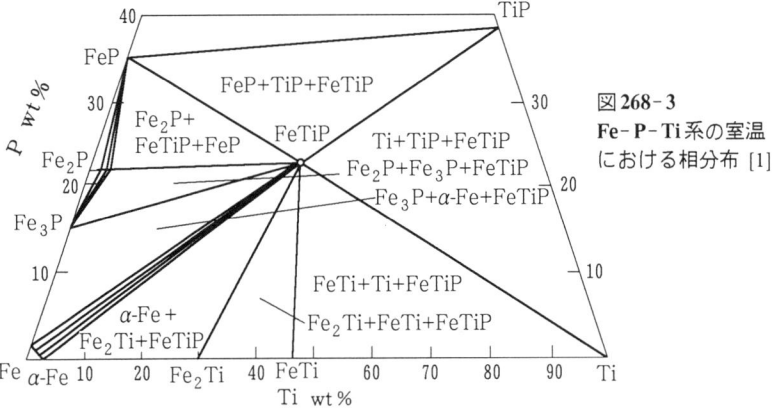

図268-3
Fe-P-Ti系の室温における相分布 [1]

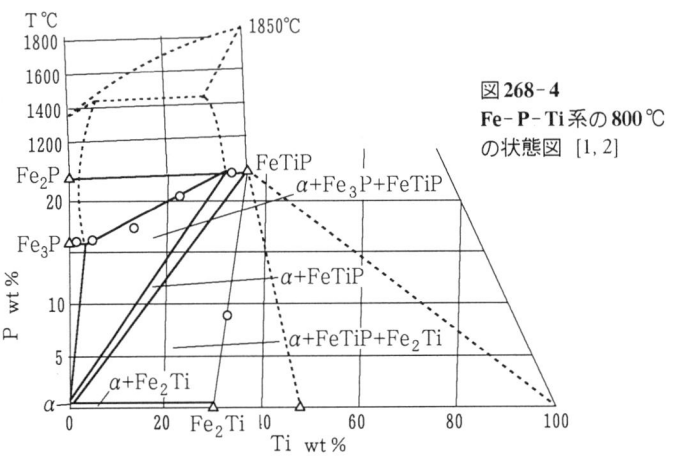

図268-4
Fe-P-Ti系の800℃の状態図 [1, 2]

る．U_2点, 1290℃では第2種の四相反応: $L + FeTiP \rightleftarrows FeP + Fe_2P$が生じる．$U_3$点, 1160℃では反応: $L + Fe_2P \rightleftarrows Fe_3P + FeTiP$が生じる．本系合金では三元化合物FeTiPが1850℃で調和融解する．この化合物は事実上すべての不変反応に直接参加する．図268-2は2種の垂直断面図である．また, 図268-3は室温における相領域を示す．なお, [1]が用いたFe-Ti二元系状態図は現在認められているものと異なることに注意．

金子秀夫ら[2]は光学顕微鏡による組織観察, X線回折, 化学分析によりFe-Fe_2P-FeTiP-Fe_2Ti領域について研究している．800℃における上記領域等温断面図を図268-4に示す．三元化合物FeTiPの形成が確認された．またFe近傍の相分布については[1]の結果を確認している．

文献 [1] R.Vogel and B.Gieszen : Arch. Eisenhüttenwesen **30** (1959) No.9, 565-576
　　　[2] 金子秀夫, 西澤泰二, 玉置維昭 : 日本金属学会誌 **29** (1965) No.2, 159-165

269. Fe-P-V

B.Stengelら[1], 金子秀夫ら[2]は熱分析, 光学顕微鏡による組織観察, X線回折により本系合金を研究している．[1]は母材に電解鉄, 赤リン, 53.60wt%Vのフェロバナジウムを用い, コランダムるつぼ中でNあるいはアルゴン雰囲気下で溶解した．60wt%V, 20wt%Pまでの組成のFe-Fe_2P-V_2P-V領域の状態図を研究している．

2.5, 5, 10, 15, 20, 30wt%V断面, Fe_2P-V_2P断面, 12wt%P断面, 室温における等温断面図, 液相面投影図を作成している．

研究した組成範囲内では次の相が見出された．

α-(Fe, V)基固溶体 : 45wt%Vで0.2wt%Pを含み, bcc格子．

β-Fe_3P基固溶体 : 三元系で12wt%V組成まで拡がる．

π相, (Fe, V)$_2$P : Fe_2P基三元固溶体．π相中に, 4.5wt%Vを含む場合, 格子定数は a = 0.586nm, c = 0.349nm, c/a = 0.596である．二元化合物Fe_2Pの場合, 格子定数は a = 0.5852nm, c = 0.3453nm, c/a = 0.590である．

π'相, (Fe, V)$_2$P : V_2P基の三元固溶体．

Fe_2P-V_2P断面は擬二元系包晶型を示し(図269-1), 11~12wt%Vの狭い領域で相分離域が存在する．$L + \pi' \rightleftarrows \pi$ 不変反応温度は, 1415℃である．

図269-2は液相面投影図である．α, β, π, π'の四相の初晶領域に分かれる．上記組成領域では, 2種の四相不変平衡反応がある: $L + \pi' \rightleftarrows \alpha + \beta$, 点$P_1$, 1045℃. $L + \pi \rightleftarrows \beta + \pi'$, 点$P_2$, ~1150℃. 点$e_1, p_1, p_2$では三相不変反応が生じる: $L \rightleftarrows \alpha + Fe_3P(\beta)$, $V_2P(\pi') + L \rightleftarrows Fe_2P$, $Fe_2P(\pi) + L \rightleftarrows Fe_3P(\beta)$. 点Mは一変系平衡の極小点である．

図269-3は室温における等温断面図である．三相領域α + (Fe,V)$_2$P + (Fe,V)$_3$Pが

存在する．$\alpha + \varepsilon(\text{Fe},\text{V}) + (\text{Fe},\text{V})_2\text{P}$ 共存域の存在が予想される．ここで ε 相は Fe-V 系で温度低下とともに生じる規則相である．

リン化物形成の自由エネルギーを熱力学的計算から求め，V_3P（おそらく Fe_3P-V_3P 固溶体）と平衡する Fe 基 α-固溶体境界を決定した．$logNp - logNv$ (Ni：i 成分のモル分率) 座標で，上記境界は直線となる [3]．

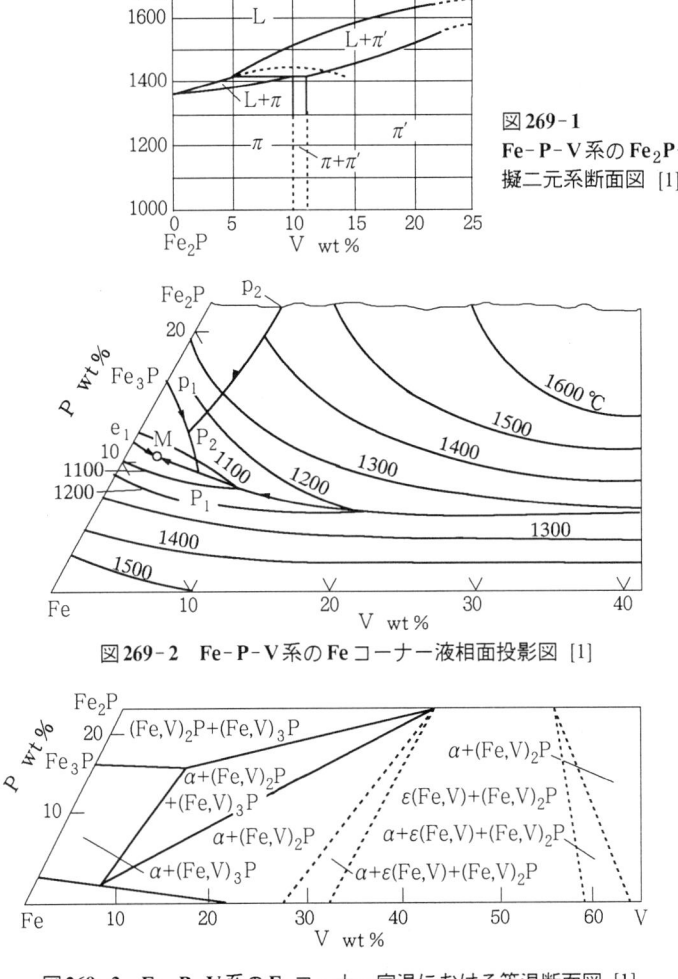

図 269-1 Fe-P-V 系の Fe_2P-V_2P 擬二元系断面図 [1]

図 269-2 Fe-P-V 系の Fe コーナー液相面投影図 [1]

図 269-3 Fe-P-V 系の Fe コーナー室温における等温断面図 [1]

文献 [1] B.Stengel and R.Vogel : Arch. Eisenhüttenwesen **26** (1955) No.9, 547-554
[2] 金子秀夫, 西澤泰二, 玉置維昭 : 日本金属学会誌 **29** (1965) No.2, 159-165
[3] L.A.Shvartsman, L.P.Emel'yanenko and V.I.Ul'yanov : Izvest. Akad. Nauk SSSR, Metally (1979) No.1, 69-72

270. Fe-P-W

R.Schneiderら[1]は光学顕微鏡による組織観察,熱分析により本系合金のFe-Fe_2P-WP-W領域を研究している.母材は電解鉄,W線,赤リンを用い,ピタゴラスるつぼ,あるいはアルミナるつぼに入れてタンマン炉により溶解,合金を作製した.

[1]は基礎となるFe-W二元系を共晶型としているので,現在では液相反応に関しては[1]の結果は正確ではない.また二元系化合物もFe_3W_2, Fe_2Wの存在を認めており,このうちFe_3W_2については現在なお論争が続いている.以上のことを踏まえてもなおFe-P-W系の体系的研究は[1]以外には見当たらず,今後の研究の出発点と認めるべきであろう.

図270-1(a)は(Fe+10%W), (Fe+30%W), (Fe+40%W)および(Fe+50%W)とP

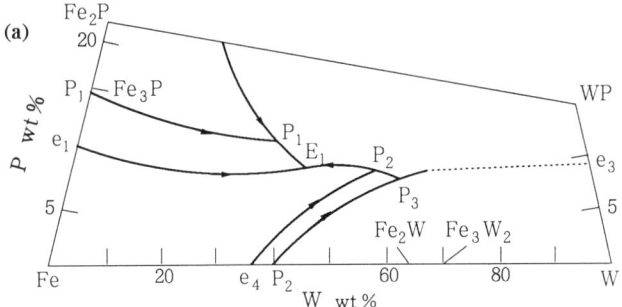

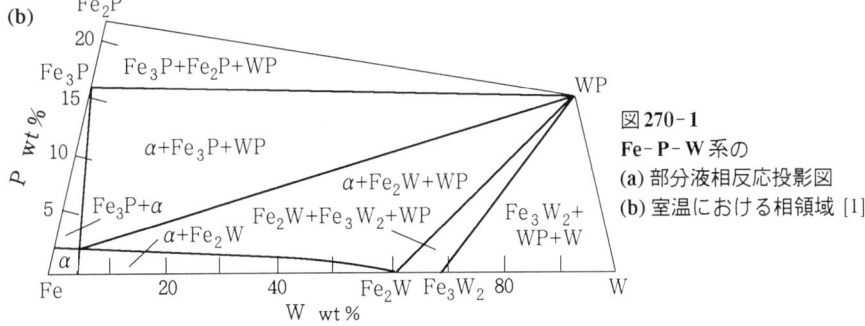

図270-1
Fe-P-W系の
(a) 部分液相反応投影図
(b) 室温における相領域 [1]

の温度-組成断面図の研究で求められた表記組成領域の液相反応投影図である。液相面は5種類の初晶域, α-Fe, Fe_3P, Fe_2P, WP, Fe_3W_2 に分けられる。P_1(53.5wt%Fe, 10.5%P, 36.0%W), P_2(39.5%Fe, 8.5%P, 52%W)およびP_3(31%Fe, 8%P, 61%W)でそれぞれ不変包晶反応：L+Fe_2P ⇌ Fe_3P+WP；1033 ℃, L+Fe_3W_2 ⇌ Fe+WP；1105 ℃, L+W ⇌ Fe_3W_2+WP, 1144 ℃が生じる。E_1は三元共晶点(49.5%Fe, 8.5%P, 42%W)で, 971 ℃, L ⇌ Fe+Fe_3P+WP, 四相平衡を示す。

図270-1(b)は室温における相領域を示す。5種類の三相領域が存在する：Fe_3P+Fe_2P+WP, α-Fe+Fe_3P+WP, α-Fe+Fe_2W+WP, Fe_2W+Fe_3W_2+WP, およびFe_3W_2+WP+W。各領域間に, 図には明示できない狭い二相領域が挟まれる。

図270-2にFe_2P-WP断面を示す。この断面は擬二元系を示す。なお本系には三元化合物相は見出されていない。

L.A.Shvartsmanら[2]は正則溶液近似を用い, α-Fe中に溶解する化合物WPのWとPの溶解度を調べた。微分溶解熱L=$Np^m Nw^n$ (Np, NwはP, Wのモル数)から求めたlogNp-logNwは直線関係を示している。

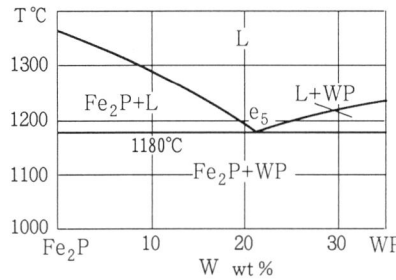

図270-2
Fe-P-W系のFe_2P-WP擬二元系断面図 [1]

文献 [1] R.Schneider and R.Vogel : Arch. Eisenhüttenwesen **26** (1955) No.8, 483-490
[2] L.A.Shvartsman, L.P.Emel'yanenko and V.I.Ul'yanov : Izvest. Akad. Nauk SSSR, Metally (1979) No.1, 69-72

271. Fe-P-Zn

光学顕微鏡による組織観察によりFe-FeP-Zn_3P_2-Zn領域の研究が行われている(R.Vogelら[1])。合金へのPの添加はFe_3P(15.6wt%P), Fe_2P(22.75wt%P), および8あるいは25wt%P母合金を用いた。

750 ℃で四相不変平衡反応が生じる：Fe_3P(固相)+Zn(L) ⇌ Fe_2P(固相)+グラファイト(固相), さらに低温では以下の2種類の第2種四相不変平衡反応が生じる。

Fe_3P(固相)+Zn(L) ⇌ Fe_2P+δ_1(固相)
Fe_3P(固相)+Zn(L) ⇌ Fe_2P+ζ(固相)

750℃における部分等温断面図を図271-1に示す．

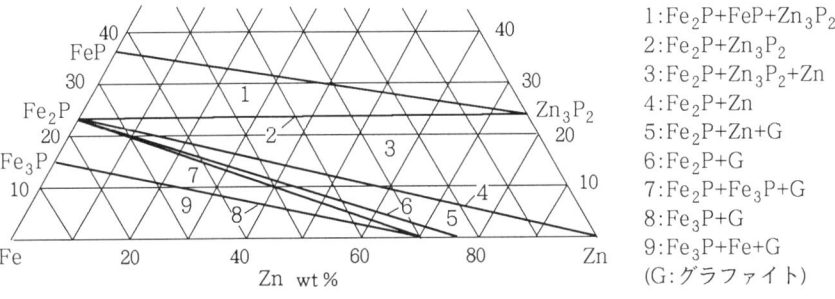

1: $Fe_2P+FeP+Zn_3P_2$
2: $Fe_2P+Zn_3P_2$
3: $Fe_2P+Zn_3P_2+Zn$
4: Fe_2P+Zn
5: $Fe_2P+Zn+G$
6: Fe_2P+G
7: Fe_2P+Fe_3P+G
8: Fe_3P+G
9: $Fe_3P+Fe+G$
(G: グラファイト)

図271-1　Fe-P-Zn系の750℃部分等温断面図

文献 [1] R.Vogel and D.Horstmann : Arch. Eisenhüttenwesen 24 (1953) No.5-6, 247-249

272. Fe-P-Zr

光学顕微鏡による組織観察，熱分析により Fe-FeP-Zr 領域の研究が行われている (R.Vogelら[1])．母材は低炭素純鉄，赤リン，ヨード法ジルコニウムを用い，アルミナあるいはジルコニアるつぼ中，アルゴン雰囲気下タンマン炉で溶解した．Pは Fe のリン化物あるいは特別な Fe-P 母合金を用い添加した．

図272-1は Fe-FeP-Zr 領域の液相面投影図である．ただし FeP-Zr-ZrP_2 領域の相変態は予想図(点線)である．研究した領域内で2種類の三元化合物, FeZrP(T_1 相), Fe_4ZrP_2(T_2 相)が見出されたが，これらはいずれも1600℃以上で調和融解する．

本組成領域では4種の三元共晶, E_1, E_2, E_3, E_4 が生じ, 2種類の三元包晶 U_1, U_2 が生じる．これらの変態の特性を以下の表263-1に示す．

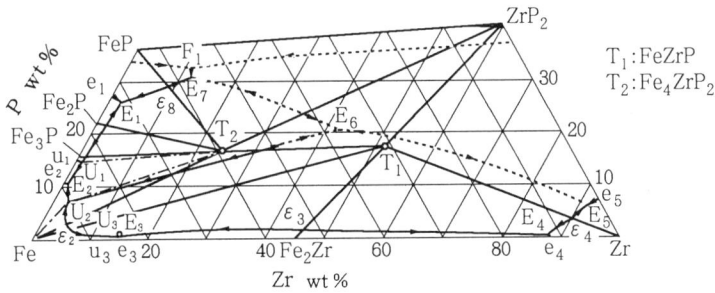

T_1: FeZrP
T_2: Fe_4ZrP_2

図272-1　Fe-P-Zr系の部分液相面投影図 [1]

各相の硬度は以下のとおりである：T_1 - 11500MPa, T_2 - 10800MPa, FeP - 8000MPa, Fe_2P - 5500MPa, Fe_3P - 6550MPa, Fe_2Zr - 7000MPa．

図272-2は室温における相領域を示す．図272-3は$Fe-Fe_4ZrP_2$, $Fe_3P-Fe_4ZrP_2$の垂直断面図である．[1]はまたこの他に5wt%Zr, 10%-Zrの温度-組成断面図を作

表272-1　Fe-P-Zr系の三元共晶および包晶反応点温度

晶出組成の点	温度(℃)	反応
E_1	1225	$L \rightleftarrows Fe_4ZrP_2+FeP+Fe_2P$
E_2	1040	$L \rightleftarrows Fe_4ZrP_2+Fe_3P+\alpha\text{-}Fe$
E_3	1290	$L \rightleftarrows \gamma\text{-}Fe+Fe_2Zr+FeZrP$
E_4	1330	$L \rightleftarrows Fe_2Zr+\beta\text{-}Zr+FeZrP$
U_1	1130	$L+Fe_2P \rightleftarrows Fe_3P+Fe_4ZrP_2$
U_2	1240	$L+FeZrP \rightleftarrows Fe_4ZrP_2+\alpha\text{-}Fe$

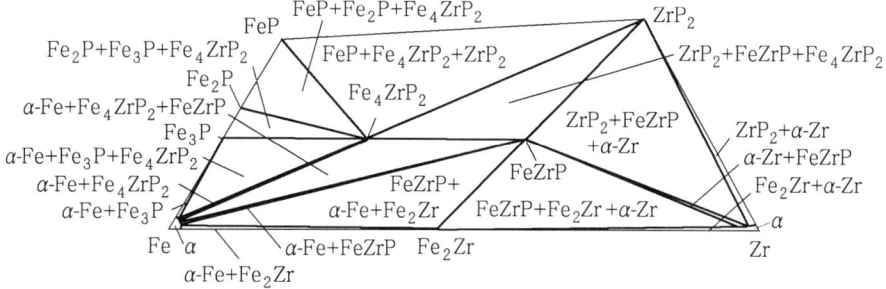

図272-2　Fe-P-Zr系の室温における相領域 [1]

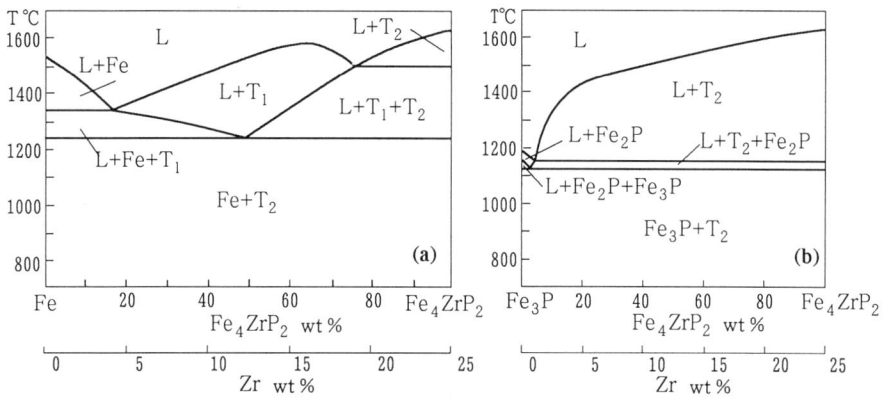

図272-3　Fe-P-Zr系の(a) $Fe-Fe_4ZrP_2$ および(b) $Fe_3P-Fe_4ZrP_2$ 断面図 [1]

成した．図272-4に5wt%Zrの例を示す．

金子秀夫ら[2]は化学分析，光学顕微鏡による組織観察，X線回折により，Fe-Fe$_3$P-FeZrP-Fe$_2$Zr領域の研究を行っている．800℃等温断面図(図272-5)を作成し，2種類の三元化合物Fe$_4$ZrP$_2$，FeZrPを確認した．

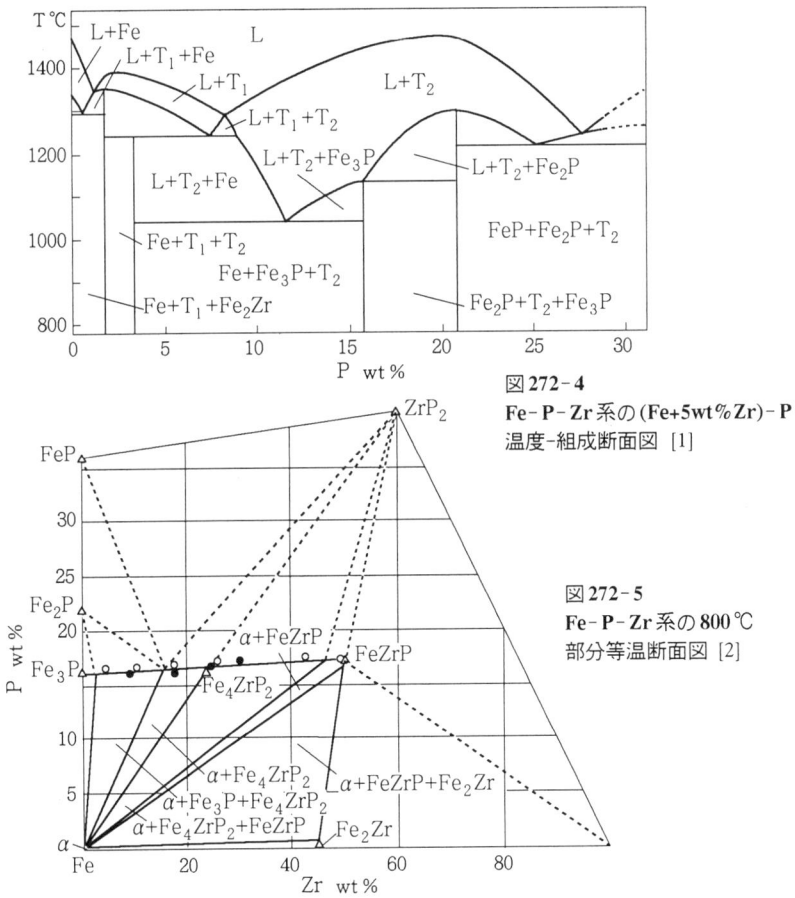

図272-4
Fe-P-Zr系の(Fe+5wt%Zr)-P
温度-組成断面図 [1]

図272-5
Fe-P-Zr系の800℃
部分等温断面図 [2]

文献 [1] R.Vogel and R.Dobbener : Arch. Eisenhüttenwesen **29** (1958) No.2, 129-138
[2] 金子秀夫，西澤泰二，玉置維昭：金属学会誌 **29** (1965) No.2, 159-165

273. Fe-Pb-S

[1~4]で本系合金の研究が行われているが，いずれも古く最も新しいものでも1936

年である．[3]は硫化鉛とFeとの相互作用を研究した．化学分析，示差熱分析，光学顕微鏡による組織観察により9種類の垂直断面図を調べた．

得られた結果をもとにFe-FeS-PbS-Pbの液相面投影図を作成したものが図273-1である．母材は軟鉄，99.9%Pbで，PbSはクリプトル炉中で金属鉛にSを飽和させて合成，また高純度硫化鉄も同様にして合成．これらのPbSとFeSをグラファイトるつぼ中，クリプトル炉で溶解し，三元合金を作製した．溶融硫化物はSで飽和させた．図273-1にはFe, FeS, PbSの初晶面の投影と液相における相分離域と液相面等温断面の投影図とを示している．

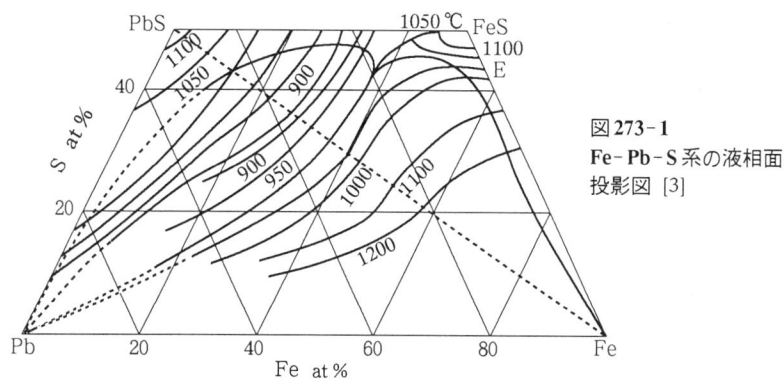

図273-1
Fe-Pb-S系の液相面投影図 [3]

文献 [1] W.Leitgebel : Metall u. Erz **23** (1926) 439
　　 [2] W.Leitgebel and E.Miksch : Metall u. Erz. **31** (1934) No.13, 290-293
　　 [3] G.G.Urazov, P.A.Vorob'ev and Y.V.Ajnbinder : Metallurg (1936) No.2, 9, No.3, 15-27
　　 [4] K.Friedrick : Metallurgie **4** (1907) 480

274. Fe-Pb-Te

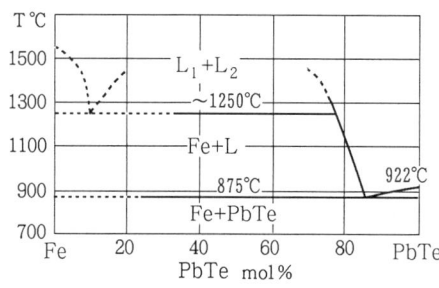

図274-1
Fe-Pb-Te系のFe-PbTe断面図 [1]

熱分析, X線回折, 光学顕微鏡による組織観察, X線マイクロアナライザーによる本系合金についての研究がある(F.Waldら[1])。用いた母材はアームコ鉄, 不純物は合計で0.15wt%未満である。

図274-1にFe-PbTe擬二元系断面図を示す。Fe: ~5~10at%の領域は純粋な擬二元系からいくらかのずれを示す。~1250℃と875℃に共晶があり, 偏晶反応の傾向が見られる。X線回折によると擬二元系断面上では室温でα-Fe+PbTe領域が存在する。

固相状態ではPbTeはFeに固溶せず, FeのPbTeへの溶解度は0.3at%である。

文献 [1] F.Wald and R.W.Stormont : Trans. Met. Soc. AIME **242** (1968) No.1, 72-75

275. Fe-Pd-Ti

本系状態図の全領域にわたる研究はないが, [1~5]は等原子比組成のTiPdのマルテンサイト変態に及ぼす3d遷移元素添加の影響の研究の中で, Fe添加の影響を調べ, TiPd-FeTi, 54Ti-(46-x)Pd-xFeの温度-組成垂直断面図の一部を作成している。TiPdのマルテンサイト変態は最初に研究を行ったH.C.Donkerslootら[6]によれば, 約540℃でCsCl型の体心立方格子の規則構造から, B19(AuCd型六方晶の最

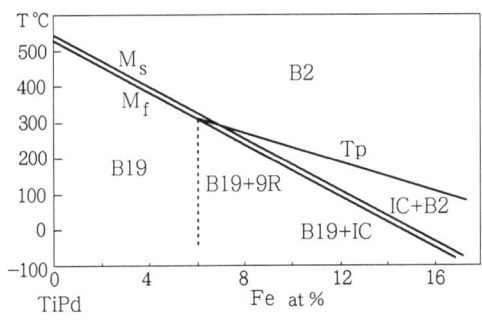
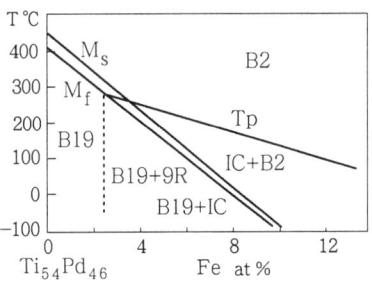

図275-1
Fe-Pd-Ti系のTiPd-FeTi温度-組成垂直部分断面図 [5]

図275-2
Fe-Pd-Ti系の54Ti-(46-x)Pd-xFe温度-組成垂直部分断面図
相の記号は図275-1に同じ

B2はCsCl型格子, B19は2H積層構造のマルテンサイト相, ICはB2格子が僅かに歪んだインコメンシュレート(非整合)相, 9Rは9層積層構造マルテンサイト相を示す。M_s, M_f はそれぞれマルテンサイト変態開始点および終了点。Tpはインコメンシュレート相出現温度。

密構造面がABAB‥‥となった2H)型に変態するが，途中で分解することなく，無拡散変態であるにもかかわらず平衡変態であることが，高温X線回折により確かめられている．従って，その状態図も通常のマルテンサイト変態と異なり，平衡状態図とみなしてさしつかえない．[1~5]は電解鉄，純チタン板(99.9%)，パラジウム板(99.9%)をアルゴン雰囲気下でアーク溶解により合金を作製した．実験は電気抵抗測定，光学顕微鏡による組織観察，電子顕微鏡観察，X線回折を用いた．

図275-1，図275-2にそれぞれTiPd-FeTi，54Ti-(46-x)Pd-xFeの温度-組成垂直断面図を示す．マルテンサイト変態温度はFe濃度の増加に伴い直線的に低下する．これはFe-Ti二元系では，FeTi等原子比組成で低温までマルテンサイト変態が生じないことに対応し，上記断面が擬二元系断面を形成することを示している．各断面ともFe濃度が増加するとPdTi二元系には存在しない，9R積層構造のマルテンサイト相，母相のB2 (CsCl型)格子が僅かに歪んだインコメンシュレート相が出現する．図275-1，図275-2の相境界線は電気抵抗の温度変化曲線，室温での電子顕微鏡観察，X線回折の結果を参考に作図したものである．

9Rマルテンサイト相の構造は斜方晶ではなく単斜晶であり，単斜角βは50Ti~43，5Pd~6, 5Fe(at%)で，85.6°から8Feで85.0°に変化する[7]．格子定数は6.5Feで，a = 0.469nm, b = 0.286nm, c = 2.053nmに，8Feで，a = 0.467nm, b = 0.288nm, c = 2.054nmに僅かに変化する．

文献 [1] 江南和幸，関 博司，稔野宗次：鉄と鋼 **72** (1986) 563-570
  [2] K.Enami, T.Yoshida and S.Nenno : Proc. Int. Conf. Martensitic Transformations (ICOMAT-86) 103-108, The Japan Institute of Metals
  [3] K.Enami, Y.Kitano and K.Horii : MRS International Meeting on Advanced Materials **9** (1989) 117-122
  [4] K.Enami, Y.Miyasaka and H.Takakura : MRS International Meeting on Advanced Materials **9** (1989) 135-140
  [5] K.Enami and H.Hosiya : International J. Materials and Product Technology **8** (1993) 361-370
  [6] H.C.Donkersloot and J.H.N.van Vucht : J. Less-Common Metals **20** (1970) 83-91
  [7] K.Enami and Y.Nakagawa : Proc. Int. Conf. Martensitic Transformations (ICOMAT-92), (1993) 521-526

276. Fe-Pd-Y

E.M.Sokolovskayaら[1]は光学顕微鏡による組織観察，X線回折，磁気分析，X線マイクロアナライザー，熱分析等により，本系合金を研究している．母材は99.63%Y, 99.95%Fe, 99.99%Pdを用い，精製ヘリウム雰囲気下でアーク溶解して合金を作

製した．

図276-1にFe-Pd-Y系の870K等温断面図を示す．Fe-Pd-Y三元系にはFe-Pdのモノテクトイド反応に由来して相分離領域が存在すると予想される（図中の点線領域）．

化合物YFe_2にはPdが僅かに固溶し，$YFe_{2-x}Pd_x$となる．この相のキュリー点を測定したところ，529Kにあり，この温度以下では強磁性であった．化合物Y_6Fe_{23}にはPdが4at%まで溶解するが，その場合でもY_6Fe_{23}のキュリー点(484K)は低下しなかった．

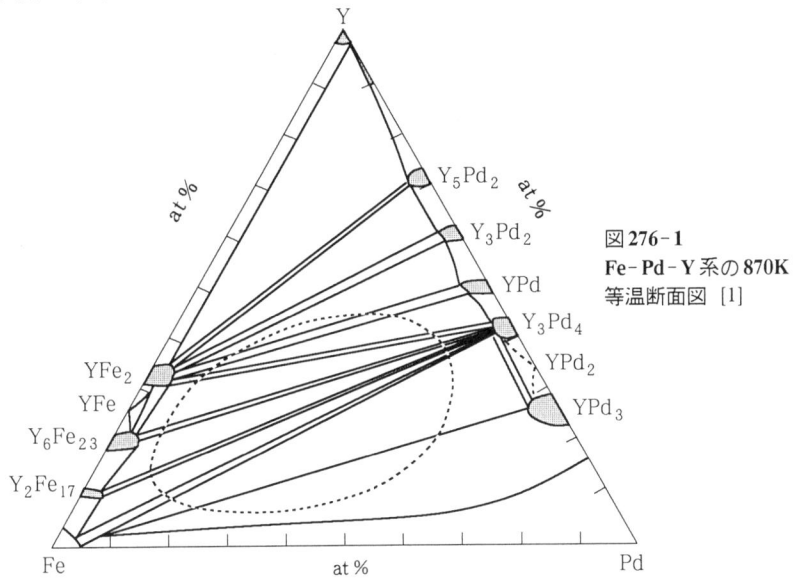

図276-1
Fe-Pd-Y系の870K
等温断面図 [1]

文献 [1] E.M.Sokolovskaya, M.V.Raevskaya, E.F.Kazakova, M.A.Pastushenkova, O.I.Bodak and M.M.Kandelaki : Izvest. Akad. Nauk SSSR, Metally (1985) No.6, 201-206

277. Fe-Pu-U

S.T.Knobeevskii [1] は状態図のモデルを提案している．それによると，各二元系合金の共晶の間に一変系平衡線が存在し，それに沿って本系合金の低温部が構成されているという．

文献 [1] S.T.Knobeevskii : Proc. Acad. Sci. USSR on the Peaceful Uses of Atomic Energy, Chem. Science **1-5** (1955) 362

278. Fe-Rh-S

　白金族は主として硫鉄ニッケル鉱 (pentlandite) や硫磁鉄鉱などの硫化物鉱石中に含まれるので，Feと白金族とSの状態図は白金族元素の製錬には重要な意味を持っている．V.A.Bryukin ら [1] は本系の Fe-Rh-Rh_2S_3-$FeS_{1.09}$ 領域の状態図を研究し，不変系，一変系共晶および包晶反応を確かめた．

　母材は純硫黄，カルボニル鉄，純ロジウムを用い，硫化鉄とFe-Rh母合金として，それらを石英管に真空封入後，高周波加熱により 1400〜1500℃にし，瞬間的に最高 1700℃まで加熱した．硫化鉄，Fe-Rh母合金も同じ方法により作製した．

　実験は光学顕微鏡による組織観察，示差熱分析，X線回折 (Co-Kα線)，X線マイクロアナライザーにより行った．

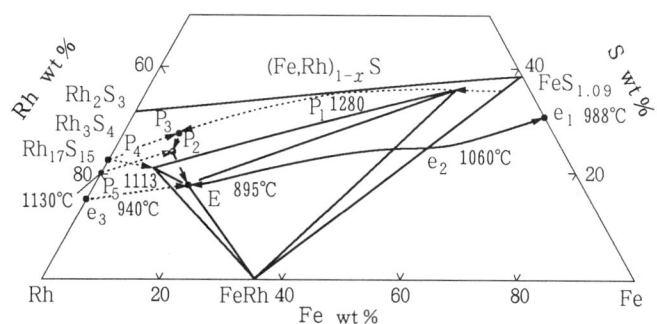

図 278-1　Fe-Rh-S系の Fe-Rh-Rh_2S_3-$FeS_{1.09}$ 領域の液相面投影図 [1]

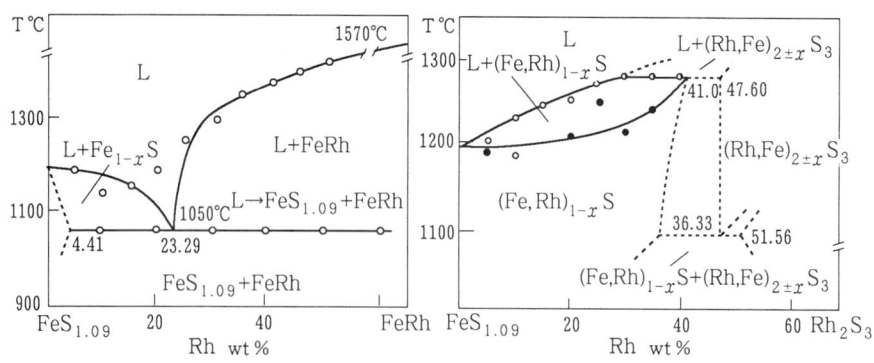

図 278-2　Fe-Rh-S系の $FeS_{1.09}$-FeRh 擬二元系断面図 [1]

図 278-3　Fe-Rh-S系の $FeS_{1.09}$-Rh_2S_3 擬二元系断面図 [1]

278. Fe-Rh-S

図278-1にFe-Rh-Rh$_2$S$_3$-FeS$_{1.09}$領域の液相面の投影図を示す．Fe-S, Rh-S各二元系では以下の共晶反応が知られている[2, 3]．L→Fe+FeS$_{1.09}$ (988℃, 31.0wt%S), L→Rh+Rh$_{17}$S$_{15}$ (940℃, 14.55wt%S)．またRh-S系では以下の包晶反応が存在する．L+Rh$_2$S$_3$→Rh$_3$S$_4$ (1130℃), L+Rh$_3$S$_4$→Rh$_{17}$S$_{15}$ (1113℃)．Fe-Rh二元系ではCsCl型のFeRh相が存在する．

三元系においては，FeS$_{1.09}$とFeRh断面は擬二元系を形成し，1060℃で擬二元共晶反応：L→FeS$_{1.09}$+FeRhを生じる．図278-2に上記擬二元系断面図を示す．共晶点e$_2$は51.4wt%Fe+23.3%Rh+24.7%Sである．FeRhへの1060℃におけるSの溶解度は0.05%, FeS$_{1.09}$へのRhの溶解度は4.4wt%である．

FeS$_{1.09}$-Rh$_2$S$_3$断面は擬二元系を形成し (図278-3), 1280℃で以下の擬二元包晶反応を生じる．L+(Rh, Fe)$_{2\pm x}$S$_3$→(Fe, Rh)$_{1-x}$S．Rhを含む硫磁鉄鉱固溶体は広い領域を占め，~41wt%Rhまで拡がる．温度低下に伴い，本断面では共析反応が生じるとされているが，その詳細は確定していない．

三元系投影図上で本系はFe-FeRh-FeS$_{1.09}$とFeS$_{1.09}$-FeRh-Rh-Rh$_2$S$_3$の二つの副領域に分けられる．Fe-FeRh-FeS$_{1.09}$領域では次の一変系共晶反応が生じる．L→(1060~988℃)→M+Fe$_{1-x}$S, ここではMはFe-Rh金属固溶体で，組成は34.9~36.3wt%Feの間にある．もうひとつの領域，FeS$_{1.09}$-FeRh-Rh-Rh$_2$S$_3$では，895℃に以下の三元共晶が存在する．L→(Fe, Rh)$_{1-x}$S+FeRh+(Rh, Fe)$_{17\pm x}$S$_{15}$．共晶点の組成は15.5wt%Fe+67.0%Rh+17.5%Sである．(Fe, Rh)$_{1-x}$S固溶体は830±10℃で分解するが，分解生成物の同定は現在のところ不明である．図278-1に示すようにFeS$_{1.09}$-FeRh-Rh-Rh$_2$S$_3$領域では以下の共晶，包晶反応が存在する．

L+(Rh, Fe)$_{2\pm x}$S$_3$→(Fe, Rh)$_{1-x}$S : 1280℃ →P$_3$
L+(Rh, Fe)$_{2\pm x}$S$_3$→(Fe, Rh)$_{1-x}$S+(Rh, Fe)$_x$S$_{3\pm x}$S$_4$: P$_3$
L→(Fe, Rh)$_{1-x}$S+(Rh, Fe)$_{3\pm x}$S$_4$: P$_3$-P$_2$
L+(Rh, Fe)$_{3\pm x}$S$_4$→(Fe, Rh)$_{1-x}$S+(Rh, Fe)$_{17\pm x}$S$_{15}$: P$_2$
L+(Fe, Rh)$_{1-x}$S+(Rh, Fe)$_{17\pm x}$S$_{15}$→P$_2$-E

P$_2$, P$_3$の温度は未確定である．

本系に出現する硫化物，化合物の構造は以下のとおりである．
(Fe, Rh)$_{1-x}$S：六方晶，(Rh, Fe)$_{2\pm x}$S$_3$：スピネル型構造，FeRh：CsCl型構造，(Rh, Fe)$_{17\pm x}$S$_{15}$：未確定．

文献 [1] V.A.Bryukin, B.A.Fishman, V.A.Reznichenko, V.A.Kukoev and N.A.Vasil'eva : Izvest. Akad. Nauk SSSR, Metally (1990) No.2, 23-28

[2] 本書Fe-S系(p.68)参照

[3] J.R.Taylor : Metall. Trans. **12B** (1981) 47

279. Fe-Ru-S

白金族であるRuは硫化鉄鉱石中に含まれるので，Fe-Ru-S三元系の状態図の研究は実用上にも重要な意味を有している．B.A.Fishmanら[1]は本系のFe-Ru-RuS_2-$FeS_{1.09}$領域の状態図を研究し，初晶反応を確かめた．

母材には純硫黄，カルボニル鉄，純ルテニウムを用い，硫化鉄とFe-Ru母合金を作製し，それらを石英管に真空封入後，高周波過熱により1300~1600℃，最高1700℃まで加熱し溶解した．

実験方法は光学顕微鏡による組織観察，示差熱分析，X線回折(Fe-$K\alpha$線)，X線マイクロアナライザーにより行った．

図279-1にFe-Ru-RuS_2-$FeS_{1.09}$領域の液相面，固相面投影図を示す．本系はFe-Ru-$FeS_{1.09}$と$FeS_{1.09}$-Ru-RuS_2の二つの副領域に分けられる．$FeS_{1.09}$-Ru断面は擬二元系を形成し，L→$FeS_{1.09}$+Ruの擬二元系共晶反応が1136℃で生じる．共晶点の組成は51.2wt%Fe, 14.2%Ru, 33.75%Sである．1136℃におけるRuの溶解度は~4.7wt%である．

Fe-Ru-$FeS_{1.09}$領域では次の四相包晶反応が1040℃で生じる．L_{P_1}+Ru(固溶体)→$(Fe, Ru)_{1-x}S$+γ-Fe．1040℃から焼入れた包晶点の液相L_{P_1}の組成は，62.4wt% Fe, 3.4%Ru, 31.1%S(総計100%になっていないが，これは室温に焼入れた状態をX線マイクロアナライザーで分析した値)である．この包晶反応は以下の三相共晶反応および包晶反応に引き続いて生じる．L→Ru(固溶体)+$(Fe_{1-x}S)$, L+Ru(固溶体)→γ-Fe．

四相包晶反応はa-b-P_1-c四辺形領域の合金すべてで生じる．a-b-c三角形領域内の合金では液相L_{P_1}が消失する形で反応が生じる．領域b-P_1-cではRu固溶体が消失し，共晶反応L→γ-Fe+$(Fe, Ru)_{1-x}S$により凝固が終了する．

$FeS_{1.09}$-Ru-RuS_2領域ではもうひとつの四相包晶反応が1245℃で生じる．L_{P_2}+RuS_2+Ru→$(Fe, Ru)_{1-x}S$の反応に対して，一変系共晶平衡，L→Ru+RuS_2が

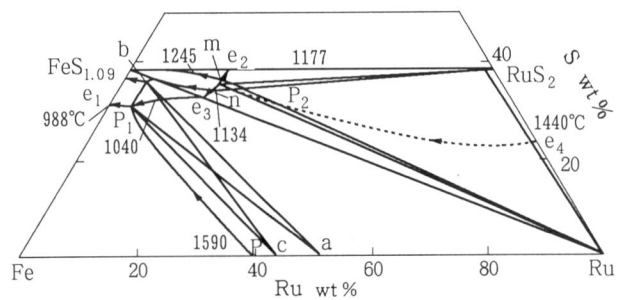

図279-1　Fe-Ru-S系のFe-Ru-RuS_2-$FeS_{1.09}$領域の初晶面投影図 [1]

1430~1245℃の間に先行する．包晶点の液相 L_{P_2} の組成は 47.2wt%Fe, 16.1%Ru, 35.2%S である．

$FeS_{1.09}$ - RuS_2 擬二元系断面には擬二元共晶が 1177℃ に存在する，L → $(Fe, Ru)_{1-x}S + RuS_2$．共晶点の組成は 45wt%Fe, 16.5%Ru, 38.5%S である．1177℃における硫磁鉄鉱 $Fe_{1-x}S$ への Ru の溶解度は ~5wt%, 室温では ~0.89wt% である．RuS_2 への Fe の溶解度は 1177℃で ~0.7wt%, 室温では ~0.4wt% である．

四相包晶反応は三相包晶反応へ転化するが，その場合 Ru, RuS_2 あるいは液相が完全に変態する．そのひとつは図279-1の P_2(1245℃) - m の間にあり，L + RuS_2 → $(Fe, Ru)_{1-x}S$ となる．もうひとつは P_2 - n の間にあり，L + Ru → $(Fe, Ru)_{1-x}S$ となる．m, n の温度は未定である．図279-1 の m - e_2, n - e_3 はそれぞれ以下の共晶反応に転化する．L → RuS_2 + $(Fe, Ru)_{1-x}S$, m - e_2．L → Ru + $(Fe, Ru)_{1-x}S$, n - e_3．

図279-1 の特性点のうち，二元系共晶点 e_1, e_4, P は以下のとおりである．e_1: L → Fe + FeS, 988℃．e_4: L → Ru + RuS_2, 1440℃ ± 10℃．P: L + Ru(固溶体) → γ-Fe, 1590℃．

文献 [1] B.A.Fishman, V.A.Bryukin, V.A.Reznichenko, L.I.Brokhina and V.A.Kukoev : Izvest. Akad. Nauk SSSR, Metally (1990) No.4, 12-16

280. Fe-Ru-Y

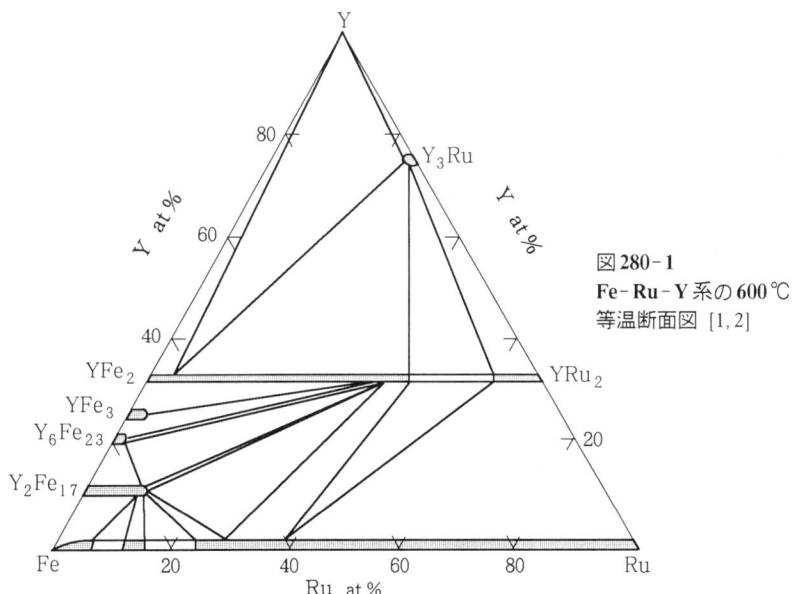

図 280-1
Fe-Ru-Y系の600℃
等温断面図 [1, 2]

E.F.Tolkunova ら [1, 2] は光学顕微鏡による組織観察, X線回折, EPMAにより本系合金を研究している. 母材は 99.95%Fe, 99.63%Y, 99.82%Ruを用い, 精製ヘリウム雰囲気下でタングステン非消耗電極を用いアーク溶解により合金を作製した. 600℃で焼鈍を行った.

図280-1に600℃等温断面図を示す. 本系には三元金属間化合物相は見当たらない. 二元化合物 YFe_2, YRu_2, Y_2Fe_{17} および YFe_3 は広い固溶体領域を有し, Yが 33.3, 10.5, 25at%一定の等濃度線に沿って存在する. YFe_2 相へのYの溶解度は, 600℃で 46at%[1] あるいは 40at%[2] である. YRu_2 相へのFeの溶解度は 10at% に達する. YFe_3 相および Y_2Fe_{17} 相へのRuの溶解度はそれぞれ 3at%, 12at% である.

文献 [1] E.F.Tolkunova, V.V.Burnashova, M.V.Raevskaya and E.M.Sokolovskaya : Vestn. Moskov. Univ. Ser. Khim. **15** (1974) No.5, 559-562

[2] E.F.Tolkunova, V.V.Burnashova, M.V.Raevskaya and E.M.Sokolovskaya : Metallofizika, Resp. Mezhvedomstvennyj Sb. Kiev, Naukova Dumka **52** (1974) 109-111

281. Fe-S-Sb

$Fe-FeS-Sb_2S_3-Sb$ 領域について G.G.Urazov ら [1] の光学顕微鏡による組織観察, 熱分析による研究がある.

合金は 99.7%Fe, 棒状のS, 99.7%Sbを用い, Sb_2S_3 (71.4~72.4wt%Sb) および FeS (63.2~64.4wt%Fe) 化合物を母合金としてあらかじめ作り, これらから作製した. Sb_2S_3 は Sb と S を 2 回繰り返し溶解し, FeS は高温で Fe を S と反応させて作製した.

図281-1(a), (b)は上記組成領域の液相面の投影図である. これによると Sb-S 二

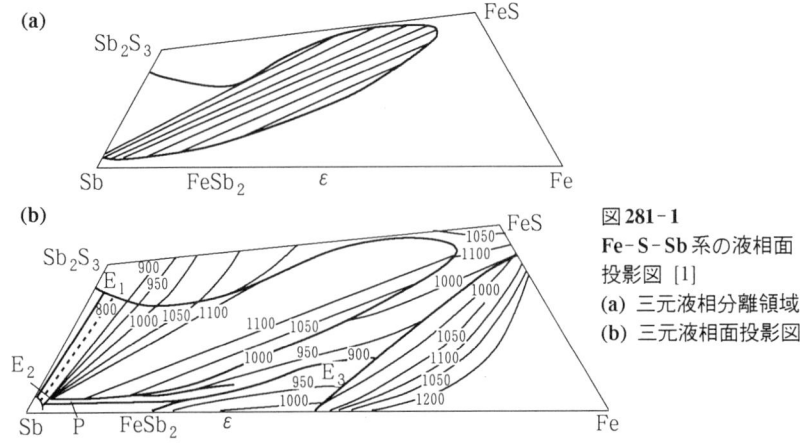

図281-1
Fe-S-Sb系の液相面投影図 [1]
(a) 三元液相分離領域
(b) 三元液相面投影図

元系に存在する液相の相分離が三元系に深く入り込んでいるのがわかる．

3種類の共晶型不変反応 E_1, E_2, E_3 および包晶反応 P が認められた．E_2 と P は Sb に富む合金で見られる．図 281-2 (a), (b), (c) に3種類の垂直断面図を示す．いずれの断面図にも液相の相分離が見られる．これらの断面には本系合金で生じる不変反応がよく調べられている．

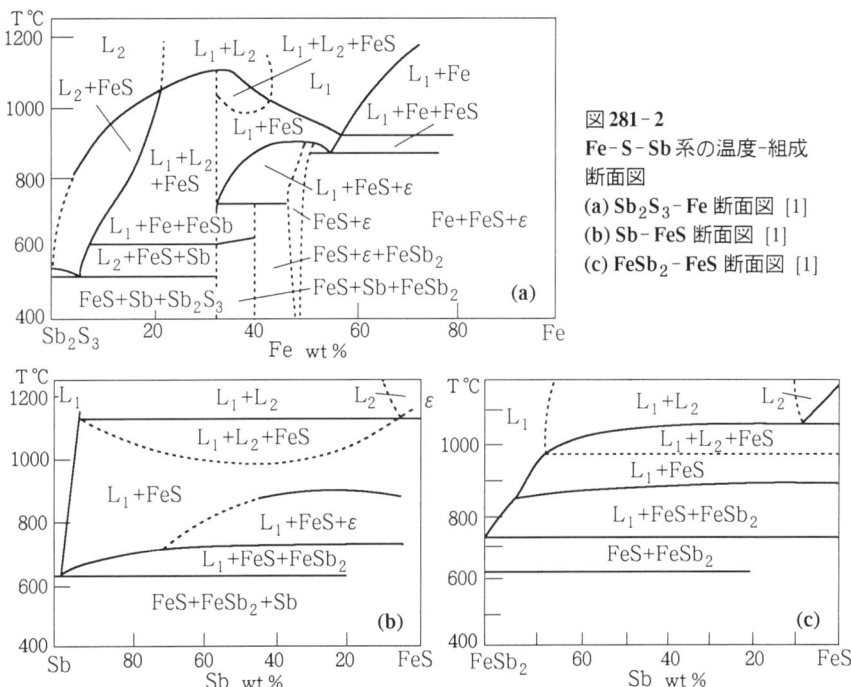

図 281-2
Fe-S-Sb系の温度-組成断面図
(a) Sb_2S_3-Fe 断面図 [1]
(b) Sb-FeS 断面図 [1]
(c) $FeSb_2$-FeS 断面図 [1]

文献 [1] G.G.Urazov, K.A.Bol'shakov, P.I.Fedorov and I.I.Vasilevskaya : Zhur. Neorg. Khim. **5** (1960) No.2, 449-455

282. Fe-S-Si

[1~3] で本系状態図の研究が行われている．R.Vogel ら [1] は Fe-FeS-FeSi 領域について温度-組成断面を詳しく研究しているが，基礎となる Fe-Si 二元系状態図は現在のものと大きく異なり，Fe_3Si, Fe_2Si, Fe_5Si_3 等の化合物相を認めていない．

E.Schürmann ら [2] は熱分析，化学分析により本系合金の研究を行い，Fe コーナーの液相面投影図を作成した (図 282-1)．本系には Si, S が飽和する2種の液相の相分離域が存在する．0.5wt%Si, 1330℃に二相分離域臨界点が存在する．三元共晶点

: γ + FeSi + FeS, は970℃, 30wt%S, 0.15wt%Siに存在する. 図の各四相平衡点の組成(wt%)と温度は以下のとおりである. E_t : 0.15%Si, 30.0%S, 970℃. M_1 : 14.4%Si, 0.8%S, 1220℃. M_1' : 0.2%Si, 29.0%S, 1220℃. M_2 : 20.0%Si, 0.6%S, 1180℃. M_2' : 0.2%Si, 33.0%S, 1180℃. m : 0.5%Si, 15.0%S, 1330℃. S : 22.0%Si, 0.5%S, 1250℃. S' : 0.2%Si, 34.0%S, 1250℃. E_s はFe-S二元共晶点.

H.C.Fiedler [3] は種々の組成のFe-Si合金中へのSの溶解度を測定している. 母材は電解鉄, 98%Si, 硫化ケイ素(0.005wt%未満のBa, Mg, Ti, Cr, Cuを不純物として含む)を用いた. 合金は熱間圧延後, 石英管に封入し, 1000℃, 1100℃, 1150℃×150~24時間焼鈍した. 3.1wt%Siを含む合金中のSの溶解度は, 1000℃で0.01wt%, 1100℃で0.015wt%, 1150℃で0.02wt%である. Si濃度の増加に伴いSの溶解度は減少する. 5.1wt%Siでは1150℃におけるSの溶解度は0.013wt%に低下する.

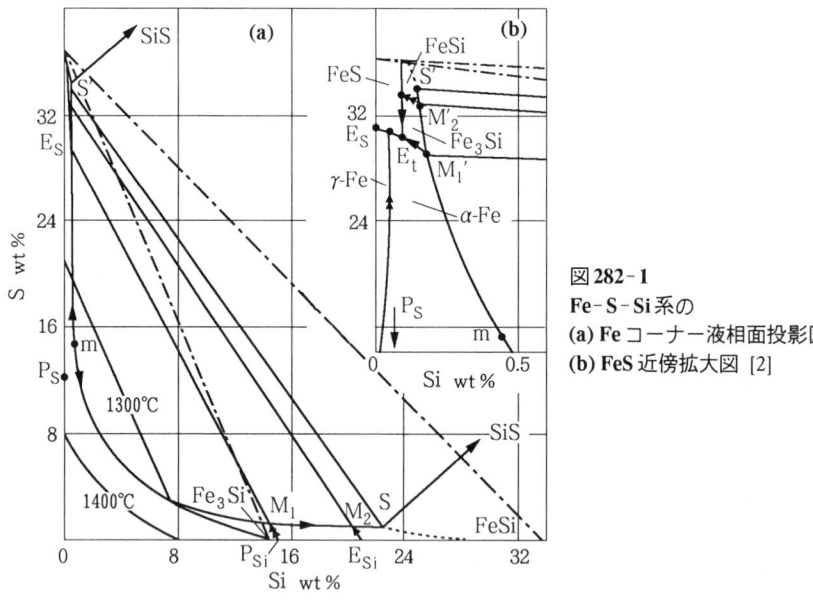

図282-1
Fe-S-Si系の
(a) Feコーナー液相面投影図
(b) FeS近傍拡大図 [2]

文献 [1] R.Vogel, C.Uschinski and U.Theune : Arch. Eisenhüttenwesen **14** (1941) 455-462
 [2] E.Schürmann and Schäfer : Giessereiforschung **20** (1968) 21-33
 [3] H.C.Fiedler : Trans. Met. Soc. AIME **239** (1967) 260-263

283. Fe-S-Sn

N.N.Muran [1] は本系合金のFe-Snマットを用いて熱分析を行い研究したが, 相

分離の領域を示したにとどまった．その後 M.A.Sokolova [2] が相分離の境界を詳しく知る目的で，SnS + Fe ⇄ Sn + FeS の相互作用を調べた．合金はクリプトル炉で黒鉛るつぼ中に SnS と FeS を入れ，S の蒸気下で溶解し，示差熱分析と光学顕微鏡による組織観察により調べた．3種類の温度-組成垂直断面図と化合物 SnS と FeS を分ける溶融域を決定した．Fe, FeS, SnS の初晶領域，相分離境界を決定した．Sn-FeS 断面の上部に接する相分離領域は上層は金属の硫化部，下層は少量の硫化物を含む金属スズに富む相であった．Fe-FeS-Sn 合金の光学顕微鏡による組織観察では Fe + FeS + Sn 三相共晶は見出されなかった．

文献 [1] N.N.Muran : Nauch. Tr./ Mintsvetmetzoloto **6** (1938) 150-152
[2] M.A.Sokolova : Izvest. Sekt. Fiziko-khimich. Analiza **18** (1949) 186-200

284. Fe-S-Ti

Fe-FeS-TiS-Ti 領域について光学顕微鏡による組織観察，X線回折，熱分析による研究がある (金子秀夫ら [1], R.Vogel ら [2])．図284-1は [1] による950℃における上記領域の等温断面図である．FeS-TiS 断面には Fe 基固溶体と平衡する三元化合物 Ti_2FeS_3 が存在すると予想されている．硫化物 FeS は 6wt% までの Ti を固溶する．点線は FeS-TiS 断面を示す．[2] のデータは [1] とは異なっている．とくに [2] によれば，硫化物 FeS は 27% までの Ti を固溶し，包晶反応 L + (Ti, Fe) ⇄ (Fe, Ti)S は，[1] の1380℃と異なり1550℃で生じる．また [2] は三元化合物 Ti_2FeS_3 の存在を確認していない．

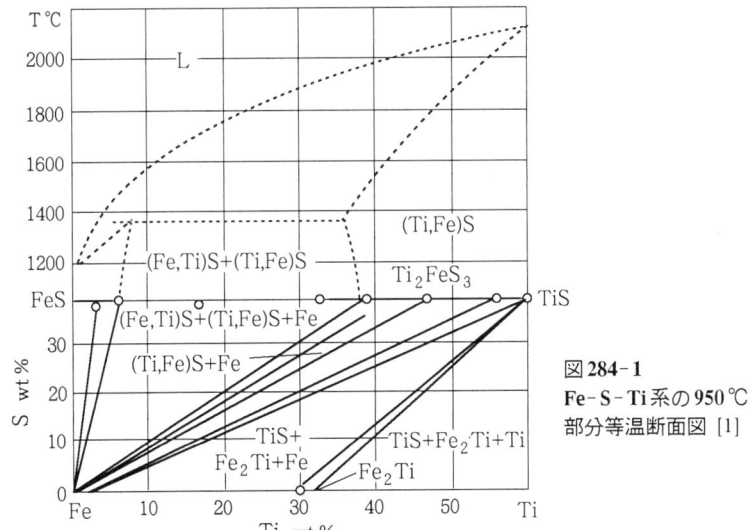

図284-1
Fe-S-Ti 系の950℃部分等温断面図 [1]

文献 [1] 金子秀夫, 西澤泰二, 玉置維昭：日本金属学会誌 **27** (1963) No.7, 312-317
　　　[2] R.Vogel and G.W.Kasten : Arch. Eisenhüttenwesen **19** (1948) No.1, 65-73

285. Fe-S-V

　R.Vogel ら[1] は Fe-FeS-VS-V 領域の合金について調べ1938年に報告している. 母材には純鉄, S, フェロバナジウム (60wt%V, 1%Si, 1%Al, 0.15%As)を用い, Vに富む合金の作製にはフェロバナジウムを用いた. 溶解はアルゴン雰囲気下でタンマン炉によった. 60wt%V以下の合金はピタゴラスるつぼで, その他の合金は溶融アルミナるつぼで溶解した. Sは溶融金属中に装入した. 実験方法は光学顕微鏡による組織観察, 熱分析によった.

　6種類の温度-組成垂直断面図, 液相面投影図, 20℃の等温断面図を作成した. FeS-VS系では固相, 液相とも全域溶解することがわかった. Fe-FeS-VS-V系は図285-1に示すように, M-M'-VS線を境に Fe-FeS-VS-M, M-VS-V の2種類の領域に分かれる. 液相からは次の各相が晶出する. Fe p_1 P M' M 領域では, α-(Fe, V)固溶体, p_1 Pe_1 領域では γ-(Fe, V)固溶体, M' Pe_1 FeS-VS 領域では, FeとVの硫化物(g), M M' e_2 V 領域では 0.1wt%VSを含む α-(Fe, V)固溶体, M' VSe_2 領域ではVSである.

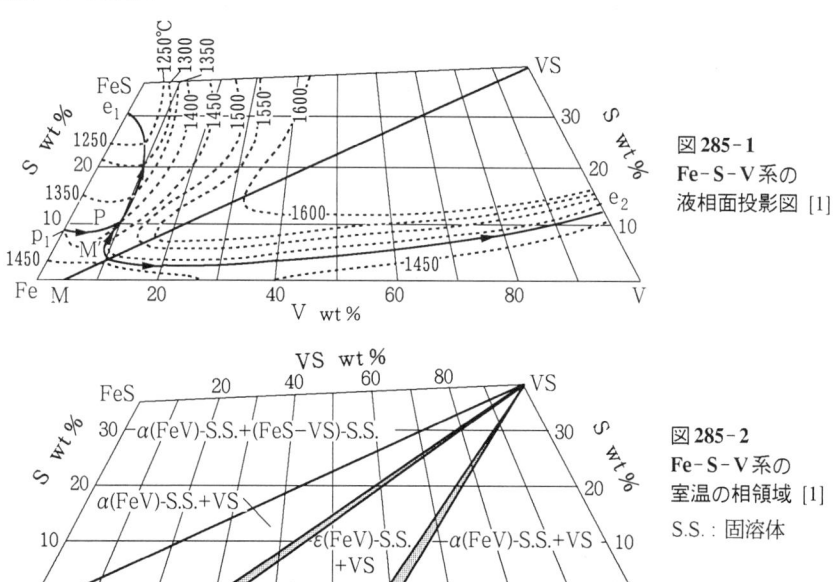

図285-1
Fe-S-V系の
液相面投影図 [1]

図285-2
Fe-S-V系の
室温の相領域 [1]

S.S.：固溶体

g点Pでは次の四相不変反応が生じる：L + α ⇄ γ + g．固相状態(20℃)の相領域を図285-2に示す．

金子秀夫ら[2]は光学顕微鏡による組織観察，X線回折，化学分析によりFeSとVSが液相，固相状態で全率溶解することを確認している．また950℃でのα+g二相のconodeを作図している．

文献 [1] R.Vogel and A.Wüstefeld : Arch. Eisenhüttenwesen **12** (1938) No.5, 261-268

　　　[2] 金子秀夫, 西澤泰二, 玉置維昭：日本金属学会誌 **27** (1963) No.7, 312-318

286. Fe-S-W

R.Vogelら[1]は，光学顕微鏡による組織観察および熱分析により本系を研究している．母材はW, W_2O_3, 鉄粉 (0.05%C, 0.28%Mn, 0.025%P, 0.22%Sを含む)，および硫黄華を用いた．アルゴン雰囲気下，タンマン炉で合金を溶解した．黒鉛るつぼあるいはアルミナるつぼを使用し，S含有量の多い合金にはピタゴラスるつぼを用いた．

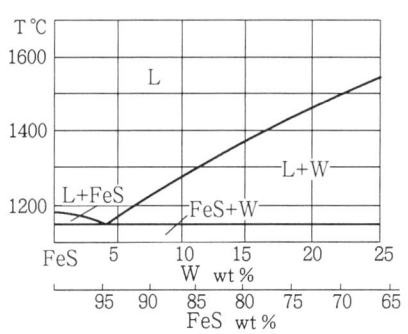

図286-1 Fe-S-W系のFeS-W部分擬二元断面図 [1]

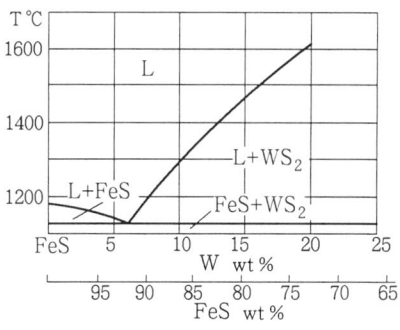

図286-2 Fe-S-W系のFeS-WS_2部分擬二元断面図 [1]

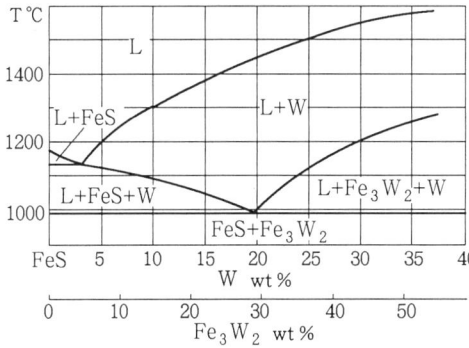

図286-3 Fe-S-W系のFeS-Fe_3W_2部分温度-組成断面図 [1]

Fe-W$_2$S, Fe-S-W, FeS-WS$_2$, FeS-Fe$_3$W$_2$ の温度-組成断面, 10, 20wt%S の断面, および Fe-FeS-WS$_2$-W 等温断面を研究している. しかし [1] は Fe-W 二元系状態図について, Fe と Fe$_3$W$_2$ との間に共晶反応が存在するとしているので, Fe コーナーの液相が関与する状態図は現在では正確とはいえない.

FeS-W, FeS-WS$_2$ は擬二元共晶を示すが, 各相間の溶解度はない. 図286-1~図286-3 に FeS-W, FeS-WS$_2$, FeS-Fe$_3$W$_2$ 各温度-組成断面図を示す.

図286-4は室温における相領域である. ここでも μ 相 (Fe$_7$W$_6$) は Fe$_3$W$_2$ として取り扱われている. 表記領域中には三元化合物は認められない. Fe 基固溶体領域, Fe+FeS, FeS+Fe$_2$W, FeS+Fe$_3$W$_2$, FeS+W, 各二相領域は非常に狭く図上には表すことができない.

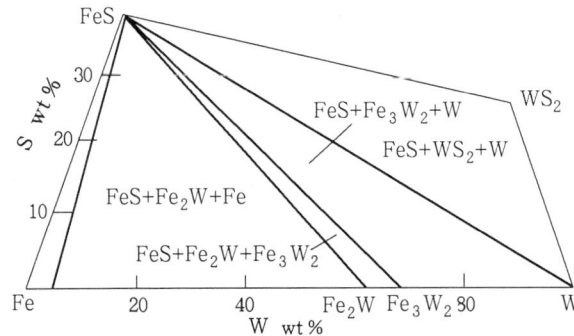

図286-4
Fe-S-W系の室温における相領域 [1]
μ相(Fe$_7$W$_6$)はFe$_3$W$_2$として扱われている

文献 [1] R.Vogel and H.H.Weizenkorn : Arch. Eisenhüttenwesen **32** (1961) No.6, 413-420

287. Fe-S-Zr

Fe-FeS-ZrS-Zr 領域について光学顕微鏡による組織観察, X線回折, 熱分析による研究がある (金子秀夫ら [1]). 図287-1 は上記組成の 950℃ における等温断面図である. 本合金系では Fe 基固溶体と平衡する三元化合物 ZrFeS$_2$ が生じる. 図の上部の点線は FeS-ZrS 断面を示す. FeS には Zr が 4wt% まで溶解する.

R.Vogel ら [2] の研究によれば, FeS は 27~28wt% までの Zr を溶解する. [2] の著者たちは FeS と ZrS は単純な共晶を形成し, 図287-1のような包晶ではないことを示唆している. [1] と [2] の違いは 950℃ の等温断面上での相領域の配置が異なることに由来する.

図287-2 は [2] によるもので, Fe-FeS-ZrS$_2$-ZrFe$_2$ 領域の状態図の投影図である. ZrS$_2$-FeS 側面には液相で溶解し合わない広い領域が存在し, これが三元系に深く侵入する. 相分離境界は曲線 f$_1$ f$_2$ f$_3$ KF$_4$ F$_2$ である. この曲線の外側に二つの

287. Fe-S-Zr

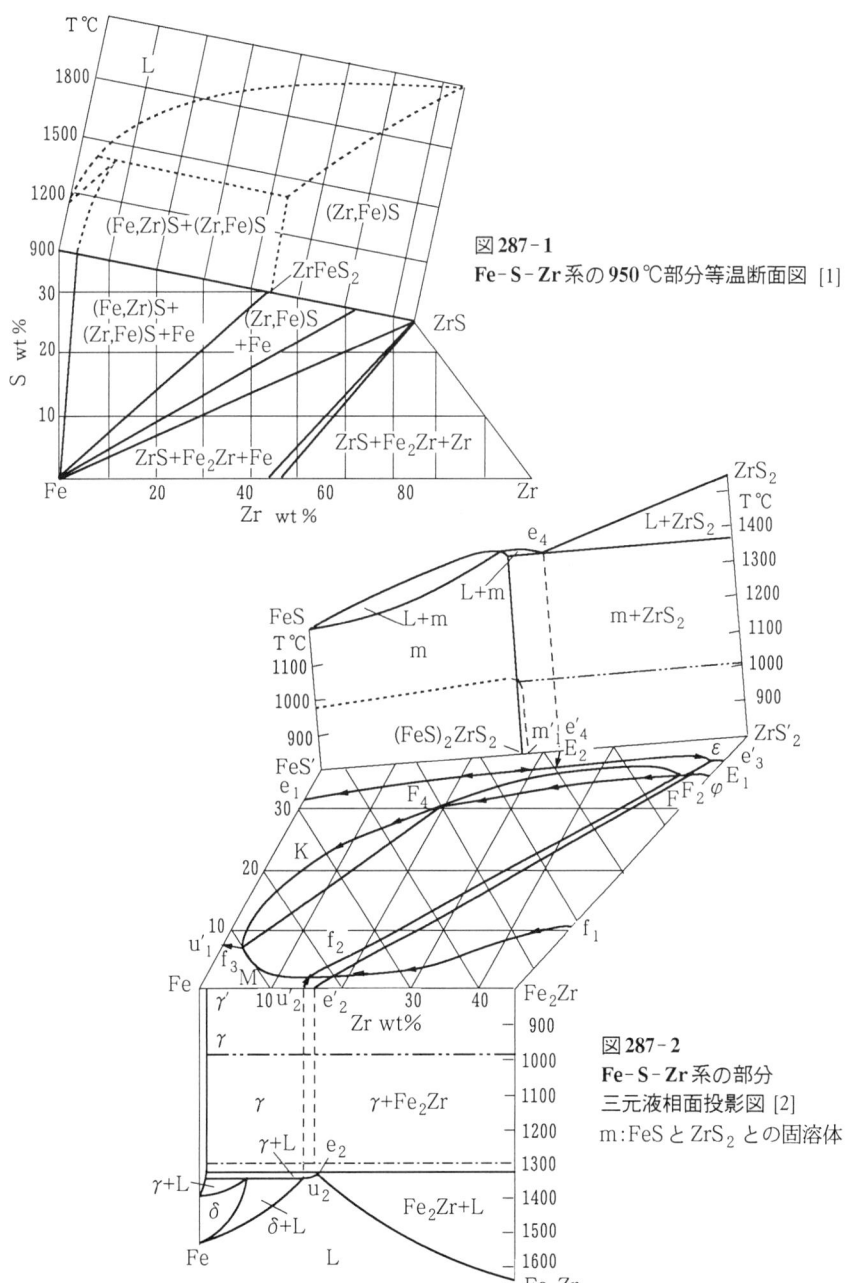

図287-1
Fe-S-Zr系の950℃部分等温断面図 [1]

図287-2
Fe-S-Zr系の部分
三元液相面投影図 [2]
m: FeSとZrS$_2$との固溶体

不変共晶点 E_1E_2 が存在する．室温における相領域を図287-3に示す．

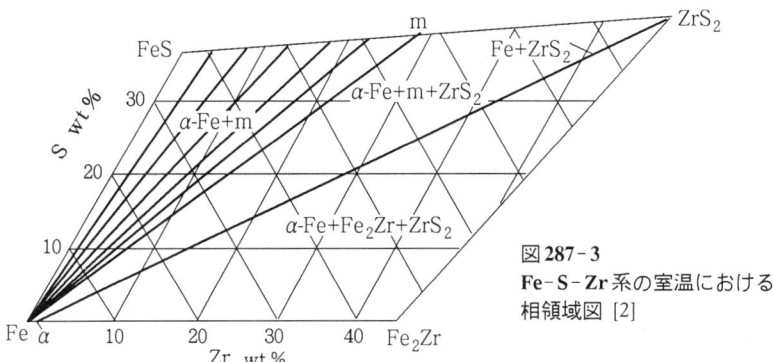

図287-3
Fe-S-Zr系の室温における相領域図 [2]

文献 [1] 金子秀夫, 西澤泰二, 工置維昭：日本金属学会誌 **27** (1963) No.7, 312-315
　　 [2] R.Vogel and A.Hartung : Arch. Eisenhüttenwesen **15** (1942) No.9, 413-418

288. Fe-Sb-Si

G.Zwingmann ら [1] は光学顕微鏡による組織観察, 熱分析により研究している．

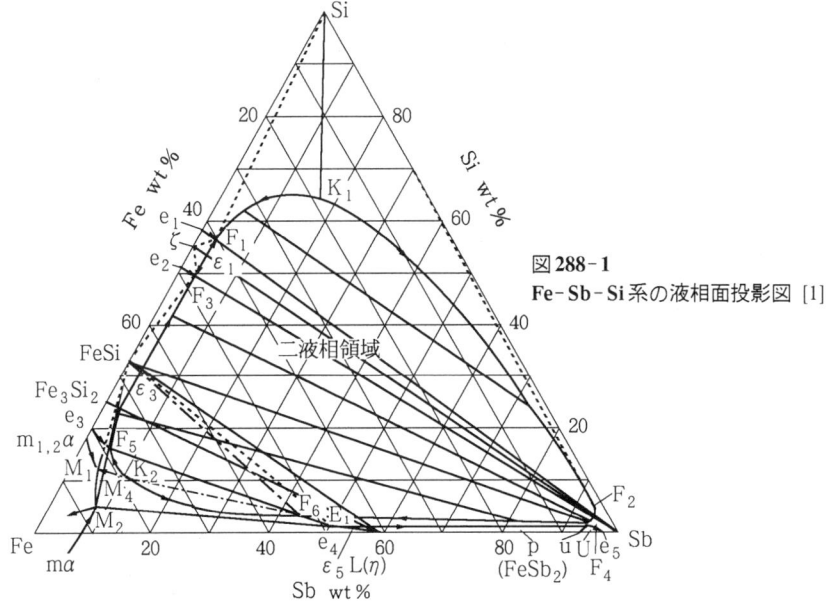

図288-1
Fe-Sb-Si系の液相面投影図 [1]

288. Fe-Sb-Si

いずれも高純度の母材を用い,溶解には塩化物フラックス被覆を用いている.

図288-1に液相面投影図を示す.本系は広い範囲にわたり液相分離領域が存在し,いくつかの四相不変偏晶,共晶,包晶反応が存在する.

F_3 では1196℃で四相平衡:融液 $F_3 \rightleftarrows$ 融液 $F_4 + \zeta +$ FeSi が生じる.F_1 点は1191℃で融液 $F_1 \rightleftarrows$ 融液 $F_2 + \zeta +$ Si.728℃では四相包晶反応:$U + \eta \rightleftarrows$ FeSi + FeSb$_2$ が

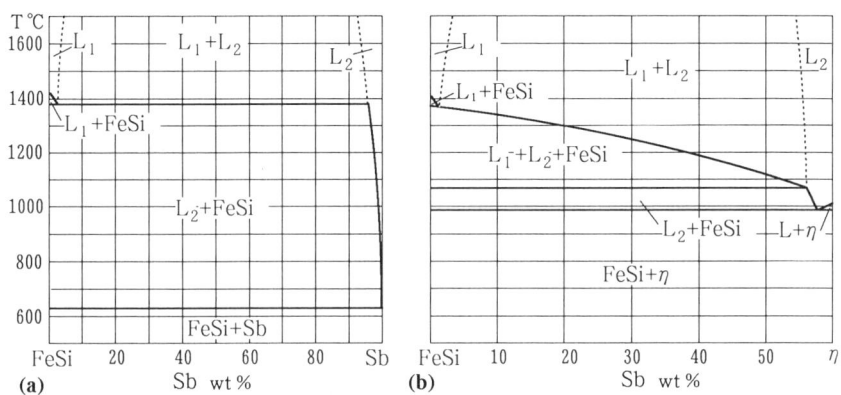

図288-2 Fe-Sb-Si系の温度-組成断面図 [1]　(a) FeSi-Sb断面　(b) FeSi-η相断面

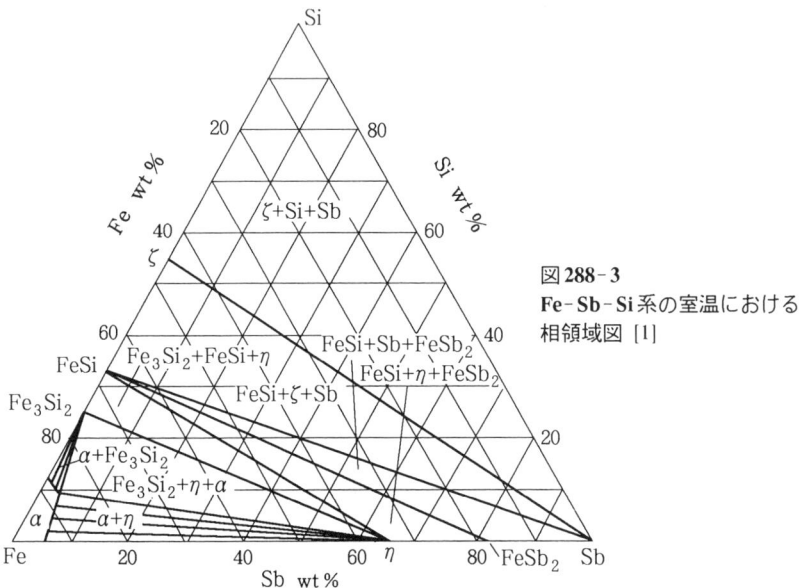

図288-3
Fe-Sb-Si系の室温における相領域図 [1]

生じる．図288-2の温度-組成断面図には液相相分離が明瞭に示されている．図288-3は室温における相領域図である．

文献 [1] G.Zwingmann and R.Vogel : Arch. Eisenhüttenwesen **28** (1957) No.9, 591-595

289. Fe-Sc-Si

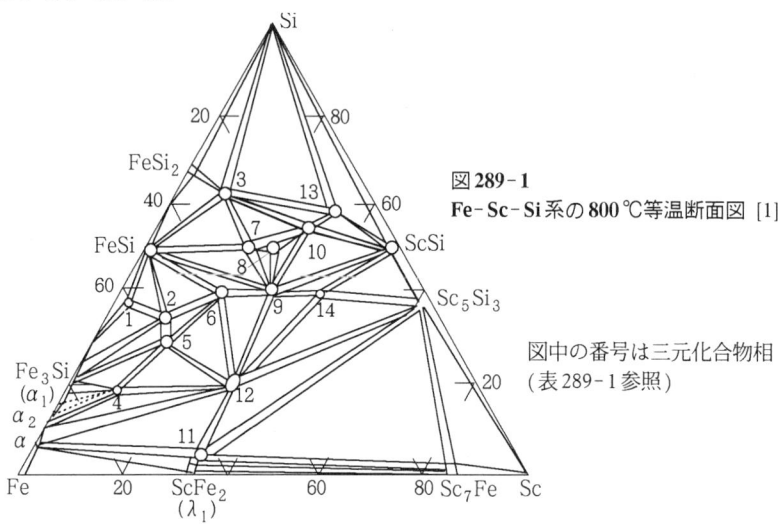

図 289-1　Fe-Sc-Si系の800℃等温断面図 [1]

図中の番号は三元化合物相
（表289-1参照）

表289-1　Fe-Sc-Si系の三元化合物相の結晶構造

番号	化合物組成	空間群あるいは対称性	構造	格子定数 nm		
				a	b	c
1	$(Sc,Fe)_5Si_3$	$P6/mcm$	Mn_5Si_3	0.6763	−	0.4718
2	$\sim ScFe_5Si_3$	構造不明		−	−	−
3	$\sim ScFe_3Si_6$	六方晶		0.3893	−	1.516
4	$Sc(Sc_{0.03}Fe_{0.784}Si_{0.84})_{12}$	$I4/mmm$	$ThMn_{12}$	0.8304	−	0.4716
5	$ScFe_4Si_2$	$P4_2/mmm$	$ZrFe_4Si_2$	0.6947	−	0.3796
6	$ScFe_2Si_2$	$Pbcm$	$HfFe_2Si_2$	0.7263	0.7076	0.5009
7	$Sc_2Fe_3Si_5$	$P4/mnc$	$Sc_2Fe_3Si_5$	0.1005	−	0.5313
8	$ScFeSi_2$	斜方晶	$TiFeSi_2$	0.9739	0.8984	0.7795
9	$\sim Sc_3Fe_3Si_4$	構造不明		−	−	−
10	$\sim Sc_3Fe_2Si_6$	斜方晶	−	0.509	1.873	1.412
11	$Sc(Sc,Fe,Si)_2$	$Fd\bar{3}m$	$MgCu_2$	0.7038	−	−
12	Sc_2Fe_3Si	$P6_3/mmc$	Mg_2Cu_3Si	0.4962	−	0.8079
13	$ScFe_{0.25}Si_{1.75}$	$Cmcm$	$ZrSi_2$	0.3861	1.448	0.3762
14	$\sim Sc_2FeSi_2$	構造不明		−	−	−

E.I.Gladyshevskiiら[1]は800℃×750時間焼鈍後の合金について，X線回折，光学顕微鏡による組織観察により研究している．合金は成分元素を混合したものをアルゴンアーク溶解により作製し，母材はカルボニル鉄(99.96%)，Sc(99.96%)，多結晶ケイ素(99.99%)を用いている．

図289-1に800℃等温断面図を示す．図中の番号は14種類の三元化合物を示す．これらの化合物の結晶化学的特性を表289-1に示す．

文献 [1] E.I.Gladyshevskii, B.Ya.Kongur, O.I.Bodak and B.P.Skvorchuk : Dopov. Akad. Nauk Ukrain. RSR Ser. **A** (1977) No8, 751-754

290. Fe-Si-Sn

R.Vogelら[1]は光学顕微鏡による組織観察，熱分析により本系合金の詳細な研究を行っている．合金はタンマン炉で溶解し作製した．二元FeSn系ではFe$_2$Sn，Fe$_3$Sn$_2$，γ相，FeSn，FeSn$_2$など多くの金属間化合物が知られている．これらの化合物はすべて940℃以下で包晶反応により生じ，化合物＋液相の広い二相領域が出現する(Fe-Sn二元系 p.78参照)．

Fe-Sn二元系では，1132℃以上で偏晶反応が生じ，60~83wt%Sn領域で液相の相分離が出現する．この相分離域はFe-Si-Sn三元系にも侵入し，三元系の液相面は60wt%Si組成まで，広い液相分離領域が拡がる．図290-1にFe-Si-Sn系の液相面

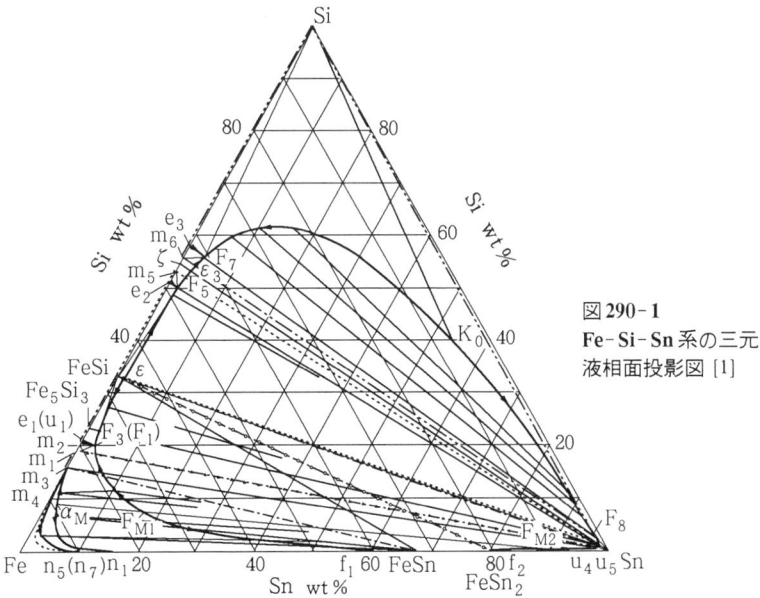

図290-1
Fe-Si-Sn系の三元液相面投影図 [1]

投影図を示す．二液相領域の境界は $f_1-F_{M1}-F_3-F_5-F_7-K_0-F_8-F_{M2}-f_2$ に拡がる．相境界上の各点の組成と温度を表281-1に示す．

図290-2はFe-Si-Sn系の室温における相領域を示す．[1]はまた，多数の温度-組成断面図を作成している．

表290-1 Fe-Si-Sn系の特性点の温度と組成

特性点	反応	組成 (wt%)			温度℃
		Fe	Si	Sn	
$F_1(F_3)$	包晶（共晶）	77.0	20.5	2.5	1191
F_{M1}	$F_{M1} \rightleftarrows \alpha\text{-Fe}+F_{M2}$	75.1	7.5	17.4	1263
F_{M2}		9.8	0.9	89.3	
K_0	—	6.3	39.5	54.2	1300
F_5	共晶	48.0	50.0	2.0	1205
F_7	共晶	40.3	56.0	3.7	1200
F_8		0.8	1.4	97.8	

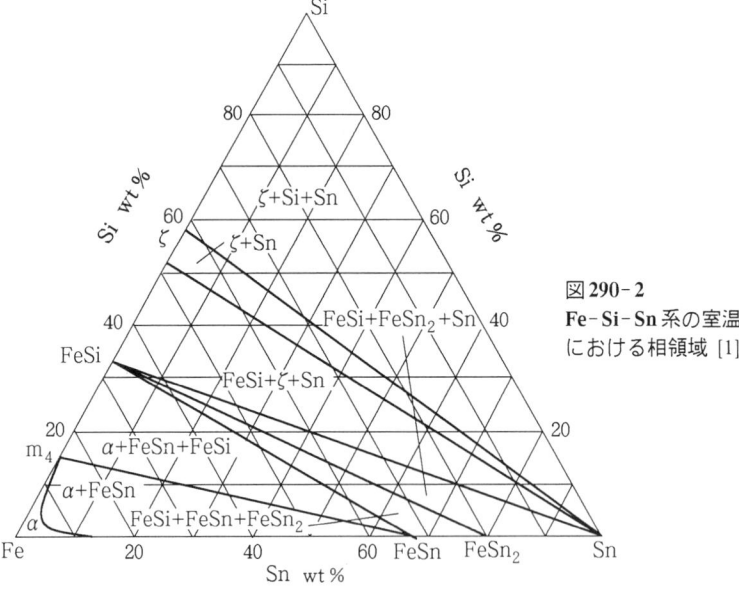

図290-2
Fe-Si-Sn系の室温における相領域 [1]

文献 [1] R.Vogel and H.J.Jungclaus : Arch. Eisenhüttenwesen 31 (1960) No.4, 243-258

291. Fe-Si-Ti

G.Benteら[1]は，熱膨張測定によりFeのA_{C3}点に与える少量のSi, Ti添加の影響

を調べている．V.Ya.Markivら[2]はさらに光学顕微鏡による組織観察，X線回折を行っている．[1]では合金はアランダムるつぼ中で誘導炉により溶解し，母材はアームコ鉄，99.86%Si, 98.5%Tiを用いた．図291-1は三元合金のA_{c3}点に及ぼす1.8 wt%Si, 0.8wt%Tiまでの影響を示す．

[2]ではアルゴンアーク溶解により合金を作製，母材は99.98%カルボニル鉄，99.99%多結晶ケイ素，99.97%ヨード法チタンを用いた．得られた合金は石英管に封入後800℃×3ヶ月焼鈍を施した．図291-2は800℃等温断面図を示している．

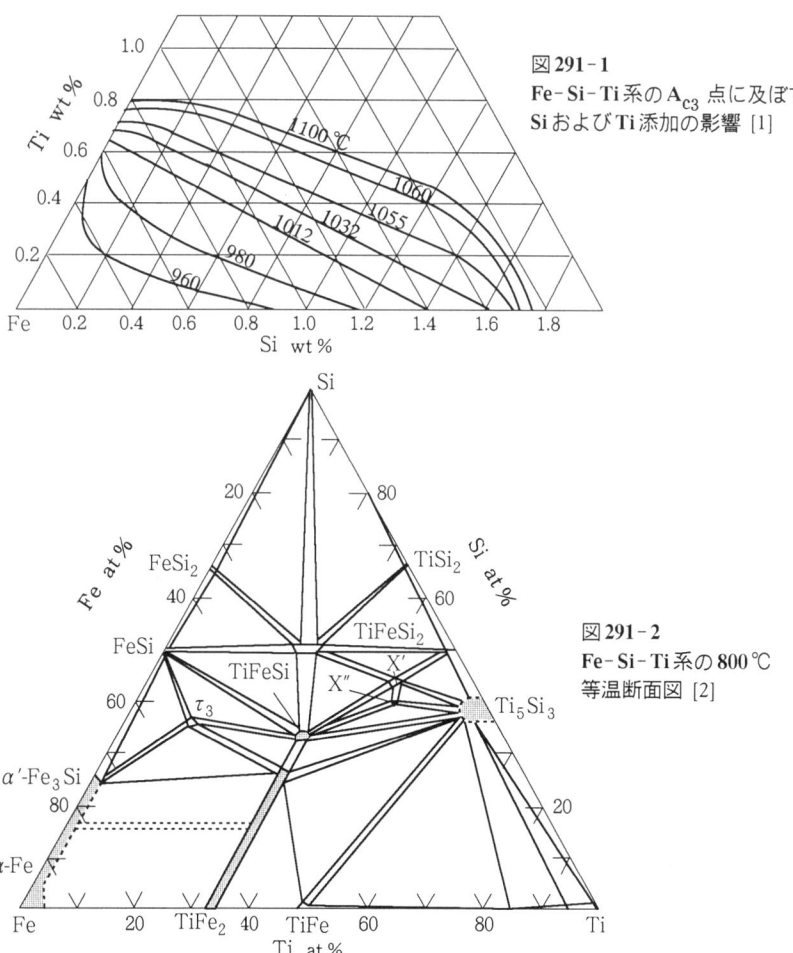

図291-1
Fe-Si-Ti系のA_{c3}点に及ぼすSiおよびTi添加の影響 [1]

図291-2
Fe-Si-Ti系の800℃等温断面図 [2]

本系では5種類の三元化合物が生じる. TiFeSi$_2$, ~Ti$_{46}$Fe$_{10}$Si$_{44}$(X'), ~Ti$_{45}$Fe$_{15}$Si$_{40}$ (X''), Ti$_{12}$Fe$_{52}$Si$_{36}$(τ_3), TiFeSi.

化合物 TiFeSi$_2$ はいくらかの組成幅を有するが, 他の化合物は一定組成となる. 二元化合物 TiFe$_2$ は Si を 27at% まで固溶する. 固溶体 Ti(FeSi)$_2$ は 33.3at%Ti 定濃度に沿って拡がっている.

TiFeSi$_2$ は斜方晶で, 格子定数は a = 0.746nm, b = 0.953nm, c = 0.856nm, 単位胞に 44 原子を含む. 化合物 TiFeSi の結晶構造は六方晶で, 格子定数 a = 0.624nm, c = 0.696nm, 単位胞に 16 原子を含む. 相 τ_3 は六方晶で, 格子定数は a = 1.697nm, c = 3.179nm である. X' 相, X'' 相の結晶構造は未決定である.

文献 [1] G.Bente and W.Fishel : J. Metals **8** (1956) No.10, Sec. 2, 1345-1348
　　 [2] V.Ya. Markiv, L.A.Lysenko and E.I.Gladyshevskii : Izvest. Akad. Nauk SSSR, Neorg. Materialy **2** (1966) No.11, 1980-1984

292. Fe-Si-U

T.A.Badaeva ら [1] は光学顕微鏡による組織観察, 熱分析, 硬度測定により研究を行っている.

合金は水冷銅るつぼ中でタングステン非消耗電極を用い, アルゴンアーク溶解により作製した. これを 750℃ × 240 時間均一化焼鈍を施した. 母材はアームコ鉄, 半導体用シリコン, 99.76%U を用いた.

U に富む側の反応の概略を図 292-1 に示す. ~810℃で四相不変平衡が生じる: L + γ ⇌ U$_6$Fe + U$_3$Si$_2$. これは二元系の L ⇌ γ + U$_3$Si$_2$ (985 ℃), L + γ ⇌ U$_6$Fe (815 ℃) に由来する 2 種の三元系平衡反応が重なって生じるためである.

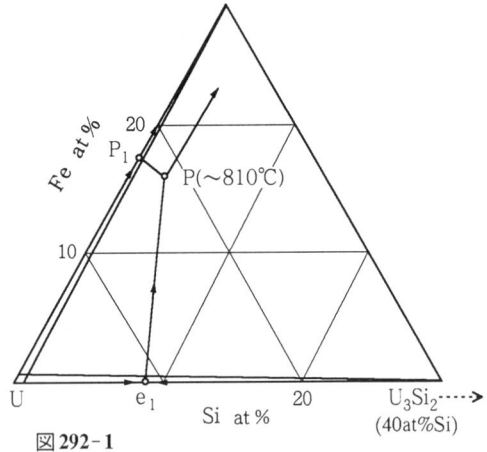

図 292-1
Fe-Si-U 系の 810℃ における不変反応 [1]
P$_1$: U-Fe 系包晶点 (L + γ-U → U$_6$Fe)
e$_1$: U-Si 系共晶点 (L → γ-U + U$_3$Si$_2$)

文献 [1] T.A.Badaeva, G.K.Alekseenko and L.N.Aleksandrova : "Stroenie i Svojstva Splavov dlya Atom. Energ.", Moskva, Nauka (1973) 38-45

293. Fe-Si-V

R.Vogel [1] は Fe-FeSi-VSi$_2$-V 領域を研究し, 化合物 V$_5$Fe$_4$Si$_4$ の存在を確認し

293. Fe-Si-V

ている(1940年). E.I.Gladyshevskiiら[2]はこの化合物の結晶構造がα-Mn型構造であることを確かめた. [3]によれば,この構造をとる化合物の組成は$V_3Fe_5Si_2$であるという. 格子定数はa = 0.8843 ± 0.0001nmである. K.P.Gupta[4]は二元Fe-V系のσ相の三元系への拡がりを調べた. [5~7]によると,さらにもうひとつの三元化合物R相が存在する. この化合物の組成は[5]によれば$V_{37}Fe_{41}Si_{22}$, [6, 7]によるとV_2Fe_2Siである. 格子定数はa = 1.0799nm, c = 1.9243nmである.

E.I.Gladyshevskiiら[8]は光学顕微鏡による組織観察とX線回折を用い,鋳造試料について調べた. 試料は1200℃×30時間, 1000℃×100時間, 800℃×150時間熱処理後焼入れられた. 試料作製に用いた母材は99.99%Si, カルボニル鉄(99.96%), 99.62%Vである. 試料の一部はタンマン炉によりアルゴン雰囲気下で溶解後水中に焼入れ凝固した. もうひとつはヘリウム雰囲気下でタングステン非消耗電極を用い,アーク溶解した.

1200℃,1000℃から焼入れた鋳造試料では,3種類の化合物χ, R, δ相の存在が確かめられた. 800℃から焼入れた試料にはさらに, VFeSi領域にδ'相が見出されたが,その構造は未確認である.

χ相は$V_3Fe_5Si_2$組成を含み, α-Mn型構造に属する. この相の単一相組成域は,融点近傍で40~55at%Fe, 15~30at%Siで,温度低下とともに狭くなる. χ相の単一相領域中に, Zr_5Re_{24}型構造の化合物$Si_5(V_{8.7}Fe_{14.5}Si_{0.8})$が存在する. 化合物配位数は$Si_5(V_{8.7}Fe_{15.3})$が最大値である.

R相は1000℃で35~45at%V, 18~26at%Si組成領域に存在し,この中にはV_2Fe_2Si組成が含まれる. この相は菱面体対称が認められ, R-相型構造に属し,格子定数はa = 1.0799 ± 0.0003nm, c = 1.9243 ± 0.0010nm, c/a = 1.782と報告されている. δ相は1000℃で33~38 at%V, 27~32at%Si領域で単一相となり,この中には$V_5Fe_4Si_4$組成が含まれる. X線回折によると,この相は正方晶対称を示し,格子定数はa = 0.888 ± 0.001nm, c = 0.867 ± 0.001nm, c/a = 0.976である. 結晶構造はδ相(MoNi型)類似である. 三元金属間化合物に加えて, 1000℃ではα-Fe基固溶体, V基固溶体, Si基固溶体,二元化合物, Fe_5Si_3, FeSi, $FeSi_2$, VSi_2, V_5Si_3, V_3SiおよびFe-V系のσ相の領域が存在する.

V_3Si中へのFeの溶解度は1000℃で23at%に達するが, V_5Si_3相(MO_5Si_3型構造)中には13at%である. VのFe_5Si_3相(Mn_5Si_3型構造)への溶解度は35at%である. 不純物として少量のC, Nが存在すると, V_5Si_3はMn_5Si_3型として凝固する. この場合, Fe_5Si_3とV_5Si_3は全率固溶体を形成し得る. 化合物FeSiはVを14at%まで溶解する. 他の二元化合物中への第三元素の溶解度は低い. Vは1000℃で36at%Fe, ~2at%Siを固溶する. FeとVはSi中には固溶しない.

1000℃等温断面図[8]を図293-1に示す. Fe基固溶体がFe_5Si_3, χ相, σ相と平

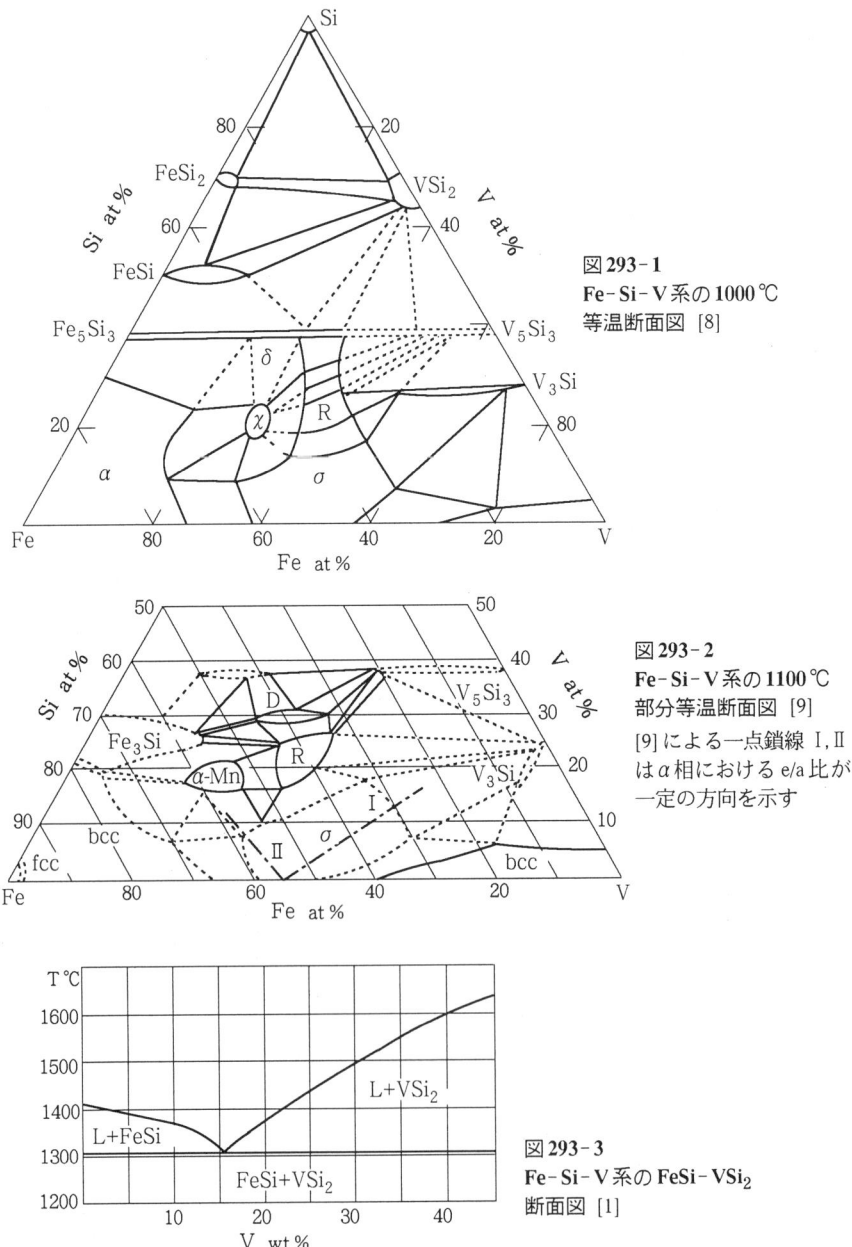

図293-1
Fe-Si-V系の1000℃
等温断面図 [8]

図293-2
Fe-Si-V系の1100℃
部分等温断面図 [9]
[9]による一点鎖線 I, II
はα相における e/a 比が
一定の方向を示す

図293-3
Fe-Si-V系の FeSi-VSi$_2$
断面図 [1]

衡する．

　D.I.Bardos ら[9]は光学顕微鏡による組織観察，X線回折により本系合金の研究を行っている．用いた母材は 99.98%Si, 99.9%Fe, 99.9%V である．合金の溶解はヘリウム雰囲気下アーク溶解およびアルゴン雰囲気下高周波溶解によった．Si 50wt%領域までの1100℃等温断面図を作成した．その結果3種類の化合物の存在を確かめた．R相は α-Mn型構造で，格子定数は a = 0.8799nm であり，$V_{21}Fe_{61.5}Si_{17.5}$ 組成で記述できる．D相は，組成 $V_{0.265}Fe_{0.44}Si_{0.295}$ に対応し，正方晶格子を有し，格子定数は a = 0.8833nm, c = 0.8646nm である．このようにR相，χ 相，δ 相類似の相の存在が確認されている．同時に各相間の相互作用の特徴については異なった見解が存在する．例えば[8]の意見によれば，1000℃で α-Fe は Fe_5Si_3 と平衡するが，[9]によると(1100℃)，α-Fe は Fe_3Si と平衡する．これに加え，χ(α-Mn型)相，R相，δ(D)相と Fe_5Si_3 あるいは Fe_3Si 相間の三相平衡についても異なった見解が示されている．

　図293-2 に[9]による Fe-V 側の1100℃部分等温断面図を示す．この場合，D相は図293-1 では δ 相に相当するものと考えられる．σ 相境界は Fe に富む側では Si に対する e/a(電子・原子比)の値がおよそ4となる方向に拡がる(一点鎖線II)が，V に富む側は e/a=7 の方向に拡がる(一点鎖線I)．Iの場合 Si が d 電子を排除し，IIの場合，排除しないと仮定すると説明できる．以上の σ 相境界の拡がりは V-Si-Ni, V-Si-Co などの他の三元系合金と同様の傾向を示した．

　[1]は高温域の多数の温度-組成断面図を示しているが，σ 相については正しい結果を得ているとは考えられない．図293-3 に[1]による $FeSi-VSi_2$ 断面図を示すが，この断面は[1]によれば擬二元系を示す．

文献 [1] R.Vogel and C.Jentzsch-Uschinski : Arch. Eisenhüttenwesen **18** (1940) No.4, 403-408
　　[2] E.I.Gladyshevskii and P.I.Krinyakevich : " VIII Mendeleevskii s"ezd. Referaty Dokladov. Sektsiya Metallov i Splavov", Moskva, Akad. Nauk SSSR (1958) 44
　　[3] E.I.Gladyshevskii and P.I.Krinyakevich, M.Yu.Teslyuk et. al : Kristallografiya **6** (1961) 267-270
　　[4] K.P.Gupta, N.S.Rajan and P.A.Beck : Trans. Met. Soc. AIME **218** (1960) 617-622
　　[5] D.I.Bardos, K.P.Gupta and P.A.Beck : Nature **192** (1961) 744-748
　　[6] E.I. Gladyshevskii : Poroshkovaya Met. **2** (1962) No.4, 46-49
　　[7] L.K.Borusevich, E.I.Gladyshevskii : "Yubileina Naukova Sesiya, Sektsiya Biologii, Khimii", L'viv. L'vovsk. Gos. Universitet (1961) 44
　　[8] E.I.Gladyshevskii and G.N.Shvets : Izvest. Akad. Nauk SSSR, Metally (1965) No.2, 120-127
　　[9] D.I.Bardos and P.A.Beck : Trans. AIME **236** (1966) No.1, 64-69

294. Fe-Si-W

本系についての最初の研究はR.Vogelら[1]によるものである(1939年). しかし, Fe-W二元系については, Fe側にFe-Fe$_3$W$_2$共晶が存在するとし, またFe-Si二元系ではFe$_5$Si$_3$の代わりにFe$_3$Si$_2$を認め, Fe$_3$Siの存在を認めない等々, 現在では正しくない状態図を基礎にして三元系状態図を作成している. 三元化合物相としてFeWSiとFeW$_2$Siの存在を報告している. この化合物はその後[2]でも確かめられた.

E.I.Gladyshevskiiら[2]は光学顕微鏡による組織観察とX線回折により本系合金を研究している. 母材は各金属とも99.9%以上の純度の粉末を用い, 圧粉体をアルゴン雰囲気下, アルミナるつぼ中でタンマン炉により合金を溶解した. 60at%W以

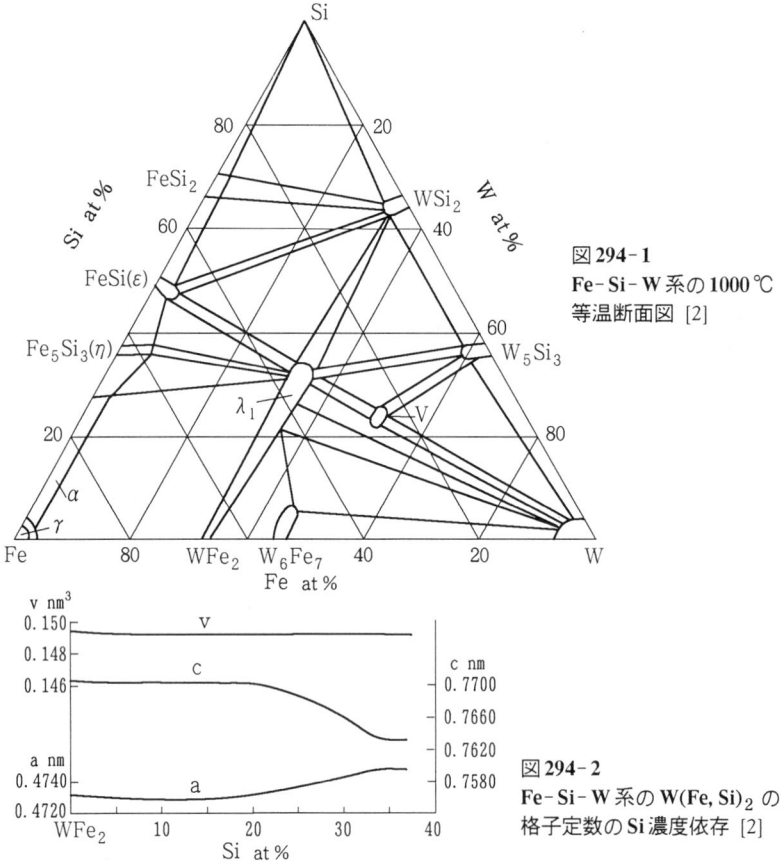

図294-1
Fe-Si-W系の1000℃
等温断面図 [2]

図294-2
Fe-Si-W系のW(Fe, Si)$_2$の
格子定数のSi濃度依存 [2]

上の合金は焼結法により合金を作製した．鋳造状態および1000℃×350時間焼鈍を施した試料について研究した．

図294-1に[2]による1000℃等温断面図を示す．三元系化合物WFeSi, W_2FeSi の存在を確認した．WFeSiは二元 WFe_2 化合物と同型で，$MgZn_2$ 型構造を有し，格子定数は a = 0.4738nm, c = 0.7666nm である．また WFe_2 と全率固溶体(λ_1 相)を形成する．λ_1 相の格子定数は WFe_2 のFeがSiに置換しても20at%Siまではほとんど変化せず，20～33.3at%Si組成ではaが増加し，cは減少する．しかし，単位胞の体積は変わらず一定である(図294-2)．もうひとつの三元化合物 $W_2FeSi(V)$ 相は，σ 相に近い結晶構造を有する．

各二元系化合物への第三元素の溶解度は，次のとおりである．W_6Fe_7 : 5at%Si, Fe_5Si_3 : 5at%W, W_5Si_3 : <5at%Fe, FeSi : <3at%W, $FeSi_2$, <1at%W, WSi_2 <3at%Fe. Fe-Si α-固溶体中へのWの溶解度はSiの増大に伴い3at%から1at%まで減少する．なお，二元化合物 W_5Si_3 は正方晶(空間群 $I4/mcm$)構造で，格子定数は a = 0.9654nm, c = 0.4969nm, ～2370℃で調和晶出により生じる．WSi_2 は正方晶($I4/mmm$)構造で，格子定数は a = 0.3210nm, c = 0.7829nm, 2165℃で調和晶出により生じる．

鋳造試料には WFe_2, Fe_5Si_3, W_2FeSi が存在しない．

文献 [1] R.Vogel and H.Töpker : Arch. Eisenhüttenwesen **13** (1939) No.7, 183-189
　　　[2] E.I.Gladyshevskii and R.V.Skolozdra : Zhur. Neorg. Khim. **9** (1964) No.10, 2411-2415

295. Fe-Si-Zn

W.Kösterら[1]は光学顕微鏡による組織観察，X線回折，熱分析によりFe-FeSi-Zn領域を研究している．母材は99.9%アームコ鉄, 99.9%Si, 99.9%Znを用いた．これを石英管に封入して溶解し，得られた合金を850℃×3日間均一化焼鈍を施した．

Zn-FeSi断面は擬二元共晶を示し，共晶温度は417℃であった．この断面で三元系は2種の二次断面 Fe-FeSi-Zn, FeSi-Si-Zn とに分かれる．図295-1は750℃におけるFe-FeSi-Zn等温断面図である．この温度では大部分の合金はまだ液相状態にある．1170～450℃の範囲で14種の四相不変反応が存在する．そのうちのいくつ

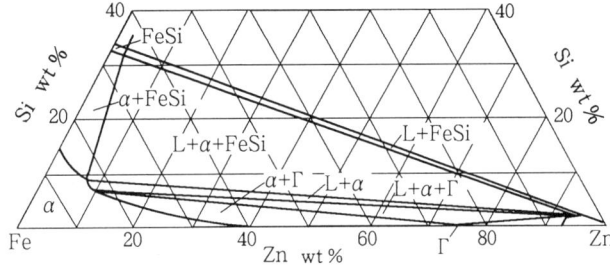

図295-1
Fe-Si-Zn系の750℃
部分等温断面図 [1]

かは図295-2の温度-組成断面図に示されている．室温における相領域を図295-3に示す．

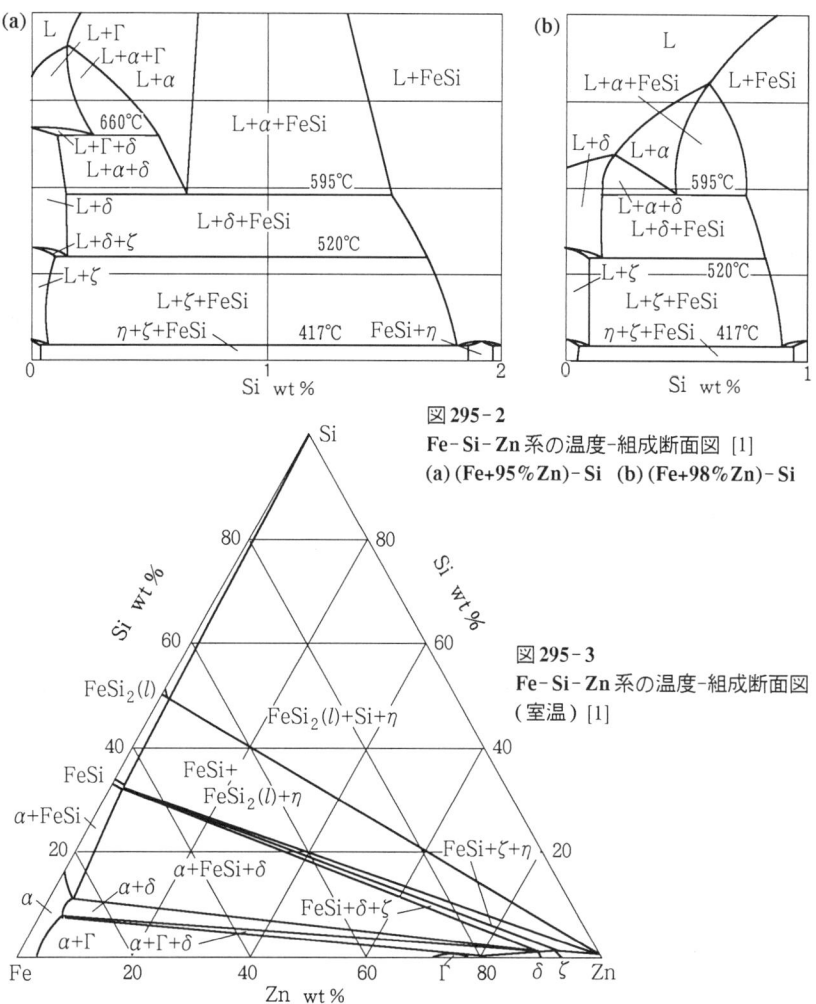

図295-2
Fe-Si-Zn系の温度-組成断面図 [1]
(a) (Fe+95%Zn)-Si (b) (Fe+98%Zn)-Si

図295-3
Fe-Si-Zn系の温度-組成断面図
(室温) [1]

文献 [1] W.Köster and T.Gödecke : Z. Metallkunde **59** (1968) No.8, 605-613

296. Fe-Sm-Y

O.S.Koshel'ら [1] はX線回折により本系合金を研究している．母材はカルボニル

鉄(99.96%), 97.7%Sm, 99.9%Yを用い，精製アルゴン雰囲気下でアーク溶解により合金を作製した．試料を石英管に封入し，600℃×144時間焼鈍した．Feに富む一部の合金は1000℃×168時間焼鈍を施した．図296-1に本系の600℃等温断面図を示す．本系には三元金属間化合物相は見当たらない．Y_2Fe_{17-x}-Sm_2Y_{17}, YFe_3-$SmFe_3$ および YFe_2-$SmFe_2$ 各断面は全率固溶体を形成する．

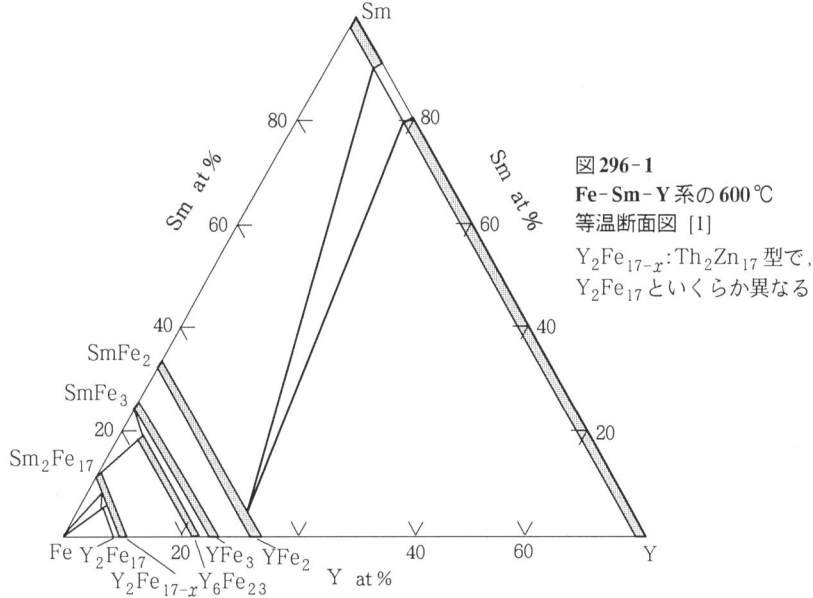

図296-1
Fe-Sm-Y系の600℃
等温断面図 [1]
Y_2Fe_{17-x}:Th_2Zn_{17}型で，
Y_2Fe_{17}といくらか異なる

文献 [1] O.S.Koshel', O.I.Bodak and E.E.Cherkashin : Dopov. Akad. Nauk Ukrain. RSR Ser.**A** (1976) No.5, 452-456

297. Fe-Sn-Zr

L.E.Tannerら[1]は光学顕微鏡による組織観察，X線回折，光高温計により Zr-$ZrFe_2$-Zr_4Sn 領域の合金について研究している．母材はハフニウムフリーの純ジルコニウム結晶，純鉄，純スズを用い，ヘリウムまたはアルゴン雰囲気下でアーク溶解した．

200~1100℃の間の相平衡を調べ，700, 800, 900, 1000, 1100℃等温断面図(図297-1)とZrコーナーの温度-組成断面図(図297-2)を作成した．

7~8wt%Fe-24.5%Sn-Zr の組成で三元中間相 θ が出現した．三元共晶反応：L $\rightleftarrows$ $\beta + \theta + ZrFe_2$ が 930~935℃に存在する．次の2種類の包析反応が連続して生じる：

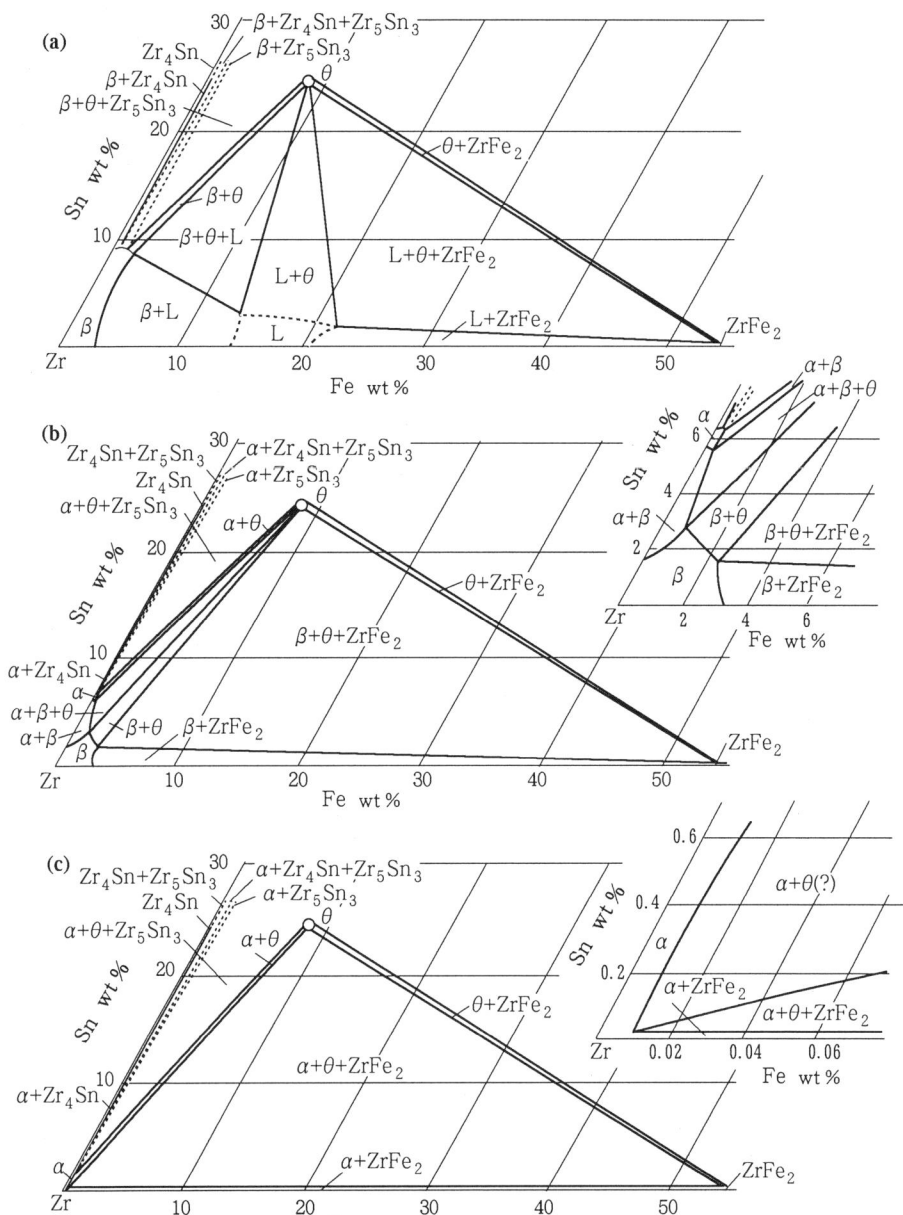

図 297-1　Fe-Sn-Zr系のZrコーナー等温断面図 [1]　(a) 1100 ℃ (b) 900 ℃ (c) 700 ℃

$\beta + Zr_4Sn \rightleftarrows \alpha + Zr_5Sn_3$, $\beta + Zr_5Sn_3 \rightleftarrows \alpha + \theta$. 反応は980℃で始まり, 900℃で終了する. また790℃~800℃で三元包析反応: $\beta + \theta \rightleftarrows \alpha + ZrFe_2$ が生じる (図297-2). $ZrFe_2$ 中には Sn が, Zr_4Sn 中には Fe がほとんど溶解しない.

D.A.Kudryavtsev ら [2] は Zr-18wt%Fe-18%Sn 領域の 750℃~1000℃の等温断面図を研究し, [1] といくつかの点で共通した結果を得ているが, 三元中間相 θ 相の存在については触れていない. また Zr-Sn 二元系の化合物のうち, Zr_4Sn と平衡する相を Zr_5Sn_3 ではなく, Zr_3Sn_2 としている.

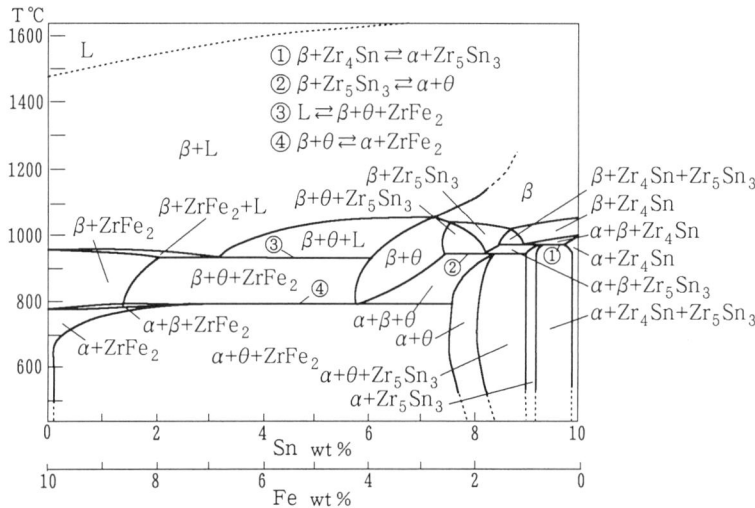

図297-2 Fe-Sn-Zr系の90wt%Zr-Fe-Sn温度-組成図 [1]

文献 [1] L.E.Tanner and D.W.Levinson : Trans. ASM **52** (1960) 1115-1133
[2] D.A.Kudryavtsev and I.A.Tregubov : "Fiziko-khimiya Splavov Tsirkoniya", Moskva, Nauka (1968) 133-138

298. Fe-Th-U

U-UFe_2-Th 領域の合金について, 示差熱分析, 光学顕微鏡による組織観察 (T.A.Badaeva ら [1], L.N.Aleksandrova ら [2]), X線回折 [2], 硬度測定 [1] による研究がある. 母材は 99.8%U, 99.6%Th, アームコ鉄を用い, 合金は純アルゴン雰囲気下で水冷銅るつぼを用い, タングステン電極アーク溶解炉により溶解した.

U-UFe_2-Th 領域の液相面投影図, 650℃等温断面図などが作成されたが [1], ここでは UFe_2-Th 擬二元系断面図を示しておく (図298-1). U固溶体と U_6Fe, UFe_2, T相(UFe_2Th_2), Th基固溶体とが平衡する. 三元化合物相 T 相は 1025℃で生

じ，組成幅は 2at% 程度である．結晶構造は斜方晶で，格子定数は a = 0.5950nm, b = 0.385nm, c = 0.9670nm [2] である．

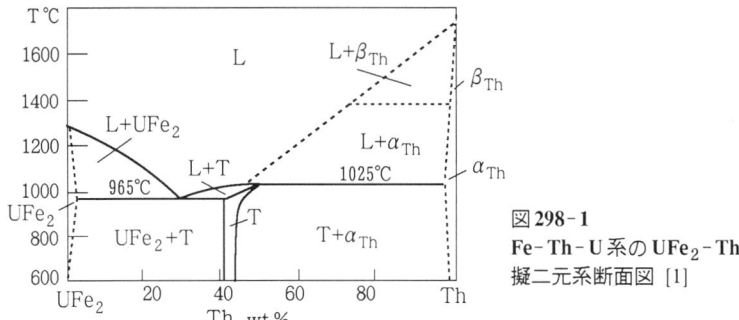

図 298-1
Fe-Th-U 系の UFe$_2$-Th
擬二元系断面図 [1]

文献 [1] T.A.Badaeva and L.N.Aleksandrova : "Fiziko-khmichesky Analiz Splavov Urana Toriya i Tsirkoniya", Moskva, Nauka (1974) 123-129
   [2] L.N.Aleksandrova and Z.M.Alekseeva : "Splavy dlya Atomnoi Energetiki", Moskva, Nauka (1979) 106-110

299. Fe-Ti-V

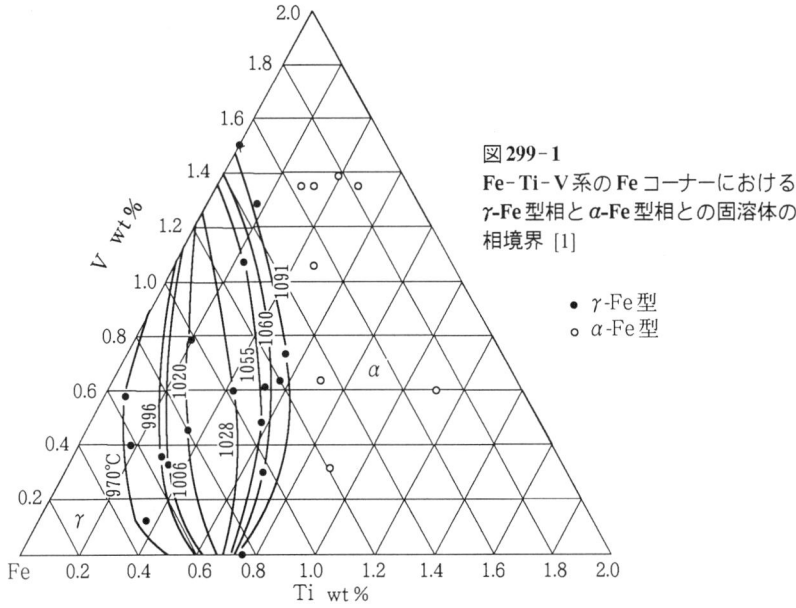

図 299-1
Fe-Ti-V 系の Fe コーナーにおける
γ-Fe 型相と α-Fe 型相との固溶体の
相境界 [1]

● γ-Fe 型
○ α-Fe 型

299. Fe-Ti-V

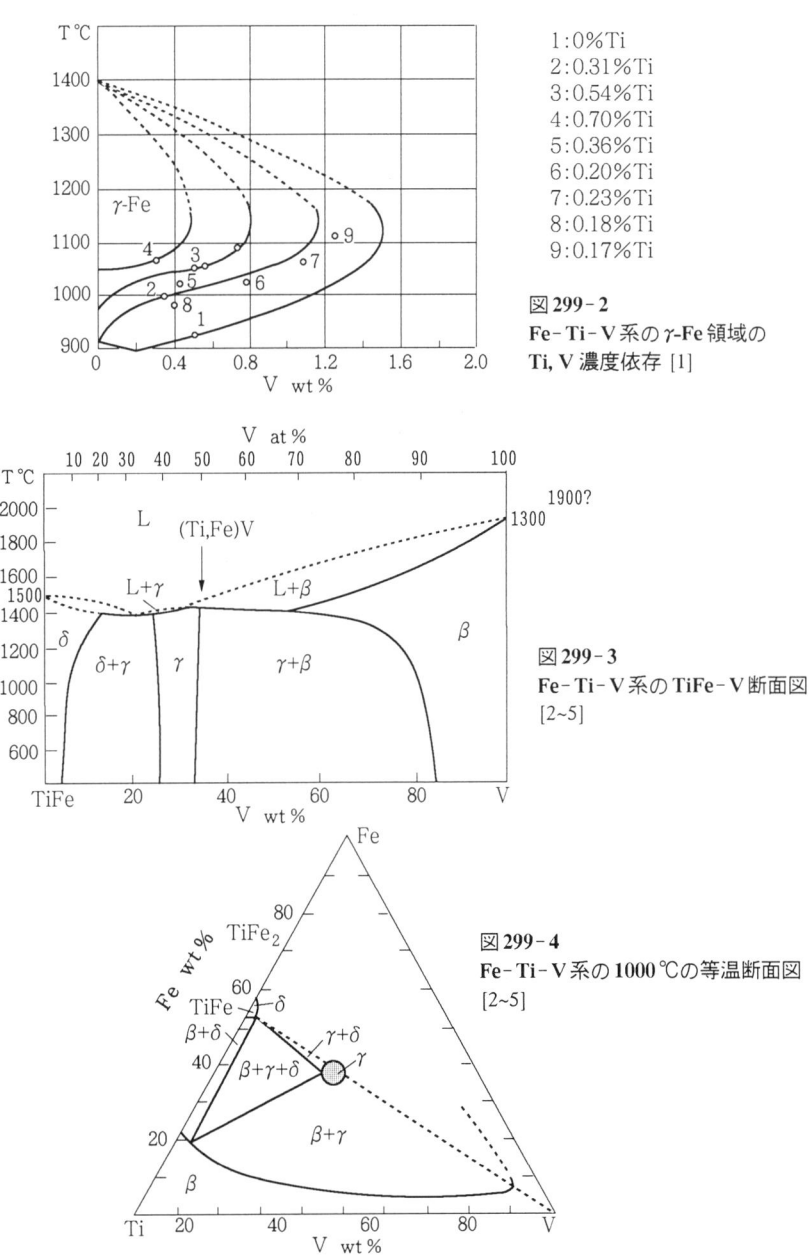

1: 0%Ti
2: 0.31%Ti
3: 0.54%Ti
4: 0.70%Ti
5: 0.36%Ti
6: 0.20%Ti
7: 0.23%Ti
8: 0.18%Ti
9: 0.17%Ti

図 299-2
Fe-Ti-V系のγ-Fe領域の
Ti, V 濃度依存 [1]

図 299-3
Fe-Ti-V系の TiFe-V 断面図
[2~5]

図 299-4
Fe-Ti-V系の1000℃の等温断面図
[2~5]

W.R.Lucas [1] は熱膨張測定から種々の温度における γ-Fe 固溶体の相境界を求めている (図 299-1, 図 299-2).

[2~5] は 50wt%Fe までを含む V-Ti 側の合金の状態図について詳しく調べている. それらによる TiFe-V 断面図を図 299-3 に, また 1000 ℃ (800 ℃もほとんど同様) の等温断面図を図 299-4 に示す. 本系には Ti 基固溶体, V 基固溶体, 化合物 FeTi, (Fe, Ti)V が存在することが確かめられている. 化合物 (Fe, Ti)V は六方晶で, 格子定数は a = 0.488nm, c = 0.796nm, c/a = 1.63 である.

文献 [1] W.R.Lucas and W.P.Fishel : Trans. ASM **46** (1954) 277-285
   [2] Tsin-Khua Bi and I.I.Kornilov : Izvest. Akad. Nauk SSSR, Otdel. Tekhn. Nauk Met. i Toplivo (1959) No.6, 110-112
   [3] Tsin-Khua Bi and I.I.Kornilov : Zhur. Neorg. Khim. **5** (1960) No.4, 902-907
   [4] Tsin-Khua Bi and I.I.Kornilov : Trudy Inst. Met. im. A.A.Baikova, Akad. Nauk SSSR **8** (1961) 54-57
   [5] Tsin-Khua Bi and I.I.Kornilov : Zhur. Neorg. Khim. **6** (1961) No.6, 1351-1354

300. Fe-Ti-W

R.Vogel ら [1] は光学顕微鏡による組織観察および熱分析によって本系合金を研究し 1938 年に状態図を報告している. 母材には 0.05%C を含む Fe, 純度 95% の Ti および高純度タングステンを使用した. 主としてアルゴン雰囲気下でピタゴラスるつぼを用いて作製した. 高チタン合金については, るつぼにチタニアあるいは窒化

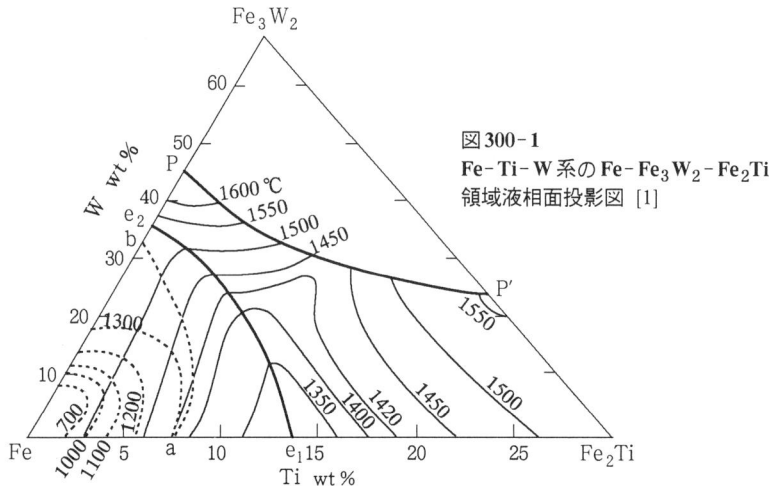

図 300-1
Fe-Ti-W 系の Fe-Fe$_3$W$_2$-Fe$_2$Ti 領域液相面投影図 [1]

ホウ素の内張りをした.

11種類の温度-組成断面図と液相線図が作成された. 液相から初晶としてα-Fe基固溶体, Fe_3W_2-Fe_2Ti (V)金属間化合物固溶体および98~99wt%Wを含む3種類のW固溶体が晶出する. 固相の状態図は, α相とV相の領域およびそれらの間の二相領域で構成される.

図300-1にFe-Fe_3W_2-Fe_2Ti系の液相面投影図を示す. $e_1 e_2$ 線上で共晶反応 L⇌α+V(Fe_2Ti)が生じ, 極小を持つPP'線上では包晶反応 L+W⇌V(Fe_2Ti)が生じる. 細線は等温液相線を示す. 点線は種々の温度におけるα相の境界を示し, 線abは固相線温度におけるFe中の成分の溶解度を示す.

著者らは, Fe-W二元系を共晶型としているが, 現在ではFe-WのFeコーナーは包晶型とされているので, [1]の研究は再検討の必要がある.

文献 [1] R.Vogel and R.Ergang : Arch. Eisenhüttenwesen **12** (1938) No.3, 149-154

301. Fe-Ti-Zr

$TiFe_2$-$ZrFe_2$断面について光学顕微鏡による組織観察, X線回折, 熱分析による研究がある (V.V.Pet'kovら[1]). 母材はカルボニル鉄(99.99%), ヨード法チタン(99.8%), ヨード法ジルコニウム(99.96%)である. 合金はアルゴン雰囲気下でアーク溶解により作製, これを石英管に真空封入し, 900℃×200時間焼鈍後水焼入れを施した.

図301-1に$TiFe_2$-$ZrFe_2$断面を示す. 1470 ℃で包晶反応 L+λ_2

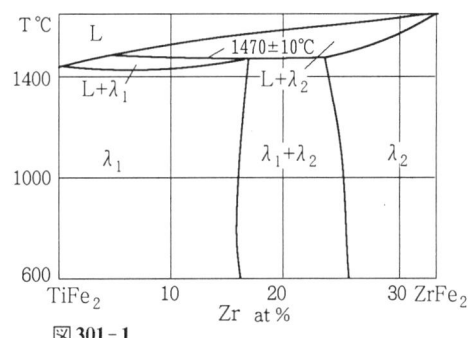

図301-1
Fe-Ti-Zr系の$TiFe_2$-$ZrFe_2$断面図 [1]

⇌λ_1が生じる. λ_1相($MgZn_2$型構造), λ_2相($MgCu_2$型構造)をもとにした広い固溶体域が存在する.

文献 [1] V.V.Pet'kov, Yu.A.Kocherzhinskii and V.Ya.Markiv : Dopov. Akad. Nauk Ukrain. RSR Ser. **A** (1971) No.10, 942-944

302. Fe-V-Zr

V.V.Pet'kovら[1]は光学顕微鏡による組織観察, X線回折, 熱分析により本系合金を研究している. 母材には品番VEL00-バナジウム, 同V3カルボニル鉄, ヨード法ジルコニウムを用い, アルゴン雰囲気下でアーク溶解した. 試料を1450℃, 900

℃でそれぞれ11時間と350時間焼鈍した．

ZrFe$_2$-ZrV$_2$断面を研究している（図302-1）．ZrFe$_2$, ZrV$_2$は各二元系で生じるLaves相（λ$_2$相）で，MgCu$_2$型構造を有する．三元Laves相λ$_1$はMgZn$_2$型構造を有する．化合物Fe$_2$Zrは900℃で~9at%Vを固溶し，ZrV$_2$は20at%Feを固溶する．

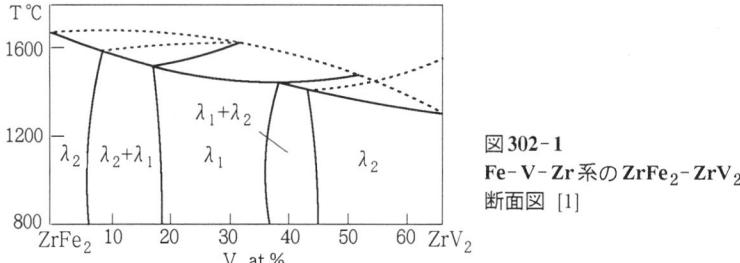

図302-1
Fe-V-Zr系のZrFe$_2$-ZrV$_2$
断面図 [1]

文献 [1] V.V.Pet'kov and V.N.Svechinikov : Dopov. Akad. Nauk Ukrain. RSR Ser. **A** (1972) No.7, 667-672

303. Fe-W-Y

O.I.BodakとD.A.Berezyuk [1]は，光学顕微鏡による組織観察とX線回折により本

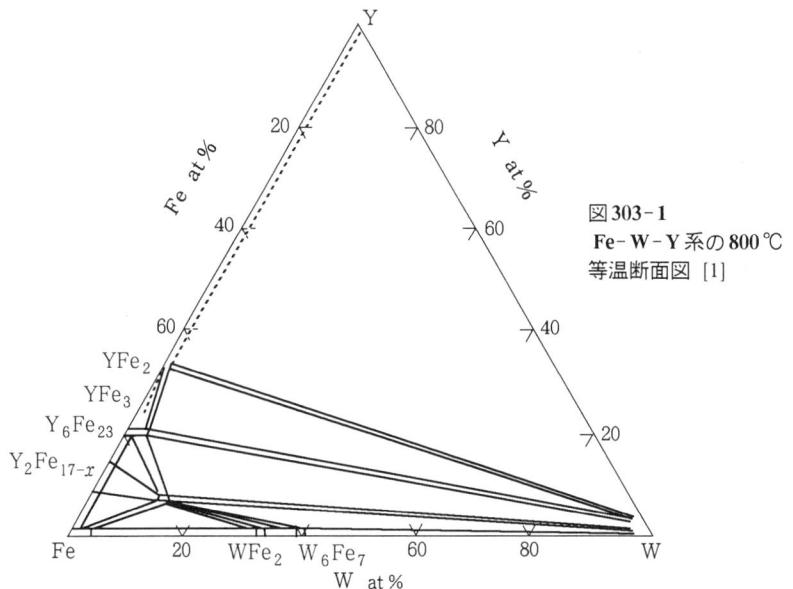

図303-1
Fe-W-Y系の800℃
等温断面図 [1]

系の800℃等温断面図を研究した(図303-1).

　YはFe-W二元系各相には事実上溶解しない．またFe-Y系二元化合物相へのWの溶解度も0.03at%を越えない．ThMn$_{12}$型の三元化合物相が認められたが，組成範囲は極めて狭く，ほぼY$_{0.077}$W$_{0.123}$Fe$_{0.800}$に限定される．格子定数はa = 0.8513 ± 0.0001nm, c = 0.4780 ± 0.0001nm である．

　文献 [1] O.I.Bodak and D.A.Berezyuk: Doklady Akad.Nauk Ukrain. SSR Ser. **A** (1981) No.3, 83-84

304. Fe-W-Zn

　A.H.Mattingら[1]は本三元系合金の作製の可能性を検討している．これらの金属の直接的な合金化は，Znの高い蒸気圧のために不可能である．蓋付きの鉄るつぼ中にW粉末とZnを層状に重ねて入れて，温度1100℃で4時間合金化反応させ，光学顕微鏡による組織観察，EPMAおよび硬度測定によって調べた．Fe-ZnおよびFe-W系の二元系化合物，純タングステンおよび三元系の相が認められた．EPMAにより三元系相を分析した結果，36wt%Fe, 57wt%W, 5wt%Znであった．

文献 [1] A.H.Matting and U.Krüger : Metall **22** (1968) No.10, 992-994

III. 鉄多元系状態図

1. Fe-Al-C-Mn

G.P.Goretskii ら [1] は本系合金の Fe + Mn + 10wt%Al + (0.4~1.4)%C 合金の 20~35 wt%Mn 断面を研究している．

母材はアームコ鉄，純アルミニウム (99.995%)，電解マンガン (99.85%)，およびアームコ鉄に C を飽和させて作製した鋳鉄を用いた．これらをアルゴン雰囲気下で高周波溶解し合金を作製した．合金の組成は 10wt%Al, 20, 25, 30, 35wt%Mn, 0.4~1.4wt%C, 残り Fe である．これらを石英管に真空封入し 1400, 1275, 1150, 1025, 900K でそれぞれ，15, 30, 65, 100, 250 時間焼鈍後，焼入れした．

実験方法は光学顕微鏡による組織観察，X 線回折，硬度測定を用いた．

図 1-1 は本系合金の (a) 20wt%Mn, (b) 25wt%Mn, (c) 30wt%Mn, (d) 35wt%Mn の温度-組成断面図を示す．横軸は C 濃度，Al は 10wt% 固定である．

20wt%Mn 合金：1400~1150 K の温度域では $\alpha + \gamma$ 二相領域である．C 濃度の増大に伴い，組織中のオーステナイト (γ) 相の量が増加する．1150 K 以下の温度域では，κ 相 (Fe_3AlC_x) が析出し，$\alpha + \gamma + \kappa$ 三相領域が出現する．γ 相は共析反応：

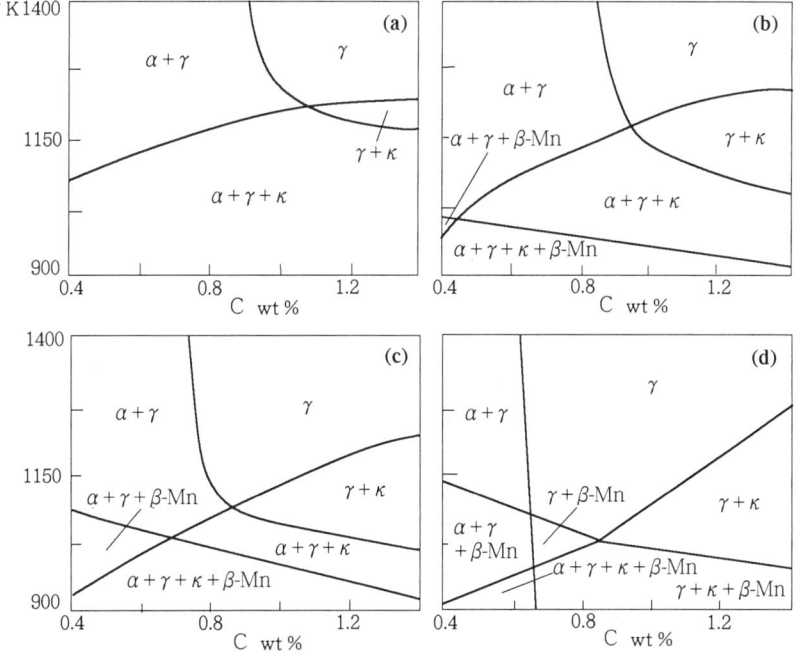

図 1-1 Fe-Al-C-Mn 系の Fe+10wt%Al-(0.4~1.4)%C-Mn 温度-組成断面図 [1]
(a) 20wt%Mn (b) 25wt%Mn (c) 30wt%Mn (d) 35wt%Mn

$\gamma \to \alpha + \kappa$ により α 相 κ 相に分解する.

25wt%Mn 合金: 断面は 5wt%Mn の増加に伴い, 20wt%Mn 合金と著しく異なる. γ 相領域が $\alpha + \gamma$ 二相領域を侵食して拡がり, κ 相の析出温度が低下する. α 相, κ 相は γ 相の共析分解により生じるが, 共析点の C 濃度は低下する. 本断面の特徴は β-Mn が析出することである. これに伴い, $\alpha + \gamma + \kappa + \beta$-Mn 四相領域が 1025 K 以下に拡がる.

30wt%Mn 合金: Mn 濃度の増加に伴い, γ 相領域はさらに拡大する. $\gamma + \kappa$ 二相領域もいくらか拡大する. β-Mn 相の析出温度が上昇し, その結果 $\alpha + \gamma + \beta$-Mn 三相領域および $\alpha + \gamma + \kappa + \beta$-Mn 四相領域も拡大する.

35wt%Mn 合金: $\alpha + \gamma$ 二相領域は著しく縮小し, C ≦ 0.6wt% 組成領域に後退する. それとともに β-Mn 析出温度が上昇し, $\alpha + \gamma + \kappa$ 三相領域が消失し, $\alpha + \gamma + \kappa + \beta$-Mn 四相領域も縮小する. 新たに $\gamma + \beta$-Mn, $\gamma + \kappa + \beta$-Mn 領域が出現する.

以上の 4 断面では 20wt%Mn 断面に β-Mn が出現しないが, 他の断面の β-Mn 出現温度を外挿すると, おそらく 900 K 以下で出現すると予想される.

文献 [1] G.P.Goretskii and K.V.Gorev : Izvest. Akad. Nauk SSSR, Metally (1990) No.2, 218-222

2. Fe-Al-C-Si

K.Löhberg ら [1] は光学顕微鏡による組織観察, X 線回折, 熱分析により本系合金を研究している. 母材は 99.7%Al, 99.99% 電解鉄, 99.7%Si を用い, 黒鉛るつぼ中でアルゴン雰囲気下タンマン炉により合金を溶解した. 得られた合金を 1200, 1150, 1100, 800 ℃ で 5~10 時間焼鈍した.

Fe-Al-C 三元系の四相不変平衡: $L_1 + \alpha_1 \rightleftarrows \gamma_1 + \kappa$ (1297 ℃), $L_2 + \kappa \rightleftarrows \alpha_2 + G$ (1285 ℃), $L_4 + \kappa \rightleftarrows \alpha_4 + G$ (1280 ℃) は, Si を加えた四元系に入り込み, 五相不変平衡: $L + \kappa \rightleftarrows \gamma + \alpha + G$ (1220 ℃) が成り立つ. ここで κ は Fe_3AlC_x ($x = 0.65$) の炭化

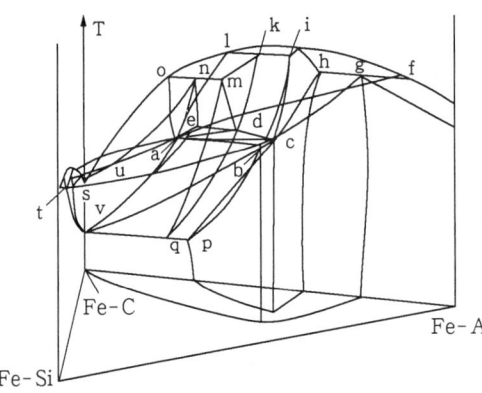

図 2-1
Fe-Al-C-Si 系の (Fe-C)-(Fe-Si)-(Fe-Al) 擬三元三角柱概略図 [1]

物, Gはグラファイトである.

図2-1はFe-Al-C-Si系のFeを中心としたFe-C, Fe-Si, Fe-Al擬二元系断面を表面とする擬三元三角柱の概略図である. この図を展開し, 濃度平面上に五相平衡面abcdeを投影した実際の図を図2-2に示す. a, b, c, d, e各点のAl, Siの組成は次のとおりである(wt%). a : 9.0Al, 4.75Si ; b : 9.8Al, 4.5Si ; c : 11.2Al, 2.0Si ; d : 10.6Al, 1.25Si ; e : 8.2Al, 2.2Si.

五相平衡に参加する各相の組成を表2-1に示す.

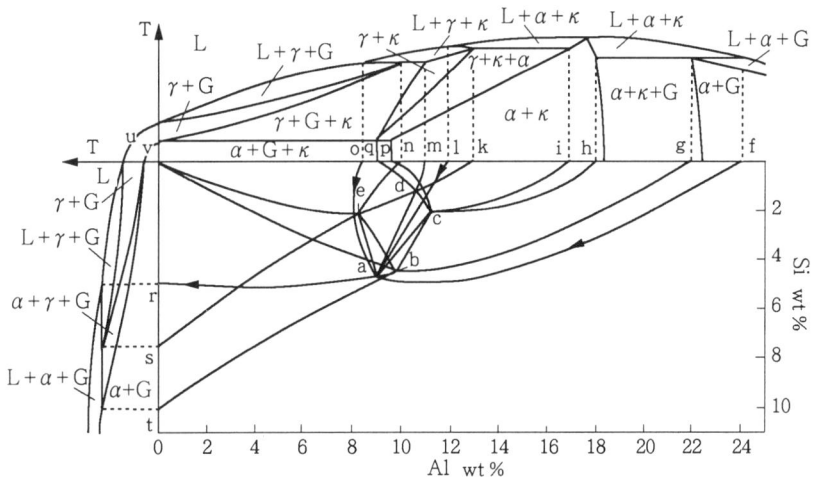

図2-2 Fe-Al-C-Si系の五相平衡面の(Fe-Si)-(Fe-C)濃度平面への投影図 [1]

表2-1 Fe-Al-C-Si系のFe側の五相平衡にある相の化学組成(wt%)

相	Si	Al	C	Fe	温度(℃)
L	4.75	9.0	1.25	残	
γ	2.2	8.2	1.0	残	
α	4.5	9.8	0.1	残	1220
G	0	0	100	0	
κ	Fe_3AlC, 13.3%Al, 3.8%C				

文献 [1] K.Löhberg and A.Ueberschauer : Giessereiforschung **21** (1969) 163-169

3. Fe-Al-Cr-Mn

光学顕微鏡による組織観察, X線回折, 硬度測定, 磁気分析による相平衡の研究がある(L.I.Shvedovら[1]). 組成領域は4wt%Al, 10wt%Cr, 50wt%Mnまでである. 母材はアームコ鉄, 電解マンガン, 純アルミニウム(規格A99), 純クロム(規格0). 合

金は高周波溶解後鋳造,これに1150, 1000, 850, 750, 650 ℃で各15, 30, 60, 120, 240時間焼鈍後,水焼入れを施した.

6種の温度-組成断面が作成されたが,そのうち4組を図3-1に示す.Cr濃度は8wt%までは事実上γ領域の境界位置に影響を与えない.Al添加と同時に,Crが上記濃度以上に増えるとγ領域は急激に狭まる.

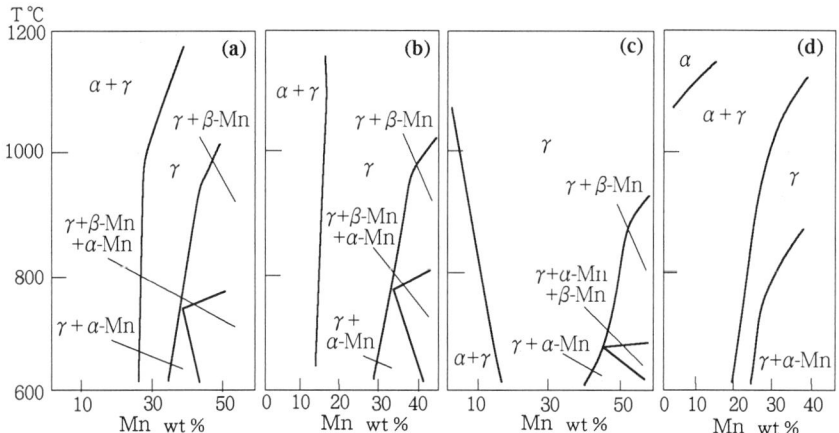

図3-1　Fe-Al-Cr-Mn系の特定組成における温度-Mn組成断面図 [1]
(a) 2%Cr, 6%Al　(b) 4%Cr, 4%Al　(c) 4%Cr, 2.4%Al　(d) 10%Cr, 2.4%Al

文献 [1]　L.I.Shvedov, G.P.Goretskii and T.A.Chilek : " Fazovye Ravnovesiya v Metallicheskikh Splavakh", Moskva, Nauka (1981) 197-201

4. Fe-Al-Cu-Mn

G.Phragmen [1]は光学顕微鏡による組織観察,X線回折によりFeを含む多数のAl合金の状態図を研究している.本系合金については,$FeAl_3$-$CuAl_2$-$MnAl_6$領域の液相面投影図,固相領域図(図4-1(a), (b))を作成している.図4-1(a)のJ, Kに四元系不変反応が存在する.J : L $\rightleftarrows$ Al + $CuAl_2$ + Cu_2FeAl_7 + $Cu_2Mn_3Al_{20}$ (>810 K, 31~33wt%Cu, < 0.5 Fe, < 0.5%Mn).K : L + (FeMn) Al_6 $\rightleftarrows$ Al + Cu_2FeAl_7 + $Cu_2Mn_3Al_{20}$ (<860K, 15~20%Cu, <1% Fe, <1%Mn).格子定数の測定から Al_6(Mn, Fe)と(Al, Cu)$_6$(Fe, Cu)とは同じ相であり,図4-1(b)に示すように,Al_6Mnから(Al, Cu)$_6$(Fe, Cu)までを結ぶ領域で単一相となることが判明した.A~Iは二元系,三元系の不変反応点である.

L.I.Shvedovら [2]は(Fe + 7wt%Al + 3%Cu)-Mn組成の合金の相平衡を研究している.母材はアームコ鉄,電解マンガン,Cu,純アルミニウムを用い,高周波溶解によ

4. Fe-Al-Cu-Mn

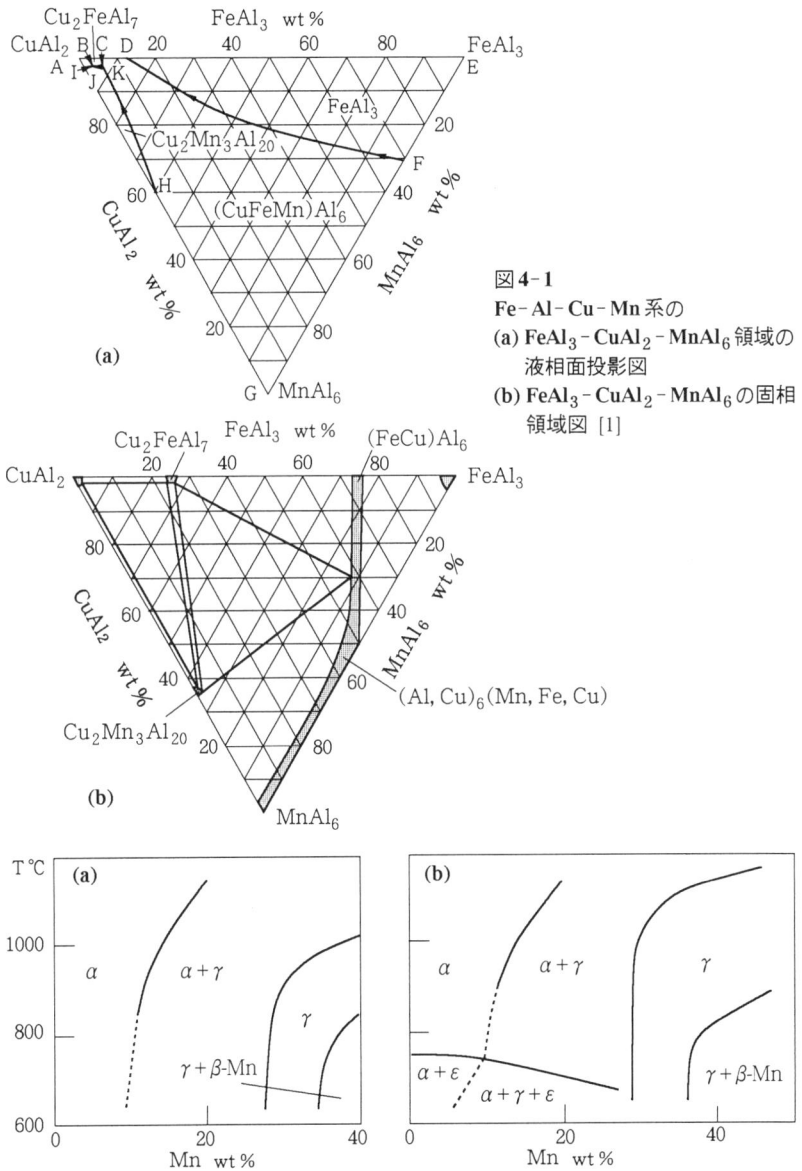

図4-1
Fe-Al-Cu-Mn系の
(a) $FeAl_3$-$CuAl_2$-$MnAl_6$ 領域の液相面投影図
(b) $FeAl_3$-$CuAl_2$-$MnAl_6$ の固相領域図 [1]

図4-2 Fe-Al-Cu-Mn系の温度-組成断面図 [2]
(a) (Fe+7wt%Al+1%Cu)-Mn (b) (Fe+7wt%Al+3%Cu)-Mn

り合金を作製した．実験方法は光学顕微鏡による組織観察，X線回折，硬度測定，磁気分析を用いた．

図4-2に(a)(Fe+7%Al+1%Cu)-Mn,(b)(Fe+7%Al+3%Cu)-Mnの温度-組成断面図を示す．3%Cu組成の場合，750℃以下の温度でCu-Fe基固溶体の ε-Cu相が見出された．

文献 [1] G.Phragmen : J.Inst.Metals **77** (1950) 489-552.
  [2] L.I.Shvedov, G.P.Goretskii and T.A.Chlek : "Fazovye Ravnovesiya i Metallicheskikh Splavakh", Moskva, Nauka (1981) 197-201

5. Fe-Al-Cu-Ni

光学顕微鏡による組織観察[1~4]，熱分析，熱膨張[1]，X線回折[4]，電気抵抗測定，硬度測定[1]，電極電位測定[4]により，Cu側[1~3]，Al側[4]の合金の研究が行われている．

A.P.Smiryagin[1]は2~11wt%Al，1.5，3.5，4.5 wt%Fe，4.5wt%Ni合金の液相面，

表5-1　Fe-Al-Cu-Ni合金の液相，固相温度 [1]

合金元素 wt%				温度 ℃	
Al	Ni	Fe	Cu	凝固開始点	凝固終了点
2.10	4.40	1.53	残	1120	1096
4.35	4.56	1.38	〃	1116	1088
6.60	4.50	1.44	〃	1093	1068
8.93	4.60	1.32	〃	1088	—
11.10	4.50	1.38	〃	1074	1046
2.36	4.45	2.60	〃	1145	1119
4.37	4.46	2.58	〃	1118	1090
6.29	4.56	2.63	〃	1109	1079
2.42	4.38	4.50	〃	1150	—

表5-2　α-Cu固溶体境界温度 [1]

合金元素 wt%				固溶限温度 ℃
Al	Ni	Fe	Cu	
2.10	4.40	1.53	残	625
4.35	4.56	1.38	〃	710
6.60	4.50	1.44	〃	760
8.93	4.60	1.32	〃	860
2.45	4.32	3.66	〃	635
4.36	4.26	3.57	〃	725
8.58	4.30	3.60	〃	875

5. Fe-Al-Cu-Ni

固相面,またα-Cu相境界域を決定した(表5-1,表5-2).

以上によるとFeはAl-Cu-Ni三元系合金の凝固開始,終了温度をいくらか上昇させるが,1.5wt%Feまでは,固溶限をあまり変化させない.

M.Cookら[2]は8~12wt%Al, 4~6%Ni, 4~6%Fe, 残りCuの合金を, 1000, 900, 800, 700, 600, 500, 400, 300, 200, 100℃から焼入れた状態での相組成を調べた. 上記合金では, Al-Cu二元系合金のα, β, δ相の他に, NiAl相とFeAl相の固溶体であるκ相が見出された. α相はfcc, β相は不規則bcc, δ相はγ-黄銅型構造, κ相はCsCl型構造である.

図5-1に4~6wt%Ni, Feにおける温度-Al濃度断面を示す. 8~9wt%Alでは1000℃ではα相とβ相, 低温側ではα相とκ相とからなる. 10wt%Alでは1000℃でβ相, 800~900℃でα, β, κ相, より低温ではα, κ相となる. 11~12wt%Alでは1000℃でβ相であるが, 800~600℃では$\beta+\kappa$を経て$\alpha+\beta+\kappa$相に変化する. さらに低温側では$\alpha+\kappa+\delta$相となる. [4]の結果も[2]の結果を確認している.

Al側の研究[5]によると, 90, 85wt%Alの, 530℃等温断面で, 化合物FeCu$_2$Al$_7$は

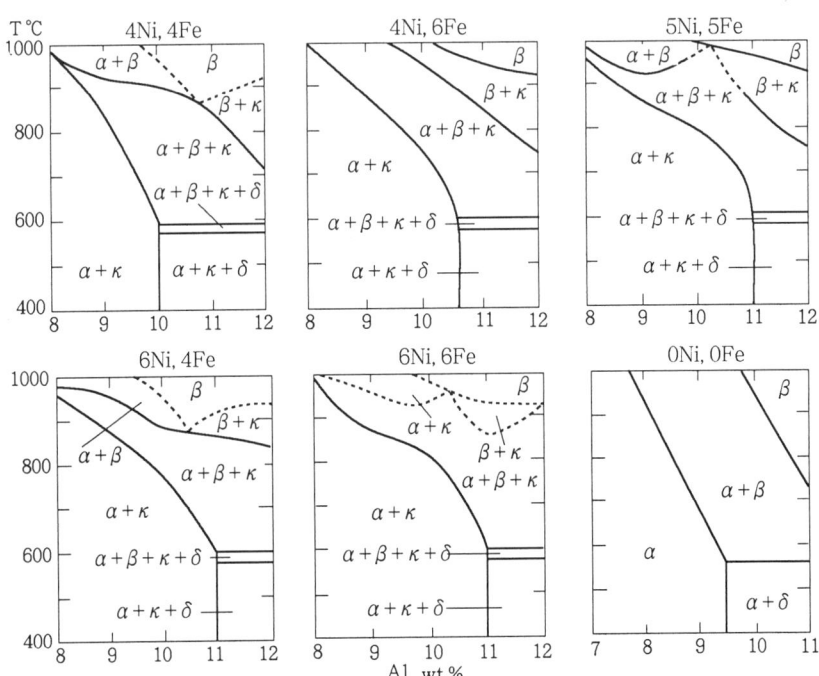

図5-1 Fe-Al-Cu-Ni合金の4~6wt%Ni, Feにおける温度-組成断面図 [2]

6.5wt%NiがFeと置換して固溶する．また化合物 $NiCu_3Al_6$ に 0.8wt%Feが Ni と置換して，固溶する．

文献 [1] A.P.Smiryagin : Izvest. Sek. F-KA, Akad. Nauk SSSR **16** (1946) No.2, 180-196
 [2] M.Cook, W.P.Fentiman and E.Daris : J. Inst. Metals **80** (1951-1952) No.8, 419-430
 [3] M.Hansen and K.Anderko : "Constitution of Binary Alloys", (1958) 100-106
 [4] J.Mckeown, D.N.Mends, E.S.Bale and A.D.Michael : J. Inst. Metals **83** (1954-1955) 69-79
 [5] G.V.Raynor and B.J.Ward : J. Inst. Metals **86** (1957) No.3, 135-144

6. Fe-Al-Mn-U

本系合金の相平衡に関しては，$U-UMn_2-UFe_2$，$UAl_2-UMn_2-UFe_2$ 領域内の研究が見られるのみである (G.Petzow ら [1, 2])．実験方法は熱分析，X線回折，光学顕微鏡による組織観察，熱膨張測定を用いた．凝固表面の投影図，五相不変平衡領域，等温断面図，温度-組成断面図を作成した．

母材は 99.99%Al，純金属ウラン，高真空中で脱ガス処理した Fe，電解マンガンを用いた．合金はアルゴン雰囲気下でアーク溶解し，石英管に真空封入し，800, 700, 500℃でそれぞれ 5 時間，4 日間，14 日間焼鈍後，水焼入れした．

図 6-1 は $U-UAl_2-UFe_2-UMn_2$ 領域の液相反応線の投影図である．

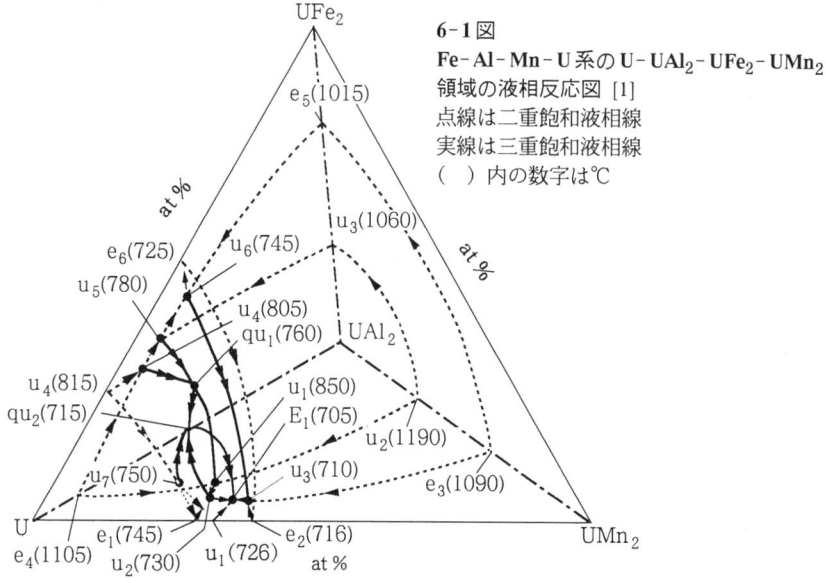

6-1図
Fe-Al-Mn-U系の $U-UAl_2-UFe_2-UMn_2$ 領域の液相反応図 [1]
点線は二重飽和液相線
実線は三重飽和液相線
（ ）内の数字は℃

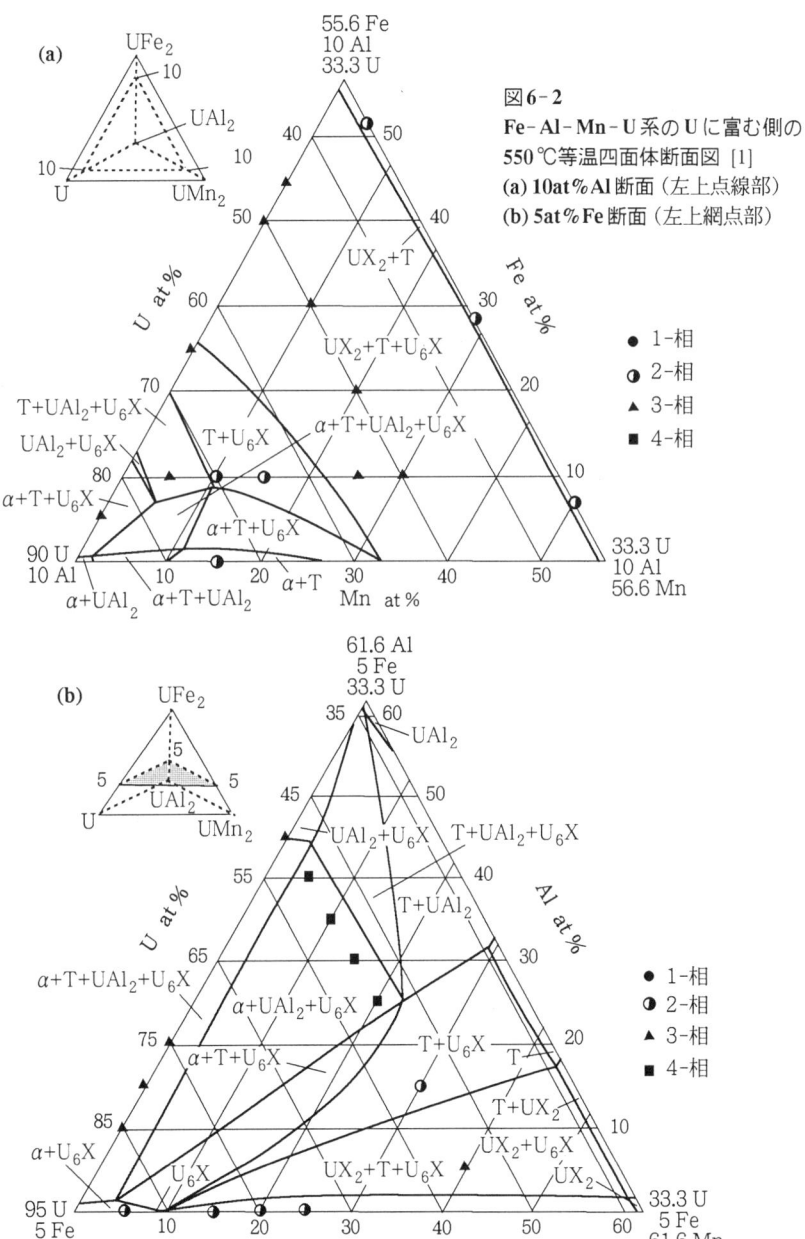

図 6-2
Fe-Al-Mn-U 系の U に富む側の
550 ℃等温四面体断面図 [1]
(a) 10at%Al 断面(左上点線部)
(b) 5at%Fe 断面(左上網点部)

760℃, 715℃に液相を含む五相不変反応が存在する。$L+UAl_2 \rightleftarrows \gamma + U(Al, Fe, Mn)_2 + U_6(Mn, Fe)$: 760℃, $L+\gamma \rightleftarrows \beta + U(Al, Fe, Mn)_2 + U_6(Mn, Fe)$: 715℃, 四元包晶反応 $qu_1 : L+UAl_2 \rightleftarrows \gamma + U(Al, Fe, Mn)_2(T相)+U_6(Fe, Mn)$ には, 高温側から三元系 $U-UMn_2-UAl_2$ の包晶反応 u_1 と同じく, $U-UAl_2-UFe_2$ の包晶反応 u_4 および u_5 が四元系に入り込んで加わる。qu_1 から低温側へは第二の四元包晶反応 qu_2 と, 660℃の固相四元五相不変反応 : $\gamma \rightleftarrows \beta + UAl_2 + U(Al, Fe, Mn)_2(T相)+U_6(Mn, Fe)$ に分かれる。qu_2 は上の qu_1 からの反応と三元系 $U-UMn_2-UFe_2$ の包晶反応 u_7, $U-UMn_2-UAl_2$ の包晶反応 u_2 が加わる。固相状態では 590℃にもうひとつの五相不変反応が存在する : $\beta \rightleftarrows \alpha + UAl_2 + U(Al, Fe, Mn)_2 + U_6(Mn, Fe)$。三元系 $U-UMn_2-UAl_2$ から 640℃包析反応 : $\beta + UAl_2 \rightleftarrows \alpha + U(Al, Mn)_2$ および 610℃共析反応 : $\beta \rightleftarrows \alpha + U(Al, Mn)_2 + U_6Mn$, また $U-UAl_2-UFe_2$ から 610℃共析反応 : $\beta \rightleftarrows \alpha + UAl_2 + U_6Fe$ がこれに加わる。以上の晶, 析出する固相を表6-1に示す。

[1]は以上の他 800, 725, 700, 550℃等温四面体を研究しているが, そのうち4種類の 550℃等温四面体のみが示されている。図6-2に 550℃等温四面体のUに富む側の2種類の断面を示す。

表6-1 $U-UMn_2-UAl_2-UFe_2$ で晶出する固相 [1]

固 相	結晶構造	記号
α-U 固溶体	斜方晶	α
β-U 固溶体	正方晶	β
γ-U 固溶体	体心立方晶	γ
$UMn_2-U(Mn, Fe)_2-UFe_2$ 固溶体	面心立方晶, Laves相C15	UX_2
$U(Mn, Al)_2-U(Mn, Al, Fe)_2-U(Al, Fe)_2$ 固溶体	面心立方晶, Laves相C14	T
UAl_2 固溶体	面心立方晶, Laves相C15	UAl_2
$U_6Fe-U_6(Mn, Fe)-U_6Mn$ 固溶体	正方晶	U_6X

文献 [1] G.Petzow and A.O.Sampaio : Z. Metallkunde, **57**(1966) No.8, 625-632, No.10, 741-746
[2] G.Petzow, A.O.Sampaio and M.De Lourdes Pinto : J. Nuclear Mater. **26** (1958) 331-337

7. Fe-As-C-Mn

硬度測定, 示差熱膨張測定, 光学顕微鏡による組織観察の研究がある (V.N. Svechnikovら [1])。母材は電解鉄, フェロマンガン (88.2wt%Mn, 0.187wt%C, 残り Fe), フェロアーセン (35wt%As, 0.05wt%C, 残り Fe), 電解マンガン (0.016wt%Si, 0.024wt% Fe), 4.5~5wt%Cを含む銑鉄(予め溶解)を用いた。Cを含む合金はタンマン炉でアルミナるつぼを用い, 無炭素合金はアルゴン雰囲気下で溶解した。この合金を 1100℃で 13~17時間均一化焼鈍した。

図7-1に各組成での温度-組成(C濃度)断面図を示す．0.2~0.3wt%Cを含む合金ではMnおよびAsが増加するに伴ってオーステナイトの分解温度が低下する．本系合金では κ : $(Fe, Mn)_3C$ 炭化物が生じるが，この相にはAsは溶解しない．

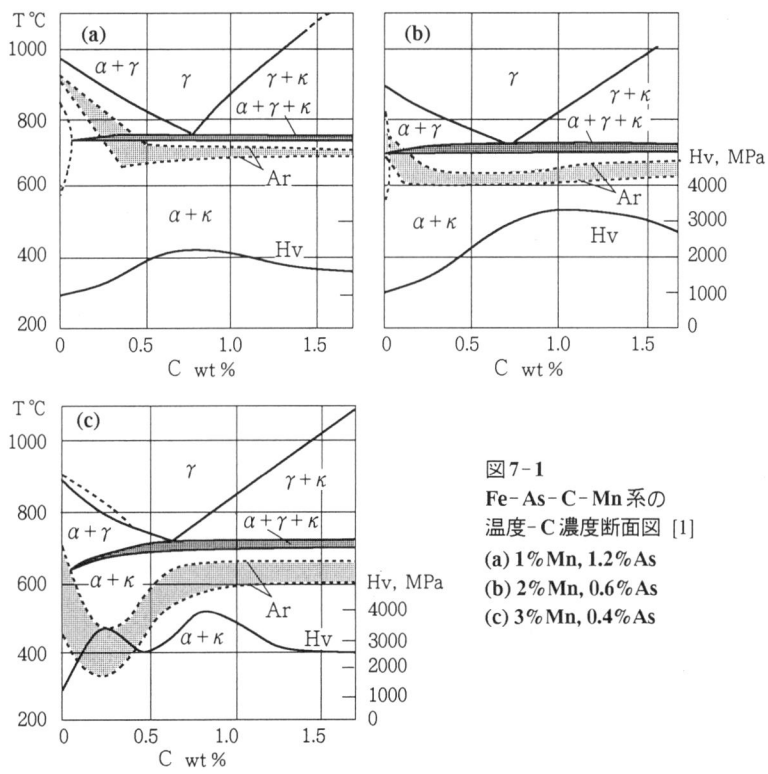

図7-1
Fe-As-C-Mn系の
温度-C濃度断面図 [1]
(a) 1%Mn, 1.2%As
(b) 2%Mn, 0.6%As
(c) 3%Mn, 0.4%As

文献 [1] V.N.Svechnikov and A.K.Shurin : Sb. Rabot Institiuta Metallofiziki Akad. Nauk Ukrain. SSR (1960) No.11, 53-60

8. Fe-As-Cu-S

H.L.Kleinheisterkamp [1] は1150~1200 ℃における液相相分離境界を研究している．金属を50wt%以上含む組成で，Cu : Fe = 65 : 35, 10 : 90の液相についての結果を図8-1に示す．曲線の実線はAs-Cu-S三元系の相分離境界を示す．破線は四元Fe-As-Cu-S系でCu : Fe = 65 : 35, 点線はCu : Fe = 10 : 90の場合を示す．

文献 [1] H.L.Kleinheisterkamp : Erzbergbau und Metallhüttenwesen **1** (1948) 365-372

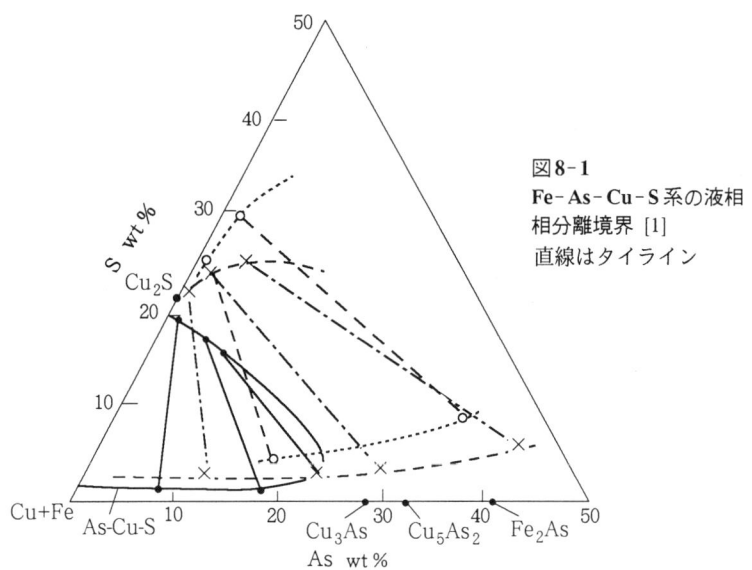

図8-1
Fe-As-Cu-S系の液相相分離境界 [1]
直線はタイライン

9. Fe-B-C-Cr

金子秀夫ら [1] によれば, 本系合金では 700℃でホウ素化物 Fe_2B, Cr_2B と炭化物 $(Cr, Fe)_{23}(C, B)_6$ が見出された (図9-1). 炭化物中のBとCの相対原子濃度は, 合金中のB, C, Crの組成に依存して 0 から 2.5 に変化する. 温度上昇に伴い, Bを含む炭化物はオーステナイト中に溶解するが, これはホウ素化物, Fe_2B および Cr_2B と異なるところである.

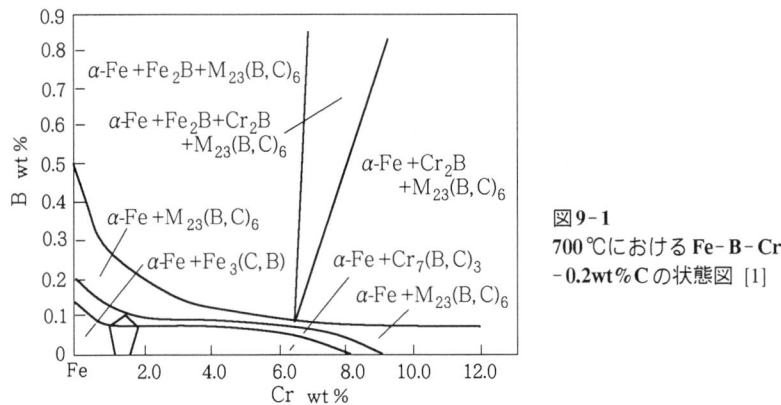

図9-1
700℃における Fe-B-Cr -0.2wt%C の状態図 [1]

文献 [1] 金子秀夫, 西澤泰二, 千葉 昂: 日本金属学会誌 **30** (1966) 157-163

10. Fe-C-Co-Ni

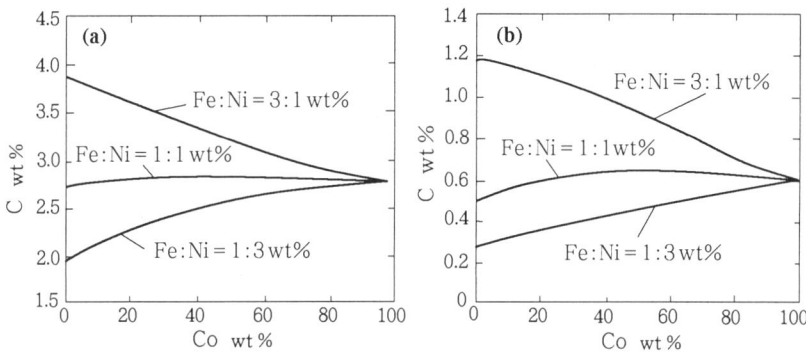

図10-1　Fe-C-Co-Ni系の (a) 液相 (1673K) 中へのCの溶解度
(b) fcc相中への1473KにおけるCの溶解度 [1]

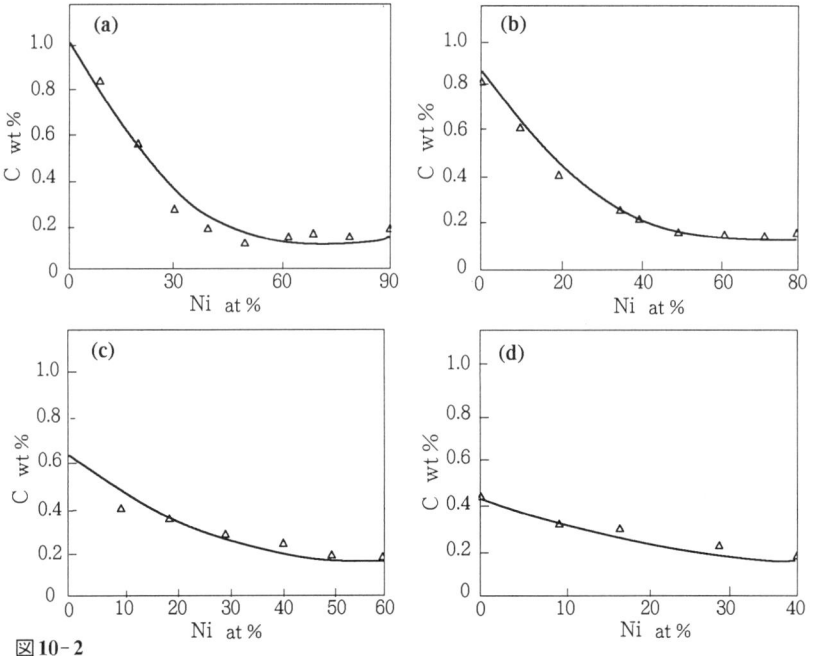

図10-2
Fe-C-Co-Ni系のfcc相への1273KにおけるCの溶解度 [1]
(a) Fe-Ni-10wt%Co　(b) Fe-Ni-20wt%Co　(c) Fe-Ni-40wt%Co　(d) Fe-Ni-60wt%Co
C活量 a = 0.71, 実験値 [△] は [2] による

A.F.Guillermet [1]はKaufmanの方法を用い, C-Co-Ni, Fe-C-Co, Fe-C-Ni, Fe-Co-Niのこれまでのデータをもとに, Fe-C-Co-Ni四元系の状態図を熱力学的計算から求めた. ギブス自由エネルギーの記述に際しては強磁性相の寄与も考慮している.

図10-1 (a), (b)は本系の液相および高温fcc相中へのCの溶解度に及ぼすFe/Ni比依存を示す図である.

図10-2 (a)~(d)はfcc相中への1273KにおけるCの溶解度のNi, Co濃度依存を示す. 実験値との比較(R.Ramanathanら[2], △印)から, 本研究のモデルがよい近似を示していると考えられる.

図10-3 (a)~(c)は本系のセメンタイトを含む準安定状態の10wt%Ni組成合金のFeコーナーの温度-組成断面図である.

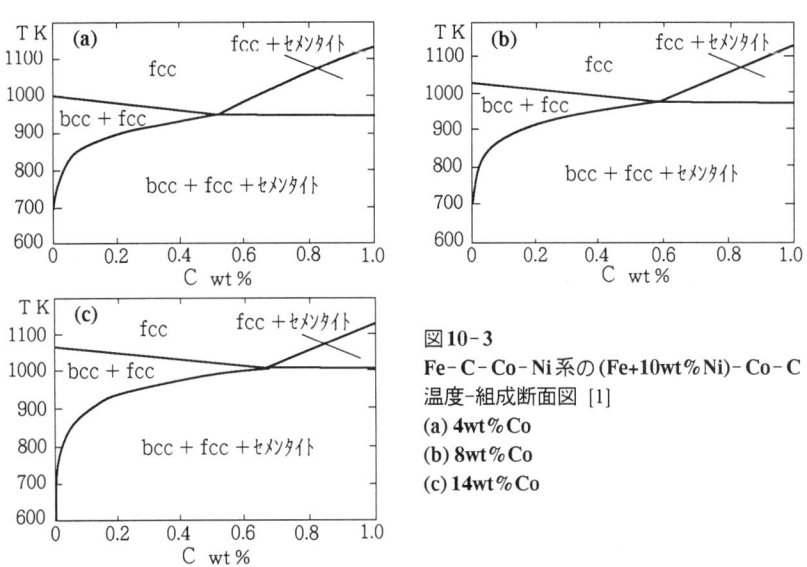

図10-3
Fe-C-Co-Ni系の(Fe+10wt%Ni)-Co-C
温度-組成断面図 [1]
(a) 4wt%Co
(b) 8wt%Co
(c) 14wt%Co

文献 [1] A.F.Guillermet : Z. Metallkunde **79** (1988) 524-536
[2] R.Ramanathan and W.A.Oates : Metall. Trans. **11A** (1980) 459-466

11. Fe-C-Cr-Mn

光学顕微鏡による組織観察, X線回折, 熱膨張測定, 磁気測定, 硬度測定による研究がある [1, 2].

L.I.Shvedov [1]は0.05wt%C組成のFeに富む側の等温断面を作成した. 温度

11. Fe-C-Cr-Mn

1150, 1000, 850, 750, 650℃, Mn50wt%まで, Cr30wt%までの組成範囲の相平衡を研究した. L.I.Shvedovら[2]は4.8wt%Cr, 0.05wt%C組成の温度-組成断面を研究している. ここでは相変態温度に及ぼすMn(40wt%まで)の影響を調べた. 合金の溶解には品番04の金属クロム, 電解マンガン, アームコ鉄を用いた. 溶解は誘導炉でマグネシアるつぼを用いスラグで保護して行った. 試料は石英管に封入し, 上記各温度で15, 30, 65, 95, 240時間焼鈍後, 焼入れた.

図11-1の等温断面図はFe基γ相中のCrの溶解度のMn濃度依存, また濃度三角形中のγ+σ領域を示すものである. 研究したすべての温度範囲でγ相中へのCrの溶解度はMn濃度とともに最初は増加し, 後に減少する. 1150℃でのCrの最大固溶度は~15wt%でMn23wt%に対応するが, 温度低下とともに低マンガン濃度側に移動し, 650℃では~13wt%Mnとなる.

温度-組成断面上では, 4wt%Cr, 8wt%Cr合金の場合, Mn濃度が12wt%から27wt%に増加すると, $\gamma \rightleftarrows \varepsilon$ 変態温度が低下することがわかった. 六方晶のε相は上記合金では400℃以上では存在しない.

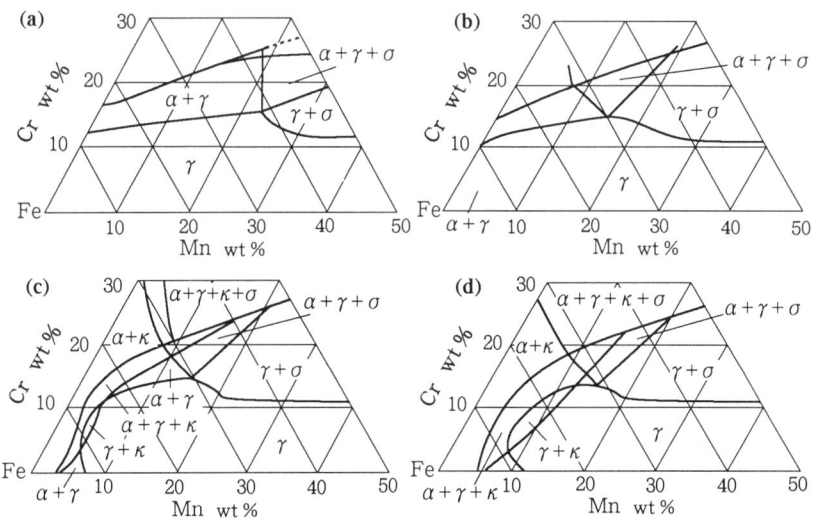

図11-1 Fe-C-Cr-Mn系の0.05wt%C組成における部分等温断面 [1]
(a) 1150℃ (b) 850℃ (c) 750℃ (d) 650℃

文献 [1] L.I.Shvedov : Doklady Akad. Nauk Belaruss. SSR **13** (1975) No.8, 709-710
[2] L.I.Shvedov and E.D.Pavlenko : Izvest. Akad. Nauk Belaruss. SSR Ser. Fiz.-tekhn. Nauk (1975) No.2, 22-27

12. Fe-C-Cr-Mo

光学顕微鏡による組織観察とX線回折による研究[1~3], 磁気分析[1], 炭化物の化学分析[2], X線マイクロアナライザー[3]による研究がある.

W.Jellinghaus[1]は粉末冶金法による合金を用い, Σ(Cr+Mo):45at%まで, 4, 7.5, 15, 25at%C各組成の700℃断面について研究した.

図12-1はFe-C-Cr-Mo系の700℃等炭素濃度四面体の7.5at%C, 25at%Cの断面を示す.

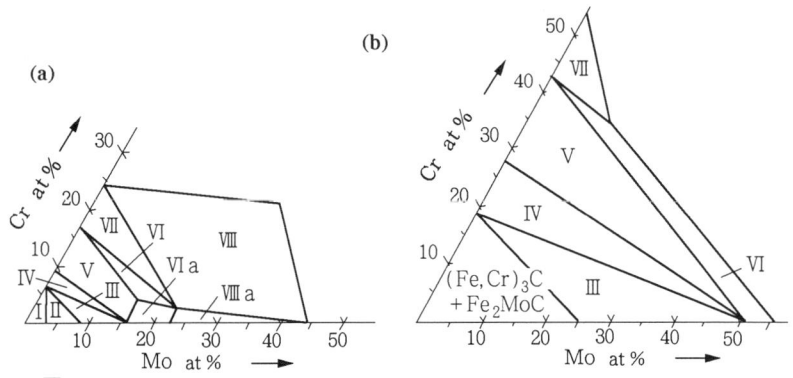

図12-1
Fe-C-Cr-Mo系の700℃等炭素濃度断面図 [1]　(a) 7.5at%C　(b) 25at%C

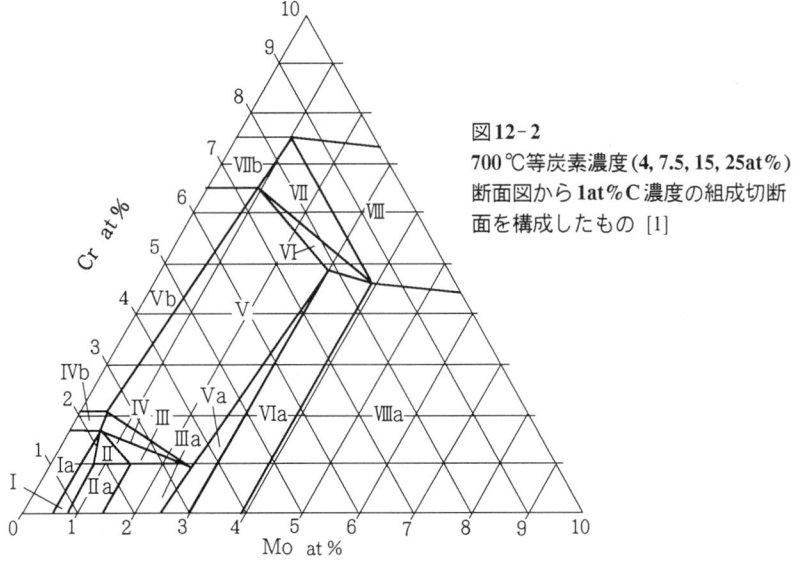

図12-2
700℃等炭素濃度(4, 7.5, 15, 25at%)断面図から1at%C濃度の組成切断面を構成したもの [1]

12. Fe-C-Cr-Mo

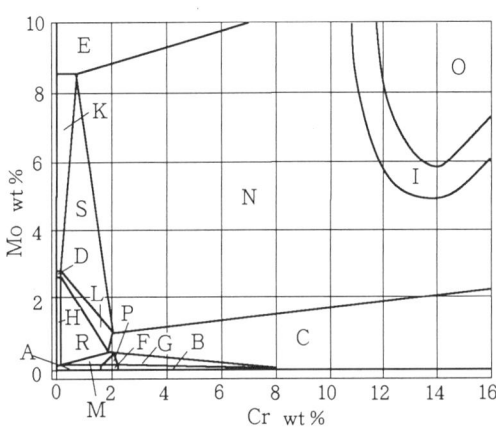

記号	存在する相
A	α-Fe + M_3C
B	α-Fe + M_7C_3
C	α-Fe + $M_{23}C_6$
D	α-Fe + MC
E	α-Fe + M_6C
F	α-Fe + M_3C + M_7C_3
G	α-Fe + M_7C_3 + $M_{23}C_6$
H	α-Fe + M_3C + MC
K	α-Fe + MC + M_6C
L	α-Fe + $M_{23}C_6$ + MC
M	α-Fe + M_3C + $M_{23}C_6$
N	α-Fe + $M_{23}C_6$ + MC
O	α-Fe + M_6C + X
P	α-Fe + M_3C + M_7C_3 + $M_{23}C_6$
R	α-Fe + M_3C + $M_{23}C_6$ + MC
S	α-Fe + $M_{23}C_6$ + MC + M_6C
I	α-Fe + $M_{23}C_6$ + M_4C + X

図 12-3 Fe-C-Cr-Mo系の (Fe+0.35wt%C)-Cr-Mo 700℃部分等温断面図 [2] と各相の領域

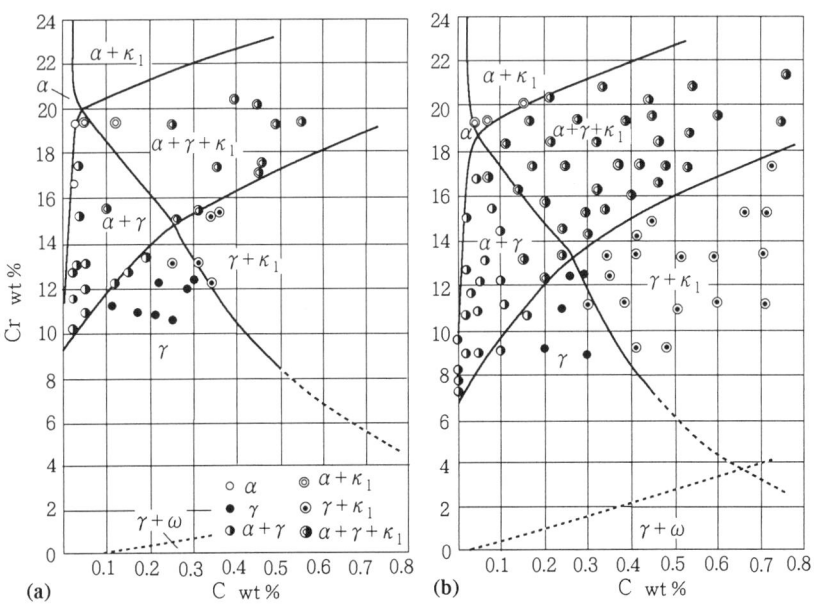

図 12-4 Fe-C-Cr-Mo系の 1050℃部分等温断面図 [4]
(a) (Fe+1wt%Mo)-C-Cr (b) (Fe+2wt%Mo)-C-Cr

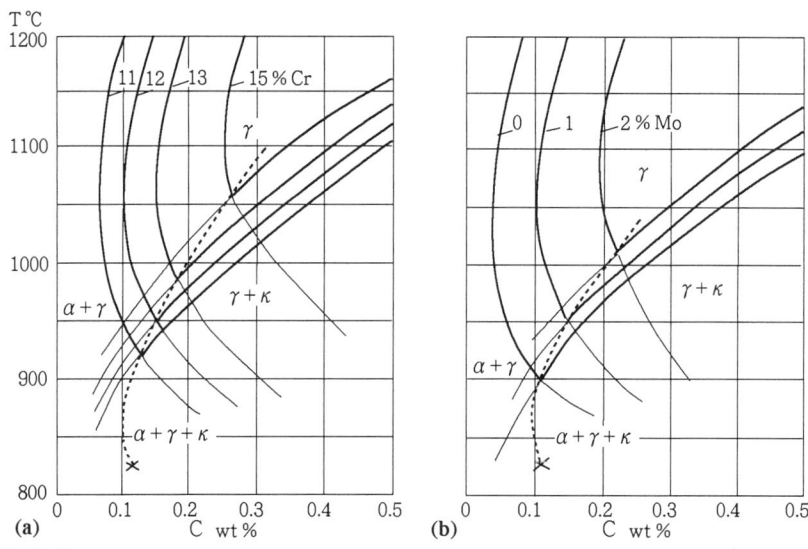

図12-5 Fe-C-Cr-Mo系の (a) 1%Mo組成 (b) 12%Cr組成各断面のγ相領域のCr, Mo濃度依存 [4]

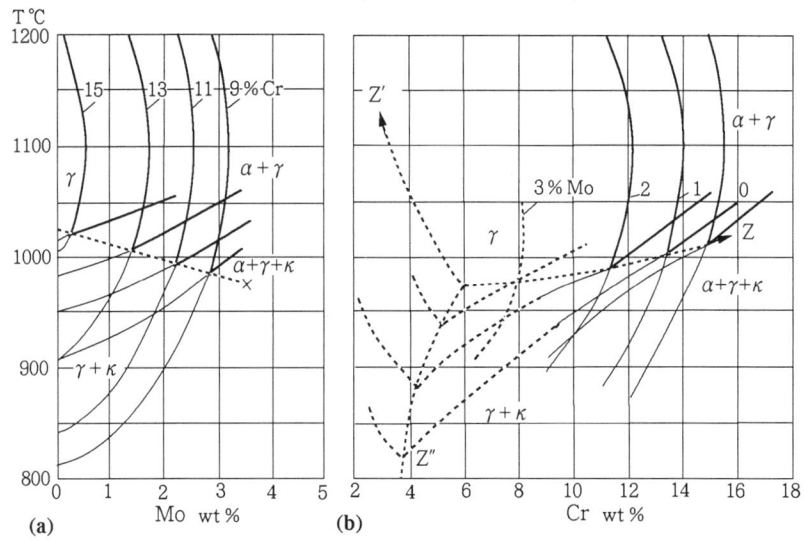

図12-6 Fe-C-Cr-Mo系の0.2%C組成断面のγ相領域の (a) Cr濃度 (b) Mo濃度依存 [4]

Z : Fe-C-Cr擬三元断面上の $\gamma/\gamma+\kappa_1/\alpha+\gamma+\kappa_1/\alpha+\gamma$ 交差点，

Z' : Fe-C-Mo擬三元断面上の $\gamma/\gamma+\omega/\alpha+\gamma+\omega/\alpha+\gamma$ 交差点，

Z'' : Fe-C-Cr擬三元断面上の $\gamma \rightleftarrows \gamma+\kappa_1$ 反応における最大C濃度に対応する点

12. Fe-C-Cr-Mo

各相領域は以下のとおりである．

I	α-Fe + (Fe, Cr, Mo)$_3$C + Fe$_{21}$Mo$_2$C$_6$	三相
II	α-Fe + (Fe, Cr, Mo)$_3$C + Fe$_{21}$Mo$_2$C$_6$ + Fe$_2$MoC	四相
III	α-Fe + (Fe, Cr, Mo)$_3$C + Fe$_2$MoC + Mo$_2$C	四相
IV	α-Fe + Fe$_3$C + (Cr, Fe)$_7$C$_3$ + Mo$_2$C	四相
V	α-Fe + (Cr, Fe)$_7$C$_3$ + Mo$_2$C	三相
VI	α-Fe + (Cr, Fe)$_7$C$_3$ + Mo$_2$C + Fe$_3$Mo$_3$C	四相
VII	α-Fe + (Cr, Fe)$_7$C$_3$ + Fe$_3$Mo$_3$C + (Cr, Fe)$_{23}$C$_6$	四相
VIII	α-Fe + Fe$_3$Mo$_3$C + (Cr, Fe)$_{23}$C$_6$ + Fe$_x$Mo$_y$	四相

図12-2は図12-1(a),(b)と同様で，1at%C組成への外挿図である．相領域のうちaと付したものからはCr炭化物が，bと付したものからはMo炭化物が欠落する．

J.Cadekら[2]は0.35wt%Cを含む合金における700℃等温断面図を作成し，8種の三相領域，4種の四相領域の存在を確かめた．（図12-3）

E.Staskaら[3]はFe-C-Cr-Mo系合金のうち，2.5wt%C, 15.5wt%Cr, 13.7wt%Moまで（不純物組成：0.15~0.25%Mn, 0.15~0.30%Si, P.S≦0.02%）の合金について1100℃の状態図を研究した．合金は誘導炉で溶解し，1100℃×4時間焼鈍後，油焼入れを施した．Fe基γ相の均一化領域を確かめた．

0.4%C, 10.5%Crの合金のγ-固溶体中へのMoの固溶度は最大5wt%であった．14%Crの時のM$_3$C中へのMoの固溶度は5.5~9wt%，22~43%CrではM$_7$C$_3$中へ13%，Cr含有量50%以上ではM$_{23}$C$_6$中へ11%のMoが固溶する．

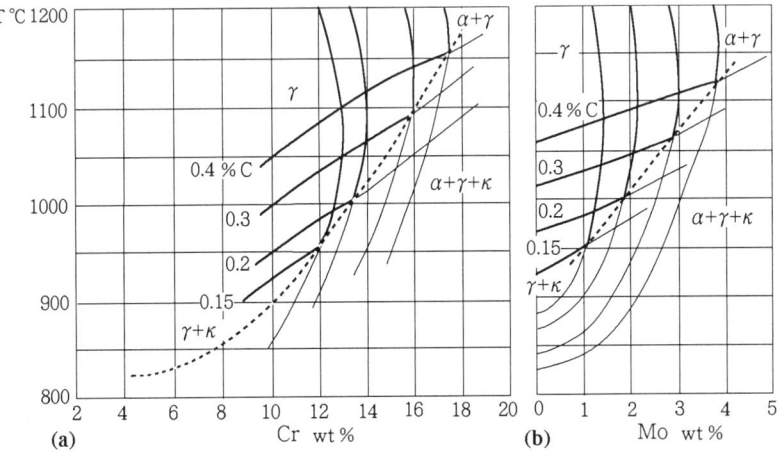

図12-7
Fe-C-Cr-Mo系のγ相領域のC濃度依存 [4]　(a) 1%Mo組成　(b) 12%Cr組成断面

K.Bungardtら[4]はFe-C-Cr合金のγ相領域の拡がりに及ぼすMo添加の影響を調べた．

Mo添加に伴いγ相領域は収縮し，低クロム側では炭化物M_6C（ω相）が生じる．

図12-4は，(a) 1wt%Mo, (b) 2wt%Mo組成のFeコーナー1050℃等温断面図である．κ_1は$M_{23}C_6$，ωはM_6Cである．ω相が生じる結果，850℃等温断面図には$\alpha+\gamma+\kappa_1+\omega$四相領域が生じる．

図12-5は(a)1%Mo, (b)12%Cr組成のγ相領域のCr濃度，Mo濃度依存を示す温度-組成断面図である．図12-6は0.2%C組成のγ相領域のCr濃度，Mo濃度依存を示す温度-組成断面図である．図12 7は(a) 1%Mo, (b)12%Cr組成のγ相領域のC濃度依存を示す温度-組成断面図である．これらの図の点線で示したγ相領域端の組成を表12-1に示す．

表12-1　Fe-C-Cr-Mo系合金のγ相領域端の組成(wt%) [4]

℃	C	Cr	Mo
850	0.105	4.4	1.6
900	0.120	5.1	2.5
950	0.170	5.7	3.2
1000	0.240	6.4	3.9
1050	0.315	7.1	4.5
1100	0.405	7.9	5.1
1150	0.505	8.8	5.7
1200	0.620	9.8	6.3

文献 [1] W.Jellinghaus : Arch. Eisenhüttenwesen **42** (1971) No.2, 133-142
　　[2] J.Cadek, R.Freiwillig and Sie Si San : Hutn. listy **17** (1962) No.7, 507-516
　　[3] E.Staska, R.Blöch and A.Kulmburg : Microchim. Acta (1974) Suppl. No.5, 117-127
　　[4] K.Bungardt, E.Kunze and E.Horn : Arch. Eisenhüttenwesen **38** (1967) 309-320

13. Fe-C-Cr-N

本系合金については日本の研究者が詳細な研究を行っている[1~3]．光学顕微鏡による組織観察，X線回折[1~3]，硬度測定[3]により7wt%Cr [1], 12%Cr [2], 18%Cr [3]を含む合金の温度-組成断面図を作成した．また濃度四面体表面への投影図，系の不変平衡の形式を求めた．増本健ら[1]は母材に電解鉄，電解クロム，高ニッケル-クロム-鉄母合金(~6%N), 高炭素-鉄合金(~5%C)を用いアルゴン気流中で高周波溶解により合金を作製した．今井勇之進ら[2, 3]は母材は[1]と同じものを用い，大気中で高周波溶解による合金を作製した．合金中には脱酸剤として添加したSiおよびMnが~0.1%含まれる．

[1]では7%Cr一定組成域の900~700℃の等温断面図を作成した．このうち代表的な断面図を図13-1に示す．図示した組成範囲では1300~925℃間はγ単相領域であるが，925℃以下では高炭素側から$Cr_{23}C_6$, Cr_7C_3を含む二相，三相領域が出現し，875℃以下で高窒素側からCr_2N, CrNを含む二相，三相領域が出現する．825℃以下でα相が出現し，γ相領域が収縮し，700℃でγ相は消滅しα相となる．

13. Fe-C-Cr-N

四相領域は高温で $\gamma + Cr_7C_3 + Cr_2N + CrN$, $\alpha + \gamma + Cr_7C_3 + Cr_2N$, $\alpha + \gamma + Cr_2N + CrN$, 低温では $\alpha + Cr_{23}C_6 + Cr_7C_3 + Cr_2N$, $\alpha + Cr_7C_3 + Cr_2N + CrN$ の5領域が存在する．

図13-2に0.2%N組成の温度-組成断面図を示す．これによると780℃, 770℃に次の四元包共析反応が存在する．$\gamma + Cr_{23}C_6 \rightleftarrows \alpha + Cr_7C_3 + Cr_2N (780℃)$, γ-$Cr_2N \rightleftarrows \alpha + Cr_7C_3 + CrN (770℃)$.

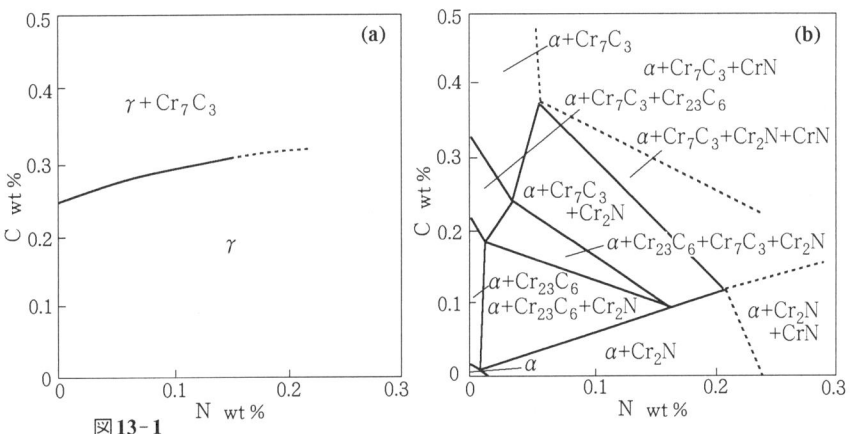

図13-1
Fe-C-Cr-N系の(Fe+7%Cr)-C-N部分等温断面図 [1]   (a) 900℃   (b) 700℃

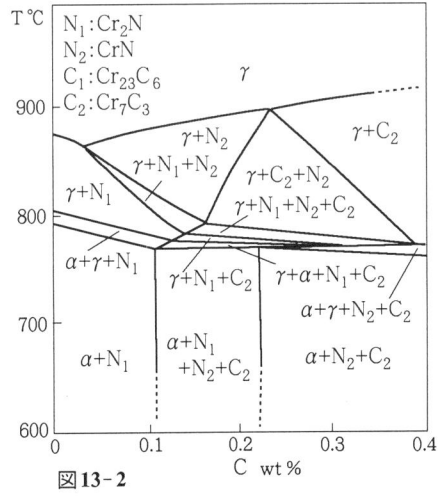

図13-2
Fe-C-Cr-N系の(Fe+7%Cr+0.2%N)-C
の温度-組成断面図 [1]

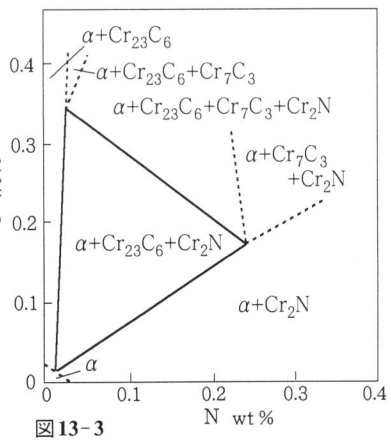

図13-3
Fe-C-Cr-N系の775℃における
(Fe+12%Cr)-C-N部分等温断面図 [2]

[2]では12wt%Cr-0.07~0.27%N-0.01~0.49%C合金の1300~775℃の等温断面図を作成している．図13-3に775℃の部分等温断面図を示す．

表記組成合金では高温から α 相が出現し，1100℃以下で $Cr_{23}C_6$ が現れる． Cr_7C_3, Cr_2N は1000℃以下で現れる．本合金には CrN は出現しない．1200℃以下で次の四相領域が現れる． $\gamma + Cr_{23}C_6 + Cr_7C_3 + Cr_2N$, $\alpha + \gamma + Cr_{23}C_6 + Cr_2N$, $\alpha + Cr_{23}C_6 + Cr_7C_3 + Cr_2N$．四相領域はこの他に $\alpha + \gamma + Cr_{23}C_6 + Cr_7C_3$, $\alpha + \gamma + Cr_7C_3 + Cr_2N$ の存在が予想される．さらに[2]は，0.1%N, 0.2%N, 0.1%C, 0.2%C 各一定組成の温度-組成断面図を求めている．

これらの結果から約780℃に四元包共析反応が存在することを推定している： $\gamma + Cr_{23}C_6 \rightleftarrows \alpha + Cr_7C_3 + Cr_2N$．図13-4はこのうち12%Cr0.1%N断面図を示す．

[3]では18wt%Crを含む合金について[1, 2]と同様の研究を行い，1300~700℃等温断面図を作成している．図13-5は700℃の断面図を示す．1300~1100℃では α 相，γ 相のみである．C と N のオーステナイト形成能はほぼ等価で，その作用は加算的であり，18%Crではオーステナイト単相を得るための限界量は約0.4(C+N)%

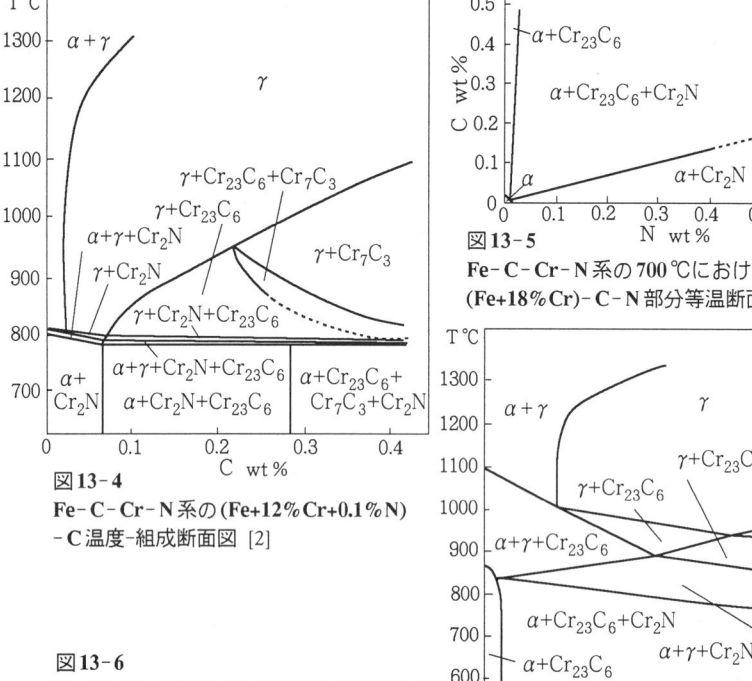

図13-4
Fe-C-Cr-N系の(Fe+12%Cr+0.1%N)-C温度-組成断面図 [2]

図13-5
Fe-C-Cr-N系の700℃における(Fe+18%Cr)-C-N部分等温断面図 [3]

図13-6
Fe-C-Cr-N系の(Fe+18%Cr+0.3%C)-N温度-組成断面図 [3]

13. Fe-C-Cr-N

である．1100℃以下で，$Cr_{23}C_6$，Cr_7C_3，Cr_2Nが析出し，これらを含む相領域が出現する．また0.1%N，0.2%N，0.1%C，0.2%C，0.3%C一定組成の温度-組成断面図を求めている．図13-6に0.3%Cの組成断面図を示してある．四相領域 $\alpha + \gamma + Cr_{23}C_6 + Cr_2N$ が共析反応 $\gamma \rightleftarrows \alpha + Cr_{23}C_6 + Cr_2N$ により生じると推定される．

S.Hertzman [4] はFe-C-Cr-N系の1273Kにおける状態図を光学顕微鏡による組織観察，X線回折，C，Nの活量測定，および熱力学的計算により求めた．図13-7，13-8にそれぞれ，12wt%Cr，18wt%Cr組成の1000℃におけるFeコーナーの等温断面図を示す．図13-3 [2] によると，$M_{23}C_6$ 相が12%Cr組成で出現するが，[4] によれば，$M_{23}C_6$ は12%Crでは出現せず，12.5%Crではじめて出現するという．[1] ではCr組成が11.6～13.8wt%にあり，高クロム側の結果を反映したのであろうという．また図13-7では [1] にない γ/ε 境界を含む高窒素側まで拡張されている．図13-8の場合，[3] の結果に比べると高炭素側の γ に対する $M_{23}C_6$ の安定領域を過小評価しており，また γ が存在するN濃度域は実験値より低い．これは [3] の実験でCr組成が17.1～18.7wt%の間にあって，18%Crが一定でないこと，また [3] では不純物として0.2%Siを含むため，炭化物の析出が遅れるためであろうとしている．

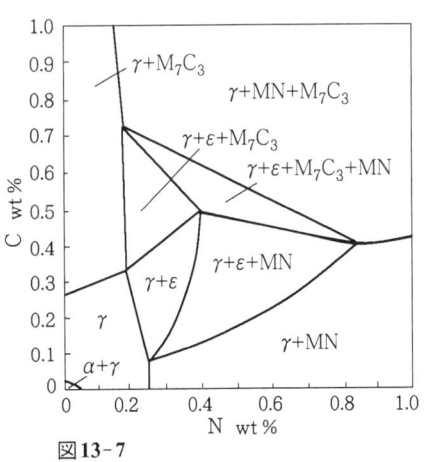

図13-7
Fe-C-Cr-N系の (Fe+12%Cr)-C-N，1000℃部分等温断面図 [4] [1] の実験データをも考慮して計算により求めた

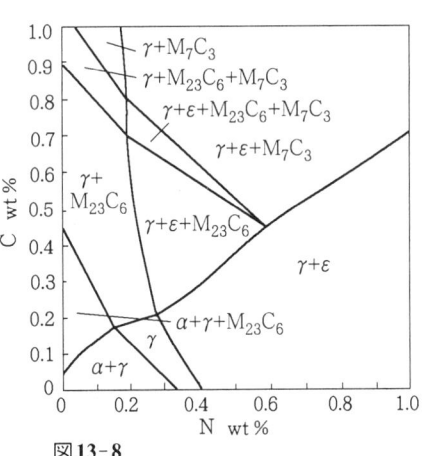

図13-8
Fe-C-Cr-N系の (Fe+18%Cr)-C-N，1000℃部分等温断面図 [4] [3] の実験データをも考慮して計算により求めた

文献 [1] 増本 健，今井勇之進，奈賀正明：日本金属学会誌 **33** (1969) 705-710
[2] 今井勇之進，増本 健，奈賀正明：日本金属学会誌 **31** (1967) 1399-1405
[3] 今井勇之進，増本 健，奈賀正明：日本金属学会誌 **30** (1966) 747-754
[4] S.Hertzman：Metall.Trans. **18A** (1987) 1753-1766

14. Fe-C-Cr-Ni

C.R.Johnsonら[1]は熱分析, 熱膨張測定, 光学顕微鏡による組織観察, 電子顕微鏡観察, X線回折により, Fe-C-16wt%Cr-2wt%Ni組成の合金を研究している. 合金は市販の431不銹鋼 (0.018~1.23wt%C, 0.04~0.05%Mn, 0.09%Si, 15.5~17.0%Cr, 2.02~2.20%Ni, 残りFe)を用いた.

図14-1は16wt%Cr-2wt%Ni-Fe-C合金の温度-炭素濃度断面図である. κは炭化物 $(Cr, Fe)_{23}C_6$, $(Cr, Fe)_7C_3$ を示すが, これらの炭化物各々の存在領域は確認されていない.

K.Bungardtら[2]はX線回折により, 0~0.6wt%C, 0~30wt%Cr-Fe合金の γ 相領域の広さと位置および相平衡に及ぼす0.5wt%Ni, 1.5wt%Ni添加の影響を調べた.

図14-2は0.5%wtNi(a), 1.5%wtNi(b)を添加した場合のFeコーナー1050℃等温断面図を示す. κ_1 は $M_{23}C_6$ を示す.

[2]はまた (Fe+1.5%Ni)-C-Cr, (Fe+13%Cr)-C-Ni, (Fe+0.2%C)-Cr-Niの四元相領域図を提案している.

[2]によると, 研究した温度-組成領域では δ 相は出現しない.

T.B.Tokarevaら[3]は炭素同位体 C^{14} を用いた放射線測定, X線回折, 内部摩擦測定, 光学顕微鏡による組織観察により, Fe-20wt%Cr合金のC溶解度に及ぼすNiの影響を調べた.

図14-3はFe-20wt%Cr-9~40wt%Ni合金のC溶解度の温度依存を示す. 850℃以下の温度ではNiはCの溶解度にほとんど影響を与えないが, 高温ではNi濃度の増加とともにCの溶解度は減少する. 図14-4に各温度における $\gamma/\gamma+\kappa$ 相境界の組成平面上への投影図を示す. ここで κ は炭化物相を示す. Ni濃度の増加に伴い, また低温になるに従い, γ 相領域が狭まり炭化物形成が促進されるが, これはNi添加に伴い, 炭化物析出による不銹鋼の粒界腐食傾向が増大することを示している.

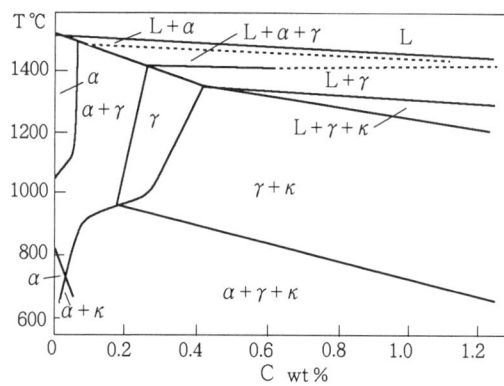

図14-1
Fe-C-Cr-Ni系の(Fe+16wt%Cr+2wt%Ni)-C温度-組成断面図 [1]
κ は $M_{23}C_6$ および M_7C_3 炭化物

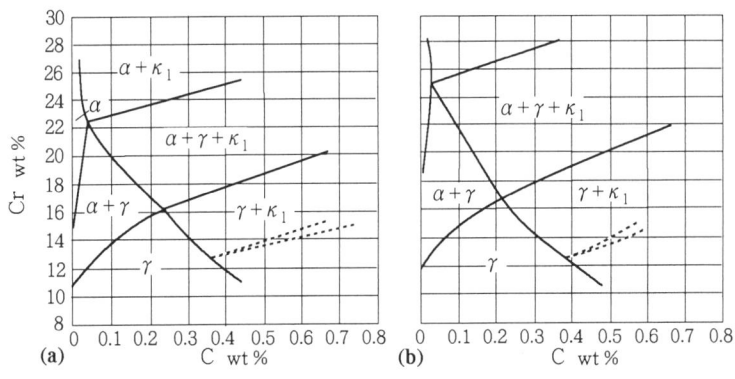

図14-2 Fe-C-Cr-Ni系のFeコーナー1050℃部分等温断面図 [2]
(a) (Fe+0.5wt%Ni)-C-Cr (b) (Fe+1.5wt%Ni)-C-Cr $\kappa_1 : M_{23}C_6$

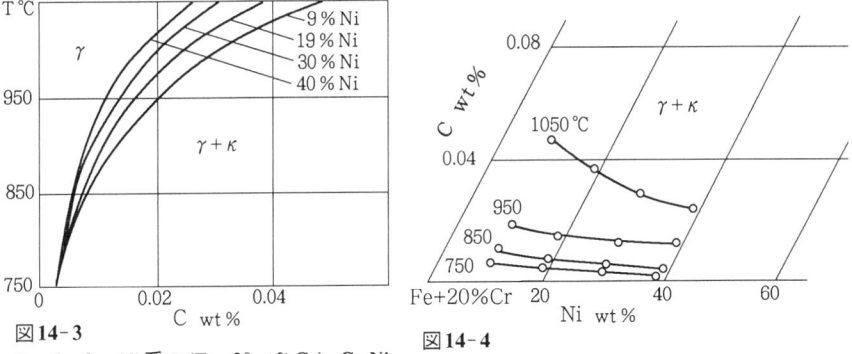

図14-3
Fe-C-Cr-Ni系の(Fe+20wt%Cr)-C-Ni
の$\gamma/\gamma+\kappa$相境界のNi濃度依存 [3]
κは炭化物

図14-4
Fe-C-Cr-Ni系の(Fe+20wt%Cr)-C-Ni
の$\gamma/\gamma+\kappa$相境界近傍部分等温断面図 [3]

文献 [1] C.R.Johnson and S.J.Rosenberg : Trans. ASM **55** (1962) 277-286
　　 [2] K.Bungardt, E.Kunze and E.Horn : Arch. Eisenhüttenwesen **39** (1968) 863-867
　　 [3] T.B.Tokareva, E.F.Petrova, A.P.Gulyaev and L.A.Shvartsman : Izvest. Akad. Nauk SSSR,
　　　　 Metally (1972) No.3, 147-151

15. Fe-C-Cr-Si

　J.C.M.Wethmarら[1]は光学顕微鏡による組織観察,示差熱分析,X線回折,EPMA,化学分析により50~65wt%Cr, 0~10%Si, 4~8%C,残Fe組成の本系合金の相平衡を研究している.合金はアルミナるつぼ中でアルゴン雰囲気下,グラファイト発熱体を用いた炉で溶解した.

図 15-1 は 4~8wt%C 一定組成の合金の液相面の Fe-Cr-Si 三元系断面上への投影である．数字は液相温度 (℃) を示す．表記組成領域内で最初に晶出する相は $(Cr, Fe)_7C_3$ (κ_1 相) であり，この相は基本的にはクロム炭化物で，最大 55%Cr まで Fe との置換が生じ得る．

図 15-2 は 4~8wt%C 組成で，0%Si, 5%Si, 10%Si 各組成の合金の Fe-Cr 二元系断面上への温度-組成断面図である．液相から冷却の際，二番目に生じる相は，0%Si では $(Cr, Fe)_7C_3$ と Cr 基固溶体 (bcc α 相) の共晶である．α 相は，7%C, 8%C では fcc γ 相に置き換わる．5%Si でも，4%C, 5%C 組成では 0%Si と同様である．5%Si 組成で，6, 7, 8%C，また 10%Si の全合金では $(Cr, Fe)_{23}C_6$ (κ_2 相) が包晶反応：L + $(Cr, Fe)_7C_3 \rightleftarrows (Cr, Fe)_{23}C_6$ により生じる．$M_{23}C_6$ は基本的には Cr 炭化物であるが，25%Cr までは Fe と置換する．本系では Si 組成に依存して，$M_{23}C_6$ 中に Si が含まれる．

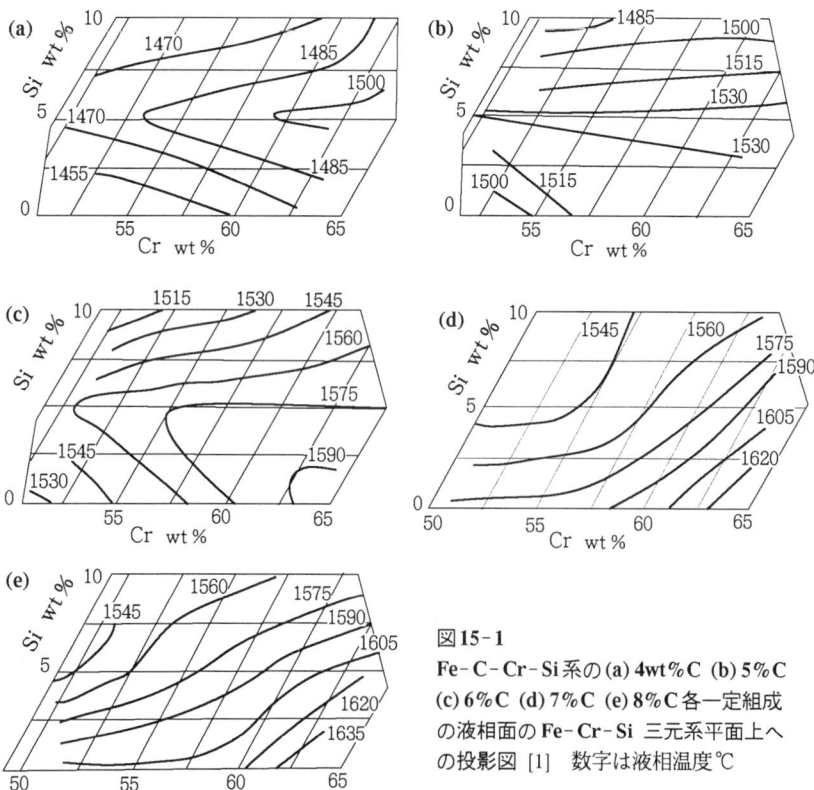

図 15-1
Fe-C-Cr-Si 系の (a) 4wt%C (b) 5%C (c) 6%C (d) 7%C (e) 8%C 各一定組成の液相面の Fe-Cr-Si 三元系平面上への投影図 [1]　数字は液相温度 ℃

15. Fe-C-Cr-Si

$(Cr, Fe)_7C_3$ と α-固溶体の共晶が生じた後，第三の反応として γ-固溶体が生じる．$(Cr, Fe)_{23}C_6$ が包晶反応で生じる組成の合金では，第三の反応として γ-固溶体と $(Cr, Fe)_{23}C_6$ が共晶反応により生じる．

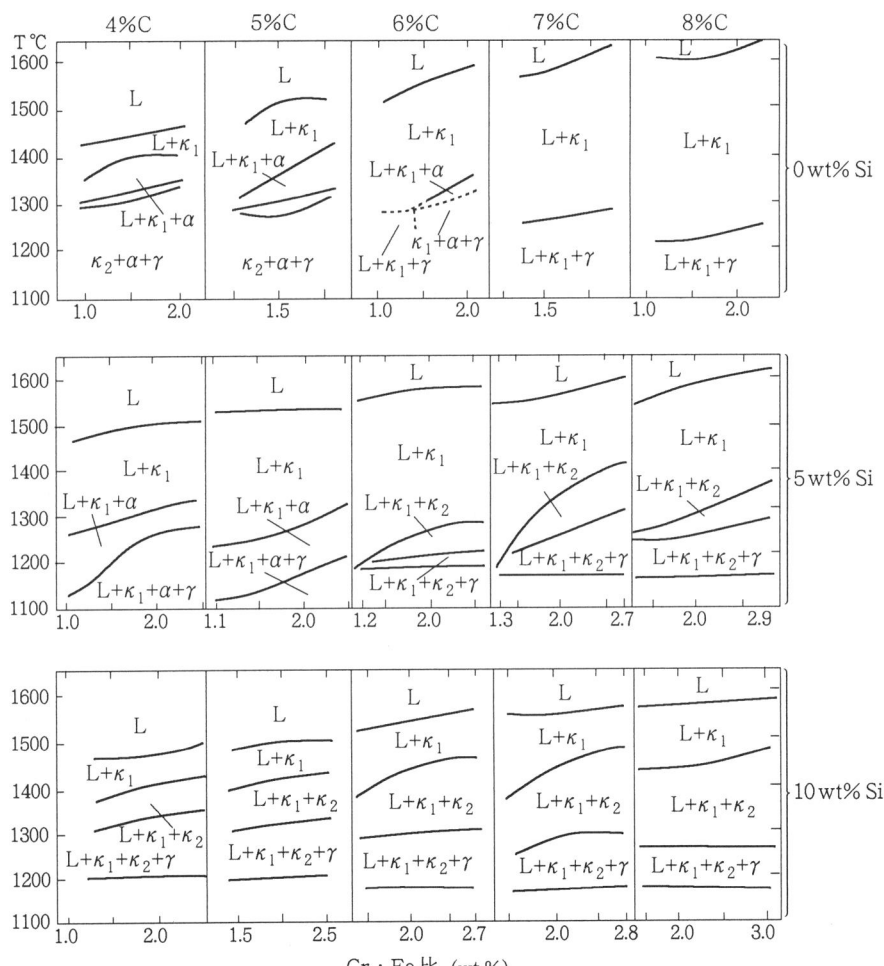

図15-2
Fe-C-Cr-Si 系の 0, 5, 10wt%Si, 4～8%C 組成の Fe-Cr 擬二元断面温度-組成断面図 [1]
$\kappa_1 = (Cr, Fe)_7C_3$, $\kappa_2 = (Cr, Fe)_{23}C_6$

文献 [1] J.C.M.Wethmar, D.D.Howard and P.R.Jochens : Metal Sci. **9** (1975) 291-296

16. Fe-C-Cr-V

[1~3]は光学顕微鏡による組織観察,X線回折により,状態図,炭化物について研究している.J.Čadekら[1], Z.Čochnárら[2]は以下の組成の鋼(0.3wt%C, 0.39%Mn, 0.16%Si, 0.027%P, 0.029%S, 0.12%Cu, 0.10%Ni, 0.040%Al, 残りFe)と純バナジウムと,クロムを用い合金を作製した.合金を1150℃,1000℃で25,200時間,また一部のものは850℃,700℃で400,500時間焼鈍後,KOH水溶液中に焼入れた.これらの合金から炭化物を電解抽出し,炭化物相を同定した.

図16-1は[1, 2]による0.3wt%C組成合金の1150℃部分等温断面図である.

K.Bungardtら[3]はFe-C-Cr合金のγ相領域の拡がりに及ぼすV添加の影響を調べた.図16-2は,0.5wt%V, 1wt%V添加合金の1050℃部分等温断面図である.

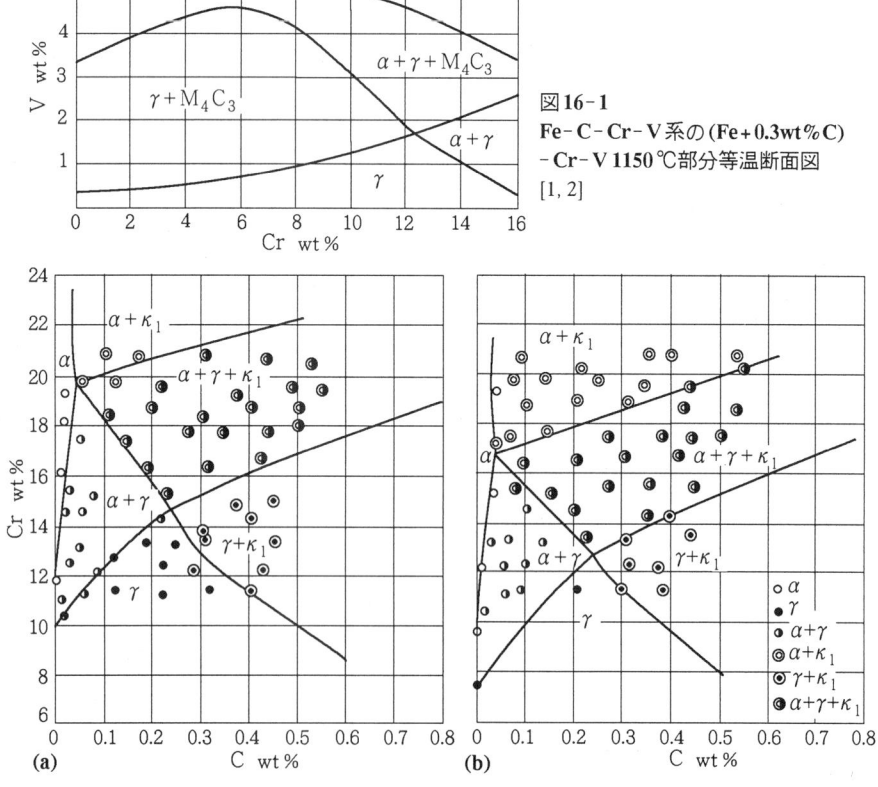

図16-1
Fe-C-Cr-V系の(Fe+0.3wt%C)
-Cr-V 1150℃部分等温断面図
[1, 2]

図16-2　Fe-C-Cr-V系の1050℃ Feコーナーの等温断面図 [3]　(a) 0.5wt%V　(b) 1wt%V

16. Fe-C-Cr-V

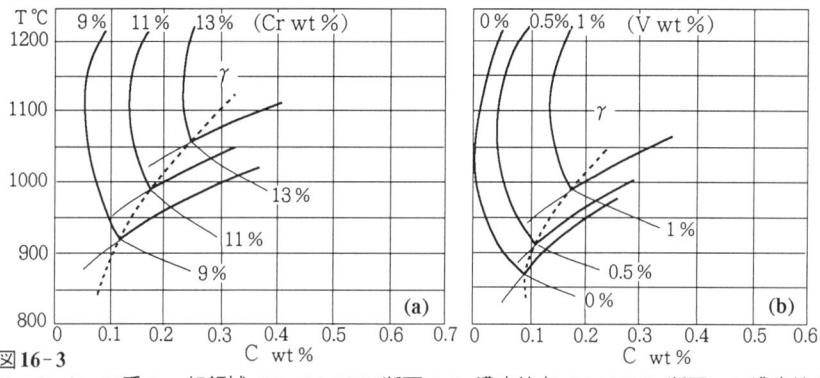

図 16-3
Fe-C-Cr-V 系の γ 相領域 [3]　(a) 1%V 断面の Cr 濃度依存　(b) 11%Cr 断面の V 濃度依存

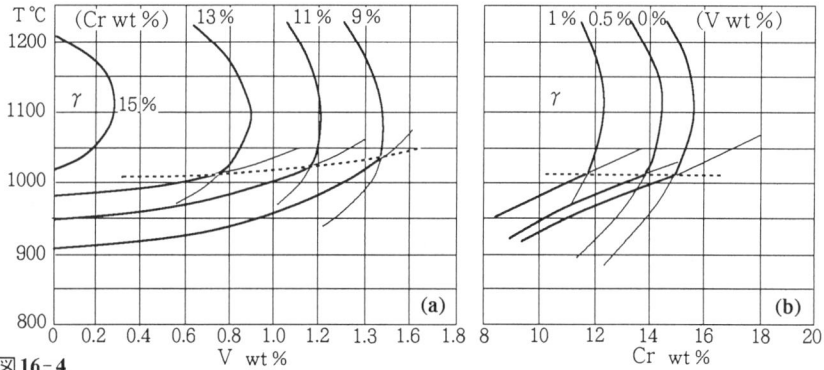

図 16-4
Fe-C-Cr-V 系の γ 相領域 [3]　(a) 0.2%C 断面の Cr 濃度依存　(b) 0.2%C 断面の V 濃度依存

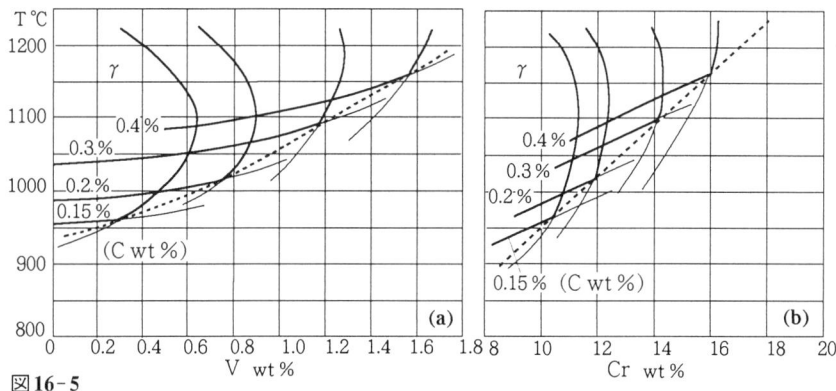

図 16-5
Fe-C-Cr-V 系の γ 相領域 [3]　(a) 13%Cr 断面の C 濃度依存　(b) 1%V 断面の C 濃度依存

V濃度の増加に伴いγ相領域が収縮する．ここでκ_1は$M_{23}C_6$である．[3]はまたγ相領域の各合金元素濃度依存の状態図を提案している．図16-3は1wt%Vおよび11%Cr組成合金のγ相領域のCr，V濃度依存を示す．図16-4は0.2wt%C組成合金のγ相領域のCr，V濃度依存を示す．図16-5は13%Cr，1%V組成合金のγ相領域のC濃度依存を示す．図中の点線はγ相境界端を示す．本組成域では炭化物は$M_{23}C_6$であったが，Vは0.5%添加の場合$M_{23}C_6$中に約2~3倍の1.1~1.3wt%含まれ，1%V添加の場合には約1.5wt%と，基質中よりも増加する．

Z.Čochnárら[4]はCr：1, 2, 6, 13wt%，V：0~8wt%およびV：1, 3, 5wt%，Cr：0~18 wt%の合金の温度-組成断面図の予想図を示している．

文献 [1] J.Čadek and R.Freiwillig : Hutn. listy **17** (1965) No.4, 273-282

[2] Z.Čochnar, J.Čadek, J.Dubsky et al. : Kovove Mat. **5** (1967) No.5, 395-407

[3] K.Bungardt, E.Kunze and E.Horn : Arch. Eisenhüttenwesen **39** (1968) No.12, 949-951

[4] Z.Čochnár, J.Dubsky, K.Ciha et al.. : Kovove Mat. **13** (1975) No.2, 159-168

17. Fe-C-Cr-W

H.J.Goldschmidt[1]は高速度鋼中の炭化物の研究で，最初にFe-C-Cr-W四元系の概略状態図を研究したが，炭化物の存在を確かめた他は詳しい状態図は作成していない．

W.Jellinghaus[2]は光学顕微鏡による組織観察，X線回折，磁気分析によりFeコーナーの定炭素組成，700℃等温断面を研究している．母材はW粉末，カルボニル鉄粉，C, Cr粉末を用い，焼結後，真空中で再溶解して合金を作製した．図17-1(a), (b)に10~15at%Cの700℃等温断面図を示す．図中Ⅰ~ⅩⅤは以下の相組成域を示している．Ⅰ：α-Fe+$Fe_{21}W_2C_6$，Ⅱ：α-Fe+$Fe_{21}W_2C_6$+WC，Ⅲ：α-Fe+$Fe_{21}W_2C_6$+WC+Fe_3W_3C，Ⅳ：α-Fe+WC+Fe_3W_3C，Ⅴ：α-Fe+$Fe_{21}W_2C_6$+Fe_3C+Fe_3W_3C，Ⅵ：α-Fe+$Fe_{21}W_2C_6$+Fe_3C，Ⅶ：α-Fe+Fe_3C，Ⅷ：α-Fe+Fe_3C+Fe_3W_3C，Ⅸ：α-Fe+Fe_3C+$Cr_{23}C_6$+Fe_3W_3C，Ⅹ：α-Fe+$Cr_{23}C_6$+Fe_3W_3C，ⅩⅠ：α-Fe+Fe_3C+Cr_7C_3，ⅩⅡ：α-Fe+Fe_3C+Cr_7C_3+$Cr_{23}C_6$，ⅩⅢ：α-Fe+Cr_7C_3+$Cr_{23}C_6$，ⅩⅣ：α-Fe+$Cr_{23}C_6$，ⅩⅤ：α-Fe+Cr_7C_3．

M.Bergström[3]は光学顕微鏡による組織観察，X線回折，EPMA，硬度測定により本系合金の1250℃における相平衡を研究している．合金は粉末法により焼結後，アルゴン雰囲気下でアーク溶解により作製した．この合金を1250℃×750~1000時間，乾燥純窒素気流中で焼鈍した．

図17-2はFe-C-W-2~6at%Crの1250℃等温断面図である(Fe-C-W三元系の同温度断面については本書p.253参照のこと)．Fe-C-W三元系の項で紹介したように，[3]の著者らはFe-W二元系の化合物のうちμ相はFe_7W_6ではなく，Fe_3W_2で

17. Fe-C-Cr-W

あると主張しており，本系でも，これを採用している．各炭化物の構造は Fe-C-W 系（本書 p.253）を参照のこと． 2at%Cr (a) の場合，基本的な相の構成は Fe-C-W 系と変わらない． 4at%Cr, 6at%Cr (b) では三元系にない四相領域 $M_6C+M_{12}C+\mu+Fe$, $M_6C+M_{12}C+\mu+W$ および三相領域，$M_6C+M_{12}C+\mu$ が出現する． 8at%Cr 断面上 (c) では，W, $M_{12}C$ への Cr の溶解限がこの断面の下にあるので，$M_6C+M_{12}C+\mu+W$ 領域が消える． 10at%Cr 断面ではすべての相に対する Cr の溶解限の上にある (d)．また Fe 中への Cr の最大溶解限はこの面上にあり，その結果 $M_6C+M_{12}C+\mu+Fe$, $M_6C+M_{12}C+Fe$, M_6C+Fe, $M_{12}C+Fe$ 領域が一点で接し面上で領域を占めなくなる． 15at%Cr, 20at%Cr 断面は主要部は未だ正確な決定を見ていない．

η 炭化物 (M_6C, $M_{12}C$) の格子定数は Cr の増加，すなわち Fe が Cr に置換するにつれて減少するが，格子定数は Fe, W の濃度にも依存するので Cr 濃度のみに単純に依存するわけではない．M_6C の格子定数は 1.1117~1.0995nm に変化し，$M_{12}C$ では 1.0934~1.0811nm の間を変化する．

P.Gustabson [4] は多重副格子モデルを用いた熱力学的計算により本系の平衡状態を研究し，0.2wt%C 組成の合金について 1150℃~700℃ の Fe コーナー等温断面図を提案した．図 17-3 (a) と (b) に，R.Freiwillig ら [5] の実験結果と比較した図を示す． 1150℃ (a) では実験結果と計算値はよい一致を示した． 1000℃断面 (b) では C-Cr-Fe 三元系側近傍で実験値と $M_{23}C_6$ の安定性についてくい違いを示すが，これは [5] の合金中の C 濃度が必ずしも一定していないことによると考えられる． 850℃断面も C-Cr-Fe 側で両者は炭化物の出現についてくい違いを示し，計算結果では低タ

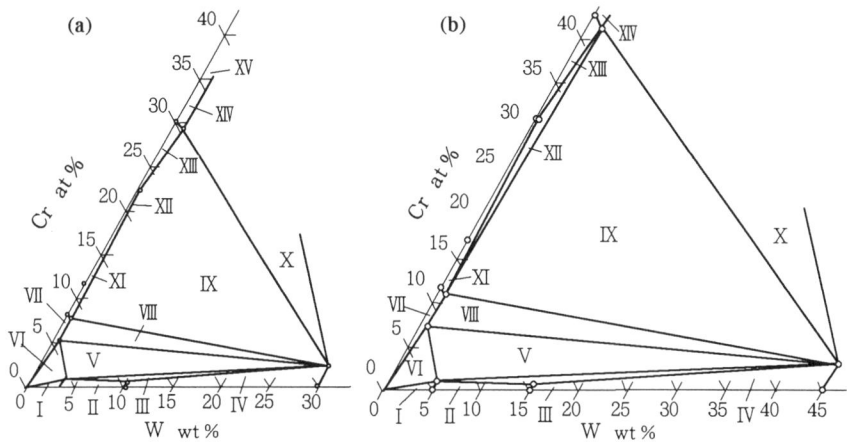

図 17-1　Fe-C-Cr-W 系の 700℃ 等温断面図 [2]　(a) 10at%C (b) 15at%C
（各領域の相平衡は本文参照）

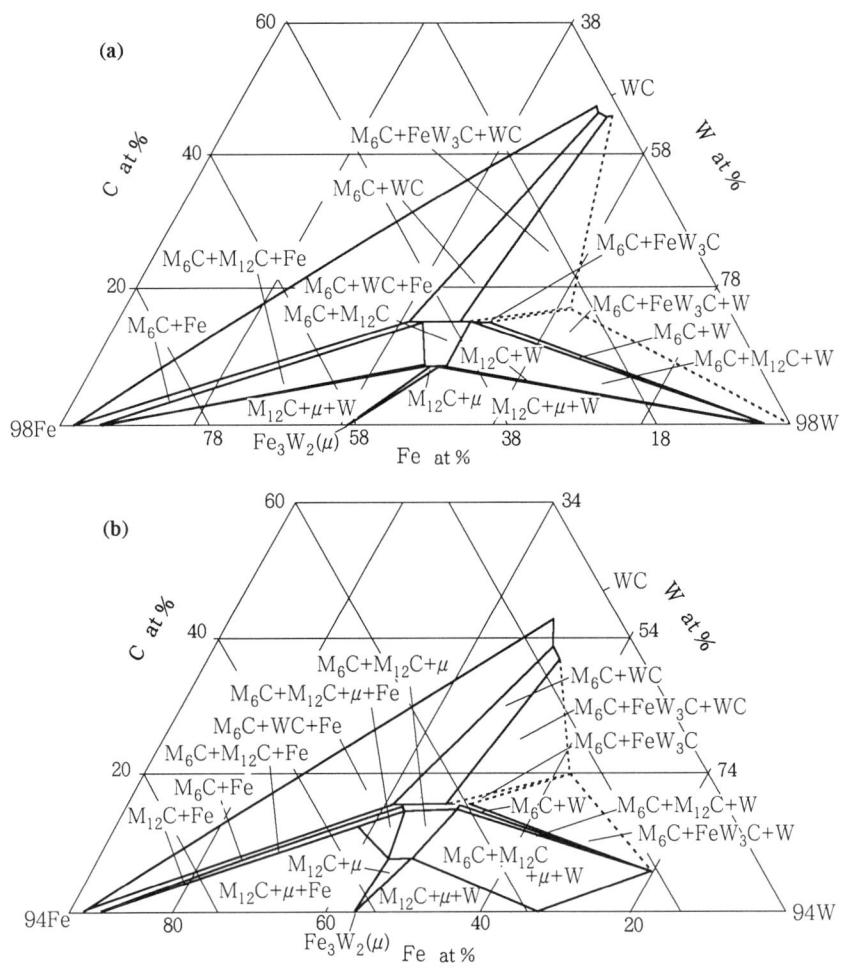

図17-2 Fe-C-Cr-W系の1250℃等温四面体,等クロム組成断面図 [3]
(a) 2at%Cr (b) 6at%Cr (c) 8at%Cr (d) 10at%Cr

ングステン側ではCrの増加に伴い,まずM_7C_3が出現するのに対し,実験では$M_{23}C_6$が出現する.M_7C_3を保留して準安定とした計算状態図が実験値とよい一致を示したので,上記不一致はM_7C_3の核生成または成長が困難なことに由来すると考えられる.700℃断面は低温のため,完全な平衡状態の熱力学的データがなく,熱力学的計算が不正確でもあり,実験結果と一致しない.

17. Fe-C-Cr-W

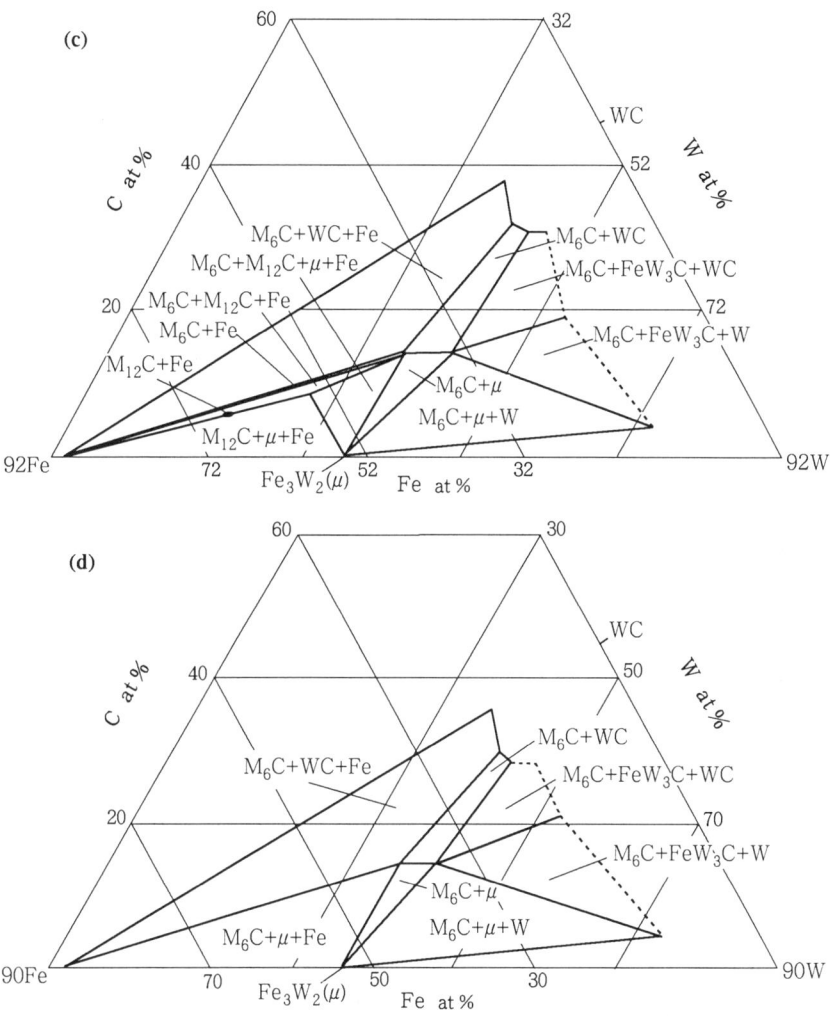

文献 [1] H.J.Goldschmidt : J. Iron Steel Inst. **170** (1952) 189-204
[2] W.Jellinghaus : Arch. Eisenhüttenwesen **42** (1971) 829-836
[3] M.Bergström : Mat. Sci. Eng. **27** (1977) 271-286
[4] P.Gustabson : Metall. Trans. **19A** (1988) 2547-2554
[5] R.Freiwillig, J.Dubsky, K.Ciha, J.Čadek and Z.Čochnár : Kovove Mat.**8** (1970) No.5, 419-432

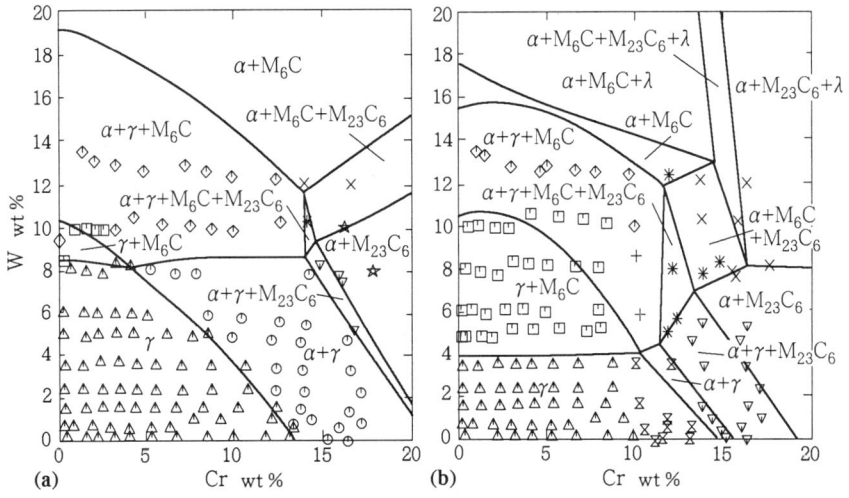

図17-3 Fe-C-Cr-W系の0.2wt%C組成，
Feコーナー等温断面図 [4]
(a) 1150℃ (b) 1000℃
記号は[5]による実験結果

△ γ
□ $\gamma + M_6C$
◇ $\alpha + \gamma + M_6C$
○ $\alpha + \gamma$
⊠ $\gamma + M_{23}C_6$
▽ $\alpha + \gamma + M_{23}C_6$
✻ $\alpha + \gamma + M_6C + M_{23}C_6$
× $\alpha + M_6C + M_{23}C_6$
★ $\alpha + M_{23}C_6$
+ $\gamma + M_6C + M_{23}C_6$

18. Fe-C-Cu-Mn

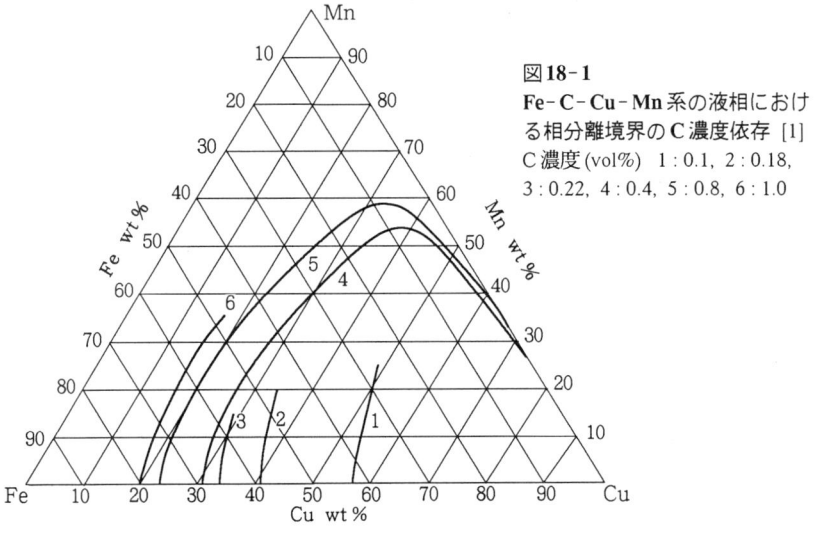

図18-1
Fe-C-Cu-Mn系の液相における相分離境界のC濃度依存 [1]
C濃度(vol%) 1：0.1, 2：0.18, 3：0.22, 4：0.4, 5：0.8, 6：1.0

F.Ostermann [1] は液相で分離した相の化学分析により，相分離境界を研究している．図18-1に，そのC濃度依存のFe-Cu-Mn三元断面図上への投影を示してある．C濃度の増大に伴い相分離領域がFe-Cu側に沿って拡大する．

文献 [1] F.Ostermann : Z. Metallkunde **17** (1925) 278

19. Fe-C-Mn-Si

本系合金についてはF.N.Tavadzeら [1, 2] で研究されている．MnSi-FeSi 断面は全率固溶体を形成し，0.08wt% までのCを溶解する．

過共析鋼にSiとMnを添加した合金の組織についての研究がある (A.A. Shevchukら [3])．母材はアームコ鉄，木炭，金属ケイ素，Mnを用いた．溶解はコランダムるつぼ中で高周波溶解によった．均一化焼鈍は石英管に封入し，1000℃×200時間，700℃まで炉冷，その後20℃/時間の速度で冷却した．

実験方法は光学顕微鏡による組織観察を行った．図19-1にFe-C-Mn-Si 系合金の1wt%C, 5wt%Mn組成の温度-組成断面図を示す．

なお，κ_C, κ_S と表示した化合物の組成は明確ではない．

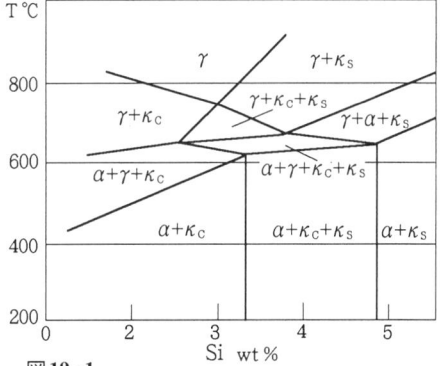

図19-1
Fe-C-Mn-Si系の1wt%C, 5wt%Mn組成の温度-組成断面図 [3]

文献 [1] F.N.Tavadze and K.A.Doliashzili : Soobsh. Akad. Nauk Gruz. SSR **18** (1957) No.2, 211-216
　　　[2] F.N.Tavadze and M.D.Tskitishvili : Trudy Instituta Metallurgii Akad. Nauk Gruz. SSR **9** (1958) 77-81
　　　[3] A.A.Shevchuk, L.R.Dudetskaya and V.A.Tkacheva : Vestnik Akad. Nauk Belarus. SSR Ser. Fiz.-tekhn. Nauk (1975) No.3, 36-38

20. Fe-C-Mo-W

B.Uhreniusら [1] は光学顕微鏡による組織観察，走査電子顕微鏡観察，抽出レプリカ法，X線回折，X線マイクロアナライザーにより本系合金中の炭化物の溶解度を研究している．また正則溶液近似による熱力学的計算により相境界を求め，実験と比較検討した．

Fe-Mo-W合金は母材に99.94%電解鉄，Ni<0.04%のとくに純度の高い99.90%

Mo, 99.95%Wを用い, アルミナるつぼ中, アルゴン雰囲気下で溶解した. C添加は, 低炭素活量側の合金ではC0.2%以下の普通炭素鋼を用い, 高活量合金では3~4%Cの純鉄-炭素合金を用いた.

図20-1はC活量$a_C = 0.53$における1000℃でのξ炭化物 + オーステナイト二相領域を示す. 図20-2は同じく $a_C = 0.53$, 1000℃におけるM_6C炭化物 + オーステナイト二相領域を示す. 四角形の印は実験から得られた点である. オーステナイトと平衡するξ炭化物中のFe濃度はa_Cの値, W/Mo比に依存せず, 四元系では

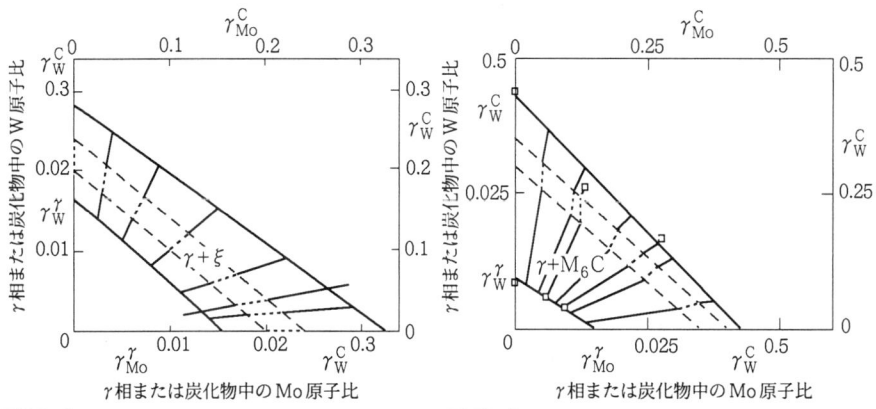

図20-1 Fe-C-Mo-W系の1000℃の切断面等炭素活量 ($a_C = 0.53$) 断面における$\gamma+\xi$二相領域境界 [1]

図20-2 Fe-C-Mo-W系の1000℃切断面等炭素活量 ($a_C=0.53$) 断面における$\gamma+M_6C$二相領域境界 [1]

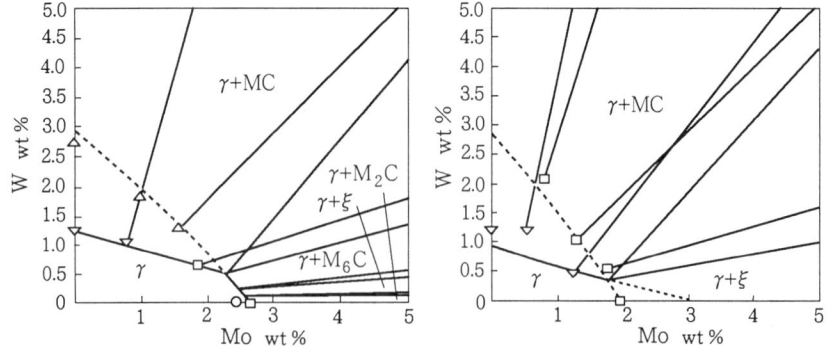

Uhrenius [1] による相境界 △ γ/M_6C ▽ γ/MC □ γ/ξ ○ γ/M_2C
実験値は[1]による, 点線は準安定fcc/M_6C相境界

図20-3 Fe-C-Mo-W系の$a_C = 0.56$, 1273K 等温Feコーナー断面図 [2]

図20-4 Fe-C-Mo-W系の$a_C = 0.937$, 1273K 等温Feコーナー断面図 [2]

20. Fe-C-Mo-W

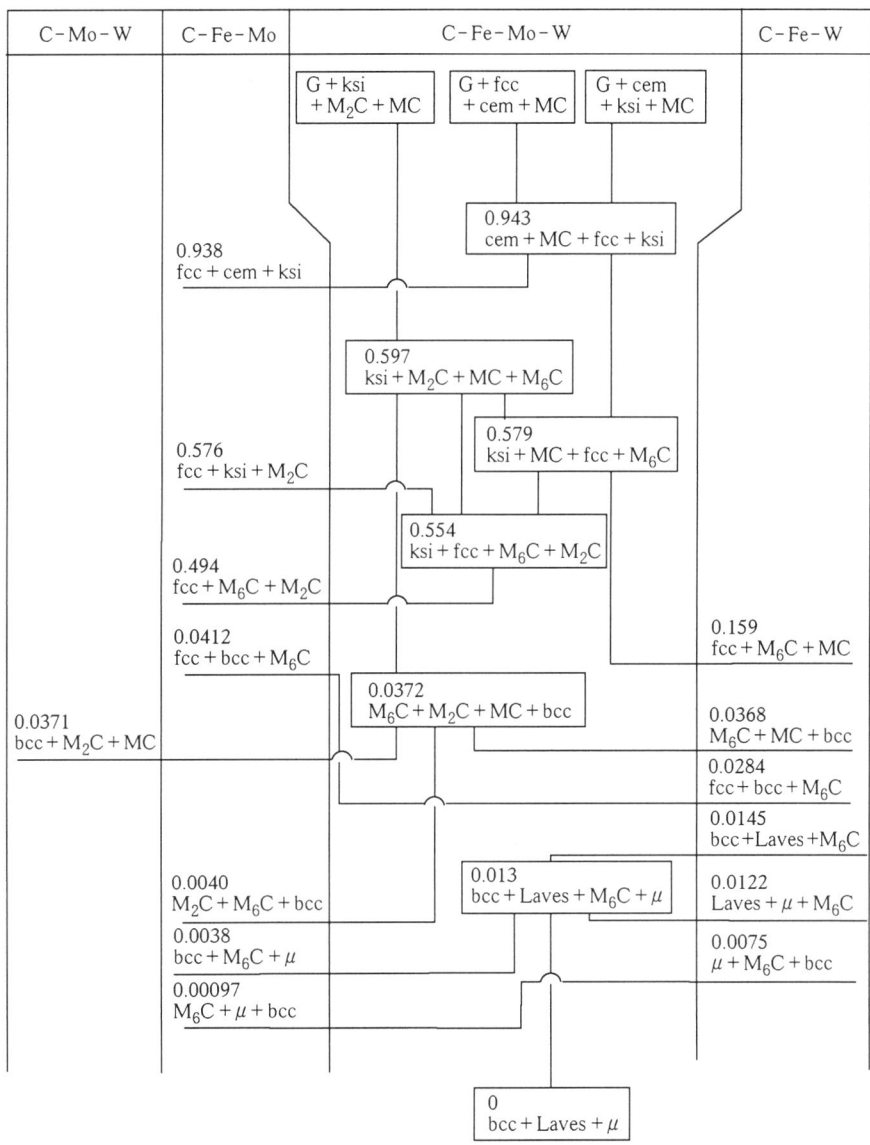

図20-5
Fe-C-Mo-W系の1273Kの四元系反応図 [2]
数字：C活量, G：グラファイト, ksi：ξ炭化物, cem：セメンタイト, Laves：$Fe_2(Mo,W)$, μ：(Fe_7W_6)

$Fe_2(Mo,W)C$ で表すことが可能であるという.

P.Gustabson [2]は副格子モデルを用いて,本系の熱力学的計算を行い,1273Kにおける相平衡を検討した.単純化したモデルによる計算値は[1]の実験値と極めてよい一致を示し,Feコーナー状態図をよく表しているとしている.図20-3と図20-4に[2]によるFe-C-Mo-W系の1273Kの等a_C断面図を示す.図中の各点は[1]の実験値を示す.

また図20-5に1273KにおけるFe-C-Mo-W四元系の反応図を示す.

文献 [1] B.Uhrenius and H.Harvig : Metal Sci. **9** (1975) 67-82
[2] P.Gustabson : Z. Metallkunde **79** (1988) 421-425

21. Fe-C-Ni-Pb

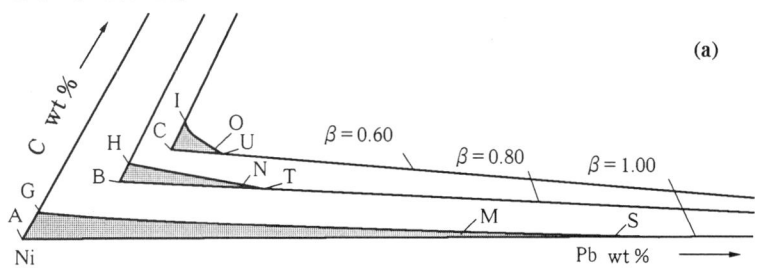

各点の組成(wt%)

A : 100.0Ni
B : 80.0Ni, 20.0Fe
C : 60.0Ni, 40.0Fe
G : 2.50C, 97.5Ni

H : 2.47C, 19.6Fe, 78.4Ni
I : 2.90C, 38.8Fe, 58.3Ni
M : 0.85C, 42.5Fe, 56.6Ni
N : 0.10C, 13.6Pb, 17.3Fe, 69.0Ni

O : 0.47C, 3.7Pb, 38.3Fe, 57.5Ni
S : 55Pb, 45Ni
T : 15.0Pb, 17.0Fe, 68.0Ni
U : 5.5Pb, 37.8Fe, 56.7Ni

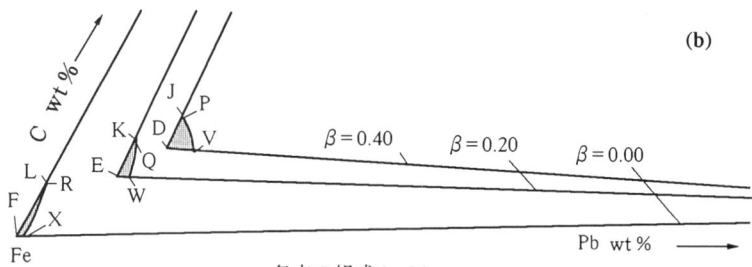

各点の組成(wt%)

D : 40.0Ni, 60.0Fe
E : 20.0Ni, 80.0Fe
F : 100.0Fe
J : 3.67C, 57.8Fe, 38.5Ni

K : 4.51C, 76.4Fe, 19.1Ni
L : 5.38C, 94.6Fe
P : 2.77C, 1.1Pb, 57.7Fe, 38.4Ni
Q : 4.14C, 0.4Pb, 76.4Fe, 19.1Ni

R : 5.21C, <0.01Pb, 94.8Fe
V : 2.5Pb, 58.5Fe, 39.0Ni
W : 1.2Pb, 79.0Fe, 19.8Ni
X : 0.6Pb, 99.4Fe

図21-1
Fe-C-Ni-Pb系の液相L_Iの1550℃相領域投影図 [1] (a) C-Ni-Pb面 (b) Fe-C-Pb面

J.F.Elliott ら [1] は本系の 1300~1550 ℃間の状態図を研究し Ni コーナー, Fe コーナーの 1550 ℃等温断面図を作成した. 母材には電解鉄 (0.018%C, 0.080%O, 1ppmCo, Ni, Sn), 電解ニッケル (0.05%Fe, 1ppmPb, Co), 高純度鉛, 電極用グラファイトを用いた. これらを黒鉛るつぼ中で溶解し合金を作製した.

1300~1550 ℃の間では, Fe-Ni-Pb 三元系 (本書 p.426 参照) と同様, Fe-Pb 二元系の偏晶反応に基づく液相分離が存在し, その領域は Ni 濃度の増加とともに縮小し, C 濃度の増加とともに拡大する.

図 21-1 は 2 種類の液相 L_I, L_{II} のうち, Fe 側に生じる L_I の 1550℃における相領域の投影図である (網点部が L_I 領域). 領域 L_I の各限界の組成は A-X の各点で図の下部にその値を示す (wt%). また β は合金中の Fe/Ni 比を示すパラメーターで, β = wt%Ni / (wt%Fe + wt%Ni) で定義される. 図 21-1 は Fe-C-Ni-Pb 濃度等温四面体を等 β 面で切断した投影図に相当する.

文献 [1] J.F.Elliott and K.O.Miller : Trans. AIME **218** (1960) 900-910

22. Fe-C-Ni-U

Fe-UC-Ni 断面の初晶領域に関しては S.K.Dutta ら [1] の研究がある. UC, Fe, Ni を 1290~1750 ℃の間で合金とした. 各合金を融点から急冷したものを光学顕微鏡による組織観察で調べている.

図 22-1 は 20℃における Fe-UC-Ni 断面の固相状態の相分布である. UC-Fe-P

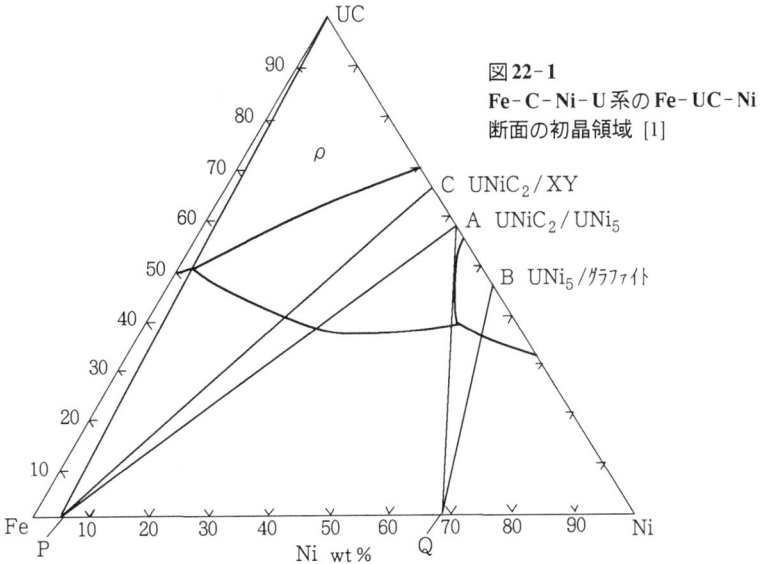

図 22-1
Fe-C-Ni-U 系の Fe-UC-Ni 断面の初晶領域 [1]

C $UNiC_2$/XY
A $UNiC_2$/UNi_5
B UNi_5/グラファイト

領域ではUCとFe-Ni固溶体が存在する．UC-P-C領域では炭化物UC, $UNiC_2$ およびX/Yが存在する．ここで，Y相はU-Ni二元系で1290℃で包晶反応により生じる化合物で(47.25wt%Ni), UNi_5 に近い． X相は1260℃で包晶反応により生じ，U_2Ni_7 に近い組成を有する．両系とも，77at%Ni, 78～79at%Niを含む θ 相, i相が見出されたが，これらは区別し難い．これらの相は調和融解し，θ 相はY相と液相を生じ，i相は UNi_5 と液相を生じる(J.D.Groganら[2])．領域C-P-Aは $UNiC_2$, X/Y, UNi_5 相が共存する． P-A-Q領域では $UNiC_2$, UNi_5 とFe-Ni固溶体が見られる．領域Q-A-Bでは $UNiC_2$, UNi_5 とグラファイトが見出される．領域Q-B-Niは UNi_5, グラファイト, Fe-Ni固溶体の平衡が成立する領域である．

文献 [1] S.K.Dutta and J.White : Proc. Brit. Ceram. Soc. (1967) No.7, 177-203
　　　[2] J.D.Grogan and R.J.Pleasance : J. Inst. Metals **82** (1953/54), 141-146

23. Fe-C-Ni-W

A.Merzら[1]は光学顕微鏡による観察，示差熱分析，X線回折により本系合金を研究している．母材はW粉末, WC粉末, Fe粉末, Ni粉末を用い, 80MPaで圧粉体とし, 1300～1500℃でアルゴン雰囲気下, Mo炉で焼結して合金を作製した．この合金を1200℃×1時間焼鈍し，試料を冷えた炉中で5分間かけて室温まで冷却した．

図23-1はFe : Ni = 3.15 : 1(at%)の1200℃における部分等温断面図を示す． γ + WC二相領域は極めて狭く，事実上直線状になる． 1326℃および1260℃に不変平衡反応： $L \rightleftarrows WC + \eta + \gamma$ および $L \rightleftarrows \gamma + WC + G$ が存在する．ここで η 相は M_6C

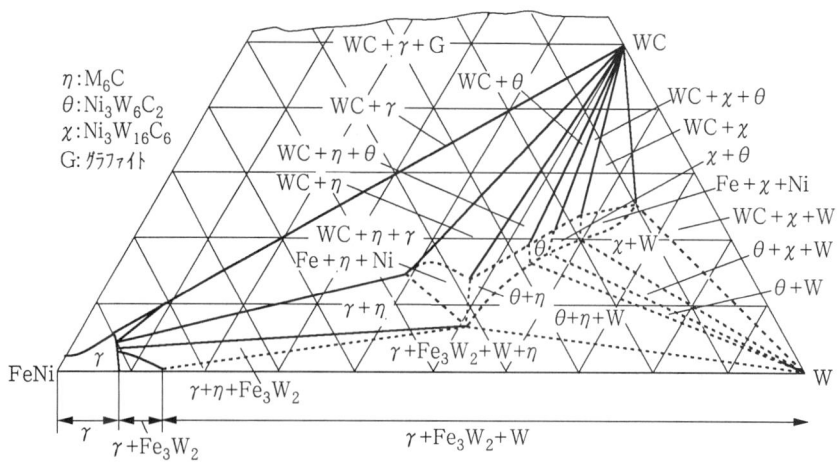

図23-1　Fe-C-Ni-W系のW-C-(Fe+Ni, Fe : Ni = 3.15 : 1at%)1200℃等温断面図 [1]

炭化物である。図中のγ相はfcc構造で，格子定数はa = 1.087nmである。θ相は化合物$Ni_3W_6C_2$相を基にし，立方晶格子を有し，格子定数はa = 1.121nmである。χ相は化合物$Ni_3W_{16}C_6$相を基にし，六方晶格子を有し，格子定数はa = 0.782nm，c = 0.782nmである。炭化物WCは六方晶格子を有し，格子定数はa = 0.290nm，c = 0.283nmである。Gはグラファイト(以下同)。

I.N.Chaporovaら[2]は光学顕微鏡による組織観察，熱分析，熱膨張測定，X線回折，硬度測定により，WC-Fe-Ni擬三元系の研究を行った。母材はWC粉末，Fe粉末($0.33wt\%O_2$，0.04%Coを不純物として含む)，電解ニッケル粉末(不純物全量：0.18wt%)を用い，粉末冶金法により合金を作製した。

図23-2にChaporovaら[3]によるWC-Fe-Ni系の1200℃等温断面図を示す。WCの溶解度はFe/Ni組成比にほとんど依存せず，1200℃では7wt%を越えない。ここでγ相はfcc構造，α相はbcc構造の固溶体である。Fe-Ni合金中のW，C濃

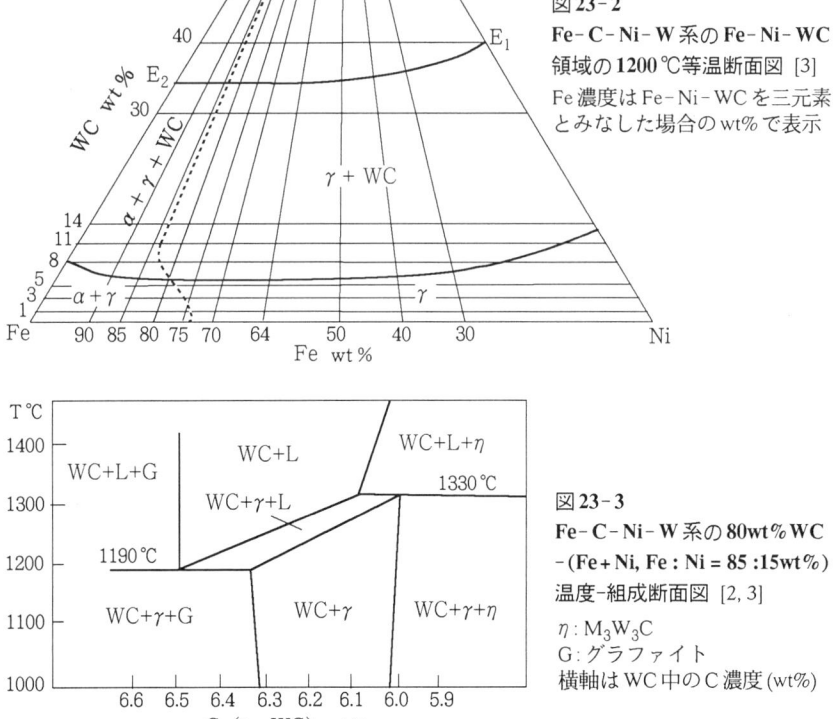

図23-2
Fe-C-Ni-W系のFe-Ni-WC領域の**1200℃**等温断面図 [3]
Fe濃度はFe-Ni-WCを三元素とみなした場合のwt%で表示

図23-3
Fe-C-Ni-W系の**80wt%WC**
-(Fe+Ni, Fe：Ni = 85：15wt%)
温度-組成断面図 [2, 3]
$\eta：M_3W_3C$
G：グラファイト
横軸はWC中のC濃度(wt%)

度が増加すると $\alpha+\gamma+WC$ 三相領域が現れる．

図23-3は80wt%WC, Fe/Ni = 85:15wt%の温度-組成断面図である．1190℃に三元共晶反応 $L \rightleftarrows G+\gamma+WC$ が存在し，また1330℃に三元包晶反応 $\eta_1+L \rightleftarrows WC+\gamma$ が存在する．ここで η 相は M_3W_3C 炭化物である．$WC+\gamma$ 二相領域の幅は狭く，1150℃で0.3wt%Cである．WC-Fe-Ni合金中の $\alpha \rightleftarrows \gamma$ 変態は約600℃にあることが見出された (Fe:Ni = 85:15 および 80:20 の場合)．

図23-4, 図23-5 はそれぞれ Fe:Ni = 85:15, 75:25 (wt%) の1200℃における $WC+\gamma+\alpha$ 三相領域を示す部分等温断面図である．

H.H.Stadelmaierら[4]は本系のこれまでの研究結果を総括するとともに，光学顕微鏡による組織観察，X線回折により本系合金を研究した．

母材は99.9%Fe, 99.7%Ni, 99.9%W, 99.94%Cを用い高純度アルゴン雰囲気下でアーク溶解により合金を作製した．

[4]は[1]の結果について，当時のCo-W-C系の不正確な状態図をモデルにしているので，現在では修正する必要があることを提案している．図23-6はFe:Ni = 3:1 (at%)組成の1200℃における等温断面図を示す．ここで κ 炭化物はCo-W-C系で生じる $Co_3W_{10}C_{3.4}$ [5](A.Hårstaら)と同じ構造で，CoがFeおよびNiによって置き換えられたものである．図23-7は(Fe, Ni)-W-C系の液相反応の概略図である．高鉄濃度側ではFe-W二元系の種々の化合物が生じるので液相反応は複雑すぎるが，W側は比較的単純で，およそ図23-7のように表示できる．各反応は以下のとおりである．1: $L \rightleftarrows \gamma+G+W$, 2: $L+M_6C \rightleftarrows \gamma+WC$, 3: $L+M_{12}C \rightleftarrows M_6C+\gamma$, 4: $L+M_6C+W \rightleftarrows M_{12}C$, 5: $L+\kappa \rightleftarrows W+M_6C$, 6: $L+W_2C \rightleftarrows \kappa+W$, 7: $L+\kappa \rightleftarrows M_6C+WC$, 8: $L+W_2C \rightleftarrows \kappa+WC$, 9~11 は準安定反応で，9: $L \rightleftarrows \gamma+M_6C+G$, 10: $L+\kappa \rightleftarrows M_6C+G$, 11: $L+W_2C \rightleftarrows \kappa+G$, 準安定反応はFeに富む組成 (Fe:Ni = 3:1) でしばしば観察される．

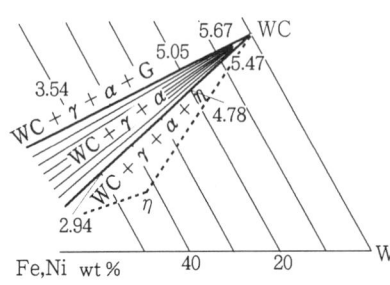

図23-4
Fe-C-Ni-W系のWC-(Fe+Ni, Fe:Ni = 85:15wt%)の1200℃等温断面図 [3]

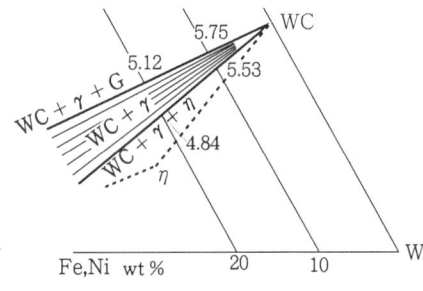

図23-5
Fe-C-Ni-W系のWC-(Fe+Ni, Fe:Ni = 75:25wt%)の1200℃等温断面図 [3]

23. Fe-C-Ni-W

　本系には四元炭化物相は見出されなかった．立方晶の炭化物 M_6C は Fe 側の Fe_3W_3C から Ni 側の Ni_2W_4C まで連続的に存在する．X線回折像には二重線は存在せず，二相分解していないことが確認された．

　A.F.Guillermet [6] は Kaufman の方法により Fe-C-Ni-W 系の状態図を計算により求めている．図23-3, 図23-6に対応する計算による状態図は実験値とよい一致を示しているという．

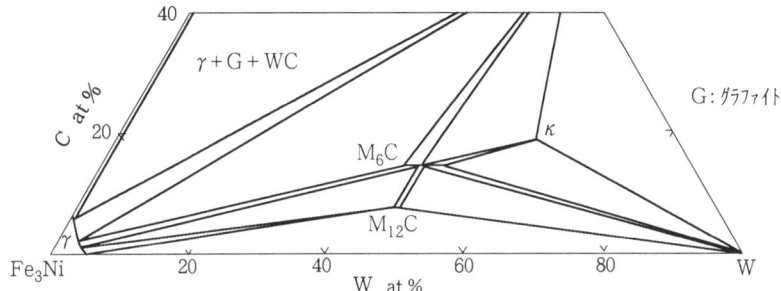

図23-6　Fe-C-Ni-W 系の Fe:Ni = 3:1 の場合の 1200℃等温断面図 [4]

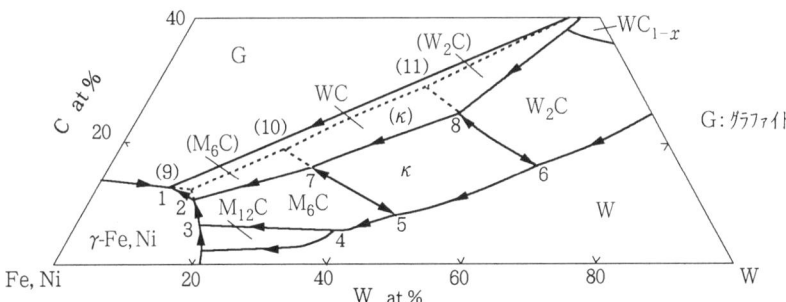

図23-7　Fe-C-Ni-W 系の Fe:Ni = 一定の場合の液相面概略投影図 [4]

文献 [1] A.Merz and L.Illgen : Neue Hütte, **9** (1964) No.12, 733-736
　　[2] I.N.Chaporova, I.Kudryavtseva and Z.N.Sapronova : Nauch. Trud. VNIITS (1975) No.15, 171-175
　　[3] I.N.Chaporova, V.I.Kudryavtseva, Z.N.Sapronova and L.V.Sychkova : Izvest. Akad. Nauk SSSR, Metally (1981) No.4, 228-231.
　　[4] H.H.Stadelmaier and C.Suchjakul : Z. Metallkunde **76** (1985) 157-161
　　[5] A.Hårsta, T.Johansson, S.Rundqvist and J.O.Thomas : Acta Chem. Scand. **A31**(1977) 260-264
　　[6] A.F.Guillermet : Z. Metallkunde, **78** (1987) 165-171

24. Fe-Co-H-Ni

M.S.Petrushevskiiら[1]は溶融合金,とくにFe-$Co_{0.5}$-$Ni_{0.5}$中へのHの溶解度の温度-組成依存を研究している(1400~1800℃,0≤x_i≤1:各金属元素原子分率).母材は規格B3のカルボニル鉄,同K00の電解コバルト,同N00の電解ニッケルで,

表24-1 Fe-Co-Ni合金中へのHの溶解度式 [1]　logK, Kはwt%H/$bar^{1/2}$

合金組成 (at%)			Fe-Co-Ni
Fe	Ni	Co	
0.0	50.06	残	$-1296/T-1.8418\pm(2.30\times10^{-5}+576/T^2+6.72\times10^8/T^4)^{1/2}$
23.05	38.4		$-1530/T-1.7188\pm(0.78\times10^{-5}+900/T^2+9.36\times10^8/T^4)^{1/2}$
48.7	25.6		$-1688/T-1.6922\pm(0.10\times10^{-5}+961/T^2+11.40\times10^8/T^4)^{1/2}$
73.1	13.4		$-1720/T-1.6838\pm(1.37\times10^{-5}+729/T^2+11.83\times10^8/T^4)^{1/2}$
100.0	0.0		$-1600/T-1.7558\pm(0.78\times10^{-5}+961/T^2+10.24\times10^8/T^4)^{1/2}$

0.01%未満の不純物を含む.合金は酸化ベリリウムるつぼ中で,高周波溶解により作製した.合金中の酸素濃度を下げるため真空中で脱ガスし,冷却した.Hの溶解度の決定はisochore法[2]により,67~180GPaの範囲で行った.純金属,合金中へのHの溶解度はlogK = A/T + Bでよく表される.Fe-Co-Ni合金中へのHの溶解度式を表24-1に示す.図24-1は1600℃におけるFe-Co-Ni合金中へのHの溶解度である.

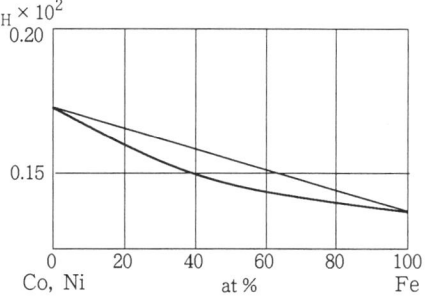

図24-1 1600℃におけるFe-Co-Ni合金へのHの溶解度 [1]

文献 [1] M.S.Petrushevskii, P.V.Gel'd, L.E.Abramycheva and T.K.Kostina : Doklady Akad. Nauk SSSR **227** (1976) No.2, 337-340

[2] A.N.Morozov : Vodorod i Azot v Stalyakh, Moskva, Metallurgiya (1968) 158

25. Fe-Co-Mn-U

G.Petzowら[1]の光学顕微鏡による組織観察,X線回折,熱分析,化学分析による研究がある.Fe-Co-Mn-U濃度四面体中UFe_2-UCo_2-UMn_2断面について検討した.

母材は真空溶解した純鉄(0.02%C), Co(0.01%C), Mn(0.07%C), U(0.015%C)を用い,アルゴン雰囲気下でアーク溶解により合金を作製した.この合金を1150, 1100, 950, 700℃でそれぞれ5, 12時間, 3, 8日間焼鈍を施した.図25-1は上記擬三元系

25. Fe-Co-Mn-U

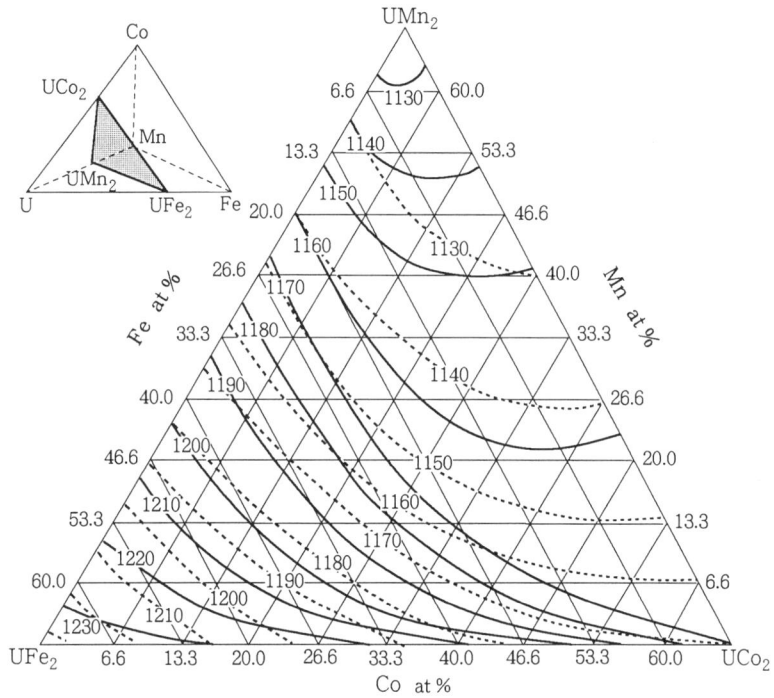

図 25-1 UFe$_2$-UCo$_2$-UMn$_2$ 擬三元断面への液相面(実線), 固相面(点線)投影図 [1]

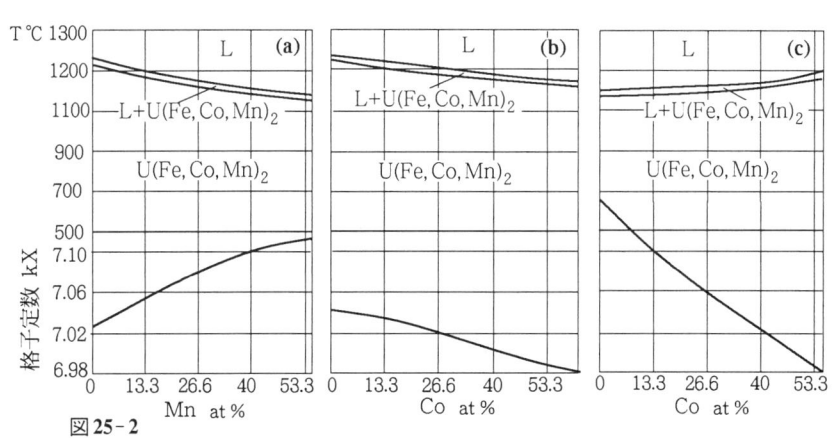

図 25-2
UFe$_2$-UCo$_2$-UMn$_2$ 擬三元断面での温度-組成断面および UX$_2$ の格子定数, kX [1]
(a) 11.7at%Co (b) 5at%Mn (c) 11.7at%Fe

の液相面,固相面投影図を示す. UFe_2, UCo_2, UMn_2 各相は相互に全率固溶体を形成し,液相も相互に溶解する.したがって, UFe_2-UCo_2-UMn_2 は,全温度範囲の四面体について,擬三元系断面を形成し得ると考えられる.

図 25-2 は擬三元 UFe_2-UCo_2-UMn_2 の温度-組成断面で,(a) 11.7at%Co, (b) 5at%Mn, (c) 11.7at%Fe 組成に対応する.

化合物 UFe_2, UCo_2, UMn_2 は結晶化学的性質に関しては $MgCu_2$ 型構造の Laves 相に属する.

文献 [1] G.Petzow, S.Steeb and G.Kiessler : Z. Metallkunde **54** (1963) 473-477

26. Fe-Co-Mo-Ni

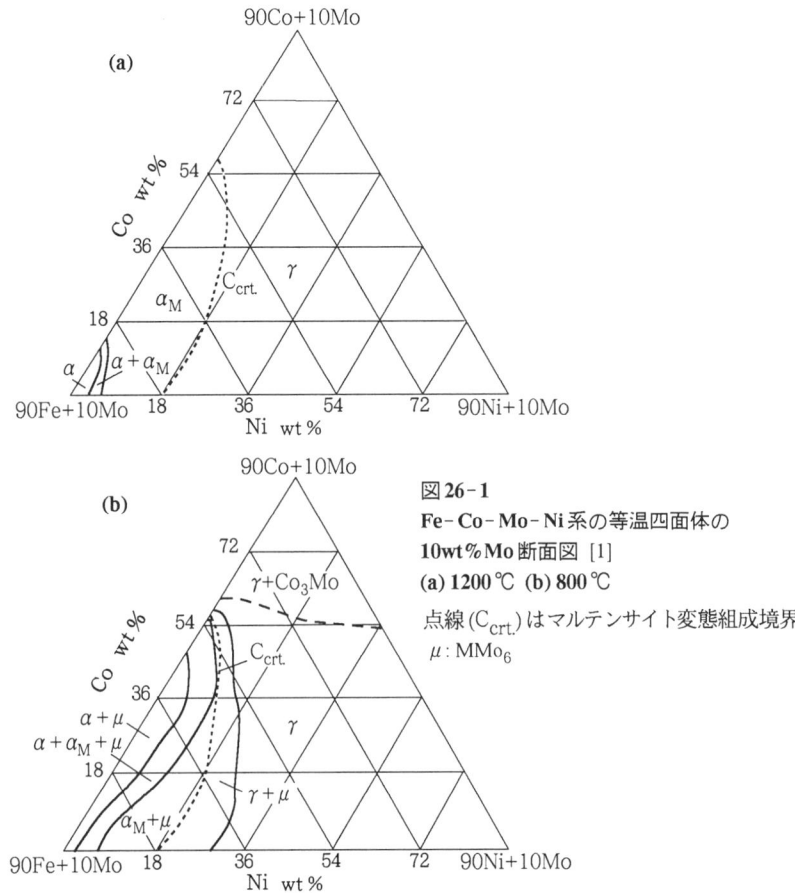

図 26-1
Fe-Co-Mo-Ni 系の等温四面体の
10wt%Mo 断面図 [1]
(a) 1200 ℃ (b) 800 ℃

点線 ($C_{crt.}$) はマルテンサイト変態組成境界
μ : MMo_6

D.I.Prokof'evら[1]は光学顕微鏡による組織観察,X線回折,硬度測定,密度測定,またEPMA,X線マイクロアナライザーも一部用いて,10wt%Moを含む四元合金断面を研究している.母材はカルボニル鉄,電解ニッケル,Co,Mo線を用い,不活性ガス雰囲気下でアーク溶解により合金を作製した.インゴットを熱間鍛造後,1200℃×50時間均一化焼鈍し水焼入れを施した.

図26-1にFe-Co-Mo-Niの1200℃,800℃等温四面体の10wt%Mo断面図を示す.α-固溶体一相領域は90wt%Fe+10%Mo,Co<12wt%,Ni<3~4wt%領域の狭い領域を占める.最も広い領域を占めるのはγ相で,α/γ相境界は狭い($\alpha+\gamma$)二相領域で分けられる.γ相の広い領域で,焼入れによりマルテンサイトが生じる.このマルテンサイト(α_M)はbcc構造を有し,X線回折ではα相と区別がつかない.X線マイクロアナライザーによる組成分析でもFe,Ni,Moの組成に違いは見られず,熱腐食による組織観察でようやく区別が可能である.Feに富む合金(例えば76.5wt%Fe,9%Ni,4.5%Co,10%Mo)ではα_M相はマッシブであり,Coに富む側(40.5wt%Fe,9%Ni,40.5%Co,10%Mo)では針状組織となる.

Fe-Co-Ni三元系合金では1200℃では全率固溶体を形成するが(本書p.277参照),10%Moの添加によりα相および($\alpha+\alpha_M$)相領域が出現する.800℃等温断面では金属間化合物MMo_6(μ相)が出現する.($\alpha+\mu$)二相領域はFe-Co側に沿って,50~52%Coまで拡がる.二相($\alpha_M+\mu$)相領域は30%Ni,65%Coまで拡がる.

800℃ではCoコーナーにγ相と化合物Co_3Mo基相の二相領域が現われる.しかしその境界はまだ確定したものでなく,破線で示してある.

文献 [1] D.I.Prokof'ev and O.L.Kurbatkina : Izvest. Akad. Nauk SSSR, Metally (1979) No.4, 211-214

27. Fe-Co-Ni-W

O.A.Bannykhら[1]は光学顕微鏡による組織観察,X線回折,硬度測定,熱膨張測定により15wt%Niを含む四元合金断面を研究している.母材はカルボニル鉄,電解ニッケル,コバルトおよび純タングステンを用い,不活性ガス雰囲気下でアーク溶解により合金を作製した.インゴットを1200℃で熱間鍛造後,1200℃×50時間均一化焼鈍を施した.1300~800℃で1.5~200時間保持後焼入れて,1300,1200,800℃等温断面図を作成した.

図27-1に,Fe-Co-Ni-Wの1300,1200,800℃等温四面体の15wt%Ni断面図を示す.各温度とも5種類の相領域が出現する:γ-固溶体一相領域,$\alpha+\gamma$,$\gamma+\mu$各二相領域,$\alpha+\gamma+\mu$三相領域,および焼入れによりマルテンサイトになる領域γ(α_M).ここでμ相はMW_6組成の金属間化合物($\overline{R}3m$,$D8_5$構造)である.γ相領域はFe-Co-Ni側に沿って幅広く拡がる.温度低下とともに$\alpha+\gamma+\mu$三相領域が

顕著に拡がる．

γ相中，47wt%Co, 30wt%Wまでの領域の合金は焼入れによりマルテンサイト変態を生じる．このマルテンサイト相はbcc構造のマッシブマルテンサイトである．

μ相は1300℃ではW>20wt%, 1200℃ではW>15%, 800℃ではW>10%の領域の合金で出現する．

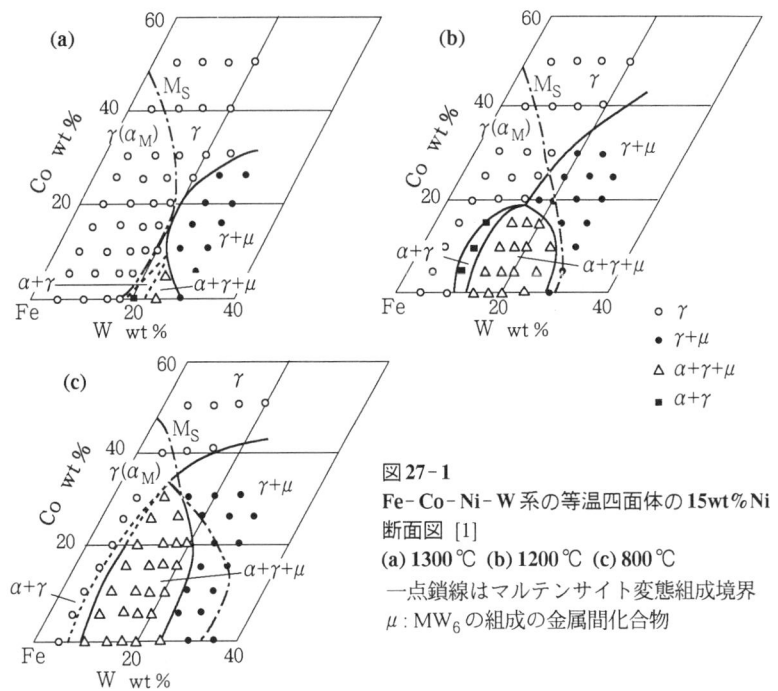

図27-1
Fe-Co-Ni-W系の等温四面体の15wt%Ni断面図 [1]
(a) 1300℃ (b) 1200℃ (c) 800℃
一点鎖線はマルテンサイト変態組成境界
μ：MW_6の組成の金属間化合物

文献 [1] O.A.Bannykh, O.L.Kurbatkina and D.I.Prokof'ev : Izvest. Akad. Nauk SSSR, Metally (1983) No.4, 198-201

28. Fe-Cr-Cu-Zr

T.O.Malakhovaら[1]は光学顕微鏡による組織観察，X線回折，硬度測定により，ZrコーナーのZr-10at%(Cu, Cr, Fe), Zr-5at%(Cu, Cr, Fe), 等温断面図を研究している．母材はスポンジジルコニウム，電解銅，クロム，アームコ鉄を用い，不活性ガス雰囲気下で高周波溶解により合金を作製した．700, 800, 875℃でそれぞれ336, 72, 24時間焼鈍後水冷し，各温度の等温断面図を求めた．

図28-1, 図28-2に875℃, 700℃の等温断面図を示してある．

28. Fe-Cr-Cu-Zr

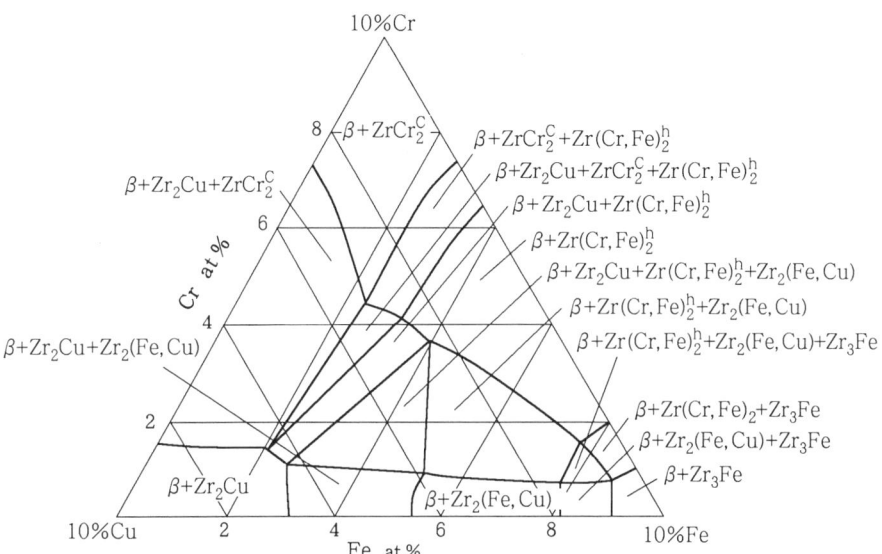

図28-1　Fe-Cr-Cu-Zr系の90at%Zr-(Fe, Cr, Cu) 875℃等温断面図

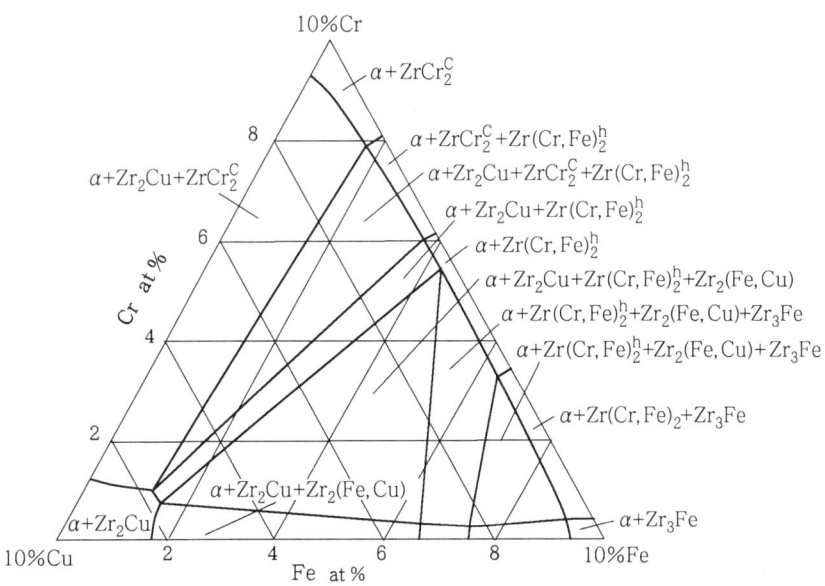

図28-2　Fe-Cr-Cu-Zr系の90at%Zr-(Fe,Cr,Cu) 700℃等温断面図

Zr-10at%(Cu, Cr, Fe), 875℃断面では全領域にわたり化合物相とβ(+ω)相とが見出される. 硬度測定から, 焼入れによりβ相はβ→β+ω変態することが認められた. Zr-5at%(Cu, Cr, Fe)合金ではZr-Cu-Feに0.5~1at%Cr添加でβ相単相領域が出現する. いくらかの合金では焼入れによって生じたα'マルテンサイト(六方晶)が認められたが, これは平衡α相(α-Zr)ではない. ここで$ZrCr_2^c$は立方晶(低温相), $ZrCr_2^h$は六方晶(高温相)である.

合金を800℃から焼入れると, 二元Zr-5%Cr, Zr-10%Crに近い組成の合金にα相が金属間化合物と平衡するのが見られた. その他の合金ではしばしばα相とβ相および3種の金属間化合物との共存が観察されたが, これは酸素によるα相の安定化が原因と考えられ, 四元系ではあり得ない.

Zr-10at%(Cu, Cr, Fe)合金の700℃等温断面上には全領域でα相が見出される. Zr-5at%(Cu, Cr, Fe)合金の相領域は事実上これと変わらない.

文献 [1] T.O.Malakhova and L.N.Guseva : Izvest. Akad. Nauk SSSR, Metally (1980) No.5, 250-255

29. Fe-Cr-Mn-N

Cr : 4.6~22wt%, Mn : 3~18.74wt%を含むFe合金の995~1400℃のNの溶解度に関する研究がある(I.Georgievら[1], V.Dimovaら[2]). 合金は高真空モリブデン加熱炉で溶解した[1]. CおよびO濃度は1/1000%, N濃度は1/100%程度である. 合金は加工後真空炉で最初1200℃で均一化焼鈍し, 表面を取り除き, さらに1300~1350℃で1時間, 焼鈍を施した. 合金組成は焼鈍後の試料を化学分析, 蛍光X線分析により求めた. Nの添加は高温室中で種々のガス圧, 温度で行った. 溶解度の測定は特別な装置を用いて行った.

[2]の研究では合金は99.85%Fe, 98.4%Cr, 99.82%Mnを用いて作製した. これに真空中1150℃で24時間均一化焼鈍を施した.

[1]によるとMnをほぼ一定(12.14~13.58wt%)とした合金でCrを4.60wt%から21.81%に増加すると, Nの溶解度は著しく増加した(図29-1). 合金中へのNの溶解度は窒素分圧の平方根に比例して増加する. 温度が995℃から1400℃に上昇するとNの溶解度は顕著に減少する. 例えば, Fe-21wt%Cr-5wt%Mn

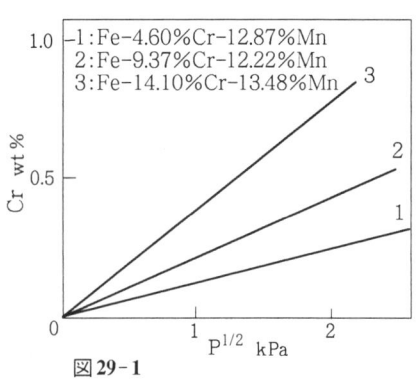

図29-1
Fe-Cr-Mn合金の1245℃におけるN溶解度の窒素分圧依存 [1]

合金の場合，995℃では0.731wt%のNを溶解するが，1400℃では0.129%に低下する．Fe-22%Cr-3%Mn合金では，上記値はそれぞれ0.679%，0.099%になる[2]．

文献 [1] I.Georgiev, I.Pechnyakov, V.Dimova and N.Yachkov : Tekhn.Mys'l **15** (1978) No.5, 101-107

[2] V.Dimova, I.Georgiev, I.Pechnyakov and R.Dobrev : Materialoznanie i Tekhnologiya **6** (1978) 9-14

30. Fe-Cr-Mn-Ni

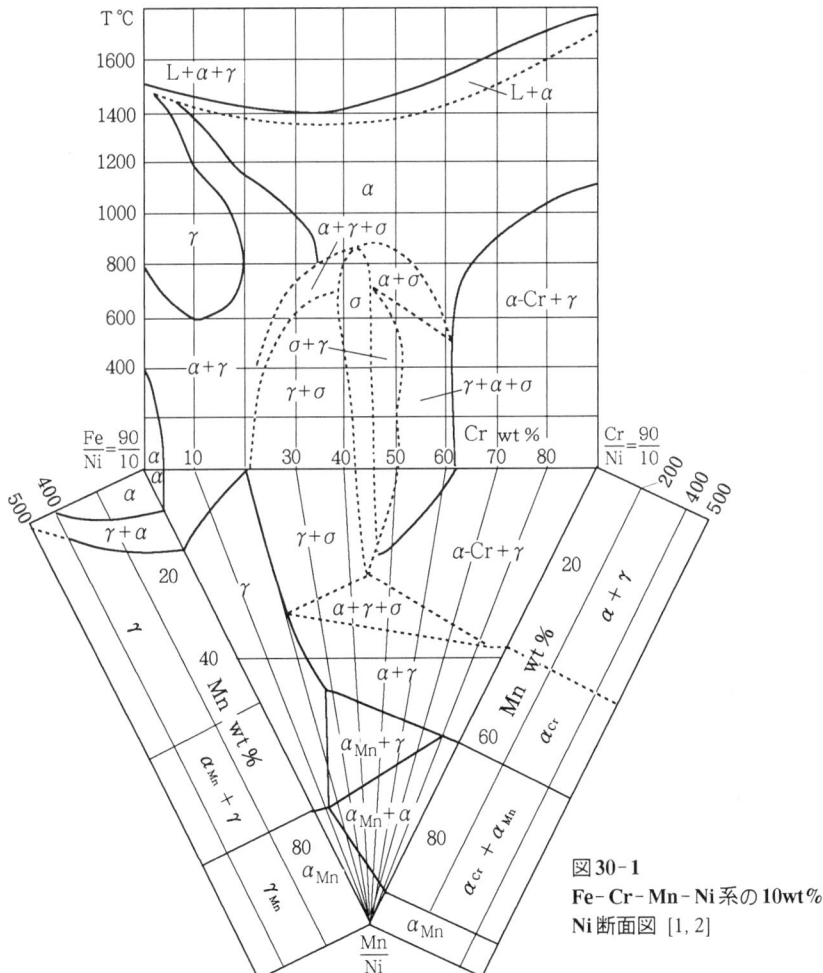

図30-1
Fe-Cr-Mn-Ni系の10wt%Ni断面図 [1, 2]

L.I.Shvedov [1, 2] は光学顕微鏡による組織観察と電気抵抗測定,硬度測定から,濃度四面体の10wt%Ni断面について研究をしている.

合金の溶解は誘導炉によりアルミナるつぼで,塩基性スラグを用いて行った.母材はアームコ鉄,電解ニッケル,電解マンガン,金属クロムを用いた.Cr濃度は10,20,30,50,60,75wt%,Mnは0~70wt%の合金を作製した.

図30-1にFe-Cr-Mn-Ni四元系の10wt%Ni断面図を示す.

なお同じくL.I.Shvedovら[2]は本系合金の融点の予想図を計算から求めている.

V.A.Pirtskhalaishviliら[3]は光学顕微鏡による組織観察,X線回折,X線マイクロアナライザー,硬度測定などにより,5wt%Niを含むFe-Cr-Mn-Ni合金の700℃,1100℃部分等温断面図を作成した(図30-2 (a), (b)).5wt%Niの添加により,Fe-Cr-Mn三元系に比べγ相領域が拡がり,フェライト一相領域が収縮する.

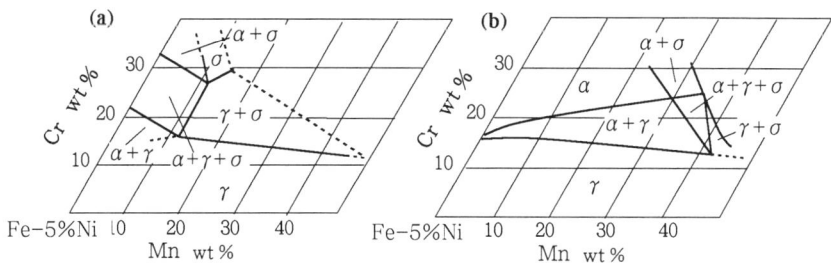

図30-2　Fe-Cr-Mn-5wt%Niの部分等温断面図 [3]　(a) 700℃ (b) 1100℃

文献 [1] L.I.Shvedov : Doklady Akad. Nauk Beloruss. SSR **13** (1975) No.8, 709-710
　　 [2] L.I.Shvedov and E.D.Pavlenko : Izvest. Akad. Nauk Beloruss. SSR, Ser. Fiz.-tekhn. Nauk (1975) No.2, 22-27
　　 [3] V.A.Pirtskhalaishvili and M.A.Nabichvrishvili : "Stabil'nye i Metastabil'nye Fazovye Ravnovesiya v Metallicheskikh Sistemakh", Moskva, Nauka (1985) 132

31. Fe-Cr-Mo-Ni

光学顕微鏡による組織観察,硬度測定により20wt%Cr組成断面図の研究がある(H.Brandisら[1]).合金はアルミナるつぼでタンマン炉により溶解し,銅鋳造型中に鋳造.これを1200℃×48時間焼鈍後水焼入れした.

図31-1は1200℃における濃度四面体の20wt%Cr断面を示す.Ni基γ-固溶体へのMoの溶解度は,Feが存在しない条件下では23wt%から30wt%Feで,10~11wt%に低下する.

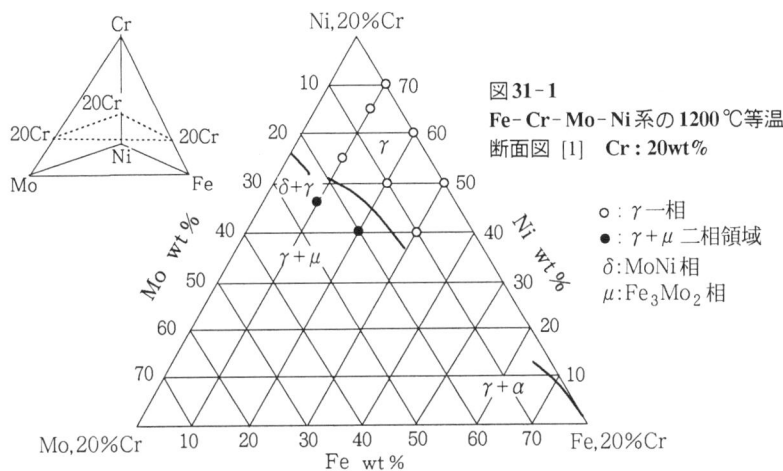

図 31-1
Fe-Cr-Mo-Ni系の1200℃等温断面図 [1]　Cr : 20wt%

○ : γ一相
● : γ+μ 二相領域
δ : MoNi 相
μ : Fe_3Mo_2 相

文献 [1] H.Brandis, K.Lehmann and K.Wiebkind : DEW Tech. Ber. **9** (1969) 204-213

32. Fe-Cr-Ni-Sb

X線回折により600~800℃における α-Fe 中への Sb の溶解度に及ぼす Ni と Cr の同時添加の影響が調べられている (M.Nageswararao ら [1])．

合金の母材は99.9%電解鉄(0.005%Cを含む)，99.99%Sbを用いた．あらかじめFe-38%Sb母合金を作製してSbを添加した．溶解は誘導炉で，アルゴン雰囲気下，マグネシアるつぼを用い行った．

図32-1は α-Fe 中への Sb の溶解度の温度依存曲線(実線)および1wt%Ni, 0.5wt%Cr 添加の時の同じく溶解度(点線)を示す．600℃では，NiとCrを同時添加すると，Sbのα-Fe中への溶解度は5.3wt%から3.1wt%に減少する．α-Feの格子定数も非添加の場合の0.2884nmから添加に伴い0.28768nmに減少した．

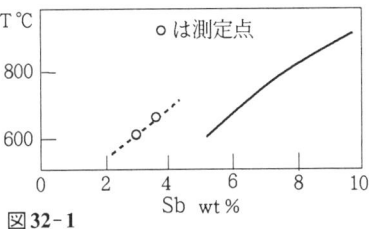

図 32-1
α-Fe 中への Sb の溶解度に与える 1wt% Ni + 0.5wt%Cr 同時添加の影響 [1]

文献 [1] M.Nageswararao, C.J.McMahon and H.Herman : Metall. Trans. **5** (1974) 1061-1068

33. Fe-Cr-Ni-Si

J.W.Schultz ら [1] は光学顕微鏡による観察で，Fe-Cr-Ni合金の γ/γ + α' 相境界の位置に及ぼすSi添加の影響を研究している．

合金はアルゴン雰囲気下でアーク溶解により作製し, 1260℃で1時間均一化焼鈍し, 水焼入れを施した. 焼入れた合金を鍛造後, 1204, 1093, 982, 899℃および816℃で各100, 170, 400, 1000時間焼鈍した.

図33-1は20wt%Fe組成の合金にSiを1wt%添加した時の$\gamma/\gamma+\alpha'$相境界をCr濃度に対して描いたものである. Siを添加すると, γ相の安定性が減少し, $\gamma/\gamma+\alpha'$相境界が低クロム側に移動するのがわかる.

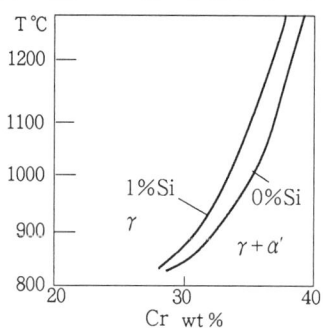

図33-1
20wt%Fe-Cr-Ni合金の$\gamma/\gamma+\alpha'$相境界位置に及ぼすSi添加の影響 [1]

文献 [1] J.W.Schultz and H.F.Merrick : Metall. Trans. **3** (1972) 2479-2483

34. Fe-Cr-Ni-Ti

B.Hattersleyら[1], J.W.Schultzら[2]は光学顕微鏡による組織観察, [1]およびH.Hughesら[3]はX線回折により本系合金の相境界位置に及ぼすTi濃度の影響を調べた. [1]は誘導炉を用い大気溶解により合金を作製した. 合金のTi濃度は1.7wt%Tiまでであり, 不純物として0.25~0.35%Si, 0.04~0.05%C, 0.18~0.25%Nを含む. この合金を1150℃~650℃の温度でそれぞれ24~895時間焼鈍を施し, 各温度の等温断面を研究している.

Ti添加はσ相の安定温度域を上昇させ, フェライト, またとくにσ相の安定化を促進し, γ相領域を狭める. Feの増加に伴いオーステナイト中へのTiの溶解度も上昇する. オーステナイト中へのTiの溶解限以上ではη相(Ni_3Ti)が生じる. Fe-Ni-Cr三元系の($\gamma+\sigma+\alpha'$)三相領域はTiの添加に伴いFeコーナー側へ移動する.

図34-1にη相の存否に及ぼす温度, Ti濃度, 基本(三元)合金組成の影響を示す. [1]はまた, 0.3~1.7wt%Ti組成合金の$\gamma/\gamma+\alpha$, $\gamma/\gamma+\sigma$境界, $\gamma/\gamma+\alpha'$相境界(α'はCrに富むbcc固溶体)近傍の1150℃~650℃等温断面を研究した. 図34-2, 図34-3にそれらを示す.

[2]は[1]と同様に本系合金の$\gamma/\gamma+\alpha'$相境界位置に及ぼすTi添加の影響を調べ

34. Fe-Cr-Ni-Ti

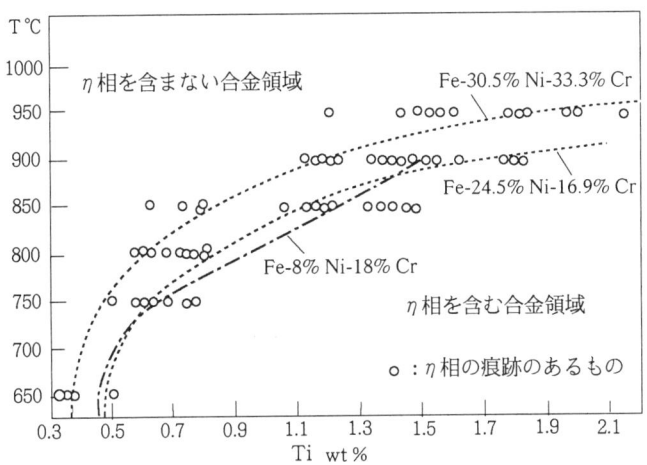

図34-1　Fe-Cr-Ni-Ti系のη相(Ni$_3$Ti)の存在域に及ぼす温度, Ti濃度, Fe-Cr-Ni三元合金組成の影響 [1]

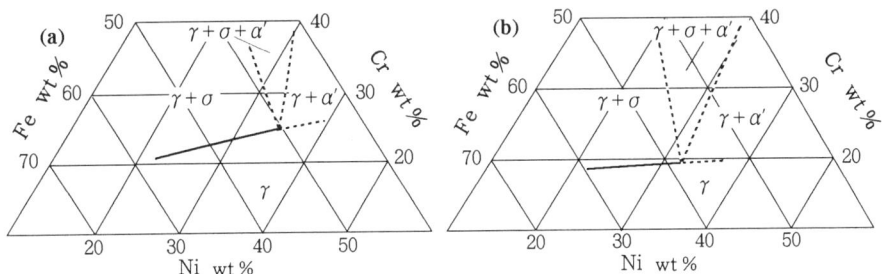

図34-2　Fe-Cr-Ni-Ti系の(Fe+0.3wt%Ti)-Cr-Ni部分等温断面図 [1]　(a) 800 ℃　(b) 650 ℃

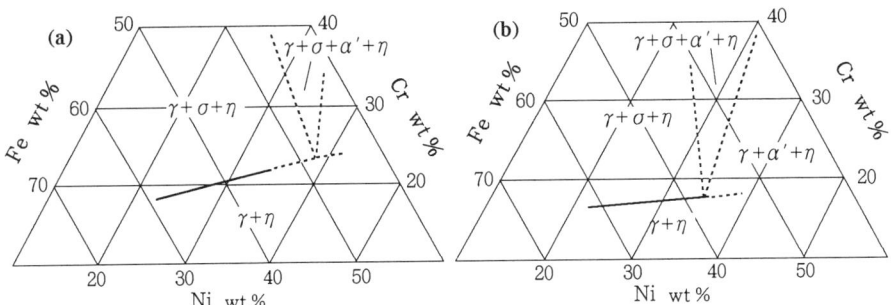

図34-3　Fe-Cr-Ni-Ti系の(Fe+1.7wt%Ti)-Cr-Ni部分等温断面図 [1]　(a) 800 ℃　(b) 650 ℃

た．母材は電解鉄(99.95%), 99.7%Ni, ヨード法クロム(99.99%), スポンジチタン(99.9%)を用い，アルゴン雰囲気下でアーク溶解により合金を作製した．ボタン状合金を1200℃で1時間均一化焼鈍後水焼入れし，冷間鍛造を施し，1204℃～816℃で100～1000時間焼鈍を行った．

図34-4は0, 10, 20wt%Fe組成の合金の$\gamma/\gamma+\alpha'$相境界位置に及ぼすTi濃度(0, 0.5, 1.5wt%)の影響を示してある．Ti濃度の増加に伴い上記境界は低クロム側に移動し，γ相が不安定となる．

[3]は本系合金中に四元化合物相χ相を見出した．おおよその組成は$Fe_{35}Cr_{13}Ni_3Ti_7$で，α-Mn型構造近似である．格子定数はa=0.8838nmである．

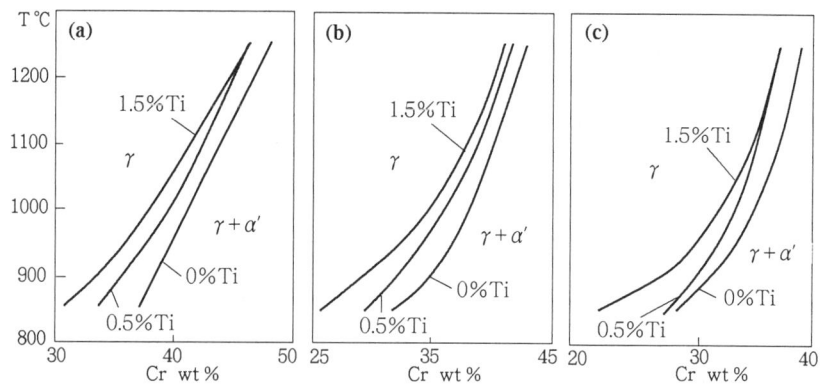

図34-4　Fe-Cr-Ni-Ti系の$\gamma/\gamma+\alpha'$相境界に及ぼすTi濃度の影響 [2]
(a) 0wt%Fe　(b) 10wt%Fe　(c) 20wt%Fe

文献 [1] B.Hattersley and W.Hume-Rothery : J. Iron Steel Inst. **204** (1966) No.7, 683-701
　　 [2] J.W.Schultz and H.F.Merrick : Metall. Trans. **3** (1972) No.9, 2479-2483
　　 [3] H.Hughes and J.D.Liewelyn : J. Iron Steel Inst. **192** (1959) No.2, 170

35. Fe-Cr-Ni-W

光学顕微鏡による組織観察，硬度測定による研究がある(H.Brandisら[1])．母材は99.0%W, 99.0%電解鉄，99.7%Ni, 99.2%Crを用いた．コランダムるつぼでタンマン炉により溶解し銅鋳型に鋳造．合金は1200℃で48時間焼鈍後，水焼入れを施した．

図35-1は1200℃における濃度四面体を20wt%Cr濃度で切断した断面である．Ni基γ-固溶体へのWの溶解度はFeが0%の場合は22wt%Wであるが，30wt%Feになると15wt%Wにまで減少する．

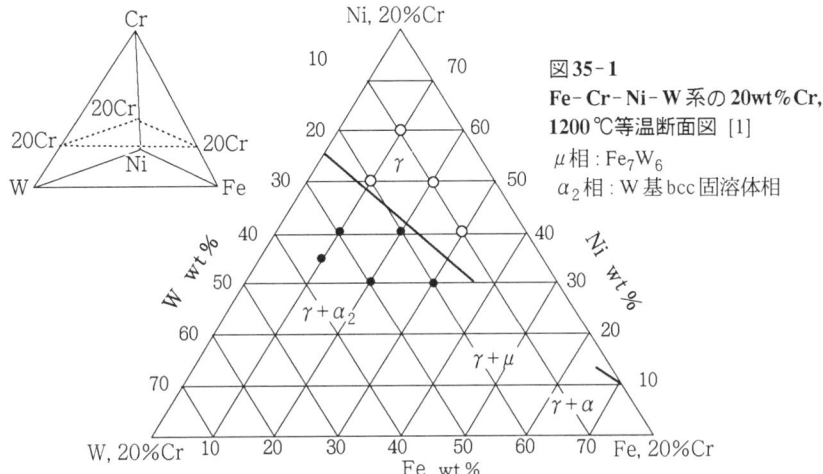

図35-1
Fe-Cr-Ni-W系の20wt%Cr, 1200℃等温断面図 [1]
μ相 : Fe_7W_6
α_2相 : W基bcc固溶体相

文献 [1] H.Brandis, K.Lehmann and K.Wiebkind : Deutsche Edelstahl Werke Techniche Berichte **9** (1969) No.2, 204-213

36. Fe-Cr-O-S

J.M.Dahlら[1]は光学顕微鏡による組織観察, EPMAによりFe-Cr合金中の酸化物,硫化物の介在物の平衡を調べた. 合金は99.9%Fe, 99.94%Crを用いたFe-Cr母合金カプセル中にFe_2O_3, FeSを加え封入し, 1490~1090℃で1~175時間熱処理を施して作製し,最後に水焼入れを行った.

Cr<0.2wt%までの四元合金はFe-O-S三元系として扱えることが判明した. 0.2%Cr添加により, $Fe_{1.6}Cr_{1.4}O_4$のスピネル型化合物が生じ, Cr濃度が増加すると酸化物相はFe濃度が減少し, $Fe_{1.6}Cr_{1.4}O_4$からクロマイト$FeCr_2O_4$になる. 硫化物相は同一温度, 同一金属組成ではFe-Cr-S三元系で生じるものと同じである. 硫化物,酸化物の相対量はS/O比の関数である. Cr_2O_3は4%Cr以上, 1490℃では平衡相として存在する. $FeCr_2O_4$からCr_2O_3への転移の組成限界は1370℃では2.5%Cr, 1230℃では1.6%Cr, 1090℃では約1%Crとなる.

文献 [1] J.M.Dahl and L.H.van Vlack : Trans AIME **233** (1965) 2-7

37. Fe-Cu-Mn-Ni

1912年のM.Parravano[1]と, 1956年のF.M.Perel'man[2]の研究しか見当たらない. [1]は熱分析法により, 10, 20, 30, 40, 50, 60, 70wt%Mnの切断面について研究し, 液相面,固相面温度を決定している. 図37-1(a),(b)に10wt%Mn組成の合金の

液相面(a)および固相面(b)のFe-Cu-Ni三元三角形上への投影を示す. また(b)には液相における相分離領域を点線で示してある. この領域は合金中のMn濃度が増大するにつれて狭まる. 50wt%Mn以上の切断面には相分離領域は存在しなくなる. 合金の融点はFe濃度の減少とともに低下し, Mn濃度の増加とともに低下する.

[2]はこれまでの文献のデータをもとにFe-Cu-Mn-Ni系の融点の予想図を求めた. 図37-2(a)はCuとMnに富む側の合金, (b)はFeとNiに富む合金の場合である. (a)の実線1はCu-Mn-Ni三元系への投影図. 点線2はCu-Mn-Fe. 同様に(b)の1はNi-Fe-Cu, 2はNi-Fe-Mn. 各合金組成を平均的に含む合金の融点は, 二つの図の組み合わせから求めることができる.

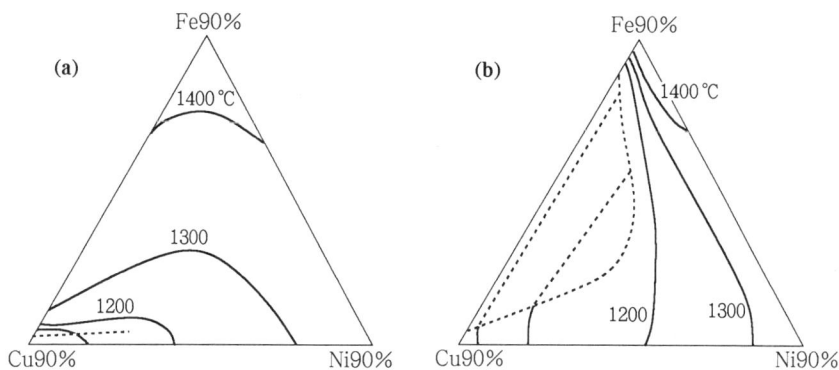

図37-1 Fe-Cu-Mn-Ni系合金の四元濃度四面体上の**10wt%Mn**組成切断面への投影図 [1] (a) 液相面 (b) 固相面

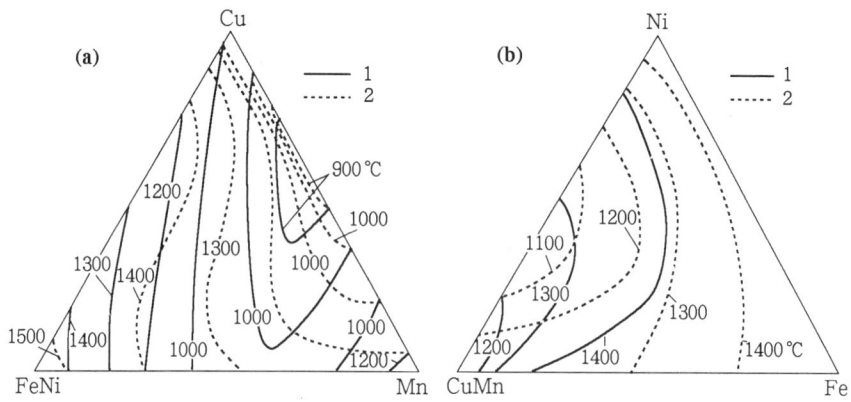

図37-2 Fe-Cu-Mn-Ni系合金の融点の予想 [2] (a) **Cu**と**Mn**に富む側の合金 (b) **Fe**と**Ni**に富む側の合金

文献 [1] M.Parravano : Gazz. chim. ital. **42** (1912) ParteⅡ, 589-610
   [2] F.M.Perel'man : Zhur. Neorg. Khim. **1** (1956) No.11, 2577-2587

38. Fe-Mg-Ni-O

P.Perrotら[1]はFe-Ni-O系の相平衡に及ぼすMgOの影響を酸素分圧の測定から調べ, Fe-Mg-Ni-O系の相平衡を検討した. MgOとNiO, MgOと"FeO"($Fe_{1-x}O$) は全率固溶体を形成する. 従ってMgO, NiO, "FeO"との間には擬三元固溶体が生じる.

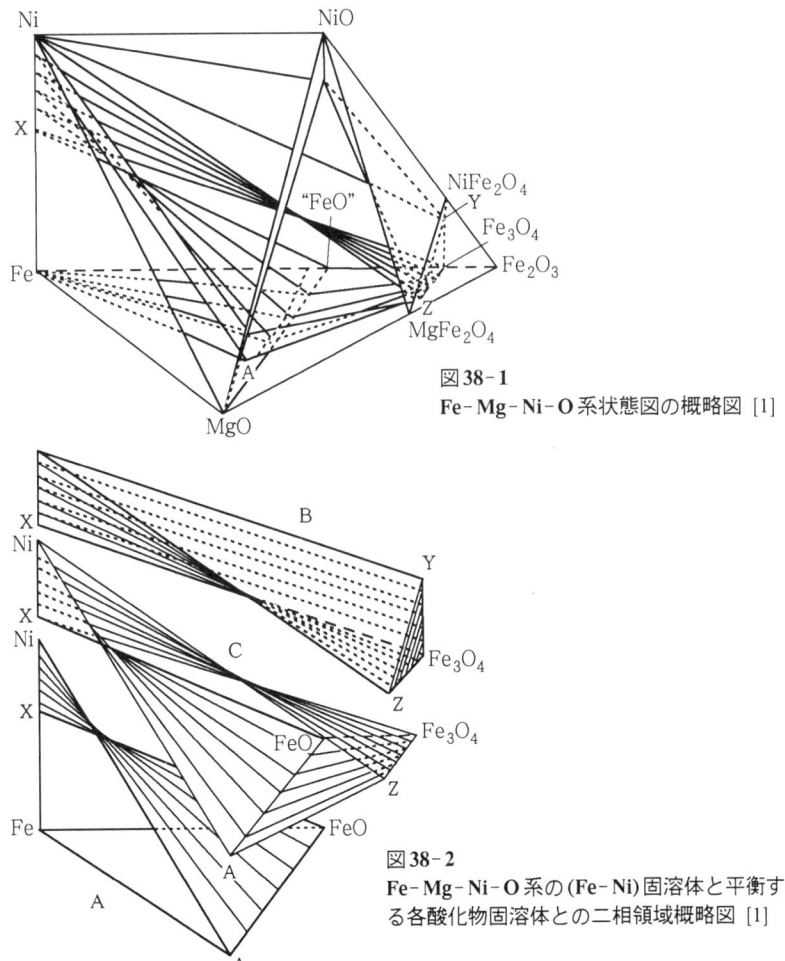

図38-1
Fe-Mg-Ni-O系状態図の概略図 [1]

図38-2
Fe-Mg-Ni-O系の(Fe-Ni)固溶体と平衡する各酸化物固溶体との二相領域概略図 [1]

図38-1はFe-Mg-Ni-O四元系の等温状態図の概略図である．この図は3種類の空間図形の積み重ねと考えられる．X点はFe-Ni二元固溶体のうちウスタイト,マグネタイトと平衡する組成のもので,800℃では42at%Fe, 1000℃では30at%Fe, 1200℃では18at%Feとなる．点Yは800℃で$Ni_{0.7}Fe_{2.3}O_4$, Zは同$Mg_{0.8}Fe_{2.2}O_4$組成となる．NiOは800℃でFeOに6%溶解するが,MgOが入ると溶解度は減少し,およそ$Mg_{0.75}Ni_{0.25}O$組成のA点で極小値をとる．

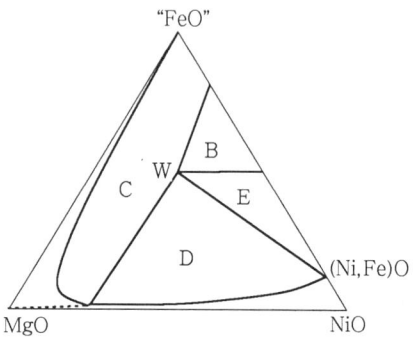

図38-3 Fe-Mg-Ni-O系の"FeO"-NiO-MgO領域800℃等温断面図 [1]

図38-2の領域Aは(Fe, Ni)固溶体と(Fe, Mg)Oが平衡する領域で,Bは(Fe, Ni)固溶体とスピネル固溶体(Fe_3O_4-$NiFeO_4$-$MgFe_2O_4$)とが平衡する領域である．Cは(Fe, Ni)固溶体とFeO, Fe_3O_4の三相が平衡する領域である．

図38-3は"FeO"-NiO-MgO擬三元系の800℃等温断面図である．図38-3は図38-1の"FeO"-NiO-MgO断面をFe-Ni側から投影した図に相当する．図中のW点はNiとZ点とを結ぶ直線と上記擬三元系平面の交点である．領域B, Cは図38-2の各領域の断面である．領域DではNiOとNi, Z点の酸化物固溶体とが平衡し,EではYZに沿った酸化物固溶体とNi, (Ni, Fe)Oとが平衡する．

文献 [1] P.Perrot and M-C.Dufour : Mem. Sci. Rev. Met. **67** (1970) 741-746

39. Fe-Mn-N-Si

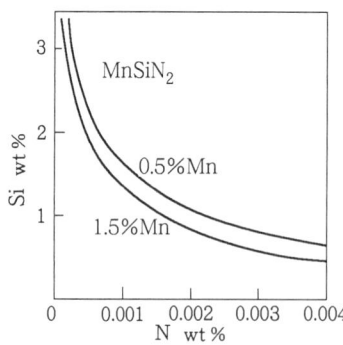

図39-1 800℃における$MnSiN_2$の$α$-Fe中への溶解度 [1]

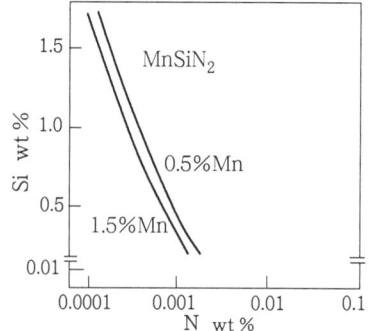

図39-2 660℃における$MnSiN_2$の$α$-Fe中への溶解度 [1]

化学分析,光学顕微鏡による組織観察,X線回折,電子顕微鏡,マススペクトル分析による研究がある(B.Mortimerら[1])。0.15~1.9wt%Mn, 0.11~1.02%Si, 0.009~0.2%N, 0.005~0.007%C, 0.002%Al, 0.006~0.009%P, 0.006~0.007%S, 0.01~0.03%O を含む合金のフェライト中への$MnSiN_2$の溶解度を求めている。合金は高周波溶解炉で溶解後,1100℃×3時間焼鈍,15mm厚に圧延した。試料寸法は15×15×180mmで,900℃×1時間焼戻し後所定の温度まで炉冷,そこで160時間保持後水冷した。

$MnSiN_2$ の α-Fe 中への溶解度を図39-1(800℃),図39-2(660℃)に示す。$MnSiN_2$は斜方晶で,格子定数は a = 0.5273nm, b = 0.6504nm, c = 0.5070nm である。660~850℃の範囲における $MnSiN_2$ の生成自由エネルギーは 360.41 + 142.32T J/mole である。

文献 [1] B.Mortimer and D.Svedung : Scand. J. Met. **4** (1975) No.3, 113-120

40. Fe-Mn-Ni-S

隕石の相組成を明らかにする目的で本系合金の研究が行われている(R.Vogelら[1])。光学顕微鏡による組織観察で,Fe-Ni-S系の液体状態における溶解度に及ぼす1wt%までのMn添加の影響を調べた。

Mn濃度:0.4, 0.5, 1.0wt%固定で,Fe:Ni:Sが一定の比の時の相分離領域を示す図が作成されている(図40-1)。8wt%Niを含む合金では,1wt%Mn添加はSの溶解度1wt%にまで低下させることがわかったが,これはFe-Ni-FeS系隕石のS濃度2wt%より低く,隕石中の相分離を説明できる。

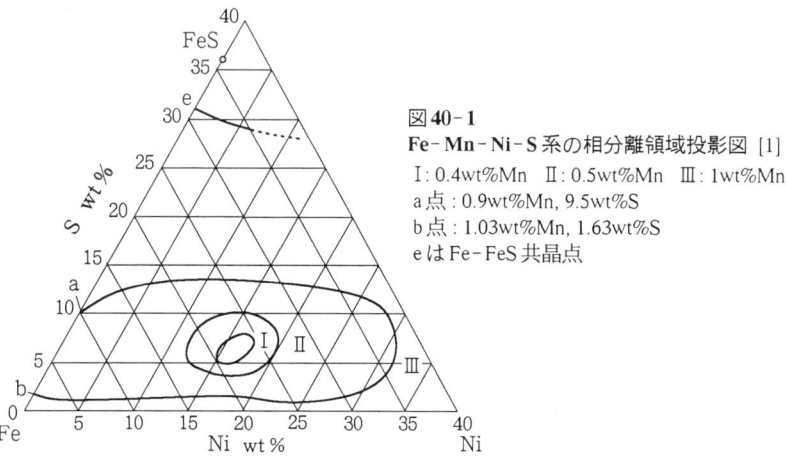

図40-1
Fe-Mn-Ni-S系の相分離領域投影図 [1]
Ⅰ:0.4wt%Mn Ⅱ:0.5wt%Mn Ⅲ:1wt%Mn
a点:0.9wt%Mn, 9.5wt%S
b点:1.03wt%Mn, 1.63wt%S
eはFe-FeS共晶点

文献 [1] R.Vogel and R.Gerhardt : Arch. Eisenhüttenwesen **32** (1961) 879-882

41. Fe-Mn-O-S

G.J.W.Korら[1]は光学顕微鏡, 走査電子顕微鏡による観察, 熱分析により, Fe-Mn合金の凝固時の酸化硫化物(oxysulfide：Ox.)形成について研究した. 用いた合金組成は Fe-1.1~4.8wt%Mn-0.14~0.53wt%S-0.008~0.03wt%O である.

図41-1は酸素が飽和したFe-Mn-O-S系合金の一変系曲線の示差熱分析による結果を示す. l_1 は酸化物融体, l_2 は金属融体である. Ox.は oxysulfide, "MnS" は condenced phase を示す. n は α/γ 相境界である. e は $(Ox.+l_2)/(\delta+Ox.+l_2)$, すなわち固相線で, f は $(\delta+Ox.+l_2)/(\delta+Ox.+l_1)$ 境界, g は $(\delta+Ox.+l_1)/(\gamma+Ox.+l_1)$, すなわち δ/γ 境界, h は $(\gamma+Ox.+l_1)/(\gamma+Ox.+"MnS")$ 境界である. Mn濃度が高いほど, 液相の出現する下限温度(h)が高くなり, 例えば10ppmMnでは950℃, 10wt%Mnでは~1200℃となる.

E.T.Turkdoganら[2]は Morey-Williamson の理論を改良して, 本系の相平衡を研究し, γ 相を含む四元系合金で2種の不変平衡が存在することを指摘している. ひとつは, ~900℃に存在し, ~10ppmMn を含む γ-Fe, MnS, FeS, Fe(Mn)O, oxy-sulfide 融体 (~2.6wt%FeO+54%FeS+15%MnS+5%MnO), 気相が平衡する. ~1255℃では固相Fe/Mn(~90%Mn), "MnS", "MnO"(ミシビリティーギャップ不変系を構成する condenced phase), l_1 (~0.1wt%FeO, 0.3%FeS, 65.2%MnS, 34.4%MnO), l_2 とが平衡する.

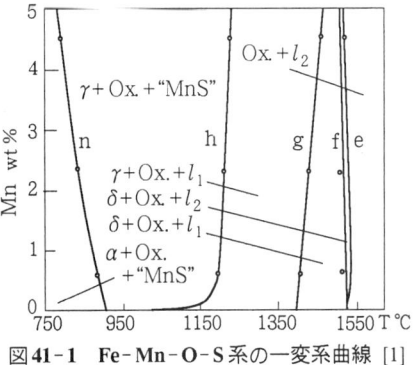

図41-1　Fe-Mn-O-S系の一変系曲線 [1]

文献 [1] G.J.W.Kor and E.T.Turkdogan : Metall. Trans. **3** (1972) 1269-1278
　　[2] E.T.Turkdogan and G.J.W.Kor : Metall. Trans. **2** (1971) 1561-1578

42. Fe-Mn-Si-V

光学顕微鏡による組織観察, X線回折により中間相の結晶化学的性質を調べた研究がある(D.J.Bardos [1]). 合金は99.9~99.98%純度の母材を用いヘリウム雰囲気下でアーク溶解により作製, 石英管に封入して熱処理を施した. 遷移金属の複雑な合金に共通して見られる, 四面体構造の稠密積層構造の Frank-Kasperovskii 相である σ 相, μ 相, R相が存在する. これらの相は α-Mn相型構造と同じく, いわゆる電子化合物に属する.

図42-1に30at%Mn固定の1100℃における等温断面図を示す. 断面の大部分を σ 相が占め, それと並んで電子化合物R相, α-Mn相, D相の狭い領域が存在する.

D相は遷移金属とSiの合金に見られるもので正方晶構造を有する．格子定数は$V_{26.5}Fe_{44}Si_{29.5}$でa = 0.8833nm, c = 0.8646nmである．予想される電子・原子比(e/a)の値は~6.5~7.0である．

50at%Mn組成でも同様な相分布が見られた．(図42-2)．Nowotny(N)相Fe_5Si_3とV_5Si_3の間には擬二元系が成り立つことが明らかである．

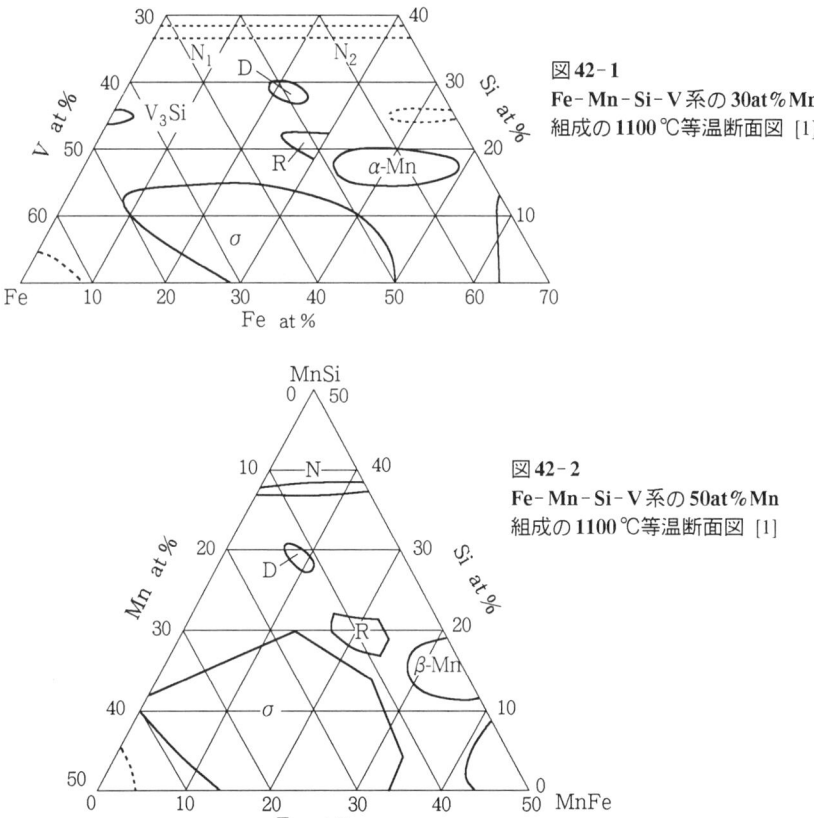

図42-1
Fe-Mn-Si-V系の30at%Mn
組成の1100℃等温断面図 [1]

図42-2
Fe-Mn-Si-V系の50at%Mn
組成の1100℃等温断面図 [1]

文献 [1] D.J.Bardos and P.Beck : Trans. AIME **236** (1966) 64-69

43. Fe-Ni-P-S

5~30wt%S, 3~75wt%Niを含む合金の2, 3, 7wt%P断面について，光学顕微鏡による組織観察，熱分析による研究がある(R.Vogel [1])．

図43-1は四元系合金の濃度四面体の概略図である．曲線 $f\varphi\varphi_2 f_2 f$ に沿って Fe と P の硫化物に富む側で，$Fe_3P-FeS-P_2S_5$ 系および $Fe_3P-P_2S_5-Ni_3P$ 系の液相が相分離を生じる領域の境界が存在する．曲線 $f_2\kappa_2\varphi_2$ に沿って，$Fe_3P-Ni_3P-P_2S_5$ 系表面の四元相分離断面が現れる．曲線 $\kappa\kappa_2$ は相分離境界を示す．図43-2は四元系の 2, 3, 7wt%P 各組成の相分離境界位置を示す．相分離領域は 2%P では~35%Ni まで，7%P では 70%Ni まで拡がる．25%S を含む合金では Fe-Ni-S 合金の相分離に及ぼす P の影響は著しく，0.5wt%P からその影響が始まる．

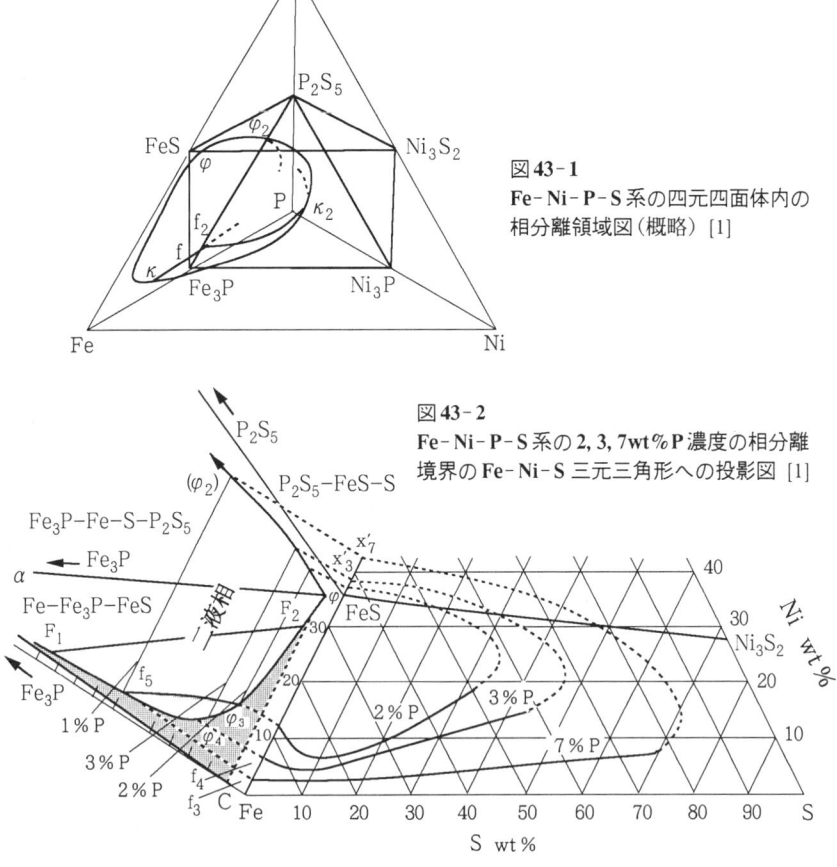

図43-1
Fe-Ni-P-S系の四元四面体内の相分離領域図（概略）[1]

図43-2
Fe-Ni-P-S系の2, 3, 7wt%P濃度の相分離境界のFe-Ni-S三元三角形への投影図 [1]

文献 [1] R.Vogel : Arch. Eisenhüttenwesen **34** (1963) 211-216

44. Fe-Ni-S-Si

光学顕微鏡組織による観察による R.Vogel ら [1] の研究がある．母材は純 Ni, Si, および 68%Fe+32%S 母合金である．合金は電気炉でアルゴン雰囲気下で溶解した．Fe-Ni-S 系の液相の層分離領域に及ぼす Si の影響を調べている．

図 44-1 に Fe-Ni-S-Si 四元系の，液相層分離境界の 2.9wt% および 4.1wt%Si 組成断面を示す．四元系は底面に Fe-Ni-S 三元系を置いたプリズムの形で示される．Si 濃度は底面に垂直な軸で示される．2.9wt%Si では液相層分離は 37wt%Ni まで拡がり (曲線 I)，4.7wt%Si では 60wt%Ni まで拡がる (曲線 II)．

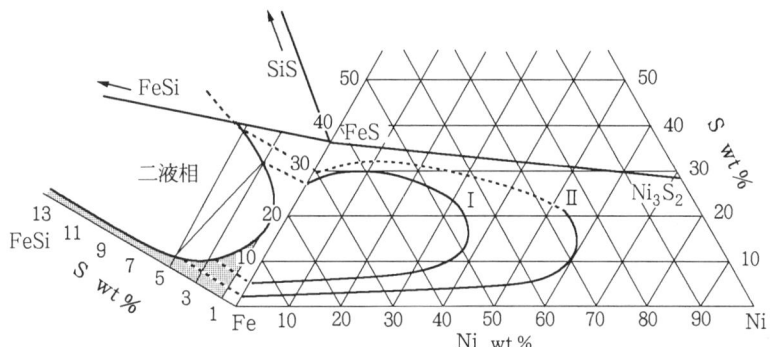

図 44-1　Fe-Ni-S-Si 系の四元液相層分離域 **2.9wt%Si** および **4.1wt%Si** 断層面の Fe-Ni-S 三元系断面への投影図 [1]

文献 [1]　R.Vogel and A.Romund : Arch. Eisenhüttenwesen **35** (1964) 1019-1021

45. Fe-Al-C-Cr-Mn

光学顕微鏡による組織観察，X 線回折，磁気分析，電気抵抗，硬度測定による L.I.Shvedov ら [1] の研究がある．母材はアームコ鉄，N1 番ニッケル，0 番クロム，A00 番アルミニウムである．

3 種類の合金：8, 15, 25wt%Mn, 0〜7 wt%Al, 0.06wt%C, 12wt%Cr について調べた．インゴットは塩基性るつぼ中で誘導溶解により溶解し，熱間加工を施した．これを石英管に封入し，1150℃×15 時間焼鈍後，その一部を水焼入れし，

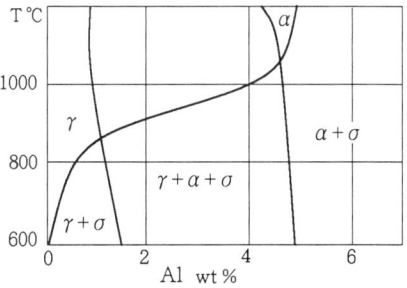

図 45-1　Fe-Al-C-Cr-Mn 系の **15wt% Mn, 12wt%Cr, 0.06wt%C** 合金の温度-Al 濃度断面図 [1]

残りを1000, 850, 750, 650℃でそれぞれ30, 65, 95, 240時間焼鈍し，各温度から焼入れを行った．

図45-1は15wt%Mn，12wt%Cr，0.06 wt%C合金の温度-Al濃度断面である．8wt%Mn，25wt%Mn組成の断面図も得られている．

文献 [1] L.I.Shvedov and Z.D.Pavlenko : "Struktura i Svojstva Metallov v Splavov", Minsk, Nauka i Tekhnika (1974) 187-193

46. Fe-B-C-Cr-Ni

本系合金では700℃で次の三相が見出された．Fe_2B, Cr_2B, $(Cr, Fe)_{23}(C, B)_6$ (金子秀夫ら[1])．図46-1はFe-B-Cr-10wt%Ni-0.2wt%C合金の1000℃における等温断面図である．Fe_2B, Cr_2Bと異なり$M_{23}(C, B)_6$は温度上昇に伴いオーステナイト中に溶解する．BとCの相対原子濃度は合金中のB, C, Cr濃度に依存して0~2.5の間を変化する．

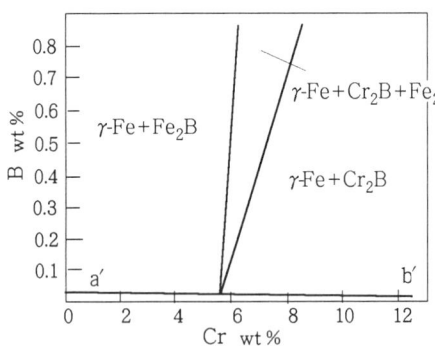

図46-1
Fe-B-Cr-10wt%Ni-0.2wt%C
合金の1000℃等温断面図 [1]
曲線a′b′はホウ化物存在限界を示す

文献 [1] 金子秀夫，西澤泰二：日本金属学会誌 30 (1966) 157-163

47. Fe-C-Cr-Mn-N

0.4wt%C, Nまでを含む合金について，光学顕微鏡による組織観察，硬度測定，磁気分析により研究している (V.A.Piritskhalaishvili ら[1])．合金は高純度ヘリウム(25vol%), N(75wt%)混合気体中，アルミナるつぼ中で溶解した．溶解した合金を8~10mm径の石英管中に吸い上げ丸棒とし，これを950~1050℃で45~55%繰返し鍛造を加え1200℃×1時間熱処理後，水焼入れを施した．この試料を石英管に封入し，900~1200℃の間50℃毎の温度で，1時間焼鈍し焼入れ，さらにヘリウム雰囲気下，グラファイト抵抗体を用いた炉中で1200~1400℃で焼鈍後焼入れた．

12wt%Mn+Crで，0.4%C, 0.1%N, また0.1%C, 0.4%Nを含む2組の合金について

調べた．図47-1に上記2種類の合金の結果を同一断面上に示す．1100~1150℃まではγ相領域に与えるNとCの影響は同じであるが，この温度より上ではNの方がいくらかγ相領域を高クロム側に拡げる．

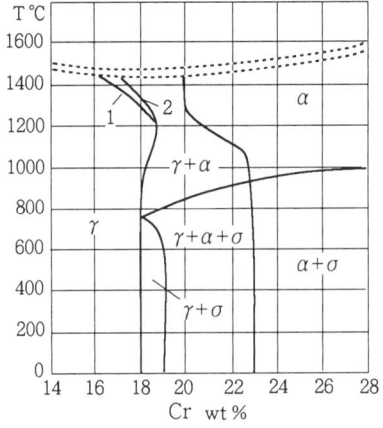

図47-1
Fe-C-Cr-Mn-N系の12wt%Mn, 0.4%C, 0.1%N (1), および12wt% Mn, 0.1%C, 0.4%N (2)の相領域 [1]

文献 [1] V.A.Piritskhalaishvili and M.A.Nabichvrishvili : "Voprosy Metallovedeniya i Korrozii Metallov", Tbilisi (1968) 48-53

48. Fe-C-Cr-Mo-V

K.W.Andrews ら [1] はX線回折，蛍光X線分析により，0~6wt%Cr, 0~2%Mo, 0~1%V, 残Fe(不純物として0.12%C, 0.5%Mn, 0.5%Siを含む)合金の650℃, 700℃の平衡状態図を決定した．炭化物の分析のため電解抽出した炭化物のX線回折を行った．試料は1050℃×30分焼鈍後焼入れし，さらに650℃, 700℃で, 20, 100, 400, 1000時間焼鈍後徐冷した．状態図はいずれも1000時間焼鈍の結果をもとに作成している．

図48-1は0.5wt%V, 1%Vを含む合金の650℃, 図48-2は同700℃のFeコーナー部分等温断面図を示す．図48-3は0.5wt%Mo, 1%Moを含む合金の700℃のFeコーナー部分等温断面図である．図48-4は1.5wt%Mo, 2%Moを含む合金の700℃のFeコーナー部分等温断面図である．いずれも1000時間焼鈍の結果である．

Moの増加に伴い炭化物はM_6Cが優先的に形成され，M_7C_3は消失する傾向にある．Crの増加に伴い$M_{23}C_6$が安定となる．VはM_4C_3を安定化する(ここではVC_{1-x}をV_4C_3としている)．Moは基質中よりもM_6C, M_4C_3, $M_{23}C_6$中に優先的に分配される傾向にある．一方Feの場合は基質中のFe濃度が増加すると同時に炭化物中の濃度も増加する．Crは主として$M_{23}C_6$に分配され，M_6C, M_4C_3には僅か

しか分配されない．ただし，V濃度が1%に増加すると，M_6C中のCr濃度も増加する傾向にある．Vは優先的にM_4C_3に分配され，M_6C, $M_{23}C_6$にはそれほど分配されないが，基質中に比べると10倍以上の濃度で分配される傾向にある．

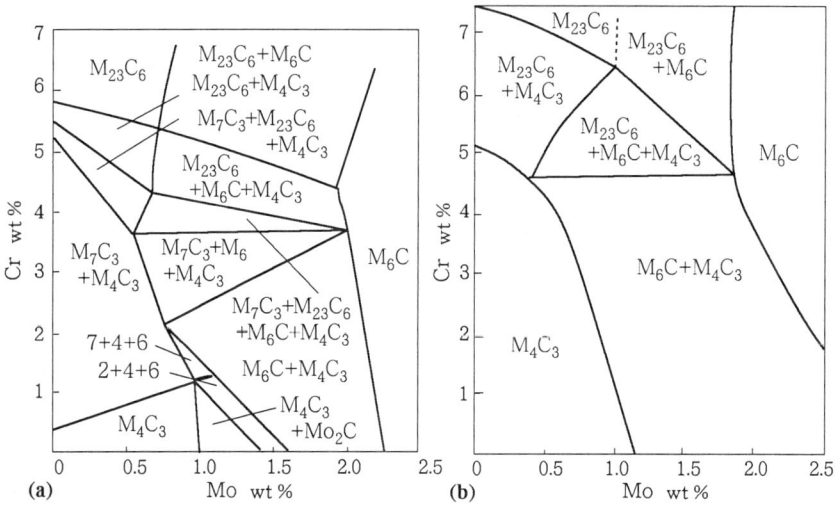

$2 = Mo_2C$, $4 = M_4C_3$, $6 = M_6C$, $7 = M_7C_3$（以下同じ）

図48-1　Fe-C-Cr-Mo-V系合金のFeコーナー650℃部分等温断面図 [1]　(a) 0.5wt%V　(b) 1wt%V

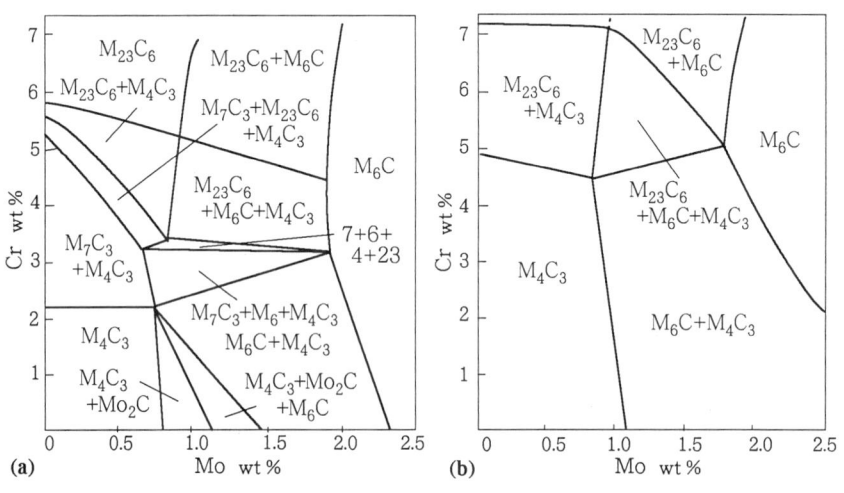

図48-2　Fe-C-Cr-Mo-V系合金のFeコーナー700℃部分等温断面図 [1]
(a) 0.5wt%V　(b) 1wt%V　　　　$23 = M_{23}C_6$（以下同じ）

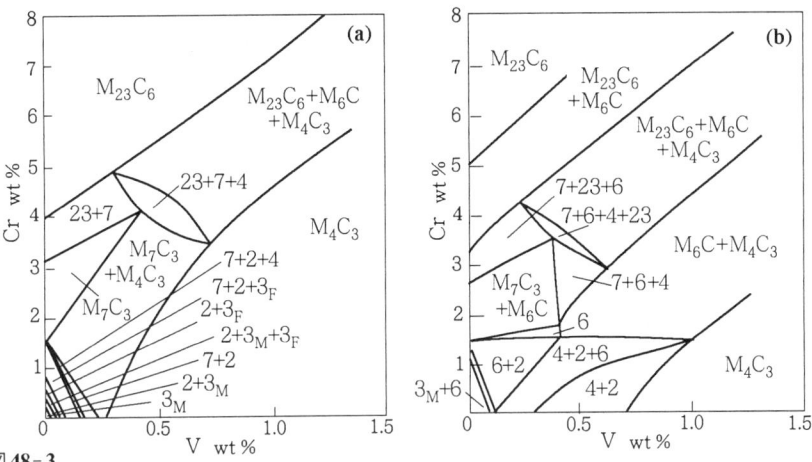

図 48-3
Fe-C-Cr-Mo-V系合金のFeコーナー700℃部分等温断面図 [1] (a) 0.5wt%Mo (b) 1wt%Mo

$3_M = M_3C$, $3_F = Fe_3C$ (以下同じ)

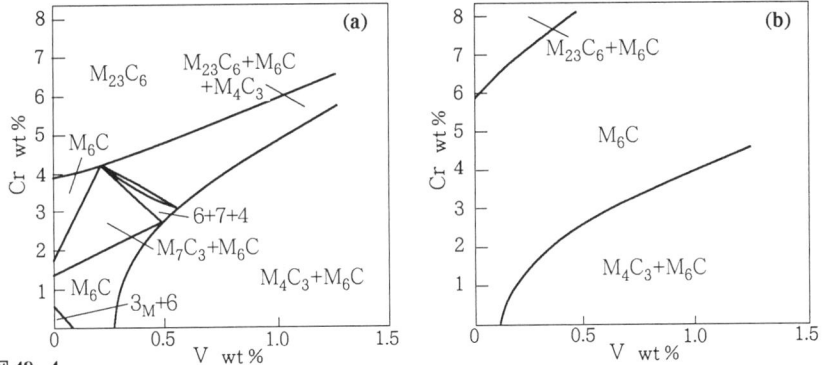

図 48-4
Fe-C-Cr-Mo-V系合金のFeコーナー700℃部分等温断面図 [1] (a) 1.5wt%Mo (b) 2wt%Mo

文献 [1] K.W.Andrews, H.Hughes and D.J.Dyson : J. Iron Steel Inst. **210** (1972) 337-350

49. Fe-C-Mn-Se-Si

0.01~0.033wt%C, 0.03~0.09%Mn, 0.010~0.40%Se, 不純物として0.002%P, 0.003%S, 0.003%Al, 0.0010%N, 0.0003%Oを含むFe合金のSeの溶解度に関する研究がある(清水 洋ら [1])。

圧延材を石英管中にアルゴン封入し, 1200~1400℃×1時間焼鈍後, 水焼入れした. 3wt%Siを含む合金の固溶体中へのSeの溶解度は次式で示される.

$$\log \mathrm{Se}\,(\%) = -10.2\,T^{-1}(\mathrm{K}^{-1}) - 3.85\,\mathrm{Mn}\,(\%) - 1.50\,\mathrm{C}\,(\%) + 5.01$$

図49-1は固溶体へのSeの溶解度のMnおよびC濃度依存を示す．溶解限以上のSeを含むと100nm以上の寸法のMnSe化合物相の析出が見出された．この相はNaCl型構造を有する．固溶体とMnSe間のSeの分布は合金中のMn/Se比，C濃度に依存する．

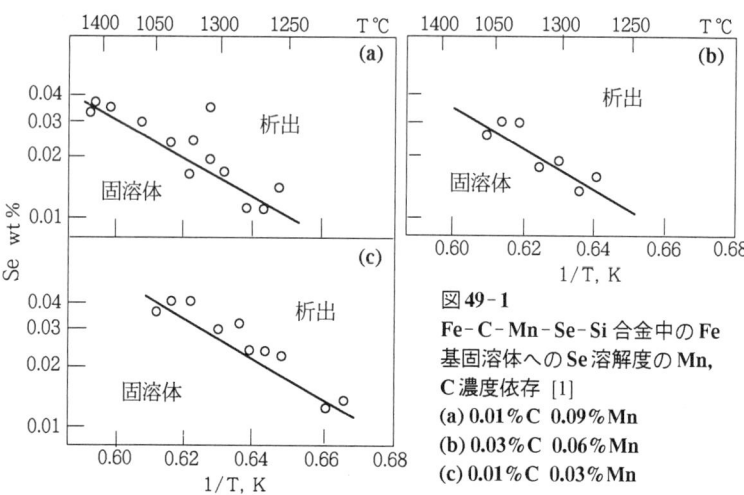

図49-1
Fe-C-Mn-Se-Si 合金中のFe基固溶体へのSe溶解度のMn, C濃度依存 [1]
(a) 0.01%C 0.09%Mn
(b) 0.03%C 0.06%Mn
(c) 0.01%C 0.03%Mn

文献 [1] 清水 洋, 飯田嘉明, 今中拓一：鉄と鋼 60 (1974) s 493

50. Fe-Co-Cr-Mo-Ni

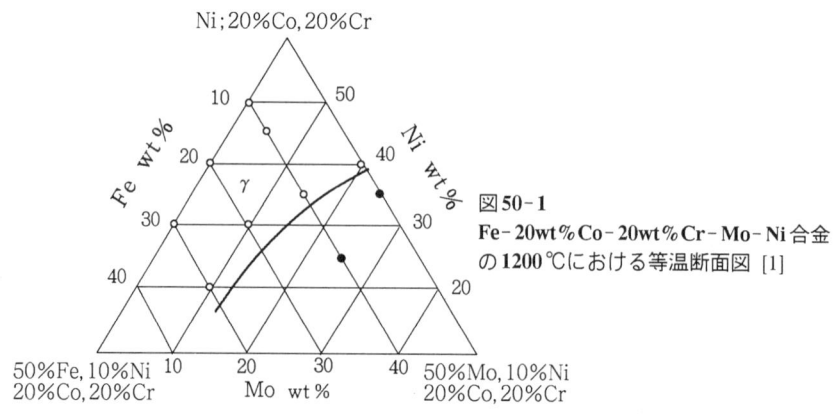

図50-1
Fe-20wt%Co-20wt%Cr-Mo-Ni 合金の1200℃における等温断面図 [1]

五元系合金のうち20wt%Co, Cr組成の合金について,光学顕微鏡による組織観察,硬度測定により研究した(H.Brandis [1] ら).母材は99.0%電解鉄,99.9%電解コバルト,99.7%Ni, 99.2%Crを用いた.合金はタンマン炉を用い,コランダムるつぼ中で溶解し銅鋳型に鋳造,1200℃×48時間焼鈍後,水冷した.

20wt%Co, Crを含む合金の1200℃等温断面図を図50-1に示す.CoとCrを含むγ相中へのMoの最大溶解度は20wt%に達する.

文献 [1] H.Brandis, K.Lehmann and K.Wiebkind : DEW Tech.Ber. **9** (1969) No.2, 204-213

51. Fe-Co-Cr-Ni-W

光学顕微鏡による組織観察,硬度測定により五元合金のうち20wt%Co, Crを含む合金の研究を行っている(H.Brandisら[1]).母材は99.0%電解鉄,99.0%W, 99.9%電解コバルト,99.7%Ni, 99.2%Crを用いた.合金はタンマン炉でコランダムるつぼ中で溶解し銅鋳型に鋳造.これを1200℃×48時間焼鈍後,水焼入れした.

20wt%Cr, Co組成の1200℃における等温断面図を図51-1に示す.CrとCoを含むγ-固溶体中へのWの最大溶解度は22wt%に達する.

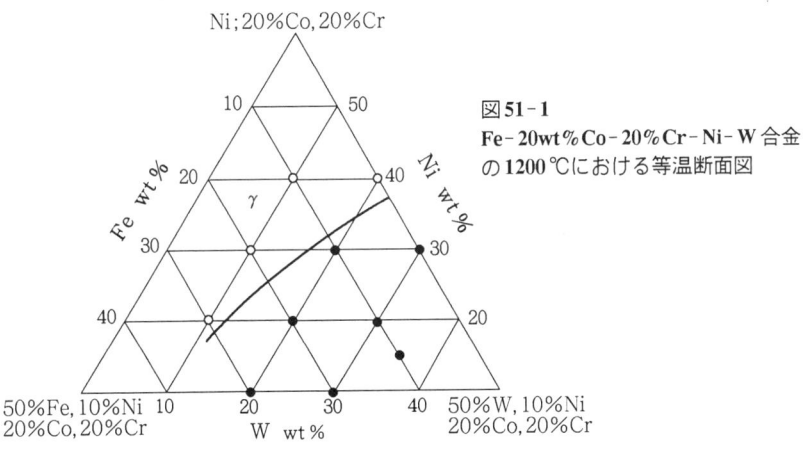

図51-1
Fe-20wt%Co-20%Cr-Ni-W合金の1200℃における等温断面図

文献 [1] H.Brandis, K.Lehmann and K.Wiebkind : DEW Tech.Ber. **9** (1969) No.2, 204-213

52. Fe-Cr-Cu-Mn-Ni

五元合金のいくつかの部分についての溶解開始面の予想状態図が作られている(F.M.Perel'manら[1]).図52-1にそのうちのFe, Niに富む合金の例を示す.実線はFe-Ni-Cr合金,一点鎖線はFe-Ni-Cu合金,点線はFe-Ni-Mn合金の溶解開始面を投影したもので,これらから五元合金の溶解温度を予想する.

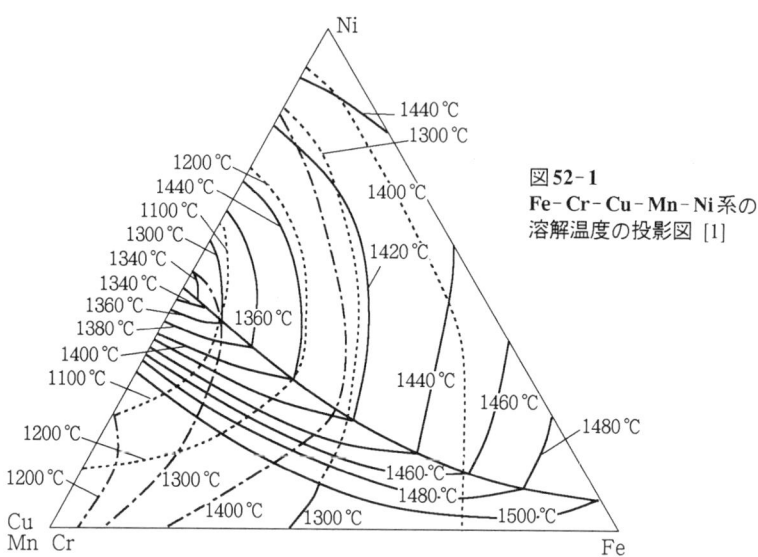

図 52-1
Fe-Cr-Cu-Mn-Ni 系の
溶解温度の投影図 [1]

文献 [1] F.M.Perel'man : Zhur. Neorg. Khim. **1** (1956) No.11, 2577-2587

53. Fe-Cr-Mn-N-Ni

I.N.Milinskaya ら [1] は Fe-Cr-Mn-Ni 合金中の N の溶解度に与える Cr の影響を調べた．合金組成は, 5.63, 10.60, 17.72wt%Cr, 5.72, 5.57%Ni, 1.26, 1.38%Mn, 0.20, 0.49%Si, 0.003%S, 0.07%P, 0.004%C である．実験方法は容量分析により, 900~1100℃, 80~800GPa の範囲で行った．$1/2N_2 \rightleftarrows N$ の平衡反応を調べた．

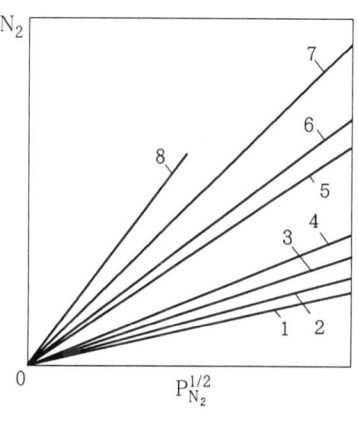

図 53-1
Fe-Cr-Mn-N-Ni 合金中の N の溶解度
の窒素分圧依存 [1]
5.63%Cr 合金：(1) 1100℃　(2) 1050℃
　　　　　　　　(3) 1000℃　(4) 950℃
10.60%Cr 合金：(5) 1100℃　(6) 1050℃
　　　　　　　　 (7) 1000℃　(8) 950℃

図53-1に5.63wt%Cr合金(直線1~4), 10.60%Cr合金(直線5~8)のN濃度の温度依存の気相中の窒素分圧との関係を示す. Nの溶解度はSivertsの法則に従い温度低下とともに上昇する. 本系合金中の窒素溶解度の温度依存はγ-Fe中の窒素溶解度のそれと同様であった. Crはオーステナイト中のNの溶解度を上昇させる.

文献 [1] I.N.Milinskaya and I.A.Tomilin : Zhur. Fiz. Khim. **47** (1973) No.4, 2224-2246

54. Fe-Al-B-Cr-Si-Ti

光学顕微鏡による組織観察, X線回折, 熱分析, 電気抵抗の温度変化による研究がある (I.I.Kornilovら[1], V.S.Mikheevら[2]). 合金はヘリウム雰囲気下で, 無るつぼ誘導溶解により得た. 母材はヨード法チタン, 還元鉄(99.95%), 電解クロム(99.95%), 品番KP1ケイ素を用いた. ホウ素はCr-10wt%B母合金の形で添加した. 得られたインゴットを6mm径の棒に鍛造した. これを1100℃×25時間均一化焼鈍後, 1000, 900, 800, 700, 500℃でそれぞれ100, 200, 300, 500, 1000時間焼鈍し焼入れた.

図54-1は3wt%Al, 0.01wt%B濃度における断面で, 横軸はΣ(Cr, Fe, Si) = 0.3~4.5 wt%である. Cr, Fe, Siの濃度が増加すると固相線の温度が低下する. 液相線はβ-固溶体の初晶温度である. β相は低Cr, Fe, Si側では$\alpha+\beta$二相領域を通ってα相に変態する. 高Cr, Fe, Si側ではβ相からメタライドであるTi_5Si_3のγ相が析出する. α-固溶体領域は温度上昇に伴い400℃で0.6wt%(Cr, Fe, Si)から750℃で~1%に拡がる. 合金元素総濃度が1%を越えると三相領域$\alpha+\beta+\delta$が出現する. ここでδ化合物は, $Ti(Cr, Fe)_2$と考えられる.

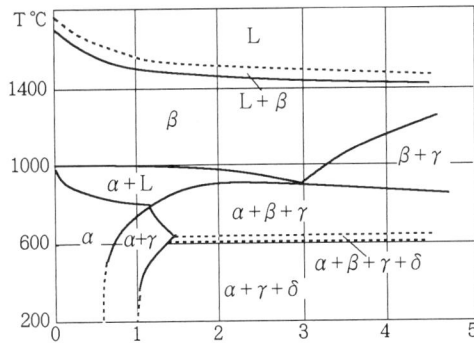

図54-1
Fe-Al-B-Cr-Si-Ti系の3wt%Al, 0.01wt%B組成における断面図 [2]

文献 [1] I.I.Kornilov, V.S.Mikheev and K.P.Markovich : Izvest. Akad. Nauk SSSR, Metally (1967) No3, 211-218

[2] V.S.Mikheev and T.S.Chernova : Izvest. Akad. Nauk SSSR, Metally (1967) No.2, 206-207

55. Fe-Al-Co-Cu-Nb-Ni

A.Higuchi [1] はX線回折, X線マイクロアナライザー, 熱分析, 磁気分析により, アルニコ-5合金-Nb断面の研究を行っている. 図55-1にFe-8wt%Al-14%Ni-24%Co-3%Cu(アルニコ-5合金)-Nb断面を示す. アルニコ合金にNbを添加するとFe_2Nbを基にしたε相が出現する. Fe_2Nbは$MgZn_2$型のLaves相である.

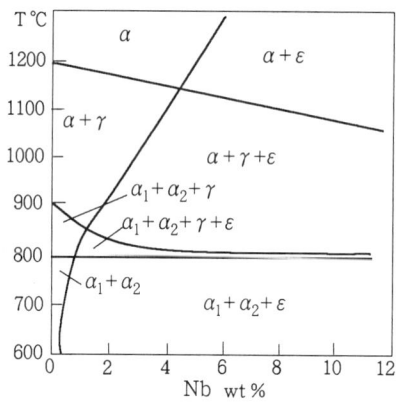

図55-1
Fe-Al-Co-Cu-Nb-Ni系の
アルニコ組成-Nb断面図 [1]

文献 [1] A.Higuchi : Z. angew. Physik **21** (1966) No.2, 80-83

56. Fe-Al-Co-Cu-Ni-Si

X線回折, 熱分析, 磁気分析によるA.Higuchi [1] の研究がある. 図56-1にFe-8wt%Al-14%Ni-24%Co-3%Cu(アルニコ-5合金)-Si断面図を示す. Si濃度の増加に伴い, α相が安定となり, 1.5wt%Siでγ相の析出は抑えられる.

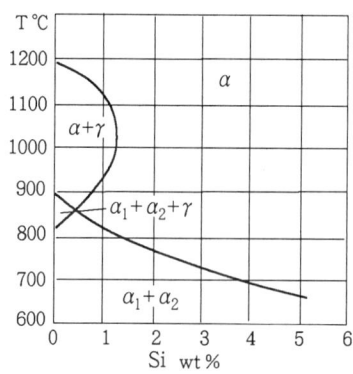

図56-1
Fe-Al-Co-Cu-Ni-Si系の
アルニコ組成-Si断面図 [1]

文献 [1] A.Higuchi : Z. angew. Physik **21** (1966) No.2, 80-83

57. Fe-Al-Co-Cu-Ni-Ti

A.Higuchi [1] はX線回折, X線マイクロアナライザー, 熱分析, 磁気分析により, アルニコ-5合金-Ti(0~10wt%)断面を研究している. アルニコ-5合金にTiを添加すると, Fe_2Tiを基にしたε相が生じる. この相は$MgZn_2$型のLaves相である. 図57-1に示すように狭い$\alpha_1 + \alpha_2 + \gamma + \varepsilon$四相領域が存在する.

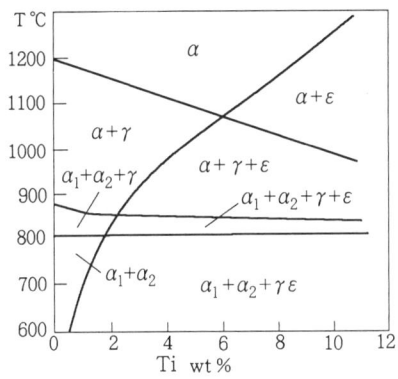

図57-1
Fe-Al-Co-Cu-Ni-Ti系の
アルニコ組成-Ti断面図 [1]

文献 [1] A.Higuchi : Z. angew. Physik **21** (1966) No.2, 80-83

58. Fe-Al-Co-Cu-Ni-V

X線回折, 熱分析, 磁気分析によるA.Higuchi [1] の研究がある.

図58-1はFe-Al-Co-Cu-Ni-V系の8wt%Al, 14%Ni, 24%Co, 3%Cu組成での断面である. 横軸はV濃度である. V濃度の増大につれ, α相が安定化し, ~8.5 wt%Vでγ相の析出が抑えられる. しかしながらα相の安定化に及ぼすVの影響はSiに比べ著しく弱い.

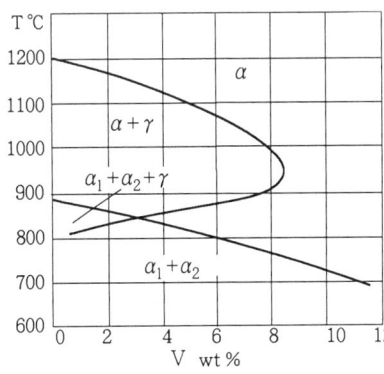

図58-1
Fe-Al-Co-Cu-Ni-V系の断面図 [1]
横軸の原点はアルニコ-5合金(Fe + 8wt%Al + 14%Ni + 24%Co + 3%Cu)組成である

文献 [1] A.Higuchi : Z. angew. Physik **21** (1966) 80-83

59. Fe-Al-Cr-Ni-Ti-W

光学顕微鏡による組織観察, 硬度測定, 電気抵抗測定, 耐熱強度測定による研究がある (V.S.Mikheev [1])．合金はコランダムるつぼ中で塩基性スラグを被覆し, 高周波溶解により作製した．試料は磁器製のパイプに溶湯を吸い上げて作製．これを 1150℃×18時間焼鈍後, 3日間かけて徐冷した．各温度で焼鈍後, 氷水焼入れを行った．

図59-1 に 40wt%Ni, 16%Cr, 1.5%Ti, 5.5~6.0%W, 1.5~8%Al, 残り Fe の合金の相組成の概略図を示す．20, 30, 35, 50wt%Ni 濃度についての同様な図も作成されている．800℃では, Ni 濃度の増大に伴い六元オーステナイト固溶体中への Al の溶解度が 2wt%(20wt%Ni で) から 4~5wt%(50wt%Ni で) に増大することが確かめられている．焼入れ合金の場合, 固溶体領域は 3wt%Al(20wt%Ni で) から 6.5wt% Al (50 wt%Ni で) に拡がる．

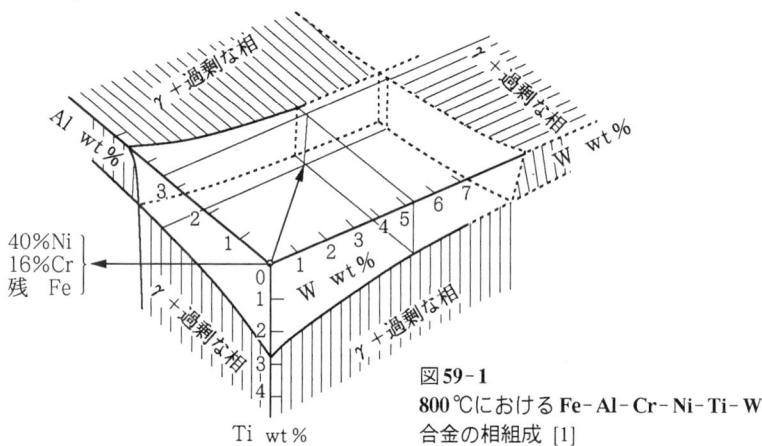

図59-1
800℃における Fe-Al-Cr-Ni-Ti-W
合金の相組成 [1]

文献 [1] V.S.Mikheev : Zhur. Neorg. Khim. **1** (1956) No.9, 2110-2117

60. Fe-Al-Co-Cu-Ni-Si-Zr

A.Higuchi [1] はアルニコ-5合金に Zr, Si を添加し, 相組成を調べた．実験方法は X 線回折, X 線マイクロアナライザー, 熱分析, 磁気分析である．図60-1 にアルニコ-5合金-(Zr+Si, Zr : Si = 1 : 1wt%) の断面図を示す．Zr, Si 添加に伴い Fe_2Zr を基にした ε 相が生じる．これは $MgNi_2$ 型の Laves 相である．Zr+Si が 2.4wt% 付近で γ 相が析出する．

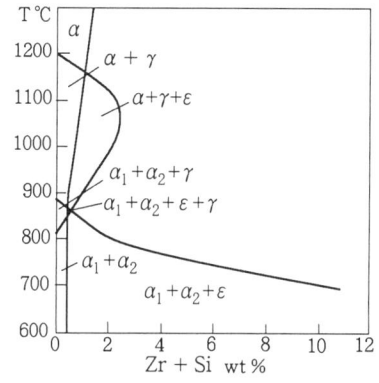

図60-1
Fe-Al-Co-Cu-Ni-Si-Zr系のアルニコ組成
-(Zr + Si, Zr : Si = 1 : 1wt%)断面図 [1]

文献 [1] A.Higuchi : Z. angew. Physik **21** (1966) No.2, 80-83

61. Fe-Cr-Mn-Nb-Ni-Si-V

F.N.Tavadzeら [1] は光学顕微鏡による組織観察,硬度測定,比抵抗測定,耐熱強度測定により研究を行っている. 58.5wt%Fe, 15%Cr, 10%Mn, 0.5%Nb, 0.5%V, 0.5%Si (γ-固溶体)の15の断面が作成された.

図61-1は上記γ-固溶体の相組成を示すもので,点Aが元の組成の固溶体に対応する.曲線はこの合金にAl, Ti, Wを添加した場合のγ相への各元素の1000℃の溶解度を示すものである.元のγ-固溶体は1100℃で~2.8wt%Ti, ~3.5%Al, ~5.5 %Wを固溶する.各元素の溶解度は他の2元素の添加量の増大とともに減少する.

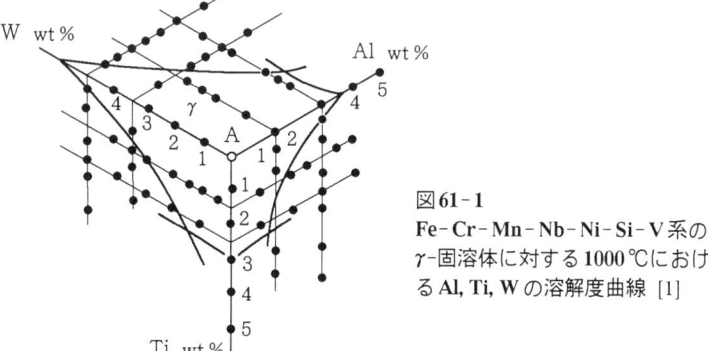

図61-1
Fe-Cr-Mn-Nb-Ni-Si-V系のγ-固溶体に対する1000℃におけるAl, Ti, Wの溶解度曲線 [1]

文献 [1] F.N.Tavadze, L.I.Pryakhina and T.V.Simonishvili : Doklady Akad. Nauk SSSR **145** (1962) No.1, 112-114

付. 鉄温度-圧力状態図

大気圧下では, Feは2段の同素変態を生じ, 固体で3種類の相を持つ.

低温ではbcc構造の相Ⅲ (α-Fe)が安定である. T = 20℃で, 格子定数: a = 0.28664 nm, 単位胞の原子数Z = 2である. 結晶構造は空間群 $Im\bar{3}m$ に属する. 911℃で相Ⅱに変態する. 変態熱は $\triangle H$ = 0.218kcal/mol, $\triangle V/V$ = −0.01である [1]. 相Ⅲは769℃で強磁性から常磁性に二次転移する.

相Ⅱ (γ-Fe) は fcc 構造で, 916℃で a = 0.36488nm, Z = 4, 空間群は $Fm\bar{3}m$ に属する. Ⅱ→Ⅰ転移は1392℃で生じ, 変態熱は $\triangle H$ = 0.265kcal/mol, $\triangle V$ = 0.040cm^3/mol である [1].

相Ⅰ (δ-Fe)は, 1392℃以上でbcc構造を有し, a = 0.29322nm, Z = 2, 空間群 $Im\bar{3}m$ に属する.

純鉄は1536℃で融解し, $\triangle H$ = 3.29kcal/mol, $\triangle V$ = 0.30cm^3/mol あるいは $\triangle V/V$ = 0.039である [2, 3].

高圧下の相変態

純鉄の相変態の及ぼす圧力の影響については多くの研究がある. 融点, Ⅱ(γ)→Ⅰ(δ) 変態温度は圧力の増加とともに上昇する. [4, 5]によれば, δ相の融点の圧力依存 dT/dP は一定で, 3.5K/kbarである.

δ相, γ相, 液相の三重点は [5] によれば, 52kbar(5.2GPa), 1718℃である.

γ相の融点の圧力依存曲線は200kbar(20GPa)までは次式で表される. T = 1718 + 3.85(p−52) −1.95×10^{-2} (p−52)^2 + 6.24×10^{-5}(p−52)^3, ここでpはkbar, Tは℃である [6]. γ相は1865℃, 100kbar, 2065℃, 200kbarで融解する. γ→δ変態の dT/dp は一定で, 6.2K/kbarである [5].

α相の強磁性−常磁性変態温度Tcは圧力に依存せず, 一定である.

高圧下では, もうひとつの固体の相変態が生じる. 室温で110~115kbar(11~11.5GPa)で相Ⅲ(α) は相Ⅳ(ε)に変態する [7, 8, 9, 10]. ε相の結晶構造はhcpで, 150kbar, 室温における格子定数は a = 0.2461nm, c = 0.3952nm である. Z = 2 で, 空間群 $P6_3/mmc$ である [8]. $\alpha \rightleftarrows \varepsilon$ 変態は正変態−逆変態の際, 変態開始圧力と終了圧力との差が大きく, 30−50kbar(3−5GPa)に達する [9]. これが, 試料の純度によるのか, 高圧下で格子にずれ変形が働くためか, また変態自体の特性かは明らかでない. α→ε 変態の dT/dp は負で, γ→ε 変態では正である [10, 11].

α-γ-ε の三重点は ~97kbar(9.7GPa), ~450℃である [10, 11]. ε相は非磁性で, 148kbar(14.8GPa)では20Kまで, 176kbar(17.6GPa)では48Kまで, 非磁性であることが確かめられている [12].

図1は以上のデータをもとに構成した純鉄の温度-圧力状態図である [13]．

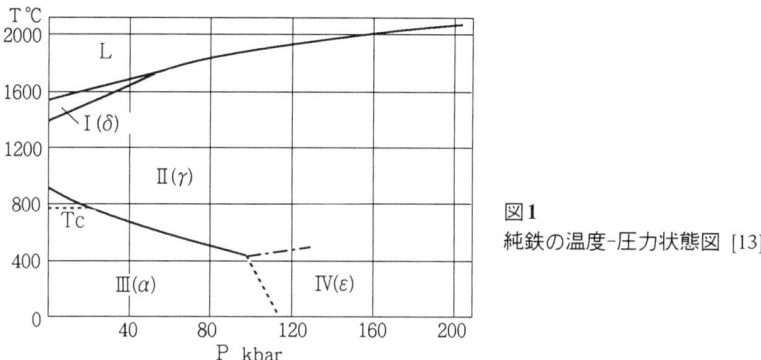

図1 純鉄の温度-圧力状態図 [13]

文献 [1] Z.S.Basinski, W.Hume-Rothery and A.Sutton : Proc. Roy. Soc. **229**(1955) 459
   [2] A.V.Grosse and A.D.Kirshenbaum : J. Iron Steel Inst. **201**(1963) 227
   [3] C.J.Smithells : Metals Reference Book 4 th ed. N.Y. Plenum Press(1967)
   [4] K.F.Sterret, W.Klement and G.C.Kennedy : J. Geophys. Res. **70**(1970) 1979
   [5] H,M,Strong, R.E.Tuft and R.E.Hanneman : Metall. Trans. **4**(1973) 2657
   [6] L.G.Liu and W.A.Bassett : J. Geophys. Res. **80**(1975) 3777
   [7] H.G.Drickamer : Rev. Sci. Instrum. **41**(1970) 1667
   [8] J.C.Jamieson and A.W.Lawson : J. Appl. Phys. **33**(1962) 776
   [9] P.M.Giles, M.H.Longenbach and A.K.Marder : J. Appl. Phys. **42**(1971) 4290
   [10] F.P.Bundy : J. Appl. Phys., **36**(1965) 616
   [11] P.C.Johnson, B.A.Stein and R.S.Davis : J. Appl. Phys. **33**(1962) 557
   [12] D.L.Williamson, S.Bukshpan and R.Ingalls : Phys. Rev. B, Solid State **6**(1972) 4194
   [13] E.Yu.Tonkov : "Fazovye Diagrammy Elementov pri Vysokom Davlenii", Nauka, Moskva (1979) 115

付録　金属元素の各種基礎データ

1. 周期表の表記法

周期表は現在いく通りもの形式が流通している．まず長周期型（表1）とメンデレーフ以来の流れを組む短周期型（表2，表3）がある．族の呼び方もローマ数字を使ったⅠ，Ⅱ，Ⅲ，…Ⅷもあるが，アラビア数字もある．亜族の分け方もa，bもありA，Bもある．さらにある周期表で亜族aにあるものが別の周期表ではbになっている．したがって，ただⅢa族といったのでは特定したことにならない．事実特許などで何を指すのか問題になることもある．

このような混乱を整理し，より矛盾のないものをというので，1965年から1970年にかけて，国際純正および応用化学連合（IUPAC）では，亜族について付録2の「元素の結晶構造」の周期表のように取りきめ，また族の呼称もアラビア数字とすることとした．しかし，これでも新しい化学の発展の上から問題があるというので表1のように1~18までの族番号とすることとし，日本化学会でも新しい表記を取り入れている．

この表記によると"「Ⅲ族-V族の組合せ」の化合物半導体の一つGaAs"といった表記は出来ない．「13族-15族の組合せ」ということになる．

本図集の中では従来の金属分野の慣用に従っている．

族周期	1	2	3	4	5	6	7	8	9	10	11	12	13	14	15	16	17	18
1	1 H																	2 He
2	3 Li	4 Be											5 B	6 C	7 N	8 O	9 F	10 Ne
3	11 Na	12 Mg											13 Al	14 Si	15 P	16 S	17 Cl	18 Ar
4	19 K	20 Ca	21 Sc	22 Ti	23 V	24 Cr	25 Mn	26 Fe	27 Co	28 Ni	29 Cu	30 Zn	31 Ga	32 Ge	33 As	34 Se	35 Br	36 Kr
5	37 Rb	38 Sr	39 Y	40 Zr	41 Nb	42 Mo	43 Tc	44 Ru	45 Rh	46 Pd	47 Ag	48 Cd	49 In	50 Sn	51 Sb	52 Te	53 I	54 Xe
6	55 Cs	56 Ba	57* | 71	72 Hf	73 Ta	74 W	75 Re	76 Os	77 Ir	78 Pt	79 Au	80 Hg	81 Tl	82 Pb	83 Bi	84 Po	85 At	86 Rn
7	87 Fr	88 Ra	89** | 103	104 Rf	105 Db	106 Sg	107 Bh	108 Hs	109 Mt	110 Uun	111 Uuu	112 Uub		114 Uuq		116 Uuh		118 Uuo

	57 La	58 Ce	59 Pr	60 Nd	61 Pm	62 Sm	63 Eu	64 Gd	65 Tb	66 Dy	67 Ho	68 Er	69 Tm	70 Yb	71 Lu
*57-71 ランタン系列															
**89-103 アクチニウム系列	89 Ac	90 Th	91 Pa	92 U	93 Np	94 Pu	95 Am	96 Cm	97 Bk	98 Cf	99 Es	100 Fm	101 Md	102 No	103 Lr

表1 新しい周期表の例 (2001年版理科年表による)

族番号はIUPAC無機化学命名法改訂版(1989)による．原子番号107番以降の元素については化学的性質が明らかでなく，従って周期表上の位置も暫定的なものである．

1. 周期表の表記法

周期\族	亜族\列	I a	I b	II a	II b	III a	III b	IV a	IV b	V a	V b	VI a	VI b	VII a	VII b	(0) a	VIII b		
1	1	1 H														2 He			
2	2	3 Li		4 Be		5 B		6 C		7 N		8 O		9 F		10 Ne			
3	3	11 Na		12 Mg		13 Al		14 Si		15 P		16 S		17 Cl		18 Ar			
4	4	19 K		20 Ca		21 Sc		22 Ti		23 V		24 Cr		25 Mn			26 Fe	27 Co	28 Ni
	5		29 Cu		30 Zn	31 Ga		32 Ge		33 As		34 Se		35 Br		36 Kr			
5	6	37 Rb		38 Sr		39 Y		40 Zr		41 Nb		42 Mo		43 Tc			44 Ru	45 Rh	46 Pd
	7		47 Ag		48 Cd	49 In		50 Sn		51 Sb		52 Te		53 I		54 Xe			
6	8	55 Cs		56 Ba		57* La		72 Hf		73 Ta		74 W		75 Re			76 Os	77 Ir	78 Pt
	9		79 Au		80 Hg	81 Tl		82 Pb		83 Bi		84 Po		85 At		86 Rn			
7	10	87 Fr		88 Ra		89 Ac		90 Th		91 Pa		92 U							

*	57 La	58 Ce	59 Pr	60 Nd	61 Pm	62 Sm	63 Eu	64 Gd
	65 Tb	66 Dy	67 Ho	68 Er	69 Tm	70 Yb	71 Lu	

表2 短周期型の例1 (槌田竜太郎の周期表(1942年)をもとに作成)

周期\族	列	I a アルカリ金属	I b 銅族元素	II a アルカリ土金属	II b 亜鉛族元素	III a 土類元素	III b ホウ素族元素	IV a チタン族元素	IV b 炭素族元素	V a バナジウム族元素	V b 窒素族元素	VI a クロム族元素	VI b 酸素族元素	VII a マンガン族元素	VII b ハロゲン元素	VIII 鉄族元素(上の三つ) 白金族元素(下の六つ)			O 希ガス
I	1	1 H																	2 He
II	2	3 Li		4 Be		5 B		6 C		7 N		8 O		9 F					10 Ne
III	3	11 Na		12 Mg		13 Al		14 Si		15 P		16 S		17 Cl					18 Ar
IV	4	19 K		20 Ca		21 Sc		22 Ti		23 V		24 Cr		25 Mn		26 Fe	27 Co	28 Ni	
	5		29 Cu		30 Zn		31 Ga		32 Ge		33 As		34 Se		35 Br				36 Kr
V	6	37 Rb		38 Sr		39 Y		40 Zr		41 Nb		42 Mo		43 Tc		44 Ru	45 Rh	46 Pd	
	7		47 Ag		48 Cd		49 In		50 Sn		51 Sb		52 Te		53 I				54 Xe
VI	8	55 Cs		56 Ba		57 La		72 Hf		73 Ta		74 W		75 Re		76 Os	77 Ir	78 Pt	
	9		79 Au		80 Hg		81 Tl		82 Pb		83 Bi		84 Po		85 At				86 Rn
VII	10	87 Fr		88 Ra		89 Ac													

表3 短周期型の例2 (千谷利三:「無機化学」所載のものを整理)

2. 元素の結晶構造

元素の結晶構造は表中の記号で示されている。二つの符号の間の数字は変態温度, K表示のないものは℃

2. 元素の結晶構造

	57 La	58 Ce	59 Pr	60 Nd	61 Pm	62 Sm	63 Eu	64 Gd	65 Tb	66 Dy	67 Ho	68 Er	69 Tm	70 Yb	71 Lu
*ランタン系列	⊙ 868 ⊕ 310 ✦	⊙ ~730 ⊕ ~60 ✦ −177 ⊕	⊙ ~798 ✦	⊙ ~863 ✦	⊙	⊙ 922 ⬡ 734 ⬢	⊙	⊙ ~1235 ⬡	⊙ ~1310 ⬡ ~220K □	⊙ ~950 ⬡ ~86K □	⊙ ~966 ⬡	⊙ ~917 ? ⬡	⊙ ~1004? ⬡	⊙ ⊕	⊙ ⬡

	89 Ac	90 Th	91 Pa	92 U	93 Np	94 Pu	95 Am	96 Cm	97 Bk	98 Cf	99 Es	100 Fm	101 Md	102 No	103 Lr
**アクチニウム系列	⊕	⊙ 1400 ⊕	⊙	⊙ 774 □ 662 □	⊙ 577 280 □	⊙ 485 451 319 ⊕ 206 □ 122 ⟋	⊕ ✦	⬡							

凡例:
- ⊙ 体心立方構造 (A2)
- ⊙ 体心正方構造 (A5)
- ⊕ 面心立方構造 (A1)
- ⊕ 面心正方構造 (A6)
- □ 単純立方構造 (Ah)
- ⊙ 最密六方 c/a ≈ 1.63 (A3)
- ⬡ 〃 c/a < 1.63
- ⬡ 〃 c/a > 1.63
- ⬢ 複最密六方 (α-La型, A3')
- ✦ α-Sm型
- □ 正方構造
- ▱ 斜方構造
- ⟋ 単斜構造
- ◇ 菱面体構造
- ✧ ダイヤモンド型 (A4)
- △ As型 (A7)
- ⌒ Se型 (A8)
- ⓐ α-Mn型 (A12)
- ⓑ β-Mn型 (A13)

3. 主な金属元素の同素変態

元素	原子番号	変態温度 ℃ ①		結晶構造			
Be	4	L↔β	1289	β	:A2	W型	
		β↔α	1270	α	:A3	Mg型	
Ce	58	L↔δ	798	δ	:A2	W型	②
		δ↔γ	726	γ	:A1	Cu型	
		γ↔β	61	β	:A3′	α-La型	
		β↔α	−177	α	:A1	Cu型	
Co	27	L↔α	1495	α	:A1	Cu型	
		α↔ε	422	ε	:A3	Mg型	
Fe	26	L↔δ	1538	δ	:A2	W型	
		δ↔γ	1394	γ	:A1	Cu型	
		γ↔α	912	α	:A2	W型	
Gd	64	L↔β	1313	β	:A2	W型	
		β↔α	1235	α	:A3	Mg型	
La	57	L↔γ	918	γ	:A2	W型	
		γ↔β	865	β	:A1	Cu型	
		β↔α	310	α	:A3′	α-La型	
Li	3	L↔β	180.6	β	:A2	W型	
		β↔α	−193	α	:A3	Mg型	
Mn	25	L↔δ	1246	δ	:A2	W型	
		δ↔γ	1138	γ	:A1	Cu型	
		γ↔β	1100	β	:A13	β-Mn型	cP 20
		β↔α	727	α	:A12	α-Mn型	cI 58
Na	11	L↔β	97.8	β	:A2	W型	
		β↔α	−233	α	:A3	Mg型	
Nd	60	L↔β	1021	β	:A2	W型	
		β↔α	863	α	:A3	α-La型	
Pu	94	L↔ε	640	ε	:A2	W型	
		ε↔δ′	485	δ′	:A6	In型	
		δ′↔δ	451	δ	:A1	Cu型	
		δ↔γ	319	γ	:	γ-Pu型	oF 8
		γ↔β	206	β	:	β-Pu型	mC 34
		β↔α	122	α	:	α-Pu型	mP 16
Sm	62	L↔γ	1074	γ	:A2	W型	
		γ↔β	922	β	:A3	Mg型	
		β↔α	734	α	:	α-Sm型	hR9(9R)
Sn	50	L↔β	231.97	β	:A5	金属Sn型	③
		β↔α	13.2	α	:A4	ダイヤモンド型	

3. 主な金属元素の同素変態

元素	原子番号	変態温度 ℃ ①		結晶構造		
Sr	38	L↔γ	769	γ : A2	W型	
		γ↔β	547	β : A3	Mg型	
		β↔α	245	α : A1	Cu型	
Ti	22	L↔β	1670	β : A2	W型	
		β↔α	882	α : A3	Mg型	
Tl	81	L↔β	304	β : A2	W型	
		β↔α	230	α : A3	Mg型	
U	92	L↔γ	1135	γ : A2	W型	
		γ↔β	774	β : Ab	β-U型	tP30
		β↔α	662	α : A20	α-U型	oC4
Y	39	L↔β	1522	β : A2	W型	
		β↔α	1478	α : A3	Mg型	
Zr	40	L↔β	1855	β : A2	W型	
		β↔α	863	α : A3	Mg型	

注) ① Lは液相
② Ceでは，A3′型をα，A1型をβ，A2型をγと記す場合もある．
A3′型は高圧力下では消失する．
③ α-Snは灰色スズ，β-Snは白色スズともいう．

温度によって結晶構造が変る金属は，全金属元素の3分の1以上に達する．これらの中にはアルカリ金属や，希土類金属のように比較的最近になって明らかになったものもあるが，鉄は19世紀の終りにOsmondによって確認されている．この変態が実用材料としての鉄鋼に重要な意味をもつことは周知の通りである．

UやZr, Tiの変態もまた，これらの金属の材料としての利用に際して，特に配慮しなければならないこともよく知られたことである．

これらの金属を含む合金状態図も変態のために複雑になっている．

現在では，金属の同素変態の存在そのものは，ほとんど明らかになっているといえるが，変態の様相の詳細，その温度は必ずしも明確でない．したがって，変態温度も研究者によりかなり異なっている．本表は，ASM International(1996)を参考にして作成したが，前記のような事情で状態図中の値とかなり異なるものも多い．

なお，変態の研究については，

長崎誠三：金属の変態について「金属」**57** (1987) 2月号58頁

長崎誠三：金属の同素変態について「金属」**57** (1987) 3月号50頁

を参照されたい．

4. 元素の融点，密度，原子量

元素の呼び名および原子量は、国際純正および応用化学連合(IUPAC)の資料(1999年勧告)に基づいて、日本化学会原子量小委員会採用のものを参考にした。

原子番号	記号	元素名 IUPACの英名	元素名 日本名	融点 ℃	融点 K	密度 g/cm³ (室温)	原子量	記号
89	Ac	Actinium	アクチニウム	1051	1324	—	[227]	Ac
47	Ag	Silver	銀	961.93 (a)	1235.08 (a)	10.49	107.8682	Ag
13	Al	Aluminium①	アルミニウム	660.452 (b)	933.602 (b)	2.6984	26.981538	Al
*95	Am	Americium	アメリシウム	1176	1449	—	[243]	Am
18	Ar②	Argon	アルゴン	−189.352 (T.P.)	83.798 (T.P.)	—	39.948	Ar
33	As	Arsenic	ヒ素	614 (S.P.)	887 (S.P.)	5.73	74.92160	As
*85	At	Astatine	アスタチン	[302]	[575]	—	[210]	At
79	Au	Gold	金	1064.43 (a)	1337.58 (a)	19.26	196.96655	Au
5	B	Boron	ホウ素	2092	2365	2.46	10.811	B
56	Ba	Barium	バリウム	727	1000	3.58	137.327	Ba
4	Be	Beryllium	ベリリウム	1289	1562	1.84	9.012182	Be
*107	Bh	Bohrium	ボーリウム	—	—	—	[264]	Bh
83	Bi	Bismuth	ビスマス	271.442 (b)	544.592 (b)	9.80	208.98038	Bi
*97	Bk	Berkelium	バークリウム	1050	1323	—	[247]	Bk
35	Br	Bromine	臭素	−7.25 (T.P.)	265.90 (T.P.)	3.52 (ダイヤモンド)	79.904	Br
6	C	Carbon	炭素	3827 (S.P.)	4100 (S.P.)	2.25 (黒鉛)	12.0107	C
20	Ca	Calcium	カルシウム	842	1115	1.54	40.078	Ca
48	Cd	Cadmium	カドミウム	321.108 (b)	594.258 (b)	8.65	112.411	Cd
58	Ce	Cerium	セリウム	798	1071	6.747	140.116	Ce
*98	Cf	Californium	カリホルニウム	900	1173	—	[252]	Cf
17	Cl	Chlorine	塩素	−100.97 (T.P.)	172.18 (T.P.)	—	35.453	Cl
*96	Cm	Curium	キュリウム	1345	1618	—	[247]	Cm
27	Co	Cobalt	コバルト	1495 (b)	1768 (b)	8.9	58.933200	Co
24	Cr	Chromium③	クロム	1863	2136	7.19	51.9961	Cr
55	Cs	Caesium	セシウム	28.39	301.54	1.90	132.90545	Cs

4. 元素の融点, 密度, 原子量

29	Cu	Copper	銅	1084.87 (b)	1358.02 (b)	8.93	63.546	Cu	
*105	Db	Dubnium	ドブニウム	—	—	—	[262]	Db	
66	Dy	Dysprosium	ジスプロシウム	1412	1685	8.44	162.50	Dy	
68	Er	Erbium	エルビウム	1529	1802	9.06	167.259	Er	
*99	Es	Einsteinium	アインスタイニウム	860	1133	—	[252]	Es	
63	Eu	Europium	ユーロピウム	822	1095	5.16	151.964	Eu	
9	F	Fluorine	フッ素	−219.67 (T.P.)	53.48 (T.P.)	—	18.9984032	F	
26	Fe	Iron	鉄	1538	1811	7.87	55.845	Fe	
*100	Fm	Fermiun	フェルミウム	[1527]	[1800]	—	[257]	Fm	
*87	Fr	Francium	フランシウム	[27]	[300]	—	[223]	Fr	
31	Ga	Gallium	ガリウム	29.7741 (T.P.)	302.9241 (T.P.)	5.903	69.723	Ga	
64	Gd	Gadolinium	ガドリニウム	1313	1586	7.87	157.25	Gd	
32	Ge	Germanium	ゲルマニウム	938.3	1211.5	5.323	72.64	Ge	
1	H	Hydrogen	水素	−259.34 (T.P.)	13.81 (T.P.)	—	1.00794	H	
2	He	Helium	ヘリウム	−271.69 (T.P.)	1.46 (T.P.)	—	4.002602	He	
72	Hf	Hafnium	ハフニウム	2231	2504	13.28	178.49	Hf	
80	Hg	Mercury	水銀	−38.836 (b)	234.314 (b)	14.19 (−38.8℃)	200.59	Hg	
67	Ho	Holmium	ホルミウム	1474	1747	8.8	164.93032	Ho	
*108	Hs	Hassium	ハッシウム	—	—	[41]	[265]	Hs	
53	I [4]	Iodine	ヨウ素	113.6	386.8	—	126.90447	I	
49	In	Indium	インジウム	156.634 (b)	429.784 (b)	7.28	114.813	In	
77	Ir	Iridium	イリジウム	2447 (b)	2720 (b)	22.4	192.217	Ir	
19	K	Potassium [5]	カリウム	63.71	336.86	0.87	39.0983	K	
36	Kr	Krypton	クリプトン	−157.385	115.765	—	83.80	Kr	
57	La	Lanthanum	ランタン	918	1191	6.18	138.9055	La	
3	Li	Lithium	リチウム	180.6	453.8	0.531	(6.941)	Li	
*103	Lr	Lawrencium	ローレンシウム	[1627]	[1900]	—	[262]	Lr	
71	Lu	Lutetium	ルテチウム	1663	1936	[9.85]	174.967	Lu	
*101	Md	Mendelevium	メンデレビウム	[827]	[1100]	—	[258]	Md	
12	Mg	Magnesium	マグネシウム	650	923	1.74	24.3050	Mg	
25	Mn	Manganese	マンガン	1246	1519	7.42	54.938049	Mn	
42	Mo	Molybdenum	モリブデン	2623	2896	10.2	95.94	Mo	

594　　付録　金属元素の各種基礎データ

原子番号	記号	元素名 IUPACの英名	元素名 日本名	融点 ℃	融点 K	密度 g/cm³ (室温)	原子量	記号
*109	Mt	Meitnerium	マイトネリウム	−	−	−	[268]	Mt
7	N	Nitrogen	窒素	−210.0042 (T.P.)	63.1458 (T.P.)	−	14.0067	N
11	Na	Sodium⑥	ナトリウム	97.8	371.0	0.97	22.989770	Na
41	Nb	Niobium⑦	ニオブ	2469	2742	8.57	92.90638	Nb
60	Nd	Neodymium	ネオジム	1021	1294	7.00	144.24	Nd
10	Ne	Neon	ネオン	−248.587 (T.P.)	24.563 (T.P.)	−	20.1797	Ne
28	Ni	Nickel	ニッケル	1455	1728	8.9	58.6934	Ni
*102	No	Nobelium	ノーベリウム	[827]	[1100]	−	[259]	No
*93	Np	Neptunium	ネプツニウム	639	912	20.35	[237]	Np
8	O	Oxygen	酸素	−218.789 (T.P.)	54.361 (T.P.)	−	15.9994	O
76	Os	Osmium	オスミウム	3033	3306	22.5	190.23	Os
15	P	Phosphorus	リン(白)(赤)	44.14 589.6 (T.P.)	317.29 862.8 (T.P.)	1.82 2.34	30.973761	P
*91	Pa	Protactinium	プロトアクチニウム	1572	1845	−	231.03588	Pa
82	Pb	Lead	鉛	327.502 (b)	600.652 (b)	11.34	207.2	Pb
46	Pd	Palladium	パラジウム	1555 (b)	1828 (b)	12.16	106.42	Pd
*61	Pm	Promethium	プロメチウム	1042	1315	−	[145]	Pm
84	Po	Polonium	ポロニウム	254	527	−	[210]	Po
59	Pr	Praseodymium	プラセオジム	931	1204	6.77	140.90765	Pr
78	Pt	Platinum	白金	1769.0 (b)	2042.2 (b)	21.45	195.078	Pt
*94	Pu	Plutonium	プルトニウム	640	913	17.8 (150℃)	[239]	Pu
88	Ra	Radium	ラジウム	700	973	5	[226]	Ra
37	Rb	Rubidium	ルビジウム	39.48	312.63	1.53	85.4768	Rb
75	Re	Rhenium	レニウム	3186	3459	21.03	186.207	Re
*104	Rf	Rutherfordium	ラザホージウム	−	−	−	[261]	Rf
45	Rh	Rhodium	ロジウム	1963 (b)	2236 (b)	12.44	102.90550	Rh
86	Rn	Radon	ラドン	−71	202	−	[222]	Rn
44	Ru	Ruthenium	ルテニウム	2334	2607	12.2	101.07	Ru
16	S	Sulfur⑧	硫黄	115.22	388.37	2.07 (斜方晶) 1.96 (単斜晶)	32.065	S

4. 元素の融点, 密度, 原子量

				630.755 (b)	903.905 (b)	6.68	121.760	Sb
51	Sb	Antimony[9]	アンチモン	630.755 (b)	903.905 (b)	6.68	121.760	Sb
21	Sc	Scandium	スカンジウム	1541	1814	3.016	44.955910	Sc
34	Se	Selenium	セレン	221	494	4.81	78.96	Se
*106	Sg	Seaborgium	シーボーギウム	—	—	—	[263]	Sg
14	Si	Silicon	ケイ素	1414	1687	2.328	28.0855	Si
62	Sm	Samarium	サマリウム	1074	1347	7.53	150.36	Sm
50	Sn	Tin	スズ	231.9681 (a)	505.1181 (a)	7.3 (正方晶,白) 5.8 (立方晶,灰)	118.710	Sn
38	Sr	Strontium	ストロンチウム	769	1042	2.6	87.62	Sr
73	Ta	Tantalum	タンタル	3020	3293	16.6	180.9479	Ta
65	Tb	Terbium	テルビウム	1356	1629	[8.25]	158.92534	Tb
*43	Tc	Technetium	テクネチウム	2155	2428	11.46	[99]	Tc
52	Te	Tellurium	テルル	449.57	722.72	6.24	127.60	Te
90	Th	Thorium	トリウム	1755	2028	11.5	232.0381	Th
22	Ti	Titanium	チタン	1670	1943	4.5	47.867	Ti
81	Tl	Thallium	タリウム	304	577	11.85	204.3833	Tl
69	Tm	Thulium	ツリウム	1545	1818	[9.32]	168.93421	Tm
92	U	Uranium	ウラン	1135	1408	[19.05]	238.02891	U
23	V	Vanadium	バナジウム	1910	2183	6.1	50.9415	V
74	W	Tungsten[10]	タングステン	3422 (b)	3695 (b)	19.3	183.84	W
54	Xe	Xenon	キセノン	−111.7582 (T.P.)	161.3918 (T.P.)	—	131.293	Xe
39	Y	Yttrium	イットリウム	1522	1795	4.57	88.90585	Y
70	Yb	Ytterbium	イッテルビウム	819	1092	7.03	173.04	Yb
30	Zn	Zinc	亜鉛	419.58 (a)	692.73 (a)	7.13	65.39	Zn
40	Zr	Zirconium	ジルコニウム	1855	2128	6.50	91.224	Zr

T.P.=三重点 ; S.P.=昇華点   *の元素は天然には存在しない．
(a) は一次定点, (b) は二次定点である．それ以外の融点は出典によりまちまちである．本表は ASM の値を参考にした．
元素の記号, 名称で慣用的に用いられるものは下記の通りである．
①Aluminum(米), ②A, ③Cesium(米), ④J(ドイツ), ⑤Kalium, ⑥Natrium, ⑦Cb, Columbium
⑧英国では1957年頃までSulphur と書いていた, ⑨Stibium, ⑩Wolfram

5. 結晶における原子半径

元素名	原子番号	原子半径〔Å〕	元素名	原子番号	原子半径〔Å〕	元素名	原子番号	原子半径〔Å〕
Ag	47	1.44	Ho	67	1.75	Rh	45	1.34
Al	13	1.43	In	49	1.62 / 1.68	Ru	44	1.33
As	33	1.25	Ir	77	1.35	S	16	1.02
Au	79	1.44	K	19	2.26	Sb	51	1.45
B	5	0.90	La	57	1.88	Sc	21	1.65
Ba	56	2.18	Li	3	1.52	Se	34	1.16
Be	4	1.13	Lu	71	1.73	Si	14	1.17
Bi	83	1.55	Mg	12	1.60	Sm	62	1.79
C	6	0.77 / 0.71	Mn	25	1.12 / 1.50	Sn	50	1.41 / 1.51
Ca	20	1.97	Mo	42	1.36	Sr	38	2.15
Cd	48	1.49 / 1.66	Na	11	1.86	Ta	73	1.43
Ce	58	1.83	Nb	41	1.43	Tb	65	1.76
Co	27	1.25	Nd	60	1.82	Tc	43	1.35
Cr	24	1.25	Ni	28	1.25	Te	52	1.43
Cs	55	2.62	Np	93	1.31 / 1.48	Th	90	1.80
Cu	29	1.28	Os	76	1.35	Ti	22	1.47
Dy	66	1.75	P	15	1.09	Tl	81	1.68 / 1.70
Er	68	1.74	Pb	82	1.76	Tm	69	1.76
Eu	63	1.99	Pd	46	1.37	U	92	1.38 / 1.50
Fe	26	1.24	Pr	59	1.83	V	23	1.32
Ga	31	1.24 / 1.38	Pt	78	1.39	W	74	1.37
Gd	64	1.78	Pu	94	1.64	Y	39	1.82
Ge	32	1.23	Ra	88	2.2	Yb	70	1.94
Hf	72	1.60	Rb	37	2.44	Zn	30	1.33 / 1.48
Hg	80	1.41 / 1.58	Re	75	1.37	Zr	40	1.62

数値の2倍の値が最短原子間距離．金属は金属原子半径，非金属は共有結合半径．金属，非金属元素の境界あたりの元素では不平等配列をとるものがある (Zn, Cd, Ga など)．多形変態で原子半径がかなり異なるものは —— 線で区別して両者の値を記してある (C, Sn, U など)．

6. 結晶構造の表示

　状態図集の説明では結晶構造について，A1とかB2，あるいはC36といった表示がしばしば使われている．この書き方は，戦前の結晶学の国際的組織の機関誌"Zeitschrift für Kristallographie"で出した"Strukturbericht"で用い始めたことに由来している．"Strukturbericht"の第Ⅰ巻は1913~1928年，第Ⅱ巻は1928~1932年，第Ⅲ巻は1933~1935年，第Ⅳ巻は1936~39年に，明らかになった構造を順次まとめて発行した．Aは元素，Bは成分原子比が1:1の化合物，Cは2:1，Dはその他の組成比の化合物，Lは合金を表し，数字1, 2, …は順次つけたものである．しかし，中にはこの原則からはずれたものや誤ってつけられたものもある．

　1949年C.J.Smithellsが編集した"Metals Reference Book"や，1958年のM.Hansen - K.Anderkoの状態図集でも，この表示法が用いられた．また，一方，W.B.Pearsonが考案した記号も最近の金属関係のデータ集に使われている．

　金属の分野ではStrukturberichtの表示もPearsonの記号も，かなり一般的に用いられているが，どの分野でも通用する表示ではないので，その代表物質を示したほうが間違いがない．本図集に記載された結晶構造について，Strukturberichtの表示，Pearson記号と空間群を次表に示した．

　Pearson記号は，結晶系(小文字)，空間格子(大文字)，単位格子中に含まれる原子の数を表す．すなわち，結晶系は，c立方，h六方，t正方，o斜方，m単斜，a三斜で，空間格子は，P単純，F面心，I体心，C底心，R菱面体である．例えば，DO_3型Fe_3AlのcF16は，面心立方で単位格子に16原子を含む構造を意味する．異なる構造が同じ記号で示されることがあり，構造の一義的な表示ではない．空間群(ヘルマン-モーガン記号)は結晶格子と原子位置の対称性を表す．詳細は，例えば，

- 結晶化学入門，遠藤忠 他著，2000年(講談社)
- 結晶評価技術ハンドブック，1993年(朝倉書店)
- 金属データブック(日本金属学会)，1993年(丸善)
- 金属物性基礎講座(1)金属物性入門(日本金属学会)，1981年(丸善)
- ファインセラミックスの結晶化学－無機化合物の構造と性質－F.S.ガラッソー著，加藤誠軌・植松敬三訳 1984年(アグネ技術センター)
- 構造無機化学(Ⅰ)，桐山良一，桐山秀子 1971年(共立全書)

などを参照されたい．

　また「金属」**62** (1992) 10月号，11頁に代表的な金属間化合物の結晶構造の図がある．

付録　金属元素の各種基礎データ

表1　結晶構造型・結晶系・Pearson 記号・空間群

*本書では空間群はすべて Pearson の表記によった

記号	構造型	結晶系	Pearson記号	空間群*	備考
A1	Cu	立方	cF4	$Fm\bar{3}m$	fcc と略記
A2	W	立方	cI2	$Im\bar{3}m$	bcc と略記
A3	Mg	六方	hP2	$P6_3/mmc$	hcp (2H, ABAB) と略記
A3′	α-La	六方	hP4	$P6_3/mmc$	dhcp (4H, ABAC) と略記
A4	C (ダイヤモンド)	立方	cF8	$Fd\bar{3}m$	
A5	β-Sn	正方	tI4	$I4_1/amd$	金属スズ
A6	In	正方	tI2	$I4/mmm$	面心正方にとれば, tF4, $F4/mmm$
A7	As	菱面体	hR2	$R\bar{3}m$	
A8	γ-Se	六方	hP3	$P3_121$	
A9	C (グラファイト)	六方	hP4	$P6_3/mmc$	
A10	Hg	菱面体	hR1	$R\bar{3}m$	
A11	Ga	斜方	oC8	$Cmca$	$Abma$ とも記す
A12	α-Mn	立方	cI58	$I\bar{4}3m$	
A13	β-Mn	立方	cP20	$P4_132$	
A15	Cr$_3$Si	立方	cP8	$Pm\bar{3}n$	W$_3$O を誤認し β-W 型と記した
A16	S	斜方	oF128	$Fddd$	
A17	α-P	斜方	oC8	$Cmca$	黒リン
A20	α-U	斜方	oC4	$Cmcm$	
Aa	Pa	正方	tI2	$I4/mmm$	
Ab	β-U	正方	tP30	$P4_2/mnm$	
Ac	α-Np	斜方	oP8	$Pnma$	
Ad	β-Np	正方	tP4	$P42_12$	
Ah	α-Po	立方	cP1	$Pm\bar{3}m$	
Ai	β-Po	菱面体	hR1	$R\bar{3}m$	
B1	NaCl	立方	cF8	$Fm\bar{3}m$	
B2	CsCl	立方	cP2	$Pm\bar{3}m$	β-黄銅型ともいう
B3	ZnS	立方	cF8	$F\bar{4}3m$	せん亜鉛鉱 zincblende
B4	ZnS	六方	hP4	$P6_3mc$	ウルツ鉱 wurtzite
B8$_1$	NiAs	六方	hP4	$P6_3/mmc$	紅砒ニッケル鉱 nickeline
B8$_2$	Ni$_2$In	六方	hP6	$P6_3/mmc$	
B9	HgS	六方	hP6	$P3_221$	辰砂 cinnabar
B10	PbO	正方	tP4	$P4/nmm$	LiOH 型と記すこともある
B11	γ-CuTi	正方	tP4	$P4/nmm$	
B13	NiS	菱面体	hR6	$R3m$	針ニッケル鉱 millerite
B16	GeS	斜方	oP8	$Pnma$	
B17	PtS	正方	tP4	$P4_2/mmc$	硫白金鉱 cooperite
B18	CuS	六方	hP12	$P6_3/mmc$	銅藍 covellite

6. 結晶構造の表示

記号	構造型	結晶系	Pearson記号	空間群	備考
B19	AuCd	斜方	oP4	$Pmma$	$Pmcm$ とも記す
B20	FeSi	立方	cP8	$P2_13$	
B26	CuO	単斜	mC8	$C2/c$	
B27	FeB	斜方	oP8	$Pnma$	$Pbnm$ とも記す
B31	MnP	斜方	oP8	$Pnma$	$Pmcn$ とも記す
B32	NaTl	立方	cF16	$Fd\bar{3}m$	Zintl 化合物
B34	PdS	正方	tP16	$P4_2/m$	
B35	CoSn	六方	hP6	$P6/mmm$	
B37	TlSe	正方	tI16	$I4/mcm$	
Bb	ζ-AgZn	六方	hP9	$P\bar{3}$	
Be	CdSb	斜方	oP16	$Pbca$	
Bf	ζ-CrB	斜方	oC8	$Cmcm$	
Bh	WC	六方	hP2	$P\bar{6}m2$	
C1	CaF_2	立方	cF12	$Fm\bar{3}m$	蛍石 fluorite
C2	FeS_2	立方	cP12	$Pa\bar{3}$	黄鉄鉱 pyrite (aP12, $P1$ という解釈もある)
C3	Cu_2O	立方	cP6	$Pn3m$	赤銅鉱 cuprite
C4	$TiO_2(\alpha)$	正方	tP6	$P4_2/mnm$	ルチル rutile
C5	$TiO_2(\beta)$	正方	tI12	$I4_1/amd$	アナタス anatase
C6	$Cd(OH)_2$	六方	hP3	$P\bar{3}m1$	CdI_2 型とも記す
C7	MoS_2	六方	hP6	$P6_3/mmc$	モリブデナイト molybdenite
C11a	CaC_2	正方	tI6	$I4/mmm$	
C11b	$MoSi_2$	正方	tI6	$I4/mmm$	
C12	$CaSi_2$	菱面体	hR6	$R\bar{3}m$	
C14	$MgZn_2$	六方	hP12	$P6_3/mmc$	Laves 化合物
C15	$MgCu_2$	立方	cF24	$Fd\bar{3}m$	Laves 化合物
C15b	$AuBe_5$	立方	cF24	$F\bar{4}3m$	Laves 化合物
C16	$CuAl_2$	正方	tI12	$I4/mcm$	
C18	FeS_2	斜方	oP6	$Pnnm$	白鉄鉱 marcasite, NbS_2 型とも記す
C19	$CdCl_2$	菱面体	hR3	$R\bar{3}m$	
C22	Fe_2P	六方	hP9	$P\bar{6}2m$	
C23	$PbCl_2$	斜方	oP12	$Pnma$	C37 と同型
C32	AlB_2	六方	hP3	$P6/mmm$	
C33	Bi_2Te_2S	菱面体	hR5	$R\bar{3}m$	Bi_2Te_3 型とも記す
C34	$AuTe_2$	単斜	mC6	$C2/m$	
C36	$MgNi_2$	六方	hP24	$P6_3/mmc$	Laves 化合物
C37	Co_2Si	斜方	oP12	$Pnma$	C23 と同型
C38	Cu_2Sb	正方	tP6	$P4/nmm$	
C40	$CrSi_2$	六方	hP9	$P6_222$	
C42	SiS_2	斜方	oI12	$Ibam$	$Icma$ とも記す

記号	構造型	結晶系	Pearson記号	空間群	備考
C43	ZrO_2	単斜	mP12	$P2_1/c$	
C44	GeS_2	斜方	oF72	$Fdd2$	
C46	$AuTe_2$	斜方	oP24	$Pma2$	
C49	$ZrSi_2$	斜方	oC12	$Cmcm$	
C52	TeO_2	斜方	oP24	$Pcab$	
C54	$TiSi_2$	斜方	oF24	$Fddd$	
Ca	Mg_2Ni	六方	hP18	$P6_222$	
Cb	Mg_2Cu	斜方	oF48	$Fddd$	
Cc	Si_2Th	正方	tI12	$I4_1/amd$	
Ce	$CoGe_2$	斜方	oC24	$Aba2$	
Ch	Cu_2Te	六方	hP6	$P6/mmm$	
$D0_2$	$CoAs_3$	立方	cI32	$Im\bar{3}$	
$D0_3$	Fe_3Al	立方	cF16	$Fm\bar{3}m$	BiF_3 または $BiLi_3$ 型とも記す
$D0_9$	ReO_3	立方	cP4	$Pm\bar{3}m$	Cu_3N 型とも記す
$D0_{11}$	Fe_3C	斜方	oP16	$Pnma$	$Pbnm$ とも記す, セメンタイト cementite
$D0_{18}$	Na_3As	六方	hP8	$P6_3/mmc$	
$D0_{19}$	Ni_3Sn	六方	hP8	$P6_3/mmc$	Mg_3Cd 型とも記す
$D0_{20}$	Al_3Ni	斜方	oP16	$Pnma$	
$D0_{21}$	Cu_3P	六方	hP24	$P\bar{3}c1$	Cu_3As 型とも記す
$D0_{22}$	Al_3Ti	正方	tI8	$I4/mmm$	慣用的に面心正方晶 $F4/mmm$
$D0_{23}$	Al_3Zr	正方	tI16	$I4/mmm$	としている
$D0_{24}$	Ni_3Ti	六方	hP16	$P6_3/mmc$	
$D0a$	$\beta\text{-}Cu_3Ti$	斜方	oP8	$Pmmn$	Ni_3Ta 型とも記す, Cu_3Ti は準安定相
$D0e$	Fe_3P	正方	tI32	$I\bar{4}$	Ni_3P 型とも記す
$D1_3$	Al_4Ba	正方	tI10	$I4/mmm$	
$D1a$	Ni_4Mo	正方	tI10	$I4/m$	
$D1b$	Al_4U	斜方	oI20	$Imma$	
$D1c$	Sn_4Pd	斜方	oC20	$Aba2$	
$D1e$	ThB_4	正方	tP20	$P4/mbm$	
$D2_1$	CaB_6	立方	cP7	$Pm\bar{3}m$	
$D2_3$	$NaZn_{13}$	立方	cF112	$Fm\bar{3}c$	
$D2b$	$Mn_{12}Th$	正方	tI26	$I4/mmm$	
$D2c$	MnU_6	正方	tI28	$I4/mcm$	
$D2d$	$CaCu_5$	六方	hP6	$P6/mmm$	$ThFe_5$ または $CaZn_5$ 型とも記す
$D2e$	$Hg_{11}Ba$	立方	cP36	$Pm\bar{3}m$	
$D2f$	UB_{12}	立方	cF52	$Fm\bar{3}m$	
$D2h$	Al_6Mn	斜方	oC28	$Cmcm$	
$D5_1$	$\alpha\text{-}Al_2O_3$	菱面体	hR10	$R\bar{3}c$	コランダム corundum
$D5_2$	La_2O_3	六方	hP5	$P\bar{3}m1$	

6. 結晶構造の表示

記号	構造型	結晶系	Pearson記号	空間群	備考
$D5_8$	Sb_2S_3	斜方	oP20	$Pnma$	
$D5_9$	Zn_3P_2	正方	tP40	$P4_2/nmc$	
$D5_{10}$	Cr_3C_2	斜方	oP20	$Pnma$	$Pbnm$ とも記す
$D5_{13}$	Ni_2Al_3	六方	hP5	$P\bar{3}m1$	
$D5a$	U_3Si_2	正方	tP10	$P4/mbm$	
$D5c$	Pu_2C_3	立方	cI40	$I\bar{4}3d$	
$D7_3$	Th_3P_4	立方	cI28	$I\bar{4}3d$	
$D7b$	Ta_3B_4	斜方	oI14	$Immm$	
$D8_1$	Fe_3Zn_{10}	立方	cI52	$Im\bar{3}m$	
$D8_2$	Cu_5Zn_8	立方	cI52	$I\bar{4}3m$	γ-黄銅
$D8_3$	Cu_9Al_4	立方	cP52	$P\bar{4}3m$	
$D8_4$	$Cr_{23}C_6$	立方	cF116	$Fm\bar{3}m$	
$D8_5$	Fe_7W_6	菱面体	hR13	$R\bar{3}m$	
$D8_6$	$Cu_{15}Si_4$	立方	cI76	$I\bar{4}3d$	
$D8_8$	Mn_5Si_3	六方	hP16	$P6_3/mmc$	
$D8_{10}$	Cr_5Al_8	菱面体	hR26	$R\bar{3}m$	
$D8_{11}$	Co_2Al_5	六方	hP28	$P6_3/mcm$	
$D8a$	$Mn_{23}Th_6$	立方	cF116	$Fm\bar{3}m$	
$D8b$	σ-CrFe	正方	tP30	$P4_2/mnm$	σ 相
$D8c$	Mg_2Zn_{11}	立方	cP39	$Pm\bar{3}$	
$D8d$	Co_2Al_9	単斜	mP22	$P2_1/c$	
$D8g$	Mg_5Ga_2	斜方	oI28	$Ibam$	
$D8l$	Cr_5B_3	正方	tI32	$I4/mcm$	
$D8m$	W_5Si_3	正方	tI32	$I4/mcm$	
$D10_1$	Cr_7C_3	菱面体	hP80	$P31c$	
$D10_2$	Fe_3Th_7	六方	hP20	$P6_3mc$	
$L1_0$	CuAu I	正方	tP4	$P4/mmm$	
$L1_1$	CuPt	菱面体	hR32	$R\bar{3}m$	
$L1_2$	Cu_3Au	立方	cP4	$Pm\bar{3}m$	
$L1a$	$CuPt_3$	立方	cF32	$Fm\bar{3}c$	
$L2_1$	Cu_2MnAl	立方	cF16	$Fm\bar{3}m$	ホイスラー合金
$L2_2$	Tl_7Sb_2	立方	cI54	$Im\bar{3}m$	
$L2a$	δ-CuTi	正方	tP2	$P4/mmm$	
$L'1$	γ-Fe_4N	立方	cF5	$Fm\bar{3}m$	侵入型(A1)
$L'2$	Fe-Cマルテンサイト	正方			$I4/mmm$ 侵入型(A2)
$L'2b$	ThH_2	正方	tI6	$I4/mmm$	
$L'3$	ε-Fe_2N	六方	hP3	$P6_3/mmc$	侵入型(A3),W_2C型とも記す
$L'6$	Mo_2N	正方		$I4/mmm$	侵入型(A6),面心正方 $F4/mmm$ とも記す

7. 鉄炭化物, 窒化物, 水素化物, ボロン化物の結晶構造(空間群)・格子定数

1. 鉄炭化物	結晶構造(空間群)	格子定数(nm, deg) a	b	c	出典
$Fe_{10}C$	$I4/mmm$	0.2854		0.2985	P
Fe_2C	$Pnnm$	0.4704	0.4318	0.2830	P
	$P3m1$	0.2752		0.4353	P
Fe_3C	$Pnma$	0.50890	0.67433	0.45235	P
Fe_4C	$P\bar{4}3m$	0.3878			P
Fe_5C_2	$C2/c$	1.1562	0.45727 β=97.74	0.50595	P
Fe_7C_3	$Pnma$	0.4540	0.6879	1.1942	P
	$P6_3mc$ (metastable)	0.6882		0.4540	P
Fe_3AlC	$Pm\bar{3}m$ (CaO_3Ti 型)	0.3758			P
$Fe_{23}B_3C_3$	$Fm\bar{3}m$ ($Cr_{23}C_6$ 型)	1.0594			P
$Fe_{11}Cr_3C_6$	o**	0.4498	0.6898	1.1981	P
$Fe_{26}Cr_{14}C_7$	c**	0.8950			P
$Fe_5Cr_{17}Mo_2C_6$	$Fm\bar{3}m$ ($Cr_{23}C_6$ 型)	1.069			P
$Fe_6Cr_{16}NiC_6$	$Fm\bar{3}m$ ($Cr_{23}C_6$ 型)	1.062			P
$Fe_{20}Gd_3C$	tP*	0.876		1.181	P
Fe_2Gd_2C	oP*	0.3678	0.2995	1.450	P
$Fe_2Gd_2C_3$	hP*	0.8388		1.0260	P
$Fe_{31}Gd_4C_2$	hR*	0.8647		1.2461	P
$Fe_4Gd_4C_7$	tP*	0.7045		1.023	P
Fe_6Ge_2C	$Pm\bar{3}m$ (CaO_3Ti 型)	0.366			P
$FeHf_2SC_2$	$P6_3/mmc$ ($AlCCr_2$ 型)	0.3364		1.1994	P
$Fe_{27}Mn_3C_{10}$	$Pnma$ (Fe_3C 型)	0.50598	0.67462	0.45074	P
$Fe_5Mn_5C_4$	$C2/c$ (Mn_5C_2 型)	1.16314	0.45679 β=97.71	0.50754	P
$Fe_5Mn_5Si_2C_2$	$Cmc2_1$ (Mn_5SiC 型)	1.0108	0.7998	0.7546	P
Fe_2MoC	$P222_1$	1.6276	1.0034	1.1323	P
Fe_3Mo_3C	$Fd\bar{3}m$ (W_3Fe_3C 型)	1.1095~1.1140			H
Fe_6MoC	c**	0.8972			P
$Fe_{21}Mo_2C_6$	$Fm\bar{3}m$ ($Cr_{23}C_6$ 型)	1.063			P
$FePuC_2$	cI*	1.0105			P
	t**	0.4952		0.7463	P
$Fe_8Si_2C_3$	$P1$	0.6347 α=84.05	0.6414 β=99.84	0.972 γ=119.98	P

		a	b	c	
$Fe_{10}Si_2C_3$	hP*	1.17		1.08	P
$FeUC_2$	tI16	0.4942		0.7450	P
Fe_3V_3C	$Fd\bar{3}m$ (Fe_3W_3 型)	1.0877			P
FeW_3C	$P6_3/mmc$	0.7806~0.7810		c = a	H
Fe_3W_3C	$Fd\bar{3}m$	1.1087			P
Fe_6W_6C	$Fd\bar{3}m$	1.0934			P
$Fe_{21}W_2C_6$	$Fm\bar{3}m$ ($Cr_{23}C_6$ 型)	1.054			P

2. Fe 窒化物	結晶構造(空間群)	格子定数 (nm, deg)			出典
		a	b	c	
Fe_2N	$P6_3/mmc$	0.2705		0.4376	P
Fe_2N	o** (films)	0.4819	0.2758	0.4419	P
Fe_4N	$P\bar{4}3m$	0.37970			P
Fe_8N	$I4/mmm$	0.5720		0.6292	P
$Fe_3Ca_{21}N_{17}$	$P2/m$	0.62081	1.87425	0.6103 $\gamma=95.18$	P
$Fe_7Mo_3N_4$	$P4_132$ (β-Mn 型)	0.6695~0.6702			H
Fe_3Mo_3N	$Fd\bar{3}m$ (W_3Fe_3C 型)	1.1065~1.1095			H
Fe_2Nb_4N	$Fd\bar{3}m$ ($NiTi_2$ 型)	1.33			P
$Fe_{2+y}Nb_{4-y}N$	$Fd\bar{3}m$	1.142 (Nb rich side) 1.131 (Fe rich side)			H
FeNiN	$P4/mmm$	0.2830	0.3713		P
Fe_3NiN	$Pm\bar{3}m$ (CaO_3Ti 型)	0.3790			P
Fe_3PdN	$Pm\bar{3}m$	0.3866			P
Fe_3PtN	$Pm\bar{3}m$	0.3857			P
Fe_3SnN	$Pm\bar{3}m$	0.390			P
Fe_2Ta_4N	$Fd\bar{3}m$ ($NiTi_2$ 型)	1.130			P
$Fe_2Ta_4N_5$	$P\bar{6}2m$	0.5156		1.031	P
Fe_2Ti_4N	$Fd\bar{3}m$ (W_3Fe_3C 型)	1.1319			H
Fe_2Zr_4N	$Fd\bar{3}m$	1.220			P

3. Fe 水素化物	結晶構造(空間群)	格子定数 (nm, deg)			出典
		a	b	c	
FeH_8	hP*(0.1MPa, $-190°C$)	0.2686		0.4380	P
$Fe_{14}BCe_2H_{4.4}$	正方	0.8930		1.2326	K
$Fe_{14}BNd_2H_{4.9}$	正方	0.8984		1.2365	K
$Fe_{14}BSm_2H_6$	正方	0.8933		1.2288	K
$Fe_{14}BPr_2H_5$	正方	0.9006		1.2464	K
$Fe_{14}BY_2H_{4.5}$	正方	0.8774		1.2168	K
$FeCrTi_{0.3}Zr_{0.7}H_{3.2}$	$MgZn_2$ 型	0.5308		0.8631	K

$Fe_{1.4}Cr_{0.6}ZrH_{3.1}$	$P6_3/mmc$	0.5327		0.8701	K
$Fe_3DyH_{1.7}$	Be_3Nb 型	0.525		2.554	K
$Fe_3DyH_{4.2}$	Be_3Nb 型	0.536		2.64	K
$Fe_2ErH_{2.7}\,(\alpha')$	$Fd\bar{3}m$	0.769			K
$Fe_2ErH_{3.4}\,(\beta)$	$Fd\bar{3}m$	0.7825			K
$Fe_2ErH_{2.6}$	立方	0.7895			K
$Fe_2ErH_{4.3}$	立方	0.8029			K
Fe_2GdH_x	$R\bar{3}m$	0.5837		2.701	K
$FeHf_2H_3$	$Fd\bar{3}m\,(NiTi_2\,型)$	1.286			K
$FeHoH_2$	立方	0.7724			K
$FeHoH_3$	立方	0.7804			K
Fe_3HoH_x	$R\bar{3}m\,(x=3.6)\,Be_3Nb$ 型	0.5316		2.639	K
$Fe_{23}Ho_6H_x$	$Fm\bar{3}m\,(x=16)$	1.2399			K
$Fe_{23}Ho_6H_{12}$	t **	1.2209		1.2577	P
$Fe_{23}Ho_6H_{12}$	$I4/mmm$	0.8561		1.2608	K
$Fe_{23}Ho_6H_{16}$	$Fm\bar{3}m$	1.2423			K
$Fe_2LuH_{1.5}$	立方	0.7500			K
Fe_2LuH_x	$Fd\bar{3}m\,(x=3)$	0.7691			K
$FeMg_2H_x$	立方	0.6442			K
$Fe_9MnTi_{10}H_{13}$	$Pma2$	0.4397	0.4531	0.2995	P
$Fe_9MnTi_{10}H_{17}$	$P2/m$	0.4714	0.2837 $\beta=97.1$	0.4714	P
$FeMoZrH_{2.5}$	$MgZn_2$ 型	0.5385		0.8814	P
$FeMo_2Zr_2H_5$	$P6_3/mmc$	0.5420		0.8826	P
$Fe_xNi_{1-x}H_y$	cF *, $x=0.1, y=?$	0.366			P
$Fe_xNi_{32-x}Ti_{64}H_y$	$Fd\bar{3}m\,(NiTi_2\,型)\,x=26, y=100$	1.2012			P
$Fe_xPd_{1-x}H_y$	cF*, $x=0.06, y=?$	0.3975			P
$Fe_4Sc_2H_5$	$P6_3/mmc\,(MgNi_2\,型)$	0.518		1.667	K
Fe_3SmH_x	$R\bar{3}m\,(x=4.2)\,Be_3Nb$ 型	0.540		2.709	K
$Fe_{17}Sm_2H_x$	$R\bar{3}m\,(x=1.2)\,ThZn_{17}$ 型	0.858		1.246	K
$FeTb_2H_7$	c **	1.610			K
$Fe_2TmH_{1.3}$	立方	0.7533			K
$Fe_2TmH_{2.90}$	立方	0.7717			K
$Fe_2TmH_{3.5}$	立方	0.7781			K
$FeTiH$	$Pmma$	0.4381	0.2954	0.4538	K
$FeTiH$	$P222_1$	0.2966	0.4522	0.4370	K
$FeTiH_2$	o**	0.70	0.62	0.31	P
$FeTiH_2$	$P2/m$	0.4706	0.28347 $\beta=96.9$	0.4697	P
$Fe_{20}Ti_{20}H$	$Pm\bar{3}m$	0.2976			P

7. 鉄炭化物, 窒化物, 水素化物, ボロン化物の結晶構造(空間群)・格子定数

$Fe_{0.04}V_{0.96}H_x$	bcc	0.301 ($x=0$)			
		0.302 ($x=0.18$)			K
	bct ($x=0.53$)	0.330	0.310	0.330	K
$Fe_{0.1}V_{0.9}H_x$	bcc ($x=0$)	0.300			
	体心斜方? ($x=0.35$)	0.297	0.308	0.331	K
	($x=0.50$)	0.295	0.309	0.336	K
Fe_2YH_4	$Fd\bar{3}m$ (Cu_2Mg 型)	0.784			P
$Fe_{23}Y_6H_{22}$	$Fm\bar{3}m$ ($Mn_{23}Th_6$ 型)	1.2472			P
$FeYH_5$	$R\bar{3}m$ (Be_3Nb 型)	0.5375		2.646	P
$FeZr_5H$	$Fd\bar{3}m$ (Cu_2Mg 型)	0.7060			P

4. Fe ボロン化物

	結晶構造(空間群)	格子定数(nm, deg)			出典
		a	b	c	
Fe_3B(高温相)	$I\bar{4}$ (Ni_3P 型)	0.8655		0.4297	Kuz
(低温相)	$P4_2/4$	0.8648		0.4314	Kuz
Fe_2B	$I4/mcm$ (Al_2Cu 型)	0.5109		0.4249	Kuz
FeB(高温相)	未 定				
(低温相)	$Pnma$	0.5506	0.4061	0.2952	Kuz
Fe_2AlB_2	$Cmmm$ (Mn_2AlB_2 型)	0.2923	1.1046	0.2875	Kuz
	または	0.29233	1.10337	0.28703	Kuz
$Fe_{23}C_3B_3$	$Fm\bar{3}m$ ($Cr_{23}C_6$ 型)	1.0594			P
$Fe_{14}BCe_2$	$P4_2/mnm$ ($Nd_2Fe_{14}B$ 型)	0.8758		1.2080	Kuz
$(Fe_4B_4)_{33}Ce_{37}$	$P4_2/n$	0.7090		12.904	Kuz
$Fe_{2+x}B_6Ce_{5-x}$	$R\bar{3}m$ ($Pr_{5-x}Co_{2+x}B_6$ 型)	0.5482		2.443	Kuz
FeB_4Ce	$Pbam$ ($YCrB_4$ 型)	0.5934	1.150	0.3511	Kuz
$Fe_{14}BDy_2$	$P4_2/mnm$ ($Nd_2Fe_{14}B$ 型)	0.8740		1.1982	Kuz
Fe_2B_2Dy	$I4/mmm$ ($CeAl_2Ga_2$ 型)	0.3537		0.9441	Kuz
$Fe_{2+x}B_6Dy_{5-x}$	$R\bar{3}m$ ($Pr_{5-x}Co_{2+x}B_6$ 型)	0.5427		2.313	Kuz
FeB_7Dy_3	$Cmcm$ (Er_3CrB_7 型)	0.3375	1.5540	0.9403	Kuz
FeB_4Dy	$Pbam$ ($YCrB_4$ 型)	0.5885	1.138	0.3403	Kuz
$Fe_{14}BEr_2$	$P4_2/mnm$ ($Nd_2Fe_{14}B$ 型)	0.8731		1.1950	Kuz
Fe_4BEr	$P6/mmm$ ($CeCo_4B$ 型)	0.5033		0.6985	Kuz
Fe_2B_2Er	$I4/mmm$ ($CeAl_2Ga_2$ 型)	0.3515		0.9387	Kuz
FeB_7Er_3	$Cmcm$ (Er_3CrB_7 型)	0.3363	1.5314	0.9350	Kuz
FeB_4Er	$Pbama$ ($YCrB_4$ 型)	0.5861	1.1340	0.3377	Kuz
$Fe_{14}BGd_2$	$P4_2/mnm$ ($Nd_2Fe_{14}B$ 型)	0.8767		1.2068	Kuz
Fe_2B_2Gd	$I4/mmm$ ($CeAl_2Ga_2$ 型)	0.3558		0.9507	Kuz
$Fe_4B_4Gd_{1.14}$	$Pccn$	0.7051		2.733	Kuz
$Fe_{2+x}B_6Gd_{5-x}$	$R\bar{3}m$ ($Pr_{5-x}Co_{2+x}B_6$ 型)	0.5429		2.330	Kuz

FeB_4Gd	$Pbam$ ($YCrB_4$ 型)	0.5911	1.150	0.3436	Kuz
$Fe_{14}BHo_2$	$P4_2/mnm$ ($Nd_2Fe_{14}B$ 型)	0.8733		1.1957	Kuz
Fe_2B_2Ho	$I4/mmm$ ($CeAl_2Ga_2$ 型)	0.3527		0.9425	Kuz
FeB_7Ho_3	$Cmcm$ (Er_3CrB_7 型)	0.3369	1.5504	0.9358	Kuz
FeB_4Ho	$Pbam$ ($YCrB_4$ 型)	0.5871	1.136	0.3391	Kuz
$Fe_{2.2}BIr_{0.8}$	$Pbnm$ (Fe_3C 型)	0.5430		0.4345	Kuz
$Fe_{11}B_5Ir_4$	$Pnma$ (Fe_3C 型)	0.5430	0.6889	0.4604	P
$Fe_{16}BLa_3$	$P4_2/mnm$ ($Nd_2Fe_{14}B$ 型)	0.8820		1.2249	Kuz
$Fe_{14}BLu_2$	$P4_2/mnm$ ($Nd_2Fe_{14}B$ 型)	0.8707		1.1865	Kuz
$Fe_{4.5-4.0}B_{0.5-1.0}Lu$	$P6/mmm$ ($CeCo_4B$ 型)	0.5001~0.4930		0.6952~0.7047	Kuz
Fe_2B_2Lu	$I4/mmm$ ($CeAl_2Ga_2$ 型)	0.3499		0.9288	Kuz
FeB_4Lu	$Pbam$ ($YCrB_4$ 型)	0.5848	1.1316	0.3353	Kuz
FeB_6Lu_2	$Pbam$ (Y_2ReB_6 型)	0.8969	1.1340	0.3490	Kuz
FeB_2Mo_2	$P4/mbm$ (Si_2U_3 型)	0.5782		0.3148	Kuz
FeB_4Mo_2	$Immm$ (Ta_3B_4 型)	0.3128	1.370	0.2984	Kuz
$Fe_{2.6}BMo_{0.4}$	$P4_2/n$ (Ti_3P 型)	0.8634		0.4281	Kuz
$FeBNb$	$P\bar{6}2m$ ($ZrNiAl$ 型)	0.6015		0.3222	Kuz
$Fe_{14}BNd_2$	$P4_2/mnm$	0.8795		1.2188	Kuz
Fe_4B_4Nd	以下の2通りの提案がある				
$(Fe_4B_4)_{37}Nd_{41}$	$P4_2/n$	0.7141		14.457	Kuz
$Fe_4B_4Nd_{1.11}$	$Pccn$	0.7117		3.507	Kuz
$Fe_{2+x}B_6Nd_{5-x}$	$R\bar{3}m$ ($Pr_{5-x}Co_{2+x}B_6$ 型)	0.5481		2.433	Kuz
$Fe_3B_6Ni_{20}$	$Fm\bar{3}m$ ($Cr_{23}C_6$ 型)	1.0501			P
$Fe_{20}B_3Ni_{20}P_7$	$I\bar{4}$ (Ni_3P 型)	0.890		0.439	P
Fe_9BP_2	$I\bar{4}$ (Ni_3P 型)	0.8980		0.4427	P
Fe_9B_2P	$P4_2/n$ (Ti_3P 型)	0.8812		0.4375	P
Fe_5B_2P	$I\bar{4}/mcm$ (Mo_5SiB_2 型)	0.5482		1.0332	Kuz
$Fe_{14}BPr_2$	$P4_2/mnm$ ($Nd_2Fe_{14}B$ 型)	0.8798		1.2178	Kuz
$Fe_{2+x}B_6Pr_{5-x}$	$R\bar{3}m$ ($Pr_{5-x}Co_{2+x}B_6$ 型)	0.5481		2.433	Kuz
$(Fe_4B_4)_{19}Pr_{21}$	$P4_2/n$	0.7158		7.418	Kuz
$Fe_{2.4}BRe_{0.6}$	$P4_2/n$ (Ti_3P 型)	0.8683		0.4329	Kuz
$Fe_{11}B_5Rh_4$	$P4_2/mn$ (Ti_3P 型)	0.5455	0.6889	0.4571	P
$Fe_{13}B_5Ru_2$	$P4_2/n$ (Ti_3P 型)	0.967		0.432	P
FeB_4Sc	$Pbam$ ($YCrB_4$ 型)	0.5884	1.1318	0.33424	Kuz
$Fe_{4.7}BSi_2$	$I4/mcm$ ($Co_{4.7}Si_2B$ 型)	0.8814		0.4330	Kuz
Fe_5B_2Si	$I4/mcm$ (Mo_5SiB_2 型)	0.5532~0.5552		1.030~1.0339	Kuz
$Fe_{14}BSm_2$	$P4_2/mnm$ ($Nd_2Fe_{14}B$ 型)	0.8790		1.2155	Kuz
$(Fe_4B_4)_{15}Sm_{17}$	$P4_2/n$	0.7098		5.869	Kuz
Fe_4B_4Sm	$P4/ncc$	0.707		2.750	P

$Fe_{2+x}B_6Sm_{5-x}$	$R\bar{3}m$ ($Pr_{5-x}Co_{2+x}B_6$ 型)	0.5459		2.368	Kuz
FeB_4Sm	$Pbam$ ($YCrB_4$ 型)	0.5958	1.153	0.3465	Kuz
$FeBTa$	$P\bar{6}2m$ ($ZrNiAl$ 型)	0.5984		0.3195	Kuz
$Fe_{14}BTb_2$	$P4_2/mnm$ ($Nd_2Fe_{14}B$ 型)	0.8758		1.2001	Kuz
Fe_2B_2Tb	$I4/mmm$ ($CeAl_2Ga_2$ 型)	0.3544		0.9473	Kuz
$(Fe_4B_4)_{27}Tb_{31}$	$P4_2/n$	0.7049		10.581	Kuz
$Fe_{2+x}B_6Tb_{5-x}$	$R\bar{3}m$ ($Pr_{5-x}Co_{2+x}B_6$ 型)	0.5420		2.323	Kuz
FeB_7Tb_3	$Cmcm$ (Er_3CrB_7 型)	0.3896	1.5460	0.9431	Kuz
FeB_4Tb	$Pbam$ ($YCrB_4$ 型)	0.5900	1.141	0.3418	Kuz
$Fe_{14}BTm_2$	$P4_2/mnm$ ($Nd_2Fe_{14}B$ 型)	0.8744		1.1922	Kuz
Fe_4BTm	$P6/mmm$ ($CeCo_4B$ 型)	0.4973		0.6970	Kuz
Fe_2B_2Tm	$I4/mmm$ ($CeAl_2Ga_2$ 型)	0.3507		0.9342	Kuz
FeB_4Tm	$Pbam$ ($YCrB_4$ 型)	0.5850	1.132	0.3365	Kuz
Fe_3B_2U	$P6/mmm$ ($CeCo_3B_2$ 型)	0.5051		0.2997	Kzu
FeB_4U	$Pbam$ ($YCrB_4$ 型)	0.5786	1.141	0.3451	Kuz
FeB_2W_2	$Immm$ (Mo_2NiB_2 型)	0.7124	0.4610	0.3148	Kuz
FeB_4W_2	$Immm$ (Ta_3B_4 型)	0.3110	0.1441	0.3176	Kuz
$Fe_{1.5}B_{11}W_{7.5}$	$Cmcm$ (CrB 型)	0.3155	0.8345	0.3045	Kuz
$FeBW$	$Pnma$ ($TiNiSi$ 型)	0.5823	0.3161	0.6810	Kuz
$Fe_{14}BY_2$	$P4_2/mnm$ ($Nd_2Fe_{14}B$ 型)	0.8750		1.2020	Kuz
Fe_2B_2Y	$I4/mmm$ ($CeAl_2Ga_2$ 型	0.3546		0.9555	Kuz
Fe_4B_4Y	正方	0.705		2.30	Kuz
$Fe_{2+x}B_6Y_{5-x}$	$R\bar{3}m$ ($Pr_{5-x}Co_{2+x}B_6$ 型)	0.5426		2.328	Kuz
FeB_7Y_3	$Cmcm$ (Er_3CrB_7 型)	0.3423	1.5658	0.9295	Kuz
FeB_4Y	$Pbam$ ($YCrB_4$ 型)	0.5906	1.140	0.3407	Kuz

結晶構造の表示は, 付録 6. 結晶構造型・結晶系・Pearson 記号・空間群を参照のこと. Pearson 記号のうち, tP**, c** などは結晶系のみを示す.

出典 P : Pearson's Handbook of Crystallographic Data for Intermetallic Phases, ASM, 1985
  H : Helmut Holleck : Binäre und Ternäre Carbid- und Nitridsysteme der Übergangsmetalle, Gebrüder Borntraeger, Berlin, 1984
  K : B.A.Kolachev, A.A.Il'in, V.A.Lavrenko and Yu.V.Levinskii : Gidridnye Sistemy (Hydrides Systems), Moskva, Metallurgiya, 1992
  Kuz : Yu.B.Kuz'ma and N.F.Chaban : Dvojnye i Trojnye Sistemy, Soderzhashchie Bor (Binary and Ternary Systems Containing Boron), Moskva, Metallurgiya, 1990

あとがき ── なぜ状態図集か

　合金の科学的研究が始まった1800年代の後半以来，状態図は合金研究の出発点であり，材料開発の地図といわれ続けてきた．固体の結晶構造研究の新しい手段としてX線回折が本格的に金属の研究に応用されるようになった1930年代になると状態図の研究は一段と精密さを増し，新しい相の発見という研究者の意欲を掻き立てて，状態図研究は金属学の首座を占めるに至った．

　1950年代に電子顕微鏡がようやく実用化され，金属結晶の「内部」の観察が可能になり，想像の世界であった格子欠陥が目の当たりに観察できるようになると，金属学研究の主流はミクロの世界の探求へと移り，さしもの状態図研究も，努力の割に報われることの少ない，すなわちアウトプットの量が少ない研究テーマとして，主役の座から次第に退いていった．

　さらに電子顕微鏡によるミクロの世界すら，最早遠い昔の研究テーマとなり，現在では非平衡状態材料を生み出すナノスケールの材料研究がもっぱら主流となっている．

　しかし，ナノスケールの非平衡状態も実は，平衡状態の基準がしっかりと分かっていなければ，なにが非平衡であるのかは判然としない．

　生物学の研究が，もっぱら遺伝子とDNAの研究に置き換えられ，各地の大学の理学部生物学教室から，動物学や植物学の講座が消え，すべて分子生物学講座になった時，遺伝子やDNAを具体的に体現する具体的な生き物の姿を，研究者がほとんど知らないという笑えぬ話が，材料学でも生まれつつあるのではないであろうか．

　状態図は，植物図鑑や動物図鑑が生き物の具体的な姿をわれわれに示すように，合金の「姿」をわれわれに示す「地図」である．この「地図」がなければ，だれもミクロやナノの世界の冒険の途に踏み入ることはできない．合金の研究の出発点において頼りになるのは，信頼できる状態図であることは，20世紀も21世紀も変わりはない．

　さて本書は，膨大な系の合金の状態図のうちの鉄基合金状態図集である．産業革命の時代に本格的に登場し，資本主義を生み出した古典的な材料である鋼の主体となる鉄合金がいまさら研究の対象になるのか，というのがもう一つの疑問であろう．しかし，機械という物品がわれわれの生活を支え続けるかぎり，鉄鋼材料の必要性は途絶えることはない．電磁気材料としての鉄合金も，Fe-Nd-B合金の出現により再生した．たぐい稀な再生利用可能性が実証されている鉄鋼材料はまた，今日の「循環型社会」を作り出す不可欠な材料として，夢の新素材でもある．本書が材料研究者の新たな課題の解決のために少しでもお役に立てば，この10年間，本書の編集に関わり続けた編者たちのこだわりが報われるところであろう．

著者略歴

Bannykh, Oleg Alexandrovich （1931年生まれ）
 1955年 Magnitgorsk Mining and Metallurgical Technical University 卒業
 1958年 スウェーデン金属学研究所留学
 1963年 Baikov金属学研究所構造用鉄鋼・合金材料研究室長
 1973年 同研究所教授
 1987年 ソ連科学アカデミー準会員
 1992年 ロシア科学アカデミー正会員，同アカデミーChernov Gold Medal授章
 1992年〜 雑誌"Metally"編集長

江南　和幸（えなみ　かずゆき）（1940年生まれ）
 1963年 大阪大学工学部冶金学科卒業
 1965年 大阪大学大学院工学研究科修士課程卒業，同大学工学部助手
 1989年 大阪大学工学部工学部助教授を経て
 1992年 龍谷大学理工学部教授，現在に至る
 主な著訳書 「鉄鋼の相変態」（クルチュモフ編著，共訳，アグネ技術センター）
     「メイドインロシア」（共著，草思社）

長崎　誠三（ながさき　せいぞう）（1923年生まれ）
 1944年 東京帝国大学第二工学部冶金学科卒業
     東大応用物理，東工大物理を経て
 1950年 東北大学金属材料研究所勤務（1957年まで），1952年助教授
 1963年 株式会社アグネ技術センター代表取締役
 1987年 株式会社アグネ代表取締役を兼務，雑誌「金属」主幹
 1999年12月 死去
 主な編著書 「合金状態図の解説」（共著，アグネ）「材料名の事典」（アグネ技術センター）
     「金属の百科事典」，「金属データブック」（編著，丸善）「金属用語集」（日本金属学会）
     「二元合金状態図集」（共著，アグネ技術センター）

西脇　醇（にしわき　あつし）（1938年生まれ）
 1961年 早稲田大学第一理工学部金属工学科卒業
 1963年 大阪大学大学院工学研究科修士課程卒業，同大学工学部助手
 1987年 大阪大学理学部助教授
 1996年 大阪大学大学院理学研究所助教授，現在に至る
 主な著書 「熱測定の進歩第5巻」高温カロリメトリー（共著，日本熱測定学会）
    「熱物性ハンドブック」スラグの熱物性（共著，養賢堂）

<ruby>鉄<rt>てつ</rt></ruby><ruby>合<rt>ごう</rt></ruby><ruby>金<rt>きん</rt></ruby> <ruby>状<rt>じょう</rt></ruby><ruby>態<rt>たい</rt></ruby><ruby>図<rt>ず</rt></ruby><ruby>集<rt>しゅう</rt></ruby> ―<ruby>二<rt>に</rt></ruby><ruby>元<rt>げん</rt></ruby><ruby>系<rt>けい</rt></ruby>から<ruby>七<rt>なな</rt></ruby><ruby>元<rt>げん</rt></ruby><ruby>系<rt>けい</rt></ruby>まで―		

2001年11月20日　初版第1刷発行
2007年　6月30日　初版第2刷発行
2015年　9月30日　初版第3刷発行

著　　　者　　O.A. バニフ・<ruby>江南<rt>えなみ</rt></ruby><ruby>和幸<rt>かずゆき</rt></ruby>・<ruby>長崎<rt>ながさき</rt></ruby><ruby>誠三<rt>せいぞう</rt></ruby>・<ruby>西脇<rt>にしわき</rt></ruby>　<ruby>醇<rt>あつし</rt></ruby> ⓒ

発　行　者　　青木　豊松

発　行　所　　株式会社 アグネ技術センター
　　　　　　　〒107-0062　東京都港区南青山 5-1-25 北村ビル
　　　　　　　TEL 03(3409)5329　FAX 03(3409)8237

印刷・製本　　株式会社 平河工業社

Printed in Japan, 2001, 2007, 2015
ISBN978-4-900041-94-3 C3057

落丁本・乱丁本はお取り替えいたします。
定価の表示は表紙カバーにしてあります。